지반공학 특별시리즈 1

지반기술자를 위한

지질 및 암반공학

Limestone

Phyllite

Shale

Fault

2009
문화체육관광부
우수학술도서

지반공학 특별시리즈 1

지반기술자를 위한

지질 및 암반공학

씨아이알

한국지반공학회
암반역학기술위원회

발 간 사

우리나라는 급속한 경제발전과 함께 지상공간을 활용한 주거 및 교통, 문화시설 등의 건설 또한 큰 발전을 이룩하였으며, 이를 통해 전 국토의 균형발전과 원활한 물류의 수송 그리고 국가경제의 발전 등을 달성하였습니다. 하지만 최근 보다 효율적인 국토의 활용을 위하여 지하공간에 대한 개발이 증가하고 고속철도, 지하철, 고속도로 등 사회기반시설의 건설로 인하여 건설부문에서 지반공학의 중요성은 꾸준히 증가하고 있습니다.

우리학회에서는 이러한 추세에 맞추어 1984년 창립된 이후 학회 내에 전문분야에 대한 기술위원회를 신설하고, 기술위원회를 중심으로 다양한 지반공학분야에서의 기술활동을 지속적으로 수행하여 학회 발전에 기여해왔습니다. 특히 암반역학분야는 지반기술자들이 경험하지 못한 지질 및 암반분야에 대하여 새로운 기술적 경험을 공유하고 교류할 수 있는 기술위원회라고 할 수 있습니다.

암반역학기술위원회는 지난 12년 동안 해마다 위원장들의 노력으로 세미나 개최, 현장지질답사 및 현장견학을 꾸준히 진행하여 왔으며, 천매암, 이암 · 셰일 등의 지질주제와 단층, 풍화, 암반분류, 암반응력 등에 대한 특별주제에 대한 학습과 교류의 장을 형성함으로써 지질, 암반, 토질 등의 지반기술자들이 함께할 수 있는 뜻 깊은 자리를 활성화하는 등 학회 내 활동을 지속적으로 수행하여 왔습니다.

이상의 특별세미나 등의 자료집을 수정 · 보완하고, 기술적 성과를 하나로 묶어 지반기술자들에게 지질 및 암반분야를 소개하고 관련 업무에 활용할 수 있도록 조사 · 설계 · 시공에 대한 기술도서로 지반공학 특별시리즈 1『지반기술자를 위한 지질 및 암반공학』을 발간하게 되었습니다.

본 책자는 암반역학기술위원회의 소중한 노력의 결과라고 할 수 있으며, 지반공학을 전문으로 하는 많은 기술자 및 우리학회 회원들에게 매우 중요한 참고자료로 활용될 수 있을 것입니다. 또한 앞으로 지속적인 활동과 노력을 통하여 제2, 제3의 책자가 발간되어 우리나라 지질 및 암반에 대한 소중한 기술자료가 되었으면 하는 바람입니다.

끝으로 본 책자의 발간에 많은 노력을 기울여주신 암반역학위원회 이병주 위원장을 비롯한 집필위원과 운영위원들의 노고에 깊은 감사의 말씀을 드립니다.

2009년 3월

(사)한국지반공학회

회장 이 송

권 두 언

정확히 햇수는 기억나지 않으나 1990년대 후반, 당시 한국지반공학회 암반역학기술위원회 위원장을 맡으셨던 신희순 박사님이 저에게 회원들과 함께 야외답사를 통해 노두에서 암상과 지질구조 등을 같이 관찰하고 논의할 것을 제안하셨는데, 이를 계기로 한국지반공학회 암반역학기술위원회 회원님들과의 인연이 시작되었습니다.

그 후 거의 매년 주제를 달리하면서 역대 암반역학기술위원장님들의 배려 아래 세미나 개최 및 야외 답사와 현장견학이 대략 10회 이상 이루어졌습니다. 이들 행사의 산물인 주제별 특별세미나논문집이 발간되었고 각각의 논문집은 여러 회원님들의 중요한 참고문헌이 되었습니다. 이렇게 여러 권 쌓인 논문들을 집대성하여 몇 권의 책자로 재편집 · 발간하는 것이 매우 중요한 일이라는 여러 회원님들의 많은 건의가 있어 본 책자를 만들게 되었습니다.

이 책자를 발간하면서, 지금까지 한국지반공학회 암반역학기술위원회를 이끌며 이렇게 발전시켜 주신 전임 위원장님들을 비롯하여 모든 간사님들과 위원회원 여러분들의 협조와 노고에 감사드립니다. 지금도 지구 도처에서는 끊임없이 산사태가 발생하고, 지진과 화산활동이 일어나 우리 인류에게 막대한 인명과 물질의 피해를 주고 있습니다. 이러한 지반 및 지질 재해에 대처하기 위해서 우리 지반공학자들의 역할이 어느 때보다도 중요하며, 모두 같이 힘을 모아 대처하여야 할 시점입니다. 이러한 관점에서 한국지반공학회는 학회가 가지는 역할을 통해 새로운 학문과 신공법 등, 인류의 삶의 질을 높이고 보다 안정된 생활을 유지하는 데 크게 기여하는 학회임을 자부하며, 이 역할의 한 부분을 암반역학기술위원회가 분담하고 있음에 또한 자부심을 느낍니다.

본 책자를 발간함에 있어 격려와 지원을 아끼지 않으신 본 학회 이송 회장님과 학회 이사님들께 진심으로 감사드리며, 편집을 위해 바쁘신 중에도 원고의 교정과 인쇄소와의 연락, 그리고 편집위원회 소집을 위해 뛰어다니신 (주)삼성물산의 김영근 박사와 본 책자의 편집위원이신 (주)넥스지오 윤운상 박사 그리고 암반역학기술위원회 운영위원 여러분께 저의 마음을 모아 사의를 표합니다.

마지막으로 본 책자는 앞에서 말씀드린 바와 같이 기술위원회 세미나논문집을 주제별로 모아 편집한 것으로, 내용 중 일부 인용부분이 누락되거나 책자 내용이 우리 학회에서 검증한 공식의견이 아니므로 이용에 유의하시기를 바라며, 본 책자가 지반공학분야에 꼭 필요한 참고서적이 되어 많은 분들이 애용하고, 연구나 설계 혹은 시공 시 좋은 지침이 되기를 진심으로 바랍니다.

2009년 3월

(사)한국지반공학회 암반역학기술위원회

위원장 이 병 주

CONTENTS

Part 01 한국의 지질

Part 02 석회암

CONTENTS

Part 03 신생대 및 이암 · 셰일

Part 04 천매암

C·O·N·T·E·N·T·S

Part

01 한국의 지질

01 한국의 지질 및 지질구조

1.1 개론

본고는 한반도에서 남한 즉 경기, 강원 및 충청권을 중심으로 한 한반도 중부 지역과 전라, 경상 및 제주를 중심으로 한 남부 지역으로 가각 나눠어 개략적인 지질 및 지질구조를 설명하고자 한다. 각 지역에 분포하는 개략적인 지질 및 지질구조에 대해 살펴봄으로써 토목공사를 위한 설계작업이나 예비조사 시 작업지역의 대략적인 암석의 분포 및 지질구조를 알고 이를 반영하여 보다 나은 설계에 도움을 주기 위한 것이다.

한반도는 지체 구조적 위치로 보아 유라시아판의 동쪽 연변부에 속하며, 한중지괴(Korean-Chinese platform)에 속하고, 소위 환태평양 화산대보다는 서쪽으로 벗어나 위치한다. 이로 말미암아 한반도는 선캄브리아시대의 편마암 내지 편암에서부터 제4기의 현생퇴적층에 이르기까지 다양한 지질시대의 암석들이 분포하며 오랜 지질시대를 거치며 곳에 따라서는

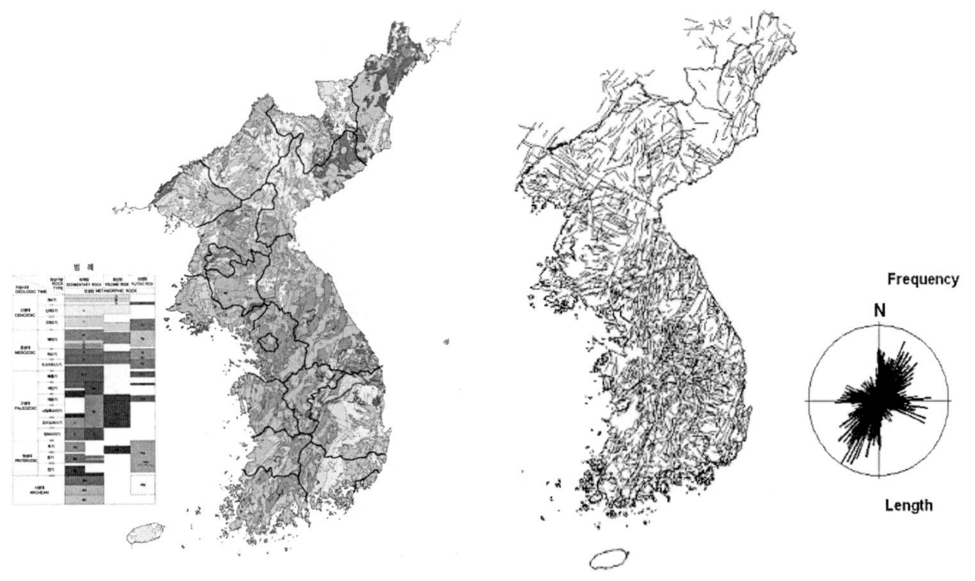

[그림 1-1] 한반도의 지질도 및 행정구획도 [그림 1-2] 한반도의 선구조도 및 선구조의 빈도 및 길이

수차례의 변성 및 변형 작용을 겪으면서 습곡 단층 등의 지질구조를 형성하고 있다.

한반도의 지질분포의 특성은 그림 1-1에서와 같이 북쪽은 같은 종류의 암상이 방향성이 없이 산재하며 분포하나 중부 이남은 북북동-남남서 방향(지나 방향이라고도 함)으로 지질이 분포함을 알 수 있다. 또한 한반도의 음영기복도를 보면(그림 1-2) 여러 방향의 선구조가 있으나 특히 북동 방향의 선구조가 뚜렷하며 또한 그 연장도 길게 발달하며 그 외 북서 방향의 선구조도 자주 발달함을 알 수 있다.

1.2 중부 지역(경기, 강원 및 충청)의 지질

중부 지역은 한반도의 대표적인 지형 특성인 동고서저형으로 동쪽의 강원 지역은 남한에서 지형상 가장 높은 곳에 위치하며 많은 부분이 산으로 형성되어 있고, 반면에 경기도와 충청남도의 서해안 지역은 전형적인 노년기 지형을 나타낸다. 이 지역은 그림 1-3 및 표 1-1에서와 같이 선캄브리아시대의 편마암류 및 편암류와 소규모로 분포하는 규암 및 석회암을 비롯하여 하부고생대 조선누층군의 규암, 셰일, 석회암과 상부고생대 평안층군의 사암, 셰일 및 함탄층과 중생대 쥐라기에 관입한 소위 대보화강암들이 분포한다.

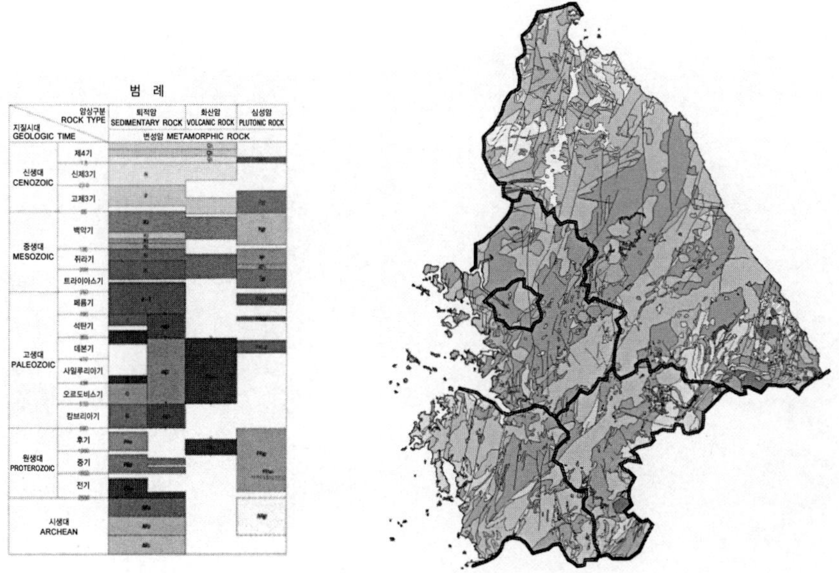

[그림 1-3] 중부 지역(경기, 강원 및 충청)의 지질도

[표 1-1] 경기, 강원 및 충청 지역에 분포하는 지질 계통표

<table>
<tr><td rowspan="4">중생대</td><td rowspan="2">쥐라기</td><td colspan="3"></td><td>대보화강암 관입</td></tr>
<tr><td colspan="3">대동층군</td><td></td></tr>
<tr><td rowspan="2">트라이아스기</td><td colspan="4"></td></tr>
<tr><td rowspan="7">평안누층군</td><td colspan="2">동고층</td><td rowspan="9"></td></tr>
<tr><td rowspan="17">고생대</td><td rowspan="4">페름기</td><td colspan="2">고한층</td></tr>
<tr><td colspan="2">도사곡층</td></tr>
<tr><td colspan="2">함백산층</td></tr>
<tr><td colspan="2">장성층</td></tr>
<tr><td rowspan="2">석탄기</td><td colspan="2">금천층</td></tr>
<tr><td colspan="2">만항층</td></tr>
<tr><td>데본기</td><td colspan="3" rowspan="2"></td></tr>
<tr><td>사일루리아기</td></tr>
<tr><td rowspan="5">오르도비스기</td><td rowspan="9">조선누층군</td><td>두위봉층</td><td rowspan="3">영흥층</td><td rowspan="9">옥천층군</td></tr>
<tr><td>직운산층</td></tr>
<tr><td>막골층</td></tr>
<tr><td>두무골층</td><td rowspan="2">문곡층</td></tr>
<tr><td>동점층</td></tr>
<tr><td rowspan="4">캄브리아기</td><td>화절층</td><td>와곡층</td></tr>
<tr><td>풍촌층</td><td>마차리층</td></tr>
<tr><td>묘봉층</td><td>삼방산층</td></tr>
<tr><td>장산층</td><td></td></tr>
<tr><td rowspan="3">원생대</td><td>후기</td><td colspan="4"></td></tr>
<tr><td>중기</td><td colspan="3" rowspan="3">연천계
태백산통
율리통
서산층군
경기편마암 복합체</td><td rowspan="3">선캄브리아기
화강암 관입</td></tr>
<tr><td>전기</td></tr>
<tr><td>시생대</td><td></td></tr>
</table>

1.2.1 선캄브리아기의 편마암류 및 편암류

강원도 동쪽 고성-간성 지역에서 화천을 거쳐 가평-양평 지역과 춘천을 지나 경기도 포천-고양과 충청남도 서산을 잇는 이 지역의 선캄브리아기인 시생대 및 원생대의 변성암들은 한반도에서 지체 구조구로 보면 경기육괴에 해당하며, 암상에 의한 명명에 의하면 소위 경기편마암복합체를 비롯하여 서산층군, 춘성층군 및 연천계라 불리는 변성퇴적암류로 구성되어 있다.

가. 경기변성암복합체

경기변성암복합체는 경기육괴를 구성하는 최하부 기반암으로 경기육괴를 구성하는 대부분의 암석이 고도의 다변성작용과 고기 화성활동 및 구조운동을 받은 변성암으로 구성되어 있다는 사실에 비추어, 이러한 '층서적'인 분류는 지질학적 의미가 없다고 생각된다. 따라서 경기육괴를 구성하는 최하부 기반암을 통칭하여 경기변성암복합체로 정의하였으며, 이 변성암복합체를 구성하는 주요한 암상에 따라 이를 분류하였다. 경기변성암복합체에는 마그마타이트질 편마암, 흑운모 호상편마암, 운모편암, 함석류석 화강편마암, 안구상 편마암, 우백질 편마암 등으로 이루어져 있다.

1) 미그마타이트질 편마암

이 편마암은 화악산-응봉 일대에 주로 분포하며 양평 동부에 일부 분포한다. 미그마타이트질 편마암은 호상편마암과 더불어 경기변성암복합체의 기저를 이루며 이질 내지 이질사암 기원의 원암이 부분용융을 받아 형성된 암석으로 대부분이 paleosome, neosome 및 leucosome으로 구성된 성분대가 미약한 호상구조를 보이는 것이 특징이다. 일부 부분용융이 심한 부분에서는 이러한 호상구조가 화강암질부의 증가로 인하여 심하게 교란되기도 한다. 류코좀은 대부분이 정장석, 사장석 및 석영으로 구성된 전형적인 화강암질 성분을 보인다.

2) 흑운모 호상편마암

본 지역의 기반암 중 가장 넓게 분포하고 있으며 주로 석영-장석으로 구성된 우백질대와 흑운모로 구성된 우흑질대가 상호 교호하며 나타나는 호상구조가 특징적이다. 그러나 상대적으로 성분대의 분화가 불량한 화강암질 편마암도 흔히 산출하며, 다수의 규암 및 대리암을 협재한다. 또한 우백질 편마암과 반상변정질 편마암과 같은 고기 화성암체의 주변부에서는 이들 관입암체로부터 유입된 것으로 생각되는 화강암질 성분의 우백질대가 우세하게 나타나기도 한다. 부분적으로는 흑운모 외에 각섬석을 함유하는 보다 고철질의 우흑질대가 관찰되기도 한다. 우백질대는 전형적인 화강암질 성분을 보이나, 다수의 트론제마이트질 성분을 가지는 부분도 우세하게 나타난다. 우흑질대는 주로 흑운모로 구성되나 석류석, 근청석 및 규선석이 부 구성광물로 흔히 산출하며, 후퇴변성작용을 받은 일부 암석에서는 녹니석, 백운모 등의 2차 광물들이 흔히 관찰된다.

3) 운모편암

춘천-양평-용인 지역과 평택-김포-강화 지역에 큰 규모로 분포하며, 주로 운모편암, 석영-운모편암 및 석영-장석편암으로 구성된다. 또한 편암류 내에는 규암과 석회암이 흔히 협재하며, 주변의 호상편마암과 일부 점이적인 접촉관계를 가진다. 편암류의 엽리는 몇 차례의 중복변형작용에 의해 매우 교란되어 있으며, 습곡 및 스러스트의 발달이 관찰된다. 대부분의 편암류는 퇴적기원의 암석으로, 미약한 변성분화작용을 받았지만, 일부 편암류는 화강암질 물질의 유입에 의한 부분적인 호상구조가 나타나기도 한다.

4) 함석류석 화강편마암

주로 화천-춘천 지역에 분포하며, 광주군 일부 및 과천시 일원에 작은 암주상으로 분포한다. 함석류석 화강편마암은 주로 석영-장석으로 구성된 기질에 거정의 석류석 반정을 함유하는 것이 특징적이며, 대부분의 석류석은 흑운모로 치환되어 있다. 이 암석은 미그마타이트질 편마암보다 더 진행된 부분용융에 의해 형성되었으며, 일반적으로 주변의 호상편마암이나 편암류들을 관입하는 저반 내지 암주의 형태로 산출한다. 일부 함석류석 화강편마암의 경우 압쇄암화 작용에 의해 호상편마암으로 변한 경우도 있다.

5) 우백질 편마암

우백질 편마암은 대부분 양평-평택을 잇는 선을 따라 분포하며, 부분적으로 변형작용을 강하게 받은 우백질 화강암체의 변성 산물이다. 대부분은 안구상의 관입체로 산출하나 일부는 편암 및 편마암류 내에 소규모 맥상 혹은 sill상으로 나타나기도 한다. 이 암석은 주로 석영과 장석으로 구성되어 있으나, 소량의 흑운모 및 석류석이 나타나기도 한다.

나. 서산층군

경기육괴의 서부에 분포된 서산층군의 층명은 손치무(1971)에 의해 "연천계 분포 지역에 발달된 철광상을 포함하는 규암층을 편의상 서산층군이라 한다"라고 최초로 정의된 바 있다. 그러나 그 후 많은 지질학자에 의해 우리나라 중부 서해안 일대에 분포하는 규암 및 편암류가 통칭 서산층군이라 불리고 있으며, 도폭에서도 태안반도 및 안면도 일대에 분포하는 규암과 석회암을 포함하는 편암류 및 이들을 관입한 화강편마암과 이 두 암체를 부정합으로 덮고 있는 태안층을 서산층군으로 하였다.

1) 호상편마암

당진읍을 포함하여 그 동쪽에 분포하는 이 편마암은 1대 5만 당진지질도에서는 '당진편마암'으로 명명된다. 당진도폭에서 이 편마암은 서산층군의 편암류 하부에 위치하여 기저를 이룬다. 이암층 내에는 석회암이 간혹 협재하고, 각섬석편마암도 협재한다. 당진 남쪽에서는 쥐라기에 관입한 화강암과 접촉하며 해미읍 부근에서는 본암이 화강암 내에 큰 포획체로 산출되며, 석영 및 장석으로 구성된 우백질대와 흑운모로 구성된 우흑질대가 교호하면서 호상구조를 이루고 있는 것이 특징이다.

2) 편암류

서산층군 중에서 가장 넓은 범위에 걸쳐 분포하여 서산층군을 대표한다고 할 수 있는 이 편암류는 대개 견운모편암, 흑운모-견운모편암, 석영-견운모편암, 석영편암 등으로 구성되며, 규암 및 석회암이 다수 협재한다. 뿐만 아니라 이 편암류는 곳에 따라 석영이나 장석 입자들이 커지면서 편마암상을 보이기도 한다. 이 편암류에 협재하는 규암은 비교적 순수하게 석영으로 구성되어 있으나, 곳에 따라 함철규암이 배태된다. 석회암은 규암과 같이 다수 협재하며 결정질 석회암, 석회규산염암 및 각섬암의 복합체로, 그 폭이 5m 이상이나 지역에 따라 격심한 층후 변화를 보인다.

3) 화강편마암

서산층군 내에서 편암류를 관입하고 있는 화강편마암은 전반적으로 야외에서 홍색장석을 함유하며 엽리조직을 잘 보이고 있는 것이 특징이다. 이 암 중에는 편암과 규암들의 포획암이 자주 관찰된다. 특히 태안군 이원면 관리 아랫지매 해안에서는 엽리구조가 압쇄영(pressure shadow)을 가지는 압쇄엽리들인 점이 특징적이다. 그러나 이들 엽리면은 거의 대부분 재결정되어 있어 압쇄화작용(mylonitization)은 최소한 중생대 이전에 있었을 것으로 판단된다.

4) 태안층

편암류 및 편마암류 위에 부정합으로 덮고 있는 이 층은 나기창 외(1982)에 의해 명명된 것으로, 저변성 퇴적암류인 녹니석슬레이트 및 천매암, 흑운모 천매암, 견운모-석영천매암 및 변질사암 등으로 구성되어 크게는 이질기원 변성암과 사질기원 변성암으로 나눌 수 있다.

외견상으로는 주위의 대동층군 지층의 변질물과 유사하지만 엽리나 습곡양식, 분포방향 등에서 구별되며, 광역적으로 균질한 변성상을 보여준다는 점에서 야외에서 구별이 가능하다. 변성상에 있어서는 2~3회 중복변성작용을 보여주는 다른 서산층군과는 단일의 녹색편암상을 보여주는 점이 현저히 다르며, 그 밖의 호상편마암이나 흑운모편암을 주로 하는 부천층군이나 장락층군과도 대비가 되지 않아 선캄브리아 지층 중 최상부층으로 분류하지만 화석이나 연대측정 자료가 전혀 없어 옥천층군이나 그 외 다른 고생대 이후의 지층에 대비될 가능성도 배제할 수 없다.

다. 춘천누층군

춘천누층군은 김옥준(1973)에 의해 경기변성암복합체를 부정합으로 덮는 장락층군 및 의암층군과 이와 대비되는 암층군으로 정의된 바 있다. 춘천누층군은 대부분이 규암에 의해 그 분포가 잘 규제되는 것으로 생각되나, 편마암류의 경우 하부의 경기변성암복합체와 유사한 경우가 많아서 보다 자세한 연구가 필요하다.

1) 편마암류

춘천누층군 내의 편마암류는 주로 춘천 및 양평 지역에 분포하며, 여러 매의 규암 및 석회암이 협재한다. 이들 편마암류는 대부분이 반상변정질 편마암 혹은 화강편마암에서 유래한 화강암질 물질의 유입을 받아 불규칙적인 호상구조를 보이는 것이 특징이다. 이러한 현상이 편암류에는 잘 관찰이 되지 않는 점으로 보아 편마암류가 편암보다 상대적으로 하위에 놓이는 것으로 생각된다.

2) 편암류

이 암석은 주로 청평-가평 지역과 남양-안양 지역에 큰 규모로 분포하며, 수매의 규암 및 석회암이 협재한다. 청평-가평 지역에 분포하는 편암류의 경우 대부분이 석영이 우세한 운모편암인 데 비하여 남양-안양 지역에 분포하는 편암류의 경우 석회질이 우세한 석회규산염질 편암인 것이 특징이다. 편암류 내에 규암 및 석회암이 우세한 점으로 보아 이들 암석의 원암은 천해에서 퇴적된 퇴적물일 가능성이 크다.

3) 반상변정질 편마암(안구상 편마암)

이 암석은 주로 춘천, 양평 및 평택 지역에 큰 규모로 분포하나, 대부분의 편마암 내에 소규모로 흔히 산출된다. 큰 규모로 분포하는 반상변정질 편마암은 흔히 안구상 편마암에 해당하며, 대체로 장축이 2~3cm의 안구상의 정장석 및 미사장석 변정을 가지는 것이 특징이다. 반상변정질 편마암은 주변의 편암류 및 편마암류들을 광범위하게 관입하여 이들 암석들을 흔히 우백질대가 우세한 호상편마암으로 변화시킨다.

4) 화강편마암

주로 남양만 및 충주 일대에 큰 규모로 분포하나, 도폭 전역에 소규모의 암주상으로 흔히 산출된다. 이 암석은 편암 및 편마암류의 포획체를 흔히 포함하나 변성 및 변형작용의 영향으로 대부분이 편마암화되어 있다.

라. 연천층군

연천-전곡 지역에 분포하는 변성퇴적암류를 연천층군이라 하며, 이 층군의 하부는 주로 석회규산염암, 변성사질암, 각섬암 및 각섬석편마암으로 구성되며, 상부는 주로 변성이질암으로 구성된다. 연천층군의 시대는 본래 중기 고생대로 간주되었으나 최근의 연구에 의하면 중기 내지 후기 원생대에 해당하는 것으로 인식되고 있다(최위찬 등, 1996). 연천층군은 전형적인 중압형의 변성작용을 경험하였으며, 변성 시기는 페름기-삼척기로 추측된다.

마. 옥천층군

옥천대는 한반도에서 현재까지 지질시대 및 층서 등에서 아직 그들이 확실히 규명되지 않은 지층이다. 옥천층군의 지질시대는 과거부터 여러 지질학자들에 의해 언급되었으나 시대를 결정할 뚜렷한 증거들이 없어 이견이 있는 상태이다.

옥천층군에 대한 변성작용에 관한 자료를 고찰하면, 김형식(1971)은 기원암의 종류에 따른 변성광물군에 따라 녹색편암상, 녹색편암-각섬암 점이상, 각섬암상의 누진 지역으로 기재하고, 이들을 사장석, 흑운모, 녹니석, 양기석, 투각섬석, 석류석, 규선석, 각섬석, 투휘석 등의 출현 및 소멸현상과 성분변화를 근거로 녹니석대, 녹니석-흑운모대, 흑운모대, 석류석대, 규선석대로 구분하였으며, 이들은 Barovian형의 변성작용이라고 하였다. 그들은 소위 변성구에 나타나는 것으로 중앙부에 녹색편암상이 우세하고, 그 외측부로 갈수록 변성도는 점차 증가하여 녹색편암-각섬암 점이상이 되고 가장 외측부에 각섬암상으로 되는 대칭적인 유형을 보여준다. 이러한 대칭적인 유형이 옥천변동 당시 형성된 것인지 아니면 송림변동이나 대보변동 혹은 중생대 화강암의 영향을 받은 것인지는 확실치 않다. 다만 소위 비변성구로 알려진 북동부에는 이러한 유형의 변성대를 거의 볼 수 없다는 점이나, 1대 5만 대전도폭이나 유성도폭, 보은도폭에서처럼 이들의 분포가 F1 습곡축과 나란하며 지역에 따라 녹색편암상의 녹니석대와 흑운모대가 등사습곡에 의하여 아코디언처럼 반복되는 곳이 많다는 점, 화강암체와 비교적 가까운 흑운모대의 흑운모 생성연대가 430Ma(김옥준, 1982)으로 알려진 점, 흑운모의 반상변정들이 송림변동 시에 형성된 엽리면에 의하여 교란되고 압쇄음영대들이 관찰되는 점 등은 김형식(1971)에 의하여 구분된 변성분대의 일부를 옥천변동의 습곡운동과 동시에 형성된 것으로 볼 수 있게 한다. 일반적으로 옥천누층군이 분포하는 지역은 한반도에서 지질 구조적으로 가장 복잡한 곳으로 수차례의 중복 변형작용으로 지층이 매우 교란되어 있어 아직 지질구조가 확실히 정립되지는 않고 있다. 1970대에 Reedman과 Fletcher(1976)는 이 지역에서 최소한 세 번의 습곡작용을 포함한 변형작용이 있었음을 시사하고, 그 후 이병주와 박봉순(1983), Cluzel, D.,(1990) 등도 습곡작용 및 스러스트 단층작용이 3~4회 반복되었다고 주장하였다.

[표 1-2] 옥천층군의 층서 및 지질대비표

지질시대	이대성 (1974)	Reedman et al (1975)	김옥준 (1970)	손치무 (1970)
쥐라기 트라이아스기	황강리층			황강리층 비봉층
사일루리아기				창리층 사평리층 미원층
오르도비스기	마전리층 창리층 문주리층		대석회암층군	화전리층 문주리층
캄브리아기	대향산규암 향산리돌로마이트	계명산층 대향산층	군자산층	대향산규암층
선캄브리아시대	계명산층	문주리층 황강리층 명오리층 북노리층 서창리층 고운리층	황강리층 마전리층 창리층 문주리층 대향산규암 향산리돌로마이트 계명산층	

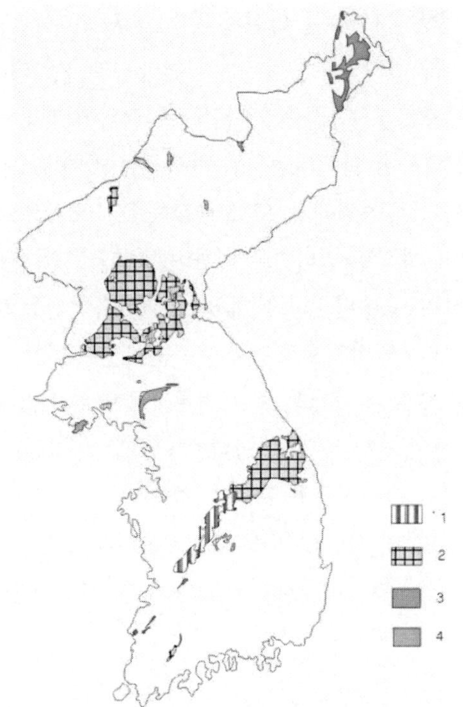

[그림 1-4] 한반도에서 고생대 지층의 분포도

1: 옥천층군, 2: 조선누층군과 평안층군, 3: 두만계, 4: 임진계

1.2.2 고생대 지층

한반도에서 고생대 지층은 그림 1-4와 같으며 강원도와 충청도에 걸쳐 하부고생대 지층인 조선누층군과 상부고생대 지층인 평안층군이 분포한다.

가. 조선누층군

조선누층군은 강원도에 주로 분포하며 강원도와 충청도에 걸쳐 하부고생대 조선누층군 즉, 캄브리아기-오르도비스기 동안 퇴적된 지층을 모두 통칭하는 지층이다. 조선누층군에 대한 체계적인 연구로 1926년 이후 Kobayashi, T.(1966)는 조선누층군의 암상이 지역에 따라 뚜렷한 차이가 있음을 인지하고, 지역에 따라 두위봉형, 영월형, 정선형, 평창형 및 문경형 조선누층군으로 구분하였다(표 1-3).

1) 두위봉형 조선누층군

두위봉형 조선누층군은 지질시대에 따라 양덕층군, 하부대석회암층군, 상부대석회암층군의 3가지로 분류된다.

- 양덕층군: 양덕층군은 캄브리아기의 장산층과 묘봉층으로 구성된다. 장산층은 두위봉형 조선누층군의 최하부층으로 선캄브리아시대의 화강편마암과 율리층군의 변성퇴적암류를 부정합으로 덮고 있다. 장산층으로 주로 유백색, 담회색 혹은 담홍색의 규암으로 구성되어 있으며, 헤링본 사층리, 수평층리 및 점이층리 등이 관찰되기도 한다. 장산층의 두께는 지역에 따라 차이를 보이지만 대체로 150~200m 정도이다. Yun(1978)은 규암의 조직과 조성을 근거로 장산층이 해안 내지 연안환경에서 퇴적된 것으로 해석하였다. 묘봉층은 장

산층을 정합으로 덮으며, 두께는 80~250m이다. 묘봉층은 주로 암회색 내지 암녹회색의 실트질 내지 셰일로 구성되며, 박층의 세립질 내지 조립질 사암이 협재한다. 셰일과 실트암 중에서는 연흔과 건열이 흔하게 관찰된다. 묘봉층은 조간대에서 대륙붕에 이르는 천해환경에서 퇴적된 것으로 알려져 있다(Kobayashi, 1966; Reedman and Um, 1975; 박병권 외 1994).

■ 하부대석회암층군: 하부대석회암층군은 캄브리아기의 대기층, 세송층 및 화절층으로 구성된다. 대기층은 주로 괴상의 담회색~회색, 유백색, 홍백색의 석회암으로 구성되어 있으며, 흑색 내지 적흑색의 셰일, 탄산각력암, 어란상 석회암, 돌로마이트질 석회암 등이 협재하여 나타난다. 대기층의 두께는 150~300m이다. 대기층은 맑은 물의 대륙붕환경에 형성된 초(reef)환경에서 퇴적된 것으로 알려지고 있다. 세송층은 대기층을 정합으로 덮으며, 주로 청회색, 녹회색 및 암회색의 이회암 혹은 점판암으로 구성되며, 박층의 사암층이나 담회색의 석회암층이 협재한다. 세송층의 두께는 10~30m이다. 박병권 외(1985)는 대기층에 협재한 박층의 사암을 저탁암으로 해석하고, 세송층이 저탁류와 암설류에 의해서 운반되어 쌓인 해저선상지 퇴적층이라 주장하였다. 화절층은 세송층을 정합으로 덮으며, 두께는 200~260m이다. 화절층은 대부분이 석회암과 이회암의 교호층으로 구성되는 리본암과 평력암으로 구성되며, 상부에는 규암을 협재한다.

[표 1-3] 조선누층군의 지역별 형태 및 지층대비

시기 \ 지역	두위봉형	정선형	평창형	영월형		문경형
캄브리아기 - 오르도비스기	두위봉층 직운산층 막골층 두무골층 동점층 화절층 세송층 대기층 묘봉층 장산층	행매층 정선석회암	정선석회암 입탄리층 대하리층 풍촌층 묘봉층 장산규암	영흥층 문곡층 와곡층 마차리층 삼방산층	삼태산층 흥월리층	도탄리층 정리층 석교리층 하내리층 마성리층 구랑리층

- 상부대석회암층군: 상부대석회암층군은 오르도비스기의 동점층, 두무골층 막골층, 직운산층 및 두위봉층으로 구성된다. 동점층은 오르도비스기의 최하부 지층으로 하위의 화절층을 정합으로 덮는다. 동점층의 두께는 최대 50m 정도로 알려져 있다. 동점층으로 주로 암회색 내지 담갈색의 중립질 사암으로 구성되어 있다. 사암은 주로 세립질 내지 중립질의 석영으로 구성되며 원마도는 좋은 편이다. 퇴적구조는 대체로 미약하게 나타나지만, 부분적으로 사층리가 관찰되기도 한다. 두무골층은 회색 내지 녹회색의 이회암, 평력암, 리본암, 실트암 내지 사암, 석회질이암, 생쇄설성석회암 등으로 구성되며, 간혹 머드마운드도 관찰된다. 두무골층은 폭풍의 영향을 받는 조하대 환경의 탄산염 램프에서 퇴적된 것으로 인식되고 있다(Y.I. Lee and J.C. Kim, 1992; J.C. Kim and Y.I. Lee, 1998). 두무골층 위에 정합으로 놓이는 막골층은 석회이암, 돌로스톤, 석회질 역암, 생쇄설 입자암, 어란상 석회암 등과 다양한 암상으로 구성되며, 두께는 250~400m이다. 막골층에는 생물교란구조, 스트로마톨라이트, 건열, 새눈구조, 증발잔류암의 캐스트와 같은 다양한 퇴적구조가 관찰된다. 직운산층은 막골층의 상위에 정합으로 놓이며, 층의 두께는 50~100m로 알려져 있다. 구성암석은 주로 흑색 셰일과 청회색 석회암이다. 직운산층은 많은 대형화석이 산출되는 것으로 유명하다. 두위봉형 조선누층군의 최상부를 차지하는 두위봉층은 하위의 직운산층을 정합으로 덮으며, 상위의 평안층군에 의해서 부정합으로 덮인다. 두위봉층의 두께는 약 50m이고 주로 담회색의 생쇄설물 석회암과 석회질셰일로 구성된다.

2) 정선형 조선누층군

정선형 조선누층군에 대한 지질학적 연구는 Hisakoshi(1943)에 의하여 처음으로 수행되었는데, 그는 정선일대에 분포하는 조선누층군이 지역에 따라 층서가 다른 점을 감안하여 동부, 중부 및 서부로 구분하였다. 동부의 캄브리아계 하부에 대해서 Hisakoshi는 두위봉형 조선누층군을 따라 장산층, 묘봉층, 대기층을 인지하였으나, 대기층 상위의 캄브리아기 지층은 죽렴층이라 명명하고 이를 세송층과 화절층에 대비하였다. 그는 죽렴층 상위에 오는 오르도비스기 지층에서 동점층과 두무골층을 인지하였으나, 그 상위의 두꺼운 석회암층을 정선석회암층이라고 명명하였다. 그는 중부 지역에서는 동부 지역과 마찬가지로 하부에 장산층, 묘봉층, 대기층을 그리고 최상부에 정선석회암층을 확인하였으나, 중상부의 캄브리아-도보비스 지층에 대해서는 자운층을 제안하였다. 그는 또한 서부 지역에서 암상이 매우 특이한 황색 내지 황갈색의 함력석회암층을 행매층이라고 명명하였고 그 하위층을 하부석회암층 그리고 상위층을 상부석회암층이라고 명명하였다.

3) 평창형 조선누층군

평창 지역에 분포하는 평창형 조선누층군은 변성작용을 심하게 받고 화석이 산출되지 않기 때문에 층서에 대한 견해가 다양하다. 평창 지역을 처음 조사한 Hukasawa(1943)는 하부고생대층을 하부로부터 송봉편암층, 변성대석회암통, 둔전천매암층으로 구분하였다. Kobayashi(1966)는 송봉편암층을 두위봉형 조선누층군의 장산층과 묘봉층에, 그리고 둔전천매암을 정선형 조선누층군의 자운층이나 두위봉형 조선누층군의 세송층에서 두무골에 해당하는 지층에 대비할 수 있다. 손치무 외(1971)는 송봉편암층을 방림층군으로 개칭하고 선캄브리아시대의 지층으로 취급하였으며, 그 위에 안미리층군과 평창층군이 부정합으로 놓이는 것으로 해석하였다. 안미리층군은 하부의 행화동규암층과 상부의 방학동편암층으로 구성되며, 두위봉형 조선누층군의 장산규암과 묘봉층에 각각 대비하였다. 평창층군은 안미리층군을 사교부정합으로 덮는 석회암으로 이루어진 지층에 대한 지층명으로 조선누층군 이후의 지층으로 간주하였다. 정창희 외(1979)는 평창 지역의 조선누층군을 하부로부터 장산규암, 묘봉층, 풍촌층, 대하리층, 입탄리층, 정선석회암층으로 구분하고 두위봉형 조선누층군과 대비될 수 있다고 주장하였다.

4) 영월형 조선누층군

영월형 조선누층군은 영월 일대에 분포하는 조선누층군으로 두위봉형 조선누층군을 비롯한 다른 지역의 조선누층군과는 근본적으로 다른 층서를 보여준다. Kobayashi(1953)는 영월형 조선누층군의 각동단층의 북서쪽에 분포하는 것으로 생각하였으나, 태백산 지구 지하자원조사단은 이들이 단양과 제천 지역까지 연장되어 분포한다고 생각하였다. 최근 연구결과에 따르면, 영월형 조선누층군의 분포는 동쪽의 각동스러스트, 북쪽의 상리스러스트, 그리고 북서쪽의 주천단층에 의해서 규제되는 것으로 생각되지만, 남서쪽의 경계는 명확하지 않다. 영월 지역의 지질에 대한 연구를 최초로 수행한 Yoshimura(1940)는 영월형 조선누층군을 하부로부터 삼방산층, 마차리층, 와곡증, 문곡층, 영흥층으로 구분하였다. 삼방산층은 영월형 조선누층군의 최하부층으로 영월군 북면, 주천, 어상천 일대에 분포한다. 삼방산층은 적색, 녹회색, 담갈색 등 다양한 색의 사암, 실트암 및 셰일로 구성된다. 삼반상층의 두께는 400~750m로 보고된 바 있지만, 층재에서 반복되는 스러스트 단층과 습곡으로 인해 정확한 두께를 알기는 어렵다.

마차리층은 주로 마차리스러스트의 서쪽을 따라 띠 모양을 이루며 남북 방향으로 배열되어 있으며, 평창군의 원동재 일대와 주천 부근에도 비교적 넓게 분포한다. 마차리층은 암회색의 석회암과 흑색 셰일의 교호층으로 구성되며, 뚜렷한 호상구조를 보여준다. 마차리층 위에 정합으로 놓이는 와곡층은 주로 괴상의 담회색 내지 회색 돌로스톤으로 구성된다. 와곡층은 주로 마차리스러스트의 서쪽에서 긴 띠 모양을 이루면서 반복적으로 노출된다. 문곡층은 와곡층 위에 정합으로 놓이며 리본암, 평력암, 입자암, 이회암 등의 다양한 암석으로 구성된다(Y.S. Choi외, 1993).

영월형 조선누층군의 최상부층인 영흥층은 문곡층 위에 정합으로 놓이며, 석탄기의 요봉층에 의해 부정합으로 덮인다. 영흥층은 대체로 암회색 내지 담회색의 석회암, 돌로마이트질 석회암 또는 돌로스톤으로 구성된다. 영흥층에서는 건열, 증발암 캐스트 등과 같은 퇴적구조들이 많이 관찰되며, 이들에 근거하여 영흥층은 건조한 기후의 조상대에서 조하대 지역에서 퇴적된 것으로 해석된 바 있다(Choi and Woo, 1993; Yoo and Lee, 1997).

나. 평안층군

강원도 태백 장성 지역에서 영월을 거쳐 충청도 단양까지 이르며 분포하는 평안층군은 지역에 따라 층의 두께가 다양하며 최대 1400m에 이른다(그림 1-5). 석탄기에서 중생대 트라이아스기에 걸쳐 퇴적된 지층이다.

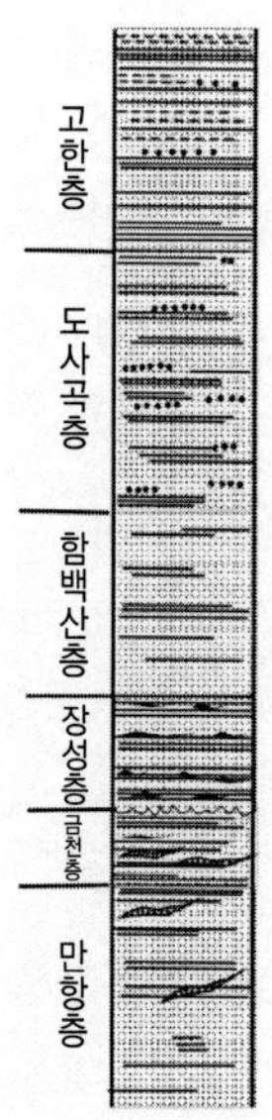

[그림 1-5] 총 두께가 약 1400m 내외인 평안층군의 주상도

1) 만항층

조선누층군의 석회암층을 부정합으로 덮고 있는 평안층군의 최하부인 만항층은 약 250m 내지 300m의 두께를 가진다. 주로 저색 및 녹회암 또는 담회색의 셰일과 녹색, 담녹색 또는 담회색의 중립 내지 극조립의 사암으로 구성되고, 백색, 담회색 또는 담홍색의 석회암이 협재하며 지역적으로는 기저에 역암이 분포한다. 하부의 저색 셰일 내에는 드물게 적철석(Hematite)이 노듈로 들어 있는 경우가 있다. 그리고 회녹색 셰일과 세립 사암에는 준녹니석 광물인 흑색의 ottrelite가 다량 생성되어 있다. 대체로 암

상에 대해 하부, 중부 및 상부로 나눌 수 있다. 하부는 기저로부터 역암, 역질 사암, 담녹색 또는 백색의 조립사암이 우세한 부분과 저색 셰일이 우세한 부분의 두 부분으로 나누어지며 셰일이 우세한 부분에서도 상부로 갈수록 사암의 협재 빈도가 높다. 만항층 중부에는 담녹색의 세립 내지 중립질 사암과 저색 셰일이 교호되며 조립 사암이 협재한다. 특징적인 것은 중부에서부터 유백색 또는 담회색의 석회암이 협재하며 암색은 하부의 저색에 비해 녹색이 점차 많이 관찰된다. 상부는 담녹색 내지 백색의 중립~조립 사암이 협재하는데 이는 함백산층의 사암과 매우 유사하다.

만항층에 렌즈상으로 협재하는 석회암은 방추충(정창희 1969)을 비롯하여 완족류, 해백합 줄기 등의 화석을 함유하며 대체로 이 층 중부 이상의, 셰일과 사암이 교호되는 호층대 내의 회색 셰일 내에 협재하지만 때로는 사암과 호층을 이루기도 한다. 만항 지역에서는 약 600~700m의 큰 폭을 가지나 이는 습곡에 의해 중첩된 것으로 판단된다.

2) 금천층

이 층은 하부의 만항층과는 주로 암색에 의해 구분하였으며, 5~6매의 박층인 무연탄이 흑색 셰일, 사암, 석회암 등과 호층으로 나타난다. 그러나 무연탄은 연속성이 불량하고 두께가 얇아 거의 채탄 대상이 되지 못한다. 암회색 셰일과 회색~암회색, 세립~중립사암, 셰일층 중의 암회색 렌즈상 석회암과 연속성이 불량하고 박층인 2~3매의 석탄층으로 구성되며 층후는 약 20~30이다.

3) 장성층

장성층은 함탄층으로 암상에 의해 둘로 구분하며 주로 암회색 셰일과 회색~암회색, 세립~중립사암, 셰일층 중의 암회색 렌즈상 석회암과 연속성이 불량하고 박층인 2~3매의 석탄층으로 구성된 하부금천층과 암회색 세립사암 암회색~흑색 셰일, 암회색 조립사암 및 3~4매의 석탄층으로 구성된 상부장성층이다. 장성층의 두께는 곳에 따라 약간의 차이는 있으나 약 50m로 추정하며 3~4매의 석탄층 중 상부로부터 1~2번째의 석탄층이 주 가행탄이며 고품위로 지속성이 강하고 습곡작용에 부분적으로 팽대되어 다각형 내지 삼각형의 부광을 이루는 곳이 많으며 평균 쪽은 1.5~2m의 탄폭을 가진다.

4) 함백산층

함백산층의 주 암석은 굵고 흰 석영립으로 구성된 극조립 사암층으로 이루어져 있다. 하부에는 백색 내지 담회색 조립사암, 박층의 암회색 셰일층 그리고 사동통과 접하는 부분은 부분적으로 부정합 징조를 보이는 세역질 사암이 나타나는 경우도 있으며 일부 백색 조립사암은 변성 작용을 받아 거의 규암화되었다. 함백산층의 구성암석은 주로 유백색 내지 회백색 조립 사암으로 되어 있으나 부분적으로 중립의 유백색 사암이 협재하고 간간이 흑색 셰일 및 사질 셰일이 수매 협재하며, 두께는 5m 이내이다. 그러나 옥동 지역에서는 유백색 조립 사암 중에 15~20m의 흑색 셰일이 협재하며 대체로 협재 빈도수가 높다. 함백산층의 사암을 현미경으로 보면 석영립이 90% 이상을 차지하며, 나머지는 기질과 소량의 변성광물로 되어 있다. 석영립은 단결정질과 복결정질 및 약간의 처트 입자들로서 크기는 1~2mm 정도이며, 기질은 대부분 견운모화했으며, silica분은 처트질화되었다.

5) 도사곡층

도사곡층은 태백산 지구 지질도의 소위 고방산통 중 함백산층을 제외한 상부층과 소위 녹암통 하부에 해당되며 함백산층을 정합으로 덮으며, 주로 조립 및 극조립 사암, 역질 사암과 셰일 및 사질 셰일로 구성되어 있는바, 하부는 대체로 일정하여 유백색~담녹색 조립 및 극조립 사암과 이에 협재한 암회색~녹회색 셰일 및 사질 셰일로 되어 있다. 함백산층보다 셰일의 협재 빈도수가 많고, 두께 역시 두꺼워 20~30m에 이르기도 한다. 상부 역시 사암과 셰일의 호층으로 이루어졌으며 지역에 따라 역질 사암이 협재하는데 이들 역은 규암 석영맥 및 흑색 셰일이다. 특히 도사곡층 상부는 암상 및 암색에 대한 횡적 변화가 매우 심하여 상부층에 협재한 암홍색 조립 사암, 저색 조립사암, 회녹색 사질 셰일은 도사 부근에서부터 나타나 동으로 갈수록 협재 빈도수가 높아진다. 준녹니석이 전층에 걸쳐 함유되어 있으며 특히 회녹색 사질 셰일 내에 현저하게 많음이 만항층의 그것과 비슷하다. 현미경 관찰에 의하면 규암질 조립 사암은 함백산층의 사암과 비슷하지만, 그 외는 석영립의 함유량이 적어 60~70% 정도 되며 분급도는 불량하여 중립과 극조립 및 이질물로 되어있는바 Greywacke에 해당된다.

6) 고한층

회색 도사곡층을 정적으로 덮는 고한층은 회색~녹회색, 암녹색, 또는 흑색의 셰일과 회색~녹회색의 세립~중조립암으로 구성되며 석회질물을 함유한다. 그러나 셰일의 경우 저색을 띠는 것도 곳에 따라 발견되며, 사암 역시 곳에 따라 조립 또는 역질로 나타나는 것들이 있다. 고한층은 지역에 따라 다르나 대체로 녹색 조립 사암 및 사질 셰일을 기질로 하여, 녹색 및 담녹색의 조림 및 중립 사암과 녹회색~회색 셰일 및 사질 셰일의 호층으로 구성되어 있으며 중부에 함력 사암과 1~2매의 박층의 탄질 셰일이 협재하고 직상부에 저색 셰일이 분포한다. 고한층의 하부는 담녹색 세립 사암을 기질로 하여 담녹색 세립~중립 사암과 녹회색~회색 사질 셰일의 호층으로 이루어졌고, 대체로 사질 셰일이 우세하다. 중부에는 30~40m의 녹회색 셰일이 2매 발달해 있고, 중상부에는 저색 및 녹색 셰일편(intraclast)을 함유한 녹색 중조립 사암이 협재하며, 최상부는 녹색 세립 사암 및 사질 셰일과 저색 셰일의 호층으로 되어 있다. 두께는 지역에 따라 차이가 있으며 대개 150~300m이다.

1.2.3 화강암류

그림 1-6의 지질도에서와 같이 화강암은 경기도 일대에 비교적 넓게 북북동 방향으로 분포하며, 이들 화강암 저반은 서울을 중심으로 한 서울 화강암, 관악산 일대의 관악산화강암과 분포 지역의 이름을 붙여 그 일대의 화강암의 특성을 설명한다.

가. 서울 화강암

1) 서울-의정부 지역

서울-의정부-동두천-포천-기산으로 이어지는 남북 방향의 화강암질 저반의 남쪽 부분에 해당한다. 선캄브리아기의 호상편마암이 관입해 있으며 접촉경계가 뚜렷이 구분된다. 조립질의 흑운모 화강암으로서 등립질이며 조직이나 광물 성분에 있어서 전반적으로 균질하게 나타난다. 주 구성광물로는 석영, K-장석, 사장석, 흑운모가 있으며, 부 구성광물로 저콘, 인회석, 불투명 광물을 함유한다.

2) 의정부-동두천 지역

서울 화강암질 저반의 북부 지역에 해당하며, 아주 균질한 암상을 나타내는 남부와는 달리 여러 가지 암상으로 구분된다. 이 지역에서 가장 우세한 암석은 조립질의 석류석 흑운모 화강암과 조립질의 각섬석 흑운모 화강암이며, 그 밖에 세립질 흑운모 화강암과 장석반암 등이 산출된다. 석류석 흑운모 화강암은 전반적으로 담홍색을 띠며 칠보산, 천보산맥, 불국산 일대에 분포하여 비교적 높은 산세를 이루며, 주 구성광물로는 석영, K-장석, 사장석, 흑운모를 포함하며, 부 구성광물로는 석류석, 백운모, 인회석, 스핀, 저콘 등을 함유한다. 각섬석 흑운모 화강암은 회색을 띠며 석류석 흑운모 화강암이 이루는 원형 구조의 내부에 위치하고, 주 구성광물로 석영, K-장석, 사장석, 흑운모, 각섬석을 함유하며, 부 구성광물로 인회석, 스핀, 저콘, 알라나이트를 함유한다.

3) 포천-기산 지역

서울 화강암질 저반의 북서부에 해당하며, 흑운모 화강암과 석류석 흑운모 화강암, 석영 섬록암으로 구성되어 있다. 흑운모 화강암은 중립 내지 조립질로 주로 석영, 사장석, 알칼리 장석과 흑운모로 구성되어 있고, 부 구성광물로 알라나이트, 인회석, 스핀, 저콘, 티탄철석을 함유한다. 석류석 흑운모 화강암은 석류석이 산출된다는 것과 스핀의 함량이 더 적다는 점 외에는 조직이나 산상에서 흑운모 화강암과 유사하다. 두 화강암 사이의 경계는 점이적이다. 석영섬록암은 중립질로서 사장석 반정을 흔히 포함하며, 사장석, 석영 미사장석, 흑운모, 각섬석, 단사휘석, 인회석, 저콘, 스핀, 불투명 광물 등으로 구성되어 있다.

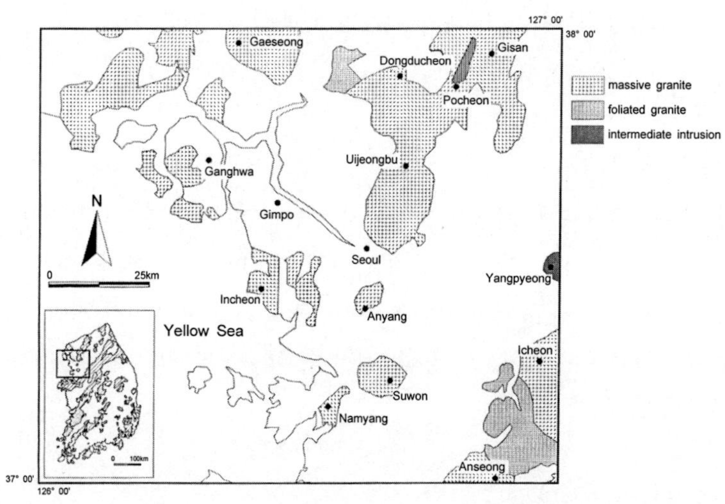

[그림 1-6] 경기 일원에 분포하는 화강암 저반

나. 관악산 화강암

관악산 화강암은 서울 화강암의 남부에 암주상으로 관입하여 있으며, 암상에 따라서 흑운모 화강암과 석류석 흑운모 화강암으로 구분된다. 석류석 흑운모 화강암은 주로 암체의 주변부에 분포하며 두 화강암 사이의 경계는 점이적이다. 관악산 화강암은 사장석의 An 함량이 5% 이하인 알칼리 장석 화강암이며, 유색 광물의 함량이 아주 적은 우백질 화강암이다. 흑운모 알칼리 장석 화강암은 중립질이며, 등립질의 조직을 보여준다. 구성 광물은 석영,

알칼리 장석, 사장석, 흑운모, 저콘, 견운모, 백운모, 녹니석이다. 석류석 흑운모 알칼리 장석 화강암은 석류석이 관찰된다는 점 이외에는 그 조직이나 광물 조합 등의 면에서 흑운모 알칼리 장석 화강암과 매우 유사하다.

다. 수원 화강암

수원 화강암은 경기편마암복합체를 암주상으로 관입하고 있으며, 암상에 따라서 흑운모 화강암과 석류석 복운모 화강암으로 구분된다. 흑운모 화강암은 조립 내지 중립질로서 수원시를 중심으로 소규모로 분포하며 풍화를 많이 받았고, 석영, 알칼리 장석, 사장석, 흑운모로 주로 구성된다. 석류석 복운모 화강암은 수원 암주의 서쪽인 칠보산 일대에 분포하며 조립질암이다. 석영, 사장석, 정장석, 미사장석, 흑운모, 백운모, ±석류석의 광물 조합을 보인다. 흑운모 화강암에 비하여 석류석 복운모 화강암은 비교적 풍화에 강하여 높은 지형을 형성하고 있다.

라. 남양 화강암

남양 화강암은 세립 내지 중립의 흑운모 화강암으로서 석영, 사장석, 알칼리 장석, 흑운모를 주 구성광물로 가지며, 부 구성광물로 스핀, 저콘, 인회석, 티탄 철석 등을 함유한다. 특히 스핀은 육안으로 관찰할 수 있을 정도의 크기를 가진다.

마. 안성 화강암

안성 지역의 화강암류는 선캄브리아기의 경기변성암복합체를 기반암으로 하여 4개의 서로 다른 암상으로 나누어진다. 엽리상 각섬석 흑운모 화강암, 중립질 흑운모 화강암, 세립질 흑운모 화강암, 조립질 흑운모 화강암이며, 이 중 엽리상 각섬석 흑운모 화강암은 안성 지역에서 가장 넓게 분포하며, 중립질 흑운모 화강암은 이천 지역으로 연장 분포한다. 세립질 흑운모 화강암과 조립질 흑운모 화강암은 소규모로 산출된다. 엽리상 각섬석 흑운모 화강암은 중립-조립질이며, 부분적으로 K-장석을 반정으로 가지는 반상 조직을 보이기도 한다. 호상편마암과는 직접적인 관입 관계를 보이고 있으며 이를 외래 암편(xenolith)으로 포함하기도 한다. 각섬석 흑운모 화강암은 엽리가 발달하며, 엽리에 평행한 방향으로 신장된 염기성 포획암을 포함한다. 엽리상 각섬석 흑운모 화강암과 남쪽에서 접하고 있는 호상편마암에서 압쇄암이 발달해 있다. 엽리상 각섬석 흑운모 화강암과는 달리 다른 흑운모 화강암들은 괴상으로 산출된다. 엽리상 각섬석 흑운모 화강암과 중립질 흑운모 화강암은 비교적 분명한 경계를 보이지만, 중립질 흑운모 화강암은 괴상으로 산출된다는 점에서 엽리상 각섬석 흑운모 화강암보다 나중에 관입한 것으로 생각된다.

바. 이천 화강암

이천 지역에서 가장 넓게 분포하는 것은 괴상의 중립질 각섬석 흑운모 화강암으로서 안구상 편마암이 관입하여 있다. 이천 화강암은 안성도폭에서는 중립질의 흑운모 화강암으로 산출되나 이천도폭에서는 소량의 각섬석을 함유한다. 오천리에서 중립-조립질 각섬석 흑운모 화강암이 연성 전단 작용에 의해서 압쇄암화된 것이 관찰된다. 이천 화강암은 석영, 사장석, K-장석, 흑운모, 각섬석이 주 구성광물로 나타나며 부 구성광물로 저콘, 인회석, 불투명 광물을 함유한다. 그 밖에 변질에 의해서 이차적으로 생성된 녹니석, 견운모 등을 포함한다.

사. 인천 화강암

인천-부평 지역은 선캄브리아기의 편마암 복합체를 기반암으로 하는 중생대의 화산암류와 화강암류가 분포한다. 이 지역의 화강암류는 조립질 반상 흑운모 화강암, 중립질 홍색 장석 흑운모 화강암, 우백질 흑운모 화강암 등으로 구성되어 있다. 조립질 반상 흑운모 화강암과 중립질 홍색 장석 흑운모 화강암은 부평 지역의 중생대 화산암과 관련되어 산출되고 있으며 환형 구조의 내부에 주로 분포한다. 화강암 사이에는 직접적인 접촉 관계가 없다. 조립질 반상 흑운모 화강암은 약 0.2~0.5cm 크기의 정장석 반정을 가지는데, 이들 반정이 대부분 홍색으로 변해 암석이 전체적으로 담홍색을 띠고 있다. 주 구성광물은 석영, K-장석, 사장석, 흑운모로 구성되어 있으며 부 구성광물로 인회석, 저콘 등을 함유한다. 중립질 홍색 장석 흑운모 화강암은 대부분 중립질이나 부분적으로 세립질 또는 조립질인 것도 있다. 장석이 대부분 홍색으로 변해 있다. 우백질 흑운모 화강암은 인천 송도 지역에 분포하며, 결정의 크기는 세립-중립에 걸쳐 다양하며 지역에 따라 조립질로도 산출된다.

아. 김포 화강암

김포 지역의 계양산 서쪽에서 편마암류와 화산쇄설암류의 경계를 따라 소규모로 섬장암이 관입 분포하고 있으며, 흑운모와 각섬석을 많이 함유하고 회색을 띠는 암석이다. 정장석과 사장석의 반정을 다량 포함하여 석영은 거의 관찰되지 않는다. 흑운모는 자형으로 산출되는 것이 많으며 각섬석은 0.5~1cm 정도의 크기를 나타내며 일부는 녹니석화되었다.

자. 강화도 화강암

강화도 화강암은 강화도 마니산, 길상산과 석모도에서 변성암이 관입하여 있으며, 각섬석 흑운모 화강섬록암과 흑운모 화강암으로 구성된다. 각섬석 흑운모 화강섬록암은 마니산 일대와 석모도 중앙부에 분포하며, 흑운모 화강암이 관입하여 있으며, 흑운모 화강암에 비해 입자의 크기가 3~5mm 정도로 크고 유색광물의 함량이 높으며, 야외에서 염기성 포획암을 갖고 있는 점이 특징적이다. 석영, 사장석, K-장석, 흑운모, 각섬석이 주 구성광물을 이루고 부 구성광물로는 알라나이트, 인회석, 저콘, 불투명 광물 등이 산출되고, 견운모, 녹니석, 방해석 등도 관찰된다. 흑운모 화강암은 온수리, 외포리, 석모도에서 결정질 편암과 편마암을 관입, 분포하고 있으며 각섬석 흑운모 화강섬록암에 의해서 관입당했다. 입자의 크기는 2~3mm 정도로 중립질이며 등립질이며, 주로 석영, K-장석, 사장석, 흑운모로 구성되며, 저콘, 인회석, 불투명 광물이 부 구성광물을 이루고 2차 광물로 사장석 내부에서 견운모가, 흑운모 주변에 녹니석과 백운모 등이 관찰된다.

차. 양평 중성-염기성 복합체

양평 지역에는 중성 및 염기성 심성암체가 암주상으로 경기편마암복합체를 관입하여 타원형의 분지 지형을 이루고 있다. 암상에 따라서 반려암, 섬록암, 반상 몬조니암으로 구분되며 모두 조립질암이다. 이 중 몬조니암이 대부분을 차지하며 반려암과 섬록암은 암주 및 암맥상으로 편마암과의 접촉부에 주로 분포한다. 반려암은 괴상으로 산출되며 주 구성광물은 각섬석, 사장석 및 흑운모이고 부 구성광물로는 미사장석, 석영, 휘석 및 2차적으로 생성된 녹니석, 녹염석을 함유한다. 그 밖에 미량의 자철석, 인회석, 금홍석을 함유한다.

1.3 남부 지역(전라, 경상 및 제주)의 지질

남부 지역은 그림 1-7 및 표 1-4에서와 같이 서쪽의 선캄브리아시대의 편마암류 및 편암류로 분포하는 소백산편마암류 및 지리산편마암류를 기저로 하여 한반도 동남부 경상도 지역을 중심으로 중생대 백악기에 형성된 소위 경상분지의 퇴적층인 경상누층군이 크게 분포한다. 그 외 불국사화강암과 제3기의 소규모 퇴적분지 및 제주도의 현무암류가 대표적인 지질이다.

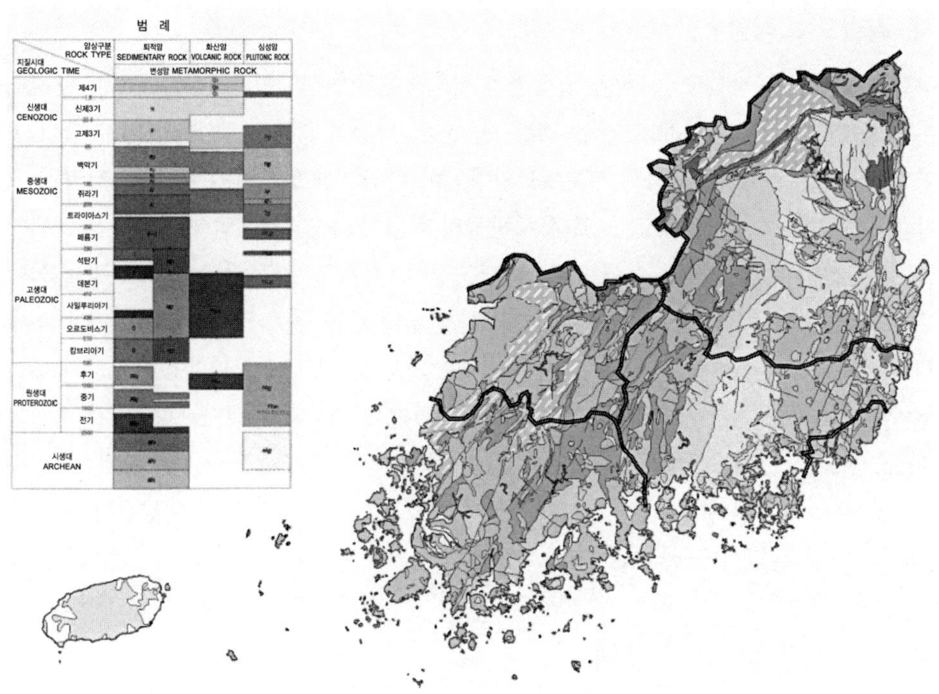

[그림 1-7] 한반도 남부 지역(전라, 경상 및 제주)의 지질도

1.3.1 선캄브리아기의 편마암류 및 편암류

한반도 남서부에 소위 옥천대의 동쪽에 분포하는 선캄브리아기의 변성암류를 지질 구조구로 보면 영남육괴에 해당하며, 암상에 의한 명명에 의하면 소백산편마암복합체 및 지리산편마암복합체로 구성되어 있다. 소백산편마암복합체 및 지리산편마암복합체는 이상만(1980)에 의해 분류되었으나 구성 암상이 대동소이하여 이 논문에서는 동일시하여 함께 기술한다.

소백산편마암복합체 및 지리산편마암복합체는 영남육괴를 구성하는 최하부 기반암으로 영남육괴를 구성하는 대부분의 암석이 고도의 다변성작용과 고기 화성활동 및 구조운동을 받은 변성암으로 구성되어 있다는 사실에 비추어, 이러한 '층서적'인 분류는 지질학적 의미가 없다. 따라서 영남육괴를 구성하는 최하부 기반암을 통칭하여 소백산편마암복합체 및 지리산편마암복합체로 정의하였으며, 이 변성암복합체를 구성하는 주요한 암상에 따라 이를 분류하였다. 소백산편마암복합체 및 지리산편마암복합체는 마그마타이트질 편마암, 흑운모 호상편마암, 운모편암, 반상변정질 편마암(그림 1-8), 안구상 편마암, 우백질 편마암, 회장암 등으로 이루어져 있다.

[그림 1-8] 지리산 일대 및 구례, 하동 지역에 넓게 분포하는 반상변정질 편마암

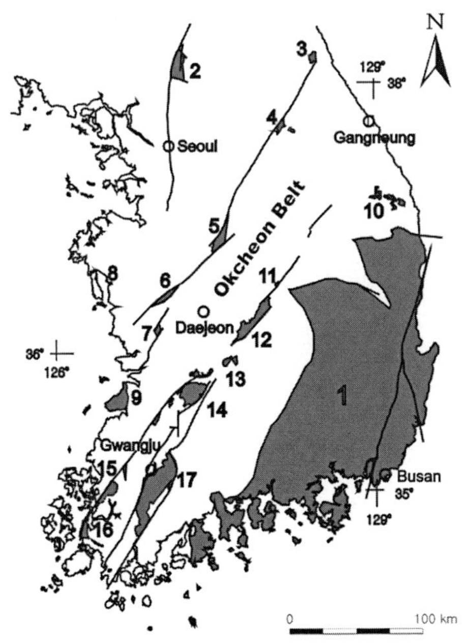

[그림 1-9] 남한에 분포하는 백악기의 퇴적분지들

1: 경상분지, 2: 철원분지, 3: 미시령분지, 4: 풍암분지, 5: 음성분지, 6: 공주분지, 7: 부여분지, 8: 천수만분지, 9: 격포분지, 10: 통리분지, 11: 중소리분지, 12: 연동분지, 13; 무주분지, 14: 진안분지, 15: 함평분지, 16: 해남분지, 17: 능주분지

1.3.2 백악기 경상누층군

한반도 남동부 경상도 지방을 중심으로 분포하는 경상분지는 중생대 백악기에 형성되어 그 분지를 채운 퇴적층들이 경상누층군이다(그림 1-9). 경상누층군은 하부로부터 신동층군, 하양층군 및 유천층군으로 구분된다(장기홍, 1977, 1978). 이들 층군들을 구분하는 기준은 신동층군에는 화산쇄설물들이 거의 없으나 하양층군에는 화산쇄설물들이 차츰 증가하며 유천층군은 화산암 내지 응회암이 주이며 간혹 퇴적암이 이들 화산암류 사이에 협재하는 것이 특징이다.

주 경상분지(그림 1-9의 1)도 북쪽에서부터 영양소분지, 의성소분지 및 밀양소분지로 구분된다. 이들 소분지 간에는 열쇄층(key bed)이 있어 상호 층서 대비가 강하며 각 분지 간의 지층명은 표 1-5와 같다.

[표 1-4] 한반도 남부 지역(전라, 경상 및 제주)의 지질 계통표

<table>
<tr><td rowspan="6">신생대</td><td>제4기</td><td colspan="2">신양리층(제주도)</td><td>제주도 현무암 분출</td></tr>
<tr><td rowspan="4">신제3기</td><td colspan="2">서귀포층</td><td rowspan="4"></td></tr>
<tr><td colspan="2">연일층군</td></tr>
<tr><td colspan="2">장기층군</td></tr>
<tr><td colspan="2">양북층군</td></tr>
<tr><td>고제3기</td><td colspan="2"></td><td>불국사 화강암 관입</td></tr>
<tr><td rowspan="3">중생대</td><td rowspan="3">백악기</td><td rowspan="3">경상누층군</td><td>유천층군</td><td rowspan="3"></td></tr>
<tr><td>하양층군</td></tr>
<tr><td>신동층군</td></tr>
<tr><td rowspan="2">선캄브리아시대</td><td rowspan="2">원생대</td><td rowspan="2">영남편마암복합체</td><td>지리산편마암복합체</td><td rowspan="2">선캄브리아기 화강암 관입</td></tr>
<tr><td>소백산편마암복합체</td></tr>
</table>

가. 신동층군

경상분지의 백악기 퇴적암은 곳에 따라 퇴적 시작 시기가 상당히 다르지만 현저한 기저 역암을 가지고 분지의 기저인 고기암 위에 부정합으로 놓여 있다. 신동층군은 두께가 2,000~3,000m로서 주로 쇄설성 퇴적암으로 구성되며 경상분지의 서부에 위치한다. 신동층군은 퇴적 범위가 초기의 경상분지였으며 이것이 현 경상분지의 낙동소분지 혹은 낙동 곡분(trough)이다. 신동층군은 하부로부터 역암, 사암, 셰일 및 탄질 셰일로 구성된 낙동층(일명 하산동층), 사암, 역암, 적색사암 및 회색 셰일로 구성된 하산동층 및 최상부 지층인 회색사암, 암회색 셰일 및 역암으로 구성된 진주층(일명 동명층)으로 이루어져 있다.

나. 하양층군

하양층군은 퇴적분지의 범위가 확대되면서 퇴적되기 시작하였는데 퇴적시기 중 때때로 화산활동이 있었고 퇴적동시성 지괴운동이 있었다. 하양층군은 두께 1,000~5,000m로 주로 쇄설성 퇴적암으로 구성되며 염기성 내지 중성 화산암이 소규모 협재한다. 하양층군은 신동층군 위에는 정합으로 놓이지만 다른 지역 특히 의성소분지 및 영양소분지에서는 신동층군을 결한(?) 채 기반암 위에 부정합으로 놓인다.

하양층군은 밀양소분지, 의성소분지 및 영양소분지에서 각각 층명을 달리한다. 밀양소분

지는 하부로부터 사암, 셰일과 역암으로 구성되고 적색층을 함유하는 칠곡층, 역암과 약간의 사암으로 구성된 신라역암, 현무암으로 이루어진 학봉화산암, 적색의 셰일, 사암, 이암으로 구성된 함안층(일명 대구층), 암회색 셰일과 사암으로 구성된 진동층, 그리고 그 상부에 암회색 내지 회색 셰일 및 사암으로 구성된 반야월층으로 이루어져 있다. 의성소분지는 하부에 신동층군 상부에 놓이는 하양층군의 최하부 지층은 일직층으로 신동층군이 없이 기반암 위에 부정합으로 놓이는 하양층군의 하부층을 백자동층이라고 정의하였다. 이들 하양층군 최하부층 위에는 적색 및 암회색 처트 각력의 함유를 특징으로 하는 구미동층, 적색 셰일과 사암의 호층인 구계동층, 암회색 내지 회색 또는 녹회색 사암과 셰일의 호층인 점곡층, 적색층이 우세하고 밀양소분지의 함안층에 대비되는 사곡층, 구산동응회암을 기저로 사암과 셰일의 호층대인 춘산층과 하양층군 최상부층인 암회색 셰일과 사암의 호층인 신양동층이 분포한다. 영양분지는 분지의 기반암 위에 역암을 주로 구성된 울련산층, 장석질 사암, 역질사암 및 적색 셰일로 구성된 동화치층, 녹회색 이회암, 적색 셰일, 사암 및 연암으로 구성된 가송동층, 녹색 또는 저색 역암과 이에 협재한 이회암, 사암 및 셰일로 구성된 청량산층, 현무암으로 주로 구성된 오십봉화산암, 역암, 사암 및 셰일로 구성된 도계동층, 저색

[표 1-5] 경상분지 내 소분지 간의 층서 대비표

<table>
<tr><th>영양소분지</th><th colspan="3">의성소분지</th><th colspan="2">밀양소분지</th></tr>
<tr><td colspan="6">유천층군</td></tr>
<tr><td colspan="2">신양동층</td><td colspan="3">건천리층</td><td rowspan="12">하양층군</td></tr>
<tr><td rowspan="2">기사동층</td><td rowspan="3">춘산층</td><td colspan="2">채약산화산암</td><td rowspan="2">진동층</td></tr>
<tr><td colspan="2">송내동층</td></tr>
<tr><td rowspan="2">도계동층</td><td colspan="3">반야월층</td></tr>
<tr><td>사곡층</td><td colspan="2">함안층</td><td rowspan="2">함안층</td></tr>
<tr><td>오십봉화산암</td><td rowspan="3">점곡층</td><td colspan="2">학봉화산암</td></tr>
<tr><td>청량산역암</td><td colspan="3">신라역암</td></tr>
<tr><td>가송동층</td><td colspan="2"></td><td rowspan="5">칠곡층</td></tr>
<tr><td rowspan="3">동화치층</td><td colspan="3">구계동층</td></tr>
<tr><td colspan="3">구미동층</td></tr>
<tr><td colspan="3">백자동층</td></tr>
<tr><td>울련산층</td><td colspan="3">일직층</td></tr>
<tr><td colspan="3"></td><td colspan="2">진주층(동명층)</td><td rowspan="3">신동층군</td></tr>
<tr><td colspan="3"></td><td colspan="2">하산동층</td></tr>
<tr><td colspan="3"></td><td colspan="2">낙동층(연화동층)</td></tr>
</table>

의 셰일, 사암 및 함처트역을 가진 잡색역암(기사동 역암)을 가지는 기사동층과 하양층군 최상부층인 암회색의 셰일, 사암 및 역암으로 구성된 신양동층으로 이루어져 있다.

다. 유천층군

유천층군은 화산활동이 활발한 시기에 형성된 것으로 두께가 약 2,000m이며 안산암, 유문암장석영 안산암, 유문암 등의 용암과 응회암류 및 협재한 퇴적암으로 구성되어 있으며 하양층군의 침식면 위에 흔히 경사 부정합으로 놓인다. 이 층군은 층서가 매우 복잡하고 다양하여 일반화하기 매우 어렵다. 밀양-유천 지역에서는 본층군의 하부인 안산암(약 1,000m)과 상부인 산성화산암류(약 900m) 사이에 부정합이 있다.

[그림 1-10] 경상누층군 내 적색층 셰일과 회색 사암이 호층을 이루는 퇴적암 노두 사진

1.3.3 제3기 지층

한반도에는 황해도에 위치한 안주분지 및 봉산분지를 제외하고는 제3기의 퇴적분지들이 동해안을 따라 단속적으로 분포한다. 이들 중에서 포항분지, 장기분지 및 어일분지는 한반도의 주요 구조선인 양산단층 동측에 분포하는 분지이다(그림 1-11). 제3기 퇴적분지는 대개 속성작용이 완전히 이루어지지 않은 미고결의 사암 및 이암으로 이루어져 있으며, 화산암류들이 협재하여 분포하고 있다.

[그림 1-11] 한반도에 분포하는 제3기 퇴적분지 분포도

가. 포항분지의 지질

본 연구 지역은 경상누층군의 최상부층에 해당되는 퇴적암 및 화산암을 기반암으로 하여 제3기의 연일층군이 부정합으로 덮고 있다. 연일층군의 층서는 Tateiwa(1925)에 의해 천북역암과 연일셰일로 크게 구분한 이후 엄상호 외(1964)에 의해 6개의 층으로 구분하였으며 Kim, B.K.(1965)은 이 지역에서 산출되는 유공충을 이용하여 생층서로 6개의 층으로 구분하였다. Yoon, S.(1975)은 기저층인 천북역암을 2개의 층과 2개의 층원으로 세분하였으며, Yun, H.S.(1986)가 다시 3개의 층으로, Chough, S.K. etc.(1989)는 4개의 층으로 구분하여 매우 다양한 층 구분을 시도한 바 있다. 그러나 실제로 야외조사 시 이러한 층은 암상으로는 특징이 뚜렷하지 않아 구분이 불가능하며 또한 고생물학적 자료가 뚜렷한 층의 구분을 지시하는 것도 아니다. 본 연구에서는 생층서와 암층서의 상호 보완을 통해 이 지역의 층 구분을 시도한 Yun, H.S.(1986)의 분류기준에 따라 하부로부터 주로 역암, 조립질 사암 및 소규모의 이암이 호층을 이루는 천북층, 이암, 이질사암, 사암 등으로 구성된 학전층, 주로 이암으로 구성되고 사암이 협재하는 두호층으로 구분하였다.

1) 학전 용결응회암

본역 서남부에 소규모로 분포되며 그 남쪽 연장부로는 비교적 광범위하게 분포하는 용결응회암이다. 층위상 천북역암의 기저에 해당될 것으로 생각되지만 상호관계는 야외에서 관찰할 수 없었다. 이 암석의 대표적인 암상은 달전저수지 부근에서 관찰되며 두께가 100m에 해당되고 담청색의 바탕에 녹니석화된 fiamme를 특징적으로 함유한다. 소량의 안산암 및 현무암의 암편을 가지며 광물은 2mm 크기의 사장석과 석영으로 전체의 약 10%를 점한다.

특히 포항에서 경주에 이르는 국도변에 위치한 이 암석의 노출지에서는 거대한 암편을 함유하고 있다. 이들 암편들도 암편의 외곽부를 따라 welding 구조가 발달된다. 암편들 중 큰 것은 1m 정도의 안산암, 용결응회암 및 퇴적암들로 구성되어 있고 각력 내지 아각력이다. 석기는 사장석, 석영, 정장석류이며 자형 내지 심하게 파쇄된 양상이다. 대부분은 녹니석화 내지방해석화되어 있다. 이러한 일련의 양상으로 보아 이 용결응회암은 암설류(debris flow)의 proximal facies 위에 ash flow의 퇴적이 일어난 것으로 해석된다.

2) 칠포 용결응회암 및 유문암

포항분지의 동북부 칠포-월포 간에 분포하는 화산암은 지경동 화산암류(김옥준 외, 1968)와 곡강동 유문암(장기홍, 1985)으로 기재된 바 있고, 윤성효(1988)는 이들 암석의 암석학적 특징에 대한 연구를 통해 대부분의 암석이 응회암에 해당되는 것으로 밝히고 칠포 응회암으로 기재하였다. 이 화산암류는 유문암과 응회암으로 구성되어 있는데 유문암은 포항-송라 간 국도변인 벌래재에서 쉽게 볼 수 있으며 담홍색으로 미약한 유동구조를 보인다. 유동구조는 주로 미정질의 석영으로 구성된 석기에서 발달하며 2~5mm 크기의 석영입자와 1mm 크기의 장석이 약 10%에 이른다. 이들 중에서 석영 반정은 심하게 resorbed 되어 있다. 본 용결응회암은 칠포해수욕장의 곤륜산 도로변에서 쉽게 볼 수 있으며 이곳의 암색은 암흑색이다. 장단축 비가 약 1 : 5인 fiamme가 자주 관찰되며 소량으로 1cm 크기의 암편이 함유되어 있다. 육안으로는 석영 및 장석이 약 5% 함유되어 있음이 관찰된다. 현미경으로도 용결조직이 잘 관찰되며 사장석이 소량 함유되어 있다. 오봉산 북쪽에서는 청회색의 암색을 띠는 이 암체가 산사면에 소규모 분포하는데 다량의 각력, 아각력을 함유하며 녹니석화된 녹색 실 모양의 암편이 다량 함유되어 있다. 암편은 홍색의 안산암 내지 현무암으로 간혹 원마도가 잘 발달된 경우도 관찰된다. 현미경으로 불규칙한 모양의 pumice가 다량 보이고 불규칙한 배열을 보인다. 따라서 이 암석은 화산암에서 2차적으로 집적된 epiclastic deposits로 해석된다. 천마산 부근의 천마저수지에는 본 용결응회암에 인접하여 회녹색의 암석이 분포한다. 이 암석은 용결 상태가 불량하며 약 5cm 크기의 암편을 다수 함유한다. 또한 pseudo fiamme가 관찰되는데 fiamme의 장축 방향은 불규칙하다. 또한 부분적으로는 암편이 농집되어 층리를 형성하기도 하고 원마도가 다소 양호하기도 하다. 암편은 안산암, 이암 및 용결응회암으로 구성된다. 현미경으로 관찰하면 심하게 파쇄된 응회암의 암편으로 구성되고 함유된 shard들의 배열 상태가 불규칙하며, 암편과 암편 사이는 공동이 남아 있는 것이 특징이다. 따라서 이 암석은 epiclastic deposits로 생각되고 화산작용 후에 풍화, 침식의 과정을 거친 이 암석의 산출로 보아 이 암은 제3기 포항분지의 기저에 해당되는 암석으로 해석된다.

3) 천북층

Tateiwa(1925)의 천북역암, 엄상호 외(1964)의 천북역암과 학림층 일부, Kim. B.K.(1965)의 사암역암과 송학동층 일부, Yoon, S.(1975)의 단구리역암, 천곡사층에 해당하며, 연일층군의 최하부지층으로 경상누층군과 부정합으로 접한다. 북으로는 남정면 앙리말에서 시작하여 경주 보문호까지 북동 내지 북북동 방향으로 약 50km의 연장을 보이고 층후는 약 150~400m이다. 이 층의 퇴적상에 대하여 Chouhg, S.K. etc.(1989), Hwang, I.G.(1993)은 연일층군이 퇴적상으로 보아 충적선상지 또는 삼각주선상지에서 퇴적되었다고 하였다. 이 층 최하위인 소위 단구리 역암(Yoon, S. 1975)에 해당하는 곳에서는 주위 모암과 같은 성분을 갖는 각력이 대부분이고 입자지지 역암(clast supported conglomerate)인데 이는 단층에 의한 파쇄대가 근거리를 이동하여 퇴적된 것으로 해석된다. 바로 상부는 대부분 암설류(debris flow)에 의해 퇴적된 기질지지 역암(matrix supported conglomerate)으로 구성되어 있는데, 역은 대체로 원마되어 있으며 그 성분도 회색 내지 회백색 사암, 자색 셰일, 흑색 셰일, 규암 및 규장암 등 다양하다. 최하위 층준에는 약 10~20cm 크기의 각력질 역암이 우세하고 그 위에 직경 10cm 미만의 원마도가 비교적 좋은 역암이 분포하며 지역에 따라 역암이 조립질 사암 내지 알코식 사암과 호층을 이루고 있으나 측방 연속성은 불량하다.

4) 학전층

천북층의 상부에 정합으로 놓이는 지층으로 천북층의 연장과 방향이 같으며 층의 두께는 약 280~400m이다. 천북층에서 점이적으로 변하며 주로 이암, 이질사암, 사암 등으로 구성되고 역암이 협재하며 지층의 변화도 천북층에 비하여 안정되어 거의 일정하게 10도 내외의 지층 경사를 가진다. 이 층의 하부는 백갈색 내지 회백색의 두꺼운 이질사암과 사암이 주를 이루며 1m 내외의 두께를 갖는 역암과 이암이 협재한다. 이곳에서는 식물과 패류화석, 유공충 등의 화석이 많이 산출된다. 사암은 주로 상향 세립하고 괴상이거나 이암과 호층을 이루며 엽층으로 발달되고 탄질물이 4~5cm 정도로 협재하기도 하지만 연속성은 없다. 간간이 slide block이나 mud ball이 관찰되기도 한다. 이 층의 상부는 회갈색 내지 백갈색의 괴상의 이암이 주를 이루고 엽층의 사암과 역질암(pebbly stone)이 협재하며 호층을 이룬다. 때로 slumping structure를 보이기도 하고 이암 내에 돌로마이트 단구 또는 방해석질 단구가 많이 관찰된다.

5) 두호층

1 : 5만 포항도폭(엄상호 외, 1964)의 이동층 일부와 두호층, 여남층에 해당하며 포항과 월포 사이의 지역에서만 분포하고 형산강 이남 지역에서는 분포하지 않으며 층의 두께는 약 150~200m이다. 이 층은 주로 갈색 내지 백갈색 또는 담록색을 띠는 이암으로 이루어지며 세립질 사암이 협재하고 층의 중간에 직경 수 센티미터의 역을 갖는 역암층이 폭 1m 이내로 협재한다. 학전층을 거치면서 지층경사가 10도 이내로 매우 완만하여 slope apron이나 basin plain에서 퇴적된 것으로 보인다(Chough, S.K. etc. 1989). 학전층에 비하여 이회암의 단구 발달이 현저하여 층면에 평행하게 렌즈상을 이루고 있다. 특히 이 층에서 주목할 만한 것은 칠포 용결응회암 지역인 청하면 신흥리 마을 부근과 흥해읍 천마산 아래에 응회암질 성분을 갖는 10~20cm 크기의 각력과 1~5cm 크기의 원마된 역을 갖는 역암과 응회암질 사암으로 이루어진 역암층이 N30°W 내지 EW의 주향과 10~30°NE의 경사를 보이며 분포하는데, 이는 이 지역을 통과하는 단층에 의해 파쇄된 단층각력이 두호층과 동시에 퇴적된 것으로 보인다.

6) 현무암

포항시 서쪽 달전지 부근 당수마을 일대와 광방리 북쪽 일원에 소규모로 분포한다. 특히 달전지 부근의 현무암은 주상절리가 매우 잘 발달되어 있는데, 이 주상절리의 경사는 하부에서 약 70~80도 내외이고 상부는 약 20~30도 이다. 달전지 남서쪽과 칠전마을 부근에서는 주변 퇴적암류의 지층경사와 거의 평행하게 퇴적암류 하반에 분포하며 판상절리와 양파구조(onion structure)가 발달한다. 암색은 암흑색 내지 흑색을 띠며 미정질이고 매우 치밀하다. 사장석, 휘석 등을 주성분으로 하고 감람석, 자철석, 방해석 등을 부성분으로 가진다. 이 현무암에 대한 산상과 지질시대는 연구자에 따라 견해가 다른데 크게 세 가지로 보고 있다. 하나는 연일층군의 형성이 어느 정도 이루어진 후(마이오세 말기) 학전층에 관입하였다는 견해와 학전층의 형성(중기-말기 마이오세)과 때를 같이하여 분출하였다는 주장 및 연일층군의 형성 이전에 이미 관입하여 그 시기가 올리고세 초기 내지 마이오세라고 하는 견해가 있다. 최근의 암석연령측정에 의하면 이 현무암의 생성 연대가 약 15Ma로(이현구 외, 1992) 보고되고 이번 야외조사 시 학전층의 일부가 현무암의 관입에 의해 접촉부에 열변성작용을 받은 흔적이 관찰되었으며 현무암의 분포양상이 전체적으로 타원형을 이루고 있는 점을 볼 때 마이오세 중기 또는 말기에 학전층이 관입한 것으로 보인다.

1.3.4 제주도의 지질

제주도 한반도 최남단에 위치한 화산섬으로 육지의 지질이나 지질구조에서 찾아볼 수 없는 독특한 지질현상을 가지는 지역이다. 그러므로 제주도 내에서 토목공사를 위해 지반조사를 실시할 때는 육지의 다른 지역에 비해 제주도의 지질현상에 맞추어 조사가 수행되어야 한다. 이를 위해 본 논문은 제주도 지역 지반조사 시 유의해야 할 지질 및 지질구조의 특성을 기술한다.

제주 지역에 분포하는 화산암에 대한 암석학 및 암석화학적 특성에 대해서는 Lee(1982), Lee(1989), 박준범과 권성택(1991, 1993), 이상만(1966), 원종관(1976), Nakamura et al(1989, 1990)에 의해 연구되었고, 화산암 하부의 기반암에 대해서는 윤상규와 김원영(1984), 고기원(1991, 1997), 박준범과 권성택(1991, 1993)에 의해 연구되었다. 고기원(1997)은 1921년부터 1996년까지 제주도에 대한 지질학적 연구사를 시대적 상황 및 조사 연구의 성격을 고려하여 5단계로 구분하였으며, 302편의 조사 연구 실적과 논문을 분야별로(수자원, 층서학, 고생물, 광물학, 지구물리학, 암석학, 지형학 및 기타, 학술심포지엄) 분류하여 요약하였다.

제주도의 지형은 북동동-남서서 방향의 장축(74km)과 북서서-남동동 방향의 단축(32km)을 갖는 타원형으로 면적은 1,825km^{2}이다. 제주도 중앙부에는 1,950m 높이의 한라산이 위치하고, 정상에는 지름이 575 × 400m, 깊이가 100m에 이르는 분화구가 있으며 돔상의 조면암이 분화구 주변에 관입하여 있다. 제주도 전역에는 360여 개의 분석구(응회환, 응회구가 일부 있음)가 분포하고 있다.

제주도는 현무암질 용암류의 반복 분출에 의해 형성된 순상의 섬으로 약 100m의 수심을 갖는 대륙붕 위에 놓여 있다. 용암류는 초기의 대지형 용암류(plateau-stage lava)와 후기의 순상 화산체 용암류(shield-stage lava)로 구분한 바 있다(원종관, 1976; 이문원, 1982; 박준범, 1994). 현무암류(관입암도 포함됨)에 대한 암석 절대연령 측정값은 1.20Ma에서 2만 5000년 범위로 밝혀졌으며, 플라이토세 동안에 화산활동이 활발했던 것으로 보고되었다(윤상규 등, 1986: Won et al, 1986; 이동영 등, 1987; Tamanyu, 1990). 또한 유사시대(AD 1002, 1007, 1445, 1670년)에도 화산폭발이나 지진이 발생했던 기록이 있다(동국여지승람 제38권, 이조열성실록). 현재는 화산활동의 징후가 없는 것으로 여겨지는 휴화산으로 해석된 바 있으며(원종관, 1976), 활화산과 사화산에 대한 Szakacs(1994)의 새로운 정의에 따르면 제주도는 사화산에 해당된다. 용암류 외에 하와이 혹은 스트롬볼리 분출에 의해 형성된 350여 가 넘는 분석구(scoria cone)와 수성화산활동(hydrovolcanism)에 의해 형성된 응회구(tuff cone) 및 응회환(tuff ring)이 분포한다. 이들 응회환과 응회구는 주로 제주도 해안을 따라 분포한다. 퇴적층은 서귀포층(Haraguchi, 1931; 김봉균, 1972)과 신양리층(김봉균, 1969; 한상준 외, 1987)에 분포한다. 지하수와 온천수 개발을 위한 심부시추 결과 화산암 하부에 대한 지질이 대략 밝혀지게 되었다(고기원, 1997; 고기원 외, 1992, 1993). 그 결과 제주도 동부 지역은 해수면 하부에 두께가 120m에 이르는 용암류가 분포하고, 그 밑에는 약 120m 두께의 미고결 퇴적층이 분포하는 것이 밝혀졌다. 이 미고결 퇴적층에는 해서 유공충이 함유되어 있어 제주도 용암분출 이전에 퇴적된 해성층으로 해석되었다(원종관 외, 1993, 1995). 이 퇴적층 하부에는 중생대 기반암층으로 해석되는 용결응회암, 화강암 등이 분포한다(윤상규와 김원영, 1984; 고기원, 1991; 박준범과 권성택, 1991; Choi. et al, 1991). 제주도 서쪽 지역은 용암류의 두께가 50~70m이며 하부로 서귀포층이 나타난다(고기원, 1997).

제주도를 구성하고 있는 화산암은 알칼리현무암, 하와이아이트, 뮤저라이트, 조면암 및 소량의 솔리아이트로 구성되어 있는 것으로 보고되어 있다(Lee, 1982; Lee, 1989; 박준범과 권성택, 1991). 제주도에 분포한 조면암은 전기의 대지형 용암류(plateau-stage lava) 분출 시기와 후기의 순상 화산체 용암류(shield-stage) 분출 시기에 각각 형성된 것으로 보고된 바 있다(Lee, 1982). 암석화학적 연구에 의하면 제주도 암석은 해양도(oceanic island basalt)의 특징을 보이며, 맨틀플륨과 관련된 열점 화성활동의 산물로 보고되어 있다(Lee, 1982; 박준범, 1994; 박준범과 권성택, 1993a, 1993b).

제주·애월 지역에 분포하는 용암류의 연대를 알기 위해 K-Ar 절대연령 측정을 실시하였으며, 이의 분석은 미국 Krueger Enterprises의 Geochron Laboratories에서 이루어졌다. 분출 시기를 전체적으로 파악하기 위해 아직 절대연령이 보고되지 않은 용암류를 대상으로 층서를 고려하여 하부로부터 상부로부터 10개의 시료를 선정하였다(표 1-6).

분석된 결과는 선흘리 현무암질 안산암이 7.6Ma로 가장 오랜 시기를 지시하고, 도남동현무암, 고내봉 하와이아이트, 귀덕리 현무암, 오등동현무암과 봉래동현무암은 5.3Ma 내지 3.8Ma, 오라동 하와이아이트, 소산봉 조면안산암과 천왕봉 조면안산암은 1.9Ma 내지 1.0 Ma이다. 이들 결과는 지금까지 보고된 제주도의 용암류 분출시기와 대비될 수 없는 오랜 연령이며, 층서상 같은 위치의 용암류에서 보고된 K-Ar 절대연령에 비해 너무 고기이다(표 1-6). 이는 시료의 radiogenic ^{40}Ar/total ^{40}Ar 비가 너무 낮기 때문에 대기 중 Ar에 대한 보정에서 많은 오차가 발생하였기 때문으로 해석된다.

[표 1-6] 절대연령(K-Ar법) 측정을 위한 시료채취 위치와 기존 자료

시료 채취 위치 및 암석명				조사 지역 내의 암석 절대연령 기존 자료		
시료 번호	위치		암석명	암석명	위치	절대연령(Ma)
	X	Y				
157	44.5	157.0	오등동현무암			
133	42.1	153.7	오라동하와이아이트			
197	41.4	156.2	천왕사조면안산암			
183	43.4	158.6	소산봉조면안산암			
J5	48.2	165.2	봉개동현무암			
J11	55.1	170.5	선흘리현무암질안산암	현무암	만장굴	0.42(김경훈, 1982)
163	50.1	154.9	도남동현무암			
E81	44.8	144.7	극락오름조면안산암			
					광령리	<0.06(이동영, 1996)
E56	46.8	137.5	고내봉하와이아이트			
E1	42.5	135.4	귀덕리현무암	현무암	동주원	0.16±0.04(이동영, 1996)

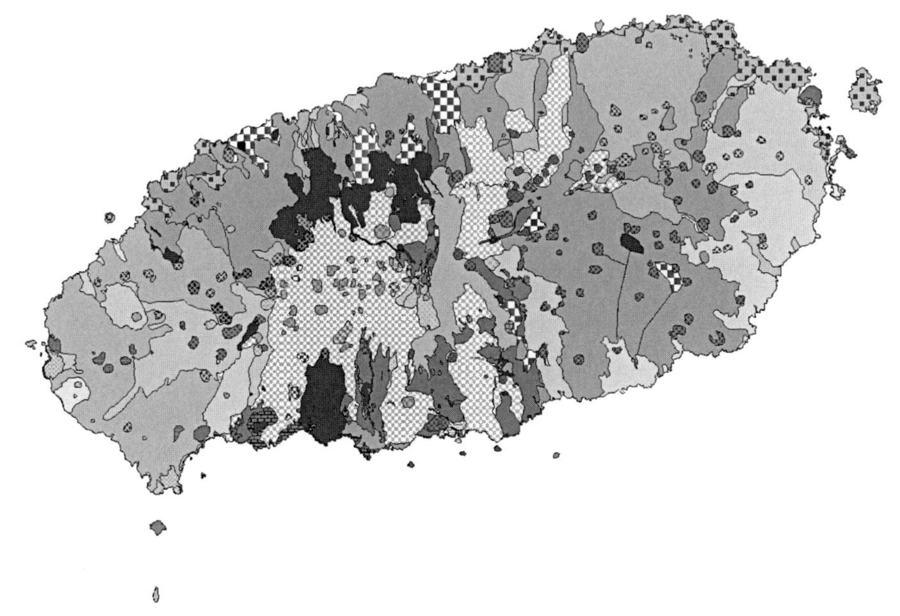

[그림 1-12] 제주도 지질도

1.4 지질구조 특성

1.4.1 중부 지역의 지질구조

중부 지역은 지질시대가 오래된 선캄브리아기의 편마암류 및 편암류와 고생대 지층들이 3~4차례의 습곡작용 및 스러스트 작용과 같은 연성변형작용과 그 후 단층 및 절리를 발달시킨 취성변형작용을 받아 매우 복잡한 지질구조를 가지는 것이 특징이다. 따라서 이들 지역에는 다양한 형태의 습곡 및 스러스트들이 발달해 있다. 그림 1-13은 충청북도 충주에서 경상북도 점촌(문경)을 잇는 옥청계 분포 지역의 지질단면도이며, 옥천계는 습곡과 스러스트가 반복하며 지층이 매우 변형되어 있음을 보여준다. 옥천계 역시 3회 이상의 습곡작용을 받았음이 알려져 있다(이병주와 박봉순, 1983, Cluzel. D., 1990).

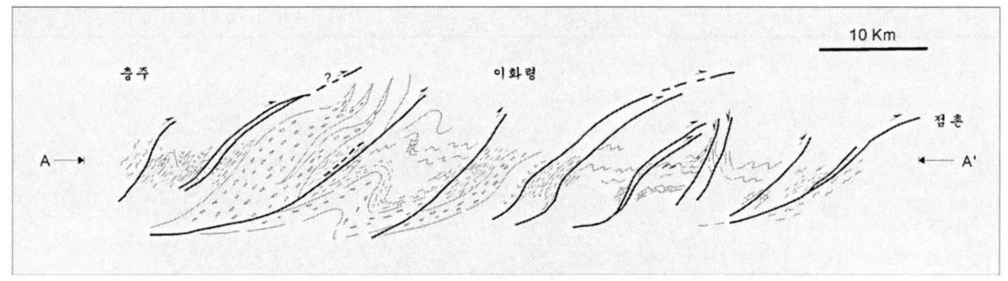

[그림 1-13] 충주와 점촌을 잇는 옥천계 분포 지역의 지질단면도

한반도의 소위 옥천대 남동부 경계를 따라 큰 구조선이 발달하는데 이 구조선은 북동쪽은 강원도 평창-영월-단양을 거쳐 문경까지 이르며 이 trend를 따라 문경 남서쪽으로도 이어진다. 이 구조선 중에서 평창-영월-단양 쪽은 각동단층이라 명명되었으며 문경 부근에서는 문경대단층이라 명명되어 있다(그림 1-14). 이들 단층은 모두 서 내지 서북서에서 동쪽으로 작용한 횡압력에 의해 형성된 역단층들이다.

경기도 일원에는 북북동 방향의 소위 추가령단층대가 통과한다. 추가령 단층은 뚜렷하고 길게 연장된 선상구조로, 적어도 삼첩기 이래 여러 번에 걸쳐서 활동해왔으며, 제4기에는 다량의 화산암 분출의 출구 역할을 하고 있다. 또한 충돌로 인해 발생한 남북응력으로 추가령 단층이 좌수향으로 재활성되면서 화산암류들이 분출된 것이며, 고기 현무암류들이 역자극기에 분출한 것이 아니라 포획암으로 확인되었거나 지층의 경동으로 해석되어야 한다는 것이 지적되었다. 이로부터 추가령 구조선의 확장과 관련된 어떠한 증거도 찾을 수 없었다.

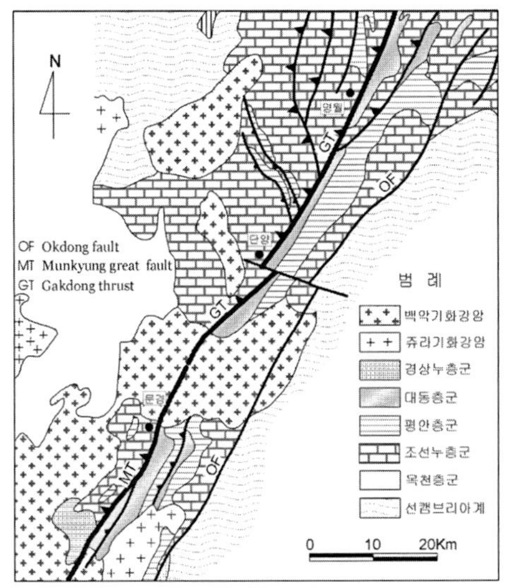

[그림 1-14] 영월과 단양-문경 일대의 스러스트 및 각종 단층

추가령 단층선을 따라 연천-철원 일원에서 일부 함몰되면서 백악기 분지가 형성되었음은 분명 인지되지만, 그렇다고 이 단층대 전체를 지구대로 간주할 수는 없다. 한편, 추가령 단층선 등을 따라서 분포하는 백악기의 소분지의 퇴적물 내에 화산암편이 다량 발견되는 데 비하여, 대동누층군이 퇴적된 분지들에는 그다지 나타나지 않는 것은 지질학계가 풀어내야 할 앞으로의 숙제이다. 어쩌면, 전자의 분지는 천부에서 취성전단작용(brittle shearing)이 일어났던 것에 비하여 후자의 분지는 지각 깊숙이 일어난 연성전단작용(ductile shearing)에 기인하기 때문일 수도 있지만, 이를 단정할 만한 근거 자료는 없다.

1.4.2 남부 지역의 지질구조

한반도 남부 지역에는 한반도의 주요 지질구조선인 소위 호남전단대가 남서부에, 그리고 남동부에는 소위 양산단층대가 발달해 있다. 여기에서는 호남전단대와 양산단층대의 특성을 기술한다.

가. 호남전단대

호남전단대는 그림 1-15에서 보여주는 바와 같이 한반도 서남부에 위치하며, 이 전단대는 비교적 지각의 심처에서 높은 온도와 높은 균압(confining pressure) 그리고 느린 속도로 지각의 일부가 변형된 좁고 긴 지대를 말한다.

1970년대에 들어오면서 구조지질학 연구의 주류 혹은 유행이 연성전단대에 집중되던 시절 한반도 옥천구조대 내외에 연성전단대가 발달됨이 알려지기 시작된 것은 1982년 한국동력 자원연구소에서 1 : 5만 오수도폭(김규봉 외, 1984), 남원도폭(김동학과 이병주 ,1984) 지질조사가 실시되면서부터이다. 그러니까 제일 먼저 발견된 전단대가 오수, 남원도폭을 지나가며 이번 야외 답사지역으로 선정된 순창전단대이다. 물론 이외에도 전단대에 대한 식견과 안목이 넓어지고 관심 있는 사람들의 수가 증가하면서 전주전단대, 광주전단대, 예천전단대 등이 발견되고(그림 1-15) 이들에 대한 활발한 연구가 이루어져 왔다(김동학과 이병주, 1984; 장태우와 황상구, 1984; 이병주, 1989, 1992, Chang, 1991: Kee and Kim, 1992, 장태우, 1994). 이들 전단대들의 분포가 자세히 알려지지 않던 무렵 Yanai, et al.(1995)은 대부분의 변형되지 않은 암석들도 포함하여 광역적이고 막연한 의미의, 즉 연장과 폭이 명확하지 않은 다수의 전단대를 묶어 호남전단대라는 용어를 탄생시킴으로써 전단대 및 한반도 구조운동에 관심 있는 사람들의 혼란을 야기한 바 있다. 지반조사 시 절리 및 단층 등에 대한 특성 및 발달 양상은 항상 고려되어왔으나 연성전단대에 대한 특성은 많이 알려져 있지 않아서 본 보고서를 통해 터널공학회원들의 연성전단대에 대한 특성을 알리는 것이 목적이다.

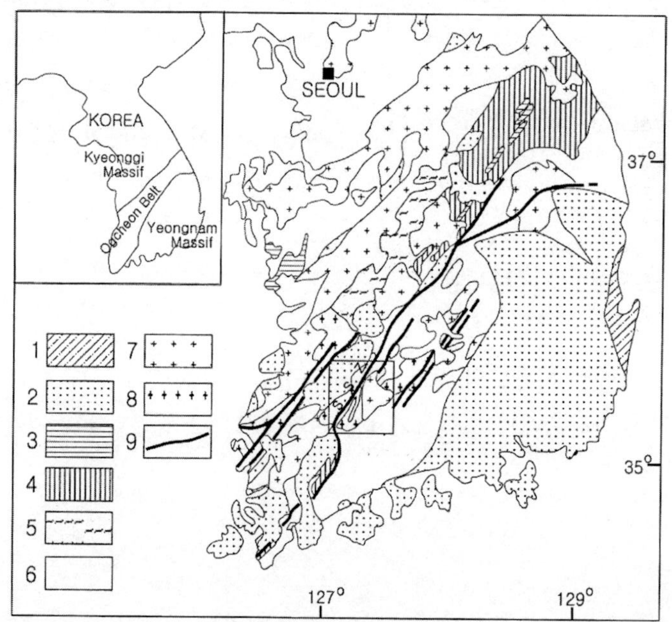

[그림 1-15] 남한의 개략지질도 및 호남전단대인 연성전단대의 분포도

1: 제3기 지층, 2: 백악기 지층, 3: 쥐라기 지층, 4: 고생대 지층, 5: 옥천대, 6: 선캄브리아 변성암류, 7: 쥐라기 화강암류, 8: 엽리상 화강암류, 9: 연성전단대

연성전단작용(ductile shearing)에 의해 발생하는 압쇄암(mylonite)은 압쇄암화작용에 의해 모암의 입자가 줄어들며, 압쇄엽리(mylonitic foliation)가 잘 발달한다. 1970년대부터 이들 연성전단대에서 작용한 전단작용의 운동감각(shear sense)의 결정에 대한 연구가 활발하여 많은 결과를 발표하였다. 일반적으로 연성전단대는 가장자리에서 중심부를 향해 전단변형작용이 증

가함에 따라 관련구조가 순차적으로 발달하는데, 이 지력에서도 순창화강암이 변성퇴적암과 접하는 경계 지역에서 가장 심한 변형작용의 강도를 보여준다. 그러니까 전단대의 서북쪽 가장자리에서 변성퇴적암과의 경계 지역 즉 중심부를 향해 압쇄엽리와 광물신장선구조는 점점 더 강렬하게 발달하여 중심부에서는 초압쇄암(Ultramylonite)으로 변형된 순창화강암에서 전형적인 편암에서와 같은 강한 편리를 발달시킨다. 전단대를 가로지르며 입자 크기도 현저한 변화를 보인다. 즉 중심부를 향해 석영 장석류 모두 입자 크기가 뚜렷하게 작아지는 현상을 보인다. 그러나 이 경우 장석류가 석영보다 훨씬 더 뚜렷한 크기 감소를 보여준다. 입자 크기 감소가 일어날 때 석영은 큰 옛 입자들이 동적 재결정작용에 의해 여러 개의 변형해방 새 입자로 전환되었기 때문으로, 이때 새 입자의 크기는 작용한 응력의 세기에 반비례하는 것으로 알려져 있다. 장석은 큰 옛 입자가 미단열작용이라는 변형작용기구에 의해 파쇄되어 나누어지며 세립화되고 있다. 반상쇄정으로 나타나는 카리장석의 경우를 보면 높은 수직응력이 작용하는 입자경계 지역이 석영과 사장석으로 교대되면서 vermicular texture를 보이는 myrmekite를 형성하는데, 이 과정도 입자 크기 감소의 한 원인이 될 수 있을 것이다(Gerald and Stunitz,1993). 주 구성광물에 대한 입자 모양의 변화는 전단대 중심부를 향해 석영의 경우는 축비가 미약하게나마 증가하는 편이나 장석들은 뚜렷한 입자 모양의 변화를 보여주지 않는다.

전단대를 형성하는 전단변형 과정에서, 즉 압쇄암화작용(mylonitization) 과정에서 앞에서 언급한 전단대 중심부를 향한 엽리발달 정도의 강화와 더불어 다양한 원인의 입자 크기 감소로 원암의 석기 및 반정광물이 세립화되며 기질을 형성하게 된다. 반산쇄정에 대한 기질함량의 변화도 전단 변형 정도를 반영할 수 있다. 즉 전단 변형 정도가 심하면 심할수록 기질 함량은 증가한다. 그래서 기질함량비로 분쇄 암화 정도를 분류하기도 하는데(Spry, 1969), 기질함량이 10~50%이면 원압쇄암(protomylonite), 50~90%이면 압쇄암(mylonite)이라 하고 90~100%이면 초압쇄암(ultramylonite)으로 분류한다. 이 전단대에선 크게 보아 비교적 변형도가 낮은 즉 가장자리 부분에 원압쇄암, 중심부 쪽에 압쇄암이 분포되어 있고 초압쇄암은 변성퇴적암과의 바로 경계 지역에 좁게 형성되어 있으며 mylonitic banding 구조를 발달시킨다. 이 전단대에 발달하는 압쇄질 엽리와 광물신장 선구조는 대체로 N35°E, 70°SE를 가리키고 선구조는 10°/210° 방향을 나타내어 면석각(rake)이 매우 얕아 이 전단대의 주향이동성 운동을 지시해준다. 이 전단대의 운동감각 결정은 야외에서의 S-C구조와 현미경하 각종 결정기준들(Simpson and Schmid, 1983)을 사용하여 이루어질 수 있다. 먼저 S-C엽리는 압쇄암의 전단감각 결정요소 중 가장 정확한 지시자로 이 전단대의 대부분에서 잘 관찰되며, 물고기 모양 운모(mica fish)는 압쇄암에서 운모반상쇄정으로 나타나는데, 운모류의 함량이 많은 박편시료에서 특히 더 잘 관찰되며 전자와 더불어 뚜렷한 우수감각을 지시한다. 일반적으로 석영-장석질 암석에서 유래한된 압쇄질암석에서 장반상쇄정이 재결정 혹은 파쇄된 물질로 된 비대칭 꼬리를 가지고 나타날 수 있는데 이러한 형태로부터도 우수 감각임을 알 수 있다.

또한 연성변형작용에 의해 발달하는 압쇄암에서 보다 강인한 광물인장석의 단열되고 변위된 입자로부터 전단감각을 결정할 수 있다. 이때 엽리면과 단열 간의 각도가 0~35도에서 전단감각은 변위된 입자의 슬립감각과 동일감각을 가지며, 35도 이상이면 반대슬립 감각을 보여주는 것으로 알려져 있는데 이 전단대에서 우수감각을 보여준다. 또 다른 전단감각을 결정할 만한 증거로는 규암과 같은 단일광물 분쇄암에서 흔히 관찰되는 사각엽리(혹은 석영입자)인데, 이 전단대의 박편에서는 재결정된 석영집합체 내에서 각 입자들의 신장을 통해 인지되는 주엽리와의 관계로 우수운동감각을 지시해준다(그림 1-16).

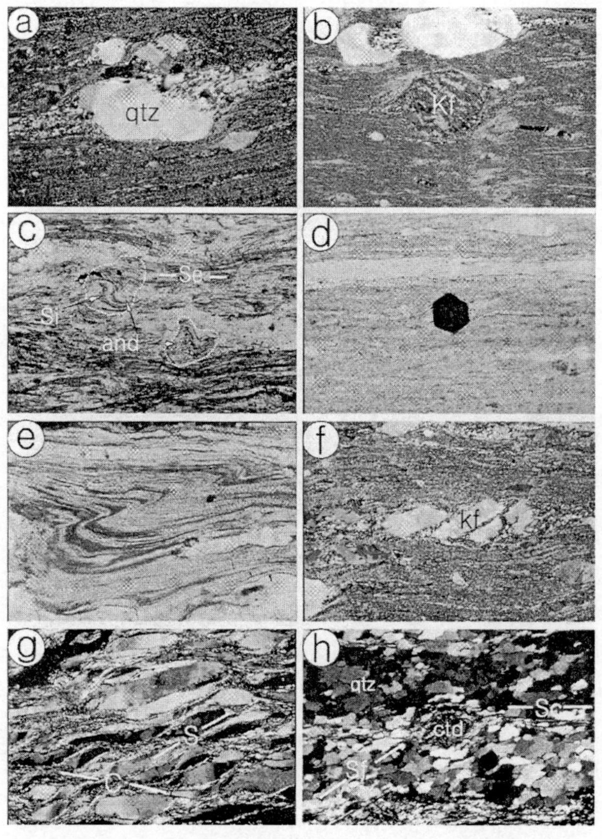

[그림 1-16] 연성전단대에 의해 형성된 압쇄암에서 우수감각을 보여주는 증거들

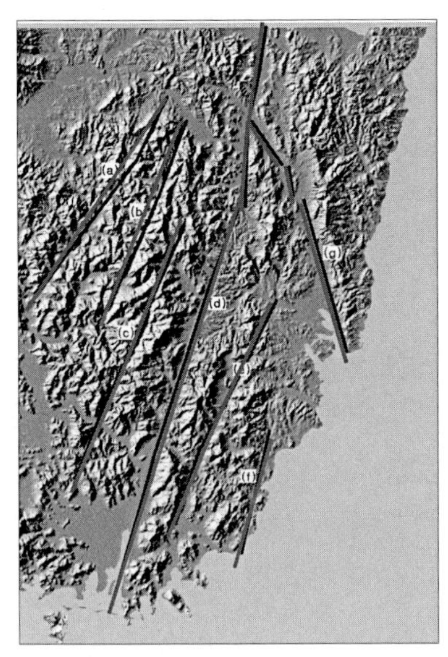

[그림 1-17] 한반도 동남부에 북북동 방향으로 발달하는 단층들

(a): 자인단층, (b): 밀양단층, (c): 모량단층, (d): 양산단층, (e): 동래단층, (f): 일광단층, (g): 울산단층

1.4.3 양산단층대

한반도 동남부에는 그림 1-17에서 보여주는 바와 같이 북북동 방향의 평행한 몇 개의 단층과 북북서 방향의 울산단층이 발달해 있다. 여기에서는 이들 북북동 방향의 양산단층의 특성을 간략하게 기술한다.

가. 양산단층

양산단층은 낙동강 하구에서 북북동 방향으로 진행하여 경북 울진군 기성면까지 단속적으로 연장되어 한반도 동남부에 발달하는 북북동 방향의 몇 조의 평행한 단층들 중에서 단층의 폭이나 연장성이 가장 좋다(그림 1-17). 이 단층의 연장길이에 대해서는 그 연장이 매우 크다는 견해(김종환 외. 1976. 원종관 외, 1978. Kang, P.J., 1979, Choi. H.I., 1985)와 부산에서 북으로 가면서 영덕 부근에서 폭의 감소와 함께 점차 소멸된다는 견해(채병곤과 장태우, 1994)가 있다. 그러나 이번 조사에서는 이 단층이 부산의 낙동강 하구언에서부터 북북동 방향으로 양산 언양, 경주, 영덕읍 부근을 지나 영해읍과 영덕군 병곡면 병곡리를 지나면서 바다로 연장되다가 다시 후포면 소재지에서 거의 북쪽 방향으로 연장되어 울진군 기성면 사동리 하사동에서 바다로 연장되는 것으로 조사되었다. 이 단층을 따라 지형적으로도 역시 뚜렷한 선상구조를 발달시키지만 하나의 일직선이 아닌 약간씩 방향이 다른 선들이 이어지면서 부산에서 기성면까지 연장된다.

양산단층은 하나의 단층선이 계속 연장 분포하는 것이 아니라 몇 개의 평행한 단층이 간격을 두며 발달하는 단층대이다. 이로 말미암아 양산단층의 폭은 전 구간에 걸쳐서 볼 때 매우 불규칙하다. 이 단층의 폭은 경주시에서 남쪽이 넓으며 그 이북은 좁아지는 현상이 있다. 장천중과 장태우(1996)는 경주 남쪽에서는 양산단층의 폭이 1km 미만에서 6~7km의 폭을 가지고 약 30km의 주기를 가지며 단층폭이 증가하고 감소하는 규칙성을 제시하였다.

1) 양산단층의 변위

양산단층의 변위를 고찰하기에 앞서 이 단층의 운동사에 대한 여러 학지의 발표 자료를 요약하면 다음과 같다. 지금까지 양산단층의 운동에 대해서는 주향이동(Sillitoe, 1977, 엄상호 외, 1983, Lee et al., 1986)과 경사이동(이민성과 강필종, 1964, 이윤종과 이인기, 1972, 손치무 외, 1985, Choi and Park, 1985, 김종열, 1988) 등 몇 가지 의견이 있어왔지만 단순우수향주향이동(Single dextral strike-slip)이라는 견해가 주류를 이루고 있다. 그러나 대단층은 전체단층이 한 번의 운동으로 동시에 발달하는 것이 아니라 공간 및 시기를 서로 달리하면서 점차 성장하게 된다. 즉, 양산단층도 한 번의 운동에 의해 일시적으로 단층이 형성되었기보다는 적어도 6번 이상의 운동을 한 다중변형(Multiple deformation)의 산물로 해석된다. 이와 같은 견해는 청하 지역의 연구(채병곤과 장태우, 1994)에서도 잘 보여주고 있으며, 지금까지 양산단층의 우수향주향이동이라는 의견에 반하여 절리연구에 의한 NNW-SSE 및 NE-SW 압축응력장(김상욱과 이영길, 1981), 자기비등방성구조에 의한 NW-SE 압축과 미세균열에 의한 NW/WNW, NNE/NS 및 NE/ENE 압축응력장(이준동 외, 1993) 등 다양한 응력해석의 연구 결과가 이를 뒷받침하고 있다. 이와 이 양산단층은 몇 차례에 걸쳐 작용한 중복변형의 결과임이 여러 학자들에 의해 주장되고 있다. 이 단층의 이동거리에 대한 자료는 장기홍 외(1990)에 의해 단층의 동측 지괴와 서측 지괴의 암상을 대비하여 복원한 결과 우수향의 운동감각을 가지며 약 35km의 변위가 있음을 발표하였다.

2) 양산단층의 기하학적 특성

이 층은 남쪽에서부터 특성에 따라 ① 양산-언양-경주 구간, ② 안강-보경사-영해 구간 및 ③ 후포-기성 구간으로 나눌 수 있다. 양산-언양-경주 구간은 다른 구간에 비해 단층의 폭이 넓어 단층대를 따라 넓은 충적층이 발달하며 그 현상은 언양 남쪽이 더욱 뚜렷하다. 특히 양산읍 남쪽은 낙동강 하구언과 연계되면서 매우 넓은 충적층을 형성하여 기반암의 노두가 관찰되지 않아 양산단층의 실체를 노두에서 직접 관찰하기는 어렵다. 하지만 양산단층이 통과하는 지역 양측 노두에서는 남북에서 북북동 방향의 단층이 많이 발달하며 그 외 북서 및 거의 동북동 내지 동서에 가까운 단층들도 발달함을 알 수 있다.

안강-보경사-영해 구간에서는 단층이 분기하여 여러 조의 평행한 단층들이 발달하는 구간으로 특히 영덕 부근에서 이러한 현상이 현저히 나타난다. 후포-기성 구간은 단층의 폭도 다른 구간에 비해 좁아지며 단층의 발달 방향은 거의 남북 방향이다.

양산단층대의 전 구간에서의 특성은 단층대의 발달방향인 북북동 방향은 이에 평행한 몇 개의 단층이 대를 이루는 Y shear의 군집을 이룬다는 것이다. 그런데 이 방향이 남북 내지 북북서 방향으로 기울어지는 곳에서는 contraction에 의해 매우 심하게 파쇄되어 brittle-ductile mylonite를 형성한다. 이와 같은 지역 이외에는 실제로 기반암의 노두에서는 북북동 방향의 단층보다는 북서 혹은 동북동 방향의 단층들이 발달하는데 이는 T shear, R shear 혹은 R' shear들이 실지 노두 상에서 발달하기 때문이다.

1.4.4 지질 및 지질구조에 따른 공학적 측면에서의 문제점

앞에서 지질 및 지질구조에 대하 살펴본 바와 같이 경기, 강원 및 지원 지역에서 지질 및 지질구조에 의한 지질공학적 측면에서의 여러 가지의 문제점이 있을 수 있으나 대체적인 부분을 정리하여 기술한다. 국내의 암석의 일반적인 물리적 성질은 표 1-7과 같다(신희순 외, 2000). 화성암의 압축강도는 공극률과 관계가 크고, 결정이 치밀한 경우가 압축강도가 크다. 암석의 표면이 거친 것이 매끄러운 것보다 압축강도가 낮으며, 사암의 경우 세립의 것이 조립의 것보다 강도가 크다. 화성암과 변성암에서는 결정 간의 interlocking이 강도에 영향을 미치며, 결정도가 강도의 인자가 된다. 그러나 퇴적암의 경우는 교결물질 즉 시멘트 물질의 강도가 압축강도에 영향을 주는 요인이 되며, 이런 경우는 특히 사암이나 역암 등의 특징이며, 교결물질이 점토인 경우 압축강도는 매우 작아진다. 암석의 압축강도는 편리나 층리와 압축응력의 방향에 좌우되며, 암석이 물에 포화된 경우 압축강도는 작아진다. 습윤 상태에서의 압축강도의 저하율은 어느 시험의 결과에 의하면 화강암의 경우 10~12%, 대리석에서 4~8%, 층상의 사암에서는 10~20%로 나타나고 있다.

[표 1-7] 국내 주요 암석의 물리·역학적 특성

암종	밀도 (g/cm^3)	탄성파속도 P파(m/s)	일축압축강도 (kg/cm^2)	인장강도 (kg/cm^2)	영률 ($10^5 kg/cm^2$)	포아송비
화강암	2.61±0.05	3,870±820	1,220±530	85±40	3.20±1.70	0.23±0.08
편마암	2.63~2.77	3,490~5,510	660~1,550	100~180	3.9~8.4	0.15~0.33
사암	2.67±0.08	4,680±610	1,240±550	145±55	8.4±3.6	0.22±0.09
셰일	2.73±0.10	4,820±680	660±360	105±25	4.5±2.5	0.14±0.13
석회암	2.73±0.10	5,030±870	1,030±480	70±20	5.55±0.95	0.24±0.03
석탄	1.66±0.07	1,040±260	8.9±7.7	2.2±1.4	0.0097±0.008	0.3±0.1

선캄브리아기의 편암 및 옥천계의 천매암 및 평안층군의 셰일, 탄질 셰일 및 석탄층이 분포하는 지역에서는 몇 차례의 변성작용 및 변형작용을 겪으면서, 엽리면, 벽개면(cleavage), 습곡축면, 절리면, 단층면 등의 면구조들과 광물신장 선구조, 습곡축, striation 등의 선구조들이 발달한다. 이들 불연속면 및 선구조들은 터널 굴착이나 사면의 굴착 시 터널 및 사면의 안정성에 상당한 영향을 미친다. 터널의 경우 불연속면들의 교차에 의한 천장부 및 측벽부의 낙반 발생, 발파에 의한 여굴의 발생 또한 변성대에서는 지하수의 작용으로 팽창성 지반의 특성을 나타내는 경우도 많이 발생되고 있다. 사면의 경우는 평면파괴 불연속면의 교차에 의한 쐐기파괴, 전도파괴 및 심한 절리 암반의 경우는 원형파괴 또는 블록형의 암편들이 낙석으로 작용하는 경우가 빈번하다.

이러한 불연속면들은 암반의 풍화와도 밀접한 관계를 갖는다. 암석의 풍화는 물리적 분해, 화학적 분해, 그리고 생물학적 작용에 의해 일어난다. 풍화 과정은 우선적으로 풍화 요인을 제공하는 불연속면의 존재 여부에 따라 크게 좌우되며 주로 불연속면을 따라 풍화가 집중되는 경향이 있다. 따라서 풍화의 초기 영향은 불연속면을 따라 나타나고, 계속하여 풍화는 불연속면에 접해 있는 암석 블록이 모두 영향을 받을 때까지 블록 내부로 진행된다. 침식을 일으키는 요소와는 달리 풍화를 일으키는 요소는 그 자체가 암석파편을 암석표면으로부터 제거하는 기능이 없다. 따라서 암석파편이 제거되지 않으면, 이 암석파편들이 일종의 보호막으로 작용하여 더 이상 풍화되는 것을 막아준다. 그러나 토목작업으로 신선암의 표면을 노출시켜 풍화가 진행되어 암반이 약화되는 경우가 많다. 풍화 진행의 속도는 풍화를 일으키는 요소의 활성화 정도뿐만 아니라 관련된 암반의 내구성에 의해 좌우된다. 광물 고유의 안정성은 광물이 형성된 환경에 의해 영향을 받는다. 예를 들어, 고온 고압의 마그마에서 결정화된 광물은 대기 조건에 노출되면 상대적으로 불안정하며, 가장 불안정한 광물은 감람암, 현무암, 반려암과 같은 초염기성 혹은 염기성 화성암에서 나타난다. 따라서 이런 암석들(초염기성, 염기성 화성암)은 사장석, 백운모, 석영 등으로 구성된 산성 화성암보다 풍화에 대한 저항성이 약하다. 특히 백운모나 석영은 심한 풍화에도 견딜 수 있다. 대부분의 퇴적암은 침식, 운반, 퇴적작용의 산물로서 흔히 대기조건에서 안정한 광물들을 함유한다. 점토광물이 이러한 예이며, 이들 점토광물은 상기한 대부분의 광물로부터 형성된 안정된 최종의 산물이다. 일반적으로 비슷한 광물학적 조성의 경우 조립질 암석이 세립질 암석보다 빨리 풍화되며, 광물입자의 결합 정도는 특히 중요한 조직적인 요소이며, 암석이 서로 강하게 결합되어 있을수록 풍화에 대한 저항성 역시 강하다. 입자의 결합 정도가 암석의 공극률을 결정하게 되고, 따라서 암석의 함수량을 결정하게 된다. 암석의 공극이 클수록 화학적 작용이 일어나기 쉬울 뿐만 아니라 결빙작용도 쉽게 일어날 수 있다.

또한 이암의 경우는 지하수나 지표수에 의해 점토광물이 팽창하면서 터널이나 사면을 불안정하게 하는 요인이 된다. 암석의 붕괴에 영향을 주는 2가지 중요한 요소는 혼합층 내 점토광물의 슬레이크(slake)와 팽창이다. 포화되었을 때 점토광물 입자내부에서 발생하는 팽창현상에 의해 점토층이 부서질 수 있는데, 이러한 붕괴는 팽창성 점토광물이 전체 점토광물의 50%이상일 때 일어난다. 몬모릴로나이트(montmorillonite)와 같은 팽창성 점토광물은 팽창되면 원래 부피의 몇 배 이상 증가한다. 팽창은 수화작용의 결과로도 발생할 수 있다. 예를 들어 경석고가 수화되면 석고가 형성되는데 이 과정에서 부피는 약 38~58% 증가하며, 부피의 증가로 2~69MPa의 압력이 발생한다.

많은 지역에서 발견되고 있는 단층이나 파쇄대는 건설공사에 있어서 암반의 강도를 약화시키고, 변형성 및 투수성인 큰 지역을 형성하기 때문이다. 건설공사에 있어서 단층파쇄대의 문제점은 터널에서 이들 단층 및 전단대 내에는 단층각력과 단층점토와 같은 점토광물들이 형성되는데, 이곳에 지하수나 지표수의 수로와 차폐막을 형성하는 경우도 있다. 터널에 있어서 돌발적인 용수와 그것에 따르는 작업 막장의 유출이나 붕괴의 원인이 되기도 하고, 암반이 약화되어 있기 때문에 큰 소성지압이 작용하고, 지보공의 침하 및 변형, 암반의 팽창 등으로 터널 내에서 변형이 발생하기 쉽다.

사면에서는 단층파쇄대는 강도적으로 약선이고, 침투수의 통로이기 때문에 신선한 암반에 대해 불연속면이 되어 사면붕괴의 주요 원인이 되는 경우가 많다. 또한 단층은 미끄러지는 재료가 되는 점토물질을 포함할 뿐만 아니라 풍화되기 쉽다. 댐의 경우는 단층부분이 수로가 될 수 있고 유속이 빠르면 파이핑 현상에 의해 단층 내 물질이 유실되고 댐의 안전성이 손상을 받는다. 특히 중력댐 기초로서 전단강도의 부족과 침투수에 의한 부양압력이 문제가 될 수 있다. 저수지 내에 있어서 사면붕괴도 단층파쇄대에 기인하는 경우가 많다.

조선누층군의 석회암이 분포하는 지역에서는 예상치 않은 석회 자연 공동이나 돌리네 지형 등으로 터널 굴착 시 교각이나 구조물의 기초 하부에 자연 공동으로 인한 작업에 지장을 받는 경우가 많기 때문에 조사 시 세심한 주의가 요구된다.

또한 함탄층을 포함하는 지층에서의 토목작업의 경우는 기존의 채탄작업에 의해 형성된 폐기된 갱도나 채굴적이 항상 존재할 수 있고 또한 터널 굴착 시 탄층 등도 교차할 수 있기 때문에 조사 시 주의가 필요하다.

중부 지역에는 단층에서 언급한 바와 같이 북북동 방향의 소위 추가령단층대를 따라 대규모 단층대가 통과하며, 그 외 대소 규모의 습곡 및 단층이 발달하여 지반 내에 구조물 설치 시 지반 안정성에 영향을 미치므로 지반조사 시 세심한 지질조사가 필요하다.

참고문헌

고기원(1991), 「제주도 서귀포층의 지하분포 상태와 지하수와의 관계(요약)」, 〈지질학회지〉, 제27권, p.528.

고기원(1997), 「제주도의 지하수 부존 특성과 서귀포층의 수문지질학적 관련성」, 부산대학교 대학원 박사학위논문, p.325.

고기원, 박원배, 김호원, 채조일(1992), 「제주도의 지하지질구조와 지하수위 변동과의 관계(I)–강우에 의한 지하수위 변동(요약)」, 〈지질학회지〉, 제28권, p.540.

고기원, 박원배, 윤정수, 고용구, 김성홍, 신승종, 송영철, 윤 선(1993), 「제주도 동–서부 지역의 지하수 부존 형태와 수질 특성에 관한 연구」, 〈제주도보건환경연구원보〉, 제4권, pp.191–222.

김규봉, 최위찬, 황재하, 김정환(1984), 「한국지질도 오수도폭」, 한국동력자원 연구소.

김동학, 이병주(1984), 「한국지질도 남원도폭」, 한국동력자원연구소

김상욱, 이영길(1981), 「유천분지 북부의 암석 및 지질구조」, 〈광산지질〉, 14, pp.35–49.

김옥준, 윤선, 길영준(1968), 「한국지질도 청하도폭(1:50,000) 및 설명서」, 국립지질조사소.

김종열(1988), 「양산단층의 산상 및 운동사에 관한 연구」, 부산대학교 대학원, 박사학위논문, p.97.

김종환, 강필종, 임정웅(1976), 「LANDSAT–1 영상에 의한 영남지역 지질구조와 광상과의 관계 연구」, 〈지질학회지〉, Vol.12, pp.79–89.

박준범(1994), 「제주도 화산암의 지화학적 진화」, 연세대학교 대학원 박사학위 논문, p.303.

엄상호, 이동우, 박봉순(1964), 「한국지질도 포항도폭(1:50,000) 및 설명서」, 국립지질조사소.

윤상규, 김원영(1984), 「제주지역 지열조사 연구」, 한국자원연구소, 〈국토이용지질조사연구〉, 83–5–08, pp.109–140.

윤성효(1988), 「포항분지 북부 (칠포–월포 일원)에 분포하는 화산암류에 대한 암석학적층서적 연구」, 〈광산지질〉, Vol.21 , pp.117–129.

원종관(1976), 「제주도의 화산암류에 대한 암석화학적인 연구」, 〈지질학회지〉, Vol.12, pp.207–226.

이동영, 윤상규, 김주용, 김윤종(1987), 「제주도 제4기 지질조사연구」, 한국동력자원연구소, KR–87–29, pp.233–278.

이문원(1982), 「한국 제주도의 암석학(I)」, 일본 〈암석광물광상학회지〉, 제77권, pp.203–214.

이병주(1989), 「이축성변형작용에 의해 형성된 압쇄암 내에 발달하는 미소구조를 통한 이동 방향 결정 –프랑스 남부 중앙지괴와 한반도 호남 압쇄대를 예로 하여」, 〈지질학회지〉, Vol.25, pp.152–163.

이병주(1992), 「화순탄전 북부 지역에서 우수향 연성주향운동에 관련된 변형작용」, 〈지질학회지〉, Vol.28, pp.40–51.

이상만(1966), 「제주도의 화산암류(영문)」, 〈지질학회지〉, 제2권, pp.1–7.

이상만(1980), 「지리산 북동부 일대의 변성이질암에 관한 연구」, 〈지질학회지〉, Vol.16. No 1. pp.35-46.
이현구, 문희수, 민경덕, 김인수, 윤혜수, 板谷徹丸(1992), 「포항 및 장기분지에 대한 고지자기, 층서 및 구조연구 : 화산암류의 K-Ar년대」, 〈광산지질〉, 제25권, pp.337-349.
장기홍(1977), 「경상분지 상부 중생계의 층서, 퇴적 및 지질구조」, 〈지질학회지〉, Vol.13, pp.76-90.
장기홍(1978), 「경상분지 상부 중생계의 층서, 퇴적 및 지질구조(II)」, 〈지질학회지〉, Vol.14, pp.120-135.
장기홍(1985), 『한국지질론』, 민음사, p.215.
장태우(1985), 「전남 영광부근 화강암 mylonite 미구조의 순차적 발달」, 〈지질학회지〉, 21, pp.133-146.
장태우, 장천중, 김영기(1993), 「언양지역 양산단층 부근 단열의 기하분석」, 〈광산지질〉, Vol.26, pp. 227-236.
장태우(1994), 「광주 전단대 내 석영 분쇄암의 미구조에 관한 연구」, 〈지질학회지〉, 30, pp.140-152.
채병곤, 장태우(1994), 「청하-영덕지역 양산단층의 운동사 및 관련단열 발달상태」, 〈지질학회지〉, Vol.30, pp.379-394.
김규한, 하우영(1997), 「부평 은광산 지역의 유문암질암과 화강암류의 가스 및 유체포유물 연구」, 〈자원환경지질〉, 30, pp.519-529.
김옥준(1982), 「한국의 지질과 광물자원」, 정년퇴임 기념논문집, pp.18-175.
김형식(1971), 「옥천변성대의 변성상과 광역변성작용에 관한 연구」, 〈지질학회지〉 7, pp.221-256
나기창, 김형식, 이상헌(1982), 「서산층군의 층서와 변성작용」, 〈광산지질〉, 15, pp.33-39.
박병권(1985), 「조선누층군 상부 캄브리아계 화절층 rhythmite의 성인」, 〈지질학회지〉, 21, pp.184-195.
신희순, 선우춘, 이두화(2000), 『토목기술자를 위한 지질조사 및 암반분류』, 구미서관, p.491.
손치무(1971), 「동아의 선캄브리아계의 층서」, 〈광산지질〉, 4, pp.19-32.
손치무, 정지곤(1971), 「평창북서부의 지질」, 〈지질학회지〉, 7, pp.143-152.
이대성(1974), 「옥천계 지질시대 결정을 위한 연구」, 〈연세논총〉, 11, pp.299-323.
이병주, 박봉순(1983), 「옥천대의 변형 특성과 그 변형 과정-충북 남서단을 예로 하여」, 〈광산지질〉, 16, pp.11-123.
정창희, 이하영, 고인석, 이종덕(1979), 「한국 하부 고생대층의 퇴적환경(특히 정선 지역을 중심으로)」, 학술원 논문집(자연과학편), 18, pp.123-169.
최위찬, 최성자, 박기화, 김규봉(1996), 「철원-마전리 지질조사보고서」, 한국자원연구소. 31p. 태백산지구지하자원조사단, 1962, 태백산지구 지질도. 대한지질학회.
하우영(1996), 「부평지역 유문암질 및 화강암질 암석의 암석학적 연구」, 이화여자대학교 석사학위논문, p.88.
Choi, S.J. and Woo, K.S., 1993, Depositional environment of the Ordovician Yeongheung Formation near Machari area, Yeongweol, Kangweon-do, Korea. J. Geol. Soc. Korea, 29, pp.375-386.
Choi, Y. S., Kim, J. C., and Lee, Y. I., 1993, Subtidal, flat-pebble conglomerates from the Early

Ordovician Mungok Formation, Korea: origin and depositional process. J. Geol. Soc. Korea, 29, pp.15–29.

Hukasawa, T., 1943, Geology of Heisyo District, Kogendo, Tyosen. Geol. Soc. Japan, 50, pp.29–43.

Kim, J. C. and Lee, Y. I. (1998), Cyclostratigraphy of the Lower Ordovician Dumugol Formation, Korea: Meter-scale cyclicity and sequence stratigraphic interpretation. Geosci. J., 2, pp.134–147.

Kobayashi, T. (1953), Geology of South Korea. J. Fac. Soc. Univ. Tokyo, Sect. 2, 8(4), p.293.

Kobayashi, T. (1966), The Cambro-Ordovician formations and faunas of South Korea. Part X. stratigraphy of Chosen Group in Korea and south Manchuria and its relation to the Cambro-Ordovician formations of other areas. Sect. A. The Chosen Group of South Korea: J. Sci., Univ. of Tokyo, Sect II. 16, pp.1–84.

Lee, Y. I. and Kim, J. C. (1992), Storm-influenced siliciclastic and carbonate ramp deposits, the Lower Ordovician Dumugol Formation, South Korea. Sedimentology, 39, pp.951–969.

Reedman, A.J. and Um, S. H. (1975), Geology of Korea. Korea Institute of Energy and Resources, p.139.

Yoo, C.M. and Lee, Y.I. (1997), Depositional cyclicity of the Middle Ordovician Yeongheung Formation, Korea. Carbo. Evap., 12, pp.192–203.

Yoshimura (1940), Geology of the Neietsu District, Kogendo, Tyosen(Korea). J. Geol. Soc. Japan, 47, pp.112–122.

Choi, H.I. and Park, K.S. (1985), Cretaceous/Neogene stratigraphic transition and Post-Kyeongsang tectonic evolution along and off the southeast coast, Korea, Jour. Geol. Soc. Korea, 21, pp.281–296.

Chough, S.K., Hwang, I.G. and Choe, M.Y. (1989), The Doumsan fan-delta system, Miocene Pohang Basin (SE Korea). Field Excursion Guide-book, Woosung Pub. Co., p.95.

Hwang, I.G. (1993), Fan-delta system in the Pohang basin (Miocene), SE Korea. Unpubl. Ph.D. Thesis, Seoul Nat'l. Univ., p.923.

Kang, P.C. (1979a), Geology analysis of Landsat imagery of South Korea(I), Jour. Geol. Soc. Korea, Vol. 15, pp.109–126.

Kang, P.C. (1979b), Geology analysis of Landsat imagery of South Korea(II), Jour. Geol. Soc. Korea, Vol.15, pp.181–191.

Kee, W. S. and Kim, J H. (1992), Shear criteria in mylonites from the Soonchang Shear Zone, the Hwasun coalfield, Korea. J. Geol. Soc, Korea, Vol.29, pp.426–436.

Kim, B.K. (1965), The Stratigraphic and Paleontologic Studies on the Tertiary (Miocene) of the

Pohang Areas, Korea. Jour. Seoul. Univ. Science and Technology Ser., Vol.15, pp. 32–121.

Lee, M.W. (1982), Petrology and geochemistry of the Jeju volcanic Island., Korea. Sci. Rep. Tohoku Univ., Series 3, 15, pp.177–256.

Lee, J.S. (1989), Petrology and tectonic setting of the Cretaceous to Cenozoic volcanics of South Korea; geodynamic implications on the East-Eurasian margin, PhD Thesis, Universite D'ORLEANS(in French with Korean abstract).

Nakamura, E., Campbell, I. H., and McCulloch, M.T. (1989), Chemical geodynamics in a back arc region around the Sea of Japan; implications for the genesis of alkaline basalts in Japan, Korea, and China; J.Geophy.Res., v.94, pp.4634–4654.

Nakamura, E., McCulloch, M.T., and Campbell, I. H. (1990), (Review) Chemical geodynamics in a back arc region of Japan based on the trace element and Sr-Nd isotopic compositions; Tectonophysics, v.174, pp.207–233.

Szakacs, A. (1994), Redefining active volcanoes; a discussion; Bull.Volcanol., v.56, pp.321–325.

Simpson, C. and Schmid, S, m. (1983), An evaluation of criteria to doduce the sense of movement in sheared rocks, Geol. Soc. Am. Bull., 94, pp.1281–1288.

Tamanyu, S. (1990), The K-Ar ages and their stratigraphic interpretation of the Cheju Island volcanics, Korea; Bull.Geol.Sur.Japan, v.41, pp.527–537.

Tateiwa, I. (1924), Ennichi-Kyuryuho and Choyo sheet. Geol. Atlas Chosen, No.2, Geol. Sur. Chosen.

Yanai, S., Park, B, S, and Otoh, S. (1985), The Honam shear zone (South Korea): Deformation and Tectonic Implication in the Far East. Scientific papers College Arts and Sciences, Univ. of Tokyo 35, pp.181–210,

Yoon, S. (1975), Geology and paleontology of the Tertiary Pohang Basin, Pohang district, Korea, Part 1. Geology. Jl. Geol. Soc. Korea, v.11, pp.187–214.

Yun, H.S. (1986), Emended stratigraphy of the Miocene formation in the Pohang Basin, Part 1. Jl. Paleont. Soc. Korea, v.2, pp.54–69.

Part

02 석회암

1 석회암의 지질학적 특성

2 석회공동 지역의 지반조사

3 석회암의 공학적 특성

4 석회암 지역에서의 설계 및 시공 사례

석회암의 지질학적 특성

1.1 석회암의 분포와 지질학적 특성

1.1.1 서론

본고는 한반도에 분포하는 석회암의 지질시대별 분포 및 특징을 기술하고 특히 석회암을 가장 많이 함유하는 하부고생대 조선누층군의 층서 및 그 지층의 특징과 문경시 점촌 부근을 통과하는 중부내륙 고속도로의 제8공구에 대한 지반조사 결과를 기술하였다. 이 공구의 지질에 대한 기존 자료로는 1대 25만 안동 지질도폭 및 설명서, 1대 5만 문경 지질도 및 설명서(김남장 외, 1967), 문경탄전 지질도(서해길 외 1977), 점촌 지역 지반안정성 기본조사(석탄합리화사업단, 1997) 등이 있다. 야외 지질조사는 고속도로 노선을 중심으로 발달하는 노두에서 암상의 특징과 층리, 절리 및 단층 등과 같은 불연속면의 발달 특성을 관찰 기재하였다. 야외조사 시는 주로 1 : 4,000 지형도에 노선을 표시하여 사용하였으며, 정밀조사가 필요한 부분은 노선을 따라 작성된 1 : 1,200 축척의 지형도를 이용하였다.

1.1.2 한반도에 분포하는 석회암

한반도에는 석회암이 전체 면적의 약 7%를 차지하며 그중 남한은 약 5%를 차지한다(그림 1-1). 석회암은 선캄브리아시대의 편암 내에 협재하며, 주로 하부고생대의 조선누층군에 집중하여 산출된다(표 1-1).

가. 선캄브리아시대의 석회암

선캄브리아시대의 편마암류 및 편암류 내에 석회암, 규암 등이 협재하여 산출한다. 선캄브리아시대의 석회암은 경기편마암복합체(Kyeonggi gneiss complex) 내 춘성층군과 서산층군에서 비교적 넓게 분포한다. 이들 석회암은 모두 재결정작용을 받아 대리석화되어 있다.

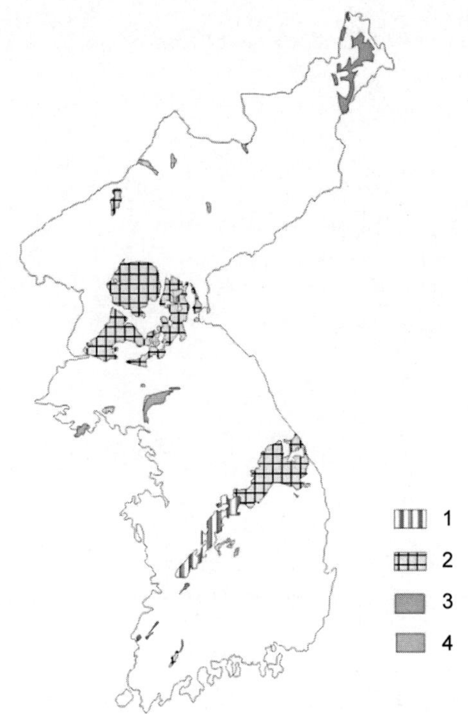

[그림 1-1] 한반도에 분포하는 고생대 지층의 분포도

1: 옥천변성대, 2: 고생대 조선누층군 및 평안층군, 3: 두만층군, 4: 임진층군

나. 조선누층군의 석회암

남한에서 조선누층군의 주요 분포지는 옥천대의 북동부인 소위 옥천비변성대로 태백산을 중심으로 한 강원도와 그 서남 인근을 점하고 있다. 태백산 지구 가운데 단양, 대기, 동점, 삼척, 영월 및 문경 지방에서는 화석이 상당히 발견되었고 생물층서적 연구도 수행되어 있으며, 최근에는 코노돈트에 의한 생층서 연구가 태백산 지구 전역에 걸쳐 수행되었다. 조선누층군은 과거 일본학자에 의해 크게 하부에 쇄설성퇴적암으로 구성된 지층을 양덕통, 그리고 그 상부에 주로 석회암으로 구성된 지층을 대석회암통으로 구분하였다. 그 후 지역에 따라 암상, 층서 및 화석군의 차이가 인정되었으며, 이에 따라 두위봉형 조선누층군, 영월형 조선누층군, 정선형 조선누층군 및 평창형 조선누층군으로 구분하였다. 이 중 대표적인 두위봉형 조선누층군과 영월형 조선누층군의 층서는 표 1-1과 같다.

두위봉형 조선누층군은 하부로부터 장산규암, 묘봉슬레이트, 대기석회암(또는 풍촌석회암), 세송슬레이트, 화절층, 동점규암, 두무동층, 막골층, 직운산셰일 및 두위봉석회암으로 구분된다. 영월형 조선누층군은 하부로부터 삼방산층, 마차리층, 와곡층, 문곡층 및 영흥층으로 구분된다. 전반적으로 볼 때 조선누층군의 퇴적분지는 연안의 조간대 내지 반심해였다. 이 분지는 비교적 안정하고 수동적인 대륙연변(passive continental margin)에 위치한 바다로, 조구조적으로 느린 침강과 상승작용이 반복된 차지향사(miogeosyncline)의 일부에 해당될 것으로 해석된다.

[표 1-1] 한국지질계통표

<table>
<tr><td rowspan="8">신생대</td><td rowspan="2">제4기</td><td colspan="3" rowspan="2">충적층
신양리층(제주도)</td><td rowspan="6"></td></tr>
<tr></tr>
<tr><td rowspan="4">신제3기</td><td colspan="3">서귀포층</td></tr>
<tr><td colspan="3">연일층군</td></tr>
<tr><td colspan="3">장기층군</td></tr>
<tr><td colspan="3">양북층군</td></tr>
<tr><td rowspan="2">고제3기</td><td colspan="3"></td><td>불국사화강암 관입</td></tr>
<tr><td rowspan="3">경상누층군</td><td colspan="2">유천층군</td><td rowspan="3"></td></tr>
<tr><td rowspan="6">중생대</td><td rowspan="2">백악기</td><td colspan="2">하양층군</td></tr>
<tr><td colspan="2">신동층군</td></tr>
<tr><td rowspan="2">쥐라기</td><td colspan="3"></td><td>대보화강암 관입</td></tr>
<tr><td colspan="3">대동층군(남포층군, 반송층군)</td><td></td></tr>
<tr><td rowspan="2">트라이아스기</td><td colspan="3"></td><td>송림화강암 관입</td></tr>
<tr><td rowspan="7">평안누층군</td><td colspan="2">동고층</td><td rowspan="9"></td></tr>
<tr><td rowspan="17">고생대</td><td rowspan="4">페름기</td><td colspan="2">고한층</td></tr>
<tr><td colspan="2">도사곡층</td></tr>
<tr><td colspan="2">함백산층</td></tr>
<tr><td colspan="2">장성층</td></tr>
<tr><td rowspan="2">석탄기</td><td colspan="2">금천층</td></tr>
<tr><td colspan="2">만항층</td></tr>
<tr><td>데본기</td><td colspan="3" rowspan="2">(두위봉형) (영월형)</td></tr>
<tr><td>사일루리아기</td></tr>
<tr><td rowspan="5">오르도비스기</td><td rowspan="9">조선누층군</td><td>두위봉층</td><td rowspan="3">영흥층</td><td rowspan="9">옥천층군</td></tr>
<tr><td>직운산층</td></tr>
<tr><td>막골층</td></tr>
<tr><td>두무골층</td><td rowspan="2">문곡층</td></tr>
<tr><td>동점층</td></tr>
<tr><td rowspan="4">캄브리아기</td><td>화절층</td><td>와곡층</td></tr>
<tr><td>풍촌층</td><td>마차리층</td></tr>
<tr><td>묘봉층</td><td>삼방산층</td></tr>
<tr><td>장산층</td><td></td></tr>
<tr><td rowspan="4">원생대</td><td rowspan="2">후기</td><td colspan="4"></td></tr>
<tr><td colspan="3">상원계</td><td rowspan="9">선캄브리아기 화강암 관입</td></tr>
<tr><td>중기</td><td colspan="3" rowspan="8">연천계
서산층군
경기편마암복합체
지리산편마암복합체
소백산편마암복합체
마천령편마암복합체
낭림육괴
관모육괴</td></tr>
<tr><td>전기</td></tr>
<tr><td rowspan="6">시생대</td><td rowspan="6"></td></tr>
<tr></tr>
<tr></tr>
<tr></tr>
<tr></tr>
<tr></tr>
</table>

다. 석회암의 지질학적 분류

하부고생대의 조선누층군에는 석회암이 많이 분포한다. 석회암이 분포하는 지역에는 지형학적으로 지표 침하로 형성된 돌리네의 발달이 뚜렷하다. 이와 같은 현상은 지하에 형성된 석회동굴이 내려앉아 형성된 것으로 주변에 지하 석회동굴이 자주 발달한다. 이 석회동굴은 고생대에 형성된 석회암 지대에 오랜 지질시대(약 4~5억 년)를 거치면서 빗물이나 지하수가 절리나 단층 혹은 층리와 같은 불연속면을 따라 스며들어 조금씩 조금씩 용식시켜 형성된 것이다. 이에 따라 석회암 지대에서의 지반조사 시 특히 유의하여야 할 점은 바로 이와 같은 지하의 석회동굴에 대한 조사가 철저히 이루어져야 한다는 것이다. 표 1-2는 퇴적암의 분류 기준으로 석회암의 분류를 포함한다.

[표 1-2] 퇴적암의 분류

조직	성인	구성물질		퇴적암
		쇄설물의 명칭	입자의 직경(mm)	
쇄설성퇴적암	육성쇄성물 (주로 유수에 의하여 운반, 퇴적)	표력(대력)	256 이상	
		왕자갈	256~64	역암
		자갈	64~4	역암
		잔자갈	4~2	역암
		모래	2~1/16	사암
		실트(silt, 펄)	1/16~1/256	실트암(siltstone, 이암)
		점토	1/256 미만	셰일(shale, 점토암)
	화산쇄설암 (화산분출물이 운반, 퇴적)	화산암괴	32 이상	화산각력암
		화산력	32~4	집괴암
		화산재	4~1/4	조립응회암
		화산진	1/4 미만	응회암
비쇄설성퇴적암	유기적 퇴적암 (생물 유해의 집합)	석회질 생물체		석회암, 돌로마이트
		규질생물체		규조토, 처트
		식물체(탄질)		석탄
		동물체(아스팔트질)		아스팔트, 석유, 천연가스
	화학적 퇴적암 (화학적 침전물의 집합)	탄산칼슘($CaCO_3$, 방해석)		석회암
		돌로마이트[$CaMg(CO_3)_2$]		돌로마이트
		염화나트륨($NaCl$)		암염
		황산칼슘($CaSO_4 \cdot 2H_2O$)		석고
		질산나트륨($NaNO_3$)		칠레초석

1.1.3 석회암 지역의 조사 사례

가. 지질구조 특성

중부내륙 고속도로 제10공구는 시점에서부터 석현교까지는 고생대 오르도비스기의 대석회암층군의 석회암류들이 분포하고 그 이후 종점까지는 평안층군 및 대동층군의 퇴적암류들

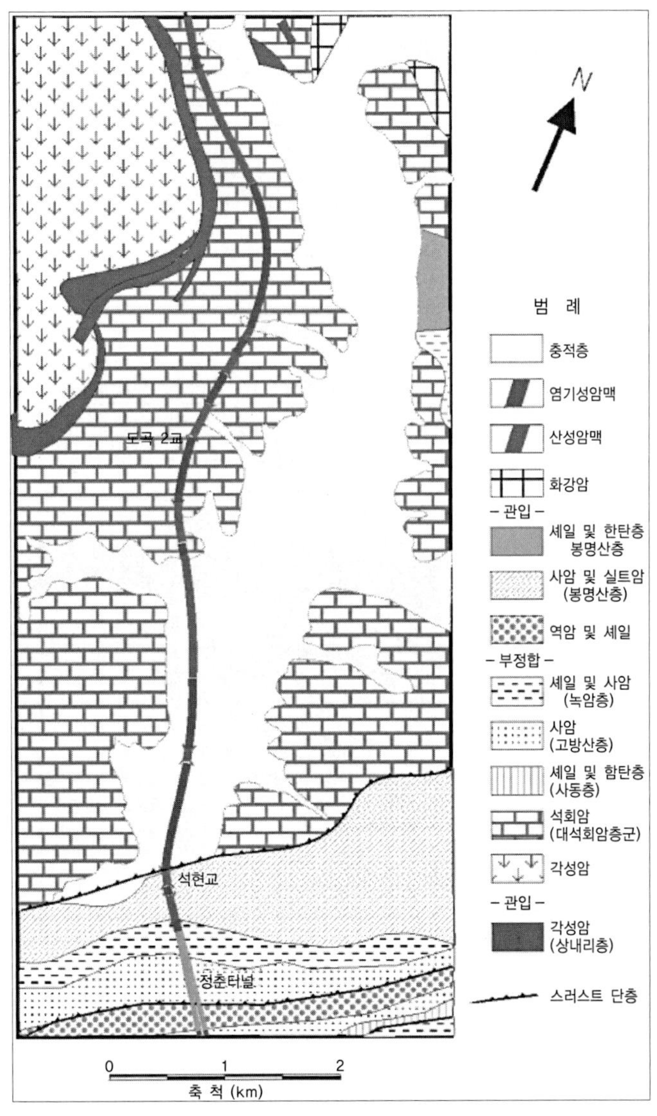

[그림 1-2] 중부내륙고속도로 10공구의 지질도

이 분포한다(그림 1-2). 이에 따라 한반도의 조구조운동사를 통해 볼 때 이 지역은 최소한 3~4차례의 횡압력에 의한 습곡작용 및 스러스트 단층(thrust fault: 일명 충상단층)작용과 같은 연성변형운동을 겪은 곳이다. 뿐만 아니라 백악기 이후 취성변형작용인 단층작용도 있었던 곳이다. 특히 노선의 남쪽 석현교 부근은 한반도에 분포하는 대규모 스러스트 단층(thrust fault)인 문경대단층이 지나는 곳이다.

1) 문경대단층

제10공구의 노선에는 문경대단층으로 명명된 스러스트 단층이 통과한다(그림 1-2 및 그림 1-3). 스러스트 단층은 횡압력에 단층면의 상반이 밀려 올라간 역단층으로 일반적으로 단층면의 경사각이 45도 미만으로 저각이며, 오래된 지층이 젊은 지층 위로 밀려올라온 단층이다. 문경대단층은 그림 1-3에서 보여주는 바와 같이 영월-단양을 거쳐 북북동 방향으로 이어지는 한반도에서 분포하는 일련의 대규모 단층이다.

중부내륙 8공구에서는 하부고생대의 대석회암층군의 석회암층이 중생대 대동층군의 봉명

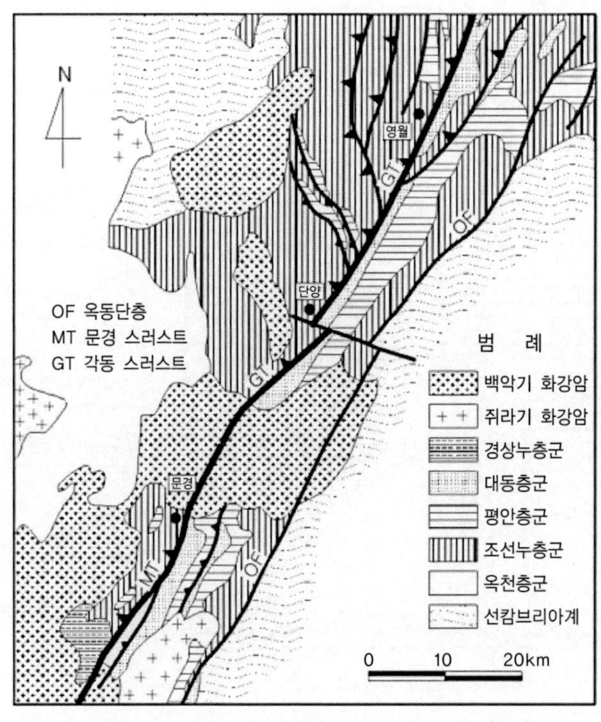

[그림 1-3] 영월-단양-문경을 잇는 북북동 방향의 스러스트 단층의 분포 및 지질도

리층 내지 봉명산층을 스러스트 오버하고 있다. 이 지역에서는 스러스트 단층이 지질도에서 보여주는 바와 같이 석현교 근처를 지난다. 이러한 BB-118지점은 지표에서 25.5m 하부가 모두 단층 각력암이며 이 지점 이전까지는 시추코어가 석회암이나 이 지점 이후부터는 사암 및 실트암의 중생대 대동누층군의 복명산층임이 시추 자료로 확인된다.

2) 습곡작용

앞에서 언급한 바와 같이 조사구역 내에는 고생대의 조선누층군 및 중생대 대동누층군이 분포한다. 조선누층군은 최소한 3회 이상의 습곡 및 스러스트 단층작용을 받았으며 대동층군 역시 최소 2회 이상의 습곡 및 스러스트 단층작용을 받고 있다. 특히 본 조사구간에는 석회암이 넓게 분포하는데 석회암 중에는 여러 형태의 습곡들이 자주 관찰된다. 석회암의 첫 번째 습곡작용(F1 folding)에 의한 습곡은 대개 등사습곡으로 현재 발달하는 층리면은 거의 대분분이 F1습곡의 습곡축면과 평행한다. 이 면구조들은 대동층군의 퇴적암들과 함께 습곡작용 및 스러스트 단층운동을 겪었다.

나. 절토구간의 조사결과

8공구에서의 절토부는 7개 구역으로 0km+320m~0km+400m(80m), 1km+120m~1km+620m(500m), 2km+440m~2km+600m(160m), 3km+060m~3km+300m(240m), 3km+640m~3km+740m(100m), 3km+920m~4km+020m(100m) 및 7km+680m~8km+680m(1,000m)들이다. 이들 7개 구역에서 측정한 불연속면인 층리와 절리 및 단층들을 구간별로 분석하면 다음과 같다.

1) 0km+320m~0km+400m(80m)

이 구간은 대석회암층군의 석회암이 분포하는 곳으로 그림 1-3에서 보는 바와 같이 노선이 지나는 구간은 산기슭으로 노두의 발달이 불량하다. 층리면은 동북동 방향의 주향에 30도에서 50도까지의 경사각을 가지면서 남동경하고 있다. 이 절토구간의 절리는 그림 1-4에서 보여주는 바와 같이 N76°W/78°SW, N54°W/80°NW 및 N44°E/80°SE의 3개의 주된 절리조(joint set)가 발달한다.

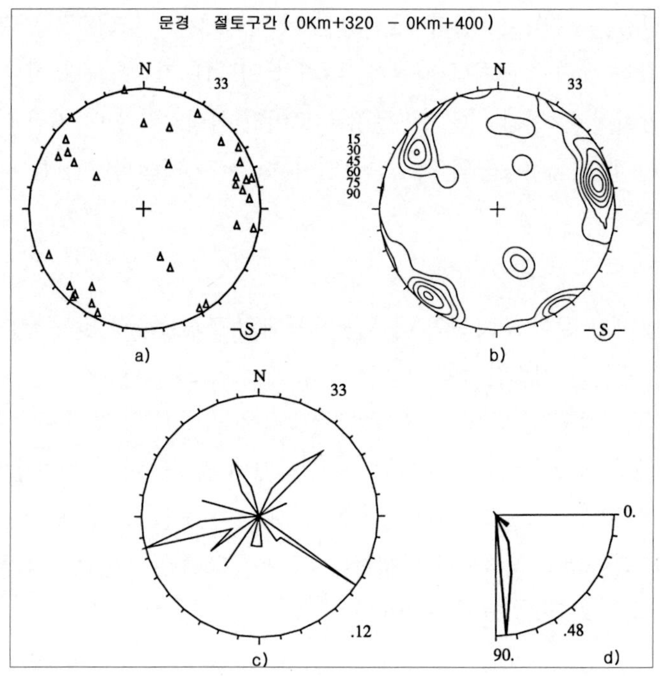

[그림 1-4] 0km+320m~0km+400m 구간 노두에서 측정한 절리면의 극점(a), contour diagram(b), 경사방향(c)과 경사(d) 로제트(등면적망 하반구 투영)

2) 1km+120m~1km+620m(500m)

이 구간은 옥녀봉의 북북동 기슭으로 대석회암층군의 석회암이 분포하며 노두의 발달이 없다. 이 구간은 산록퇴적층 즉 붕적층이 지표에서 CB-3과 CB-4는 20m 이상이 CB-5와 CB-6은 각각 10.5m와 6.0m가 덮여 있음이 시추 자료에서 나타난다. 이 붕적층은 지표에서 2~3m는 점토 내지 모래로 구성되지만 그 하부는 분급이 매우 불량한 거력의 자갈과 모래, 점토로 이루어진 미고결 퇴적층이다. 이로 인해 고속도로 주변에서 노두의 발달이 없어 절리의 측정이 불가능하다. 이 구간에서는 붕적층이 절토고의 대부분을 차지한다. 이 경우 절토부 사면에 대한 안정성의 고려가 반영되어야 한다.

3) 2km+440m~2km+600m(160m)

이 구간은 대석회암층군의 석회암이 분포하는 곳으로 고속도로 설계구간 바로 동쪽에 국도를 건설 중이어서 국도변 사면에서 충분한 절리 및 단층 자료를 측정할 수 있다. 층리면은 서북서 방향의 주향에 15도에서 25도까지의 경사각을 가지면서 남서경하고 있다. 이곳의 노두에서는 층리면과 거의 평행한 F1습곡과 이를 간섭하는 F2F 내지 F3습곡이 습곡의 힌지가 각을 지우는 세프론습곡을 보인다.

이들 야외 측정 자료를 분석하면 그림 1-5에서 보여주는 바와 같이 크게 4개의 절리조가 발달하는데 N79°E/88°NW, N57°W/88°SW, N79°W/83°NE 및 N4°E/75°SE이다.

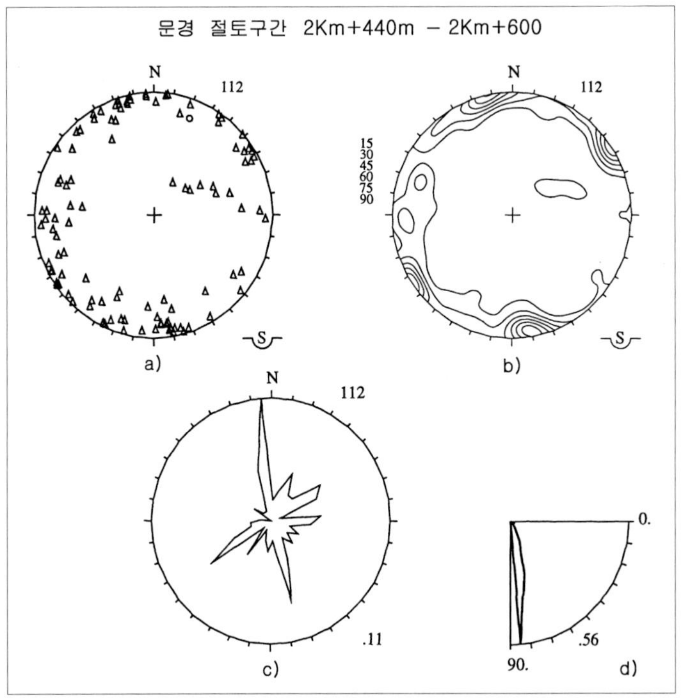

[그림 1-5] 2km+440m~2km+600m 구간 노두에서 측정한 절리면의 극점(a), contour diagram(b), 경사방향(c)과 경사(d) 로제트(등면적망 하반구 투영)

4) 3km+060m~3km+300m(240m)

이 구간은 대석회암층군의 석회암이 분포하는 곳으로 바로 노선이 지나는 곳은 노두가 없으며 CB-9지점에서 북동쪽으로 발달하는 능선상에서 새로이 공사 중인 국도변 노두와 현재 사용하는 3번 국도변 노두에서 불연속면들을 측정하였다. 층리면은 대부분 서북서 방향의 주향에 50도에서 60도까지의 경사각을 가지면서 남서경하고 있다. 이곳에서 측정한 절리를 분석하면 그림 1-5와 같이 4개의 절리조가 우세한데, N44°E/89°SE, N75°E/75°NW,

N44°W/62°NE 및 N41°W/65°SW들이다.

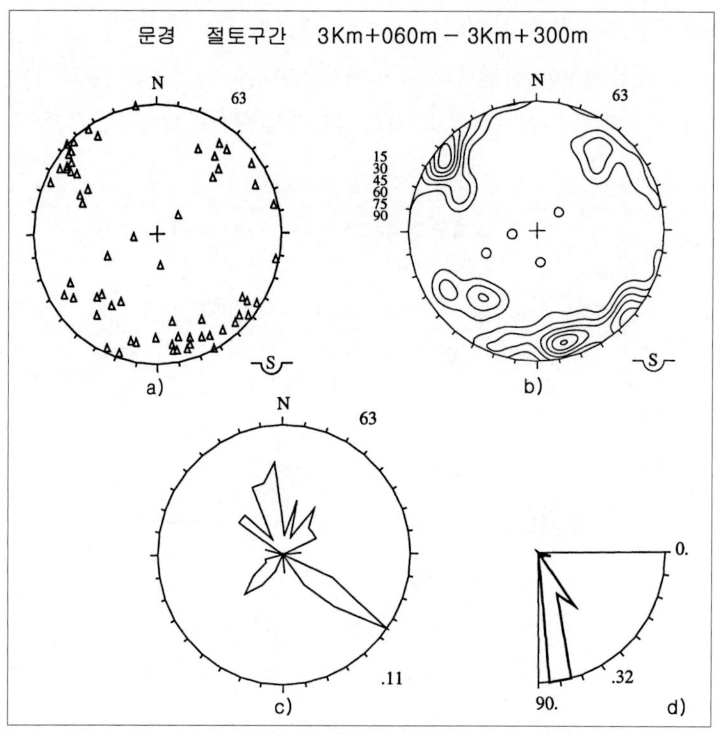

[그림 1-6] 3km+060m~3km+300m 구간 노두에서 측정한 절리면의 극점(a), contour diagram(b), 경사방향(c)과 경사(d) 로제트(등면적망 하반구 투영)

5) 3km+640m~3km+740m(100m)

이 구간은 대석회암층군의 석회암이 분포하는 곳으로 이곳도 노선이 지나는 곳에는 노두가 없고 CB-11과 CB-12 지점에서 부근에서의 작은 노두에서 측정한 자료와 현재 사용하는 3번 국도와 가은으로 가는 977번 지방도와의 교차점변 노두에서 불연속면들을 측정하였다. 두 지점에서 층리면은 공히 서북서 방향의 주향에 30도에서 50도까지의 경사각을 가지면서 남서경하고 있다. 이곳에서 측정한 절리를 분석하면 그림 1-7과 같이 3개의 절리조가 우세한데, N54°W/76°SW, N47°E/55°SE 및 N33°W/75°NE이다.

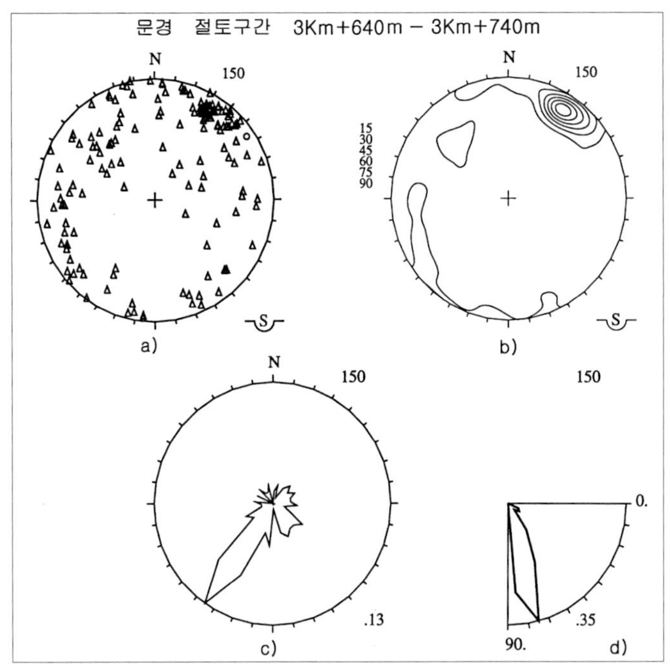

[그림 1-7] 3km+640m~3km+740m 구간 노두에서 측정한 절리면의 극점(a), contour diagram(b), 경사방향(c)과 경사(d) 로제트(등면적망 하반구 투영)

6) 3km+920m~4km+020m(100m)

이 구간은 대석회암층군의 석회암이 분포하는 곳으로 이곳도 노선이 지나는 곳에는 노두가 없고 임성면 소재지의 신기마을 부근에 나타난 노두들에서 불연속면들을 측정하였다. 이곳에서 층리면은 대개 서북서 방향의 주향에 10도에서 50도까지의 경사각을 가지면서 남서경하고 있다. 몇 군데의 노두에서 측정한 절리구조를 분석하면 그림 1-8과 같이 4개의 절리조가 형성되는데, NS/69°E, N68°W/82°SW, N39°W/86°SW 및 N52°E/66°SE 이다.

7) 7km+680m~8km+680m(1,000m) [터널구간]

이 구간은 실제로 터널구간으로 터널의 입구 및 터널의 출구 쪽이 절토구간이 될 것이며 터널 입구부는 대동층군의 봉명산층에 해당하는 사암 및 실트암과 평안층군의 녹암층이 분포한다. 이 지역에서 퇴적층의 층리는 동북동에서 서북서 방향의 주향에 30도 내외의 경사각을 가지며 남쪽으로 경사진다. 이 지역에는 서북서 방향의 주향에 60~70도로 북동쪽으로 경사진

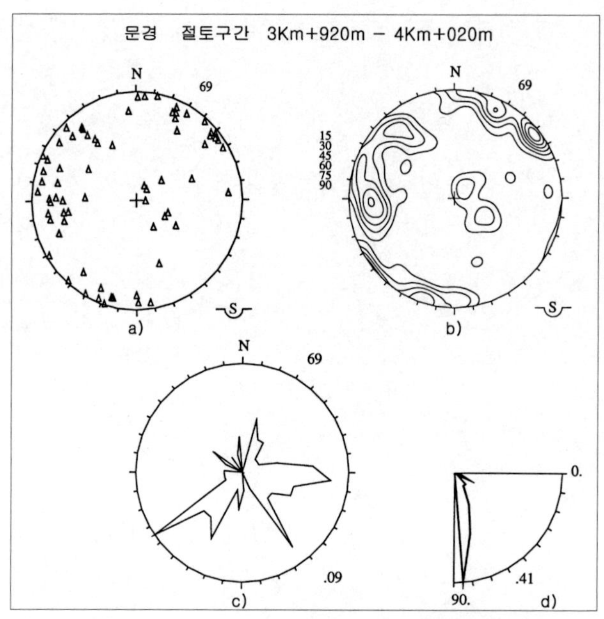

[그림 1-8] 3km+920m~4km+020m 구간 노두에서 측정한 절리면의 극점(a), contour diagram(b), 경사방향(c)과 경사(d) 로제트(등면적망 하반구 투영)

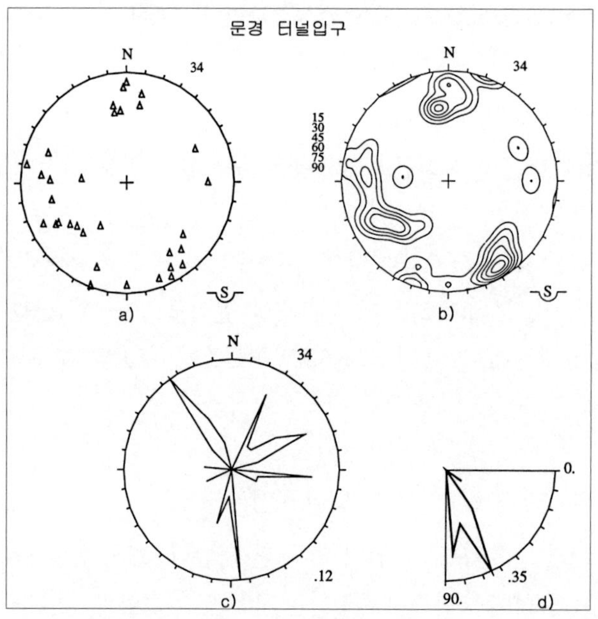

[그림 1-9] 터널 입구 절토부 노두에서 측정한 절리면의 극점(a), contour diagram(b), 경사방향(c)과 경사(d) 로제트(등면적망 하반구 투영)

단층이 자주 발달한다. 터널 입구부 노두에서 측정한 불연속면은 그림 1-9에서 보여주는 바와 같이 3개의 절리조가 발달하는데, N33°E/74°NW, N89°E/65°SE 및 N31°W/60°NE이다.

다. 터널구간의 절리 및 단층

점촌터널의 시점에서 종점부로 가면서 평안층군의 녹암층, 고방산층, 대동층군의 역암층 및 다시 고방산층의 순으로 암상이 분포한다. 녹암층은 실트암 내지 셰일이며, 고방산층은 유백색의 조립질 내지 중립질의 사암으로 구성된다. 이 터널구간 중에서 녹암층과 하부의 고방산층이 스러스트 단층으로 대동층군의 역암위로 밀려올라가 있다. 이 구간 중에서 터널의 입구부는 TB-1 및 TB-2의 시추코어에서도 보여주는 바와 같이 사암들이 절리 및 단층에 의해 매우 부서져 있다.

터널이 지나는 구간을 가로질러 지표에 나타난 노두를 중심으로 절리를 측정하였다. 이들 구간중 지형적으로 가장 고지의 능선을 기준(station 8km+400m)으로 남부와 북부로 나누

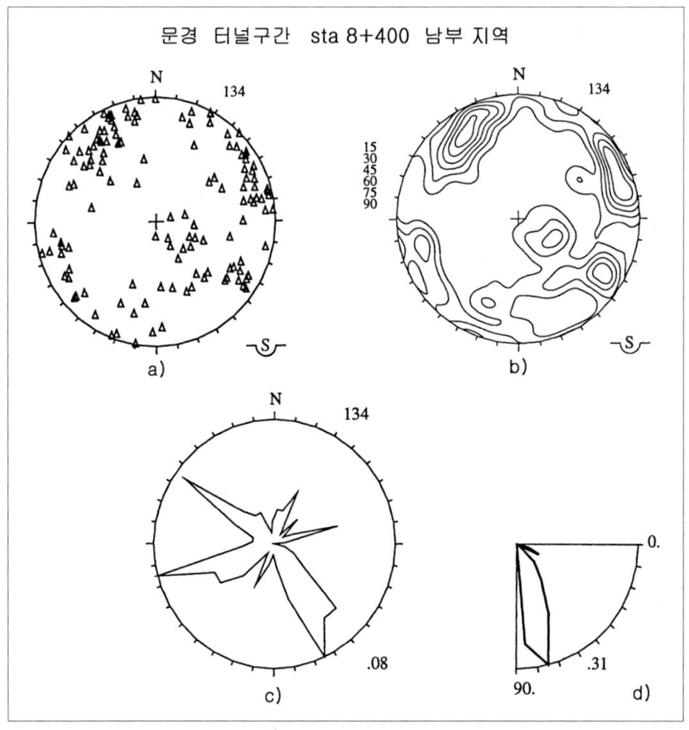

[그림 1-10] 터널구간 중 sta 8+400 지점의 남부 지역 절리면의 극점(a), contour diagram(b), 경사방향(c)과 경사(d) 로제트(등면적망 하반구 투영)

어 절리면들을 분석하였다. 남부 지역은 앞에서 설명한 바와 같이 절리의 발달이 심한데 절리조도 6개 정도로 가장 우세한 것부터 N57°E/69°SE, N24°W/78°SW, N33°E/71°NW, N25°W/73°NE, N70°W/85°SW 및 N31°W/78°SW이다(그림 1-10). 또한 북부 지역은 N39°E/71°SE, N40°W/77°SW, N70°E/50°NW 및 N73°W/68°SW이다(그림 1-11).

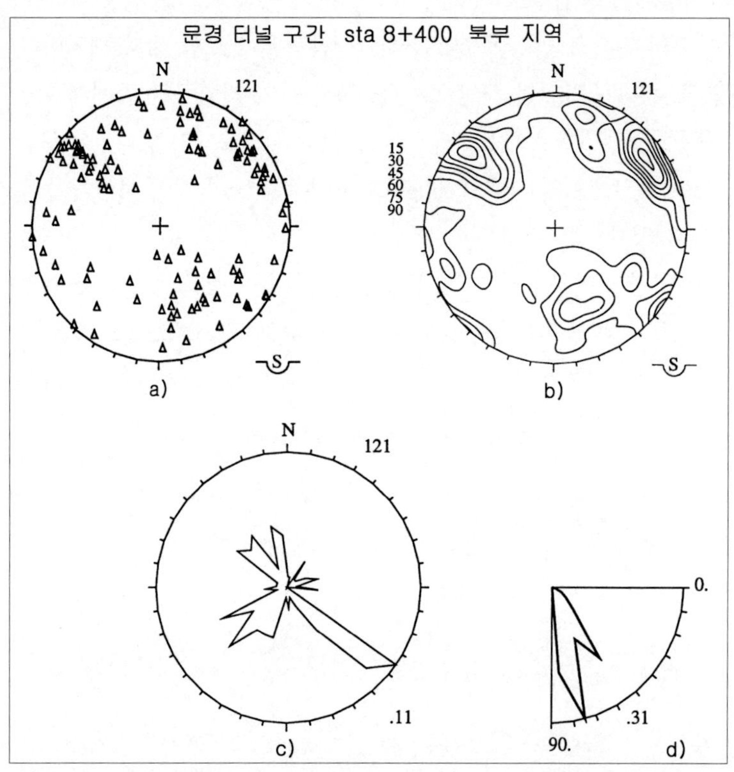

[그림 1-11] 터널구간 중 sta 8+400 지점의 북부 지역 절리면의 극점(a), contour diagram(b), 경사방향(c)과 경사(d) 로제트(등면적망 하반구 투영)

참고문헌

김남장, 최승오, 강필종(1967), 〈문경도폭 지질도 및 설명서〉, pp.1–37.

서해길, 엄상호, 김동숙, 최현일, 박석환, 배두종, 이호영, 전희영, 권육상(1977), 〈문경탄전 지질도 및 설명서〉, pp.1–35.

석탄합리화사업단(1997), "점촌 지역 지반안정성 기본조사", 『기술총서』, pp.97–10, pp.1–203.

02 석회공동 지역의 지반조사

2.1 석회공동의 특성과 조사

2.1.1 서론

석회암 등 용해성 암석으로 구성된 암반은 용식 작용에 의해 형성된 석회공동 및 싱크홀(sinkhole) 등 다양한 용식 구조와 차별풍화에 의한 불규칙한 기반암선 등이 발달한다. 석회동굴 등 대규모 용식 지형들은 중요 관광 지질 자원인 반면에, 터널, 댐, 교량 등 각종 사회기반시설의 파괴 또는 손상 요인을 제공하거나, 지하수 오염과 고갈 등 지질 재해 유발

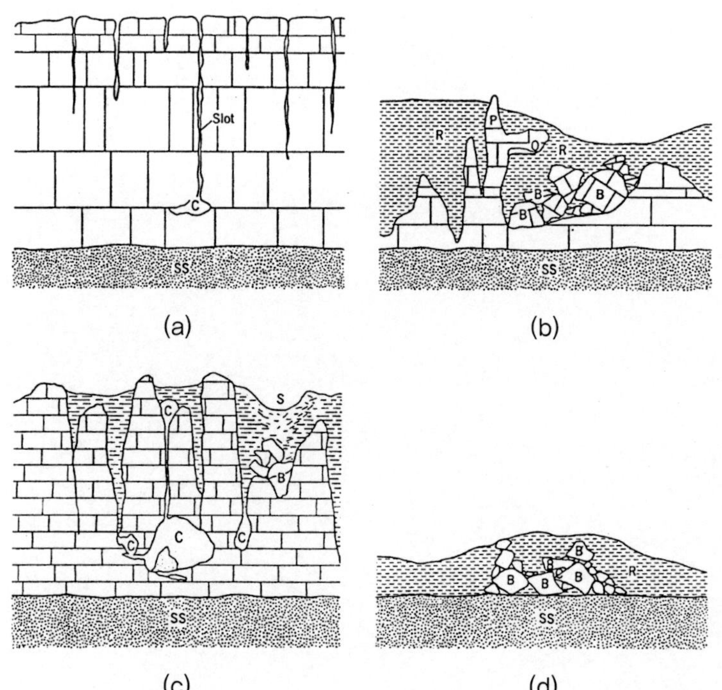

[그림 2-1] 카르스트 지형 및 석회공동의 발달 과정 (a) 초기, (b) 중기, (c) 말기, (d) 소멸기

요인으로 작용하는 등 지질 재해의 원인을 제공하기도 한다(Staham & Backer, 1986; Bergado & Selvanayagan, 1987; Culshaw & Waltham, 1987; Wilson & Beck, 1988; Waltham & Smart, 1988; Beck, 1996; Beriswill et al, 1996; Yeung et al, 2001). 석회암의 용식은 아래와 같이 주요 조성광물인 방해석과 대기 중의 이산화탄소(Co_2)가 빗물 등에 용해되어 형성된 탄산(H_2Co_3)의 반응에 의해 진행되는 것으로 알려져 있다.

$CaCo_3$(방해석)+H_2O+CO_2 ↔ Ca_2++2HCO_3−(중탄산 이온) ↔ $Ca(HCO_3)_2$(중탄산 칼슘)

이러한 석회공동 등 용식 지형에 의한 재해는 석회 용식 과정의 진화와 관련되어 있다. 그림 2-1과 같이 석회암 등 용해성 암석의 화학적 풍화에 의한 용식의 진전과 석회암 내

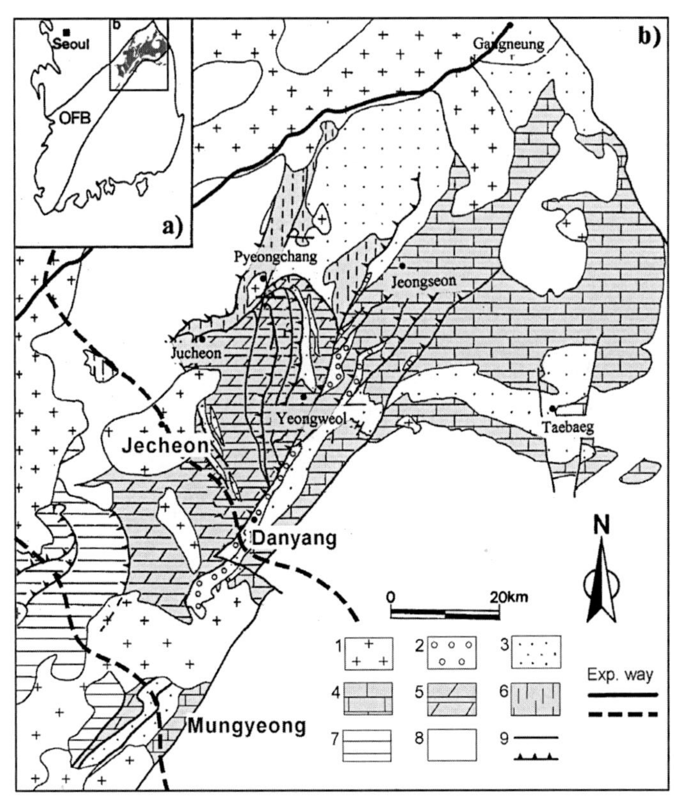

[그림 2-2] 국내 주요 카르스트 지역(음영부)

1: 중생대 관입암, 2: 중생대 퇴적암, 3: 상부고생대 퇴적암, 4·5·6: 하부고생대 퇴적암, 7: 시대 미상 변성퇴적암, 8: 선캄브리아 변성암, 9: 단층

불균질성 및 지하수 유동에 의한 지하의 차별 용식은 하부의 석회공동 또는 동굴의 발달 및 그 붕괴 과정을 거치면서 각종 재해를 유발한다.

국내에서도 강원도 일대를 중심으로 고생대의 다양한 석회암 층으로 구성된 석회암 지대가 넓게 분포하고 있어 이러한 지질 재해의 발생 가능성이 높다. 특히 최근 이 지역의 미흡한 사회 기반 시설의 확충을 위한 도로 및 철도망 신설 또는 확장·개선 공사가 설계 또는 시공 또는 운용 중에 용식구조로 인한 피해 사례가 보고되고 있어 카르스트 지역의 지질 재해 특성과 그 예측에 대한 관심이 높아지고 있다(그림 2-2, 윤운상, 김정환, 1999, Yoon et al, 2002; 정의진 외, 2002a). 본고에서는 국내외 카르스트 지역의 지질 재해 사례를 분석하고, 이들 재해의 발생 원인인 석회공동 등 용식 지형의 특성과 영향 및 그 예측 기법에 대해 논의하고자 한다.

2.1.2 카르스트 지역의 재해 유형

국내외에서 카르스트 지역의 구조물 붕괴 및 파괴, 인명 및 재산 피해, 구조물 설계 변경 및 건설 중단, 오염 물질의 유동 및 확산 등 다양한 형태의 지질 재해와 막대한 피해 사례가 보고되어 있다.

국외에서는 1962년 남아프리카 공화국의 West Driefontein Mine에서 지반 함몰로 인한 29명의 사망자 발생, 1969년 미국의 Tarpon Spring Bridge에서 3개 교각 함몰 등 교량 붕괴, 1970년 이탈리아의 Palermo Airport의 지반 함몰, 1983년 호주 Mount Gambier의 침출수의 도시 오염 사례 등 직접적인 피해 사례가 다수 보고되어 있다(건설교통부, 2003). 국내에서도 2000년 무안 지역의 지반 함몰로 인한 피해 및 석회암 지역 내 시공 중인 각종 도로, 철도 및 댐 등 사회기반시설에 예기치 못한 석회공동의 출현으로 구조물의 붕괴 및 공사 지연으로 인한 막대한 피해 발생이 보고된 바 있다. 그림 2-3은 각각 사면, 교량 기초, 댐 기초에서 노출된 석회공동의 사례이다.

표 2-1은 국내 석회암 지반 내에서 확인된 일부 구조물(51개)을 터널, 교량, 사면, 기초, 댐 및 기타로 구분하고, 구조물의 피해 유형을 분석한 것이다.

구조물은 교량 및 댐, 건물 등의 기초, 기타 노반에서의 피해가 가장 크며, 공동부 함몰로 인한 피해 유형이 가장 많은 것으로 분석되었다. 이러한 재해는 대부분 지표에 노출되지 않은 석회공동의 규모, 성상, 위치 등 제 특성을 사전에 인지하지 못한 데 그 원인이 있다. 따라서 카르스트 지역의 지질 재해를 최소화하고, 그 위험성을 사전에 예측하기 위해서는 석회공동의 특성 규명과 예측 방법의 도출이 반드시 선결적으로 이루어져야 한다.

[그림 2-3] 국내 지반굴착 중의 석회공동 노출 사례 (a) 사면, (b) 교량기초, (c) 댐 기초, (d) 터널

[표 2-1] 국내 카르스트 재해의 유형

	공동부 함몰	지반침하	기타	계
터널	4	–	1	5
교량	8	2	–	10
사면	2	–	1	3
기초	6	3	4	13
기타	7	6	7	20
계	27	11	13	51

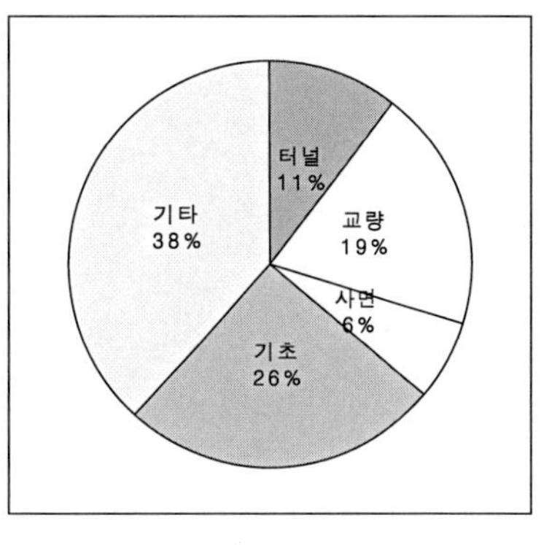

2.1.3 용식 구조의 특성과 영향

가. 석회공동의 특성

용해성 암석이 분포하고 있는 지역에서는 용식 과정에 의해 다양한 용식 구조들이 생성, 발전, 소멸되고, 지하수위의 저하에 따라 다시 생성되는 과정을 반복한다. 이미 지표에 노출된 용식구조들은 이에 대한 대책의 수립 및 관리가 상대적으로 용이한 반면, 지표에 노출되어 있지 않은 석회공동 등의 용식 지형은 예기치 못한 재해의 위험을 내포하고 있다.

그림 2-4는 일반적인 석회공동의 발달 형태 및 충전물의 상태를 보여준다. 대부분의 석회공동은 그림 2-3과 같이 뚜렷하게 발달한 비교적 고각의 절리 및 단층 등의 지질구조와 관련되어 발달하고 있으며, 특정 구간에서 용식 규모가 확대되어 발달한다. 석회공동의 발달은 일반적으로 암석의 종류, 지질구조 및 지하수위 등에 의해 제어되는 것으로 알려져 있다

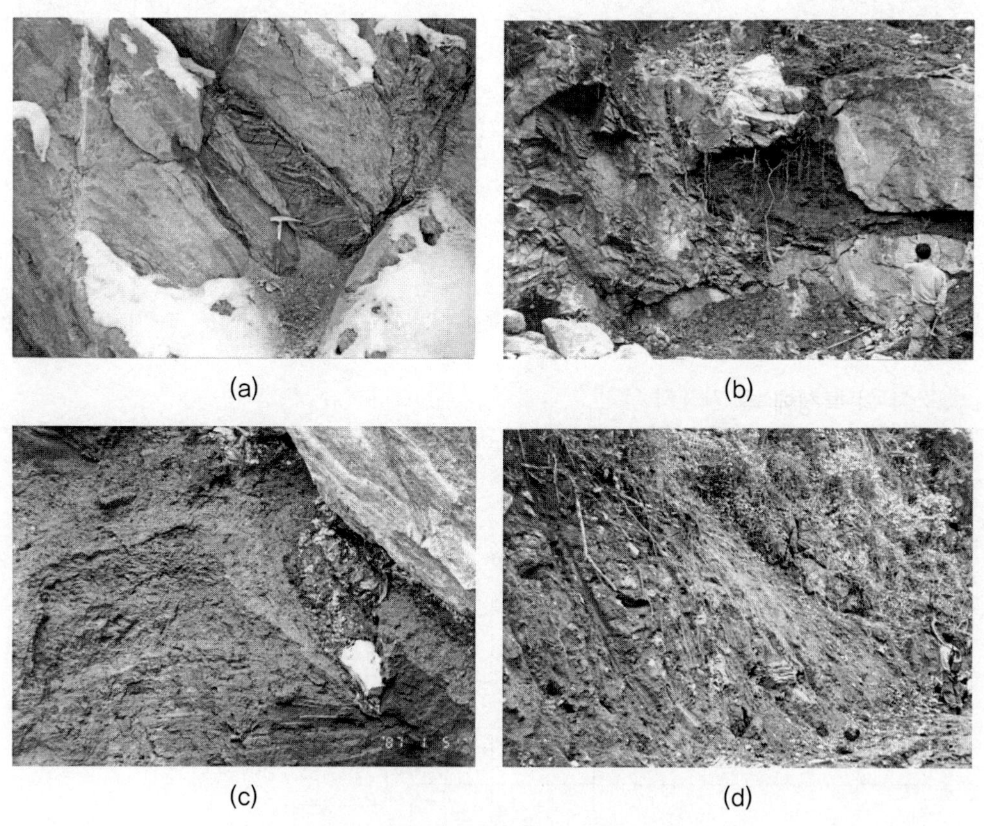

(a) (b) (c) (d)

[그림 2-4] 석회공동 충전물의 유형

(Goodman, 1993). 이러한 분포 특성은 석회공동의 규모, 형상, 위치 및 연결 상태 등으로 정의할 수 있으며, 이외 공동 내 충전물의 상태 역시 중요한 특성화의 대상이다.

Statham & Baker(1986)는 공동 충전물을 충전물의 구성과 분급도 등에 의해 구분한 바 있다. 공동의 충전물은 공동 내 지하수에 의한 퇴적물뿐 아니라 다양한 기원을 가지고 있다. 그 기원에 따라 공동 충전물은 공동 내 지하수에 의한 퇴적층, 싱크홀을 통해 급격히 유입된 충전물, 공동 붕괴에 의한 충전물, 공동 벽면의 풍화층 등으로 구분이 가능하다. 석회공동 충전물의 기원은 충전물의 종류, 분급도 및 분포 위치와 밀접한 관계가 있어 공동 충전물의 기원을 밝히는 것은 충전물의 상태와 분포 위치를 예측하는 데 중요한 자료로 사용할 수 있다. 그림 2-4(a)는 층리가 잘 발달한 전형적인 공동 내 퇴적층을 보여주고 있으며, 그림 2-4(b)는 공동의 연결 상태를 특징적으로 보여준다. 그림 2-4(c)는 공동 내 퇴적층과 공동 벽면의 풍화층과의 관계를 보여주고 있으며, 그림 2-4(d)는 공동의 붕괴 및 급격한 지표수의 유입으로 인한 충전물 상태를 보여준다.

석회공동의 제반 특성이 실제 지질 재해 발생에 미치는 영향을 분석하기 위하여 가상 석회공동을 발생시켜 수치 모델링을 실시한 결과에 의하면 석회공동은 하중 경계의 중심부로부터의 공동의 심도(D), 이격 거리(E) 등 위치와 규모(W)의 변화에 따라, 주변 암반의 이방성 및 연결 단층, 주단열의 존재 및 특성에 따라 구조물에 미치는 영향이 다른 것으로 분석된 바 있다(임수빈 외, 1998; 윤운상 외, 2003).

침하량 등 지반 거동에 관계된 문제뿐 아니라, 석회공동 시스템의 특성은 지하수의 유동 특성에도 큰 영향을 미친다. 건설교통부(2003)는 석회공동 및 주변 지질 조건과 관계된 지하수 유동 문제에 대해 석회공동의 연장과 충전물의 상태, 석회공동과 연결된 단층 등의 존재 여부와 특성에 따라 석회공동 시스템 주변의 지하수 유동 조건이 현격히 다름을 수치해석 결과로 보고한 바 있다. 이에 의하면 충전되어 있지 않은 관통상의 석회공동 또는 개방형 단층과 연결된 고립된 석회공동의 경우, 충전되어 있는 관통상의 석회공동에 비해 지하수위의 제어에 핵심적인 역할을 하는 것으로 분석되었다.

2.1.4 석회공동 분포 특성 및 제어 요인

석회공동 등 용식구조가 주요 지질 재해의 요인이라 할 때, 석회공동 등의 분포 특성을 예측하고 이를 특성화하기 위해서는 공동의 형성 메커니즘과 분포 특성을 제어하는 요인에 대한 이해가 필요하다. 앞서 언급한 바와 같이 일반적으로 석회공동의 분포는 용해성 암석의 분포, 단층 및 절리 등 지질구조의 발달, 지하수의 pH 및 수위의 분포와 밀접한 관계가 있는 것으로 알려져 있다. 여기서는 구체적 용식 지형의 발달 상태를 국내 단양 지역의 사례를 통해 검토하고, 그 제어 요인에 대해 논의하고자 한다.

단양 지역에는 대규모의 석회동굴과 돌리네 지형이 발달하고 있는 대표적인 카르스트 관광 지역으로, 고생대 조선누층군과 평안누층군이 넓게 분포한다(그림 2-5). 이들 대규모 용식구조들은 괴상의 석회암 또는 돌로스톤으로 구성된 풍촌층과 막골층에 주로 발달해 있으며, 대규모 용식구조는 이 두 층과 정합 관계에 있는 인접 비용해성 또는 난용해성 암석(예: 묘봉층)과의 경계 부근 또는 이들 지층이 비용해성 암석(예: 만항층)과 단층 경계를 가지는 부근에서 발달해 있다. 이외에 주로 박층상 또는 셰일과 호층을 이루는 석회질 지층(예: 화절층)에서도 중소 규모의 석회공동이 발달해 있거나, 흔히 '충식상 구조'로 일컬어지는 지층 표면의 차별 용식 구조를 보인다.

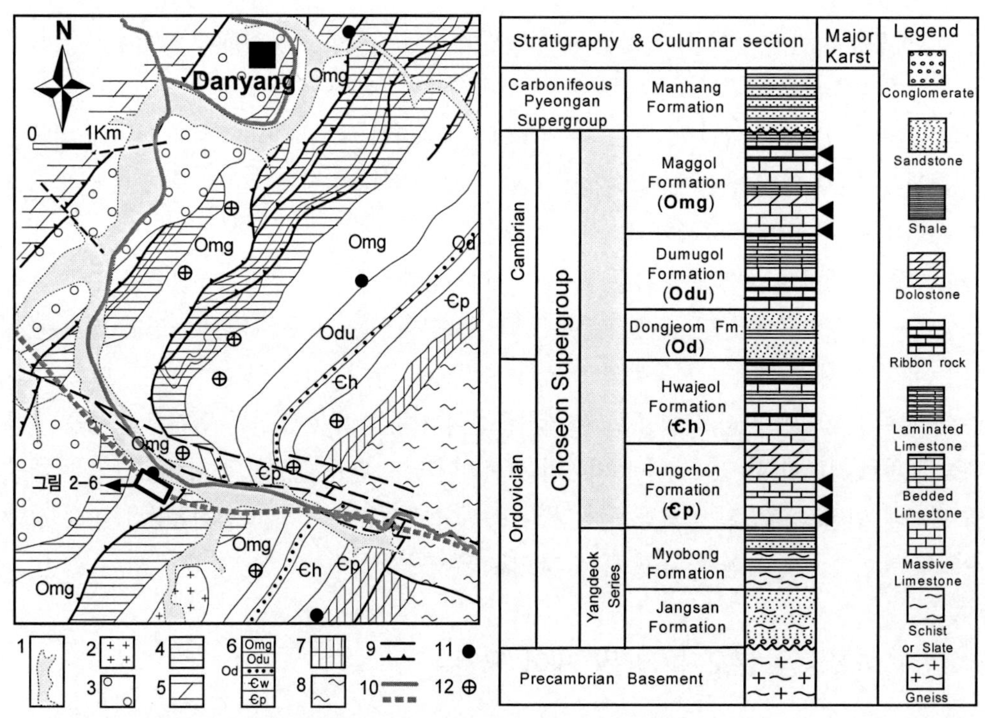

[그림 2-5] 단양 지역의 지질도 및 지층주상도

1: 충적층, 2: 중생대 화강암, 3: 중생대 쇄설성퇴적암, 4: 평안누층군, 5: 영월형 조선누층군, 6: 두위봉형 조선누층군 대석회암층, 7: 두위봉형 조선누층군 양덕층, 8: 선캄브리아 변성암, 9: 단층, 10: 도로, 11: 석회동굴, 12: 돌리네

막골층 및 풍촌층에서의 대규모 석회공동의 발달은 용해성 암석의 광물 조성 및 조직과 관련된 용식도의 차이 및 두께가 석회공동의 발달 가능 위치뿐만 아니라, 규모에도 직접적인 영향을 미치고 있음을 보여주고 있다(Yoon et al, 2002). 이와 관련하여 정의진 외(2002)는 다양한 국내의 석회질 암석을 이용하여 광물 성분의 분석 결과와 각 시료에 대한 가혹 용해 시험의 결과를 비교하여 방해석 함량과 공극률이 클수록 용식의 진전 속도가 빠른 것으로 보고하였다.

연구 지역에서 대규모 용식 지형을 제어하는 또 다른 중요한 요인은 대규모 지질구조의 발달 상태이다. 주요 용식 지형은 대부분 스러스트 단층 및 주향 이동 단층 주변에 집중되어 있다. 이러한 양상은 주요 단층 등 대규모 지질구조가 용해성 암석이 비용해성 또는 난용해성 암석과 직접적으로 접촉할 수 있도록 하는 동시에 단열구조의 발달로 이차 공극에 의한 지하수와의 접촉 면적을 확대하기 때문인 것으로 파악된다.

그림 2-6은 단양 지역 내 건설 중인 교량 기초부에서 지질조사 및 시추조사와 지구물리 탐사를 통해 작성한 지질 및 석회 공동 시스템의 분포도이다. 조선누층군의 막골층이 평안누층군의 만항층을 충상하고 있으며, 막골층 내에는 담회색의 비교적 순수한 석회암과 암회색의 셰일 호층대가 교호하고 있다. 고각의 절리가 잘 발달한 막골층 구간에 용식구조가 밀집해 있고, 이들 절리가 막골층 내에 발달한 충상단층과 교차하는 구간에는 지표까지 노

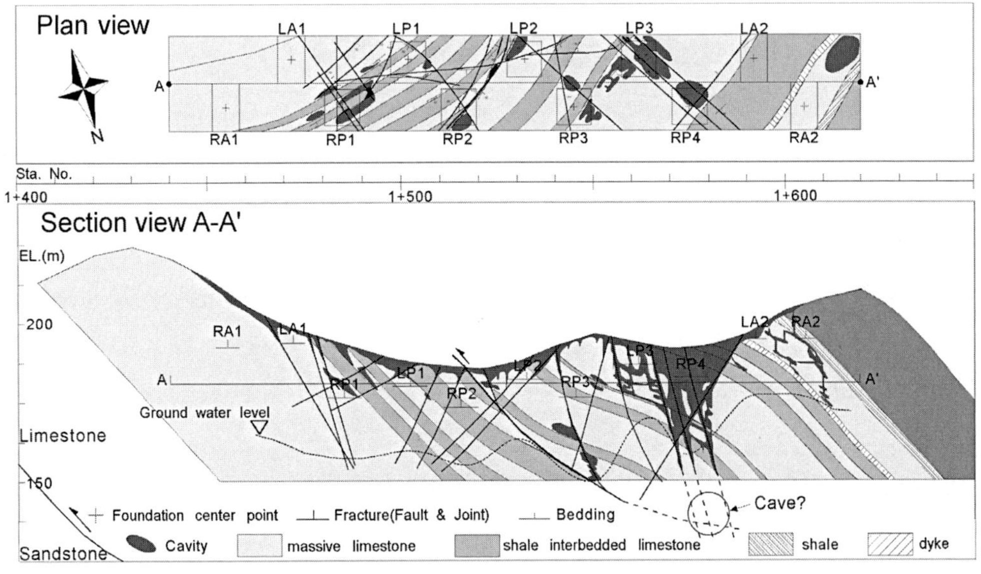

[그림 2-6] 고속도로 교량 기초부 상세지질도 및 단면도

출된 하부석회동굴이 발달해 있다. 이외 중소 규모의 석회 공동은 주로 단층 또는 절리 벽면을 따른 용식이 암회색 셰일 호층대 사이의 담회색 석회층에서 층리 방향으로 확장되어 형성되어 있으며, 그 규모는 담회색 석회층 두께와 직접적으로 관련되어 있다. 비교적 균질한 석회층이 두껍게 분포하는 지점에서는 단층 또는 절리 등을 따라 용식이 진전되어 싱크홀 또는 공동을 형성하고 있으며, 공동부의 확장은 이들 단열구조의 교차부에서 주로 이루어지고 있다.

위의 사례와 같이 석회 공동과 같은 용식구조는 차별 용식의 결과로써 주변 암석의 용식 속도에 대한 비등질성이 원인이 된다. 단양 지역 내 다양한 규모의 용식구조의 분포 특성은 2차 공극으로서의 지질구조 발달 상태와 인접 지층의 용해도 차이가 차별 용식구조로서의 석회 공동 분포 특성을 제어하는 요인임을 지시하고 있다. 그러므로 석회 공동의 발달은 단층 및 절리 등 2차 공극 주변으로써 지하수와의 접촉부가 다른 부분보다 넓거나, 인접 지층에 비해 상대적으로 용해도가 높은 지층에 발생할 가능성이 높다.

또한 용식 과정이 용해성 광물과 지하수와의 반응 과정이므로 지하수의 존재와 그 횡적 유동이 용해성 광물의 함량과 등질 범위, 지하수와 접촉을 이루는 1차, 2차 공극의 발달 상태 등의 차이와 함께 중요한 요소가 된다. 따라서 석회 공동의 발생이 일반적으로 발생 당시의 최저 수위 이상의 심도에서 이루어지므로 현재의 석회 공동의 분포는 발생 당시의 지하수위를 반영한다.

2.1.5 카르스트 지역의 지반조사

카르스트 지역의 지반조사는 계획-설계-시공-유지관리 단계에 따라 구분되어 적용될 수 있다. 카르스트 지역의 석회 공동의 분포는 불확실성이 높으므로 계획, 설계 단계에서의 재해 등급도(hazard zonation map) 작성 등의 과정을 통하여 보다 정밀한 조사 및 탐사 대상 지역을 정하여 집중적인 조사가 필요하며, 시공 중 이에 대한 확인 조사뿐만 아니라 예측치 못한 공동 출현에 대한 경계를 지속적으로 유지하여야 한다(McCann et al, 1987, 윤운상 외, 1999). 또한 구조물의 유지 관리 과정에서도 필요할 경우 지속적인 모니터링이 필요하다.

석회 공동을 포함한 용식구조가 석회암 지역의 주요 재해 발생 요인이라 할 때, 석회 공동의 발달 상태를 예측하여 해당 지역에서 발생할 수 있는 재해를 최소화하는 노력이 주요하다. 이를 위해 적극적으로 활용될 수 있는 방법은 재해도 분석을 통한 재해 등급도를 작성하는 것이다. 여러 나라에서 자국의 사례에 대한 분석 결과를 바탕으로 최종적인 위험도 평가 방법을 제안하고 있다(Forth et al, 1999; Yeung, 2001).

Fook & Hawkins(1988)는 결정질 석회암 지역에서의 용식구조의 특성을 그 형성 단계와 형태에 따라 5개의 등급으로 분류하고, 각 등급에 따른 부지조사 방법 및 기초부 대응 공법에 대해 제시한 바 있으며, 최근 Waltham(2000)은 국제 토질 공학회 기술위원회 TC26에서 보다 진전된 용식 지형의 공학적 분류안을 제시하였다(표 2-2). 또한 국내에서는 윤운상 외(1999)와 건설교통부(2003)에 의해 단양 지역 및 제천 지역의 조사 내용을 바탕으로 석회 공동 및 기타 용식 지형의 발달 상태에 따른 공학적 분류안이 제시되었다.

[표 2-2] 카르스트 지역의 광학적 분류

Fook & Hawkins 1988	윤운상 외 1999	Waltham 2000	정의진 외 2003
Limestone Surface	홈과 공동시스템	Undeveloped Karst	Safe zone
Minor Karst		Normal Karst	Low hazard zone
Karst	싱크홀과 동굴시스템	Mature Karst	Moderate hazard zone
Doline Karst		Complex Karst	Hazard zone
Major Doline Karst		Extreme Karst	High hazard zone

석회 공동을 포함한 용식 지형의 형태적 특성으로부터 그 공학적 분류와 조사 방침 및 설계 등 대응 방안을 모색하는 것은 해당 지역의 기후와 함께 석회암 등 용해성 암석의 특성 및 연대, 지질구조적 특성 등 지질학적 특성과 밀접한 관계가 있다. 따라서 국내에서 실제적으로 활용 가능한 공학적 분류안이 제시되기 위해서는 보다 다양한 지역에서 정밀조사와 분석이 이루어져야 할 것이다.

이러한 석회암 지역의 지반 불확실성을 이해하고, 해당 지역에 대한 지반조사 및 평가 계획이 수립되어야 한다. 표 2-3은 교량구간이 있는 도로에 대해 제시될 수 있는 지반조사 방법으로 제시된 것이다(Yoon et al, 2002).

[표 2-3] 카르스트 지역 교량구간 지반조사 절차안

Stage	Survey	Output
Planning Stage	Desk study - Geological map & report - Remote sensing image	Distribution of limestone formation Distribution of karst feature, i.e. doline Distribution of linearment
Design Stage	Reconnaissance survey - Geological mapping: 1/5,000 - 10,000 - Drilling survey: moderately spacing - Surface geophysical survey Resistivity, GPR, Seismic, Em and etc	Regional Karst hazard map Characterization of major karst features
	Detail survey - Geological mapping: 1/5,00 - 1,000 - Drilling survey: each footing or vertexes - Borehole geophysical survey Tomography, Image logging	Detail karst hazard map Detail characterization of karst features
Construction Stage	Footing ground survey - Mapping of excavated foundation - Instrument during establishment - Additional investigation & test	Confirmation of lime cavity system Confirmation of footing stability
Maintainment Stage	Monitoring - monitoring of settlement and etc.	Performance of structures

2.1.6 결론

석회 공동 및 각종 용식구조들은 지반 침하 및 함몰에 의한 각종 사회기반시설의 손상 또는 파괴와 지하수 오염 등의 지질 재해를 유발할 수 있다. 본고에서는 석회 공동 등 용식구조로 인한 지질 재해의 유형과 지질 재해 발생과 관련된 석회 공동의 특성 및 그 영향과 분포 특성을 규제하는 여러 요인에 대해 분석하였다. 또한 이를 근거로 카르스트 지역에서 수행되어야 할 일반적인 지반조사 흐름과 시공 전 단계에서 그 중요한 성과물로 제출되어야 할 재해 등급도 작성과 공학적 분류에 대해 소개하였다.

카르스트 지역에서의 재해 발생이 지역적 지질 조건과 밀접한 관계가 있음에도 불구하고, 현재 국내 석회암 지역에 대한 카르스트 지형의 특성과 지질 조건과의 관계에 대한 연구는 시작 단계에 있다. 보다 풍부한 자료의 획득과 분석이 실시된다면, 국내 석회암 지역에 대한 효과적인 재해의 예방이 가능할 것으로 생각된다.

카르스트 지역에서 가장 중요한 것은 인간의 예측 능력 외에서 지하의 위험한 용식구조들이 출현할 수 있는 가능성이 항상 존재할 수 있다는 인식을 가지는 것이다. 즉, 카르스트 지역에서는 계획-설계-시공-유지 관리 전 과정에 걸친 지질 재해 관리를 수행하는 것이 무엇보다 우선시되어야 한다.

2.2 석회암 지역의 물리탐사

2.2.1 서론

국내 석회암은 제주도와 경상남도를 제외한 전국에 분포하나 주로 강원도 북부와 충청북도 북부 지역에 집중 분포하며 이들은 고생대 캄브리아기 내지는 오르도비스기에 퇴적된 대석회암층군에 해당된다. 일반적으로 석회암은 크게 석회석(limestone)과 백운석(dolomite)으로 나눌 수 있으며, 석회석과 백운석의 외관은 비슷하지만 백운석이 약간 조립질이며, 화학적으로는 MgO 성분을 함유하고 있다. 이들은 대부분 공존하며, 물리탐사 방법에 의하여 석회석과 백운석을 구분하기는 매우 어렵다. 또한 석회암은 수용성이 풍부하여 긴 지질 시대를 거쳐 지하수 통로 부근에 공동이 발달하는 경우가 많다.

일반적으로 지반은 천부에서 발생하는 취성 변형작용(brittle deformation)에 의하여 단층 및 이에 수반되어 절리, 열극 등의 불연속면이 발달한다. 이러한 불연속면은 기계적, 화학적 풍화작용에도 영향을 미쳐 계곡과 같은 지형을 형성하며, 지하수의 유동 통로를 제공하거나, 단층점토에 의하여 지하수의 유동을 차단하는 역할을 한다. 한편 석회암은 물리적으로 매우 강한 암석임에도 불구하고 풍화의 양상이 보통의 경암들과는 매우 다르다. 이는 석회암이 물에 용해하는 특성 때문으로 석회암 표면을 풍화시킨 물이 변형작용에 의해 생성된 암석의 틈(slot)을 따라 이동하면서 지하에 공동을 생성하는 특성을 나타낸다. 이러한 풍화 과정은 통상적인 경암의 풍화 과정과는 매우 다른 현상이다. 따라서 석회암 지역에서의 지하수도 이러한 공동을 따라 유동하므로 일반적인 경우와는 상당한 차이가 있으며, 지하수면(water table)도 매우 불규칙한 양상을 보이므로 예측 및 제어가 매우 어렵다.

따라서 석회암 지역의 지반조사에서 유의해서 관찰해야 할 점은 연약지반의 원인이 되는 단층 또는 파쇄대이며, 이와 함께 지하공동의 발달 여부도 주된 조사 내용 중의 하나가 되어야 한다. 이들 지하공동은 무너지지 않고 공기로 채워져 있을 수도 있으나, 대부분의 경우는 함몰되어 점토 및 쇄석으로 충진된 경우가 많다. 이들 공동은 붕락 시 지반의 침하를 유발하므로 천부에 발달한 지하공동은 도로, 철도 및 각종 구조물의 설계 시 철저한 조사가 이루어져야 할 것이다. 여기에서는 석회암 지역의 지반조사에 사용되는 각종 물리탐사 방법 및 그 적용 사례를 간략히 소개한다.

2.2.2 석회암 지역에서의 물리탐사

물리탐사는 지하의 물성 변화에 의한 물리적, 화학적 현상을 측정하여 지하의 지질 및 그 구조에 대한 정보를 얻어내는 방법이다. 따라서 현재 적용되고 있는 각종 물리탐사법들은 기본적으로 지하의 물성 대비 및 이상체의 크기, 형상 등에 따라서 가탐 심도가 결정되며, 탐사방법에 따라 서로 다른 분해능 및 가탐 심도를 갖는다. 일반적으로 분해능과 가탐심도는 서로 대치되는 양상을 보인다. 즉 분해능이 높은 고해상도 물리탐사의 경우에는 가탐심도가 작고, 가탐심도가 큰 경우에는 분해능이 저하되는 특성을 보인다. 따라서 조사단계, 목적, 대상체의 심도, 주변 매질과의 물성 대비, 이상체의 기하학적 형상 등을 고려하여 탐사계획을 수립해야만 소기의 목적을 달성할 수 있다. 특히 석회암 지역의 경우에는 일반적인 지역과는 특이한 지질구조를 보이는 경우가 많으므로 석회암 지역의 지질 및 지하구조에 대한 충분한 이해를 바탕으로 탐사설계, 자료획득, 처리 및 해석을 수행해야 할 것이다.

석회암 지역의 지반조사는 조사 시기 및 목적에 따라 개략조사, 정밀조사의 단계로 나눌 수 있다. 개략조사는 주로 지표에서 조사 지역의 전반적인 지질구조의 파악 및 특정 이상대의 추출을 목적으로 수행되는 탐사를 칭하며, 정밀중력탐사, 2차원 전기비저항 탐사, 전자탐사, GPR탐사 및 탄성과 굴절법 탐사 등이 적용될 수 있다. 이들 방법은 주어진 지형 및 지질 조건에 따라 서로 다른 가탐심도 및 분해능을 가지므로, 조사 목적 및 현장 여건을 신중히 고려하여 탐사계획을 수립해야 한다. 국내에서 수행된 지반조사의 경우에는 일반적으로 전기비저항 탐사와 탄성파 굴절법 탐사가 전 구간에 대하여 수행되고 있으며, 고심도 터널의 경우에는 가탐심도가 큰 전자탐사의 일종인 CSMT(controlled source MT)법이 적용되며, 천부에 발달한 공동 및 함몰대의 조사에는 GPR 탐사가 적용되고 있다. 정밀탐사는 개략조사 결과 파악된 연약대 및 터널의 입·출구부나 교량의 교각부와 같이 높은 안정성이 요구되는 특정 부지에 대해서 수행된다. 정밀조사에는 주로 시추공을 이용하는 시추공 물리탐사 및 토모그래피법이 적용되며, 지표 3차원 전기비저항 탐사가 수행되기도 한다. 토모그래피법에는 전기비저항, 레이더 및 탄성파 토모그래피법 등이 실시되고 있으며, 부지 특성 및 조사 목적에 따라 단일 또는 복합적으로 적용된다. 이들 토모그래피법은 지하공동의 탐지에 매우 효과적인 방법이므로 지하공동의 발달이 두드러진 석회암 지역의 정밀조사에는 적극적인 적용이 필요하다. 이와 함께 각종 시추공 물리탐사법 및 검층을 효과적으로 병행하면 보다 효과적으로 지반의 지질학적, 공학적 특성을 규명할 수 있을 것이다.

2.2.3 개략조사

다음은 조사 지역의 전반적인 지반 특성 및 석회암 지역에 발달한 파쇄대 및 공동의 탐지를 위한 물리탐사법의 원리 및 방법과 국내외에서의 적용 사례를 간략하게 기술한다.

가. 중력탐사

중력탐사는 지하 매질의 밀도 변화에 기인한 중력의 변화를 측정, 해석하여 지질구조에 대한 정보를 얻어내는 방법이다. 따라서 이 방법은 주로 광역탐사에 널리 사용되며, 특정 지역의 지반조사 등에는 잘 적용되지 않는다. 그러나 최근에는 소위 정밀 중력탐사(mocro-gravity)의 도입으로 인하여 지반조사 및 환경 분야에도 적용이 시도되고 있다. 이 방법에서는 기존의 중력탐사와는 달리 중력의 수직 및 수평 구배(vertical or horizontal gradient)를 측정하므로 측정기기의 정밀도 및 기기를 안정적으로 유지할 수 있는 지지대의 확보가 우선적으로 해결되어야 한다. 그림 2-7은 폴란드에서 수행된 정밀 중력탐사 결과이다(Fajklewicz, 1986). 그림에 나타난 바와 같이 중력의 수직 구배가 최소값을 보이는 지점에서 지하공동이

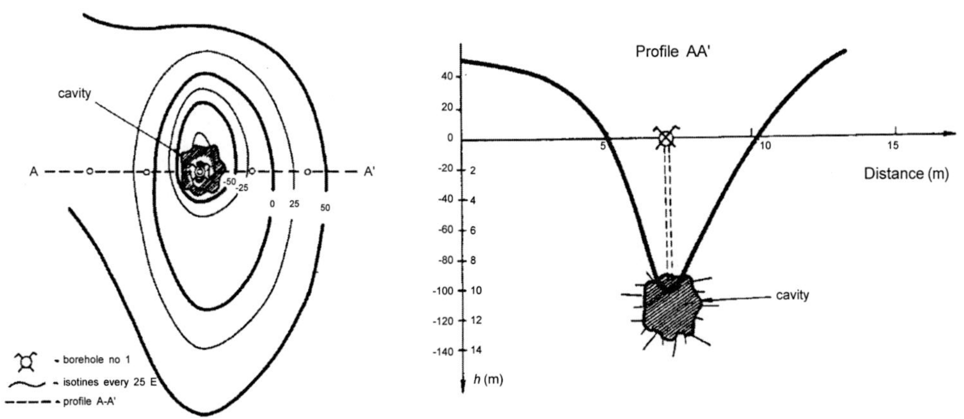

[그림 2-7] 석회공동 탐지를 위한 정밀 중력탐사 결과도

확인되었다. Fajklewicz(1986)에 의하면 지하공동은 충진되어 있을 경우에도 이론적으로 계산된 중력 이상보다도 더 큰 이상을 보이며, 이는 정밀 중력탐사가 지하공동의 탐사에 생각보다 훨씬 훌륭한 탐사방법이 될 수도 있다는 가능성을 시사한다. 하지만 아직 국내의 경우에는 중력탐사를 이용하여 지하공동을 탐지한 적절한 사례가 보고된 적이 없는바, 이는 국내에 도입된 중력 측정 기기의 낮은 정밀도, 중력 수직 구배의 측정 시 높은 고도에 장비를 견고하게 지지하는 기술적 어려움, 극심한 지형의 기복 및 경험부족 등 복합적 요인에 의한 것으로 생각된다. 그러나 정밀 중력탐사는 이론이 간단하므로 향후 지하공동과 같은 천부 이상체의 탐지에 효과적인 조사방법이 될 수 있음을 유념해야 한다.

나. 전기비저항 탐사

전기비저항 탐사는 우리나라에서 지하수 및 각종 지하자원의 탐사에서부터 지반조사 및 환경 분야에 이르기까지 광범위하게 적용되고 있는 가장 보편적인 물리탐사법 중의 하나이다. 이는 국내 대지의 전기비저항이 외국의 경우에 비하여 상당히 높아 안정적 자료획득이 가능하고 비교적 잡음에도 강한 탐사법이기 때문이다. 또한 그간 전기비저항 탐사의 자료획득, 처리 및 해석에 관한 지속적인 연구 및 현장경험도 이 방법의 적용성을 확대 발전시키는 데 기여하였다. 특히 쌍극자 배열 전기비저항 탐사는 현장작업이 용이하고 지하의 수평, 수직적 전기비저항 분포를 파악하는 데 매우 효과적이며, 각종 자료처리 및 지형 보정에 관한 프로그램이 잘 개발되어 있어 물리탐사가 수행되는 모든 조사에 필수 항목으로 자리 잡고 있다. 석회암 지역의 조사에서도 국내외를 막론하고 전기비저항 탐사는 매우 활발하게 적용되고 있다. 이는 석회암 지역의 조사에서 가장 중요시되는 파쇄대 등의 불연속면의 분포 양상, 지하공동의 발달 여부, 풍화대의 두께, 지하수면의 위치 등을 파악하는 데 이 방법이 매우 효과적이기 때문이다.

전기비저항 탐사법은 국내에서와 같이 거의 수직으로 발달한 파쇄대의 탐지 능력이 뛰어난 방법이므로 석회암 지대가 아닐 경우에도 지반조사에서 연약대의 분포 파악 및 평가에 널리 사용된다. 석회암은 일반적으로 다른 퇴적기원의 암석에 비하여 전기비저항이 높은 반면, 파쇄대는 점토 및 수분 함량이 높아 매우 낮은 전기비저항을 보인다. 따라서 파쇄대는 주변 매질과 물성 대비가 현저한 매우 좋은 전기비저항 이상체이므로 전기비저항 탐사를 통하여 쉽게 탐지해낼 수 있다. 한편 지하공동은 공기로 채워진 경우와, 지하수나 점토 및 각력으로 충진된 경우를 생각할 수 있다. 지하수면 상부의 공기로 채워진 빈 공동의 경우에는 GPR 탐사를 적용하는 것이 효과적일 것이다. 그러나 공기는 석회암에 비하여 상대적으로 전기비저항이 높기 때문에 석회암의 전기비저항이 낮은 경우에는 고비저항 이상대로 나타날 수도 있다. 한편 지하수나 점토 및 쇄석으로 충진된 경우에는 충진된 물질의 전기비저항이 석회암에 비하여 매우 낮기 때문에 저비저항 이상대로 나타나게 된다.

그림 2-8은 미국의 석회암 지대에서 공기로 채워진 빈 공동의 위치를 탐지하기 위하여 전기비저항 탐사를 수행한 결과이다. 사용된 전극 배열방법은 Wenner 배열로 수평 탐사 결과이다. 전극간격 및 측점 간격은 모두 30m이다. 풍화토가 두터운 지점에서는 매우 낮은 겉보기 비저항을 보이는 반면, 석회암이 상부까지 발달한 지점에서는 높은 겉보기 비저항을 보인다. 특히 공동이 존재하는 2300~2400ft 구간에서는 석회암보다 매우 높은 겉보기 비저항을 나타내고 있어 공기로 채워진 공동의 위치를 파악할 수 있다(Van Nostrand and Cook, 1966).

그림 2-9는 석회암 지역의 지반조사를 위하여 수행된 쌍극자 배열 전기비저항 탐사 결과를 나타낸 것이다(김기석 등, 1999). 이 조사는 남호 2교 건설부지 하부의 기반암의 심도, 연약대인 단층 파쇄대의 분포 및 지하공동의 발달 여부를 파악하기 위한 목적으로 수행되었으며, 이때 쌍극자 간격을 40m로 설정하였다. 결과를 보면 천부에 저비저항을 갖는 20~30m 두께의 풍화대 발달양상이 잘 나타나고 있으며, 그 하부에는 고비저항의 신선한 기반암이 분포한다. STA 4k+200m 지점 하부에 매우 낮은 저비저항 이상대가 나타나고 있으며, 이는 지

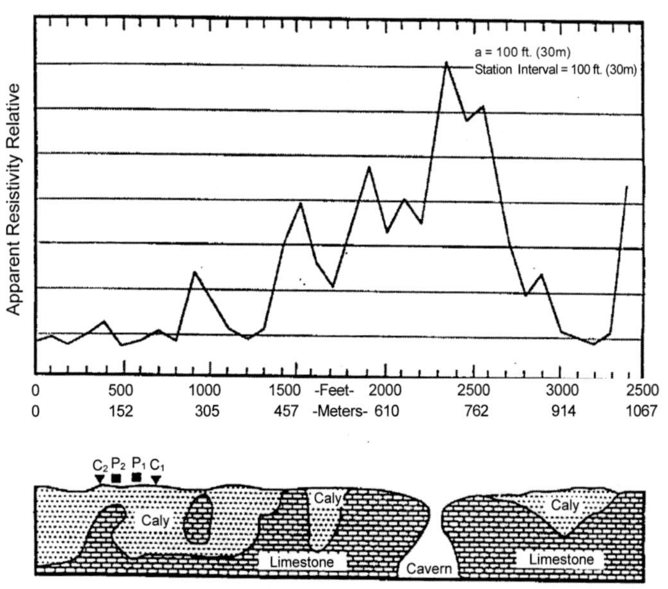

[그림 2-8] 석회공동 탐지를 위한 Wenner 배열 전기비저항 탐사 결과도

하수 및 점토로 충진된 공동에 의한 것으로 시추 결과 확인되었다. 이러한 맥락에서 볼 때, STA 4km+550m 지점의 저비저항 이상대도 지하수면 부근의 공동에 의한 것으로 해석되나 확인 작업은 이루어지지 않았다.

쌍극자 배열 전기비저항 탐사는 전기비저항의 2차원적 분포 양상 파악에 효과적이므로

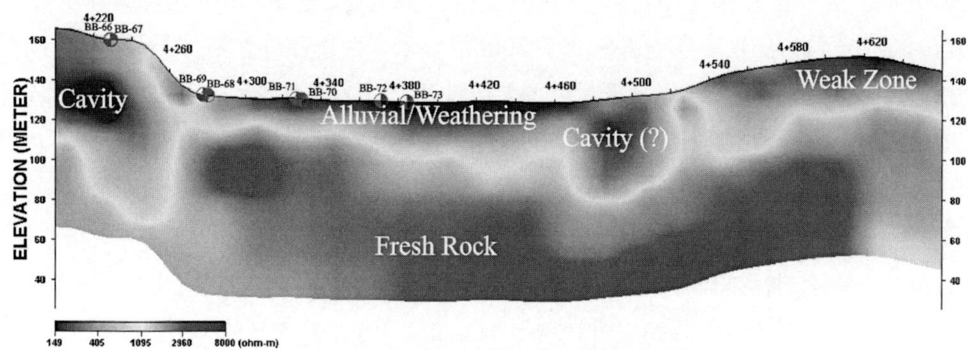

[그림 2-9] 전기비저항 탐사 종단면도

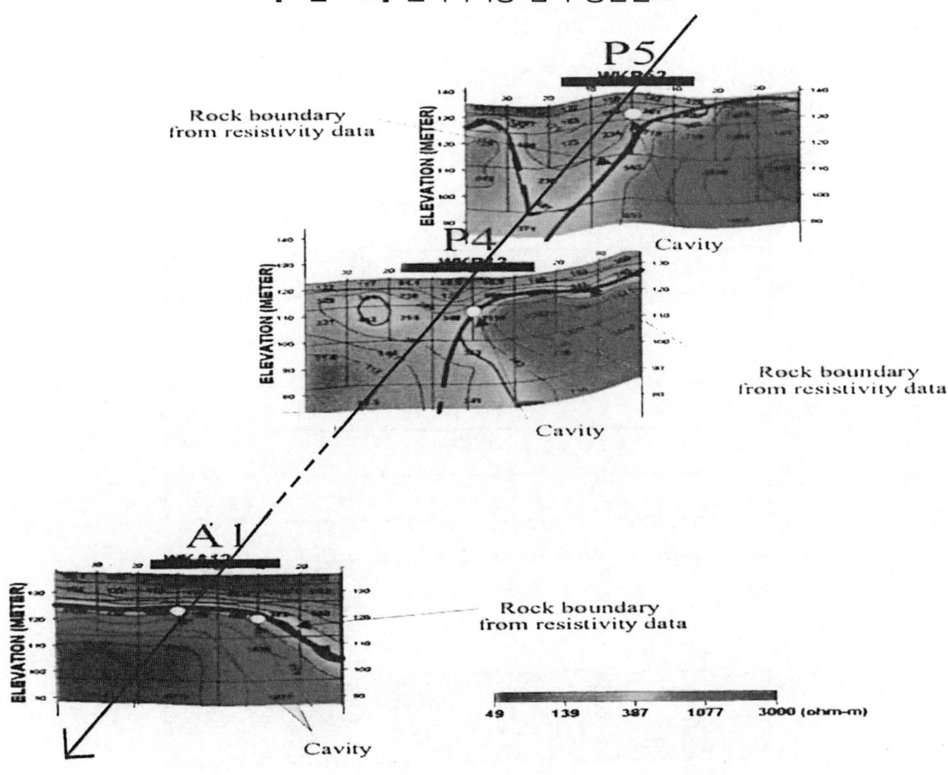

[그림 2-10] 석회암 지역의 공동조사를 위한 전기비저항 탐사 해석결과(김기석 등, 1999)

전기비저항이 서로 다른 암석의 경계면 조사에 적용된다. 물론 동일한 암석이라도 절리 등의 불연속면의 발달 상태에 따라 전기비저항이 달라질 수 있으며, 이 경우 신선한 암반과 불연속면이 발달한 연약지반의 구분 및 평가에도 적용될 수 있다. 그림 2-10은 국내의 대표적인 석회암 지대 중의 하나인 문경 지역에 건설될 중부 내륙 고속도로 제9공구 원골교의 교각 및 교대 기초부에서 실시된 쌍극자 배열 전기비저항 탐사 결과이다(김기석 등, 1999). 여러 개의 측선에서 암의 경계부위가 확연하게 구분되고 있어, 암상 경계면의 파악에 이 방법이 매우 효과적임을 잘 보여주고 있다. 특이한 점은 나중에 시추를 통하여 확인된 결과이지만 석회암 공동이 이러한 암상 경계면을 다수 분포한다는 점이다. 그림 2-10의 P5, P4 교각부와 A1 교대부의 전기비저항 탐사 단면은 암상 경계면에 공동이 발달하는 경우에 해당된다. 이는 석회암 지대에 발달하는 공동의 생성 메커니즘이 열극, 지층 경계면 등의 불연속면을 따라 이동하는 지하수에 의해 형성되기 때문인 것으로 해석된다.

한편 최근에 이르러 전기비저항 탐사법을 이용해 지하의 3차원적 지질구조를 파악하기 위한 3차원 탐사에 관한 관심이 고조되고 있다. 이는 근본적으로 지하 지질구조는 3차원이며, 현재 사용되고 있는 1차원 및 2차원 탐사 및 해석기술은 3차원 지하구조를 파악하는데 근본적으로 한계가 있기 때문이다. 3차원 전기비저항 탐사는 일반적으로 작업의 편의성을 위하여 여러 개의 평행한 측선에 대하여 2차원 탐사를 수행하고, 여기서 얻어진 자료를 모두 사용하여 역산을 수행하는 방법이 사용된다. 3차원 탐사는 2차원 탐사에 비하여 현장조사 물량이 많기 때문에 자료 획득 및 처리에 시간과 비용이 많이 소요된다는 단점이 있으나, 이는 3차원 지하구조에 대한 정보를 얻기 위해서는 당연히 지불해야 할 대가이다. 3차원 탐사는 대개 정밀 탐사 단계에서 적용되는바, 주로 정밀한 분석이 요구되는 연약지반이나 구조물의 특성상 정밀조사가 요구되는 교각부, 터널의 입·출구부 등의 조사에 적용되고 있다. 그림 2-11은 문경의 석회암 지대에서 얻어진 3차원 전기비저항 탐사 결과이다(길정복, 2000). 적용된 배열법은 10m 간격 쌍극자 배열이며, 5개의 평행한 측선자료에 대하여 2차원, 3차원 역산을 수행하여 얻어진 결과를 도시한 것이다. 이 지역의 지질 구조상 2차원 및 3차원 탐사 결과에 뚜렷한 차이는 없으나, 2차원 해석 결과보다는 3차원 해석 결과에 저비저항 이상대가 확연하게 분리되어 나타나고 있으며, 각 단면 간의 연결성도 매우 좋게 나타나고 있다. 이 지역의 경우 조사 영역이 좁기 때문에 지하의 지질구조가 큰 변화가 없다고 생각할 때, 3차원 해석 결과가 보다 실제적인 상황에 근접하고 있는 것으로 판단된다.

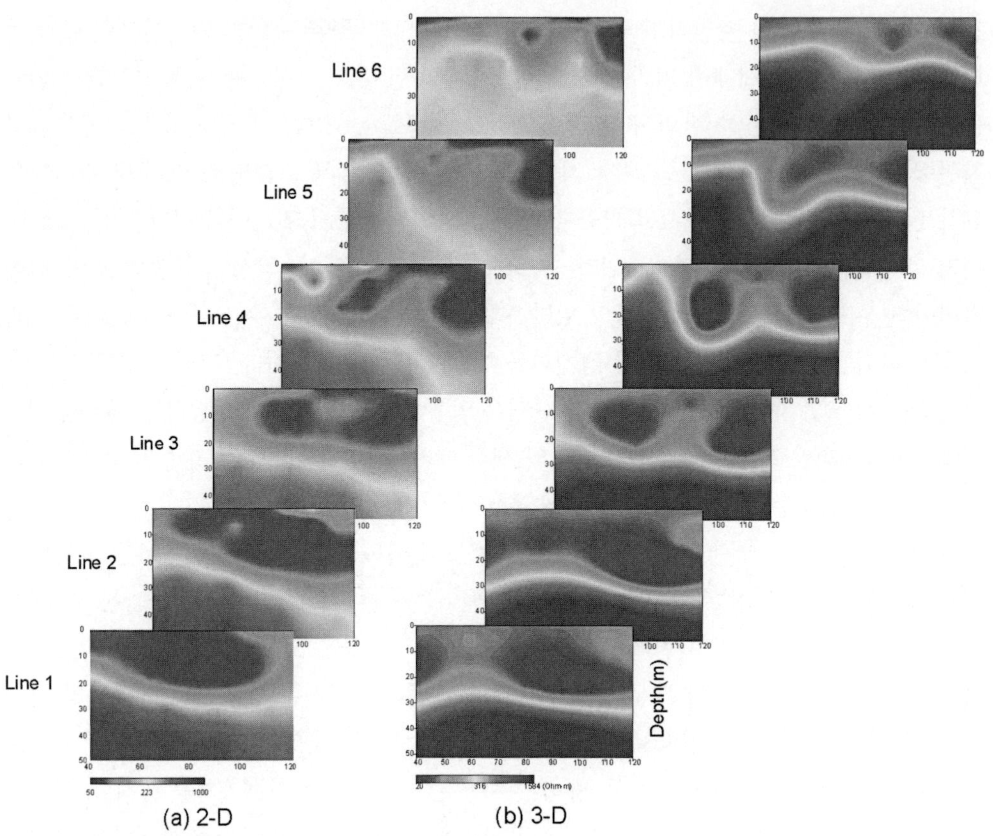

[그림 2-11] 문경지역 전기비저항 탐사자료의 (a) 2차원 및 (b) 3차원 해석결과(길정복, 2001)

다. 전자탐사

전자탐사는 전기비저항 탐사와 마찬가지로 지하의 전기전도도 이상체에 의한 반응을 측정하여 지하의 지질구조에 관한 정보를 얻어내는 방법이다. 이 방법은 복잡한 이론, 장비의 확보, 전문인력의 부족으로 인하여 탐사방법이 가지고 있는 잠재 능력에 비하여 그 적용은 매우 미흡한 실정이다. 또한 방법의 특성상 전기비저항 탐사보다 잡음에 취약하다는 점도 이 방법이 국내에서 쉽게 적용되지 못하는 이유 중의 하나이다. 그러나 전자탐사법은 조사 목적, 단계 및 조사 지역의 탐사여건 등에 따라 선택 가능한 탐사방법이 다양하며, 대부분의 방법이 비접촉식으로 전극 설치가 어려운 지역에서도 적용이 가능하고, 탐사 진행 속도가 빠르다는 장점이 있다. 또한 전기비저항법의 적용이 어려운 전도성 매질에서도 훌륭한 대안이 될 수 있다. 최근에는 CSMT 탐사 등 전자탐사법도 지반조사의 한 방법으로 적용되기 시작하고 있으며, 향후 지반조사는 물론이고 환경문제의 해결을 위한 개략 및 정밀조사 방법으로 대두될 것으로 전망된다.

한편 전자탐사법은 다른 물리탐사법에 비하여 그 원리 및 방법이 잘 알려져 있지 않기 때문에 여기에서 간단하게 기술한다. 송신 코일에 교류전류를 흘려주면 암페어의 법칙에 의해 자기장(1차장, primary field)이 발생하고, 이 자기장이 지하의 전도성 매질을 통과하면서 유도전류(industion current)가 발생하게 된다. 이 유도전류는 소위 2차 자기장 및 전기장(secondary field)을 발생시키게 된다. 전자탐사법은 유도전류에 의한 2차장을 측정하여 지하의 전기전도도 분포에 관한 정보를 얻어내는 방법이다. 지하에 유도되는 유도전류의 크기는 지하 매질의 전기전도도에 좌우되므로 전자탐사는 원리적으로 전기전도도가 높은 양도체의 탐지에 유리하다. 전자탐사법은 송신원, 측정량, 송·수진 배열 등에 따라 매우 다양한 탐사법으로 나누어진다. 대표적인 분류방법은 송신원에 따른 분류로 주파수 영역(Frequency domain EM)과 시간영역(TEM, Time domain EM)으로 나누어진다. 주파수 영역 전자탐사는 일정 주파수를 갖는 전류를 코일 등의 송신원에 공급하여 1차장을 생성한 다음, 수신기에서 1차 자기장과 2차 자기장의 비를 측정하여 지하의 지질구조를 해석하는 방법이다. 주파수 영역 전자탐사법은 일정 주파수를 사용하므로 필터링 기법 등에 의하여 신호 대 잡음비를 높일 수 있다는 장점이 있다. 주파수 영역 전자탐사에서 주파수를 f, 대지의 전기비저항을 p라 하면 전자파의 침투심도(skin depth) $\delta = 500\sqrt{p/f}$ (meter)이므로, 고주파는 천부의 정보를, 저주파는 심부의 정보를 나타낸다. 반면 시간 영역 전자탐사법은 일정시간 송신원에 전류를 공급하다가 갑자기 차단한 다음 지하에서 일어나는 전자기 유도 현상에 의한 2차장의 시간에 따른 변화를 측정하는 방법이다. 1차장이 없는 상태에서 2차장만을 측정한다는 장점이 있으며, 초기 시간대의 자료는 천부의 정보를, 후기 시간대는 심부의 정보를 내포하고 있다.

전자탐사법에서는 전기비저항법에서와 마찬가지로 수평(profiling) 및 수직탐사(sounding)가 가능하다. 수평탐사의 경우 일정 송·수진기의 간격을 유지하면서 이동시키는 이동 송신기법(moving source)과, 송신기는 고정하고 수진기만 이동시키는 고정 송신기법(fixed source)으로 나누어진다. 일반적으로 소형 루프 송신원을 사용하는 이동 송신기법은 가탐심도가 작으며, 대형 루프를 사용하는 고정 송신기법은 가탐심도가 깊다. 주로 주파수 영역 전자탐사법에서는 소형 루프법이, 시간 영역 전자탐사에서는 대형 루프법이 사용된다. 수직탐사의 경우 소형루프를 사용할 때는 측정점을 중심으로 송·수진 간격을 넓히면서 조사를 수행하는 geometric sounding과 주파수를 변화시키면서 수행하는 parametric sounding이 있다. 최근의 전자탐사에서는 쌍극자 배열 전기비저항 탐사와 유사하게 수평 및 수직 탐사가 동시에 수행되어 측전 사부 전기전도도의 2차원 분포 양상을 해석하는 방법이 널리 사용되고 있다. 한편 자연장을 이용하는 MT(magnetotelluric) 탐사법은 광대역 주파수 영역 탐사법으로 현존하는 물리탐사법 중에서 가탐심도가 가장 큰 탐사법이다. 그러나 이 방법은 잡음에 취약하기 때문에 최근에는 인공 송신원을 사용하는 CSMT(controlled source MT)법이 개발되어 심부 탐사에 적용되고 있다.

그림 2-12는 영동선 루프신 철도 터널 공사를 위한 지반조사에 적용된 CSMT 탐사의 결과이다. 이 방법은 물리탐사법 중에서 가탐심도가 가장 큰 반면 잡음에 취약한 MT 탐사의 약점을 보완한 인공 송신원 MT 탐사법이다. 사용 주파수는 10Hz~100kHz의 광대역이며, 가탐심도는 약 2~3km에 이른다. 이 지역의 지질은 대체적으로 평안계 퇴적층이 지표 근처에 부존하고 있으며, 그 하부에 조선계 석회암 층이 분포하고 있다. 평안계 퇴적층은 대표적인 함탄층으로 다수의 석탄층이 나타나고 있어 전기비저항이 매우 낮은 경우가 대부분이다. 따라서 이 지역에서 전기비저항 탐사의 적용이 곤란하였으며, 터널의 심도가 300m 이상으로 매우 깊기 때문에 전기비저항 탐사를 통하여 터널 주변의 지질구조의 해석이 불가능한 지역에 해당된다. 그림 2-12는 이와 같은 지질환경에서 적용된 CSMT 탐사 결과 및 해석 결과를 나타낸 것이다. 전반적으로 평안계 퇴적층에서는 상대적으로 낮은 전기비저항을 보이는 데 반하여, 석회암 지대의 경우에는 매우 높은 전기비저항을 보이고 있어, 두 퇴적층의 부존 범위를 명확히 구분해준다. 또한 이 지역에 발달한 다수의 단층, 파쇄대의 분포 양상도 잘 보여주고 있어, 산악지대에서의 고심도 터널의 지반조사에 CSMT 탐사법이 성공적으로 적용될 수 있음을 알 수 있다.

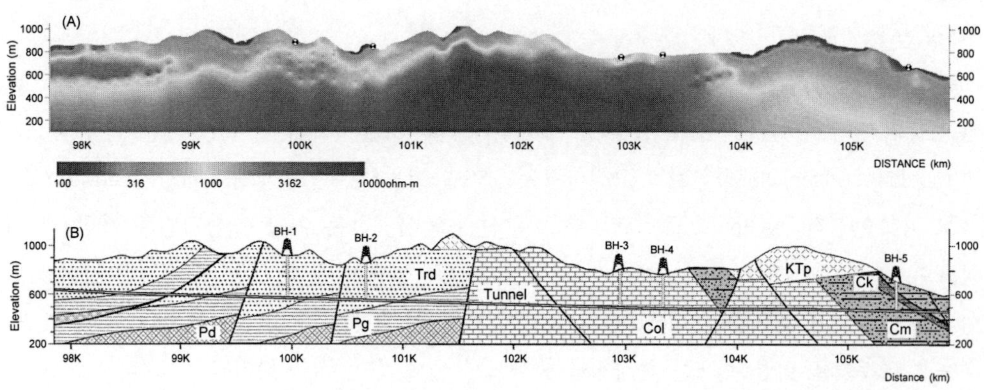

[그림 2-12] 철도터널 지반조사에 적용된 CSMT 전기비저항 단면 및 해석 결과도

호주 Wiso Basin을 가로지르는 Alice Springs와 Darwin 사이의 철로를 따라 산재하는 함몰대(sinkhole) 즉, 돌리네(doline)의 분포 상황을 조사하기 위하여 동일 루프법을 사용하는 TEM 탐사를 수행하였다(Nelson and Haigh, 1990). 이 지역은 상당수의 함몰대가 발달해 있으며, 1982년 갑작스러운 붕괴로 인하여 Buchanan 고속도로에서 대형사고가 발생하였으며, 이를 계기로 대규모의 지반 안정성 조사를 수행하였다. 적정 탐사방법의 선정을 위하여 함몰대의 생성원인에 대한 조사를 수행하였다. 지층 내의 규암질(silica)이 용해되어 빠져나가고 응집력이 떨어지는 점토만 남아 상부토양층을 지지하고 있다. 이 용해된 영역은 지하 30m까지 발달하면서 공극률이 매우 높은 함수대를 형성한다. 우기에 강우가 집중되면 이 함수대가 붕괴하면서 상부토양층도 함께 붕괴하게 된다. 이와 같은 생성기원을 갖는 함몰대는 대개 점토 및 각종 쇄석으로 충진되어 있어 낮은 전기비저항을 보이므로 TEM 탐사법을 적용하였다. 그림 2-13은 이 지역에 대한 겉보기 비저항 분포도로 2개의 지점에 함몰대가 존재한다. 그림에 HV4와 HV5로 나타낸 이 함몰대는 1982년 한밤중에 갑자기 붕괴했으며, 이로 인하여 고속도로를 그림에 나타낸 것처럼 옆으로 이전하였다. 그러나(90m E, 40m N) 좌표 지점에 10ohm-m의 낮은 겉보기 비저항을 보이는 이상대가 나타나고 있다. 참고로 이

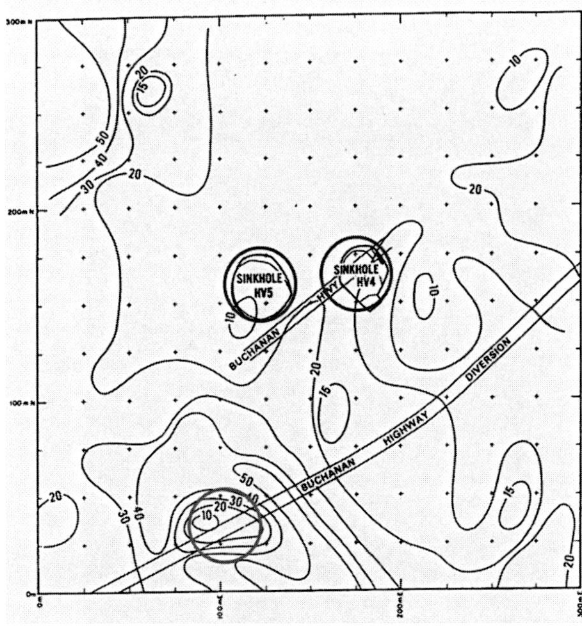

[그림 2-13] 호주 Buchanan고속도로의 주변의 TEM 겉보기 비저항 분포도(Nelson and Haigh, 1990)

이상대는 탄성파 굴절법 주시 자료에서도 속도가 느리고 감쇠가 심한 것으로 나타나고 있어, 조만간 붕괴될 수 있는 잠재 함몰대로 해석되었다.

라. GPR

GPR 탐사는 수 MHz에서 수 GHz 주파수의 전자파를 송신원으로 하여, 매질의 물성이 바뀌는 경계면에서 반사된 전자파가 수진기까지 도달하는 데 걸리는 시간을 측정하여, 지질 구조 및 지하에 존재하는 각종 구조물의 위치 및 형상을 해석하는 탐사법으로 탄성파 반사법과 유사하다. GPR 탐사법은 고주파의 전자파를 신호원으로 사용하므로 해상도의 측면에서 다른 물리탐사법에 비하여 월등히 뛰어나다. 이 높은 해상도로 인하여 현재 국내에서 파이르, 지중 케이블 등 지하 매설물 조사, 천부 정밀 지반조사 및 토목 구조물의 비파괴 검사 등에 매우 다양하게 응용되고 있다. 반면 이 방법은 고주파를 사용하기 때문에 침투심도가 작아 전기전도도가 높은 지질조건에서는 가탐심도가 수 m에도 이르지 못한다는 약점이 있다. 특히 지표 GPR 탐사의 경우 표토층의 전기전도도가 높기 때문에 10m 이상의 가탐심도를 확보하기 어려운 경우가 많다.

석회암 지역의 경우에도 천부의 풍화토는 전기전도도가 높기 때문에 GPR 탐사의 가탐심

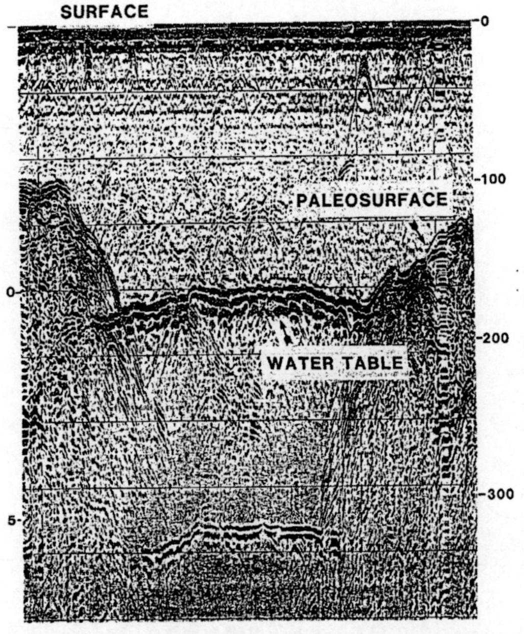

[그림 2-14] 석회암 지대에 발달한 함몰대(sinkhole) 위치파악을 위해 적용된 GPR 탐사 단면

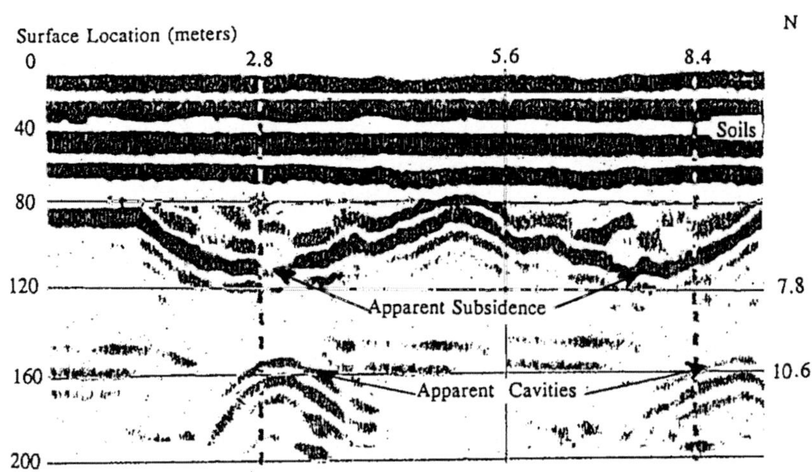

[그림 2-15] 석회공동에 의한 지반침하를 보여주는 GPR 단면(Benson, 1995)

도는 다른 지질환경에서와 유사하게 작을 수밖에 없다. 따라서 심부 지반조사에는 적절하지 못하지만, 천부 정밀조사에는 해상도가 높기 때문에 매우 효과적이다. 그림 2-14는 석회암 지대에 발달한 함몰대의 위치를 파악하기 위해서 적용된 GPR 단면이다(Mellet, 1995). 고생대 석회암 지대에 발달한 공동에 최근의 점토가 함몰되면서 발달한 지하 구조가 매우 명확하게 나타나고 있다. 현재 이 함몰대는 안정적이지만 시간이 경과하면 지하수면의 변화에 의하여 추가적인 붕괴가 일어날 수도 있다.

그림 2-15 역시 석회암 지대에 발달한 공동으로 인한 지반 침하가 발생한 지하의 영상을 잘 보여주고 있다(Benson, 1995). 이 그림은 미국 Eureka 부근의 6번 고속도로 상에서 얻은 GPR 탐사 결과로 2.8m 지점과 7.2m 지점에 지하공동의 붕괴로 인한 지반 침하가 일어난 것으로 해석되며, 현재 도로의 파손이 지속되고 있어 아직도 지반 침하가 진행 중인 것으로 판단된다. 그림에서 나타난 포물선 형태의 회절 양상은 지하공동에 의한 전형적인 반응이다. 표토층의 유전율을 5.5, 석회암의 유전율을 7로 하여 추정한 결과, 공동의 깊이는 10.6 m이고 그 반경은 대략 2~4m인 것으로 해석되었다. 이 지하공동이 인위적인 것인지 혹은 자연적인 것인지는 알 수 없으나, 중요한 점은 석회암 지대의 지하공동을 GPR 탐사를 통하여 사전에 규명하고, 이에 의한 재해를 사전에 예방할 수 있다는 점이다.

마. 탄성파 탐사

지하 매질을 전파하는 탄성파는 지층의 기하학적, 물리적 성질이 달라지는 경계면에서 반사, 굴절, 회절 등의 현상을 일으키면서 경로를 달리한다. 탄성파 탐사는 이 반사파 및 굴절파의 도달시간 및 파형을 분석하여 지질구조 및 지반의 탄성파 속도에 관한 정보를 얻어내는 방법이다. 지반의 탄성파 속도는 지반의 구성물질, 지반의 강도, 파쇄대나 균열 등의 불연속면의 발달 정도 및 풍화 정도 등 여러 요인에 의해 좌우되므로, 지반굴착, 발파설계, 터널 및 사면의 안정성 검토, 내진설계 등 구조물의 설계 및 시공에 필요한 지반의 분류 및 탄성계수(elastic moduli)의 산출에 직접적으로 이용된다. 지반의 탄성계수는 암편 시료에 대한 실내시험 방법과 현장시험 방법에 의하여 측정된다. 이 중 현지 재하시험(loading test)이나 실내 압축시험을 통하여 얻는 정탄성계수(static elastic moduli)는 암반 변형률 평가에, 탄성과 속도를 이용한 동탄성계수(dynamic elastic moduli)는 내진설계 등 지반의 동적 분석을 위하여 사용된다. 일반적으로 동탄성계수가 정탄성계수에 비하여 높게 나타나며, 암반이 신선할수록 두 값은 거의 차이를 나타내지 않는다. 탄성파 탐사는 현지에서 지반의 탄성파 속도를 가장 경제적으로 파악할 수 있는 방법 중의 하나이며, 개략탐사 단계에서는 주로 탄성파 굴절법 탐사가, 정밀탐사 단계에서는 수직 탄성파 탐사(VSP, vertical seismic profiling), 하향식 탄성파 탐사(down hole seismic), 시추공간 탄성파 탐사(cross hole seisnic) 법 및 탄성파 토모그래피법 등 시추공 탄성파 탐사법이 사용된다. 한편 반사법 탐사는 지하의 탄성파 속도분포는 물론이고 지하의 지질구조에 대한 정밀한 해석이 가능하나, 시간 및 경비가 많이 소요되므로 현재까지는 주로 정밀조사에 제한적으로 적용되고 있다.

석회암 지역에서 수행된 탄성파 탐사는 다른 지역에서의 탐사와 방법론에서는 거의 차이가 없다. 단지 앞서 설명한 바와 같이 석회암 지대의 경우에는 지하에 발달한 불연속면을 따라 공동이 발달할 가능성이 높으므로, 이에 대한 고려가 있어야 한다. 일반적으로 탄성파 속도는 풍화 및 균열이 심한 암반에서는 신선한 암반에 비하여 그 속도가 저하된다. 이는 비교적 신선한 암반에서의 탄성파 속도(대략 3000~6000m/s)에 비하여, 암석의 균열대를 채우고 있는 미고결 점토, 공기 및 지하수에서의 전파 속도는 매우 낮기 때문이다. 따라서 탐사방법에 관계없이 균열이 심하거나, 지하수 및 점토 등으로 충진된 공동이 존재할 경우, 탄성파 속도가 매우 느리고, 진폭의 감쇠가 심하며, 분산에 의하여 탄성파의 파장이 늘어지는 현상이 발생하게 된다. 즉 굴절파 탐사의 경우 초동 도달시간이 다른 구간에 비하여 늦고, 상대적 진폭이 크게 차이가 나는 구간은 하부에 공동이나 파쇄대의 발달 가능성이 높은 지점이 된다(Nelson and Haigh, 1990). 그러나 탄성파 굴절법 탐사만을 통하여 지하공동의 존재 여부를 파악하기는 실질적으로 거의 불가능하며, 다른 물리탐사법과 함께 종합적인 해석을 하는 과정에서 하나의 자료로 이용될 수 있으리라 판단된다. 반면 탄성파 반사법의 경우에는 앞서 설명한 GPR 탐사에서와 유사하게 지하공동은 포물선 형태의 회절 양상을 보이게 되므로 그 가능성이 크다고 할 수 있다. 그러나 탄성파 탐사법에서 사용되는 신호의 주파수는 GPR 탐사에서 사용되는 주파수에 비하여 매우 작으므로 가탐심도는 크지만 해상도는 떨어질 수밖에 없다. 따라서 지하공동이 상당히 클 경우에만 탐지가 가능할 것이므로, 탐사계획의 수립단계에서 가탐심도, 분해능 및 대상체의 크기에 대한 철저한 분석이 이루어져야만 좋은 결과를 기대할 수 있을 것이다. 불행히도 아직 지표 탄성과 반사법 탐사를 이용한 석회암 공동의 성공적 탐지 사례를 찾아보기 어려우므로 현장 사례는 생략한다.

2.2.4 정밀탐사

시추공 물리탐사의 목적은 조사하고자 하는 대상체에 좀 더 가까이 접근하여 자료를 획득함으로써 보다 정확하고 정량적인 해석 결과를 얻는 데 있으며 주로 정밀탐사의 단계에 적용된다. 이러한 시추공 물리탐사법은 물리탐사가 주로 지하자원의 탐사에 사용되던 1950년대부터 현재에 이르기까지 매우 다양한 방법이 개발되어 활발히 현장에 적용되고 있다. 특히 최근 물리탐사가 토목 및 환경 분야로 그 영역을 확장해가면서 정밀탐사에 대한 사회적 수요가 증가하게 되었고 토모그래피를 포함하는 시추공 물리탐사는 획기적인 발전을 거듭하고 있다.

시추공 물리탐사법은 큰 범주에서 검층까지도 포함한다고 볼 수 있다. 그러나 검층은 이미 하나의 물리탐사 방법으로 자리 잡고 있으므로, 여기서는 검층을 제외한 시추공 물리탐사법에 국한하여 기술하기로 한다. 시추공 물리탐사와 검층을 가장 뚜렷한 차이점은 가탐심도의 문제이다. 검층은 주로 시추공 벽에 인접한 암석의 물성을 정확히 파악하는 것을 주목적으로 하고 있는 데 반하여, 시추공 물리탐사는 시추공으로부터 어느 정도 떨어져 있는 이상체의 탐지를 목적으로 한다. 물론 시추공에 인접한 암석의 물성도 시추공 물리탐사의 자료에 큰 영향을 미치지만, 시추공 물리탐사는 검층과 비교할 때 매우 큰 가탐심도를 가지며, 시추공 주변에 분포하는 이상체의 기하학적 형태, 크기 및 물성 등 다양한 정보를 획득할 목적으로 수행된다.

시추공 물리탐사는 사용되는 송·수진기의 위치에 따라 단일 시추공 방식(single hole), 지표-시추공 방식(surface to hole) 및 시추공-시추공 방식(cross hole)으로 나누어진다. 단일 시추공 방식은 송신원을 시추공 내에 위치시키고 수진기를 이동시키면서 반응을 측정하는 방식을 통칭하며, 일정 송수진 간격을 유지하면서 송·수진기를 함께 이동시키는 이동송신기법과, 송신기는 일점에 고정하고 수진기만을 이동시키는 고정송신기법이 있다. 지표

-시추공 방식은 대개 지표의 일점에 송신기를 고정하고 수진기를 시추공을 따라 이동하면서 측정을 수행하는 방법이며, 시추공-시추공 방식은 하나의 시추공에는 송신기를, 다른 시추공에서 수진기를 설치하고 함께 이동시키면서 측정을 수행하는 방법이다. 토모그래피법은 송신 시추공의 일점에 송신원을 고정하고, 수진 시추공을 따라 수진기를 일정 간격으로 이동시키면서 측정을 수행한다. 일단 전체 수진 시추공에서 자료가 모두 획득되면, 송신기를 다음 위치로 이동시킨 후 다시 수진기를 수진 시추공을 따라 이동시키면서 탐사를 수행하게 된다. 따라서 토모그래피법에서는 시추공-시추공 방식의 자료가 근간이 되며, 방법에 따라서는 단일 시추공 및 지표-시추공 자료가 추가되기도 한다. 토모그래피법에서 대상 영역에 따라서 많은 자료가 획득되는 부분도 있고, 너무 적은 자료가 획득되는 부분도 있다. 예를 들어 송·수진 시추공의 최하부 영역은 상대적으로 자료의 양이 부족한 영역에 해당되며, 이 영역의 해석 결과는 신뢰도가 낮아지게 된다.

현재 국내에서 사용되는 대표적인 시추공 물리탐사는 탄성파, 전기비저항, 레이더 탐사 등이 있다. 이들 방법은 지표 물리탐사와 마찬가지로 각 방법마다 장단점이 있으므로 조사 목적 및 여건에 따라 적절한 방법을 선택해야만 소기의 목적을 달성할 수 있다. 한편 시추공 물리탐사의 경우에는 케이싱 및 공내수의 존재 여부가 그 적용성을 제한할 수 있으므로 사전에 충분한 검토가 이루어져야 한다.

가. 전기비저항 토모그래피

전기비저항 토모그래피는 파동장(wave field)을 사용하는 탄성파나 레이더 토모그래피와는 달리 정적장(static field)를 이용하므로 해상도 측면에서 한계가 있을 수밖에 없다. 그러나 전기비저항 토모그래피법은 상대적으로 이론이 간단하여 파동장 토모그래피법에서 사용되는 근사적 해법이 아닌 정확한 역산법(inversion)을 사용한다는 강점이 있으며, 파동장 방법에서 탐지가 어려운 시추공에 평행한 수직 구조의 영상화도 가능하다(김정호 등, 1997). 또한 현장조사의 측면에서 시추공 내에 설치하는 송·수진 전극의 가격이 저렴하기 때문에 시추공 붕괴 등의 사고 시에도 큰 손해를 입지 않는다는 점 또한 전기비저항 토모그래피법의 장점 중의 하나이다. 그러나 이 방법은 플라스틱이나 철제 케이싱이 설치된 구간에서는 자료 획득이 불가능하고, 전극과 공벽 간의 전극접지를 위해서는 공내수가 필수적이라는 단점도 있다. 또한 탄성파 토모그래피에서와는 달리 동일 시추공 조사(inline survey) 및 지표-시추공 조사를 필히 수행해야 한다는 단점도 있다.

한편 전기비저항 토모그래피법에 사용되는 전극배열 방법에는 단극배열, 단극-쌍극자 배열, 쌍극자 배열 등이 있다. 분해능의 측면에서는 쌍극자 배열, 단극-쌍극자 배열, 단극배열의 순이나 단극-쌍극자 및 쌍극자 배열의 경우에는 음의 겉보기 비저항이 빈번히 출현하는 등 자료획득 단계에서 어려움이 있어 단극배열이 주로 사용되었다(조인기 등, 1997). 근간에는 단극배열법의 분해능을 높이기 위하여 변형된 단극-쌍극자 배열법(김정호 등, 1997)이 개발되어 성공적으로 적용되고 있다.

석회암 지역에서의 전기비저항 토모그래피의 역할은 단층 파쇄대 등의 분포와 이에 수반된 공동의 탐지에 있다. 특히 토모그래피 탐사가 거의 지하수면 하부영역의 영상화를 목적으로 수행되므로 대부분의 파쇄대 및 공동은 지하수 함량이 높은 점토 및 쇄석으로 충진된 경우에 해당되며, 이들은 신선한 석회암과는 매우 큰 전기비저항 대비를 보여 쉽게 탐지가 가능하다. 그림 2-16은 국내 석회암 지역에서 지반조사의 목적으로 수행한 전기비저항 토모그래피 영상으로, 비교를 위해 토모그래피 영상 좌우에 텔레뷰어(televiewer) 영상을 함께 나타낸 것이다(김정호 등, 1999). 영상의 중앙부에 급경사로 발달한 파쇄대를 잘 표현하고 있을 뿐 아니라 좌우의 텔레뷰어 영상과 시추공 주변의 전기비저항이 잘 일치하고 있다. 만약 석회공동이 지하수면 상부에 발달할 경우에는 석회공동은 공기로 채워져 있을 것이며, 이 경우에는 전기비저항 토모그래피 영상에서 고비저항대로 나타날 것이므로 해석 시 유의해야 한다.

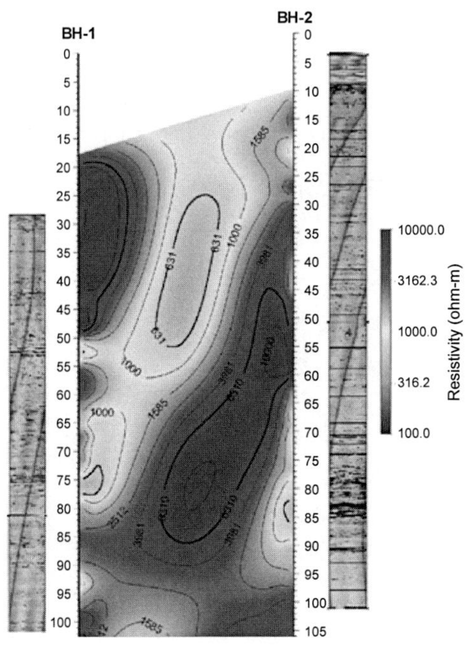

[그림 2-16] 석회암 지역 전기비저항 토모그래피 영상과 텔리뷰어 영상(김정호 등, 1999)

나. 시추공 레이더 탐사 및 토모그래피

시추공 레이더 탐사는 단일 시추공 방식인 시추공 레이더 반사법 탐사와 시추공-시추공 자료를 이용하는 레이더 토모그래피 탐사로 나누어진다. 시추공 반사법 탐사는 하나의 시추공에 송·수진 안테나를 삽입하여 시추공 주변에 분포하는 불균질대, 공동 등의 경계면에서 반사된 반사파를 이용하여 지하구조의 영상을 얻는 방법인 데 반하여, 토모그래피법은 송신 시추공에 송신 안테나를, 수진 시추공에는 수진 안테나를 삽입하여 송신 안테나에서 방사된 신호의 도달 시간 및 그 진폭의 변화를 측정하여 두 시추공 사이의 속도분포나 감쇠도의 영상을 획득하는 방법이다. 따라서 반사법 탐사의 경우 파쇄대나 공동의 경계면에 관한 정확한 영상을 제공하는 데 반하여, 토모그래피 탐사의 경우에는 대상 영역의 전반적인 물성 분포에 관한 영상을 제공하므로 상호 보완적인 의미를 갖는다(김정호 등, 1999).

시추공 레이더 반사법 탐사의 경우에는 지표에서 수행되는 GPR 탐사의 경우와 유사하게 송·수진 안테나의 간격을 일정하게 유지하고 시추공을 따라 측정을 수행하는 방법으로 그 반응양상 또한 지표 GPR 탐사와 유사한 양상을 보인다. 그러나 이 경우에는 송신기가 지하 시추공에 위치하므로 송신기를 중심으로 모든 방향으로 전자파가 방사되어 반사면의 위치를 파악하는 데 어려움이 있다. 이러한 문제의 해결을 위하여 도입된 방법이 방향 탐지 안테나(direction finding antenna)를 사용하는 방법으로 반사면의 방위를 결정할 수 있다는 장점이 있으며, 이에 관한 상세한 내용은 김정호 등(2001)을 참조하기 바란다. 그림 2-17은 석회암 내에 배태된 지하공동의 탐지를 위하여 수행된 시추공 레이더 반사법 탐사 영상이다(이태섭 등, 1996). 송신 안테나가 신선한 암반 내의 시추공에 위치하므로 GPR 탐사에 비하여 가탐심도가 상당히 크게 나타나고 있으며, 시추공 심도 10m 및 35m에 나타나는 강한 반사

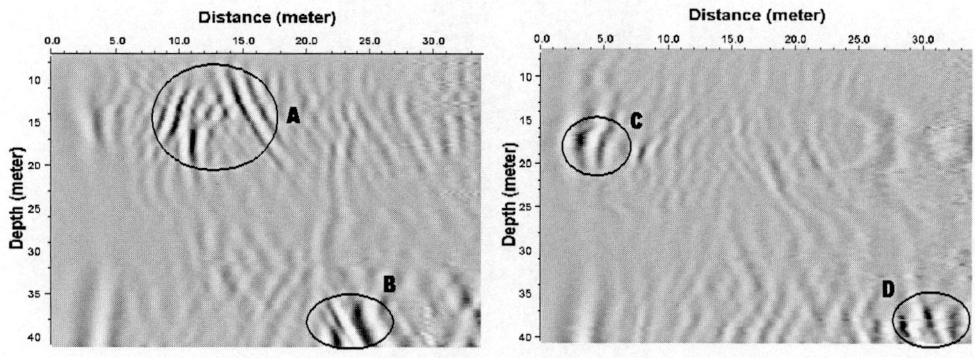

[그림 2-17] 시추공 레이다 반사 영상(김정호 등, 1999)

양상 A, B 및 C, D는 모두 석회암 내 공동에 의한 것으로 해석된다.

레이더 토모그래피는 탄성파 토모그래피법에서 마찬가지로 송신 안테나에서 방사된 신호의 초동 도달시간을 측정하여 레이더파의 속도분포에 관한 영상을 얻어내는 주시 토모그래피(travel time tomography)와, 초동의 진폭을 분석하여 레이더파의 전파에 따른 감쇠율의 분포를 얻어내는 감쇠 토모그래피법(attenuation tomography)이 있다. 레이더파의 속도는 주로 암석의 유전율의 제곱근에 역비례하며, 감쇠율은 전기전도도에 비례한다. 따라서 주시 토모그래피는 유전율 분포에 관한 영상을, 감쇠 토모그래피는 전기전도도 분포에 관한 영상을 제공하게 된다. 석회암 내에 발달된 파쇄대 및 공동이 다량의 지하수를 함유한 점토 및 쇄석으로 충진된 경우, 유전율과 전기전도도가 모두 신선한 석회암에 비하여 높은 값을 보인다. 따라서 파쇄대 및 공동은 주시 토모그램상에 저속도대로 나타나며, 감쇠 토모그램상에서 강한 이상대로 영상화된다. 반면 석회공동이 지하수면 상부에 존재하여 공기로 채워진 경우에는 속도 및 감쇠 토모그래피 영상은 앞의 경우와는 정반대의 양상을 보이게 될 것이다. 한편 화강암 지역이 아닌 경우에 레이더파의 속도는 그 방향에 따라 서로 다른 값을 보이는 이방성을 나타내는 경우가 많다. 이러한 이방성 문제는 토모그래피 영상에 왜곡을 야기하여 해석 결과의 정확성을 저하시키는 요인이 된다. 이 문제의 해결을 위하여 보정방법을 사용할 수도 있으나 이방성을 고려하여 역산을 수행하는 방법이 개발되어 보다 정확한 영상을 획득이 가능하다(Cho and Kim, 1997).

그림 2-18은 국내 교량 건설 부지에서 교각 5번과 교각 8번의 레이더 토모그래피 영상에 공동 및 연약대 분포 해석 결과를 함께 나타낸 것으로, 시추공들 중에서 시추자료가 존재하는 부분의 RQD 분포를 함께 도시한 것이다(김정호 등, 1999). 이 그림은 이방성 토모그래피 역산을 수행하여 획득된 영상으로, 그림에 나타난 선분은 이방성의 방향을 나타낸다. 각 그림에서 추정 공동의 위치 등의 해석은 시추공 레이더 반사법 탐사 영상과 토모그래피 결과를 종합하고, 시추자료를 참고하여 작성된 것이다. 교각 5번 영상에서 시추에서 확인되지 않은 공동 a와 b는 시추공 레이더 반사법 영상에서 나타난 이상대에 의하여 해석하였다. 두 교각의 단면에서 공동의 분포는 주로 연약대 쪽에 발달하고 있으나, 연약대에서도 비교적 신선한 암반과의 경계면을 따라 주로 분포하고 있음을 알 수 있다. 이러한 현상은 연약 암반과 비교적 신선한 암반과의 경계면을 따라서 지하수가 유동된 결과로 해석될 수 있다. RQD 값과 각 시추공의 속도 분포의 대비에 대하여 살펴보면 저속도를 나타내는 부분은 모두 낮은 RQD 값으로, 고속도층은 모두 높은 RQD 값을 보여주며, 그 상관관계가 매우 높게 나타남을 알 수 있다. 뿐만 아니라 암석의 특성 변화에 의하여 구분한 그 경계 또한 속도 토모그램에서 나타나는 경계면의 위치와 매우 잘 일치하고 있다. 8번 교각의 경우, 녹색 계열의 저속도대는 RQD 값이 30 이하

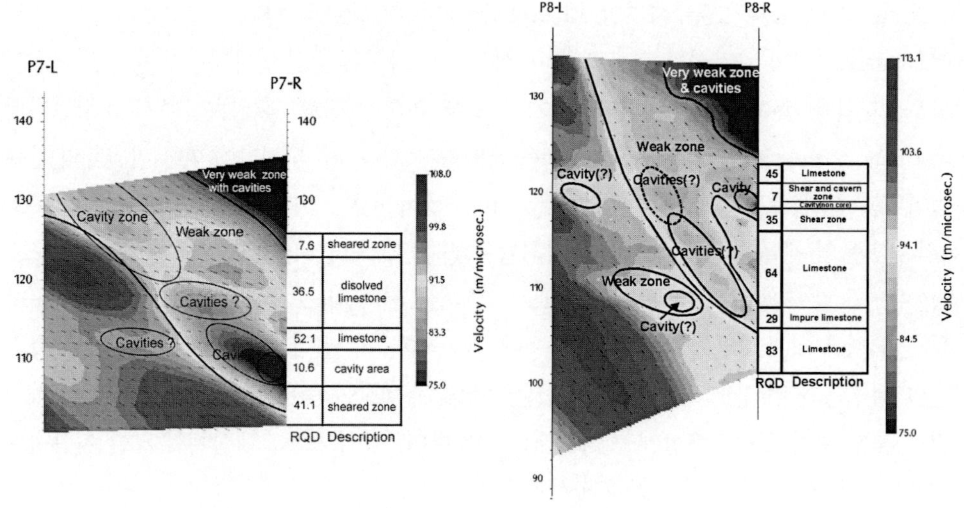

[그림 2-18] 레이더 토모그래피 영상 및 해석결과(김정호 등 1999)

에 대응되며, 특히 청색으로 나타나는 부분은 RQD 값이 10 이하의 매우 불량한 암반에 대응된다. 한편 붉은 색상으로 나타나는 부분은 RQD 값이 50 이상으로 보이며 보통암 이상의 암반으로 구분될 수 있을 것으로 보인다. 이와 같이 속도 토모그램에서 곧바로 암석의 RQD 분포로 변환시킬 수 있을 정도로 속도 분포와 RQD 분포 사이의 상관도가 높게 나타난다.

다. 시추공 탄성파 탐사와 토모그래피

탄성파 탐사는 앞서 설명한 바와 같이 지반의 분류 및 평가에 필요한 탄성파의 속도분포를 제공해준다는 특성 때문에 지반조사에서 매우 중요한 물리탐사법의 하나로 인식되고 있다. 시추공 탄성파 방법은 송·수신원의 위치에 따라 하향 탄성파 탐사(down hole), 수직 탄성파 탐사(VSP), 시추공간 탄성파 탐사(cross hole) 방법 및 토모그래피법이 있다(그림 2-19). 하향 탄성파 탐사 및 수직 탄성파 탐사는 모두 시추공 주변의 지표에 송신원(음원)을 위치시키고 시추공 내에 수진기(주로 hydrophone)를 배열하여 측정을 수행하는 방법이다. 그러나 하향 탄성파 탐사는 각 구간의 P파 및 S파의 속도 결정을 위하여 수행되는 반면, 수직 탄성파 탐사는 지하의 지층 경계면에서 반사된 반사파가 주된 측정 대상으로, 엔지니어링 목적의 속도 분포 조사보다는 지반의 층서구조 규명에 널리 사용된다. 한편 시추공간 탄성파 탐사는 두 시추공 사이의 탄성파 속도 분포를 파악하기 위하여 실시되며, 송신원 및 수진기의 심도를 동일하게 유지하면서 심도에 따른 속도의 변화를 측정한다. 지층의 경사가 심한

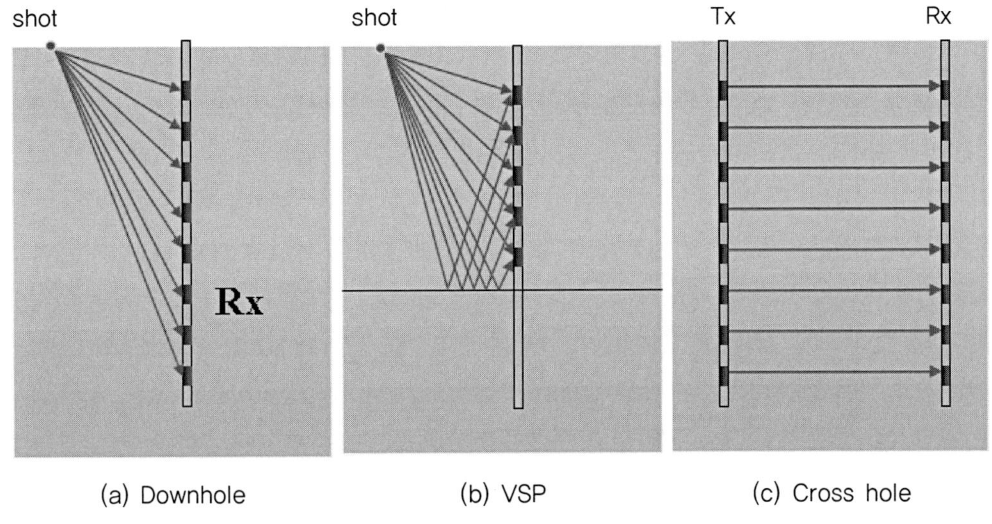

[그림 2-19] 시추공 탄성파 탐사 모식도

경우에는 경사방향으로 측정이 수행되기도 하며, 다음에 설명할 토모그래피가 수행될 경우에는 토모그래피 자료에서 추출할 수 있으므로 별도의 자료 획득이 필요 없다.

탄성파 토모그래피법은 앞의 레이더 토모그래피의 경우와 동일하게 파동장을 이용하여 송·수진 시추공 사이의 탄성파 속도 분포에 관한 영상을 얻는 방법이다. 탄성파 토모그래피도 앞의 레이더 토모그래피에서와 마찬가지로 초동의 도달시간을 측정하여 속도 분포의 영상을 획득하는 주시 토모그래피법과, 초동의 진폭 변화를 사용하여 탄성파의 감쇠율에 관한 영상을 획득하는 감쇠 토모그래피가 있다. 탄성파의 속도는 주로 암반의 밀도의 함수로 주어지므로 밀도가 높은 치밀한 경암에는 높은 탄성파 속도를, 파쇄가 심한 연약 지반에서는 낮은 탄성파 속도를 보이며, 주시 토모그래피 영상에서 저속도층은 연약대로 해석된다. 또한 연약 지반의 경우에는 신선한 암반에 비하여 그 감쇠가 극심하므로 감쇠 토모그래피에서 감쇠율이 높은 영역은 연약대로 해석된다.

탄성파 토모그래피 탐사에서 사용되는 송신원은 주로 파형이 깨끗한 전기뇌관이며 경우에 따라서는 타격식 음원이 사용되기도 한다. 전기뇌관은 안전에 신경을 써야 하며, 송신공의 공벽 보호를 위하여 철제 케이싱이 요구된다는 단점이 있으나, 송신원이 강력하고 파형의 특성이 뛰어나기 때문에 현재 국내에서 수행되는 탄성파 토모그래피 탐사에서 가장 널리 사용되고 있는 신호원이다. 한편 수진기는 신속한 탐사를 위하여 여러 개의 하이드로폰을 연결하여 사용한다. 하이드로폰은 항상 공내수가 있어야 하며 S파의 측정이 불가능하다는 단점이 있으나 무게가 가볍고 신속한 탐사를 수행할 수 있다. 시추공용 지오폰을 사용할 수도 있으나 이 경우에는 지오폰과 공벽과의 결합을 위한 별도의 clamping 장치가 필요하므로 무게가 무거워지며, 탐사 속도가 느려 경비가 많이 소요된다.

탄성파 토모그래피 탐사에서는 초동 주시(또는 진폭) 자료를 역산하여 두 시추공 사이 영역의 속도(감쇠율)의 분포를 구하게 된다. 이를 위하여 두 시추공 사이의 영역을 여러 개의 셀(cell)로 분할한 다음, 각 셀에서의 속도가 일정하다는 가정하에 각 셀에서의 파선길이를 속도를 나눈 값과 초동도달 시간과의 관계식을 사용하여 각 셀에서의 탄성파 속도를 결정하게 된다. 실제 토모그래피 역산에서는 셀 및 방정식의 수가 매우 많으며, 이의 해를 구하는 다양한 방법이 개발되어 있다. 파선 경로는 곡선파선(curved ray path)을 사용할 수도 있으나 계산시간이 많이 소요되므로 주로 직선파선(straight ray path)을 적용한다.

그림 2-20은 앞의 전기비저항 탐사가 수행된 측선상에서 석회 공동이 발견된 BB-67~BB-68 시추공에서 실시된 탄성파 주시 토모그래피 탐사 결과를 나타낸 것이다(신희순 등, 2001).

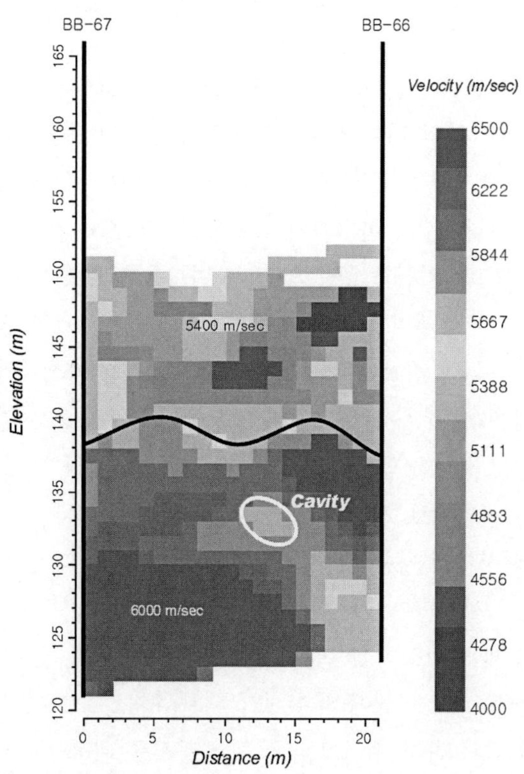

[그림 2-20] 석회공동 탐지를 위한 탐성파 토모그래피 영상(김기석 등, 1999)

결과에 나타난 바와 같이 고도 130~150m 구간에 석회 공동에 의해 나타나는 저속도층이 보이며, 그 주위에서의 탄성파 속도가 매우 높게 나타나고 있어, 주변 암석은 비교적 신선한 상태를 유지하는 것으로 해석된다. 따라서 이 공동은 아직은 초기 상태로 지하수에 의해 국지적으로 발달된 것으로 판단되며, 시추 결과 전 구간에서 경암이 나타나고 있다는 사실이 이를 간접적으로 뒷받침해주고 있다.

2.2.5 결론

석회암은 국내의 여러 지역에 광범위하게 분포하고 있으며, 지하수에 용해되는 특성으로 인하여 공동 등 보통의 지질 환경에서는 형성되기 어려운 특이한 지질구조의 발달이 빈번하다. 따라서 지반조사 목적으로 수행되는 각종 물리탐사의 경우에는 단층, 파쇄대 등의 연약대의 파악은 물론 석회 공동의 발달 여부 및 그 분포를 파악하는 것이 매우 중요하다. 이를 위해서는 우선 조사 지역의 전반적인 지질구조 및 단층 등의 연약대를 파악하기 위한 개략탐사가 수행되어야 한다. 개략탐사 방법으로는 우선적으로 전기비저항 탐사가 효과적인 것으로 생각된다. 전기비저항 탐사는 비록 분해능의 한계로 인하여 지하에 고립된 공동의 탐지는 어렵지만 전반적인 지질구조의 파악은 물론 단층이나 파쇄대 등의 탐지에 뛰어난 방법이기 때문이다.

일단 개략탐사를 통하여 단층 및 파쇄대의 발달 가능성이 높은 지역에 대해서는 정밀탐사를 수행하여 공동의 존재 여부를 조사해야 할 것이다. 시추공이 착정된 경우에는 토모그래피법 등 시추공을 이용하는 각종 물리탐사법을 적용하여야 하며, 시추공이 없을 경우에는 공동의 심도, 규모 및 물리적 특성 등을 고려하여 3차원 전기비저항 탐사, 탄성파 반사파 탐사 및 GPR 탐사 등 비교적 해상도가 높은 정밀 지표 물리탐사를 실시하는 방법을 고려해야 한다. 토모그래피법의 경우 조사 대상 영역의 물성 분포에 관한 영상을 제공해주기 때문에 파쇄대 및 공동의 2차원적 분포 양상을 쉽게 파악할 수 있다. 그러나 사용되는 방법마다 그 특성이 다르므로 방법론 및 공동 등 대상체의 물성에 대한 정확한 이해를 바탕으로 탐사 계획을 수립하여야 소기의 목적을 달성할 수 있을 것이다. 예를 들어 레이더 토모그래피는, 해상도는 다른 방법에 비하여 월등히 뛰어나지만 매질의 전기전도도가 높을 경우에는 극심한 감쇠로 인하여 자료 획득 자체가 불가능할 수도 있다. 또한 시추공에 스틸 케이싱이 설치된 경우에는 레이더나 전기비저항 토모그래피의 적용이 불가능하며, 공내수가 없을 경우에는 단지 레이더 토모그래피만이 그 대안이 된다는 점도 유념해두어야 한다.

마지막으로 물리탐사는 주변 매질과 이상체 사이의 물리적 특성 차이로 인하여 발생하는 물리 화학적 현상을 측정, 해석하여 지하의 정보를 얻어내는 방법이므로 물성 자체를 측정하는 직접적인 방법이 아니라 간접적인 방법에 속한다. 그럼에도 불구하고 물리탐사법은 비교적 경비가 저렴하며, 2차적인 환경 파손이 없는 비파괴 검사 방법일 뿐 아니라 연속적으로 지반의 물성 분포를 제공해준다는 훌륭한 장점을 가지고 있다. 따라서 각 방법의 원리, 방법, 적용성 및 그 한계를 명확히 이해하고 조사에 임한다면 좋은 결과를 기대할 수 있을 것이며, 앞으로 토목 설계 및 시공에 유효한 지반의 물성을 정확히 제시해줄 수 있는 효과적인 물리탐사 기법의 개발 및 현장적용을 위한 지속적인 노력이 뒤따라야 할 것이다.

2.3 석회암 공동 지역에서의 지반조사

2.3.1 서론

최근 정부의 Turn-Key Project 발주에 힘입어 빠른 속도로 발전해온 지반조사 기술은 설계 및 시공에 크게 기여하게 되었으며, 지반조사 기술 중 물리탐사 기술은 측정기술과 해석기술의 발달로 단기간에 객관성과 신뢰성이 높은 지반조사의 해석 결과를 제공하게 되었다. 특히, 3차원 물리탐사 기술이 완성단계에 이르러 지반정보가 정밀화 및 가시화 측면에서 진일보하는 계기가 되었다.

근래, 국내 건설공사 중 석회암 분포 지역에서 설계·시공 중인 도로 및 철도 건설공사는 많은 문제점이 도출되어 이에 대한 대책이 요구되고 있다(윤운상 외, 1999, 임수빈 외, 1998). 특히, 중앙고속도로 영주-제천 구간, 중부내륙 고속도로의 문경-상주 구간 및 서해안 고속도로 만경강교 건설구간 등이 대표적인 예이다.

본문에서는 중부내륙 고속도로 문경-상주 구간(제8, 9공구) 실시설계를 위한 지반조사 중 석회암 공동 지역에서의 조사 사례를 소개하고자 한다.

2.3.2 조사 개요

중부내륙 고속도로 제8공구 및 제9공구 구간은 석회암이 광범위하게 분포하며, 문경대단층 등의 지질구조작용과 지하수 등에 의해 석회암 공동이 지표 및 시추조사에서 많이 관찰되고 있다.

따라서 본 조사에서는 먼저 기존 지질도에 대한 검토, 위성 및 항공사진에 대한 판독을 통해 조사 지역에 대한 지질정보를 사전에 숙지한 후, 노선 전 구간에 대한 정밀 지표지질조사를 수행하여 사전에 인지된 암종 및 지질구조를 확인 보완하였다. 또한 노두조사 및 시추조사를 통해 암종 및 절리면의 특성을 고찰하였다.

지표지질조사 및 시추조사를 통해 노선대에 발달하고 있는 일부 공동을 확인할 수 있었으며, 공동이 발달된 구간을 중심으로 정밀 지반조사를 수행하였다.

먼저 전기비저항 탐사를 통해 노선대에 발달하고 있는 단층 및 공동 등 연약대의 분포 양상, 기반암 심도 등을 규명하였으며, 탄성파 토모그래피 탐사를 통해 지층의 분포 양상 및 공동의 발달 상태 등을 확인하였다. 공동이 확인된 시추공에 대한 텔레뷰어 탐사를 통해 공동의 발달 상태, 절리면의 특성, 암반 강도 등을 산출하였으며, 물리검층을 통해 암종 변화, 공동의 발달 상태, 현지 암반의 P파 속도, S파 속도, 포아송비 등을 얻을 수 있었다.

지반의 안정성 검토에 필수적인 현지 암반의 역학적 특성을 규명하기 위한 시험을 실시하였다. 먼저, 공내재하시험을 통해 암반의 변형계수를 측정하였으며, 수압파쇄시험을 통해 측압

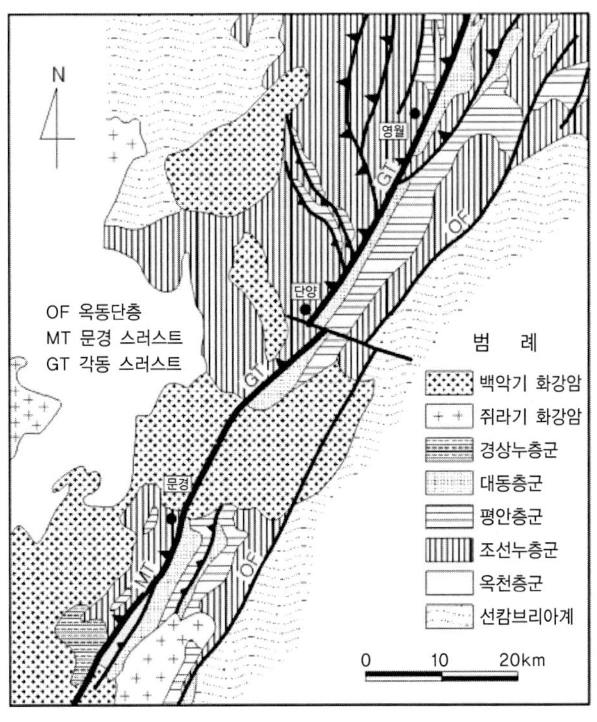

[그림 2-21] 한반도에서 영월–단양–문경을 잇는 북북동–남남서 방향으로 발달하는 스러스트 단층

계수를 산출하였고, 실내암석물성시험을 통해 단위중량, 점착력, 내부마찰각, 인장강도 등을 측정하였다. 또한 절리면 전단시험을 통해 절리면의 특성에 대한 물성치를 얻었다.

이상의 결과로 얻은 공동에 대한 정보 및 현지암반의 물성치를 토대로 전산해석을 수행하여 보강 전후의 지반의 안정성을 검토하였다.

2.3.3 지질 및 지질구조

중부내륙 고속도로 제8공구는, 시점에서부터 마성1교까지는 고생대 오르도비스기의 대석회암층군의 석회암류들이 분포하고 그 이후 종점까지는 평안층군 및 대동층군의 퇴적암류들이 분포한다. 이에 따라 한반도의 조구조운동사를 통해 볼 때 이 지역은 최소한 3~4차례의 횡압력에 의한 습곡작용 및 스러스트 단층(thrust fault: 일명 충상단층)작용과 같은 연성변형운동을 겪은 곳이다. 뿐만 아니라 백악기 이후 취성변형작용인 단층작용도 있는 곳이다. 특히 노선의 남쪽 마성1교 부근은 한반도에 분포하는 대규모 스러스트 단층인 문경대단층이 지나는 곳이다. 스러스트 단층은 횡압력에 단층면의 상반이 밀려 올라간 역단층으로 일반적으로 단층면의 경사각이 45도 미만으로 저각이며 오래된 지층이 젊은 지층 위로 밀려 올라온 형태의 단층이다. 문경대단층은 그림 2-21에

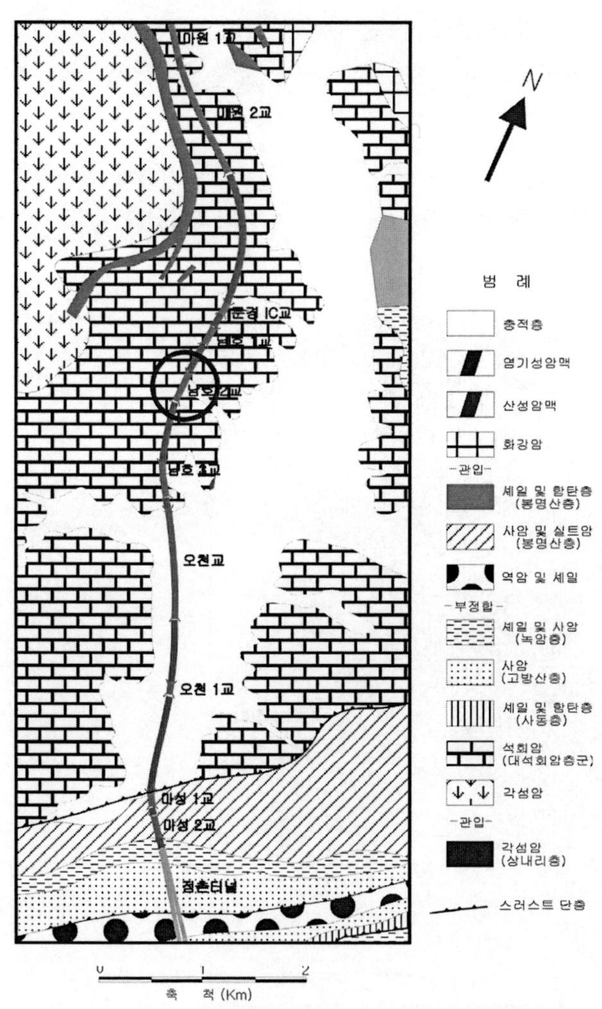

[그림 2-22] 중부내륙 고속도로 제8공구 노선 주변 지질도

서 보여주는 바와 같이 영월-단양을 잇는 각동단층과 북북동 방향으로 이어지는 일련의 대규모 단층이다.

그림 2-22는 중부내륙 고속도로 제8공구 노선 주위에 대한 지질도를 나타낸 것으로 노선대 전반에 걸쳐 석회암 및 충적층이 광범위하게 분포한다. 특히 관심 지역인 남호 2교는 석회암이 광범위하게 분포하는 지역임을 알 수 있다.

지표지질 조사의 일환으로, 남호 2교 인근 노두에서의 불연속면을 측정하였다. 이곳에서 층리면은 대개 서북서 방향의 주향에 10~50도까지의 경사각을 가지면서 남서경하고 있다. 노두에서 측정한 절리구조를 분석하면 그림 2-23과 같이 NS/69°E, N68°W/82°SW, N39°W/86°SW 및 N52°E/66°SE로 4개의 절리조가 형성되어 있다.

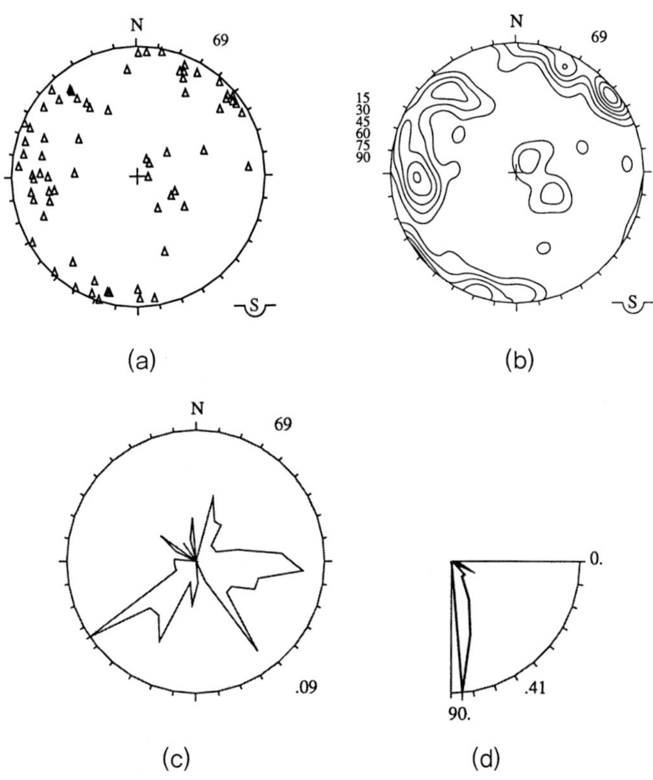

[그림 2-23] 남호 2교 인근 노두에서 측정한 절리면의 극점(a), contour diagrm(b), 경사 방향(c) 과 경사(d) 로제트(등면적망 하반구투영)

2.3.4 지반조사

관심 지역인 남호 2교 주변의 지질은 석회암이 주종을 이루고 있으며, 남호 2교 주위에서는 석회암 지역에서 흔히 나타나는 자연적으로 생성된 용식동굴이 발견되었다. 발견된 용식동굴이 노선대로 발달하고 있는 것으로 판단되어 시추조사, 전기비저항 탐사, 탄성파 토모그래피, 텔레뷰어, 물리검층 등의 물리탐사와 공내재하시험, 토질 및 암석시험 등 다양한 조사 및 시험을 실시하였다.

가. 전기비저항 탐사

전기비저항 분포도에서 저비저항과 고비저항의 경계면은 하나의 구조선으로 해석되며, 이는 암상의 경계부 또는, 단층이나 파쇄대 등으로 판단된다. 또한 이러한 경계면은 공극률이 매우 높기 때문에 지하수의 이동 경로가 된다. 따라서 이러한 경계면은 거의 연약대일 가능성이 높으며 용수의 가능성도 높아 시공 시 특별한 조치가 요구된다. 일반적으로 경암의 경우에는 고비저항을, 연암이나 풍화암의 경우에는 저비저항을 보일 수 있으나, 정확한 전기적 물성 자료가 없는 상황에서는 전기비저항 값만으로 암상을 평가하는 것은 위험하다.

본 조사 지역 내의 지질구조는 주로 수직이나 급경사의 파쇄대가 발달해 있어, 이러한 수직으로 발달한 파쇄대의 탐지에 뛰어난 장점을 가진 전기비저항 탐사의 적용을 통해 효과적으로 공동이나 연약대의 분포 및 발달 상황, 기반암 심도 등을 규명할 수 있었다.

남호 2교 주위에서 발견된 용식동굴의 발달 상태를 규명하고 또한 남호 2교 하부의 암반 상태를 규명하기 위해 전극 간격을 20m로 하여 460m 거리에 대해 쌍극자 배열 전기비저항 탐사를 수행하였으며, 그림 2-24는 측정된 자료에 대한 해석 결과이다. 그림 2-24를 보면

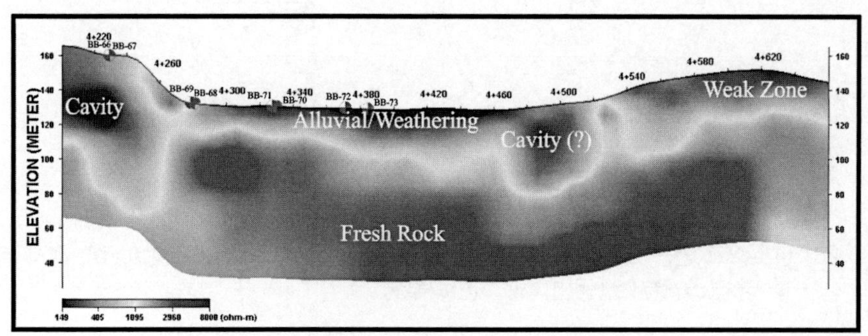

[그림 2-24] 남호 2교 종단면에 대한 쌍극자 배열 전기비저항 탐사 해석 결과

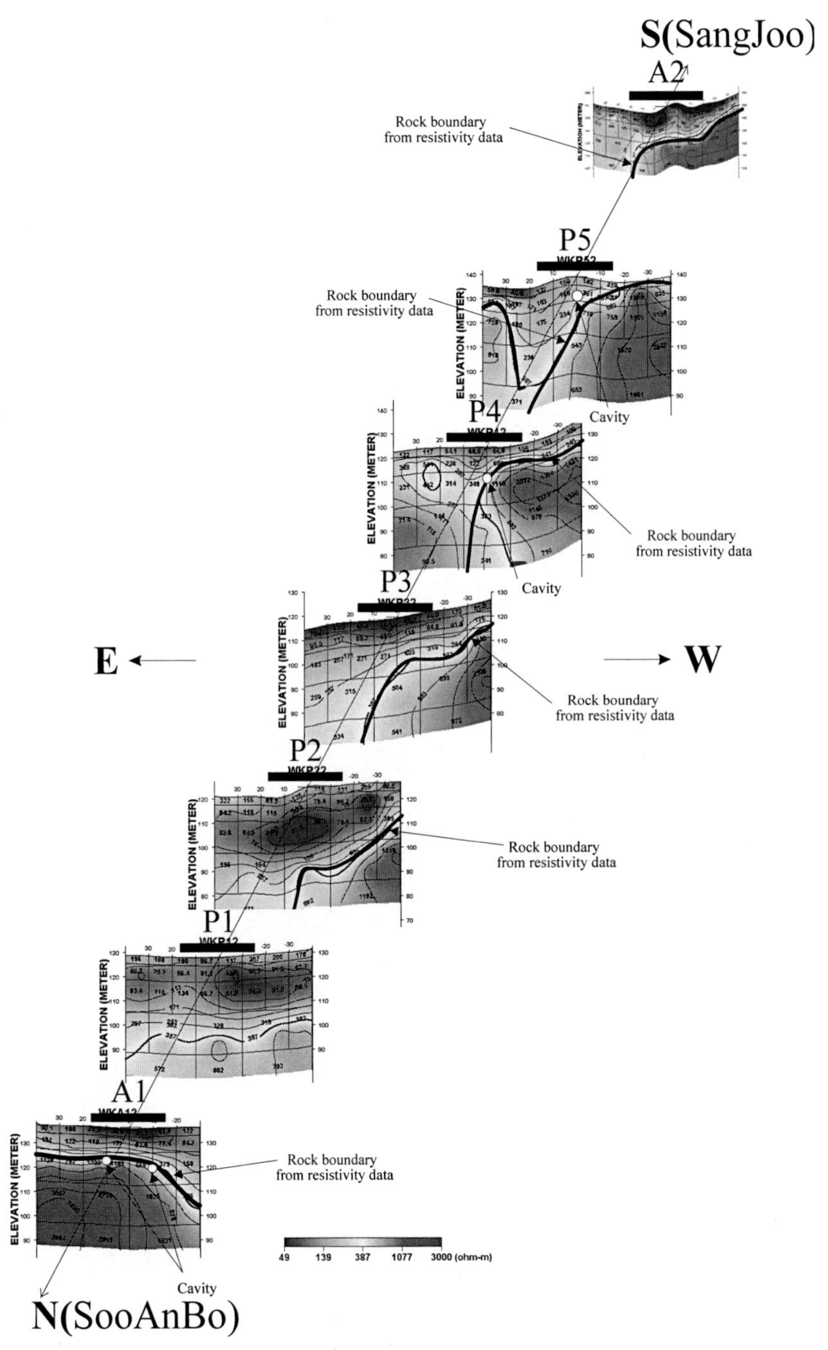

[그림 2-25] 중부내륙 고속도로 제9공구 원골교 교각 축을 따른 측선별 결과 종합

STA.4km+220m 하부에 저비저항 이상대가 나타나고 있다. 이 지역에 대한 시추 결과 BB-66에서 26m와 32m 하부에서 공동이 나타나는바 이는 석회암 지역에서 많이 발견되는 공동에 의한 것으로 판단된다. 이는 이 지역의 지하수위가 32m로 일반적으로 석회암 지대에서의 공동의 분포양상이 지하수면을 따라 수평적으로 분포한다는 사실과도 잘 부합한다. 또한, 전기비저항 결과를 통해 노선 전반에 걸쳐 천부에 충적·풍화에 의한 저비저항 이상대가 발달해 있으며 20~30m 심도에 신선한 기반암이 분포한다는 사실을 유추할 수 있다.

전기비저항 탐사 자료에서의 공동의 탐지는 그림 2-24에서와 같이 저비저항 이상대로부터 찾을 수도 있지만, 일반적으로는 고비저항과 저비저항의 경계부에서 많이 나타난다. 이는 앞서 설명했듯이 고비저항과 저비저항의 경계부에서 단층 및 파쇄대가 많이 발달하고 또한 이 경계면이 지하수의 유동 경로가 되어 지하수면을 중심으로 공동이 발달하기 때문이다.

그림 2-25는 중부내륙 고속도로 제9공구 구간에서의 교각 및 교대 기초에 대한 전기비저항 탐사 결과를 도시한 것이다. 그림 2-25에서 작은 흰 원은 시추를 통해 확인된 공동의

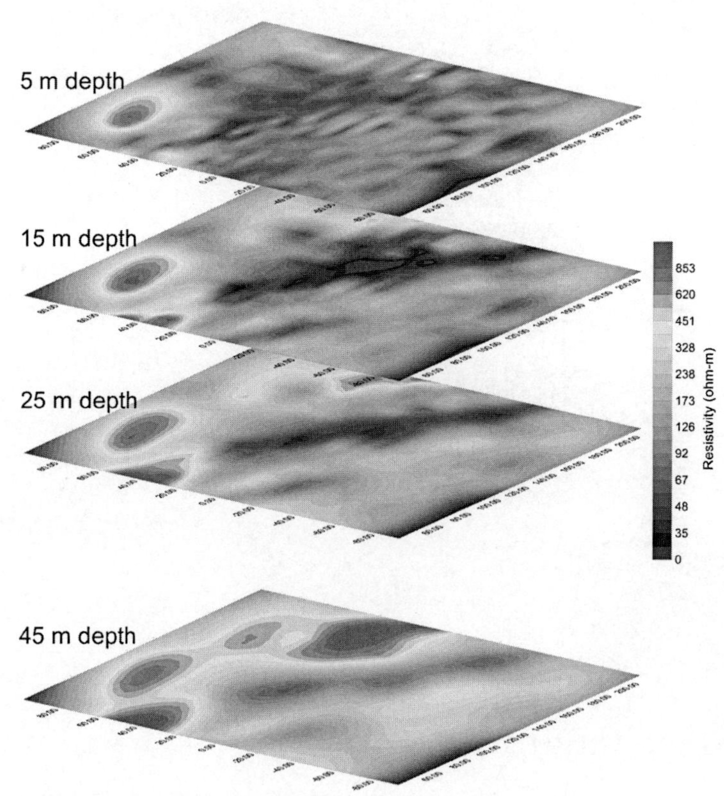

[그림 2-26] 중부내륙 고속도로 제9공구 장자교에 대한 심도별 비저항 영상의 3차원적 표현

위치를 나타낸 것이다. 먼저 교대 A1에서의 결과를 보면, 시추를 통해 확인된 공동의 위치가 고비저항으로 나타나는 신선한 암반과 저비저항으로 대별되는 붕적층 등의 연약 암반의 경계부에 위치한다. 이로부터 지하공동이 존재할 수 있는 지역은 신선한 기반암 주변에 폭넓게 발달하는 중간비저항 지역으로 볼 수 있으며, 따라서 교대 A1 지역 및 교각 P3 지역의 하부에는 발견되지 않은 공동이 존재할 수도 있음을 알 수 있다. 또한 교각 P4 및 P5에서는 신선한 암반인 고비저항대와 교각축을 따르는 저비저항 이상대의 경계 부위에서 공동이 발견되었으며, 이로부터 전체 공동 발달구간을 해석함에 있어서 공동의 발달 가능성이 높은 지역은 이와 같이 신선한 암반과 연약 암반의 경계부위라 할 수 있다.

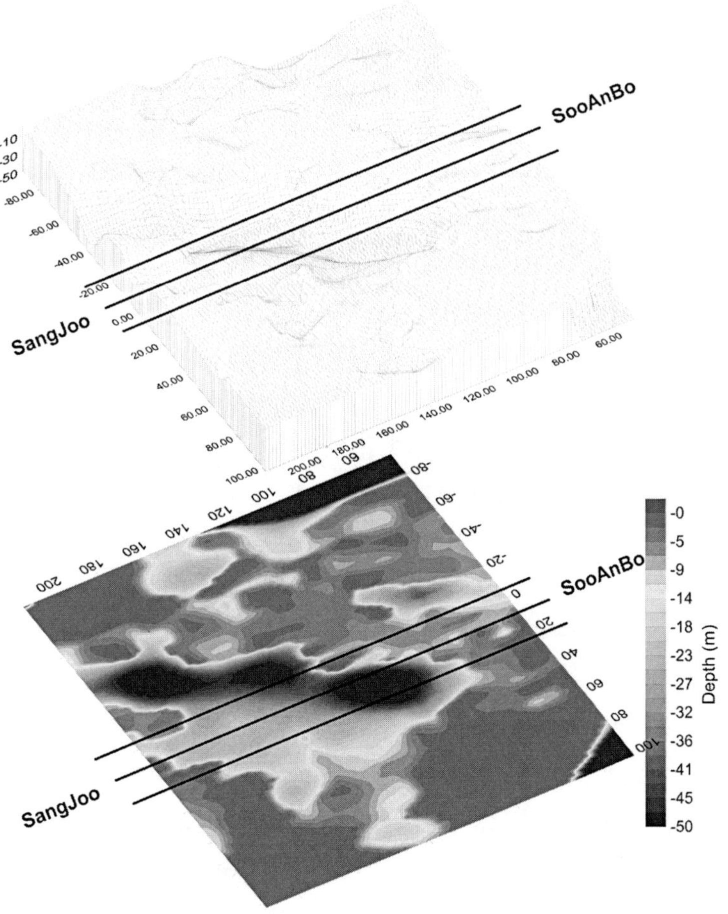

[그림 2-27] 중부내륙 고속도로 제9공구 장자교에서의 100ohm-m 비저항 값을 나타내는 심도의 분포. (위) 3차원 영상. (아래) 등고선도.

2차원 전기비저항 탐사는 지하 매질이 2차원 구조라는 가정하에서 역산을 하게 된다. 하지만 전위전극에서 측정되는 전위차의 값은 측선 직하부에 존재하는 비저항 이상대뿐만 아니라 측선 직하부 주위에 존재하는 비저항 이상대의 영향을 내포한다. 따라서 지하매질이 2차원이 아닌 3차원 구조를 가질 경우 2차원 탐사를 통해 구하면 왜곡된 해가 나온다. 따라서 지하매질이 복잡한 구조를 가질 경우에는 3차원 탐사를 통한 보다 정밀한 해석이 요구된다. 또한 3차원 탐사는 2차원 탐사와 달리 지하매질의 수직적인 전기비저항 분포뿐만 아니라 심도별 수평적 전기비저항 분포를 알 수 있는 장점이 있다.

그림 2-26은 3차원 탐사에 대한 예로 중부내륙 고속도로 제9공구에서의 3차원 전기비저항 탐사 결과를 보여준다. 그림 2-26을 보면 천부인 심도 5m에서의 전기비저항 분포도에는 전기비저항의 분포가 그다지 뚜렷한 공간적 경향을 보이지 않는다. 그러나 그 하부의 전기비저항 분포 영상에는 대각선 방향으로 발달하는 매우 뚜렷한 공간적인 분포 경향을 갖는 저비저항대가 계속해서 나타나고 있다. 이 이상대는 심도 약 10m에서 나타나기 시작하여 심부까지 연장됨을 알 수 있다.

그림 2-27에서 위 그림은 전기비저항 값이 100ohm-m인 등비저항면의 심도를 3차원적으로 도시한 것이며, 아래 그림은 이를 평면적으로 도시한 것이다. 그림 2-28을 보면 노선과 비스듬하게 저비저항 이상대가 발달한 것을 명확히 알 수 있다.

나. 탄성파 토모그래피 탐사

남호 2교 주위에 발달한 공동의 연장상태 규명을 위해 시추공 BB-67~BB-66 단면에 대해 탄성파 토모그래피 탐사를 수행하였으며, 그 결과를 비교적 시추공 상태가 좋고 여러 개의 지층으로 구성된 터널부 TB-4~TB-3 단면에서의 토모그래피 결과와 비교 고찰하였다.

그림 2-28은 시추공 상태가 좋은 TB-4~TB-3 단면에서의 결과이다. 그림에서 (a)는 TB-4~TB-3 단면에 대한 발생원-수진기 배열상태와 함께 탄성파 전달상태를 파선으로 도시한 것이다. 그림 (b)는 5번 송신원에 대한 공통 송신원 취합(common shot gather) 결과를 도시한 것으로, 여기서 P파 초동의 주시, 진폭 및 주파수 내용을 통해 시추공 TB-3의 암층경계 및 물성에 대한 정보를 얻을 수 있다. 그림 (b)를 보면 단순히 주시변화 관찰만으로 암층의 경계를 구분할 수 있다. 즉, 화살표 1은 경암 상부경계, 화살표 2는 연암 상부경계, 화살표 3은 풍화암 상부경계, 화살표 4는 붕적층 경계와 연계되며, 그 이후에는 탄성파 에너지의 흡수성으로 인하여 진폭의 큰 변화가 인식되고 있다.

그림 2-29는 TB-4~TB-3 단면의 모든 기록으로부터 발췌한 모든 P파 초동주시를 이용하

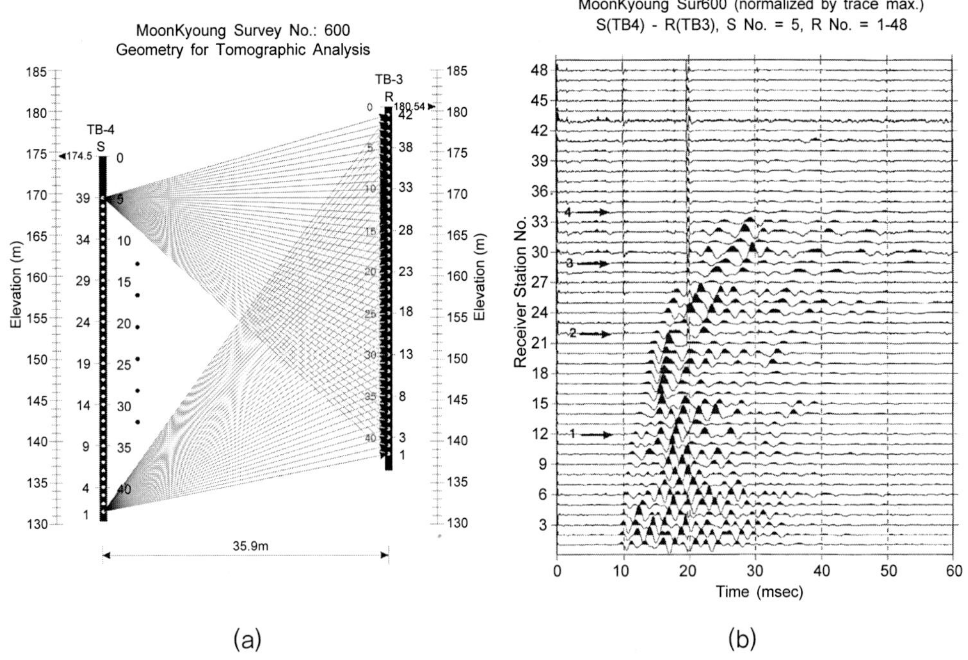

(a) (b)

[그림 2-28] 시추공 TB-4~TB-3 단면측정 파선 진행도(a) 및 5번 송신원에서의 shot gather(b)

여 토모그래피 역산기법에 의해 계산된 토모그램(탄성파 속도 분포)과 이를 바탕으로 측정자료에서 관찰할 수 있는 탄성파의 제반 물리적인 전달현상(초동주시 변화, 주파수 내용, 에너지 감쇠 현상, 굴절파 및 반사파의 전달상태 등)을 고려하여 작성된 해석단면을 나타낸 것이다. 해석단면 결과를 보면 TB-4~TB-3 단면에서의 암층의 분포양상을 명확히 알 수 있다.

그림 2-30은 용식동굴이 발견된 남호 2교 주위에 위치한 BB-67~BB-66 단면에서의 측정 결과이다. 그림에서 (a)는 BB-67~BB-66 단면에 대한 발생원-수진기 배열상태와 함께 탄성파 전달상태를 파선으로 나타낸 것이며, 그림 (b)는 11번 송신원에 대한 공통 송신원 취합(common shot gather) 결과를 나타낸 것이다. 그림 2-30을 보면 수진기 번호 1~14에 도달되는 탄성파는 거의 극경암에 준하는 고주파수 에너지를 보여주지만, 그 상부수진기구간에서는 에너지가 거의 도달하지 않는 상태를 나타낸다. 그 이유는 먼저 지하수위가 대단히 낮은 약 32m 심도에 위치하기 때문이다. 이로 인해 상부암반은 수분이 없는 건조한 상태로, 만약 이러한 암반에 절리가 발달될 경우 그림에서처럼 에너지의 감쇠는 두드러진다. 또한, 수진시추공에 삽입된 hydrophone chain은 시추공에 물이 채워져 있어야 온전한 기능을 발휘하는데, 지하수위 상부시추공에 물을 유입하여 시추공 전체를 채우는 데는 근원적인

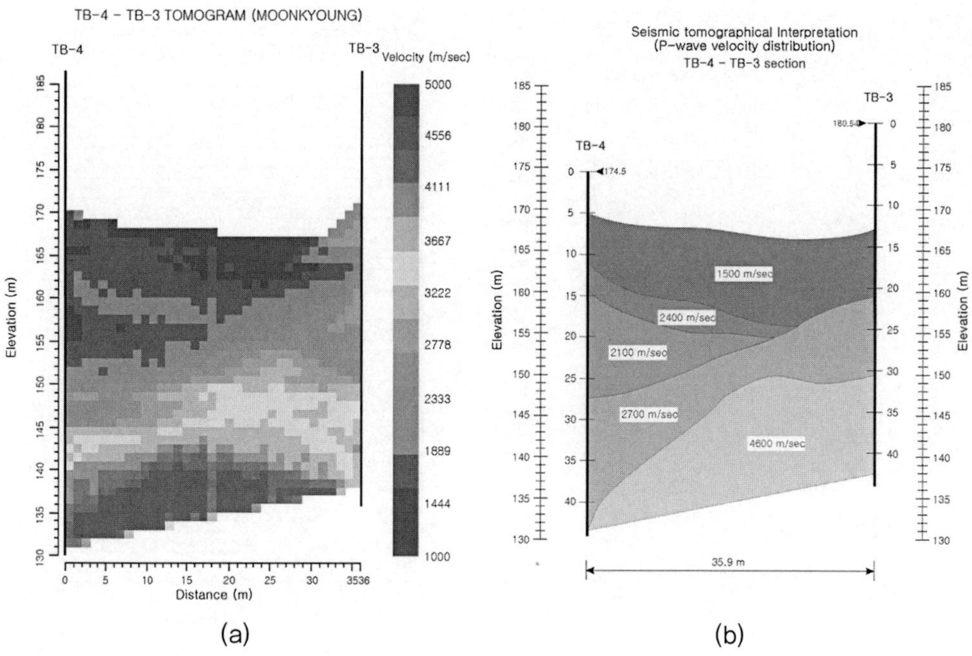

[그림 2-29] 시추공 TB-4~TB-3 단면에 대한 탄성파 속도분포(a) 및 해석단면도(b)

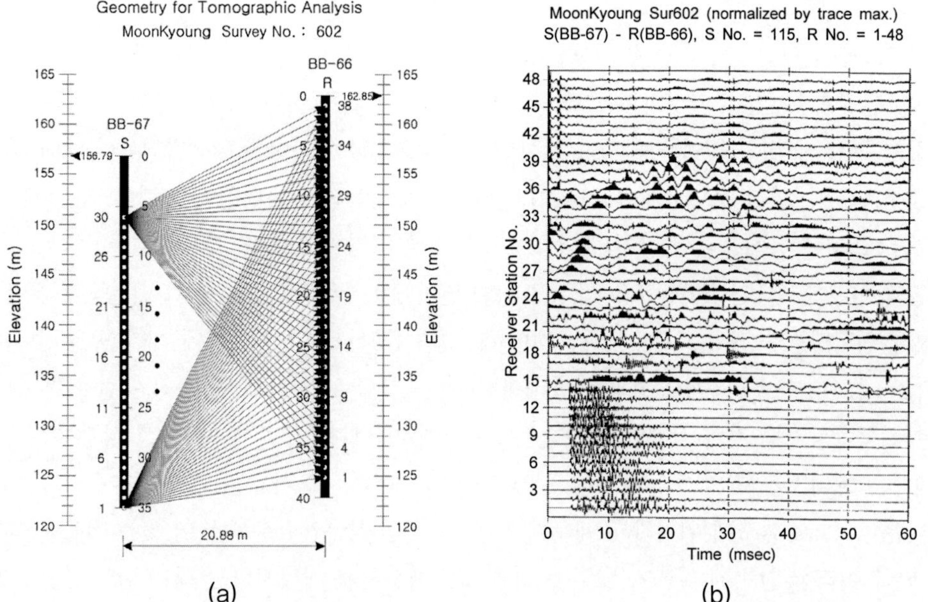

[그림 2-30] 시추공 BB-67~BB-66 단면측정 파선 진행도(a) 및 11번 송신원에서의 shot gather(b)

한계가 있기 때문이다. 그림 2-31은 발생원이 비교적 상부인 26번 송신원에서의 공통 송신원 취합 결과로 P파 초동이 어렵게나마 인식되고 있다.

그림 2-31은 대체로 양호한 P파 초동을 이용하여 역산된 탄성파 속도 분포(a)와 해석단면도(b)를 도시한 것이다. 그림 (a)를 보면 E.L. 130~135m 사이에서 공동에 의해 초래될 수

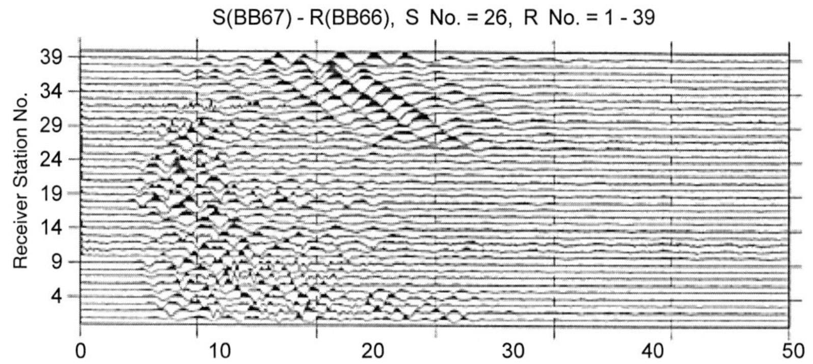

[그림 2-31] 시추공 BB-67~BB-66 단면 측정 결과 중 26번 송신원에서의 shot gather

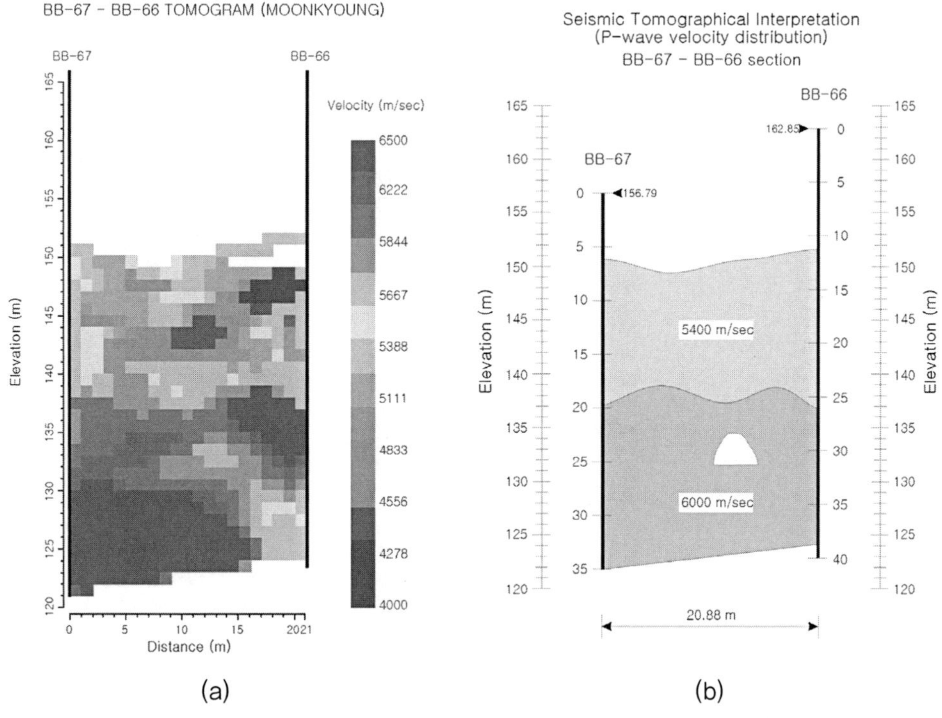

[그림 2-32] 시추공 BB-67~BB-66 단면에 대한 탄성파 속도분포(a) 및 해석단면도(b)

있는 속도 이상대가 관찰된다. 여기서 괄목할 점은 측정된 공동의 바로 상부가 극경암에 준하는 균질한 탄성파 속도대를 형성하고 있다는 점이다. 즉, 공동의 연장성이 국한되어 있다는 것을 알 수 있다. 그림 (b)의 해석 결과를 보면, 이 구간에서 지하수에 의한 공동이 발달하고 있음에도 탄성파의 속도가 매우 높게 나타나고 있다. 이는 이 구간에서의 공동의 발달이 아직은 초기 상태로 지하수에 의해 국부적으로 발달해 있는 것을 암시하는데 이는 시추 결과 거의 전 구간에서 경암이 나타나고 있다는 사실이 뒷받침한다.

다. 텔레뷰어 탐사

남호 2교에 위치한 시추공 BB-66에 대하여 텔레뷰어 탐사를 수행하였다. 시추공 BB-66은 교량이 끝나는 부분(교대)에 위치하며 암반은 전 심도에서 경암으로 분류되고 있다. 본 시추공의 경우 지하수위가 대단히 낮은 심도 약 32m이며, 이는 시추공과 인접한 절벽 하부에서 관찰된 공동 위치와 거의 일치한다. 한편, 텔레뷰어 탐사를 가능하게 하기 위하여 시추공에 빠른 속도로 물을 유입한 결과, 심도 약 26m 주위에도 또 다른 유출로가 존재하고 있는 것으로 추측된다.

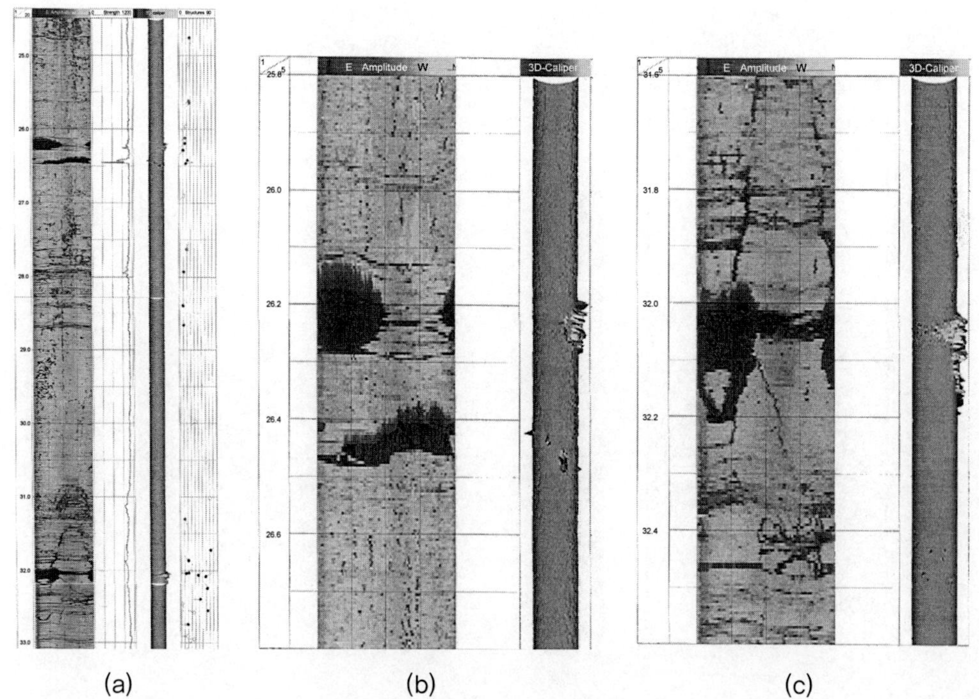

[그림 2-33] 심도구간 24.5~33.1m에 대한 텔레뷰어 영상 결과(a) 및 심도구간 25.8~26.8m(b)과 심도구간 31.6~32.6m(c)에 대한 확대된 영상 결과

그림 2-33(a)는 심도구간 약 24.5~33.1m에 대한 텔레뷰어 영상으로, 심도 약 26.3m 주위에서 큰 폭의 절리가 관찰되었다. 또한 지하수와 관련된 심도 약 32m 주위에도 상당 폭의 열린 절리가 보인다. 그림 2-33(b)와 (c)는 각각 심도구간 25.8~26.8m와 31.6~32.6m에 대한 확대된 영상 결과를 보여준다.

그림 2-34(a)는 20~42m 심도구간에서 측정된 모든 절리를 대상으로 전산처리한 결과를 보여준다. 2개의 주된 절리군이 보이며, 경사방향은 각각 258도, 279도, 경사각은 각각 28도, 20도로 대체로 뚜렷한 경사 방향과 완만한 경사각을 보여준다.

그림 2-34(b)는 20~42m 심도구간에서 텔레뷰어 영상과 절리 분석 결과에 의해 산출된 텔레뷰어 암석강도 결과로 전체적으로 암반은 균등한 경암 수준을 보이며, 공동이 발견된 심도 약 26m 지점과 32m 지점에서 강도가 낮게 나타나고 있다.

그림 2-35는 시추공 BB-67~BB-66 수직단면에 대한 절리연장 상태로 각각의 절리들이 뚜렷한 방향성과 완만한 경사각을 가지고 있다는 것을 알 수 있다.

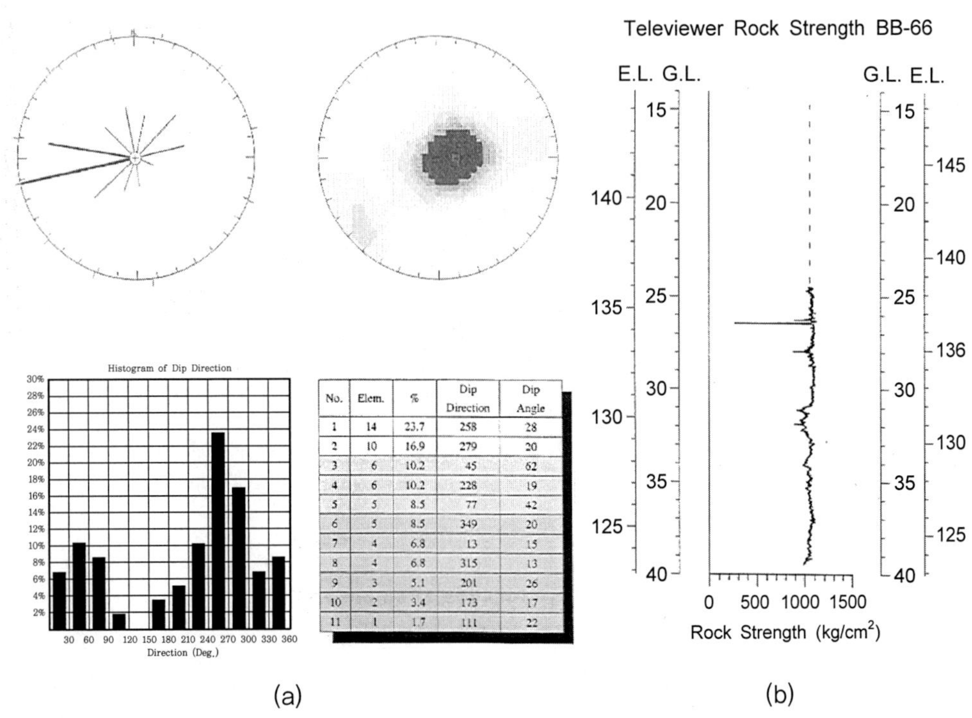

No.	Elem.	%	Dip Direction	Dip Angle
1	14	23.7	258	28
2	10	16.9	279	20
3	6	10.2	45	62
4	6	10.2	228	19
5	5	8.5	77	42
6	5	8.5	349	20
7	4	6.8	13	15
8	4	6.8	315	13
9	3	5.1	201	26
10	2	3.4	173	17
11	1	1.7	111	22

(a) (b)

[그림 2-34] 심도구간 20~42m에서 인식된 모든 불연속면에 대한 통계학적 분석 결과(a)와 텔레뷰어 영상과 절리분석 결과에 의해 산출된 텔레뷰어 암석강도(b)

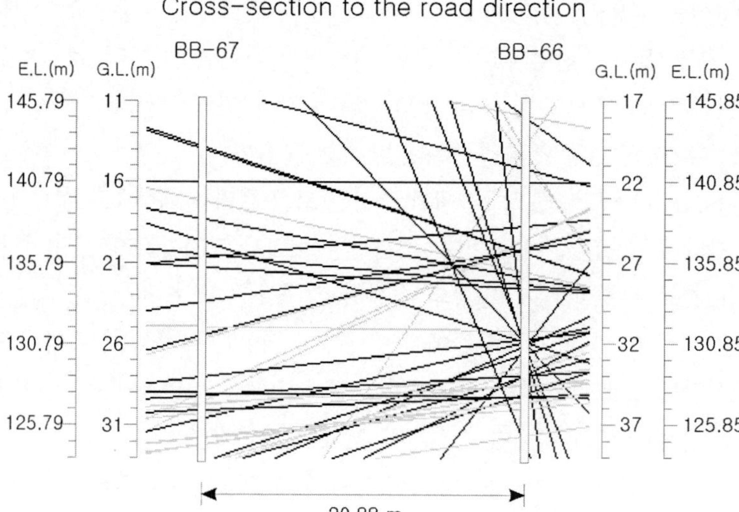

[그림 2-35] 시추공 BB-67~BB-66 단면에 대한 face map

라. 물리검층

남호 2교에 위치한 시추공 BB-67에 대하여 공경검층, 자연감마선검층, 완전파형 음파검층을 수행하였다. 시추공 BB-67의 케이싱의 심도는 4.3m, 지하수위는 26m이며, 암종은 전 구간 모두 석회암이다.

그림 2-36은 공경검층 및 자연감마선검층 결과로 먼저, 공경검층 결과를 보면 심도 9.4~9.9m에 공동이 존재하는 것을 알 수 있다. 또한 시추공 BB-67에서의 시추 결과로 판단컨대, 26m 부근에 파쇄대가 존재하는 것으로 보이지만 공경검층에는 나타나지 않는 것으로 보아 작은 규모의 파쇄대로 사료된다. 다음으로 자연감마선검층 결과를 보면 26m 부근 심도에서 자연감마선이 높게 나타나는데, 이는 이 파쇄대를 통하여 공내수가 빠져나가면서 위에서 유입된 자연감마선을 포함하는 clay의 농집이나 방사능을 포함하는 지하수에 의한 변질(alteration) 작용에 의해 높게 나타나는 것으로 판단된다.

그림 2-37은 완전파형 음파검층 결과로 (a)는 음원에서 가까운 수진기에서의 결과이며, (b)는 음원에서 먼 수진기에서의 결과이다. 그림 2-37을 보면 P파의 도달시간이 심도에 따라 거의 일정하게 나타나 지반이 동일한 암상이라는 것을 알 수 있으며, 이는 탄성파 토모그래피의 결과와도 부합한다.

그림 2-38은 완전파형 음파검층 결과로부터 속도분석 자료처리를 통해 구한 P파 속도,

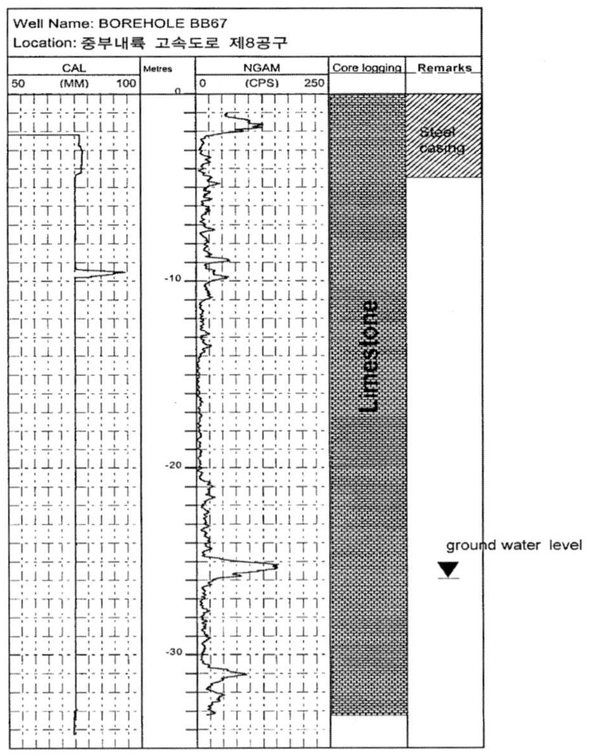

[그림 2-36] 공경검층 및 자연감마선검층 결과

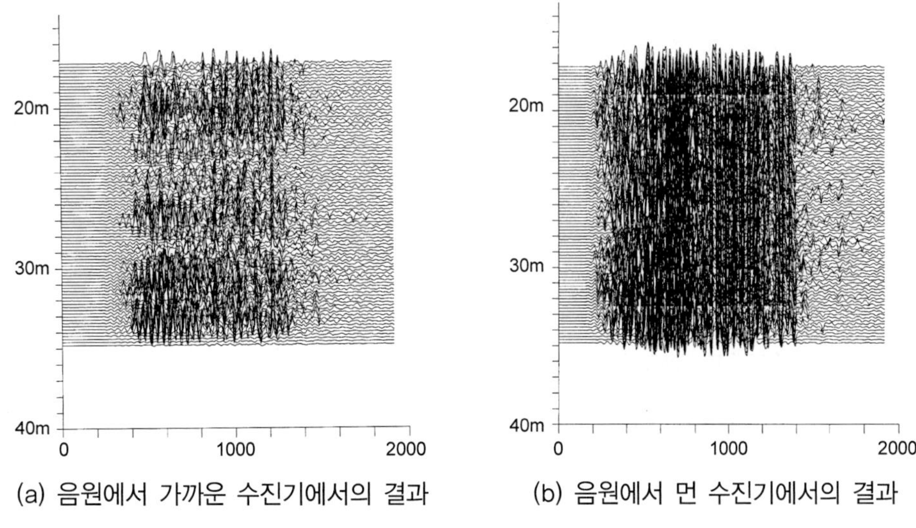

(a) 음원에서 가까운 수진기에서의 결과 (b) 음원에서 먼 수진기에서의 결과

[그림 2-37] 완전파형 음파검층 결과

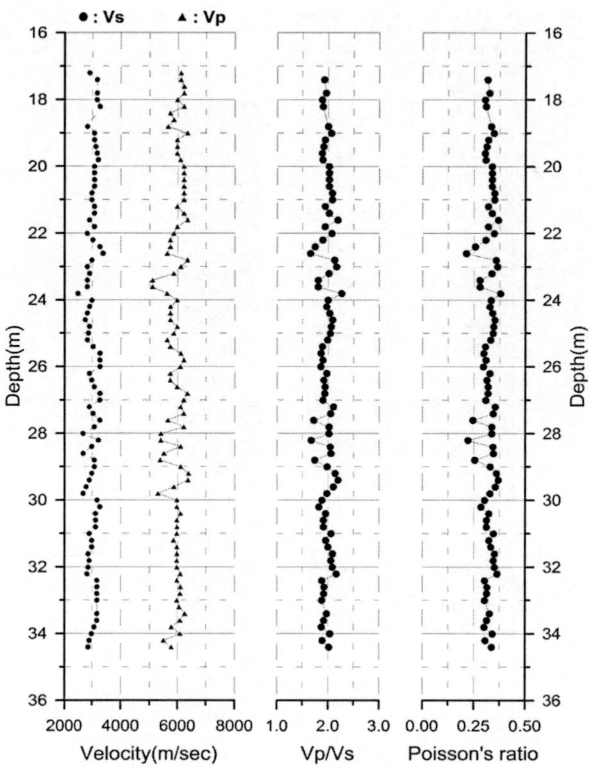

[그림 2-38] 완전파형 음파검층 결과로부터 속도 분석 과정을 통해 구한 Vp, Vs, Vp/Vs 및 포아송비

S파 속도, Vp/Vs의 비 및 포아송비를 나타낸 것이다. 이 시추공의 암상은 석회암으로 전체적인 P파의 속도가 평균 5,950m/sec로 매우 높고, Vp/Vs의 비가 평균 1.97로 통상적인 석회암의 Vp/Vs의 비인 1.84~1.99의 범위와 일치한다. 시추공 전체에 대한 평균 P파 속도는 5,950±282m/sec, 평균 S파 속도는 3,021±175m/sec, 평균 포아송비는 0.323±0.0304이다.

2.3.5 지반 안정성 검토를 위한 전산해석

남호 2교 교대 하부에 존재하는 공동이 교량 구조물에 미치는 영향과 지반 변위에 따른 구조물의 전반적인 안정성을 파악하기 위해 전산해석을 이용한 안정성 검토를 수행하였다.

가. 개요

먼저 공동은 남호 2교 시점부 교대가 위치하게 될 지점으로부터 지표하부 약 32m 지점에서 직경 약 2m인 석회암 용식동굴이 발견되었으며, 이 동굴로부터 약 6m 상부에 반경 약 1m의 또 다른 용식동굴이 존재함을 시추조사를 통해 확인하였다. 게다가 상부의 소규모 용식동굴과 하부의 용식동굴은 괄목할 만한 규모의 절리면에 의해 서로 연결되어 있음이 시추작업을 통해 확인되었는데, 즉 시추작업을 통해 상부용식동굴이 관통되는 순간 시추 이수가 전량 하부용식동굴로 유출되는 것이 확인되었다.

본 지역에 대한 지표지질조사 결과, 대략 4조의 뚜렷한 절리군이 존재하는 것으로 밝혀졌으며, 또한 시추공에 대한 텔레뷰어 탐사 결과, 두 방향의 뚜렷한 절리군이 확인되었다.

따라서 수치해석은 절리군을 충분히 반영할 수 있도록 하기 위해 개별요소 프로그램인 UDEC(ver.3.0)을 사용하였으며, 지표지질조사 결과 가장 우세한 절리군과 텔레뷰어 탐사 결과 우세한 절리군을 수치해석에서 고려하였다. 또한 이러한 2개의 절리군은 해석단면의 방향, 즉 노선 방향과 수직한 해석단면임을 고려하여 위경사로 나타나는 부분을 해석단면과 일치하도록 축변환하여 적용하였다. 한편, 이 지역에 대한 전기비저항 탐사 및 탄성파 토모그래피 탐사 결과, 비저항값과 탄성파 속도값이 뚜렷이 차이 나는 3개의 층으로 크게 분류할 수 있음을 알았으며, 각 지층의 입력물성치는 텔레뷰어에 의한 암석강도지수의 적용, 물리검층에 의한 현장 포아송비의 적용, 공내재하시험에 의한 현장 탄성계수의 적용 및 실내암석물성시험에 의한 점착강도와 내부마찰각의 적용 등 가능한 한 현장사정을 최대한 고려하고, 또한 최대한 객관적으로 수치해석용 입력자료를 산정하도록 노력하였다. 그림 2-39는 각종 지반조사 결과로부터 얻은 지층의 경계와 용식동굴의 존재, 시추작업으로부터 확인된 뚜렷한 절리 및 남호 2교 시점부 abutment 등을 고려한 현지 암반상태로부터 UDEC 해석을 위한 해석단면으로 간소화한 과정을 모식적으로 보여준다.

그림 2-39에서 보는 바와 같이, 본래의 암반상태에서 수치해석을 위한 단면설정으로 변환되는 과정은 제반 지반조사 결과를 충분히 고려하여 이루어졌으며, 특히 2개의 절리군은 해석단면 방향을 고려하여 축변환을 통해 각각 44°±5° 및 18°±3°를 적용하여 표준편차 범위 내에서 random한 값을 나타내도록 하였다. 또한 암반은 전체적으로 Mohr-Coulomb 파괴조건식을 따르는 매질로 가정하였으며, 절리는 탄소성 Coulomb Slip Model을 적용하였다. 실제 본 해석에서 사용된 ver.3.0의 UDEC 프로그램은 절리를 Barton-Bandis Model(BB Model)로 적용할 수 있는 특성을 가지고 있지만, BB Model의 적용 시 필수 입력자료인 절리면의 압축강도 및 잔류전단강도를 절리면 전단시험으로부터 사전에 구하지 못하였기 때문에 BB Model을 적용할

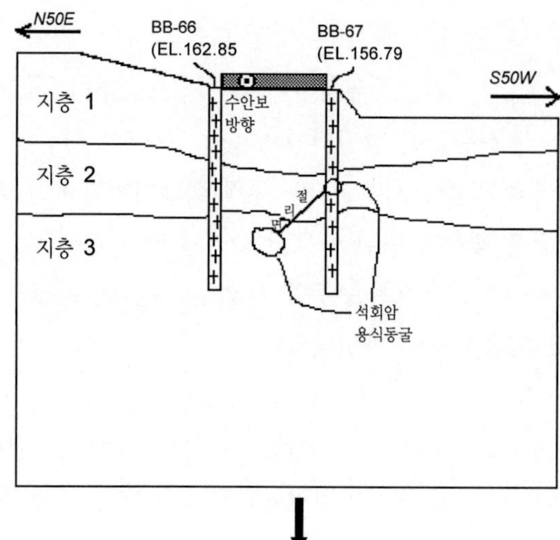

◎ **노두조사 및 텔레뷰어 탐사 결과**

우세한 절리군의 방향: NS/69°E → 터널방향(N50°E) → **44°±5°**

258/28, 279/20 → 터널방향(N50°E) → **18°±3°**

적용식 : $\tan\alpha = \tan\delta \cdot \sin\beta$

여기서, α : 해석단면상에서의 절리 경사각

β : 해석단면방향과 절리경사 방향의 사이각

δ : 절리의 진경사각

◎ **시추조사 결과**

2개의 용식동굴은 뚜렷한 절리면에 의해 연결되어 있음

→ 2개의 용식동굴을 가로지르는 **40.2° 경사의 절리면을 따로 고려**

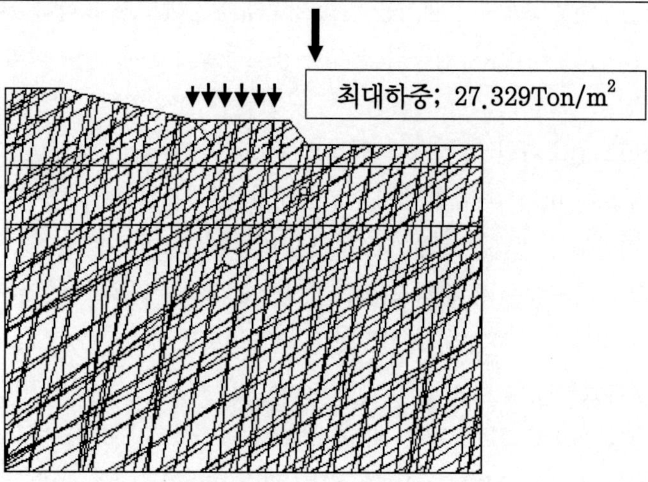

[그림 2-39] 현지암반 상태로부터 수치해석용 단면으로의 간략화 과정

수 없었다. 그러나 외국의 연구 결과에서도 알 수 있듯이 절리면의 특성이 상당히 취약하지 않은 이상, 가장 일반적인 탄소성 Coulomb Slip Model을 적용했을 경우와 BB Model을 적용했을 경우의 해석 결과의 차이는 그다지 크지 않기 때문에(Bhasin & Barton, 1997) 본 해석에서와 같이 기존의 Coulomb Model을 적용하여도 크게 무리는 없을 것으로 판단된다.

검토내용은 현재의 지반상태에서 교량의 시점부 abutment가 완공되었을 경우, 교대의 사하중, 동하중 및 지진하중까지 고려한 상태에서의 최대하중인 27.329ton/m^2(구조해석 결과로 제시된 값임)을 교대부분에 작용시켜, 하부지반의 응력 및 변위발생 양상을 분석하여 최대 침하령 및 부등 침하량을 조사하였다. 허용기준은 일반적으로 교량에서 사용되는 최대 침하량 25mm 이내, 부등 침하량 5mm 이내의 기준을 사용하였다.

나. 입력자료 산정

그림 2-39에서 보여준 바와 같이 남호 2교 시점부 교대 하부지반은 크게 세 부류로 나눌 수 있으며, 각 층은 크게 두 방향의 절리면을 포함하고 있는 것으로 밝혀졌다. BB-66 및 BB-67에 대한 시추조사결과, 풍화토 및 풍화암층은 지표하부 약 1.5m까지 존재하며, 그 하부에는 바로 경암이 나타나는 양상을 띠고 있어, 해석에서는 이들 풍화암층을 별도로 표시하지는 않았다.

또한 하부지층은 층별로 그 물성치의 차이만 날 뿐, 전체적으로 경암에 속하기 때문에 편의상 지층1, 지층2, 지층3으로 표시하였다. 또한 절리에 대해서는 44°±5°와 18°±3° 방향의 절리면을 절리1로, 2개의 용식동굴을 서로 연결하고 있는 것으로 알려진 약 40.2° 경사의 절리면을 절리2로 표시하였다.

한편, 구조계산서를 참조하여 교대의 최대하중을 지진 시를 고려하여 27.329Ton/m^{2}로 적용하였으며, 이 하중이 교대가 안착될 부분에 경계조건으로 직접 가해지도록 하는 기법을

[표 2-4] 남호 2교 시점부 교대 하부지반의 물성치

구분	단위중량 (Ton/m^3)	체적변형계수 K (MPa)	전단변형계수 G (MPa)	점착력 (MPa)	내부마찰각 (°)	인장강도 (MPa)
지층1	2.7	7,500	3,500	12.0	43.0	1.0
지층2	2.7	8,300	3,800	15.0	45.0	5.0
지층3	2.7	11,600	5,400	17.0	47.5	9.0
		jkn (MPa/m)	jks (MPa/m)	jcoh (kPa)	jfric (°)	jten (kPa)
절리1		7,080	5,880	130.0	23.7	100.0
절리2		708	588	13.0	20.0	10.0

사용하였다. 해석에서 사용된 각 지층별 입력자료는 표 2-4와 같다.

표 2-4에서 각 항목별로 입력자료의 산정과정을 간단히 살펴보면 다음과 같다. 첫째, 단위중량은 시추코어에 대한 실내암석물성시험의 값을 그대로 적용하였다. 둘째, 각 지층에 대한 체적변형계수 및 전단변형계수는 공내재하시험으로부터 지층별로 측정된 현지암반 탄성계수를 각각 9GPa, 10GPa, 14GPa로 적용하였으며, 포아송비는 물리검층의 결과로부터 0.3을 적용하여 산정하였다. 이들 중에서 지층3에서 채취된 암석코어를 이용하여 실내암석물성시험을 실시한 결과 탄성계수가 약 50GPa로 나타났던 점을 볼 때, intact rock에 대한 insitu rock의 비가 약 0.28임을 알 수 있다. 이는 Mohammad 등(1997)이 최근 수년 동안의 세계적인 수치해석 결과를 정리하여 살펴본 결과 대부분 실내암석시험으로부터 구해진 탄성계수가 실제 해석에 적용될 때는 대개 0.4배 이하로 적용되었다는 통계와도 부합하므로 본 해석에서 적용한 탄성계수는 무리가 없는 것으로 판단된다. 셋째, 절리면의 물성 중에서 절리2에 대해서는 별도의 시험이 이루어지지 못했기 때문에 절리면의 내부마찰각을 제외하고는 일률적으로 절리1의 물성치의 1/10로 적용하였다.

다. 해석 요소망의 작성

이상의 입력자료 산정이 끝난 후, 해석단면에 대하여 다시 Fully deformable block으로

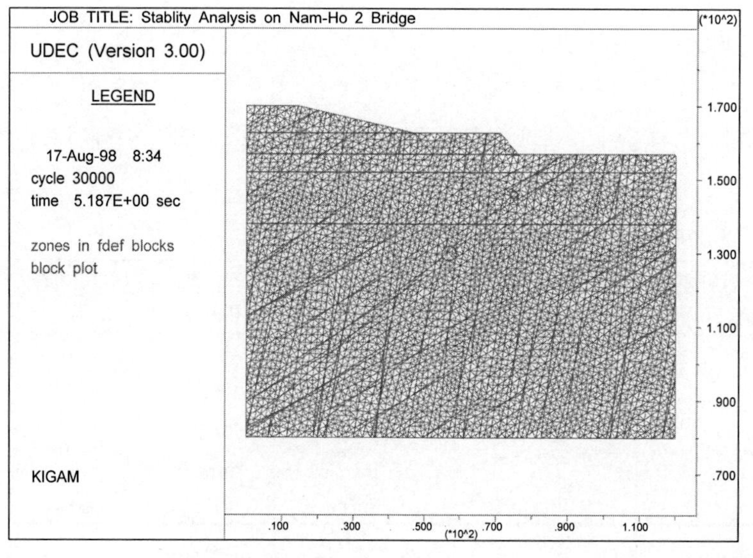

[그림 2-40] 수치해석에 사용된 남호 2교 시점부 교대 하부지반에 대한 요소망

분할하여 해석을 실시하였다. Fully deformable block으로 Rezoning하는 작업은 그림 2-57에서와 같이 절리면을 고려한 상태에서 절리에 의해 구성되는 각각의 개별 블록들이 Mohr-Coulomb 소성 모델의 거동을 충실히 이행하도록 하기 위함이다.

그림 2-40은 해석단면을 Fully deformable block으로 Rezoning한 모습을 보여준다.

라. 해석 결과

그림 2-41은 교대에 의한 하중을 가하지 않은 상태에서 자중에 의해서만 지반이 평형상태에 도달한 이후, 교대 직하부에 경계조건으로서 27.329Ton/m^2의 응력을 가했을 경우 하부지반에 나타나는 최대 및 최소주응력 분포를 나타낸다.

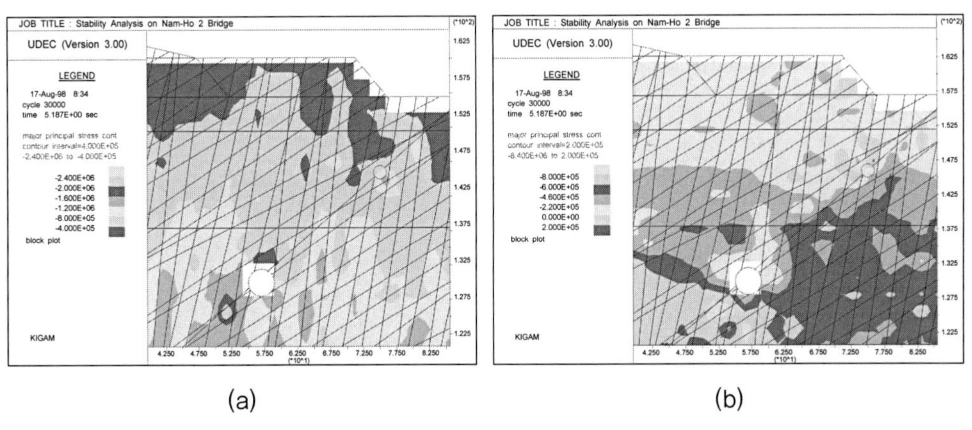

(a) (b)

[그림 2-41] 최대(a) 및 최소(b) 주응력 분포도

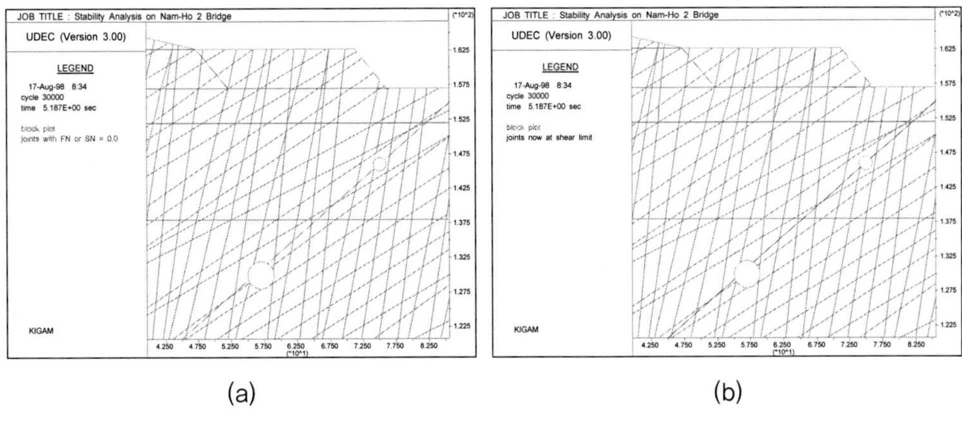

(a) (b)

[그림 2-42] 수직 및 전단강성이 0인 절리(a) 및 sliding되고 있는 절리면(b)

최대주응력 분포양상에서는 국부적으로 응력의 집중현상은 보이나 우려할 정도는 아닌 것으로 판단되지만, 최소주응력 분포양상에서는 2개의 용식동굴을 서로 잇는 절리면을 기준으로 뚜렷한 응력 차이를 보인다. 이는 결국 이 절리면을 경계로 해서 상반과 하반이 이완되고 있음을 보여주는 것이다.

이는 다시 그림 2-42에서도 확인되는데, 절리면의 전단강성 및 수직강성이 더 이상 존재하지 못하는 부분도 국부적으로 보이며(그림 2-42 a), 전체적으로 용식동굴 간에 발전한 뚜렷한 절리면을 따라 slip이 일어나고 있음을 알 수 있다(그림 2-42 b).

그림 2-43을 보면, 남호 2교 교대 직하부 중에서 왼쪽 끝 부분에서는 약 5mm의 변위가 발생하고 있으며, 가운데 및 오른쪽 끝 부분에서는 약 6mm의 변위가 발생하고 있음을 알 수 있다. 또한 용식동굴의 직상부 지점에서는 두 지점 모두 약 5.5mm의 변위 발생량을 보이고 있다.

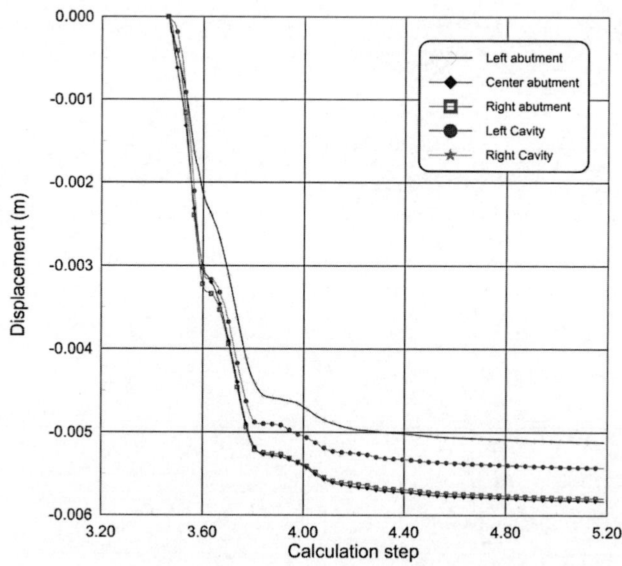

[그림 2-43] 교대 하부 및 용식동굴 상부에서의 변위 발생량

[표 2-5] 남호 2교 시점부 교대 하부지반의 최대 침하량

구 분	남호 2교 시점부 교대				용식동굴	
위치	좌단	중앙부	우단	부등침하	좌측 하부	우측 상부
침하량(mm)	5.12	5.83	5.80	0.71	5.43	5.43

※ 최대침하량 및 부등침하량이 모두 허용기준 내에 있음.

마. 보강 후 전산해석 결과

이상의 결과로부터 남호 2교 시점부 교대 직하부에 존재하는 2개의 뚜렷한 용식동굴은 구조물의 안정성에 직접적으로 큰 영향을 미치지 않는 것으로 수치해석 결과 나타났다. 그러나 한 가지 간과해서는 안 될 부분이 있는데, 시추작업을 통하여 확인된 우측 상부의 용식동굴이 좌측 하부의 다소 큰 용식동굴과 어떠한 형태로든 서로 연결되어 있는 것은 틀림없는 사실이지만, 이를 정확히 파악할 수 없었기 때문에 앞에서 살펴본 바와 같이 단순히 절리면으로만 고려하여 해석을 수행했었다는 점이다.

따라서 남호 2교 교대에 대한 지반의 지지력이 다소 과장되었을 가능성이 충분히 있는 것으로 판단되기 때문에 2개의 용식동굴에 대한 보강 조치를 실시한 경우를 가정하여 해석을 다시 수행해보았다.

일반적으로 구조물 기초지반의 보강 방안으로 현장 타설말뚝을 시공하는 방법과 고압 그라우팅(SIG공법)으로 하부지반을 보강하는 방법 등이 최근에 많이 제안되는 추세이지만, 남호 2교 시점부 교대지반의 경우 노두 상에서 용식동굴이 확인되고 있으며(좌측 하부공동), 우측 상부공동 역시 시추작업을 통해 관통이 난 것으로 확인되었기 때문에 기포 레미탈에 의한 공동 매립충전법을 보강 방안으로 채택하였다(이하 FIRM 공법이라 칭함).

FIRM공법은 재래식의 그라우팅 공법에 비해 원가절감 및 공기 단축 등은 물론이고 기포가 포함되어 있기 때문에 경량이어서 그라우팅 매질 자체의 하중에 의한 또 다른 침하 우려가 적다. 또한 충전물질이 공동 내로 퍼져나가는 성질이 매우 뛰어나서 충전율을 높일 수 있는 장점이 있다. 게다가 기포가 포함되어 있음에도 불구하고 충전재의 강도는 기존 그라우트와 거의 유사하다.

기포 레미탈의 재령 28일 압축강도(σ_c)는 약 60~70kg/cm^{2}인 것으로 보고되고 있으나, 본 해석에서는 60kg/cm^{2}를 적용하여, 아래의 식을 이용해서 탄성계수 11.6GPa를 구할 수 있다.

$$E = 15000\sqrt{\sigma_c}$$

따라서 포아송비를 0.3으로 고려할 때 충전재의 체적변형계수 및 전단변형계수는 각각 9.67GPa 및 4.46GPa이다.

보강조치는, 전술한 해석 결과가 나오기 이전 단계에서 실시한 것으로 가정하였으며, 보강이 실시된 후 동일한 계산단계까지 해석을 다시 수행하였다. 해석 결과 보강 이전의 변위발생 양상 그래프와 마찬가지의 지점에서 변위발생 양상을 나타낸 것이 그림 2-44 및 표 2-6이다.

[표 2-6] 보강 후 남호 2교 시점부 교대 하부지반의 최대 침하량

구분	남호 2교 시점부 교대				용식동굴	
위 치	좌단	중앙부	우단	부등침하	좌측 하부	우측 상부
침하량(mm)	4.65	5.38	5.36	0.73	0.48	0.11

※ 최대침하량 및 부등침하량이 모두 허용기준 내에 있음.

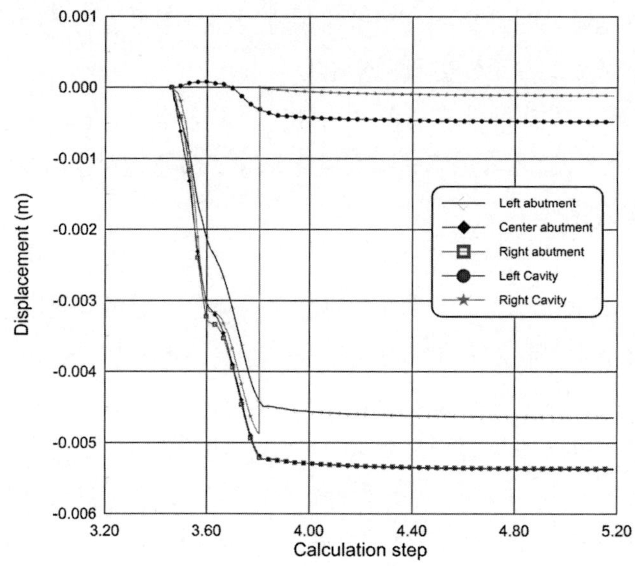

[그림 2-44] 보강 후 교대 하부 및 용식동굴 상부에서의 변위 발생량

2.3.6 결론

중부내륙 고속도로 제8공구 문경 지역에 대해 지반조사를 실시하였으며, 그중 남호 2교 주변에 대한 조사 결과를 토대로 석회암 공동에서의 지반조사 방법에 대해 고찰하였다. 관심 지역인 남호 2교 지반의 암종은 석회암이며, 남호 2교 교대 예정부지 하부노두에서 석회암 지역에서 흔히 나타나는 자연적으로 생성된 용식동굴이 발견되었다. 발견된 용식동굴이 노선대로 발달해 있는 것으로 사료되는바 전기비저항 탐사, 탄성파 토모그래피, 텔레뷰어, 물리검층 등의 물리탐사와 공내재하시험, 토질 및 암석시험 등 다양한 조사를 실시한 후, 그 결과를 토대로 전산해석을 실시하여 교량 하부지반의 안정성을 검토하였으며, 그 결과를 요약하면 다음과 같다.

정밀지표지질조사 결과 남호 2교 주변에 석회암이 주로 분포하며, 노두에서의 불연속면 측정 결과 NS/69°E, N68°W/82°SW, N39°W/86°SW 및 N52°E/66°SE로 4개의 절리군을

확인할 수 있었다.

전기비저항 탐사를 통해 남호 2교 교대 하부에 발달해 있는 공동 분포를 탐지할 수 있었다. 그리고 문경 제9공구에서의 전기비저항 탐사 결과에 대한 고찰을 통해 저비저항과 고비저항 경계면에서 주로 공동이 나타나는 것을 알 수 있었으며, 또한 3차원 전기비저항 탐사를 통해 지하매질의 전기비저항값에 대한 수직적 분포뿐만 아니라 심도에 따른 수평적 분포를 통해 공동 및 연약대의 발달 상태를 보다 정확하게 얻을 수 있음을 확인할 수 있었다.

시추공 BB-66과 BB-67에 대한 탄성파 토모그래피 탐사를 통해 남호 2교 하부암반이 5000m/sec 이상의 속도를 가지는 경암이며, 경암 내에서 공동이 국부적으로 분포함을 알 수 있었다.

시추공 BB-66에 대한 텔레뷰어 탐사 결과 심도 26m 및 32m에 공동이 발달해 있음을 알 수 있었으며, 불연속면에 대한 통계학적 처리 결과 2개의 주된 절리군을 구하였으며, 경사 방향은 각각 258도, 279도, 경사각은 각각 28도, 20도로 대체로 뚜렷한 경사 방향과 완만한 경사각을 보여주고 있었다. 또한 텔레뷰어 영상과 불연속면에 통계처리 결과를 토대로 암반의 텔레뷰어 암석강도를 산출하였다.

시추공 BB-67에 대한 공경검층 및 자연감마선 검층을 통해 심도 약 9.4~9.9m와 26m 지점에 2개의 공동이 존재한다는 것을 알 수 있었으며, 완전파형 음파검층을 통해 평균 P파 속도, 평균 S파 속도, 평균 포아송비를 산출하였으며, 그 값은 각각 5,950±282m/sec, 3,021±175m/sec, 0.323±0.0304이다.

전산해석을 통한 남호 2교 교대 하부지반에 대한 안정성 검토 결과, 2개의 용식동굴이 존재하고 있음이 확인되었지만 교대의 하중에 의한 지반의 불안정성은 그다지 심각하지 않은 것으로 검토되었다. 그러나 2개의 용식동굴이 연결되어 있는 상황을 단순한 연약 절리로만 표현하였기 때문에, 실제의 지반 물성치 및 절리 특성보다 다소 과대평가되었을 가능성도 있으므로, 확인된 2개의 석회암 용식동굴을 기포 레미탈을 이용하여 충전을 실시한 경우를 가정해보았다. 그 결과, 용식동굴 직상부에서는 변위 발생량이 보강 전에 비하여 2~8% 수준으로 상당히 줄어든 것으로 확인되었지만, 교대 직하부에서의 변위 발생량은 보강 전에 비하여 약 90% 수준에 불과하여 그리 크게 줄어들지는 않았음을 확인하였다. 이는 단순히 용식동굴이 기포 레미탈로 충전된 상황을 시뮬레이션하여서 용식동굴을 포함하는 주위 지반 및 절리면의 물성치는 증가되지 못했기 때문인 것으로 판단된다. 따라서 현재의 상태로서도 교대 하부지반의 거동특성은 허용기준 내에 들고 있지만, 안전율을 고려하여 지반의 보강작업이 실시된다면 반드시 용식동굴을 포함한 주위 지반, 특히 용식동굴부터 교대 하부에 이르는 구간에 대한 지반보강 조치가 뒤따라야 함을 의미한다.

참고문헌

2.1

건설교통부(2003), 〈사회기반시설 보호를 위한 석회공동 분포 특성 파악과 탐지 및 3차원 모델링 기법 개발 연구 보고서〉, R&D/2001-C01.

윤운상, 김정환(1999), 「카르스트 지역 내 교량 건설을 위한 지질공학적 접근과 부지 조사 설계」, 대한지질학회, 한국석유지질학회, 한국암석학회 제54차 추계공동학술발표회 초록집.

윤운상, 김학수, 최원석(1999), 「석회 공동의 특성과 카르스트 지역 내 교량 기초를 위한 조사 설계」, 〈지반공학회 99년 봄 학술발표회 논문집〉, pp.399-407.

임수빈, 김문국, 조병철, 임철훈(1998), 「공동 및 점토 협재 파쇄대가 산재된 석회암층의 교량 기초 지반 보강 공법」, 〈지반공학회 98년 가을 학술발표회 논문집〉, pp.121-128.

정의진, 김중휘, 김정환, 윤운상, 이근병, 마상준(2002), 「석회암 지역 재해 등급도 작성 및 응용에 관한 사례 연구」, 〈지반공학회 2002년 봄 학술발표회 논문집〉, pp.165-172.

정의진, 여상진, 김정환, 윤운상, 이근병, 노병욱(2002), 「용해성 암석의 용식 진전에 대한 암석-광물학적 특성 연구」, 〈지반공학회 2002년 봄 학술발표회 논문집〉, pp.253-260.

Beck, B. F., 1996. Karst geohazards: engineering and environmental problems in karst terrane. Proceedings of the 5th multidisciplinary conference, Gatlinburg, April 1995, International Journal of Rock Mechanics and Mining Sciences, Volume 33, Issue 2, 49A

Bergado, D. T. and Selvanayagam, A. N. 1987. Pile foundation problems in Kuala Lumpur Limestone, Malaysia. Quarterly Journal of Engineering Geology, London, 20, pp.159-175.

Beriswill, J. A., Humphries, R. W., McClean, A. T. and Kath, R. L. February 1996. Karst foundation grouting and seepage control at Haig Mill Dam. International Journal of Rock Mechanics and Mining Sciences, Volume 33, Issue 2, 83A

Culshaw, M. G. and Waltham, A. C. 1987. Natural and artificial cavities as ground engineering hazards. Quarterly Journal of Engineering Geology, London, 20, pp.139-150.

Fookes, P. G. and Hawkins, A. B. 1988. Limestone weathering: its engineering significance and a proposed classification scheme. Quarterly Journal of Engineering Geology, London, 21, pp.7-31.

Forth, R. A., Butcher, D. and Senior, R. March 1999. Hazard mapping of karst along the coast of the Algarve. Portugal. Engineering Geology, Volume 52, Issues 1-2, pp.67-74.

Goodman, R. E., 1993, Engineering Geology, John Wilwy and Sons, New York, pp.143–193.

Jeong, U., Kihm, J. H., Kim, J. H., Ma, S. J., Yoon, W. S., 2003. Application of hazard zonation technique for tunnel design in soluble rocks. Proc. of the ITA, (Re) Claiming the underground space. pp.491–495.

McCann, D · 암 공동 및 폐갱도 탐사와 보강대책』, 지반공학회 암반역학위원회, pp.93–118.

신희순, 김기석, 김정호(1999), 「지반조사와 결과의 이용(1)–석회암 공동지역에서의 물리탐사와 결과의 이용」, 「지반」(한국지반공학회지), 15(12), pp.34–49.

이태섭, 김정호, 이진수, 임무택, 박영수, 신인철(1996), 『레이더 탐사에 의한 지반조사–영월 신광산 Crucher 부지』, 쌍용양회주식회사.

조인기, 김정호, 정승환, 송윤호(1997), 「전기비저항 토모그래피에서의 전극배열 비교」, 〈한국자원공학회지〉, 34, pp.18–26.

Benson, A.K., 1995, Application of ground penetrating radar in assessing some geological hazards: J. Appl. Geophys., 33, pp.177–193.

Cho, S. J., and Kim, J. H., 1997, Radar travel time tomography in anisotropy media – in the application of limestone area, Expanded abstracts of the 59th EAGE conference and technical exhibition, EAGE, Geneva, Swizerland, May 26–30, 1997, p.084.

Fajklewicz, Z., 1986, Origin of the anomalies of gravity and its vertical gradient over cavities in the brittle rocks: Geophys. Prospct. 34(8), pp.1233–1254.

Mellet, J.S., 1995, Ground penetrating radar applications in engineering, environmental management, and geology: J. Appl. Geophys., 33, pp.15–26.

Nelson, R.G., and Haigh, J.H., 1990, Geoghysical investigations of sinkholes in lateritic terrains, In Ward, S.H. Eds, Geotechnical and Environmental Geophysics, Volume 3, SEG, pp.133–153.

Van Nostrand, R.G., and Cook, K.L., 1966, Interpretation of resistivity data, USGS, Prof. Paper 499.

2.3

윤운상, 김학수, 최원석(1999), 「석회 공동의 특성과 카르스트 지역 내 교량 기초를 위한 조사 설계」, 〈한국지반공학회 '99 봄 학술발표회 논문집〉, 한국지반공학회, pp.399–406.

임수빈, 김문국, 조병철, 임철훈(1998), 「공동 및 점토협재 파쇄대가 산재된 석회암층의 교량 기초지반 보강공법」, 〈한국지반공학회 '98 가을 학술발표회 논문집〉, 한국지반공학회, pp.121–128.

Bhasin, R. & Barton, N., 1997, A comparison of the Barton–Bandis joint con– stitutive model with the Mohr–Coulomb model using UDEC, Environmental and Safety Concerns in Underground

Construction, pp.413-420.
Mohammad, N., Reddish, D.J. and Stace, L.R., 1997, The relation between in situ and laboratory rock properties used in numerical modelling, Int. J. Rock Mech. Min. Sci. & Geomech. Abstr. Vol. 34, No. 2, pp.289-297.
UDEC manual (ver.3.0) Vol. 1, 2, 3.

03 석회암의 공학적 특성

3.1 석회암의 지질공학적 특성

3.1.1 서론

자연적인 지반 침하는 석회암(limestone) 지대에서 가장 빈번하게 발생하는 것으로 보고되고 있다. 이는 전 세계적으로 퇴적암의 분포가 광범위하며 그중 상당한 면적을 차지하고

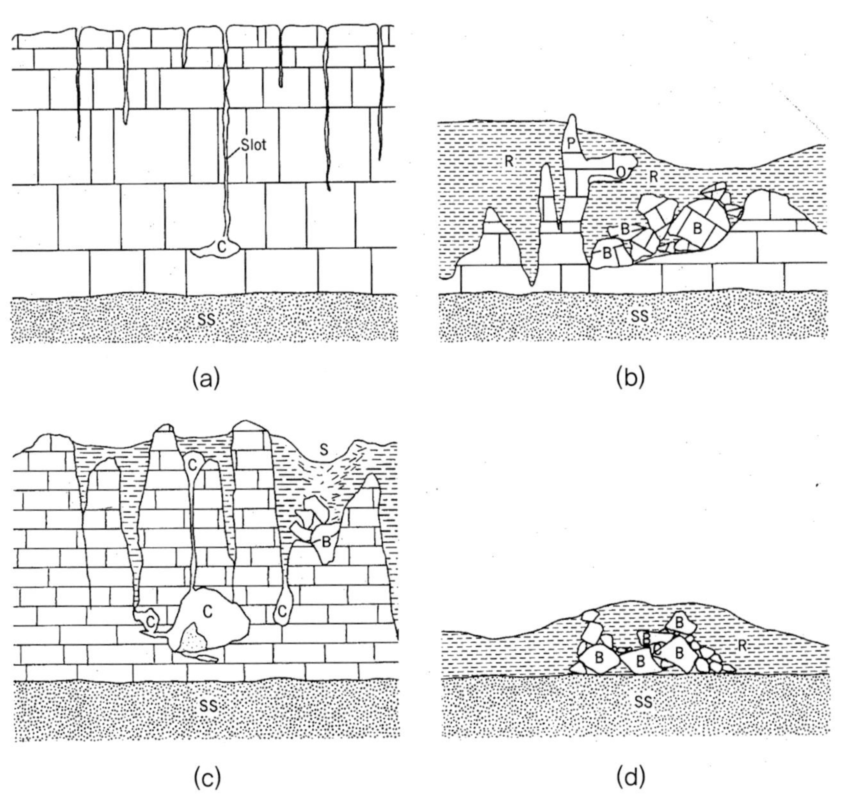

[그림 3-1] 카르스트 지형의 발달(from Goodman, 1993)

있는 석회암의 용해성이 강하기 때문이다(Beck, 1993). 석회암 지대는 용해과정을 거치면서 카르스트(karst) 지형구조를 보이게 된다(그림 3-1). 특히 대규모의 공동형성이나 함몰대의 발달, 하부암반면의 불규칙성 등이 지반굴착공사 시 극복해야 할 과제로, 전 세계적으로 많은 연구가 진행되고 있다(Beck, 1995; Beck & Stephenson, 1997). 광산지대의 지반 침하나 터널 굴착으로 인한 지반 침하에 비해 훨씬 불규칙한 침하 양상을 보이므로 공학적 예측에서 지질학적인 현상들을 충분히 이해하고 그에 따른 지반조사 계획 및 대책공법을 수립하는 것이 필요하다. 따라서 본 논문에서는 우리나라에도 존재하는(최용곤, 1997) 석회암의 구성성분에 따른 공학적 특성 변화와 석회암 지대의 공학적 문제점을 분석해보고자 한다.

3.1.2 석회암의 구성성분에 따른 특성

가. 석회암의 주성분

석회암은 주로 방해석(calcite), 돌로마이트(dolomite) 등으로 구성되어 있다. 이 두 광물의 함량에 따라 좀 더 자세한 지질학적인 암석명칭이 부여되므로 방해석이 많은 경우 calcareous limestone으로, 돌로마이트가 많을 경우 돌로마이트(또는 광물 돌로마이트와 구분하기 위해 '돌로스톤'이라고 표기하기도 함)라고 부른다(그림 3-2).

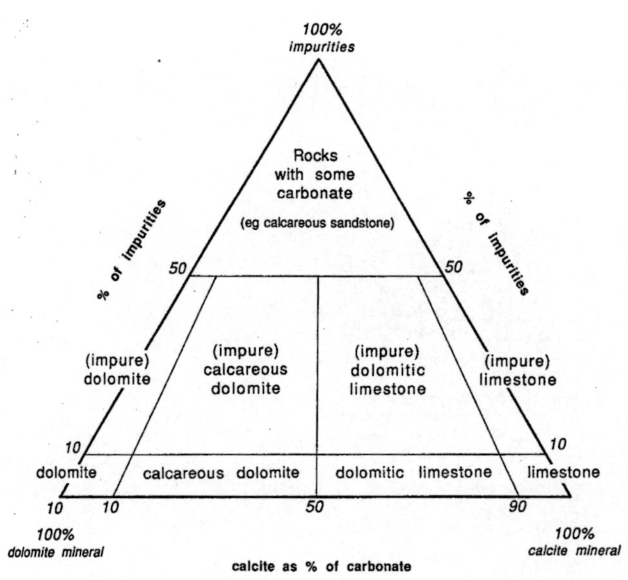

[그림 3-2] 구성 광물성분에 따른 석회암의 구분(after Leighton & Pendexter, 1962)

석회암의 용해성은 방해석으로부터 기인한다. 석회암의 용해성을 정성적으로 확인하기 위해서는 차가운 염산용액, alizarine red-S 등의 용액을 사용한다. 방해석은 차가운 염산에도 반응하여 기체를 발생시키지만 돌로마이트는 반응을 보이지 않는다. alizarine red-S 용액을 떨어뜨리면 돌로마이트는 분홍색으로 염색되고 방해석은 염색이 되지 않는다. 염색한 시료를 0.03mm 두께의 박편으로 가공하여 현미경으로 관찰하면 구성성분을 정량적으로 파악할 수 있다(그림 3-3).

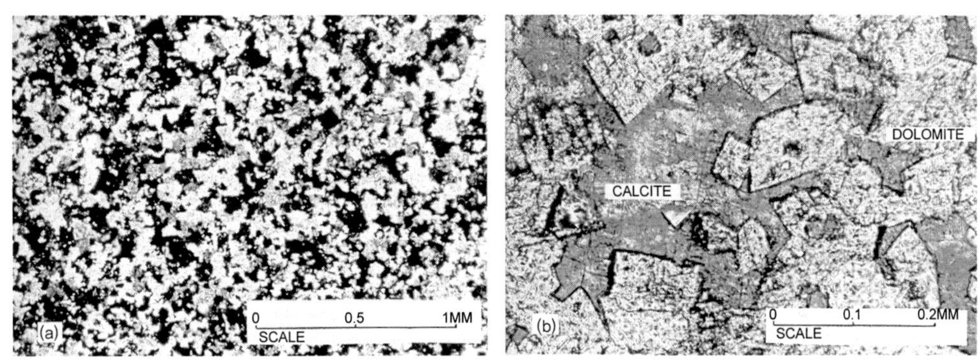

[그림 3-3] Dolomitic limestone의 현미경 관찰사진(Park, 1994)

나. 방해석의 용해과정

방해석은 이산화탄소 및 물과 반응하여 용해되는 것으로 몇 가지의 반응과정을 거친다(그림 3-4). 이 반응과정에서 물은 농도가 낮은 대기 중의 이산화탄소와 반응하기보다는 토양

Process equation	Kinetics	Description
$CO_2 \Leftrightarrow CO_2$ air dissol	slow	diffusion of CO_2 into water
$CO_2 + H_2O \Leftrightarrow H2CO_3$ dissol	slow	hydration of dissolved carbon dioxide to form carbonic acid
$H_2CO_3 \Leftrightarrow H^+ + HCO_3^-$	fast	dissociation of carbonic acid into hydrogen and hydrogen carbonate ions
$CaCO_3 \Leftrightarrow Ca^{2+} + CO_3^{2-}$	slow	dissociation of calcite crystal lattice to ions
$H^+ + CO_3^{2-} \Leftrightarrow HCO_3^-$	fast	association of carbonate ions with hydrogen ions to form a hydrogen carbonate

[그림 3-4] 방해석의 단계별 반응과정

에 존재하는 이산화탄소와 반응하여 방해석을 용해시킨다(그림 3-5). 따라서 석회암 지대의 용해속도는 상부토양층 성분 및 기후조건에 좌우된다. 토양 중의 동식물의 함량이 높거나 열대 등의 기후에서는 용해반응이 활발하므로 말레이시아의 쿠알라룸푸르 등에서는 석회암의 풍화심도가 수십 미터에 달한다. 방해석의 용해속도를 실험적으로 연구한 결과 지름 1m의 석회암 동굴이 형성되기 위해서는 약 5,000년의 시간이 필요한 것으로 보고되므로 토목 건설 프로젝트에 영향을 주는 급속한 용해현상은 없다(Waltham, 1989).

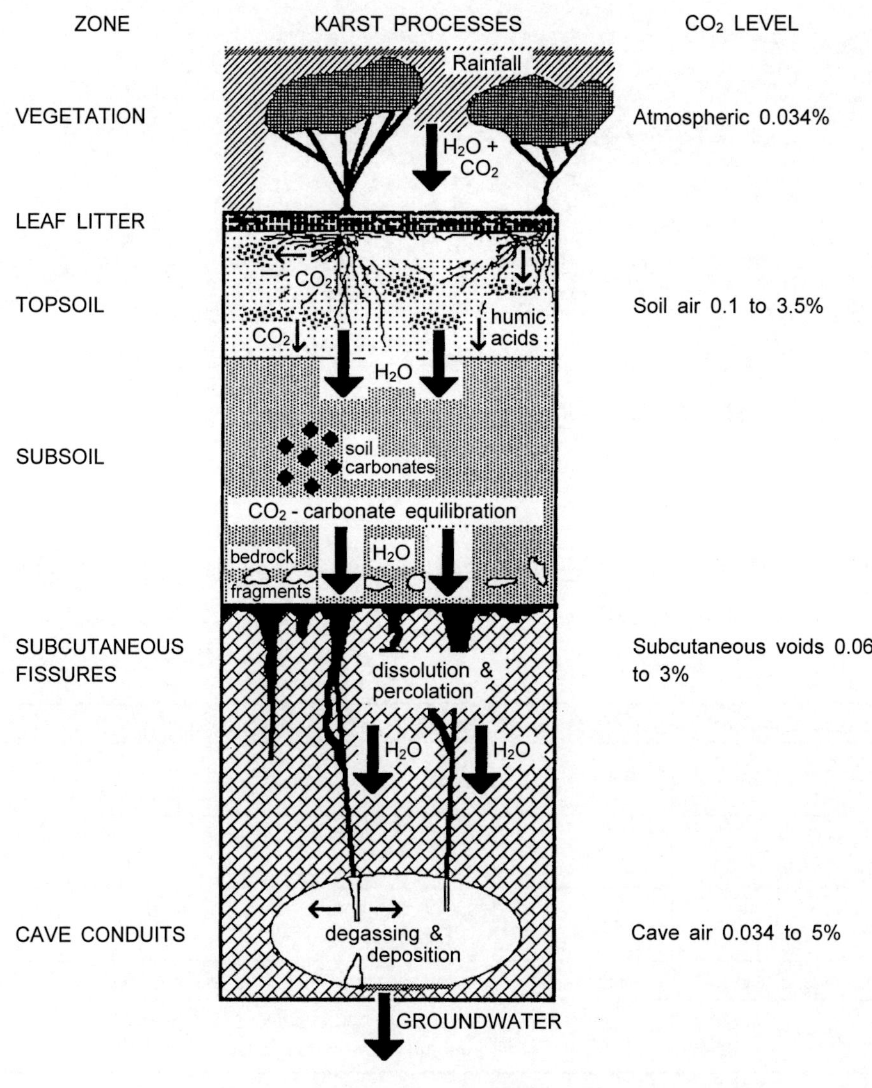

[그림 3-5] 카르스트 지형의 생성환경 중 이산화탄소의 역할

다. 석회암 지대에서 발견되는 특징적 구조

방해석의 용해특성에 의해 석회암 지대에는 특징적인 구조들이 발달하게 된다(그림 3-6). 물과의 반응에 의해 원형을 형성하여 연결되거나, 기존의 절리면을 따라서 용해작용이 활발히 일어나기도 한다. 이 경우 집중호우 시 빗물이 빠른 시간 내에 지반으로 흡수되어 지하수면을 급상승시켜 주변 토사면의 산사태를 야기하는 경우도 있다. 용해성이 거의 없는 대부분의 다른 암석들에서는 흙과 암반의 경계가 되는 rockhead는 평면의 형태로 나타나므로 공학적인 예측이 비교적 수월하다. 이에 비해 석회암 지대에서는 불규칙한 형태를 보이는 pinnacled rockhead가 발달하게 된다. pinnacle의 발달심도차는 수 미터에서부터 수십 미터까지 나타나므로 특히 지반기초공사 시 문제가 되고 있다.

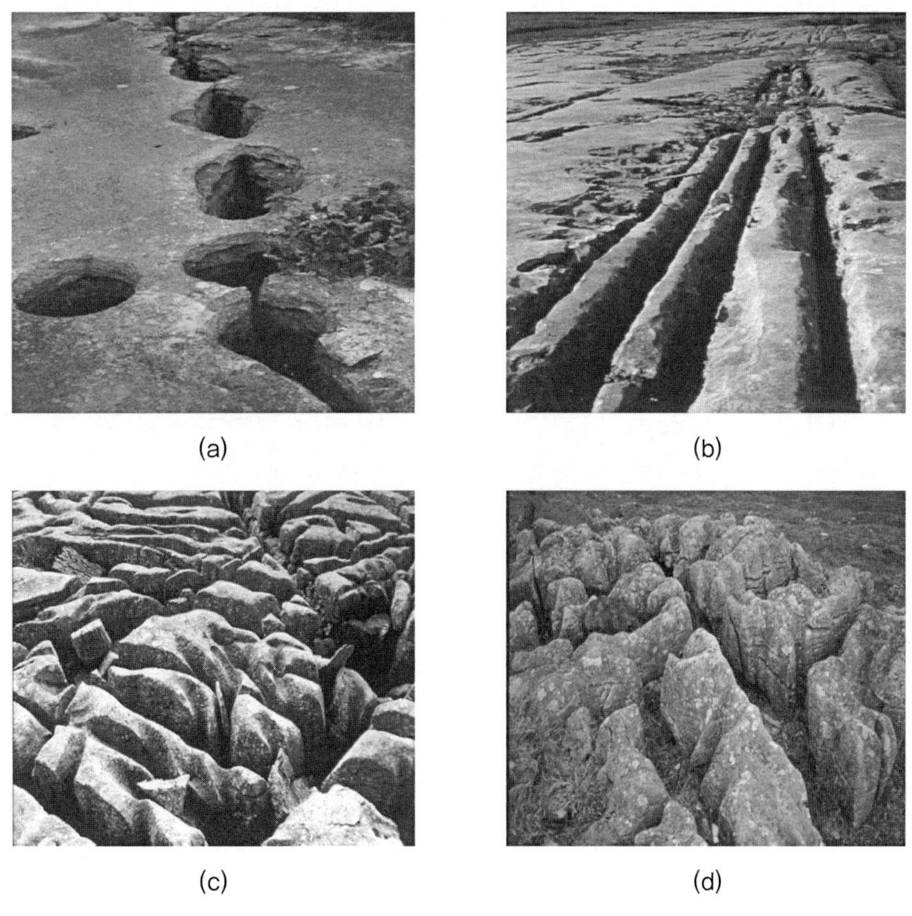

(a) (b)

(c) (d)

[그림 3-6] 카르스트 지형에서 발견되는 특징들

(e) (f) (g)

(h) (i) (j)

[그림 3-6] 카르스트 지형에서 발견되는 특징들 (계속)

용해작용이 수천 년 이상 진행된 경우 동굴이 형성되어 상부지반의 침하위험성을 나타내게 된다. 석회암 상부지반의 침하는 석회암 자체의 붕괴에 의한 경우는 드문 편이며, 상부흙이 점진적으로 하부공동으로 이동함에 따른 발생이 다수를 차지하고 있다.

석회동굴은 크게 2가지 형태로 요약된다. 암반에 존재했던 불연속면을 따라서 좁은 폭의 네트워크 형태의 발달구조와(그림 3-7 a), 폭이 수십 내지 수백 미터의 대규모 공동의 발달구조가(그림 3-7 b: 길이 700m, 전체 폭 400m, Sarawak 지역) 있다. 불연속면을 통해 발달된 석회암 동굴은 시간경과에 따라 상부로 붕괴범위가 확산되며 지표 침하를 야기한다(그림 3-8). 불연속면의 종류에 따라 석회암 동굴의 형상이나 크기가 결정되기도 한다. 수직절리(vertical joint)가 발달한 곳은 좁은 폭을 가진 네트워크가 형성되고(그림 3-9), 연장성이 높은 층리(bedding)가 발달한 곳은 주로 대규모 공동을 형성한다(그림 3-10). 단층이 존재하는 경우 파쇄영향권에 공동이 우세하게 발달하기도 한다(그림 3-11). 이러한 석회암 동굴은 지하심도 1000m에서도 발견되고 있다.

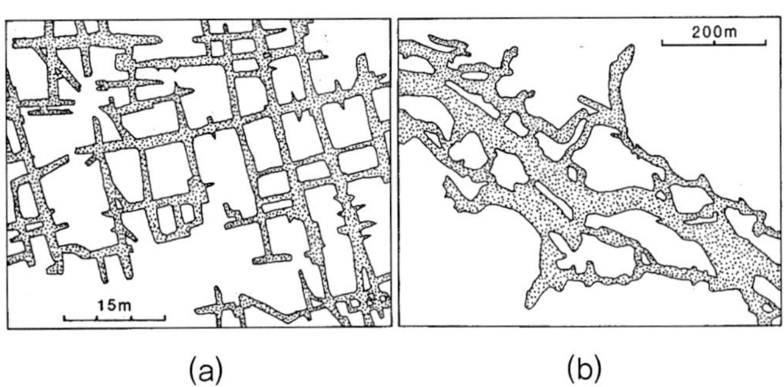

[그림 3-7] 석회암 동굴 크기에 따른 대표적인 분류(from Waltham, 1989)

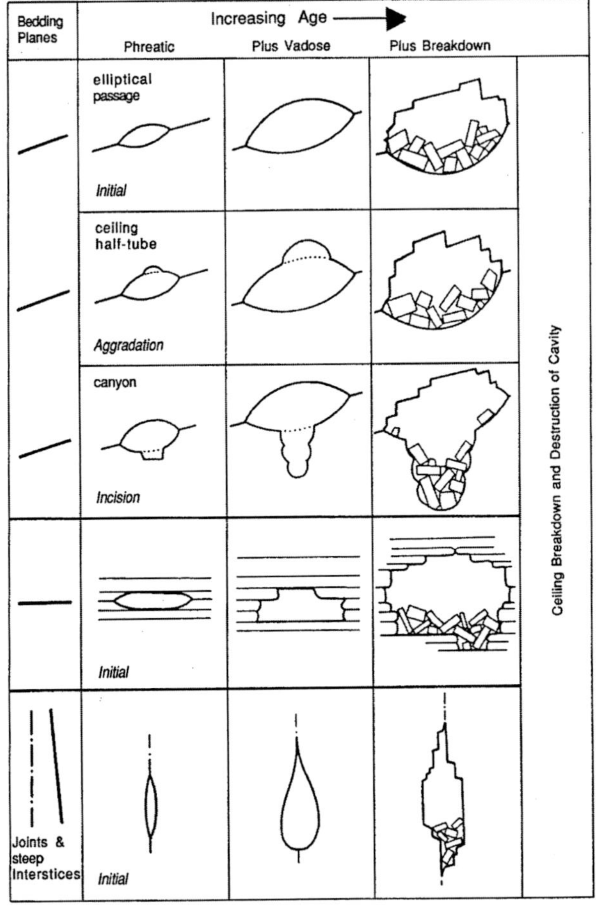

[그림 3-8] 불연속면을 통한 석회암 동굴의 형성과정(from Gillieson, 1996)

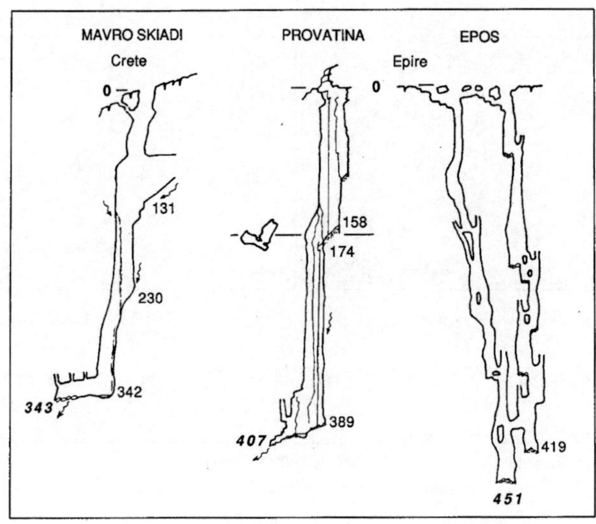

[그림 3-9] 수직절리에 의한 석회암 동굴의 형성(from Gillieson, 1996)

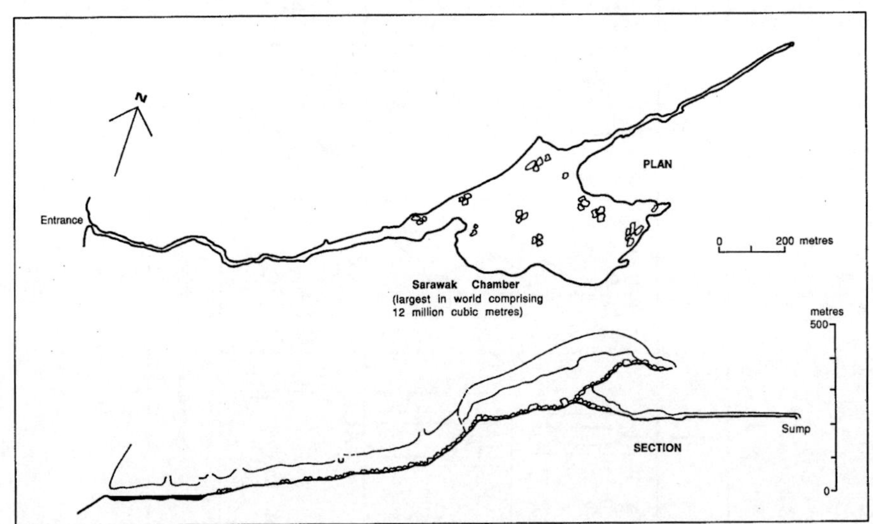

[그림 3-10] 층리에 의한 석회암 동굴의 형성(from Gillieson, 1996)

라. 석회암 지대의 지표 침하

석회암 지대에서 나타나고 있는 둥근 함몰구조를 doline 또는 sinkhole로 정의하고 있다. 영국의 경우 sinkhole은 호수가 형성된 둥근 함몰구조만을 의미하였으나 현재 전 세계적으로는 미국에서 정의하고 있듯이 호수 생성 여부에 관계없이 모든 둥근 함몰구조로 통용되고

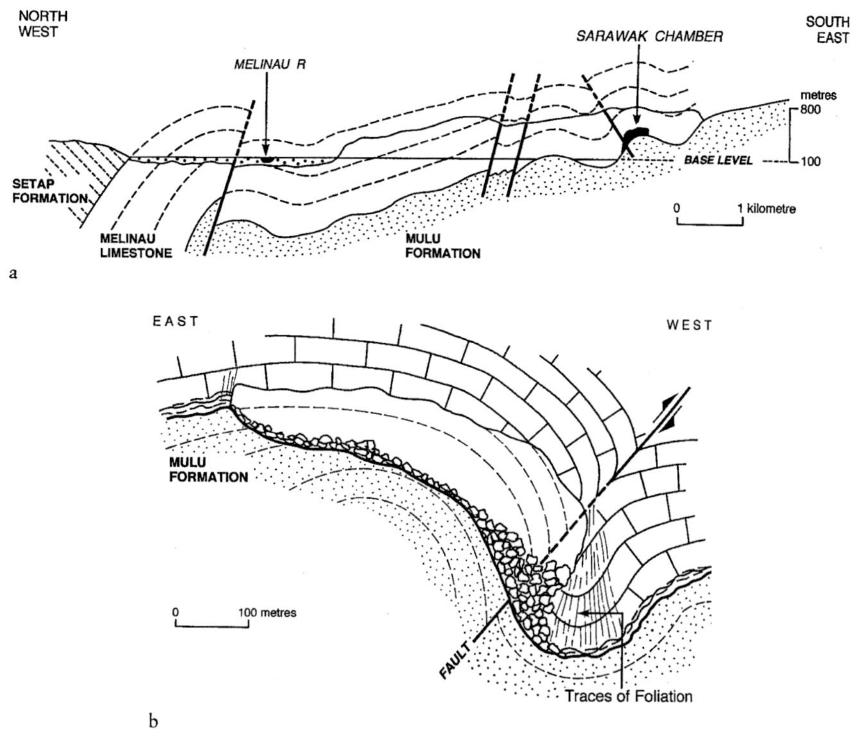

[그림 3-11] 단층지대의 석회암 동굴 형성(from Gillieson, 1996)

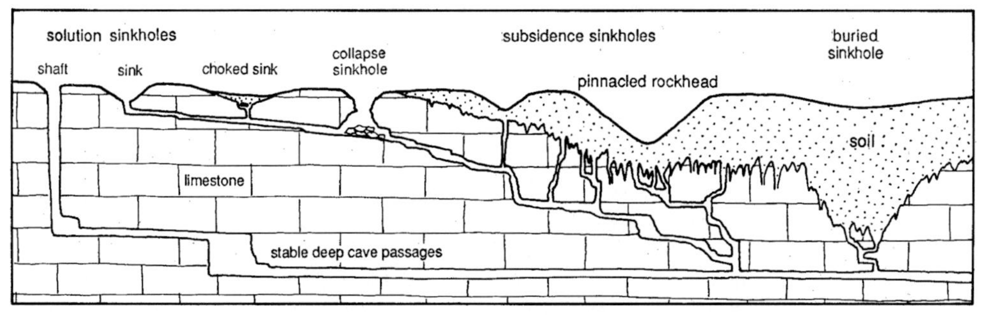

[그림 3-12] sinkhole의 종류(Waltham, 1994)

있다. sinkhole에는 (i) solution sinkhole, (ii) collapse sinkhole, (iii) buried sinkhole, (iv) subsidence sinkhole 등이 있다(그림 3-12). solution sinkhole은 느린 속도로 지표가 침식되면서 발생한 것으로 직하부에 공동이 존재하는 결정적인 증거가 된다. collapse sinkhole은 하부기반암의 파괴로 인해 발생되는 것으로 지질학적 시간과정에서는 별로 발

생되지 않는다. buried sinkhole은 위의 두 종류의 발생 후 상부가 토사층으로 덮인 경우이며 대부분 불규칙한 토사-암반 경계면(즉, rockhead)을 나타내므로 기초공사 설계 시 주의할 요소이다. subsidence sinkhole은 석회암 지반 상부의 토사층 또는 연암의 붕괴로 말미암은 것으로 전 세계적으로 가장 흔하게 발견되는 형태이다. 또한 발생과정이 빠르게 진행되므로 토목공사에 치명적인 영향을 준다.

3.1.3 석회암반 지대의 공학적 위험요소

가. 석회암 시료의 강도특성

석회암의 강도특성은 시험편 크기 또는 야외 규모에서나 비교적 공사에 양호한 특성을 보인다(그림 3-13). 그러나 석회암은 다른 암석에 비해 강도의 편차가 대단히 큰 편이다. 특히 광물성분, 입자조직, 지질학적 시간경과에 따른 compaction 정도 등에 따라 현저한

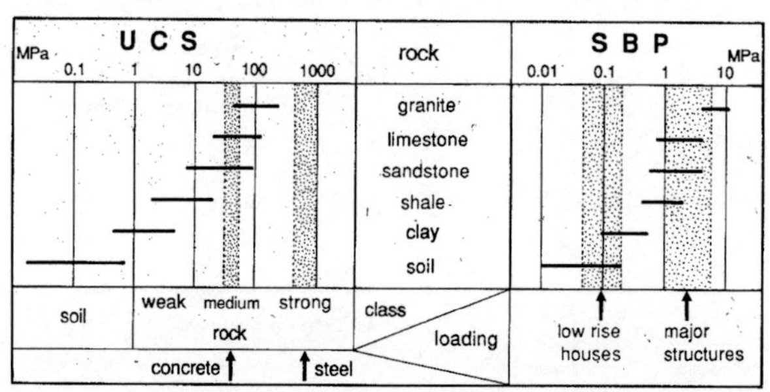

[그림 3-13] 다른 암종과 비교한 석회암의 강도특성

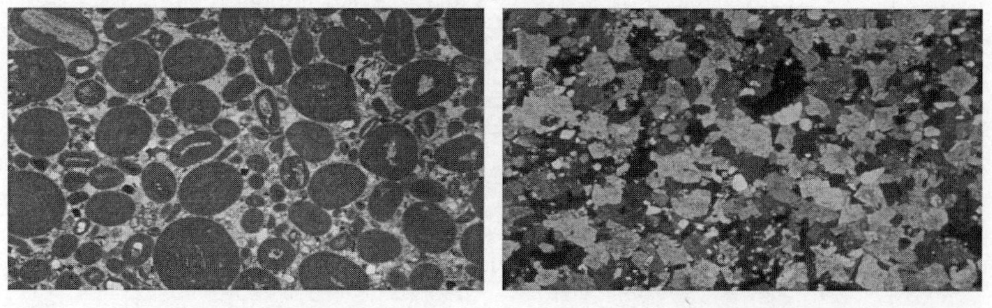

(a) Oolitic limestone (b) Sandy dolomite

[그림 3-14] 석회암의 강도에 영향을 끼치는 요소- 입자조직과 구성성분의 현미경 관찰사진(가로 크기는 6mm)

변화를 보인다. 건조 일축압축강도는 solenhofen 석회암의 경우 245MPa, 영국 Monks Park 지역의 Oolitic 석회암의 경우 15.6MPa 정도를 보인다. 수분으로 포화된 시료의 일축압축강도는 15~90MPa 정도로 보고되고 있다. 인장강도는 2~10MPa 정도의 범위를 보인다. 따라서 광물분석(그림 3-14)이나 공극률 측정, 비중 측정 등을 통해 강도의 변화를 설명할 수 있다. 일반적으로 보고되고 있는 공극률은 4.4~22.4%, 암석시편으로 측정한 P파 탄성파 속도는 2800~4800m/sec, 탄성계수는 16~61GPa 등으로 시료에 따라 편차가 큰 편이다. 동일프로젝트 지역에서 지질시대가 다른 석회암층이 존재할 경우 각각의 물성은 큰 차이를 보이므로 시추지반조사 계획 시 이를 반영해야 한다.

나. 석회암 공동의 크기와 분포에 따른 위험요소

석회암에 존재하는 공동은 크기 및 하부로의 심도에 따라 위험도가 다르게 나타난다(그림 3-15). 현재까지 세계적으로 보고되고 있는 경험적인 자료를 요약하면 다음과 같다. (i) 석회공동 상부암반의 두께가 10m 이상이면 자연 붕괴의 위험성은 없다. (ii) 토목 시공 시 construction loading으로 인해 붕괴할 위험이 항상 존재하지만 공동 상부암반의 두께가 30m 이상이면 영향이 거의 없다. (iii) 석회공동 상부암반의 두께가 공동의 폭보다 클 경우 붕괴 위험성은 없다(Waltham, 1989). 서로 다른 기준을 제시하고 있는 이상의 경험적인 자료들은 실제 공사 시 적절한 기준인 것으로 보고되고 있으나 석회암 공동의 형성을 좌우하는 용해 특성은 지역에 따라 현저히 다르게 나타나므로 국내에 그대로 적용하기에는 충분한 경험적 자료가 차후 확보되어야 할 것이다.

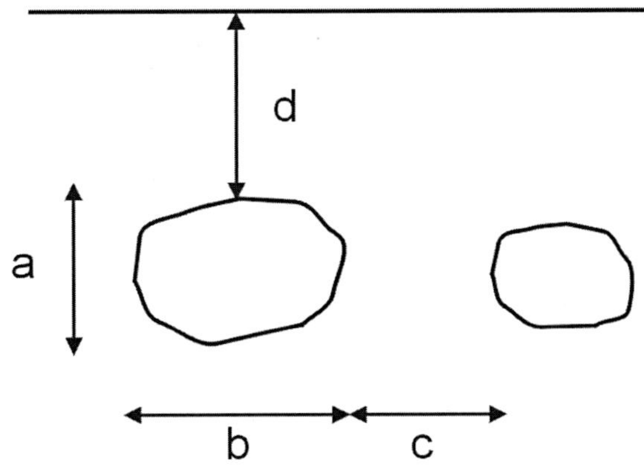

[그림 3-15] 석회암 공동의 크기 및 위치에 따른 위험요소

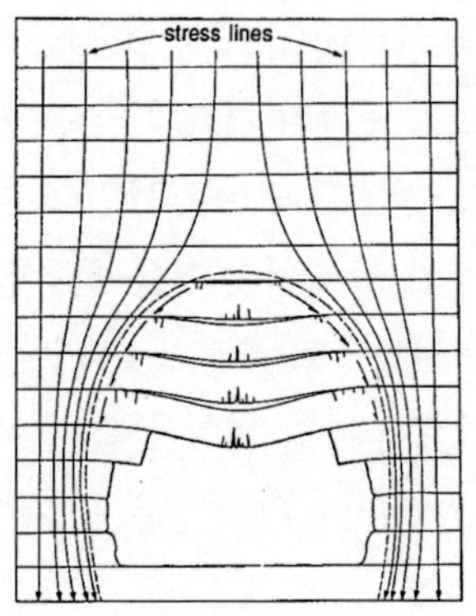

[그림 3-16] 불연속면에 의한 석회암 공동의 침하 위험도

다. 지질구조의 조건에 따른 위험요소

전 세계적으로 석회암 지대의 층리의 간격은 대개 30~60cm 정도로 나타나지만 지역에 따라서는 수 센티미터 이하부터 수 미터 이상이 되는 경우도 흔하게 발견된다. 층리 간격 이외에도 절리 간격, 방향성 등에 의해 석회암 공동의 크기와 분포가 영향을 받는다(그림 3-16).

라. 주변 암상 및 형상에 의한 침하 위험도

지질도상에 나타나는 석회암의 분포뿐만 아니라 주위의 불투수성 암석과의 경계부는 특히 공동 발달의 가능성이 높다(그림 3-17). 따라서 사전 기초 지질조사 시 지질도 등을 통해 정밀 조사 지역을 선정하게 된다. 또한 항공사진을 통해서 함몰지형을 파악하면 sinkhole 지역에 대한 광역적인 구분이 가능하다.

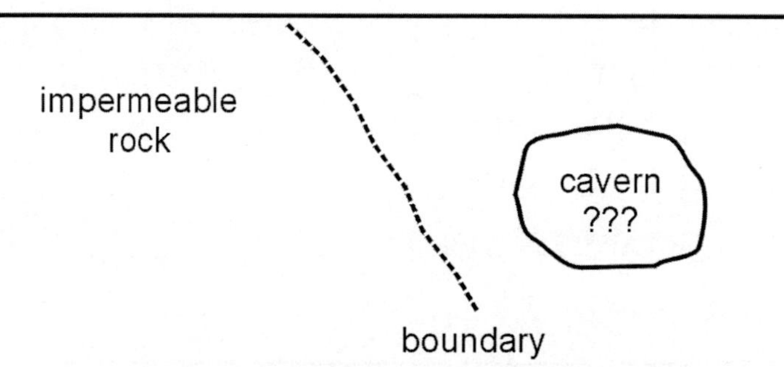

[그림 3-17] 주변 암석분포에 의한 석회공동의 발달 가능성

마. Rockhead에 의한 공학적 위험요소

석회암의 차별침식으로 인한 pinnacled rockhead가 형성되어 기초공사의 대상이 되는 기반암의 파악이 어렵게 된다. 따라서 말뚝기초 등 작업의 설계심도 결정과정을 위해 다른 암반지대에 비해 훨씬 더 정밀한 조사가 필요하다(그림 3-18). 따라서 실제 프로젝트 수행 시 기본조사에서는 pinnacled rockhead의 존재여부를 확인해야 하며, 존재할 경우 분포형태를 정량적으로 파악하게 된다(그림 3-19).

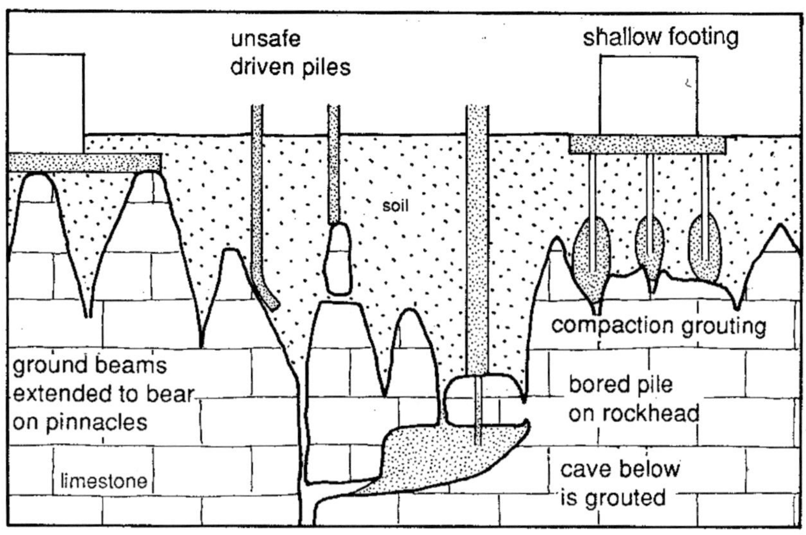

[그림 3-18] pinnacled rockhead로 인한 공학적 문제점(from Waltham, 1994)

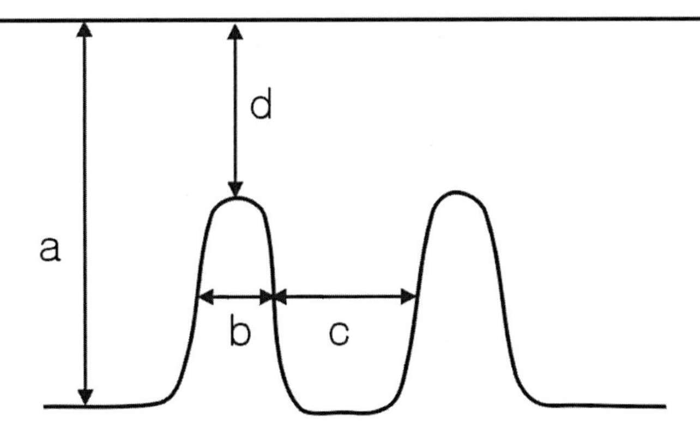

[그림 3-19] pinnacled rockhead 조사 항목

바. 지하수위의 변동에 따른 침하 위험성

석회암 지대의 대부분의 sinkhole 붕괴는 상부토사층의 함몰을 동반한 형태가 많으며 이는 주로 지하수위의 변동에 따라 발생한다(그림 3-20). 전 세계적으로 이러한 형태의 지반침하 발생이 다수 보고되고 있으므로 국내 프로젝트 수행 시 지하수위의 계절적 변화, 공사에 따른 급격한 수위변동 등의 자료를 확보하여 영향분석에 사용하게 된다.

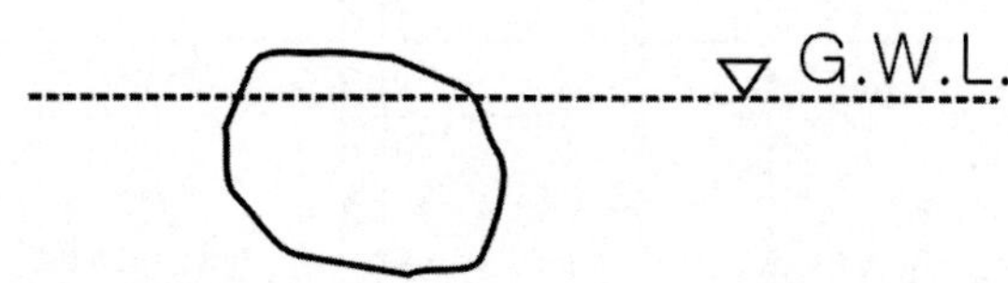

[그림 3-20] 지하수위 변동으로 인한 위험도 평가요소

3.1.4 외국 사례를 통한 국내 지반조사 시 활용요소 파악

가. 남아프리카의 Rand 금광 지역

금광 개발로 인한 지하수위의 변동으로 돌로마이트 지역의 공동 상부에서 지반 침하가 발생한 경우이다. sinkhole의 발생 위치는 지하수위 변동이 발생한 금광지역과 일치한다(그림 3-21). 1957년 이후로 수백 개의 sinkhole이 발생되어, 38명 사망, 100채 이상의 건물이 붕괴되었다.

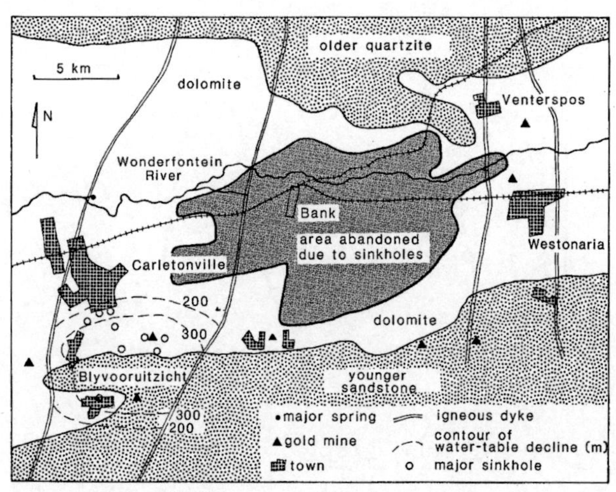

[그림 3-21] 석회암 지반 침하로 인한 공학적 문제 사례1(from Waltham, 1989)

나. 중국 Guizhou 지역

상부토사층의 두께가 10m 이내로 발달한 석회암 지대에서 17개의 관정을 통해 공업용수를 개발한 결과 지하수위가 20m 낮아졌고, 이로 인한 지반 침하로 주택, 건물 등의 붕괴가

발생하였다(그림 3-22).

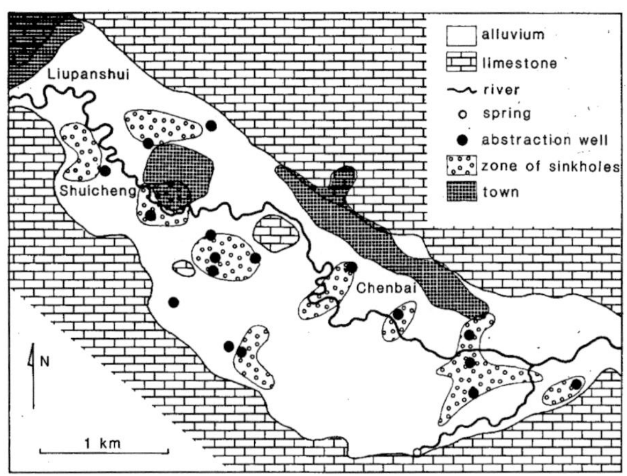

[그림 3-22] 석회암 지반 침하로 인한 공학적 문제 사례2(from Waltham, 1989)

다. 벨기에 Remouchamps viaduct

이 지역은 석회암, 셰일, 사암 등으로 구성되어 있다(그림 3-23). 설계 전의 기초 문헌조사 과정에서 이 지역 석회암에는 공동이 발달된 것으로 나타났다. 총 13개의 각 교각 하부에서

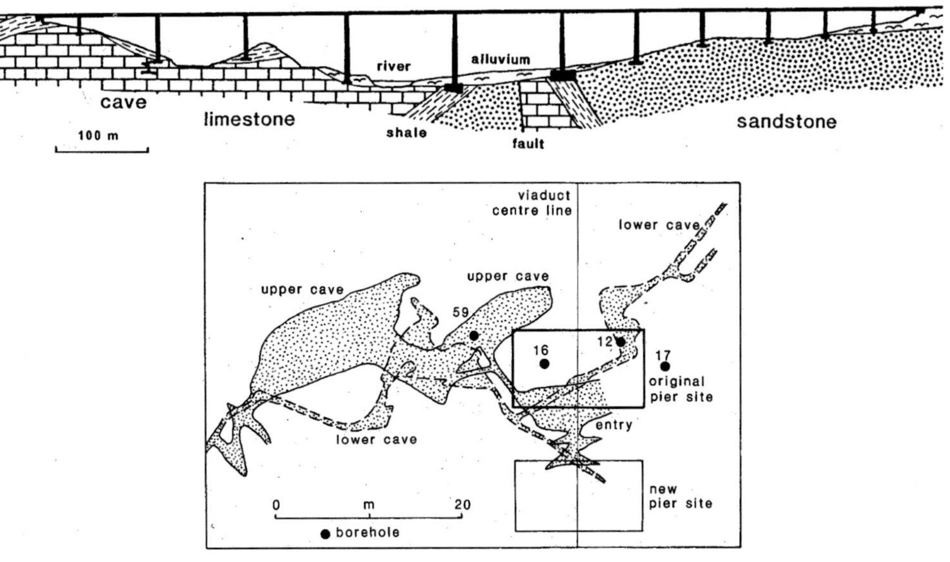

[그림 3-23] 석회암 지반 침하로 인한 공학적 문제 사례3(from Waltham, 1989 & Waltham, 1994)

4~8개의 시추공을 통해 분석한 결과 강도가 낮은 풍화된 셰일층에 대한 교각 부분을 재설계하였다. 이후 굴착과정에서 석회암 지대 5개 교각 중 2개에서 석회공동이 새로 발견되었다. 주변의 공동 분포를 정밀조사하기 위해 추가로 300개의 시추공 작업을 했으나 더 발견되지 않았다. 결국 채움에 의한 공동보강, 교각위치 재선정 등으로 설계하중 등을 다시 고려하여 전체적으로 15%의 경비가 추가되었다.

라. 영국 남웨일스 Cheostow 지역 슈퍼마켓 건설부지

공사부지는 폭 20m, 깊이 5m 정도의 비교적 소규모로 기초 지반조사 시 시추공에서 별다른 문제점은 발견되지 않았다. 이후 공사 중에 pinnacled rockhead의 흔적이 발견되어 추가로 시추작업을 진행하여 정확한 토사-암반 경계면을 설정하였다(그림 3-24).

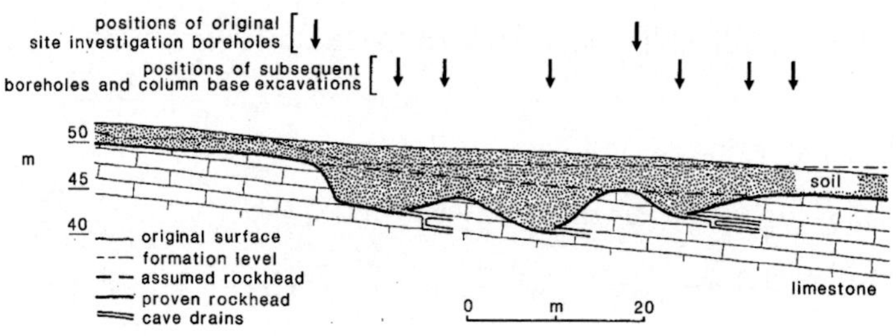

[그림 3-24] 석회암 지반 침하로 인한 공학적 문제 사례4(from Waltham, 1989)

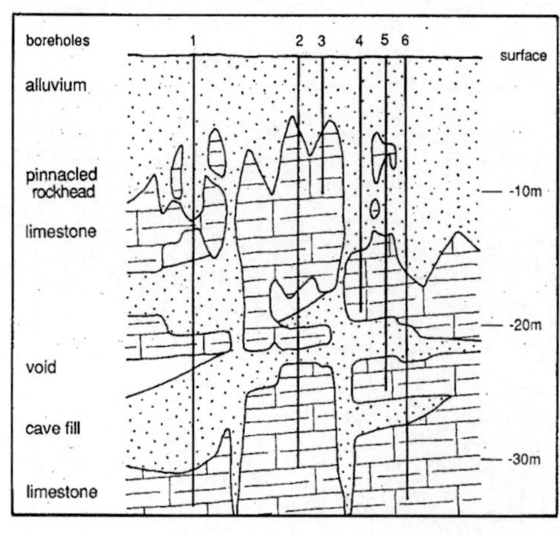

[그림 3-25] 석회암 지반 침하로 인한 공학적 문제 사례5(from Waltham, 1994)

마. 말레이시아 쿠알라룸푸르 지역

이 지역은 기후 특성상 석회암의 풍화작용이 활발히 진행되어 rockhead까지의 심도가 비교적 깊으며, 또한 불규칙한 형태를 보이는 전형적인 pinnacled rockhead가 발달한 지역이다. 일부 지역에서는 rockhead의 심도가 약 5~60m의 변화를 보여 정밀한 지반조사 없이는 기초공사가 불가능한 대표적인 지역이다(그림 3-25).

3.1.5 결론

석회암 지역의 용해현상으로 인한 지반 침하 위험성 및 공학적 주의 요소를 파악하기 위해서는 다음의 내용들을 지반조사 시 반영하여야 한다.

(1) 다른 암석에 비해 석회암의 강도 등 물성은 변화 범위가 크다. 따라서 광물성분, 입자조직, 지층시대 등에 따라 동질 그룹의 지역을 나누고(zoning), 이를 대상으로 각각의 물성을 파악하여 이후의 수치 해석 등의 지반정소로 사용한다. 또한 공극률이 높은 석회암의 경우 수분 함량에 따른 강도 변화가 심하므로 건조 상태의 강도, 수분포화 상태의 시료강도 등을 각각 파악하여 수치 해석 시 지하수위면을 경계로 각각 분석할 필요성이 대두된다.

(2) 대상 지반의 불연속면 분포에 따라 석회공동의 발달 패턴이 좌우된다. 기초조사 시 파악된 불연속면의 분포(방향성, 연장성 등)는 이후의 물리탐사 결과 해석 시 보조자료로 활용할 수 있다. 특히 불연속면을 따라 발달한 좁은 소규모 틈새공동에 의해서도 상부지반 침하가 유도되므로 불연속면의 분포를 파악해야 한다. 또한 불투수성의 암반과 경계를 이루는 석회암 지대에서는 공동의 발달이 더 많은 것으로 보고되고 있으므로 지질도를 통해 집중조사 대상 지역을 사전 선정할 수 있다.

(3) 공학적으로 문제가 되는 지반 침하는 주로 상부는 토사층으로, 하부는 석회암으로 이루어진 공동지대에서 나타난다. 특히 지하수위의 변동에 따른 피해 사례가 많으므로 계절적 수위변화, 공사 시 일시적인 수위변화 등의 영향을 미리 분석해야 한다.

(4) pinnacled rockhead는 그 자체로 지표함몰을 유도하기보다는 오히려 말뚝타설 등의 기초작업 시 문제가 된다. 따라서 주위의 동질 암상 지역의 노출된 pinnacled rockhead를 대상으로 야외조사를 실시하여 그 규모를 파악하여 설계에 반영한다. 노출된 부분이 없을 경우 GPR(지오레이더) 등의 물리탐사기법을 사용하면 유용한 정보를 얻을 수 있다(McCann et al, 1997). 단, 이를 통해서도 파악되지 않는 좁은 폭의 공동이 불연속면을 따라 발생될 수 있으므로 지질조사 자료와 함께 해석할 필요가 있다.

3.2 석회암의 암반공학적 특성

3.2.1 서론

석회암(limestone)은 퇴적암으로써 탄산염 퇴적물이 암석화된 것이다. 일괄적으로 이를 정의할 때는 주로 방해석($CaCO_3$)의 형태로 존재하는 탄산염 광물이 최소한 50% 이상인 암석을 가리킨다. 국내에서는 강원도 남동부와 이에 인접한 충북과 경북의 일부 지역에 비교적 넓게 나타난다. 옥천습곡대에는 최소한 4억 년 이전에 형성된 석회암층이 발달된 곳이 많이 있으며, 이들은 강원도와 경상북도 일원의 산지 지형을 이루는 곳에서는 수평방향으로 발달된 cavern인 석회동굴이 많이 형성되어 있다.

석회암 지대에서 발견되는 카르스트 지형이 발달하려면 탄산칼슘이 60% 이상 그리고 충분히 발달하려면 90% 이상이 포함되어야 한다. 석회암 지대에서 발견되는 독특한 유형의 지형을 총칭하여 '카르스트(karst)'라고 하며, 주로 탄산칼슘($CaCO_3$)이 주성분인 석회암이 탄산가스를 포함한 빗물에 잘 용해되기 때문에 발달한다. 카르스트(karst)라는 용어는 아드리아 북동해안에 위치한 유고슬라비아의 석회암 대지를 가리키는 토속어에서 유래하였다.

석회암은 백색을 띠는 것이 보통이나 불순물이 첨가됨으로써 회색, 암회색 또는 갈색 등 다양한 색을 띤다. 석회석의 경도는 대략 3~4이며 냉희염산(冷稀鹽酸)에 거품을 내며 녹는데 돌로마이트질의 것은 마그네슘(Mg) 성분이 증가되어 염산에 잘 녹지 않는다.

석회암은 갈수기와 호우기에 주 지하수면의 상하 변동에 따라 강수와의 탄산반응에 따른 침식과 지하수위가 낮아짐에 따른 상부지표의 붕락으로 sinkhole이 형성되면서 안전사고의 위험을 수반한다. 국내에서 발생되는 석회암 지대에서의 지표 침하 유형은 이러한 형태의 것이 대부분이다. 석회암 지대에는 이상과 같이 수많은 크고 작은 공동이 존재하기 때문에 댐, 교량기초나 터널 등 토목구조물을 안전하게 설계·시공하기 위해서는 석회암에 대한 이해가 요구된다. 본고에서는 국내 석회암의 분포와 공학적 특성 등에 관하여 소개하고자 한다.

3.2.2 국내 석회암의 분포

가. 지질학적 특성

우리나라의 석회암은 시생대에서 고생대까지의 지층 내에만 부존하며, 중생대 지층에서는 석회암을 발견할 수 없다. 이는 세계적으로 중생대에 석회암의 부존이 광범위한 것과는 큰 차이가 있다. 시생대 및 원생대 지층 내에 부존하는 석회암은 대부분 소규모이며 질적인 면에서도 좋지 못하다. 고생대 내에 부존하는 석회암만이 광범위하며 양질의 석회암으로 가행되는 것이 많다(안지환, 2000).

나. 광상학적 특성

석회암은 무기적 또는 유기적 퇴적작용에 의하여 형성된 광상이다. 무기적 퇴적작용에 의하여 생성된 석회암은 잔해수에 용해되어 있는 수산화탄산칼슘이 온도가 상승함에 따라 탄산가스의 일출로 탄산칼슘으로 침전된다. 이는 다음과 같은 반응에 의하여 탄산칼슘이 장기간 퇴적 집적되어 석회암을 만들게 된다.

$$Ca(HCO_3)_2 \rightarrow CaCO_3 + H_2O + CO_2$$

유기적 퇴적작용에 의하여 생성되는 석회암은 생물의 잔해가 집적 퇴적된 것으로 산호석회암 해백합 석회암 등이 있다. 석회암은 변성작용에 의하여 재결정 작용으로 결정질 석회암으로 변하며 변성도가 높으면 대리석으로 변한다. 구성광물은 주로 방해석이지만 석회암에 불순물로써 석영, 운모, 녹염석, 철분 등이 함유한다.

다. 국내의 부존 현황

우리나라 석회암은 대부분 조선계 대석회암통에 발달된 여러 석회암층이 주이고 이외에 옥천계 또는 기타 지층 내에 박층으로 협재된 석회암도 포함된다(그림 3-26). 조선계 석회암통은 문경-단양-제천-영월-평창-정선-삼척-강릉을 잇는 광범위한 지역에 걸쳐 분포되어 있으며, 조선계의 분포면적이 전국 면적의 8.44%에 해당되는 18,622m^2를 차지한다. 경기도의 포천, 파주, 김포, 부천, 화성 및 백령도 등지에서는 주로 연천계 지층 중에 결정질 석회암이 박층으로 협재하고 충남의 당진, 대덕, 영동, 전남의 정성 등지에서는 결정편암계 중에 협재한다. 이들 석회석은 대부분 재결정작용을 받았으며 이 중에는 양질의 대리석이 산출되고 있다. 시생대로부터 고생대 지층 내에 분포하는 석회암은 경상남도를 제외하고는 각 지역에 비교적 소규모로 분포한다. 지역별로 분류하여 보면 다음과 같다.

A. 태백산 지구

1. 삼척 지역(강원도 삼척군 삼척읍 일대)
2. 삼화리 지역(강원도 삼척군 북평읍 삼화리 일대)

3. 고사리 지역(강원도 삼척군 도계읍 일대)
4. 하림계 지역(강원도 명주군 임계리 일대)
5. 정선 지역(강원도 정선군 정선읍 일대)
6. 삼척탄전 지역(강원도 삼척군 장성읍, 황지 일대)
7. 예미 무능 지역(강원도 정선군 신동면, 남면 일대)
8. 영월 지역(강원도 영월군 영월읍 일대)
9. 제천 지역(충청북도 제천군 송학면, 강원도 영월군 서면 일대)
10. 단양 지역(충청북도 단양군 단양읍 일대)
11. 문경 지역(경상북도 문경군 문경면, 점촌읍 일대)

B. 경기 지구
1. 파주 지역(경기도 북부 지역)
2. 부천 지역(경기도 서부 지역)

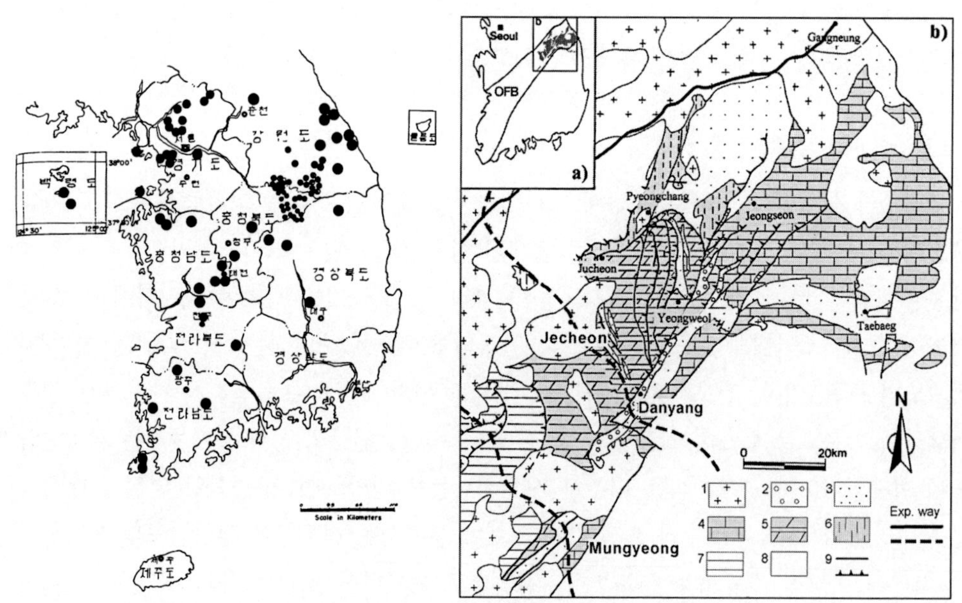

[그림 3-26] 국내 석회암의 분포와 지질도

1: 중생대 화성암, 2: 대동층군, 3: 평안누층군, 4·5·6: 조선누층군(4: 두위봉형, 5: 영월형, 6: 미분류 조선누층군), 7: 옥천층군, 8: 선캄브리아 변성암류, 9: 단층. 소위 '대석회암통'의 석회암은 조선누층군(음영 부분)에 해당함.

C. 충청남도 지구
1. 대덕·논산 지역(충청남도 남부 지역)
2. 당진·아산 지역(충청남도 북부 지역)
3. 전북 지역
4. 전남 지역

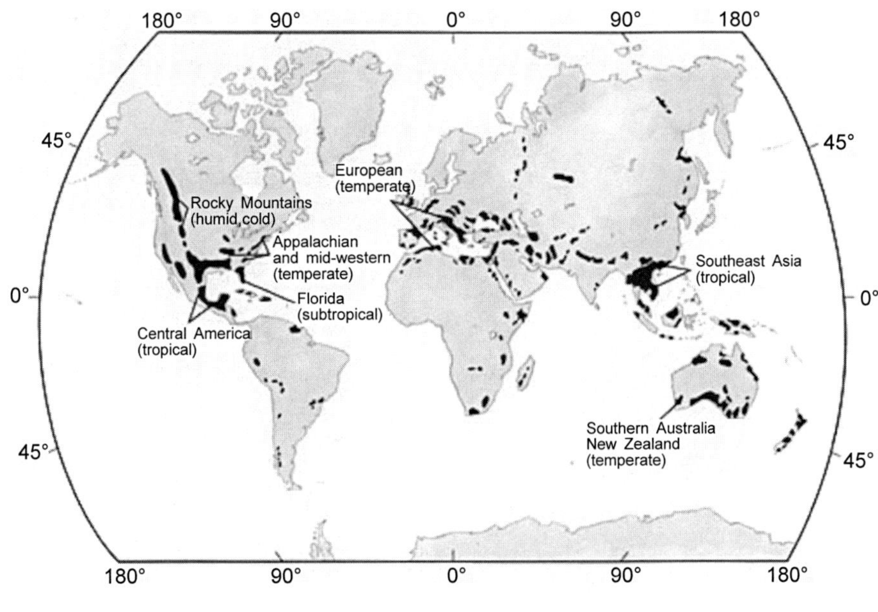

[그림 3-27] 전 세계 석회암 분포도

용해성 공동이 가장 잘 형성되는 석회암층은 세계 도처에 분포한다(그림 3-27). 용해공동은 치밀하고 단단한 순수한 석회암층에서 가장 잘 형성된다. 앞에서 살펴본 바와 같이 카르스트 지형이 발달한 지역에서는 60% 이상이 석회암으로 이루어져 있으며, 순도가 대체로 90% 이상이다. 순도가 낮은 석회암층은 박층으로 분포하거나 셰일층에 협재하여 분포하며 쉽게 용해되지 않는다.

3.2.3 석회암 지역에서의 지반 침하

절리를 따라 지하수가 이동하거나 빗물이 절리를 따라 지중에 스며드는 과정에서 암반이 용해작용을 일으킨다. 빗물이 표토층에 분포하는 유기물을 지나는 동안 약산성으로 변하여 석회암을 용해시킨다. 용해작용은 건조하고 식생밀도가 낮은 지역에서보다는 습도가 높고 식생밀도가 높은 지역에서 잘 일어난다. 용해작용이 오랫동안 진행된 경우 공동, 동굴이 형성되어 상부지반의 침하 위험성을 나타내게 된다. 석회암 상부지반의 침하는 석회암 자체의 붕괴에 의한 경우는 드문 편이며, 상부흙이 점진적으로 하부공동으로 이동함에 따른 발생이 다수를 차지한다. 석회암 공동의 분포는 지질구조, 암석의 종류, 지하수 특성에 의해 좌우된다(Goodman, 1993).

가. 지질구조

지질구조에 의한 영향은 주로 층리방향, 단층, 절리 등 불연속면의 발달상태에 의해 결정된다. 층리의 방향은 석회공동의 진행방향을 제어하며 단층, 절리 등의 불연속면 특히 고경사의 불연속면은 공동의 시작과 싱크홀의 형성을 지배한다. 즉, 지질구조에 따라 석회동굴은 크게 2가지 형태로 요약된다. 암반에 존재했던 불연속면을 따라서 좁은 폭의 네트워크 형태의 발달구조와, 폭이 수십 내지 수백 미터의 대규모 공동 형태의 발달구조가 있다. 불연속면을 통해 발달된 석회암 동굴은 시간 경과에 따라 상부로 붕괴범위가 확산되며 지표 침하를 야기한다. 불연속면의 종류에 따라 석회암 동굴의 형상이나 크기가 결정되기도 한다. 수직절리(vertical joint)가 발달한 곳은 좁은 폭을 가진 네트워크가 형성되고, 연장성이 높은 층리(bedding)가 발달한 곳은 주로 대규모 공동을 형성하게 된다. 단층이 존재하는 경우 파쇄영향권에 공동이 우세하게 발달하기도 한다(박형동, 1999).

나. 상부지반 특성

하부공동의 존재에 따른 지표에서의 지반 침하 양상은 상부토사층의 역학적 특성에 따라서 형태가 달라질 수 있다. 물론 이러한 지표에서의 침하 양상은 하부공동의 형태나 규모와 같은 다른 요인들이 복합적으로 작용하지만, 토사층의 특성만으로 비교한다면 상부토사층이 모래와 같은 사질토가 주를 이루는 경우와 점토와 같은 점성토가 주를 이루는 경우에 따라 그림 3-28과 같이 지표에서의 침하 양상으로 크게 나눌 수 있다. 두 경우의 침하 양상을 상대적으로 비교한다면, 사질토의 경우는 하부공동이 점차 붕락됨에 따라 그 영향이 지표까지 전달되어 점성토에 비해 상대적으로 완만하고 서서히 침하가 일어나는 경향을 보인다. 반면에 점성토의 경우는 사질토에 비해 그 자체의 역학적 지지력이 어느 정도 있으므로, 하부공동의 붕락 초기에는 그 영향이 지표까지 바로 나타나지 않다가 공동과 점성토 층의 하부의 붕락이 어느 정도 진행되고 나서 지표에서 함몰형의 지표 붕락이 발생한다.

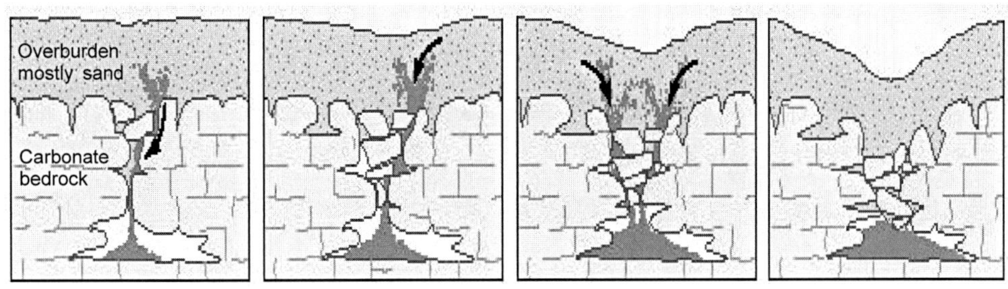

(석회공동 상부지반이 사질토가 주를 이룰 때)

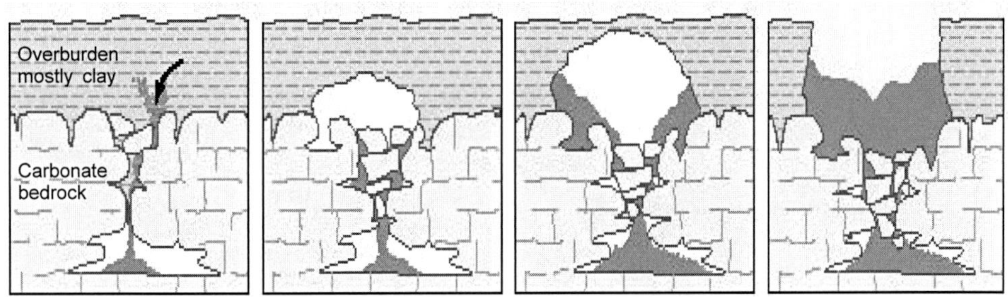

(석회공동 상부지반이 점토 등의 점성토가 주를 이룰 때)

[그림 3-28] 석회공동 상부토사층의 특성에 따른 지반 침하 유형

다. 지하수위 변화로 인한 지반 함몰

Jennings, J.N는 『카르스트 지형의 Morphology』라는 책에서 중위도 지방의 석회암 토사에서는 15~29mm/1000년의 용해속도를 보여주며, 암석에서는 5~42mm/1000년의 용해속도를 보여준다고 발표한 바 있다. 미국 켄터키 지역 중 싱크홀이 발달하고 있는 지역에서는 지난 66년간 빗물로 인해 석회암층이 1cm 정도 용해된 것으로 추정된다(Flint et al., 1969). Terzaghi(1913)는 유고슬라비아에서 실시한 지질조사 결과를 바탕으로 초지 지역보다는 숲이 무성하게 발달한 지역에서 용해작용이 훨씬 빠른 속도로 진행된다는 사실을 발표하였다. 연구 결과에 따르면 연강우량의 60% 또는 연간 700mm 정도가 표토층으로 스며들며, 표토층에서 형성된 이산화탄소 전량이 용해작용을 유발해 석회암층이 연평균 0.5mm 정도 용해되었다.

지반 침하는 기본적으로 대상 지반에서의 역학적 평형 상태가 깨짐으로써 발생한다. 이러한 지반의 역학적 평형 상태를 깨뜨리는 요인으로는 인위적인 터널 굴착이나 지하수위의 변동을 들 수 있다. 하부지반 내의 공동의 유무에 따른 지하수위 강하와 이로 인한 지반

침하 양상은 그림 3-29와 같이 설명된다. 화학적 풍화에 취약한 석회암은 지하수의 용해작용으로 단층면, 파쇄면, 층리면 등의 지질구조선을 따라 용식작용을 일으켜 작은 틈을 만들고, 점점 확대되어 지하에 불규칙한 용식동굴을 생성하며 용식작용이 일어나면 지하수의 유동이 커지면서 지하공동대가 확대되고, 지질 구조선과 지하수의 유동 방향을 따라 점점 확장된다(박영석, 2000). ① 지하공동대가 점차 확대되어 상부 지층의 중력 지지 기반이 감소하면 지반 함몰이 일어난다. ② 지하공동이 지하수로 충진된 상태에서는 지하수의 부력으로 인하여 어느 정도 지탱되어지나, 지하공동대를 충진하고 있는 지하수를 과잉 양수할 경우에는 중력에 의한 지반 붕괴가 일어나 큰 피해를 준다(그림 3-30).

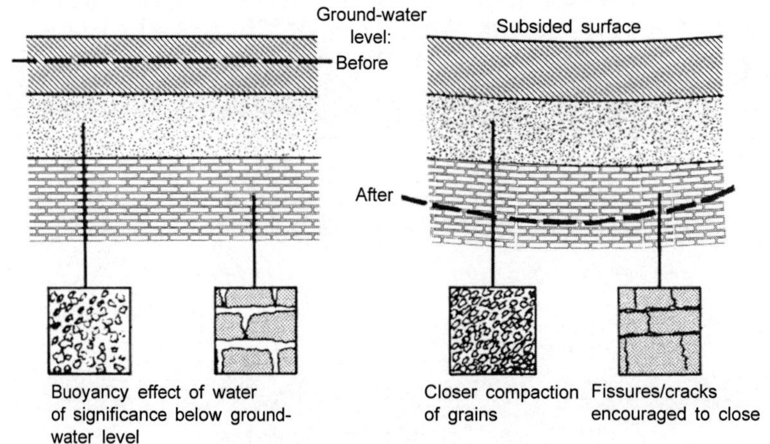

(하부에 공동이 존재하지 않는 경우)

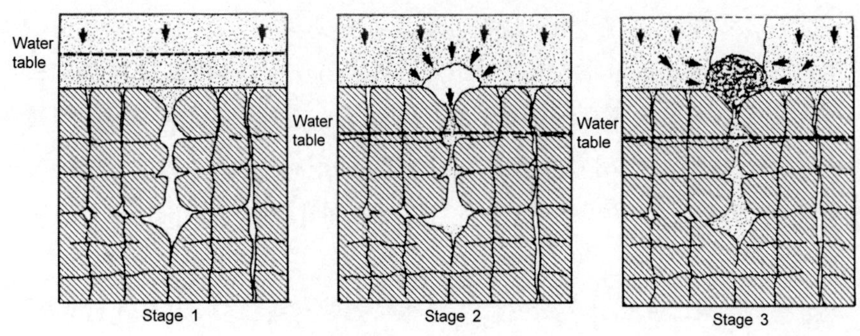

(하부에 공동이 존재하는 경우)

[그림 3-29] 지하수위 변동에 따른 지반 침하 유형

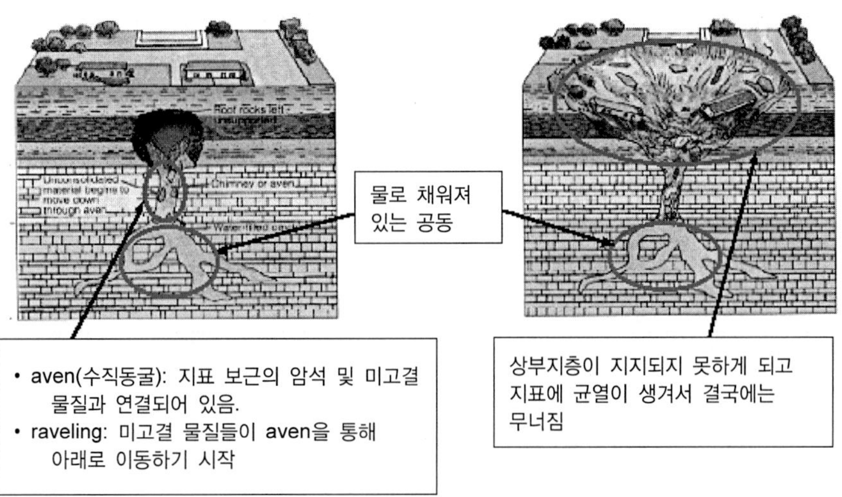

[그림 3-30] 기존 석회암 공동 속으로 붕괴가 발생되는 과정

3.2.4 석회암의 물리·역학적 특성

가. 국외 석회암의 강도특성

석회암은 다른 암석에 비해 강도의 편차가 큰 편으로 특히 광물성분, 입자조직, 지질학적 시간 경과에 따른 compaction 정도 등에 따라 현저한 변화를 보인다. 건조시료의 경우 solenhofen 석회암의 일축압축강도는 2,450kg/cm^2, 영국 Monks Park 지역의 Oolitic 석회암의 경우 1,560kg/cm^{2}정도이다. 포화된 시료의 일축압축강도는 150~900kg/cm^2 정도이다

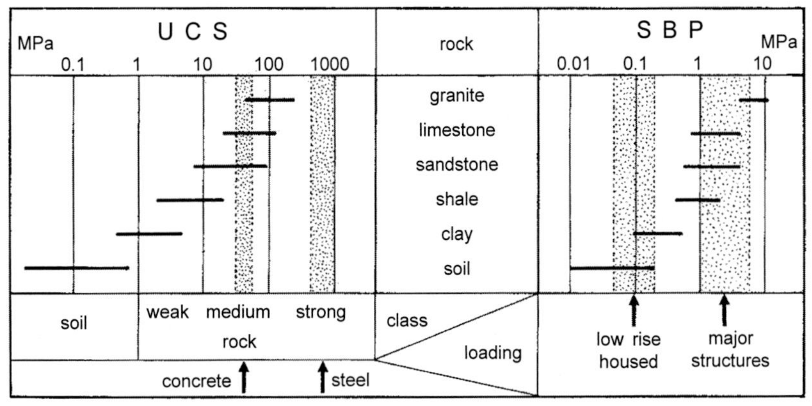

[그림 3-31] 다른 암종과 비교한 석회암의 강도 특성(박형동, 1999)

(그림 3-31). 인장강도는 20~100kg/cm^2, 공극률은 4.4~22.4%, P파 탄성파속도는 2,800~4,800m/sec, 탄성계수는 1.6~6.1×10^{5}kg/cm^2 등으로 편차가 큰 편이다(박형동, 1999).

나. 국내 석회암의 강도특성

국내 주요 지역의 석회암에 대한 물리·역학적 성질을 종합한 결과는 표 3-1, 표 3-2와 같다.

[표 3-1] 국내 석회암의 물리·역학적 특성

위치 (자료수)	밀도 (gr/cm^3)	흡수율	공극률	탄성파속도(m/s)		일축압축강도 (kg/cm^2)	인장강도 (kg/cm^2)	탄성계수 (10^5× (kg/cm^2)	포아송비
				P-wave	S-wave				
8 (150)	2.73 ±0.1	0.28 ±0.14	0.88 ±0.3	5,030 ±870	2,710 ±510	1,030 ±480	70 ±20	5.55 ±0.95	0.24 ±0.03

[표 3-2] 국내 석회암의 점착력과 내부마찰각

구분	지역(자료수)	점착력(kg/cm^2)	내부마찰각(°)	비고
Intact rock	15(31)	227±82	46.1±8.0	삼축압축시험자료
Joint rock	5(15)	0.22±0.42	37±4	절리면전단시험자료

Anon(1979a)는 탄성파속도에 의한 분류기준에 따르면 국내 석회암은 높은~매우높은 속도(High~Very high)에 속함을 알 수 있다(표 3-3).

[표 3-3] 탄성파속도에 의한 분류기준(Anon, 1979a)

등급	분류	탄성파속도(m/sec)
1	Very low	2,500 이하
2	Low	2,500~3,500
3	Moderate	3,500~4,000
4	High	4,000~5,000
5	Very high	5,000 이상

1) 일축압축강도와 탄성계수

암반을 공학적으로 분류하는 데는 여러 가지 역학적인 성질들을 기준으로 할 수 있으나 Deere & Miller(1966)의 분류법에서는 일축압축강도와 탄성계수를 분류기준으로 하고 있다. 이 분류법에서는 암석의 여러 역학적 성질 중 압축강도와 탄성계수를 분류의 기준으로 선택하고 있다(표 3-4 참조).

[표 3-4] 암석의 공학적 분류 기준

(a) 강도

등급	분류	일축압축강도(kg/cm^2)
A	Very high strength(극경암)	2,250 이상
B	High strength(경암)	1,125~2,250
C	Medium strength(보통암)	560~1,125
D	Low strength(연암)	280~560
E	Very low strength(극연암)	280 이하

(b) 탄성계수비

등급	분류	탄성계수비(E/σ_c)
H	High modulus ratio(높은비)	500 이상
M	Average(Medium)modulus ratio(중간비)	200~500
L	Low modulus ratio(낮은비)	200 이하

국내 석회암을 대상으로 자료 처리한 결과는 다음 그림 3-32에서와 같다.

표 3-4의 기준에 따르면 국내 석회암(자료수=74개)의 일축압축강도는 medium strength(보통암)~high strength(경암)에 속하며 탄성계수비는 medium modulus ratio(중간비)에 해당하며 종합적으로 CM, BM 등급으로 분류된다.

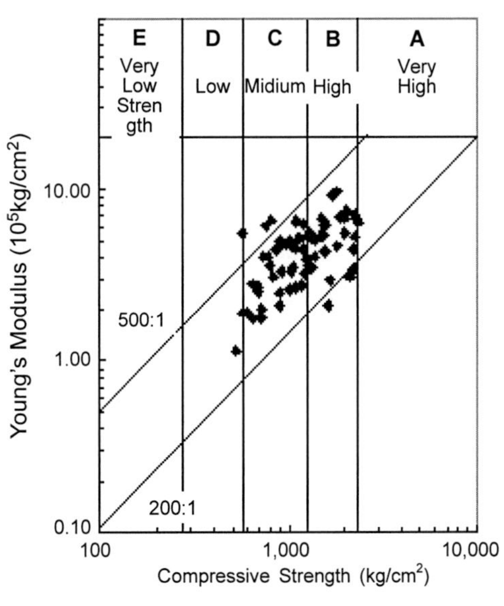

[그림 3-32] 국내 석회암의 공학적 분류

압축강도(σ_c)와 탄성계수(E)는 공극에 영향을 많이 받으므로 공극으로 인해 어떤 관계를 상정할 수 있다. 이들 사이에는 분산이 작지 않으나 회귀 분석한 결과 대략 다음과 같이 관련지을 수 있다(자료수=68).

$$E = 1040\sigma_c^{0.8532} \quad (R^2=0.56) \quad (kg/cm^2)$$

2) 점착력과 일축압축강도

그림 3-33은 국내 석회암의 점착력(C)

과 일축압축강도(σ_c)의 관계를 나타내고 있다. 이들 물성 간의 상호관계는 대략 다음 식으로 표현할 수 있다(자료수=22).

$$C = 0.159\ \sigma_c + 19.0\ (R^2=0.82)\ (kg/cm^2)$$

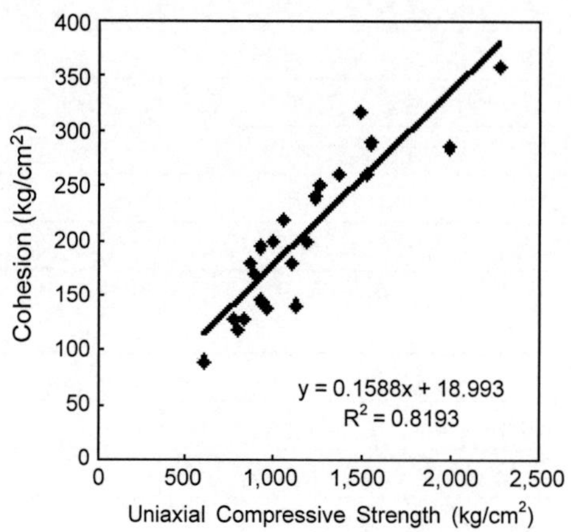

[그림 3-33] 점착력과 일축압축강도의 관계

3) 탄성파속도와 압축강도

탄성파속도에 가장 중요한 영향 요소는 겉보기 밀도이고 다음으로는 결합(cementing)조건

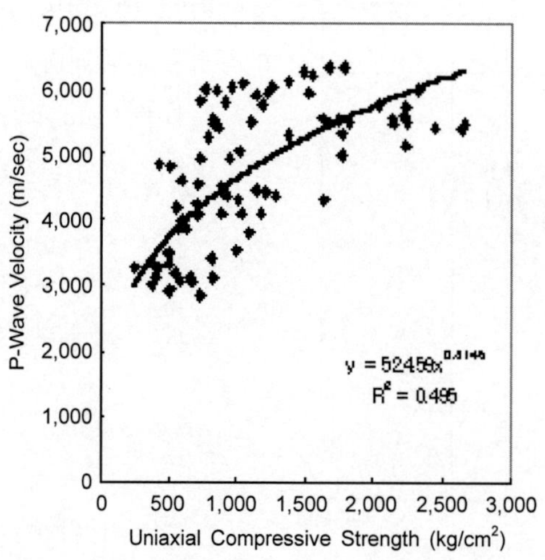

[그림 3-34] 일축압축강도와 탄성파속도의 관계

이다. 탄성파속도와 일축압축강도 사이의 관계를 표시한 것이 그림 3-34이다. 탄성파속도가 압축강도가 증가함에 따라 비례적으로 증가함을 알 수 있으나 분산이 심하였다. 분산의 원인으로는 구성광물의 차이, 생성조건, 치밀성 정도, 겉보기 밀도 등으로 인한 것으로 보인다. 이들 사이의 대략적인 관계식은 다음과 같다(자료수=87).

$$V_p = 524.59\sigma_c^{0.32} \text{ (R2=0.50) (m)}$$

4) 압축강도와 인장강도

인장강도(σ_t)에 대한 일축압축강도(σ_c)의 비는 취성도(脆性度: Brittleness index)라 하여 암석의 파괴거동과 변형 특성을 나타내는 인자이다. 석회암의 취성도는 11.5±3.0로, 세일(6.3), 사암(8.6)보다 취성이 높으며 화강암(14.4)과는 유사하였다. 압축강도와 인장강도 사이의 관계는 다음과 같았다(자료수=78)(그림 3-35).

$$\sigma_c = 9.343\sigma_t + 176 \text{ } (R^2=0.67) \text{ } (kg/cm^2)$$

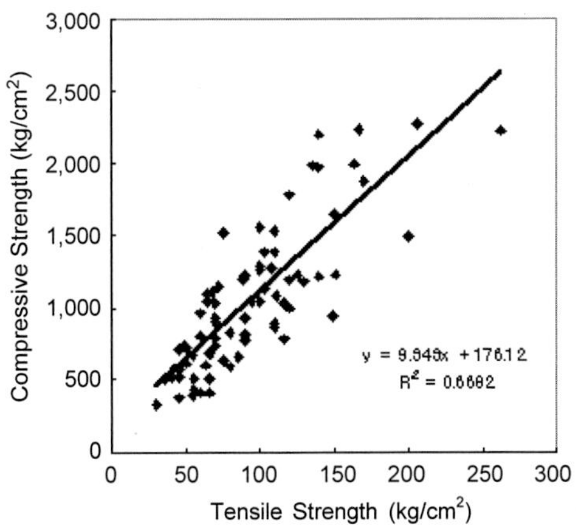

[그림 3-35] 압축강도와 인장강도의 관계

5) 압축강도와 흡수율

압축강도와 흡수율의 관계는 그림 3-36에서와 같이 흡수율이 증가하면 압축강도는 급격히 감소함을 보이고 있으나 분산이 심하여 상관관계를 도출할 수 없었다(자료수=23). 일반적으로 압축강도와 공극률과의 관계도 이와 비슷한 경향을 보이는데 이것은 공극률이 커지면 공극의 존재로 인한 유효면적이 감소하기 때문인 것으로 판단된다.

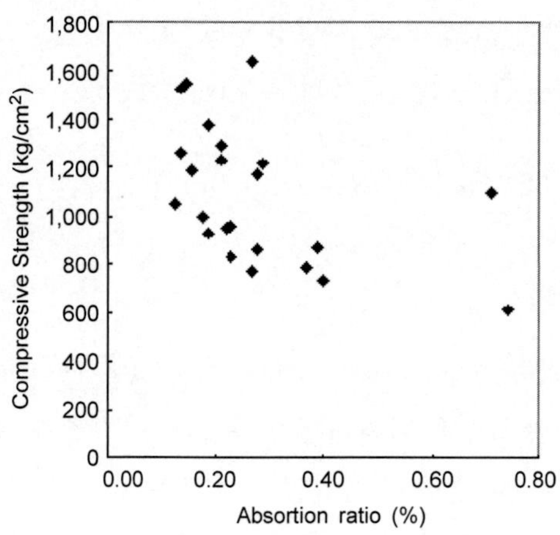

[그림 3-36] 압축강도와 흡수율의 관계

3.2.5 결론

석회암 지대에서는 건기 시에는 지하수의 다량 채수로 인하여 지하수위 저하에 따른 공동이 생성될 수 있으며, 연 강수량의 60~70%가 집중하는 우기 시에는 많은 양의 지하수가 유입됨으로써 석회암과 같은 화학적 풍화에 대하여 취약한 지역에서는 지하수에 의해 용식작용이 일어나면서 지반 함몰의 발생 가능성이 높아진다. 이와 같이 석회암 지역에서 지하수를 다량 채수하면 공동이 자라는 것을 촉진할 뿐 아니라 지하수위가 하강함에 따라 상재압력이 증가하여 공동안정성이 위협을 받는 경우가 발생한다. 석회암 지역에서는 상재압력이 증가할 경우 지표면이 함몰되거나 붕괴로 이어지는 경우가 많다.

이러한 석회암 분포 지역에서 토목구조물의 붕괴나 지반 함몰로 인한 피해를 최소화하기 위해서는 설계·시공단계에서 보다 세심한 지질구조 조사를 비롯하여 지하수의 유동 특성, 지반 함몰의 가능성에 대한 주의 깊은 검토가 요구된다.

참고문헌

3.1

최용근(1997), 『동굴탐험의 세계』, 한림미디어, pp.74-80.

Beck, B. (ed.) (1993), *Applied karst geology*, Proc. 4th Multidisciplinary Conference on Sinkholes and the Engineering and Environmental Impacts of Karst, Panama City, Florida, p.295.

Beck, B. (ed.) (1995), *Karst geohazards*, Proc. 5th Multidisciplinary Conference on Sinkholes and the Engineering and Environmental Impacts of Karst, Gatlinburg, Tennessee, p.581.

Beck, B. and Stephenson, J. (ed.) (1997), *The engineering geology and hydrogeology of karst terranes*, Proc. 6th Multidisciplinary Conference on Sinkholes and the Engineering and Environmental Impacts of Karst, Springfield, Missouri, p.516.

Gillieson, D. (1996), *Caves: Processes, develpment, management*, Blackwell publishers, p.324.

Goodman, R.E. (1993), *Engineering geology: Rock in Enginnering Construction*, John Wiley & Sons, Inc., pp.143-194.

Leighton, M.W. and Pendexter, C. (1962), "Carbonate rock types", Am. Ass. Petrol. Geol. Mem. 1, pp.33-61.

McCann, D.M., Eddleton, M., Fenning, P.J. and Reeves, G.M. (1997), Modern geophysics in engineering geology, Geol. Soc. Eng. Geol. Spec. Publ. No. 12, pp.153-173.

Park, H.D. (1994), *Tensile rock strength and related behaviour revealed by hoop tests*, PhD thesis, Imperial College, University of London, p.498.

Waltham, A.C. (1989), *Ground subsidence*, Blackie, pp.4-40.

Waltham, A.C. (1994), *Foundations of engineering geology*, Blackie Academic & Professional, pp.3-59.

3.2

김학수, 최원석, 윤운상(1999), 「카르스트 지역 내 교량기초의 보강을 위한 조사설계 사례-제천, 단양 지역」, 〈한국지반공학회 암반역학위원회 세미나 논문집〉, pp.147-163.

대한광업진흥공사(1970), 〈한국의 광상〉, 제3호, pp.137-139.

박형동(1999), 「석회암공동의 지질공학적 특성」, 〈한국지반공학회 암반역학위원회 세미나 논문집〉, pp.3-20.

석회암 지역에서의 설계 및 시공 사례

4.1 교량 기초 설계를 위한 석회공동조사 사례

4.1.1 서론

근래 국내 카르스트 지대에 신설되는 고속도로 교량구간의 석회공동 분포로 인해 설계 및 시공에 많은 문제점이 제기되고 있다(임수빈 외, 1998). 교량 기초 하부의 석회공동에 대한 대책을 마련하기 위해서는 선행적으로 석회공동의 분포 특성에 대한 이해와 정확한 석회공동의 분포 양상을 탐지하기 위한 계획, 설계, 시공의 각 단계에서의 합리적인 조사 설계가 이루어져야 할 것이다. 이 논문에서는 국내 석회암 지역의 특성과 특히 중앙고속도로 및 중부 내륙 고속도로의 석회암 지대 통과 지역의 석회공동의 분포 특성을 분석하고 제천, 단양 지역에서 실시된 조사 사례를 바탕으로 효과적인 부지조사 및 보강 확인조사 방법을 제안하고자 한다.

4.1.2 석회공동의 분포특성

국내의 석회암은 하부고생대층의 조선누층군의 소위 '대석회암통'의 석회암류가 주를 이루며 국부적으로 선캄브리아기 및 상부고생대 층 내에서 일부 석회암층이 분포한다(Lee, 1988). 대석회암통이 포함된 조선누층군은 두위봉형과 영월형으로 크게 구분되는 층서상의 특징을 보이며, 그 외에도 정선형, 평창형으로 구분되기도 한다. 조선누층군의 하부는 셰일, 사암, 규암 등의 불용해성 암석이 주를 이루는 양덕층군으로 이루어져 있으며, 그 상위에 소위 '대석회암통'이 놓인다. 대석회암통은 대체로 석회암 또는 돌로마이트 등 석회질 암이 주종을 이루며, 셰일 및 사암이 일부 협재한다. 조선누층군의 하부와 상부는 각각 부정합에 의해 선캄브리아기의 변성암류와 상부고생대의 쇄설성 퇴적물이 주를 이루는 평안누층군이 분포한다. 대석회암통의 석회암층은 옥천대 내의 북동부 지역에 대상으로 넓게 분포하며, 대표적인 분포 지역은 남쪽에서부터 문경, 단양, 제천, 영월, 평창, 정선 등으로 이 중 교량 기초와 관련된 지역은 고속도로 신설구간인 단양, 제천, 문경 지역이 해당한다. 여기서는 이들 교량 기초 부지와 관련된 석회공동 시스템에 대하여 단양 지역을 중심으로 그 유형, 분포의 제어 요소, 공동 내 퇴적물을 중심으로 조사, 분석하였다.

가. 석회공동의 유형

조사 지역에서 석회공동은 초기 공동 형성단계인 고각의 불연속면 용해로 인한 홈(slot) 또는 이와 연결된 소규모의 공동(void or cavity)으로부터 하부의 동굴(cave)과 연결된 대규모의 붕괴된 싱크홀(sinkhole) 등 여러 단계에서 다양한 규모와 형태를 가지는 공동 형태를 보이고 있다(그림 4-1). 그림 4-1은 고속도로 신설구간 중 단양 지역의 교량 기초부에 대한 지질도로써 정밀 지표 지질조사와 시추조사 자료를 이용하여 지층의 분포와 석회공동의 분포 특성을 구성하였다(윤운상 외, 1999). Fookes and Hawkins(1988)는 결정질 석회암 지역에서의 카르스트 특성을 공동 형성의 단계와 형태에 따라 Class I(Limestone surface)~Class V(Major doline karst)의 5개 등급으로 구분하였으며, 이외에도 돌리네의 발달 과정에 따라 그 형태와 진행 단계에 의해 여러 저자의 분류가 진행되었다(Culshaw and Waltham, 1987). 여기서는 조사 지역에 분포하는 석회암의 특성과 석회공동의 유형을 분석하여 석회공동과 관련된 카르스트 특성을 크게 홈과 공동 시스템(slot and cavity system), 싱크홀과 동굴 시스템(sinkhole and cave system)으로 구분하고 이를 Fookes and Hawkins(1988)의 분류에 대비시켰다(표 4-1).

[표 4-1] 카르스트 지역의 공동 시스템에 대한 분류(윤운상 외, 1999)

구분	Fookes & Hawkins(1988)	주요 형태
홈과 공동 시스템 (slot & cavity system)	Class I limestone surface	절리 등 불연속면 주변의 용해
	Class II minor karst	절리 주변 용해로 인한 pinnacle의 발달과 소규모 고립된 석회공동의 형성
싱크홀과 동굴 시스템 (sinkholl & cave system)	Class III karst	지하수위 상부의 다수 절리 주변의 용해 확장과 고립된 석회공동의 연결
	Class IV doline karst	돌리네 및 싱크홀의 형성과 지하수위 주위의 석회동굴의 발달
	Class V major doline karst	돌리네 및 석회동굴의 붕괴 및 지하수위의 하강에 따른 새로운 석회공동 시스템의 진전

홈과 공동 시스템(slot and cavity system)은 공동 발달 시기에서 비교적 초기 단계에 해당하는데, 절리 주변의 용해로 생성된 홈과 이의 확장 또는 홈과 연결된 소규모의 공동의 발달로 특징지어지며, 소규모의 고립된 공동 분포와 불규칙한 석회암의 노출 표면(pinnacle)이 관찰되고 주로 층상의 석회암에서 잘 나타난다. 이 시스템은 Fookes and Hawkins(1988)의 Class I, II에 해당한다.

싱크홀과 동굴 시스템은 홈과 소규모의 고립된 공동이 상호 연결되고 보다 확장되어 지하수위까지 용해가 진행됨으로써 동굴과 싱크홀을 형성하고 결국 침하 또는 붕괴 돌리네(subsidence or collapse doline)가 발달하는 일련의 과정을 겪게 되는데, 재해를 유발할 수 있는 주의 대상이 된다. 이 시스템은 Fookes and Hawkins(1988)의 Class III, IV, V에 해당한다.

나. 석회공동의 분포 특성

석회공동의 분포는 암석의 종류, 지질 구조, 지하수 특성에 의해 제어된다(Goodman 1993).

암석의 종류에 따라, 즉 용해성 암석과 비(또는 난)용해성 암석의 분포 조건에 따라 석회공동의 분포 지역 및 규모가 결정되는데 100m 이상 두께의 층 단위 암석 분포뿐 아니라, 수 미터에서 수 센티미터 단위 두께의 암석 성분의 변화에 이르기까지 석회공동의 규모와 형태에 큰 영향을 미친다. 사례 지역은 단양 지역으로서 비용해성 암석인 셰일 및 사암층에 의해 상·하부가 둘러싸인 석회암층에서 석회공동이 주로 분포하며, 특히 이 석회암층에서도 석회암 내에 호층을 이루는 셰일 또는 이질 석회암층 사이의 괴상 석회암층에서 집중적으로 공동이 분포하며, 공동의 규모 역시 이 괴상 석회암의 두께에 직접적인 연관을 보인다(그림 4-1).

지질 구조에 의한 영향은 주로 층리의 방향과 단층 등 불연속면의 발달 상태에 의해 결정된다. 층리의 방향은 석회공동의 진행 방향을 제어하며, 단층 등 불연속면 특히 고각의 불연속면은 공동의 시작과 대규모 싱크홀의 형성을 지배하고 있다(그림 4-1).

지하수위의 수준은 공동 분포의 심도를 결석회암의 용해과정에서 지하수위가 하강함에 따라 수직적으로 여러 단의 동굴 시스템이 형성되며, 지하수위 부근에서 석회공동의 수평적 확장에 의한 동굴의 형성이 현저한 것으로 알려져 있다. 조사 지역의 경우에서도 석회공동은 주로 현 지하수위의 상부에 집중적으로 분포하며, 현 지하수 이하에서는 지하수에 인접한 부분에 공동이 많이 분포한다(그림 4-1). 석회공동 및 단층 등 불연속면의 발달 위치에 따라 인접한 구역에서도 그 지하수위가 급격히 변하므로 지하수위의 변동 상태 및 최저 지하수위의 확인은 석회공동 및 동굴 시스템의 분포 위치 및 심도를 추정하는 데 중요한 자료로 활용될 수 있을 것으로 판단된다.

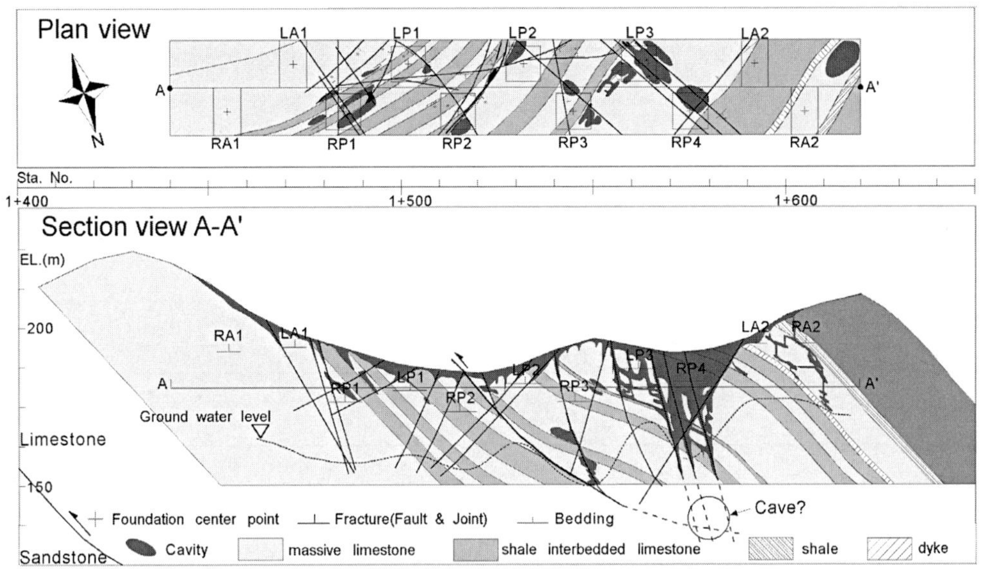

[그림 4-1] 카르스트 지역(단양 지역의 사례) 내 교량 기초 설계를 위한 지질도

plan view: 지질 평면도(해발 165m 평면)
section view A-A': 지질 단면도(지질 평면도상의 A-A' 단면)

다. 공동 내 퇴적물의 유형

공동을 채우고 있는 퇴적물은 퇴적물의 구성과 분급도 등에 의해 구분할 수 있다(Statham and Baker 1986). 조사 지역의 석회공동은 공동 내 퇴적물에 의해 크게 4개의 유형으로 구분할 수 있다(윤운상 외, 1999).

첫째 퇴적물이 없는 빈 공동(Type I), 둘째 층상의 점토 및 실트로 채워진 공동(Type II, 셋째 비교적 원마도가 좋은 비용해성 암석의 자갈 및 점토질 실트의 혼합물에 의해 채워진 공동(Type III), 넷째 석회암의 각력과 암괴가 자잘, 점토, 실트 등과 혼합되어 채워진 공동으로 구분할 수 있다(Type IV)(표 4-2). 퇴적물이 없는 빈 공동은 지하수의 통로 또는 석회동굴시스템 상부의 노출된 공동에서 발견되며, 층상의 점토 및 점토질 실트로 채워진 Type II 공동은 보통 고립된 소규모의 공동에서 관찰된다. 이 층상의 점토 및 점토질 실트에는 비교적 작은 석회암의 암편이 관찰되기도 하며, 주로 석회공동의 모암벽의 암편 탈락과 관련되어 관찰된다. 이 퇴적물의 상부는 보통 비어 있는 경우가 많다. type III 공동 퇴적물은 외부에서 유입된 비용해성 암석의 원마도가 좋은 암편과 점토 또는 점토질 실트의 혼합물로 구성되며 가끔 석회암의 암편이 포함된다. 분급이 되어 있지 않은 혼합물은 싱크홀에서 주로 관찰된다. Type IV의 퇴적물은 싱크홀의 하부 및 붕괴 돌리네에서 관찰된다. 이러한 석회공동의 퇴적물의 특성 역시 교량 기초의 설계에서 조사 반영되어야 할 부분이다.

[표 4-2] 석회공동 내 퇴적물의 분류(윤운상 외, 1999)

구분	퇴적물 상태	분포 특성
Type I	• 빈 공동	• 지하수의 통로 또는 공동의 상부
Type II	• 층상의 적갈색 점토 및 점토질 실트, 원마도가 좋은 비용해 성암석의 작은 암편과 완전 풍화된 석회암편 포함	• 소규모 고립된 공동 • 공동 시스템의 최하부
Type III	• 비용해성 암석의 원마도가 좋은 자갈과 적갈색 점토 및 점토질 실트의 분급이 되지 않은 혼합물	• 싱크홀, Type IV의 상부 또는 하부
Type IV	• 석회암의 각력 또는 암괴와 비용해성 암석의 자갈 및 적갈색 점토질 실트 등의 분급이 되지 않은 혼합물	• 싱크홀, 붕괴된 돌리네에서 큰 규모의 암괴 분포

4.1.3 교량 기초 설계를 위한 석회공동조사

카르스트 지역 내 교량 기초의 효과적인 설계 및 석회공동에 대한 대책을 위해서는 앞서 언급한 석회공동의 분포특성을 고려한 합리적인 조사 설계를 수행하여야 한다. 조사의 목적은 용해성 암층의 분포특성, 지질구조의 특성, 지하수의 특성조사로부터 직접적인 공동 및 동굴 시스템의 분포 위치 및 형태, 공동 내 퇴적물의 특성으로 구체화하여야 하며, 각 조사법의 특성과 조사시기별 적용성 및 일반적인 조사과정을 정리하고자 한다.
석회공동의 조사는 적용시기 및 목적에 따라 개략조사(reconnaissance)와 정밀조사(detail survey), 확인조사로 구분할 수 있으며, 적용 가능한 조사 방법은 표 4-3에 기술하였다. 이 조사 방법들은 국내외 석회공동조사를 위해 적용된 여러 사례가 있다.

개략조사 단계에서 이용되는 물리탐사는 지표에서 탐사가 수행되는 방법으로 국내에서는 주로 쌍극자 배열법(dipole-dipole array)에 의한 2차원 전기비저항 탐사와 GPR탐사가 응용되었다. 이 방법 이외에도 국외의 경우에는 탄성파탐사(굴절법, 반사법), 전자탐사(electromagnetics), 정밀중력탐사(micro-gravity) 등을 적용한 예가 있다(McCann et al 1987, M. Long 1998). 이상의 탐사 방법은 표토층의 물리적 성질, 현장 여건 등에 따라 적용방법의 조합을 다르게 구성할 수 있다.

[표 4-3] 카르스트 지역의 교량 기초 설계를 위한 조사법의 활용

구분	목적	지질조사	물리탐사	비고
사전조사	• 광역 지질의 인지 • 용해성 암석의 분포 확인 • 선구조 분석 • 카르스트 지형의 분석	• 지질도 및 문헌 조사 • 항공사진 분석		
개략조사	• 주변 지질도의 작성 • 단층대 등 주구조의 분석 • 공동/연약대의 분포 파악	• 지표지질조사 • 시추조사	• 전기비저항 탐사 • GPR탐사	탄성파탐사 중력탐사 전자탐사
정밀조사	• 상세 지질(단면)도의 작성 • 공학적 지질 특성 분석 • 기초 하부공동 분포상태 • 지지층 심도의 분석	• 상세 지표지질조사 • 시추조사 • 물성시험 • 시추공 텔레뷰어 등	• 탄성파 토모그래피 • 비저항 토모그래피 • 레이더 토모그래피	
확인조사	• 지질분포 및 구조 확인 • 지반 보강효과의 검증 • 현장 타설말뚝의 분석	• 기초절취면 상세 조사	• 각종 토모그래피 탐사 (그라우팅 보강 공법) • 현타 말뚝 건전도시험 (타설말뚝 기초 형식)	필요시

정밀탐사 단계에서 이용되는 물리탐사는 교각 기초부에 국한되어 수행되는 조사로 시추공을 이용한 방법들로 구성된다. 시추공을 이용하는 탐사로 가장 널리 이용되는 방법은 시추공 단면 사이의 영상 정보와 물성 정보를 동시에 획득할 수 있는 토모그래피 탐사가 있다. 현재 국내외적으로 이용 가능한 토모그래피 탐사 방법은 영상 정보와 함께 심도별 탄성파속도(P파 중심)의 정보를 제공하는 탄성파 토모그래피, 지하의 전기전도도 분포를 알 수 있는 비저항 토모그래피, 지하의 유전율에 의한 전자파 속도 정보를 제공하는 레이더 토모그래피 탐사법 등이 있으며, 적용방법의 선택은 부지의 특성과 탐사 목적에 따라 단일 또는 복합적으로 적용하여 설계할 수 있다.

확인조사는 보강공법에 따라 조사의 필요성이 판단되어야 하지만, 기초부 터파기 시에 형성되는 절개면에 대한 확인 지표지질조사는 정밀조사 단계의 결과를 확인하는 방법으로 간편하고 효율적인 방법이며, 이 결과로부터 설계에 대한 보완을 할 수 있다. 확인조사 단계에서 이용되는 물리탐사 방법은 그라우팅에 의한 보강이 이루어진 경우에 정밀조사 단계에서 수행되었던 토모그래피 탐사법에 의해 확인조사를 실시하여 시공 전후 비교를 통한 그라우팅 효과를 검증하는 것이 타당하며, 현장 타설말뚝을 기초로 사용하는 경우는 석회암 지반의 불균질성 때문에 콘크리트 타설 시 문제가 발생될 가능성이 크므로 건전도 시험을 통한 품질확인이 필요하다.

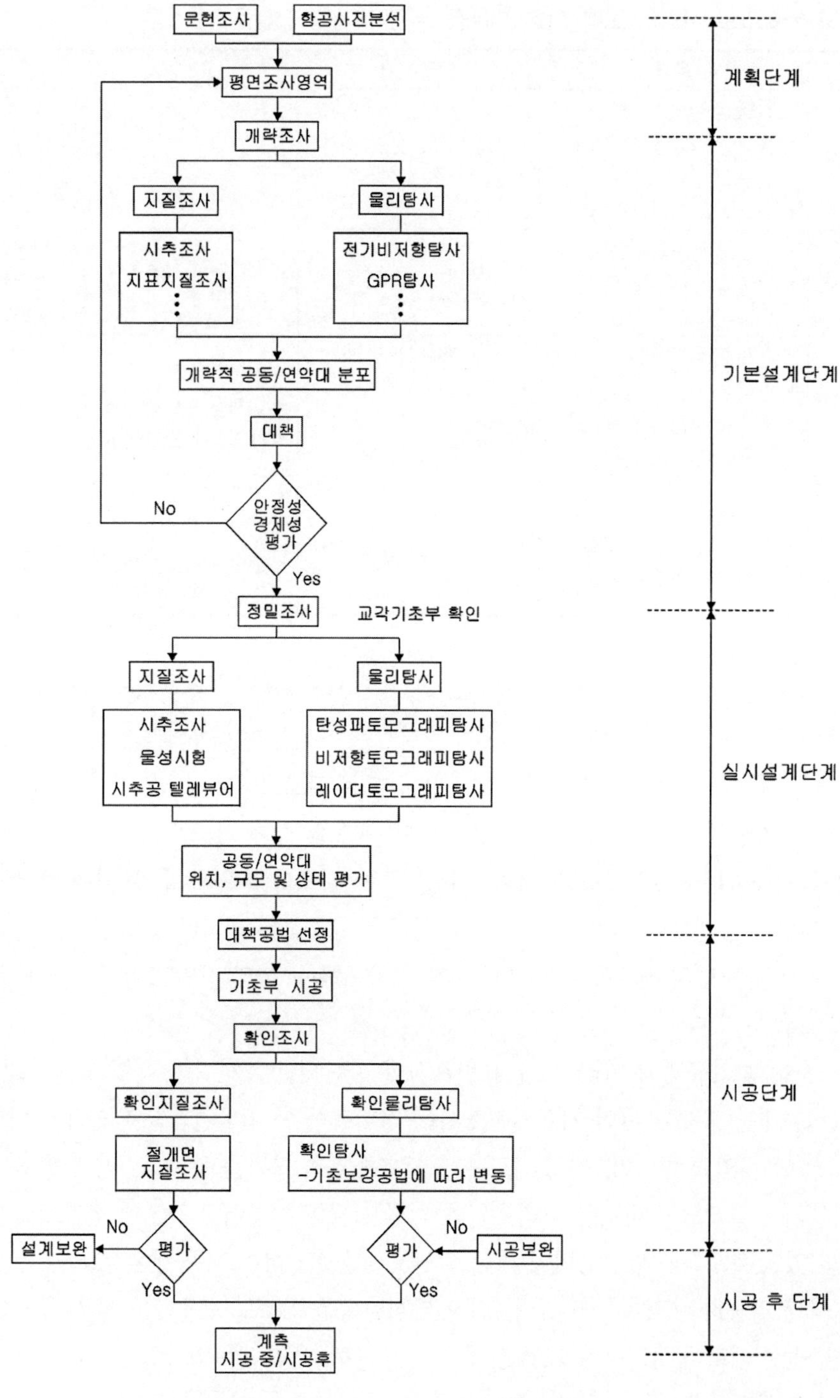

[그림 4-2] 카르스트 지역 내 교량 기초를 위한 부지 조사의 흐름도

[표 4-4] 공법 비교

구분	깊은 기초공법		지반보강공법	
	① 대구경 현장 타설말뚝	② 강관말뚝	③ Micro Pile	④ 삼중관 고압분사 주입공법 + LW Curtain wall
공법 개요도				
공법 개요	1. 굴착기로 굴착한다. 2. bored hole 내에 미리 제작, 조립한 철근 케이지를 설치한다. 3. 현장에서 직접 콘크리트를 타설한다. 4. 직경 0.8~3.5m까지의 대구경 철근 콘크리트 파일을 시공한다.	1. 굴착기로 천공한다. 2. bored hole 내에 강관 말뚝을 삽입한다. 3. 직경 800mm의 강관 말뚝을 사용한다.	1. 천공기로 ψ200 직경의 지반을 천공한다. 2. bored hole 내에 철근이나 ψ150 직경의 강관을 삽입하고 시멘트 그라우팅을 실시하여 micro-pile을 완성한다. 3. micro-pile 하부보강지역은 그라우팅을 한다.	1. 3중관으로 천공하여 지중에 고압분류수(500 kg/cm^2)를 분사한다. 2. 연약대를 절삭하고, 그 슬라임을 지표면에 배출시키고 동시에 경화재로 그 공간을 충진한다. 3. 연약대를 개량단면으로 치환시켜 일체화한다. 4. 교각4 부근에는 천연동굴의 손상을 방지하고 고압분사 공법의 효율을 높이기 위해 LW 그라우팅을 실시한다.
공법 타당성	1. 말뚝은 선단하중을 지반에 전달하므로 공동이 있을 경우, 새로운 침하 문제를 일으켜 하부공동에 대한 별도의 대책이 요구된다. 2. 본당 지지력이 크지만 말뚝 선단에 공동이 있을 경우, 지지력 확보가 어렵다. 3. 공동 및 연약대(점토질층 협재) 등으로 인하여 시공 관리가 어렵다.	1. 말뚝은 선단하중을 지반에 전달하므로 공동이 있을 경우, 새로운 침하 문제를 일으켜 하부공동에 대한 별도의 대책이 요구된다. 2. 말뚝선단에 공동이 있을 경우 지지력 확보가 어렵다. 3. 천공 후 bored hole이 붕괴되거나 hole 안에 slime이 배출되지 않을 경우 별도의 항타 장비가 필요하며, 충분히 근입되지 않을 경우 침하량이 크다.	1. 장비의 규모가 작아 협소한 현장에서도 시공이 용이하다. 2. 직경이 작아 모든 지반에 적용이 용이하다. 3. 경사말뚝 시공이 가능하다. 4. cement paste와 주변 암반의 부착력이 커서 침하량이 작다. 5. 소구경이므로 pile 간격을 좁힐수 있어 group pile의 지지력 감소를 최소화할 수 있다. 6. 공동이 비어 있거나 연약한 토사로 충진된 구간이 많으므로 안정성이 저하될 우려가 있다.	1. 연약대를 치환·절삭하면서 지반을 개량하므로 강도 및 내구성이 우수하다. 2. 지반조건에 따라 개량단면의 조절이 가능하다. 3. 공동을 채우고, 연약대(점토질 협재)구간을 치환하여 주입재를 주입하므로 주변암반과 일체화시켜 보강효과가 좋다.

그림 4-2는 카르스트 지역 내 교량 건설을 위한 부지조사의 단계와 각 단계별로 적용될 수 있는 조사 및 탐사법을 도시한 것이다. 카르스트 지역에서의 부지조사는 계획단계, 기본설계단계, 실시설계단계, 시공단계 그리고 시공 후 단계로 나눌 수 있으며 석회공동조사는 기본설계단계에서 개략탐사가 수행되어 개략적인 공동·연약대 분포를 확인한 후 안정성 및 경제성 평가를 하고, 실시설계단계에서는 보강설계를 위한 정밀조사가 수행되어 보강대책이 수립되어야 한다. 시공단계에서는 보강에 대한 검증단계로 확인조사가 적용되어 구조물의 안정성에 대한 최종평가를 실시하여 추가 보강이나 상부구조물 시공의 여부를 판정한다.

카르스트 지역 내 교량 기초 보강공법으로 고려할 수 있는 방법들은 표 4-4와 같이 정리될 수 있으며 보강공법은 조사된 지질여건과 상부구조물의 규모 등을 고려한 안전성 평가와 경제성에 의해 선택해야 한다. 국내의 경우 카르스트 지역 기초 보강공법으로는 공동 및 연약대의 점토 퇴적물을 치환·충진할 수 있는 삼중관 고압분사 주입공법의 가장 많이 적용되고 있으며 이 공법을 적용할 경우는 확인조사에 의한 평가가 요구된다.

각 단계별 조사방법 및 적용사례는 다음과 같다.

가. 개략조사

개략조사 단계에서 물리탐사법의 적용은 앞서 언급하였듯이 국내의 경우는 쌍극자 배열에 의한 전기비저항 탐사와 GPR탐사의 응용이 가장 활발하다. 전기비저항 탐사는 석회공동 및 풍화 연약대의 범위에 대한 정보를 개략적으로 얻을 수 있고 교량 전 구간에 대한 상대적 비교가 가능하므로 정밀조사의 위치 선정 및 추가 조사의 필요성 판단에 매우 중요한 역할을 한다. 석회암 지대에서 기초의 불안정성을 지배하는 공동 및 풍화 연약대는 대개의 경우 지하수와 점토충진물을 다량 함유함에 따라 신선한 석회암의 고비저항값(약 10000ohm-m 이상)과는 뚜렷한 대비를 보이므로 구조물 하부의 지반상태 및 지질구조를 파악하는 데에는 지표지질조사와 더불어 매우 효과적인 탐사법이다. 그러나 지하수 상부에 빈 공동이 존재하는 경우에는 공동의 효과가 고비저항 값을 보이거나 탐사 결과에서 인지되지 않는 상태를 보일 가능성이 크다. 따라서 이러한 해석의 오류를 방지하기 위하여 천부의 빈 공동탐사에 효과가 큰 GPR탐사로 보완한다.

지표물리탐사법을 이용하는 개략탐사는 탐사측선의 효과적인 설계도 매우 중요한데, 전기비저항 탐사는 구조물 하부를 전체적으로 판단할 수 있는 측선과 각 기초의 하부의 정보를 추출할 수 있는 측선이 만족되어야 하므로 일반적으로 구조물의 진행방향과 같은 종측선과 각 기초부에서 구조물의 진행방향에 수직인 횡측선으로 구성되어야 한다. 석회암 지역에서 공동 및 연약대의 분포는 매우 국부적으로 형성될 수 있어 현장여건이 허락하는 한 많은 측선을 구성하는 것이 유리하지만 최소한 종측선 2개 이상과 기초부당 횡측선 1개 이상으로 탐사가 수행되어야 해석적 오류를 방지할 수 있다. 전기비저항 탐사에 있어 전극간격은 목적조사심도(기초 폭의 2배 이상, 임수빈 외, 1998)에 따라 조정하여야 하지만 여건이 허락하는 한 수평해상력을 고려하여 최대한 짧게 유지하는 것이 유리하다.

GPR탐사는 구조물 하부 전 구간을 동시에 할 필요가 없으며 기초부에 국한되어 종횡으로 3~4개 측선 이상의 탐사가 필요하다. GPR탐사는 천부(10m 미만)의 석회공동에 대한 탐사로 측선 중 일부 자료에서는 유용한 정보를 획득하지 못하는 경우가 있지만 탐사측선이 짧고 측점단위로 탐사가 비교적 간편하여 전기비저항 탐사 측선이 누락된 구간과 천부의 빈 공동에 대한 보조자료로 이용될 수 있으므로 해석의 오류방지 및 정밀지반조사 여부의 판단을 위해서 반드시 필요하다.

그러나 앞서 언급한 측선의 설계는 현장의 지형지물의 상태에 따라 유동적이므로 현장여건을 고려한 최적의 설계가 이루어져야 한다.

그림 4-3은 그림 4-1의 교량 기초 부지에 대한 지표물리탐사 적용사례로, (a)는 종측선에 대한 전기비저항 탐사의 결과이며 (b)는 GPR탐사에서 확인되는 공동들의 반응 결과들이다.

전기비저항 탐사 결과에 의하면 교각 1, 3, 4번의 하부에서 공동 또는 연약대가 분포하는 것으로 확인되며 교각 2번의 하부는 상대적으로 안정된 지반으로 평가된다. 이 중 교각 3번 하부에서 추정되는 공동은 GPR탐사에서도 공동에 의한 반사신호로 나타나고 있다. 이 결과들은 지표지질조사 및 시추조사 결과에 의해 구성된 지질도에서 추정된 석회공동 분포현황을 검증하고 보다 구체적인 분포상태를 지시하며 소규모 공동이 협재된 연약대의 분포를 확인해준다.

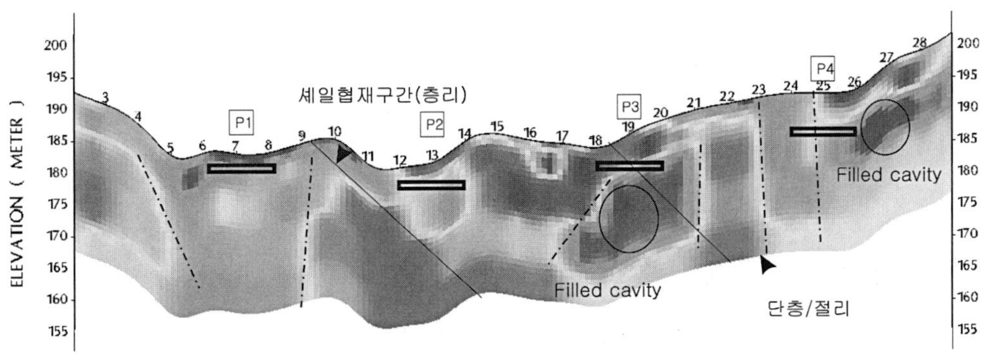

[그림 4-3] 카르스트 지역 내의 교량 기초설계를 위한 개략탐사 결과(전기비저항 탐사) 예

나. 정밀탐사

개략조사 시 수행된 지표지질조사, 시추조사, 지표물리탐사의 결과를 바탕으로 보강이 필요할 것으로 판단되는 기초부에 대해 보강설계를 위한 정밀조사가 요구된다. 정밀조사에 이용되는 탐사법은 시추공을 이용하는 방법들로 국내외적으로 토모그래피 탐사가 보편적이다. 토모그래피 탐사는 분류방법에 따라 다양하게 나누어지지만 이용되는 물리적 특성에 따라 탄성파, 전기비저항, 레이더 토모그래피로 나눌 수 있으며 이 방법들은 국내의 석회암 지역에서 탐사를 수행한 사례가 있다. 동일 부지에 대해 각 토모그래피 탐사가 공히 수행된 결과가 없어 어느 방법이 가장 효과적인지는 단정할 수 없지만 일반적으로 영상이미지(토모그램)는 고주파수의 특성을 가지며 송·수신 간격을 조절할 수 있는 레이더 토모그래피 탐사의 해상력이 가장 좋은 것으로 생각되고, 정량적인 정보 측면에서 탄성학적 정보를 제공할 수 있는 탄성파 토모그래피 탐사가 유리한 것으로 알려져 있다.

본 사례 연구는 탄성파 토모그래피 탐사에 대한 예로써 그림 4-4와 같으며, 이 자료는 교각 3번에서 수행된 결과이다. 교각 기초부에 대한 탄성파 토모그래피 탐사의 적용은 기초하부의 국부적인 변화를 상세히 평가하기 위하여 'Z'자형의 3개 단면 또는 'X'자형 4개 단면이 일반적이나, 교각의 크기, 경제성 등이 고려되어 1~2개 단면이 수행된 경우도 있다. 탐사심도는 기초접지압의 10%에 해당하는 기초폭의 2배가 일반적이나 공동의 경우 기초폭의 3배까지는 지층 구조의 현황과 지반특성을 확인하여야 한다(임수빈 외, 1998).

그림 4-4의 (a)는 각 단면의 결과를 펼쳐 2차원으로 표현한 결과이며 그림 (b)는 2차원 결과들을 내삽(interpolation)하여 3차원으로 영상화한 결과이다.

토모그램에서 확인되는 B1번공 EL.175m 하부의 공동은 지표물리탐사의 결과와 동일하며 B2 번공 EL.167m 하부에서 발견되는 상대적 저속도층은 공동으로 평가되나 그 규모는 이 결과만으로 추정하기 힘들다. EL.175m 부근에서 확인되는 공동의 규모는 그림 4-4(b)에 의하면 상부의 연암이하 구간과 연관된 소규모의 고립된 공동으로 B1번공을 포함하는 사분면이 공동의 영향 범위로 평가할 수 있다.

일반적으로 석회암의 경우 충분히 고결되면 탄성파 속도를 지배하는 인자는 퇴적암에서 볼 수 있는 공극률 등이 아니라 불연속면이나 공동과 같은 2차 공극에 직접적인 영향을 받게 된다. 특히, 국내의 경우와 같이 고생대 석회암은 풍화를 받지 않은 신선한 암반의 경우 5000m/sec 이상으로 평가된다. 따라서 탄성파 속도에 의한 층 구분은 건설표준품셈(탄성파 속도에 따른 암반분류)에 의해 연암이하(2.5km/sec 이하), 보통암-경암(2.8~4.1km/sec), 극경암(4.2km/sec 이상)의 3개 층으로 하였다. 이 중 첫 번째 층인 연암이하 구간은 상당한

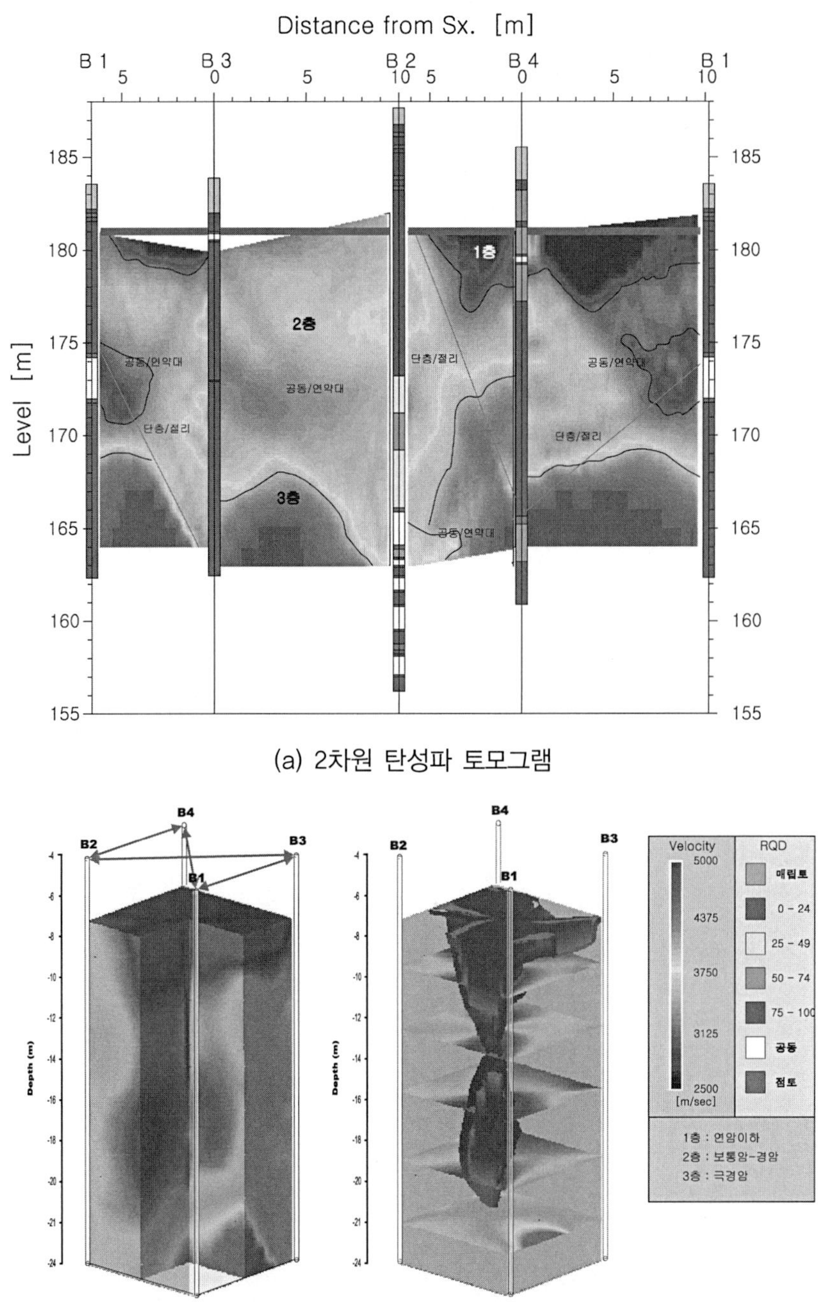

(a) 2차원 탄성파 토모그램

(b) 3차원 탄성파 토모그램

[그림 4-4] 카르스트 지역 내의 교량 기초설계를 위한 탄성파 토모그래피 탐사 결과 예

풍화를 받았거나 공동과 관련된 것으로 평가되고, 중간층은 불연속면이나 절리 주변이 용해된 홈(slot) 형태의 소규모 연약대가 협재하는 구간으로 평가할 수 있으며, 극경암구간은 신선한 석회암 암반으로 분류할 수 있다. 따라서 연암이하 구간은 보강이 반드시 고려되어야 하며 중간층은 저속도층의 분포 양상에 따라 보강 여부를 판단하여야 한다.

다. 확인조사

정밀지반조사의 결과와 실내 암석시험 결과를 바탕으로 보강 전 안정해석을 실시하여 상부구조물의 허용변위를 만족시키는지 여부로 보강의 필요성을 결정하며, 침하 발생 요소인 석회공동과 점토 협재 연약대의 보강을 위해 연약지반 개량에 널리 이용되는 삼중관식 고압분사 공법을 적용하였다. 보강공의 배치는 그림 4-5와 같다. 본 사례는 앞에서 언급한 탐사 결과 지역이 기초 보강 중인 관계로 인근 지역에서 수행된 결과를 수록하였다.

보강공법의 성질에 따라 확인조사의 방법이 달라지며 본 사례의 경우와 같이 삼중관 고압

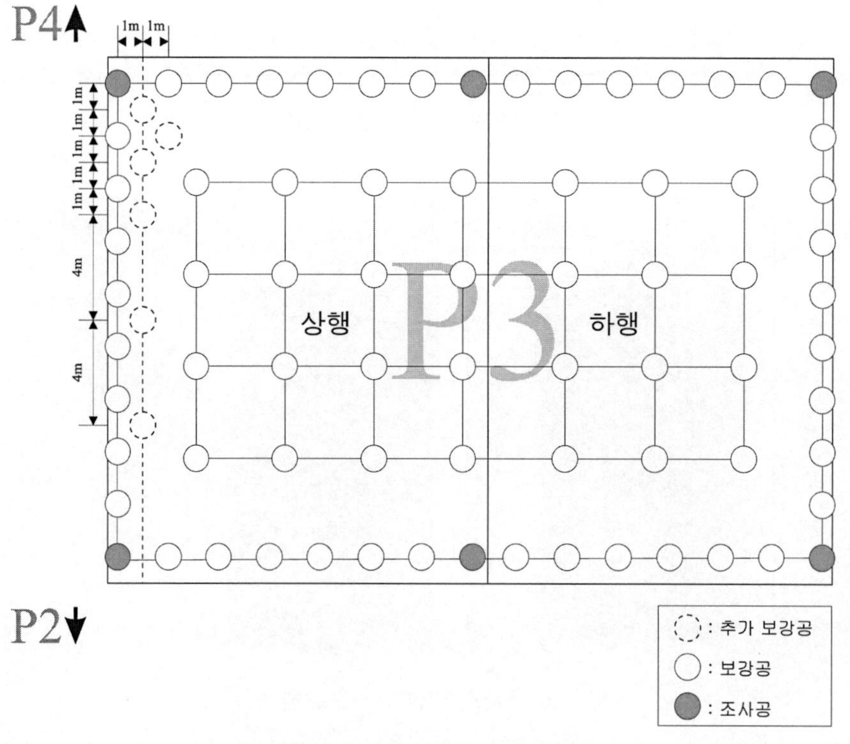

[그림 4-5] 보강공 및 조사공 위치

분사주입 방식에 의해 보강된 지반의 보강효과 검증은 절대적 기준을 찾기 힘드나, 역학적 특성 및 개량의 균질성 확인을 위해 탄성파탐사가 유용하므로 보강 전후 유사 단면에 대해 탄성파 토모그래피 탐사를 실시함으로써 속도 및 공동 또는 연약대의 분포형상 비교를 통해 보강의 효과를 검증하는 방법을 택하였다. 보강 전후의 탄성파 토모그래피 탐사 결과의 예는 그림 4-6과 같다. 그림에서 볼 수 있듯이 보강 전 조사에서 확인되는 공동·연약대의 영향이 보강 후의 탄성파 토모그래피 탐사의 결과에서는 확인되지 않고 있으며 전체적으로 탄성파 속도가 증가되었음을 알 수 있다.

보강 후의 관리 탄성파 속도는 앞에서 언급한 연암이상(2.5km/sec) 이상으로 볼 때 이 구간에 대한 보강효과는 양호한 것으로 판단된다.

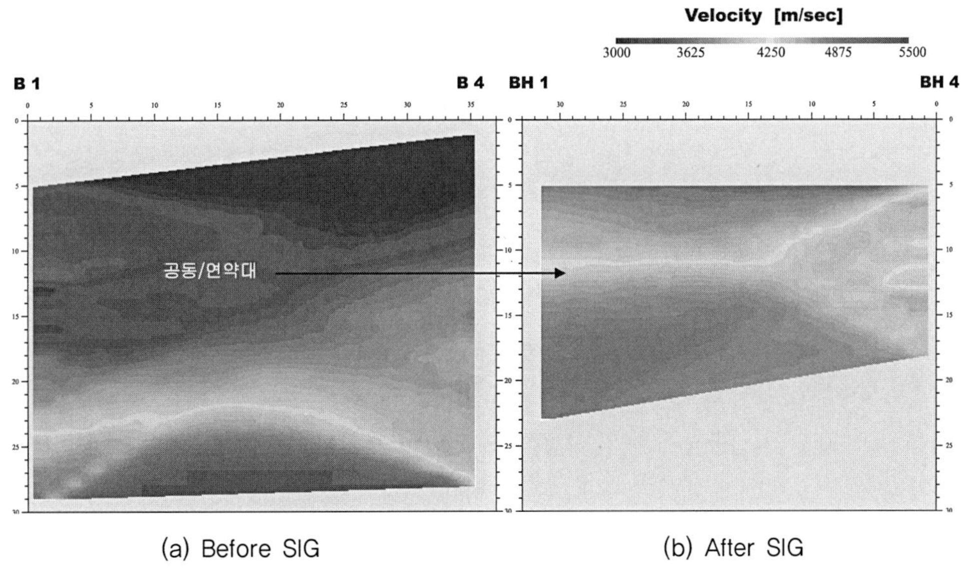

(a) Before SIG (b) After SIG

[그림 4-6] 탄성파 토모그래피 탐사에 의한 삼중과 고압분사주입 방식 보강효과 검증

4.1.4 결론

교량 기초 하부의 석회공동에 대한 대책을 마련하기 위해 우선적으로 수행되어야 하는 석회공동의 분포 특성에 대해 이해하고 이를 바탕으로 한 계획, 설계, 시공의 각 단계에서의 합리적인 조사 설계를 위하여, 국내 석회암 지역 내의 교량 기초의 사례를 통해 석회공동의 분포 특성 및 효과적인 조사 방법을 연구하였다.

조사 지역에서 석회공동 형태 및 단계에 대한 공학적 분류를 위해 각 공동의 특성을 분석하여 공동 형태를 크게 홈과 공동 시스템(slot and cavity system), 싱크홀과 동굴 시스템(sinkhole and cave system)으로 크게 구분하였다. 또한 이들 석회공동 분포의 제어 요인으로 암석의 종류, 지질 구조, 지하수 특성을 분석함으로써 각 요인들의 특성과 상호 연관에 의해 석회공동의 형태, 분포 위치가 제어되고 있음을 사례를 통하여 분석하였다. 또한 공동을 채우고 있는 퇴적물은 퇴적물의 구성과 분급도 등에 의해 크게 4개의 유형으로 나눌 수 있었으며, 교량 기초의 설계 시 이에 대한 공학적 고려가 필요한 것으로 판단된다. 아울러 카르스트 지역 내 교량 기초의 효과적인 설계 및 석회공동에 대한 대책을 위해서는 계획단계, 기본설계단계, 실시설계단계, 시공단계, 시공 후 단계로 구분하여 용해성 암층의 분포 특성, 지질구조의 특성, 지하수의 특성의 조사로부터 직접적인 공동 및 동굴 시스템의 분포 위치 및 형태, 공동 내 퇴적물의 특성 및 지지층의 분포 등으로 구체화하여야 하며, 이때 효과적인 조사 기법으로 정밀 지표지질조사, 전기비저항 탐사, 지하 레이더 탐사, 탄성파 토모그래피 탐사가 개략조사, 정밀조사, 확인조사 등에 유용하게 활용될 수 있음을 확인하였다.

개략조사단계에서 지표물리탐사의 일환으로 이용되는 전기비저항 탐사는 석회공동 및 풍화 연약대의 저비저항대와 신선한 석회암의 고비저항값과 뚜렷한 대비를 보이므로 구조물 하부의 지반상태 및 지질구조를 파악하는 데에 지표지질조사와 더불어 매우 효과적인 탐사법이며, GPR탐사는 탐사의 간편성으로 인하여 좁은 공간에서도 탐사가 가능하므로 기초부에 국한하여 전기비저항 탐사의 보조자료로 활용될 수 있다.

정밀조사단계와 확인조사단계에서 주 탐사법인 토모그래피 탐사는 탄성파, 레이더, 전기비저항 토모그래피의 3종류가 응용 가능하나, 역학적 특성이 반영되는 탄성파 토모그래피 탐사가 영상정보 면에서 레이더 토모그램에 비해 해상력이 떨어지지만 보강 전후의 관리기준과 공동 및 연약대의 분포 상황을 비교적 정확하게 제공해주므로 타 탐사에 비해 장점을 가지는 것으로 확인되었다.

4.2 석회암 지역에서의 터널 시공 사례

4.2.1 서론

터널은 긴 선형구조물로, 정확히 알 수 없는 전방 지질을 굴착하여 나아가기 때문에 항상 예상치 못한 사고의 위험이 존재한다. 또한 사전 지반조사를 통하여 이루어진 지질(지반) 특성은 한계를 가질 수밖에 없으므로, 시공 중 나타난 지질 및 암반 특성에 대한 조사나 평가가 매우 중요하며, 최근에는 TSP 전방탐사, 선진보링, LIM 시스템 등과 같은 기술을 도입하여 전방 지질을 예측·평가함으로써 시공 전 대책공을 수립하여 터널의 안전성을 확보하고 있다.

도심지 터널의 경우 전석층이 나타나거나 산악터널의 경우 계곡부에서 단층파쇄대와 같은 불량한 암반이 존재하여 터널 시공에 많은 어려움을 겪고 있으나, 최근 터널 내 보조·보강 공법이 발달해서 비교적 안전하게 터널 공사를 수행하고 있다. 그러나 아직까지는 여러 가지 이유로 인해 터널 붕락사고가 종종 발생하고 있으며, 특히 복잡한 지질적인 원인에 의해 발생하는 경우에는 전문가라도 할지라도 붕락에 대한 예측이 매우 어렵다고 할 수 있다.

대부분의 터널 현장에서는 터널 시공 중 나타나는 제반 자료, 즉 지질 특성 자료(막장조사), 암반 분류·평가, 계측 자료 수집·분석 등에 대한 체계적이면서 공학적인 분석이 이루어지지 않고 있으며 붕락사고 발생 후에 대처하는 수준이다. 물론 공사의 경제성(효율성)과 구조물의 안전성 확보라는 2가지 목적을 동시에 만족시킬 수는 없지만 사고를 방지하고 터널의 안전성을 확보하기 위해서는 지반공학적인 측면에서 분석하고 대처하는 노력이 필요하다.

본고에서는 석회암 공동 지역에서의 터널 굴착 시 발생한 붕락사고에 대하여 검토하고자 한다. 그리고 붕락사고에 대한 지질공학적 원인, 붕락구간에 대한 보강대책 수립, 그리고 붕락사고를 통해 얻은 문제점과 교훈에 대하여 고찰하고자 한다.

4.2.2 터널 개요

가. 지질 및 지반

이 터널구간은 금수산 규암층과 석회암으로 구성된 삼태산층이 교차 또는 접촉하는 지질 분포를 나타낸다. 금수산층은 담회~유백색의 규암 및 석영편마암으로 구성되며 층리 및 절리가 매우 발달되었다. 삼태산층은 호상의 판상석회암, 충식석회암 및 박층의 돌로마이트와 규회암이 협재한다. 이러한 호상석회암은 점토질대와 석회질대가 층리에 평행하게 교호하여 복잡한 소습곡 구조를 보이기도 한다. 또한 충식석회암은 점토질대와 석회질대가 불규칙하게 혼재되어 있으며 이 두 성분이 침식에 대한 저항력 차이에 의해 석회질 부분이 먼저 용식되고 점토질 부분이 돌출되어 나타난다.

사전 지질조사에서 시추조사(NX 규격)를 실시한 결과 지질 분포상태는 다음과 같다.

1) 표토층 및 붕적층

전 지역에 걸쳐 분포하는 지층으로 지표면하 3.2~11.5m까지 분포하며 주 구성물질은 실트 섞인 모래질 자갈(GP)이며, 일부 구간은 실트질 점토(CL)가 나타나기도 한다.

2) 풍화잔류토

일부 구간에서만 분포하며 지표면하 3.5m에서 3.5m의 층후로 분포하며 주 구성물질은 암편 섞인 실트질 모래(SM)이다. N치는 32/30~44/15로 조밀한 상태이다.

3) 풍화암층

이 층은 기반암의 풍화암으로 일부 구간은 지표면하 7.0m에서 12.5m의 층후로 분포하며 타격에 의해 암편 섞인 실트질 모래(SM)로 분해되어 나타나고 있다. 풍화 정도는 완전풍화(CW) 내지 심한풍화(HW) 정도이며, N치는 50회를 웃도는 매우 조밀한 상태이다.

4) 연암층

전 지역에서 지표면하 3.2~19.5m에서 2.0~10.0m의 층후로 분포한다. 풍화 정도는 심한풍화(HW)내지 보통풍화(MW) 상태로 발달 분포되어 있으며 TCR은 2~73%이고 RQD는 0~53% 미만으로 대체로 매우불량(Very Poor)한 상태이다.

5) 경암층

전 지역에서 지표면하 10.0~16.0m에 분포한다. 풍화 정도는 보통풍화(MW) 내지 신선한 상태(FR)로 발달 분포되어 있으며 TCR은 23~100%이고 RQD는 25~96% 미만으로 대체로 불량(Poor) 내지 보통(Fair) 상태이다.

터널구간의 RMR값에 대한 암반 등급은 터널 입구부가 42~55로 보통(Fair)암반으로, 터널 출구부가 45~53으로 역시 보통암반으로 분류되었다. 터널구간의 암석 강도는 100MPa로 강하지만 절리가 잘 발달되고 절리 사이에 충진물이 있는 상태를 보여주고 있다.

그림 4-7에 이 터널구간에 대한 지질종단면도를 나타내었다.

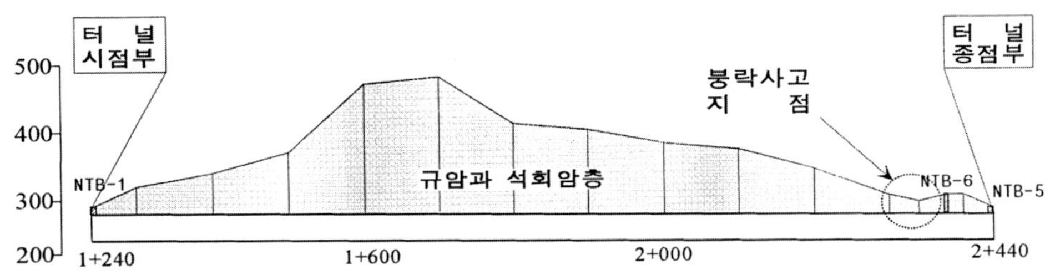

[그림 4-7] 터널구간 지질종단면도

나. 설계

이 터널은 전형적인 도로터널로서 터널 일반도는 그림 4-8에서 보는 바와 같다. 그림에서 보는 바와 같이 터널 중심 간격은 30m이고 터널 높이는 7.582m, 터널 반경은 5.702m이다. 또한 이 터널의 길이는 상행선이 1150m, 하행선이 1190m이며 상·하행선 모두 터널 중간에 30m 길이의 비상주차대가 설치되어 있다.

터널 표준지보패턴은 표 4-5에 정리되어 있다. 표에서 보는 바와 같이 TYPE-1·2·3은 강지보가 없는 무지보패턴이며 록볼트와 숏크리트만으로 지보량이 결정되었으며, TYPE-4·5·6은 강지보재가 0.6~1.5m 간격으로 시공되고 숏크리트 두께도 12~16cm로 증가되었다.

이 터널에서는 Φ=0.5mm L=30mm 규격의 강섬유가 혼합된 강섬유 보강 숏크리트가 사용되었다. 또한 길이 3.0~4.0m의 록볼트를 천장과 측벽에 시스템 볼팅하였다. 또한 콘크

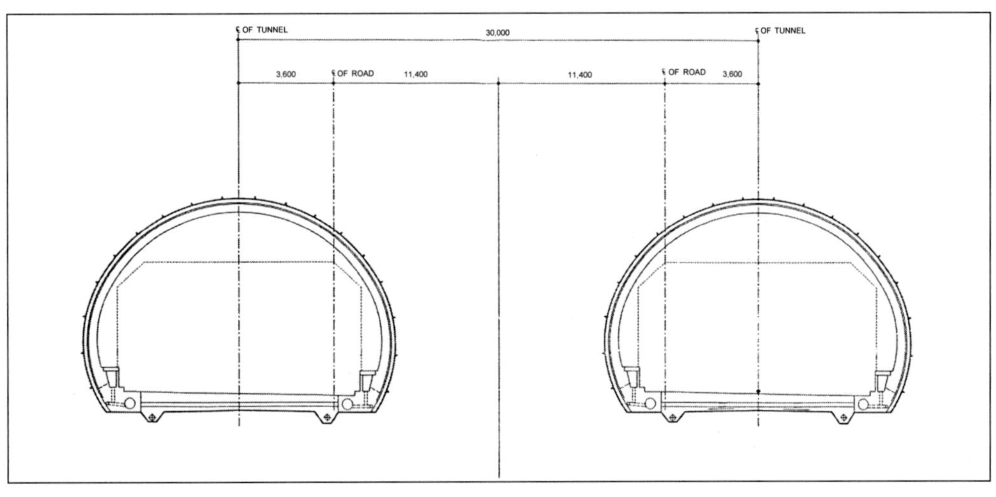

[그림 4-8] 터널 일반도

리트 라이닝은 갱구부 20~30m를 제외하고는 모두 무근 콘크리트라이닝으로 라이닝 두께는 30cm로 설계되었다.

[표 4-5] 표준지보패턴

구분			TYPE-1	TYPE-2	TYPE-3	TYPE-4	TYPE-5	TYPE-6
굴착	굴착공법		전단면 굴착	전단면 굴착	상·하반 단면 굴착	반단면 굴착	반단면 굴착	반단면 굴착
	1회굴진장		3.0m	3.0m	2.0m	1.5m	1.2m	1.2m
지보패턴	숏크리트		5cm	5cm	8cm	12cm	16cm	16cm
	록볼트	길이	3.0m	3.0m	4.0m	4.0m	4.0m	4.0m
		개수	1,334	3,500	1,334	9,667	12,083	12,083
		위치	천장 및 측벽	천장 및 측벽	천장 및 측벽	천장 및 측벽	천장 및 측벽	천장 및 측벽
	강섬유	1차	Φ0.5mm L=30mm	Φ0.5mm L=30mm	Φ0.5mm L=30mm	Φ0.5mm L=30mm	Φ0.5mm L=30mm	Φ0.5mm L=30mm
		2차	-	-	-	-	-	-
	강지보	강재	-	-	-	H-100×100×6×8	H-100×100×6×8	H-100×100×6×8
		간격	-	-	-	1.5m	1.2m	0.6m
라이닝 콘크리트		두께	30cm	30cm	30cm	30cm	30cm	30cm
		철근	-	-	-	-	-	-

다. 시공

이 터널에서는 유압식 자동대차 및 점보드릴을 이용하여 기계화 시공이 되도록 하였다. 사진 1은 터널 막장의 모습으로 짙은 회색의 석회암과 절리 사이에 점토가 충진되어 있다. 사진 2는 유압식 자동대차를 이용하여 강지보를 설치하는 장면이다. 또한 터널 주변에 터널의 안정성에 영향을 주는 공동 유무를 조사하기 위하여 GPR 탐사를 실시하였는데, 사진 3은 터널 천장부에서 공동을 조사하는 장면이다. 사진 4는 터널 전경을 보여주고 있으며

[사진 1] 터널 막장

[사진 2] 강지보 설치

[사진 3] 천장부 공동조사

[사진 4] 터널 전경

현재 터널라이닝 공사가 완료되어 있는 상태이다. 지보패턴별 시공현황을 보면 터널 갱구부에서 안쪽으로 진행됨에 따라 암질의 상태가 양호해져서 터널 중앙부에서는 무지보로 시공되었다.

4.2.3 터널 붕락사고

가. 붕락사고 현황

1) 붕락사고일지

하행선 터널을 굴착하던 중, 터널 천장부에서 반원형의 석회암 공동이 관찰되었다. 계속 굴진 중 막장 토사 유출에 따른 붕락사고가 발생하였고, 붕락이 진행됨에 따라 지표면 함몰에 이르게 되었다. 다음 페이지의 표는 붕락사고 일지를 나타낸 것이다.

■ 붕락사고 원인

이 붕락구간의 지질은 석회암이 주를 이루는 삼태탄층 및 금수산규암층이 기반암을 이루고 있다. 금수산 규암층은 층리 및 절리가 발달된 유백색의 규암 및 석영편암으로 구성되며, 삼태탄층은 호상 석회암, 판상석회암, 충식 석회암 및 박층으로 분포한 돌로마이트와 규회암이 협재한다.

이 구간은 2가지 지질구조가 교차 또는 접촉되는 지점에 위치하여 소규모의 단층 및 점이적인 변질작용에 의해 파쇄대가 매우 발달되며 또한 지형상으로 계곡부의 최저점에 위치함에 따라 석회암 및 변질대가 계곡수 및 지하수에 의한 용식작용으로 공동 및 파쇄대가 형성되어 나타난다. 이러한 지질구조가 하부터널 굴진에 의해 지지력을 상실함으로써 급격한 붕괴를 초래한

일시	위치	내용	비고
1997. 7.		터널상부 지표면 기존 석회암 동굴 발견	GPR탐사 실시
1997.7.27	Sta.2+293	하행선 천장부 석회암 공동 발견	
1997.7.27	Sta.2+300	추가적으로 공동 2개 발생(반원형)	사진 5
1997.8.19	Sta.2+315	토사유출 및 천단 붕락	사진 6 / 사진 7
1997.8.21	Sta.2+315	안전조치 및 추가 붕락 가능성 여부	
1997.8.22	Sta.2+315	붕락원인에 대한 조사(1차)	
1997.8.23	Sta.2+315	하행선 지점 지표면 함몰	사진 8
1997.8.25	Sta.2+315	붕락지점에 대한 합동조사(2차)	
1997.8.27	Sta.2+315	지표면 붕락지점 복구	
1997.9. 8	Sta.2+315	상행선 막장조사	
1997. 10.		붕락지점 보강대책 수립	

[사진 5] 석회암 공동(Sta.2+300)

[사진 6] 막장면 토사 유출(Sta.2+315)

[사진 7] 터널 천단 붕락(Sta.2+315)

[사진 8] 지표면 함몰

것으로 판단된다. 그림 4-9에는 터널 붕락사고에 대한 지질공학적 원인이 나타나 있다.

이 붕락사고는 석회암 공동 지역이라는 지질적 특성으로 인하여 발생한 것이다 하지만 공사 중 지표면과 이전에 석회암 공동이 발견되었으며, 이에 대한 충분한 조사와 대책이 부족하

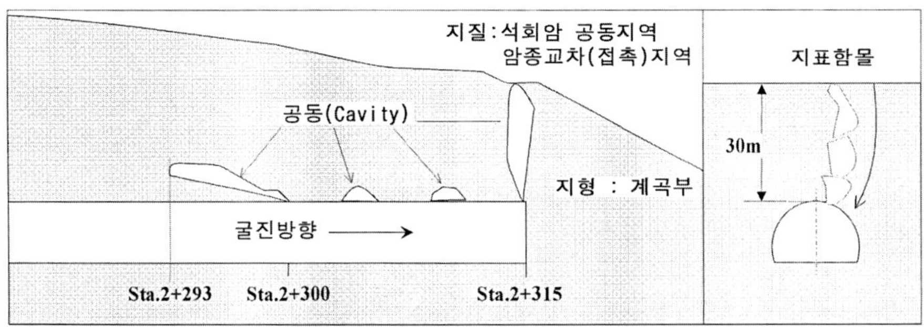

[그림 4-9] 터널 붕락사고의 지질공학적 원인

였기 때문에 결국 붕락사고를 초래하게 되었다. 석회암 공동은 지하수의 용식작용에 의해 발생하며 절리면 사이에 점토가 충진되어 있고 공기 중에 노출되면 급격히 풍화 변질되어 붕괴를 일으키게 된다. 따라서 석회암 지역에서의 터널 굴착 시 석회암 공동에 대한 조사가 수행되어야 하며 특히 점토가 협재한 소규모 단층에 대해서 유의하여야 한다.

■ 붕락 후 안전조치

터널 붕락사고가 발생한 직후 추가 붕락의 위험성이 존재하므로 먼저 막장을 폐쇄하고 되메움을 실시하였으며, 이때 되메움 재료로는 붕락지역 상부붕적층인 암편과 조립질 모래 등을 사용하였다.

사진 9는 지표에서 실시된 함몰지점에 대한 복구장면이다.

[사진 9] 지표면 함몰지점 복구

4.2.4 터널 보강대책

가. 미굴착구간

1) 보강공법의 선정

자립력이 없는 토사와 파쇄암반인 석회암이 교호한 지층인 이 지역에 적용 가능한 터널 보조공법은 포어폴링 공법, 약액주입공법(S.G.R, G.C.M, J.C.M 등), 우레탄공법, 강관보강형 다단 그라우팅 공법 등이 있다. 각 공법을 비교 검토하여 미굴착구간에 대한 보강공법으로는 지하수 유동을 억제하고 동시에 beam체 형성을 통해 터널 굴착 시 토사 유출이나 암괴 낙반을 방지할 수 있는 강관다단 그라우팅을 선정하였다.

특히 터널 갱구부의 crown 상부지질 특성은 RQD=0으로 매우 불량하며 TCR이 5~15% 정도로 단층점토가 협재된 파쇄대 지층으로써 터널 종방향으로는 약 10m, 횡방향으로는 약 0.1~2.0m로 약선대(weak zone)가 분포하며 불연속면 암반 내에 집중하중이 작용하며 절리 분포의 연속성, 방향성이 종방향으로 평행하여 발달해 있다. 따라서 굴착 시 상부암반 블록의 낙반 및 여굴 현상이 계속 진행되고 있기 때문에 지반 거동을 제어하기 위해 강관 배치를 터널 crown 상부로부터 전열(1열)은 0.4m, 후열(2열)은 0.6m로 시공하도록 하였다(표 4-6).

2) 보강기준

[표 4-6] 강관다단 그라우팅 시공기준

구분	천공				강관		보강장(m) 굴착장(m)	보강존
	길이(m)	각도(°)	CTC(m)	구경(mm)	두께(mm)	구경(mm)		
갱구부	16.0	1열 2° 2열 3°	1열 0.4 2열 0.6	≥105	4	60.5	16.0/12.0	150° 원형배열
갱내부	16.0	10°	1열 0.4	≥105	4	60.5	16.0/9.6	120° 원형배열

3) 구조검토

이 터널구간은 자립성이 현저히 낮은 상태로 시공 시 주변 지반의 강성 및 전단강도의 증대는 필수적이라 판단되어, 이를 위해 보강영역 및 터널의 안정성을 검토하였다. 보강이 없는 경우와 상반에 120도 Zone으로 그라우팅한 결과를 대상으로 동일한 물성치를 이용, 수치 해석을 실시하여 rm 결과를 비교 검토하였다(표 4-7).

[표 4-7] 각 부위별 최대변위 및 휨압축응력

위치	보강 여부	최대변위(mm)			최대응력(Mpa)
		천단부	측벽부	하반부	S/C 휨압축응력
하행선 Sta.2K+315	무보강	23.62	11.87	11.23	8.75
	보강(120°)	21.68	11.21	11.21	7.38

해석 결과 보강 조치 없이 하반 굴착을 진행할 경우 지보재에 작용하는 응력이 허용응력을 초과하며, 상반 120도 범위에 강관다단 그라우팅을 실시하는 경우 보강재에 작용하는 힘이 허용응력 대비 90%로 허용치 이내인 것으로 나타났다. 따라서 터널의 안정성을 확보하기 위해서는 시공 전 강관다단 그라우팅 보강을 실시하여야 한다.

나. 붕락구간

1) 보강공법의 선정

보강공법을 선정하기 위해서는 먼저 지표 및 터널부 그리고 붕락 범위에 따른 보강 Zone을 구분할 필요가 있다. 그림 4-10에 본 터널 붕락구간 주변에 대한 보강 Zone을 표시했 다.

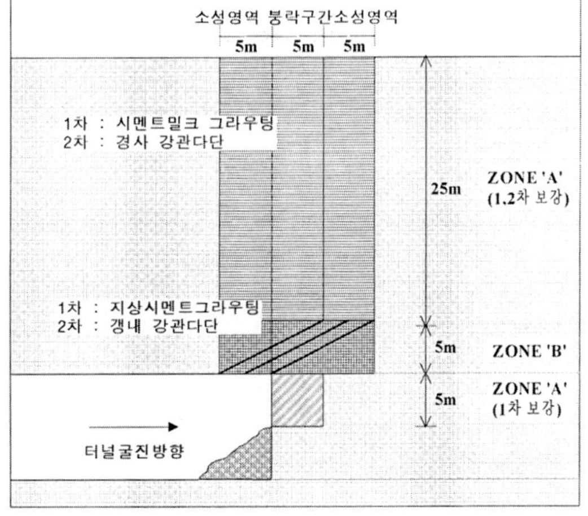

[그림 4-10] 보강 ZONE

(1) ZONE A

- 1차 지상 시멘트밀크 그라우팅
- 2차 지상 강관다단 그라우팅
- 주입재: 보통시멘트

(2) ZONE B

- 1차 지상 시멘트밀크 그라우팅
- 2차 갱내 강관다단 그라우팅
- 주입재: 초조강시멘트

2) 보강기준

[표 4-8] 붕락구간 보강기준

구분		천공				강관		주입재	보강존
		길이(m)	각도(°)	CTC(m)	구경(mm)	두께(mm)	구경(mm)		
지상 보강	시멘트밀크 그라우팅	35	수직	1.0	105	4	52	0~25m: 보통시멘트 25~35m: 초조강시멘트	붕락구간 (6.0m)
	강관다단 그라우팅	6.0~28.0	60~80	2.0×5.0	105	4	60.5	보통시멘트	붕락구간 및 이완영역대
갱내 보강	1 열	12.0	20~30°	0.4	105	4	60.5	초조강시멘트	150°
	2 열	12.0	15~25°	0.4	105	4	60.5	초조강시멘트	150°
	3 열	12.0	10~20°	0.4	105	4	60.5	초조강시멘트	150°

3) 구조검토

터널 붕괴 후 되메움 작업이 완료된 상태에서 재굴진을 위해 Chemical-crouting 및 강관 보강 그라우팅을 실시하여 굴진에 따른 막장의 안정성을 검토하였다. 계산 결과 막장 전면에서의 반력(P)은 -22.1로 막장은 자립하는 것으로 나타났다. 이러한 검토는 주입재가 어느 정도 균질한 경우를 가정하였으나 실시공 시 균질성이 모자라 붕괴부의 되메움토가 터널에 하중으로 작용하는 경우가 발생할 수 있다. 되메움토가 균질하게 개량되어 지반강도정수가 충분히 발휘될 경우 원지반과의 마찰만으로 안정되나 이를 완전히 기대하기란 어려울 것으로 판단된다. 따라서 붕괴 지역의 소성영역대를 붕락구간폭(B)의 1B로 보고 지상 및 갱내에

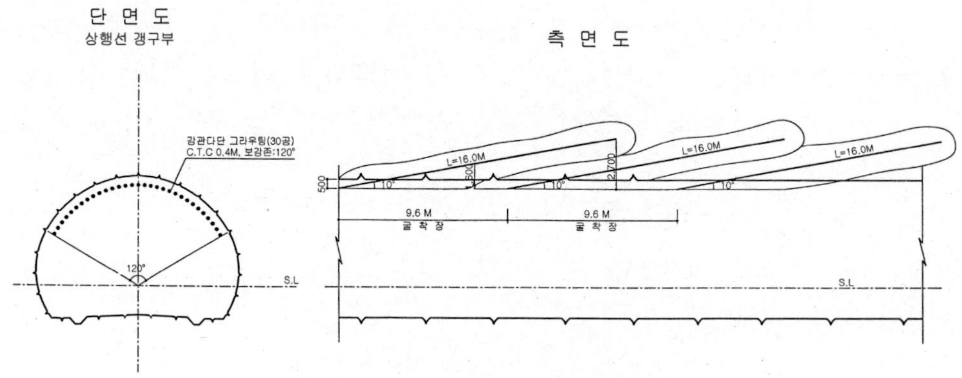

[그림 4-11] 붕락구간 갱내부 보강도

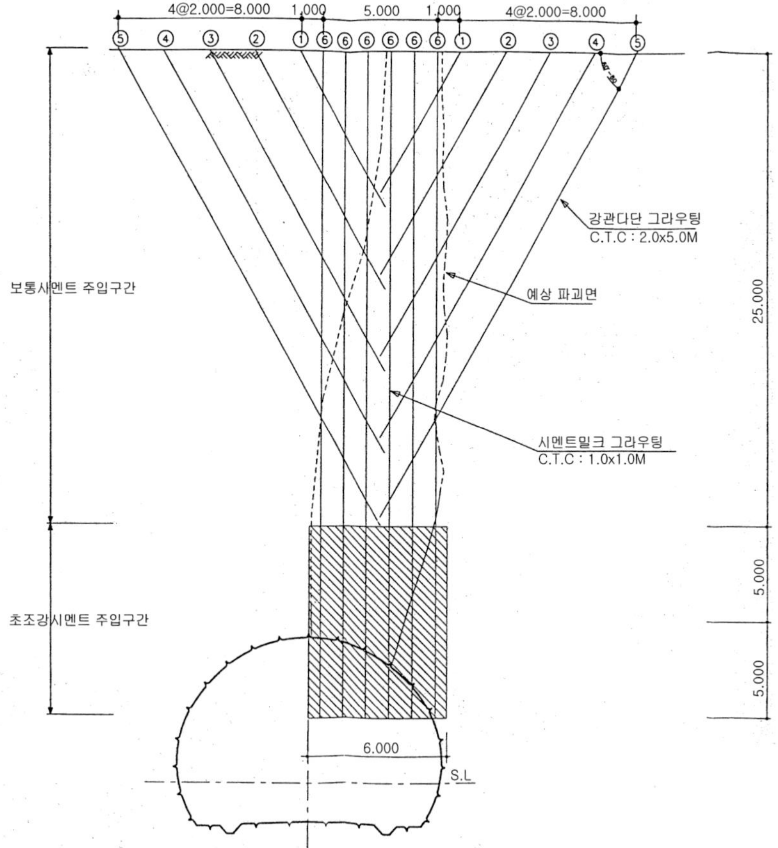

[그림 4-12] 붕락구간 지반 보강 단면도

서 강관응력재를 삽입, 토괴의 거동에 저항토록 하고 터널 굴진 시 이완토압을 충분히 지지하여 붕괴부 굴진에 최대의 안정 및 확실한 시공이 되도록 해야 할 것이다.

그림 4-11에는 붕락구간 갱내부 보강도가 나타나 있으며, 그림 4-12에는 붕락구간 지반 보강 단면도가 나타나 있다.

4.2.5 결론

본고에서는 석회공동 지역에서의 터널 굴착 시 발생한 붕락사고의 원인을 분석하고 이에 대한 보강 사례를 검토하였다. 이를 요약하면 다음과 같다.

1) 붕락사고 원인

이 구간은 지질구조가 교차 또는 접촉되는 지점에 위치하여 소규모의 단층 및 점이적인 변질작용에 의해 파쇄대가 매우 발달해 있으며 또한 지형상으로 계곡부에 위치하여 석회암 및 변질대가 계곡수 및 지하수에 의한 용식작용으로 공동 및 파쇄대가 형성되어 나타난다. 이러한 지질구조가 하부터널 굴진에 의해 지지력을 상실함으로써 급격한 붕괴를 초래한 것으로 판단된다.

2) 보강대책

- 미굴착구간에 대한 구조 검토 결과, 보강조치 없이 하반 굴착을 진행할 경우 지보재에 작용하는 응력이 허용응력을 초과하므로 강관다단 그라우팅으로 보강하며, 보강구간은 16m 보강 후 막장의 암질 상태에 따라 보강 여부를 결정해야 한다. 보강재 주입은 지표면에서 25m까지는 보통시멘트, 그 하부는 초조강시멘트를 사용하도록 하였다.
- 붕락구간에 대한 지상보강공법은 1차 시멘트밀크 그라우팅과 2차 마이크로 파일 개념을 도입한 수직경사 시공에 의한 강관다단 그라우팅 공법을 보강해야만 터널의 안정성을 확보할 것으로 판단되며, 갱내 보강공법은 수평상향 경사 시공에 의한 강관다단 그라우팅으로 보강을 3열로 하도록 하였다.

3) 보강 후 터널 안정성

미굴착구간 및 붕락구간에 대한 보강공을 시공한 후 터널의 안정성을 확인하기 위하여 계측 결과를 검토한 결과 모두 안정한 상태를 보였으며, 이후 별다른 이상은 확인되지 않았다. 현재는 터널 굴착이 무사히 완료되어 콘크리트 라이닝이 시공된 상태이다.

4) 붕락사고의 교훈 및 과제

- 석회공동 지역의 경우 공동이 다양한 크기와 형태로 존재하는데, 본 현장의 경우 붕락지점 이전에 이미 터널 상부에서 반원형의 석회공동이 확인된바 이에 대한 조사 및 대비를 충분히 하지 못하였다는 점이다.
- 터널 내에서 석회공동을 조사하기 위한 GPR 탐사를 실시하였으나 그 결과는 좋지 않았다. 터널 내 전방 지질뿐만 아니라 주변 지반에 대한 조사방법도 본 현장과 같이 특수한 지질에서 터널을 굴착하는 경우, 그 조사방법에 대한 구체적인 연구 검토가 수행되어야 할 것이다.

4.3 석회암 지역에서의 터널 시공 기술

4.3.1 서론

터널 시공은 일반적으로 현장 지반조건에 따라 적절한 지보형식을 적용하고 굴착방법을 선정하여야 하는 등 지질 특성 및 지질 구조 분포에 큰 영향을 받는다. 특히 석회암이 분포하는 지역에서 터널을 시공할 때에는 막장 전방에 발달하는 지하공동의 분포를 정확하게 파악하고, 이로 인하여 시공 시 야기될 수 있는 지반공학적 문제점들에 대한 적절한 대책을 수립해야 한다. 따라서 사전 지반조사를 통하여 이루어진 지질(지반) 특성은 한계를 가질 수밖에 없으므로, 시공 중 나타난 지질 및 암반 특성에 대한 조사나 평가가 매우 중요하다. 최근에는 TSP 전방탐사, 선진보링, LIM시스템 등과 같은 기술을 도입하여 전방 지질구조를 예측·평가함으로써 시공 전 대책공을 수립하여 터널의 안전성 확보를 위한 검토를 수행하고 있다.

최근 산간 지역의 미흡한 사회기반시설의 확충을 위한 도로 및 철도망 신설 또는 확장·개선 공사를 위하여 석회암이 광범위하게 분포하는 지역의 개발이 이루어지고 있다. 석회암 지역에서의 터널 시공은 일반적인 산악 터널에서의 문제점 이외에, 석회암의 대표적 특성 가운데 하나인 용식작용에 의해 형성된 석회공동과 차별풍화에 의한 불규칙한 기반암선 등의 발달로 인하여 터널 구조물의 안정성뿐만 아니라 급격한 지하수의 유입 및 붕락 등과 같은 각종 재해를 유발한다.

이러한 석회암 지역에서의 토목공사 시 인명 및 재산피해 등을 최소화하기 위하여 유럽 각국에서는 사회기반시설의 보호와 국민의 인명 및 재산권 보호를 위해 각국의 석회암 특성에 따른 재해 등급도를 작성하여 활용하고 있을 뿐만 아니라, 석회암이 분포하고 있는 선진국에서는 각국의 석회암 특성에 맞는 석회공동의 공학적 분류 기준을 설정하여 이를 기준으로 석회 지대를 구분하여 설계 지침을 제안하고 있다. 영국의 경우, 결정질 석회암을 대상으로 5개 등급을 규정하고, 각 등급에 따른 석회공동 시스템의 유형과 각 등급에 따른 일반적인 조사 및 설계 지침을 제안하고 있다.

그러나 국내 석회암은 암석 종류에 따라 수십 개의 층으로 구분되며, 구성광물과 조직 및 1, 2차 공극 등이 각 층에 따라 달라서, 공동 발생과 관련된 용식 특성 역시 각 지역별 또는 각 층별로 다르다. 따라서 외국의 재해도 기준을 직접적으로 활용할 수 없는 상황이나,

국내에는 아직까지 석회 지대의 공학적 분류와 재해도 평가 기준이 마련되어 있지 않은 실정이다. 따라서 석회암 지역에서의 안전한 터널 시공을 위해서는 터널 시공 전에 대상 석회암의 암석학적·공학적 특성을 정확히 파악하고, 터널 건설 예정지 주변의 지질구조의 발달 및 지하수 분포 상황을 파악하여 터널 시공 중 발생 가능한 지하공동 및 지하수 유출에 대한 충분한 사전준비를 실시하여야 한다.

이 논문에서는 석회암 지대의 공동 발달 유형에 대하여 간단히 언급하고, 석회암 지반의 굴착 시 적용된 암반 분류 시스템의 예를 살펴보며, 석회암 지대에서 시공된 예를 몇 가지 살펴보고자 한다.

4.3.2 국내 석회암의 특성

가. 국내 석회암의 지질학적 특성

석회암은 고회암과 더불어 대표적인 탄산염암이며, 일반적으로 방해석($CaCO_3$) 성분이 총 암석 중량의 50% 이상인 퇴적암을 일컫는 지질학적 용어이다. 화학적 침전으로 생성되는 무기적 석회암은 주로 열대지방의 얕은 바다에서 생성되며, 높은 수온에서 CO_2가 쉽게 탈출함으로써 생성되는 $CaCO_3$의 침전이 그 기원이다. 유기적 석회암은 생물의 석회질 부분의 퇴적에 의하여 만들어진다.

국내의 석회암은 대부분이 강원도 중부 및 충북 북부 지역에 분포한다. 지질시대로는 선캄브리아기로부터 석탄기에 퇴적된 지층이며, 이들 중 대규모 석회암은 캄브리아기로부터 오르도비스기에 이르는 조선누층군 분포 지역에 위치한다.

선캄브리아기 석회암은 경기, 충청, 전라 및 경북 지역의 경기육괴와 영남육괴에 분포하며 대부분 결정편암계에 협재하여 분포한다. 석회암층은 변성퇴적암류의 엽리방향과 거의 평형하게 렌즈상으로 배태되며, 일부는 재결정작용이 현저한 대리암으로 분포한다.

고생대 석회암은 캄브리아기로부터 오르도비스기에 이르는 조선누층군과 평안누층군에 속하는 지층들 중에 분포한다. 조선누층군은 강원도 삼척·영월·정선 지역 및 옥천지향사대의 북동부에 속하는 태백산 지역에 넓게 분포하며 일부는 충북 단양과 경북 문경 지역까지 연장되어 분포한다. 이들은 대부분 재결정 작용을 받았으며 입도는 중정질(0.062mm~0.25mm)에서 우조정질(1~4mm)에 속한다.

평안누층군의 석회암은 충북 제원군, 제천시 일대와 영월군 남면, 북면 및 영월읍 일대에 분포하는 석탄기 말기에 퇴적된 홍점통의 만항층 및 사동통의 금천층 중에 협재한다. 제천 지역의 갑산층에도 석회암이 협재한다. 알려진 홍점통 및 갑산층에 협재하는 석회암의 층후는 수 센티미터에서 최대 20m에 이르며, 셰일과 사암이 교호하는 호층대 내의 회색 셰일 내에 협재하거나 하부의 사암과 호층을 이루기도 한다. 이들 석회암의 입도는 대부분이 세정질-미정질(0.062mm 이하)에 속한다(한국수자원공사, 1998).

조선누층군에 분포하는 대석회암통은 해성퇴적암과 쇄설성 퇴적암으로 구성되며, 주 구성암석은 괴상석회암, 백운암질 석회암, 백운암질 및 이질 석회암이며, 암석 자체의 투수성은 극히 낮아서 일차적인 공극구조가 발달해 있지 않다. 그러나 단층, 절리 등과 같은 지구조적 불연속면을 따라서 지하수의 용해작용이 진행되어 카르스트 지형이 분포하며 이들 지형의 하부에는 수직 또는 수평으로 지하공동이 잘 발달되어 있다. 또한 강원, 충북 그리고 경북 일부 지역에 높은 산지를 형성하고 분포하고, 울진의 석류굴, 영월 고씨동굴 및 고수동굴 등에는 대규모 지하수가 소하천을 이루어 유동하고 있으며, 강원 평창 지역에서는 용해 공동 구조를 따라 형성된 석회암의 용출수가 수만 톤에 이른다(한국수자원공사, 1998).

나. 국내 석회암의 지질공학적 특성

국내 석회암의 지질공학적 특징은 석회암이 가지는 암석학적 특성과 밀접한 관련이 있다. 국내에 분포하는 재결정 작용을 받은 석회암은 주변의 다른 변성퇴적암류(슬레이트, 천매암, 편암 등)에 비하여 기계적 풍화에는 강하나 지하수에 의한 용해와 같은 화학적 풍화에는 대단히 약하다. 그림 4-13은 천매암 지층 사이에 분포하는 석회암의 풍화양상을 단적으로 보여주는 사진으로서, 주변의 변성퇴적암류가 풍화를 받아 거의 풍화 토화된 것에 비하여 석회암이 큰 암괴의 형태로 남아 있음을 알 수 있다. 이와 같은 풍화 형태는 마치 석회암의 핵석이 충적층 사이에 분포하는 것과 같다.

석회암은 석회동굴이 자연계에서 안정하게 발달되어 있는 것을 보면 알 수 있듯이 보통 터널공사를 시행하기에 유리한 암석이다. 대단면 터널보다 더 큰 지하동굴이 많이 분포하는 것도 이를 뒷받침하고 있다(Goodman, 1993). 하지만 석회암이 분포하는 지역에서 터널을 시공할 때 문제가 되는 것은 대부분 카르스트 지형과 관련이 있다. 지하수 용식에 의한 공동의 발달로 갑작스러운 대규모 용수, 불안정한 막장, 그리고 점토층이 호층으로 발달하는 지역에서 발생하는 천단에서의 붕락, 층리면을 따라 발생하는 평면파괴가 일어날 수 있다. 특히 단층이나 절리 등과 같은 불연속면이 잘 발달하는 지역에서는 위에서 언급한 위험요소는 더욱 심각해진다. 또한 석회암이 다른 암상(예를 들어 편암)과 교호하며 분포할 때 차별풍화에 의해 표력(boulder)에서 자갈(cobble)의 크기로 공동 또는 주위의 풍화토와 함께 지반을 구성함으로써 이들의 분포양상을 사전조사에 의하여 정확히 예측하지 않으면 터널 공사 시 예기치 못한 사고로 이어질 수 있다.

[그림 4-13] 천매암과 석회암 분포 지역의 차별풍화 양상

4.3.3 석회암 공동의 유형 및 그 특징

석회암이 발달하는 지역의 지형에 가장 큰 영향을 미치는 것은 카르스트(karst) 작용이다. 카르스트 작용은 탄산칼슘($CaCO_3$)을 주성분으로 하는 석회암이 탄산가스를 포함한 빗물에 잘 용해됨으로써 지표면에 요철을 발달시키는 작용이다. 이러한 작용에 의하여 형성되는 지형을 카르스트 지형이라고 하며, 석회암 지대에서 발견되는 독특한 유형의 지형을 총칭하는 용어이다.

카르스트 지형은 석회암 발달 지역의 암질, 지질구조, 지하수위, 기후 등에 따라서 그 형성 여부와 발달 양상이 매우 다양하게 나타난다. 카르스트 지형이 발달할 조건으로는 다음과 같은 것이 있다. 절리 등의 불연속면이 발달하여 지하수의 충분한 유동경로가 확보되어야 하며, 단층의 발달로 깊은 계곡이 발달되어 있어서 지하수면 상부에서의 지하수 유동이 용이해야 하며, 강수량이 풍부해야 한다. 대표적인 카르스트 지형으로는 테라로사(terra rossa), 라피에(lapies), 돌리네(doline), 석회동굴이 있다.

- **테라로사** 석회암에 포함된 점토 등의 불순물이 석회암이 용해됨에 따라 그 자리에 퇴적되면서 잔류토양으로 발달하는 것이다. 불순물의 함유량에 따라서 달라지지만 대략 잔류토의 3배에서 10배의 석회암이 용해되므로, 이러한 잔류토는 석회암의 용식량을 지시하는 지시자이기도 하다.
- **라피에** 석회암 지대의 경사면을 따라서 빗물이 흘러내리면서 용식구를 발달시키며, 용식구 사이에 암주나 능의 형태로 남아 있는 부분을 말한다.
- **돌리네** 석회암이 용식되어 형성되는 오목한 원형 또는 타원형의 지형이며, 그 지름이 수미터에서 수백 미터까지 발달하며, 깊이는 수십 센티미터에서 수십 미터까지 다양하다. 돌리네의 중심에는 지표수가 지하로 유입되는 싱크홀(sinkhole)이 발달한다. 돌리네는 그 형성 기구에 따라 2가지로 분류되는데, 석회암의 용식에 의해 장기간에 걸쳐서 형성되는 용식 돌리네와 석회암 동굴의 천단이 붕괴되면서 형성된 함몰 돌리네가 있다. 또한 단층선을 따라서 길게 형성되기도 한다.
- **석회동굴** 석회암 지대에 발달하는 불연속면을 따라서 침투한 지표수가 지하수를 이루고, 이러한 지하수가 시간이 경과함에 따라서 지하수 통로의 면적을 확대시키면서 대규모의 동굴을 이루게 된다. 석회암을 용해시키면서 유동하는 지하수는 용해된 방해석 성분을 침전시키면서 동굴의 천단이나 측벽 그리고 바닥에 종유석, 석순, 석주 등과 같은 구조를 발달시킨다.

석회암의 용식작용에 의하여 발생하는 공동은 초기 공동 형성단계인 고각의 불연속면 용해로 인한 홈(slot) 또는 이와 연결된 소규모의 공동(void or cavity)으로부터, 하부의 동굴(cave)과 연결되어 대규모로 붕괴된 싱크홀(sinkhole) 등 다양한 단계와 규모를 가지는 공동 형태로 구분할 수 있다(윤운상 외, 1999). Fookes and Hawkins(1988)는 결정질 석회암 지역에서의 카르스트 특성을 공동 형성의 단계와 형태에 따라 Class I(Limestone surface)~Class V(major doline karst)의 5개 등급으로 구분하였으며, 이외에도 돌리네의 발달과정에 따라 그 형태와 진행단계에 의해 여러 저자가 분류를 시도했다(Culshaw and Waltham, 1987). 석회암의 특성과 석회공동의 유형을 분석하여 석회공동 등 카르스트 특성을 크게 홈과 공동 시스템(slot and cavity system), 싱크홀과 동굴 시스템(sinkhole and cave system)으로 구분하고, 이를 Fookes and Hawkins(1988)의 분류에 대비해 정리하면 표

4-9와 같다. 표 4-9에서 보는 바와 같이 홈과 공동 시스템(slot and cavity system)으로 발달한 카르스트 특성은 공동 발달 시기에서는 비교적 초기 단계에 해당되는데, 절리 주변의 용해로 생성된 홈과 이의 확장 또는 홈과 연결된 소규모의 공동의 발달로 특징지어지며, 소규모의 고립된 공동 분포와 불규칙한 석회암의 노출 표면(pinnacle)이 관찰되고 주로 층상의 석회암에서 잘 나타난다. 이러한 특징의 석회공동 시스템은 Fookes and Hawkins(1988)의 Class I, II에 해당한다. 싱크홀과 동굴 시스템(sinkhole and cave system)은 홈과 소규모의 고립된 공동이 상호 연결되고 보다 확장되어 지하수위까지 용해를 진행시키기 때문에 동굴과 싱크홀을 형성하고 결국 침하 또는 붕괴 돌리네(subsidence or collapse doline)가 발달하는 일련의 과정을 겪게 되는데, 재해를 유발할 수 있으므로 주의의 대상이 된다. 이 시스템은 Fookes and Hawkins(1988)의 class III, IV, V에 해당한다.

그림 4-14는 Fetter(1988)에 의하여 제시된 석회암 지역의 공동 발달 모델로서 불연속면의 분포에 영향을 받은 석회동굴의 발달 형태를 보여준다.

[표 4-9] 카르스트 지역의 공동 시스템에 대한 분류(윤운상 외, 1999)

구분	Fookes & Hawkins(1988)	주요 형태
홈과 공동 시스템 (slot & cavity system)	Class I (Limestone surface)	절리 등 불연속면 주변의 용해
	Class II (Minor Karst)	절리 주변 용해로 인한 pinnacle의 발달과 소규모 고립된 석회공동의 형성
싱크홀과 동굴 시스템 (sinkhole & cave system)	Class III (Karst)	지하수위 상부의 다수 절리 주변의 용해 확장과 고립된 석회공동의 연결
	Class IV (Doline karst)	돌리네 및 싱크홀의 형성과 지하수위 주위의 석회동굴의 발달
	Class V (Major doline karst)	돌리네 및 석회동굴의 붕괴 및 지하수위의 하강에 따른 새로운 석회공동 시스템의 진전

위에서 살펴본 공동을 채우고 있는 퇴적물은 퇴적물의 구성과 분급도 등에 의해 크게 4개의 유형으로 구분할 수 있다(Statham and Baker 1986). 첫째 퇴적물이 없는 빈 공동(Type I), 둘째 층상의 점토 및 실트로 채워진 공동(Type II), 셋째 비교적 원마도가 좋은 비용해성 암석의 자갈 및 점토질 실트의 혼합물에 의해 채워진 공동(Type III), 넷째 석회암의 각력과 암괴가 자갈, 점토, 실트 등과 혼합되어 채워진 공동이다(Type IV)(표 4-10 참조).

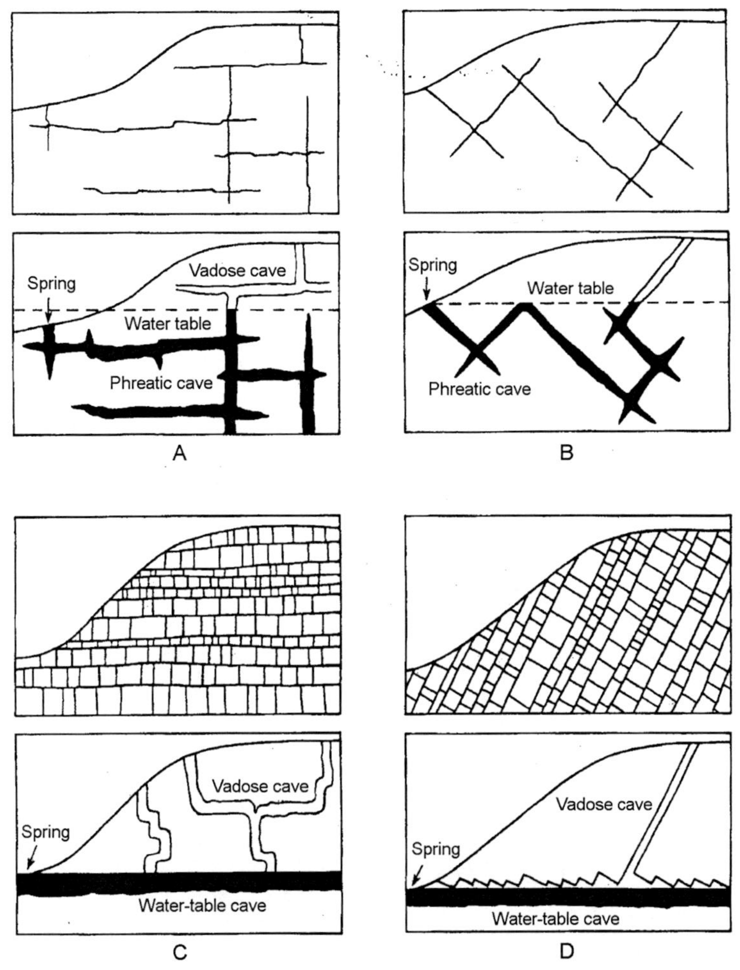

[그림 4-14] 불연속면의 분포에 따른 석회동굴의 발달 형태

[표 4-10] 석회공동 내 퇴적물의 분류

구분	퇴적물 상태	분포 특성
Type I	빈 공동	지하수의 통로 또는 공동의 상부
Type II	층상의 적갈색 점토 및 점토질 실트, 원마도가 좋은 용해성 암석의 작은 암편과 완전 풍화된 석회암편 포함	소규모 고립된 공동 시스템의 최하부
Type III	비용해성 암석의 원마도가 좋은 자갈과 적갈색 점토 및 점토질 실트의 분급이 되지 않은 혼합물	싱크홀, Type IV의 상부 또는 하부
Type IV	석회암의 각력 또는 암괴와 비용해성 암석의 자갈 및 적갈색 점토질 실트 등의 분급이 되지 않은 혼합물	싱크홀, 붕괴된 돌리네에서 큰 규모의 암괴 분포

4.3.4 석회암 지대에서의 터널 시공 사례

가. 석회암반 터널에서의 암반 분류 시스템 적용

1) 개요

이 터널은 Turkey 남동쪽에 위치한 Urfa와 Adiyaman 지방 부근에 건설하는 Ataturk 댐의 보호를 위한 grouting 갤러리에 속한다. 이 갤러리는 투수계수를 저하시키고 불연속면이 발달한 지반의 강성과 강도를 증가시켜 댐의 안정성을 높이기 위하여 시공되었다. 터널 L1의 크기는 직경이 4.10m, 길이가 1,115m로 심도 15~75m에 위치하고, L3A는 직경 4.10m, 길이 998m로 심도가 L1 터널보다 100m 깊은 곳에 시공되었다(그림 4-15~4-17 참조). 이곳의 지반은 이질 석회암으로 구성되어 있다.

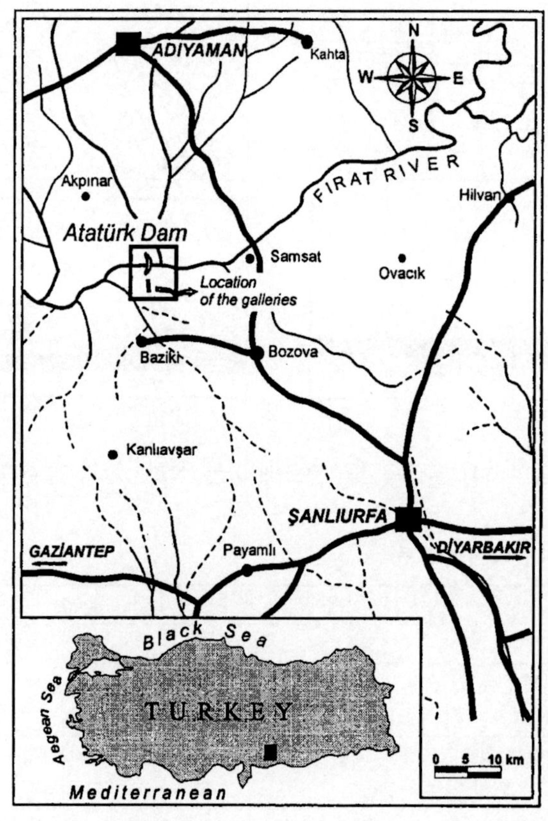

[그림 4-15] 갤러리의 위치

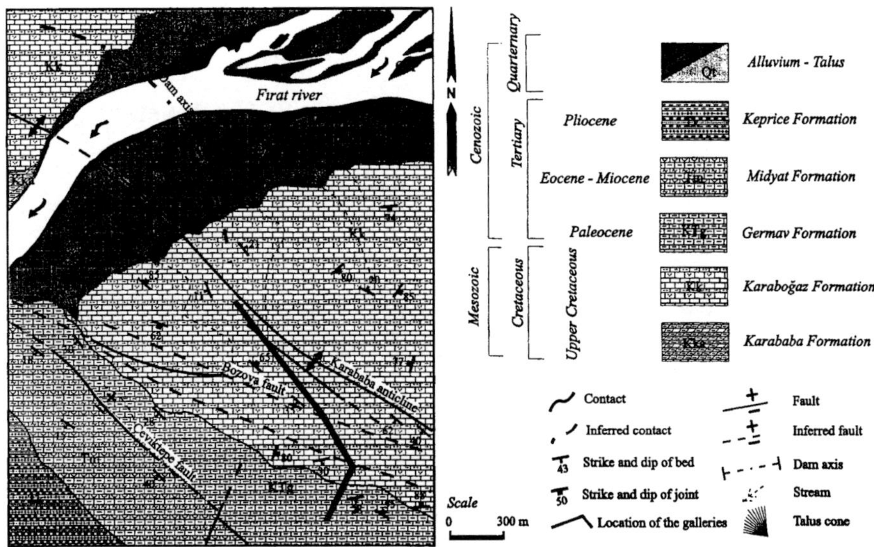

[그림 4-16] Ataturk 댐의 지질도

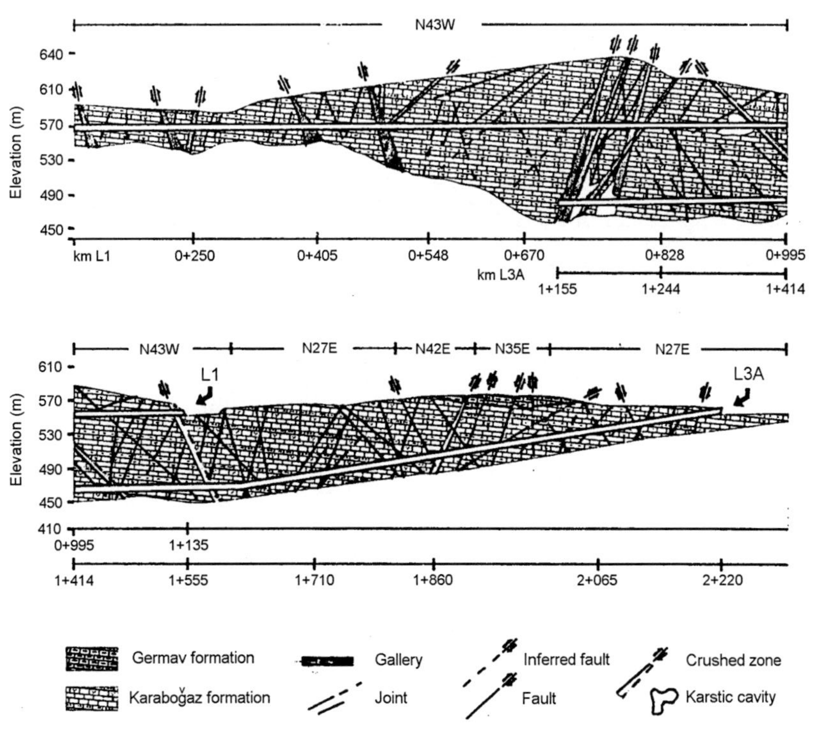

[그림 4-17] L1과 L3A gallery의 횡단면 지질도

2) 석회암반 터널에서의 암반 분류에 따른 지보결정

시추조사에서 얻은 코어와 암반 블록으로부터 시료를 채취하여 다양한 실내실험을 실시하여 갤러리에 위치한 석회암의 물성을 분석하였다(Tugrul, 1998). 표 4-11은 실내실험에서 얻은 석회암의 물성이며, 표 4-12, 4-13은 강재지보 시공을 위한 RSR 암반 분류와 록볼트, 숏크리트 시공을 위한 RMR, Q-system 분류의 내용을 보여준다. 3가지 암반 분류 시스템에 의해 와이어 메시로 보강된 100mm 두께의 숏크리트, 무장력의 그라우팅 볼트, 길이 2.4~6m, 1~2m 간격의 강재지보의 시공이 실시되었다. 이 터널 굴착에서 대두된 주요 시공문제로서는 석회암 지대에 발달된 카르스트 지형으로 인해 유발된 갑작스러운 지하수 유출과 불안정한 터널막장 및 층리면을 따른 평면파괴가 있다.

[표 4-11] gallery의 석회암의 실내실험 결과

Geomechanical parameter	Minimum	Maximum	Mean
Specific gravity	2.60	2.65	2.63
Dry unit weight (kNm^{-3})	22.1	24.7	24.0
Water absorption (%)	1.5	15.8	5.9
Effective porosity (%)	3.7	13	7.3
Total porosity (%)	5.9	15.7	9.3
Point load strength index (MPa)	1.16	2.59	1.88
Tensile strength (MPa)	3.5	7.5	5.5
Uniaxial compressive strength (MPa)	22	39	28.5
Young's Modulus E (GPa)	1.1	8.2	5.6

[표 4-12] L1 injection gallery에 적용된 암반 분류

Locality	RSR classification		RMR classification		Q-system	
	Class	Support	Class	Support	Class	Support
0+072	52	S:2.6inch B:3.3ft^2 R:40ft	38	B(Utg) l: 4m, d: 2m S(mr) 50~100mm	1.42	No support require
0+202	36	S:4.8inch B:2.3ft^2 R:1.8ft	25	B(Utg) l: 4m, d: 1.5m S(mr) 100~150mm R:1.5m	0.41	B(Utg)1m+mr or clm
0+351	32	S:5.3inch B:2.2ft^2 R:1.4ft	25	B(Utg) l: 4m, d: 1.5m S(mr) 100~150mm R:1.5m	0.15	B(Utg)1m+S(mr) 5cm

[표 4-12] L1 injection gallery에 적용된 암반 분류 (계속)

Locality	RSR classification		RMR classification		Q-system	
	Class	Support	Class	Support	Class	Support
0+419	50	S:2.8inch B:3.2ft^2 R:3.6ft	42	B(Utg) l: 4m, d: 2m S(mr) 50~100mm	1.90	No support require
0+458	39	S:4.2inch B:2.3ft^2 R:1.9ft	25	B(Utg) l: 4m, d: 1.5m S(mr) 100~150mm R:1.5m	0.36	B(Utg)1m+S(mr) 5cm
0+630	25	S:7.0inch R:0.8ft	13	B(Utg) l: 4m, d: 1.5m S(mr) 100~200mm R:0.75m	0.06	S(mr)7.5-15cm
0+691	43	S:3.6inch B:2.6ft^2 R:2.5ft	30	B(Utg) l: 4m, d: 1.5m S(mr) 100~150mm R:1.5m	0.63	B(Utg)1m+mr or clm
0+734	39	S:4.2inch B:2.3ft^2 R:1.9ft	25	B(Utg) l: 4m, d: 1.5m S(mr) 100~150mm R:1.5m	0.30	B(Utg)1m+S(mr) 5cm
0+979	26	S:6.2inch B:2.0ft^2 R:1.2ft	16	B(Utg) l: 4m, d: 1.5m S(mr) 100~150mm R:0.75m	0.06	S(mr)7.5-15cm
1+064	50	S:2.8inch B:3.2ft^2 R:3.6ft	40	B(Utg) l: 4m, d: 2m S(mr) 50~100mm	1.20	B(Utg)1m+S 2-3cm
1+135	39	S:4.2inch B:2.3ft^2 R:1.9ft	25	B(Utg) l: 4m, d: 1.5m S(mr) 100~150mm R:1.5m	0.15	B(Utg)1m+S(mr) 5cm

[표 4-13] L3A injection gallery에 적용된 암반 분류

Locality	RSR classification		RMR classification		Q-system	
	Class	Support	Class	Support	Class	Support
2+220	50	S:2.8inch B:3.2ft^2 R:3.6ft	39	B(Utg) l: 4m, d: 2m S(mr) 50~100mm	1.20	
2+169	39	S:4.2inch B:2.3ft^2 R:1.9ft	25	B(Utg) l: 4.5m, d: 1.5m S(mr) 100~150mm R:1.5m	0.45	B(Utg)1m+S(mr) 5cm

[표 4-13] L3A injection gallery에 적용된 암반 분류 (계속)

Locality	RSR classification		RMR classification		Q-system	
	Class	Support	Class	Support	Class	Support
1+808	30	S:5.8inch B:2.0ft^2 R:1.2ft	25	B(Utg) l: 4.5m, d: 1.5m S(mr) 100~150mm R:1.5m	0.14	B(Utg)1m+S(mr) 5cm
1+721	37	S:3.2inch B:3.3ft^2 R:3.2ft	30	B(Utg) l: 4.5m, d: 1.5m S(mr) 100~150mm R:1.5m	0.51	B(Utg)1m+mr or clm
1+611	35	S:4.8inch B:2.2ft^2 R:1.4ft	28	B(Utg) l: 4.5m, d: 1.5m S(mr) 100~150mm R:1.5m	0.37	B(Utg)1m+S(mr) 5cm
1+510	50	S:2.8inch R:3.2ft	42	B(Utg) l: 4m, d: 2.0m S(mr) 50~100mm	1.15	B(Utg)1m+S 2-3cm
1+441	25	S:7.0inch R:0.8ft	13	B(Utg) l: 5m, d: 1.5m S(mr) 100~150mm R:0.75m	0.05	S(mr)7.5-15cm
1+338	52	S:2.6inch B:3.5ft^2 R:4.1ft	41	B(Utg) l: 4m, d: 2.0m S(mr) 50~100mm	1.36	No support required
1+345	47	S:3.2inch B:3.0ft^2 R:2.8ft	35	B(Utg) l: 4.5m, d: 1.5m S(mr) 100~150mm R:1.5m	1.22	B(Utg)1m+S 2-3cm
1+155	32	S:5.3inch B:2.2ft^2 R:1.4ft	26	B(Utg) l: 4.5m, d: 1.5m S(mr) 100~150mm R:1.5m	0.27	B(Utg)1m+S(mr) 5cm

3) 석회암반 터널에서의 암반 분류의 비교·분석

이 현장에서는 3가지 암반 분류 시스템인 RSR, RMR, Q-system이 적용되었다. 암반을 CSIR 시스템에 의해 3가지 범주인 '매우 불량(very poor)', '불량(poor)', 양호(fair quality)'로 나누고, NGI 시스템에 의해 '극심한 불량(extremely poor)', '매우 불량(very poor)', '불량(poor)'으로 구분하였다. 매우 불량의 상태에 속하는 암반은 카르스트화되었거나 불연속면 또는 단층이 존재하였다. 시공 중에는 심각한 지하수의 유입은 없었으며, 3가지 암반 분류 시스템의 지시 사항에 따라 록볼트, 숏크리트, 와이어메시, 강재지보를 시공하였다.

RMR과 Q의 관계를 규명한 연구들을 보면 보통 RMR= AlnQ + B(A=7~14, B=36~49)의 관계를 가진다(Bieniawski 1976). Rutledge and Preston(1978)은 3가지 암반 분류 시스템 간의 관계를 RMR=13.5lnQ+43, RSR=0.77RMR+12.4, RSR=13.3lnQ+46.5로 규명하였다. 이 시공에서 나타난 암반 분류 시스템 간의 관계를 보면 그림 4-18, 4-19, 4-20에서처럼 RSR=0.78 RMR+17, RSR=6lnQ+46, RMR= 7lnQ+36으로 나타났다. 따라서 이 시공에서 나타난 결과는 그림 4-21에서 보이는 바와 같이 큰 차이는 없으나 동일한 RMR에 대하여 다소 높은 Q 값을 나타낸다.

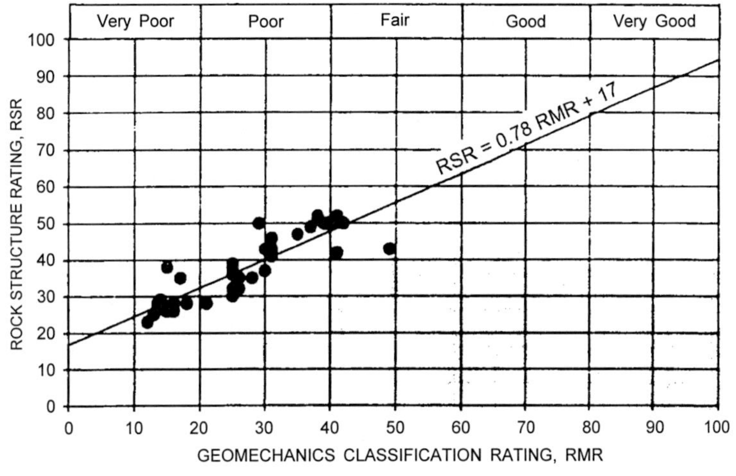

[그림 4-18] 현장의 RSR과 RMR의 관계

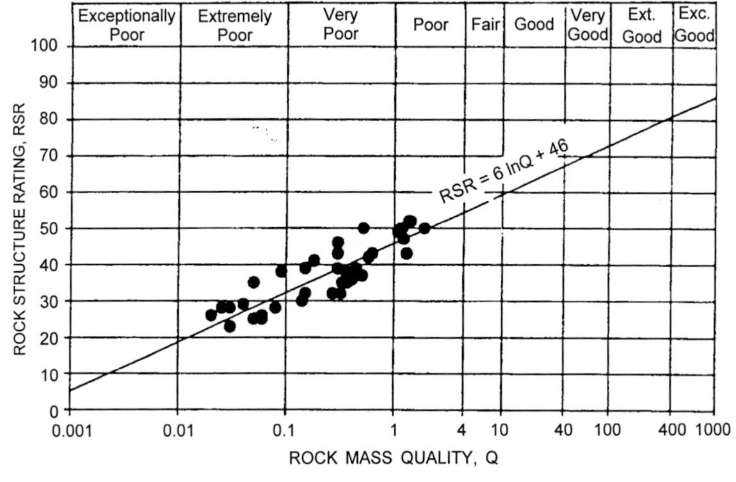

[그림 4-19] 지반의 RMR과 Q의 관계

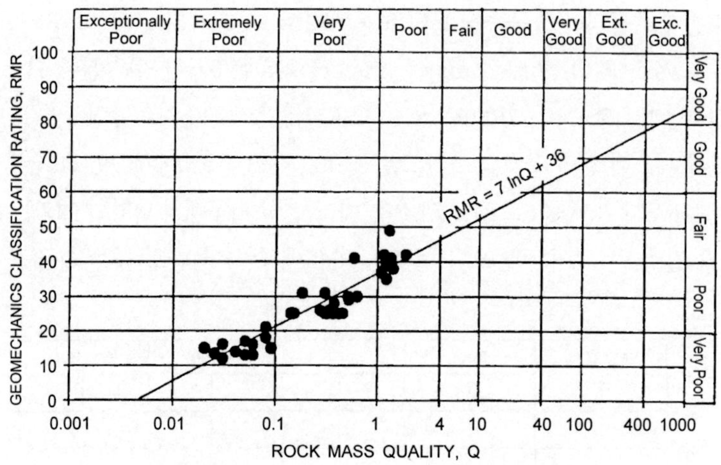

[그림 4-20] 지반의 RSR과 Q의 상관관계

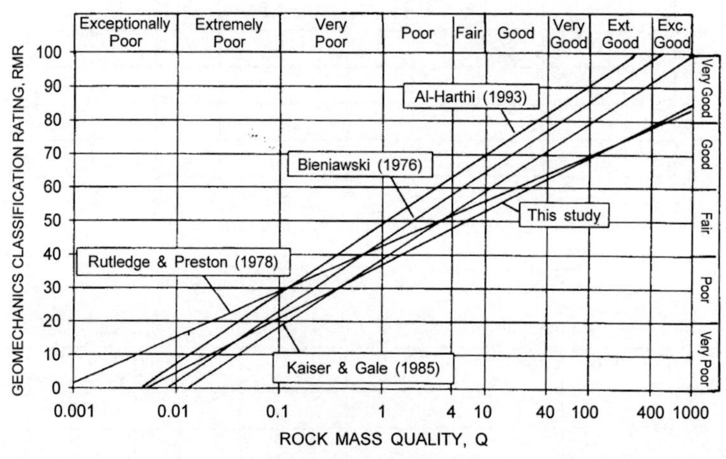

[그림 4-21] 본 현장과 다른 연구 결과의 비교

나. Magnesian Limestone 지반에서의 터널 수직구 시공

1) 개요

이 공사에서는 Sunderland, 영국에 위치한 Whiteburn Steel Pumping Station 건설을 위한 연결통로와 지반조사를 위해 수직구를 시공하였다. 펌프장의 규모는 폭 15m, 길이 23m, 깊이 22m이고 수직구는 직경이 5.28m인 시험 수직구(S6-1992년, S9-1993)를 시공하여 횡방향 지반상태를 조사하기 위하여 2.1×2.1m의 면적으로 10m 굴진하였다. 지반은 영국

북동쪽 해안에 분포하는 다양한 물성과 지하수를 함유한 Upper Magnesian Limestone으로 구성되어 있다(그림 4-22 참조).

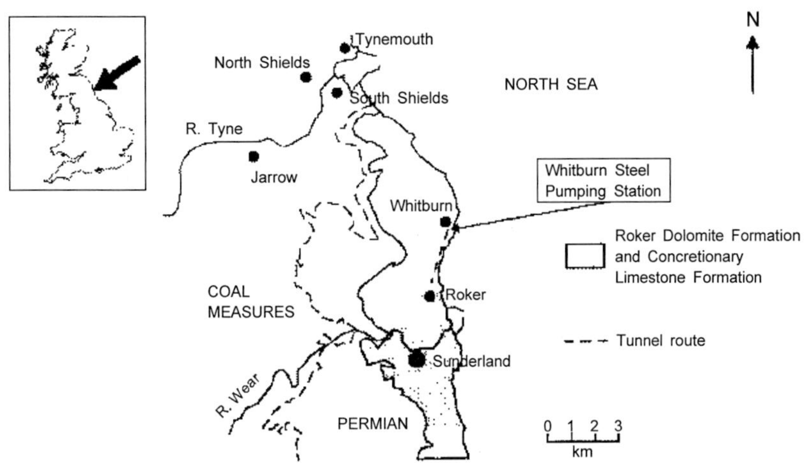

[그림 4-22] Whiteburn Steel Pumping Station의 지도상 위치

2) 지반조사

해안에 노출된 노두를 대상으로 지표 지질조사를 실시하였다. 이들은 강하고 매우 질은 갈색의 결정질 석회암으로 구성되어 있고, 또한 치밀한 황갈색을 띠는 돌로마이트

[그림 4-23] 해안절벽에 노출된 Upper Magnesian Limestone

실트층이 수 미터 두께로 분포하며, 돌로마이트 실트층 내에 강하거나 매우 강한 약 0.5m 직경의 석회질 역이 분포한다. 또한, 황갈색 돌로마이트 실트나 세립의 모래층 안에 자갈 크기의 석회암이나 돌로마이트 조각으로 구성된 각력이 존재한다(그림 4-23 참조).

3) 시추조사와 시험 수직구

이 시추조사는 여러 종류의 배럴을 이용해 실시되었다. 일반적인 2중 배럴 시추를 4개 실시하였을 때 매우 약한 강도에서부터 강한 강도를 가진 돌로마이트가 조사되었고, 풍화 정도는 약간풍화(slightly weathered)에서 완전풍화(completely weathered) 범위에 해당하였다. TCR(Total Core Recovery)은 불량하며 몇 군데서는 0이었고, SCR(Solid Core Recovery)과 RQD(Rock Quality Designation)는 매우 낮거나 0이었다. 코어는 거의 파쇄되어 있고 주로 gravel 크기로 조각나 있으며, 4개 시추공의 시추주상도를 비교해본 결과 횡방향으로 강도와 풍화 정도 및 절리간격에서 많은 차이를 보였다. 따라서 triple-tube 배럴과 얇은 GS550 polymer drilling mud로 시추조사를 실시하여 보다 높은 값의 TCR, SCR, RQD를 가진 시추코어를 얻었지만, 가끔 미고결의 돌로마이트 실트와 함께 완전히 풍화된 암석코어가 나타났다. 시추공에서 투수시험을 실시한 결과 투수계수는 10^{-7}/s에서 10^{-4}/s의 범위를 보였다. 직경이 5.28m인 시험 수직구(S6-1992년, S9-1993)를 시공하여 횡방향 지반상태를 조사하기 위하여 2.1×2.1m의 면적으로 10m 굴진하자 암반 물성의 변화가 수 미터 간격으로 심하게 변화하였다. 수직구 S6에서는 지하수면 아래 7.5m에서 지하수 유입이 최고 4.0ℓ/s, 펌핑장에서 가까운 S9는 지하수면 아래 87.3m 지점에서 최고 6.2ℓ/s였다. 두 수직구 모두에서 수직절리와 풍화대를 통한 지하수의 유입으로 인하여 돌로마이트 실트의 대량 유출 현상이 발생하였다.

4) 지반상태와 공학적인 문제점

이 시공에서 예상되는 가장 큰 문제는 다량의 지하수 유입을 차단하는 것이다. 표 4-14에서 지표 지질조사와 시추조사 및 수직구 조사를 통해 얻은 지반의 상태와 이로 인해 발생되는 공학적인 문제들을 정리해놓았다(G.M. Davis & P. Horswill, 2001).

[표 4-14] 지반상태와 굴착으로 인한 공학적인 문제점

예상되는 지반상태	잠재적인 공학적 문제점
매우 풍화되거나 완전히 풍화된 암석과 미고결 물질로 구성된 지역	굴착 막장의 불안정
각력질 암으로 구성된 지역	굴착 막장의 불안정
경암이나 극경암 지역	암 굴착의 어려움
상대적으로 불연속면이 발달하지 않는 형성하는 지역	암 굴착의 어려움
연속적이고 다양한 방향으로 불연속면이 발달하여 상대적으로 높은 투수계수를 가짐	굴착 막장의 불안정 유입수의 제어, 풍화나 각력질 물질과 암반 내 돌로마이트 실트의 씻김과 유출로 인해 막장면의 불안정, 굴착 바닥면에서의 토사의 보일링

5) 차수대책

이 공사에서는 지하수 유입을 억제하기 위해서 Curtain grouting을 시공하였다. Curtain grouting을 통해 Magnesian Limestone의 투수계수를 1×10^{-6}m/s(약 10루전)으로 감소시켰으며, 그라우팅에 대한 자세한 내용은 표 4-15에 나타내었다.

[표 4-15] Blanket holes and upstage curtain holes의 그라우팅

	Total mass grout injected (kg dry mass)	Total length of drillhole grouted (m)	Average take (kg dry mass m^{-1})	Reduction ratio
Curtain primaried	58000	415	140	-
Curtain secondaries	39150	460	85	0.61
Blanket primaries	37480	179	209	-
Blanket secondaries	39750	284	140	0.67

6) 굴착 시 문제점과 그 대책

실제 굴착을 실시한 결과 시추공 조사에서 나타난 지반의 상태와는 다른 다양한 변화를 보이는 지반이 나타났다. 그림 4-24는 시추공으로부터 얻은 지반의 정보와 실제 굴착에서 나타난 지반의 풍화 정도를 비교하여 보여준다. 또한 그림 4-25에서는 굴착 중 각력암 부분이 붕괴된 상태를 보여주고, 표 4-16에서는 굴착 시 나타난 지반의 상태에 이에 따른 공학적인 문제들과 그 대책에 대하여 기술하고 있다.

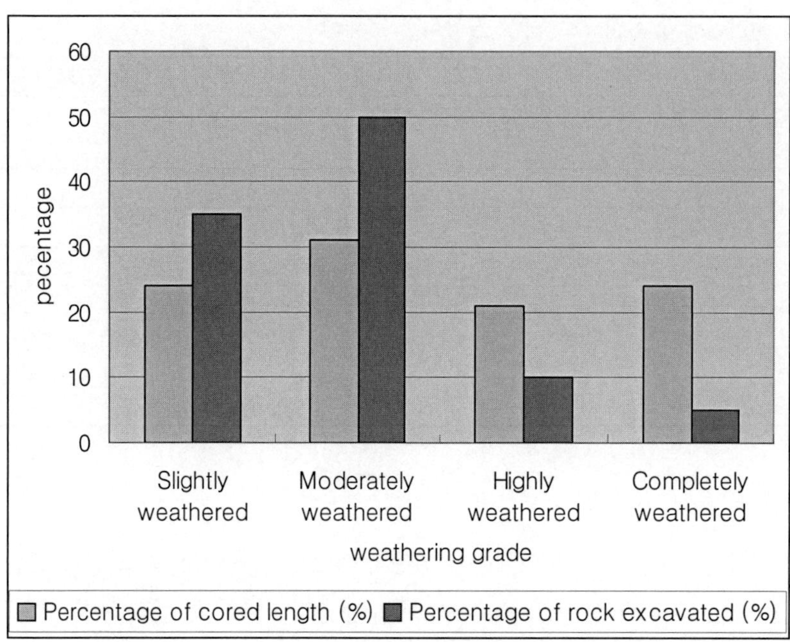

[그림 4-24] 시추굴착 시와 굴착 중 나타난 지반의 풍화도 비교

[그림 4-25] 펌핑장 굴착 시 남서쪽 모서리에서 붕락된 각력암

[표 4-16] 굴착 시 나타난 지반의 조건

지반 조건	공학적 문제	대책
glacial till		
강성이 큰 불연속면이 발달한 점토	수개월 동안 악화된 1:3 경사면의 안정성	공간이 제공된 곳에서는 법면다짐. 지오텍스타일 위로 A142 망의 발판을 지지하는 경사면에 4m 길이의 스틸 그라우팅을 2m 정사각형을 형성
magnesian limestone		
지하수 유입이 지속적인 밀착된 불연속면	굴착면의 작고 느슨한 불연속 블록	수작업 스케일링 소규모 붕락을 방지할 지오텍스타일
암반의 면에 굴착 깊이만큼 수직적으로 발달한 주절리	daylight 발생하지 않음	해당 없음
경사면의 부분적으로 1m 길이로 연속된 불연속면의 공간	암반면의 불안정성	불안정한 부분의 제거 소규모 붕락을 제어하기 위해서 polymer geogrid로 고정함
연속적이지 않은 밀착되고 약간 풍화된 돌로마이트 절리	굴착의 어려움과 시간	굴착기에 ripper tooth 부착 굴삭기에 압축 브레커 부착
경암이나 극경암인 결절질의 석회암	굴착의 어려움과 시간	굴삭기에 압축 브레커 부착
원통 모양의 각력구조의 큰 붕락이 굴착 바닥면까지 연장	잠재적인 불안정성 상대적으로 많은 지하수 유입 지역	duckbill 앵커와 함께 A252 스틸철망을 강성이 큰 점토 위에 설치하고 발판으로 단단한 굴착바닥을 떠받침
굴착 바닥면으로부터 지하수 유입	실트 크기의 돌로마이트의 씻김과 자갈 콘크리트의 교란	플라스틱 파이프의 연결과 배수통 설치 실링으로 콘크리트 자갈의 막힘을 방지
굴착 바닥면으로부터 지하수 유입	기타 불안정성과 돌로마이트 실트의 씻김	막장의 유입수 지점에 플라스틱 파이프를 주입하고 관을 통해 굴착 바닥을 배수

다. 일본 내 석회암 지대에서의 TBM을 이용한 터널 굴착 기술

1) 공사개요 및 지질

이 공사는 일본 제2 토우메이(東名) 고속도로 하마마츠(浜松) 터널에서 실시되고 있으며, 내공 폭 약 17m, 굴착 단면적이 약 184m^{2}의 대단면 터널로서 TBM을 이용하여 선진도갱을 실시하고 NATM을 이용하여 확폭하는 시공방법을 채택하였다. 현재 TBM에 의한 선진도갱이 완료되었으며 확폭을 남겨둔 상태이다. 여기서는 이 공사에서 발생한 돌출용수에 의한 TBM의 침수 및 연질 지반에 대한 시공 및 대책공 등에 대하여 간단하게 소개하고자 한다.

이 갱 하행선에 해당하는 TBM 도갱의 평면선형은 서쪽 갱구부로부터 70%의 구간은 R=6500m의 곡선이며, 동쪽 30% 구간은 직선이다. 이 시공구간의 지형 및 지질을 간단히 요약하면 표고 150m~350m 정도의 구릉성 산지로서 암상의 차이(암석의 경연)가 지형에 뚜렷이 나타나고 있다. 주능선은 북동-남서 방향으로 탁월하게 발달해 있으며, 비교적 급격한 사면구배를 보인다. 터널의 토피는 최대 180m, 최소 2D정도이다. 이 지역은 중·고생대층에 속하는 암석으로 이질퇴적암류, 처트, 석회암, 녹색암류 등 다양한 암종이 복합적으로 혼재한다.

2) 연약암반에 대한 보강

연약암반에 대한 대응으로는 탐사시추, 포어폴링 및 강제 sheet pile 등을 실시하였다. 먼저 그 선정흐름도는 그림 4-26과 같다. 또한 추가지보패턴, 보조공법의 필요성이 발생한 경우에는 감독관과 협의하여 실시하였다.

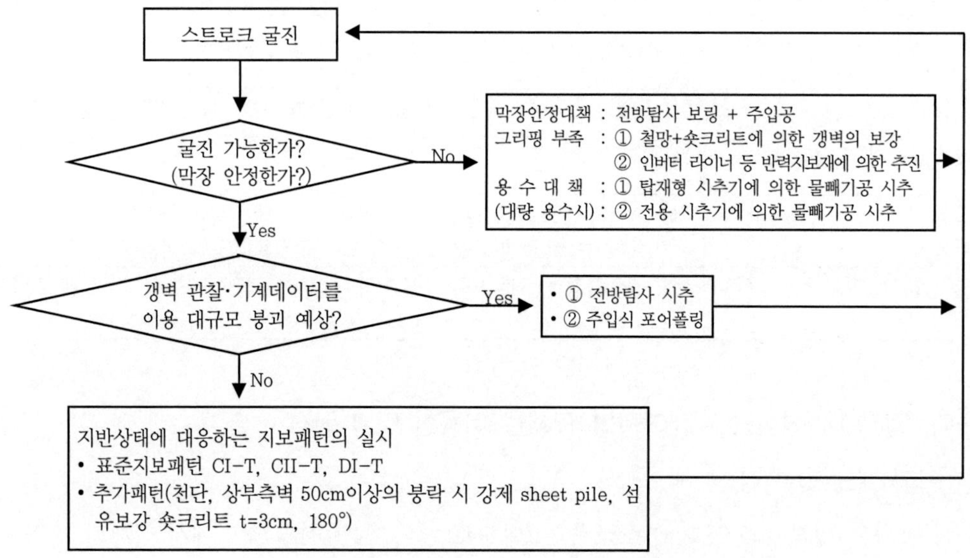

[그림 4-26] 연약암반 대응공법 선정 흐름도

(1) 탐사시추

이 터널에서 시공상 문제가 예상되는 저토피구간(최소토피 약 10m~15m, 연장 약 250m)에 대하여 6회 선진시추를 실시함으로써 다음과 같은 효과를 얻었다.

- 전방 지반의 지질상황을 파악하기 위하여 유압식 드릴을 이용하여 수십 미터 전방까지 시추하고, 동시에 천공기계 데이터를 분석·평가할 수 있다.
- 탐사 시추를 실시함으로써 육안으로 슬라임 및 착공수의 확인, 그리고 기계데이터를 컴퓨터를 이용하여 타격에너지로 변환함으로써 암종 및 암질을 확인할 수 있다.
- 물빼기 효과를 거둘 수 있다.

(2) 포어폴링

이 공사에서는 TBM 굴진 중에 총 17회의 포어폴링을 실시하였다. 실시 목적으로는 천단붕락에 의한 위험 및 굴착 중단을 피하기 위함이다. 주로 저토피구간 및 단층파쇄대, 서로 다른 암종 간의 경계부에서 붕괴가 발생하여 높이 2m 가까이 붕괴된 곳도 있다. 붕락이 발생하면 버력의 처리에 시간이 많이 필요하므로 굴착 효율을 높이는 데 대단히 중요한 보조공법이다.

표 4-17은 포어폴링의 상세를 기재한 것이다.

[표 4-17] 포어폴링의 상세

	길이 (m)	Overlap (m)	개수	C.T.C (cm)
주입식	6.0	3.0	3-8	30-60
주입식(자천공 타입)	6.0	3.0	3-8	30-60

- 강제 sheet pile

일시적으로 붕락구간을 국부적으로 보강하는 데 이용된다. 목재보다는 강성이 높고 안전성이 높으나 가공이 어려운 점이 단점이다.

3) 돌발용수에 대한 대책

돌발용수에 대한 대책으로는 갱내 500m마다 펌프를 설치하였고, 여기에 8인치 관을 2계열, 4인치 관을 1계열 배치하여 돌발용수에 대비하였다. 수중펌프에 대한 상세사항은 표 4-18과 같다.

시간당 총 토출량은 이론적으로는 450ton/hour이지만, 마찰계수 및 양수거리에 의한 실제 손실분을 고려하여 약 200ton/hour로 계획하였다. 만약 이 배수량을 초과한 경우에는 배수처리용의 시추공을 전용시추공으로 시추할 계획이었으나, 이 공사에서는 다행히 수중

펌프만으로 대응할 수 있었다. 이 공사 시공 중 최대배수량은 1523ton/day(63.46ton/hour)이었다.

이 터널 TBM 시공 중 석회암 층에서 돌발용수가 있었으며, 지수를 위한 주입공법을 실시하였다. 지수방법으로는 루전치가 낮은 곳에는 시멘트밀크를 주입하였고, 루전치가 높은 곳에서는 겔타임이 1분 정도인 약액을 주입하였다. 이 공구에서는 석회암 지역에서 터널을 실시한 예로서 TBM에 의한 선진도갱 및 지수주입을 조합하여 실시함으로써 높은 효과를 보았다. 또한 TBM에 의한 선진도갱 확폭굴착공법의 효과로는 크게 지질확인효과, 막장안정효과, 도갱환기 등을 들 수 있다.

[표 4-18] 펌프의 상세

	출력(kw)	토출량(t/min)	양수거리(m)
8인치(×2)	19	3(6)	21
4인치	15	1.5	23

4.3.5 결론

본고에서는 석회암 발달 지역에서의 터널 굴착 시 발생 가능한 붕락 특성 및 시공 사례를 검토 및 분석한 결과, 다음과 같은 결론을 얻었다.

(1) 석회암 발달 지역은 그 암석학적 특성에 의하여 카르스트 지형이 발달하며, 단층, 절리와 같은 지질구조선을 통한 지하수의 유입에 따라 지하공동 및 파쇄대가 발달한다. 이들 지하공동 및 파쇄대는 매우 불규칙하게 발달함과 동시에 지하수의 유동경로로 작용함으로써 터널 시공에 따른 예상치 못한 지하수의 용출을 초래한다. 또한 이들 공동이 지표와 연결되어 분포하는 경우가 많으므로 특히 토피가 낮고 소규모 단층 및 지질경계선 등이 발달한 구간에서는 천단 붕락은 물론 지표 함몰 등이 발생할 위험성이 높다.

(2) 우리나라의 대석회암통이 발달된 지역의 대부분이 한반도의 대표적인 구조대인 옥천지향사 내에 위치함으로써 지구조대를 형성시킨 2차적인 힘에 의하여 발달된 많은 단열대를 포함하고 있음으로, 터널 시공 전에 예정지역 내에 분포하는 석회암의 지질학적 특징은 물론 구조 지질학적 검토도 함께 수행하여야 할 것이다. 또한 터널 시공 시 막장 전방의 지질 공동 및 파쇄대에 대한 정확한 예측 및 지하수의 대규모 유출에 대비한 충분한

검토가 이루어져야 할 것이다.

(3) 석회암 지대에서의 두 터널 시공 사례를 검토한 결과, 주된 문제는 카르스트 작용과 관련되어 있고, 카르스트 지형으로부터 유발되는 문제점은 지하수의 갑작스러운 유출, 점토나 취약한 암반으로 인한 터널 막장이나 상부의 불안정성 등이었다. 석회암 지대에 터널을 교차하는 단층이나 불연속면을 따라 암석의 낙반, 파괴, 지하수의 유입 등을 통해 문제들이 대두됨을 알 수 있었다. 수직구를 시공한 경우에는 절리의 수평면에 직각인 절리와 풍화대를 통한 지하수의 유입으로 인해 돌로마이트 실트가 다량 씻기는 현상이 발생하여 그라우팅 보강을 하였으며, 갤러리를 시공한 경우에는 지하수의 유입은 없었으나 불연속면과 간격이 좁은 절리가 나타난 곳에는 추가적인 보강이 필요함을 알 수 있었다.

(4) 일본 제2 토우메이(東名) 고속도로 하마마츠(浜松) 터널의 시공 사례를 검토하였다. 이 터널은 내공폭 약 17m의 대단면 터널로, 먼저 TBM을 이용한 선진도갱을 실시하고 확폭을 하는 공법을 채택하고 있다. 이 터널에서는 TBM을 이용한 굴착 시 대량의 지하수 용출이 있었으며 투수계수가 낮은 곳에서는 시멘트밀크를 주입하였고, 투수계수가 높은 곳에서는 겔타임이 1분 정도인 약액을 주입하여 높은 효과를 보았다. 또한 이 공사에서 TBM을 이용한 선진도갱 공법을 채택함으로써 얻은 효과로는 터널 전 노선에 대한 지질을 확인할 수 있었으며, 사전에 용출지점을 예상함으로써 적절한 대책을 수립할 수 있었다. 또한 이미 용출된 지점에 대한 보강을 실시해봄으로써 확폭 시 예상되는 붕괴 및 용출에 대한 대책을 충분히 검토할 수 있었다.

4.4 석회암 지역에서의 절토사면 시공 사례

4.4.1 서론

석회암은 북한의 평안분지인 평안남도와 황해도에 넓게 분포하고 남한에서는 옥천조산대에 속한 강원도 남동부의 삼척, 강릉 지역과 이에 인접한 충청북도의 단양, 제천, 영월, 평창, 정선 지역과 충청남도의 무안 지역 일부, 경상북도 문경의 일부 지역에 비교적 넓게 나타난다.

최근 토목공학적인 측면에서 석회암이 주목을 받는 이유는 화학적 풍화에 취약하고 지하수의 용해작용으로 단층면, 파쇄대, 층리면 등의 지질구조선을 따라 용식작용을 일으켜 작은 틈을 만들고, 그 틈이 점점 커져서 지하에 불규칙한 용식 동굴을 생성하기 때문이다. 석회암에서 용식작용이 일어나면, 지하수의 유동이 커지면서 지하공동대가 확대되고, 지질 구조선과 지하수의 유동 방향을 따라 점점 확장된다. 이 때문에 석회암 지대에서의 토목공사 시 교량 기초구간이나 기초의 지지력 문제, 사면에서의 대규모의 공동부에 충진된 점토층에 의한 사면안정 문제, 지반 함몰과 같은 문제 등이 대두되고 있다.

특히, 석회암으로 이루어진 사면에서의 안정성 문제는 크게 2가지로 나눌 수 있는데 층리면에 경사방향 및 경사각에 의한 사면 안정성에 대한 문제와 싱크홀(sinkhole)에 의한 공동 형성 및 공동구간에 점토층이 충전되어 굴착 후 사면에 노출되어 불안정한 사면을 형성하는 경우이다. 그리고 사면에 노출되는 공동 형성으로 인한 문제는 사면 안정적인 측면에서는 크게 문제가 되지 않을 것으로 판단되나 암반구간 내에 점토층이 대규모로 분포하는 경우에는 붕괴를 발생시킬 가능성이 있으므로 이에 대한 대책을 수립해야 한다.

따라서 여기에서는 석회암 지역인 충청북도 매포 일대와 수안보 일대의 사면에서 붕괴 및 붕괴 가능성에 대한 시공과 보강대책에 대해 사례 중심으로 언급하고자 한다.

4.4.2 석회암에서의 사면 안정

가. 국내 석회암의 분포

지표의 암석 풍화는 화학적 풍화보다도 결빙과 융해의 반복에 의해 암설을 생성시키는 기계적 풍화가 상대적으로 우세하다. 이는 석회암의 경우에도 마찬가지이지만 결빙과 융해의 영향을 거의 받지 않는 지하에서는 주요 단층선 및 절리를 따라 지표수가 하천 쪽으로 배수되면서 용식이 활발히 진행되어 많은 석회동굴이 발달해 있다.

석회암(limestone)에는 여러 종류가 있는데 일괄적으로 이를 정의할 때는 주로 방해석($CaCO_3$)의 형태로 존재하는 탄산염 광물이 최소한 50% 이상인 암석을 가리킨다. 국내의 석회암층은 지질연대상 고생대(5억7000만 년 전에서 2억4500만 년 전 사이) 중에 캄브리아기에서 오르도비스기 사이(5억7000만 년 전에서 4억3800만 년 전)에 형성된 암석을 말한다.

우리나라의 석회암층은 고생대 초에 평안분지에서 바다에서 쌓인 해성층인 조선계지층이 평남과 황해도에 넓게 분포하며, 남한에서는 옥천조산대에 속한 강원도 남동부의 삼척, 강릉 지역과 이에 인접한 충청북도의 단양, 제천, 영월, 평창, 정선 지역과 충청남도의 무안 지역 일부, 경상북도 문경의 일부 지역에 비교적 넓게 나타난다(그림 4-27).

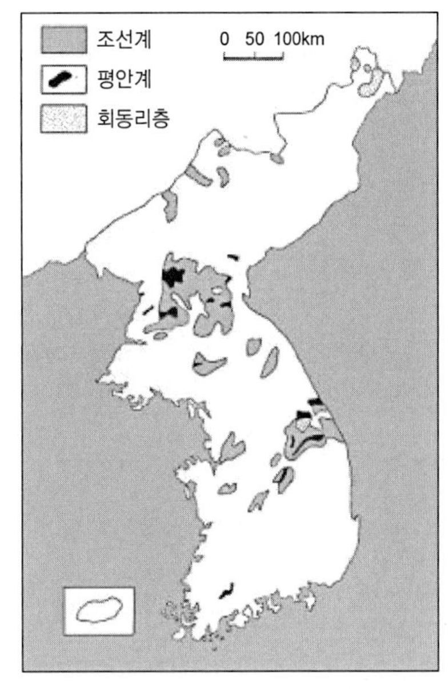

[그림 4-27] 한반도의 고생대 암석분포

한반도 지질구조 중 고생대에 대해 살펴보면, 고생대 지층은 선캄브리아계를 부정합으로 덮고 있으며, 캄브리아기에서 오르도비스기 중엽까지에 이르는 조선계와 그 위에 부정합으로 덮고 있는 평안계로 되어 있다.

조선계는 평남분지와 옥천분지의 동북부에 분포하며, 양덕통과 대석회암통으로 구분한다. 양덕통의 묘봉층에는 상동광산의 텅스텐, 연화 광산의 납, 아연 등 큰 광상들이 부존하고, 대석회암통의 풍촌층과 막골층은 중요한 석회암 자원을 이루며, 또한 중요한 철·납·아연 등의 교대 광상들이 많이 발달해 있다. 대석회암통의 석회암에는 삼엽충, 필석, 두족류, 코노돈트 등의 화석을 함유하고 있다. 종래에는 오르도비스기 후기에서 석탄 전기 사이에 걸쳐 우리나라는 육화되어 이 시기의 퇴적층이 없다고 알려져 왔는데, 최근의 연구에서 실루리아기의 석회암층이 존재하는 것이 밝혀졌다. 이 지층이 강원도 정선군 회동리에 분포되어 있으므로 회동리층이라 한다.

대결층은 한반도에서 실루리아계 중부와 상부, 데본계 및 석탄계 하부의 지층이 없다. 이 결층은 거의 1억 년에 걸친 부정합을 의미하므로 대결층이라고 부른다. 이는 지층의 퇴적이 없어서인지 아니면, 퇴적된 지층이 침식되어 없어진 것인지 확실하지가 않다. 조선계 상부지층과 평안계 하부지층은 평행 부정합을 이루고 있으나 곳에 따라 경사 부정합인 곳도 있다.

평안계는 고생대 말에서 중생대 초까지, 즉 석탄기, 페름기, 트라이아스기에 걸쳐 있으며, 지각변동을 받지 않고 계속 퇴적되었다(표 4-19). 최하부의 홍점통은 석탄기 지층으로 남한의 만항층에 대비된다. 이 층은 사암, 셰일 석회암으로 되어 있으며, 적색이 우세한 해성층이다. 셰일 중에는 방추충(푸줄리나), 산호 및 코노돈트 화석을 포함한다. 사동통의 하부인 금천층, 밤치층은 해성층이며, 상부의 장성층은 육성층이다. 사동통은 사암, 셰일, 석회암으로 되어 있으며, 흑색이 우세하다. 금천층에서는 석탄기의 방추충이, 밤치층에서는 페름기의 방추충이 발견된다. 장성층은 무연탄층을 협재하며, 고생대의 식물 화석을 많이 포함하고 있다. 고방산통은 중·상부의 페름계이며, 녹암통은 트라이아스계이다. 고방산통은 유백색의 사암을 기저로 풍화에 강하며, 녹암통은 녹색 사암과 셰일로 구성되어 있다.

[표 4-19] 평안계의 구분과 그 대비

지질시대	북한(1920년경)		남한(1969년)
트라이아스기	녹암통	평안계	동고층
	고방산통		고한층
페름기			도사곡층
			함백산층
	사동통		장성층
			밤치층
석탄기			금천층
	홍점통		만항층

나. 석회암의 지형특성

1) 카르스트 지형

석회암 지역에 발달하는 특수한 침식(용식) 지형을 총칭하는 말로, 석회암의 주성분인 탄산칼슘(CaCo$_3$)이 빗물이나 지하수의 용식을 받아 형성된 지형을 뜻한다. 카르스트(karst)라는 용어는 아드리아해 북동 연안에 위치한 구 유고슬라비아의 석회암 지대의 지명에서 유래하였다.

$$CaCO_3 + H_2O + CO_2 \Leftrightarrow Ca_2^{+} + 2HCO_3^{-}$$

그림 4-28은 석회암의 용식작용에 의해 형성된 카르스트 지형으로 오른쪽 입체 모형도에 나타낸 돌리네의 모습이 특이해 보인다.

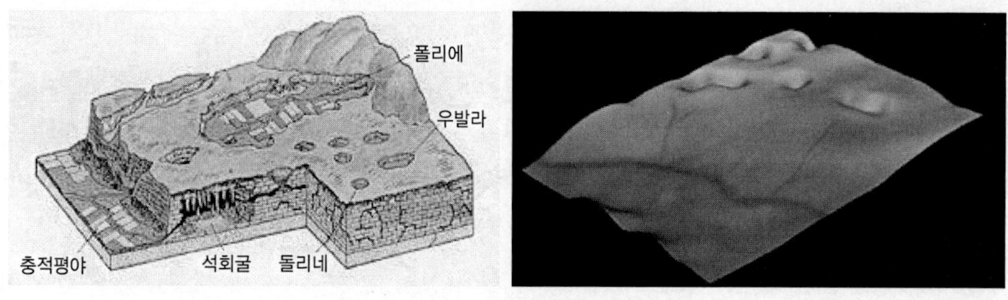

[그림 4-28] 카르스트 지형의 모식도

돌리네(doline)와 우발라(uvala)는 석회암이 용식되어 형성되는 오목한 와지로서 가장 흔한 카르스트 지형 중의 하나이다. 형태는 대체로 원형 또는 타원형이며 지름은 수 미터에서 수백 미터이며 깊이도 1m 미만에서 100m까지 다양하다. 이러한 돌리네는 대부분 집단적으로 발달하며, 그림 4-29와 같이 돌리네의 가운데에는 빗물이 빠져나가는 배수구인 싱크홀이 존재한다. 돌리네의 종류는 2가지로 나눌 수 있는데, 토층 밑의 석회암이 용식을 받아 천천히 형성된 용식 돌리네(solutino doline)와 지하의 석회암 동굴 천장이 무너져 내려 함몰되어 형성된 함몰 돌리네(collapse doline)가 있다. 돌리네가 성장하여 인접한 2개 이상의 돌리네가 결합되어 형성된 와지를 '우발라'라고 하며 와지 안에는 1개 이상의 싱크홀이 존재한다.

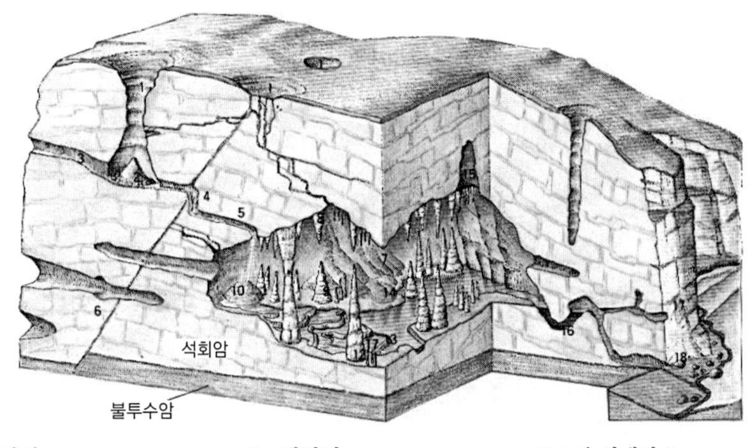

1 : 돌리네	7 : 체임버	13 : 유석테라스
2 : 암석붕괴	8 : 종유석	14 : 지하호수
3 : 회랑	9 : 석순	15 : 침니
4 : 수직갱	10 : 돔	16 : 사이펀
5 : 지하 내	11 : 석주	17 : 이전에 있던 샘
6 : 단층	12 : 물웅덩이	18 : 현재 물이 나오고 있는 샘

[그림 4-29] 석회암 지대의 지형 및 동굴 형성

2) 석회동굴

석회동굴은 종유굴이라고도 부르는데, 석회암 지층 밑에서 물리적인 작용과 화학적 작용에 의하여 생성된 동굴이다. 석회암이 지하수나 빗물의 용식과 용해 작용을 받아 만들어진 것이다.

석회암 지대에서의 물에 의한 동굴 생성과정은 그림 4-30과 같이 산성의 지표수가 토양의 이산화탄소를 녹여 작은 물줄기를 이루고, 그 물줄기가 단층 등으로 생긴 석회암의 틈을 따라 흘러내려서 지하수면이 내려가면 지표수는 더 빨리, 더 깊숙이 흘러내리면서 석회암을 녹인다. 지하수면이 더 내려가 석회암이 녹은 공간은 동굴로 드러나게 되고, 이후 석순·종유석 등 생성물이 생기면서 동굴이 완성된다.

땅 표면에서 스며든 물이 땅속으로 흘러가면서 만든 지하수의 통로가 점점 커져서 동굴이 되는데, 이때의 동굴을 1차 생성물이라고 하며 동굴 천장에서 스며든 지하수는 석회암층을 용해시키면서 천장이나 벽면 그리고 동굴의 바닥에 종유석(鍾乳石)이나 석순(石筍), 석주(石柱)와 같은 갖가지 동굴의 퇴적물을 생성시킨다. 이때 석회암의 성분이나 지하수의 수질에 따라 동굴 속 퇴적물들은 각양각색으로 자라게 된다.

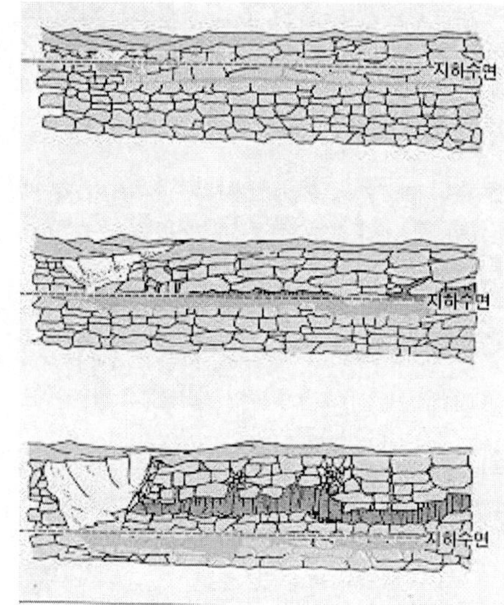

[그림 4-30] 석회암 지대의 동굴 생성과정(최영선, 1995)

이와 같이 동굴이 1차적으로 생긴 뒤 그 공간에 퇴적물이 2차적으로 자라기 때문에 이들을 2차 생성물이라 부른다. 이런 과정을 거쳐 만들어진 동굴이 석회동굴인데 종유석, 석순, 석주, 종유관 등이 있다. 이 석회동굴은 지하수의 용식 작용에 따라 계속해서 생성물의 형태가 변하고 또 계속 자라는 동굴이라고 하겠다.

다. 석회암 절토사면의 안정문제

석회암에서의 풍화는 매우 불규칙하게 분포하고 풍화 심도가 지역에 따라 다소 차이 난다. 중앙고속도로의 석회암 분포 지역인 매포, 단양 인근에서는 매우 얇게 나타나지만 문경, 수안보 부근에서 분포하는 석회암의 경우, 풍화심도가 깊게 나타나는 경우가 많다. 그러나 이들 지역 모두 풍화단면은 매우 불규칙한 양상을 보인다.

석회암 지대의 절토사면 안정성 문제는 크게 일반 암반사면에서와 같이 지질구조인 층리, 절리, 단층에 의해 수반되는 문제와 공동이 사면에 노출되어 안정성에 영향을 주는 문제로 나눌 수 있다.

1) 층리면에 의한 사면 안정문제

층리(bedding)구조는 퇴적암에서 나타나는 지질구조로 분포 지역에 따라 절토사면에서 다른 붕괴 양상을 보인다.

국내 퇴적암의 분포는 중생대 쥐라기 및 백악기에 형성된 경상남북도 지역에 주로 분포하는 역암·셰일·사암 등과 옥천지향사대의 사암·셰일·역암·석회암의 고생대 퇴적암, 그리고 신생대 제3기층의 역암·사암·셰일·이암 등의 퇴적암이 분포한다.

퇴적암은 분포하는 지역에 따라 절토사면에서 퇴적암의 붕괴 양상이 차이가 나는데, 경상남북도에 분포하는 퇴적암에서는 층리면 사이에 충진된 점토층에 의한 평면파괴로 인한 대규모의 붕괴 양상을 보이는 반면, 고생대 퇴적암인 석회암의 층리면에 의한 붕괴는 점토층을 수반하지 않고 그림 4-31과 같이 층리면의 거칠기 및 강도와 같은 전단강도에 주로 지배를 받는다.

석회암의 층리면 거칠기는 대부분 매끄러우며 지각작용에 의해 급경사를 형성하는 경우가 많으므로 층리면에 의해 사면붕괴가 빈번하게 발생한다.

[그림 4-31] 석회암에서의 평면파괴(층리) 사례

2) 공동 노출에 대한 문제

사면 내 또는 석회암 지반에 분포하는 공동은 일반적인 석회암 동굴에서처럼 공동이 비어 있는 경우는 드물고 대부분의 경우, 점토층 또는 토층이 혼합되어 있거나 암편이 혼재된 상태로 존재한다.

공동 석회암 절토사면에 노출된 공동에 대한 문제는 소규모로 나타나는 경우에는 표면에 대해 물이 침투되거나 토층이 세굴, 침식되는 것을 방지하기 위하여 콘크리트 등으로 표면부를 채워주는 방식이 효과적이다. 그러나 대규모의 공동이 노출되는 경우에는 암질불량 및 파쇄대를 수반하는 점토층 또는 토층에 의한 대규모의 붕괴 가능성을 가지고 있으므로 이에 대한 적절한 안정대책이 수반되어야 한다(그림 4-32).

(a) 소규모 공동 노출 시

(b) 비교적 규모가 큰 공동 노출 시

[그림 4-32] 석회암의 공동현상

4.4.3 석회암 지대의 절토사면 시공 사례

석회암 지대에서 절토사면의 2가지 유형의 안정성에 대한 문제를 사례 중심으로 살펴보면 다음과 같다.

가. 층리면에 의한 안정성문제가 대두된 사면

중앙고속도로 제12공구는 행정구역상으로 시점부가 충청북도 단양군 적성면 현곡리에 위치하고, 종점부는 충청북도 단양군 매포읍 각기리에 위치하는 총연장 8.1km에 이르는 구간으로 석회암이 주로 분포한다.

이 현장에서의 석회암 사면은 층리면에 의해 평면파괴가 발생되는 사면(그림 4-33에서 ③)과 층리와 절리구조에 의한 쐐기파괴 가능성이 있는 사면(그림 4-33에서 ⑩)에 대해 언급하고자 한다.

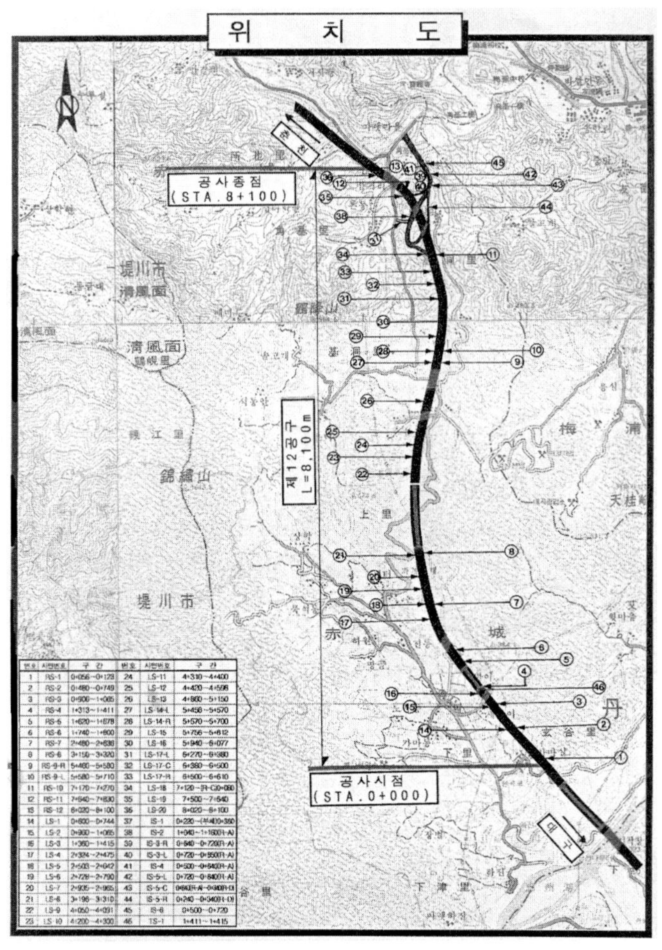

번호	사면번호	구 간	번호	사면번호	구 간
1	RS-1	0+056~0+129	24	LS-11	4+310~4+400
2	RS-2	0+480~0+749	25	LS-12	4+420~4+506
3	RS-3	0+906~1+065	26	LS-13	4+860~5+150
4	RS-4	1+313~1+411	27	LS-14-L	5+456~5+570
5	RS-5	1+620~1+878	28	LS-14-R	5+570~5+700
6	RS-6	1+740~1+800	29	LS-15	5+756~5+812
7	RS-7	2+480~2+636	30	LS-16	5+940~6+077
8	RS-8	3+150~3+320	31	LS-17-L	6+270~6+380
9	RS-9-R	5+460~5+580	32	LS-17-C	6+380~6+500
10	RS-9-L	5+580~5+710	33	LS-17-R	6+500~6+610
11	RS-10	7+170~7+270	34	LS-18	7+120~(R-C)0+080
12	RS-11	7+640~7+830	35	LS-19	7+500~7+640
13	RS-12	8+020~8+100	36	LS-20	8+020~8+100
14	LS-1	0+600~0+744	37	IS-1	0+220~(부40)0+380
15	LS-2	0+960~1+065	38	IS-2	1+040~1+160(R-A)
16	LS-3	1+360~1+415	39	IS-3-R	0+640~0+720(R-A)
17	LS-4	2+324~2+475	40	IS-3-L	0+720~0+850(R-A)
18	LS-5	2+503~2+642	41	IS-4	0+500~0+640(R-A)
19	LS-6	2+728~2+790	42	IS-5-L	0+720~0+840(R-A)
20	LS-7	2+905~2+965	43	IS-5-C	0+840(R-A)~0+340(R-D)
21	LS-8	3+196~3+310	44	IS-5-R	0+240~0+340(R-D)
22	LS-9	4+050~4+091	45	IS-6	0+500~0+720
23	LS-10	4+200~4+300	46	TS-1	1+411~1+415

[그림 4-33] 중앙고속도로 제12공구 지역의 사면 분포

1) 절토사면 시공사례 I

(1) 조사현황

이 사면은 연장이 약 160m이며 높이가 약 20m인 사면으로 방향은 N40W/64SW(64/230)로 놓여 있다. 상부에는 철탑이 위치하고 조사 당시 사면이 불안정하여 굴착이 중단된 상태이다(그림 4-34).

암종은 호상석회암으로 층리가 매우 잘 발달하여 쉽게 쪼개지고 일부 이질부가 교호된 구간도 존재한다. 그리고 두께 3.0m 정도의 massive한 석회암도 일부 보이고 하부로 갈수록 calcite vein이 발달해 있다. 사면의 풍화 정도는 전반적으로 암색이 갈색을 띠는 MW(Moderately Weathered) 정도의 연암으로 하부에는 암색이 회색을 띠고 있다.

절리면 발달현황은 그림 4-35와 같이 층리면이 N20~30W/40~45SW 방향으로 가장 우세하며 사면 안쪽으로 발달하는 N80W/50NE 방향의 부절리도 잘 발달해 있다. 특히, 층리면은 사면 방향과 유사한 방향으로 발달하여 평면파괴가 쉽게 발생될 가능성이 매우 클 것으로 판단된다. 주절리군은 연장성이 비교적 길며 거칠기가 매끄러운 상태이다.

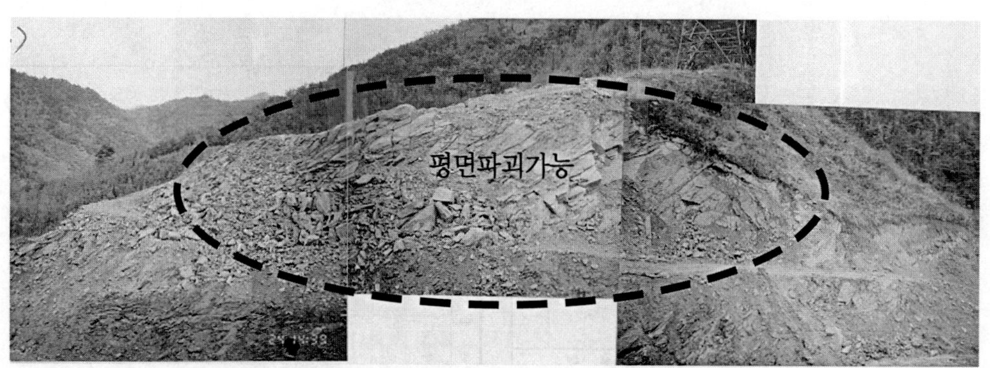

[그림 4-34] 중앙고속도로 12공구 I사면의 전경사진

(2) 사면 안정 검토방법 및 결과

이 사면은 층리구조가 뚜렷하게 발달하며 사면 방향 N40W/64SW에 대해 DIPS 프로그램에 의한 사면안정 해석을 실시하였다.

이 사면에서는 그림 4-35에서와 같이 사면 안쪽으로 경사진 절리군과 층리면군이 발달하는 것을 알 수 있으며 이들 절리군에 대한 마찰각 30도를 적용한 결과, 주절리군이 층리면에 의해 평면파괴 가능성이 있으며 부절리군에 의해 전도파괴의 가능성이 있는 것으로 해석되었다.

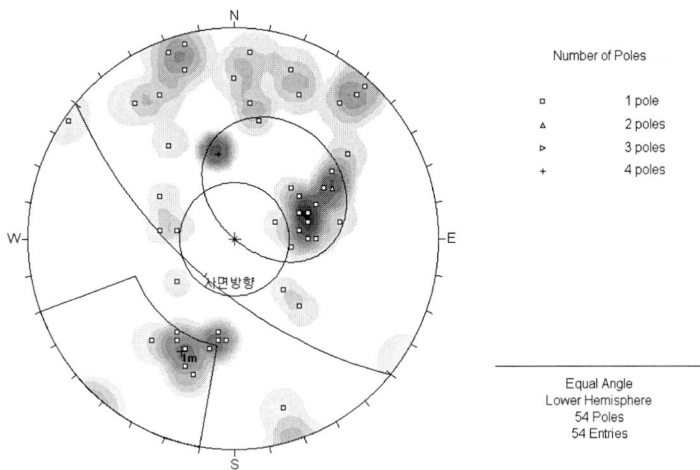

[그림 4-35] I사면의 평사투영법에 의한 사면 안정 해석

(3) 사면 안정 대책방안

이 사면은 상부에 철탑이 위치하지만 평면파괴가 발생할 가능성이 매우 크므로 전체적으로 사면 경사를 완화하는 방안에 대해 제안하고자 한다.

사면 경사 완화는 그림 4-36에서 보는 바와 같이 층리의 경사가 40∼45도 정도로 분포하므로 하단부에서는 층리면이 치밀할 것이라고 가정하여 사면 높이 약 15m까지는

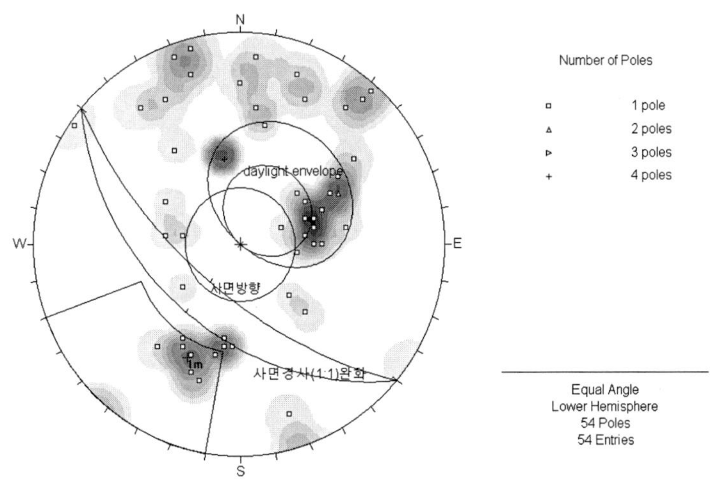

[그림 4-36] 사면 경사 완화 시 평사투영법에 의한 사면 안정 해석

1 : 1로 사면을 완화해주고 높이 10m, 폭 1m의 소단을 설치해준다. 그리고 2소단 상부에서는 사면 경사를 1 : 1.2 정도로 완화해준다(그림 4-37). 그러나 이 사면은 굴착 시 층리경사가 위에서 측정된 경사보다 다소 완만할 수 있으므로 경사 완화 후에 국부적으로 평면파괴가 발생될 수 있다. 따라서 이러한 불안정한 구간에 대해서는 록볼트 및 숏크리트를 이용하여 부분적으로 사면을 보강해준다. 그리고 토층은 매우 낮은 심도를 보이므로 이에 대해서는 식생공을 굴착과 동시에 실시하여 강우에 의해 유실되는 것을 최대한 방지해준다.

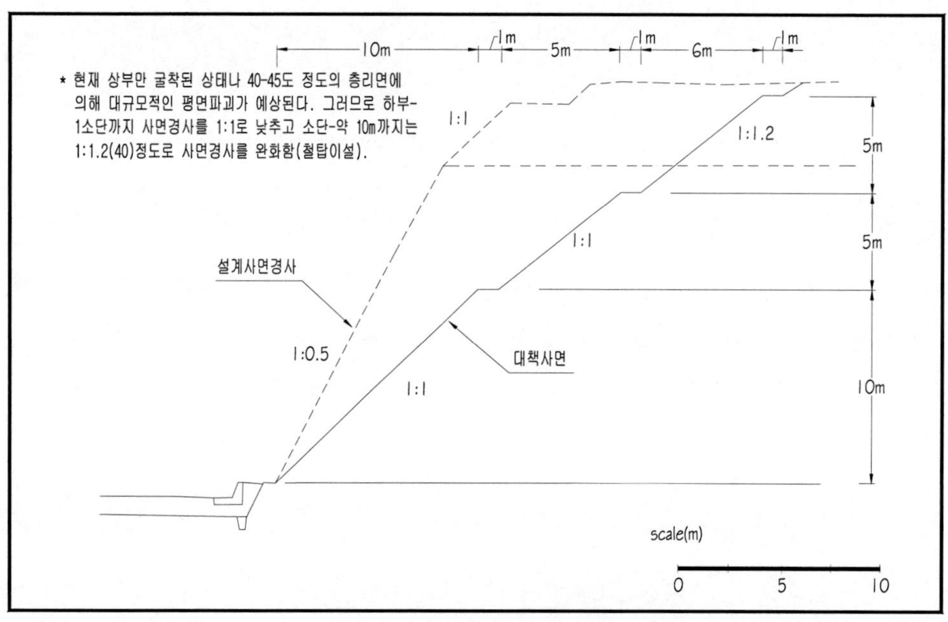

[그림 4-37] I사면의 대책단면도

2) 절토사면 시공사례 II

(1) 사면현황

이 사면은 연장이 100m, 높이 15m 이내의 소규모 절토사면으로 N2E/51NW 방향으로 위치한다. 조사 사면 저면을 기준으로 2소단 하부에 점토가 충진된 공동(cavity)이 관찰되며 사면 좌측 끝단부도 풍화로 인해 토층이 나타나며 심도는 다른 구간에 비해 깊은 상태이다(그림 4-38). 사면에서의 불연속면은 그림 4-39와 같이 두 종류의 절리군이 우세하며 이들

두 불연속면의 교차에 의한 쐐기파괴 가능성이 있는 것으로 관찰된다. 따라서 이 사면의 안정대책이 요구된다.

[그림 4-38] II사면의 전경 사진

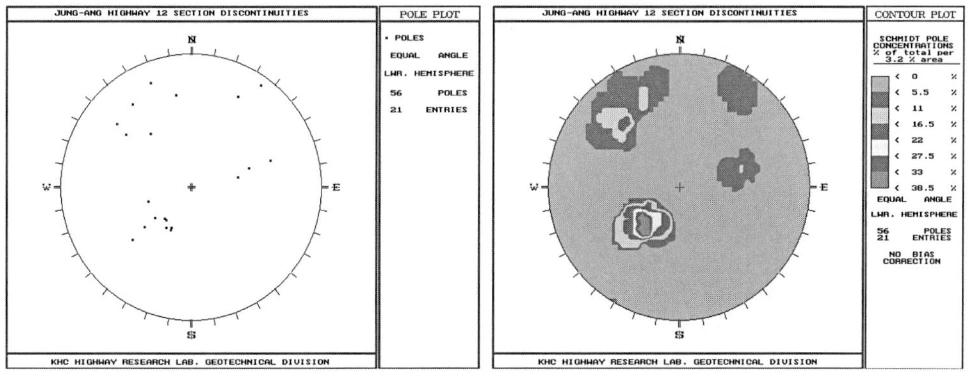

[그림 4-39] II사면의 불연속면 발달

(2) 사면 안정 검토방법 및 결과

이 사면에 대해서는 표 4-20의 해석 입력치를 이용하여 평사투영법에 의한 안정 해석을 실시하였다(그림 4-40).

해석 결과, 두 불연속면의 교착에 의한 쐐기파괴 가능성이 있는 것으로 나타났다.

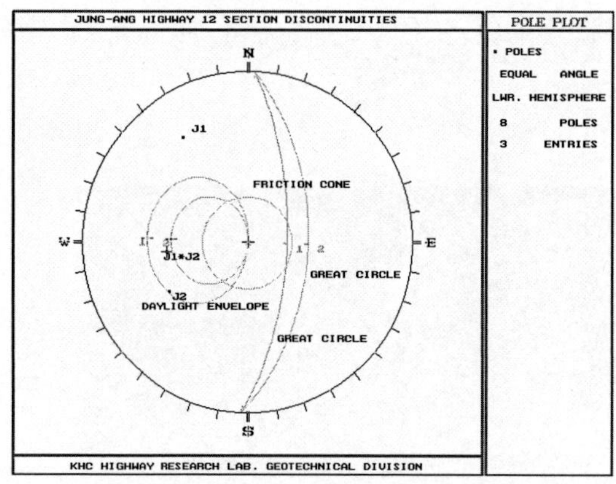

[그림 4-40] II사면의 평사투영법에 의한 안정 해석 결과

[표 4-20] II사면의 해석입력치

사면방향 (경사/경사방향)	63/092
불연속면 J1 (경사/경사방향)	58/058
불연속면 J2 (경사/경사방향)	72/148
불연속면 J1과 J2의 교차선 (경사/경사방향)	45/088
마찰각 (°)	30

(3) 대책안 제안

사면 내 공동이 발달해 있으며 불연속면의 발달형태가 쐐기파괴를 유발할 수 있는 방향성을 보인다. 따라서 쐐기파괴를 이루는 두 불연속면의 교선 각도인 45도로 사면의 경사를 완화하는 방안으로 그림 4-41과 같이 대책안을 제시하고자 한다.

사면 경사를 45도로 완화하여 사면의 안정 해석을 평사투영법으로 실시한 결과, 사면의

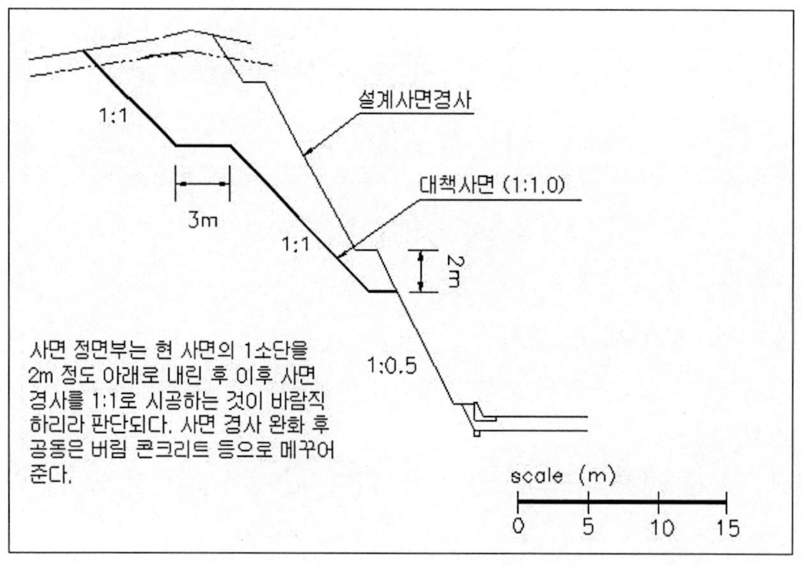

[그림 4-41] II사면의 대책 단면도

안정성이 확보되는 것으로 나타났다. 또한 사면 경사의 완화 후에도 공동이 관찰될 경우에는 공동의 발생 부분을 버림 콘크리트 등으로 채워 넣어 추가적인 공동의 확대나 지하수 유입 등을 차단해준다.

나. 공동에 의한 사면 안정문제

1) 소규모의 공동 노출 사면

(1) 사면현황

사면은 높이 약 15m, 연장 약 40m의 작은 사면이며 방향은 N5W/63NE이다. 그림 4-42의 전경 사진에서와 같이 정면을 기준으로 좌측 끝 부분과 우측 끝 부분에 싱크홀에 의한 지하수 침식에 의해 풍화상태가 다른 지점보다 심한 것으로 판단된다. 중앙 부분은 비교적 절리주조가 발달하지 않는 massive한 상태를 보여 절리구조에 의해서는 안정할 것으로 판단된다.

그러므로 이 사면의 경우는 좌우측구간에서의 암질불량 및 풍화에 대한 사면의 안정성 확보가 가장 중요하다고 판단된다.

[그림 4-42] 규모가 작은 공동 노출 사면의 전경 사진

(2) 대책안

이 사면의 경우, 사면 좌우측의 암질불량으로 인한 유실 및 붕괴가 우려되므로 사면 좌우측구간에 대해 rounding 처리로 제거해준다.

2) 대규모의 공동 노출 사면

[그림 4-43] 대규모의 공동 노출 사면의 전경 사진

그림 4-43의 사면은 사면 내에 석회암과 공동 내에 토층이 혼재된 사면으로, 토층의 분포면적 50% 이상을 차지하며 CW(Completely Weathered)의 토층에 MW(Moderately Weathered)-SW(Slightly Weathered)의 풍화상태를 보인다.

이 사면의 경우 사면 안정성에 가장 크게 영향을 미치는 요인은 사면 내에 분포하는 토층에

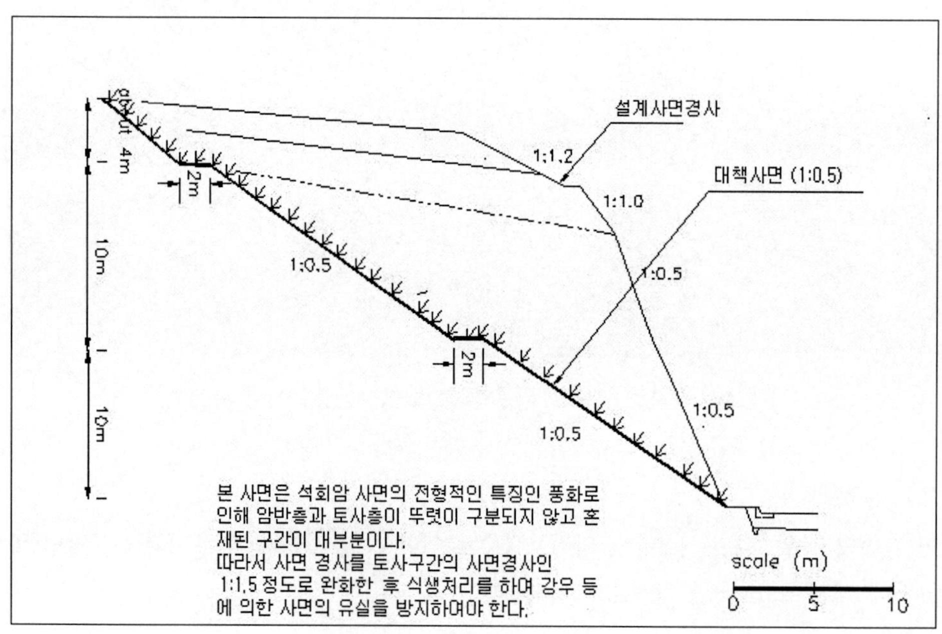

[그림 4-44] 대규모의 공동 노출 사면의 대책단면도

지배적인 영향을 받을 것으로 보이지만, 토층의 분포가 일반적으로 지표면에 평행한 풍화단면을 보이지 않을 것으로 판단된다.

이 사면에 대한 사면 안정 대책방안으로는 그림 4-44의 대책단면도에 제시한 바와 같이 사면 경사를 1 : 1.5로 완화할 것을 제안하였다.

다. 미굴착 사면에 대한 안정성 문제

이 절토사면은 그림 4-45와 같이 현재 건설 중인 중부내륙고속도로(수안보-상주 간) ○○공구의 절토사면으로 설계 당시의 지반조사 결과, 매우 불량한 암질상태 및 공동이 다량 분포하여 추가조사 및 안정성 검토를 실시했다. 이 결과에 의해 사면 안정 대책을 수립한 절토사면으로 그림 4-46의 노선위치도의 절토사면 중 5번 절토사면에 대해 언급하고자 한다.

- 제5절토부: 사면연장 204m, 높이 약 75m, 설계경사: 발파암 1 : 0.5, 리핑암 1 : 1, 토층 1 : 1.2~1 : 1.5

1) 지형 및 지질

(1) 지형

지형은 전반적으로 기반암의 종류와 지질구조의 영향을 받아 편마암과 쇄설성 퇴적암류 분포 지역은 다른 지역에 비하여 험준한 지형을 이루는 반면에 석회암 분포 지대는 비교적 낮은 지형을 이루고 있으며 곳에 따라서는 카르스트(karst) 지형이 발달해 있다.
산계는 북쪽의 백화산(1063.5m), 오정산(810.4m), 조봉(674m) 그리고 수정봉(486.5m) 등

[그림 4-45] 제5사면의 전경 사진

비교적 높은 주봉과 인접하여 산능 및 계곡이 발달했다. 이는 지층의 주향과 단층 등의 구조선에 지배되는 방향성을 보여주며 침식작용에 따른 돌서렁(talus) 등이 급경사의 사면을 덮고 있다.

수계로는 소백산맥의 계곡에서 발원하는 소지류와 조령천이 영강과 합류하여 문경시를 좌측으로 끼고 남류하여 낙동강에 유입된다.

(2) 지질

조사 지역에 발달 분포하는 지층들은 크게 대석회암층군과 평안누층군으로 나누어진다(그림 4-47). 조사 지역의 대석회암층군은 주로 암회색 호상석회암, 백색 및 회색 괴상 석회암, 암회색 석회암, 흑색 석회질 셰일로 구성되며 2~3매의 층식 석회암 및 흑색 세립사암, 실트스톤이 협재한다.

평안누층군은 상부로부터 녹암층, 고방산층, 사동층, 홍점층 순으로 분포하는데 이 중 녹암층은 주로 석회질 녹회색 셰일과 실트스톤, 녹회색 세립사암, 회색 세립사암으로 구성되

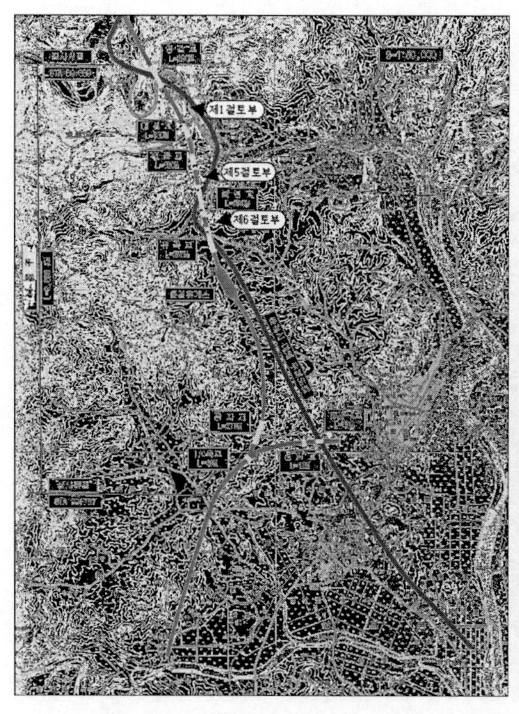

[그림 4-46] 조사 사면의 위치도

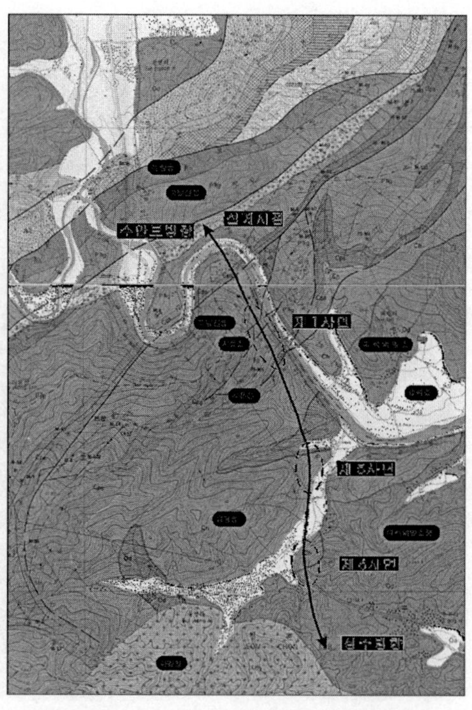

[그림 4-47] 조사 지역 전체 지질도

며, 중간부에 불연속적으로 자색 셰일이 협재한다.

고방산층은 주로 유백색 조립사암, 담회색 내지 회색 조립사암으로 구성되며 중간부에 암회색 내지 흑색 셰일과 실트스톤이 협재한다.

사동층은 세 부분으로 나눌 수 있다. 상부는 주로 흑색 셰일 및 세립사암으로 구성되며, 1~2매의 가행성 있는 석탄층이 협재한다. 중부는 주로 흑색 중립 내지 조립 사암으로 구성되며 하부는 주로 흑색 셰일, 2~3매의 암회색 석회암과 1매의 석탄층이 협재한다.

홍점층은 주로 담녹색 내지 녹회색 셰일과 실트스톤 및 담회색 중립사암으로 구성되며 지역적으로 자색 셰일 및 2~3매의 백색 내지 담홍색 괴상 석회암이 협재한다.

홍점층은 하부의 대석회암층군과 부정합 관계에 있으나 조사 지역에서는 충상단층에 의해 홍점층과 석회암층군이 접하는 경우가 많다.

조사 지역에 발달하는 지질구조로 제5사면 지역은 사면에 평행한 주향과 불리한 경사방향으로 원골 충상단층이 발달해 있으며 전반적으로 단층구조와 습곡구조에 의해 반복되는 형태를 보인다.

2) 지반조건 분석

(1) 시추조사 및 BIPS 조사 결과 분석

이 사면의 4개 공에 대한 시추조사 및 BIPS조사를 실시한 결과는 표 4-21과 같다. 시추조사 결과에 의하면, 풍화대 하부에 분포하는 연암층은 평균 TCR <20%, 평균 RQD <10%인 극심한 파쇄상태를 나타내며 기반암층 하부에 토사층이 협재하는 불규칙한 지층구성을 보인다. 연암파쇄대는 GL.-6~33m 심도에 분포하며 층후는 6~27m로 폭넓은 분포를 보인다.

BIPS 조사 결과에 의하면, 사면 내 여러 지점에서 점토층을 함유한 파쇄대층이 분포하고 종단면상 불규칙한 풍화 및 암질상태를 보일 것으로 예상된다. 그리고 심한 파쇄와 불량한 암질상태로 절리면 방향성 분석이 곤란한 상태이다.

위의 결과를 이용하여 종합적인 사면의 암질상태를 판단해보면, 다음과 같다.

- 이 사면의 지반은 상부로부터 붕적층, 풍화대, 연암파쇄대, 연암 순으로 구성됨.
- 시추공 전반에 걸쳐 분포하는 연암파쇄대는 폭넓은 층후(6~27m)를 보이며 점토가 충진된 상태로 낮은 전단강도를 보일 것으로 예상되므로 이 층을 따라 활동파괴가 발생할 가능성이 매우 높을 것으로 판단됨.

■ 조사 당시 시추공 내 지하수위 측정 결과 GL.-13~24m 구간에서 지하수위가 형성되므로 연암파쇄대층은 대부분 포화상태일 것으로 추정됨.

[표 4-21] 제5사면의 시추조사 및 BIPS조사 결과

시추공번	시추조사 결과	BIPS조사 결과	시추공별 조사 결과 종합평가
2000 CB-1	• 0~9m: 붕적층 • 9~15m: 풍화토 • 15~17m: 풍화암 • **17~19m: 연암 TCR 28%, RQD 24%** • **19~32m: 연암 TCR 5~10%, RQD 0~7%**	• 5.86~6.22m: 파쇄대 • 6.96~8.08m: 풍화토~풍화암 • 12.4~13.08m: 슬라임 존재 • **16.64~20.20m: 절리 발달, 파쇄대 존재, 점토 충진** • **21.44~23.40m: 연장성 큰 절리 발달, 점토 충진** • **전반적으로 불량한 암질상태**	• **17~32m 구간은 점토 충진된 극심한 파쇄상태의 암반으로 평가됨**
2000 CB-2	• 0~1.5m: 붕적층 • 1.5~4.5m: 풍화토 • 4.5~6m: 풍화암 • **6~15m: 연암 TCR 13~25%, RQD 0~15%** • **15~19m: 풍화토** • **19~33m: 연암 TCR 7~30%, RQD 0~15%** • 33~39m: 연암 TCR 57~83%, RQD 5~29%	• 3.12~3.70m: 슬라임 존재 • 14.52~16.08m: 파쇄대 발달, 점토 충진 • 17.08~31.12m: 파쇄대 및 절리 발달, 점토 충진 • **전반적으로 불량한 암질상태**	• **6~19m 구간은 연암 구간 내에 토사가 협재하므로 상·하부의 지반상태를 고려, 풍화암으로 분류하여 해석 실시** • **19~33m 구간은 점토 충진된 극심한 파쇄상태의 암반으로 평가됨**
2000 CB-3	• 0~1.5m: 붕적층 • 1.5~6m: 풍화토 • 6~12m: 풍화암 • **12~18m: 연암 TCR 17~47%, RQD 0~6%**	• 11.24~17.48m: 파쇄대, 절리 내 점토 충진 • 17.48m: 공벽 붕괴로 조사 중단 • **전반적으로 불량한 암질상태**	• **12~18m 구간은 점토 충진된 극심한 파쇄상태의 암반으로 평가됨.**
2000 CB-4	• 0~3m: 붕적층 • 3~4m: 풍화암 • 4~7.7m: 보통암 TCR 43~67%, RQD 21~49% • **12~30m: 연암 TCR 4~12%, RQD 0~7%** • 30~32.8m: 연암 TCR 38~48%, RQD 14~41%	• 6.12~7.92m: 풍화토~풍화암 • 9.82~11.40m: 풍화토~풍화암 • 11.52~13.20m: 토사층 존재 • 13.92~19.80m: 연장성 큰 절리 발달, 점토 충진 • **전반적으로 불량한 암질상태**	• **12~30m 구간은 점토 충진된 극심한 파쇄상태의 암반으로 평가됨.**

(2) 지표지질조사 결과 분석

실시설계조사 결과에 의하면, 주로 대석회암층이 분포하며 부분적으로 사면 상부에 셰일(홍점층)이 분포하고 등사 습곡구조에 의해 반복적인 지층 분포를 보인다. 그리고 불정교 전기비저항탐사 결과 및 지질도에 의하면 원골 충상단층(NS/45E)이 노선과 평행한 주향으로 발달하며 사면방향과 유사한 경사방향을 나타난다. 그리고 이 사면의 안정대책 수립을 위한 조사 결과는 불규칙한 풍화 양상을 보이는 석회암층이 분포하고, 절리방향성은 뚜렷하게 우세한 방향성을 보이지 않는 분산된 형태를 나타내며 일부 절리에 의한 쐐기파괴의 가능성이 있는 것으로 나타났다. 그리고 풍화가 심한 지역으로 노두관찰이 불량하여 지표조사에서 지질구조를 확인하지는 못하였으나 층리방향의 변화에 의하면 지질구조(충상단층, 습곡)의 존재가 예상된다.

지표지질조사를 종합해보면, 대상 사면 종점부인 불정교구간은 3조의 충상단층이 교차하

 문경 우회도로 절취사면	• 고경사 불연속면을 따라 점토가 협재하는 불규칙한 풍화 양상과 부분적으로 극심한 파쇄상태를 보이는 석회암 노두
 제5사면 석회암 노두	• 고경사 불연속면(층리, 절리)를 따라 협재한 점토층이 발달하는 석회암 노두

[그림 4-48] 조사 사면의 인근지역 및 조사 사면의 노두상태

는 지역이며 이 중 원골충상단층은 사면에 불리한 경사방향으로 사면노선과 평행하여 발달할 것으로 예상된다. 그리고 지질구조의 영향으로 인해 전반적으로 파쇄대가 발달하는 불량한 암반상태를 보일 것으로 예상되며 고경사의 불연속면이 우세하게 발달하고 이로 인해 수직적인 구조의 풍화대가 형성되므로 종단면상 불규칙한 풍화 양상을 보일 것으로 판단된다(그림 4-49).

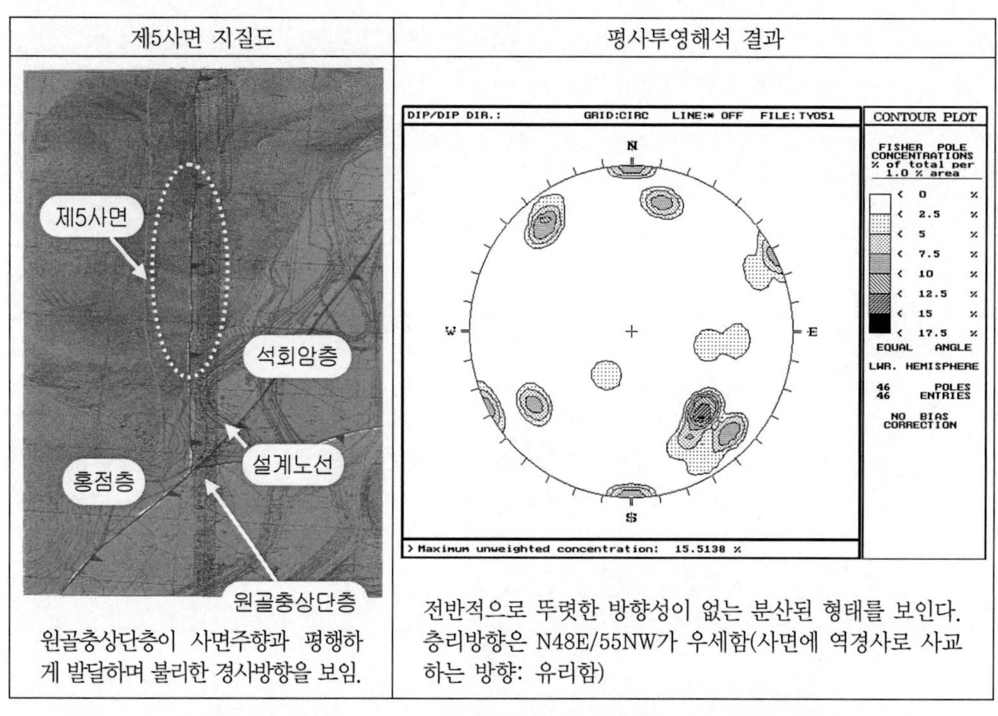

[그림 4-49] 조사 사면의 상세지질도 및 불연속면의 방향 분포

(3) 대표단면 작성

기존 조사와 금번 조사 결과를 종합·분석하여 이를 토대로 대상 사면별 대표단면도를 작성하였으며 작성된 대표단면들은 사면 안정성 해석과 설계 시 이용하였다. 대표단면도 작성 시 동일 단면 위치에서의 시추 자료가 서로 다른 경우는 불규칙한 지반 특성과 대절토 사면임을 감안하여 불리한 지반조건을 최대한 반영하였다(그림 4-50, 4-51).

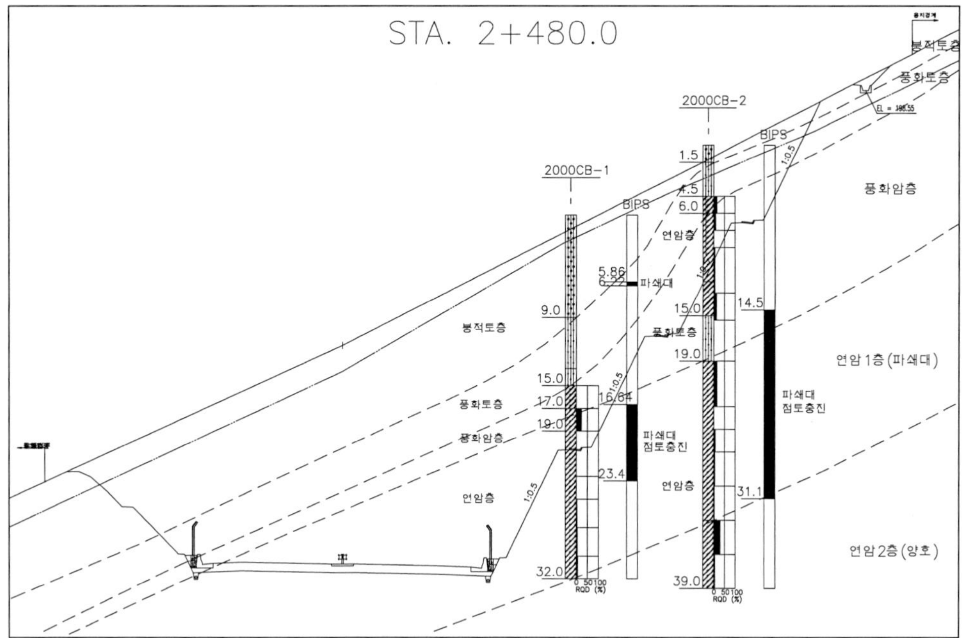

[그림 4-50] 제5사면 대표횡단면도(STA. 2+480)

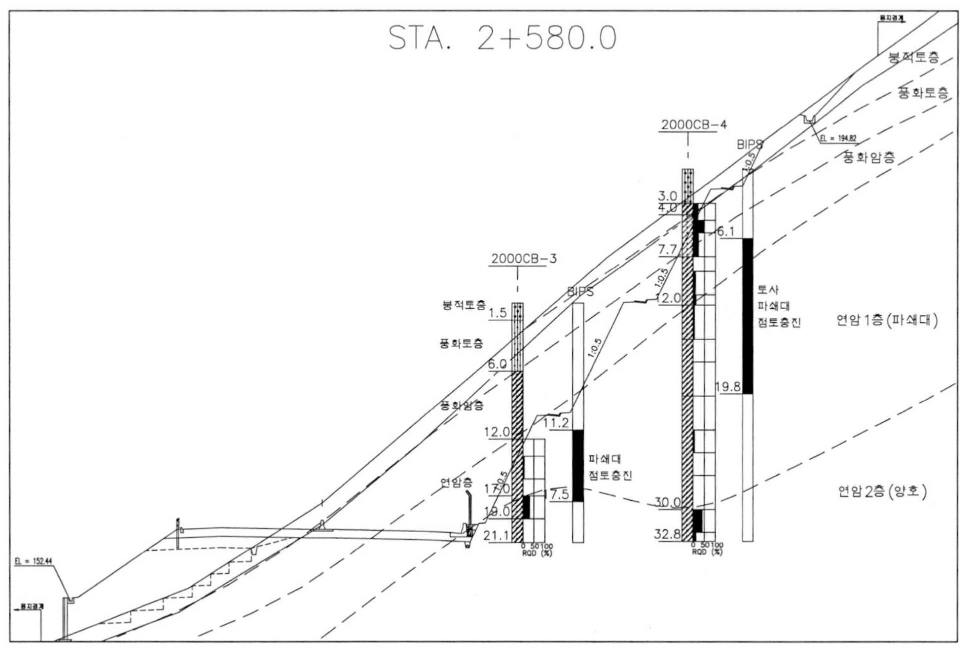

[그림 4-51] 제5사면 대표횡단면도(STA. 2+580)

3) 사면 안정성 검토

(1) 사면 설계 절차

사면 안정 설계는 다음 그림 4-52의 절차에 의해 수행하였다.

- 암반노두의 불연속면에 대한 주향과 경사를 측정 분석하여 평사투영해석(Stereographic Projection Method)에 의해 사면붕괴 가능성 판단.
- 불연속면과 사면의 방향 및 굴착성 등을 고려한 사면암반분류(SMR)를 실시하여 정량적인 사면 안정성 및 예상 파괴유형 분석.

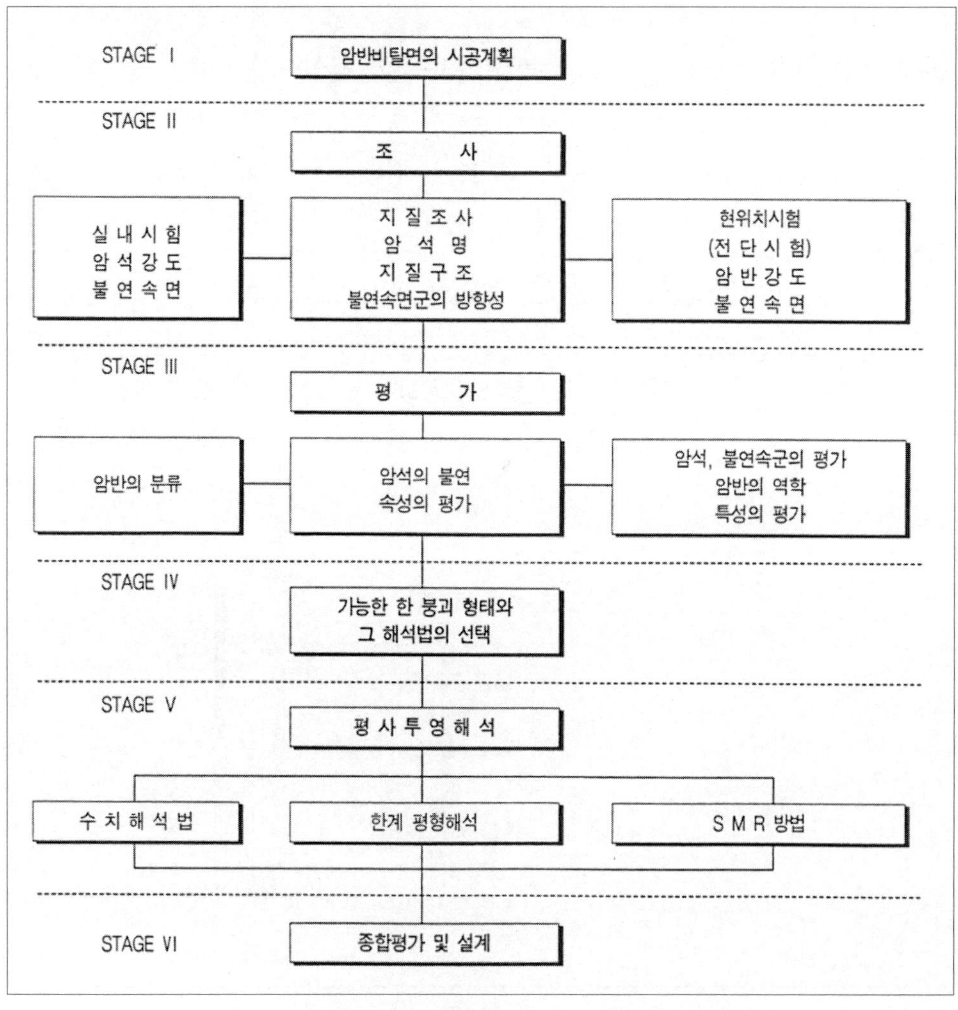

[그림 4-52] 암반 사면설계흐름도

■ 사면별 대표단면을 선정하여 한계평형해석에 의한 붕괴 가능성 및 안전율을 구하고 수치해석(FLAC)을 이용한 해석을 실시해 파괴경향 및 변위양상을 파악.

(2) 암반에 대한 등급평가

조사 사면의 지반 물성치를 파악하기 위해 기본 RMR 분류에 의한 암반 평가를 실시하였고 이를 토대로 SMR 분류법에 의해 암반등급을 평가한 결과는 표 4-23 및 4-24와 같다.

[표 4-22] 조사 사면의 RMR 분류에 의한 암반 평가 결과

공번	심도(m)	RMR 산정	일축압축 강도 (kgf/cm^2)	RQD (%)	절리 간격 (cm)	절리면 상태					지하수	기본 RMR 평점	지층 구분
						연속성 (m)	간극 (mm)	충전물 (mm)	거칠기	풍화도			
2000 CB-1	17.0~32.0	평가	*250	<25	<6	>20	>5	연약>5	매우 매끄러움	완전 풍화	젖음	19	연암 (파쇄대)
		점수	4	3	5	0	0	0	0	0	7		
2000 CB-2	19.0~33.0	평가	*250	<25	<6	>20	>5	연약>5	매우 매끄러움	완전 풍화	젖음	19	연암 (파쇄대)
		점수	4	3	5	0	0	0	0	0	7		
	33.0~36.0	평가	*400	29	8	10~20	1~5	연약<5	매끄러움	심한 풍화	젖음	31	연암
		점수	5	7	6	1	1	2	1	1	7		
2000 CB-3	12.0~17.0	평가	*250	<25	<6	>20	>5	연약>5	매우 매끄러움	완전 풍화	젖음	19	연암 (파쇄대)
		점수	4	3	5	0	0	0	0	0	7		
	17.0~19.0	평가	*400	31	8	10~20	1~5	연약<5	약간거침	심한 풍화	젖음	33	연암
		점수	5	7	6	1	1	2	3	1	7		
2000 CB-4	12.0~30.0	평가	*250	<25	<6	>20	>5	연약>5	매우 매끄러움	완전 풍화	젖음	19	연암 (파쇄대)
		점수	4	3	5	0	0	0	0	0	7		
	30.0~32.0	평가	*400	41	8	10~20	1~5	연약<5	약간거침	심한 풍화	젖음	34	연암
		점수	5	8	6	1	1	2	3	1	7		

* 주) 실시 설계 시 실시한 암석시험 결과 석회암의 경우 249~918kg/cm^2(평균535kg/cm^2) 범위로 측정됨. 이를 고려하여 연암(파쇄대) 250kg/cm^2, 연암 400, 보통암 700, 경암 900을 각각 적용함.

대상 사면에서 절취 시 사면의 안정성에 지배적인 영향을 미칠 것으로 예상되는 연암(파쇄대)구간과 이들 하부에 분포하는 양호한 암반구간(연암, 보통암, 경암으로 구분)에 대하여 사면의 안정성, 예상파괴형태, 추천보강방법 등을 평가하면 표 4-25와 같다.

[표 4-23] 조사 사면의 SMR 분류법에 암반 평가 결과

구 분 (경사/경사방향)		보정치 F1 평가(°)	F1 점수	F2 평가(°)	F2 점수	F3 평가(°)	F3 점수	F4 평가	F4 점수	F1×F2×F3+F4 (1)	basic RMR (2) 연암(파쇄대)	연암	보통암	경암	SMR (1)+(2) 연암(파쇄대)	연암	보통암	경암
	SET1 (55/318)	>30	0.15	>45	1.00	-8	-50			-7.5					11.5	23.5~26.5	–	–
	SET2 (75/142)	>30	0.15	>45	1.00	12	0			0					19	31~34	–	–
사면방향 63/085	SET3 (65/053)	>30	0.15	>45	1.00	2	-6	일반발파	0	-0.9	19	31~34	–		18.1	30.1~33.1	–	–
	SET4 (89/242)	>30	0.15	>45	1.00	26	0			0					19	31~34	–	–
	SET5 (90/180)	>30	0.15	>45	1.00	27	0			0					19	31~34	–	–

[표 4-24] 조사 사면의 지층별 SMR 분류 결과

구분	SMR	암반 등급	사면 안정성	예상 파괴 형태	추천 보강 방법
연암 (파쇄대)	11.5~19	V	매우 불안정	대규모 평면파괴 토사형태의 파괴	중력식 또는 앵커를 가진 벽체, 재굴착
연암	23.5~34	IV	불안정	평면, 쐐기파괴	앵커, 전면부 숏크리트

(3) 평사투영해석에 의한 파괴유형의 검토

조사 사면에 발달하는 불연속면에 대한 암반구간의 붕괴 유형을 검토한 결과, 그림 4-53과 같이 평면파괴 가능성은 없으나 전도파괴 가능성은 다소 있는 것으로 나타났으며 J1(75/142)과 J2(64/053)에 의해 쐐기파괴 가능성은 있는 것으로 분석되었다.

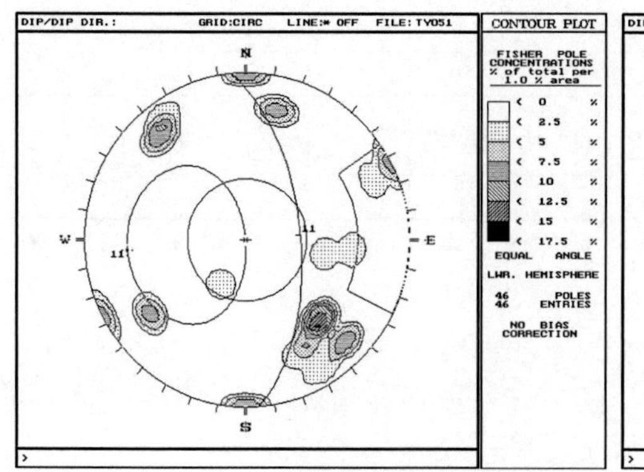

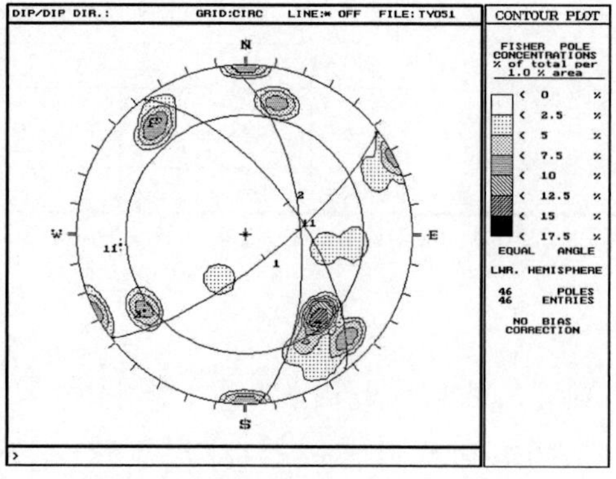

[그림 4-53] 평사투영법에 의한 사면 안정 해석 결과

(4) 예상 파괴유형 검토 결과

이 조사 사면에서 공통적으로 나타나는 점토가 협재한 연암 파쇄대(평균 TCR < 20%, 평균 RQD < 10%)구간은 토사 사면에서와 같이 재료가 매우 약할 때, 또는 암석에 뚜렷한 구조적인 특징이 없고 절리가 매우 심하게 발달되었거나, 파쇄가 심한 암반인 경우에 발생하는 Hoek & Bray(1981)의 분류에 의한 파괴 유형 중 원호파괴(circular failure), Varnes(1978)의 분류에 의한 회전활동(rotational slide)과 같은 형태를 보일 것으로 판단된다. 또한 이 구간에 대한 사면암반분류(SMR)에 의한 결과에서도 토사형태의 파괴를 보일 것으로 분석된다.

반면 전반적으로 양호한 암반상태를 보일 것으로 예상되는 연암 파쇄대 하부구간(연암~경암)은 사면암반분류(SMR) 및 평사투영해석(DIPS) 결과, 쐐기파괴 가능성이 있는 것으로 분석된다.

조사 사면에서 예상되는 파괴유형에 대한 검토 결과를 요약하면 표 4-25와 같다.

[표 4-25] 예상 파괴유형 검토 결과

구분	Hoek & Bray 분류 (1981)	Varnes의 분류 (1978)	암반분류결과 (SMR)	평사투영해석결과 (DIPS)
토사~연암파쇄대	원호파괴 (circular failure)	회전활동 (rotational slide)	대규모 평면파괴 토사형태의 파괴	-
연암~경암 구간 (양호한 암반구간)	평면파괴, 쐐기파괴	Translational slide (planar, wedge)	평면, 쐐기파괴	평면, 쐐기파괴

(5) 지반정수 산정 결과

조사 사면의 안정 해석을 위해 문헌상의 강도정수, 기존 적용사례, 표준관입시험에 의한

[표 4-26] 붕적토 및 풍화토의 지반정수 산정 결과

지반종류	물성치	관련문헌	기존 적용 사례	SPT	적용
붕적토	γ (tf/m^3)	1.7~1.9	1.8~1.9	-	1.8
	c (tf/m^2)	0~3.0	0~0.5	-	0
	ϕ (˚)	25~30	25~35	29.0~39.0	27
	E (tf/m^2)	1,060~2,000	5,000	1,141~4,564	1,100
	ν	0.2~0.4	0.35	-	0.35
풍화토	γ (tf/m^3)	1.7~1.9	1.9	-	1.8
	c (tf/m^2)	0~3.0	1.5~2.0	-	1.0
	ϕ (˚)	25~30	30	35.6~45.6	30
	E (tf/m^2)	1,060~2,000	-	2,469~9,876	2,400
	ν	0.2~0.4	-	-	0.33

지반정수, 석회암의 암질상태에 따른 일반적인 GSI 범위(Marinos & Hoek, 2000) 등을 이용하여 각 지층에 따른 강도정수를 산정한 결과는 표 4-26~4-28과 같다.

[표 4-27] 풍화암의 지반정수 산정 결과

구분	단위중량 (tf/m^3)	점착력 (tf/m^2)	내부마찰각 (°)	변형계수 (tf/m^2)	포아송비
관련문헌	–	10.0	30	–	–
기존 적용 사례	1.9~2.6	3.0~9.0	25~40	37,930~200,000	0.2~0.35
적용	1.9	5.0	33	40,000	0.3

[표 4-28] 기반암의 지반정수 산정 결과

구분	단위중량 (tf/m^3)	점착력 (tf/m^2)	내부마찰각 (°)	변형계수 (tf/m^2)	포아송비
경암	2.4	92	40	1.0+E06	0.23
보통암	2.3	70	38	7.0+E05	0.25
연암	2.2	14	36	2.0+E05	0.27
연암(파쇄대)	1.9	5	30	8.0+E04	0.30

4) 예상 활동구간 검토

대상 사면의 토사~암반파쇄대 구간에서 예상되는 원호파괴는 양호한 암반구간에서 국부적으로 발생할 것으로 예상되는 평면파괴, 쐐기파괴에 비해 사면 전체에 걸쳐 대규모로 발생할 것으로 예측된다. 이에 따라 전체적인 사면의 안정성을 확보하며 합리적이고 경제적인 설계 및 시공을 도모하기 위해서는 우선적으로 원호파괴의 예상활동 구간에 대한 면밀한 검토가 필요하다.

따라서 본 현장조사자료 분석에 의한 원호파괴 가능영역 검토, 수치해석(FLAC)에 의한 파괴영역 검토를 수행하여 이에 대한 검토내용들을 사면 안정 해석 시 반영하고자 하였다.

(1) 시추조사/BIPS 조사자료 분석에 의한 원호파괴 가능영역 검토

이 사면(주로 석회암이 분포)에서 실시한 시추조사/BIPS 조사 결과에 의하면 본 사면의 지반은 제1사면에 비해 암질상태의 변화는 적은 편이지만 각 조사공에서 공통적으로 점토와 암편이 혼재된 파쇄대구간이 일정한 폭으로 분포하는 것으로 나타나며 이러한 파쇄대구간은 사면거동 가능성이 높을 것으로 예상된다.

따라서 이 사면에서는 상대적으로 파쇄가 극심한 연암1(파쇄대) 심도까지를 원호활동이 발생 가능한 영역으로 평가하였다(연암구간은 평균 TCR<20%, 평균 RQD<10%를 기준으로 하여 기준 이하일 경우 연암1(파쇄대)로, 기준 이상의 양호한 연암은 연암2로 세분함). 앞에서 언급한 내용을 기준으로 대상 사면별 대표횡단면도에 원호활동 가능영역을 나타내면 그림 4-54, 그림 4-55와 같다.

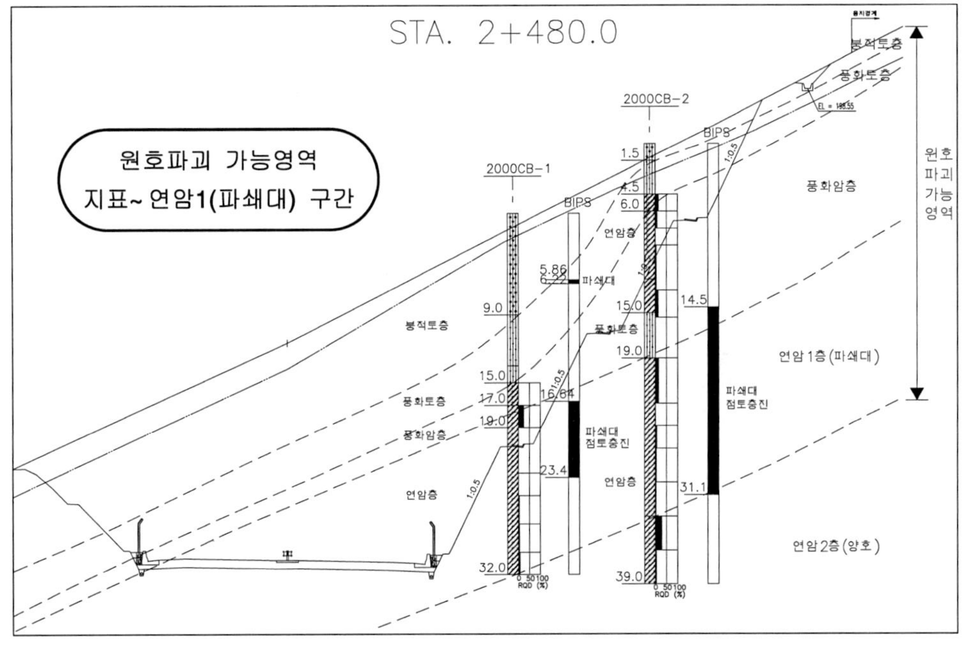

[그림 4-54] 조사 사면의 대표횡단면도(STA.2+480)

(2) 수치해석(FLAC)에 의한 파괴영역 검토

- FLAC에 의한 파과영역 검토

조사 사면의 대표단면들에 대한 수치해석(FLAC 프로그램 사용) 결과로부터 각 단면별 활동파괴규모와 인장파괴 발생영역에 대해 검토하였으며, 이에 대한 검토내용들은 파괴규모의 적정성을 검토하고 한계평형해석 시 합리적인 파괴활동면을 유도하는 데 활용하고자 하였다.

수치해석(FLAC) 결과는 그림 4-56 및 4-57과 같다.

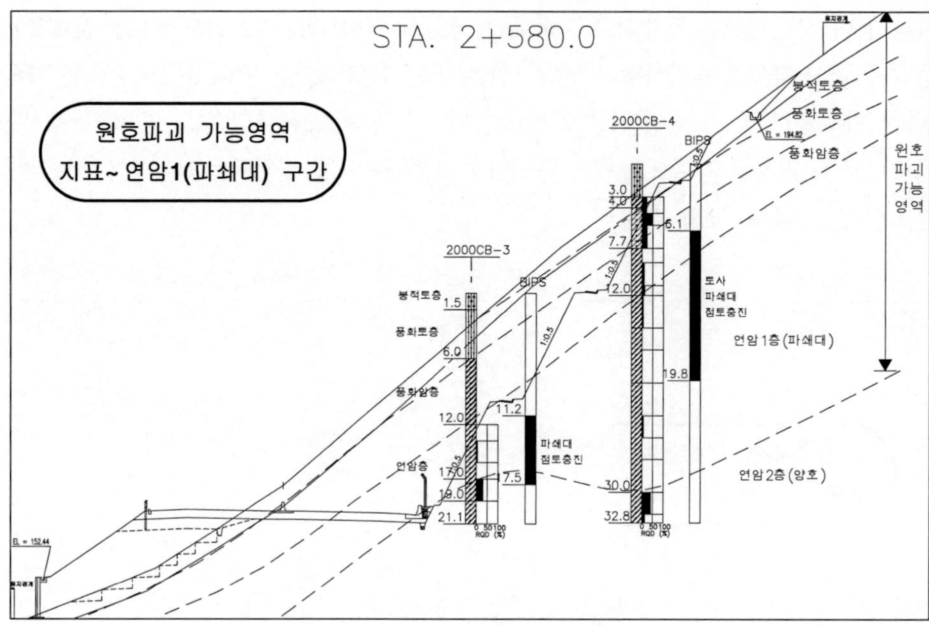

[그림 4-55] 조사 사면의 대표횡단면도(STA.2+580)

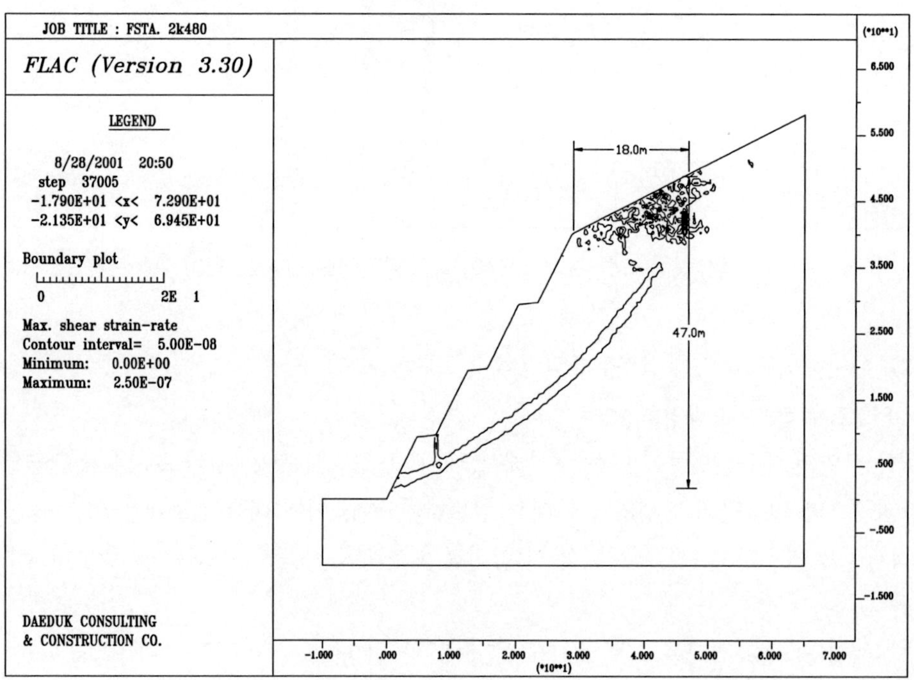

[그림 4-56] 조사 사면의 STA.2+480 단면에서 FLAC 해석 결과

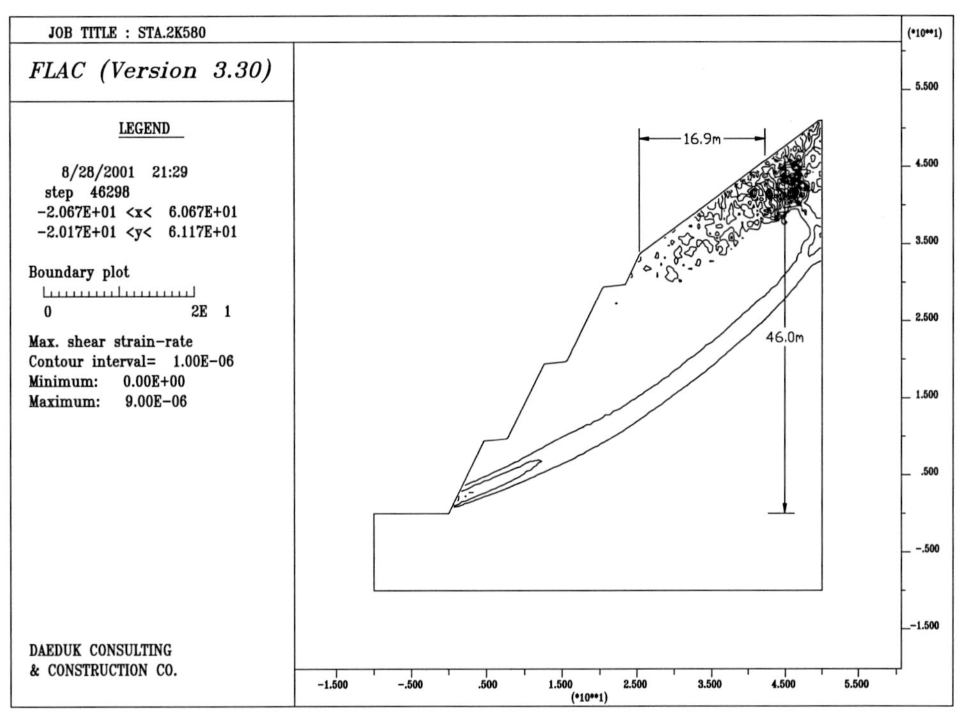

[그림 4-57] 조사 사면의 STA.2+580 단면에서의 FLAC 해석 결과

(3) 파괴규모의 적정성 검토

대상 사면에서 수행한 수치해석(FLAC) 결과로부터 각 해석단면별 활동깊이, 활동길이에 대한 평가를 수행하고, 이를 학자들이 제시하는 파괴규모와 비교하여 각 단면별 예상파괴규모의 적정성을 검토하였다. Walker(1987)는 활동유형별 파괴규모를 활동깊이(D)/활동길이(L)의 비(%)로 표 4-29와 같이 분류하였다.

또한 Skempton & Hutchinson(1969)은 회전활동에 의한 파괴규모는 파괴심도와 파괴길

[표 4-29] Walker(1987)에 의한 활동유형별 활동깊이(D)/활동길이(L)의 비(%)

활동 유형	활동깊이(D)/활동길이(L)의 비(%)
평행활동	5~10
회전활동	15~30
유동	0.5~3.0
탈락	0

이의 비가 0.15~0.33 사이의 값을 갖는다고 하였다. 따라서 여러 학자가 제안한 회전활동에 의한 파괴규모(활동깊이(D)/활동길이(L)의 비)는 대략 15~33% 범위를 갖는다고 할 수 있다.

수치해석(FLAC) 결과로부터 각 단면별 예상활동면의 활동깊이, 활동길이, 파괴규모를 평가하면 표 4-30과 같다. 표 4-30에 나타난 바와 같이 단면별 사면형상 및 지반조건에 따라 다소 차이가 있으나 개략적인 활동면의 활동길이는 약 55~128.5m, 활동깊이는 약 10~20m, 파괴규모(활동깊이(D)/활동길이(L)의 비(%))는 약 15~25% 범위로 나타난다. 따라서 본 수치해석에서 나타난 예상파괴규모는 여러 학자가 제안한 회전활동의 파괴규모인 15~33%(활동깊이(D)/활동길이(L)의 비(%)) 범위를 벗어나지 않는 적정한 규모인 것으로 분석된다.

[표 4-30] 조사 사면의 개략적인 예상파괴규모

대표단면위치 (STA.)	FLAC 해석결과		
	예상활동깊이(D)	최대예상활동길이(L)	파괴규모(D/L(%))
2+480	12.5m	66.0m	18
2+580	14.5m	58.0m	25

(4) 인장파괴 발생위치에 대한 검토

수치해석 결과로부터 인장파괴 발생위치를 검토한 결과, 표 4-31에 나타낸 바와 같이 인장파괴 발생위치는 절취구간 상단에서 사면 후방으로 16.0~18.0m 범위에서 발생할 가능성이 높은 것으로 보인다.

본 검토 사면은 불규칙한 지층분포 특성으로 인해 해석단면별 지층구성이 많은 차이를 보인다. 이로 인해 인장파괴 발생위치는 사면 경사각이나 활동구간의 크기보다는 지층구성 형상에 더 크게 영향을 받는 것으로 분석된다. 이와 같은 검토 결과는 파괴면의 위치를 구하는 한계평형해석 시 참고하여 합리적인 파괴면을 유도하는 데 활용하였다.

[표 4-31] 인장파괴 발생위치 검토 결과

대표단면위치 (STA.)	사면경사각 (°)	FLAC 해석결과	
		활동구간 높이(m)	인장파괴 발생위치 (절취상단부터 거리: m)
2+480	63	47.0	18.0
2+580	63	46.0	16.9

5) 사면 안정 해석 결과

이 사면에서 시행된 조사 결과를 토대로 작성된 2개의 대표단면에 대하여 SLOPE/W 프로그램을 이용하여 원호파괴를 고려한 안정성 해석을 실시하였으며, 각 단면별 해석 결과는 다음과 같다.

(1) 원호파괴를 고려한 안정성 검토

그림 4-58의 STA.2+480 단면 해석 결과에 의하면, 건기 시 1.11, 우기 시 0.62 정도로 계산되었으며 그림 4-59의 STA.2+580 단면 해석 결과는 건기 시 1.18, 우기 시 0.68 정도

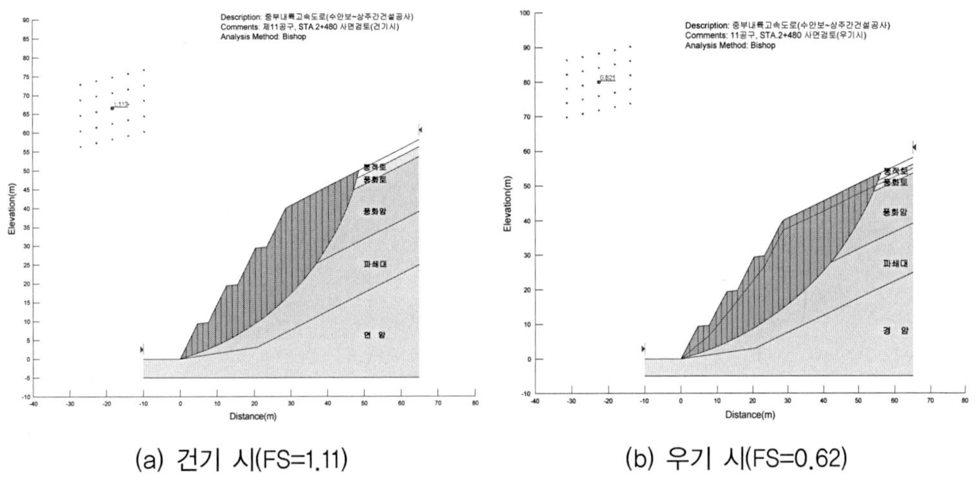

(a) 건기 시(FS=1.11) (b) 우기 시(FS=0.62)

[그림 4-58] 조사 사면의 STA.2+480 단면에 대한 원호파괴 안전율 계산 결과

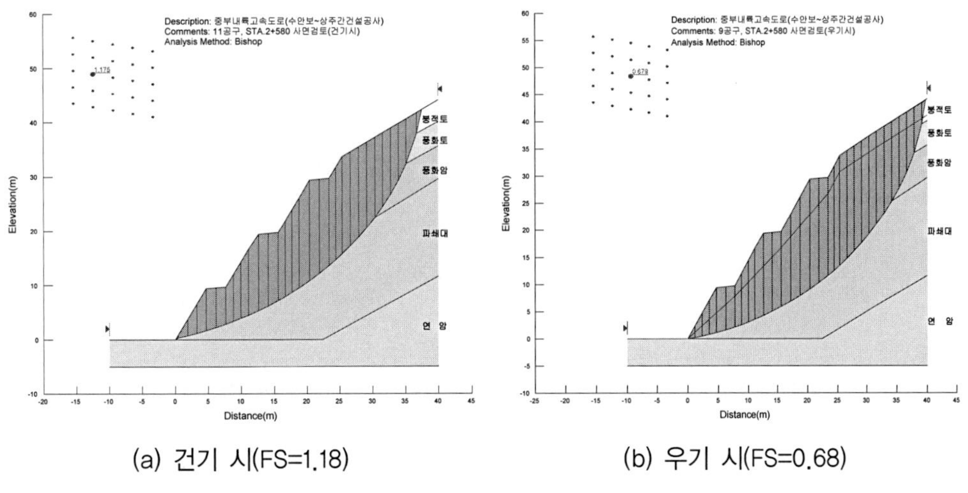

(a) 건기 시(FS=1.18) (b) 우기 시(FS=0.68)

[그림 4-59] 조사 사면의 STA.2+580 단면에 대한 원호파괴 안전율 계산 결과

로 두 단면 모두 설계안전율에 미달하는 것으로 분석되었다.

6) 사면 안정대책 공법 선정

(1) 안전율 증가공법의 선정

지반조사 결과, 지층 풍화단면이 매우 불규칙할 것으로 판단되며 전반적으로 매우 불량한 암질상태를 보인다. 또한 예상활동면의 심도는 매우 깊을 것으로 판단된다.

대책공법의 종류에서 검토한 적용성을 바탕으로 다음과 같은 공법에 대해 안정성, 경제성, 환경영향성을 검토하였다.

[표 4-32] 안전율 증가공법의 선정

공 법	사면구배 완화 공법	영구앵커공	soil nailing 공법	억지 말뚝공	옹벽 + 영구앵커공
개요도					
공법개요	절토 사면의 구배를 완화하여 활동력을 감소시켜 사면의 안정을 도모하는 방법	앵커의 인장력에 의하여 전단저항력을 증가시켜 사면 안정을 도모하는 공법	nail의 마찰력에 의하여 전단저항력을 증가시킴으로써 사면 안정을 도모하는 공법	말뚝의 억지력을 이용하여 전단저항력을 증가시켜 사면 안정 도모	옹벽 및 앵커공을 혼용하여 일부 보강하고 일부 완화하여 사면 안정 도모
장점	• 사면의 안정화 효과가 가장 확실함 • 공사비가 저렴하고 공기가 단축됨 • 지층상태에 적합하게 조정 가능 • 시거 및 안정감 부여 • 도로 확장 시 시공 용이	• 본 과업 구역과 같이 예상활동면이 비교적 깊은 사면 보강에 적합 • 시공 경험이 많으며 다양한 앵커가 생산되고 있음 • 사면의 변위를 매우 작은 범위 내에서 억제할 수 있음	• 소형장비로 시공 가능 • 얕은 사면 활동에 대해 효과적임 • 절토와 동시에 천공과 보강이 이루어지므로 시공성이 양호하며 안정성이 높음	• 중·대규모 사면에서 효과적 • 토사 사면의 구배 완화가 불가한 경우 적합	• 활동력이 큰 구간 적용 가능 • 토사 및 풍화암구간 적합 • 옹벽 설치로 인한 자연 훼손 감소효과가 있음
단점	• 용지 확보가 어려운 경우 적용 곤란 • 토사층이 깊고 절토고가 높은 구간에서는 절토량 과다 • 절취량이 증가하여 자연 훼손 범위가 넓어짐	• 공사비가 비교적 고가 • 공정이 상대적으로 복잡함	• 추가 표면 처리공법이 필요 • 예상활동면이 깊은 경우 적용 곤란	• 정확한 활동면 예측 필요 • 활동면이 깊은 경우 비경제적 • 영구사면인 경우 강재부식 방지대책 필요	• 공정이 복잡 • 옹벽과 앵커 plate간의 접촉 불량
종합검토 (안정성 경제성, 환경성, 소요 공기)	• 사면구배 완화공법을 적용할 경우 장대사면이 형성되어 오히려 더 불안한 사면을 형성 • 비교안 중 시공비가 가장 저렴 • 환경성은 가장 좋지 않음 • 추가 부지 매입으로 인한 공기 지연 가능성 높음	• 본 과업 지역과 같이 활동심도가 비교적 깊은 경우 사면 안정에 효과적임 • 시공비가 비교적 고가임 • 사면구배를 최대화하여 환경 훼손이 적음 • 원설계가 영구앵커로 설계되었으므로 추가적인 공기 연장은 없음	• 본 과업 지역에서는 활동심도가 깊어 네일의 길이가 과대하게 길어지므로 적용이 곤란함 • 시공비는 비교적 저렴함 • 비교적 환경성은 떨어짐 • 사면구배 조정으로 인한 공기 연장 가능성 있음	• 활동면의 심도가 깊어서 억지말뚝의 휨에 대한 저항에 취약하게 되므로 적용성이 떨어짐 • 일반적으로 대규모 사면에서 대형강관말뚝을 사용하므로 시공비는 고가임 • 비교적 환경성은 떨어짐 • 여타 안전율 증가공법과 병행하여 적용해야 할 것으로 판단되므로 공기 연장 가능성 있음	• 영구앵커공과 같이 안정성 확보에 효과적임 • 공사비가 매우 고가임 • 옹벽으로 인해 자연환경의 훼손을 줄일 수 있으나 본 과업구역과 같이 대규모 사면에서는 그 효과가 미미함 • 2가지 공법이 병행하여 적용되므로 공기 지연의 가능성이 있음
적용		◎			

- 사면구배 완화공
- 영구앵커 보강공
- 억지말뚝공
- soil nailing 또는 그라우팅 네일공
- 옹벽 및 앵커 보강공

표 4-32와 같이 사면구배 완화공법은 안정성 및 경제성이 우수하지만 활동면의 심도가 깊고 상부지형경사가 급한 지역에 적용할 경우, 장대사면이나 무한 사면을 형성할 수 있으므로 유지 및 관리에 어려움이 있다. 또한, 사면구배 완화공법은 자연경관을 크게 훼손하므로 적용이 곤란할 것으로 판단된다.

억지 말뚝보강공법과 soil nailing 보강공법은 본 조사 지역에서 사면 안정성 및 경제성이 떨어지고, 옹벽+앵커 보강공법은 자연훼손 감소 효과에 비해 시공비가 과대하게 소요된다.

따라서 이 과업 지역에서는 안정성이 높고 상대적으로 환경 훼손을 줄일 수 있는 영구앵커 보강공법을 적용해야 할 것으로 판단된다.

(2) 구조물공의 선정

침식, 세굴, 풍화 및 동상으로부터 사면을 보호하고 영구앵커체의 정착을 위한 구조물공(지압판)을 표 4-33과 같이 비교 검토하였다.

(3) 피복공

안전율 유지공법 중 피복공은 피복 대상에 따라 사면보호용 식생공법과 암반사면 녹화공법으로 대별되며 사면 대부분이 암반사면인 본 과업 지역에서는 암반사면 녹화공법이 적용되어야 한다. 암반 비탈면 녹화공법은 암반사면에서의 급속한 풍화진행 예방, 표면이완에 의한 낙석방지, 자연환경 및 미관의 향상을 목적으로 시공되며 본 사면에서는 구조물공으로 현장타설 콘크리트 격자공이 적용되었으므로 격자블록 내에 표 4-34와 같이 녹화공법을 적용한다.

(4) 천공방법 선정

사면에 영구앵커 설치를 위한 천공작업의 공법은 다양하지만, 이 사면에 적용 가능한 single type 천공방법과 이중관 casing 천공방법을 표 4-35와 같이 비교 검토하였다.

[표 4-33] 영구앵커 지압판의 선정

구분	현장타설 격자공	P.C 패널(panel)공
개요	격자를 현장타설 콘크리트로 제작하여 사용	공장 제작 프리캐스트 패널 제품을 지압판으로 사용
단면		사각형 P.C 패널 십자형 P.C 패널
시공순서	1. 사면 정리 2. 영구앵커 천공 설치 3. 철근 가공 조립 및 설치 4. 거푸집 설치 5. 콘크리트 타설 6. 양생 후 앵커체 인장결속	1. 사면 정리 2. 영구앵커 천공 설치 3. P.C 패널 설치 4. 앵커체 인장결속
장점	1. 보강효과 우수 2. 지반과 지압판의 밀착효과 우수 3. 격자빔 사이 공간은 녹화 가능 4. 토사면 세굴 방지에 유리	1. 시공이 간단 2. P.C 패널 공장 제작 시 품질양호 3. 앵커 설치 후 부분작업 가능
단점	1. 시공이 복잡 2. 장대사면의 경우 자재 운반 및 레미콘 타설 등에 어려움이 있음	1. 구배가 1 : 0.8보다 급할 경우 시공성 떨어짐 2. 암반사면의 경우 지반과 지압판 사이 밀착성 불량 3. 공장 제작 시 운반비 과다
검토의견	- 본 지역은 절리 및 파쇄가 심한 암반사면으로서 - 비교적 급한 사면구배(1 : 0.5~1)로 설계되었고 - 풍화 또는 유수에 의한 침식 방지 효과가 크고 - 지면과 밀착 시공이 가능하고 유지관리 면에서 우수한 **현장타설 격자공법**이 유리할 것으로 판단됨.	

[표 4-34] 피복공의 선정

구분	녹생토 공법	텍솔녹화토 공법
개요	식생이 불가한 암반비탈면에 부착망을 앵커핀과 착지핀으로 고정 후 토양 개량제와 양잔디 씨앗을 혼합하여 분사	토사 및 암반비탈면에 토양개량제 및 폴리에스터 연속섬유 등을 분사하여 녹화하는 공법
특성	• 사면의 조기 녹화와 안전율 유지 효과 • 주로 암사면에 적용	• 사면의 조기 녹화와 안전율 유지 효과 • 토사 및 암사면에 모두 적용 가능
종합검토	• 공사비가 저가임 • 시공실적 다수	• 화학섬유의 혼합으로 인해 균열 억제 효과
적용	◎	

[표 4-35] 천공방법의 선정

구분	싱글 타입 천공공법	이중관 케이싱 천공공법(all casing 공법)
개요	rotary drill만으로 천공하는 일반적인 공법	천공 시 air percussion + rotary drill을 동시에 사용하여 천공과 동시에 케이싱 설치가 이루어지도록 하는 공법
장점	• 경제적이다 • 천공장비가 경량이다	• 절리 및 파쇄암반구간에서 품질관리 및 시공성 우수 • 공벽 붕괴가 없으므로 확실한 시공이 가능 • 천공 시 공벽의 직진성 확보 가능
단점	• 절리 및 파쇄암반구간에서 품질관리 및 시공성 불량 • 천공 시 함몰 가능성이 큼 • 천공 시 공벽의 직진성 유지 곤란	• 천공비가 single type보다 고가임 • 천공장비가 큼

이 사면의 일부구간에서는 암반의 파쇄 및 절리가 발달하여 앵커 천공 시 공벽 유지가 곤란할 것으로 판단된다. 따라서 지반조건에 따라 비교적 신선한 암반에서는 싱글 타입 천공공법을 적용하고, 파쇄 및 절리가 발달된 암반사면에서 앵커를 설치할 경우, 품질관리를 위하여 이중관 케이싱 공법의 천공법을 적용한다.

7) 대책공법 설계

(1) 보강단면해석

보강공법 전후의 해석 결과를 요약하면, 표 4-36과 같고 단면별 해석 결과는 그림 4-60,

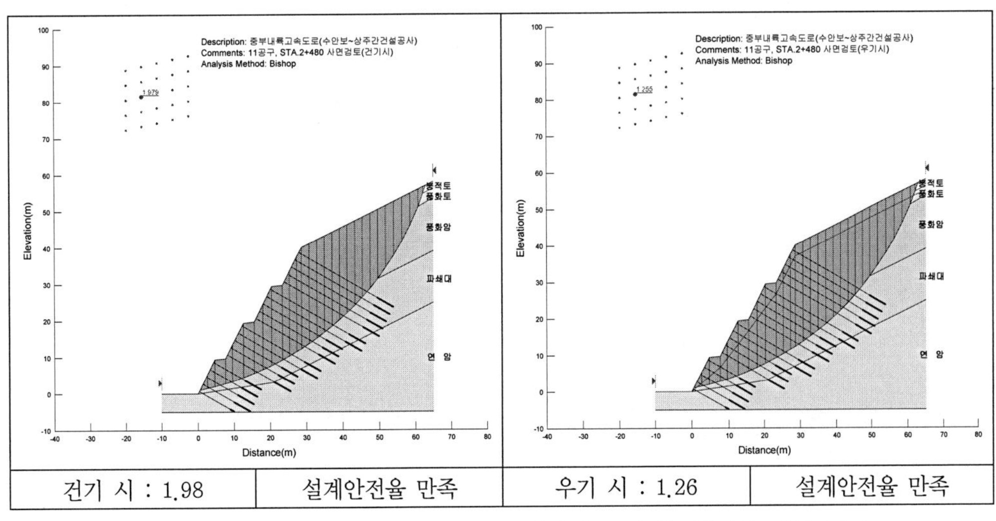

[그림 4-60] 조사 사면 STA.2+480 단면의 보강 후 안전율 계산 결과

4-61과 같다.

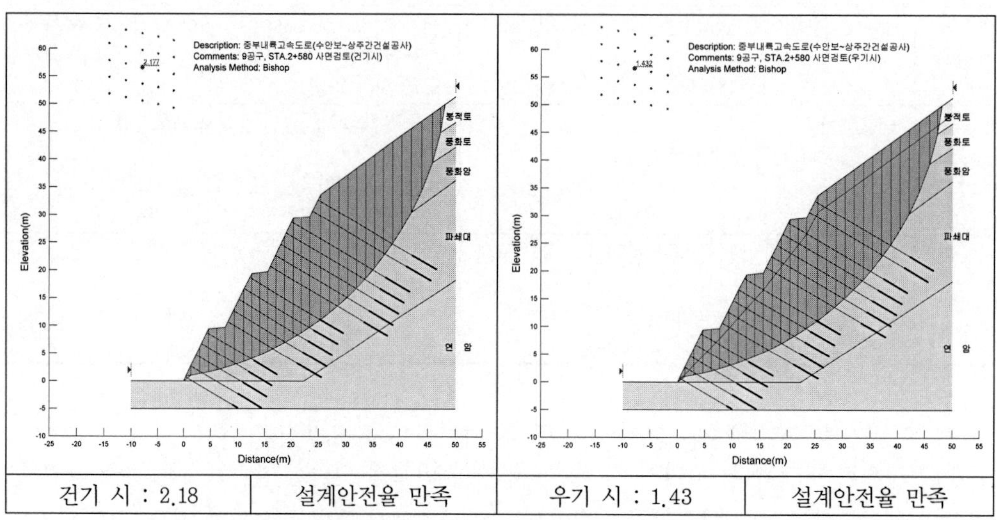

[그림 4-61] 조사 사면 STA.2+580 단면의 보강 후 안전율 계산 결과

[표 4-36] 보강 전후의 사면 안정 해석 결과

대표단면 (STA.)	SLOPE/W 해석 결과(안전율)				앵커설계조건
	보강 전		보강 후		
	건기 시	우기 시	건기 시	우기 시	
2+480	1.11	0.62	1.98	1.26	2.20m×2.20m, 75ton
2+580	1.18	0.68	2.18	1.43	2.20m×2.20m, 75ton

(2) 영구앵커의 설계기준

■ 앵커 설계 안전율 기준

앵커는 축방향 인발저항에 안정해야 된다. 즉 정착장의 계산 시 충분한 안전율을 고려하

[표 4-37] 앵커의 안전율

구분	안전율		비고
	가설앵커	영구앵커	
구조물 기초설계기준	1.5	2.5	대한토질공학회('86)
Ground Anchor 설계 시공지침	1.5~2.0	2.5~3.0(상시) 1.5(지진 시)	Ground Anchor 기술협회(일본)

여야 한다. 앵커의 안전율은 영구앵커 시 Fs = 2.5~3.0, 가설앵커 시 Fs = 1.5를 적용하며, 본 설계에서의 안전율 적용은 Fs=3.0을 기준으로 하였다. 참고로 여러 기관에서 제시한 안전율은 표 4-37과 같다.

■ 주면마찰 전단저항(τ_a)

정착부의 축방향 인장력에 대한 내력은 주면마찰전단저항(τ_a)에 의하여 결정되며 본 사면에서는 표 4-38을 기준으로 적용하였다. 그러나 앵커의 주면마찰저항은 시공 시 앵커의 인발시험을 통해 확인되어야 할 것이다.

[표 4-38] 앵커의 주면마찰 전단저항(지반공학회(日), 그라운드 앵커의 앵커설계 시공기준)

지반의 종류		주면마찰전단저항(τ_a) (kg/cm^2)	비고
암반	경암	15~25	
	연암	10~15	
	풍화암	6~10	
	풍화토	5~8	
사력층	N=10	1.0~2.0	
	N=20	1.7~2.5	
	N=30	2.5~3.5	
	N=40	3.5~4.5	
	N=50	4.5~7.0	
모래층	N=10	1.0~1.4	
	N=20	1.8~2.2	
	N=30	2.3~2.7	
	N=40	2.7~3.5	
	N=50	3.0~4.0	
점성토		1.0~1.3C(C는 점착력)	

■ 정착체와 그라우트의 허용 부착응력

정착체와 그라우트의 허용부착응력은 15kgf/cm^2(Fck=210kg/cm^2)를 기준으로 하였다.

[표 4-39] 주입재의 강도에 따른 허용 부착응력(kgf/cm^2)(지반공학회(日), 그라운드 앵커의 앵커 설계 시공기준)

앵커체에 대한 구속력	큰 지반			*작은 지반
주입재의 설계기준 강도(kg/cm^2)	240	300	400	240이상
영구앵커 정착체의 허용부착응력(kg/cm^2)	16	18	20	10

* 앵커체에 대한 구속력이 작은 지반이라는 것은 점토암이나 실트암 등 제3기 이후의 퇴적층에서 슬레이킹이나 팽윤을 일으키기 쉬운 지반을 말한다.

주입재(그라우트)의 강도를 기준으로 한 허용 부착응력은 표 4-39와 같다.

■ 세트량에 의한 감소

세트량이란 정착 시의 인장재의 되돌림량을 일컬으며, 쐐기의 지름과 프리스트레싱의 방식 등에 의해 변화가 있지만 일반적으로 3~7mm이다. 굵은 지름의 PC 스트랜드를 사용한 경우에는 프리세 방식에서는 세트량이 10mm 가까이 되는 것이 있으므로 특히 주의해야 한다. 본 앵커설계의 경우에는 너트정착을 하므로 세트량을 고려하지 않았다.

■ 인장재의 relaxation에 의한 감소

relaxation은 인장재에 인장력을 더해 신장량을 일정하게 유지했을 때의 인장력의 시간적 변화를 말한다. 본 설계에서의 릴랙세이션값은 저릴랙세이션재를 사용하므로 3.0%(10hr)로 한다.

■ PC 강연선의 허용인장하중

앵커두부에 작용하는 긴장력은 인장재, 주입재를 거쳐서 주변 지반으로 전달된다. 따라서 인장재와 주입재, 주입재와 지반의 경계면에서 충분히 안정성이 발휘되는 동시에 인장재에 작용하는 하중이 인장재의 허용긴장력을 상회하지 않도록 설계하여야 한다. 허용인장력(Tas)은 인장재의 극한하중(T_{us}), 인장재의 항복하중(T_{ys})에 대해 표 4-40의 값 중에서 작은 값을 사용한다.

[표 4-40] 인장재의 허용인장력

앵커의 종류		극한하중(T_{us})	항복하중(T_{ys})
가설앵커		0.65 T_{us}	0.80 T_{ys}
영구앵커	상시	0.60 T_{us}	0.75 T_{ys}
	지진 시	0.75 T_{us}	0.90 T_{ys}

(3) 앵커 설계단면

■ 적용 앵커의 제원과 배치도

[표 4-41] 조사 사면의 STA.2+480 단면에서 앵커설계에 의한 적용 앵커의 제원

구분	돌출길이(m)		자유장 (m)	정착장 (m)	앵커전장 (m)	슬라임 처리장 (m)	천공장 (m)	정착하중 (ton)	늘음량 (cm)
	여유장	구조물 두께							
1단	0.15	0.5	10	6.0	17.0	0.5	16.9	78.0	9.5
2단	0.15	0.5	20	6.0	27.0	0.5	26.9	78.0	12.5
3단	0.15	0.5	25	6.0	32.0	0.5	31.9	78.0	18.4
4단	0.15	0.5	25	6.0	32.0	0.5	31.9	78.0	18.4

* 여유장은 지압판 두께+너트 두께+인장을 위한 돌출길이

[표 4-42] 조사 사면의 STA.2+580 단면에서 앵커설계에 의한 적용 앵커의 제원

구분	돌출길이(m)		자유장 (m)	정착장 (m)	앵커전장 (m)	슬라임 처리장 (m)	천공장m)	정착하중 (ton)	늘음량 (cm)
	여유장	구조물 두께							
1단	0.15	0.5	10	6.0	17.0	0.5	16.9	78.0	9.5
2단	0.15	0.5	20	6.0	27.0	0.5	26.9	78.0	15.4
3단	0.15	0.5	20	6.0	27.0	0.5	26.9	78.0	15.4
4단	0.15	0.5	20	6.0	27.0	0.5	26.9	78.0	15.4

* 여유장은 지압판 두께+너트 두께+인장을 위한 돌출길이

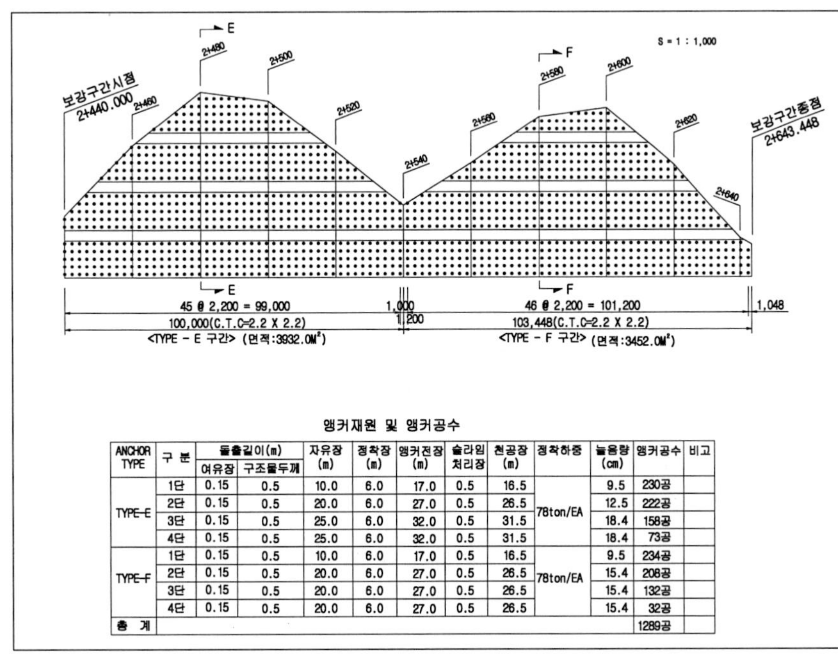

앵커재원 및 앵커공수

ANCHOR TYPE	구 분	돌출길이(m)		자유장 (m)	정착장 (m)	앵커전장 (m)	슬라임 처리장	천공장 (m)	정착하중	늘음량 (cm)	앵커공수	비고
		여유장	구조물두께									
TYPE-E	1단	0.15	0.5	10.0	6.0	17.0	0.5	16.5	78ton/EA	9.5	230공	
	2단	0.15	0.5	20.0	6.0	27.0	0.5	26.5		12.5	222공	
	3단	0.15	0.5	25.0	6.0	32.0	0.5	31.5		18.4	158공	
	4단	0.15	0.5	25.0	6.0	32.0	0.5	31.5		18.4	73공	
TYPE-F	1단	0.15	0.5	10.0	6.0	17.0	0.5	16.5	78ton/EA	9.5	234공	
	2단	0.15	0.5	20.0	6.0	27.0	0.5	26.5		15.4	208공	
	3단	0.15	0.5	20.0	6.0	27.0	0.5	26.5		15.4	132공	
	4단	0.15	0.5	20.0	6.0	27.0	0.5	26.5		15.4	32공	
총 계											1289공	

[그림 4-62] 조사 사면의 앵커 배치도

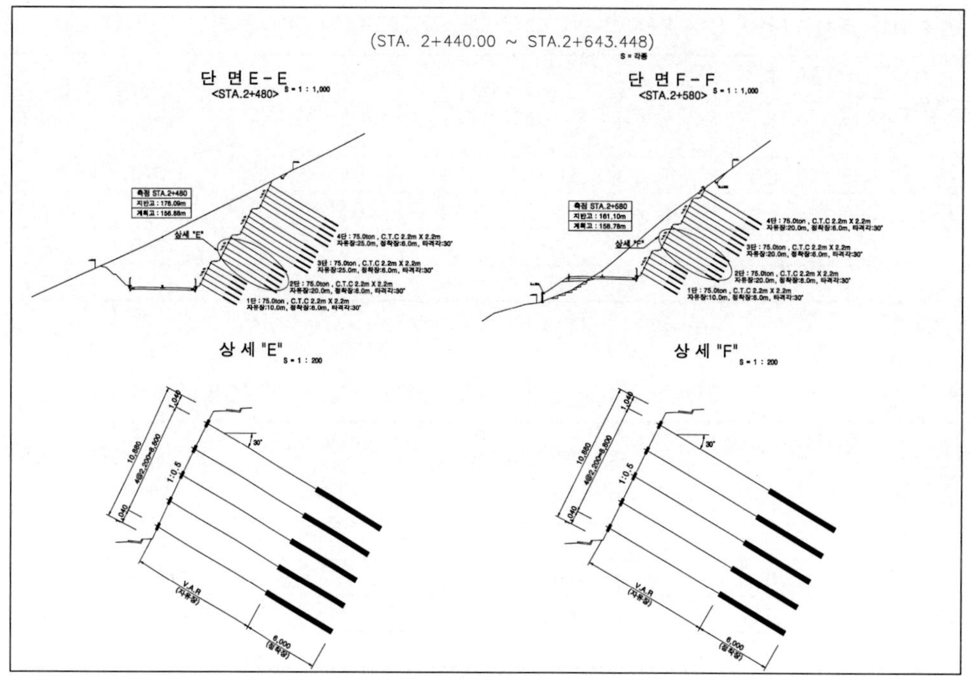

[그림 4-63] 조사 사면의 앵커 보강단면도

4.4.4 결론

석회암 지역에서의 절토사면에 대한 안정성 문제에 대해 사례 중심으로 살펴본 결과, 다음과 같이 요약할 수 있다.

(1) 한반도에서의 석회암은 북한의 평안분지인 평안남도와 황해도에 넓게 분포하고 남한에서는 옥천조산대에 속한 강원도 남동부의 삼척, 강릉 지역과 이에 인접한 충청북도의 단양, 제천, 영월, 평창, 정선 지역과 충청남도의 무안 지역 일부, 경상북도 문경의 일부 지역에 비교적 넓게 나타난다.

(2) 석회암은 화학적 풍화에 취약하여 지하수의 용해 작용으로 단층면, 파쇄대, 층리면 등의 지질구조선을 따라 용식작용을 일으켜 작은 틈을 만들고, 점점 확대되어 지하에 불규칙한 용식동굴을 생성하게 되어 석회암 지대에서의 토목공사 시 교량 기초구간이나 기초의 지지력 문제로 대두되거나 사면에서의 대규모의 공동부에 충진된 점토층에 의한 사

면 안정 문제, 지반 함몰과 같은 문제 등이 대두되고 있다.

(3) 석회암에서의 사면 안정 문제는 경사방향 및 급경사각도를 형성하는 층리면 절리구조에 의한 붕괴발생 문제와 싱크홀에 의한 공동형성 및 공동구간에 점토층이 충전되어 굴착 후 사면에 노출되어 불안정한 사면을 형성하는 경우로 대별할 수 있다.

(4) 공동구간이 사면에 노출되는 경우에는 사면 안정적인 측면에서는 크게 문제가 되지 않으나 암반구간 내에 공동부를 충진한 점토층이 대규모적으로 분포하는 경우에는 대규모의 붕괴를 발생시킬 가능성이 있으므로 이에 대한 사면 안정대책을 수립할 필요가 있다.

참고문헌

4.1

윤운상, 김학수, 최원석(1999), 「석회공동의 특성과 카르스트 지역 내 교량기초를 위한 조사 설계」, 〈한국지반공학회 '99 봄 학술발표회 논문집〉, pp.399-406.

임수빈, 김문국, 조병철, 임철훈(1998), 「공동 및 점토 협재 파쇄대가 산재된 석회암층의 교량 기초 지반 보강 방법」, 〈한국지반공학회 '98 가을 학술발표회 논문집〉, pp.121-129.

Culshaw, M.G. and Waltham, A.C. (1987), "Natural and artificial cavities as ground engineering hazard", Quarterly Journal of Engineering Geology, Vol. 20, pp.139-150.

Fookes, P.G. and Hawkins, A.B. (1988), "Limestone weathering: its engineering significance and a proposed classification scheme", Quarterly Journal of Engineering Geology, Vol. 21, pp.7-31.

Goodman, R.E. (1993), Engineering Geology, John Wiley & Sons, Inc, pp.143-194.

Lee, D.S. (1988), Geology of Korea, Geological Society of Korea, Kyohak-Sa, pp.49-81.

McCann,D.M., Jacson, P.D. and Culshaw, M.G (1987), "The use of geophysical surveying methods in the detection of natural cavity and mineshafts", Quarterly Journal of Engineering Geology, Vol. 20, pp.59-73.

M. Long (1998), "A trial of five geophysical techniques to identfy small scale karst", Proceedings of the 1st International Confrerence on Site Characterization Vol. 1, pp.569-574.

Statham, I. and Baker, M. (1986), "Foundation problems on limestone: A case history from the carboniferous limestone at Chepstow, Gwent", Quarterly Journal of Engineering Geology, Vol. 19, pp.191-201.

4.2

중앙고속도로 00공구 지반조사보고서.

중앙고속도로 00공구 터널설계보고서.

중앙고속도로 00공구 00터널 보강대책 보고서.

중앙고속도로 00공구 00터널 붕락구간 안정성 해석보고서.

「석회암공동 및 폐갱지역 지반 침하」, 한국지반공학회 암반역학위원회 특별세미나 논문집.

4.3

김영근, 백기현, 김성운(2001), 「석회암 공동지역에서의 터널 붕락사고 및 보강사례」, (사)한국지반공학회 공사 중 터널의 사고사례 발표회, pp.27-36.

이수곤, 손경철(2001), 「석회암반터널 갱구부 안정화를 위한 조사 및 연구」, (사)한국암반공학회 추계공동 학술발표회, pp.51-57.

한국수자원공사(1998), 『석회암 지역 지하수 거동 특성연구』, pp.14-40.

Bieniawski, Z.T. (1976a), Rock mass classifications in rock engineering. In: Proceedings of the Symposium for Exploration for Rock Engineering, Johannesburg, South Africa. Balkema, Rotterdam, vol. 1, pp.97-106.

Bieniawski, Z.T. (1976b), Rock mass classifications in rock engineering. In: Proceedings of the Symposium for Exploration for Rock Engineering, Johannesburg, South Africa. Balkema, rotterdam, Session Report, vol. 2, pp.167-172

Davis G.M., Horswill P. (2001), Groundwater control and stability in an excavation in Magnesian Limestone near Sunderland, NE England, Engineering Geology (in press)

Goodman R. E. (1993), Engineering Geology, John Wiley & Sons, Inc., New York.

Rutledge, J.C., Preston, R.L. (1978), Experience with engineering classifications of rock for the prediction of tunnel support. In: Prodeedings of the International Tunneling Symposium, Tokyo. pp.A-3-1:7.

Tugrul A. (1998), The application of rock mass classification systems to underground excavation in weak limestone, Ataturk dam, Turkey, Enngineering Geology, pp.337-345.

4.4

최영선, 『자연사 기행』, 한겨레 신문사, 1995, p.84.

한국도로공사, 「절토사면 기술자문사례집」, 1998.

한국도로공사, 「중부내륙고속도로 제 6공구 실시설계 보고서」, p.1261, p.1303.

임승태, 「최근의 사면안정공법」, 기술경영사, 1994.

사단법인 일본지반공학회 저, 윤지선 번역, 『그라운드앵커공법의 조사·설계·시공』, 도서출판 구미서관, 1999.

Part

03 신생대 및 이암·셰일

1 신생대 지층의 공학적 특성

2 이암 · 셰일의 공학적 특성

3 신생대 및 이암 · 셰일 지층에서의 설계 및 시공 사례

신생대 지층의 공학적 특성

1.1 신생대 지층 포항분지의 지질학적 특성

1.1.1 서론

한반도에는 황해도에 위치한 안주분지 및 봉산분지를 제외하고는 제3기의 퇴적분지들이 동해안을 따라 단속적으로 분포한다. 이들 중에서 포항분지, 장기분지 및 어일분지는 한반도의 주요 구조선인 양산단층 동측에 분포하는 분지이다. 본 연구의 대상 지역은 한반도에 분포하는 제3기의 퇴적분지 중에서 포항분지의 대부분을 대상으로 하였다. 이 지역에 대한 연구는 1 : 5만 포항도폭(엄상호 외, 1964) 및 청하도폭(김옥준 외, 1968)이 조사 발간된 이후 윤선(1982, 1988, 1991), 김종환 외(1976), 김인수(1985, 1992), 한종환 외(1986, 1987, 1988), 김종렬(1988), Yun, H. S. et al.(1991), Chough, S. K. et al.(1990), Hwang, I. G.(1993), 최동림 외(1993), 이병주·송교영(1999) 등에 의하여 연구가 수행되었다.

본고는 지질시대로 보아 가장 젊은 지층인 제3기 지층 내 변형운동의 특성을 밝히기 위한 것이 주된 목적이다. 이를 위해 포항분지 내 제지층, 주위 기저암에 대한 절리 및 단층계의 특성을 조사 분석하여 마이오세 이후 한반도에 작용한 조구조운동의 성격을 고찰하였다.

1.1.2 지질

본 연구 지역은 경상누층군의 최상부층에 해당되는 퇴적암 및 화산암을 기반암으로 하여 제3기의 연일층군이 부정합으로 덮고 있다. 연일층군의 층서는 Tateiwa(1925)에 의해 천북역암과 연일셰일로 대분한 이후 엄상호 외(1964)에 의해 6개의 층으로 구분하였으며 Kim, B. K.(1965)은 이 지역에서 산출되는 유공충을 이용하여 생층서로 6개의 층으로 구분하였다. Yoon, S.(1975)은 기저층인 천북역암을 2개의 층과 2개의 층원으로 구분하여 세분하였으며, Yun, H. S.(1986)가 다시 3개의 층으로, Chough, S. K. et al.(1989)는 4개의 층으로 구분하여 매우 다양한 층 구분을 시도했다. 그러나 실제로 야외조사 시 이러한 층의 구분은 암상으로는 특징이 뚜렷하지 않아 구분이 불가능하며 또한 고생물학적 자료가 뚜렷한 층의 구분을 지시하는 것도 아니다. 본 연구에서는 생층서와 암층서의 상호 보완을 통해 이 지역의 층 구분을 시도한 Yun, H. S.(1986)의 분류기준에 따라 하부로부터 주로 역암, 조립질 사암 및 소규모의 이암이 호층을 이루는 천북층, 이암, 이질사암, 사암 등으로 구성된 학전층, 주로 이암으로 구성되고 사암이 협재되는 두호층으로 구분하였다.

가. 경상누층군 퇴적암류

본 역에서 경상누층군의 퇴적암류는 포항분지의 동쪽 청하면 청진리 일대에 분포한다. 이들은 주로 화산암의 역을 가지는 역암, 자색셰일, 회색사암, 역질사암, 응회암질 셰일, 알코즈사암 등으로 구성되어 있다. 본 층을 Yoon, S.(1989)은 왕산층에 해당하며 경상누층군 및 불국사 화성암류를 부정합으로 덮으면서 초기 및 중기 에오신 시기에 퇴적된 지층으로 양남분지와 포항분지의 최하위 기저층으로 기재하였다.

나. 학전 용결응회암

본 암은 본 역 서남부에 소규모로 분포하며 그 남쪽 연장부로는 비교적 광범위한 분포를 보이는 용결응회암이다. 층위상 천북역암의 기저에 해당될 것으로 생각되나 상호관계는 야외에서 관찰할 수 없었다. 이 암석의 대표적인 암상은 달전저수지 부근에서 관찰되며 두께가 100m에 해당되고 담청색의 바탕에 녹니석화된 Fiamme를 함유하며 소량의 안산암 및 현무암의 암편을 갖고 광물은 2mm 크기의 사장석과 석영으로 전체의 약 10%를 차지한다. 특히 포항에서 경주에 이르는 국도변에 위치한 이 암석의 노출지에서는 거대한 암편을 함유하고 있다. 이들 암편들도 암편의 외곽부를 따라 Welding 구조가 발달된다. 암편들 중 큰 것은 약 1m의 안산암, 용결응회암 및 퇴적암들로 구성되어 있고 각력 내지 아각력이다. 석기는 사장석, 석영, 정장석류이며 자형 내지 심하게 파쇄된 양상이다. 대부분은 녹니석화 내지 방해석화되어 있다. 이러한 일련의 양상으로 보아 본 용결응회암은 암설류(debris flow)의 Proximal facies 위에 Ash flow의 퇴적이 일어난 것으로 해석된다.

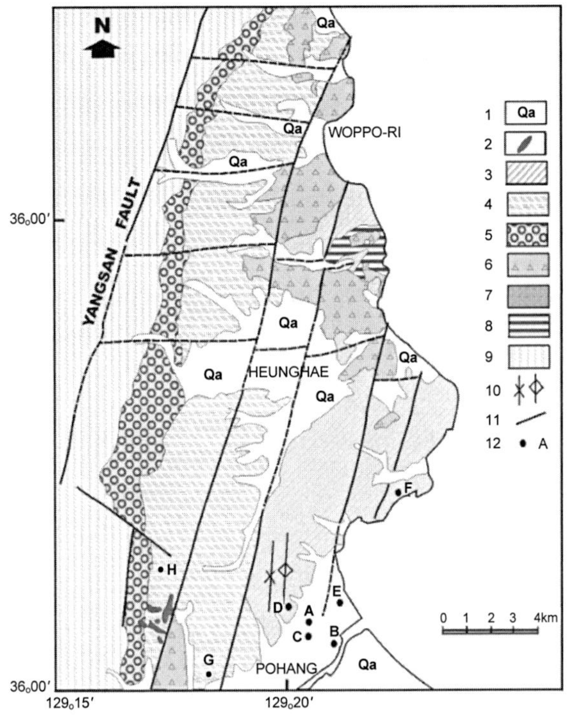

[그림 1-1] 연구대상지역의 지질도

1: Alluvium, 2: Basalt, 3: Duho formation, 4: Hakjon formation, 5: Chunbuk formation, 6: Hakjon welded tuff, 7: Chilpo welded tuff and rhyolite, 8: Kyungsang sedimentary rocks, 10: Syncline & anticline, 11: Fault, 12: Drilling site

다. 칠포 용결응회암 및 유문암

포항분지의 동북부 칠포-월포 간에 분포하는 본 화산암은 지경동 화산암류(김옥준 외, 1968)와 곡강동 유문암(장기홍, 1985)으로 기재된 바 있고, 윤성효(1988)는 이들 암석의 암석학적 특징에 대한 연구를 통해 대부분의 암석이 응회암에 해당되는 것으로 밝히고 칠포 응회암으로 기재하였다. 이 화산암류는 유문암과 응회암으로 구성되어 있는데 유문암은 포항-송라 간 국도변인 벌래재에서 쉽게 볼 수 있으며 담홍색으로 미약한 유동구조를 보인다. 유동구조는 주로 미정질의 석영으로 구성된 석기에서 발달하며 2~5mm 크기의 석영입자와 1mm 크기의 장석이 약 10%에 이른다. 이들 중에서 석영 반정은 심하게 Resorbed 되어 있다. 본 용결응회암은 칠포 해수욕장의 곤륜산 도로변에서 쉽게 볼 수 있으며 이곳에서 본 암의 암색은 암흑색이다. 장단축 비가 약 1 : 5인 Fiamme가 자주 관찰되며 소량으로 1cm

크기의 암편이 함유되어 있다. 육안으로는 석영 및 장석이 약 5% 함유되어 있음이 관찰된다. 현미경으로도 용결조직이 잘 관찰되며 사장석이 소량 함유되어 있다. 오봉산 북쪽에서는 청회색의 암색을 띠는 본 암체가 산사면에 소규모 분포하는데 다량의 각력, 아각력을 함유하며 녹니석화된 녹색 실 모양의 암편이 다량 함유되어 있다. 암편은 홍색의 안산암 내지 현무암으로 간혹 원마도가 잘 발달된 경우도 관찰된다. 현미경으로는 불규칙한 모양의 Pumice가 다량 보이고 불규칙한 배열을 보인다. 따라서 이 암석은 화산암에서 2차적으로 집적된 Epiclastic deposits로 해석된다. 천마산 부근의 천마저수지에는 본 용결응회암에 인접하여 회녹색의 암석이 분포한다. 이 암석은 용결 상태가 불량하며 약 5cm 크기의 암편을 다수 함유한다. 또한 Pseudo fiamme가 관찰되는데 Fiamme의 장축 방향은 불규칙하다. 또한 부분적으로는 암편이 농집되어 층리를 형성하기도 하고 원마도가 다소 양호하기도 하다. 암편은 안산암, 이암 및 용결응회암으로 구성된다. 현미경으로 관찰하면 심하게 파쇄된 응회암의 암편으로 구성되고 함유된 Shard들의 배열 상태가 불규칙하며, 암편과 암편 사이는 공동으로 남아 있는 특징을 보인다. 따라서 이 암석은 Epiclastic deposits로 생각되고 화산작용 후에 풍화, 침식 과정을 거친 이 암석의 산출로 보아 본 암은 제3기 포항분지의 기저에 해당되는 암석으로 해석된다.

라. 천북층

본 층은 Tateiwa(1925)의 천북역암, 엄상호 외(1964)의 천북역암과 학림층 일부, Kim. B. K.(1965)의 사암, 역암과 송학동층 일부, Yoon, S.(1975)의 단구리역암, 천곡사층에 해당하며, 연일층군의 최하부 지층으로 경상누층군과 부정합으로 접하고 북으로는 남정면 앙리말에서 시작하여 경주 보문호까지 북동 내지 북북동 방향으로 약 50km의 연장을 보이며 층후는 약 150~400m이다. 본 층의 퇴적상에 대하여 Chough, S. K. et al.(1989), Hwang, I. G.(1993)은 연일층군이 퇴적상으로 보아 충적선상지 또는 삼각주선상지에서 퇴적되었다고 하였다. 본 층 최하위인 소위 단구리 역암(Yoon, S. 1975)에 해당하는 곳에서는 주위 모암과 같은 성분을 갖는 각력이 대부분이고 입자지지 역암(clast supported conglomerate)인데 이는 단층에 의한 파쇄대가 근거리를 이동하여 퇴적된 것으로 해석된다. 바로 상부에는 대부분 암설류(debris flow)에 의해 퇴적된 기질지지 역암(matrix supported conglomerate)으로 구성되어 있는데 역은 대체로 원마되어 있으며 그 성분도 회색 내지 회백색 사암, 자색 셰일, 흑색 셰일, 규암 및 규장암 등 다양하다. 최하위 층준에는 약 10~20cm 크기의 각력질 역암이 우세하고 그 위에 직경 10cm 미만의 원마도가 비교적 좋은 역암이 분포하며 지역에 따라 역암이 조립질 사암 내지 알코식 사암과 호층을 이루고 있으나 측방 연속성은 불량하다.

마. 학전층

천북층의 상부에 정합으로 놓이는 지층으로 천북층의 연장과 방향이 같으며 층의 두께는 약 280~400m이다. 천북층에서 점이적으로 변하며 주로 이암, 이질사암, 사암 등으로 구성되고 역암이 협재하며 지층의 변화도 천북층에 비하여 안정되어 거의 일정하게 10도 내외의 지층 경사를 가진다. 본 층의 하부는 백갈색 내지 회백색의 두꺼운 이질사암과 사암이 주를 이루며 1m 내외의 두께를 갖는 역암과 이암이 협재한다. 이곳에서는 식물과 패류화석, 유공충 등의 화석이 많이 산출된다. 사암은 주로 상향 세립하고 괴상이거나 이암과 호층을 이루며 엽층으로 발달되고 탄질물이 4~5cm 정도로 협재하기도 하나 연속성은 없다. 이따금 Slide block이나 Mud ball이 관찰되기도 한다. 본 층의 상부는 회갈색 내지 백갈색의 괴상의 이암이 주를 이루며 엽층의 사암과 역질암(pebbly stone)이 협재하며 호층을 이룬다. 때로 Slumping structure를 보이기도 하고 이암 내에 돌로마이트 단구 또는 방해석질 단구가 많이 관찰된다.

바. 두호층

본 층은 1 : 5만 포항도폭(엄상호 외, 1964)의 이동층 일부와 두호층, 여남층에 해당하며 포항과 월포 사이의 지역에서만 분포하고 형산강 이남 지역에서는 분포하지 않으며 층의 두께는 약 150~200m이다. 본 층은 주로 갈색 내지 백갈색 또는 담록색을 띠는 이암으로 이루어지고 세립질 사암이 협재하고, 층의 중간에 직경 수 센티미터의 역을 갖는 역암층이 폭 1m 이내로 협재한다. 학전층을 거치면서 지층경사가 10도 이내로 매우 완만하여 Slope apron이나 Basin plain에서 퇴적된 것으로 보인다(Chough, S. K. et al., 1988). 학전층에 비하여 이회암의 단구 발달이 현저하여 층면에 평행하게 렌즈상을 이루고 있다. 특히 본 층에서 주목할 만한 것은 칠포 용결응회암 지역인 청하면 신흥리 마을 부근과 흥해읍 천마산 아래에 응회암질 성분을 갖는 10~20cm 크기의 각력과 1~5cm 크기의 원마된 역을 갖는 역암과 응회암질 사암으로 이루어진 역암층이 N30°W 내지 EW의 주향과 10~30°NE의 경사를 보이며 분포하는데, 이 지역을 통과하는 단층에 의해 파쇄된 단층각력이 두호층과 동시에 퇴적된 것으로 보인다.

사. 현무암

본 암은 포항시 서쪽 달전리 부근 당수마을 일대와 광방리 북쪽 일원에 소규모로 분포한다. 특히 달전리 부근의 현무암은 주상절리가 매우 잘 발달해 있는데, 이 주상절리의 경사는 하부에서 70~80도 내외이고 상부는 20~30도이다. 달전리 남서쪽과 칠전마을 부근에서는 주변 퇴적암류의 지층경사와 거의 평행하게 퇴적암류 하반에 분포하며 판상절리와 양파구조(onion structure)가 발달한다. 암색은 암흑색 내지 흑색을 띠며 미정질이고 매우 치밀하다. 사장석, 휘석 등을 주성분으로 하고 감람석, 자철석, 방해석 등을 부성분으로 가진다. 이 현무암에 대한 산상과 지질시대는 연구자에 따라 견해를 달리하여 크게 3가지로 보고 있다. 하나는 연일층군의 형성이 어느 정도 이루어진 후(마이오세 말기) 학전층에 관입하였다는 견해와 학전층의 형성(중기-말기 마이오세)과 때를 같이하여 분출하였다는 주장 및 연일층군의 형성 이전에 이미 관입하여 그 시기가 올리고세 초기 내지 마이오세라고 하는 견해가 있다. 최근의 암석연령 측정에 의하면 본 현무암의 생성 연대가 약 15Ma로(이현구 외, 1992) 보고되고 이번 야외조사 시 학전층의 일부가 현무암의 관입에 의해 접촉부에 열변성작용을 받은 흔적이 관찰되었으며 현무암의 분포양상이 전체적으로 타원형을 이루는 점을 볼 때 마이오세 중기 또는 말기에 학전층을 관입한 것으로 사료된다.

1.1.3 단층계

포항분지 내 연일층군에 대한 구조적 기재는 기반암인 백악기 경상누층군의 퇴적암류 및 응회암류와 제3기의 연일층군에서 각기 발달되는 단층 및 절리의 자료를 조사 분석하여 상호의 특성과 상관관계를 규명하는데 중점을 두었다. 일반적으로 야외에서 관찰되는 단층의 발달 정도는 포항분지의 기반암에서는 파쇄 정도가 매우 심하나, 연일층군 내에서는 단층 및 절리의 발달이 기반암에 비해 매우 약하며 단층이 발달하는 곳에서도 암석의 고결상태가 불량해서 그림 1-2와 같이 단지 암석이 파쇄되어 있으나 단층면에서 조선(striation)의 식별이 되지 않아 단층의 기하학적 특성을 인지하기는 매우 어렵다. 그림 1-2는 연구지역 내 단층 분포도 및 특정 지역 노두에서 관찰된 단층면과 절리들을 점시한 것이다.

본 연구 지역의 야외조사 시 관찰된 단층의 방향과 성격은 매우 복잡하며 특히 기반암에서는 북북동 방향의 단층을 주단층으로 하여 서북서 방향과 동서 방향의 단층이 발달하며(그림 1-3, a) 그 변위 감각도 같은 방향의 단층면 상에서 2가지 방향의 주향이동 단층과 정단층 등이 나타나 몇 차례의 단층작용이 있었음을 보여준다. 연일층군 내에서는 북북동 방향의 단층과 거의 동서 방향의 단층 및 절리가 발달하고 있다(그림 1-3, b). 기반암과 연일층군 내 단층의 방향과 성격을 정리하면 표 1-1과 같다.

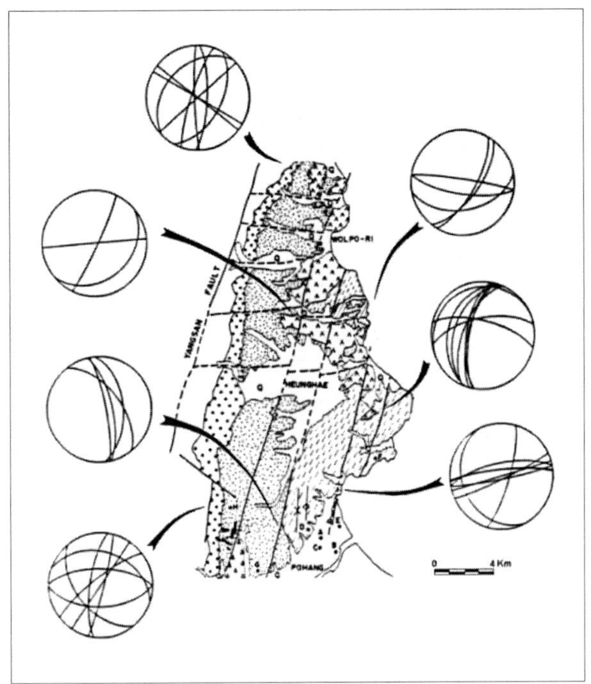

[그림 1-2] 단층과 절리면의 분포도

[그림 1-3] 단층과 절리의 극점 분포도

가. 기반암 내 단층계

기반암 내 단층계는 대체로 북북동 방향, 서북서 방향 및 동서 방향으로 발달한다. 북북동 방향으로 발달하는 양산단층을 경계로 서쪽에는 서북서 방향이, 동쪽에는 동서 방향의 단층들이 자주 발달하며 양쪽 지역에 모두 북북동 방향의 단층이 발달한다.

1) 북북동 방향 단층계

이 방향은 좌수향 및 우수향의 주향이동 단층과 정단층이 모두 발달해 있다. 이들 중 우수향 주향이동 단층은 양산단층과 단층의 주향 및 운동감각이 같은 것으로 달전지 부근의 학전응회암류와 기계면 한티고개 및 칠포, 월포 부근의 응회암류 등지에서 관찰된다(그림 1-4, a·b). 이 방향의 좌수향 주향이동 단층 역시 기계면 부근의 한티고개에서와 칠포 부근의 응회암류에서 관찰되는데, 같은 단층면 상에서 운동감각이 서로 다른 좌수향과 우수향이 모두 존재한다. 이는 2회 이상의 서로 다른 단층운동이 있었던 것을 의미한다. 양산단층에 인접하는 말골 등지의 경상계 기반암에서는 N20°E 주향에 경사각이 40~50도 정도로 남서경하는 단층면들이 발달한다. 이 방향으로 정단층도 관찰되는데 본 역 동쪽인 칠포, 월포 등지의 동해안을 따라 주향은 거의 남북 방향에 가깝고 경사각이 70~80도 정도의 고각인 정단층이 발달해 있다.

[표 1-1] 단층계와 특성

단층계(기반암)		단층계(연일층군)	
NNE faults	Dextral strike-slip fault Sinistral strike-slip fault Normal fault	NNE faults	Dextral strike-slip fault
WNW faults	Sinistral strike-slip fault		
EW faults	Strike-slip fault Normal fault	EW faults	Normal fault
		Thrust	

(a) (b)

[그림 1-4] 칠포 용결응회암에서의 주향이동 단층 (a) 기반암에서의 주향이동 단층 (b)

2) 서북서 방향 단층계

좌수향의 주향이동 단층으로 기계면 한티고개와 죽장면 평구재 등지에서 관찰된다. 한티고개에서는 이 서북서 방향의 단층이 북북동 방향의 우수향 주향이동 단층과 결합되어 약 200m 폭의 파쇄대를 형성하고 있다. 동서 방향의 단층은 양산단층을 중심으로 서쪽에서는 나타나지 않고 동측 응회암류에서 관찰된다. 포항분지 내에 노출되어 있는 기반암에서는 뚜렷한 성격이나 연장성을 찾기는 어려우며 동해안에 분포되어 있는 포항분지의 기반암인 응회암류에서는 뚜렷하게 나타난다.

3) 동서 방향 단층계

이 방향의 단층들은 주향이동성 단층과 정단층이 공히 발달하는데, 주향이동 단층은 칠포 해수욕장 부근 안흥교 맞은편 칠포 용결응회암과 오도리 조봉산 기슭 해안도로에서 잘 발달된다. 동서 방향의 정단층은 주향이동 단층과 같은 단층면에서 단층조선(striation)이 거의 평행한 것과 동시에 조선의 경사가 70~80도인 것이 함께 존재한다. 주향이동 단층에 비해 발달이 미약하며 오도리 조봉산 부근의 노두에서는 남북 방향의 단층 등과 결부되어 파쇄를 가중시키고 있다. 그림 1-5는 칠포리 안흥교 부근의 칠포 용결응회암 내에 뚜렷이 발달하는 정단층이다.

(a) (b)

[그림 1-5] 칠포 용결응회암에서의 정단층(E-W 방향)

나. 연일층군 내 단층계

연일층군 내의 단층계는 기반암에 비해 대체로 일정한 방향성을 가지며, 전체적인 파쇄 정도는 기반암보다 매우 미약하다. 연일층군 내에서 측정한 전단면과 절리들을 점기한

Contour diagram(그림 1-3, b)에서 보듯이 이곳에는 북북동 방향과 거의 동서 방향의 것들이 우세하게 발달한다. 이 방향들은 앞에서 언급하였듯이 연일층군의 기반암 내 단층계들 중에서도 나타나고 있는 것이다.

1) 북북동 방향 단층계

이 방향의 단층들은 포항분지 내에 가장 뚜렷한 주단층이며 양산단층 방향과 거의 평행한 N15°~20°E 방향이다. 포항시 경계인 연화재 서쪽 대흥동 부근에서는 북북동 방향의 단층이 우수향의 주향이동성 단층임이 관찰된다. 그림 1-6은 이곳 두호층에서 관찰된 주향이 N50°E의 좌수향 주향이동 단층으로 북북동 방향의 우수향 주향이동 단층과는 공액단층(Conjugate fault)으로 해석된다. 이들은 기반암에 나타나는 북북동 방향의 단층계와 같은 방향을 유지하며 단층의 폭은 곳에 따라 약 10~20m의 파쇄대를 보이기도 한다(그림 1-7, a·b). 이 방향의 단층은 앞에서도 언급한 바와 같이 단층의 운동감각을 결정하는 정확한 지시자가 야외 노두에서는 관찰되기 어려우며 정확히 주향이동성이라기보다는 사교이동(oblique slip)성 단층이다. 이는 포항 지역 시추공의 간략한 주상도(그림 1-8)에서도 보여주는 바와 같이 지질도(그림 1-1)에 표시한 G와 D 시추공 사이, A와 B 시추공 사이 및 E와 F 시추공 사이에서 상하 낙차를 인지할 수 있다. 기반암 중에 발달하는 북북동 방향의 우수향 단층들도 조선(striation)의 경사가 심한 것은 약 30도에 이른다. 그러나 이 방향의 단층계는 한반도 동남부에 위치하는 소위 양산단층과 방향이나 운동감각이 일치한다.

[그림 1-6] 두호층에서의 좌수향 주향이동 단층(N50E)

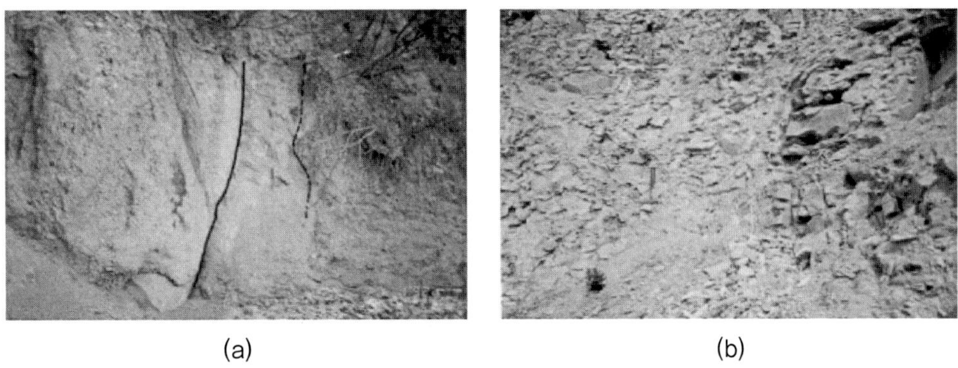

[그림 1-7] 천북층 역암에서의 주향이동 단층 (a)와 두호층에서의 단층파쇄대 (b)

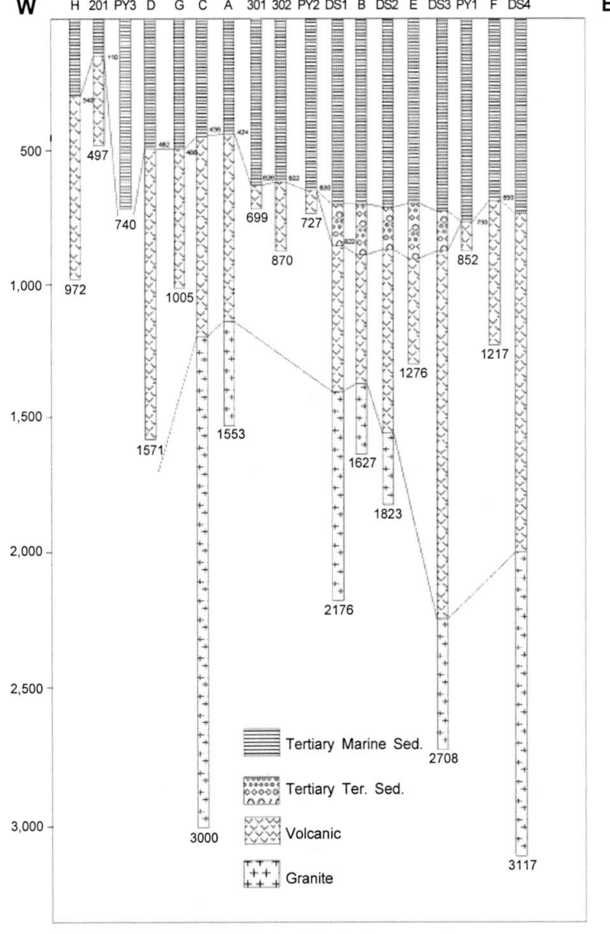

[그림 1-8] 포항 지역의 시추 주상도

2) 동서 방향 단층계

연일층군 내의 동서 방향 단층은 본 역에서는 넓은 충적층에 의해 덮여 실제 야외 노두에서는 관찰되지는 않았으나 이 방향의 절리는 잘 발달되고 있다(그림 1-3, b). Yun, H. S. et al.(1991)는 고생물 자료와 물리탐사에 의해 이 방향의 3개의 단층을 인정하였다. 이들을 북에서 남으로 칠포단층, 흥해단층 및 형산단층으로 명명하였고 이들 단층은 흥해단층과 형산단층 사이의 지괴가 지구형태(graben type)로 내려앉은 정단층으로 해석하였다. 민경덕 외(1992)는 중력탐사에 의해 흥해단층과 형산강단층의 존재를 확인하였다. 연일층군 내에 북북동 방향으로 우수향의 주향이동 운동이 있었다면 거의 동서 방향의 정단층 즉 남북 방향의 인장력과 동서 방향의 압축력이 작용하였음은 사실일 것이다.

3) 스러스트 단층

본 역에는 스러스트 단층들이 소규모로 주로 북북동 방향의 trend를 가지나 곳에 따라서는 북서 및 동북동 방향으로 불규칙하게 발달하고 있다. 그들 중 대표적인 것은 송학동 부근의 스러스트와(그림 1-9) 포산고개 부근에서 소규모 습곡 및 인편 스러스트(imbricate thrust)가(그림 1-10, a·b) 야외에서 관찰되고 있다. 송학동 부근의 스러스트는 이미 보고되었으며 Hwang, I. G.(1993)는 단층작용에 의해 지괴회전(block rotation)이 일어나면서 형성된 국부적인 압축작용의 산물로 해석하였다. 포산고개의 소습곡 및 인편 스러스트(imbricate thrust)는 본 연구에서 처음 보고되는 것으로 이러한 양상은 북북동 방향의 우수

[그림 1-9] 송학동 부근의 스러스트

(a) (b)

[그림 1-10] 포산고개 부근에서의 인편스러스트 (a) 소규모 습곡 (b)

향 주향이동 운동에 수반된 유형으로 보기 어려우며 대개 동서 방향의 횡압이 후기에 작용하였던 것으로 여겨진다. 최동림 외(1993)는 포항분지를 포함한 영일만 퇴적층은 후기 마이오세 초까지 주로 동-서 방향 내지 북서-남동 방향으로 압축력이 있었음을 시사하였다.

1.1.4 단층작용 고찰

앞 장에서 제3기 지층인 포항분지 내의 퇴적암류들과 기반암 내에 발달하는 단층의 특성을 상호 비교하였다. 이들을 근거로 연구 지역 내의 단층의 발달 상태와 단층운동의 순차적 발달 상태를 알아보기 위해 먼저, 기반암 중에 발달하는 단층들을 제외한, 제3기층 내 발달하는 단층을 중심으로 고찰해보고자 한다. 표 1-1에서도 보여주듯이 제3기 퇴적층에는 북북동 방향의 우수향 주향이동 단층, 동서 방향의 정단층 및 스러스트 단층만이 발달한다. 반면 기반암에는 이들 단층 외에 북북동 방향의 좌수향 주향이동 단층, 정단층과 서북서 방향의 좌수향 주향이동 단층 및 동서 방향의 주향이동 단층이 발달한다. 이들 기반암에만 발달하는 단층은 포항분지 내 퇴적암을 형성시킨 제3기 마이오세 이전에 형성된 단층이며, 제3기 퇴적층에 발달하는 단층들은 마이오세 이후에 형성된 단층임을 쉽게 판단할 수 있다.

이들로부터 본 연구 지역 내 백악기 및 초기 제3기의 기반암 내 지각에만 발달하는 북북동 방향의 좌수향 주향이동 운동과 관련되어 남북 방향의 정단층 작용이 있었다. 그 후 제3기 마이오세 이후에는 포항분지 내에 북북동 방향의 우수향 주향이동 단층을 형성시킨 주횡압력(σ_1)이 동북동-서남서 내지 거의 동서 방향으로 작용하였다. 이러한 조구조운동에 수반되

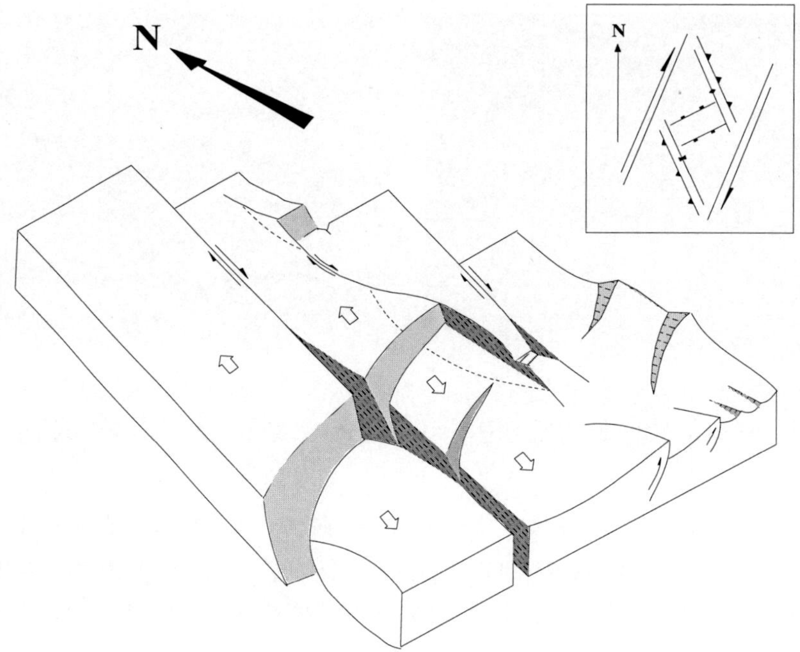

[그림 1-11] 제3기 포항분지 내의 단층 및 지질구도 모식도

어 거의 동서 방향의 정단층이 이 분지 내에 발달하였으며, 연이어 Transpression에 의한 횡압력이 작용하여 스러스트 및 습곡을 형성한 Inversion tectonics를 형성시켰다. 그림 1-11은 제3기 포항분지 내의 단층 및 지질구조의 모식도이다.

1.1.5 결론

한반도에 분포하는 제3기 분지 중에서 포항을 중심으로 발달하는 포항분지는 백악기의 퇴적암류(경상누층군), 초기 제3기의 학전 용결응회암 및 칠포 용결응회암을 기저암으로 하여 주로 역암으로 구성된 천북층, 사질암이 주구성 암인 학전층과 이질암으로 구성된 두호층이 분포한다. 이들 제3기 지층을 관입하면서 소규모로 분포하는 현무암은 절대 연령측정 결과 15Ma로 알려진 제3기 화산암이다.

포항분지 및 그 기저부에 발달하는 단층 및 절리계는 다음과 같다.

(1) 포항분지 기저암에 발달하는 단층계는 북북동 방향의 우수향 주향이동 단층, 좌수향 주향이동 단층 및 정단층으로 구성되며, 서북서 방향은 좌수향 주향이동 단층이며 동서 방향은 주향이동 단층 및 정단층들이다.
(2) 제3기 지층 내에 발달하는 단층계는 북북동 방향의 우수향 주향이동 단층, 동서 방향의 정단층 및 스러스트들이 발달하고 있다. 이들 단층 발달 순서 및 단층의 특성을 고려할 때 연구 지역 내 지각운동은 크게 백악기의 기저암을 포함하여 다음과 같은 변형사로 해석된다. 첫 단계는 백악기 지각에만 발달하는 북북동 방향의 좌수향 주향이동 운동과 관련되어 남북 방향의 정단층 작용이 있었다. 제3기 마이오세 이후 작용한 북북동 방향의 우수향의 주향이동 운동은 제3기 분지 내 주향이동 단층 및 동서 방향의 정단층을 형성하였으며 연이어 이 운동은 제3기 지층 내에 Transpression을 작용시켜 부분적으로 스러스트를 발달시킨 Inversion tectonics를 형성하였다.

1.2 신생대 지층의 지질공학적 특성

1.2.1 서론

국내의 신생대 지층은 그 분포가 소규모이며, 대부분 동해안을 따라 분지 퇴적층 또는 단구 퇴적층으로 분포하거나, 제주도 또는 전곡 등의 현무암 등 화산암으로 분포한다. 제3기층은 포항-경주 일원의 양남분지와 포항분지에 분포하며, 주로 석영 안산암질 화산암과 응회암 및 응회질 이암 또는 사암, 역암이 이에 해당한다. 제4기층은 산록의 낮은 경사 지역이나, 계곡 및 평야 지대에 미고결 상태의 퇴적층과 현무암 등 화산암 등이 주로 나타난다.

신생대층은 전반적으로 미고결 또는 반고결 상태의 퇴적층과 현무암 또는 안산암 등의 강한 암석이 혼재되어 나타나므로, 충분한 지질에 대한 이해가 없을 경우, 건설 과정에서 많은 어려움을 초래한다. 연약한 충적층 내에 단단한 거력이 존재하는 등 지층 자체의 불균질성뿐 아니라, 단단한 현무암 아래 미고결의 충적층이 존재하는 등 수직적으로 심대한 불균질성이 나타날 수 있는 지질 조건을 가지고 있다. 이러한 지질 특성은 신생대 지층이 비록 국내에 소규모 지역에 국한되어 발달해 있지만, 이에 대한 특성을 고려하지 않을 시에 지반

상태에 대한 오판을 초래하여 설계나 시공에 심대한 차질을 빚을 수 있으며, 더 나아가 재해의 원인이 되기도 한다.

여기서는 우리나라에 분포하는 신생대 지층에 대해 제3기 및 제4기로 구분하여 그 특징을 개략적으로 살펴보고, 최근의 사례 분석을 통해 그 지질공학적 특성을 기술하고자 한다.

1.2.2 신생대 지질 개요

가. 제3기 지질

제3기층은 우리나라 동해안을 따라 부분적으로 발달해 있으며, 특히 지질구조적으로 양산단층과 울산단층의 동쪽에 분포한다.

그림 1-12는 국내 대표적인 제3기 분지를 도시한 것으로, 경상북도 영덕에서 포항에 이르는 포항분지와 포항에서 울산시 부근에 발달하는 양남분지로 크게 구분할 수 있다.

양남분지와 포항분지는 모두 백악기 경상누층군의 퇴적암을 기반암으로 하여 제3기 암석이 분포한다. 양남분지의 제3기 암석들은 에오세 전기-중기의 화산암류와 마이오세 전기의 육성층과 마이오세 전기 말의 해성층으로 구성되어 있으며, 포항분지의 제3기 암석은 에오세 전기-중기의 화산암류와 마이오세 전기 말-중기의 해성층으로 구성되어 있다(대한지질학회, 1998).

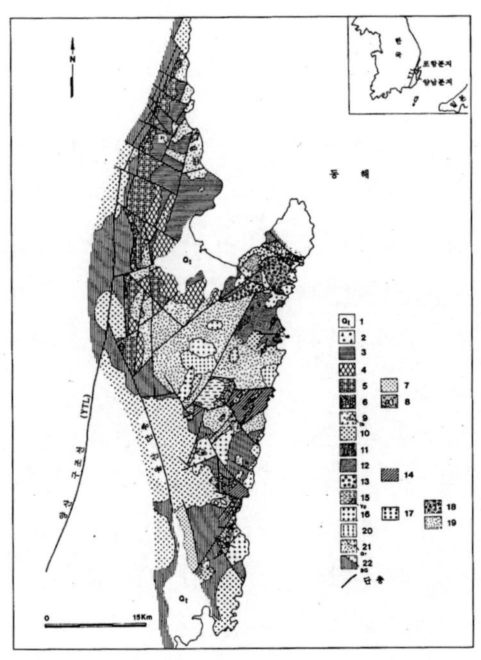

[그림 1-12] 제3기 분지의 위치

표 1-2는 남한의 신생대 제3기층 대비표로서 양남분지의 제3기층은 화산각력암과 응회질 퇴적암으로 구성된 범곡리층군과 장기층군 및 역암, 사암, 이암으로 구성된 연일층군으로 구분된다. 포항분지의 제3기층은 연일층군의 단구리 역암, 천곡사층, 학전층 및 흥해층으로 세분된다(Yoon, s. 1992).

[표 1-2] 양남분지와 포항분지의 제3기 층서(Yoon, S., 1992)

시대	층군	양남분지			포항분지
마이오세 중기					조립현무암
	연일층군				홍해층 학전층
		신현층 강동층			천곡사층 단구리역암
마이오세 전기	장기층군	기림사석영안산암 전동층	어일현무암 입암동층	망해산층 오천층 금광동층원 정천리역암	
	범곡리층군	장항층 용동리층원 추령각력암 안동리역암 와읍리응회암		후동리층 상정동층	
에오세	왕산층				호암화강암
백악기	경상누층군				불국사화강암

나. 제4기 층서

약 70%가 산악지형으로 구성된 한반도에서 제4기 동안에 형성된 지층은 산록의 낮은 경사 지역이나 계곡 및 평야 지역 등에 한정되어 나타나고 있다. 산록에 분포하는 퇴적층은 산사면에서 기반암으로부터 풍화된 쇄설물들이 낮은 경사의 산록으로 이동되어 기반암을 덮고 있는 충적선상지 지층으로 대체로 10~20cm 두께의 층을 보인다.

한강 등 주요 하천의 중·하류 지역에서는 하안단구 퇴적층이 현재의 상부를 기준으로 서로 다른 위치에 수매가 발달하여 있으며, 원마도가 좋은 자갈과 모래로 구성되어 있다. 하류의 평야 지역에서는 최대 약 30m의 두께를 보이는 충적층이 퇴적되어 있다. 해안과 인접한 지역에서는 하부에 해성기원의 연안 퇴적층이 발달해 있으며, 상부에는 하천 범람 퇴적층이 분포하고, 그 사이에 토탄층이 형성되어 있는 경우도 있다. 바다와 인접한 산사면에는 해안단구 퇴적층이 발달하여 있다(대한지질학회, 1998).

이러한 제4기층은 앞에서 설명한 미고결 퇴적층뿐 아니라, 제4기 화성활동에 의한 화성암이 포함된다. 제4기 화성활동은 제3기 화산활동과 시간적, 공간적으로 매우 밀접한 관련이 있다. 한반도에서 이들 제4기 화산암은 개마고원 등 이북의 화산암체와 함께 원산-회양-평

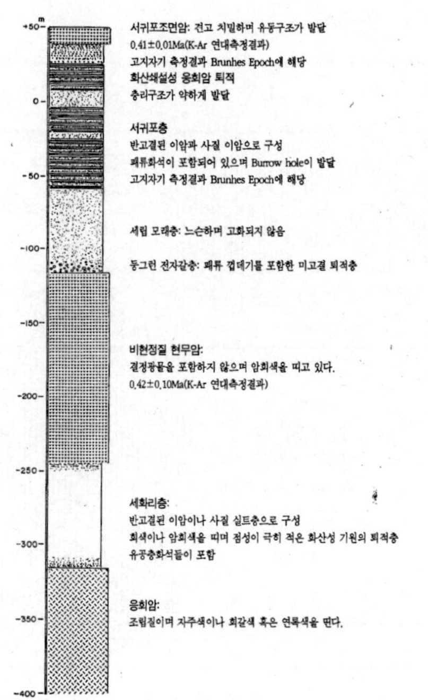
m
+50
0
-50
-100
-150
-200
-250
-300
-350
-400
서귀포조면암: 견고 치밀하며 유동구조가 발달
0.41±0.01Ma(K-Ar 연대측정결과)
고지자기 측정결과 Brunhes Epoch에 해당
화산쇄설성 응회암 퇴적
층리구조가 약하게 발달
서귀포층
반고결된 이암과 사질 이암으로 구성
패류화석이 포함되어 있으며 Burrow hole이 발달
고지자기 측정결과 Brunhes Epoch에 해당
세립 모래층: 느슨하며 고화되지 않음
둥그런 전자갈층: 패류 껍데기를 포함한 미고결 퇴적층
비현정질 현무암:
결정광물을 포함하지 않으며 암회색을 띠고 있다.
0.42±0.10Ma(K-Ar 연대측정결과)
세화리층:
반고결된 이암이나 사질 실트층으로 구성
회색이나 암회색을 띠며 점성이 극히 적은 화산성 기원의 퇴적층
유공충화석들이 포함
응회암:
조립질이며 자주색이나 회갈색 혹은 연록색을 띤다.

[그림 1-13] 제주도 서귀포 지역 시추 주상도

강-철원-전곡을 잇는 소위 추가령지구대 및 제주도와 울릉도, 독도 등에 분포하고 있다. 추가령 현무암은 여섯 번 이상의 용암 분출이 있었음이 한탄강 지역에서 확인되었으며, 전곡현무암은 하부의 제4기 미고결 퇴적층인 백의리층을 덮고 있다. 분출한 현무암은 계곡을 따라 흘러 현무암 대지를 이루고 있다. 제주도는 4단계의 화산 활동에 의해 형성된 순상화산으로 알려져 있으며, 각 화산암체(서귀포 조면암, 비현정질 현무암 등) 사이에는 미고결 또는 반고결의 퇴적층(세화리층 등)이 분포한다(그림 1-13, 표 1-3).

[표 1-3] 남한의 4기 지층 층서 대비

<table>
<tr><th rowspan="2">연대 층서</th><th rowspan="2">암층서</th><th colspan="2">단구 층서</th><th rowspan="2">지형발달</th><th rowspan="2">제주도</th><th rowspan="2">전곡</th></tr>
<tr><th>해안단구</th><th>하안단구</th></tr>
<tr><td>홀로세
10,000yrBP</td><td>새말층
가와지토탄층
대화리층</td><td>송하단구</td><td>제1단구</td><td></td><td>사구층</td><td></td></tr>
<tr><td>후기
플라이스토세
125,000yrBP</td><td></td><td>나아단구</td><td>제2단구</td><td>하위 선상지
퇴적면</td><td>동남고토층
신양리층</td><td></td></tr>
<tr><td>중기
플라이스토세
800,000yrBP</td><td></td><td>월성단구</td><td>제3단구</td><td>중위 선상지
퇴적면</td><td rowspan="2">서귀포 조면암
서귀포층
비현정질 현무암
세화리층</td><td rowspan="2">전곡현무암
백의리층
(장탄리 현무암)</td></tr>
<tr><td>전기
플라이스토세
2,500,000yrBP</td><td>울진층
괴동층
도곡층
정동층</td><td>읍천단구</td><td>제4단구</td><td>상위 선상지
퇴적면</td></tr>
</table>

1.2.3 제3기 지층의 지질공학적 특성 사례 분석

가. 지질 개요

사례 지역은 경주 일대에서 백악기 하양층군(울산층) 및 불국사 화강암을 기반암으로 신생대 제3기 퇴적층(범곡리층, 송전층)이 분포하는 지역이며 도로 신설에 따른 터널구조물 부지이다(그림 1-14).

이 분지는 북북동 방향의 정단층(토함산 단층)에 의해 형성된 퇴적 분지로서 주로 30cm 이상 직경의 거력을 포함하는 반고결 역암 및 사암, 이암이 협재하여 분포하며, 제3기 및 제4기 충적층의 퇴적 중 제4기의 스러스트 단층이 발달하고 있다. 반고결 상태의 함거력 역암층인 송전층(천북역암 또는 단구리 역암 대비)은 그림 1-15와 같이 야외 또는 시추공에 모두 확인되며, 직경 1m 이상의 거력을 포함하여 다양한 크기의 화강암 또는 안산암의 역과 사질 또는 이질의 연약한 기질부로 구성되어 있다(그림 1-15).

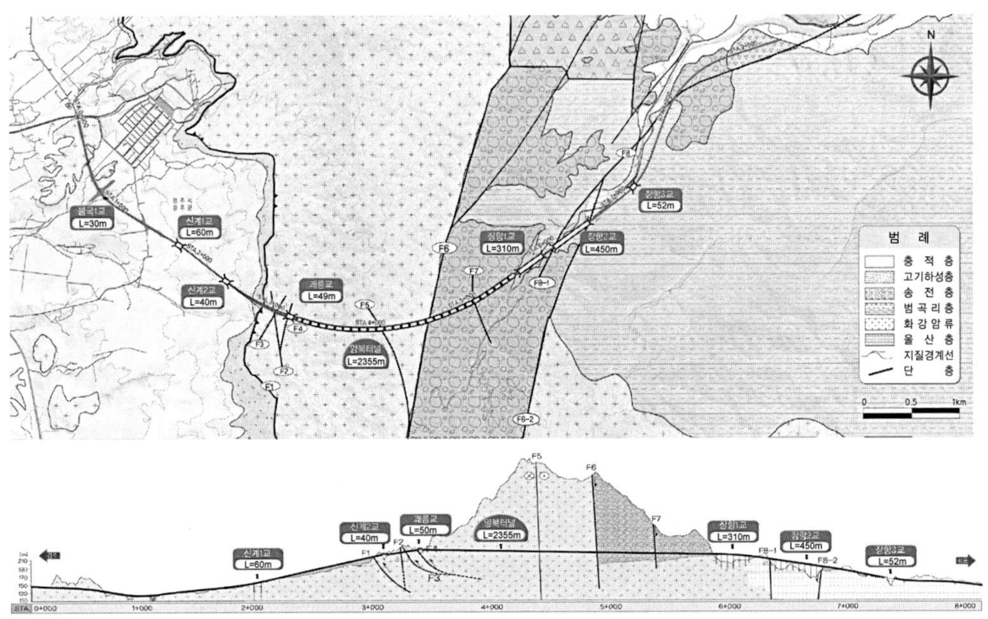

[그림 1-14] 경주 토함산 부근의 제3기 지층의 분포 및 도로 계획

[그림 1-15] 송전층(함력연약층)의 야외 노두 및 시추코어 사진

나. 지질공학적 특성

제3기 함력연약층의 분포는 제3기 분지의 형성과 관련된 단층 운동과 밀접한 관련이 있으며, 분포 위치 역이 단층에 의해 규제된다. 따라서 제3기 퇴적층의 지질공학적 특성은 제2기 분지의 형성 메커니즘과 관련된 분지 형상의 정의가 필수적이다. 이 지역 역시 분지 경계 단층인 불국사 단층에 의해 화강암과 단층이 접촉하고 있으며, 분지 기저에서 화강암 및 혼펠스를 부정합으로 덮고 있다. 지질공학적 특성화에서 우선 고려되어야 할 것이 이러한 분포특성으로, 노선의 선정 또는 구조물 설계에 중요한 정보를 제공한다.

또한 송전층과 같이 연약한 기질에 단단한 역 등 이질적인 요소가 혼합된 지층의 지질공학적 특성화는 역을 구성하는 물질과 기질부를 구성하는 물질을 정확히 특성화하는 것이 필요하다. 이때, 수행되어야 할 분석 내용은 역층의 분포와 빈도, 역의 크기와 형상, 역과 기질의 구성성분, 역과 기질의 역학적 수리적 특성이다. 이와 같은 함력 연약층의 지질공학적 특성은 터널의 설계 및 안정성 해석에서 주요하게 다루어져야 할 문제이다.

사례 지역의 반고결 역암층은 200m 이상의 층후를 가지고 있는 것으로 확인되었으며(그림 1-16), 역의 구성은 화강암을 주로 하여 안산암과 혼펠스로 구성되고, 역이 전체 암석의 50~70%를 차지하며, 역의 일축압축강도는 900~2,500kgf/cm^2, 기질부의 일축압축강도는 38~485kgf/cm^2, 삼축시험 결과의 점착력은 0.21~60kgf/cm^2, 마찰각은 39~46도로 분석되었다(김택곤 외, 2004).

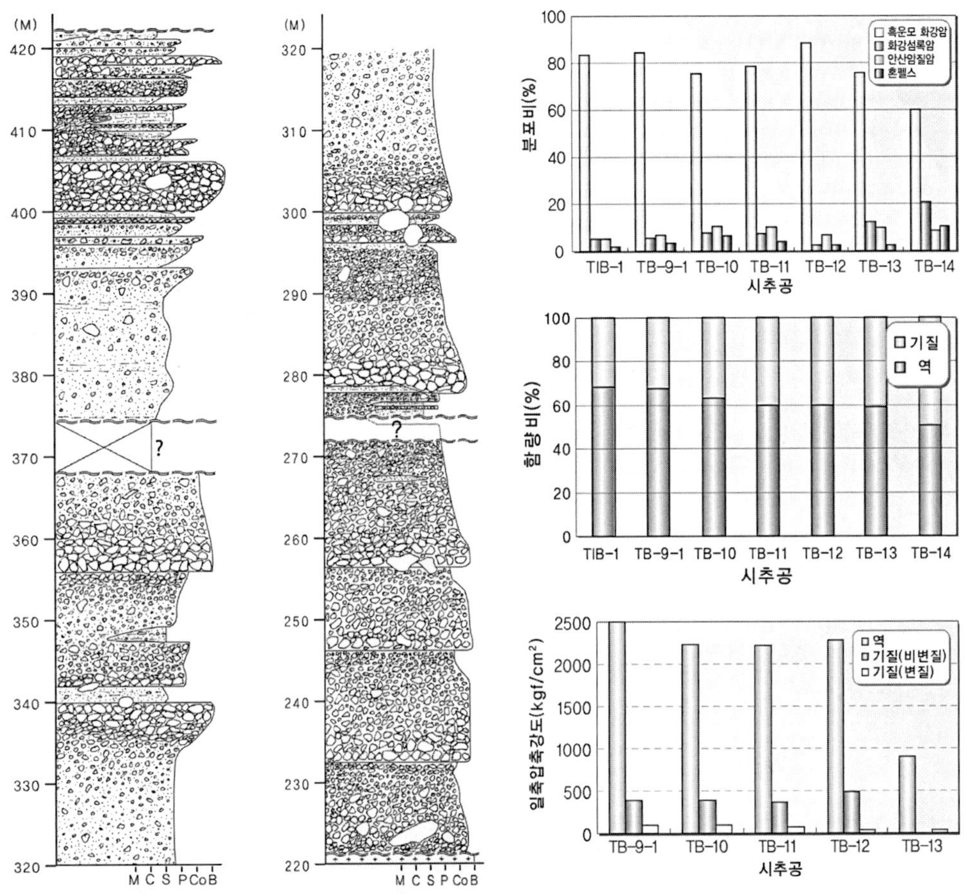

[그림 1-16] 함력역암층의 지질주상도 및 공학적 특성

1.2.4 제4기 지층의 지질공학적 특성 사례 분석

가. 지질 개요

이 지역은 경기도 전곡 한탄강 일대로 선캄브리아기 변성암을 신생대 제4기 퇴적층(백의리층)과 그 상위의 현무암(전곡현무암)이 부정합으로 덮고 있는 댐부지로 예정되었던 지역이다(그림 1-17).

백의리층은 제4기 분출현무암 직하부에 반원통형으로 분포하는 고화되지 않은 고기하성층(구하상 퇴적층)으로, 경기변성암복합체를 부정합으로 덮고 있다. 주로 변성암으로 구성된 역은 사질 또는 점토질 물질과 함께 사력층을 이루면서 해발고도 30~90m 구간에 지역에 따라 불규칙적이나 대체로 1~3m 내외 층후로 분포한다. 전체적으로는 해발고도가 낮은 곳에서 상향으로 세립상을 보인다(그림 1-18).

전곡현무암층은 변성사질암류, 화강섬록암, 퇴적암, 유문암질 화산암, 백의리층을 분출하여 덮고 있으며 한탄강변을 따라 현무암대지 및 수직절벽을 형성하고 있다. 백의리층과의 경계에서 공동을 형성하고 있으며 3~4차례의 분출상을 보인다. 각 현무암체의 사이에는 얇은 토층이 협재한다(그림 1-18).

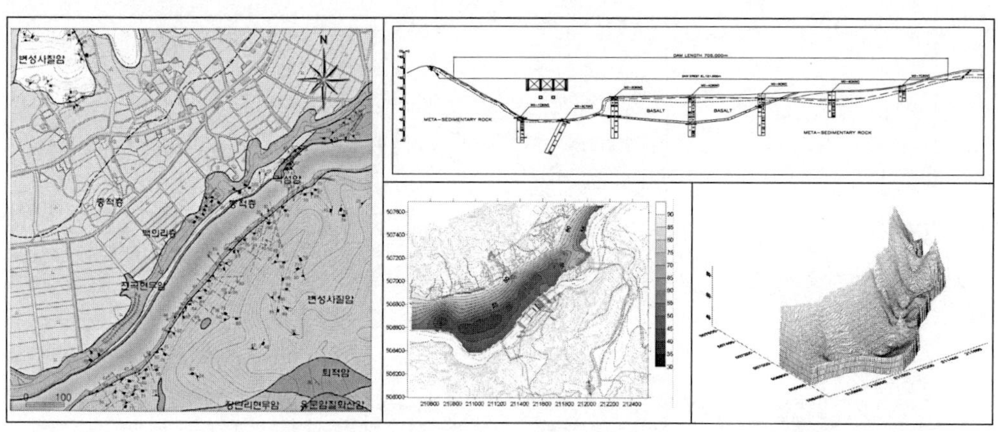

[그림 1-17] 전곡 일대의 지질도 및 단면도와 고기하상 복원도

[그림 1-18] 선캄브리아 변성암, 제4기 백의리층, 전곡현무암층의 부정합 경계 및 백의리층 퇴적상

나. 지질공학적 특성

이 지역과 같이 하부로부터 그 수리·역학적 특성이 완전히 다른 선캄브리아기 변성암, 제4기 미고결 퇴적층, 제4기 현무암이 분포하는 지역은 각 지층의 경계를 뚜렷이 하는 것이

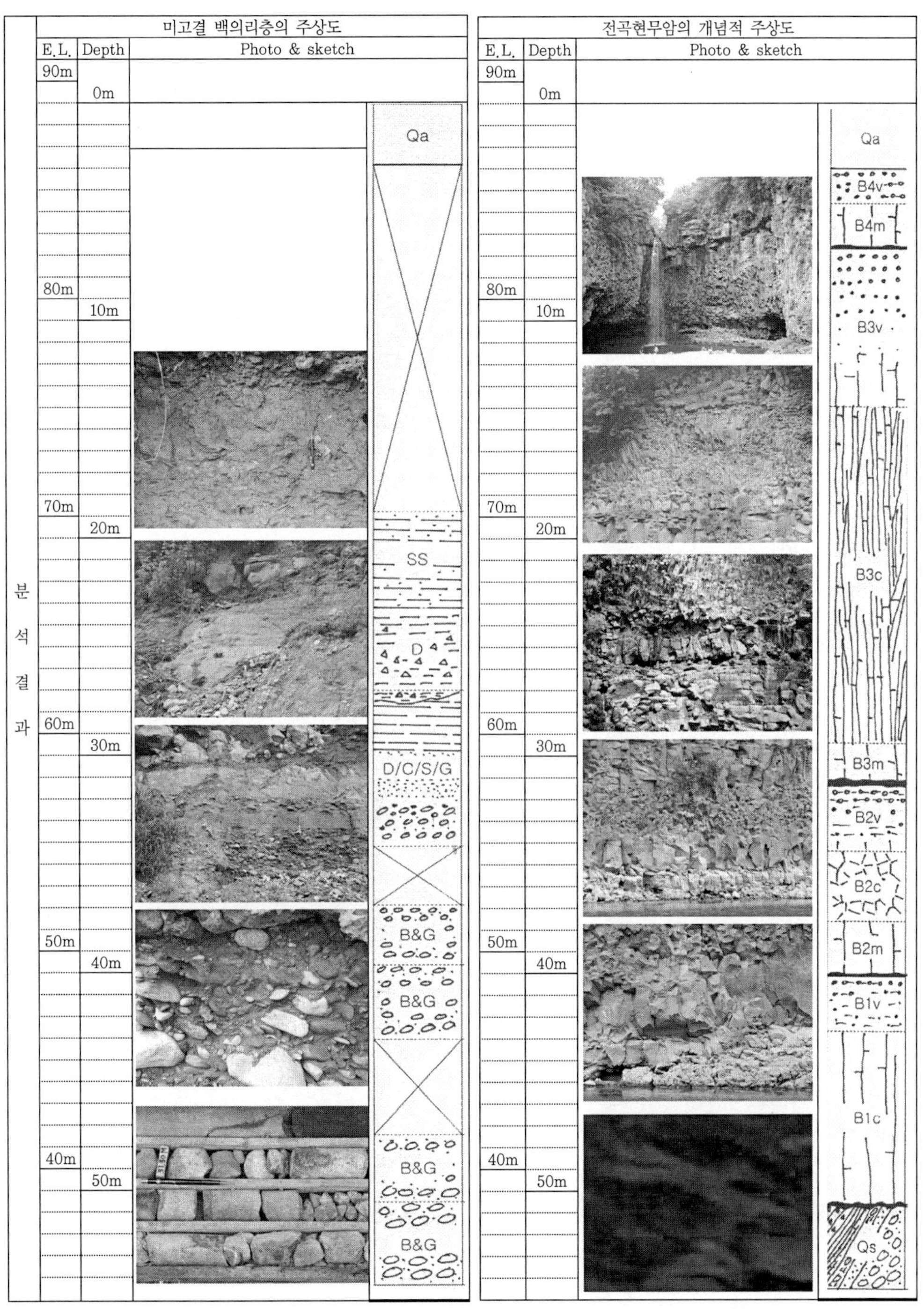

[그림 1-19] 제4기 백의리층과 전곡현무암의 고도별 개념적 지질주상도

가장 중요하다.

특히 백의리층과 전곡현무암은 각 지층 안에서도 구성 물질의 차이가 있고 기공 및 공동으로 인한 수리·역학적 특성이 다르므로 세부 지질공학적 단위로 구분하여 고려하여야 한다. 그림 1-19는 백의리층과 전곡현무암의 고도별 지층 상세 구분을 위한 주상도이다. 지질공학적 특성화를 위해서는 각 세부 단위별 특성을 정리하는 것이 필요하다.

이러한 지질공학적 특성화는 수리·역학적 해석 및 모델링에 직접적으로 사용된다. 그림 2-9는 그림 2-8의 세부 지질단위 구분에 의한 특정 고도, 특정 지점에서의 사면 안정 해석 모델이며 이외 지하수 유동 해석 모델에서도 적극적으로 활용된다.

그림 1-20은 하부에 선캄브리아 변성암, 그 상부에 두께 3m의 점토질 백의리층, 그 상부에 3개 단위로 구분된 전곡현무암층으로 대상 지반을 5개 단위로 구분하여 모델을 구성한 것이다.

표 1-4는 두 층의 개략적인 공학적 특성을 정리한 것인데 백의리층과 현무암의 경계부에 공동이 형성된 곳에서는 투수계수가 1.6×10^{-4}cm/sec에 이른다.

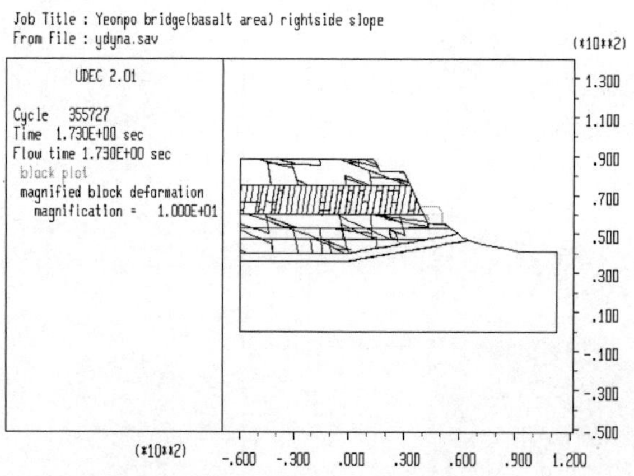

[그림 1-20] 복합지층 사면 해석 모델

[표 1-4] 제4기 백의리층과 전곡현무암(B등급)의 공학적 특성

	단위중량	점착력	내부마찰각	변형계수	포아송비	투수계수
백의리층	2.1~2.4tf/m^3	0.2~3.9tf/m^2	17.6~35	4,748~5,232tf/m^2	0.35	1×10^{-7}cm/sec
전곡현무암	2.2~2.8tf/m^3	50~381kgf/m^2	39~52	66,762~139,008kgf/cm^2	0.2	2×10^{-5}cm/sec

1.2.5 결론

국내 신생대 지층의 지질학적 또는 지질공학적 특성을 일반 지질 차원에서 그리고 구체적인 사례 분석을 통하여 정리하였다. 신생대 지층의 가장 큰 특성은 재료적 공간적 불균질성에 있다. 지반의 상위에 단단한 물질이 존재하고 그 하부에 연약한 물질이 놓이는 경우는 일반적으로 ① 충적층 상부에 화산암 분출, ② 연약한 기질에 단단한 역을 포함한 지층, ③ 핵석지반, ④ 용식성 암석의 공동과 그 충전물, ⑤ 암반 내 단층 물질대 등 5가지의 경우가 있다. 이 중 국내 조건에서 신생대 지층에서 나타나는 특징이 두 경우에 해당할 정도로 신생대 지층의 경우, 지반 조사에 주의를 기울이지 않으면 지반 상태에 대해 오판할 가능성이 높다. 따라서 상세하게 구분된 지질단위의 분포 및 수리·역학적 특성에 대한 지질공학적 특성화가 노선의 선정 및 수리·역학적 구조물 해석에 직접적으로 활용되어야 한다.

이외 신생대 지층 특성 중 신생대 특히 제3기 지층 내 팽창성 광물의 존재와 그 영향, 해안 인접 지구 등의 연약지반을 구성하는 제4기 퇴적층, 신생대 지층을 단절하는 제4기 단층 등 활성단층의 문제 역시 지질공학적으로 특별히 주의를 기울여야 한다.

1.3 신생대 지층의 암반공학적 특성

1.3.1 서론

신생대 제3기의 이암, 응회질 실트암, 응회암 등은 고결도가 낮으나 균열이 적기 때문에 신선할 때는 고결된 암반과 같아 보인다. 굴착 직후는 가파른 기울기에도 안정되어 있으나 절토에 의한 응력해방에 의해 급속히 풍화되고 점토화되는 경우가 많다. 특히 이러한 암석에는 몬모릴로나이트(montmorillonite)와 같은 흡수에 따라 팽윤되는 점토광물이 포함되어 있으며 단시간 중에 흡수 팽윤하여 역학적으로 약화되어 비탈면붕괴를 일으키는 수가 있다. 파쇄되어 점성토화되기 쉬우므로 비탈면의 안정성에 문제가 발생하는 경우가 많다. 또한 한 번 건조되었다 흡수되면 급속히 열화되는 슬레이킹(slaking) 현상에 의하여 세편화, 점토화된다. 미고결층과 기반암과의 경계는 역학적으로 약한 면으로 물이 통하기 쉽기 때문에 비탈면의 활동을 일으키기 쉬우므로 주의해야 한다.

1.3.2 신생대 암반의 분포

신생대는 6,500만 년 전부터 현세에 이르는 지질시대의 마지막 시기이다. 크게 제3기와 제4기로 나뉘고, 제3기는 차례로 팔레오세·에오세·올리고세·마이오세·플라이오세로 세분되며, 제4기는 홍적세와 충적세로 구분된다. 제3기는 6,500만 년 전~250만 년 전까지 6,250만 년간으로 조산운동이 활발하였고, 제4기는 250만 년 전~현재까지 약 250만 년간으로 빙하기가 엄습하는 한랭한 기후가 형성되었다.

[표 1-5] 한국 신생대 지질계통표

<table>
<tr><td rowspan="7">신생대</td><td>제4기</td><td colspan="2">충적층
신양리층(제주도)</td><td rowspan="5"></td></tr>
<tr><td rowspan="4">신 제3기</td><td colspan="2">서귀포층</td></tr>
<tr><td colspan="2">연일층군</td></tr>
<tr><td colspan="2">장기층군</td></tr>
<tr><td colspan="2">양북층군</td></tr>
<tr><td rowspan="2">고 제3기</td><td colspan="2"></td><td>불국사 화강암 관입</td></tr>
<tr><td>경상누층군</td><td>유천층군</td><td></td></tr>
</table>

가. 신생대 제3기

한국의 신생대 제3기의 면적은 전 국토의 약 1.5%로 매우 협소하다. 동해안을 따라 울산, 포항, 영해, 북평 등 약 10개 지역에 분포하고 서해안에는 2개 지역에 분포한다. 신생대 3기의 구성암석은 고화가 불충분한 사암, 셰일, 역암이고 용암류 암상의 동반도 곳에 따라 우세하다. 제3기에는 한반도 지체가 부분적으로 융기와 침강을 몇 번 반복하였기 때문에 단위지층은 각각 부정합으로 나누어지게 되었다.

경상북도 장기 지역에는 제3기층인 장기층군과 이를 부정합으로 덮는 연일층군이 분포한다. 장기층군은 역암(두께 700m), 화산암류(조면암 및 안산암), 사암, 셰일, 응회암 등이 호층을 이루고 있으며 함탄층(약 700m)을 협재한다. 연일층군은 포항 부근에 분포하며 역암(두께 200m), 셰일(두께 400m), 이암 등으로 되어 있으며 석화작용이 완성되지 않아 암석이 매우 연약하다. 서귀포층은 주로 미고화 응회질 사암과 사질셰일로 되어 있으며 이층의 두께는 28m이다. 이 층의 상하부에는 거의 동시대에 분출된 알칼리유문암질 조면암이 있다. 이들 암석은 제4기에 분출된 조면안산암과 현무암으로 덮여 있다(표 1-5).

나. 신생대 제4기

신생대 제4기는 고화되지 않은 자갈·모래·점토·토탄으로 되어 있으며, 현무암류와 곳에 따라 조면암류가 동반되어 있다. 플라이스토세에 분출된 현무암 중 현저한 것은 강원도 철원 부근의 현무암 대지, 경상북도 영일군의 현무암 노출지가 있다. 제주도의 현무암, 울릉도의 조면암과 응회암도 플라이스토세의 분출물일 것으로 보고 있다.

[그림 1-21] 한탄강 주변 미고결층

그림 1-21에서와 같이 한탄강 주변 미고결층의 경우와 같이 화산암은 암석 자체는 단단하나 그 밑에 퇴적물이 존재하는 경우가 있다. 이곳에 댐 등 토목구조물을 건설할 경우, 화산암체 하부의 퇴적물에 물길이 형성되어 붕괴될 수 있다.

1.3.3 신생대 암반의 공학적 특성

가. 물리·역학적 특성

신생대 암반을 대표하는 현무암과 이암, 응회암의 대표적인 물성은 대략적으로 표 1-6과 같다. 본 물성치는 일부 지역에 한정한 것임을 밝혀둔다.

[표 1-6] 암석의 물리·역학적 특성

암종	위 치/ 시료수	밀도 (gr/cm^3)	공극률 (%)	탄성파속도(m/s)		일축압축강도 (kg/cm^2)
				P-wave	S-wave	
현무암	2/24	2.48±0.15	18.6±12.8	3,900±700	2,360±230	520±380
이 암	15/50	2.28±0.20	-	4,080±890	2,560±230	1,050±350
응회암	4/70	2.63±0.07	2.33±1.82	4,510±670	2,570±340	1,550±500

신생대 마이오세 중기 및 후기에 포항분지에서 퇴적된 연일층군 두호층의 이암을 살펴보면 석화작용이 불완전한 암석으로 간극비가 0.41로 크며, Illite, Chlorite 등 점토광물이 26%정도 함유돼 있고, 밀도는 1.79g/cm^3, 간극비는 0.41, 간극률은 29.1%, 흡수율은 15.5%였다. 완전 건조상태에서의 일축압축강도는 462kg/cm^2, 탄성계수는 2.89 x 10^{4}kg/cm^2, 포아송비는 0.30을 보였으며, 중생대 백악기 이암에 비하여 단위중량과 고결도가 상대적으로 낮았다(김광식, 2003)

나. 응회암의 풍화특성

응회암은 몬모릴로나이트(montmorillonite)와 같이 흡수에 따라 팽윤되는 점토광물을 포함하고 있어 한번 건조되었다 흡수되면 급속히 열화되는 슬레이킹(slaking) 현상에 의하여 세편화, 점토화되는 경향이 있다. 그림 1-22는 응회암에 대한 외국의 내구성 시험 사례인데 호주의 Glennies Creek 댐 현장에서 채취된 응회암이다. 시험 3개월 후에 완전히 분해되어 점토화되었음을 보여준다.

(a) 시험 1주일 후

(b) 시험 1개월 후

(c) 시험 2개월 후

(d) 시험 3개월 후

[그림 1-22] 응회암에 대한 내구성 시험

그림 1-23은 응회암의 수분 흡수에 따른 일축압축강도의 변화양상을 나타내고 있다. 수분 흡수에 따라 강도가 급격히 감소됨을 알 수 있다.

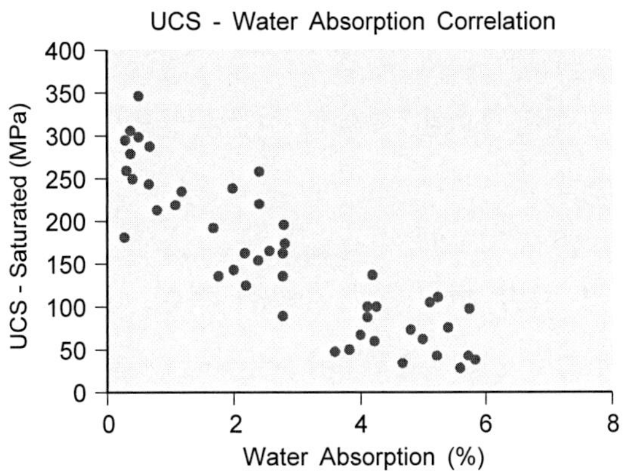

[그림 1-23] 흡수율과 일축압축강도와의 관계(시료수=49, R^2=0.89)

1.3.4 사면붕괴가 발생하기 쉬운 지질 및 지질구조

가. 신 제3기층의 이암과 응회암

몬모릴로나이트 등의 팽윤성 점토광물을 포함하는 이암이나 응회암층은 절취에 의한 상재하중의 제하 → 응력해방 → 균열발생 → 지표수 및 지하수의 침투 → 점토광물의 팽윤 → 지층의 강도 약화 과정을 거쳐 비탈면 붕괴나 미끄러짐이 발생된다. 이암과 응회암은 굴착 후의 풍화 및 슬레이킹이 빠르고 단기간에 점토화되는 경우가 많다. 응회암은 이암에 비해 풍화속도가 느려서 대규모의 미끄럼이 발생하기 쉽다. 사암과 이암의 호층조건에서는 비탈면 붕괴가 발생하기 쉽다.

나. 고 제3기층의 셰일

풍화에 대한 저항력은 강하나 비탈면 붕괴가 발생한 지역의 토괴는 사암이 혼합된 각력 또는 암석이 파쇄된 형상을 보인다. 비탈면 운동은 돌발적이고 발생가능성을 예측하기 어려우며 강수량과 밀접하게 관계된다.

다. 비교적 연약한 3기층을 균열이 많은 현무암이나 사력층 등이 덮고 있는 지질조건에서 발생하기 쉽다.

라. 사암, 이암 또는 사암, 셰일 및 점판암 등이 경암과 연암의 호층을 이루고 있는 경우에는 이질암의 풍화가 빨리 진행되어 이것들이 붕락되면서 사암을 동반하여 큰 붕괴로 발전하기 쉽다.

마. 화산재나 풍화가 진행된 응회암은 Piping 현상을 일으키기 쉬운 비탈면에서는 지하수에 의해 유실되기 쉽다.

1.3.5 경주지역 3기 역암 퇴적층의 공학적 특성 사례

경상북도 경주시 마동에서 양북면 장항리에 이르는 터널구간 종점부에서 발견된 역암퇴적층의 성분으로는 전체적으로 화강암 역을 90%이상 함유하고 있다. 기질 성분 분석 결과는 기반암인 화강암과 유사한 석영, 사장석, 정장석 및 운모류가 주 구성광물이며 점토광물은 카올리나이트가 주를 이루고 있는 것으로 나타났다(그림 1-24). 역암층의 일축압축강도 측정 결과는 그림 1-25와 같다.

역암 중 암석에 해당하는 역의 일축압축강도는 종점부 TB-13을 제외하고는 900~2,500 kg/cm^2의 높은 강도값을 가진다. 이에 비해 기질 부분을 포함한 역암의 일축압축강도는 변질된 부분은 낮은 값을, 변질되지 않은 암석은 다소 높은 값을 나타내어, 전체적으로 38~485kg/cm^2 범위의 강도값을 나타내었다. 역암퇴적층은 코어 내부에 부분적인 균열만 발달하고 있을 뿐 연장성이 있는 절리면의 발달이 거의 없어 절리간격이나 절리면 상태를 평가할 수 없으므로 괴상의 약한 암반이라고 볼 수 있다.

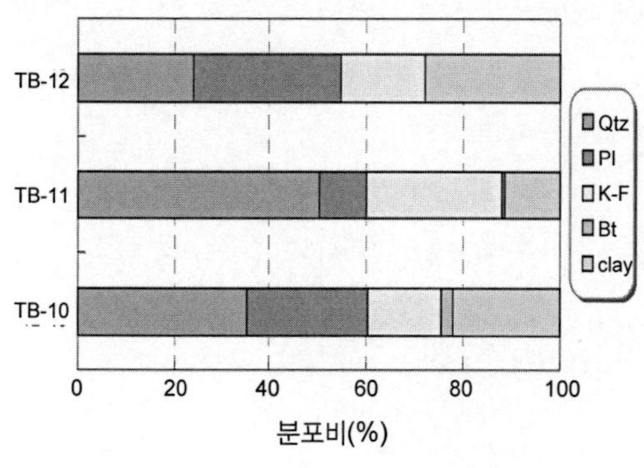

[그림 1-24] 역과 기질의 성분 분석

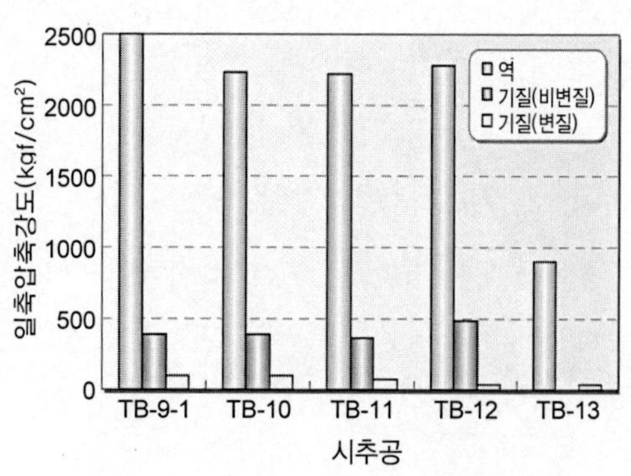

[그림 1-25] 역암층의 일축압축강도

1.3.6 절취비탈면 기울기

제3기의 이암, 사문암 등은 절취 후에 강도가 급작스럽게 저하되므로 안정성에 대하여 장기간의 관찰이 필요하다. 건습반복시험(24시간 수침, 48시간 강제건조) 1회에서 토사화되는 암석은 대붕괴를 일으킬 위험성이 있다. 일본 고속도로에서의 실적으로부터 암반 비탈면의 적정기울기를 소개하면 표 1-7과 같다.

[표 1-7] 흡수팽창이나 풍화되기 쉬운 암반의 적정 비탈면 기울기

관찰에 의한 분류	암종	건습반복에 위한 흡수량 증가율 (%/회)	비탈면 기울기	
			지하수 없음	지하수 있음
고결도가 극히 낮은 것	응회질 이암 등	2.0 이상	1: 1.2	1: 1.5
고결도가 비교적 낮은 것	신 제3기층, 사문암	1.0-2.0	1: 1.0	1: 1.2
고결도가 높은 것	고 제3기 이전의 셰일, 고결응회암	1.0 이하	1: 0.8	1: 1.0

1.3.7 결론

(1) 신생대 미고결 암석에는 몬모릴로나이트와 같은 흡수에 따라 팽윤되는 점토광물이 포함되어 있으며 단기간에 흡수 팽윤, 역학적으로 약화되어 비탈면 붕괴를 일으키는 수가 있다. 미고결층과 기반암과의 경계는 역학적으로 약한 면으로 물이 통하기 쉽기 때문에 비탈면의 활동을 일으키기 쉬우므로 주의를 하여야 한다. 토목구조물 설계 시에는 암종의 파악은 물론 풍화의 분포와 정도 및 그 특성의 변화에 대한 상세한 검토가 요구된다.
(2) 고결도가 낮은 신 제3기의 이암 등은 절취 직후에는 안정했을지라도, 새로운 응력조건에서 강도가 낮아지고, 수개월 경과함에 따라 파괴되는 경우가 많다. 시공 중에 이상이 없어도 많은 강우 후에는 반드시 상태를 관찰해야 한다.
(3) 역암퇴적층은 연장성이 있는 절리의 발달이 거의 없고 부분적인 균열만 존재하므로 기존의 경험적 암반 분류방법인 RMR분류나 Q분류방법의 적용이 곤란한 지층이므로 새로운 방법의 지반평가방법이 요구된다.

참고문헌

1.1

김옥준, 윤선, 길영준(1968), 「한국지질도 청하도폭(1 : 50,000) 및 설명서」, 국립지질조사소.

김인수(1985), 「한반도 및 동아시아의 지질구조 발달과 판구조이론(II) : 한반도의 지체구조 발달과 동해의 형성」, 〈부산대학교 자연과학 논문집〉, 40집, pp.311–325.

김인수(1992), 「새로운 동해의 성인 모델과 양산단층계의 주향이동운동」, 〈지질학회지〉, 28권, pp.84–109.

김종열(1988), 「양산단층의 산상 및 운동사에 관한 연구」, 박사학위논문, 부산대학교.

김종환, 강필종, 김정웅(1976), 「Landsat–1 영상에 의한 영남 지역 지질구조와 광상과의 관계 연구」, 〈지질학회지〉, 제12권, pp.79–89.

민경덕, 방성수, 현용호(1992), 「한반도 동남부에 분포하는 제3기 퇴적분지에 대한 중력탐사」, 〈광산지질〉, 제25권, pp.167–177.

엄상호, 이동우, 박봉순(1964), 「한국지질도 포항도폭(1 : 50,000) 및 설명서」, 국립지질 조사소.

윤선 외(1991), 「한반도 남부의 제3기 분지 발달사」, 〈광산지질〉, 제24권 제3호, pp.301–308.

윤선(1982), 「한국 어일분지의 제3기 층서」, 〈대한지질학회지〉, 제18권 제4호, pp.173–180.

윤선(1988), 「한반도 남부의 제3기 층서」, 한국과학재단 연구 보고서, p.25.

윤성효(1988), 「포항분지 북부(칠포–월포 일원)에 분포하는 화산암류에 대한 암석학적 층서적 연구」, 〈광산지질〉, 제21권, pp.117–129.

이현구 외(1992), 「포항 및 장기분지에 대한 고지자기, 층서 및 구조연구 : 화산암류의 K–Ar년대」, 〈광산지질〉, 제25권, pp.337–349.

장기홍(1985), 『한국지질론』, 민음사, p.215.

최동림 외(1993), 「한국 남동부 영일만의 천부 지질구조」, 〈한국석유지질학회〉, 제1권, 1호, pp.53–62.

한종환 외(1987), 「한국 동남부 지역 제3기 퇴적분지 내의 지체구조 발달 및 퇴적환경 연구(II)」, 한국동력자원연구소, 연구보고서 KR–86–2–(B)–4, p.109.

한종환 외(1988), 「한국 동남부 지역 제3기 퇴적분지 내의 지체구조 발달 및 퇴적환경 연구(III)」, 한국동력자원연구소, 연구보고서 KR–87–(B)–4, p.75.

한종환, 곽영훈, 손진담(1986), 「한국 동남부 지역 제3기 퇴적분지 내의 지체구조 발달 및 퇴적환경 연구」, 한국동력자원연구소, 연구보고서 KR–86–(B)–8, p.76.

Chough, S. K., Hwang, I. G. and Choe, M. Y. 1989. "The Doumsan fan–delta system, Miocene Pohang Basin(SE Korea)." Field Excursion Guide–book, Woosung Pub. Co., p.95.

Chough, S. K., Hwang, I. G. and Choe, M. Y. 1990. "The Miocene Doumsan fan–delta, southeast Korea : a composite fan–delta system in back–arc margin." Jour. Sed Petrol., V.60,

pp.445–455.
Hwang, I. G. 1993. "Fan–delta system in the Pohang basin(Miocene), SE Korea." Unpubl. Ph. D. Thesis, Seoul Nat'l. Univ., p.923.
Kim, B. K. 1965. "The Stratigraphic and Paleontologic Studies on the Tertiary(Miocene) of the Pohang Areas, Korea." Jour. Seoul. Univ. Science and Technology Ser., Vol.15, pp.32–121.
Tateiwa, I. 1924. "Ennichi–Kyuryuho and Choyo sheet." Geol. Atlas Chosen, No.2, Geol. Sur. Chosen.
Yoon, S. 1975. "Geology and paleontology of the Tertiary Pohang Basin, Pohang district, Korea, Part 1." Geology. Jl. Geol. Soc. Korea, V.11, pp.187–214.
Yoon, S. 1989. "Tertiary stratigraphy of the southern Korean Peninsula." In Liu, G., Tsuchi, R. and Lin, Q.(eds.), Proc. Internat. Sym. Pacific Neogene Continental and Marine Events, IGCP 246, Nanjing Univ. Press. pp.195–207.
Yun, H. S. 1986. "Emended stratigraphy of the Miocene formation in the Pohang Basin, Part 1." Jl. Paleont. Soc. Korea, V.2, pp.54–69.
Yun, H. S. et al. 1991. "Biostratigraphic, Chemostratigraphic, Paleomagnetostratigraphic and Tephrochronological Study for the Correlation of Tertiary Formations in Southern part of Korea : Regional Tectonics and it's Stratigraphical Implication in the Tertiary Basin, Korea., Jour." Paleont. Soc. Korea, Vol.7, pp.1–13.

1.2

김택곤 외(2004), 「경주지역 3기 역암퇴적층에 관한 생성원인 및 지반물성에 관한 분석」, 〈한국지반공학회지〉, Vol.20, No.2, pp.14–24.
대한지질학회(1998), 『한국의 지질』, 시그마프레스, 서울, pp.274–306.
문태현 외(2000), 「한반도 동남부 제3기 분지지역에서의 고응력장 복원」, 〈한국지구과학회지〉, 21권, 3호, pp.230–249.

1.3

김광식, 김교원(2003), 「포항분지 제3기 두호층 이암의 크리프 거동」, 〈지질공학회지〉, 제13권, 제2호, pp.227–238.
김택곤, 최성순, 정의진(2004), 「경주지역 3기 역암퇴적층의 공학적 특성 및 암반 분류사례」, 〈터널물리탐사 2004 기술심포지움〉, 한국터널공학회.
선우춘, 신희순, 조두희(2000), 「토목건설공사에서의 지질지단과 처방」, 〈(주)희송지오텍 사내교재〉.
정창희(2000), 『지질학 개론』, 박영사. pp.616–621.

이암·셰일의 공학적 특성

2.1 이암·셰일의 지질공학적 특성

2.1.1 서론

국내 건설현장에서 일부 지역에만 나타나고 있는 이암(mudstone), 셰일(shale) 등의 이질암은 점토를 주성분으로 한 퇴적암의 일종이다. 풍화작용을 받은 이후에는 흙과 유사한 공학적 성질을 보이는 것이 다른 암종에 비해 가장 치명적인 공학적 성질이다. 국내 현장에서도 간혹 사면 절취 후 노출된 이암, 셰일 암반이 쉽게 풍화되어 문제를 일으키는 경우가 보고되고 있다. 이암, 셰일 암반은 외관상 단단한 암반으로 보이는 경우가 많아 초보자들이나 비전문가의 지질조사 시 착각하기 쉽고, 토사지반보다는 경도가 높아 야외지질조사 시 암반의 강도가 과대평가될 위험성이 높다. 그동안 화강암류 지반에 대한 경험이 풍부한 국내 지질조사자들이나 토목시공자에게는 가장 오판하기 쉬운 암종에 해당되므로 이에 대한 정확한 지질공학적 특징을 이해하고 적합한 실험법을 통해 지반조사와 평가를 실시해야 한다.

본고에서는 최근까지 논의되고 있는 적합한 시험법, 그동안 국내에서 조사된 몇몇 시험자료에 대한 분석 등을 통해 국내 이암, 셰일 지반에 대해 가장 적합한 지질공학적 조사와 분석에 대한 가이드라인을 제시하고자 한다.

2.1.2 지질학적 분류와 공학적 특성의 관계

이암, 셰일은 기존 암석의 풍화에 의한 입자, 파편의 퇴적작용으로 생성된 쇄설성 퇴적암이다. 따라서 쇄설성 퇴적암의 성인상 공학적 특성 분석에 가장 중요한 기준이 되는 구성입자의 지름 크기로 분류하는 방식을 따라 이암과 셰일도 분류되고 있다(표 2-1). 다른 암종과 비교해볼 때 밀도는 약간 낮게 나타나는 퇴적암의 전형적인 특징을 보여주고 있다(표 2-2).

[표 2-1] 입자 크기에 따른 퇴적암 분류(based on Blyth & de Freitas, 1984)

Particles (or Grains)		Detrital (terrigenous) >50% Grains of Rock & Silicate Minerals				
Size (mm)	Name	Unconsolidated raw Material		Geological Term		Consolidated as rock
200	Boulder	Storm beach Colluvium (scree, or talus) Glacial boulder beds		rudaceous	mainly rock fragments	Conglomerate Breccia
60	Cobble					Tillite
4	Pebble	↑ gravel ↓	Coarse-alluvium (e.g. wadi)			Conglomerate
2	Granule		Fine-alluvium Deltaic grits and sands			Grit
0.06	Sand	↑ sand ↓	Sand beach Desert sand & dust	arenaceous	mainly mineral fragments	Sandstone (arkose, greywacke, and other varieties) Loess
0.002	Silt	↑ silt ↓	Estuarine silt Glacial silts & clays	argillaceous		Siltstone
	Clay	↑ clay ↓	clay ooze			Mudstone & Shale

[표 2-2] 암석의 밀도(after Clark, 1966; Daly et. al., 1966)

Rock Type	Density Range (kg/m^3)
Granite	2,516~2,809
Quartz diorite	2,680~2,960
Gabbro	2,850~3,120
Sandstone	2,170~2,700
Limestone	2,370~2,750
Shale	2,060~2,660
Gneiss	2,590~3,060
Shist	2,700~3,030
Slate	2,720~2,840

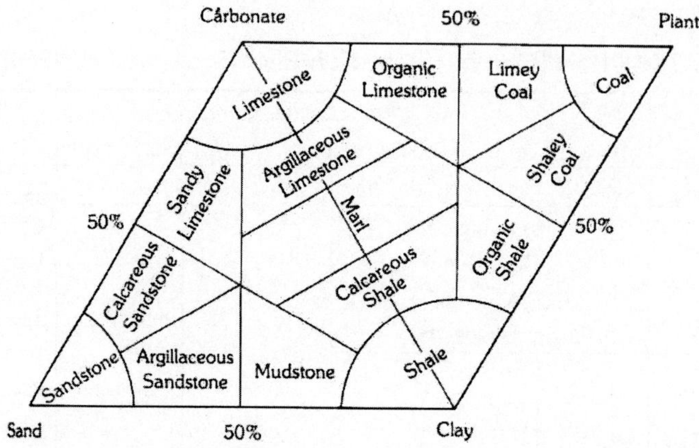

[그림 2-1] 구성성분에 따른 퇴적암의 분류(Mathewson, 1981)

[그림 2-2] 이질암과 석회암으로 구성된 이집트 스핑크스의 차별풍화 문제

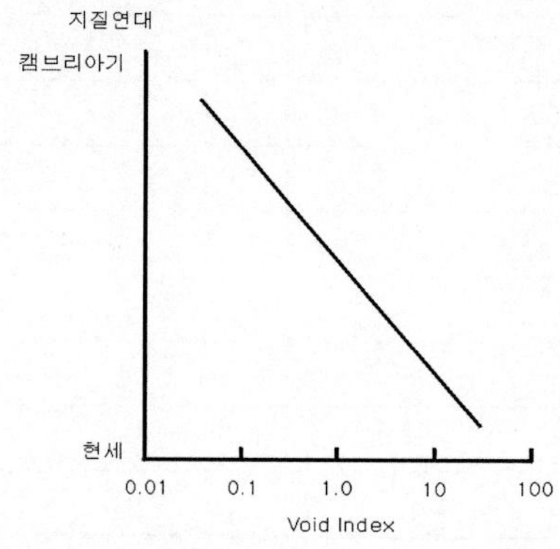

[그림 2-3] 셰일, 이암에 대한 지질연대와 Void Index 관계(after Duncan et al, 1968)

이암과 셰일은 쪼개짐(fissility)의 존재 여부에 따라 구분되며, 특히 석회질 (calcareous) 성분이 함께 있는 경우 이회암(marl)으로 구분한다(그림 2-1). 현미경으로도 구분이 어려울 정도로 입자가 작은 편이므로 주사전자현미경을 통한 이미지 분석도 필요하다.

퇴적암의 생성 특성상 퇴적환경의 변화에 따라 다른 종류의 퇴적암이 교대층으로 나타나

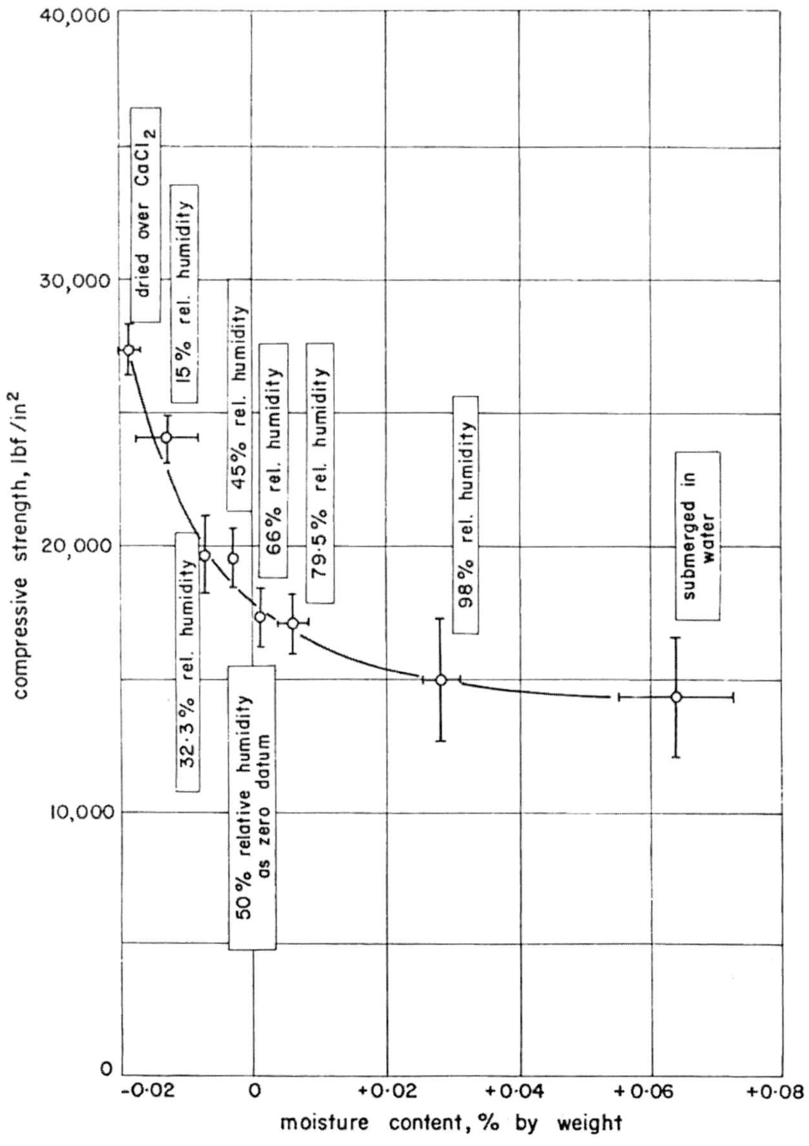

[그림 2-4] 석영함유 셰일에 대한 압축강도와 함수율 관계(after Colback and Wild, 1965)

는 경우가 많아 이암, 셰일, 사암, 이회암, 석회암 등이 함께 층을 이루는 경우도 흔하다. 유네스코 문화유산으로 널리 알려진 이집트의 스핑크스나 피라미드를 구성하고 있는 암석도 돌로마이트질 석회암, 셰일, 사암, 이회암, 이회암질 석회암 등으로 구성된 현지지층에서 채취되었다. 따라서 각 암종별 풍화특성과 공학적 특성이 다르게 나타나므로 보존대책 수립을 위한 암반특성 평가, 보강대책 등의 수립에 어려움을 겪고 있다(그림 2-2).

퇴적암은 내부적으로 공극을 가지고 있으며 이를 측정하는 방법 중 Void Index는 건조 암석시료를 1시간 동안 물에 담근 후 흡수된 물의 양을 건조질량에 대한 비로 표시한다. 따라서 일반적으로 볼 때 퇴적작용 후 다짐작용이 더 오래 일어난 지층의 이질암석은 Void Index가 낮은 값을 보인다(그림 2-3). 개별 암석에 대해서는 각 암석의 생성시기 외에도 생성 이후 노출된 환경에 의한 풍화 정도에 따라서도 영향을 받으므로 단순히 지질연대만으로 물성을 획일적으로 대응시키는 것은 곤란하다.

일축(또는 단축)압축강도의 경우 다른 암종과 마찬가지로 수분 함량의 증가에 따라 강도치가 낮아지는 경향을 뚜렷이 보여준다(그림 2-4).

시료를 대상으로 측정한 탄성파 속도는 Void Index와 반비례하는 퇴적암의 전형적인 특징을 보인다(그림 2-5).

비교적 단단한 이암의 경우 투수계수는 6×10^{-7}~2×10^{-6}(cm/s) 정도의 값을 보이고 있으나 풍화가 진행된 경우 균열 및 공극의 확장과 함께 투수계수는 급격하게 증가한다.

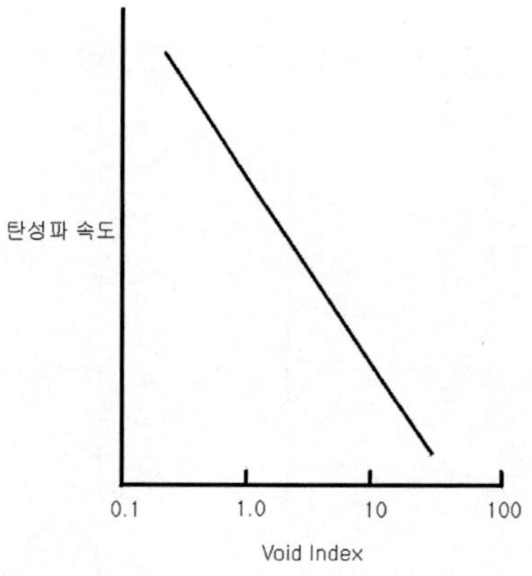

[그림 2-5] 셰일·이암에 대한 탄성파와 Void Index 관계(after Duncan et al, 1968)

2.1.3 이질암의 공학적 문제점과 조사 시 주의점

이질암의 공학적 문제는 대상이 되는 이질암 자체의 공학적 문제인 슬레이킹, 팽창성, 다른 암종과 지층을 이루어서 발생되는 지층별 차별풍화의 문제로 나눌 수 있다.

가. 슬레이킹 현상과 내구성 정량적 평가

슬레이킹 현상은 이질암을 이루는 점토질 성분이 수분과 만나면 비교적 짧은 시간에 흐트러지는 현상으로, 궁극적으로 시료의 구조적 강도를 잃는 결과를 초래한다. 이는 다른 암종에 비해 아주 두드러진 특징으로 노출된 절취사면이 수분에 노출되어 수개월 안에 토사와 유사한 거동을 보이는 문제점을 야기한다. 따라서 지질조사 시 다른 암종의 경우 경도, 강도, 절리발달 정도 등의 현재 상태에 관한 자료가 중요하게 사용되지만 이질암의 경우 현재 암석의 공학적 상태 외에 특히 향후 풍화 발달 속도(또는 공학적 내구성)에 관한 정량적 예측이 아주 중요하다.

수분으로의 노출시간에 따른 공학적 특성 변화를 측정하는 방법은 기존의 강도 측정과 같은 방식으로는 구하기 어려우며 유일하게 Slake durability test를 통해 분석할 수 있다. 이 방법은 이미 국제암반공학회(ISRM: International Society for Rock Mechanics)에서 제안했는데 국내에서도 널리 활용하고 있다.

이 실험법을 통해 구하는 2사이클 후의 슬레이크 지수를 통해 사면의 침식 속도(즉, 사면의 풍화민감도 또는 내구성)를 정량화하는 연구 결과도 나오고 있으며 국내에도 적용하는 연구가 진행 중이다.

2사이클을 표준으로 정하게 된 배경에도 비록 과거의 연구 결과를 근거로 했으나(그림 2-6), 가장 최근의 연구 결과와 토의에 따르면(이상균, 1999; Czerewko & Cripps, 2002), 2사이클 이상의 반복과정이 더 필요할 것으로 활발히 논의가 진행되고 있어 조만간 국제표준이 바뀔 추세이다.

특히 국내에서 최근 수행하고 있는 풍화민감도의 경우 화학성분 및 광물성분을 기초로 한 방식과 슬레이크 내구성 지수를 기초로 한 방식이 있으나, 토목공사에 필요한 공학적 거동 판정을 위해서는 슬레이크 내구성 지수를 기초로 한 풍화민감도를 활용하는 것이 더 타당하다.

이질암 절취사면의 풍화내구성 또는 장기적인 사면 불안정성을 분석하기 위해서는 슬레이

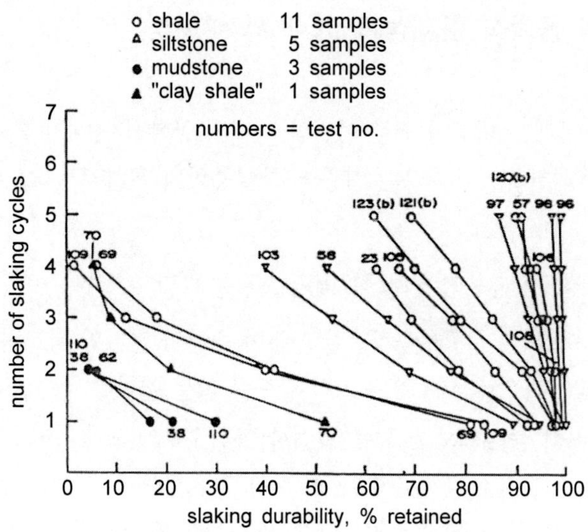

[그림 2-6] 슬레이크 내구성 실험에서 슬레이킹 사이클 횟수의 영향(after Gamble, 1971)

크 내구성 지수를 여러 회 이상의 사이클까지 진행시키거나, 인공풍화를 시킨 시료에 대해 지수 변화를 측정하는 것이 세계적인 추세이므로 향후 국내에 활용하면 많은 도움이 될 것으로 판단된다. 또한 풍화가 심한 시료에 대해서는 Modified jar test가 좋은 결과를 보이고 있어 국내에도 활용이 필요하다.

나. 팽창성

이질암에서는 점토 성분으로 인한 팽창성이 당연히 나타나고 있어 일축압축강도와 팽창변형률의 관계(그림 2-7), Void Index와 팽창변형률의 관계(그림 2-8) 등이 전형적인 특징으로 관찰된다. 이러한 팽창현상은 터널에 압축력을 작용시키는 문제점을 야기한다. 따라서 팽창변형률, 팽창압을 함께 측정하여 상대적인 위험성을 판단하기도 한다.

그동안 국내외의 측정 자료를 종합해볼 때 이러한 팽창도만으로 지반의 위험성을 판정하는 것은 무리가 있으며 슬레이크 내구성 자료, XRD 분석자료, 점토광물을 더 정확히 분석하는 TG-DTA 분석자료, SEM 자료 등을 종합 분석하는 것이 바람직하다.

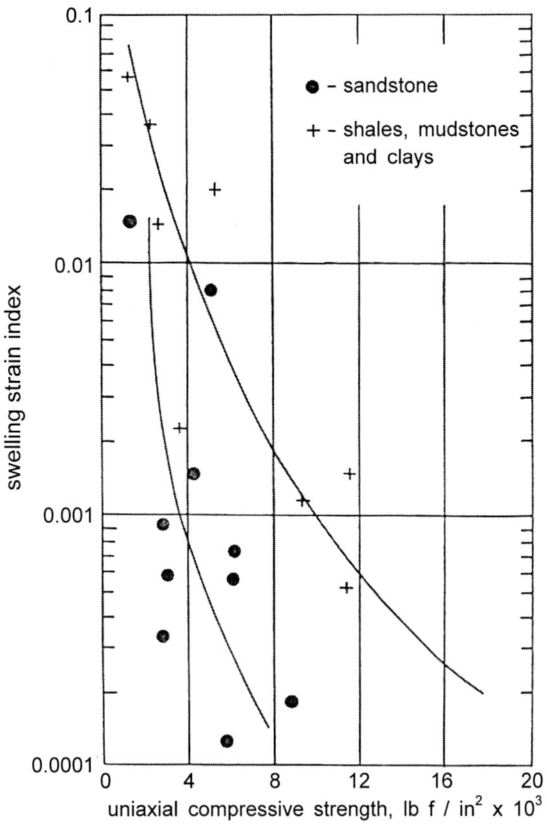

[그림 2-7] 일축압축강도와 Swelling strain 관계(after Duncan, 1969)

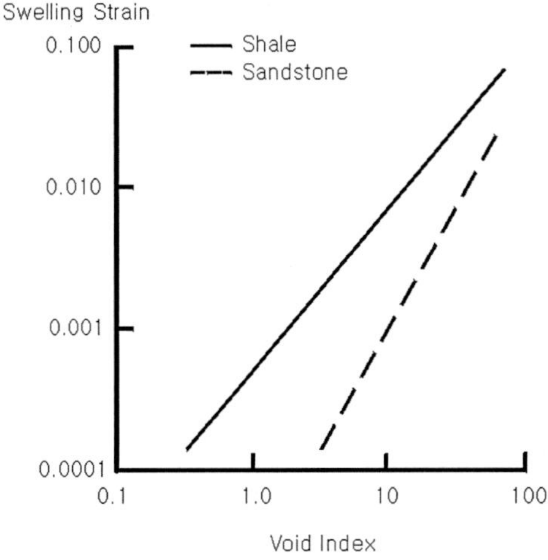

[그림 2-8] Swelling strain과 Void Index 관계(after Duncan et al, 1968)

다. 다른 암종 간의 차별풍화

토목공사의 대상이 되는 암반에서 가장 분석이 어려운 부분으로 대부분의 이질암이 다른 종류의 퇴적암과 함께 나타나며 개별 지층의 두께는 수 밀리미터 내지 수 미터에까지 다양하게 나타나고 있어 암반의 공학적 분류, 대표 시료의 채취, 실험 결과 해석에 상당한 오류를 낳을 수 있다. 따라서 대상 지반에 대한 퇴적암층의 정확한 이해, 지층의 특징을 고려한 대표성 시료 선택과 물성 측정, 그에 따른 종합적 해석이 필수적이다. 앞에서 언급한 이집트 피라미드, 스핑크스의 경우에도 수 밀리미터의 폭을 가지는 이회암층의 풍화진행으로 인해 전체 석회암 블록이 불안정해지고 이를 통해 구조물 전체의 안정성이 위협을 받고 있다.

2.1.4 결론

이질암은 다른 암종에 비해 풍화 정도를 착각하여 더 신선한 상태로 판단하기 쉬우므로 육안 판단에만 의존하지 말고 반드시 슬레이크 내구성 실험을 통해 판단해야 한다. 또한 슬레이크 실험은 국제적으로 논의되고 있는 2사이클 이상의 반복과정을 수행하는 것이 그동안의 국내 연구 결과에서도 증명되고 있다. 또한 사면의 안정성 등의 판단을 위한 풍화민감도 실험에도 슬레이크 내구성 실험과 인공풍화 실험을 기초로 한 방법이 훨씬 공학적 특성을 잘 반영하고 있어 사용을 권장한다.

이질암에 대한 특성분석은 결국 슬레이크 내구성 실험, 팽창률 실험, 점토성분 분석 및 공극 구조 파악을 위한 XRD, TG-DTA, SEM, 투수계수 측정 등의 실험 결과와 지층구조와 암종의 정확한 해석을 종합하여 기존의 강도와 같은 기초자료의 활용성을 높일 수 있고 현장 설계에 바람직한 자료를 제공할 수 있다.

2.2 이암·셰일에 대한 실험 및 해석

2.2.1 서론

암반 거동에 대한 대부분의 해석에서 암반은 등방체로 가정되고 있으나, 실제 암반은 정도의 차이는 있으되 이방성을 띤다. 이러한 이방성은 퇴적암이나 변성암에만 국한되지 않으며, 대표적인 화성암인 화강암의 경우에서도 흔히 관찰된다.

본고에서는 이방성과 관련한 일반적인 사항을 등방성과 비교하여 기술하고, 이방성 암반의 물성을 구하기 위한 시험법과 해석상의 문제를 기술하여 이방성이 강한 암반에 대한 올바른 해석 기법을 제시하고자 한다.

2.2.2 이방성과 등방성

탄성 영역 내에서 등방체는 단 2개의 독립적인 탄성 정수를 가지나, 특별한 대칭 조건이 없는 경우, 연속체는 일반화된 Hooke의 법칙에 따라 6개의 응력성분과 6개의 변형률 성분의 관계를 나타내는 36개의 탄성정수를 가지게 된다.

$$\begin{bmatrix} \varepsilon_{xx} \\ \varepsilon_{yy} \\ \varepsilon zz \\ \gamma_{xy} \\ \gamma_{yz} \\ \gamma_{zx} \end{bmatrix} = \begin{bmatrix} a_{11} & a_{12} & a_{13} & a_{14} & a_{15} & a_{16} \\ a_{21} & a_{22} & a_{23} & a_{24} & a_{25} & a_{26} \\ a_{31} & a_{32} & a_{33} & a_{34} & a_{35} & a_{36} \\ a_{41} & a_{42} & a_{43} & a_{44} & a_{45} & a_{46} \\ a_{51} & a_{52} & a_{53} & a_{54} & a_{55} & a_{56} \\ a_{61} & a_{62} & a_{63} & a_{64} & a_{65} & a_{66} \end{bmatrix} \begin{bmatrix} \sigma_{xx} \\ \sigma_{yy} \\ \sigma zz \\ \sigma_{xy} \\ \sigma_{yz} \\ \sigma_{zx} \end{bmatrix} \tag{2-1}$$

변형률 에너지와 변형률 및 응력 성분의 관계는 다음 식과 같다.

$$\sigma_{xx} = \frac{\partial \overline{V}}{\partial \varepsilon_{xx}}, \sigma_{yy} = \frac{\partial \overline{V}}{\partial \varepsilon_{yy}}, \ \ldots.. \quad \tau_{xx} = \frac{\partial \overline{V}}{\partial \gamma_{xy}} \tag{2-2}$$

식 (3-1)을 $\varepsilon_{xx}, \varepsilon_{yy}, \ldots\ldots., \gamma_{xy}$에 대하여 각각 편미분하면 다음과 같은 관계식을 얻는다.

$$\frac{\partial \sigma_{xx}}{\partial \varepsilon_{yy}} = \frac{\partial \sigma_{yy}}{\partial \varepsilon_{xx}}, \quad \frac{\partial \sigma_{xx}}{\partial \varepsilon_{zz}} = \frac{\partial \sigma_{zz}}{\partial \varepsilon_{xx}}, \ldots.. \tag{2-3}$$

이 관계식에 의하여 식 (2-1)의 36개의 계수는 대칭이어야 하므로($a_{ij} = a_{ji}$) 독립적인 탄성정수의 수는 21개로 줄어든다. 이러한 일반적인 이방체는 탄성정수의 수가 과도하여 측정이 실질적으로 불가능할 뿐 아니라 거동 해석도 매우 어렵다.

실질적으로 해석이 가능한 경우는 평면이방체(transversely isotropic body)와 직교이방체(orthotropic body)로서 각각 5개와 9개의 독립적인 탄성정수를 가진다.
이에 대한 개념적인 도시는 다음의 그림 2-9와 같다.

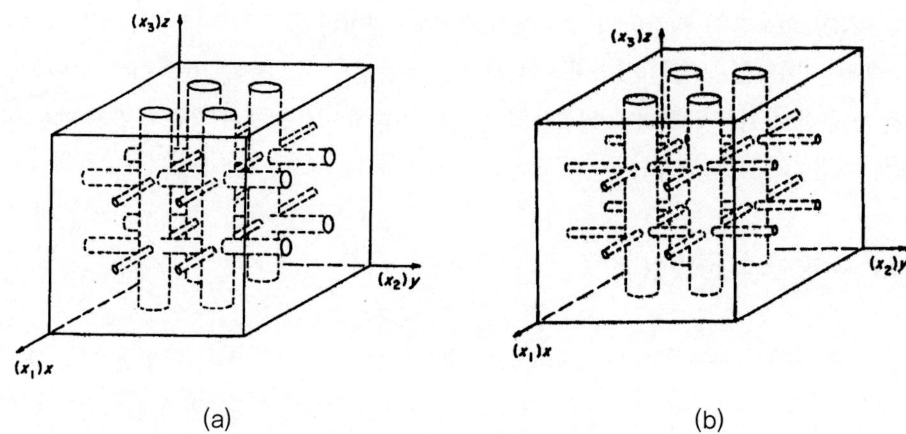

(a) (b)

[그림 2-9] 직교이방체 (a)와 평면이방체 (b)(Crouch & Starfield, 1983)

직교이방체에서의 응력-변형률 관계는 다음 식 (2-4)와 같다. 9개의 탄성정수는 3개의 Young의 계수와 3개의 포아송비, 그리고 3개의 전단탄성계수로 구성된다. 이러한 9개의 탄성정수를 측정하여 얻는 일은 쉽지 않을 뿐 아니라, 이를 이용한 거동 해석도 매우 복잡하여 3차원 해석에서는 잘 사용되지 않으나, Crouch & Starfield는 2차원 평면변형률 조건에서 직교이방성 매질 내에 굴착된 원형 터널 주변의 응력을 해석에 적용한 바 있다.

$$\begin{bmatrix} \varepsilon_{xx} \\ \varepsilon_{yy} \\ \varepsilon_{zz} \\ \gamma_{xy} \\ \gamma_{yz} \\ \gamma_{zx} \end{bmatrix} = \begin{bmatrix} 1/E_x & -\nu_{yx}/E_y & -\nu_{zx}/E_z & 0 & 0 & 0 \\ -\nu_{xy}/E_x & 1/E_y & -\nu_{zy}/E_z & 0 & 0 & 0 \\ -\nu_{xz}/E_x & -\nu_{yz}/E_y & 1/E_z & 0 & 0 & 0 \\ 0 & 0 & 0 & 1/G_{xy} & 0 & 0 \\ 0 & 0 & 0 & 0 & 1/G_{yz} & 0 \\ 0 & 0 & 0 & 0 & 0 & 1/G_{zx} \end{bmatrix} \begin{bmatrix} \sigma_{xx} \\ \sigma_{yy} \\ \sigma_{zz} \\ \sigma_{xy} \\ \sigma_{yz} \\ \sigma_{zx} \end{bmatrix} \quad (2-4)$$

등방탄성체에의 경우, x축과 공동 경계의 교점에서($\theta = 0°$)에서의 응력집중도는 −1, y축과의 교점에서($\theta = 90°$)에서는 3이나, 그림 2-10의 경우, E_y/E_x가 26.3으로 이방성이 매우 커서 −5.14와 2.04로 등방해와는 큰 차이를 보인다.

좀 더 흔하고, 해석이 보다 용이한 이방체는 평면이방체이다. 위의 직교이방체에서 x-y 평면상에서의 성질이 같고 z 방향만 성질이 다른 경우이므로 응력-변형률 관계는 다음과 같이 5개의 독립적인 탄성정수로 표현될 수 있다.

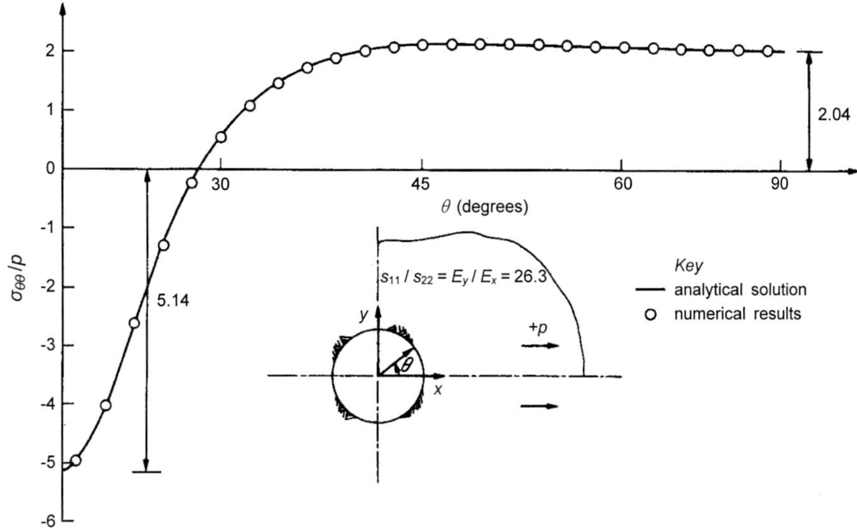

[그림 2-10] 직교이방체 매질 내에 굴착된 원형터널 주변의 접선응력 집중도(Crouch & Starfield, 1983)

$$\begin{bmatrix} \varepsilon_{xx} \\ \varepsilon_{yy} \\ \varepsilon_{zz} \\ \gamma_{xy} \\ \gamma_{yz} \\ \gamma_{zx} \end{bmatrix} = \frac{1}{E_{xy}} \begin{bmatrix} 1 & -\nu_{xy} & -\nu_z & 0 & 0 & 0 \\ -\nu_{xy} & 1 & -\nu_z & 0 & 0 & 0 \\ -\nu_z & -\nu_z & E_{xy}/E_z & 0 & 0 & 0 \\ 0 & 0 & 0 & 2(1+\nu_{xy}) & 0 & 0 \\ 0 & 0 & 0 & 0 & E_{xy}/G_{xy-z} & 0 \\ 0 & 0 & 0 & 0 & 0 & E_{xy}/G_{xy-z} \end{bmatrix} \begin{bmatrix} \sigma_{xx} \\ \sigma_{yy} \\ \sigma_{zz} \\ \sigma_{xy} \\ \sigma_{yz} \\ \sigma_{zx} \end{bmatrix} \quad (2\text{-}5)$$

등방체에 대한 위의 관계식은 Young의 계수와 포아송비의 방향성이 사라지고, 독립적인 전단계수 G_{xy-z}도 소멸되어 우리가 잘 아는 관계를 가지게 된다.

2.2.3 이방성의 원인

암석의 이방성은 크게 1차적인 요인과 2차적인 요인으로 구분된다. 전자는 암석의 형성과정과 관계가 있으며 퇴적암의 생성과정에서 나타나는 퇴적물의 분급, 건조, 다짐, 암석화작용 등이 좋은 예이다. 후자는 주변환경과 관계가 있으며 압력, 응력, 온도, 물 및 물과 반응하기 위한 화학조건 등을 가리킨다. 특히 이러한 요인들은 암석의 변성작용이나 풍화과정과 관련이 있어서 암석의 조직과 구성광물 등의 변화를 일으킨다.

따라서 암석의 강도 및 변형과 관련한 이방성은 실험실조건과 현장조건에 따라서 다르게 나타나며, 미시적 관점과 거시적 관점의 이방성이 나타나게 된다. 암석이 이방성을 나타내는 요인을 정리하면 다음과 같다.

가. 개별 광물입자들의 배열과 결합형태, 입자들의 모양 등과 같은 광물학적 요인

대칭적인 구조를 갖는 광물입자들로 구성된 암석은 물리적 특성이 대칭적으로 나타난다. 이러한 관계를 'Neumann's Principle'이라고 부른다. 이런 특징을 나타내는 재료들에는 wood, plywood, glass laminates 등이 있다.

나. 암석학적 요인

광물입자들의 배열과 방향 및 그로 인해 나타나는 결함(defects ; crystal grain 사이의 경계, 벽개면, 쌍정면, 기타 미세균열)들이다.

다. 거시적인 규모로 나타나는 요인

층리, 편리, 엽리, 층상구조, 선구조 등의 요인을 말하며, 암석과 암반의 이방성을 결정하는 데 매우 중요한 요인으로 작용한다.

실험실 시험에 사용되는 암석의 이방성은 주로 가)와 나)에 의한 이방성이며, 현지 암반의 공학적 거동과 관련한 이방성은 주로 다)의 지배를 받게 된다. 따라서 실험실 조건과 현장 조건에 대해 고려해야 하는 이방성의 요인이 달라지며, 이를 평가하는 방법과 이방성에 의한 공학적 거동도 달라진다.

2.2.4 이방성 암석에 대한 시험법

가. 변형성

1) 일반적인 방법

3개의 서로 다른 시료를 각각 그림 2-11의 (a), (b) 및 (c)와 같이 성형하여 일축압축시험을 수행한 후 6개 이상의 측정값으로부터 5개의 평면이방성 탄성정수를 구한다.

이 경우, 3개의 시료는 동일한 물성을 가져야 하며, 그림과 같이 원하는 방향으로 시료

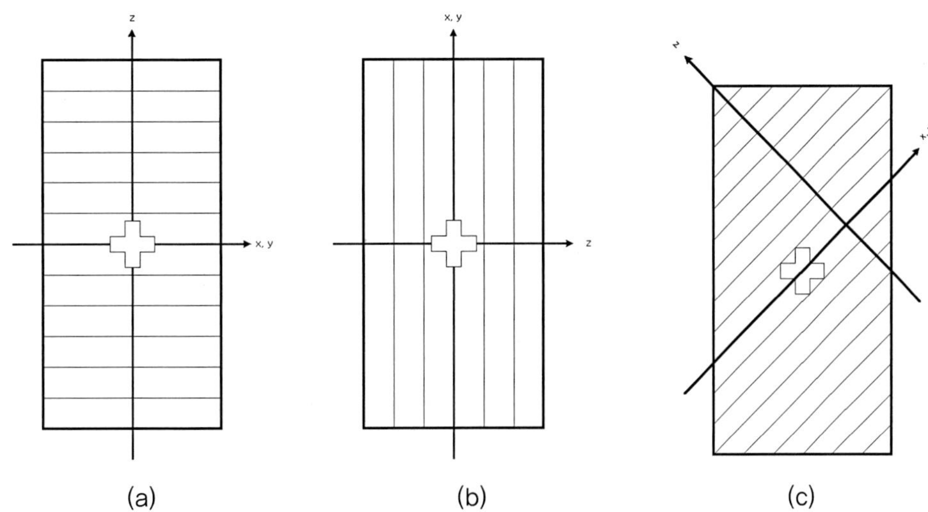

[그림 2-11] 평면이방성 탄성정수를 구하기 위한 3개의 일축압축시험

성형이 가능해야 한다.

2) 단일 시료를 이용하는 방법

실제 현장에서 얻을 수 있는 시료의 제한성을 고려하여 단일 시험편에 대한 실험으로 5개의 평면이방성 탄성정수를 구하는 방법이 고안되었다(김호영, 장보안 외, 박철환). 그러나 단일 시험편에서 얻을 수 있는 관계식은 이론상 최대 4개이므로 5개의 탄성정수를 완벽하게 구할 수 없어 근거가 미약한 제5의 관계식을 이용하거나 2개의 포아송비가 같다고 가정하는 등의 단순화 작업이 필요하다.

■ 방법 1(김호영, 1995)

그림 2-12와 같은 이방성 암석 시료에 이방성 평면에 수직한 방향으로 1개의 스트레인 게이지(strain gage)의 방향을 맞추어 45도 스트레인 로제트를 부착하고, 3개의 스트레인 성분을 측정한다.

y-방향으로 일축 압축 응력을 가한 경우, 가해진 응력과 측정된 스트레인과는 다음과 같은 관계를 가진다.

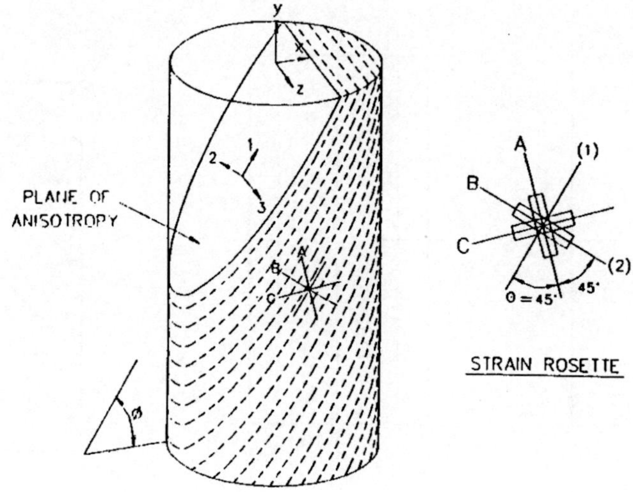

(a) Axis of anisotropy and the arrangement of strain gages

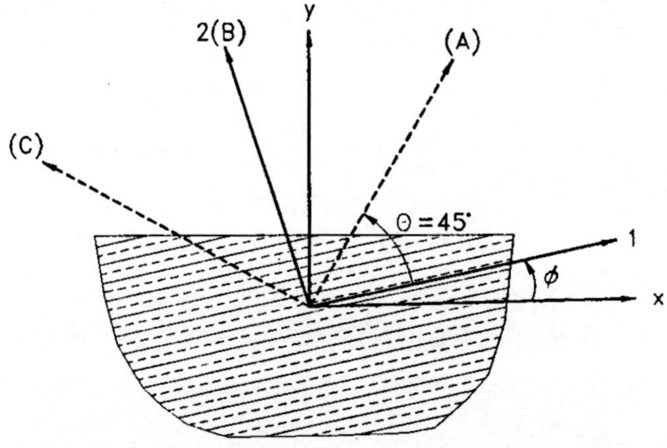

(b) Axis of coordinates in a 2-dimensional plane

[그림 2-12] 스트레인 게이지의 부착 방향 및 위치, 그리고 2차원 평면상에서의 좌표축 방향과의 상관관계도

$$\frac{\varepsilon_A}{\sigma_y} = \frac{A}{E_1} + \frac{B}{E_2} + \frac{C}{G_2}$$

$$\frac{\varepsilon_B}{\sigma_y} = \frac{D}{E_2} \qquad (2\text{-}6)$$

$$\frac{\varepsilon_C}{\sigma_y} = \frac{A}{E_1} + \frac{B}{E_2} - \frac{C}{G_2}$$

여기서 A, B, C, D는 각각 다음과 같으며,

$$A=\frac{1-\sin 2(\phi+\theta)}{4}$$
$$B=\frac{1-2v^2+\sin 2(\phi+\theta)}{4} \tag{2-7}$$
$$C=\frac{\sin^2(\phi+\theta)-\cos^2(\phi+\theta)}{4}$$
$$D=\cos^2\phi-v_2\sin^2\phi$$

$$\begin{pmatrix} y_1 \\ y_2 \\ y_3 \end{pmatrix}=\begin{pmatrix} \dfrac{\varepsilon_A}{\sigma_y} \\ \dfrac{\varepsilon_B}{\sigma_y} \\ \dfrac{\varepsilon_C}{\sigma_y} \end{pmatrix} \tag{2-8}$$

다음 식으로 탄성정수 3개를 구한다.

$$\frac{1}{E_1}=\frac{1}{2A}(y_1-\frac{2B}{D}y_2+y_3)$$
$$\frac{1}{E_2}=\frac{1}{D}y_2 \tag{2-9}$$
$$\frac{1}{G_2}=\frac{1}{2C}(y_1-y_2)$$

Parametric study를 통하여 포아송비가 해석 결과에 영향을 줄 경우에는 별도의 실험을 통하여 구하고, 영향이 적은 경우에는 적절한 값으로 가정한다.

■ 방법 2(장보안 외, 2001)

김호영의 방법과 측정 방법은 동일하나 이방성 각도 θ가 45도보다 큰 경우에는 다음의 식을 이용하여 E_1, E_2, G_2 및 ν_{12}를 구한다.

$$v_{21} = \frac{v_{21}(y_1 - y_2 + y_3)\cos^2\theta}{y_2(\sin^2\theta - v_{12}) + v_{12}\sin^2\theta(y_1 + y_3)}$$

$$E_1 = \frac{(1-\cos 2\theta)(\cos^2\theta - v_{21}\sin^2\theta)}{2(y_1+y_3)(\cos^2\theta - v_{21}\sin^2\theta) - y_2\cdot(1-2v_{21}+\cos 2\theta)} \quad (2\text{–}10)$$

$$E_2 = \frac{\cos^2\theta - v_{21}\sin^2\theta}{y_2}$$

$$G_{21} = \sin\frac{2\theta}{2(y_1 - y_3)} = \frac{\sin\theta\cos\theta}{y_1 - y_3}$$

반면 이방성 각도 θ가 45도보다 작은 경우에는 다음 식을 이용하여 E_1, E_2, G_2 및 ν_{21}을 구한다.

$$v_{12} = \frac{y_2 v_{21}\sin^2\theta}{(y_1+y_3)(\cos^2\theta - v_{21}\sin^2\theta) - y_2(\cos^2\theta - v_{21})}$$

$$E_1 = \frac{\sin^2\theta - v_{12}\cos^2\theta}{y_1 - y_2 + y_3}$$

$$E_2 = \frac{\cos^2\theta(\sin^2\theta - v_{12}\cos^2\theta)}{y_2(\sin^2\theta - v_{12}) + v_{12}\sin^2\theta(y_1+y_3)} \quad (2\text{–}11)$$

$$G_{12} = \frac{\sin\theta\cos\theta}{y_1 - y_3}$$

나머지 1개의 포아송비는 적절히 가정하여도 큰 오차가 발생하지 않는다고 하였다.

■ 방법 3(박철환, 2001)

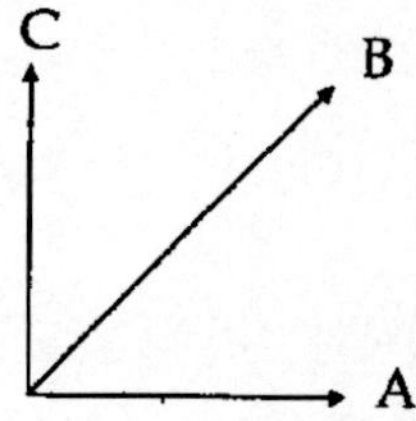

[그림 2-13] 스트레인 로제트의 배열(박철환, 2001)

박철환은 동일한 위치에 45도 로제트를 그림 2-13과 같이 수평 및 수직, 그리고 45도 방향으로 부착하여 응력 및 변형률을 측정하고, 이로부터 다음 4개의 관계식을 얻어 5개의 탄성정수를 얻는 데 사용하기를 추천하였다.

$$A = \frac{1}{E_1}\sin^2\theta + \frac{-v_2}{E_2}\cos^2\theta$$
$$B = \frac{-v_2}{E_2}\sin^2\theta + \frac{1}{E_2}\cos^2\theta$$
$$C = \frac{1}{G_2}\sin\theta\cos\theta \qquad (2\text{-}12)$$
$$D = \frac{-v_1}{E_1}\sin^2\theta + \frac{-v_2}{E_2}\cos^2\theta$$
$$where \quad A = \frac{\varepsilon_1}{\sigma_y},\ B = \frac{\varepsilon_2}{\sigma_y},\ C = \frac{\gamma_{12}}{\sigma_y}\ \text{및}\ D = \frac{\epsilon_3}{\sigma_y}$$

4개의 관계식으로부터 5개의 탄성정수를 결정할 수는 없으므로 저자는 Lekhnitskii (1963)가 제시한 다음의 제5의 관계식을 제시하였으나 이의 사용을 추천하지는 않았으며, 보다 합리적인 새로운 수식의 제안을 예고한 바 있다.

$$G_2 = \frac{E_2}{1 + E_2/E_1 + 2\nu_2} \qquad (2\text{-}13)$$

나. 강도

강도의 이방성은 주로 불연속면 군에 의한 이방성 암석을 중심으로 연구되었다. 김영수 등(2001)은 셰일의 강도 이방성을 조사하기 위하여 Hoek과 Brown이 제안한 이방성 암반의 강도식을 이용하여 시험 결과와 비교하였다. 이방성 평면의 각도 β^o=0일 때를 신선암(intact rock)으로 가정하면, 경험적인 이론과 m(β^o), s(β^o)의 방정식은 다음 식과 같다. 여기서, A_1, A_2, A_3, P_1, P_2, P_3는 상수이다.

$$\sigma_1 = \sigma_3 + \sqrt{m(\beta)\sigma_c\sigma_3 + s(\beta)\sigma_c^2} \qquad (2\text{-}14)$$
$$m(\beta) = m_i(1 - A_1\, e^{-\psi^4})$$
$$s(\beta) = 1 - P_1\zeta^4$$
$$\psi = \frac{\beta_m - \beta}{A_2 + A_3(90° - \beta)}$$
$$\zeta = \frac{\beta_s - \beta}{P_2 + P_3(90° - \beta)}$$

여기서, σ_c : $\beta^o = 0$일 때의 일축압축강도

m_i : $\beta^o = 0$일 때의 m값

β_m : m이 최소일 때의 β값

β_s : s가 최소일 때의 β값

김영수 등은 또한 Ramamurthy 등에 의해 다음과 같이 제안된 비선형 파괴이론을 사용하여 실험 결과와 비교하였다.

$$\frac{(\sigma_1 - \sigma_3)}{\sigma_3} = B_j \left(\frac{\sigma_{c\ 0^\circ}}{\sigma_3}\right)^{\alpha_j} \tag{2-15}$$

$$\frac{\alpha_j}{\alpha_{0^0}} = \left(\frac{\sigma_{cj}}{\sigma_{c\ 0^\circ}}\right)^{1-\alpha_{0^0}}$$

$$\frac{B_j}{B_{0^0}} = \left(\frac{\alpha_{0^0}}{\alpha_j}\right)^{0.5}$$

여기서, $\sigma_{1,}\ \sigma_3$: 최대, 최소 주응력

α_j : 층리각도 $j(\beta^0)$에 따른 $\frac{\sigma_1 - \sigma_3}{\sigma_3}$와 $\frac{\sigma_c}{\sigma_3}$ 사이의 경사

B_j : 층리각도 $j(\beta^0)$에 따른 재료상수

σ_{cj} : 식 (2-1)에서 나온 층리각도에 따른 일축압축강도 예측식

α_{c0^0} : 층리각도 0°에서의 일축압축강도

$\alpha_{0^0}, \beta_{0^0}$: 층리각도 0°에서의 α, β의 값

하지만 위의 식들은 β^0에 따른 일축압축강도(σ_c)를 고려하지 않았으므로 다음과 같이 n지수를 통한 일축압축강도(σ_c (β^0))의 변화를 고려하였다.

$$\sigma_c(\beta^0) = A - D(\cos 2(\beta_{m\,-}\beta))^n \tag{2-16}$$

대표적인 결과는 그림 2-14와 같다.

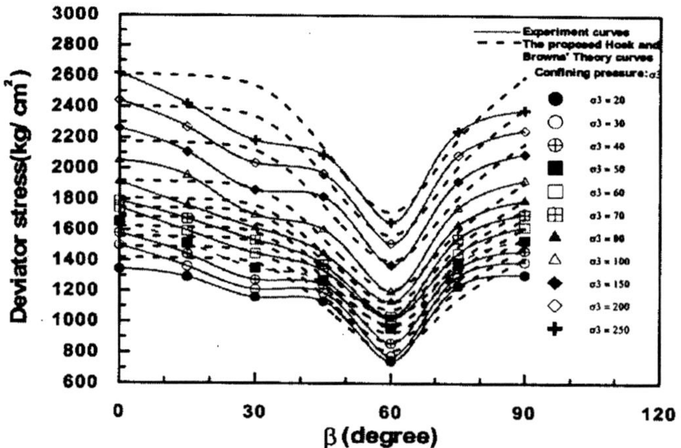

(a) Hoek and Brown이 제안한 식에 의한 추세선: 붉은 셰일

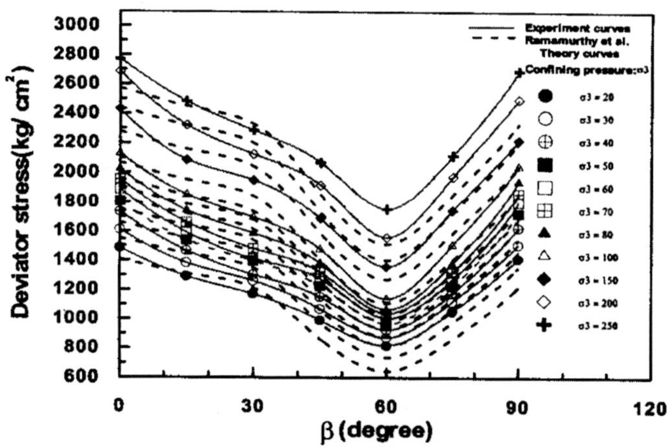

(b) Ramamurthy와 Raos가 제안한 식에 의한 추세선: 검은 셰일

[그림 2-14] 불연속면에 의한 강도 이방성(김영수 외, 2001)

2.2.5 해석상의 문제

이방성과 관련한 대표적인 연구 결과는 Footing과 관련하여 Gaziev와 Erlikhman이 발표한 등응력선도이다(그림 2-15). 등방 지반에서 응력 bulb는 원형으로 나타나지만 이방성의 정도와 방향에 따라 다양한 모양의 응력 bulb가 생성됨을 알 수 있다.

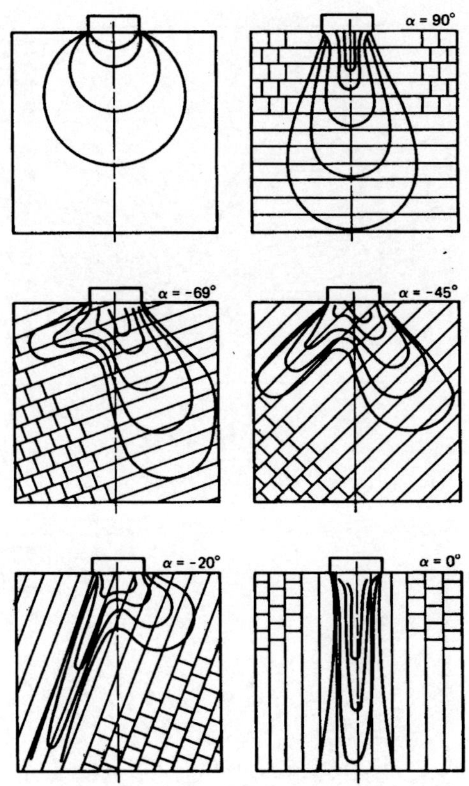

[그림 2-15] Footing에 의한 이방성 지반에서의 등응력선도(Gaziev와 Erlikhman, 1971)

터널과 관련한 연구로는 인접한 2개의 공동이 규칙적인 불연속면을 가진 이방성 암반 내에 굴착된 예를 들 수 있다. 불연속면의 전단계수와 무결암의 전단계수의 비에 따라 우측 공동 주변에서의 수직 및 수평 응력은 그림 3-16에 나타난 바와 같이 등방 암반 내에서의 응력 분포와는 다름을 알 수 있다. 불연속면의 전단탄성계수가 작을수록 응력 집중은 높아지며, 최대 응력의 위치도 공동에서 멀어짐을 알 수 있다. 이러한 사항은 공동이 지보 설계에 적절히 반영되어야 할 것이다.

2.2.6 결론

본고에서는 이암 및 셰일과 같은 이방성 암반에서의 실험 및 해석상의 문제를 살펴보았다. 이방성과 등방성의 차이를 탄성학적 측면에서 고찰하였고, 이방성의 원인을 기술하였으며,

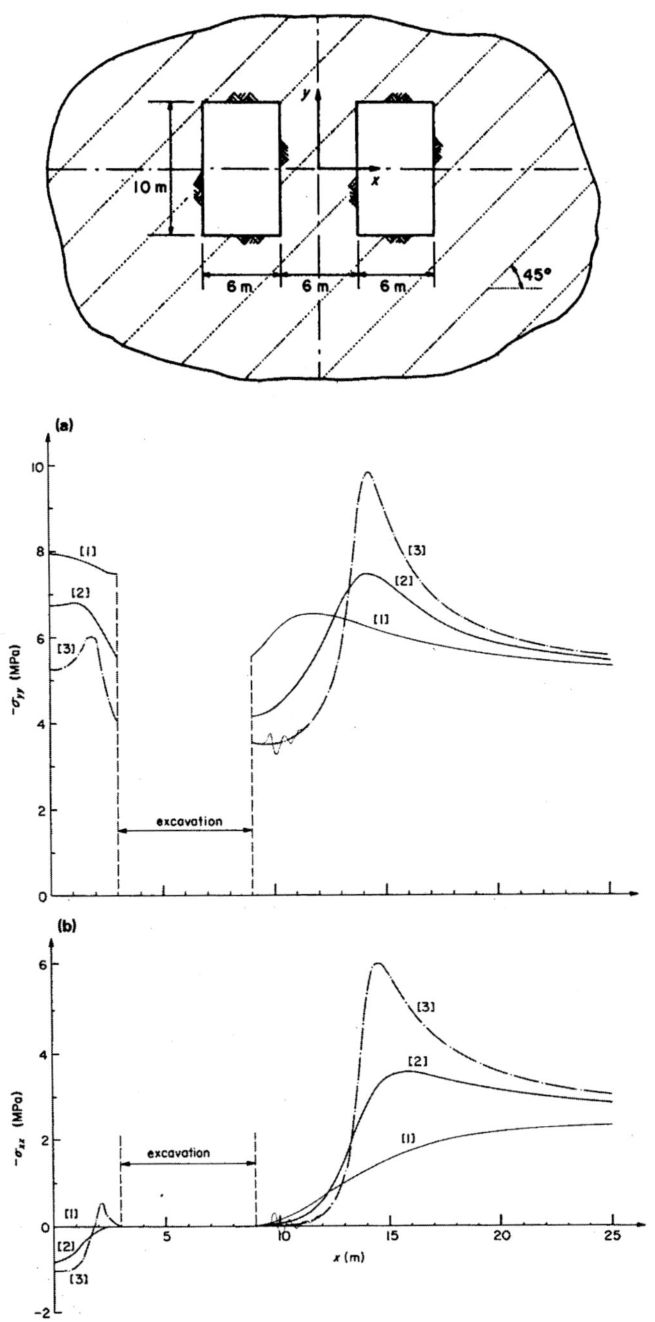

[그림 2-16] 층상 암반 내에 굴착된 2개의 터널 주변에서의 응력집중 (Crouch & Starfield, 1983). [1]: 등방, [2]: G_j=G/10, [3]: G_j=G/50

이방성 암반의 물성을 구하기 위한 시험법을 알아보았다. 또한 Footing과 터널에서 이방성 암반이 등방성 암반과 얼마나 다른 거동을 보이는지 살펴보았다.

본고는 새로운 연구 결과를 수록하지는 않았으나, 기존 자료를 선택적으로 나열하여 현업 종사자들에게 이방성과 관련한 문제점을 인식시키고, 필요 시 설계에 반영할 수 있도록 하고자 하였다.

2.3 퇴적암의 공학적 특성 및 문제

2.3.1 서론

대구·경북 지역의 지층은 주로 중생대 백악기에서 신생대 제3기에 형성된 암반층으로 층리와 절리가 잘 발달해 있는 셰일(shale), 이암(mudstone), 실트스톤(siltstone), 사암(sandstone), 역암(conglomerate) 등의 퇴적암류로 대부분 구성되어 있으며, 퇴적환경에 따라 형성된 층리면과 같은 지층구조와 풍화에 대한 내구성 등에 의해 공학적 특성이 화성암이나 변성암과는 다소 차이가 있다. 퇴적암 중 셰일로 이루어진 사면은 인장절리와 수축절리의 간격(spacing)이 조밀하게 잘 발달해 있으며 대기에 노출 시 빠른 시간에 풍화를 받는다. 그리고 암석의 강도는 층리 방향에 따라서 큰 차이를 나타내고 있다. 또한 중생대 경상누층군과 같이 역암, 사암, 셰일 등이 호층을 이루고 있는 경우는 셰일의 풍화가 진행된 후 층리면에 점토층이 충전된 경우가 빈번하여 사면의 붕괴가 자주 발생하므로 이들에 대한 특성 규명이 요구된다.

이와 관련하여, 본고에서는 대구경북 지역에 분포하는 퇴적암의 공학적 특성을 규명하고, 퇴적암에서 잘 나타나는 강도 이방성, 풍화암반의 강도정수, 충전된 불연속면의 강도특성을 규명하였다.

2.3.2 퇴적암의 공학적 특성

가. 이방성에 따른 강도특성

퇴적암의 공학적 거동을 좌우하는 가장 중요한 요소는 이방성(anisotropy)이다. 이방성이란 암석의 성질이 방향에 따라서 다르게 나타나며, 암석의 이방성은 크게 1차적인 요인과 2차적인 요인으로 구분된다. 전자는 암석의 형성과정과 관계가 있으며 퇴적암의 생성과정에서 나타나는 퇴적물의 분급, 건조, 다짐, 암석화 작용 등이 좋은 예이다. 후자는 주변환경과 관계가 있으며 압력, 응력, 온도, 물 및 물과 반응하기 위한 화학조건 등에 의한 것으로 변성암에서 잘 나타난다.

1) 이방성의 종류

이방성의 종류는 다음과 같이 2가지로 나뉜다. 첫째, 암의 생성기원(즉, 층리, 엽리, 편리)과 관련되는 고유이방성이 있으며 둘째, 암이 형성된 후에 발달하는 즉 응력이방성, 절리, 틈, 전단면과 단층 등의 결과로 나타나는 유도이방성이 있다. 암석에 인공 절리면의 각도(β)를 표현한 유도이방성 시험을 위한 암석시편의 형상과 자연층리면을 표현한 고유이방성 시험을 위한 암석시편의 형상이 그림 2-17과 그림 2-18에 나타나 있다.

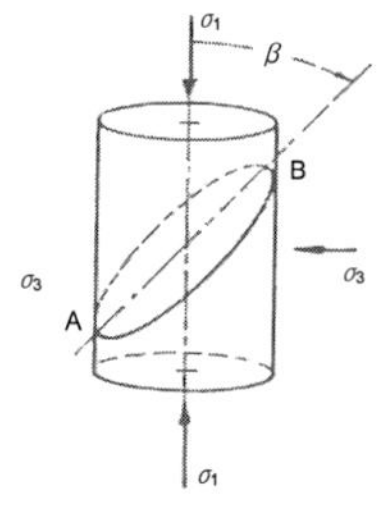

[그림 2-17] 유도이방성 β

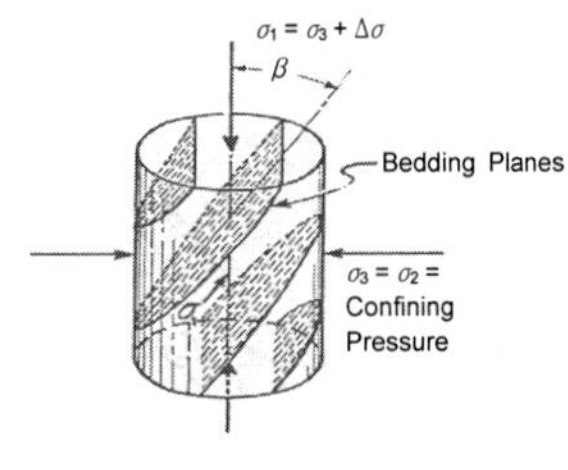

[그림 2-18] 고유이방성 β

2) 이방성에 따른 파괴형태

이방성 암석의 파괴 유형에는 3가지가 있다(그림 2-19). 첫 번째는 U형태 이방성으로 최대강도는 보통 β=90°일 때 발생하며, 최소강도는 β=30° 정도에서 발생한다. U형태는 주로 점판암에서 관찰된다. 두 번째는 파동형태의 이방성으로 최대강도는 보통 β=90°일 때 발생하고, 최소강도는 β=30° 정도에서 발생하며, 주로 coal과 규조토와 같은 생화학적 암에서 발견된다. 또한, 파동형태는 서로 교차하는 연약면이 한 세트 이상이 존재할 때 발생한다. 세 번째는 어깨형태의 이방성으로 보통 β=0°에서 최대강도를 보이고, β=15°와 30° 사이에서 최소강도를 보이며, 주로 셰일과 사암에서 이러한 특성을 볼 수 있다.

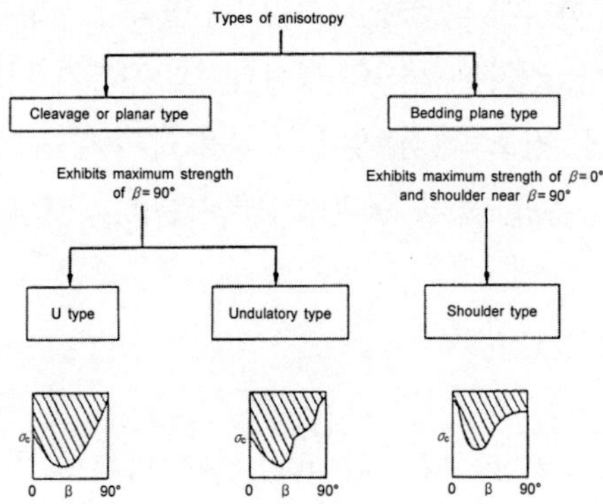

[그림 2-19] 파괴형태에 따른 이방성

3) 이방성에 따른 파괴규준

이방성 암석의 파괴규준은 β각도에 따른 파괴 시의 강도를 나타내며, Jaeger(1960), Mclamore & Gray(1967), Hoek & Brown(1980), Ramamurthy(1985)의 파괴규준 등이 있다. 이 중에서 Jaeger(1960), Mclamore & Gray(1967)의 파괴규준은 Mohr-Coulomb의 파괴이론을 확장하여 제안되었으며, Hoek와 Brown(1980)은 무결함 암석의 파괴기준을 나타내는 데 필요한 재료상수 m과 s를 수정한 경험식을 제안하였다. 그리고 Ramamurthy(1985)의 파괴규준은 구속응력에 따라 규준화된 형태의 경험적 모델식을 제안하였다(김희동, 1999).

이 중 Jaeger(1960)의 파괴규준은 'Single plane of weakness' 이론과 'Variable cohesive strength' 이론으로 나누어진다. 전자는 암석의 파괴형태가 연약면을 따른 파괴(sliding failure)와 연약면을 따라 파괴가 발생하지 않을 경우(matrix failure)로 구분하여 파괴규준을 정의하였다. 후자는 전단파괴강도가 불연속면의 β각도에 따라 다양한 c(cohesive strength)값에 의해 규명된다는 이론이며, 이때 $\tan\phi$값은 가장 Critical한 방향인 β=30°일 때의 값으로 일정하다고 가정하였다.

그 후 Mclamore & Gray(1967)는 Jaeger가 제안한 'Variable cohesive strength' 이론을 수정하여 식 (2-17)과 같이 나타내었다. 이 파괴규준식은 점착력(c)과 $\tan\phi$값 모두가 불연속면의 각도(β)에 따라 변한다는 이론이며, 변하는 양상은 Anisotropy type에 따라 다르며 점착력(c)과 $\tan\phi$값을 정의할 때 사용되는 지수 n, m으로 나타난다.

$$(\sigma_1 - \sigma_3) = \frac{(2c + 2\sigma_3 \tan\phi)}{\sqrt{\tan^2\phi + 1} - \tan\phi} \qquad (2-17)$$

여기서, $c = A_{1,2} - B_{1,2}[\cos 2(\xi - \beta)]^n$

$\tan\phi = C_{1,2} - D_{1,2}[\cos 2(\xi' - \beta)]^m$

ξ, ξ' : c, $\tan\phi$값이 각각 최소일 때의 각도.

A_1, B_1, C_1, D_1 : $0° \leq \beta \leq \xi°$ 사이에서 결정되는 상수.

A_2, B_2, C_2, D_2 : $\xi° \leq \beta \leq 90°$ 사이에서 결정되는 상수.

n, m : 'Anisotropy type' factor.

- 'Planar' type of anisotropy(cleavage and possibly schistosity)
  ⇒ 1 or 3
- 'Linear' type of anisotrophy(bedding planes)
  ⇒ 5 or 6(or greater.)

여기서 c값과 $\tan\phi$값은 각각의 방향(β)에서의 서로 다른 구속압력하에서 삼축압축시험을 통해서 구해진다. 위에 나타낸 Anisotropy type에 대한 지수 n, m값의 변화에 따른 그래프의 양상이 그림 2-20에 나타나 있으며, 이 그림에 나타난 c값의 양상은 $\tan\phi$값의 양상과 같으며, m값은 n과 동일한 것으로 간주한다.

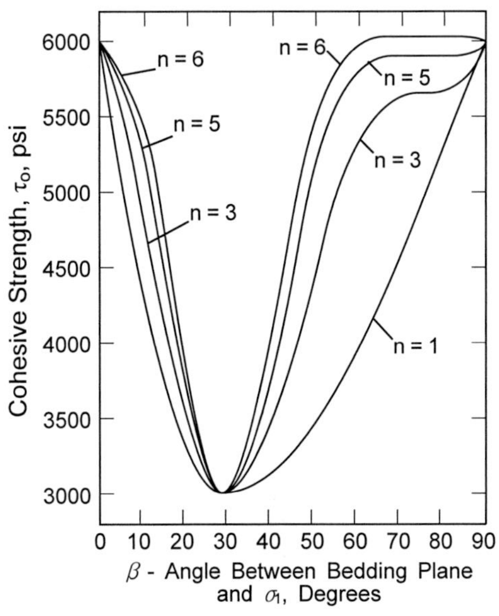

[그림 2-20] 점착력(c)과 n과의 관계

그림 2-20에서 Anisotropy type에 대한 지수 n값의 증가에 따라 그래프의 오목한 부분의 폭과 범위가 점점 좁아지는 경향을 볼 수 있으며, 그래프 오른쪽의 편평한 부분의 범위가 점점 더 커지는 양상을 볼 수 있다. 그러한 양상은 일반적으로 층리면을 가진 암석에서 두드러진다. 또한 그림 2-20에서 그래프 오른쪽의 편평한 부분의 파괴는 암석의 비등방 특성보다 오히려 암석 자체의 파괴(matrix failure)에 의해 지배되는 경향을 나타내고 있다.

나. 풍화암반의 강도특성

암반은 2개나 3개 이상의 절리군으로 구성되어 있으며, 대부분 대기에 노출된 상태에서 건습반복 등에 의한 외적요인에 의해 풍화가 된다. 특히 대구·경북 지역의 암석은 인장절리와 수축절리가 잘 발달해 있으며 절리간격(spacing)이 조밀하며, 절리의 방향성이 우세하게 발달하지 않은 경우 암반의 파괴는 원호형태를 나타낸다. 이때 암반의 전체 강도를 추정하기에는 시험시료의 선정에 불합리한 점이 있다. 이러한 문제점을 해결하기 위하여, Hoek & Brown(1980)은 무결함 암석의 일축압축강도와 삼축압축강도를 이용하여 RMR이나 GSI 등과 같은 분류법을 이용하여 암반의 강도를 산정하는 방법을 제안하였다(그림 2-21).

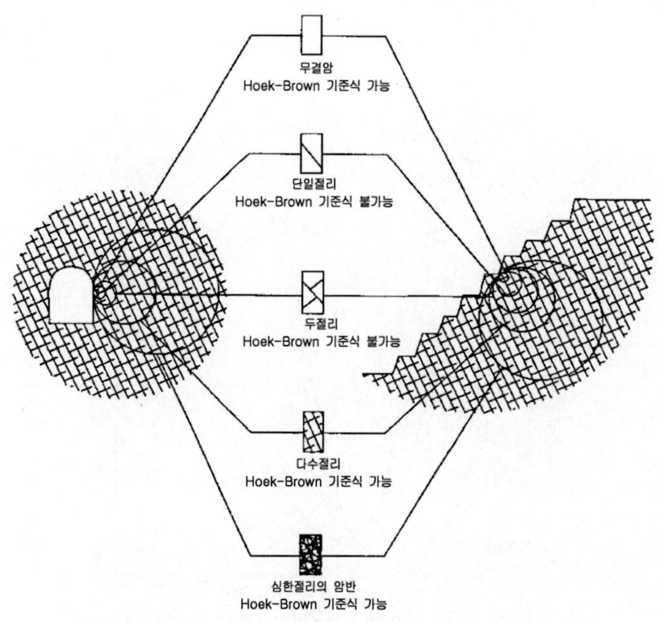

[그림 2-21] 시료 크기에 따른 암석과 암반의 차이

1) 암석의 강도정수 산정

Hoek와 Brown(1980)은 Griffith 이론에 개념적 기초를 둔 경험적 파괴규준을 제시하였다. 실제로 절리 또는 부서진 암석을 포함한 암석강도의 넓은 범위를 맞추기 위해서 시험과 오차의 결과에서 유도하여 다음과 같은 식을 제안하였다.

$$\sigma_1 = \sigma_3 + \sqrt{m\,\sigma_c \sigma_3 + s\,\sigma_c^2} \tag{2-18}$$

여기서, σ_1는 파괴 시 최대주응력이고, σ_3는 암석에 작용하는 최소주응력이다. σ_c는 무결함 암석의 일축압축강도이고, m은 내부마찰각, 구성입자의 결합성 등에 의하여 좌우되는 상수이며, s는 응력을 가하기 전의 시험편의 파손상태로 인한 인장강도에의 영향에 좌우되는 상수이다.

Balmer(1952)는 파괴면상에 작용하는 τ와 등방성 암석의 파괴 시의 주응력들 간의 일반적인 관계를 Mohr 원에 대한 식으로부터 식 (2-19)와 같이 유도하였다.

$$\left[\sigma - \frac{1}{2}(\sigma_1 + \sigma_3)\right]^2 + \tau^2 = \frac{1}{4}(\sigma_1 - \sigma_3)^2 \tag{2-19}$$

식 (2-18)과 (2-19)를 이용하여 각각의 암석의 파괴 시의 σ_1과, σ_3를 이용하여 Mohr 원을 작도할 수 있다. 그러나 어느 특정한 수준의 응력에서의 전단강도 계산에는 불편하므로 식 (2-20)과 같이 규준화하여 나타낼 수 있다.

$$\frac{\tau}{\sigma_c} = A\left(\frac{\sigma}{\sigma_c} - \frac{\sigma_t}{\sigma_c}\right)^B \tag{2-20}$$

여기서 A, B는 log 축의 (τ/σ_c) – $(\sigma/\sigma_c - \sigma_t/\sigma_c)$관계에서 각각 절편과 기울기이다. 그리고 어떤 특정한 수준의 연직응력에서의 마찰각과 점착력은 각각 식 (2-21), (2-22)에 의해 산정된다. 그리고 Hoek & Brown의 파괴규준과 파괴포락선은 그림 2-22에 나타내었다.

$$\tan\phi_i = AB\left(\frac{\sigma}{\sigma_c} - \frac{\sigma_t}{\sigma_c}\right)^{B-1} \tag{2-21}$$

$$c_i = \tau - \sigma\tan\phi_i \tag{2-22}$$

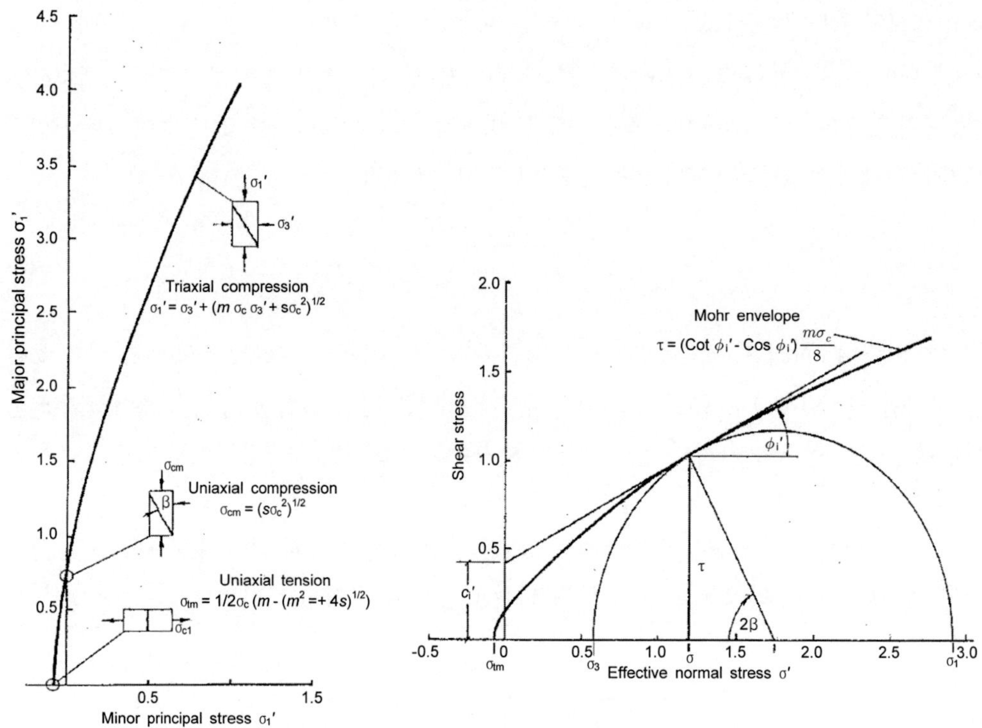

[그림 2-22] Hoek-Brown의 비선형 파괴규준

2) 암반의 RMR등급에 따른 전단강도 특성

Hoke & Brown(1980)은 Bieniawski(1974)가 제안한 RMR과 노르웨이 지반공학연구소(NGI)에서 Barton et al.(1974)이 분류한 Q-시스템(그림 2-23)을 이용하여 Panguna 안산암의 각 단계별 시료의 상태에 대한 암반 분류적인 입장에서 평점을 상세히 기록하고 삼축압축시험 결과를 이용하여 암반등급에 따른 m, s값을 산정하는 식을 아래에 나타내었다.

$$m = m_i \exp\left(\frac{R-100}{14I_m}\right) \quad (2-23)$$

$$s = \exp\left(\frac{R-100}{6I_s}\right) \quad (2-24)$$

여기서, m_i는 무결함 암석에 대한 m값이다(RMR=100). 그리고 I_m은 불교란 상태일 때 2이고 교란상태일 때는 1이며, I_s는 불교란상태일 때는 1.5이고 교란상태일 때는 1인 상수이다.

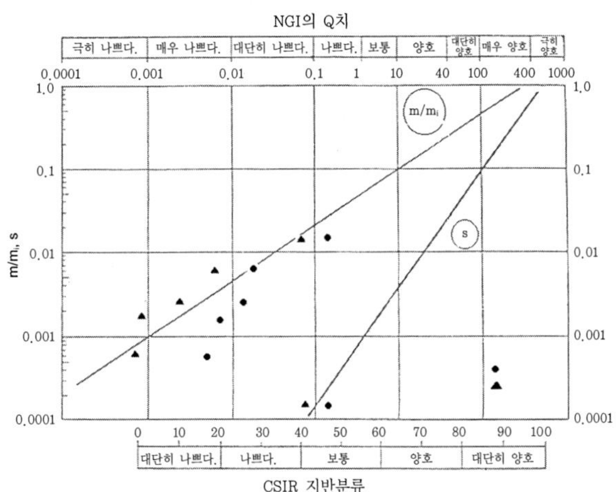

[그림 2-23] 암반등급에 따른 m, s값 산정

3) 충전된 절리면의 전단강도

절리면은 환경적인 조건에 의해 풍화가 발생하면 벽면의 강도가 저하할 뿐만 아니라, 절리면 사이에 모래, 점토, 파쇄암석과 같은 충전물을 남기거나, 유수에 의한 흙 입자의 이동에 의해 절리면은 모암의 강도보다 상당히 낮은 물질로 충전된다.

절리면의 전단거동은 절리면 사이에서 절리면과 충전재의 상호작용에 근거하여 구분된다. Nieto(1974)는 점토로 충전된 절리 표면 사이의 상호작용을 Interlocking, Interfering, Non-interfering의 3가지 범주로 나누었다. Interlocking은 전단 동안에 암표면의 접촉이 있을 때 발생한다. Interfering은 전단 동안에 암의 접촉은 없으나 충전된 절리면의 강도가

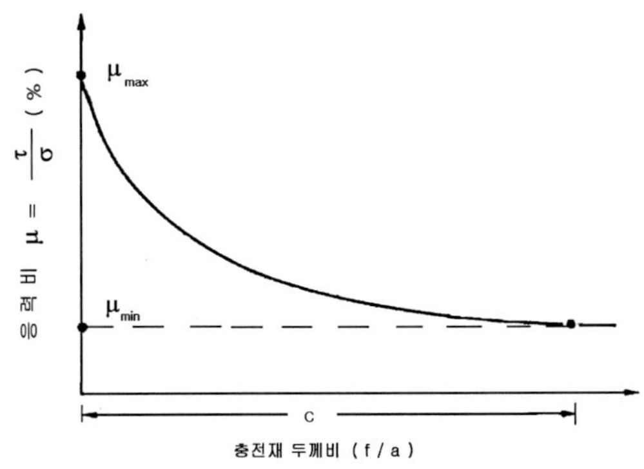

[그림 2-24] 충전된 절리면의 전단강도 특성(Papaliangas, 1990)

충전재만의 강도보다 클 때 발생한다. Noninterfering은 전단 동안에 암의 접촉이 발생하지 않고 절리면의 전단특성이 충전재에 의해 주어진다.

일반적으로 충전된 절리면의 전단강도는 충전재 두께가 증가할수록 강도가 감소하여 일정한 값으로 수렴하는 것으로 알려져 있다. 충전된 절리면의 전단특성은 그림 2-24에 나타내었다. 충전된 절리면의 전단강도 특성은 Hoek & Bray(1981)가 여러 연구자들의 시험 결과를 요약하여 암석과 충전재에 따라서 표 2-3과 같이 분류하였다. 그러나 표에서 제안된 값들은 개략적인 범위를 제안하고 있어 실제 설계 적용에 어려움이 있다.

[표 2-3] 충전물을 포함하고 있는 불연속면의 전단강도(Hoek & Bray, 1981)

암석명	설명	최대강도		암석명	설명	최대강도	
		c′ (kg/cm²)	Φ (。)			c′ (kg/cm²)	Φ (°)
현무암	점토화된 현무암질각력암, 점토에서 현무암까지의 함유량 변화가 큼	2.4	1.2	섬록암, 화강섬록암 및 반암	점토충전물 (점토 2%, PI=17%)	0	26.5
				석회암	1~2cm의 점토 충전물 1mm 이하의 점토 충전물	1 0.5~2.0	13~14 17~21
벤토나이트	백악 내의 벤토나이트 얇은 층상 삼축시험	0.15 0.9~1.2 0.6~1.0	7.5 12~17 9~13	석회암, 이회암 및 갈탄	층상의 갈탄층 갈탄-이회암 접촉면	0.8 1	38 10
벤토나이트질 셰일	삼축시험	0~2.7	8.5~29	석회암	이회질 절리, 두께 2cm	0	25
점토	과압밀, 미끄러짐면, 절리 및 소규모 전단면	0~1.8	12~18.5	갈탄	갈탄과 그 하부에 있는 점토 사이의 층	0.14~0.3	15~17.5
점토셰일	삼축시험	0.6	32	몬모릴로나이트 점토	백악 내에 있는 8cm의 벤토나이트 점토층	0.16~0.2	7.5~11.5
백운석	변질된 셰일층, 두께 약 15cm	0.41	14.5	점판암	세밀한 판상 및 변질상태	0.5	33
화강암	점토 충전물이 있는 단층 사질양토로 된 단층 충전물과 함께 약화됨 구조적 전단대, 편암질 및 파쇄된 화강암 풍화된 암석 및 충전물	0~1.0 0.5 24.2	24~45 40 42	석영/고령토/연망간석	혼합시료에 대한 삼축시험	0.42~0.9	36~38

2.3.3 시험장비 및 시험방법

가. 삼축압축시험

1) 시험장비

암석 삼축압축시험 장비는 미국의 S.B.E.L., Inc.에서 제작한 것으로, 하중제어는 유압

(hydraulic pressure)과 공기압(pneumatic pressure)을 이용하여 삼축셀의 구속압을 가하며, 축하중은 PID 연산방식에 의한 Servo 제어를 통해 제어한다. 변형률 측정은 2개의 연직 L.V.D.T에 의해 평균값으로 측정되며, 횡방향 변형률은 원주형 측정장치인 Chain gauge에 부착된 L.V.D.T에 의해 측정된다. 그리고 장비의 최대 축하중은 113톤이고, 최대 구속응력은 700kg/cm^{2}이다. 그림 2-25는 본 연구에 사용된 삼축압축시험 장비이다.

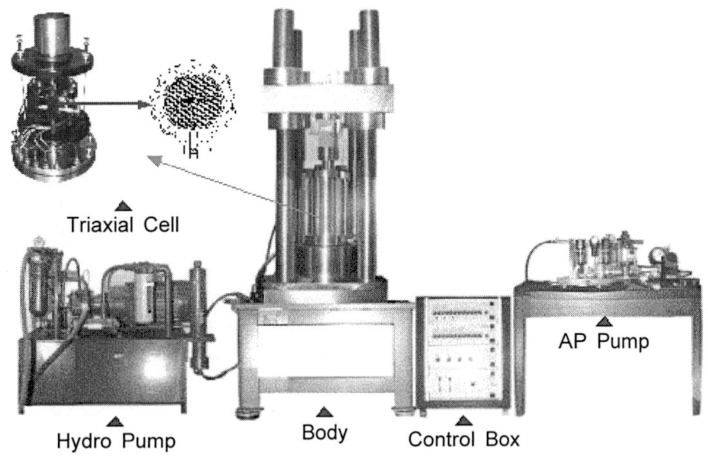

[그림 2-25] 삼축압축시험장비

2) 시험방법

본 연구에서 사용된 암석시료는 대구·경북의 7개 지역의 현장에서 시추 시에 채취한 NX 코어와 현장에서 채취한 블록 시료를 실험실로 운반하여 그림 2-26과 같이 코어기를 이용하여 시료를 직접 가공하였다. 코어시료는 암석절단기에서 직경의 2배 정도 길이로 절단하였으며, 정확한 시험을 위하여 암석의 편평도를 0.02mm까지 연마하였다. 특히, 이방성 암석의 시료 가공을 위하여, 고유이방성인 층리면은 블록 시료에 대하여 다양한 층리각에 대하여 코어를 가공하였으며, 유도이방성인 절리면은 인공 절리면을 만들기 위하여 그림 2-27에 나타난 바와 같은 성형틀을 이용하여 절리면을 제작하였다. cell 안에서 시료의 안정적인 정착을 위하여 (주)LOCTITE사의 401접착제를 이용하여 접합한 후 시험에 사용하였다. 유도이방성 시험을 위해 사용한 시료 성형틀과 접착제로 접합하기 전 공시체의 모습과 접합한 후의 공시체 모습이 그림 2-27에 나타나 있다. 그리고 본 연구에서 사용한 전단속도는 ASTM D 2664에서 제안한 2분에서 15분 사이에서 암석 공시체가 파괴되도록 하기 위하여 변형률속도를 0.1%/min으로 설정하였으며, 대부분 암석 공시체는 대체로 10분 정도에서 파괴가 일어나도록 하였다.

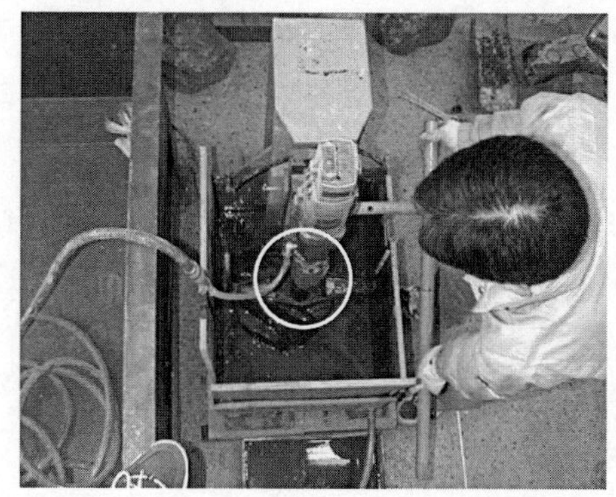
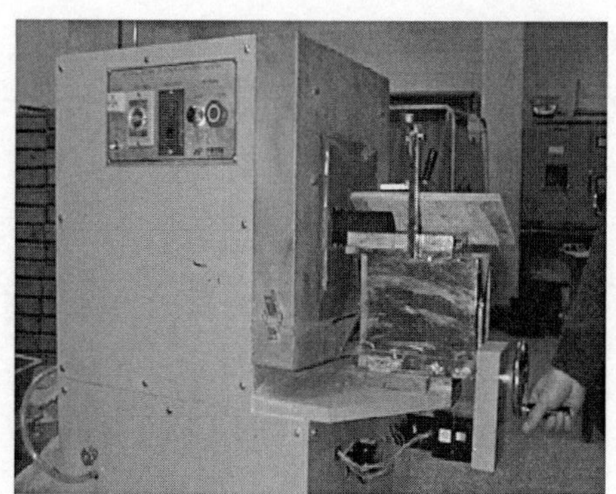

[그림 2-26] 시료가공 전경

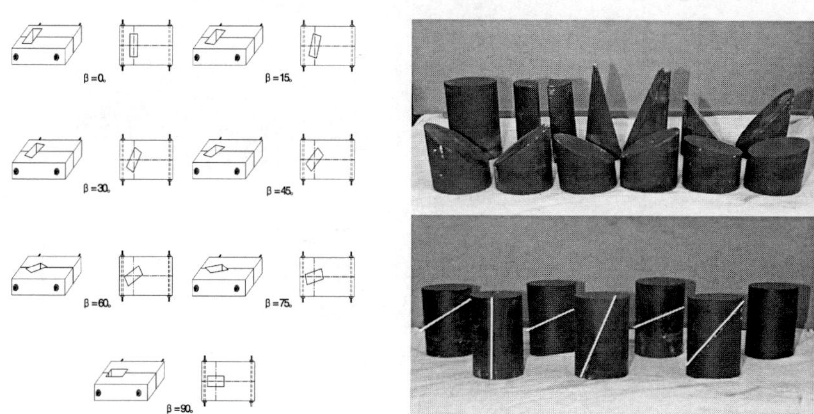

[그림 2-27] 이방성 암석 성형틀과 시료가공

2.3.4 충전된 절리면 전단시험

가. 시험장비

본 연구에서 충전된 절리면의 전단강도를 측정하기 위하여, 절리면 전단시험장비를 신규 제작하였다. 본 연구에서 개발·제작된 시험장비는 현장 암반에서 요구되는 강도정수를 얻기 위해서 실험목적에 맞게 절리면의 경계조건의 변화, 충전물의 전단조건, Cyclic 시험 등을 할 수 있도록 제작되었다. 개발된 전단시험장비의 전경은 그림 2-28에 나타내었다. 그리고 본 시험장비의 작동을 위해 Lab Windows/CVI를 이용한 소프트웨어를 개발하였다. 제어방식은 컴퓨터에서 지시한 Command를 실제 발생한 변위나 하중을 피드백하여 그 차이를 최소화해 시스템

제어과정을 최상의 상태로 유지하기 위하여 PID(Propotional-Integral-Deriative) 알고리즘에 의한 제어 방식을 사용하였다.

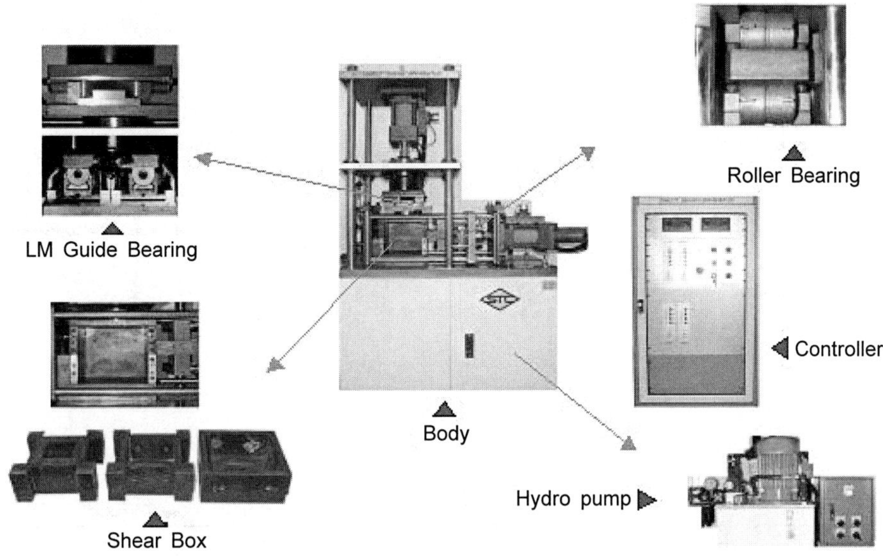

[그림 2-28] 직접전단시험장비

나. 시험방법

본 시험에서 사용한 절리면은 삼각형 형상의 일정한 각을 가진 유사암석(rock-loke) 시료를 실내에서 제작하여 사용하였으며, 유사암석 시료의 형상은 진폭(amplitude)이 10mm이고, 절리 경사각(i)은 0도, 9도, 15도, 30도이다. 유사암석 시료의 성형기와 거칠기 형상은 각각 그림 2-29와 그림 2-30에 나타내었다. 그리고 시험에 사용한 유사암석 재료는 (시멘트 : 모래) : 물 = (1 : 0.3) : 0.2(중량비)의 배합비로 성형 몰드에 타설하여 30일간 양생한 후 시험에 사용하였다. 유사암석 시료의 물리·역학적 특성은(표 2-4)에 나타내었다. 시험에 사용한 충전재의 물리·역학적 특성은 표 2-5에 나타내었으며, 충전재의 두께는 절리면 위에서 동일한 두께가 되도록 조절하였다. 충전재 두께 측정의 모식도는 그림 2-31에 나타내었다. 이때 충전재 두께는 각각의 연직응력에 따라 그 압축특성이 달라지므로, 연직응력에 따른 소요의 두께를 얻기 위해서 시료의 초기 밀도는 동일하게 포설한 후, 해당 응력에서 요구하는 두께가 되는 초기 포설 두께를 시행착오에 의한 반복 실험을 통해 결정하였다.

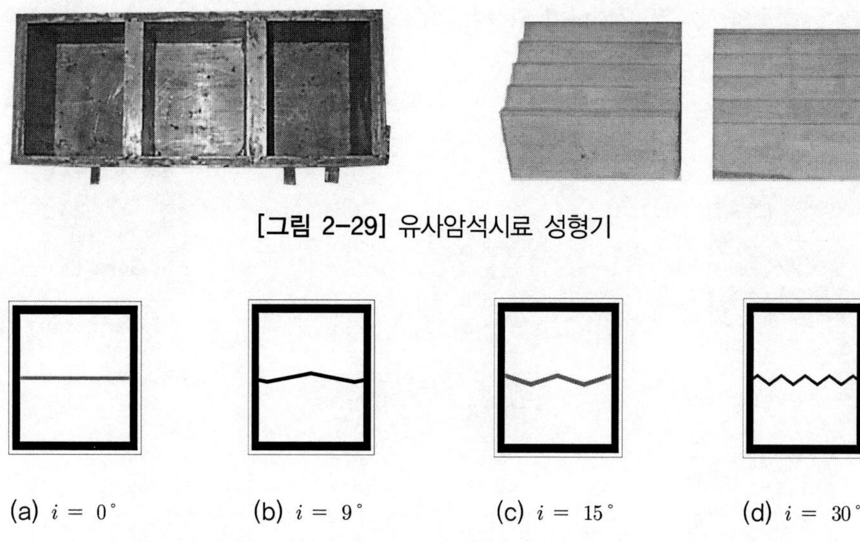

[그림 2-29] 유사암석시료 성형기

[그림 2-30] 유사암석 시료의 형상

[표 2-4] 유사암석 시료의 물리·역학적 특성

혼 합 비	일축압축강도 σ_c(kg/cm^2)	탄성파 속도		흡수율	$I_{s(50)}$	슈미트 반발치(R_o)	
		P파(km/s)	S파(km/s)	a_b(%)	(kg/cm^2)	wet	dry
(1:0.3):0.2	379.6	3.27	2.30	–	22.7	36.9	39.8

[표 2-5] 충전재의 물리·역학적 특성

시료종류		G_s	W_L (%)	I_p (%)	D_{10} (mm)	점착력 (c, kg/cm^2)	내부마찰각 (ø, °)	U.S.C.S
표준사		2.66	–	NP	0.5	0	32.08	SP
점토	건조	2.69	52.50	29.00	0.0025	0	34.33	CH
	소성					0.21	16.98	

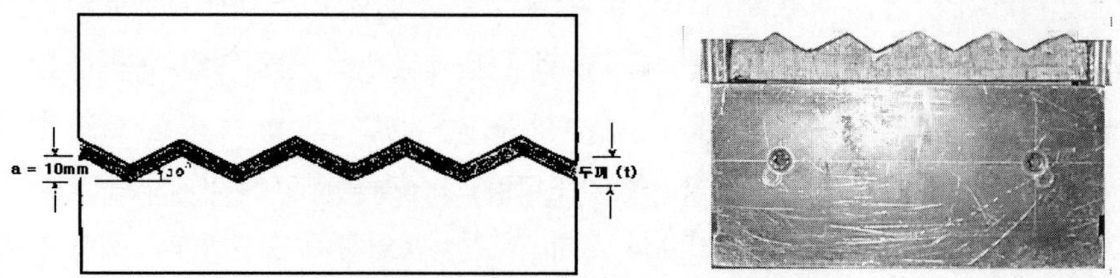

[그림 2-31] 충전재 두께측정의 모식도

2.3.5 시험 결과

가. 퇴적암의 물리·역학적 특성

7개 지역에서 채취한 시료에 대해서 슬레이크 내구성지수, 비중, 유효간극률, 흡수율 등의 물리적 성질을 표 2-6에 나타내었다. 같은 지역에서 채취한 시료일지라도 물리적 성질이 약간의 차이를 나타내고 있다. 포항 창포동에서 채취한 이암은 흡수율의 차이가 뚜렷하여서 유효간극률과 흡수율을 기준으로 2가지로 분류하였다. 암석의 강도특성은 표 2-7에 나타내었다. 7개 지역에서 채취한 암석의 물리적 성질은 비슷한 것으로 나타났으나, 암석의 강도는 비교적 차이가 큰 분포를 나타내고 있는데, 그 이유는 암석을 구성하고 있는 광물결정의 하나하나가 일정한 화학조성을 가지고 일정의 결정배열을 하고 있으나, 결정의 방향에 따라 다른 역학적 성질을 나타내기 때문이다. 따라서 암석에 대하여 여러 가지 시험을 하고 그 성질을 논하고자 할 경우 우선 문제되는 것은 시험 결과의 흩어짐이다. 그러므로 암석의 강도를 논할 때 평균치, 분산 등을 고려하여 그 결과의 취급에 충분한 주의를 기울여야 한다.

[표 2-6] 대구·경북 지역에 분포하는 퇴적암의 물리적 성질

시험종류 / 암종류	슬래킹지수 Id_2(%)	진비중 G_s	겉보기비중 G_n	겉보기비중 G_d	겉보기비중 G_t	유효 간극률 n_e(%)	흡수율 a_b(%)
사암 (대구 종합전시장)	99.0~99.7	2.65~2.67	2.59~2.71	2.57~2.71	2.59~2.73	0.9~2.59	0.34~0.97
이암(A) (포항 창포동)	99.0~99.5	2.82~2.87	2.67~2.77	2.65~2.75	2.68~2.79	2.36~2.52	0.86~1.44
이암(B) (포항 창포동)	80.0~91.0	2.52~2.57	1.38~1.62	1.38~1.62	1.65~1.80	26.5~33.70	17.7~25.6
셰일 (대구지하철 2호선)	99.0~99.5	2.81	2.71~2.81	2.71~2.81	2.71~2.81	0.36~1.30	0.13~0.50
셰일 (대구 종합경기장)	99.0~99.5	2.71	2.50~2.79	2.53~2.77	2.54~2.79	1.11~2.33	0.41~0.87
실트스톤 (영덕~성내 간)	-	2.53~2.72	2.51~2.73	2.50~2.72	2.52~2.72	2.31~4.68	0.81~2.74
석회암 (문경지구)	-	2.73~2.81	2.68~2.86	2.70~2.86	2.71~2.87	0.87~1.40	0.06~0.62

[표 2-7] 대구·경북 지역에 분포하는 퇴적암의 강도특성

구분 / 암종류	탄성파속도		슈미트 해머반발치 (R_o)	점재하 강도 지수 ($I_{s(50)}$)			압열인장 강도	일축압축 강도
	P파	S파		Irregualr	Axial	Diametric		
	Km/s	Km/s	%	kg/cm^2	kg/cm^2	kg/cm^2	kg/cm^2	kg/cm^2
사암 (대구종합전시장)	1.42~ 5.73	1.40~ 2.00	47.0~ 61.5	69.5~ 139	–	–	124.0~ 229.0	1495.0~ 1810.0
이암 (A) (포항 창포동)	4.14~ 5.19	1.62~ 1.87	56.1~ 59.4	74~ 102	80.5~ 87	72~ 81	134.5~ 183	1870.0~ 3560.0
이암 (B) (포항 창포동)	0.6~ 1.05	0.8~ 1.05	22.0~ 36.0	2.35~ 5.5	3.95~ 9	5.2~ 6.5	8.5~ 15.9	70.5~ 133.2
셰일 (대구지하철 2호선)	5.14	1.70	57.9	89.42	86.25	28.88	181.9	887.2
셰일 (대구 종합경기장)	1.10~ 4.80	0.85~ 2.95	51.5~ 58.0	57~ 89.5	63~ 110	18~ 53.5	102.0~ 229.0	607.0~ 2285.0
실트스톤 (영덕-성내 간)	1.98~ 4.57	1.60~ 4.20	38.5~ 58.0	–	19.8~ 63.5	–	42.5~ 57.1	227.4~ 1231.0
석회암 (문경지구)	3.38~ 5.38	2.29~ 5.23	–	–	27.1~ 70.7	–	80.0~ 130.3	428.2~ 1100.9

나. 이방성 암석의 강도 특성

그림 2-32는 2가지 이방성 형태에 대해서 구속압과 β각을 달리하여 수행한 시험 결과를 나타낸 것이다. 그림에서 알 수 있듯이 셰일은 β=90°와 β=30°에서 최대·최소 강도를 보이

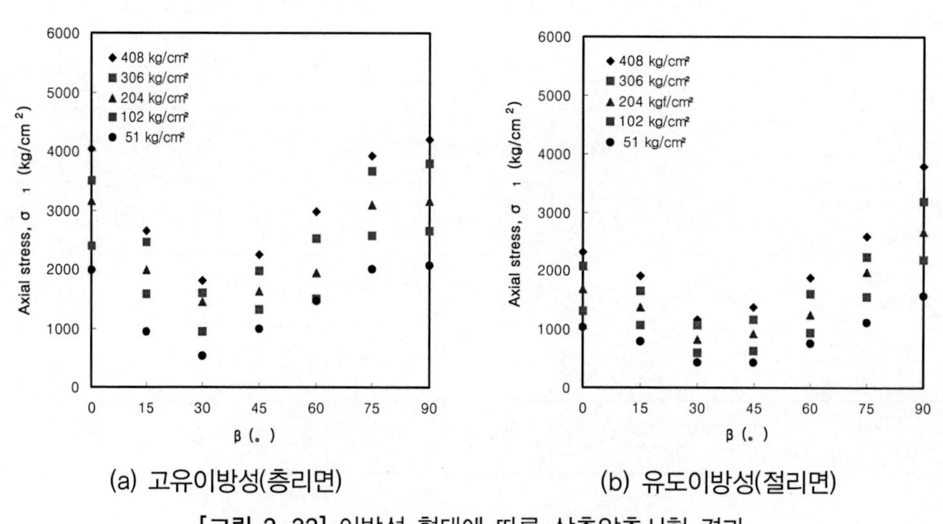

(a) 고유이방성(층리면) (b) 유도이방성(절리면)

[그림 2-32] 이방성 형태에 따른 삼축압축시험 결과

는 U형태의 이방성을 나타내었다.

암석의 이방성 정도는 식 (2-25)와 같이 비등방률(R_c)에 의해 정의된다. 그리고 표 2-8은 비등방률에 따른 등급을 암종별로 나타낸 것이다.

$$R_c = \frac{\sigma_{f(90)}}{\sigma_{f(\min)}} \tag{2-25}$$

그림 2-33은 이방성의 형태에 따른 비등방률을 구속압에 대해서 나타낸 것인데, 고유이방성과 유도이방성의 각각의 비등방률은 대략 2.3~3.7과 3.0~3.6 정도이다. 그리고 구속압이 증가할수록 비등방률은 감소하는 것으로 나타났다.

[표 2-8] 비등방률(R_c)에 의한 이방성 분류(Ramamurthy, 1993)

Anisotropy ratio, R_c	Class	Rock types
1.0~1.1	Isotropic	Sandstone
> 1.1~2.0	Low anisotropy	Shales
> 2.0~4.0	Medium anisotropy	
> 4.0~6.0	High anisotropy	Slates, phyllites
> 6.0	Very high anisotropy	

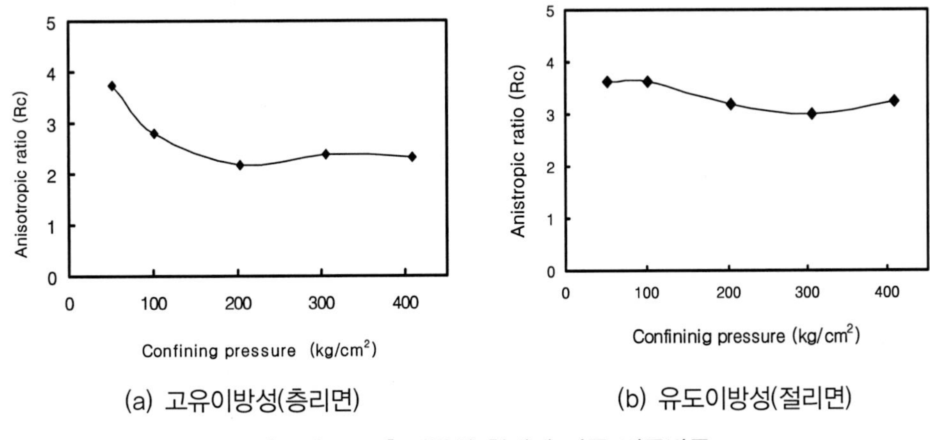

(a) 고유이방성(층리면)　　(b) 유도이방성(절리면)

[그림 2-33] 이방성 형태에 따른 비등방률

유도비등방과 고유비등방 시험 결과와 가장 유사한 모델식을 적용해본 결과 Mclamore & Gray(1967)의 모델식이 가장 잘 적용되었으며, 그 결과를 그림 2-34에 나타내었다. 그림에서 볼 수 있듯이 분석 결과가 유도비등방에서는 전형적인 U형태의 비등방성이 나타났으며, 고유비등방에서는 그래프의 오른쪽 부분 즉 β=75°를 전후로 해서 강도값이 크게 상승하는 어깨형태의 비등방성을 보였다. 또한, 유도비등방과 고유비등방에 대해 임의의 각도변화에 따라 서로 다른 구속압력하에서 시험한 결과 나타난 c와 tanϕ값의 변화를 그림 2-35와 2-36에 각각 나타내었다. 시험 결과에 의해 나타난 비등방의 종류에 따른 c와 tanϕ값을 나타내는 표를 비교해보면, 강도값이 크게 나타난 고유비등방 시험에 의한 값들이 더 크게 나타났다. 그러나 c와 tanϕ의 최소값을 나타내는 연약면의 각도(β)가 같은 비등방 종류에서

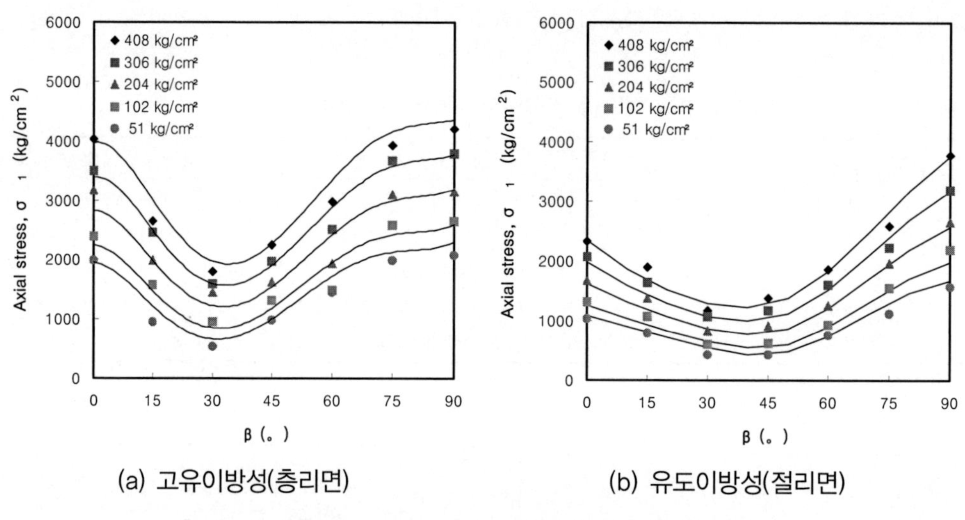

(a) 고유이방성(층리면) (b) 유도이방성(절리면)

[그림 2-34] Mclamore & Gray의 이론과 실험치의 비교

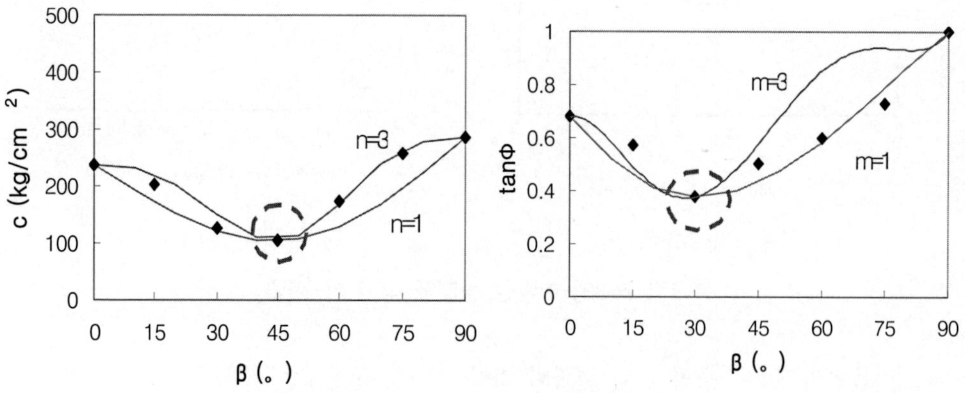

[그림 2-35] c와 tanΦ값의 변화(유도비등방)

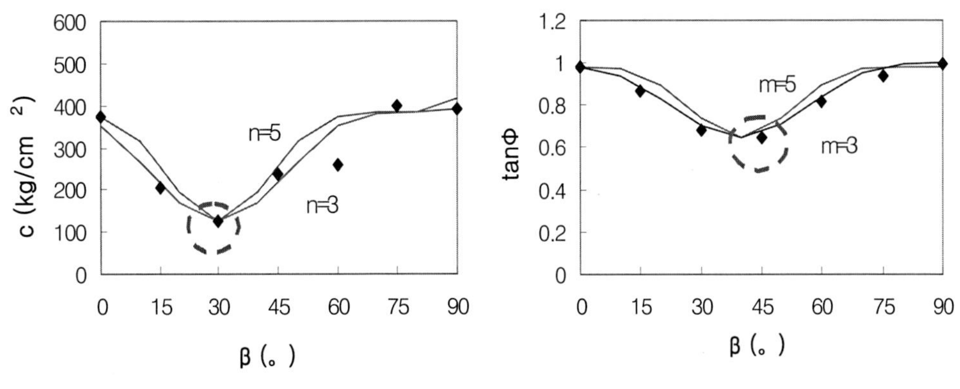

[그림 2-36] c와 tanϕ값의 변화(고유비등방)

도 각각 다르게 나타나는 것을 볼 수 있었다.

즉, 유도비등방 시험 결과에서 c(점착력)의 최소값을 나타내는 연약면의 각도는 β=45°이며, tanϕ(마찰계수)의 최소값을 나타내는 각도는 β=30°로 나타났다. 그리고 고유비등방 시험 결과 c(점착력)의 최소값을 나타내는 연약면의 각도는 β=30°이며, tanϕ(마찰계수)의 최소값을 나타내는 각도는 β=45°로 나타났다. 이러한 결과는 그림 2-35와 2-36에서 명확히 볼 수 있다. 그리고 유도비등방 시험 결과의 분석에 있어 식 (2-17)에 필요한 c, tanϕ값들을 나타내기 위해 필요한 지수 즉 'Anisotropy type' Factor 값인 n, m값들은 보통의 Planar type에 속하는 그림 2-35에서 볼 수 있듯이 n=3과 m=1의 값으로 나타났다. 그러나 고유비등방 시험 결과의 분석에 있어 식 (2-17)에 필요한 c, tanϕ값들을 나타내는 데 필요한 'Anisotropy type' Factor 값인 n, m은 보통의 Linear type에 속하는 5 또는 6이상의 값들이 아니라 그림 2-36에서 볼 수 있듯이 n, m값들이 모두 Planar type에 속하는 지수 3으로 나타났다. 그리고 두 비등방 종류의 'Anisotropy type' Factor인 지수 n, m값들을 나타내는 그림에서 볼 수 있듯이 c(점착력)값이 최소인 불연속면의 각도(β)와 tanϕ값이 최소인 각도(β)는 서로 다른 값을 나타내었다. 이러한 결과 때문에 그림 2-35와 2-36에서 볼 수 있듯이 예측치를 나타내는 그래프에서 최소값을 나타내는 곡선이 β=30°보다 약간 오른쪽으로 치우치는 경향을 나타낸 것으로 판단된다. 본 연구에서는 고유비등방 시험 결과를 예상하기 위한 'Anisotropy type' Factor의 값들이 문헌과는 다르게 나타났지만, 시험 결과치와는 부합하였다.

다. 풍화암의 공학적 특성

대구·경북 지역의 5종류의 퇴적암에 대해 삼축압축시험을 수행하고 그 결과를 분석하였다. 대표적인 암석의 시험 결과는 그림 2-37에 나타내었으며, 모든 시험 결과는 일축압축강도로 나누어 무차원화된 파괴 시의 최대·최소 주응력으로 나타내었다. 또한 그림 2-37에서 보이듯이 암석의 파괴포락선은 곡선형태를 나타내는데, 이는 암석의 강도정수는 연직응력의 크기에 많은 영향을 받는다는 것을 알 수 있다. 표 2-9에서는 무결함 암석에서 삼축압축시험을 통해 얻어진 강도와 암반의 RMR값을 이용하여 Hoek & Brown(1980)의 파괴규준에 적용할 강도정수, m 및 s를 도출하였다. 본 연구에서 얻어진 대구·경북 지역의 퇴적암에 대한 시험 결과는 Hoek & Brown(1980)이 암종별로 나타낸 값과는 다소 차이가 있음을 알 수 있다.

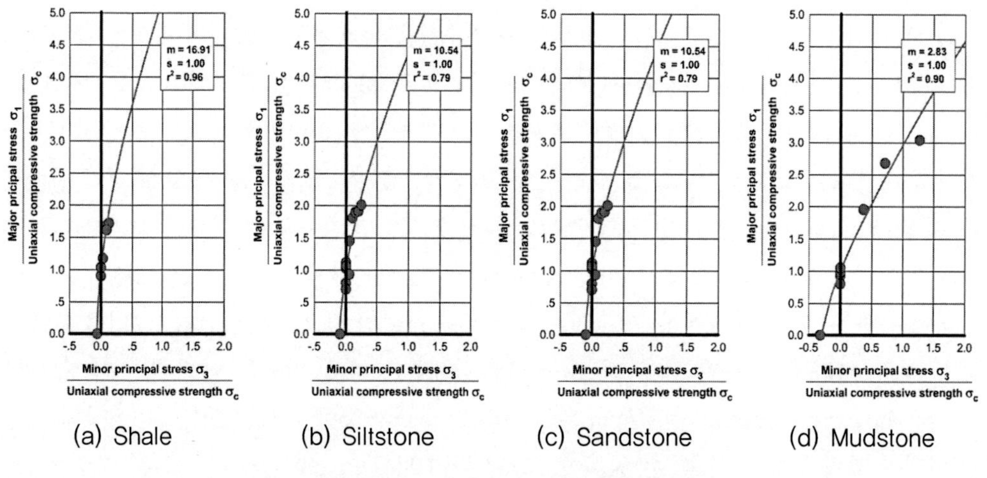

(a) Shale (b) Siltstone (c) Sandstone (d) Mudstone

[그림 2-37] 각종 암석의 삼축시험 결과

라. 충전된 절리면의 전단강도

충전된 절리면은 충전재 두께 증가에 따라 강도가 감소하여 충전재의 강도까지 감소하는 경향이 있다. 그러나 본 연구 결과 이러한 경향은 충전재 종류와 절리면의 거칠기에 따라 다소 차이가 있었다. 그림 2-38은 충전재 두께가 증가함에 따른 전단강도의 감소경향을 절리 경사각과 충전재 종류에 따라 나타낸 것이다. 여기서 알 수 있듯이 충전재의 강도가 약할수록 작은 두께비에서 강도 감소가 더욱 크며, 거칠기가 클수록 전단강도의 감소가 큰 것으

[표 2-9] 대상 암반등급과 경험식 상수 간의 관계

경험적 파괴기준 $\sigma_1 = \sigma_3 + \sqrt{m\sigma_c\sigma_3 + s\sigma_c^2}$ $\tau = A\,\sigma_c(\frac{\sigma}{\sigma_c} - T)^B$ 여기서, $T = \frac{1}{2}(m - \sqrt{m^2 + 4s})$	대구종합 경기장	낙동강변도로 대니터널	대구종합 전시장	영덕-성내 간 절취사면	포항 창포동 택지개발	점촌-문경 간 절취사면
	셰일(A)	셰일(B)	사암	실트스톤	이암	석회암
무결암시료 RMR 100 NGI 500	m=16.91 s=1.0 A=1.125 B=0.718 T=-0.059	m=16.83 s=1.0 A=1.121 B=0.717 T=-0.053	m=8.23 s=1.0 A=0.886 B=0.693 T=-0.110	m=10.54 s=1.0 A=0.956 B=0.698 T=-0.094	m=2.86 s=1.0 A=0.616 B=0.607 T=-0.315	m=36.27 s=1.0 A=0.420 B=0.300 T=-0.028
아주 우수한 등급의 암반 RMR 85 NGI 100	m=5.79 s=0.08 A=0.118 B=0.167 T=-0.014	m=5.76 s=0.082 A=0.136 B=0.189 T=-0.014	m=2.82 s=0.0821 A=0.133 B=0.152 T=-0.0290	m=3.61 s=0.082 A=0.178 B=0.219 T=-0.023	m=0.98 s=0.08 A=0.228 B=0.259 T=-0.078	m=12.42 s=0.082 A=0.173 B=0.254 T=-0.007
우수한 등급의 암반 RMR 65 NGI 10	m=1.39 s=0.003 A=0.034 B=0.150 T=-0.0021	m=1.39 s=0.003 A=0.043 B=0.176 T=-0.0021	m=0.68 s=0.003 A=0.037 B=0.131 T=-0.0043	m=0.87 s=0.003 A=0.061 B=0.203 T=-0.0034	m=0.24 s=0.003 A=0.077 B=0.225 T=-0.012	m=2.98 s=0.003 A=0.070 B=0.249 T=-0.001
양호한 등급의 암반 RMR 44 NGI 1.0	m=0.31 s=0.00009 A=0.0132 B=0.1648 T=-0.0003	m=0.31 s=0.00009 A=0.0176 B=0.1906 T=-0.0003	m=0.15 s=0.00009 A=0.0131 B=0.1471 T=-0.0006	m=0.19 s=0.00009 A=0.025 B=0.2185 T=-0.0005	m=0.05 s=0.00009 A=0.0307 B=0.2396 T=-0.0016	m=0.66 s=0.0001 A=0.3275 B=0.2640 T=-0.0001
불량한 등급의 암반 RMR 23 NGI 0.1	m=0.07 s=0.000003 A=0.0061 B=0.1879 T=-4E-05	m=0.069 s=0.000003 A=0.0082 B=0.2127 T=-4E-05	m=0.034 s=0.000003 A=0.0057 B=0.1714 T=-8E-05	m =0.43 s=0.000003 A=0.0308 B=0.3468 T=-6E-06	m=0.012 s=0.000003 A=0.0134 B=0.2631 T=-0.0002	m=0.148 s=0.000003 A=0.0159 B=0.2803 T=-2E-05
아주 불량한 등급의 암반 RMR 3 NGI 0.01	m=0.017 s=0 A=0.0030 B=0.2095 T=-6E-06	m=0.016 s=0 A=0.0040 B=0.2319 T=-6E-06	m=0.008 s=0 A=0.0027 B=0.1951 T=-E-05	m=0.01 s=0 A=0.0034 B=0.2169 T=-9E-06	m=0.003 s=0 A=0.0061 B=0.2822 T=-3E-05	m=0.036 s=0 A=0.0078 B=0.2932 T=-3E-06

로 나타났다. 이러한 특성은 그림 2-39의 강도 감소율 특성 곡선에서 잘 나타난다. 그림 2-39는 충전된 절리면의 전단특성 중에서 충전재 두께 증가에 따른 전단강도 감소특성을 강도감소율로 나타낸 것이다. 여기서 충전재 두께비에 따른 강도 감소율은 충전되지 않은 절리면의 전단강도에 대한 충전된 절리면의 강도비를 백분율로 나타낸 것이다.

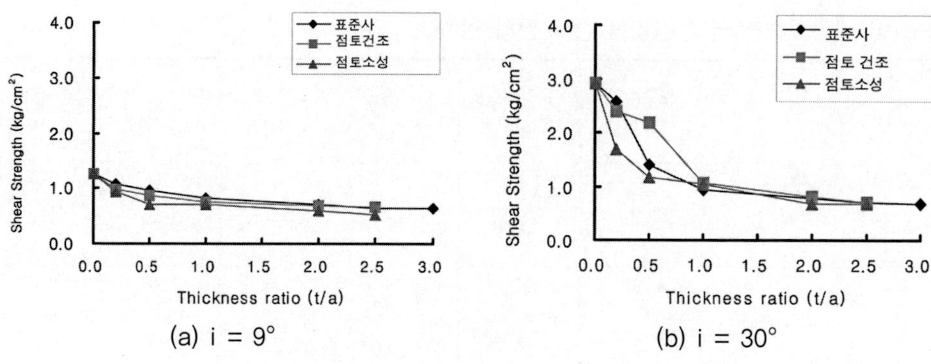

(a) i = 9°   (b) i = 30°

[그림 2-38] 충전재 종류에 따른 전단강도의 변화

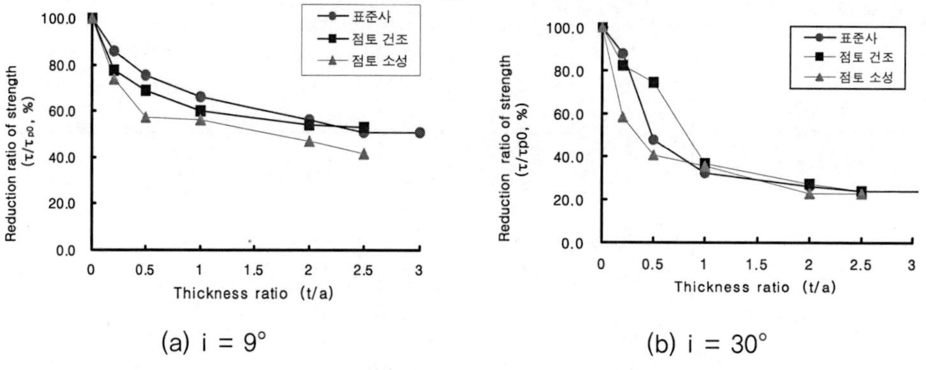

(a) i = 9°   (b) i = 30°

[그림 2-39] 충전재 두께에 따른 강도감소율

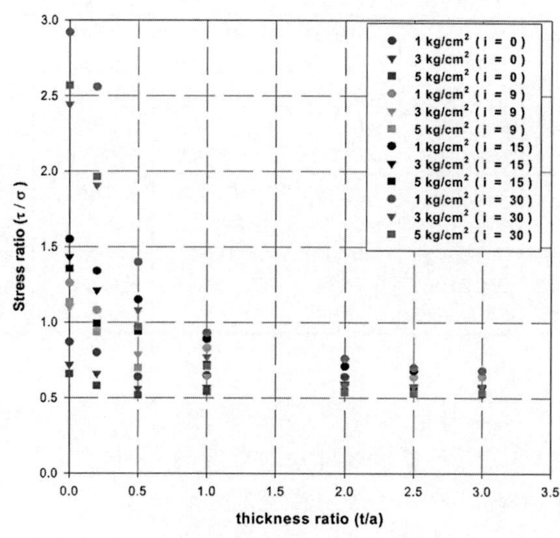

[그림 2-40] 충전재 두께비에 따른 응력비의 관계

그림 2-40은 표준사를 충전재로 사용하였을 때, 충전재 두께에 따른 응력비의 변화를 연직응력과 절리 경사각에 대해서 나타낸 것인데 연직응력이 클수록 응력비는 다소 낮게 나타났다. 그러나 연직응력이나 절리 경사각에 상관없이 거의 하나의 값으로 수렴하는 특성을 알 수 있다. 여기서 최대 전단강도는 깨끗한 절리면의 응력비이고 최소값은 충전재의 응력비이다.

그리고 감소하는 경향은 절리경사각에 따라 거의 유사하며, 연직응력과 충전재의 종류에 관계없이 거의 일정한 특성을 나타내고 있다. 이를 묘사하기 위하여 Hyperboric tangent 함수를 이용하여 전단강도 특성을 식 (2-26)과 같이 묘사하였다.

$$\mu = \mu_{max} - (\mu_{max} - \mu_{min})\tanh(m\frac{t}{a}) \qquad (2\text{-}26)$$

여기서, μ : 응력비(= τ/σ)

μ_{max} : 충전되지 않은 절리면의 응력비

μ_{min} : 충전재의 응력비

t/a : 충전재 두께와 Asperity 높이의 비

m : 상수(degree)

여기서 m값은 충전된 절리면의 강도감소율을 결정하는 값으로써 충전재 종류와 절리 경사각에 따라 변화하는 값이다. 그리고 Hyperbolic tangent 함수의 특성은 m값이 클수록 최소값에 도달하는 곡선의 기울기가 커지는 특성을 가지고 있다.

본 연구에서 개발된 충전된 절리면의 전단강도 모형을 실제 절리면에 적용할 수 있는지를 검토하기 위하여, Papaligans(1990)가 자연 절리면에서 실험을 통해 얻은 자료를 Digitizer를 이용하여 그 값을 읽고 분석하였다. Papaligans(1990)는 사암의 경우 고무를 녹여서 만든 거칠기 형상에 대한 몰드를 제작하고, 시멘트를 이용하여 만든 유사암석의 경우에는 충전재를 대리석 가루와 kaoline을 이용하여 두께를 변화시켜가면서 실험을 수행하였다. 이때 절리의 거칠기는 ISRM(1981)에서 추천한 Profile gauge를 이용하여 절리 거칠기와 평균 Amplitude를 측정하였다. 측정된 거칠기는 JRC = 8, 평균 Amplitude는 6.0mm이었다. 본 연구에서 개발한 모델식을 이용하여 Papaligans(1990)의 실험 결과와 비교한 특성을 그림 2-41에 나타내었으며, 제안된 모델식의 예측치는 실측치에 근접함을 알 수 있었다.

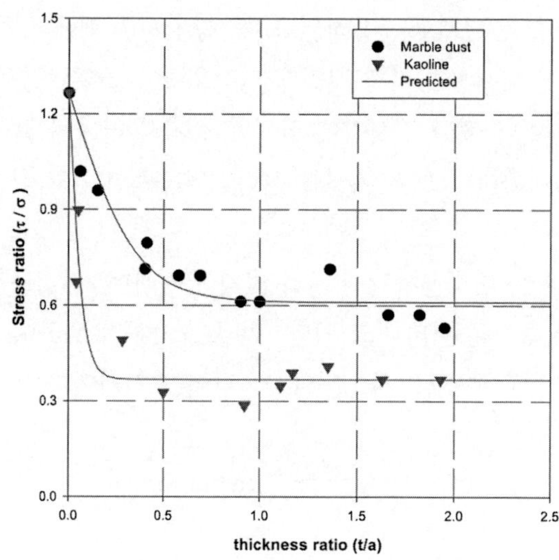

[그림 2-41] 개발된 모델식의 적용

2.3.6 결론

대구·경북 지역에 분포하는 퇴적암은 퇴적환경에 의해 형성된 강도 이방성, 풍화에 의한 암반강도의 변화, 층리면 내 충전물의 발생에 따른 강도변화 등의 문제점이 있으며, 이들의 특성을 규명하기 위하여 일련의 시험과 비교·분석을 통해 아래와 같은 결론을 얻었다.

(1) 퇴적암에 대하여 흡수율, 단위중량과 같은 성질을 파악하고 일축압축시험, 점재하시험 등을 이용하여 암종별로 그 특성을 나타내었다.

(2) 층리와 같이 고유이방성을 가진 셰일은 U형태의 이방성을 나타내며, 비등방률이 2.3~3.7로 중간 정도의 비등방성을 나타내었다. 그리고 이방성에 따른 강도 정수는 층리면이 고유이방성 시험 결과에 의한 강도정수 값이 다소 큰 것으로 나타났다.

(3) 퇴적암의 무결함 암에서 삼축압축시험을 통해 나타난 결과를 이용하여 RMR에 따른 퇴적암의 강도정수를 산정하였다. 그리고 그 값은 Hoek & Brown(1980)이 암종별로 추천한 값과는 다소 차이가 있음을 알 수 있었다.

(4) 충전된 절리면은 충전재 두께 증가에 따라, 강도의 감소는 충전재 종류와 절리면의 거칠기에 따라 그 경향이 다소 차이가 있었다. 그리고 실험 결과를 토대로 충전된 절리면의 전단강도 모형을 개발하였으며, 새로 개발된 모델식은 다른 연구자들의 시험 결과와도 일치하였다.

2.4 점토질 암반에서의 사면의 불안정성 문제

2.4.1 서론

신생대의 이암이나 미고결 응회암은 절토 후 고결도가 급속도로 감소하면서 강도 저하가 발생하는 경우가 많다. 이것은 절토에 의해 응력이 해방되고 흡수팽창 및 절토 후의 건조습윤이나 동결융해의 반복작용에 의해서 풍화가 빠른 속도로 진행되는 것이 그 원인이라고 판단된다. 이러한 강도 저하는 그림 2-42에서와 같이 인공사면의 천부와 심부에서 각각 다르게 나타난다. 즉, 굴착 전 ①의 강도 위치에서 굴착 직후 심부의 경우에는 ②의 위치로, 천부의 경우에는 ③의 위치까지 응력해방이 발생하지만 굴착 직후이므로 급격한 강도 저하는 발생하지 않는다. 시간경과와 함께 흡수팽창이 발생하게 되고 이때 심부에서는 ④의 위치, 천부에서는 ⑤의 위치까지 강도가 저하되며 특히 천부에서는 건조습윤과 동결융해 등의 반복작용에 의해 강도가 ⑥의 위치까지 저하된다.

건조습윤의 반복에 의해 세립화되는 현상인 슬레이킹(slaking) 현상은 절토에 의한 응력해방 후 흡수팽창에 의한 급속도의 고결도 저하 및 강도 저하를 유발하며 이에 따라 절토사면붕괴의 중요한 원인으로 작용한다. 일본의 경우 전체 사면붕괴의 2/3가 신생대층에서 발생하며 특히 절토 후의 급속한 변화가 발생하는 미고결층과 풍화대에서 붕괴가 많은 것으로 보고되고 있다(윤지선, 2000). 이러한 슬레이킹 현상은 이암에서 공통적으로 나타나는 현상 중의 하나로 특히 신생대의 미고결 퇴적암 등 연암에서 많이 발생한다. 특히 굴착 후 시간경

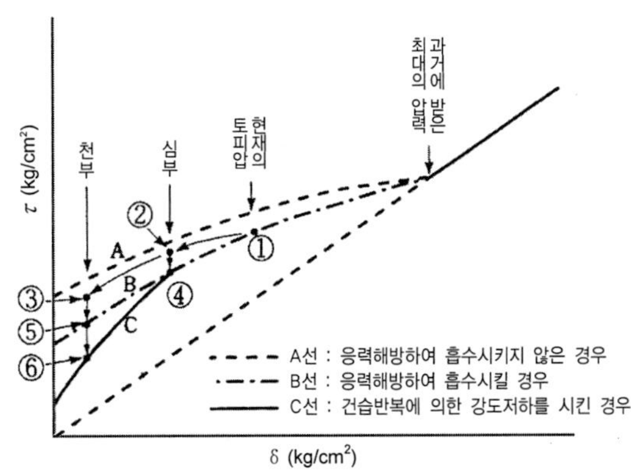

[그림 2-42] 건조습윤의 반복에 의한 강도 저하(윤지선, 2000)

과와 함께 강도 저하가 발생하여 6~8시간 후 강도의 20%, 16시간 후 40%가 손실되는 경우도 보고되고 있으며 일부 사암층에서는 1년간 70cm 두께까지 강도 저하가 발생하는 경우도 있다(윤지선, 2000). 슬레이킹에 수반된 흡수팽창의 정도는 건조습윤의 반복시험에서 흡수 후의 함수비 증가와 상관관계를 보이나 흡수팽창을 구속하는 정도에 따라 슬레이킹의 정도도 달라지는 것으로 보고되고 있다. 이암이나 셰일로 구성된 암반사면의 경우 슬레이킹에 의한 강도 저하로 인해 사면 자체의 안정성이 영향을 받을 뿐만 아니라 사암과 이암이 교호하여 나타나는 경우 이암의 차별풍화에 의해 안정성이 영향을 받는 경우도 보고되고 있다. 본 연구에서는 국내에서도 많은 사례가 보고되고 있는 슬레이킹에 의한 차별풍화로 사면의 안정성이 영향을 받는 경우를 중심으로 논의하고자 한다.

2.4.2 슬레이킹(slaking) 현상

공학적인 관점에서 셰일이나 이암은 2가지의 그룹으로 분류될 수 있다(Goodman, 1993). 먼저 실제 거의 암에 가까운 특성을 가지는 그룹으로 다른 암석에 비해 쉽게 변형되기는 하지만 콘크리트 정도의 강도를 보이며 장기간 대기에 노출되어 풍화를 받는 경우를 제외하면 그 특성이 유지되는 종류의 셰일이나 이암이다. 이러한 종류의 암석은 퇴적물들이 속성작용(diagenesis)에 의해 암석화된 경우로 단순한 밀도 증가가 아닌 퇴적물의 공극 사이로 silica나 carbonate 퇴적물들이 침전되어 암석화된 경우이거나 점토가 운모류로 재결정되는 과정에 의해 형성된다. 이러한 그룹의 셰일을 Cemented shale(Mead, 1936)이라고 한다.

반면 compaction shale(Mead, 1936; Underwood, 1967) 또는 Clay shale(Peterson, 1958)이라고 부르는 그룹의 암석들은 암석보다는 흙에 가까운 공학적인 특성을 보인다. 이러한 그룹의 암석은 대기 중 단기간 노출만으로도 쉽게 풍화가 진행되며 구조물의 기초로 사용될 경우 압축되거나 쉽게 변형이 발생한다. 대개 이러한 그룹의 특징은 심각한 산사태나 사면붕괴의 원인이 되며 특별한 설계나 대책이 필요한 매우 낮은 전단강도의 층이 포함되기도 한다. 그러나 현장에서 셰일 등의 암석이 어떠한 그룹에 속하는지를 쉽게 판단하기는 어려운 실정이다. 그럼에도 불구하고 이 두 암석의 특성은 암석과 흙의 특성 차이와 같이 매우 뚜렷한 차이를 보이므로 쉽게 판단할 수 있는 객관적인 근거가 반드시 필요하다. 현재 Cemented shale과 Compaction shale을 구분할 수 있는 가장 객관적인 판단 근거로 활용될 수 있는 것이 슬레이킹 현상이다. 즉 Compaction shale은 노출된 상태에서 슬레이킹 현상이 쉽게 발생하며 이로 인해 강도 저하가 발생한다. 또한 Compaction shale

[그림 2-43] 연구대상 사면의 전경

은 포화되었을 때 매우 높은 함수량을 보이며 함수량에 의해 공학적인 특성 변화를 파악할 수 있다.

슬레이킹은 굴착에 의해 노출된 암반에서 발생하는 강도 저하 및 입자 간의 결합력 약화에 의해 암반이 세립화되는 현상을 의미한다. 대개 슬레이킹은 균열과 팽창현상이 먼저 관찰된 후에 발생하며 암석이 셰일인 경우 박리(fissility)가 확대되면서 공간이 발생하고 마치 책이 낱장으로 분리되는 형태와 같은 분리현상이 발생한다. 이암의 경우 새로운 균열이 발생하고 이것이 서로 교차하기 시작하면서 암석이 분리되어 덩어리로 떨어져 나간다. 슬레이킹된 암석은 점토가 물에 풀어지는 형태와 같이 분리되며 사면 상에 놓여 있을 경우 그 조각들이 구르거나 미끄러져 내리거나 아래로 쓸려 내려가게 된다. 시간이 지남에 따라 암석의 조직이 분리되고 슬레이킹이 진행되는 깊이도 깊어진다.

슬레이킹의 정도는 한 조각의 암편을 물에 담가두었을 때 붕괴되는 암석 조각의 크기에 따라 결정되는데 슬레이킹이 발생하지 않는 암석의 경우 전혀 변화가 발생하지 않으나 Slake potential이 증가함에 따라 작은 조각으로 부서진다. 극단적인 경우 팽창성이 강한 셰일이나 이암은 암편을 물에 담근 지 수분 내에 점토성분이 완전히 풀어져 암편의 형태가 사라진다.

2.4.3 연구대상 사면

슬레이킹에 의해 발생하는 사면의 불안정성 현상을 파악하기 위해 선정된 연구대상 사면은 미국 Indiana State Road 37번 국도상에 위치하는 사면으로 1970년대에 건설되었다. 연구대상 사면은 수평으로 층리가 발달한 해성 기원의 퇴적암으로 구성되어 있으며 사면의 총 연장은 약 180m, 사면의 높이는 약 6m이다. 사면의 경사는 약 80도로 약 1~1.5m 간격으로 pre-splitting hole이 사면의 법면에 남아 있다(그림 2-43).

본 연구대상 사면은 사암과 이암이 교대로 교호하면서 나타나며 풍화에 약한 이암의 특성에 의해 이암이 차별풍화를 받아 사면의 안정성에 문제가 있는 것으로 보고되고 있다. 그림 2-44는 연구대상 사면의 전경으로 차별풍화에 의한 낙석 및 사면의 불안정성을 보이고 있다. 차별풍화는 사암 등과 같이 강도가 높은 암석과 이암이나 셰일과 같이 낮은 강도를 보이는 암석 등이 교대로 나타날 경우 낮은 강도를 보이는 셰일이나 이암 등이 사암에 비해 먼저 풍화가 진행되는 현상을 의미한다. 따라서 이러한 암석들이 교대로 나타나는 사면의 경우 차별풍

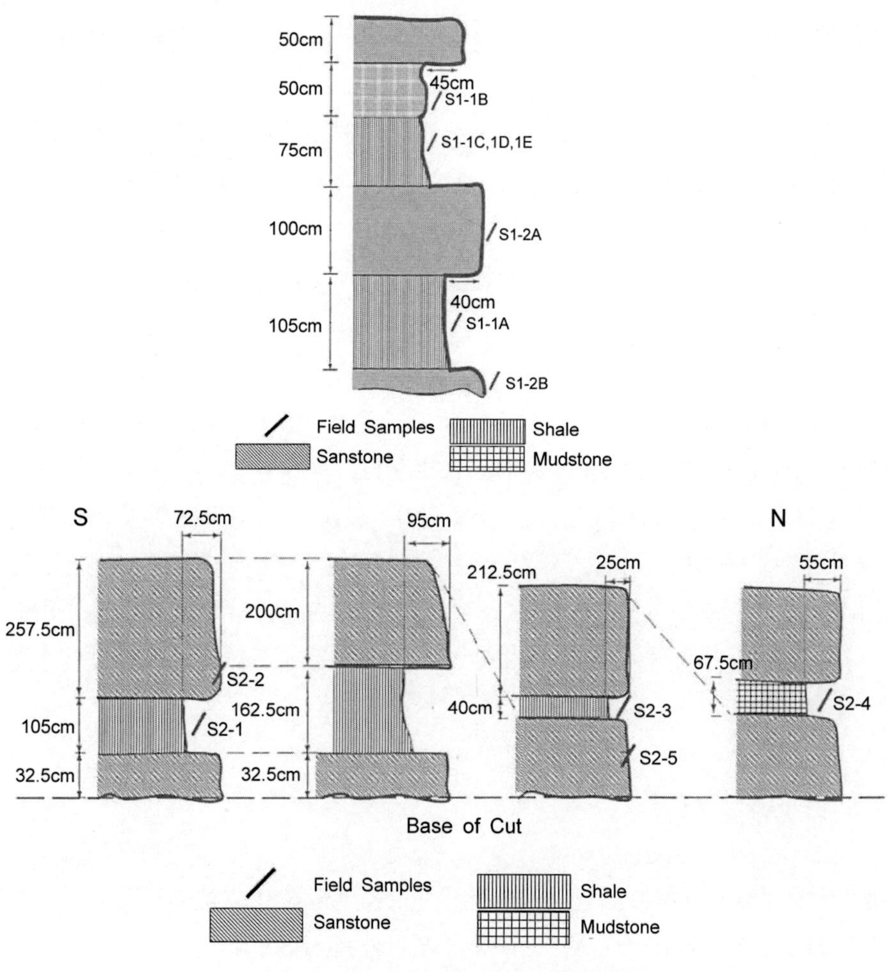

[그림 2-44] 조사대상 사면의 차별풍화

화에 의해 Undercutting이 발생하고, 강도가 높은 암반이 하부에 지지력을 잃으면서 낙석이나 평면 또는 쐐기파괴가 발생하는 등 사면의 불안정 현상이 발생한다. 이러한 undercutting에 의해 발생한 사면붕괴의 경우 높은 속도와 갑작스러운 움직임, 그리고 경우에 따라서는 대규모의 암편이 무너지는 등 다른 종류의 사면붕괴에 비해 심각한 피해를 초래할 수 있다(Shakoor and Weber, 1988; Shakoor, 1995; Dick and Shakoor, 1995). 유병옥(1997)에 의하면 우리나라의 경우 퇴적암 지대에서 발생하는 사면붕괴 중 23.2%가 이러한 차별풍화에 의한 것으로 보고되고 있다.

2.4.4 실내실험

실내실험을 수행하기 위해 연구대상 사면의 두 곳으로부터 셰일, 이암 그리고 사암의 시료를 획득하였으며 연구대상 사면에서 획득한 시료에 대하여 Slake test와 Slake durability test의 2가지 실내시험을 수행하였다.

Slake test는 건조와 습윤이 반복되는 과정 동안 암석의 변화를 관찰함으로써 풍화의 효과를 재현하기 위한 목적으로 개발되었다. Slake test의 시험 과정과 결과에 대하여서는 여러 저자에 의해 논의되었으며(Wood and Deo, 1975; Champman et al, 1976; Hopkins and Deen, 1984) 그 과정은 다음과 같다.

1. 약 50~60g 질량의 시료를 105°C에서 일정한 질량을 보일 때까지 건조시킨 후 건조질량을 측정한다.
2. 상온에서 약 30분간 시료를 냉각시킨 후 증류수가 담긴 병에 넣어 10분 후 그리고 각각 1시간 후, 2시간, 4시간, 8시간 그리고 16시간 후 시료의 상태를 관찰한다.
3. 시료를 병에서 꺼낸 후 일정한 질량이 획득될 때까지 건조시킨다.
4. No.10의 채(2mm opening)를 사용하여 채에 남은 시료의 질량을 얻는다.
5. 이러한 과정을 5회 반복한 후 Slake Index(S_I)를 계산한다.

$$S_I = \frac{(\mathrm{or}iginal\ weight - final\ weight)}{\mathrm{or}iginal\ weight} \times 100$$

이 간단한 시험은 특히 신생대의 미고결층이나 Compaction shale에서 매우 효과적인 것으로 알려져 있으나 Cemented shale과 같이 어느 정도의 강도를 보이는 암석에서는 활용도가 떨어진다.

• Slake Durability Test

Slake durability test는 10번 채(2mm opening)로 만들어진 드럼 안에 암편을 넣고 드럼의 절반을 물속에 담근 후 회전시켜 암석의 풍화를 급속히 진행시켜 풍화에 대한 인내도를 측정하는 시험방법이다. 시험과정은 ASTM D 4644-87와 ISRM(1979)에 의해 규정되었으며 따라서 자세한 시험과정은 본 논문에서 생략하기로 한다. 두 차례의 사이클을 수행한 후 다음과 같은 계산을 통해 Durability Index를 획득한다.

$$I_D = \frac{original\ weight\ of\ drum\ -\ weight\ of\ sample\ remaining\ inside\ drum}{original\ weight\ of\ drum} \times 100$$

2.4.5 결과의 해석

실내실험의 결과와 현장에서 나타나는 풍화와의 상관관계를 밝히기 위해 먼저 현장조사를 통하여 셰일 및 이암층의 차별풍화 정도를 파악하였다(그림 2-44). 현장조사를 통해 사암층의 표면에 Pre-split 발파 시 사용되었던 Hole이 관찰되었으며 이는 사암이 사면 개설 당시와 비교하여 거의 풍화되지 않았음을 지시한다. 따라서 이러한 사실을 바탕으로 셰일이나 이암층이 사면 개설 이후 얼마나 풍화를 받았는지를 쉽게 판단할 수 있으며 사면 개설 시점으로부터 현재까지의 시간을 따져 연간 풍화 및 쇄굴 속도를 계산하였다. 그림 2-45에서와 같이 쇄굴된 정도는 암종에 따라 각각 차이를 보이며 최소 25cm에서 최대 95cm까지의 쇄굴을 보인다.

앞서 설명한 바와 같이 각각 셰일, 이암 및 사암 시료에 대해 Slake test와 slake durability test를 수행하였으며 실내실험의 결과는 표 2-10과 2-11에 제시하였다. 표 2-10은 Slake test의 결과로 사암뿐만 아니라 이암과 셰일에서도 질량의 변화는 거의 없거나 매우 소량의 변화만 관찰되었다. 이는 본 실험의 대상 암석들이 대개 중생대 시기의 암석으로 신생대에 형성된 암석과는 달리 어느 정도의 고결도를 보이기 때문으로 보인다. 표 2-11은 두 사이클의 Slake durability test를 수행한 결과를 보이는 표이다. 일부 암석에서 약 84.2%를 보이지만 대부분의 셰일과 이암에서는 89~96%까지의 값을 보인다.

이러한 결과는 Shakoor(1995)와 Dick and Shakoor(1995)의 연구 결과와 비교해볼 때 높은 내구성(high durability)을 보이는 암석(I_D 85% 이상)에 속하는 것이며 ISRM(1979)에

의하면 약간 높은 내구성을 보이는 결과(I_D 85~95%)이다.

이러한 결과를 앞서 계산한 연간 쇄굴 속도와 비교해보았다(표 2-12). Shakoor(1995)에 의하면 높은 내구성을 보이는 암석은 약 2~3cm/yr의 쇄굴 속도를 보이는 것으로 보고하고 있으며 이것은 본 논문의 실험 결과와도 일치한다. 쇄굴 속도와 Slake Durability Index와의 연관

[표 2-10] Slake test 결과

Sample	Lithology	Before slake test (g)	After slake test (g)	Change of weight (g)	%
S1-1A	shale	53.3	53.0	0.3	0.56
S1-1B	mudstone	57.4	57.3	0.1	0.17
S1-1C	shale	57.3	56.8	0.5	0.87
S1-1D	mudstone	70.1	68.1	2.0	2.85
S1-1E	shale	69.5	67.2	2.3	3.31
S1-2A	sandstone	61.6	61.6	0	0
S1-2B	sandstone	49.5	49.5	0	0
S2-1	mudstone	61.6	61.5	0.1	0.16
S2-2	sandstone	68.3	68.2	0.1	0.15
S2-3	shale	61.7	61.1	0.6	0.97
S2-4	mudstone	62.3	61.1	1.2	1.93
S2-5	sandstone	69.4	69.4	0	0

[표 2-11] Slake durability test 결과

Sample	Lithology	Before test (g)	After test (g)	Change of weight (g)	%	slake durability index (I_d)
S1-1A	shale	477.8	462.3	15.5	3.2	96.8
S1-1B	mudstone	475.8	436.6	39.2	8.2	91.8
S1-1C	shale	456.8	420.7	36.1	7.9	92.1
S1-1D	mudstone	315.7	291.7	24.0	7.6	92.4
S1-1E	shale	326.0	291.1	34.9	10.7	89.3
S1-2A	sandstone	457.5	453.8	3.7	0.8	99.2
S1-2B	sandstone	507.4	503.9	3.5	0.7	99.3
S2-1	mudstone	466.4	392.5	73.9	15.8	84.2
S2-2	sandstone	441.9	438.5	3.4	0.8	99.2
S2-3	shale	449.9	421.8	28.1	6.2	93.8
S2-4	mudstone	490.6	439.4	51.2	10.4	89.6
S2-5	sandstone	447.2	442.9	4.3	1.0	99.0

성은 Shakoor(1995)에 의해 제안되었는데 Shakoor(1995)는 쇄굴 속도와 Slake durability test의 결과를 비교하여 회귀분석을 수행한 후 Slake Durability Test에 따른 쇄굴속도의 예측식을 제안하였다(그림 2-45). 그 결과에 따르면 30%이상의 Slake Durability Index 값을 보이는 암석에 대하여서는 수식 $y = 2.10 - 0.0119\,x$을 제안하였으며 30%이하의 Slake Durability Index의 경우에는 $y = 3.91 - 0.0792\,x$를 제안하였다. 이때 y는 쇄굴 속도(in/yr)이고 x는 Slake Durability Index이다. 따라서 본 연구의 실험을 통해 획득된 결과를 그림 2-45의 회귀선과 함께 도시해보았다(그림 2-46). 그 결과 Shakoor(1995)에 의하여 제시된 회귀식과 어느 정도 잘 일치하는 것을 알 수 있다. 따라서 이러한 결과로부터 Shakoor(1995)와 Dick and Shakoor(1995)에 의해 제안된 쇄굴 속도의 예측방법이 현장에서 어느 정도 활용 가능할 것으로 보이며 Slake durability test를 통해 사면이 개설된 이후 얼마나 빠른 속도로 풍화 및 쇄굴이 진행되는지를 예측할 수 있을 것으로 보인다. 또한 Dick and Shakoor(1995)은 Slake Durability Index와 이암 또는 셰일의 암석학적 특징을 비교하였으며 사면의 붕괴 사례와 Slake Durability Index 그리고 암석학적 특성을 바탕으로 Slake Durability Index와 사면의 붕괴 형태와의 연관성을 제안하였다(표 2-13).

[표 2-12] 쇄굴속도와 Slake Durability Index

Sample	Erosion (cm/yr)	Slake durability index
S1-1A	1.78	96.8
S1-1B	2.26	91.3
S1-1C	2.06	92.1
S1-1D	2.36	92.4
S1-1E	2.49	89.3
S2-1	2.94	84.2
S2-3	1.47	93.8
S2-4	2.97	89.6

[표 2-13] 풍화인내도와 사면의 불안정성

Durability	Slope Instability			
	Excessive Erosion	Slump	Debris flow	Undercutting (cm/yr)
High	Unlikely	Unlikely	Unlikely	2~3
Medium	Unlikely	Potential	Potential	3~5
Low	Probable	Probable	Probable	5~10

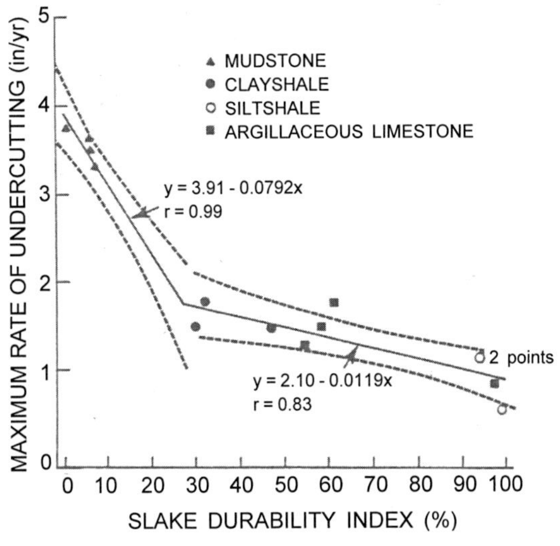

[그림 2-45] 쇄굴 속도와 Slake durability

Rate of Undercutting (In/yr)
y = -0.0119x + 2.1
Predicted Values
Measured Values
Slake Durability Index

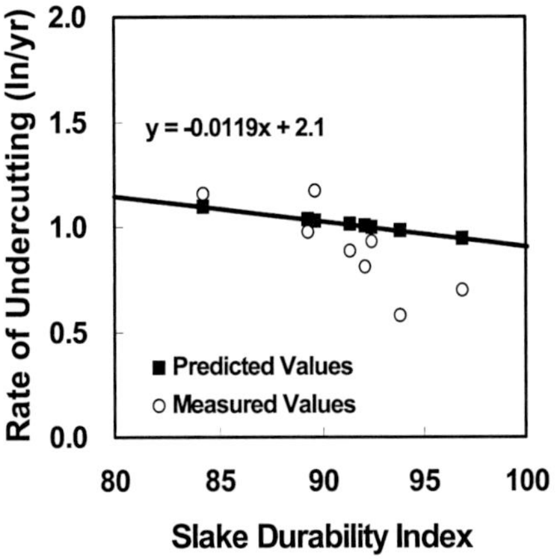

[그림 2-46] 쇄굴 속도와 Slake durability index의 상관관계

2.4.6 결론

슬레이킹은 굴착에 의해 노출된 암반에서 발생하는 강도 저하 및 입자 간의 결합력 약화에 의해 암반이 세립화되는 현상을 의미한다. 따라서 슬레이킹은 암반사면의 안정성에 영향을 미치는 중요한 인자 중의 하나로 작용하며 슬레이킹에 의한 사면의 붕괴도 빈번하게 발생하고 있다. 기존의 연구 결과에 따르면 Slake durability 차이는 사면의 붕괴형태에도 영향을 미치는 것으로 보고되고 있으며 Excessive erosion, Slump나 Debris flow 등과 같은 사면붕괴는 Slake durability의 영향을 받는 것으로 보인다. 또한 사면 내에 사암과 이암 또는 셰일이 교호하여 나타나는 경우 발생하는 이암과 셰일의 차별풍화 역시 사면의 안정성에 영향을 미치는 조건 중 하나이다. 본고에서는 차별풍화로 인해 발생하는 사면 안정성의 문제를 고려하기 위하여 Slake Durability Index와 Undercutting Rate의 상관관계를 비교해 보았다. 본 연구의 결과는 기존의 실내 실험 결과와 비교하여 잘 일치하는 것으로 밝혀졌으며 이러한 연구 결과를 바탕으로 Slake Durability Index를 활용하여 Undercutting의 가능성을 파악할 수 있을 것으로 보이며 사면의 설계나 계획에 활용할 수 있을 것으로 보인다.

참고문헌

2.1

이상균(1999), 「지질공학적 특성에 따른 사면안정성에 관한 연구」, 〈서울대학교 공학석사학위논문〉.

Blyth F.G.H. and de Freitas M.H. (1984), "A Geology for Engineers", *Edward Arnold*, p.325.

Clark, S.P. (1966), "Thermal conductivity : in Handbook of Physical Constants by S.P. Clark(Editor)", *Geol. Soc. Am. Mem. 97*, pp.459–482.

Colback, P.S.B. and Wild, B.L. (1965), "The influence of moisture contents of the compressive strength of rocks", *Pro. 3rd Can. Rock Mech. Symp., Toronto*, pp.65–83.

Daly, R.A., Manger, G.E. and Clark, S.P. (1966), "Density of rock : in Handbook of Physical Constants by S.P. Clark(Editor)", *Geol. Soc. Am. Mem. 97*, pp.19–26.

Duncan, N. (1969), "Engineering geology and rock mechanics Vol. 1", *London, Leonard Hill*, p.252.

Duncan, N., Dunne, M.H. and Petty, S. (1968), "Swelling characteristics of rock", *Water Power*, Vol. 20, pp.185–192.

Gamble, J.C. (1971), "Durability–plasticity classification of shales and other argillaceous rocks", *Ph. D. Thesis, Univ. Illinois*.

Mathewson Christoper C. (1981), "Engineering Geology", *A Bell & Howell Company*, p.450.

2.2

김영수(2002), 「셰일(혈암)의 이방성 파괴 특성」, 〈한국지반공학회지〉, 제17권 2호, pp.13–20.

김호영(1995), 「이방성 암석에 대한 탄성계수의 실험적 결정」, 〈한국지반공학회지〉, Vol.5, pp.318–322.

박철환(2001), 「이방성 암석의 탄성상수 분석연구」, 〈한국암반공학회지〉, Vol.11, pp.59–63.

장보안(2001), 「단일 시편을 이용한 평면 이방성 암석의 탄성계수 결정」, 〈한국암반공학회지〉, Vol.11, pp.72–78.

퇴적암의 이방성 특성(http://www.tomok21.com)

Crouch, S. L. and A. M. Starfield 1983, *Boundary element methods in solid mechanics* George Allen & Unwin.

Gaziev, E. and S. Erlikhman 1971, Stresses and strains in anisotropic foundations, Proc. Symp. on Rock Fracture, ISRM(Nancy), paper II–1.

Lekhnitskii, S. G. 1963, *Theory of elasticity of anisotropic elastic body*, Holden–Day Inc.

2.3

김용준(2001), 「경계조건을 고려한 충전 절리면의 전단특성」, 〈영남대학교 대학원 토목공학과 박사학위논문〉.

김희동(1999), 「비등방 암석의 파괴규준에 관한 연구」, 〈영남대학교 대학원 토목공학과 석사학위논문〉.

이영휘, 오세붕, 임광욱, 허진석(1998), 「삼축압축시험에 의한 암석의 전단강도특성」, 〈대한토목학회 1998년도 학술발표회 논문집(II)〉, pp.121–124.

Barton N., Lien, R. andLunde. (1974), "Engineering classification of rock masses for the sign of tunnel support", *Rock Mech.*, Vol 6, No. 4, pp.189–236.

Bieniawski, Z. T. (1984), "Rock mechanics design in mining and tunneling", A. A. Balkema Rotterdam Boston, pp.55–136.

Hoek, E. & Bray John. (1981), "Rock Slope Engineering", The Institution of Mining and Metallurgy", London.

Hoek, E. & Brown, E. T. (1980), "Empirical strength criterion for rock masses", *J. Geotech. Eng. Div. ASCE* 106(GT9), pp.1023–1035.

Jaeger, J. C. (1960), "Shear failure of anisotropic rock", *Geol. Mag.* Vol. 97, pp.65–72.

Nieto, A. S. (1974), "Experimental study of the shear–strain behavior of clay seams in rock masses", Ph.D. Thesis, Univ. Illinois.

Papaliangas T. (1990), "Shear strength of modelled filled rock joints", *Rock joints*, Barton & Stephansson, pp.275–282.

Ramamurthy T. (1993), "Strength and Modulus Responses of Anisotropic Rocks", Comprehensive Rock Engineering Vol. I–1, Pergamon Press, pp.313–329.

2.4

유병옥(1997), 「암반 절취면의 안정성 평가 및 대책에 관한 연구」, 〈한양대학교 박사학위논문〉, p.335.

윤지선(2000), 『토목지질공학』, 구미서관, p.388.

Champman, D. R., Wood, L. E., Lovell, C.W. and Sisiliano, W. J. (1976), "A comparative study of shale classification tests and systems", *Bull. Assoc. of Eng. Geol.* Vol. 13, pp.247–266.

Dick, J. C. and Shakoor, A. (1995), "Characterizing durability of mudrocks for slope stability purposes", *Clay and Shale Slope Instability*, Review in Engineering Geology, pp.121–130.

Goodman, R. E. (1993), *Engineering Geology; Rock in Engineering Construction*, John Wiley & Sons, p.412.

Hopkins, T. C. and Deen, R. C. (1984), "Identification of shales", *Geotechnical Testing Journal*,

ASTM, Vol. 7, pp.10–18.

ISRM (1979), "Suggested methods for determining water content, porosity, density, absorption, and related properties and swelling and slake durability index properties", *Int. J. Rock Mech. Min. Sci.* Vol. 16, pp.141–156.

Mead, W. J. (1936), "Engineering geology of damsite", *Transactions, 2nd International Congress on Large Dams*, International Committee on Large Dams, pp.171–192.

Peterson, R. (1958), "Rebound in the Bearpaw Shale, Western Canada", *Bull. Geol. Soc. Amer.* 69, pp.1113–1124.

Shakoor, A. (1995), "Slope stability considerations in differentially weathered mudrocks", *Clay and Shale Slope Instability*, Review in Engineering Geology, pp.131–138.

Shakoor, A. and Weber, M. W. (1988), "Role of shale undercutting in promoting rock falls and wedge failures along Interstate 77", *Bull. Assoc. of Eng. Geol.* Vol. 25, pp.219–234.

Underwood, L. B., Thorfinnson, S.T. and Black, T.W. (1967), "Rebound in redesign of Oahe Dam hydraulic structures", *J. Soil Mech. Fdtns. Div.*, ASCE 90, pp.65–86.

Wood, L. E. and Deo, p. (1975), "A suggested system for classifying shale materials for embankments", *Bull. Assoc. of Eng. Geol.* Vol. 12, pp.39–55.

신생대 및 이암·셰일 지층에서의 설계 및 시공 사례

3.1 신생대 지층에서의 암반구조물 설계 및 시공 사례

3.1.1 서론

최근 도로 및 철도건설이 활발하게 진행됨에 따라 이암층, 석회암층과 같이 지질공학적으로 문제가 되는 지질층에 암반사면 또는 터널을 시공하는 사례가 증가하고 있다. 이러한 특수지질불량 구간에서 암반구조물을 설계하거나 시공하는 경우 대상지질이 가지고 있는 고유한 암반 특성으로 인하여 시공상 많은 어려움을 겪고 있는 실정으로, 실제로 많은 붕괴 및 붕락사고를 일으키고 있으며, 장기적인 구조물의 안정성에 문제가 많은 경우를 확인할 수 있다.

국내의 경우 신생대 지층은 고결정도가 약하여 상대적으로 취약한 암반을 형성하고 있으며, 특히, 이암층의 경우 풍화에 매우 민감하고, 수분함유 시 팽창하는 특성을 가지고 있어 암반구조물 설계 시 주의가 요구되고, 미고결 상태인 경우에는 풍화나 변질에 민감하여 암반구조물에 대한 안정성 확보에 유의하여야 하며, 안전성 확보를 위한 보강대책이 요구된다.

따라서 이암층, 역암층, 화산암층과 같은 특수지질불량 구간에서 합리적인 시공을 달성하기 위해서는 먼저 대상 지질에 대한 지질특성, 암반특성을 정확히 이해하는 것이 필요하며, 이러한 것을 바탕으로 지반특성에 적합한 보강 및 시공대책을 수립하도록 하여야 한다.

본고에서는 전형적인 신생대 지층으로 알려진 포항지역 미고결 이암층, 경주지역 미고결 역암층 그리고 제주도 지역의 화산암층에서의 설계 및 시공 사례를 검토하여, 그 문제점을 분석함으로써 신생대 지층에서의 암반구조물 설계 및 시공 시 합리적인 방안을 도출하고자 하였다.

3.1.2 신생대 암반의 지질학적 특징

국내에 분포하는 대표적인 신생대 지층은 퇴적분지인 포항지역과 화산암 지대인 제주도이다. 신생대 제3기의 퇴적분지는 동해안을 따라 단속적으로 분포하는데, 이들 중에서 포항분지, 장기분지 및 어일분지는 양산단층 동측에 분포하는 분지이다. 신생대 제3기 퇴적분지는 대개 속성작용이 완전히 이루어지지 않은 미고결의 역암, 사암 및 이암으로 이루어져 있으며, 화산암류들이 협재하여 분포한다.

가. 포항분지의 지질

본 지역은 경상누층군의 최상부층에 해당되는 퇴적암 및 화산암을 기반암으로 하여 제3기의 연일층군이 부정합으로 덮고 있다. 연일층군의 층서는 하부로부터 주로 역암, 조립질 사암 및 소규모의 이암이 호층을 이루는 천북층, 이암, 이질사암, 사암 등으로 구성된 학전층, 주로 이암으로 구성되고 사암이 협재하는 두호층으로 구분하였다.

1) 경상누층군 퇴적암류

본 역에서 경상누층군의 퇴적암류는 포항분지의 동측 청하면 청진리 일대에 분포한다. 이들은 주로 화산암의 역을 가지는 역암, 자색셰일, 회색사암, 역질사암, 응회암질 셰일, 알코즈사암 등으로 구성되어 있다.

2) 학전 용결응회암

본 암은 본 역 서남부에 소규모로 분포되며 그 남측 연장부로는 비교적 광범위하게 분포하는 용결 응회암이다. 이 암석의 대표적인 암상은 달전 저수지 부근에서 관찰되며 두께가 100m에 해당되고 담청색의 바탕에 녹니석화된 Fiamme를 특징적으로 함유하며 소량의 안산암 및 현무암의 암편을 갖고 광물은 2mm 크기의 사장석과 석영으로 전체의 약 10%를 차지한다. 특히 포항에서 경주에 이르는 국도변에 위치한 이 암석의 노출지에서는 거대한 암편을 함유하고 있다. 이들 암편들도 암편의 외곽부를 따라 Welding 구조가 발달된다. 암편들 중 큰 것은 1m 정도의 안산암, 용결응회암 및 퇴적암들로 구성되어 있고 각력 내지 아각력이다.

3) 칠포 용결응회암 및 유문암

이 화산암류는 유문암과 응회암으로 구성되어 있는데 유문암은 포항-송라 간 국도변인 벌래재에서 쉽게 볼 수 있으며 담홍색으로 미약한 유동구조를 보인다. 본 용결응회암은 칠포해수욕장의 곤륜산 도로변에서 쉽게 볼 수 있으며 이곳에서 본 암의 암색은 암흑색이다. 이 암석은 Epiclastic deposits로 생각되고 화산작용 후에 풍화, 침식의 과정을 거친 이 암석의 산출로 보아 본 암은 제3기 포항분지의 기저에 해당되는 암석으로 해석된다.

4) 천북층

연일층군의 최하부지층으로 경상누층군과 부정합으로 접하고 북으로는 남정면 앙리말에서 시작하여 경주 보문호까지 북동 내지 북북동 방향으로 약 50km의 연장을 보이며 층후는 약 150~400m이다. 본 층 최하위인 소위 단구리 역암에 해당하는 곳에서는 주위 모암과 같은 성분을 갖는 각력이 대부분이고 입자지지 역암(clast supported conglomerate)인데 이는 단층에 의한 파쇄대가 근거리를 이동하여 퇴적된 것으로 해석된다. 바로 상부에는 대부분 암설류(debris flow)에 의해 퇴적된 기질지지 역암(matrix supported conglomerate)으로 구성되어 있는데, 역은 대체로 원마되어 있으며 그 성분도 회색 내지 회백색 사암, 자색 셰일, 흑색 셰일, 규암 및 규장암 등 다양하다. 최하위 층준에는 약 10~20cm 크기의 각력질 역암이 우세하고 그 위에 직경 10cm 미만의 원마도가 비교적 좋은 역암이 분포한다.

5) 학전층

천북층의 상부에 정합으로 놓이는 지층으로 천북층의 연장과 방향이 같으며 층의 두께는 약 280~400m이다. 천북층에서 점이적으로 변하며 주로 이암, 이질사암, 사암 등으로 구성되고 역암이 협재하며 지층의 변화도 천북층에 비하여 안정되어 거의 일정하게 10도 내외의 지층 경사를 가진다. 본 층의 하부는 백갈색 내지 회백색의 두꺼운 이질사암과 사암이 주를 이루며 두께가 1m 내외인 역암과 이암이 협재한다. 이곳에서는 식물과 패류화석, 유공충 등의 화석이 많이 산출된다. 이 층의 상부는 회갈색 내지 백갈색의 괴상의 이암이 주를 이루며 엽층의 사암과 역질암(pebbly stone)이 협재하며 호층을 이룬다. 때로 Slumping structure를 보이기도 하고 이암 내에 돌로마이트 단구 또는 방해석질 단구가 많이 관찰된다.

6) 두호층

본 층의 두께는 약 150~200m이다. 본 층은 주로 갈색 내지 백갈색 또는 담록색을 띠는 이암으로 이루어지며 세립질 사암이 협재하고 층의 중간에 직경 수 센티미터의 역을 갖는 역암층이 폭 1m 이내로 협재한다. 학전층을 거치면서 지층경사가 10도 이내로 매우 완만하여 Slope apron이나 Basin plain에서 퇴적된 것으로 보인다. 이 층에서 주목할 만한 것은 칠포 용결응회암 지역인 청하면 신흥리 마을 부근과 흥해읍 천마산 아래에 응회암질 성분을 갖는 10~20cm 크기의 각력과 1~5cm 크기의 원마된 역을 갖는 역암과 응회암질 사암으로 이루어진 역암층이 N30°W 내지 EW의 주향과 10~30°NE의 경사를 보이며 분포하는데, 이는 이 지역을 통과하는 단층에 의해 파쇄된 단층각력이 두호층과 동시에 퇴적된 것으로 보인다.

7) 현무암

포항시 서쪽 달전리 부근 당수마을 일대와 광방리 북쪽 일원에 소규모로 분포한다. 특히 달전리 부근의 현무암은 주상절리가 매우 잘 발달해 있는데 이 주상절리의 경사는 하부에서 약 70~80도 내외이고 상부는 약 20~30도이다. 달전리 남서쪽과 칠전마을 부근에서는 주변 퇴적암류의 지층경사와 거의 평행하게 퇴적암류 하반에 분포하며 판상절리와 양파구조(onion structure)가 발달한다. 암색은 암흑색 내지 흑색을 띠며 미정질이고 매우 치밀하다. 사장석, 휘석 등을 주성분이고 감람석, 자철석, 방해석 등이 부성분이다.

3.1.3 제주도의 지질

가. 지질 개요

제주도는 서쪽과 동쪽은 완만하고 한라산에서 서귀포시와 제주시 쪽으로는 험준하다. 완만한 지역에는 파호이호이(pahoehoe) 용암이 굳어서 된 암석이, 험준한 지역에는 아아(aa) 용암이 굳어서 된 암석이 분포한다. 제주도는 높은 온도의 현무암질 마그마 기원의 용암이 흐르고 쌓여 한라산을 정점으로 완만한 구름 모양을 이루고 있다(방패형 화산, shield volcano). 제주도에는 용암분출에 의해 형성된 화산암과 화산폭발에 의해 형성된 화산쇄설암이 있으며, 용암과 용암 사이에 퇴적암이 나타난다.

지질조사에 의하면 상부는 현무암이 차지하고 있고, 그 밑으로는 서귀포층, 미고결퇴적층이, 더 깊은 곳에는 화강암과 용결응회암이 분포하고 있다. 화산암으로는 현무암, 조면현무암, 현무암질 조면안산암, 조면안산암 등이 있다. 그림 3-1은 제주도의 지질도를 나타낸 것이다.

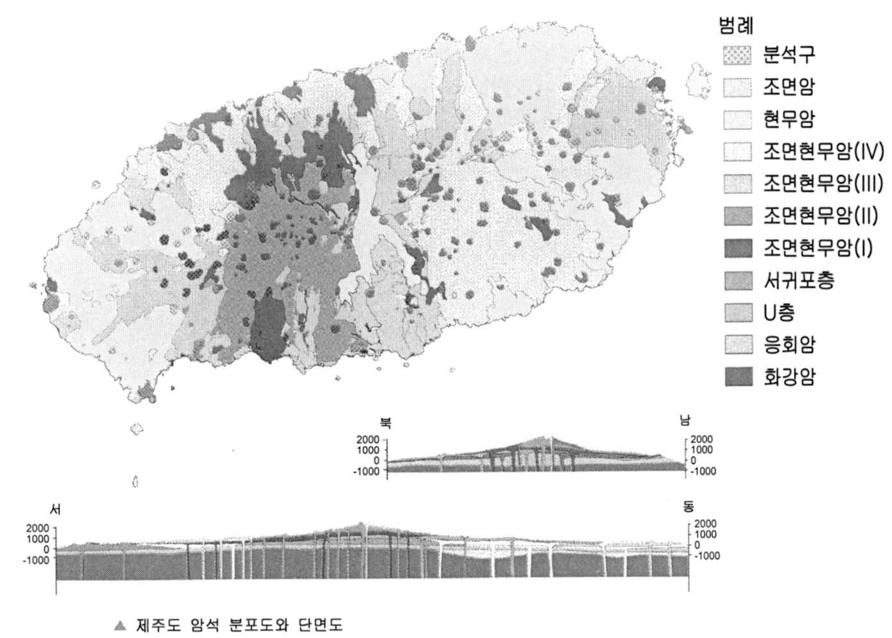

[그림 3-1] 제주도 지질도

나. 제주도의 지질 특성

1) 현무암층

용암(lava)은 구성성분, 온도에 따라 지표에 나타나는 현상이 큰 차이가 있으며, 높은 온도와 낮은 점성을 갖는 파호이호이(pahoehoe) 용암과 낮은 온도와 높은 점성을 갖는 아아(aa) 용암으로 구분한다. 파호이호이 용암은 넓은 지역에 걸쳐 평탄한 지형을 이루는 암석을 만들고, 아아 용암은 거친 표면과 암석 부스러기로 구성된 두꺼운 클링커층을 갖는 암석을 만든다. 대포동 해변에는 딱딱한 암석이 성냥개비를 세워놓은 모양으로 갈라져 있는데, 이것을 주상절리라고 한다. 주상절리는 액체 상태의 용암이 고체인 암석으로 굳으면서 부피가 줄어들어 생긴다. 이런 현상은 가뭄에 논바닥이 갈라지는 현상과 같다. 주상절리는 용암이 비교적 빨리 식는 환경에서 잘 생기며, 모양은 사각형에서 칠각형에 이르기까지 다양한데 육각형이 우세하게 나타난다. 또한 주상절리가 형성되는 동안 용암의 내부에 물리적 성질의 차이가 있어서 절리가 휘어져 만들어지기도 한다. 암석이 바닷물과 접하는 부분의 주상절리는 뚜렷한데, 상부로 가면서 주상절리가 희미해져 없어지는 현상을 볼 수 있다. 이는 클링커가 두꺼운 부분에서는 암석이 서서히 식어서 주상절리가 발달하지 못한 것이다.

[그림 3-2] 대포동 현무암층

2) 응회암층

제주도 서남쪽 송악산은 그림 3-3에서 보는 바와 같이 전형적인 응회암구조를 관찰할 수 있다. 송악산을 이루고 있는 암석은 수성응회암이며, 낮은 산높이와 완만한 층리로 보아 응회환(tuff ring)에 해당한다(응회환은 수성화산분출에 의해 높이가 50m 이하이고, 층의 경사 25도보다 완만한 화산체를 말한다), 송악산은 응회암, 스코리아층, 조면현무암, 분석구로 되어 있다. 이러한 암석분포는 수성화산활동에서 마그마성 화산활동으로 분출양상이 변

[그림 3-3] 송악산 응회암층

한 것을 보여주는 것으로 이런 변화는 응회환이나 응회구같이 짧은 시간에 형성되는 화산체에서 흔히 관찰되는 현상이다.

송악산은 형성된 후 수천 년 동안 바닷물의 작용으로 응회환의 화산재층이 깎여나가 분화구의 중심부 근처부터 가장자리까지 높은 절벽을 이루며 화산체의 절단면이 만들어져 있다. 송악산에서 가장 쉽게 관찰할 수 있는 구조는 층리, 거대연흔, 탄낭 등이다. 절벽을 이루고 있는 해안에서 커다란 암석이 지층을 주머니 모양으로 뚫고 들어간 현상을 볼 수 있는데, 이를 탄낭구조라 한다. 탄낭구조는 화산폭발 당시에 하늘 높이 솟아 올라갔던 암편이 지층 위에 떨어져 만들어진다.

3) 퇴적층

제주도 형성 초기에 현무암질 암편과 화산회를 분출시킨 수성화산활동이 있었고, 이들 화산쇄설물질이 운반되어 조개화석과 같이 굳은 지층이 서귀포층이다. 본 층은 최하부에 분포하는 암석으로 수성화산활동 산물이 이동하여 퇴적된 것으로 많은 조개화석이 들어 있다. 이런 이유로 천연기념물 제195호로 지정, 보호되고 있다.

본 층의 암석은 역질사암, 사암, 사질이암, 이암 및 유리질 쇄설암으로 구성된다. 역질사암은 1cm 크기의 각력상 유리질 현무암과 유리질 화산회로 구성되어 있고, 암편의 테두리는 담황색으로 변질되어 있다. 그림 3-4에는 서귀포 퇴적층의 모습인데 조개화석과 연흔과 사교층리가 특징이다. 해안에 위한 서귀포 퇴적암층은 해안침식에 의한 차별침식으

[그림 3-4] 서귀포 퇴적암층

로 사면붕괴가 일어나고 있으며, 이는 상부도로나 구조물의 안정성에 심각한 영향을 미치고 있다.

3.1.4 경주 지역 미고결 역암층에서의 설계 사례

가. 개요

경주-감포 국도 건설공사 설계구간은 왕복 4차로 도로로서 공사구간 내에는 총 연장 2.38km의 양북터널이 계획되어 있다. 이 구간 내에는 신생대 제3기의 미고결 역암층이 분포하고 있어 터널시공 시의 안정성을 확보하기 위해 미고결 역암층에 대한 공학적 특성을 파악하여, 그 결과를 터널설계에 반영하도록 하였다.

나. 미고결 역암층 특성 분석

1) 지질특성

이 구간의 지질은 하위로부터 백악기 경상누층군 하양층군에 속하는 암회색 셰일 및 실트암과 유천층군의 유문암, 그리고 이들을 관입하고 있는 제3기의 불국사 화강암류, 제3기 마이오신의 염기성 및 산성의 응회암과 암맥으로 구성되어 있으며, 위의 유문암을 제외한 모든 암석을 마이오신 말에 생성된 미고결 역암층이 덮고 있다(그림 3-5).

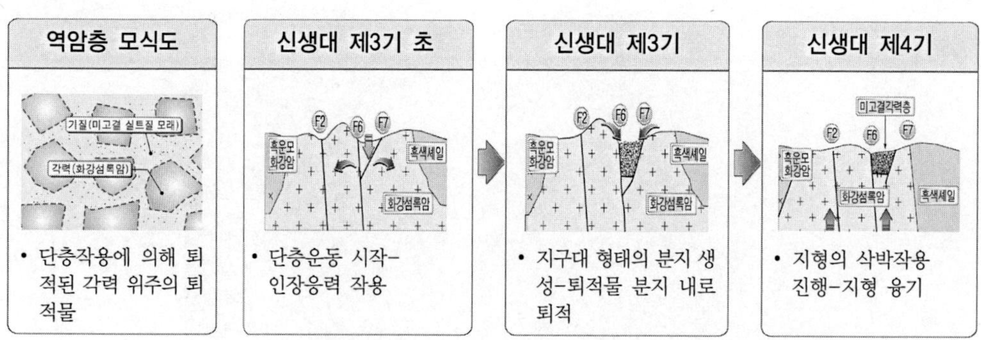

[그림 3-5] 미고결 역암층의 생성 기원

2) 지반조사 결과

터널 내 일부구간에는 2,500m/sec 이하의 탄성파 속도를 가지는 저속도층이 분포하며,

시추조사 결과와 비교해볼 때 저속도 분포 이상대는 역암층구간으로 보이며, 4+700~4+800 구간은 화강섬록암과 역암층의 경계부로 속도층이 명확하게 구분된다(그림 3-6).

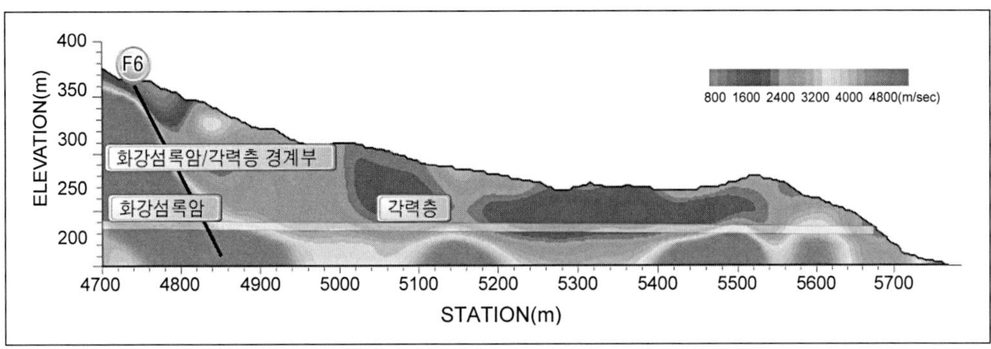

[그림 3-6] 대심도 탄성파 토모그래피 탐사 결과

수직시추를 통해 역암층의 분포위치 및 심도를 파악하고, 경사시추를 통해 각섬석, 흑운모 화강섬록암과 역암층의 경계부를 파악하였다. 시추조사 결과 역암층은 화강암질의 역과 세립 내지 조립질의 기질로 구성되어 있으며 분포심도는 지표로부터 0.6~9.3m에서 나타났다. 층 두께는 29~120m의 범위를 보이며 터널 중앙부에서 종점부까지 분포하고 있다(그림 3-7).

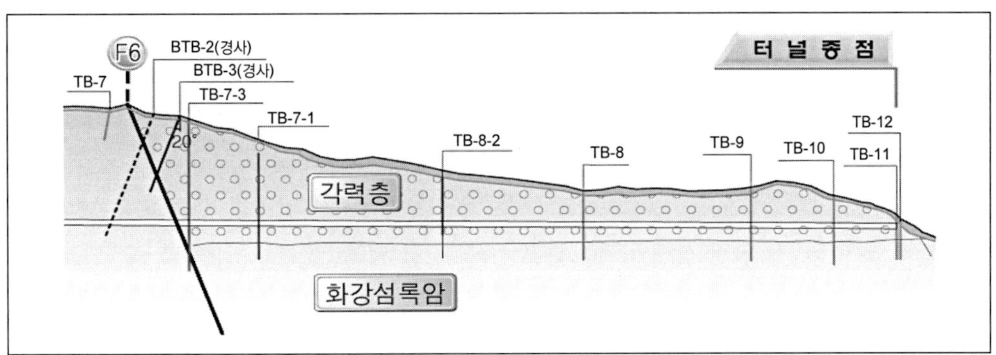

[그림 3-7] 지질 종단면도

3) 역암층의 공학적 특성 분석

압축강도 시험 결과, 일축압축강도는 $q_u=22I_{S(50)}$, q_u=0.83~114.97kgf/cm^{2}로 나타났으며, 삼축압축시험 결과, c=41.3~72.7tf/m^2, ϕ=32.9~36.3°, 또한 공내재하시험 결과 변형계수값은

1.19×10^4~7.08×10^4tf/m^2, 순간수위변화시험 결과 투수계수는 1.67×10^{-5}~1.04×10^{-6}cm/sec 값을 보였다. 각종 실험 결과가 그림 3-8에 나타나 있다.

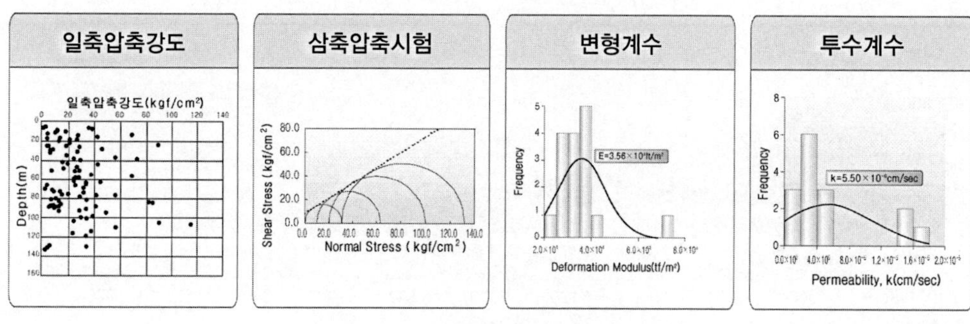

[그림 3-8] 공학적 특성 분석 결과

S-PS검층 결과 역암층의 전단파 속도는 310~860m/sec(평균 820m/sec), 동전단탄성계수는 2,000~16,870kgf/cm^2(평균 13,700kgf/cm^2), 동탄성계수는 5,890~47,770kgf/cm^2(평균 69,100kgf/cm^2)의 범위를 보였으며, 공내밀도 검층 결과 역암층의 단위중량은 2.0~2.2tf/m^{3}의 값을 보였다. 또한 역암층의 입도분석 결과 SM으로 분류되었으며, 자연함수비 시험 결과 6.7~10.2%의 범위를 나타내었고, X-ray 회절분석 결과 역암층 기질부는 장석(46.3%), 카올린나이트(45.2%), 석영(7.5%)으로 구성되어 있다.

4) 역암층의 분석 결과

역 및 기질이 충분히 단단하면 토목, 암반구조물의 기초 암반으로 양호하지만(중경질-경질한 것은 건조 일축압축강도가 500~800kgf/cm^2, 유효간극률 3~10% 정도), 이 구간의 역암층은 기질부가 극단적으로 연질한 경우로 노두 및 시추공에서 육안관찰 시 점토광물이 다량 포함되어 있어 팽창성 암반 상태를 유지하고 있다. 또한 역암층은 토사의 압밀 영역으로부터 교결작용(cementation) 영역에 이르는 과정에 있으며, 역과 기질부 사이의 틈, 역암층 자체의 절리들도 비교적 발달해 있는 상태로 이들 역암층 사이에는 사암과 박층의 갈탄층들이 협재, 이방성을 보인다. 이 구간은 미고결 역암층의 함수에 의한 강도 저하 현상, 슬레이킹, Swelling 현상을 일으키기 좋은 조건으로 지하수 영향에 대한 분석이 필요하다고 판단된다.

다. 미고결 역암층의 암반 분류

터널 종점부 미고결 역암층의 분포를 고려, 암종의 특성에 따라 암반 분류를 시행하고,

일반적인 절리암반과 공학적 특성이 상이한 미고결 역암층에 대해서는 탄성파속도, 지반강도비를 고려하는 일본도로공단 지반분류 기준을 적용하였으며, 일본도로공단 설계 기준에 따라 기질의 압축강도, 토피고, 지반강도비, 지하수 존재 상태를 고려, 암반 분류를 시행하였다.

1) 기질부 일축압축강도

역암층의 형성과정에 따른 특성상 큰 직경의 역이 하부에 주로 분포하고 단층면에서 멀어질수록 작은 입경이 분포하며, 토피하중에 의한 기질의 고결화 작용은 역의 입경이 큰 경우 하중의 대부분을 역이 받아 기질의 고결정도가 작음을 보였다. 또한 기질의 고결정도는 시추공별 점하중 시험 결과로부터 산정한 일축압축강도를 기준으로 판단(q_u=22$I_{s(50)}$)하였으며, 기질부 일축압축강도는 심도에 관계없이 평균 33kgf/cm^2 정도인 것으로 분석되었다.

2) 터널상부 토피고

터널 상부지반의 두께가 클수록 굴착으로 인한 이완하중 및 응력해방으로 터널의 변위량이 증가, 기질에 팽창성 성분이 있는 경우 터널의 안정성이 저하하고, 역암층의 단위중량은 밀도검층을 수행한 결과 2.1tf/m^{3}으로 파악되었다.

3) 지반강도비

터널굴착 지반의 안정성을 평가하는 기준으로 일축압축강도에 대한 토피하중과의 비를 말한다(그림 3-9).

지반강도비 = $\frac{q_u}{\gamma H}$ (여기서, q_u : 일축압축강도, γ : 단위체적중량, H : 토피고)

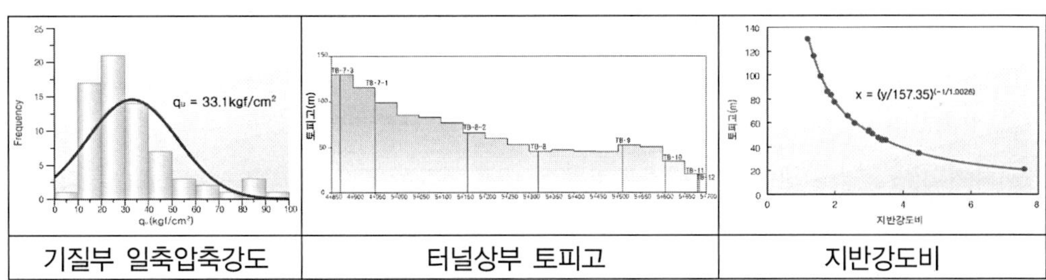

[그림 3-9] 터널구간 지반강도비

4) 암반등급 산정 결과

암반등급	탄성파속도 (m/sec)	지반강도비
CII 등급	2,500~3,500	4이상
DI 등급	1,000~3,000	2~4
DII 등급	1,000~3,000	1~2

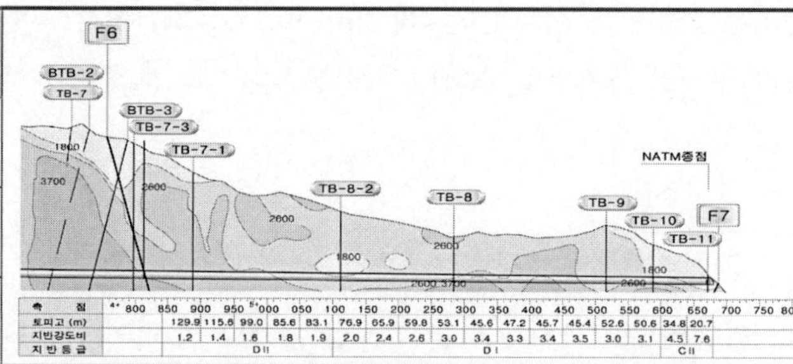

[그림 3-10] 암반등급 산정 결과

라. 미고결 역암층 통과구간에서의 터널설계

미고결 역암층구간에서의 터널 시공 시 문제점으로는 지반강도가 낮고 토피가 낮아 터널 변형 및 융기가 예상되며, 시공 중 막장의 불안정과 막장면 붕괴, 각력의 낙반 가능성이 높고, 지하수 용출 시 미고결 기질의 강도 저하 및 유실로 인한 막장 불안정, 천단부 낙반 가능성이 크다는 점이다. 그림 3-11은 미고결 역암층 구간의 터널시공 시 발생되는 문제점을 보여준다.

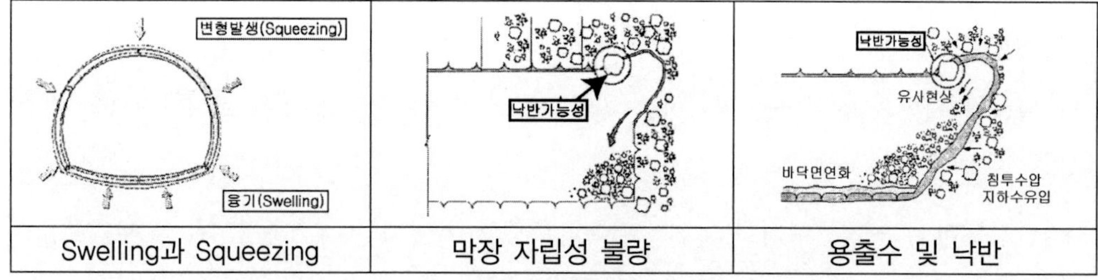

Swelling과 Squeezing | 막장 자립성 불량 | 용출수 및 낙반

[그림 3-11] 미고결 역암층에서의 터널시공 시 문제점

위에서 설명한 제반 문제에 대한 대책으로 미고결 역암층 지반구간에 별도의 표준지보패턴을 고려하여 설계에 반영하였다. 먼저 낮은 지반강도에 따른 터널의 과도한 변형발생에 대비하여 지반등급이 DI이고 지반강도비가 2~4인 구간은 지보패턴 B1을 적용하며, 지반등급이 DII이고 지반강도비가 1~2인 구간은 지보패턴 B2를, 그리고 암종 경계부에서는 B3을 적용하였다. 또한 기계굴착 가능성을 검토하여 기계굴착공법을 적용하였다. 그림 3-12는 지반의 강도특성에 따른 미고결 역암층 지반의 지보패턴 적용개요를 보여주고 있다. 그림에

서 보는 바와 같이 막장면 및 천단부 안정성을 확보하기 위하여 포어폴링 및 직천공 대구경 강관보강 그라우팅 공법을 적용하였다.

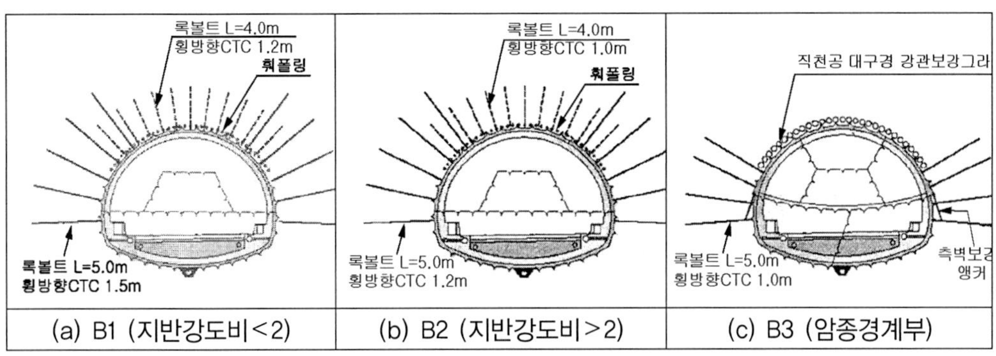

(a) B1 (지반강도비<2)	(b) B2 (지반강도비>2)	(c) B3 (암종경계부)

[그림 3-12] 미고결 역암층 지반의 지보패턴

지하수 용출 시 미고결 역암층의 기질부 강도 저하 및 터널 주변 지반의 연약화로 인한 터널 막장면이 불안정하게 되므로 지하수 처리가 중요한데, 용수량이 적을 경우 수발공을, 지하수의 수압이 크고 용출량이 많을 경우 선진도갱을 적용하여 지하수를 처리하고자 하였다. 또한 굴착면 부근 각력 및 여굴 대책으로는 소규모일 경우 각력을 제거하고 숏크리트와 콘크리트로 채우며, 대규모일 경우는 각력을 절단하고 록볼트로 보강하도록 계획하였다.

그리고 터널설계 시 제한적인 조사로 인한 한계를 감안하여 시공 시 미고결 역암층의 분포 현황 및 강도특성을 재평가하고, 용출수량의 규모 및 배수상태 등 지하수상태를 평가하기 위하여 시험시공 터널을 계획하였다. 시험시공은 선시공 대상인 터널 종점부 갱구부로부터 굴착되는 미고결 역암층 구간에 적용하였다.

3.1.5 제주도 화산암 지역에서의 설계·시공 사례

가. 암반사면 설계 사례

1) 지질 및 지층현황

노선의 위치는 제주시 봉개동–북제주군 조천읍 신촌리까지로, 시점부는 국지도 97호선과 종점부는 국도 12호선과 교차하고 있다.

이 구간은 남북 방향으로 계획되고 있으며, 지질도폭인 『제주·애월도폭 지질보고서』(제주도, 1998)에 의하면 시점부에서 종점부로 가면서 영평동 현무암(qypbs), 신안동 현무암(qsyb) 및 원당봉 현무암(qwdbb)이 분포한다. 또한, 종점부 북측에는 원당봉의 기생화산(오름)이 형성되어 다양한 지층분포를 나타내고 있다. 과업구간 내에 해당되는 지층의 형성순서는 원당봉현무암→영평동현무암→신안동현무암이며, 이들 각 지층에 대하여 『제주·애월 도폭 지질보고서』를 참조하여 설명하면 다음과 같다.

이 계획노선 중 깎기구간의 지층상태 및 깎기방법, 비탈면경사 및 안정검토에 필요한 기초자료를 제공하기 위하여 깎기구간에 대하여 시추조사를 실시하였다. 지층상태는 표토층, 보통암층, 클링커층, 연암층, 보통암층, 클링커층의 층서를 이루고 있으며 지하수위는 시추심도 이하에 분포한다. 각층의 특성은 표 3-1과 같다.

[표 3-1] 지층별 특성

공번	지층명	층 두께 (m)	지층 설명	색조	통일분류	SPT 또는 TCR/RQD
절토부	표토층	1.6	화산재 퇴적·풍화층, 실트	암황색	ML	–
	보통암층	1.4	상단부 약간 파쇄, 현무암	암회색	–	95/50
	클링커층	1.5	암층경계면에 형성된 파쇄구간, 비교적 치밀	암갈색	–	–
	연암층	1.5	극소량의 기공, 치밀, 현무암	암갈색	–	93/65
	보통암층	6.0	치밀하고 견고함, 부분적 경사 균열, 현무암	암회색	–	88/80
	클링커층	3.0	암층경계면에 형성된 파쇄구간, 부분적 암반 형성, 풍화암 형태	암갈색	–	–

- **표토층**: 지표면하 1.6~3.5m의 층후로 분포하며, 화산재 퇴적층으로 실트가 주를 이루고 소량의 모래, 자갈이 혼재되어 있음. 표준관입시험에 의한 N치는 6/30~33/30 정도로 느슨-조밀한 상대밀도를 나타내고 색조는 상부에 암황색-암회색, 하부에 암황색-암갈색, 암황색을 띤다.
- **보통암층**: 지표면하 1.6~3.0m에 1.4m의 층후로 분포하고, 상부는 약간 파쇄되었으며 하부는 균열이 없고 신선한 암질의 특성을 나타낸다. TCR = 95%, RQD = 50%를 나타내고 현무암으로 색조는 암회색을 띤다.
- **클링커층**: 1.5~2.3m의 층후로 분포하고, 암층 경계면에 형성된 파쇄구간으로 비교적 치밀한 형태로 나타난다. 극소량 암편상 코어가 회수되었으며 색조는 암갈색, 암갈색-암회색을 띤다.

- **연암층**: 1.5~2.2m의 층후로 분포하고, 암질은 비교적 치밀하나 부분적 파쇄형태가 나타난다. TCR = 40~93%, RQD = 0~65%를 나타내고 현무암으로 색조는 암갈색-암회색, 적갈색을 띤다.
- **보통암층**: 4.0~6.0m의 층후로 분포하고, 암질은 치밀하고 견고하다. TCR = 88~95%, RQD = 50~85%를 나타내고 현무암으로 색조는 암회색을 띤다.
- **클링커층**: 지표면하 12.0~15.0m에 3.0m의 층후로 분포하고, 암층경계면에 형성된 파쇄구간으로 비교적 치밀하고 견고하며 부분적으로 암반형성과 풍화암 형태로 나타난다. 색조는 암갈색을 띤다.

2) 암반사면 설계

(1) 적용경사

이미 개설된 주변도로의 암반사면 시공 사례를 확인한 결과 암반층 1 : 0.5, 암층 및 스코리아, 클링커 등의 화산쇄설물 복합층은 1 : 0.7~1.0, 토사층 1 : 1.2~1 : 1.5 정도로 시공되었으며, 이 노선 인접구간 설계 시 적용경사는 표 3-2에서 보는 바와 같다.

[표 3-2] 인접구간 사면설계 시 적용경사

구분	사면 높이		사면 경사	비고
연동-아라 구간	토사	0~5m	1 : 1.2	5m마다 소단 1m 설치
		5m 이상	1 : 1.5	
	발파암		1 : 0.5	스코리아층이 발파암 하부에 협재되어 있는 경우 1 : 1.0 적용
노형-연동 구간	토사	0~5m	1 : 1.2	리핑암과의 경계부 및 깎기고 5m마다 소단 1m 설치
		5m 이상	1 : 1.5	
	리핑암		1 : 0.7	토사 부분과의 경계면과 깎기고 5m마다 소단 1m 설치
	발파암		1 : 0.5	발파암 하부에 스코리아층이 있는 경우 1 : 1.5

따라서 이 구간에서의 사면경사는 국내 여러 기관에서 적용하는 일반적인 표준경사와 주변도로 시공 및 설계 사례를 종합적으로 비교·검토하고 특히 제주 지역이 관광도시임을 감안, 도로 이용자에게 심리적 안정감을 주는 사면경사를 고려하여 암반층 1 : 0.7~0.8, 클링커층이 암반층과 암반층 사이에 분포하는 경우 클링커층 상부는 1 : 1.0, 클링커층이 암반층 상부와 토사층 하부 사이에 분포하는 경우 리핑암으로 취급 1 : 1.0, 토사층의 경우 1 : 1.2~1.5를 적용하였다.

[표 3-3] 사면의 적용 표준경사

구분	사면 높이		사면 경사	비고
절 토	토사	0~5m	1 : 1.0~1.2	5m마다 소단 1m 설치
		5m 이상	1 : 1.2~1.5	
	리핑암		1 : 1.0	암반층 상부와 토사층 하부에 분포하는 클링커층은 1 : 1.0 경사 적용
	발파암		1 : 0.7~0.8	클링커층이 암반층과 암반층 사이에 분포하는 경우 클링커층 상부는 1 : 1.0 경사 적용

(2) 적용 물성치

0.4~2.4m 정도의 박층으로 분포하는 클링커층의 경우 암층 경계면에 형성된 파쇄구간으로서 전반적으로 자갈형태로 분포한다. 따라서 이러한 지층조성 상태를 고려할 때 자연상태 자갈층과 비교할 수 있을 것으로 판단되어 다음과 같이 클링커층 강도정수를 선정하였다(표 3-4).

[표 3-4] 클링커층 강도정수 산정 결과

구분	단위체적중량(t/m^3)	점착력 C(t/m^2)	내부마찰각 ø(°)
적용	2.0	0	35

(3) 사면 안정성 검토 결과

■ 토사층

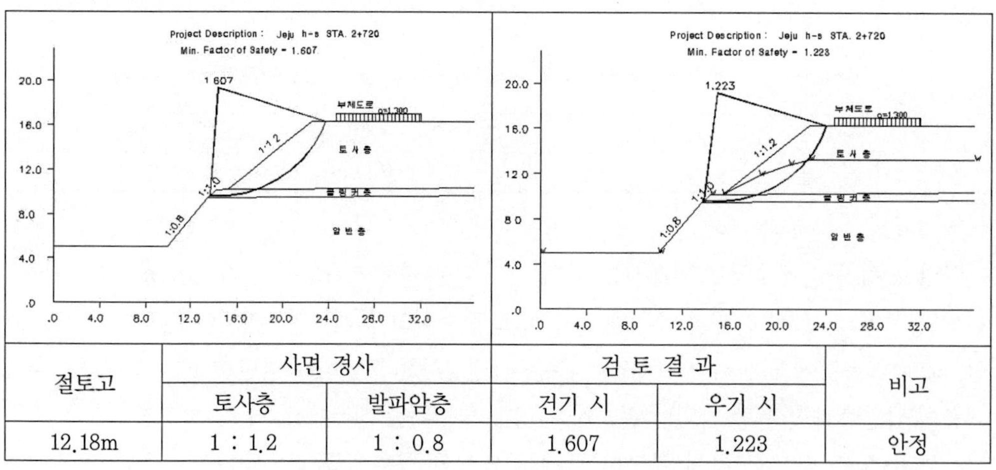

절토고	사면 경사		검 토 결 과		비고
	토사층	발파암층	건기 시	우기 시	
12.18m	1 : 1.2	1 : 0.8	1.607	1.223	안정

[그림 3-13] 클링커층을 포함한 사면 안정성 검토 결과

■ 암반층

이 구간 내 절토구간의 지층분포 상태는 지표로부터 퇴적토층, 클링커층, 연암층, 보통암층으로 분포하고 있다. 암반사면의 안정성 평가를 위해서는 지표지질조사를 통한 불연속면의 방향성 및 상태 등을 측정하여 비탈면 안정검토에 사용하여야 하나 이 조사 지역의 경우 계획노선을 따라 노두 확인을 거의 할 수 없었으며, 극히 국부적인 지점의 노두 관찰 결과는 불연속면의 발달상태가 매우 불규칙하여 일정한 방향성을 갖지 않는 것으로 관찰되었다. 따라서 절토 대상이 되는 이들 암층은 평사투영법에 의한 비탈면안정 분석은 적용할 수 없는 것으로 판단되며, 일정한 파괴양상을 예측하기 어렵기 때문에 일반적으로 이용되는 사면경사를 적용하되, 시공 시 절토사면에 대한 상세 관찰이 요구된다. 따라서 필요 시 비탈면 경사의 조정과 적절한 보강공법의 적용 등이 이루어져야 할 것으로 판단된다.

[표 3-5] 암반사면 안정 검토 결과

구분	검토단면 (STA.)	최소안전율		기준안전율		판정	적용경사
		건기	우기	건기	우기		
제2 절토부	2+720	1.607	1.223	1.5	1.2	O.K	토사: 1 : 1.2 클링커: 1 : 1.0 발파암: 1 : 0.8
제3 절토부	3+380	1.692	1.438	1.5	1.2	O.K	토사: 1 : 1.2 클링커: 1 : 1.0 발파암: 1 : 0.8

나. 암반사면 시공 사례

1) 스코리아(송이)층의 공학적 특성

(1) 스코리아의 지질학적 특성

스코리아는 용암의 분출 시 압력의 급격한 감소로 인하여 갑자기 늘어나면서 가스가 방출하여 생성된 화산쇄설물로, 화구를 중심으로 퇴적되며 조립 내지 세립질에 모가 난 입형이고 기공이 불규칙하게 발달한다. 송이의 주성분은 SiO_2 + Ai_2O_3 + Fe_2O_3의 함량이 80%에 달해 천연골재로 안정된 화학조성을 가지며, 투수율이 높아서 원형의 보존이 양호하고 뒷채움 재료로 훌륭한 특성을 가진다. 또한 쇄설물의 안식각이 크기 때문에 30~40도의 지형을 이루는 것이 특색이다.

스코리아는 유리질의 현무암질 부석으로, 크기는 6cm 이하이며, 각력상이며 미고결층을 이루며, 기공의 함량이 높다(70~80%). 스코리아의 형성은 휘발성분이 높은 압력의 마그마에 녹아 있다가 마그마가 상승하면서 압력이 낮아지면 마그마 속에 기포를 형성한다. 기포는 서로 합쳐져 커다란 기포를 만들어 압력이 높아지고 마그마보다 빠른 속도로 상승하면서 폭발한다. 이때 다소 굳은 마그마가 작은 크기로 깨져 나오면서 스코리아가 되고, 큰 덩어리로 뿜어 나오면 화산탄이 된다.

제주도에서는 이를 송이라고 하는데 지역에 따라 조금씩 차이를 보이고 있으나 색깔에 따라 적갈색, 황갈색, 흑색 및 암회색으로 크게 4가지로 분류하며, 이들은 화학적 성분과 공학적 특성에서 차이를 보인다(그림 3-14).

[그림 3-14] 전형적인 스코리아의 모습

(2) 스코리아(송이)의 공학적 특성

송이의 자연함수비는 20~29% 범위를 보이고 전체적으로 평균 25%의 자연함수비를 가지는 것으로 나타났다. 또한 파쇄성을 검토하기 위한 다짐시험 결과, 다짐을 실시하지 않은 원시료에 비해 다짐횟수가 증가할수록 입도분포가 좋아지며 송이의 입자파쇄가 다른 흙에 비해 많이 증가하는 것으로 나타났다. 화강토는 다짐에너지가 증가함에 따라 건조밀도곡선은 상승하고 이와 반비례하여 최적함수비는 감소한다. 그러나 송이는 다짐에너지가 증가함에 따라 건조밀도곡선은 상승하지만, 최적함수비는 큰 변화를 나타내지 않는다. 이것은 일반적인 흙의 다짐특성과 큰 차이점이다. 또한 송이의 다짐곡선이 영공기곡선과는 상당히 떨어져 있는 것을 알 수 있는데, 이는 송이가 함유하고 있는 작은 기공에 의한 결과로 해석된다. 일반적인 흙의 입자는 주로 결정체인 데 반해, 송이의 입자는 무수히 많은 기공을 함유하므로 건조밀도가 낮고 공극률은 높게 나타난다. 송이의 이러한 다짐특성은 최소에너지로 다짐효과를 기대할 수 있다.

그리고 직접전단시험 결과, 25회 다짐에너지인 경우 점착력은 0.24kg/cm^{2}으로, 내부마찰각은 43.3도로 나타났으며, 50회 다짐인 경우 점착력은 0.26kg/cm^{2}으로, 내부마찰각은 45.4도로 나타났다. 또한 100회 다짐인 경우 점착력은 0.29kg/cm^{2}으로, 내부마찰각은 47.6도로 나타났는데, 송이의 전단강도가 조밀한 모래 정도를 나타내고 있음을 알 수 있다. 또한 삼축압축시험 결과, 송이의 크리프 현상이 관찰되었으며, 특히 일정응력 시 발생하는 체적변형은 주로 압축의 경향을 보이며, 크리프 후 하중을 재하하였을 시는 응력의 급격한 증가현상이 나타났다.

다. 스코리아층을 포함한 암반사면 시공 사례

앞서 설명한 바와 같이 제주도는 화산암 지대라서 매우 특이한 암반사면 형태를 보이고 있다. 즉 화산 및 용암분출 당시 생성된 스코리아층에 일정 시간 후에 흘러나온 현무암체가 스코리아 상부를 덮어 그림 3-15 및 그림 3-16에서 보는 바와 같이 하부에는 연약한 스코리아층이, 상부에는 비교적 단단한 현무암층으로 구성된 복합적인 암반사면을 형성하게 된다.

그 형태는 스코리아 형태에 따라 평행한 직선을 이루거나 원호 형태를 이루는 경우도 보인다. 일반적으로 현무암층의 두께는 3~5m 정도이며, 스코리아층은 손으로도 쉽게 부서진다. 그림에서 보는 바와 같이 일부 스코리아층이 부분적으로 붕락되는 모습을 쉽게 관찰할 수 있다.

[그림 3-15] 스코리아층과 현무암

[그림 3-16] 스코리아층과 현무암

이와 같이 스코리아층을 포함한 암반사면의 경우, 하부층이 연약한 토층에 가까운 상태이므로 일반적인 암반사면과는 전혀 다른 거동특성을 보일 것으로 예상되는데, 특히 하부스코리아층에 대한 보강방안이 전체 사면의 안정성을 확보할 수 있는 대책이라고 할 수 있다. 이 현장에서는 이런 문제점을 해결하기 위하여 스코리아층 보강방안에 대한 시험시공을 실시하고 있었는데, 그림 3-18에서 보는 바와 같이 숏크리트로 보강하는 모습을 보여주고 있다. 제주도에서는 일반적으로 스코리아층에 석축을 쌓아 보강함으로써 스코리아층이 더 이상 풍화와 변질을 방지하도록 하고 있으며, 현무암층은 지면에 수평으로 흘러 수평 방향으로의 연속적인 절리가 형성되어 사면 안정성을 확보하고 있어서 별도의 보강대책을 시공하지 않음을 확인할 수 있다.

[그림 3-17] 스코리아층 숏크리트 보강

[그림 3-18] 스코리아층 보강 시험시공

3.1.6 결론

본고에서는 전형적인 신생대 지층으로 알려진 포항 지역 미고결 이암층, 경주 지역 미고결 역암층 그리고 제주도 지역의 화산암층에서의 설계 및 시공 사례를 검토하여, 그 문제점을 분석함으로써 신생대 지층에서의 암반구조물 설계 및 시공 시 합리적인 방안을 도출하였다. 그 검토 결과를 요약하면 다음과 같다.

(1) 이암층, 역암층, 화산암층과 같은 특수지질불량 구간에서 합리적인 시공을 달성하기 위해서는 먼저 대상 지질에 대한 지질특성 및 암반특성을 정확히 규명하여, 이에 대한 합리적인 보강대책을 수립해야 한다.

(2) 신생대 제3기 미고결 이암층은 풍화에 매우 민감하고, 수분 함유 시 팽창하는 특성을 가지고 있어 설계 당시 이암에 대한 공학적 특성을 파악하여 별도의 지보패턴 등을 반영, 장기적인 안정성을 확보하도록 하였다.
(3) 신생대 제3기 미고결 역암층에 대해서는 역암층의 특징을 반영한 암반 분류를 실시하고, 그 결과를 반영한 지보패턴을 설계에 반영하도록 하였으며, 시공 중 확인을 위하여 별도의 시험터널을 계획하였다.
(4) 신생대 화산암 지층에서는 화산지형의 특징인 클링커층과 스코리아층을 포함한 암반사면설계에서, 지층의 특성을 반영하여 사면설계에 반영하도록 하였으며, 특히 사면시공 시 스코리아층에 대한 보강대책을 강구하였다.

국내 대표적인 연약암반층인 신생대 지층에 대한 암반구조물의 설계 및 시공 사례를 중심으로 문제점 및 대책을 고찰하였는데, 이러한 자료들이 지반기술자들의 설계 및 시공업무에 활용되길 바라며, 향후 보다 합리적인 보강대책에 대한 체계적인 기술개발이 이루어져 한다.

3.2 이암·셰일 지층에서의 터널 및 사면 시공 시 문제점

3.2.1 서론

이암층의 경우 풍화에 매우 민감하고, 수분함유 시 팽창하는 특성을 가지고 있어 터널설계 시 주의가 요구되고, 특히 미고결 상태인 경우에는 터널시공 시 터널의 안정성 확보에 유의하여야 하며, 장기적인 터널 안정성 확보를 위한 보강대책이 요구된다.

따라서 이암층과 같은 특수지질불량 구간에서 합리적인 터널시공을 달성하기 위해서는 먼저 대상 지질에 대한 지질특성, 암반특성을 정확히 이해해야 하며, 이러한 것을 바탕으로 지반특성에 적합한 지보대책을 수립하여야 한다.

본고에서는 전형적인 퇴적암 지층으로 알려진 포항 지역 중 다양하고 복잡한 지질구조를 이루고 있는 지역에서의 안전하고 합리적인 시공 사례에 대하여 기술하고자 한다.

3.2.2 이암의 특성

가. 이암의 암석학적 특성

이암은 지질학적 단편의 65%를 차지하고 있는 가장 많은 퇴적암이다. 석유나 천연가스의 기원암이고 저류암과 대수층(지하수를 간직하고 있는 다공질 삼투성 지층)의 덮개암으로 형성된다. 또한 많은 금속의 모암이다. 또한 이암은 점토질 암석으로 알려져 있다. 이암을 이루는 입자들은 세립질이기 때문에 이암의 조직(texture), 구조(structure), 광물 성분(mineral composition)을 알아내기가 힘들다.

1) 이암의 성분(Composition)

(1) 점토 광물

이암은 평균 60%가 점토 광물로 이루어져 있다. 점토질 암석에 포함된 점토의 종류는 지층의 지질학적 시대에 따라 다르게 나타나는데, 표 3-6에서 알 수 있듯이 최근 지층일수록 팽창성 점토가 많이 포함되어 있다(D. M. Patrick and D. R. Snethen, 1975). 신생대 제3기 말에 형성된 점토질 암석을 살펴보면 팽창이 잘 되는 몬모릴로나이트를 포함한 Smectite 그룹의 점토와 Smectite-illite 점토로 이루어져 있다.

[표 3-6] 지질적 시대에 따른 점토질 암석에 포함된 팽창성 점토의 양

Age	Percent
Pliocene, Miocene	65
Oligocene	50
Eocene, Cretaceous	40
Jurassic, Triassic	20
Permian	40
Pennsylvanian	30
Upper Mississippian	40
Lower Mississippian	5
Devonian, Silurian	5
Ordovician	15
Cambrian and Precambrain	5

또한 시추공의 연구에서 Smectite와 Illite 양이 매몰 깊이에 따라 변한다는 것을 보여준다. 이는 Smectite에서 Illite로의 Diagentic 전환을 가리킨다. 같은 시기에 칼륨 장석의 양이 감소하면 아주 잔 알갱이의 석영과 처트는 증가한다.

(2) 석영

이암에서 석영의 양은 그 모양과 점토 박편의 높은 복굴절 때문에 종종 과소평가되어왔다. 석영의 Percentages는 화학작용과 X-ray 기술을 기초로 약 31%로 측정되었다. 석영은 우선 잔 알갱이 결정질의 암석에서 부서진 것이나 또는 운반되는 동안 결이 거친 석영 알갱이의 조각으로부터 유래된다. 그러나 어떤 것은 Smectite에서 Illite로 Diagenesis된 산물이기도 하다.

(3) 장석

비록 강에서 뜬 짐 형태의 장석은 45%까지 높을지 모르나, 그것은 후에 높은 환경 에너지로 파괴되고, Diagenesis로 제거되고 결국 대부분의 이암 속에서 적은 양으로 존재한다.

(4) 탄산염 광물

탄산염은 또한 이암에서 희박하다. 하나의 이암 속에 약 3.6%의 탄산염이 들어 있는 것으로 추정된다. 더 좋은 자료가 부족하기 때문에 대부분의 탄산염은 방해석(calcite)이라고 여겨진다. 그러나 Aragonite, Dolomite, Ankerite 그리고 Siderite는 이암에 들어 있는 탄산염이다. 방해석은 화학적으로 생성될 수 있고, 또는 이암 속에 묻힌 유기체로부터 생성되기도 한다.

(5) 유기물질

유기물질은 이암의 소량의 구성물질이라도 매우 중요하다. 퇴적암의 유기물질의 포함은 낮은 Eh환경(전자이동에 의한 산화환원 반응의 낮은 위치)을 요구한다. 이것은 침전지에서의 유기물질의 유입비율은 산화하는 데 유용한 산소의 양을 초과해야 한다는 의미이다. 대지의 유기물질은 범람원의 진흙, 호수 아래 그리고 늪과 소택지에 다량 존재한다. 해양분지 안의 탄층상 분지는 한정적 물의 순환을 요구하는 구조적 특징에 의해 형성된다.

유기물질이 감소한다는 조건하에서 탄소는 또한 다른 물질을 감소시킨다. 예를 들어 염화제3철은 염화제2철이 된다. 그리고 황(sulphur)은 $(SO_4)^{2-}$의 +6에서 S^{2-}의 −2로 감소한다.

감소된 철과 황은 비결정질의 철 황화물, FeS 그리고 황철광, FeS_2의 형태로 결합한다. 많은 검은 Mudrock은 황철을 함유한다.

(6) 벤토나이트(Bentonite)

벤토나이트는 화산재의 변질상태에서 형성된 Clay 집합암이다. Clay는 Smectite이다. 기원 응회암의 구성에 의거하여 Smectite는 Calcic, Sodic 또는 Potassic이 될 수도 있다. 그러나 일반적인 현무암이나 안산암질 모물질에 의해 유래된 calcic montmorillonite가 가장 일반적이다. 벤토나이트층은 한 번의 폭발이나 단시간 내의 여러 번의 폭발에 의해 생성된다. 그리고 층은 명백한 화산 기원의 다른 광물과 관계가 있다. 층의 두께는 분출구로부터의 거리에 따라 다양하다.

2) 조직(Texture)

이암은 대부분 석영이나 점토로 형성되어 있다. 각각의 입자는 너무 작아서 돋보기로 보아야 보인다. 그러나 이로 긁거나 조금씩 깨물어 약간 씹어보면 모래 같은 느낌이 들므로 실트암을 점토암으로부터 구별해내는 것은 가능하다. 이러한 방법으로 점토 입자량에서 실트질 석영 입자의 양을 다음과 같이 평가할 수 있다.

- 만약 모래 같은 마찰 느낌을 감지할 수 없으면, 점토가 암석의 2/3이상이고 이는 점토암이다.
- 만약 석영 실트는 볼 수 없지만 마찰 느낌을 감지할 수 있으면 점토가 1/3~2/3이고 이는 이암이다.
- 석영 실트 입자가 돋보기로 충분히 보이면 점토가 1/3이하이고 실트암이다.

3) 구조(Structures)

이암은 다양한 구조를 가지며 어떤 것은 단지 박편으로만 볼 수 있다. 작은 규모의 사층리(cross-bedding), 점이층리(graded bedding), 붕낙(slumping), 깎고-메우기(cut-and-fill), 구멍들(burrows), 자파쇄작용(autobrecciation)이 일어나며, 더 명백한 쪼개짐과 엽층이 나타난다. 쪼개짐(fissility)은 평행한 층리면을 따라 깨지는 이암의 성질이다. 그것은 점토 박편의 우선 방향에 기인한다. 이 쪼개지는 이암을 셰일이라 한다. 이상적으로 점토는 층리에 평행하게 놓이지만 그 정도는 부분적으로 다음과 같은 작용에 의존한다.

- 생물교란(bioturbation): 밑바닥에 사는 생물들은 침전물들 사이를 파고들고, 침전물들

을 먹고 펠렛을 분비하며 퇴적된 조직을 교란시킨다. 물의 증발 역시 이것을 돕는다. 만일 생물학적인 혼합이 퇴적률보다 10배나 빠르다면 침전물은 완벽하게 균질화될 수 있다.

- 속성작용(diagenesis): 매장되는 동안 밀압작용과 재결정작용은 쪼개짐을 만들어낼 수 있다. 그것은 낮은 등급의 변성작용 속에서 단계적으로 점판암이 되는 것인데, 셰일과 점판암이 유사한 것은 이러한 이유에서이다. 대부분의 Mudrock이 모임침전(응집)과 생물교란(bioturbation)이 우세한 해양환경에서 퇴적되므로, Diagenesis 동안 암석의 쪼개짐이 더욱 우세해진다. Smectite-illite 혼합 점토들이 Illite로 될 때 쪼개짐이 생기는 것도 역시 가능하다.

4) 색깔(Color)

점토질 암석의 색깔은 매몰질의 환경에 대한 정보를 제공한다. 어두운 계통의 암석일수록 더 많은 양의 유기질 물질을 함유하고 있는 것이다. 점토질 암석의 색깔이 붉거나 갈색, 또는 노란색일 경우 철분자가 함유되어 있다. Fe_2O_3는 붉은색, FeO(OH)는 갈색이고 갈철광(limonite)은 노란색이다. 단 몇 퍼센트의 Haematite가 짙은 붉은색을 만들어내기도 한다.

나. 이암의 물리적·공학적 성질

1) 단축강도

단축강도실험을 위해서는 시료의 획득이 중요하다. 그러나 많은 이암의 경우 온전한 시료를 얻기가 힘들다. 따라서 다른 물리적 성질(점하중 강도, 함수율, 공극률 등)과 단축강도의 관계를 나타내는 식들이 제안되었다.

- Hoshino(1981)의 제안식

$$n = Ae^{-bq}$$ (여기서, n : 공극률, q : 단축강도, A, b : 상수)

Hoshino(1981)는 제3기 지층의 일본 이암의 경우 공극률이 1%에서 단축강도는 200MPa, 10%에 110MPa, 20%에서 50MPa, 40%에서 5MPa를 가진다고 하였다. 또한 매몰 깊이에 따라 공극률 변화를 식으로 나타내었다.

$$n = n_i e^{-ch}$$ (여기서, n_i : 매몰 전 공극률, c : 다짐계수, h : 매몰 깊이)

■ Lashkariporu and Nakhaei의 제안식

G. R. Lashkariporu와 M. Nakhaei는 여러 번의 실험을 통해 얻은 자료를 분석하여 서로의 상관관계를 규명하였다. 실험을 통해 얻은 물성값들은 표 3-7과 같다.

[표 3-7] 셰일의 물리적·공학적 특성치(Lashkariporu and Nakhaei)

properties	시료 수	최소값	최대값	평균	표준편차
밀도(Mg/m^3)	60	2.201	2.710	2.521	0.106
공극률(%)	40	11.15	3.30	24.15	5.30
P파 속도	55	1.982	3.660	2.548	0.340
S파 속도	23	1.316	1.913	1.445	0.181
단축강도(MPa)	60	23.650	107.687	54.366	17.831
인장강도(MPa)	40	2.271	8.928	4.669	1.756
점하중강도(MPa)	40	1.025	4.768	2.457	0.851
슬레이킹 내구성(% retained)	25	71.4	98.85	86.82	11.14
정적탄성계수(GPa)	55	2.511	13.130	5.158	2.321
동적탄성계수(GPa)	19	9.609	23.410	13.497	3.929
정적포아송비	48	0.045	0.337	0.130	0.067
동적포아송비	19	0.067	0.221	0.261	0.058

■ 점하중강도와 단축강도와의 관계

$\sigma_c = 22.08 \mathrm{I}_{s(50)}$

여기서, σ_c : 단축강도(MPa), $\mathrm{I}_{s(50)}$: 지름 50mm에 대한 점하중지수

■ 함수율과 단축강도와의 관계

$\sigma_c = 79.51 e^{-0.39w}$

여기서, σ_c : 단축강도(MPa), w : 함수율(%)

■ 공극률과 단축강도와의 관계

$\sigma_c = 210.12 n^{-0.82}$

여기서, σ_c : 단축강도(MPa), n : 공극률(%)

■ 단축강도와 정적탄성계수와의 관계

$\mathrm{E_s} = 0.045 \sigma_c^{1.163}$

여기서, $\mathrm{E_s}$: 정적탄성계수(GPa), σ_c : 단축강도(MPa)

■ 공극률과 정적탄성계수와의 관계

$E_s = 38.9n^{-0.863}$

여기서, E_s : 정적탄성계수(GPa), n : 공극률(%)

다. 이암에서의 공학적 문제점

1) Squeezing

Squeezing이란 터널굴착 후 유도되는 응력상태가 무결암의 강도를 초과하여 무결암을 항복시켜 큰 변형을 야기하는 것을 말한다. 즉 Squeezing 현상에 의해서 터널단면은 점차 축소되고 터널의 지보에 큰 손실을 주게 된다. 여러 사람에 의해서 Squeezing을 예측하는 식들이 제안되었는데 다음과 같다.

■ Aydna et al. Method(1991)

$h \geq \frac{q_u}{2\gamma}$(h : 깊이, q_u : 단축강도, γ : 단위중량)인 깊이에서 Squeezing이 일어난다고 본다.

■ Singh et al. Method(1992)

$h > 350Q^{1/3}$(Q : rock mass quality)

터널의 크기를 고려한 식

$a^{0.1}h > 460Q^{1/3}$(Q : rock mass quality, a : 터널의 지름)

■ Bhasin et al. Method(1996)

접선응력과 암반의 압축강도의 비로써 안정계수(stability factor)를 구하고 그 값으로 Squeezing의 정도를 나타내었다.

Stability factor = $\frac{\sigma_\theta}{\sigma_{cm}}$

(σ_θ: tangential stress, σ_{cm}: rock mass compressive strength)

[표 3-8] Squeezing 등급(Grimstad and Barton, 1993)

Degree of squeezing	Stability factor($\sigma_\theta/\sigma_{cm}$)
Non-squeezing	< 1
Mild to moderate squeezing	1~5
Heavy squeezing	> 5

Squeezing에 영향을 미치는 요인들로는 암반의 강도, 응력상태, 터널축과 불연속면의 방향, 공극수압, 굴착방법, 지보재의 강성을 들 수 있다(S. C. Sunuwar and R. J. Fowell).

2) Swelling

팽창성이 강한 점토를 함유한 이암이 물과 만나게 되면 Swelling 현상이 일어난다. Swelling pressure는 터널의 Lining에 압력을 주어 터널의 안정성에 영향을 미친다. Swelling 현상을 막기 위해서는 터널로의 지하수 유입을 차단하는 것이다.

3) 슬레이킹

표면에 노출된 이암은 슬레이킹이 일어나므로 가능한 한 빨리 노출된 암석을 보호하는 것이 중요하다.

라. 포항 지역의 이암의 특성

국내에서 보고된 포항 지역의 이암의 물리적·역학적 특성을 살펴보면 다음과 같다.

- 포항 지역 이암의 크리프 특성에 관한 연구 보고서(서울대학교 에너지·자원 신기술 연구소, 1994)

[표 3-9] 포항 이암시료의 물성값

Sample No.	Depth (m)	단축강도(kg/cm²)	탄성계수(×10⁴kg/cm²)
1B-2-1	12.0~12.5	53	0.89
1B-2-2	13.2~13.5		
1B-3	18.0~18.5 16	67	1.21
4B-2	16.5~17.2	74	1.07
36B-2	14.9~16.4	60	1.11

[표 3-10] 포항 이암시료에 대한 Burger 모형의 모형정수

Sample No.	σ_0 (kg/cm²)	σ_0/S_0	E_m (×10⁴kg/cm²)	η_m (×10¹⁴poise)	E_k (×10⁴kg/cm²)	η_k (×10¹⁴poise)	Creep rate (×10⁻⁴hr)
1B-2-1	30	0.57	1.11	3.23	7.5	2.29	1.0
1B-2-2	47	0.89	1.21	0.35	1.51	0.16	16.2
1B-3	43	0.64	1.16	4.28	14.33	3.47	1.21
4B-2	51	0.69	0.51	0.83	4.45	0.44	7.38
36B-2	40	0.67	1.11	4.03	13.3	1.99	1.2

■ 포항 지역 Mudsoton 및 대구 지역 Black shale의 물리·역학적 특성에 관한 연구(이승재·노상림·윤지선, 2001)

[표 3-11] 이암의 강도

state	Mudstone		
	Natural	Dry	Wet
Uniaxial compressive strength(Average)(kgf/cm^2)	174	209	53

[표 3-12] 슬레이크 내구성 실험 결과

· 팽창압: 0.03~0.18kgf/cm^2
비구속 상태에서의 팽창변형률: 횡방향(층리면 평행) 0.039~0.388%
축방향(층리면 직교) 0.561~0.642%

rock type	Slake durability Index(%)	5℃			20℃			35℃		
		pH5	pH7	pH9	pH5	pH7	pH9	pH5	pH7	pH9
Mudstone	I_{d2}	98.85	98.65	98.69	98.59	98.16	98.32	98.19	98.24	98.10
		98.98	99.03	99.08	98.91	98.52	98.60	98.12	97.06	98.60
		98.92	98.81	98.82	98.65	98.30	98.41	98.14	98.06	98.41

3.2.3 터널시공 사례

가. 개요

대구-포항 광역권과 환태평양 경제권의 전초기지인 포항 신항만을 지원하기 위한 간선축으로 대구광역시 동구 도동 경부고속도로에서 분기하여 경북 포항시 남구 연일읍 학전리 포항국도 대체 우회도로에 접속되는 68.420km의 4~6차로 고속도로 신설공사 중 경주시 강동명 다산리(65.200km)에서 포항시 남구 연일읍 달전리(66.135km)에 위치한 굴착연장 935m의 2차선 상·하행병설 다산터널은 중생대 백악기 퇴적암류로부터 신생대 제3기의 미고결 퇴적암류에 이르는 다양하고 복잡한 지질구조를 이루고 있다.

또한 터널중앙에는 최대 120m, 최소 30m로 예상되는 단층파쇄대가 추정(우리나라 남동지역의 대표적 단층으로, 최근 활성단층의 논란대상인 양산단층 지역과 근접 위치함)되며, 지하수위가 높고 피압수가 존재한다.

특히 신생대 제3기 미고결퇴적암(이암)은 구성광물을 이루는 몬모릴로나이트의 영향으로 팽윤이 잘 일어나며, 수분 흡수 시 급격히 풍화되어 토사화되는 성질(slaking)이 있고, 선구도 분석 결과도 절리나 층리의 주불연속면 경사 방향이 터널 굴진에 불리하게 평가되는 등 터널설계 및 시공 시 굴착방법, 지보형식, 보조공법적용 등에 세심한 배려가 요구되고 있다.

이에 터널구간별로 기반암의 종류에 따라 지질특성을 정리하고 이를 고려한 설계현황과 실시공과정에 대하여 소개하고자 한다.

나. 지질특성

1) 지질현황

이 터널의 지질은 중생대 백악기의 퇴적암류로부터 신생대 제3기의 미고결퇴적암(이암)류에 이르는 복잡한 지질구조를 가지고 있으며 터널부분에서의 기반암의 종류에 따라 구간별로 정리하면 다음과 같다.

(1) 터널시점(65+200)~65+500

- 기반암: 중생대 백악기 퇴적암류(대구층)
- 지질특성: 본 퇴적암류는 Purple shale, Greenish gray sandstone으로 구성되는 층으로 대구층에 속한다. 부분적으로 규장암(felsite)의 관입이 있으며 그 관입 방향은 터널 입구 측 노두에서는 350/88로 수직적인 관입접촉면을 보인다. 또한 다산터널 서측 약 2km지점에 발달하는 NNE-SSW 방향의 양산단층의 파생단층의 영향을 받고 있다. 퇴적암의 대부분을 차지하고 있는 셰일은 그 강도가 사암에 비하여 약해서 단층의 영향을 받은 지역에서는 심하게 파쇄되어 있는 양상을 보인다. 따라서 이 구간에서는 선구조는 단층대 또는 단층작용 시 수반되는 전단대의 발달이 매우 심한 특성을 보이고 있다. 7+120에서부터 규장암과는 관입으로 접촉하고 있다.

(2) 65+500~65+735

- 기반암: 중생대 백악기 규장암(felsite)
- 지질특성: 이 암은 위의 대구층을 관입접촉하고 있으며 터널 내에서의 맥폭은 약 72m로 두꺼운 편이다. 암석의 특징은 세립-미정질의 화산암으로 암색은 유백색-황갈색을 띠며, 구성광물은 규정질로 거의 미정질의 석영, 장석으로 구성되어 있어 풍화에 강한 특성을 보인다. 단층에 의한 파쇄작용을 받을 시 그 파쇄대에서 풍화가 잘 일어나지 않아 점토성분이 거의 없어서 투수계수가 상대적으로 높은 것이 특성이다. 따라서 본 구간에서는 지하수에 대해 세밀하게 고려해야 한다.

(3) 65+735~65+970

- 기반암: 중생대 백악기 퇴적암류(대구층)
- 지질특성: 이 암석은 터널입구에 분포하는 퇴적암류와 동일의 지층으로 구성되어 있으나, 터널입구에 비하여 파쇄 정도가 더 심한 것으로 판단된다. 이는 65+760 부근에 발달하는 단층에 의한 영향으로 판단된다.

(4) 65+970~66+090

- 기반암: 신생대 제3기 화산암류(응회암질암)
- 지질특성: 이 암류는 중생대 백악기의 퇴적암류를 부정합으로 접촉하고 있는 화산암류로 왕산층에 대비되는 것으로 판단된다. 본 층은 기존 포항지질도(국립지질조사소, 1964, 엄상호 등)에서는 언급하지 않았지만 윤선(1989, Wangsan Dacitic Volcanics), Shimazu et al.(1990)에 의하여 명명된 지층으로, 당초 Tateiwa(1924)에 의하여 경상계의 암석으로 기재되었지만 연대측정을 통해 에오신초에 속하는 응회암질암으로 경상계를 부정합으로 덮고 있는 지층으로 주장되었다.

따라서 마이오신에 속하는 후기 퇴적암의 베이스를 이루고 있는 암석이다. 이 암은 주로 담녹색을 띠는 응회암질 부분과 담황색 내지 담갈색을 띠는 응회암질 안산암이 주를 이루는 화산암복합체(volcanic complex)를 이루고 있는 것으로 추정된다.

(5) 66+090~터널입구(66+135)

- 기반암: 신생대 제3기 퇴적암류(미고결이암)
- 지질특성: 본 층은 이 구간에서부터 노선의 종점부에 이르기까지 넓게 발달하는 퇴적암류로, 완전한 속성작용(diagenesis)를 받지 않아 미고결 상태를 보이는 퇴적성연암으로 구성되어 있다. 암석의 종류는 역암, 사질이암, 이암이 나타나고 있으나, 역암은 그 층후가 10m내외로 매우 얇으며 대부분은 이암 및 사질이암으로 구성되어 있다. 층서적으로는 학림층 및 홍해층에 속하며 양자 간의 차이는 암상의 차이로 공학적인 관점에서 살펴보면 비슷한 상태를 보인다.

퇴적성연암은 퇴적물이 굳어져 암석이 되는 과정에 있는 아직 굳지 않은 암석으로 비교적 균열이 적고, 있다 해도 암체의 역학적 성상에는 그리 영향을 주지 않기 때문에 흙과 같이 연속체에 준해 취급할 수 있으며, 암석이나 흙과 달라서 굴착할 때는 암체의 성질이 급속히 변하고, 그 정도가 크다. 또 암석과 달리 함수상태의 변화에 대해서 민감하지만, 흙과도 다른 성상을 나타낸다. 따라서 미고결퇴적암과 같은 연암의 성질을 다루는 경우에는 강도, 변형성 등의 특성 이외에 함수상태 및 열화하기 쉬움의 4가지를 총괄적으로 고려하는 것이 중요하다.

미고결이암은 구성광물이 거의 점토광물로 구성되며 이 점토광물의 종류에 따라 공학적 성질이 매우 달라진다. 따라서 점토광물 및 구성광물을 파악하기 위하여 이 터널구간 및 노선후반부 절취사면측의 미고결이암에 대하여 X-ray 회석분석(XRD)을 실시하였다. 그 결과 중생대 백악기의 셰일(TB-4)은 석영(quartz), 장석(feldspar), 운모(mica), 방해석(calcite), 녹니석(chlorite)이 구성광물로 나타났으며, 신생대 제3기의 미고결 이암(TB-8)에서는 몬모릴로나이트(montmorillonite), 석영, 장석, 운모가 구성광물로 나타났다. 미고결이암 중의 구성광물을 이루는 몬모릴로나이트는 특히 팽윤이 잘 일어나는 대표적인 광물로 이에 대하여 swelling test 및 slaking-durability를 실시하였으며 그 결과는 다음 표 3-13, 표 3-14와 같다.

[표 3-13] 이암의 swelling 시험 결과

specimen ID.	Rock type	Size of specimen Dx L(mm)	Swelling Strain(5)	Depth	Composition
CB-7-S-1	Mudstone	51.8X24.3	1.0	10.5~10.8	Clay(70%)+Sand(30%)
CB-7-S-2	Mudstone	51.4X23.3	4.5	19.6~19.8	Clay(90%)+Sand(10%)
TB-8-S-3	Mudstone	49.8X20.5	6.4	17.5~17.7	Clay(95%)+Sand(5%)
TB-8-S-4	Mudstone	49.4X22.4	6.0	23.4~23.6	Clay(95%)+Sand(5%)

위의 결과를 분석하면 Swelling strain은 1.0~6.4%로 나타나고 있으며 이 범위는 넓은 편이나 실제 암석 중의 clay의 함량에 따른 차이로 나타나고 있으며 지역적인 분포에 의한 차이는 없는 것으로 사료된다.

Slaking test는 터널설계 및 사면의 안정성 평가를 위하여 각각 대표되는 시료에 대하여 시험하였다. 시험은 국제암반역학회(International society for rock mechanics)의 기준에 의하여 실시되었으며 그 결과는 다음과 같다.

[표 3-14] 이암의 슬레이킹 시험 결과

specimen ID.	Id_1	Id_2	Depth	Classifcation (Franklin)	Classifcation (Gamble)
CB-7-S-1	93.29	90.21	10.5~10.8	Very high	Medium high durability
CB-7-S-2	90.65	83.83	19.6~9.8	High	Medium durability
TB-8-S-3	85.81	72.64	17.5~17.7	Medium	Medium durability
TB-8-S-4	86.49	74.29	23.4~23.6	Medium	Medium durability

표 3-14를 분석하면 Id1은 85.81~93.29의 범위로 나타나고 있으며 Id2는 90.12~72.64의 범위에 나타나고 있으며 Franklin의 분류에 따르면 CB-7-S-1은 very high에 CB-7-S-2은 High에 TB-8-S-3과 TB-8-S-4는 Medium에 속한다. Gamble의 분류에 의하면 CB-7-S-1은 Medium high durability에 속하고 그 외는 Medium durability에 속하여 양자 간의 분류방법을 통하여 볼 때 본 지역에서 Slaking durability는 대체로 Medium 정도에 속하는 것을 알 수 있으며, 암석중의 Clay의 함량에 따른 차이에 의하여 내구성이 변하는 것으로 판단되며 시추공의 거리상의 변화나 심도별의 변화에 의한 차이는 없는 것으로 사료된다.

2) 선구조분석

다산터널의 입구에서의 절리계는 이 터널의 서측 약 500m에서 남북으로 발달하는 단층(양산단층)의 영향으로 인하여 많은 수의 Minor fault의 발달이 있다. 다산2교 A-3, 4번 근처의 노두에서 발달하는 단층군중 일부 단층은 그 방향이 다산터널 입구로 진행하고 있으나 연장성은 확인이 불가한 상태이다. 또한 다산터널 입구에서 시추한 결과 단층대의 영향을 받고 있는 것으로 판단되나, 그 방향성은 파악이 불가능하며 Fault gauge가 다수 협재되어 있어 이 Gauge가 사면의 안정성에 영향을 끼칠 수 있다.

지표지질조사 시 산출된 선구조를 이용하여 DIPS로 사면의 안정성을 살펴본 결과 시점부 갱구사면의 경우 층리는 사면의 방향과는 반대이지만 양산단층의 영향으로 심하게 패쇄되어 있어 사면의 안정에 영향을 미칠 것으로 판단된다.

단층을 포함하는 절리의 방향은 사면의 방향과 같으나 그 경사가 75~80도로 사면의 경사에 비하여 커서 안정에 영향을 미치지 않을 것으로 판단된다. 하지만 단층면 및 절리면이 산출된 부분이 터널입구에서 이격이 되어 있어서 그 방향 및 경사가 부분적으로 달라질 수 있으므로 이를 고려하여야 한다.

출구 측의 기반암은 신생대 제3기의 미고결퇴적암으로 주로 이암 및 이에 부분적으로 교호되는 사질이암으로 구성되어 있다. 이 미고결퇴적암은 퇴적암의 속성작용을 완전히 받지 못한 상태로 강도가 일반적인 퇴적암에 비하여 떨어지며, 팽윤성이 강하여 대기에 노출될 경우 강도가 현저히 떨어지는 경향을 보인다. 또한 퇴적암 내에 퇴적 당시에 형성된 슬럼프 구조가 많이 발달했으며 주로 단층형 및 습곡형을 띠고 있어 부분적으로 층리가 교란이 심한 지층이다.

지표지질조사 시 측정된 층리는 일정한 영역에 들어가 있어 대규모적인 슬럼프 구조의 발달은 없는 것으로 판단되지만 소규모적인 현상은 전체적인 층리에 포함될 수 있다.

출구부 터널사면에 대한 안정성을 파악하기 위하여 dips를 이용하여 Plot한 결과 Daylight zone에 일부 층리가 포함되므로(1 : 1.2 이하) 층리에 대한 주의가 필요하다. 또한 이 노선 인근에 위치한 국도의 절취사면의 구배가 1 : 1.2로 이루어졌지만 사면 내에서 진행성 파괴가 발생하고 있는 점 등을 감안하여 한계평형식에 의해 분석한 결과 사면을 1 : 1.5로 경사를 낮출 경우 안전율은 (건기 : 1.870 , 우기 : 1.728)로 산출되므로 안정할 것으로 판단된다. 터널에서의 선구조와 터널 굴진 방향에 따른 관계는 표 3-15와 같다.

[표 3-15] 터널에서의 선구조와 터널굴진 방향에 따른 관계

구분	시점부	종점부	비고
주불연속면	187/72(J1) 161/76(J2) 263/75(J3) 78/35(B)	130/85(J1) 333/75(J2) 164/27(B)	J는 절리 B는 층리
터널 굴진 방향	90	270	
평가	불리	불리	

3.2.4 터널설계

다산터널 구간은 지반의 생성과정에서 상당한 지각변동을 받았으며, 우리나라 남동 지역의 대표적 단층으로 최근 활성단층의 논란 대상인 양상단층 지역과 근접하여 있다. 지반조사 결과 시점부 및 중앙부에서 단층파쇄대를 확인하였으며, 종점부에서는 신생대 제3기의 이암이 존재하고 불연속면의 경사 방향은 터널굴착 시 안정성에 불리한 방향으로 발달해 있다.

특히 이암은 고결상태가 불량한 팽창성 지반으로, 수분흡수 시 급격히 약화되어 토사화하는 성질이 있으므로 터널설계 및 시공 시 적절한 보강방법을 강구해야 한다.

따라서 이 터널에 적용할 지보형식 및 굴착방법은 연약한 암반과 단층파쇄대의 특성을 고려할 때, 기본의 표준패턴을 적용하기에는 안전성 면에서 문제가 있을 것으로 판단되므로 연약암반에 적용 가능한 지보형식 및 굴착방법 등을 추가하여 터널의 안정성을 확보하도록 설계하였다.

가. 암반분류 결과 및 적용지보패턴

한국도로공사, 한국기술용역협회, 서울지하철 및 고속철도에서의 암반분류기준을 참고로 하여 시추조사, 실내시험 결과 등을 종합한 구간별 RMR분류 결과 및 적용지보패턴은 표 3-16과 같다.

[표 3-16] 암반분류 및 적용지보패턴

구간	연장 (m)	RMR분류		지보패턴
		등급	구분	
STA.65+200~STA.65+220	20	V	매우 불량	6(A)
STA.65+220~STA.65+250	30	V	매우 불량	5
STA.65+250~STA.65+280	30	V	매우 불량	5(B)
STA.65+280~STA.65+340	60	IV	불량	4
STA.65+340~STA.65+400	60	III	보통	3
STA.65+400~STA.65+450	50	IV	불량	4
STA.65+450~STA.65+510	60	V	매우 불량	5(B)
STA.65+510~STA.65+550	40	IV	불량	4
STA.65+550~STA.65+610	60	V	매우 불량	5(B)
STA.65+610~STA.65+640	30	IV	불량	4
STA.65+640~STA.65+680	40	III	보통	3
STA.65+680~STA.65+710	30	IV	불량	4
STA.65+710~STA.65+750	40	V	매우 불량	5(B)
STA.65+750~STA.65+790	40	V	매우 불량	5(A)
STA.65+790~STA.65+830	40	V	매우 불량	5(B)
STA.65+880~STA.65+940	50	V	매우 불량	5
STA.65+940~STA.66+000	60	IV	불량	4
STA.65+940~STA.66+000	60	V	매우 불량	5
STA.66+000~STA.66+060	60	IV	불량	4
STA.66+060~STA.66+080	20	V	매우 불량	5
STA.66+080~STA.66+105	25	V	매우 불량	5(A)
STA.66+105~STA.66+135	30	V	매우 불량	(B)

나. 지보패턴

이 터널에 적용한 지보패턴은 표 3-17과 같으며, 구간별 지보패턴은 그림 3-19와 같다.

[표 3-17] 터널 지보패턴

구분	타입	내부 라이닝 두께 (cm)	숏크리트 두께 (cm)	록볼트			강지보재		1회 굴진장 (m)	굴착 방법	설계 연장 (m)
				길이 (m)	간격 횡방향 (m)	간격 종방향 (m)	규격	간격 (m)			
일반구간	3	30	8	4.0	1.5	2.0	–	–	2.0	전단면	100
	4	30	12	4.0	1.5	1.5	H-100×100×6×8	1.5	1.5/3.0	반단면	330
	5	30	16	4.0	1.5	1.2	H-100×100×6×8	1.2	1.2/1.2	반단면	160
	5(A)	30	20	4.0	1.0	1.0	H-100×100×6×8	1.0	1.0/1.0	반단면 (상반링컷분할)	65
	5(B)	30	16	4.0	1.0	1.0	H-100×100×6×8	1.0	1.0/1.0	반단면	230
갱구부	6(A)	30	16	4.0	0.6	0.6	H-100×100×6×8	0.6	0.6/0.6	반단면	20
	6(B)	30	20	4.0	0.6	0.6	H-100×100×6×8	0.6	0.6/0.6	반단면 (상반링컷분할)	30

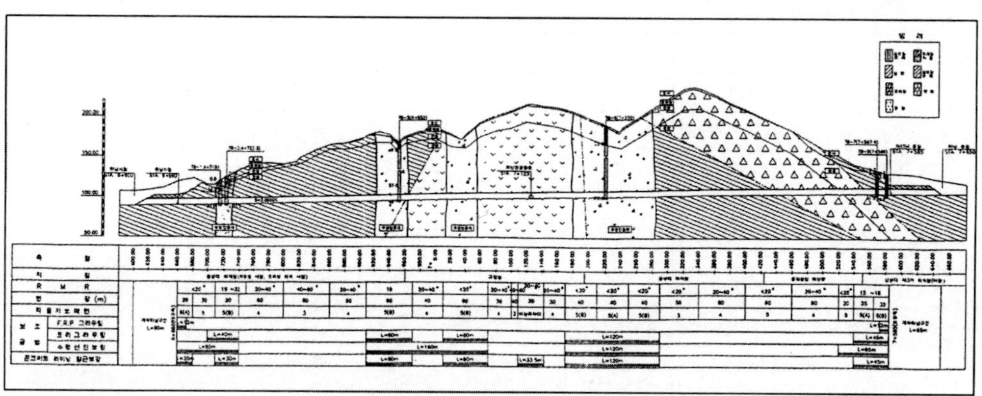

[그림 3-19] 암반분류와 지보패턴

1) 이암구간의 지보패턴

단층파쇄대 및 미고결 팽윤성 이암을 포함한 연약 내지 연약암반 지대에는 기존 도로공사 표준지보 형식만으로는 터널시공의 안정성에 문제가 있을 것으로 판단되어 타입-5, 타입-6(갱구부 지보평식)을 변형한 4개의 새로운 지보형식 타입-5(A), 타입-5(B), 타입-6(B)을 추가하여 설계에 반영하였다.

표준지보에 추가된 지보형식을 요약하면 표 3-18과 같으며 타입별 표준단면도는 그림 3-20과 같다.

[표 3-18] 추가 지보형식

지보형식		Type-5(A)	Type-5(B)	Type-6(A)	Type-6(B)
대상지반		팽윤성이암 및 대규모 단층점토대	단층파쇄대	갱구부	팽윤성 이암대의 갱구부
굴착	굴착공법	상·하반 분할굴착 상반 Ring cut 굴착 상하 인버트 설치	상·하반 분할굴착	상·하반 분할굴착	상·하반 분할굴착 상반 ring cut 굴착 상하 인버트 설치
	굴진장	1.0m	1.0m	0.6m	0.6m
보조공법		수평선진보링 프리그라우팅 포어폴링(Fore poling)	수평선진보링 프리그라우팅 포어폴링	강관다단그라우팅 수평선진보링	강관다단그라우팅 프리그라우팅 수평선진보링 포어폴링
라이닝		철근콘크리트	철근콘크리트	철근콘크리트	철근콘크리트

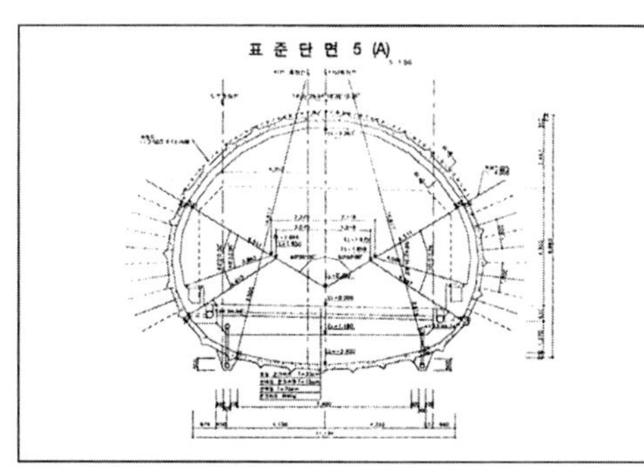

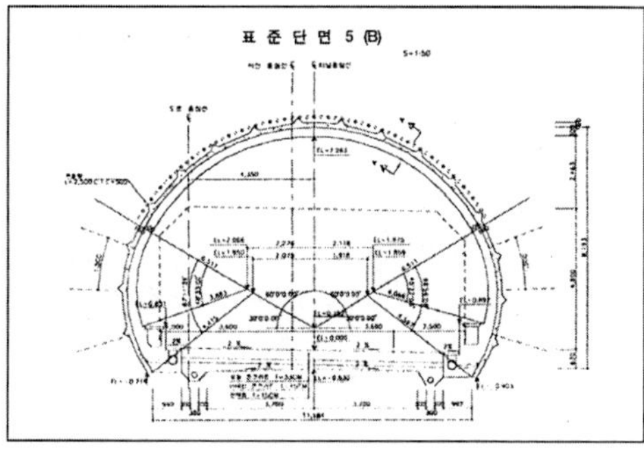

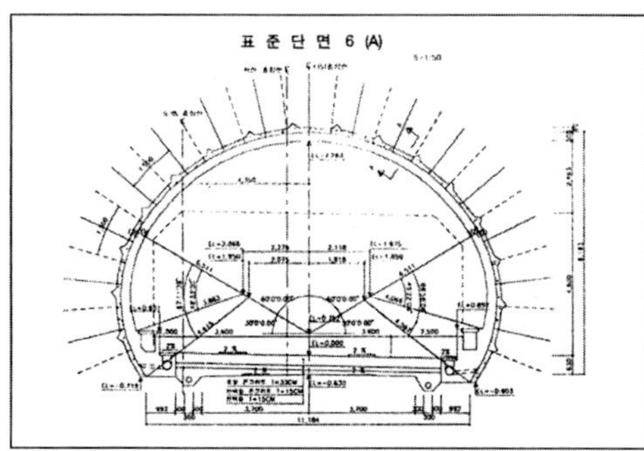

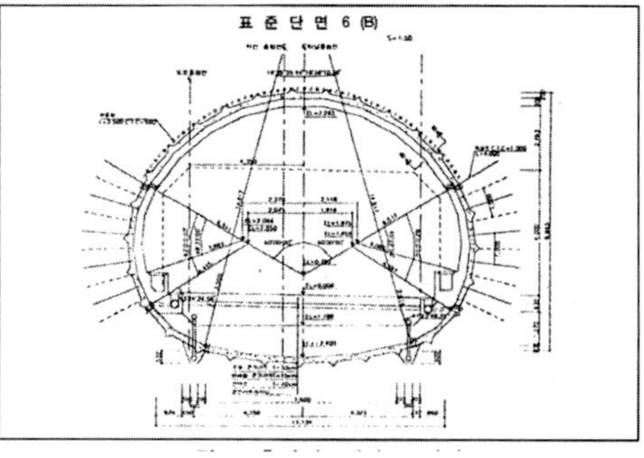

[그림 3-20] 추가지보패턴

3.2.5 터널시공

가. 막장지질 및 조사

그림 3-21은 본 터널구간에서 나타나는 전형적인 암석의 모습인데, 굴착 당시에는 상당히 견고했으나, 햇볕에 노출되고 시간이 지남에 따라 풍화되고 완전히 부스러진 모습이다. 그림 3-22는 터널막장에서 관찰되는 흑색 사질이암의 모습인데, 미고결 상태라서 쉽게 부스러지며, 암반 상태가 매우 불량해서 터널 막장의 안정성을 확보하기 위한 보강공이 필요한 상태이다.

[그림 3-21] 터널구간에서 나타난 각종 암석들(안산암, 사암, 역암, 이암, 응회암류)

[그림 3-22] 터널 막장사진

이 터널은 암질이 매우 불량하고 지질변화가 심하기 때문에 전방 지질에 대한 평가가 매우 중요하다. 따라서 지질이 불량한 구간에 대하여 터널막장에서 수평선진보링을 실시하였으며, 막장전방 20m지점까지 암석코어를 획득하여 암질 및 절리상태로부터 암반의 상태를 평가하여 지보대책을 수립하고 터널공사의 안전성을 도모하였다.

나. 굴착 및 지보

이 터널에서의 굴착방법은 브레커에 의한 기계굴착으로 암반굴착을 수행하고 있다. 이는 암석의 강도가 약하고, 미고결 퇴적암층으로 층리 및 절리가 발달해 있어 브레커에 의한 굴착이 가능하기 때문이다. 그림 3-23은 브레커에 의한 터널굴착의 모습이다.

[그림 3-23] 브레커에 의한 기계굴착

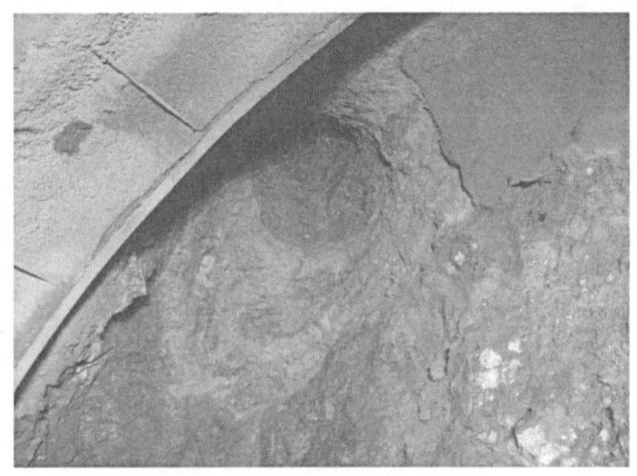

[그림 3-24] 숏크리트 타설

이 터널에서는 일반적으로 사용되는 습식 숏크리트를 사용하였으며, 그림 3-24는 숏크리트를 타설하는 장면이다. 그리고 시공 중 가장 큰 애로사항의 하나는 록볼트 시공이다. 즉 점보드릴을 천공한 후 당초에는 충진형 록볼트로 설계되었으나, 암질이 불량하여 천공홀 형성이 잘 안 되었고, 충진재 삽입 후 록볼트 삽입이 잘되거나 충분한 섞이지 않아 시공이 제대로 되지 않았다. 이에 현장에서는 록볼트 삽입 후 주변공을 시멘트밀크 그라우팅하여 시공하였으며, 록볼트 인발시험 결과 충분한 인발력을 확보할 수 있었다.

다. 보강공

이 터널에서는 암질이 불량한 구간, 특히 이암구간에 대한 보조공법으로써 프리그라우팅과 포어폴링을 적용하였으며, 이암구간 중 갱구부나 암질이 매우 불량한 구간에는 강관다단 그라우팅공법을 채택하였다. 그림 3-25는 천단에 시공된 강관 보강그라우팅의 시공장면이다. 그림 3-26은 이암구간에 설치된 인버트 콘크리트 시공장면이다.

[그림 3-25] 이암구간 강관 보강그라우팅

[그림 3-26] 이암구간 인버트 콘크리트

3.2.6 암반사면

가. 암반사면 시공 사례 I

1) 지질개요

(1) 암석 특성

이 지역은 사암과 셰일로 구성된 전형적인 퇴적암 지층으로, 사암과 셰일이 교호하고 있으며 퇴적암 지층의 특징은 층리구조(bedding planes)을 잘 보여주고 있다.

사암(sandstone)의 경우 상부에는 미고결층을 형성하고 있어 암석의 내구성이 매우 약하고 굴착면의 노출로 인하여 풍화가 급속히 진행, 암반의 지지력이 매우 약한 상태로 조사되었다. 또한 셰일(shale)의 경우 점토와 같은 미립자들이 쌓여 만들어진 퇴적암으로서 초기 굴착 시에는 매우 견고한 상태를 유지하지만, 자연상태에 노출되면 풍화가 진행되고 특히 물이 공급되면 내구성이 현저히 저하되어 쉽게 쪼개지거나 부스러지는 공학적인 특성을 보여주고 있다.

(2) 불연속면의 특징

퇴적암의 경우 모래나 진흙이 쌓이면서 만들어진 층리면을 형성한다. 이러한 층리면은 일종의 암반불연속면(rock discontinuity)으로, 연약면을 만들어 이면을 따라 쉽게 분리되는 특징을 가지며, 물의 침투가 용이하여 풍화변질이 빨리 진행되므로 층리면을 따라 사면 활동이나 붕괴 등이 잘 일어난다.

또한 층리면에 대한 수직 방향으로 수직절리를 형성하게 된다. 이는 층리면이 일정한 간격으로 쌓인 얇은 층구조를 형성하기 때문에 수직 방향으로 쉽게 부러지는 역학적인 특성을 반영한 결과이며, 이 지역에서도 이러한 특징은 매우 잘 나타나고 있음을 볼 수 있다. 이 지역은 층리면과 직각 방향으로 형성된 두 개의 수직절리가 주불연속면이라고 할 수 있다. 그림 3-27은 이 사면이 붕괴한 직후의 모습이다.

[그림 3-27] 암반사면 붕괴 직후의 모습

2) 사면안정성 검토

(1) 사면현황

STA.6+658 지점에서 1차적으로 사면붕괴가 발생하여 붕괴된 암반을 걷어내고 그림 3-28과 같이 암반사면 구배를 완화하여 공사를 진행하던 중, 사면의 상단부에서 부분적으로 암반이 이완(절리, open)되고 인장균열이 관찰되며 그 상태가 계속 진행되는 바, 이에 대한 적절한 대책을 수립하기 위한 것이다.

[그림 3-28] 사면구배 완화 후의 모습

(2) 붕괴원인 분석

이 지역은 1차적으로 사면붕괴가 발생한 곳이다. 사면붕괴가 발생하면 붕괴된 지반은 완전히 이완되어 지지력을 상실한다. 특히 붕괴특성상 사면의 하부지반에 영향을 미치게 되며, 이 지역 퇴적지층의 경우 층리와 같은 불연속면의 연속성이 잘 발달해 있기 때문에 1차 붕괴가 주변 지반에 끼치는 영향은 매우 크다고 판단된다.

또한 붕괴된 토체를 걷어내면서 하부지반이 비어 있는 상태를 유지하게 되었고, 이로 인해서 상부지반을 지지할 수 없게 되면서 이완이 진행되었다. 지반이 이완되면서 절리와 층

[그림 3-29] 암반사면 상부지반의 모습

[그림 3-30] 암반사면 상부지반의 인장절리

리가 오픈되었고, 이러한 지반이완의 범위가 커지면서 상부지반에 인장균열(tension crack)이 발생한 것으로 판단된다(그림 3-29~3-32).

그림 3-31과 3-32에서 보는 바와 같이 인장절리의 폭과 깊이로 판단해보면 지반의 이완은 이미 상당히 진행된 상태로 지반 자체의 지지력을 상실한 상태로 추가 붕괴될 것으로 판단된다.

[그림 3-31] 파괴형태 및 규모조사(1)

[그림 3-32] 파괴형태 및 규모조사(2)

당초 인장균열은 사면과 도로가 만나는 지점에서 관찰되었고, 그 폭과 범위가 작게 나타났으나, 현재 인장균열은 도로 안쪽까지 확대된 상태로 지반이완의 범위가 점점 커지고 있는 것으로 보인다(그림 3-33, 3-34).

이 지역은 1차적으로 사면붕괴가 발생하면서 하부지반이 지지력을 상실하게 되었고, 붕괴된 토사를 걷어내어 하부지반이 오픈되면서 상부지반이 이완되어 주변 절리가 오픈되었고,

[그림 3-33] 사면의 전체 모습

[그림 3-34] 붕괴 이전의 사면의 모습

이완범위가 확대되면서 상부도로지반에 인장균열이 발생한 것으로 보이며, 추가적인 붕괴 위험이 있다고 판단된다.

3) 안정성 검토

이 검토에서는 층리면과 절리 그리고 사면 방향에 대한 평사투영해석을 실시하여 암반사면에 대한 안정성 검토를 실시하였다.

그림 3-35에서 보는 바와 같이 층리면의 경사 방향과 사면의 경사 방향이 60도 이상 교차하고 있고, 2개의 수직절리와의 경사 방향과는 많이 엇갈리고 있어 평면파괴의 가능성은 매우 적은 것으로 나타났다.

그러나 층리면과 수직절리의 교차로 인하여 발생하는 쐐기파괴에 대하여 검토한 결과,

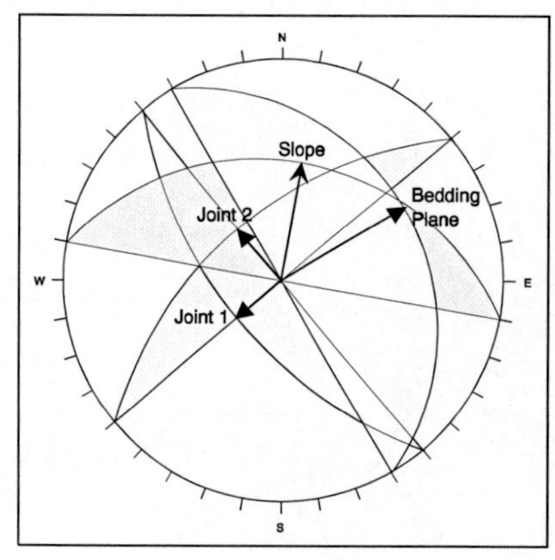

[그림 3-35] 평면파괴 검토

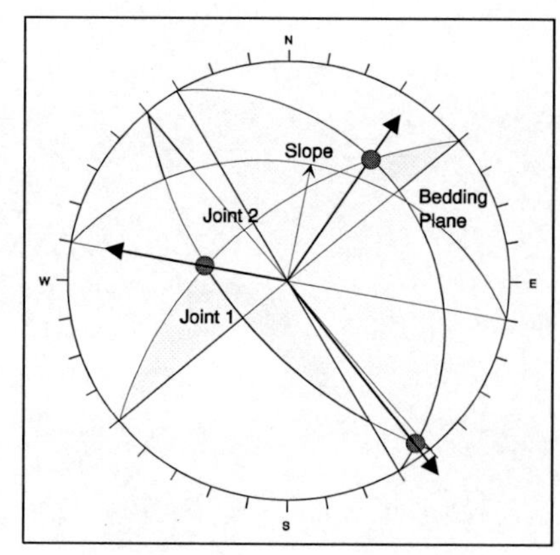

[그림 3-36] 쐐기파괴 검토

그림 3-36에서 보는 바와 같이 층리와 수직절리 1과의 교차점이 사면의 경사 방향과 20 이내로 쐐기파괴의 가능성이 있음을 알 수 있다. 그러나 층리면과 수직절리 2, 수직절리 1과 2는 쐐기파괴의 가능성이 매우 낮음을 볼 수 있다.

또한 수직절리 2는 층리면과 수직절리 1에 의해 발생하는 암반쐐기에 대하여 상부에서 암반을 끊어주는 역할을 하고 있음을 확인하였다.

4) 대책 검토

이 사면의 경우 암반면의 계속적인 자연노출은 암반을 풍화 변질시켜 사면의 불안정성을 야기할 수 있으므로 사암과 셰일의 풍화를 억제하기 위한 표면 보호공을 가능한 한 빨리 시공하는 것이 바람직하다. 현재 설계된 Seeding 공법으로는 이 사면의 장기적인 안정성을 확보할 수 없다고 판단되므로 이 지역의 지질특성을 고려한 표면 보호공이 필요하다.

이 지역의 지질은 층리가 연속적으로 발달한 전형적인 퇴적암 구조로서, 공사기간 또는 준공 후에도 계속적으로 안정성을 확보하기 어려우며, 특히 시점부 터널굴착이 시작되면 암반의 이완 등으로 갱구사면의 불안정성이 나타날 것으로 예상되므로 이에 대한 전반적인 보강대책이 필요하다. 사면 대책공법은 Concrete 옹벽공, Gabion 공법, Soil nailing 공법 등이 검토될 수 있으며, 이 중 Concrete 옹벽공이 추천된다.

이 사면의 경우 계속적인 노출로 인한 풍화변질로 사면의 불안정성을 야기할 수 있으므로 이를 억제하기 위한 표면보호공(녹생토 등)을 시공해야 하며, 또한 장기적인 사면의 안정성을 확보하기 위하여 록볼트 + 숏크리트 대책공이 전체적으로 검토되어야 할 것이다. 현재 사면의 안정성은 확보되었다고 할 수 없는 상태이므로 적절한 보강공이 시공되기 전에는 계속적인 관찰을 주의 깊게 실시하여 암반의 이완 및 거동상태를 점검하도록 한다.

나. 암반사면 시공 사례 II

1) 지질개요

이 지역은 중생대 백악기 말 퇴적암으로 구성된 대구층과 후기에 관입한 화강암, 퇴적암의 열수변질작용에 의한 변성대 및 이를 기반암으로 신생대 4기 지층으로 구성되어 있다.

이 조사구간은 사암을 기반암으로 셰일, 이암, 석회암 등 퇴적암류(그림 3-38)가 주를 이루며, 풍화상태에 따라 역학적 특성을 달리하는 암층과 토층으로 점이적인 경계를 이루고 있다. 암반의 장기노출에 따라 절리와 퇴적암의 구조적 특성인 층리와 같은 불연속면이 발달했으며, 부분적으로 화성암맥이 관입되어 있다.

[그림 3-37] STA. 6+500-6+600(대구 방향)

[그림 3-38] 중생대 백악기 퇴적암류(경산 지역)

2) 현장전경

[그림 3-39] STA. 6+500-6+600(포항 방향)

3) 안정성 검토

(1) 기본 방향

본 검토는 STA.6+500~6+600(포항 방향)의 암반사면 중 대표단면(구간 I(STA. 6+520~6+540), 구간 II(STA. 6+560~6+580))을 선정하여 평사투영에 의해 검토하였다.

이 구간의 암반은 전체적으로 절개면(N80W/56SE)과 층리 및 절리가 다른 방향으로 절취 중이고, 평사투영해석 결과, 이 구간의 불연속면은 각 파괴유형의 불안정영역(Unstable area)을 모두 벗어나므로 절개면과 절리에 의해 발생할 수 있는 사면의 평면·전도파괴와 절리와의 교선에 의해 발생할 수 있는 쐐기파괴의 위험성은 적은 것으로 나타났다. 따라서 현 사면의 구배(발파암(보통암) 기준 1 : 0.7)에서 소요의 안전율을 확보한 것으로 사료된다(그림 3-40~3-43 참조).

(2) 평사투영 해석 결과

■ 구간 I

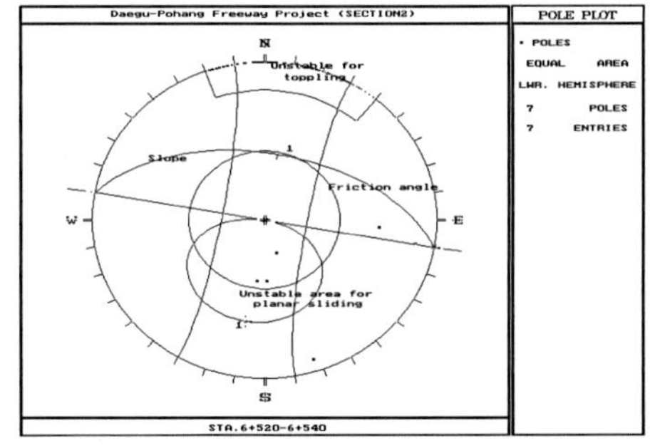

[그림 3-40] STA. 6+520~6+540 평사투영 (평면·전도파괴 검토)

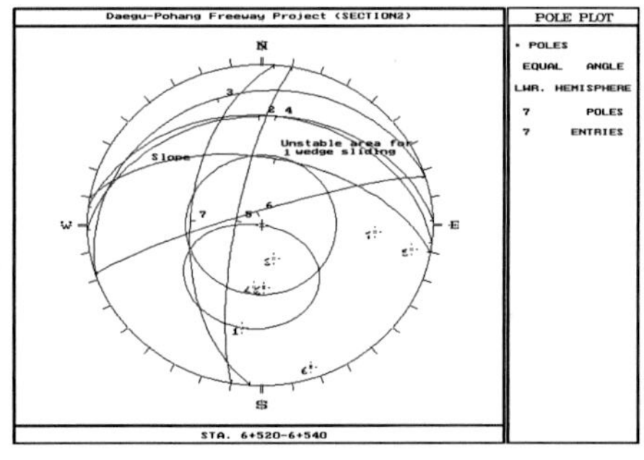

[그림 3-41] STA. 6+520~6+540 평사투영 (쐐기파괴 검토)

■ 구간 II

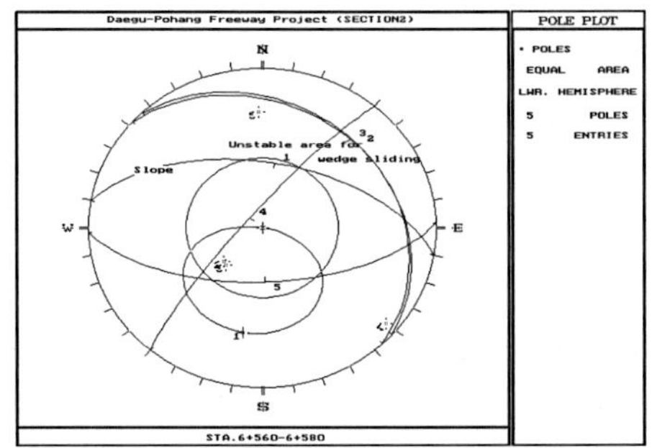

[그림 3-42] STA. 6+560~6+580 평사투영 (쐐기파괴 검토)

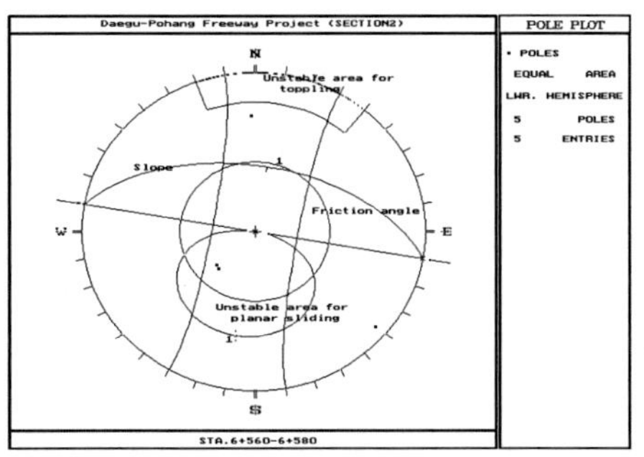

[그림 3-43] STA. 6+560~580 평사투영 (평면·전도파괴 검토)

(3) 사면안정 확보방안

앞서 기술한 대로 본 검토구간은 퇴적암의 특징적인 층리구조를 보이는 암반사면으로, 절개면과 층리면 등의 불연속면의 방향성 검토 결과 소요의 안정성을 확보한 것으로 파악되지만, 암반의 장기적 노출로 인한 풍화가 진행 중이고 사면시공 시 일부 뜬돌이 생성되어 있으므로 낙석방지망 등의 안정화 방안이 필요하다.

3.2.7 결론

최근 함탄층, 이암층, 석회암층과 같은 특수지질불량 구간에서의 터널공사가 증가하고 있으며, 특히 신생대 제3기 미고결 퇴적암층인 포항 지역의 이암층의 경우 풍화에 매우 민감하고, 수분함유 시 팽창하는 특성을 가지고 있어서 터널시공 시 많은 문제점이 예상되었다.

그러나 다산터널의 경우, 이암층에 대한 공학적 특성을 파악하고 적절한 암반 평가에 의해 지질조건에 적합한 지보공 및 보강공을 시공함으로써 안전하고 합리적인 터널시공을 달성하고 있으며, 특별한 사고나 문제점 없이 공사가 잘 진행되어 조만간 터널 관통을 앞두고 있다. 또한 이암층과 같은 열악한 조건하에서 터널시공 중 많은 문제점의 해결과정을 통해서 터널기술을 축적할 수 있었으며, 자연과 하나 되는 터널, 환경친화적인 도로건설을 위해 노력하고 있다.

암반사면의 경우 굴착 초기에는 양호한 암반으로 설계 사면구배에도 안정한 상태를 유지하지만, 대기 중에 오랫동안 노출되는 경우 이암, 셰일 등과 같은 퇴적암은 급격히 풍화변질이 진행, 암반의 내구성이 저하되어 불안정성이 증가한다. 특히 사면의 주향과 층리면이 주향이 일치하는 경우에는 암반사면의 붕괴를 유발하여 공사의 위험도가 높아지고 추가 공사비가 소요되는 경우가 많다.

따라서 이 지역과 같은 경우 굴착 후 적절한 보호공을 실시하여 암반면의 풍화변질을 최소화하면서 지질 및 암반조건의 특성을 분석해서 보강공을 추가로 실시하는 방안이 필요하다.

3.3 경상분지 내 이암·셰일 지층에서의 붕괴 사례

3.3.1 경상분지의 지질

가. 광역지질구조

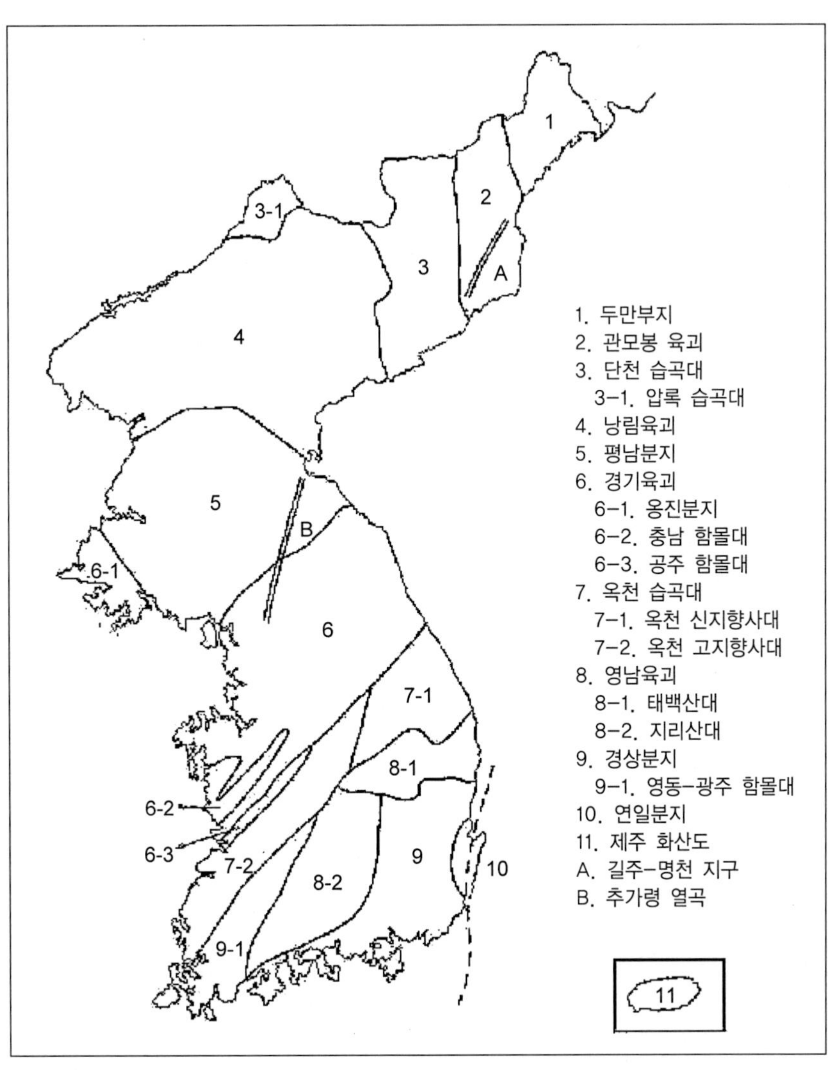

[그림 3-44] 한반도 조구조선도

1960년대 이후 지질조사 및 연구가 활발히 진행됨에 따라 새로운 지구조(地構造)의 설정이 이루어졌는데(1987, 김옥준), 한반도의 지체구조(地體構造)는 추가령 열곡을 중심으로 현격한 차이를 보이고 있음이 확인됐다. 그림 3-44는 한반도의 조구조선을 나타낸 것으로, 북측은 요동 방향에 지배되는 평남분지, 두만분지, 관모봉육괴, 단천습곡대 및 낭림육괴 등이, 동남쪽은 경상분지가 주체를 이루고 있다.

이들 중 낭림육괴, 단천습곡대, 경기 및 영남 육괴는 선캄브리안의 변성암류와 고기(古期) 화강암류(또는 화강암과 그 이전의 고생대, 중생대 화강암)로 구성되어 있다. 평남분지와 옥천대는 고생대 및 중생대의 저변성 퇴적암류로 구성되어 있으나 평남분지에서는 원생대 상원누층군이 기저를 이루고 옥천대에는 상원누층군이 존재하지 않는다. 한반도의 동남쪽에 위치하는 경상분지는 백악기 지층으로 구성되어 있으며 남서 일본의 내대(Inner arc zone)의 지질조건과 유사하다.

한반도는 북동 아시아에 위치하고 있어 중국대륙 및 일본열도의 지체구조와 밀접한 관계가 있으며 반도의 대부분은 중국-한국지괴(Sino-Korean Paraplatform)에 속하고 옥천대는 중국의 양쯔지괴와 연속된다고 알려져 있다.

나. 지질 및 층서

1) 지질

경상분지는 대보조산운동 이후 쥐라기-백악기 초에 한반도의 남서-남동부에 생성된 커다란 육성퇴적분지이다. 분지의 북쪽과 서쪽 가장자리에서 백악기 퇴적암이 선캄브리아 편마암복합체와 쥐라기 관입암을 부정합으로 덮고 있고, 동측부에는 제3기 퇴적암이 중생대 퇴적암을 부정합으로 덮고 있다. 그리고 경상분지의 동쪽과 남쪽의 가장자리는 동해 및 남해에 접해 있어서 층서가 분명하지 않다.

탄성파자료에 의하면 경상분지는 수직 두께가 5km이상으로 알려져 있으며 당시 한반도 남단에서 활발하던 섭입과 관련된 조구조적 운동이 장력단층을 발생시켰고 이 증거는 현재도 경상분지 외곽에서 발견되고 있다.

경상분지를 구성하는 암석들은 주로 육성쇄설성 퇴적암과 화산분출암류, 심성관입암, 화성쇄설암류들이다.

경상분지의 특징은 지층 분류기준이 명확하지 않은 점을 들 수 있는데 실제로 홍색퇴적층의 유무를 기준으로 지층의 상·하위를 구분할 수도 있다. 또한 시준화석이 존재하지 않고 퇴적환경이 호성환경과 측방변화가 심한 하성환경인 점이다.

경상분지 내에 백악기 암석은 퇴적작용과 화산분출작용, 그리고 화성활동에 근거하여 4개의 층군으로 나누어진다. 그들은 각각 화산활동이 드물게 발달한 신동층군, 화산활동과 동시기에 퇴적작용이 일어난 하양층군, 주로 격렬한 화산활동으로 인해 화산분출암으로 구성되어 있는 유천층군, 그리고 불국사관입암 등으로 구성된다.

신동층군은 순수 쇄설성 퇴적물로 구성되어 있다. 하지만 하양층군부터는 화산활동의 영향을 받아 소규모의 화산활동에 의한 화산 쇄설물이 포함된다. 그리고 유천층군은 화산쇄설물에 의한 것으로만 형성된 화산암 복합체를 이루고 있으며 이들 3개 층군을 묶어 경상누층군이라 한다. 하양층군은 신동층군 위에 정합으로 놓이지만 다른 지역에서는 신동층군 없이 기반암 위에 부정합으로 놓이는 경우도 있다.

2) 층서

(1) 신동층군

본 층은 하부로부터 낙동층, 하산동층 그리고 진주층으로 구성된다.

- 낙동층: 역암, 사암, 미사암, 셰일 및 탄질셰일로 구성되며 홍색층을 거의 협재하지 않는다. 하부는 역암과 사암으로 구성되어 신동층군의 기저역암을 이룬다.
- 하산동층: 사암, 역암, 홍색 미사암 및 회색 셰일로 구성되며, 층후는 1,400m 내지 700m이고 홍색층의 빈번한 협재가 특징이다.
- 진주층: 회색사암, 암회색 셰일 및 역암으로 구성되며 층후는 1,200m 내지 750m이다. 홍색층을 함유하지 않음이 특징이다.

(2) 하양층군

본 층은 하부로부터 칠곡층, 신라층, 함암층 그리고 진동층으로 세분된다.

- 칠곡층: 사암, 셰일 및 역암으로 구성되며 최대 층후는 650m이다. 홍색층을 함유함으로써 하위의 진주층과 구별된다. 최하부의 역암층들을 제외하고는 화산암 역을 가지는 것을 특징으로, 역암은 상위로 갈수록 조립이 되고 우세해지다가 마침내 신라층으로 전이된다.
- 신라층: 역암과 이에 협재하는 사질암과 이질암으로 구성되는데 층후는 약 240m이다. 화산암 역을 함유하는 것이 특징이다.

- 함안층: 홍색 셰일, 회색 셰일, 실트암이 주된 암상으로 여기에 응회질 사암, 이회암 및 역암이 부수적으로 협재한다. 본층은 신라역암층 위에 정합으로 놓이며 층후는 800m내외이고, 함안층의 하한은 신라역암층의 역질 사암이 끝나고 홍색 이암과 실트암이 협재되기 시작하는 층준이며, 상한은 암회색 내지 흑색이암이 협재하는 최상위 홍색이암 층준이다.
- 진동층: 암회색 셰일과 사암으로 구성되며 층후는 약 1,500m이다. 칠곡층, 신라층, 함안층이 홍색층을 특징으로 가지는 것과는 대조적으로 진동층은 암회색으로 구성된다. 특히 대구-경주 간의 진동층은 다시 세분되는데 하부로부터 반야월층, 송래동층, 건천리층 등이다.

(3) 유천층군

유천층군은 화산활동이 활발한 때의 퇴적물로 주로 화산암 복합체로 구성되어 있다. 다음 그림 3-45 및 3-46은 경상누층군의 분포지와 개략 지질도이다.

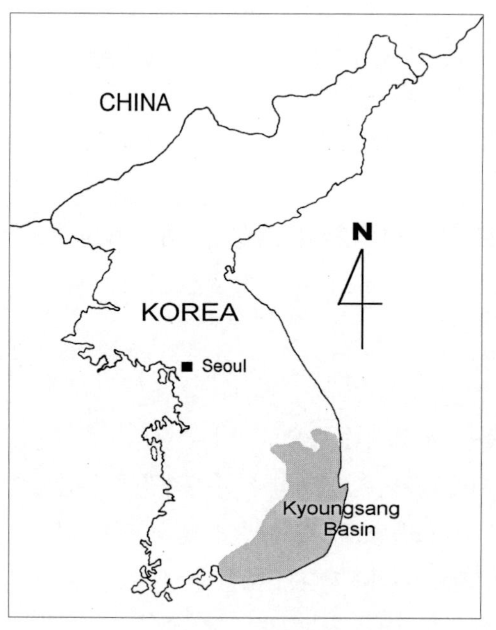

[그림 3-45] 경상누층군의 분포

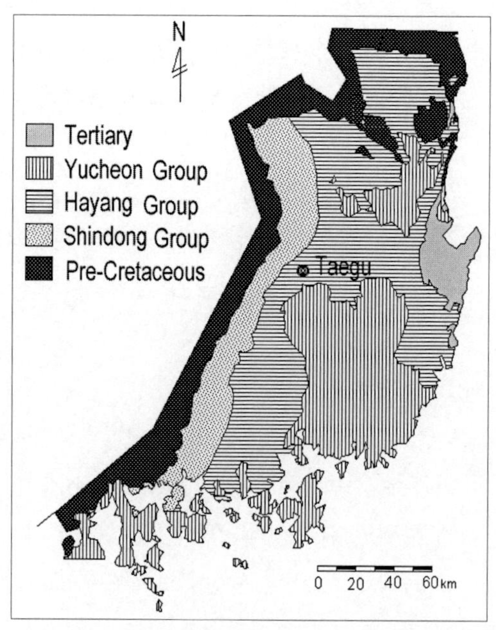

[그림 3-46] 경상누층군의 지질도

[표 3-19] 경상누층군의 층 서적 대비

<table>
<tr><th>Yongyang Block</th><th colspan="3">Uiseong Block</th><th>Milyang Block</th></tr>
<tr><td colspan="5">Yucheon Volcanic Group</td></tr>
<tr><td colspan="2">Shinyangdong Fm.</td><td>Keoncheonri Fm.</td><td rowspan="4">Chindong Fm.</td><td rowspan="12">Hayang Group</td></tr>
<tr><td rowspan="2">Kisadong Fm.</td><td rowspan="3">Chunsan Fm.</td><td>Chaeyaksan Volc. Fm.</td></tr>
<tr><td>Songnaedong Fm.</td></tr>
<tr><td rowspan="2">Togyedong F.</td><td>Panyawol Fm.</td></tr>
<tr><td>Sagok Fm.</td><td>Haman Fm.</td><td rowspan="2">Haman Fm.</td></tr>
<tr><td>Osippong Volc. Fm.</td><td rowspan="3">Choemgok Fm.</td><td>Hakpong Volc. Fm.</td></tr>
<tr><td>Cheongryangsan Cg. Fm.</td><td colspan="2">Silla Conglomerate Fm.</td></tr>
<tr><td>Kasongdong Fm.</td><td colspan="2" rowspan="5">Chilgok Fm.</td></tr>
<tr><td rowspan="3">Tonghwachi Fm.</td><td>Kugyedong Fm.</td></tr>
<tr><td>Kumidong Fm.</td></tr>
<tr><td>Paekchadong Fm.</td></tr>
<tr><td>Ullyeonsan Fm.</td><td>Ilchik Fm.</td></tr>
<tr><td></td><td colspan="3">Chinju Fm.</td><td rowspan="3">Shindong Group</td></tr>
<tr><td></td><td colspan="3">Hasandong Fm.</td></tr>
<tr><td></td><td colspan="3">Nakdong Fm.</td></tr>
</table>

3.3.2 사례연구

가. 지형 및 지질

1) 지형

A지역은 지리 좌표 상으로 동경 128°26′00″~128°27′00″, 북위 35°57′30″~35°58′00″, 행정구역상으로 경상북도 칠곡군 왜관읍 일대에 해당되며, 왜관 I. C 남동쪽 2.3km 지점에 위치한다.

백악기 퇴적암류가 분포하는 본 붕괴사면은 남동향의 대체로 완만한 산사면을 이루고 있으며, 남동부에 길이 200m에 달하는 돌고개골이라는 계곡이 위치하고 붕괴 지역 서쪽으로는 가파른 사면이 형성되어 있다. 붕괴사면이 위치하는 사면의 연장은 산 정상부에서 기저부까지 약 150m이며, 폭은 붕괴사면 경계부인 양쪽 계곡을 기준으로 약 60m이다. 산사면의 지형경사는 약 20~25도의 저각이다. 이 중 붕괴사면은 연장 100m, 폭 약 31~37m 정도의 규모로 발생하여 변위가 발생한 균열부는 폭이 수 미터에 이르고, 균열의 깊이는 약 10m에 달하는 곳도 있다.

B지역은 지리 좌표상으로 동경 128°27′50″~128°28′30″, 북위 35°52′70″~35°53′50″, 행정구역상으로 대구광역시 달성군 일대에 해당되며, 남쪽으로 금호강과 접하고 있다. 본 붕괴사면은 정동향의 산사면 능선부에 위치하고 좌우로 계곡이 있으며 남서부에는 해발 193.8m의 마천산이 위치하고 동남부에는 이천들이라는 평야가 위치한다. 산사면 붕괴가 일어난 규모는 폭과 상하 연장부가 약 40m이다. 이전에 분묘가 있었던 본 역은 사면의 배향과 사교하는 남동쪽 방향으로 붕괴가 발생하여 현재 묘를 이장한 상태이며, 붕괴사면 아래에는 소규모 전답과 민가가 위치한다.

2) 지질

A지역은 중생대 백악기 경상누층군 신동층군 중 낙동층에 해당된다. 신동층군은 기저역암이 고기암(선캄브리안 편마암) 위에 부정합으로 놓이고 주로 쇄설성 퇴적암으로 구성되어 있으며 화산활동의 산물이 없는 것이 특징이다. 낙동층은 역암, 사암, 미사암, 셰일, 탄질셰일로 구성되며 본 역에서는 사질역암, 중조립사암, 셰일 등이 확인된다. 층리면은 N19~60E/10~122SE로 발달하며 절리는 3개 조로 N44~34W/76~86NE, N19~28E/84~90SE, N50~54E/75~86NW의 방향성을 갖는다.

B지역은 중생대 백악기 경상누층군 하양층군 중 칠곡층에 해당되는 지역으로 화산성 물질을 포함한다. 칠곡층은 사암, 셰일 및 역암으로 구성되며 화산암 역을 갖는 것이 특징이고 홍색층을 함유함으로써 하부의 진주층과 구별된다. 본 역에서는 적색 셰일, 세립 내지 중립질 사암, 역암 등이 확인된다. 칠곡층의 역암은 상위로 갈수록 조립이 우세해지고 신라역암층으로 전이된다. 층리면은 N45~53E/25~31SE로 발달하며 주절리는 NS~N12W/79~89SW, N60~81E/75~85NW의 방향성을 갖는다(그림 3-47).

나. 조사 및 실험

1) 지표지질 및 정밀 지질구조조사

(1) 지표지질조사

A지역의 사암은 주로 밝은 회색을 띠며 입자는 중간 정도 크기이며 구성성분은 석영과 장석 등이다. 사암류에서는 사층리가 발달해 있어 수성쇄설성 환경이었음을 지시하고 있다.

역암은 주로 회백색의 사질역암이며 층후 3~5m로 2매가 확인되며 장경 2~3m로 원마도는 양호하나 구형도와 분급은 불량한 편이다. 역과 기질 간의 결합력이 불량하여 적은 충격에도 쉽게 분리되는 경향이 있다. 역은 주로 셰일로 구성되어 있고 간혹 규암과 혼펠스도 확인된다. 셰일은 주로 황갈색 내지 암회색을 띠며 박리성이 매우 잘 발달해 있고 중·조립 사암과 셰일이 상향세립으로 발달한다. 노두에서는 사질역암, 중·조립 사암, 셰일 등이 고루 나타나고 간혹 녹회색 이암이 얇은 두께로 나타난다. 층리면은 N19~60E/10~22SE로 발달하며 절리는 3개 조로 NE와 NW 방향의 고각의 절리가 주로 나타나고, 절리 간극은 주로 방해석으로 충전되어 있다. 본 역에서 확인되는 단층은 N78E/67SE, N39W/76NE 방향의 정단층으로 특히 이들은 이동 블록에서 확인되는 인장균열의 방향과 일치하고 있어 블록의 이완 및 활동에 영향을 미쳤을 것으로 판단된다.

B지역은 중생대 백악기 경상누층군 하양층군의 칠곡층에 해당된다. 칠곡층은 사암, 셰일, 역암으로 구성되며, 홍색층을 함유하여 하부의 진주층과 구별된다. 찰곡층의 역암은 상위로 갈수록 조립질이 우세해지고 신라역암층으로 전이된다. 본 지역은 적색 셰일, 중립질 사암, 역암 등이 확인된다. 역암은 최대장경 1cm내외로 원마도와 분급이 대체로 양호하다. 또한 결합력이 우수하여 역들이 쉽게 분리되지 않으며 역의 성분은 주로 셰일 및 규암으로 구성되어 있다. 후층의 홍색 셰일과 박층의 암회색 사암이 교호하여 나타나며, 간혹 녹회색 이암이

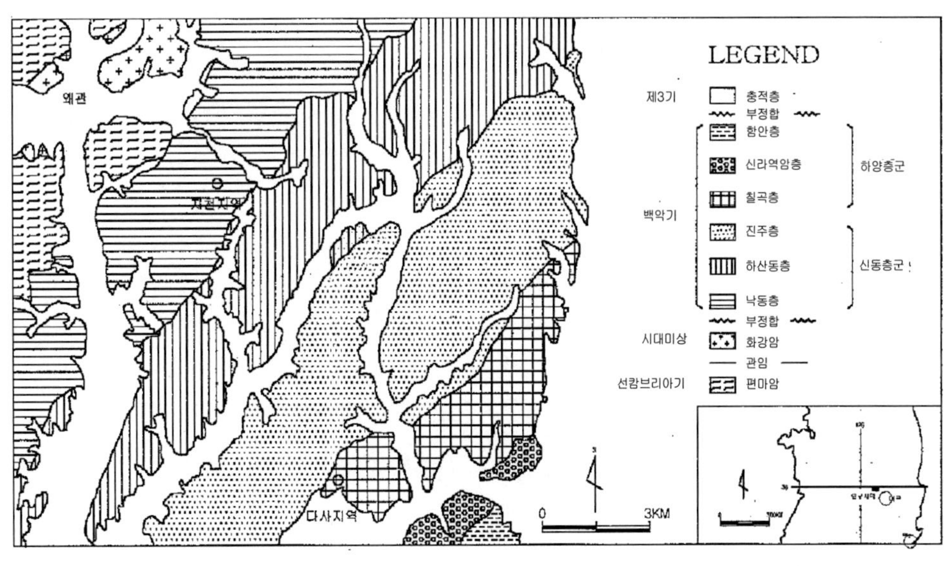

[그림 3-47] 조사 지역 지질도

나타난다. 셰일은 흑색 셰일과 암회색 셰일이 주를 이루며 파쇄가 심해 판상으로 떨어지는 양상으로 나타나며 박층의 탄층을 수매 협재하고 있다. 또한 본 역에 협재하는 다수의 엽층(laminar)은 층간에 점토물질을 함유하여 단위층 간의 결합력을 저하시키고 있다. 층리면은 N45~53E/25~31SE로 발달하며 주절리는 NS 방향과 N60~81E 방향의 고각으로 나타나고 간혹 N45W/40SE, N86E/82SE의 공액절리가 나타난다. 또 층리면을 경계로 굴절현상을 보이는 신장성 절리들이 나타난다. 블록의 활동은 암회색 셰일과 중립질 사암 사이에서 층리면을 따라 발생한 것으로 보인다.

(2) 분리면 방향성

A지역에는 사암, 셰일, 역암 등에 주요 절리 5개 조가 인지된다(그림 3-48). 분리세트의 구분은 먼저 모든 현장자료에 대하여 분리면 처리 프로그램인 DIPS를 이용하여 하반구 투영법(low hemisphere projection)으로 각 세트별 극점(pole)을 점시하고 대표적인 집중 방향성을 결정한다. 또 이들 집중 방향성을 다시 대원으로 표현한 것이 그림 3-49이다. 방향성 자료의 분석 결과 본 지역은 총 3개의 절리조와 임의절리군 2개가 확인되는데 set 1(108~170/10~36), set 2(038~063/70~90, 225~231), set 3(314~326/68~90), RD1(105~125/80~90), RD2(330~347/80~90)이다.

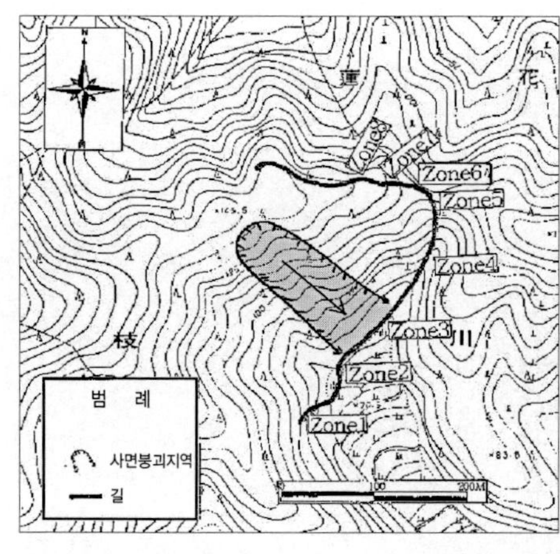

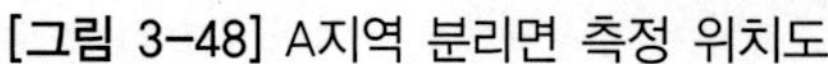
[그림 3-48] A지역 분리면 측정 위치도

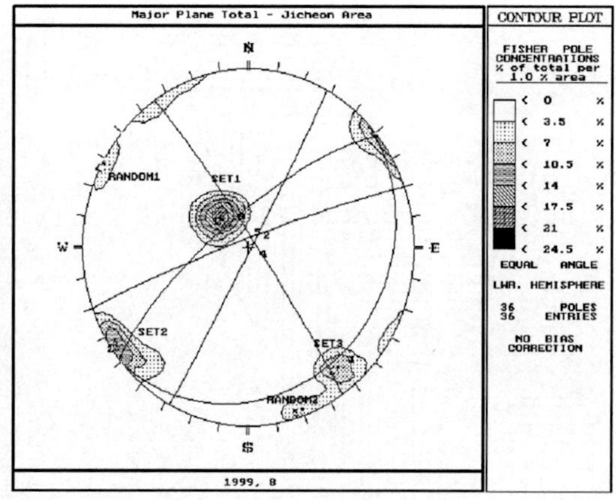

[그림 3-49] A지역 분리세트별 대원

B지역에는 사암, 셰일, 역암 등에 대표 절리 4개 조가 인지된다(그림 3-50). 분리세트의 구분을 위해 각 세트별 극점(pole)을 점시하고 대표적인 집중 방향성을 그림 3-51에 나타내었다. 방향성 자료의 분석 결과 본 지역은 총 4개의 절리조가 확인되는데 set 1(130~170/30~15), set 2(180~196, 360~034/70~90), set 3(230~280, 080~095/75~90), set 4(310~353, 145~170/65~90)이다.

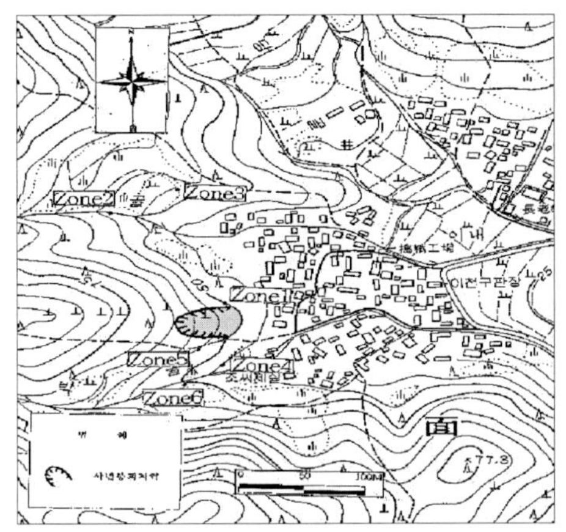

[그림 3-50] B지역 분리면 측정 위치도

Major Plane Total - Icheon Area

CONTOUR PLOT
FISHER POLE CONCENTRATIONS
% of total per 1.0 % area
< 0 %
< 4 %
< 8 %
< 12 %
< 16 %
< 20 %
< 24 %
< 28 %
EQUAL ANGLE
LWR. HEMISPHERE
32 POLES
32 ENTRIES
NO BIAS CORRECTION

1999. 8

[그림 3-51] B지역 분리세트별 대원

(3) 분리면 발생빈도

본 조사 지역들에서 각각 확인된 분리세트별 평균 분리간격을 이의 역수인 분리빈도로 표현하여 각 측점별로 나타내며 λ는 평균분리빈도, Jv는 분리면 체적지수를 나타낸다.

A지역에서 확인된 총 3개조의 분리면 세트에 대한 평균 분리빈도는 set 1(Sm=13.44, λ=7.44), set 2(Sm=10.31, λ=9.7), set 3(Sm=6.98, λ=14.33), RD1(Sm=12.1, λ=8.26), RD2(Sm=5.34, λ=18.73) 등으로 나타나 분리빈도에서는 set 3-set 2-set 1의 순으로 확인되었다. 그리고 평균체적분리빈도(Jv)는 40.42로 Very small blocks에 속한다.

B지역에서 확인된 총 4개 조의 분리면 세트에 대한 평균 분리빈도는 set 1(Sm=6.67, λ=14.99), set 2(Sm=16.75, λ=5.97), set 3(Sm=21.41, λ=4.66), set 4(Sm=10.66, λ=9.38) 등으로 나타나 분리빈도에서는 set 1-set 4-set 2-set 3의 순으로 확인되었다. 그리고 평균체적분리빈도(Jv)는 98.16으로 Crushed rocks에 속한다.

(4) 분리면 특성 요약

A지역 중 붕괴지와 직접 관계있는 zone 2에서는 set 1, set 2, 임의절리군 1의 3개의 절리조가 확인되었다. 사면 전체의 주향은 N36E이고 경사는 48SE이다. set 1의 방향성은 주향이 N52E이고 경사가 27SE이다. set 2의 방향성은 주향이 N34W이고 경사는 86NE이다. 임의절리군 1의 방향성은 주향이 N28E이고 경사는 90SE이다. 거칠기 상태는 set 1은 평탄한 면에 미세거칠기는 약간 거친 상태를 보이고, set 2는 계단상의 약간의 미세거칠기를 보인다. 임의절리군 1은 불규칙적으로 거친 면에 약간의 미세거칠기를 보이고 있다. 절리면의 상태는 set 1은 신선하고 set 2는 calcite로 피복되어 있다. 임의절리군 1은 녹슨 상태이다. 풍화 정도는 절리군 모두 약간 풍화를 받은 상태이다. 절리의 간극은 set 1은 0.1mm 이내이고 set 2와 임의절리군1은 1mm 이내이다. 지하수의 상태는 건조한 상태를 보이고 있다.

B지역에서 붕괴지와 관계있는 zone 5에서는 set 1, set 2, set 3의 3개의 절리조가 확인되었다. 사면 전체의 주향은 N50E이고 경사는 45SE이다. set 1의 방향성은 주향이 N58E이고 경사는 25SE이다. set 2의 방향성은 주향이 N74W이고 경사는 70NE이다. set 3의 방향성은 주향이 N08W이고 경사는 77SW이다. 절리조들 모두 굴곡진 상태의 거칠기를 보이며 미세거칠기는 set 1과 set 2는 약간 거칠고 set 3는 보통거칠기를 보인다. 절리면의 상태는 모두 녹슨 상태를 보인다. 풍화 정도는 약간 풍화를 받은 상태이다. 절리의 간극은 set 1은 0.1mm, set 2는 0.3mm, set 3는 0.2mm 이내이다. 지하수는 건조한 상태이다.

2) 암반분류 결과 분석

A지역에서의 암반분류 결과 Q값은 0.32~3.03 사이로 암반등급으로는 very poor~poor의 분포를 보이며 기초 RMR은 48.35~56.92, SMR값은 68.45~88.72 사이로 good~very good으로 나타났다. 따라서 대체로 균질한 암반구성으로 인하여 암반등급의 편차는 미약한 편이다. SMR의 적용은 각 조사지점 중에서 최대로 위험한 절리를 기준으로 값을 정했고 다시 평면파괴나 전도파괴가 예상되는, 혹은 잠재적 파괴요인을 내포하고 있는 지점에 대하여만 분석을 한 결과 RMR값과는 대체로 비례적 관계를 가지며 점수로는 15~25정도 높은 것으로 나타났다.

B지역에서의 암반분류 결과 Q값은 0.23~13.05 사이로 암반등급은 very poor~god의 분포를 보이며 기초RMR은 39.74~60.94, SMR값은 61.32~96.34 사이로 god~very good으로 나타났다. 따라서 대체로 균질한 암반구성으로 인하여 암반등급의 편차는 미약한 편이다. SMR의 적용은 각 조사지점 중에서 최대로 위험한 절리를 기준으로 값을 정했고 다시 평면파

괴나 전도파괴가 예상되는, 혹은 잠재적 파괴요인을 내포하고 있는 지점에 대하여만 분석을 한 결과 RMR값과는 대체로 비례 관계를 가지며 점수는 15~30정도 높은 것으로 나타났다.

3) GPR 탐사

본 조사에 사용된 GPR 조사 장비는 미국 GSSI의 SIR 시스템이다. 본 시스템은 다양한 탐사 목적에 적합하게 사용할 수 있도록 여러 종류의 안테나가 개발되어 있다. 지하 매설물 조사는 깊은 심도를 조사할 수 있으며, 중심 주파수를 가변적으로 조절할 수 있는 MLF(Multi Low Frequency) 안테나를 사용하였다. 탐사에 사용된 중심 주파수는 45MHz, 30MHz이며, 기록 시간은 450~600ns로 설정하여 자료를 획득하였다.

A지역에서는 측선의 고저를 고려하여 각각 다른 주파수를 적용하여 탐사하였다. 산 정상부에서는 심도를 고려하여 30MHz의 저주파를 사용하였으며, 도로와 계곡의 파괴부에서는 45MHz를 사용하여 해상도를 높이려 하였다. 측선의 구성은 시추 자료와 비교 검토하기 위하여 시추위치를 포함하여 측선을 설정하였고, 사면붕괴 지역과 건전한 구간을 측선에 포함해 설정하였다. 또 B지역에서 사용된 중심 주파수는 45MHz를 사용하여 심도 약 26m를 조사하였다. 측선의 구성은 침하 및 산사태가 발생된 지점을 중심으로 4개의 측선을 격자형으로 나열하여 조사 측선들의 교차점 자료를 비교 분석하여 신뢰도를 높이려 하였다. 그리고 시추공과 연관성을 파악하기 위하여 시추공의 위치를 측선상과 일치시켜 탐사를 수행하였다(그림 3-52, 3-53).

표 3-20은 A, B지역 탐사에 사용된 안테나 특성 및 투과 심도이며 그림 3-54~3-57은 그 해석단면이다.

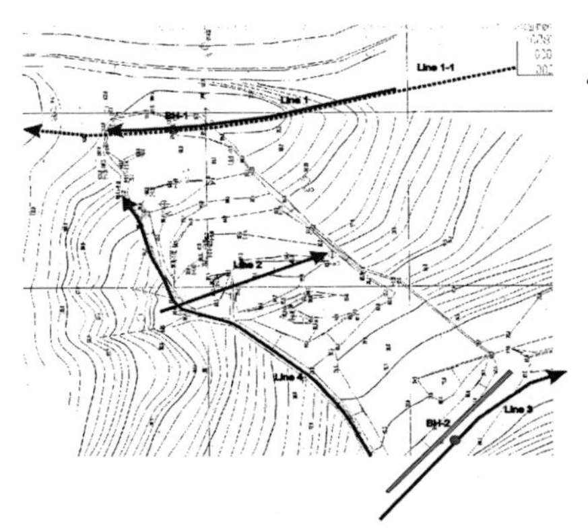

[그림 3-52] A지역 GPR 측선도

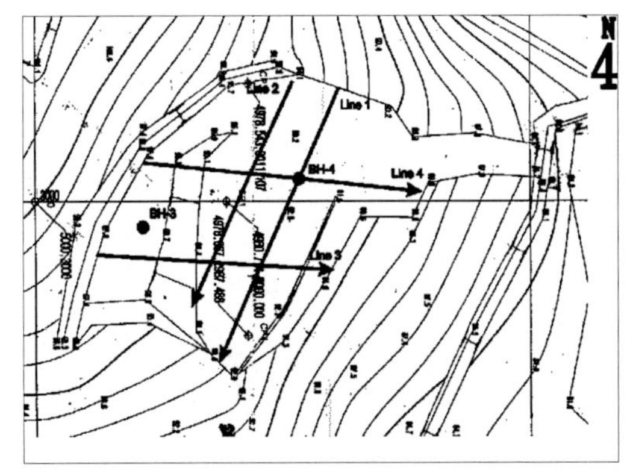

[그림 3-53] B지역 GPR 측선도

[표 3-20] A·B지역 탐사에 사용된 안테나 특성 및 투과 심도

측선	사용주파수	기록시간	측점간격	중합수	최대조사심도
A-1	30MHz	600ns	25cm	16	35m
A-1-1	16MHz	1000ns			58m
A-2	30MHz	600ns			35m
A-3	45MHz	450ns			27m
A-4	45MHz	450ns			27m
B-1	45MHz	450ns	25cm	16	22m
B-2					
B-3					
B-4					

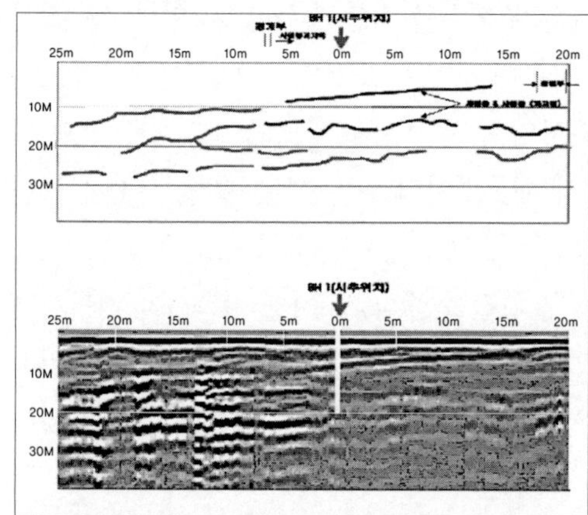

[그림 3-54] A지역 line 1의 분석도 및 단면도

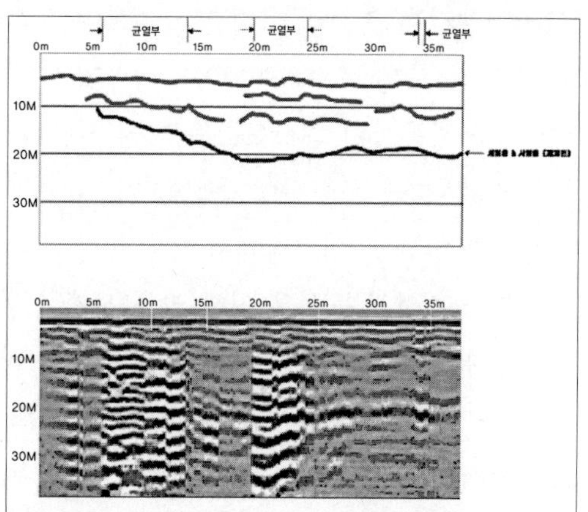

[그림 3-55] A지역 line 2의 분석도 및 단면도

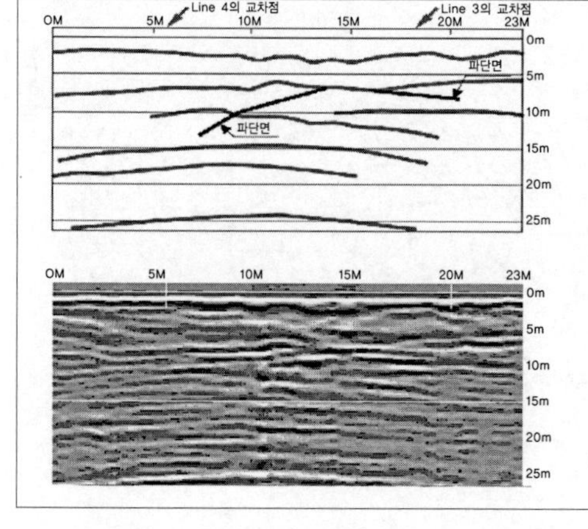

[그림 3-56] B지역 line 2의 분석도 및 단면도

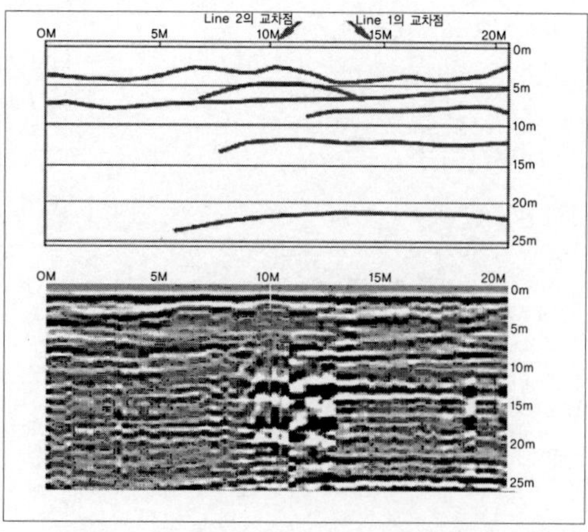

[그림 3-57] B지역 line 3의 분석도 및 단면도

GPR 탐사 결과 A지역의 측선 1에서는 1호공을 중심으로 동측 15m 지점의 심부 5m에서 발달하여 완만한 서측 경사를 이루는 파쇄면은 시추공 서측 20m 부근까지 연장하고 그 하부 14~17m 지점에서 단속적인 불연속대가 확인된다. 측선 2에서는 12m 심부에서의 불연속대는 중앙부로 가면서 심도가 깊어져 22m에 달하고 다시 동측으로 가면서 완만한 상향경사를 보인다. 따라서 본 지역은 붕괴지 첨두부에서는 5m 이내, 중앙부에서는 약 20m, 선단부에서는 5m 내외의 심부에 주요 파쇄대가 존재하며 이는 주로 퇴적암의 층리면에 기인한 것이라 판단된다.

B지역의 측선 2에서 심도 0~4m에서의 토사층 외에 측정거리 2~10m 구간 및 15~20m 구간에서 나타나는 사선의 불연속대가 뚜렷한데 이는 침하로 인한 파단면으로 판단된다. 측선 2에서 측정거리 10~15m 구간에서 지층 파단면 또는 소규모의 단층이 확인되며, 이는 심도 12~13m까지 진행된다. 측선 3은 토사층의 두께가 비교적 두터워 거의 10m에 달한다. 따라서 본 지역은 전체적으로 남동향으로 풍화심도가 깊고 특히 1, 3번 측선의 교차점 부근이 깊다. 또 3번 측선을 따라 풍화심도가 깊은데 이는 남동향으로 경사하는 층리면을 따른 토사의 활동과 3번 측선을 따르는 방향으로의 균열대를 유추할 수 있다.

4) 전자 탐사

극저주파 탐사를 위한 측선설계는 조사의 효율성 향상을 물론 측정된 자료의 신뢰성을 향상시키는 데도 매우 중요하다. 금번 연구에서는 GPR 탐사와의 결과 및 지표지질조사 결과에 따라 측선을 설계하였는데, A지역의 경우 NW 방향의 구조선 및 이에 수직하는 균열의 방향인 NE 방향의 구조선을 추출하고자 동서 방향의 측선 5개, 500m를 설정하였고 참고 측선으

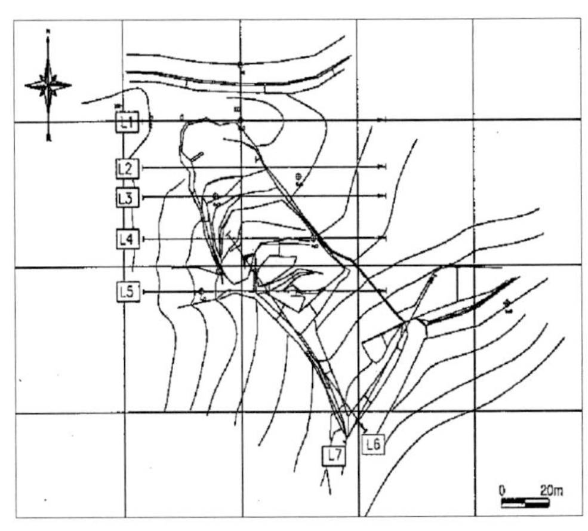

[그림 3-58] A지역 VLF 탐사측선도

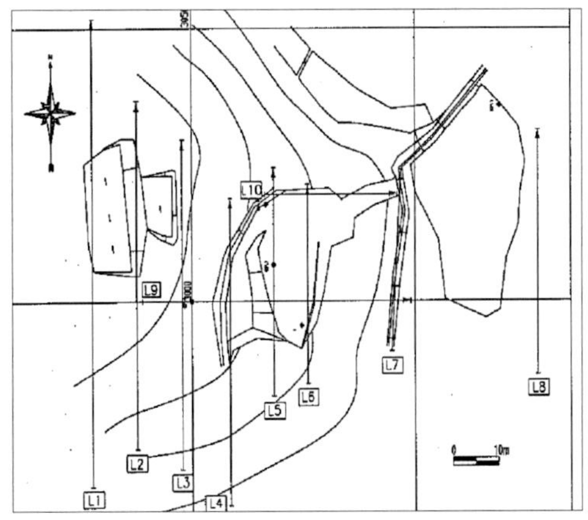

[그림 3-59] B지역 VLF 탐사측선도

로 NW 방향 1개(70m), NE 방향 1개(90m) 등 총 7개 측선 660m가 적용되었다(그림 3-58).

또 B지역은 지표상에서 확인되는 뚜렷한 기지의 구조선은 확인되지 않았으나 현재 사면의 배향과 토사활동 방향, 지층의 주향 등을 고려하여 주로 남북 방향의 측선을 설계하였다. 이는 전체적으로 동서 방향의 파쇄균열의 발달을 고려하기 위함이었다. 즉 남북 방향 측선 8개 417m, 참고측선으로 동서 방향 2개 측선, 90m가 적용되어 총 10개 측선, 507m를 적용하였다(그림 3-59).

A지역에서는 이미 확인된 북서향의 균열 연장부가 잘 확인되고 있으며 측선 1~5에서의 말단부 이상대는 완만한 계곡에서 능선부로 전이되는 지점에 해당하므로 이를 무시하면 측방으로 대규모 잠재 균열의 발달은 없는 것으로 보인다. 따라서 기존의 폭 약 40m에 해당하는 균열부만이 독립적인 활동을 일으킨 것으로 판단된다. 또한 북서향의 주 균열부에 수직하는 수반 균열의 발달이 사면 상부에서 4매가 확인된다(그림 3-60).

B지역은 지표상에서는 균열 흔적이 매몰되어 확인이 불가능하나 극저주파 탐사 결과 전체적으로 북동향 균열 발달이 수매 확인된다. 이는 퇴적암 층리면의 주향 방향과 일치하는 것으로 이는 층리면을 따른 활동 경향을 시사하고 있다. 본 지역 역시 각 측선 말단부에서의 이상대는 사면에서 능선으로 전이되는 지점에 해당하거나 분묘 이장으로 인한 이상대로 판단되므로 구조선 해석 시 무시되었다(그림 3-61).

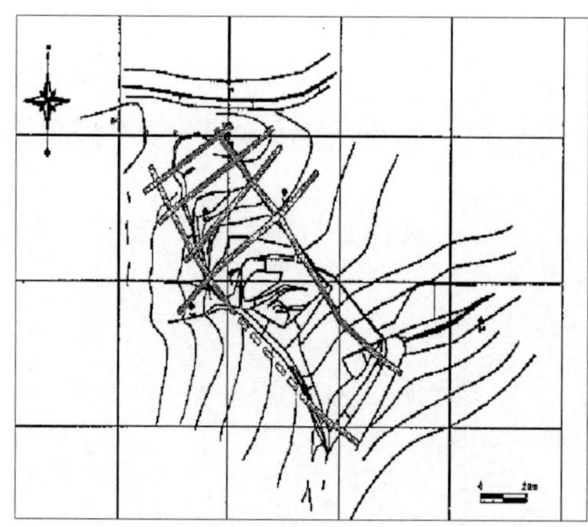

[그림 3-60] A지역 VLF 탐사 해석도

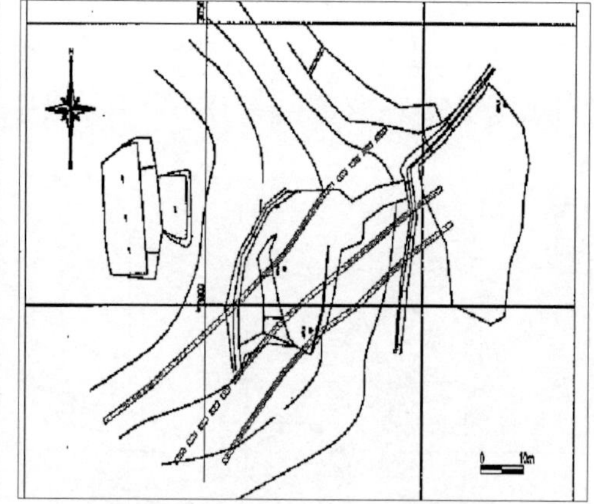

[그림 3-61] B지역 VLF 탐사 해석도

5) 시추조사

표 3-21 및 그림 3-66, 3-67은 A, B지역에 적용된 시추공에 대한 위치정보이다. 또 그림

3-64와 3-65는 양 시추공에 대한 지질주상도이다.

[표 3-21] 시추조사 위치 및 표고

지역	공번	위치	표고(m)	심도(m)	비고
A지역	BH-C-1	사면 상부	145.0	20.0	
	BH-C-2	사면 하부	111.6	〃	
B지역	BH-D-3	CP1의 남서	61.1	〃	
	BH-D-4	CP1의 북동	56.5	〃	

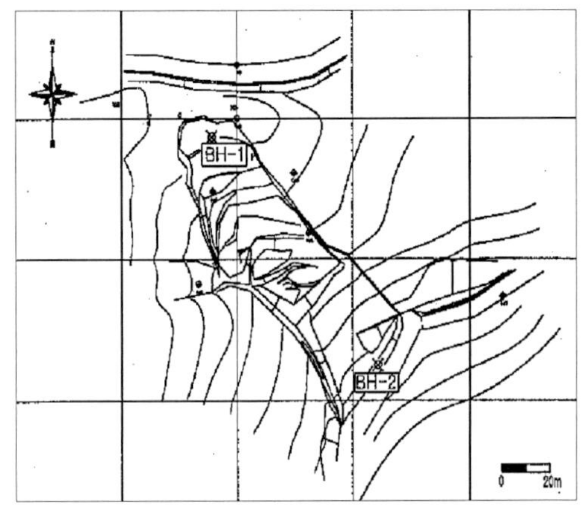

[그림 3-62] A지역 시추위치도

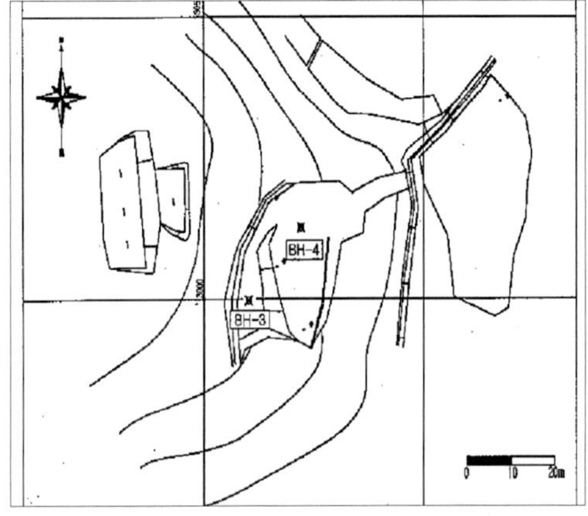

[그림 3-63] B지역 시추위치도

A지역 1호공은 사면 상단부의 GL.145m에 위치하며 시추심도는 20m이다. 지표 밑 2.2m까지는 풍화잔류토 및 붕적층이 분포되며 하부의 기반암인 세립질 사암층이 완전 풍화되어 약간의 암편을 내포하는 사질토로 구성되어 있다. 표준관입시험 결과 깊이 1.5m에서 21회/30cm의 값을 가진다. 하부 황색 세립질 사암층은 2.2~6.8m 사이에 분포하여 층후가 4.6m이다. 3.3m지점에서는 약 15cm의 셰일층이 협재한 양상을 보이고 셰일과 상·하부의 사암층에서 다수의 파쇄대가 형성되며, 절리면의 충전물은 산화철과 점토성 물질로 피복되어 있고 RQD값은 43.26%로 시추공 중 최고값을 보인다. 흑색 셰일이 6.8~8.7m까지 1.9m의 층후를 가지며 셰일에서부터 상부에 인접하는 세립질 사암에 걸쳐서 파쇄대를 형성한다. 층리 방향의 분리면이 발달하고 이에 수직인 절리가 발달하여 풍화도가 높고 24.5%의 RQD값을 가진다. 중립질의 사암층이 8.7~17.4m까지 층후가 8.7m로 두텁게 분포하며 수직의 고각 절리가 발달해 있다. 하부함탄질 셰일층이 17.4~18.6m로 두 지층의 인접한 부분에는 층리 방향의 절리가 발달하여 파쇄대를

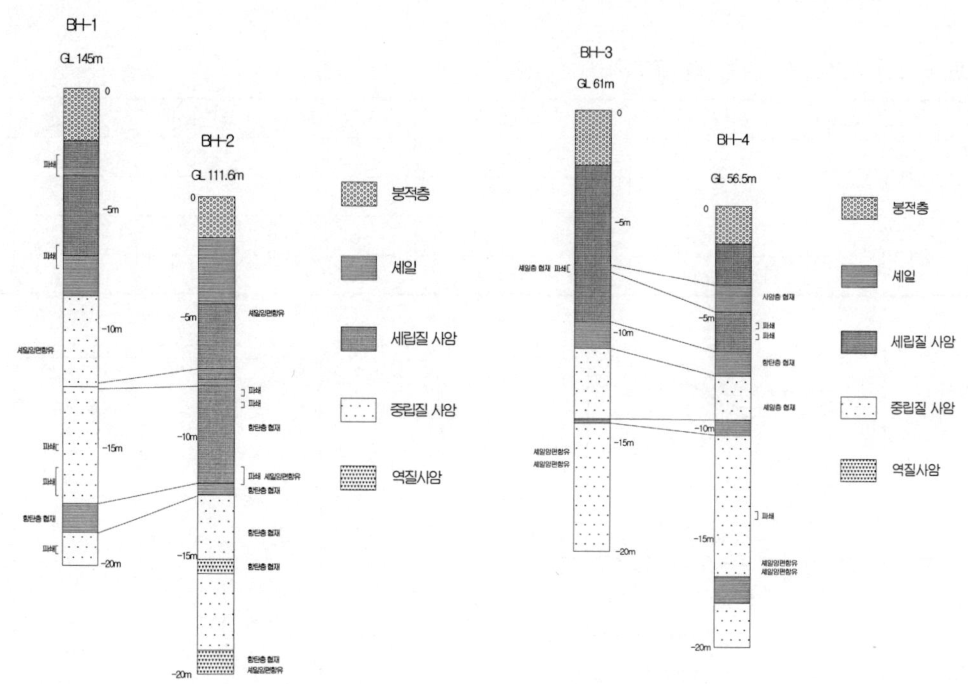

[그림 3-64] A지역 지질 주상도

[그림 3-65] B지역 지질 주상도

형성한다. 특히 심도 약 11m 부근에는 흑색 셰일암편을 협재하는 층이 국부적으로 나타나는 특징을 보이고, 12m 부근에는 파쇄대가 나타나며 셰일층의 일부가 관찰되고 있다. 전반적으로 풍화도가 적으며 평균 30%의 RQD값을 나타내고 있다. 흑색 탄질셰일 하부에 회색의 중립질 사암층이 18.6~20.0m까지 분포하며 전반적으로 셰일과 사암층이 존재하고, BH-2공의 하부에 나타나는 역질사암은 지층대비 결과 시추심도(20m) 하부에 분포할 것으로 추정된다.

2호공은 사면 하단부의 GL.111.6m인 현재 임도변 옹벽부근에 위치하며 시추심도는 20m이다. 0~1.7m의 지표에는 풍화잔류토 및 붕적층이 분포하며 하부의 세립질 사암층이 완전 풍화되어 약간의 암편을 내포하는 사질토로 구성되어 있다. 1.7~4.5m 지점에는 흑색 셰일이 층후 약 3m 쌓여 있다. 이 셰일층은 층리를 따라 절리가 발달해 있으며 3.2m 부근에는 파쇄대가, 3.3m 지점에는 미끄럼면이 존재하고 있어 사면의 활동면으로 추정된다. 전반적으로 풍화도가 높으며 54.6%의 RQD값을 가진다. 세립질 사암층이 7.2m까지 층후 2.7m로 분포한다. 이 세립질 사암층의 5m 부근에는 셰일 암편이 함유되어 있다. 전반적으로 고각의 수직절리가 발달해 있으며 RQD

는 44.4%이다. 7.2~8.4m에서는 셰일을 주로 하는 사암과의 호층대가 분포하며 이러한 암질들 사이를 파쇄대가 형성하고 있고, 7.8m 지점에서 미끄럼면이 형성되어 있다. 전반적으로 풍화가 진행되어 있으며 RQD는 42.5%이다. 회색 세립질 사암층이 8.4~11.5m까지 분포하며 깊이 8.9m 정도에서 국부적으로 수매의 탄층이 협재되어 나타난다. 파쇄대를 제외한 부분에서는 대체로 풍화도가 낮으며 전체의 RQD는 56.3%이다. 11.5~15.6m에서 회색 조립질 사암층으로 이어지며, 특히 12.2m, 12.8m 부근에서 탄층이 수매 협재하고 있다. 전체적으로 신선한 암석으로 나타나며 86.6%의 높은 RQD값을 가진다. 탄층을 협재하는 약 50cm의 역질사암층이 분포하며 하부에는 회색의 조립질 사암층이 19m까지 나타나고 있다. 조립질 사암은 약간의 풍화도를 가지며 86.9%의 높은 RQD값을 가진다. 19m지점으로부터 최하부 20m까지는 박층인 수매의 함탄층과 규질성분의 퇴적암편이 협재하는 회백색의 역질사암층이 분포하며 이들의 RQD값은 59%이다.

B지역 3호공은 사면 상부의 서쪽에 위치하며 GL.61.0m의 지점이다. 지표로부터 2.5m에는 사질토와 풍화토로 이루어진 붕적층이 놓여 있다. 표준관입시험치는 지표로부터 1.4m 지점에서 34회/30cm의 값을 나타내고 있어 조밀한 상대밀도값과 매우 단단한 지반의 특성을 보인다. 2.5~9.6m에는 황색 세립질 사암층이 분포한다. 본 층의 상부는 지표로부터 상당한 풍화가 진행된 양상을 보이며 40%의 RQD값을 보였고, 중부는 층후 1.5m에 달하는 상당한 파쇄대가 형성되어 있으며, 하부인 4.8~9.6에서는 층리면을 따라 절리가 발달해 있어 10.1%의 낮은 RQD값을 가진다. 국부적으로 8.7m 부근에서 파쇄대 및 셰일이 협재하고 있으며 특히 미끄럼면이 나타난다. 층후 1.2m 정도의 흑색 셰일이 층리면을 따라 절리가 잘 발달해 높은 풍화도를 보이며 셰일의 상부와 사암층의 일부가 파쇄대를 형성하고 있다. 10.8~14m 지점에 회색 중립질 사암이 수직절리의 발달로 파쇄되어 나타나고 있으며, 전반적으로 풍화가 진행된 상태이고 43.3%의 RQD값을 가진다. 그 하부에 셰일 및 사암이 호층으로 배열하여 층후 20cm 정도로 나타나고, 전체적으로 하부절리와 비슷한 고각으로 절리가 발달해 있다. 황색 중립질 사암층이 15m까지 위치하며 주된 특징으로는 고각의 수직절리가 발달하고 있다. 절리면은 비교적 높은 풍화도를 보이며 RQD는 상대적으로 72%의 높은 값을 보인다. 시추심도 최하부 20m에서 15.5m에는 암색의 중립질 사암이 놓여 있다. 본 층의 16m 지점에서는 흑색 셰일암편이 함유된 두 층을 관찰할 수 있다.

4호공은 사면 상부의 북동쪽, GL. 56.5m 지점에 위치하며 시추심도는 20m이다. 0~1.7m의 지표에는 사질토와 풍화토로 구성된 붕적층이 놓여 있으며, 1.7~3.6m에는 황색 세립질 사암층이 분포하면서 2m 부근에서 수 매의 셰일층과 파쇄대를 가지고 있다. 전반적으로 풍화가 진행된 상태이며 37.9%의 RQD값을 가진다. 층후 1.2m의 흑색 셰일층이 그 하부에 위치하며 일부 사암층을 협재하고 수직절리가 발달해 있어 높은 풍화도와 8.3%의 낮은 RQD값을 가진다. 4.8~6.6m의 심도에는 황색의 세립질 사암층으로 구성되어 있으며 얇은 셰일층을 협재한다. 풍화가 전반적으로 진행된 상태이며 29.7%의 RQD값을 가진다. 흑색 셰일이 6.6~7.7m에 층후 1.1m의 두께로 나타나며 얇은 탄층과 사암층이 협재하고 있다. 전반적인 풍화양상을 보이며 9.8%의 낮은 RQD값을 가진다. 9.7m까지 2m의 회색 중립질 사암층이 적은 풍화상태와 58.8%의 RQD값을 가지며, 이어 9.7~10.4m에 분포하는 흑색 셰일은 고각의 절리가 발달해 있고 하부로 갈수록 조립화되는 경향을 보인다. 풍화도가 다소 현저하며 53.8%의 RQD값을 가진다. 또한 BH-3의 14m 부근의 얇은 셰일층과 같은 층으로 대비가 되고 있다. 셰일층 하부에 다시 10.4~16.8m에 이르는 회색 중립질 사암층이 15.5m에서 국부적으로 셰일암편을 함유하고 하부의 셰일층과 접하는 부분에 일부 파쇄대를 이루며 나타나고 있다. 적은 풍화도를 보이며 76.1%의 RQD값을 가진다. 16.8~18m까지는 흑색 셰일이 분포한다. 셰일층은 층리면을 따라 방해석의 충진작용이 있었으며 전반적인 풍화도와 56.8%의 RQD값을 가진다. 최하부 20mm까지는 수직절리가 발달한 회색의 중립질 사암층이 놓여 있으며 적은 풍화도를 가지며 96.6%의 높은 RQD값을 가진다.

6) 실내시험

다음 표 3-22~3-24는 지역 시추암추 시료에 대한 실내시험 결과이다.

[표 3-22] 일축압축시험 결과표

시료번호	암종	심도 (m)	직경 (mm)	길이 (mm)	일축강도 (kgf/cm^2)	비고
J-Rucs-1	s.s	4.10	52.2	107.0	110	BH-1
J-Rucs-2	s.s	6.30	52.2	102.1	296	
J-Rucs-3	s.s	10.70	52.2	101.1	1096	
J-Rucs-4	s.s	12.90	52.2	106.8	976	
J-Rucs-5	sh	17.80	52.2	69.9	570	
J-Rucs-6	sh	3.30	52.2	54.4	107	BH-2
J-Rucs-7	s.s	6.70	52.2	102.2	1400	
J-Rucs-8	s.s	13.85	52.2	102.5	1559	
J-Rucs-9	s.s	15.15	52.2	105.3	328	
J-Rucs-10	s.s	18.60	52.2	104.0	596	
D-Rucs-1	s.s	11.70	52.2	83.5	651	BH-3
D-Rucs-2	sh	13.20	52.2	67.8	162	
D-Rucs-3	s.s	15.60	52.2	103.1	2455	
D-Rucs-4	s.s	12.00	52.2	98.55	1383	BH-4
D-Rucs-5	s.s	17.00	52.2	81.05	490	

* s.s: sandstone　　sh: shale

[표 3-23] 삼축압축시험 결과표

시료번호	암종	심도 (m)	직경 (mm)	길이 (mm)	삼축강도 (kgf/cm^2)	비고
J-RTCS-1	s.s	5.00	52.0	109.9	580	BH-1
J-RTCS-2	s.s	5.90	52.2	109.5	527	
J-RTCS-3	s.s	10.30	52.2	104.6	1478	
J-RTCS-4	s.s	13.00	52.4	76.6	1800	
J-RTCS-5	sh	3.90	48.8	48.8	436	BH-2
J-RTCS-6	s.s	6.60	52.4	105.0	2177	
J-RTCS-7	s.s	13.60	52.3	103.2	1991	
J-RTCS-8	s.s	19.25	52.2	107.4	1196	
D-RTCS-1	s.s	12.10	52.2	61.2	526	BH-3
D-RTCS-2	s.s	15.50	52.2	104.6	1944	
D-RTCS-3	sh	7.60	52.2	66.7	410	BH-4
D-RTCS-4	s.s	11.90	52.2	105.8	1862	
D-RTCS-5	sh	16.90	52.2	90.7	515	

* s.s: sandstone sh: shale

[표 3-24] 암석시험 결과표

시료번호	암종	심도 (m)	일축강도 (kgf/cm^2)	내부마찰각 (˚)	점착력 (kgf/cm^2)	인장강도 (kgf/cm^2)	비고
J-1-1	s.s	4.1~5.0	110	47.8	21.2	19.3	BH-1
J-1-2	s.s	5.9~6.3	296	32.3	81.5	128.7	
J-1-3	s.s	10.3~10.7	1,096	43.7	234.6	245.9	
J-1-4	s.s	12.9~13.0	976	57.5	142.2	90.6	
J-2-1	sh	3.3~3.9	107	40.5	24.7	289.0	BH-2
J-2-2	s.s	6.6~6.7	1,400	57.9	200	126.0	
J-2-3	s.s	13.6~13.8	1,559	46.2	313.8	301.5	
J-2-4	s.s	18.6~19.2	596	52.3	101.8	78.7	
D-4-1	s.s	11.9~12.0	1,383	47.8	26.7	242.3	BH-4

* s.s: sandstone sh: shale

다. 안정성 분석

1) 도해적 분석

A지역에서 각 지점별로 Dips program을 이용한 평면파괴 및 전도파괴 분석을 한 결과,

zone 4에서 절리군 set 1(층리면)에 의한 평면파괴와 절리군 set 3에 의한 전도파괴가 예상되고, 그 외에는 대체로 안정한 것으로 분석되었다. 또한 사면과 절리군 set 1(층리면)의 배향이 유사한 zone 1~2, 2의 경우, 내부마찰각이 감소되면 층리면에 의한 평면파괴가 예상된다. 절리조들의 평균방향성을 고려하여 분석해본 결과 산사면의 방향이 층리면과 일치할 때 내부마찰각이 20도 이하가 되면 평면파괴 발생의 가능성이 확인되었다. 실재로 현장에서의 사면의 붕괴가 일어난 양상이 평면파괴이고, 집중호우 이후에 붕괴가 일어난 것으로 보아 내부마찰각 감소에 의한 전단저항력 저하가 암반사면 붕괴의 주원인인 것으로 추정된다.

B지역의 각 site별 평면파괴 및 전도파괴 분석을 한 결과, zone 2, 4에서 전도파괴가 예상되고, 그 외에는 대체로 안정한 것으로 분석되었다. 또한 사면과 절리군 set 1(층리면)의 배향이 유사한 zone 4, 5의 경우, 내부마찰각이 감소되면 층리면에 의한 평면파괴가 예상된다. 평균적인 절리군의 배향과 현장에서 붕괴가 일어난 방향의 사면을 선택하여 분석한 결과, 사면의 경사가 25도 이상이고 내부마찰각이 25도 이하가 되면 층리면에 의한 평면파괴가 예상되었다. 집중호우 직후에 산사면의 균열이 발생하였다는 현지 주민의 전언으로 미루어볼 때, 지하수 수위 상승에 의한 암반사면 내부마찰각 감소에 따른 전단저항력 저하가 붕괴의 주원인으로 추정된다.

2) 한계평형 해석

사면안정성 해석은 PCSTABL5M 프로그램에 의해 수행하였다. 사면안정성 해석은 Simplified Janbu's Method(sliced method)에 의한 원호활동 파괴방식으로 100회 반복 해석하여 최소안전율을 가지는 파괴예상면을 추적하였다. 적용 물성치는 각 조사 지역에 대하여 표 3-25

[표 3-25] A, B지역 지층구분 및 해석 입력치

지층	단위중량 γ (t/m^3)	내부마찰각 φ(°)	점착력 c(t/m^2)
A-표토	2.2	30.0	5.0
A-연약대	2.2	22.0	0.0
A-연암층	2.4	30.0	10.0
A-경암층	2.4	40.0	100.0
B-표토	2.0	22.0	1.0
B-연약대	2.2	18.0	0.0
B-연암층	2.5	30.0	10.0
B-경암층	2.6	40.0	100.0

및 표 3-26과 같이 지질조건이 유사한 지역에서 적용하는 경험적인 정수를 입력하였다. 해석은 실제로 산사면 붕괴가 발생한 방향으로의 측량 단면을 기준으로 수행된 것으로 해석조건은 각각의 지역에서 평상시 지하수위가 낮은 경우와 집중호우 시 지하수위가 높아지는 경우를 가정하여 수행하였으며, 또 지하수위가 낮은 경우에 대해서는 지진력의 작용을 고려하여 안정성을 검토하였다. 지진력은 중력가속도의 10%인 0.1g의 수평력으로 가정하였고 수직력은 무시하였다. 여기서, 중력가속도 1g는 980cm/s^{2}에 해당된다.

해석은 두 조사 지역에서 평상시 지하수위가 낮은 경우와 호우 시 지하수위가 높은 경우를 가정하여 수행하고, 각각의 경우에 수평지진력 0.1g를 고려하여 분석을 수행하였다.

[표 3-26] 조건별 사면의 안정성 해석 결과

조사 지역	지하수위	지진하중	최소안전율	평가
A지역	높음	–	0.966	불안정
	낮음	–	1.260	안정
		0.1	0.931	불안정
B지역	높음	–	0.992	불안정
	낮음	–	1.512	안정
		0.1	1.098	불안정

해석 결과 A지역은 평상시 수위가 낮은 경우에 어느 정도 사면의 안정성이 유지되나 집중호우에 의해 수위가 높아진 경우는 불안정하게 나타났다. 또한 지진하중이 고려될 경우 지하수위가 낮아도 불안정하게 나타났다. B지역 역시 평상시 수위가 낮은 경우에는 안정하나 수위가 높아진 경우와 지하수위가 낮더라도 지진하중이 고려될 경우는 불안정하게 나타났다.

따라서 본 조사 지역들은 집중호우에 의한 지하수위 상승이 산사면 붕괴의 원인으로 추정되며, 평상시에도 지진 등의 동하중이 작용할 경우 불안정할 것으로 예상된다.

라. 종합분석

1) 결론

(1) A지역

- 본 지역은 역암, 사암, 미사암, 셰일, 탄질셰일로 구성되며 층리면은 N19~60E/10~22SE로 발달하여 최대 위험 분리면으로 작용한다.

- GPR탐사 결과 붕괴지 첨두부에서는 5m 이내, 중앙부에서는 약 20m, 선단부에서는 5m 내외의 심부에 주요 파쇄대가 존재하며 이는 주로 퇴적암의 층리면에 기인한 것이라 판단된다.
- 극저주파 탐사 결과 이미 확인된 활동사면의 측방으로 대규모 잠재 균열의 발달은 없는 것으로 보이며 기존의 폭이 약 40m에 해당하는 균열부만이 독립적인 활동을 일으킨 것으로 판단된다.
- 시추조사 결과 활동사면 선단부에서는 심도 3m 정도에서 파쇄대 및 셰일층의 협재와 미끄럼면이 확인된다.
- 토질시험 결과 세립이 거의 없는 조립의 사질토(SP)이며 암석시험 결과 전체적으로 풍화암~경암의 범위로 주로 풍화암에 해당된다.
- 한계평형해석 결과 평상시 수위가 낮은 경우에 어느 정도 사면의 안정성이 유지되나 집중호우에 의해 수위가 상승하면 불안정해지며 지진하중이 고려될 경우 지하수위가 낮아도 불안정하다.
- 도해적 해석 결과 사면과 set 1(층리면)의 배향이 비슷한 zone 1~2, 2의 경우, 내부마찰각이 20도 이하로 감소되면 층리면을 따른 평면파괴가 예상되며, 실재 현장에서도 집중호우 이후에 붕괴가 일어난 것으로 보아 내부마찰각 감소에 의한 전단저항력 저하가 암반사면 붕괴의 주원인으로 추정된다.

(2) B지역

- 본 지역은 사암, 셰일로 구성되며 층리면 방향은 N45~53E/25~31SE로 본 층리면을 따른 기반암 상부표토의 활동이 추정된다.
- GPR 탐사 결과 붕괴사면 상부 및 가장자리에서의 토사층 심도는 약 4m, 중앙부에서는 약 10m에 달하며 전체적으로 남동향으로 풍화심도가 깊다. 따라서 남동향으로 경사하는 층리면을 따른 토사의 활동과 붕괴사면 남동측에서 동서향의 균열대 발달이 추정된다.
- 극저주파 탐사 결과 전체적으로 북동향 균열 발달이 수매 확인된다. 이 역시 퇴적암 층리면의 주향 방향과 일치하는 것으로 이는 층리면을 따른 활동 경향을 시사하고 있다.
- 시추조사 결과 사면 중앙부에서 파쇄 및 풍화심도가 가장 깊으며 지표의 지반 낙차로 인한 지층의 미끄러움이 확인되고 10m 이하 심도에서는 변위발생은 없었던 것으로 판단된다.
- 토질시험 결과 세립~조립의 사질토(SW-SM)이며 암석시험 결과 풍화암~극경암의 범

위로 활동 예상 심도 부근에서는 풍화암~연암의 범위이다.

- 도해적 해석 결과 사면과 절리군 set 1(층리면)의 배향이 유사한 경우, 내부마찰각이 감소되면 층리면을 따른 평면파괴가 예상되며 특히 사면 경사가 25도 이상, 내부마찰각이 25도 이하가 되면 층리면에 의한 평면파괴가 예상된다. 따라서 집중호우 시 지하수 수위 상승에 의한 암반사면 내부마찰각 감소에 따른 전단저항력 저하가 붕괴의 주원인으로 추정된다.
- 한계평형해석 결과 평상시 수위가 낮은 경우에는 안정하나 수위가 높아진 경우와 지하수위가 낮더라도 지진하중이 고려될 경우는 불안정하게 나타나 집중호우에 의한 지하수위 상승이 산사면 붕괴의 원인으로 추정된다.

2) 제언

따라서 이상의 현장조사 및 안정성 분석 결과를 종합하여 다음을 제안한다.

(1) A지역

활동사면의 하부로 갈수록 풍화 및 파쇄심도가 깊어지므로 표토 보강만으로는 장기적인 안정성을 기대하기 어렵다. 또한 지층의 층리면을 따른 사면활동이므로 기존의 지표균열들을 장기간 방치할 경우 지표수 유입 등에 의한 풍화작용의 가속화로 활동면의 심부화를 초래할 수도 있다.

따라서 본 지역에 대한 보강공법으로 억지공법을 검토할 경우 보강심도에 대한 고려가 반드시 필요하며 사면붕괴의 주요 원인이 집중호우에 의한 것으로 확인된 만큼 현재 지표에 발달한 균열들은 강우 유입을 차단하기 위하여 점토물질 등을 이용한 봉합조치가 필요하다. 또한 붕괴사면 좌측부의 계곡은 집중호우 시 지표수 집중이 우려되며 사면 첨두부 북측의 기존 임도 역시 집중호우 시 지표수 배출에 불리하게 작용할 수 있다. 따라서 계곡 중앙부로 지표수의 집적을 유도하기 위한 붕괴사면 좌측 계곡부 및 우측 사면에 배수로를 설치하여 지표수를 신속히 배출시킬 수 있도록 하고 사면 첨두부 북측 임도는 배수로 설치 시 북측 사면으로 지표수가 유도될 수 있도록 고려해야 한다.

(2) B지역

층리면을 따른 표토의 포행성 활동과 이에 수반된 균열 발달이 확인되었으므로 이에 대한 조치가 요구된다. 즉 남측 사면으로의 활동을 억제할 필요가 있다. 특히 본 지역은 붕괴지에 인접한 민가의 밀집으로 보강방법 및 보강범위에 각별한 고려가 필요하다.

따라서 기본적으로 토사활동의 억제를 위하여 사면 남측 및 동측에 억지공법의 적용이 검토될 수 있으며 지반 자체에 대한 직접 보강공법으로 어스앙카 혹은 그라우팅 등의 지반개량공법도 적용할 수 있다. 특히 노출된 토사면은 녹생토 공법을 적용하여 표면토사의 유실을 방지하고 측방으로의 배수로 설치로 집중강우에 대비하여야 한다.

3.3.3 종합제언

사면 안정성을 평가하고 그 대비책을 수립함에 있어 현장조사방법의 표준화 및 조사자료의 정량적 처리를 통하여 현장조사의 질적 향상 및 조사자료의 신뢰성을 향상시키기 위한 노력이 필요하다. 즉, 광역적인 사면 안정성 검토를 위한 위성영상자료 분석 및 항공사진 분석과 같은 원격조사법 적용의 활성화, 국지적 안정성 평가를 위한 각종 지구물리탐사법의 효과적 적용, 분리면 특성조사를 포함하는 정밀 지질구조조사 등을 지역적 특성에 적합하게 적용하면 조사의 효율성 및 신뢰성을 향상시킬 수 있을 것이다.

국내 사면붕괴의 특성이 대부분 강우에 의한 것으로 확인되고 있으며 특히 퇴적암 등 저각도의 판상 불연속면을 따른 평면파괴 양상이 두드러진 특성으로 지적되고 있는 만큼 자연사면을 포함한 기존 사면의 안정성을 전반적으로 검토할 필요가 있다. 즉, 층리면, 엽리면 등의 방향성과 사면의 방향성 간의 기하학적 관계에 따라 사면의 안정등급을 체계화함으로써 기존 사면은 물론 향후 조성 대상 사면의 기본적인 불안정성을 사전에 파악하여 고질적인 지질재해에 대비해야 할 것이다.

또 이러한 자료는 기상·수문 자료와 함께 사면 안정성 등을 포함하는 자연재해 예방을 위한 자연재해 경보 시스템의 개발에 적극 활용될 수 있을 것이다.

3.4 경상분지 셰일 지층에서의 절토사면 파괴 특성

3.4.1 서론

국내 지형특성상 산지를 절취하여 도로를 건설하는 것은 불가피하며 수많은 절취사면이 도로변에 형성되고 있다. 절취사면의 안정성에 영향을 미치는 요소에는 암석종류, 풍화, 지질구조의 특성 등의 내적인 요인과 강우, 융해, 지진, 발파 등의 외적인 요인들이 있을 수 있다. 특히 사면을 이루는 암석종류, 지질시대 및 지질구조에 따라 사면의 파괴원인과 파괴유형, 발생빈도가 다르다. 따라서 암반사면 내의 지질학적인 구조와 공학적인 특성은 사면의 전체적인 안정성에 매우 큰 영향을 미치므로 조사 시에 이를 파악하는 것은 매우 중요한 일이다.

본고는 경상분지 퇴적암(셰일, 사암) 지역을 통과하는 고속도로변의 절취사면에서 발생한 파괴사례들에 대하여 파괴특성에 따른 빈도를 분석하여 설계 및 시공에 참고가 될 수 있는 자료를 제공하고자 하였다.

3.4.2 경상분지 퇴적암의 특성

본고의 대상 지역은 중앙고속도로(대구-안동 간), 구마고속도로, 남해고속도로, 경부고속도로(구미-부산 간) 주변에 건설된 중생대 퇴적암으로 이루어진 절토사면들이며, 파괴사례는 1991년부터 2000년까지 고속도로 건설과 개통 중에 발생한 것들이다.

가. 지질특성

경상분지는 중생대 백악기 경상계 신동층, 하양층군, 유천층군으로 구성되어 있으며(Chang, 1975), 셰일과 사암 그리고 역암이 주된 암종이고 부분적으로 화강암 계통, 반암 계통 및 염기성, 산성 맥암류가 관입되어 있다(그림 3-66). 또한 이곳은 신생대 4기 충적층이 부정합으로 덮여 있다.

경상분지 내의 셰일이라도 지역에 따라 다소 다른 특성을 나타내는데, 암석의 색깔로 보면 중앙고속도로(대구-안동 간)에서는 의성 지역에서는 붉은 암색(적색 셰일)을 띠고 기타 지역에서는 녹색 또는 회색의 암색을 보인다. 구마고속도로의 경우는 셰일이 접촉변성작용을 받아 혼펠스화된 것이 많으며 검은색의 암색을 띠고 있고, 암 조직이 비교적 치밀하다.

경상분지 퇴적암의 주 지질구조는 층리면(bedding plane)이며 지역에 따라 다소 다른 방향을 나타내는데, 중앙고속도로(대구-안동 간)의 경우 N10E~N10W/10~20SE, 10~20NE 방향이 대표적이며, 구마고속도로의 경우, 층리의 대표적인 주향 및 경사는 달성터널을 경계로 북쪽에서는 N60~70E/15~25SE가 우세하고 남쪽은 N10~40W/15~22NE가 대표적으로 발달한다. 그리고 남해고속도로(진주-부산 간)는 수평 및 10도 내외의 경사를 가진 층리가 우세하다. 부절리는 그림 3-67과 같이 층리 방향에 직각 방향으로 발달해 있다.

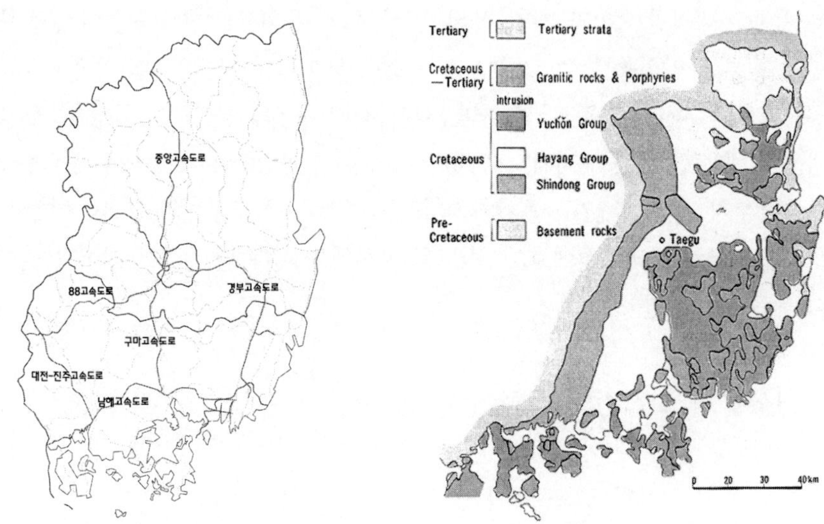

[그림 3-66] 경상분지 지역을 지나는 고속도로 노선 및 지질도(Lee, 1988)

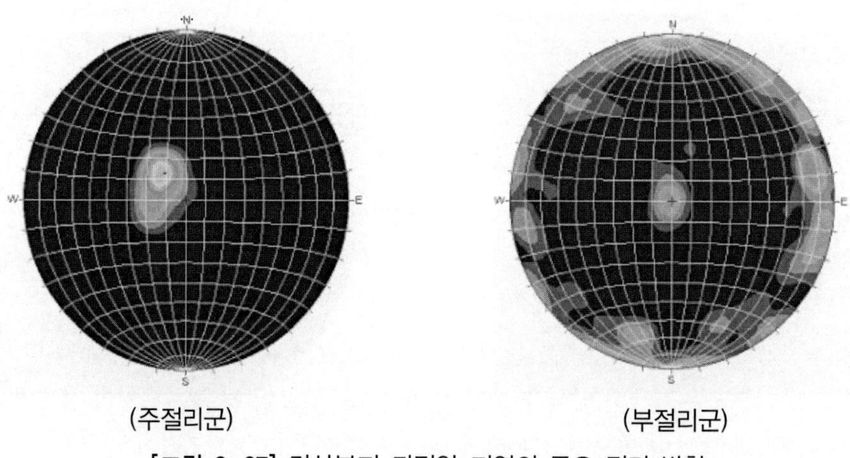

(주절리군) (부절리군)

[그림 3-67] 경상분지 퇴적암 지역의 주요 절리 방향

나. 공학적 특성

셰일에서 발생하는 문제는 크게 층리면과 층리면에 충진된 점토에 의한 평면파괴와 장기적으로 풍화에 의한 문제로 구분된다. 여기서 다루는 공학적 특성은 이러한 문제에 대한 기본적인 자료를 위하여 셰일의 강도특성 및 층리면의 전단강도특성 그리고 풍화저항성을 가늠할 수 있는 특성에 대해서만 제시한다.

일반적으로 셰일은 생성과정에 의해 이방성 일축압축강도 특성을 가지게 되므로 지반조사 시에는 이러한 방향성을 확인하여 지층구조와 불연속면의 방향 확인이 선행되어야 한다. 특히 층리면의 방향에 따라 일축압축강도는 달라지는데, 수평과 이루는 층리면의 방향이 0도와 90도일 때 최고의 강도특성을 지니며, 약 60도일 때 가장 작은 일축압축강도 특성을 나타낸다(김영수 등, 2001).

실제로 사면에서는 셰일 자체의 일축압축강도보다는 층리면에 의한 평면파괴가 주된 파괴 원인이므로 층리면의 전단강도특성이 더 중요한 설계요소가 된다. 여기에서는 실제로 평면형 붕괴가 발생한 사면에 대한 역해석을 바탕으로 활동면의 전단강도를 추정하였다(유병옥, 1997). 활동면의 전단강도는 층리면에 충진된 점토층에 의해 좌우되고 있어 점토가 충진되지 않은 절리면의 전단강도보다 매우 작은 값을 나타내는데, 마찰각(φ)은 10~17도, 점착력(c)은 0~2.5t/m^{2}의 범위로 나타났다.

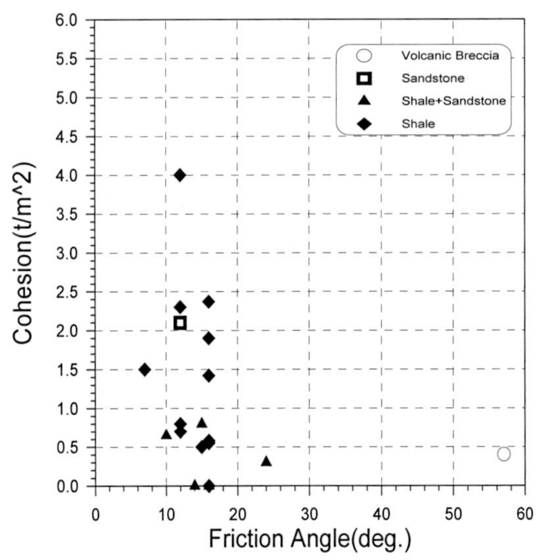

[그림 3-68] 활동면의 점착력과 마찰각

셰일은 다른 암종에 비해 풍화에 비교적 약한 것으로 알려져 있으며, 특히 경상분지에 존재하는 적색 셰일은 암석강도가 작은 경우 매우 낮은 슬레이킹 지수(slaking index)를 나타내며 작은 입방체 암편으로 부서지거나 우수 시에는 세굴에 의해 수로가 형성될 정도의 약한 것이 특성이다. 경상분지 퇴적암 지역에는 셰일과 사암이 교호하는 지층구조가 많이 존재하는데, 사암이 셰일보다 강한 경우가 많아 사암층의 가운데에 끼어 있는 셰일층의 풍화에 의해 상부사암층이 붕락되는 경우가 빈번히 발생하고 있다. 이러한 풍화정도는 내구성 시험(slaking durability test) 및 흡수율 시험으로 어느 정도 가늠할 수 있다. 그림 3-69에는 경상분지 셰일에 대한 점하중지수에 따른 내구성 시험 결과와 흡수율 시험 결과를 나타내었다. 점하중 지수가 높을수록 반복횟수에 따라 마모에 강한 특성을 보이며, 강도가 약할수록 현격하게 내구성이 떨어져 둥근 암편화되는 현상이 두드러지게 나타난다. 흡수율은 강우 반복에 의한 암석의 상태변화를 가늠할 수 있으며, 신선하고 치밀한 암석상태에서 1%에도 달하지 않는 경우가 많으며 풍화 정도에 따라 흡수율은 현격히 증가하는 특성을 나타낸다. 셰일에서의 흡수율 시험 결과에서 알 수 있듯이 점하중 지수에 따라 차이를 나타내며 약 5%에서 20%까지 다양하게 나타나고 있다.

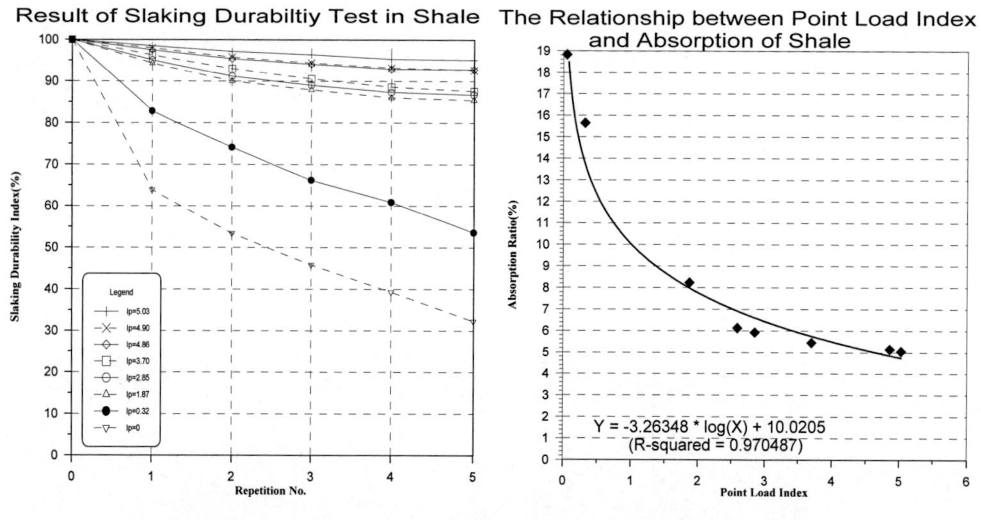

[그림 3-69] 셰일의 내구성 특성과 흡수율 특성(유병옥, 1997)

3.4.3 사면의 파괴특성

경상분지 퇴적암 지역을 통과하는 고속도로 노선은 경부, 구마, 중앙, 남해고속도로이며, 현재 추가로 대구-포항 간, 부산-울산 간, 현풍-김천 간 고속도로가 건설되고 있다. 이들 고속도로 주변에 분포하는 절취사면 중 퇴적암으로 이루어진 사면과 시공 중과 개통 후에 문제가 발생한 사면의 현황은 표 3-27과 같다.

2000년 말 현재 전국 고속도로 절취사면은 총 3,000여 개로 경상분지 퇴적암 절취사면은 전체 사면개소에 대해 25% 정도를 차지하고 있는데 이 중 파괴가 발생된 사면수는 50개(파괴지점 : 56개소)로 퇴적암 사면 중 6.7%에 해당된다.

[표 3-27] 경상분지 퇴적암의 노선별 사면개소 및 파괴빈도

노선명	노선전체 연장(km)	퇴적암 구간 연장(km)	퇴적암 사면수 (개소)	파괴 사면수 (파괴지점)
계	–	367.9	743	50 (56)
경부	428	81.3	95	4 (4)
구마	83.3	74.2	99	21 (24)
중앙	279.2	77.6	470	14 (15)
남해	245.6	108.2	34	10 (12)
88	174.6	26.6	45	1 (1)

암반사면의 파괴는 암반에 발달하는 불연속면에 의해 좌우되며 사면파괴의 주원인이 될 수 있는 불연속면으로는 절리, 엽리, 단층, 층리 등이 있다. 절리는 모든 암석 내에 분포하지만 층리는 퇴적암, 엽리, 편리는 변성암중 편마암, 편암에서 발달하는 지질구조이고 단층파쇄대는 주로 변성암에서 우세하게 발달하는 지질구조이다.

조사된 사면 중 특히, 암반 내에 발달하는 지질구조 중 표 3-28에서 보는 바와 같이 절리는 모든 암석에 발달하는 지질구조이고 층리는 퇴적암의 지질구조로 층리면에 의해 평면파괴가 주로 발생되었으나 셰일층의 풍화로 인해 사암이 낙석되기도 한다(그림 3-70~3-71).

[표 3-28] 지질구조에 따른 파괴빈도

지질구조 \ 암종	파괴지점수(개소)	파괴발생률(%)
절리	6	10.7
층리	25	44.6
단층	3	5.1
풍화	13	23.2
암질불량	9	16.1
계	56	100

이러한 사면파괴는 매우 다양한 형태로 나타나게 되는데, 파괴규모, 파괴유형, 파괴위치, 지질구조, 파괴시기 등에 따라 파괴빈도를 분석해보았다.

[그림 3-70] 점토 충진층에 의한 대규모 평면파괴

[그림 3-71] 단층대를 따른 유실

[그림 3-72] 차별풍화로 인한 붕괴발생

가. 파괴유형

Hoek & Bray(1981)에 의하면 암석사면은 크게 평면파괴, 쐐기파괴, 전도파괴, 원형파괴의 4가지 파괴유형과 이들 파괴가 복합된 형태로 나타나는 것으로 구분하였으며, 경상분지 퇴적암에서 발생한 파괴사례를 이러한 파괴유형에 따라 분류하여 보았다(표 3-29).

파괴발생 사례 중 평면파괴 형태가 57%로 가장 빈번하게 발생하며 다음으로 낙석, 토층유실의 순서이고, 평면파괴는 사면과 동일한 방향으로 발달한 층리면에 의해 주로 발생하는 것으로 나타났다.

[표 3-29] 파괴유형에 따른 파괴빈도

구분 / 파괴유형	파괴지점수(개소)	파괴발생률(%)
평면파괴	32	57.1
쐐기파괴	3	5.4
전도파괴	0	0.0
원형파괴	3	5.4
낙석	13	23.2
토층유실(세굴)	5	8.9
계	56	100.0

[표 3-30] 지질특성별 파괴유형(정형식 외, 1996)

파괴유형	특징 그림	지질 특징	파괴유형	특징 그림	지질 특징
평면파괴 (미고결 점토층)	Tension Crack Plane Failure Shale Clay Filling Plane Failure due to Bedding Plane of Clay filling	사면 방향으로 경사진 층리면에 미고결 점토가 충전된 평면형 파괴가 발생되는 유형으로 셰일 내에 충전된 예들이 많았다. 수직 절리는 인장균열의 역할을 하게 된다.	원형파괴 (5.4%)	Circular Failure Shale Circular Failure due to Weathering	셰일이 절토에 의해 지표면에 노출되면 풍화 속도가 급속히 진전되어 작은 암편화된다. 이 작은 암편은 서로 점착력이 없어 강우에 의해 쉽게 토층과 같은 원형파괴 유형을 보인다.
(사암과 셰일 사이)	Shale Sandstone Shale Sandstone Shale Sandstone Plane Failure Clay Filling Plane Failure due to Bedding Plane	사암과 셰일이 교호되는 층에서 셰일이 빗물이나 강우에 의해 풍화되어 파괴되기도 한다. 석회암 및 고생대 퇴적암에서는 경사가 급한 층리면을 따라 평면파괴가 발생한다.	낙석 (차별적 풍화)	Sandstone Shale Sandstone Shale Sandstone Rockfall Rockfall due to Differential Weathering	셰일과 사암의 호층으로 이루어진 사면에서 셰일이 풍화에 약한 특성에 의해 차별 풍화를 받아 상부의 사암이 붕락하는 하는 유형이다. 사암에는 수직절리의 발달이 심하여 이 수직절리가 블록화해주는 구실을 한다.
(단층 파쇄대) (57.1%)	Plane Failure Clay Filling Plane Failure due to Fault Clay	사암과 셰일로 이루어진 층의 층리면 사이에 대규모의 단층점토층이 충전되어 이 면을 따라 활동된다. 이 파괴유형은 매우 큰 파괴규모를 갖는다.	 (23.2%)	Rockfall Rockfall due to Weathering	셰일이나 사암, 역암에서 지표 노출로 물리적인 풍화를 받게 된다. 이때 암괴는 매우 작은 암편으로 세분화되어 표면에 묻혀 있는 암괴가 낙석하게 된다.
쐐기파괴 (5.4%)	Wedge Failure Bedding And Vertical Joint Wedge Failure due to discontinuities Combination	경상분지의 중생대 퇴적암은 층리면의 경사가 완만하여 이와 같은 파괴가 드물지만 고생대 퇴적암 지대에서 층리가 경사가 급하거나 심하게 왜곡되어 이 유형의 파괴를 보이기도 한다.	세 굴 (8.9%)	Shale Sandstone Scouring Scouring in Fault Fracture Zone Scouring in Fault Fracture Zone	셰일이나 사암에서 단층파쇄대를 빗물에 의해 세굴이 발생되어 점진적으로 집수가 되어 세굴 깊이 및 폭이 넓어진다. 그리고 주변 암괴가 파괴되는 연속적인 파괴형태를 보인다.

실제 사면에서의 파괴유형은 앞에서 언급한 바와 같이 매우 다양한 지질구조와 암석상태에 의해 발생하며 고속도로가 지나는 지역별로 상이한 퇴적암의 특성으로 인하여 지역별로 파괴유형이 조금씩 차이를 나타내기도 한다.

구마고속도로의 경우에서는 층리경사 방향이 도로 쪽으로 향한 하행측(마산 방향) 절토사면에서 주로 문제가 발생하고 있는데, 층리면 사이에 점토층이 충진되어 있는 경우가 빈번하여 사면상부에서부터 하부까지 이르는 대규모 평면파괴가 주를 이룬다. 남해고속도로의 경우는 셰일층과 사암이 교호된 지질특성을 가지는데, 차별풍화로 인하여 셰일이 먼저 풍화되면서 사암이 붕락되는 유형의 파괴양상이 나타나고 있다. 중앙고속도로 대구 측의 경우는 단층파쇄대에 의한 대규모 평면파괴의 예가 일부 있었으며, 풍화에 약한 적색 셰일로 인하여 원형파괴가 발생하는 경우도 있었고, 단층파쇄대가 지나는 구간에서 셰일 및 사암이 세굴에서 심하게 발생되는 양상을 보인다. 표 3-30에 퇴적암 구간에서 나타나는 파괴유형을 지질특성에 따라 구분하여 나타내었다.

나. 파괴경사와 방향성

일반적으로 평면파괴는 파괴면주향이 사면주향과 일치할 때 파괴가능성이 가장 높으며, Hoek & Bray(1981)는 절리주향이 사면주향이 ±20도 내외일 때 파괴 가능하다고 제시한 바 있다. 하지만 황영철(2002)에 의하면 평면파괴 발생 시 사면주향과 절리주향의 차이가 ±60도가 되는 경우에도 파괴가 발생했으며, ±20도 이내 범위에서 발생하는 경우는 약 65%

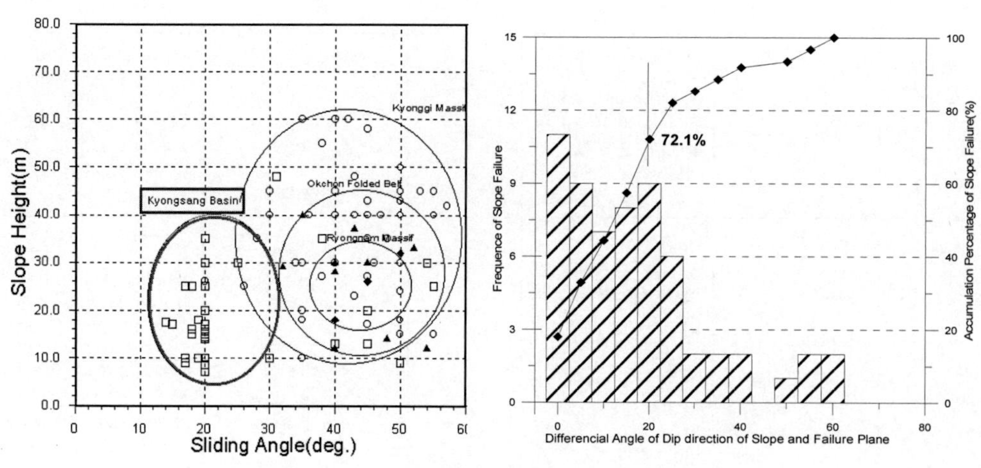

[그림 3-73] 평면파괴면의 경사와 파괴면주향 차이

로 많은 빈도를 나타내긴 하지만 ±20~±30도 범위에서도 약 20%의 파괴가 발생한다고 제시한 바 있다.

따라서 평사투영해석 시 평면파괴의 파괴조건을 사면주향과 절리주향의 차이인 ±20도 범위 이내뿐만 아니라 ±30도 범위까지 넓혀 적용하는 것이 바람직할 것이며, ±30도 이상의 차이에서도 완전히 무시하기보다는 파괴잠재 가능성을 고려하여야 할 것으로 판단된다.

파괴면의 경사는 사면경사와는 무관하게 약 20도 내외에 가장 집중되어 나타나며, 층리면의 경사와 거의 동일하게 발생하는 것으로 나타났다.

다. 파괴규모

사면에서 발생하는 파괴규모는 파괴심도, 파괴폭, 활동토괴의 부피 등 여러 가지 기준에 의해 구분할 수 있지만 공학적인 관점에서 사면표면에서 파괴면까지의 심도가 가장 관심 있는 기준이 될 수 있으므로 여기에서는 파괴심도를 파괴규모의 구분기준으로 구분하였으며, 전체 발생자료에 대하여 파괴규모 분석 결과를 표 3-31에 나타내었다.

퇴적암 지역에서의 파괴발생 심도는 0~4m가 약 55%로 가장 많으며, 4~8m의 파괴심도가 약 18%로 그다음이다. 12m이상 심도의 대규모 사면파괴도 1개소 파괴사례가 보고되고 있는데, 활동토괴의 전체체적이 100,000m^3~300,000m^{3}에 이를 정도로 거대규모의 파괴가 발생했는데, 이는 퇴적암 지역에서 발생 가능한 산사태성 붕괴의 한 예라고 할 수 있다.

[표 3-31] 파괴규모에 따른 파괴빈도

구분 / 파괴규모	파괴개소	파괴발생률(%)
낙석, 토층 유실	10	17.9
0~4m	31	55.3
4~8m	10	17.9
8~12m	4	7.1
12m이상	1	1.8
합계	56	100.0

라. 사면 내 파괴위치

사면파괴는 풍화특성 및 지형형상, 단층과 같은 지질구조 유무에 따라 사면 내 파괴위치에 다양한 차이를 보인다(日本土質工學會, 1977). 여기에서는 파괴위치를 표 3-32와 같이 구분하여 사면 내 어느 지점에서 파괴가 많이 발생하는지를 알아보았다.

[표 3-32] 파괴발생 위치 분류

구분	평면도	횡단도	구분	평면도	횡단도
I	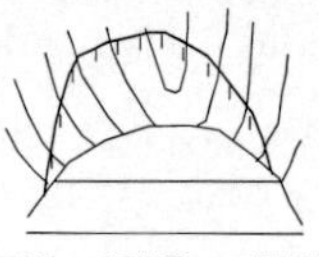 주변 지역을 포함한 대규모 파괴	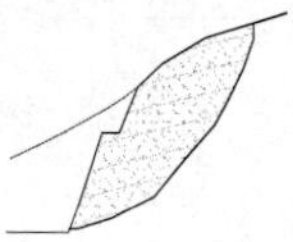	IV	 사면하단 파괴	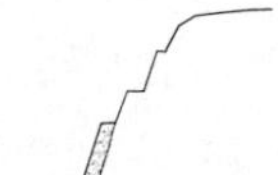
II	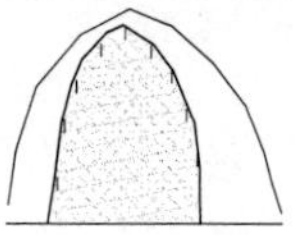 사면 내 대규모 파괴	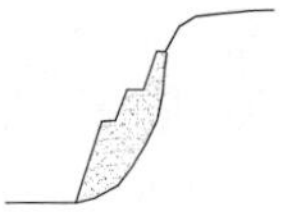	V	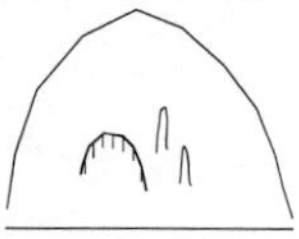 사면중간부 파괴	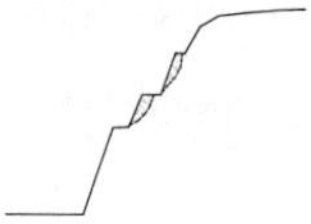
II	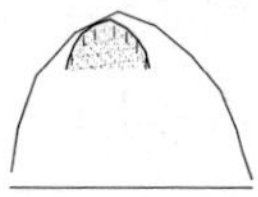 사면상단 파괴	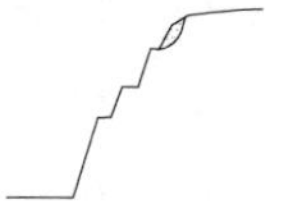	VI	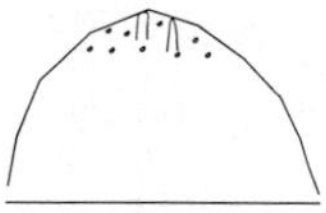 상부유실	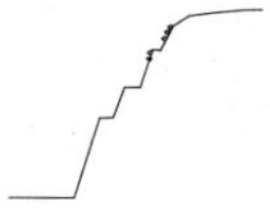

I-타입은 깊은 활동면을 갖고 사면후방 지형 전체가 파괴되는 대규모의 파괴유형으로, 암반 내 단층파쇄대나 점토충진층에 의해 발생한다. II-타입은 사면 내의 전 면적에서 발생하는 대규모 파괴유형으로 매우 불량한 암질상태이거나, 전면에서 사면 방향과 유사한 방향으로 파쇄대층이 깊게 존재하는 사면, 암반 상부에 토층이 덮고 있는 사면, 층리면에 점토가 충진된 지질구조에서 발생한다. III-타입은 상부의 토층구간에서 파괴가 발생하는 예로, 일반적으로 풍화대가 깊은 사면에서 우세하다. IV-타입은 사면하단부에서 파괴가 발생하며 일반적으로 절리, 단층 등의 지질구조선에 의해 발생한다. V-타입은 소규모적으로 사면 여러 개소에서 발생하며, 사면 내에 국부적으로 암질이 불량한 개소나 단층파쇄대 등이 있는 경우에 발생된다. 그리고 VI-타입은 낙석 및 매우 소규모적인 상부에서의 유실을 말한다.

표 3-33에서 알 수 있듯이 파괴위치는 주로 사면 내부의 소단부에서 많이 발생하며, 상부 토층의 유실사례도 빈번하게 발생하는 것으로 나타나고 있다. 특히, I-타입의 파괴는 셰일 및 사암으로 이루어진 암층에 주로 발달하는 대규모 파괴 유형으로 구마고속도로의 경우는 미고결 점토층을 따라 파괴가 발생한 바 있다.

[표 3-33] 파괴위치에 따른 파괴빈도

구분 / 파괴위치	파괴개소	빈도(%)
I(대규모 파괴)	1	1.8
II(대규모 파괴)	4	7.1
III(사면 상단)	4	7.1
IV(사면 하단)	8	14.3
V(사면 중간부)	26	46.4
VI(상부유실)	13	23.2
합계	56	100

마. 파괴시기

일반적으로 사면의 파괴는 내적 또는 외적요인에 의해 힘의 평형상태가 깨지면서 발생하거나 또는 강우 등에 의해 풍화가 진행되면서 서서히 발생한다. 여기에서는 사면의 파괴시점을 힘의 평형상태가 깨지는 절취 중, 절취 완료~2년, 개통 후로 구분하여 사면의 형성과정 중 어느 시점에서 파괴발생 빈도가 높은지를 분석하였다.

많은 사면파괴가 절취완료~2년 내에 발생하는 것으로 분석되었는데, 이는 사면 절취 후에 암반의 풍화작용이 촉진되어 굴착 전의 안정한 상태에서 불안정한 상태로 전환되면서 발생하거나 강우에 의해 암반의 단위중량이 증가하고 활동면의 전단강도가 저하되면서 발생하는 것으로 사료된다. 개통 후에도 많은 파괴빈도를 보이는 것으로 나타나고 있는데, 이것 또한 공용중의 강우와 사면의 풍화에 기인한 것이라고 볼 수 있다.

[표 3-34] 파괴시기에 따른 파괴빈도

구분 / 파괴시기	파괴개소	빈도(%)
절취 중	5	8.9
절취 후~2년	30	53.6
개통 후	21	37.5
합계	56	100.0

3.4.4 퇴적암 사면 검토 시 제안사항

퇴적암 지역에 건설되는 사면에서는 건설 시뿐만 아니라 공용 중에도 층리면에 의한 평면파괴 현상이 두드러지게 나타나고 있으며, 공용 후에는 파괴문제 외에도 셰일과 단층대의 차별풍화에 의한 낙석, 소규모 붕괴 문제가 나타나고 있다. 층리면에 의한 파괴는 층리면에 충진된 점토층에 의해 주로 발생하며 파괴면까지의 심도가 4~12m의 중·대규모가 많이 나타나므로, 이러한 지역에서 사면을 형성하는 경우에는 불연속면(층리)의 발달방향과 경사, 층리면에 점토충진 여부에 대한 정보가 매우 중요하며, 공학적인 측면에서는 무결암의 강도뿐만 아니라 층리면의 전단강도 특성과 암석 자체의 풍화에 대한 내구성 자료를 확보하여 사면설계에 이용하는 것이 매우 중요하다.

따라서 이러한 정보획득을 위한 사면조사 시에는 지질구조의 파악을 위한 시험이 반드시 수반되어야 하며, 특히 층리면 사이의 점토 충진물 여부를 확인하기 위한 조사기술이나 방법을 반드시 고려해야 한다. 예를 들면, 시추 시에는 굴진수의 사용을 최소화하고 굴진속도를 감소시켜 회수되는 시추코어의 상태를 최대한 양호하게 확보하는 기법을 사용하거나 시추공에 대한 BIPS시험 등을 실시하여 불연속면의 방향성과 파쇄대의 여부를 직접 확인하는 조사방법을 사용하는 것이 권장된다. 또한, 시추조사는 사면 전체에 비해 한두 곳의 지점정보만 제공하므로 이외에도 사면주변의 암반 노두에 대한 지표조사, 지형상태의 조사, 과거의 이력 등을 종합적으로 조사하는 것이 필요하다.

이러한 자료의 활용은 기본적으로 도로 노선의 결정 시에 가장 중요하게 활용할 수 있는데, 층리면의 방향성을 고려하여 도로 방향이 층리면의 방향과 나란하게 하는 것이 사면문제를 최소화할 수 있으므로 경제적인 사면설계가 가능하며, 층리면의 방향이 도로 방향과 직각이 되더라도 양쪽 사면의 경사를 다르게 적용할 수 있는 기본 정보를 제공할 수 있다.

퇴적암 사면은 장기적인 관점에서 사면표면의 풍화나 강우에 의한 세굴 등이 문제되는 경우가 많으며, 이는 풍화에 약한 셰일의 존재 여부에 따라 식생이나 숏크리트 같은 사면의 조기 표면보호를 위한 방안이 수반되어야 하는 경우가 많다. 이러한 문제는 셰일의 풍화에 대한 저항능력을 고려할 수 있는 Slake durability 시험 등을 수행하여 어느 정도 대책을 수립할 수 있을 것이다.

이러한 사항을 고려하여 표 3-35에는 퇴적암 지역에서의 사면 설계 시 조사·시험항목을 제안하여 나타내었으며 향후 퇴적암으로 이루어진 경상분지 지역에서 사면을 형성할 경우 참고로 활용할 수 있을 것으로 판단된다.

[표 3-35] 퇴적암 지역의 사면설계 조사를 위한 제안

<table>
<tr><th colspan="2">목적</th><th>조사·시험항목</th><th>조사·시험 빈도</th><th>비고</th></tr>
<tr><td colspan="2">굴착
난이도
평가</td><td>• 시추굴조사
• 시추조사

• 탄성파 탐사
• 전기비저항 탐사
• 토모그래피(필요 시)</td><td>• 상부토층구간(1~2개소)
• 절토부 개소당 3개소
(연장·규모에 따라 추가)
• 대절토구간
• 대절토구간, 단층 지역
• 붕괴예상구간, 인근에 붕괴 발생 예가 있는 지역</td><td>• 약 2m심도
• 최대 도로계획고 하부 5m까지 (시추는 NX 규격, Double core barrel 이용 실시, 점토 충진 여부 확인을 위하여 굴진수를 최소화하고 굴진속도 천천히)</td></tr>
<tr><td rowspan="2">안정성평가</td><td>현장조사</td><td>• 지형조사
• 지표지질조사
• 시추공영상촬영(BIPS)</td><td>• 주변 지역 전체
• 노두 노출구간
• 붕괴예상구간, 시추공마다 실시</td><td>• 수리, 수문/주변의 붕괴사례 조사
• 노출된 암반, 암석상태 조사
• 불연속면 방향성, 암석상태 조사</td></tr>
<tr><td>시험</td><td>• 토질시험
• 암석시험

• 현장시험</td><td>• 토층의 물성, 강도 시험
• 점하중 시험, 일축압축강도 시험
슈미트해머 시험
• 절리면 전단강도 시험
• 풍화 내구성 시험(slake durability)
• swelling 시험(이암)
• 공내전단 시험(풍화암)</td><td></td></tr>
</table>

3.4.5 결론

본고는 경상분지 퇴적암 지역을 지나는 고속도로 구간에 시공된 절토사면들 중에서 셰일(사암, 이암)로 이루어진 절취사면의 붕괴특징을 분석하였으며 이로부터 다음과 같은 결론을 요약할 수 있다.

(1) 경상분지 퇴적암은 셰일과 사암, 이암 등의 퇴적암으로 이루어져 있으며, 층리면의 방향은 지역별로 차이를 나타내고 있으나 층리면 경사는 10~20도 정도로 나타나고 있다.

(2) 이 지역의 사면파괴는 주로 층리면에 의한 평면파괴 형태가 우세하게 나타나며, 파괴면의 경사는 층리면과 비슷한 20도 내외, 파괴면의 주향은 사면주향과 0~±30° 차이 내에서 많이 발생한다. 파괴규모는 사면표면에서 파괴면 심도까지를 기준으로 할 때 8m 이내가 대부분이며, 파괴위치는 소단부분이 형성되는 사면내부와 상부의 유실이 가장 많

이 발생하고 있다. 사면절취 중에는 비교적 파괴빈도가 적지만 사면절취 완료 후와 공용 중에 대부분의 파괴가 발생하고 있어 사면의 장기적인 안정성에서도 고려해야 할 것으로 나타났다.

(3) 이러한 파괴특성을 고려할 때 퇴적암 지역에서의 사면조사 및 설계 시에는 층리면의 발달 방향과 경사, 층리면 사이의 점토 충진상태 및 공학적 특성을 확인하기 위한 조사기법이 필요하며, 장기적인 사면의 풍화상태를 파악하기 위한 내구성 시험 등이 수반되어야 할 것으로 판단된다.

참고문헌

3.1

정헌철, 박치면, 이호(2004), 「경주-감포 간 국도건설공사 대안설계 사례」, 「지반구조물 설계·시공 사례집」, 〈한국지반공학회지〉, pp.133-152.

이병주, 선우춘(2000), 「제주도 화산암지대의 지질구조 및 지질조사기법」, 「2000년도 한국지반공학회 암반역학위원회 특별세미나 논문집」-암반구조물 붕괴·보강기술 세미나, pp.195-212.

남정만(2000), 「제주도 지반의 공학적 특성」, 「2000년도 한국지반공학회 암반역학위원회 특별세미나 논문집」-암반구조물 붕괴·보강기술 세미나, pp.171-182.

〈제주도 국도우회도로(회천-신촌) 건설공사 실시설계 토질조사보고서〉(2003), 건설교통부 제주지방 구토관리청.

3.2

강한욱, 곽현준, 정한중, 김영근(2001), 「이암의 공학적 특성과 이암층에서의 터널 시공 사례」, 한국터널공학회지 터널기술, Vol.3, No.4, pp.99-113.

포항 지역 이암의 creep 특성에 관한 연구보고서(1994), 서울대학교 에너지·자원 신기술연구소.

이승재, 노상림, 윤지선(2001), 「포항 지역 mudsotone 및 대구 지역 black shale의 물리·역학적 특성에 관한 연구」, 한국암반공학지 터널과 지하공간.

대구-포항 고속도로공사 지반조사보고서.

대구-포항 고속도로공사 터널설계보고서.

3.4

김영수 외(2001), 「층리면을 고려한 셰일의 공학적 특성」, 〈한국지반공학회 논문집〉, 제17권, 제1호, pp.5-13.

유병옥(1997), 「암반절취면의 안정성 평가 및 대책에 관한 연구」, 공학박사학위논문, 한양대학교.

정형식, 유병옥(1996), 「지질특성에 따른 암반사면 붕괴유형연구」, 〈한국지반공학회지〉, 제12권, 제6호, pp.37-49.

한국도로공사(1994~1996), 「현장기술자문검토서(사면분야)」, 한국도로공사 도로연구소.

한국도로공사(2000), 「암석특성에 따른 절토사면 구배결정기준 연구」, 연구보고서, 도로연 00-9.

황영철(2002), 「국내 붕괴특성을 고려한 암반사면의 평면파괴 조건 연구」, 지질공학회 논문집, 제12권, 제2호, pp.287-286.

土質工學會 (1977), 切土のり面, pp.3-4, pp.106-123.

Hoek, E. & Bray, J. (1981), "Rock Slope Engineering". Revised Third Edition. Institute of Mining and Metallurgy, London, p.88, 114, pp.150-159, p.171.

Lee, Dai-Sung (1988), "Geology of Korea(Second Edition)", Kyohak-Sa Publishing Co., pp.7-10.

Part

04 천매암

천매암의 지질학적 특성

1.1 옥천대의 지질학 및 지반공학적 문제점

1.1.1 서론

지체 구조적으로 유라시아판(Eurasian plate)의 동쪽 연변부에 위치한 한반도의 중부에 북동-남서 방향으로 허리를 가로지르며 약 50km 이상의 폭을 가지고 분포하는 옥천대(Okcheon belt)는 북서부의 경기육괴와 남동부의 영남육괴 사이에 위치한다(그림 1-1, 1-2). 옥천대의 일부 지층은 1907년 일본인 Inouye(井上)에 의해 최초로 조사 보고되고 그 후 역시 일본인 Nakamura(中村)에 의하여 처음으로 옥천층으로 명명되었다. 1900년대 초 일본인 지질학자에 의해 알려진 옥천대는 그 후 부단히 연구가 지속되고 있으나 아직도 한국 지질계통표 상에 옥천층군의 위상을 고정하지 못하고 있는 실정이다. 또한 지질공학적 입장에서 이 지역에는 저변성 퇴적암류인 슬레이트, 편암, 등의 이방성 암류와 석회암 내지 석회규산염 암 등이 분포하고 있다. 뿐만 아니라 이 지역에는 수차례의 습곡 및 단층작용을 받아 지질공학적 입장에서도 매우 불안한 지반을 가지는 곳이다.

본 논문은 옥천대 분포 지역에서 지금까지 알려진 지질학적 문제점과 지질공학적 입장에서 문제점을 파악하고 옥천대를 통과하는 경부고속도로 OO지점의 지반조사를 예로 하여, 옥천대 내 지반조사 시 기초지반의 자료를 정확히 파악하는 데 목적이 있다.

1.1.2 옥천대의 지질학적 문제점

옥천대는 한반도에서 현재까지 지질시대 및 층서 등에서 아직 확실히 규명되지 않은 지층이다. 옥천대의 지질시대에 대해 1957년부터 1970년에 걸쳐 여러 편의 논문을 발표한 손치무 교수는 옥천층군이란 연속적으로 퇴적된 층이 아니라 지질시대를 달리하는 여러 개의 지층이 상호 부정합관계를 가지고 교호층을 이루는 누층으로, 조선누층군의 상위에 관계불명으로 놓인다고 주장하였다. 이에 반해 김옥준 교수는 1965에서 1970년에 걸쳐 논문을 통해 손치무 교수의 의견에 반대하며, 옥천층군이 조선누층군의 대석암층군 상부에 놓이는 이유는 선캄브리아 시대의 옥천층군이 오버스러스트 및 kippe에 기인한 것으로 간주하여 본 층군의 지질시대에 대한 논란이 팽팽히 맞서게 되었다.

옥천층군 내 화석산출에 대한 발표는 이대성 등(1972)에 의해 충주 남쪽 소향산리 부근의 향산리 돌로마이트층에서 발견된 고배류(Archaeocyata) 화석에 관한 것이 최초이다. 그 후 옥천층군의 창리층 내에 협재한 석회암을 용해하여 코노돈트 미화석을 찾는 연구가 이하영 등(1972)에 의해 수행되었으나 단 몇 개체의 코노돈트 미화석편이 발견되었을 뿐이다. 그러나 이재화 외(1989)는 함역천매암인 황강리층에 포함된 석회암 역에서 초기 오르도비스기를 지시하는 코노돈트 화석을 다량 기재함으로써, 황강리층이 적어도 초기 오르도비스기 이후에 퇴적된 지층인 것이 밝혀져서 인접한 옥천층군에서 화석산출의 기대를 높여주었다. 옥천층군의 이와 같이 지질시대는 과거부터 여러 지질학자에 의해 언급되었으나 시대를 결정할 뚜렷한 증거가 없어 이견이 있는 상태이다. 앞에서 언급한 바와 같이 고생물학적 증거에

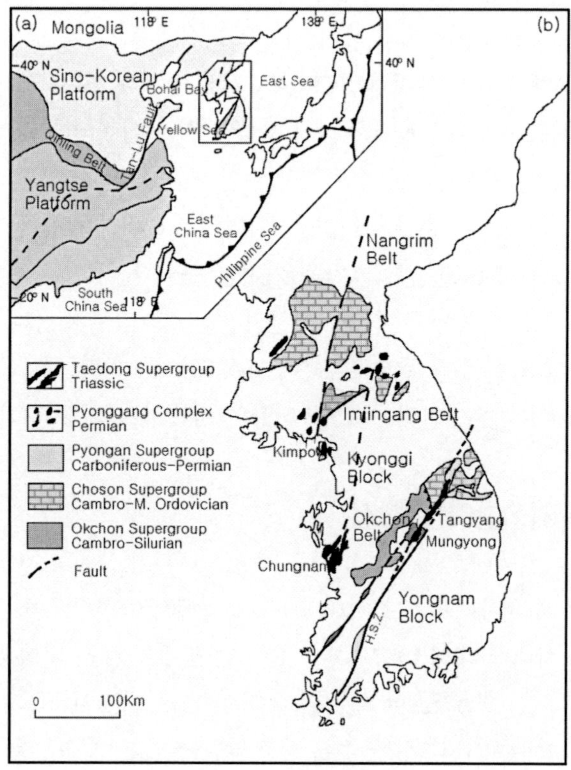

[그림 1-1] 동아시아(a) 및 한반도(b)의 지체구조도

의한 지질시대의 언급은 이대성 외(1972)의 고배류 화석의 발견으로 중부 캄브리아기의 해성층으로 발표되었다. 최근 이재화 외(1989)는 함역천매암 내의 석회암 역에서 코노돈트를 발견하여 이 암층이 최소한 초기 오르도비스기 이후임을 주장하였다. 그러나 한편으로는 옥천층군 내 각섬암에 대한 절대연령 측정치가 675Ma(민경원 외, 1995)로 발표되면서 선캄브리아기의 자료들이 다시 나타나 아직 확실한 결론을 내리기는 어려운 상태이다(표 1-1 참조).

옥천층군의 변성작용에 관한 자료를 고찰하면, 김형식(1970)은 기원암의 종류에 따른 변성광물군에 따라 녹색편암상, 녹색편암-각섬암 점이상, 각섬암상의 누진 지역으로 기재하였다. 그리고 이들을 사장석, 흑운모, 녹니석, 양기석, 투각섬석, 석류석, 규선석, 각섬석, 투휘석 등의 출현 및 소멸현상과 성분변화를 근거로 녹니석대, 녹니석-흑운모대, 흑운모대, 석류석대, 규선석대로 구분하였으며, 이들은 Barovian형의 변성작용이라고 하였다. 그들은 소위 변성구에 나타나는 것으로 중앙부에 녹색편암상이 우세하고, 그 외측부로 갈수록 변성

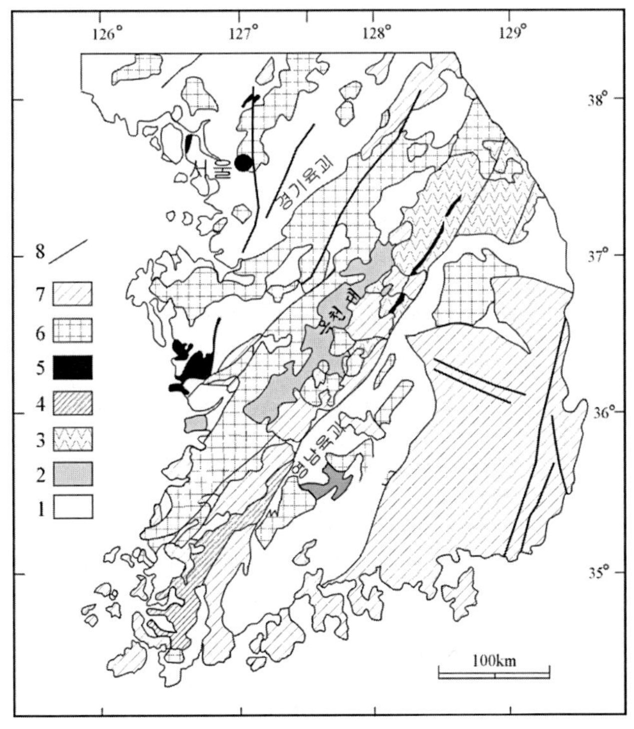

[그림 1-2] 남한의 개략적 지질분포도

1: 선캄브리아기의 편마암류 및 편암 분포지, 2: 옥천층군 분포지, 3: 고생대 퇴적암류 분포지, 4: 엽리상 화강암 분포지, 5: 쥐라기 퇴적암류 분포지, 6: 중생대 화강암류 분포지, 7: 백악기 퇴적암류 분포지, 8: 대단층

도는 점차 증가하여 녹색편암-각섬암 점이상이 되고 가장 외측부에 각섬암상으로 되는 대칭적인 유형을 보여준다. 이러한 대칭적인 유형이 옥천변동 당시 형성된 것인지 아니면 송림변동이나 대보변동 혹은 중생대 화강암의 영향을 받은 것인지는 확실치 않다. 다만 소위 비변성구로 알려진 북동부에는 이러한 유형의 변성대를 거의 볼 수 없다는 점이나, 1대 5만 대전도폭이나 유성도폭, 보은도폭에서처럼 이들의 분포가 F1 습곡축과 나란하며 지역에 따라 녹색편암상의 녹니석대와 흑운모대가 등사습곡에 의하여 아코디언처럼 반복되는 곳이 많다는 점, 화강암체와 비교적 가까운 흑운모대의 흑운모 생성연대가 430Ma(김옥준, 1982)으로 알려진 점, 흑운모의 반상변정들이 송림변동 시에 형성된 엽리면에 의하여 교란되고 압쇄음영대들이 관찰되는 점 등은 김형식(1970)에 의하여 구분된 변성분대의 일부가 옥천변동의 습곡운동과 동시에 형성된 것으로 볼 수 있게 한다.

일반적으로 옥천누층군이 분포하는 지역은 한반도에서 지질구조적으로 가장 복잡한 곳으로 수차례의 중복 변형작용으로 지층이 매우 교란되어 있어 아직 지질구조가 확실히 정립되지는 않고 있다. 1970대에 Reedman과 Fletcher(1976)는 이 지역에서 최소한 3번의 습곡작용을 포함한 변형작용이 있었음을 시사하고, 그 후 이병주와 박봉순(1983), Cluzel(1990) 등도 습곡작용 및 스러스트 단층 작용이 3~4회 반복되었다고 주장하였다.

1.1.3 옥천대의 지질공학적 문제점

앞장에서 언급한 바와 같이 옥천대에는 황강리층인 함역천매암에서부터 슬레이트, 천매암, 편암과 석회암, 석회규산염암 등 다양한 암석으로 구성되어 있다. 이들 암석들 중 약 70%가 변성퇴적암인 슬레이트, 천매암 및 편암류들이 분포하며 이들 퇴적기원의 암석이 분포하는 지역에서의 절토사면은 안정성 면에서 항상 위험이 따른다.

이들 변성퇴적암들은 몇 차례의 변성작용 및 변형작용을 겪으면서, 엽리면, 벽개면(cleavage), 습곡축면, 절리면, 단층면 등의 면구조들과 광물신장선구조, 습곡축, striation 등의 선구조들이 발달하여 이들 불연속면 및 선구조들이 사면의 안정성에 영향을 미친다. 또한 이들 내에 단층작용이나 파쇄대작용이 일어난 곳에서는 다른 암석에 비해 더 심한 파쇄양상을 보이고, 이들 암석이 갈리면서 점토광물(clay mineral)들이 형성되는데 이곳에 지하수나 강우 시 빗물이 스며들어 팽창하면서 사면을 불안정하게 하는 요인이 된다.

변성암퇴적암인 이들은 점토를 함유하고 있어 사면 형성 후 지표에 노출되면서 풍화작용을 받을 경우 공학적 성질이 급격히 변하여 강도 저하, 내구성 저하 현상 및 토사와 유사한 거동을 보이는 등 토목공사 시 다른 암종에 비해 치명적인 공학적 특성을 가지고 있다.

셰일 및 편암의 일반적인 물리적 특성을 보면 셰일은 비중이 2.3 내지 2.7이며 공극률은 2.9에서 55.0까지 매우 폭이 넓으며 흡수율은 0.2~6.1%이다. 운모 편암도 셰일과 유사하나 비중이 조금 높은 정도이다(표 1-2). 이들 두 암석의 압축강도는 표 1-2에서는 65MPa에서 185MPa로 표시되어 있으나 실지 사면에서 채취한 시료는 25MPa 이하로 매우 낮은 값을 가진다.

[표 1-1] 옥천층군의 층서 및 지질대비표

지질시대	이대성 (1974)	Reedman et al (1975)	김옥준 (1970)	손치무 (1970)
쥐라기 트라이아스기	황강리층			황강리층 비봉층
퍼미안 석탄기 데본기				
사일루리아기				창리 사평리 미원
오르도비스기	마전리층 창리층 문주리층		대석회암층군	화천리 문주리
캄브리안기	대향산규암 향산리돌로마이트	계명산층 대향산층	군자산층	대향산규암
선캄브리아시대	계명산층	문주리층 황강리층 명오리층 북노리층 서창리층 고운리층	황강리층 마전리층 창리층 문주리층 대향산규암 향산리돌로마이트 계명산층	

[표 1-2] 천매암 및 운모편암의 물리적 특성

암종	비중	공극률(%)	흡수율(%)	압축강도(MPa)
천매암	2.3~2.7	2.9~55.0	0.2~6.1	65~110
운모편암	2.6~2.8	0.4~10.0	0.1~0.8	101~185

1.1.4 천매암 지역에서의 지질조사 및 사면시공 사례

가. 지질

본 조사구간은 1 : 5만 옥천도폭(김동학 외 1978) 지역 내에 속하며, 옥천도폭에서 흑색 내지 암회색 점판암 및 녹색암으로 구성된 창리층이 분포하는 구간 내에 속하며, 특히 구간의 대부분은 녹색암 분포 지역으로 표시된다. 그러나 그림 1-3에서 보는 바와 같이 본 구간은 천매암 및 편암대와 함역(含礫)천매암대가 분포한다.

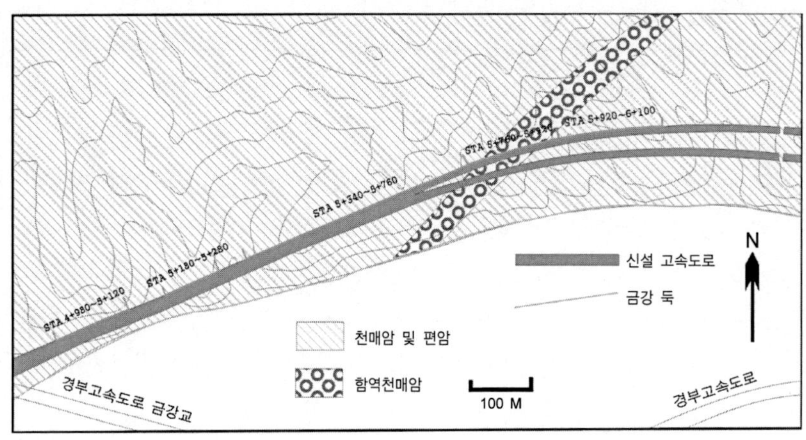

[그림 1-3] 조사구간 및 그 주위의 지질분포도

천매암 및 편암대: 본 조사구간의 대부분을 차지하며 암회색의 천매암 내지 편암으로 대표되는 창리층 혹은 서창리층으로 명명된 층들이 이암류에 속한다. 이 층 중에는 점판벽개(slaty cleavage)가 잘 발달되며 특히 운모가 강한 정향배열을 하여 뚜렷한 광물배열 선구조를 발달시킨다. 또한 운모가 풍부히 함유된 곳에서는 파랑벽개(crenulation cleavage)가 흔히 관찰된다. 또한 이 암층에는 엽리구조가 잘 발달하는 사질의 천매암도 많은 부분을 점한다(그림 1-4).

[그림 1-4] 편리구조가 잘 발달하는 사질 천매암

함역천매암: 소위 황강리층이라 불리는 함역천매암이 조사구역 STA. 5+790m에서 STA. 5+882m 구간에 분포한다. 위의 천매암 및 편암층과는 상부에서는 점이적 관계를 보이나 하부층위는 단층으로 접하고 있다. 본 암은 규암, 석회암, 화강암, 편마암, 암회색 천매암 등 다양한 종류의 역을 가지는 함역변성퇴적암이다(그림 1-5). 퇴적기구는 대규모 쇄설류(debris flow)에 의한 것으로 알려지며(Bahk, 1990), Reedman & Fletcher(1976)는 기원암을 tillite로 간주하기도 하였다. 이 암층은 심하게 변형작용을 받아 역들이 길게 신장되었는데 이들 신장 선구조의 방향은 북북동 방향과 북서 방향으로 곳에 따라 양 방향으로 배열한다.

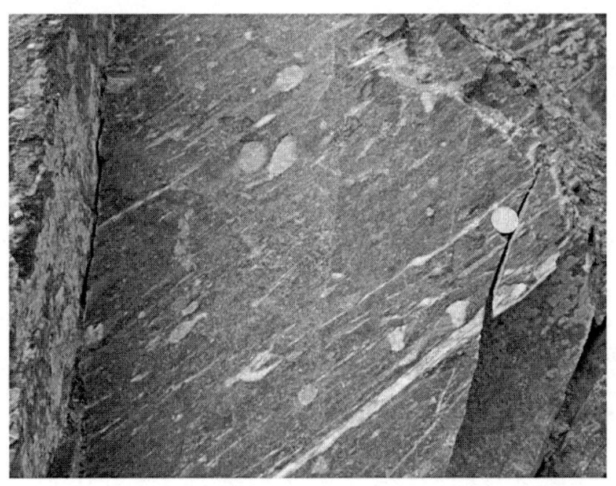

[그림 1-5] 신장된 역을 함유하는 함역천매암

나. 엽리

조사 지역은 앞에서 언급한 바와 같이 옥천층군의 변성퇴적암들이 분포하는 지역으로 이들은 엽리가 매우 잘 발달한 것이 특징이다(그림 1-6). 이 지역의 엽리의 분포는 그림 1-7(a)에서 보여주는 바와 같이 북동 방향에서 북북서 방향까지의 주향과 40도 내외의 경사각을 가지며 서쪽으로 경사하는 엽리구조를 발달시킨다(그림 1-7, a). 이와 같이 엽리면들이 약간의 분산을 보이는 것은 옥천층군에 작용한 3~4차례의 변형작용과 그 이후 단층작용에 의해 엽리들이 교란된 것이다. 각 절토사면별 불연속면의 특성은 다음 장에서 상세히 언급하겠으나 전체적으로 보아 편리의 방향과 편리의 간격은 표 1-3과 같다.

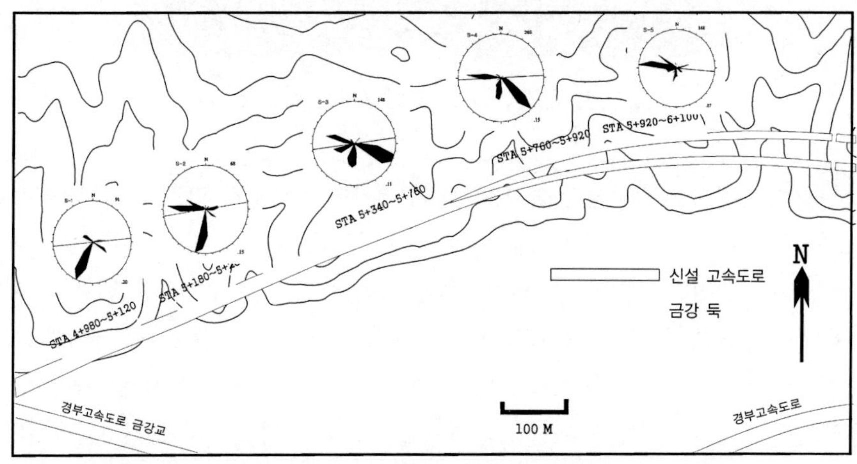

[그림 1-6] 각 사면에 분포하는 불연속면의 분포현황(경사 방향)

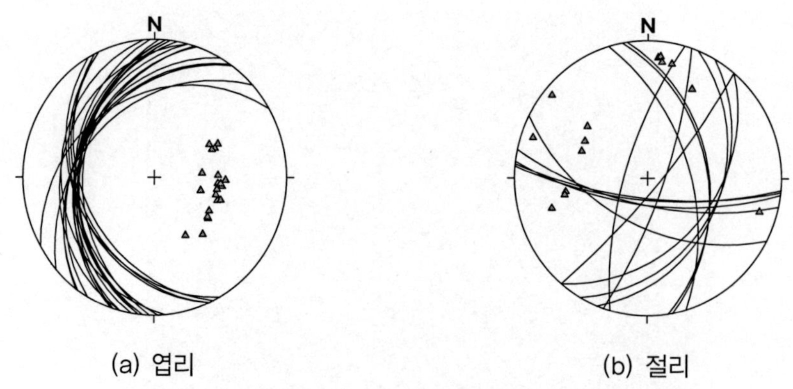

(a) 엽리 (b) 절리

[그림 1-7] 조사지역 전 구간에서 측정된 엽리 및 절리 분포

다. 절리

조사구간 내의 천매암 내지 편암류 내에는 절리들이 절리군에 따라 차이는 있으나 평균 10~20cm의 간격을 가지며 발달하고 있다. 이 지역 전 구간의 대표적 절리는(그림 1-7, b) 크게는 북북서에서 북동 방향의 주향을 가지며 동쪽으로 경사하는 절리와 거의 남북에 가까운 주향에 남쪽으로 경사한 절리들이 발달한 것을 알 수 있다.

라. 단층

조사 구역 내에서의 단층은 각 사면마다 2~3개 조가 발달하며 이들 중 중요 단층의 그 특성은 다음과 같다. 먼저 사면 2(STA 5+180~5+280)구간에서 발달하는 단층은 그림 1-8에서와 같이 N18°E/78°SE의 주향과 경사를 가지는 단층이 N20°E/39°NW의 태위를 가지며 엽리와 거의 평행한 단층들에 의해 잘리고 있다. 이 중 북북동 방향의 단층은 단층 파쇄대의 폭이 약 5cm이며, 석영맥이 단층대 내를 관입하고 있다. 엽리와 평행한 단층은 폭이 약 20cm 정도이며 연장은 20m 이상으로 발달한다.

[표 1-3] 각 절토 사면에서 대표되는 편리 및 엽리면과 절리의 방향 및 간격

	편리 및 엽리군		절리군	
	경사방향 / 경사	간격(cm)	경사방향 / 경사	간격(cm)
사면 1	306°/42°	31±9	207°/62°	17±14
			120°/45°	16±8
			081°/52°	46±23
사면 2	277°/42°	24±14	185°/77°	14±5
			079°/53°	26±9
			130°/83°	
사면 3	243°/45°	22±18	112°/44°	16±15
	288°/44°	17±13	186°/78°	17±11
			109°/80°	27±22
사면 4	277°/43°	30±21	130°/49°	19±14
			192°/74°	24±17
사면 5	277°/43°	19±17	073°/64°	20±16
			187°/74°	13±7
			286°/76°	42±40

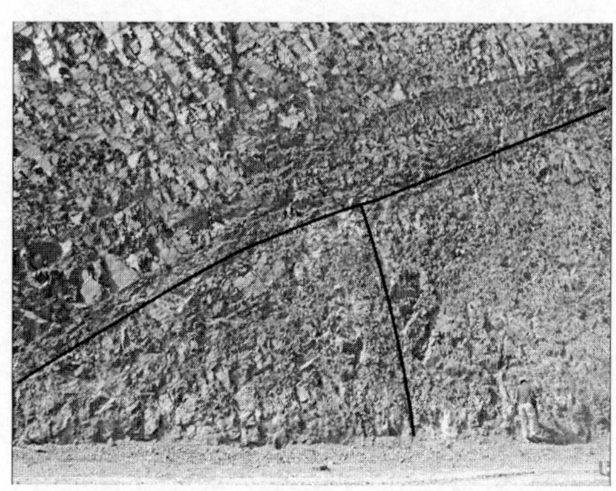

[그림 1-8] 북북동 방향의 단층이 엽리에 평행한 단층에 의해 잘림(사면 2구간)

사면 3(STA 5+340~5+760)구간에는 N05°E/70°SW의 주향과 경사를 가지는 단층이 발달하는데, 이 단층은 폭이 15cm 정도이며 단층 파쇄대 내를 석영 및 카리장석(K-feldspar)으로 충전되어 있다(그림 1-9).

특히 이 구간에서는 N20°E/35°NW의 주향과 경사를 가지며 엽리면과 거의 평행한 단층이 발달하는데, 이 단층은 폭이 20cm 정도로 단층면을 따라 지하수들이 유출되고 있음을 관찰

[그림 1-9] 단층파쇄대가 석영 및 카리장석(K-feldspar)으로 충전됨(사면 3구간)

[그림 1-10] 지하수가 유출되고 있는 엽리와 거의 평행한 단층

할 수 있다(그림 1-10).

마. 불연속면 및 평사투영법에 의한 사면안정성 해석

1) 개요

사면파괴의 주요 원인은 사면과 불연속면과의 기하학적인 상관관계, 지질 및 지질구조적인 요소, 지하수 및 지표수 또한 발파나 지진 등에 의한 영향을 받으며, 지질적인 요소는 암반 중의 절리, 층리, 편리, 단층 및 단층대, 습곡 등과 같은 불연속면들의 영향이 가장 크다. 이러한 불연속면들의 방향 및 경사, 연속성, 거칠기, 충전물, 간격 등이 중요한 요소가 되며, 불연속면 및 암반 자체의 물리적 특성 또한 중요한 요소가 된다. 우수 시 지표수가 암반 내의 균열이나 공극으로 침투되거나 암반 내의 지하수 흐름 등에 의해 암반의 전단강도의 약화와 전단하중의 증가 등으로 사면붕괴에 영향을 줄 수 있다. 방향이 서로 다른 복수군의 불연속면들이 존재할 경우에는 불연속면들의 교차에 의해 생기는 쐐기형의 블록이 불연속면을 따라 미끄러지거나 전도될 수 있다. 위의 평사투영으로는 두 불연속면에 의해 교차되어 형성되는 쐐기파괴에 대해 분석을 할 수 없기 때문에 다른 형태의 평사투영을 이용한다(그림 1-11, b). 두 불연속면에 의해 교차되는 점이(교차선의 선방향(trend)과 선경사(plunge)) 평사투영도 상의 평면파괴영역이나 전도파괴 영역에(그림 1-11, a) 위치하는지를 관찰한다. 평면파괴영역은 사면을 나타내는 대원과 내부마찰각을 나타내는 원으로 제한되는 영역이 된다. 불연속면들의 방향성 분포는 극점의 등밀도선(pole contour)으로 표시되고, 오른쪽 아래의 반원과 S는 각각 하반구 투영과 등면적 투영방법인 Schmidt net임을 표시한다.

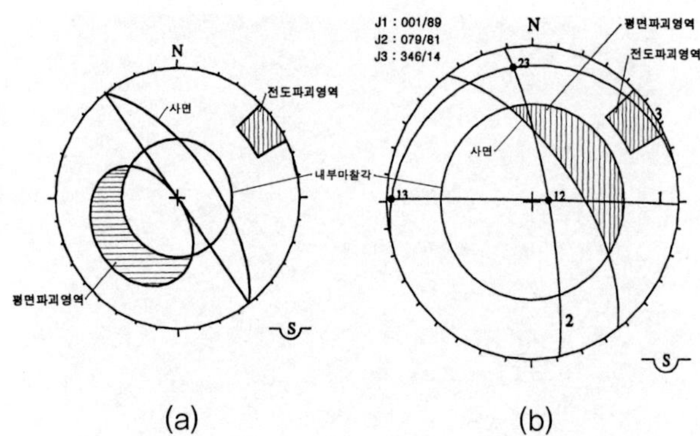

[그림 1-11] 평사투영도 상에 표시되는 사면파괴의 가능영역

여러 개의 절토사면에 대해 실시한 안정성 검토 중에서 2개의 사면에 대한 안정성 해석 결과는 아래와 같다. 이 구간의 사면암반에 대한 안정석 해석은 많은 불연속면의 존재로 현장암반의 특성에 근접할 수 있는 수치 해석도 쉽지 않은 구간으로 우선 평사투영법에 의한 기하학적인 안정성 해석이 전체적인 사면의 안정석 파악에 도움이 된다. 불연속면들의 전단시험에 의한 내부마찰각이 평균 32도이지만 안정성을 고려하여 각 사면암반의 내부마찰각은 30도로 적용하였고, 사면의 구배는 현재 시공 중인 1:0.5와 1:0.7에 대해 분석을 실시하였고, 평사투영도에서 두 사면구배는 1:0.5는 점선부와 1:07은 실선부로 표시되고 있다.

2) 사면 1의 사례

사면 1은 사면연장이 140m이고 최대 사면고가 약 36.8m에 이른다. 사면의 구성암종은 천매암 내지 편암이며, 슈미트해머(Schmidt Hammer) 측정에 의한 강도가 94~165MPa인 경암이다.

[표 1-4] 사면 1의 불연속면의 분포현황

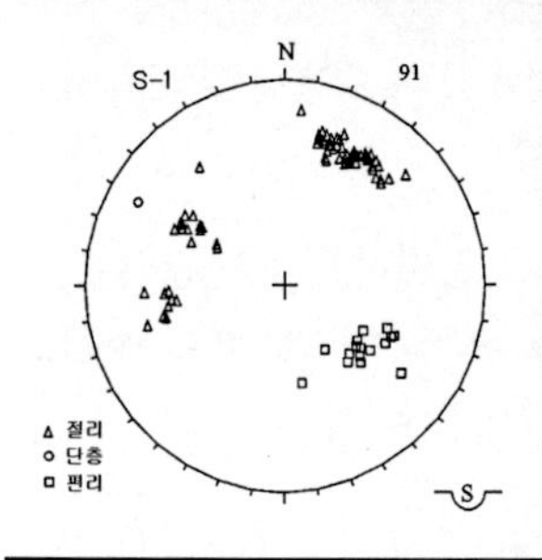

	방향	간격	비고
set1	207/62	17±14	절리
set2	120/45	16±8	절리
set3	306/42	31±9	편리
set4	081/52	46±23	절리

- 사면연장: 140m
- 사면높이: 최대 36.8m
- 구배: 1소단 1:0.5
  상단부 1:0.7~1.2

[표 1-5] 사면 1의 사면안정성 해석 결과

a. 평면파괴

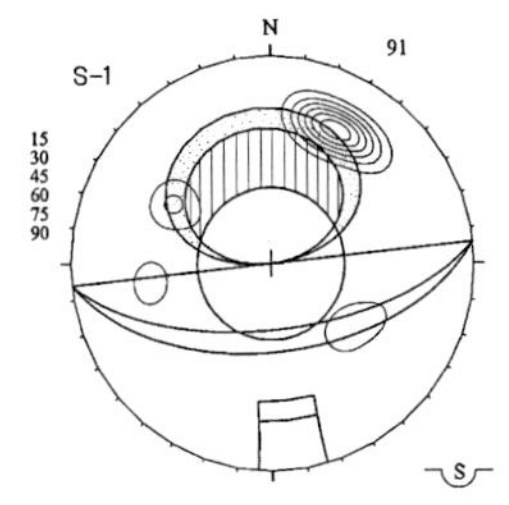

▸사면구배가 1 : 0.5인 경우 set 1과 set 2의 불연속면에 의한 평면파괴가 일어나며, 사면구배가 1 : 0.7인 경우에도 set 1과 set 2의 일부 불연속면에 의한 평면파괴가 상존.

b. 쐐기파괴

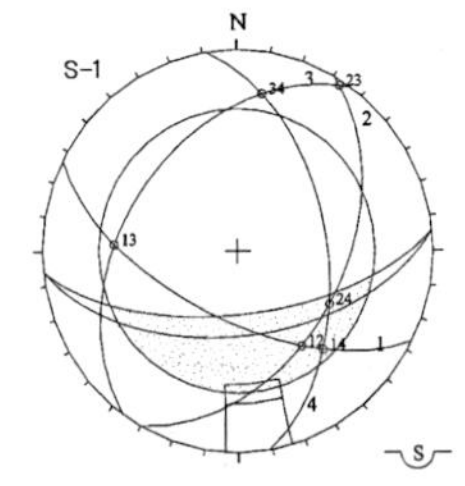

▸사면구배가 1 : 0.5인 경우 set 1과 set 2, set 1과 set 4 및 set 2와 set 4의 불연속면들의 교차에 의한 쐐기파괴가 일어나며, 사면구배가 1 : 0.7인 경우에도 set 1과 set 2 및 set 1과 set 4 불연속면들의 교차에 의한 쐐기파괴가 상존.

RMR	set	보정값					SMR값	평균값	판정
		F1	F2	F3	F4	계			
61	set1	0.15	1.00	-50	0	-7.5	53.5	53	III 보통
	set2	0.15	1.00	-60	0	-9.0	52.0		
	set3	0.15	0.85	-60	0	-7.65	53.4		

사면에는 set 1(207/62), set 2(120/45), set 4(081/52)의 3개 절리군 및 북동 방향의 주향과 북서 방향으로 경사진 40내외인 편리군(set 3(306/42)) 등 4개의 불연속면군이 발달하고 있다(표 1-4).

불연속면들의 간격은 2개의 주요 절리군의 간격이 평균 20cm 내외이고 편리가 약 30cm의 간격으로 매우 조밀에서 보통까지의 간격등급을 나타낸다. 불연속면의 연속성은 2~3m 간격으로 분포하는 서향의 단층들에 의해 절단되고 있음을 볼 수 있다(표 1-4 사진).

사면 1에서는 사면구배가 1 : 0.5인 경우 set 1과 set 2의 불연속면에 의한 평면파괴가 일어나며, 사면구배가 1 : 0.7인 경우에도 set 1과 set 2의 일부 불연속면에 의한 평면파괴가 상존한다(표 1-5, a). 쐐기파괴는 사면구배가 1 : 0.5인 경우 set 1과 set 2, set 1과 set

4 및 set 2와 set 4의 불연속면들의 교차에 의한 쐐기파괴가 일어나며, 사면구배가 1 : 0.7인 경우에는 set 2와 set 4 불연속면들의 교차에 의한 쐐기파괴는 일어나지 않지만 다른 두 경우의 쐐기파괴는 상존한다(표 1-5, b).

표 1-6은 사면 1에서 일어나고 있는 쐐기파괴의 예로, 표 1-6(a)와 1-6(c)의 경우는 2개의 주요 절리군과 편리에 의해 형성되는 프리즘 형태의 쐐기형 블록이 파괴되는 경우이고, 사면의 구배가 1 : 0.7인 경우에도 이러한 형태의 파괴가 일어날 수 있다. 표 1-6(b)의 경우

[표 1-6] 사면 1에서의 쐐기파괴의 예

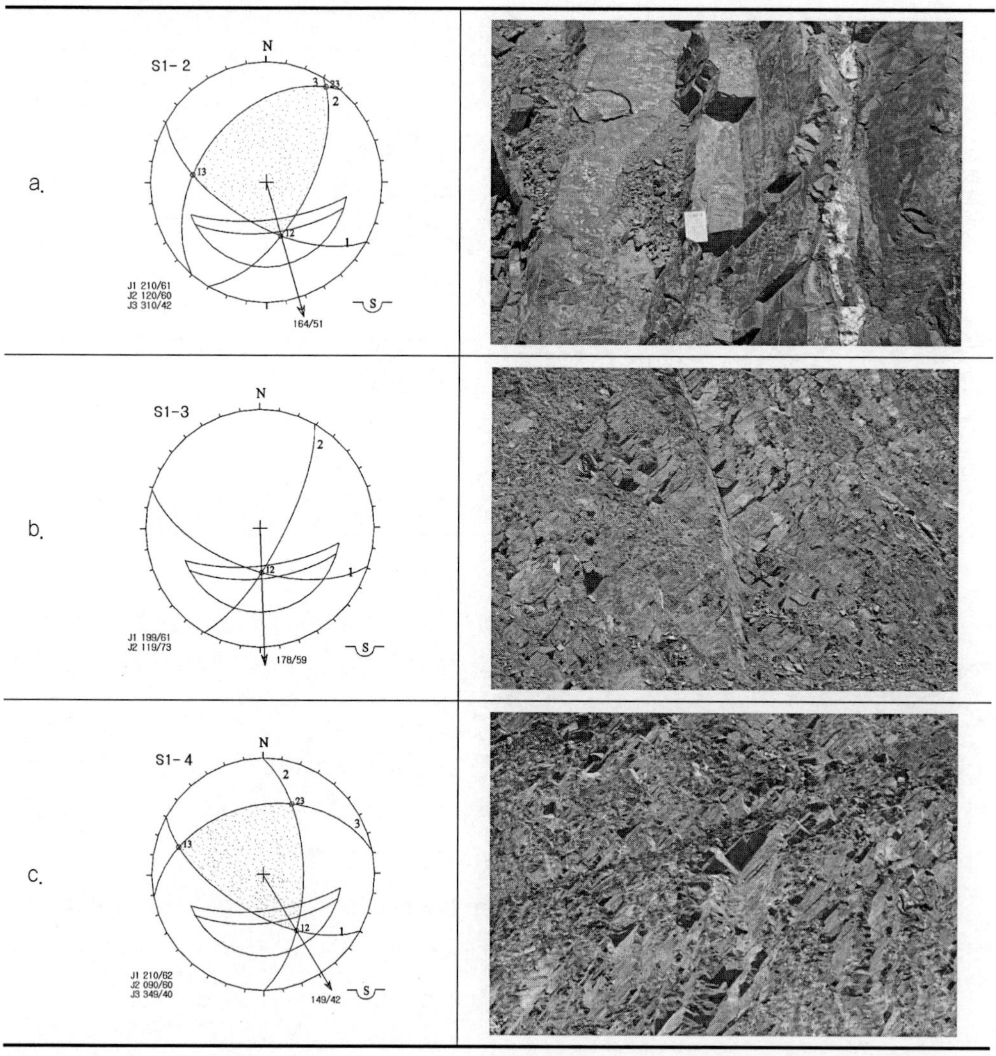

는 2개의 절리군의 교차에 의해 쐐기파괴가 일어난 경우이고 사면구배를 1 : 0.7로 낮출 경우에는 이러한 파괴는 일어나지 않을 것이다.

[표 1-7] 사면 4의 불연속면의 분포현황

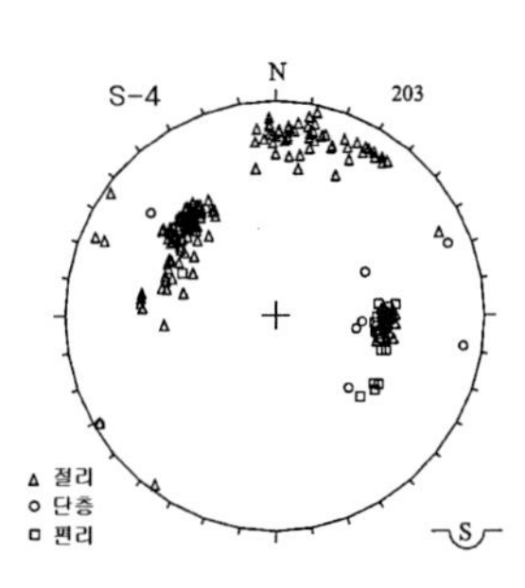

	방향	간격	비고
set1	130/49	19±14	절리
set2	277/43	30±21	편리
set3	192/74	24±17	절리

▸사면연장: 160m
▸사면높이: 최대 82m
▸구배: 1소단 1: 0.5,
2소단 1: 0.7,
3소단 1: 0.7~1.2

3) 사면 4의 사례

사면 4는 사면연장이 160m, 최대 사면고가 약 82m에 이르는 조사 사면 중에서 가장 높은 절개사면이다. 사면은 천매암 내지 편암으로 구성되어 있고 슈미트해머 측정에 의한 강도가 120~145Mpa인 경암이다. 사면에는 set 1(130/49)과 set 3(192/74))의 2개군의 절리들이 발달해 있고, 서쪽으로 43도 내외로 경사진 set 2의 편리군(277/43)이 발달해 있다. 불연속면들의 간격은 20~30cm 정도로 보통의 간격등급을 나타내고 있다. 이 사면 내의 불연속면의 연속성도 사면 내에 발달하고 있는 서향의 단층들에 의해 절단되고 있다(표 1-7 사진).

사면 4에서는 사면구배가 1 : 0.5인 경우 set 1 불연속면인 주절리에 의한 평면파괴가 일어나며 set 3의 극히 일부의 불연속면에 의한 평면파괴가 발생한다. 그러나 사면구배가 1 : 0.7로 시공하는 경우에도 set 1의 일부 불연속면에 의한 평면파괴는 피할 수 없을 것이다(표 1-8, a). 쐐기파괴는 사면구배가 1 : 0.5인 경우 국부적으로 set 1과 set 3의 불연속면의 교차에 의한 쐐기파괴가 발생할 수 있으나 사면구배를 1 : 0.7로 낮추는 경우 이 쐐기형의 파괴는 없어질 것이다(표 1-8, b).

[표 1-8] 사면 4의 사면안정성 해석 결과

a. 평면파괴

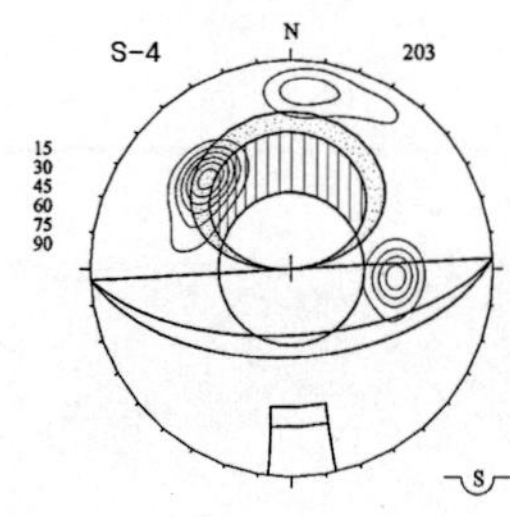

▸ 사면구배가 1 : 0.5인 경우 set 1 불연속면에 의한 평면파괴와 set 3의 극히 일부의 불연속면에 의한 평면파괴.
▸ 사면구배가 1 : 0.7인 경우 set 1의 일부 불연속면에 의한 평면파괴가 상존.

b. 쐐기파괴

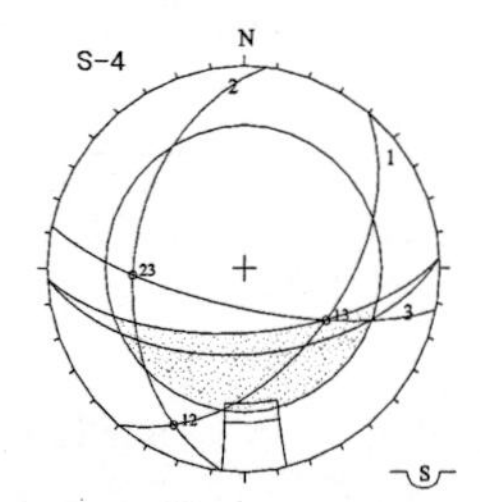

▸ 쐐기파괴는 사면구배가 1 : 0.5인 경우 국부적으로 set 1과 set 3의 불연속면의 교차에 의한 쐐기파괴가 발생할 수 있으나 사면구배를 1 : 0.7로 낮추는 경우 이 형태의 파괴는 없어진다.

RMR	set	보정값					SMR값	평균값	판정
		F1	F2	F3	F4	계			
61	set1	0.15	1.00	-50	0	-7.5	53.5	56.0	III 보통
	set2	0.15	0.85	-60	0	-7.65	53.4		
	set3	0.70	1.00	0	0	0	61.0		

표 1-9는 사면 4에서 일어나고 있는 쐐기파괴의 예들로, 모두 2개의 절리군과 편리에 의해 형성되는 프리즘 형태의 쐐기형 블록을 형성할 수 있는 형태이지만 파괴에서는 차이를 보인다. 표 1-9(a)의 경우는 프리즘 형태의 쐐기형 블록이 파괴되는 경우이고, 표 1-9(b)와 (c)는 2개의 절리군의 교차에 의해 쐐기파괴가 일어난 경우이지만 모두 사면구배를 1 : 0.7로 시공하는 경우에는 제시된 쐐기파괴는 일어나지 않을 것이다.

[표 1-9] 사면 4에서의 쐐기파괴의 예

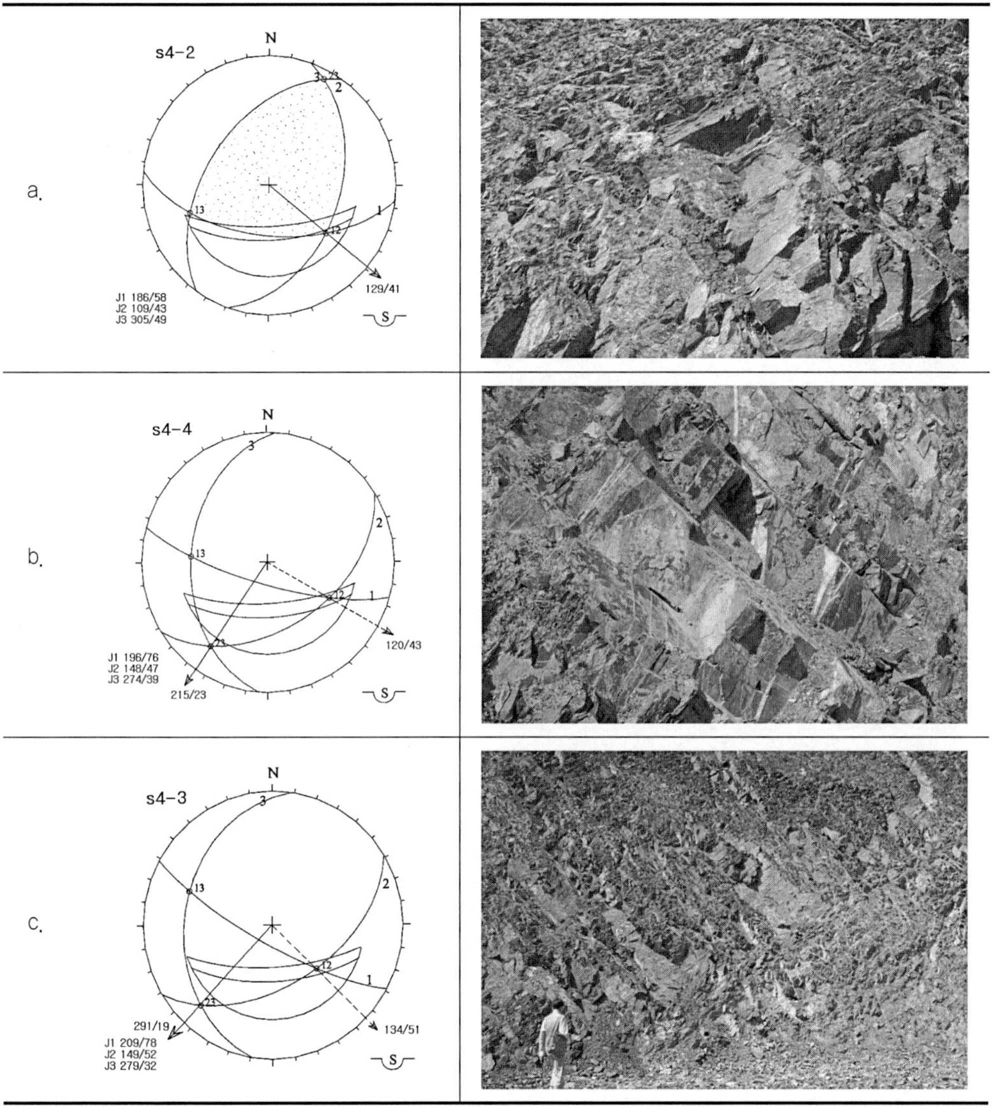

바. 결과 검토

조사 사면구간에 대한 안정성 해석 결과를 요약하면 다음 표 1-10과 같고, 여기서 사면안정성에 대한 대책은 사면의 구배에 한정되어 설명된다. 사면 전체적으로 사면구배가 1 : 0.5인 경우는 모든 사면에서 평면파괴가 일어나며, 사면 1과 사면 4에서 쐐기파괴도 발생되고 있다. 현재 1 : 0.5로 재시공하기로 되어 있는 사면 4의 경우는 일부 불연속면에 의한 평면파괴가 일어날 수 있기 때문에 추가적인 다른 보강 대책이 강구되어야 할 것이다. 사면 1의 경우도 사면을 1 : 0.7로 시공하여도 평면 및 쐐기파괴가 상존할 수 있는데, 이 사면의 경우는 사면을 1 : 0.5로 시공해야 하기 때문에 다른 보강 대책이 반드시 따라야 할 것이다.

[표 1-10] 사면별 안정성 해석에 대한 결과요약 및 대책

사면	사면안정성 해석 결과	대책
사면 1	사면구배가 1 : 0.5인 경우: • set 1과 set 2의 절리에 의한 평면파괴 • set 1과 set 2, set 1과 set 4 및 set 2와 set 4의 불연속면들의 교차에 의한 쐐기파괴 사면구배가 1 : 0.7인 경우: • set 1과 set 2의 일부 불연속면에 의한 평면파괴 • set 1과 set 2 및 set 4 불연속면들의 교차에 의한 쐐기파괴는 상존	사면구배를 1 : 0.7로 시공하는 경우에도 평면파괴와 쐐기파괴가 상존하므로 다른 대책이 추가되어야 한다.
사면 4	사면구배가 1 : 0.5인 경우: • set 1 주절리 및 set 3의 극히 일부 절리에 의한 평면파괴 • 국부적으로 set 1과 set 3의 절리에 의한 쐐기파괴 사면구배가 1 : 0.7인 경우: • set 1의 일부 절리에 의한 평면파괴	사면구배를 1 : 0.7로 낮추는 경우에도 일부 절리에 의한 평면파괴는 피할 수 없기 때문에 다른 보강 대책이 강구되어야 한다.

1.1.5 결론

한반도의 중부를 북동-남서 방향으로 가로질러 분포하는 옥천대는 지질학적으로는 지질시대 및 층서에 대한 논란과 지질구조 해석에 문제점을 가지는 지층이다. 뿐만 아니라 이 옥천대는 이방성 암체인 슬레이트, 천매암 및 편암들이 분포하여 이 벨트를 따라 사면 시공 시에 사면이 불안정하여 지질공적 측면에서도 문제점을 가지는 곳이다. 옥천대를 통과하는 경부고속고로 구간의 조사 사례에서도 고속도로의 대절토 시면에서 평면파괴, 쐐기파괴가 상존하는 구간으로 확인되었다.

참고문헌

김옥준(1970), 「남한 중부 지역의 지질과 지질구조」, 〈광산지질〉, Vol.3, pp.73–90.

김옥준(1982), 〈한국의 광물과 지질자원〉 내 옥천지향사대, 연세대 지질학과 동문회, pp.33–43.

김형식(1970), 「한국서남부 일대의 변성상 및 변성작용에 관한 연구」, 〈지질학회지〉, Vol.7, pp. 221–256.

민경원, 조문섭, 권성택, 김인준, 長尾敬介, 中村榮三(1995), 「충주 지역에 분포하는 변성암류의 K–Ar의 연대 : 원생대 말기(675Ma)의 옥천대 변성작용」, 〈지질학회지〉, Vol.31, pp.315–327.

손치무(1970), 「옥천층군의 지질시대에 관하여」, 〈광산지질〉, Vol.3, pp.9–15.

손치무(1971), 「옥천층군의 지질시대에 관한 토론」, 〈광산지질〉, Vol.3, pp.231–244.

이대성, 장기홍, 이하영(1972), 「옥천계 내 향산리 돌로마이트에서의 Archaocyatha의 발견과 그 의의」, 〈지질학회지〉, Vol.18, pp.191–197.

이대성(1974), 「옥천계 지질시대 결정을 위한 연구」, 〈연세논총〉, Vol.10, pp.299–323.

이병주, 박봉순(1983), 「옥천대의 변형 특성과 그 변형 과정–충북 남서단을 예로 하여」, 〈광산지질〉, Vol.16, pp.11–123.

이재화, 이하영, 유강민, 이병수(1989), 「황강리층의 석회질 역에서 산출된 미화석과 그의 층서학적 의의」, 〈지질학회지〉, Vol.8, pp.25–36.

Bahk, K. S., 1990, Depositional processes of the Hwangkangri Formation, Okchon basin (Korea), Unpublished PhD. thesis, p.129.

Cluzel,D., Cadet, J.P. and Lapierre, H., 1990, Geodynamocs of the Ogcheon Belt (South Korea). In: J. Angelier(Editor), Geodynamic Evolution of the Eastern Eurassian Margin, Tectonophysics, Vol.10, pp.1130–1151.

Reedman, A.J., 1975, The age of the Gabsan Formation, J. Geo. Soc., Vol.11, pp.1071–1074.

Reedman, A.J. and Fletcher, C.J.N., 1976, Tillites of the Ogcheon Group and their stratigraphic significance, J. Geo. Soc., Vol. 12, pp.107–112.

02 천매암의 공학적 특성

2.1 천매암의 지질공학적 특성

2.1.1 서론

국내에서 천매암은 충주, 보은 일대의 옥천대에 주로 분포하며, 소위 옥천층군 내에 이질천매암(pelitic phyllite), 사질천매암(psammitic phyllite), 함력천매암(pebble bearing phyllite) 등이 산출되고 있다. 천매암(phyllite)은 비교적 낮은 온도와 압력의 영향으로 형성된 세립질의 광역 변성퇴적암으로, 일반적으로 광택이 있는 벽개면(shiny cleavage surface)을 가진다. 이렇게 연장성이 좋으며, 전단 강도가 현저히 낮은 천매암의 벽개면 또는 엽리면은 지반 구조물의 연약대로 작용하여 많은 지질 재해의 원인이 되고 있다. 그림 2-1은 전형적인 천매암의 엽리면 발달로 인하여 사면의 불안정성이 초래되거나, 붕괴가 발생한 국내 사면의 예이다.

[그림 2-1] 천매암 지역의 엽리면 발달 상태와 사면붕괴 사례

이질암의 광역변성암은 변성 강도에 따라 이암(mudstone)-셰일(shale)-점판암(slate)-천매암(phyllite)-편암(schist)-편마암(gneiss)으로 구분할 수 있다. 특히 천매암은 슬레이

트와 편암의 중간 단계의 변성암으로, 여타의 변성퇴적암들과의 비교를 통하여 정확한 정의를 내릴 수 있다. 이 논문에서는 천매암의 암석학적 특성과 국내 천매암의 다른 변성퇴적암의 특성을 비교·검토하겠다.

2.1.2 천매암의 암석학적 특성

변성암은 변성작용의 유형에 따라 동력변성암, 광역변성암 및 접촉변성암으로 나눌 수 있다. 이 중 광역변성암은 넓은 지역에 걸친 온도와 압력의 영향으로 성질이 변한 암석으로, 대부분의 경우 엽리 또는 편리 등 엽상 구조를 가진다. 천매암은 광역변성암에 해당하는 변성퇴적암으로 보통 이질암의 광역 변성작용에 의해 만들어진다(Blyth & de Freitas, 1984, IAEG, 1981).

[표 2-1] 변성암의 분류(IAEG, 1981)

변성암(metamorphic rock)		분류 기준		
엽상(foliated)	괴상(massive)	일반적인 형태		
석영, 장석, 운모류 및 유색광물	석영, 장석, 운모류, 유색광물 및 석회질 광물	구성광물		
구조각력암(tectonic breccia)		초조립질		입자 크기 mm
혼성암(migmatite)			60	
편마암(gneiss)	대리암(marble) 그래뉼라이트(granulite) 규암(quarzite)	조립질		
			2	
편암(schist)		중립질		
각섬암(amphibolite)				
천매암(phyllite)			0.06	
점판암(slate)		세립질		
			0.002	
압쇄암(mylonite)		초세립질		

일반적으로 이암(mudstone)과 같은 이질암(pelite)의 광역 변성과정에서 변성 강도가 높아질수록 변성 광물의 입자 크기가 커지며, 벽개(cleavage), 편리(schistosity), 편마 구조(gneissosity) 등 이방성 등 암석의 조직이 변한다. 천매암은 점판암보다는 높은 변성 조건에서, 편암보다는 낮은 변성 조건에서 만들어진다. 이러한 변성 조건은 결정질 광물의 입자

크기에 영향을 미치므로 천매암은 편암보다 작은 세립질의 운모류 등 판상 광물 입자를 가지며, 미세한 판상 광물의 배열에 의해 천매암 특유의 광택이 있는 벽개면을 보인다(Blatt & Tracy, 1996; Moorhouse, 1959, 표 2-1).

표 2-2는 이질암(mudrock 또는 pelite)의 변성 과정상의 각 암석들의 특징을 요약한 표이다. 점판암(slate)은 비현정질의 미세한 이질 입자로 구성되어 있으며, 저변성 조건에서 압력에 의해 형성된 벽개면(slaty cleavage)이 발달하여 얇은 찬상으로 쪼개지는 암석이다. 천매암(phyllite)은 입자 크기가 육안으로 겨우 식별할 수 있을 정도의 세립 광물로 구성되어 있어 점판암보다 크며, 벽개면과 평행하게 세립의 백운모 및 흑운모 등 운모류가 성장하여 특유의 광택(silky & shiny)을 지닌 천매질 엽리(pyllitic foliation)가 발달한다. 편암(schist)은 천매암보다 더 강한 변성 작용이 지속되어 생성된 변성암으로 천매암에 비해 변성 광물의 크기가 크고, 뚜렷한 편리(schistosity) 구조를 보인다. 여기서 좀 더 변성 강도가 강해지면, 결정의 입자가 커지며 우흑대와 우백대가 구분되는 편마 구조(gneissosity)를 가지는 편마암(gneiss)이 형성된다.

[표 2-2] 이질암의 변성 특성(Blatt & Tracy, 1996)

변성 정도	암석 명	입자 크기	주요 광물	조직 특징
none	이질암 (mudrock)	미립; 점토크기 입자	점토 광물, 석영	층리/괴상 조직
very low	점판암 (slate)	미립; 재결정된 입자	점토 광물, 녹니석, 석영, 산화철	층리, 점판암질 벽개
low	천매암 (phyllite)	세립	운모류, 녹니석, 석영, 산화철 등	층리 천매암질 엽리
moderate	편암 (schist)	세립 - 중립	운모류, 녹니석, 석영, 사장석, 석류석, 십자석, 남정석 등	편리, 반정
high	편암/편마암 (schist/gneiss)	중립 - 조립	운모류, 석영, 사장석, 석류석, 근청석, 규선석 등	편리, 편마구조 반정
very high	편마암 (gneiss)	중립 - 조립	흑운모, 석영, 사장석, 정장석, 석류석, 근청석, 규선석 등	편마구조, 반정 혼성대

점판암과 편암의 중간적인 특징을 가지는 천매암은 국내에서 옥천대에 주로 분포하며, 고생대 또는 시대 미상의 옥천층군에서 많이 산출된다. 암상은 기원암에 따라 이질천매암, 사질천매암 및 함력천매암으로 산출되며, 변형작용의 결과로 인한 단층 및 습곡 구조가 잘 발달해 있다. 그림 2-2는 점판암, 천매암, 편암의 노두 및 박편 사진이다. 그림 2-2(a), (b)의 점판암은 야외에서 벽개면을 따라 쪼개짐이 잘 발달하며, 박편에서 벽개면에 평행한 점토 광물

및 석역입자의 정향 배열을 관찰할 수 있다. 천매암은 그림 2-2 (c), (d)와 같이 야외에서 광택이 있으며, 연속성이 좋은 뚜렷한 엽리면을 관찰할 수 있으며, 박편에서도 변성과정에서 생성된 세립의 운모류들의 평행 배열이 잘 나타난다. 편암은 천매암에 비해 변성 광물의 크기가 크며, 운모류 및 석영 입자의 배열과 반정 등이 관찰된다(그림 2-2 e, f).

(a) 점판암의 노두 사진　(b) 점판암의 박편 사진

(c) 천매암의 노두 사진　(d) 천매암의 박편 사진

(e) 편암의 노두 사진　(f) 편암의 박편 사진

[그림 2-2] 이질 변성암의 노두 및 박편 사진

2.1.3 국내 천매암의 물리·역학적 특성

김수정(2002)에 의해 수집된 국내 암석시험 자료를 이용하여 천매암의 물리·역학적 특성을 변성 정도가 다른 변성퇴적암류와 화강암과 비교하였다. 암석은 중생대 셰일(Sh:Me), 고생대 셰일(Sh:Pa), 천매암, 편암(Sch), 호상편마암(Gn)으로 구분하고, 비교의 목적으로 화강암(Gr)을 추가하였다. 이 중 천매암은 다시 그 성분에 따라 이질천매암(Ph:Pe)과 사질천매암(Ph:Ps)으로 구분하였다. 물성은 비중 및 흡수율, P파 및 S파 속도 등 물리적 특성과 일축압축강도, 인장 강도, 점착력 및 마찰각 등 강도특성과 탄성계수 및 포아송비 등의 변형특성으로 표 2-3과 표 2-4로 정리하였다.

[표 2-3] 천매암 등 변성퇴적암류의 물리적 특성

	중생대 셰일	고생대 셰일	이질 천매암	사질 천매암	운모 편암	호상 편마암	화강암
	Sh:Me	Sl:Pa	Ph:Pe	Ph:Ps	Sch	Gn	Gr
비중(g/cm^3): 총 자료수 3,043							
Max.	2.85	2.87	2.88	2.88	2.99	3.03	3.05
Min.	2.40	2.20	2.61	2.31	2.53	2.23	2.19
Mean	2.65	2.67	2.76	2.74	2.67	2.69	2.64
S.D	0.06	0.10	0.05	0.08	0.07	0.09	0.10
data.	863	197	134	78	150	930	691
Max.	6.63	3.72	12.90	0.95	2.17	11.60	6.67
absorption(%): 총 자료수 2,635							
Max.	6.63	3.72	12.90	0.95	2.17	11.60	6.67
Min.	0.12	0.06	0.02	0.02	0.06	0.01	0.04
Mean	1.47	0.91	0.24	0.15	0.60	0.60	0.90
S.D	0.71	0.68	0.34	0.16	0.58	0.97	0.91
data.	570	197	133	77	128	886	644
P파 속도 Vp(m/sec): 총 자료수 2,843							
Max.	6,260	5,750	5,860	5,840	5,330	7,680	8,298
Min.	1,050	915	2,140	2,502	1,456	770	722
Mean	2,875	3,625	4,641	5,006	3,664	4,499	3,830
S.D	1,112	1,008	782	587	875	873	1,175
data.	860	88	115	70	141	910	659
S파 속도 Vs(m/sec): 총 자료수 2,811							
Max.	3,450	3,270	3,450	4,220	3,085	3,890	5,274
Min.	520	800	1,274	1,489	812	250	460
Mean	1,780	2,137	2,642	2,881	2,188	2,486	2,208
S.D	499	574	399	405	490	505	662
data.	849	88	115	70	141	910	638

[표 2-4] 천매암 등 변성퇴적암류의 역학적 특성

	중생대 셰일	고생대 셰일	이질 천매암	사질 천매암	운모 편암	호상 편마암	화강암
	Sh:Me	Sh:Pa	Ph:Pe	Ph:Ps	Sch	Gn	Gr
일축압축강도 UCS(kgf/cm²): 총 자료수 3,110							
Max.	2,220	2,190	2,070	2,860	1,450	2,699	4,680
Min.	80	93	70	320	87	40	21
Mean	662	548	665	1,105	682	933	1,060
S.D	390	383	345	514	250	439	595
data.	875	196	134	78	150	937	740
인장강도(kgf/cm²): 총 자료수 2,154							
Max.	204	200	180	210	180	210	241
Min.	9	10	46	71	30	4	4
Mean	69	73	99	114	76	88	80
S.D	33	41	35	35	30	41	38
data.	793	94	40	34	114	556	523
점착력(kgf/cm²): 총 자료수 1,490							
Max.	300	240	380	410	250	400	650
Min.	22	38	77	110	53	20	9
Mean	137	128	169	205	124	172	184
S.D	58	59	66	85	42	66	97
data.	450	27	44	34	92	443	400
내부마찰각(degree): 총 자료수 881							
Max.	67.0	58.0	60.0	58.0	57.0	66.0	64.0
Min.	30.0	25.0	36.0	42.0	40.0	34.0	34.0
Mean	50.6	44.4	49.8	50.4	52.2	48.9	55.0
S.D	6.0	8.8	5.1	3.5	3.9	6.4	6.5
data.	448	46	44	34	92	136	81
탄성계수 Es(10⁵kgf/cm²): 총 자료수 2,898							
Max.	11.03	12.20	15.80	13.69	9.54	11.77	13.51
Min.	0.04	0.34	1.26	1.11	0.33	0.05	0.02
Mean	1.87	2.79	4.43	6.34	4.30	4.40	4.03
S.D	1.45	1.79	2.34	2.42	1.35	1.85	2.12
data.	855	95	134	78	150	896	690
포아송비: 총 자료수 2,697							
Max.	0.32	0.29	0.35	0.34	0.28	0.28	0.30
Min.	0.12	0.18	0.15	0.14	0.21	0.14	0.15
Mean	0.22	0.21	0.24	0.24	0.25	0.21	0.23
S.D	0.08	0.06	0.08	0.08	0.03	0.06	0.06
data.	831	23	134	76	149	895	589

가. 물리적 특성: 비중 및 흡수율, 탄성파 속도

김수정(2002)의 자료에 의하면, 천매암을 국내의 변성퇴적암류와 화강암과 물리적 특성을 비교한 결과, 다른 암석에 비해 비중과 탄성파 속도가 높고, 흡수율은 작은 것으로 분석되었다(그림 2-3). 이 결과에 따르면 국내 천매암의 경우, 고철질 광물을 상대적으로 많이 포함하고 있는 것과 관련되어 있을 것으로 추측된다.

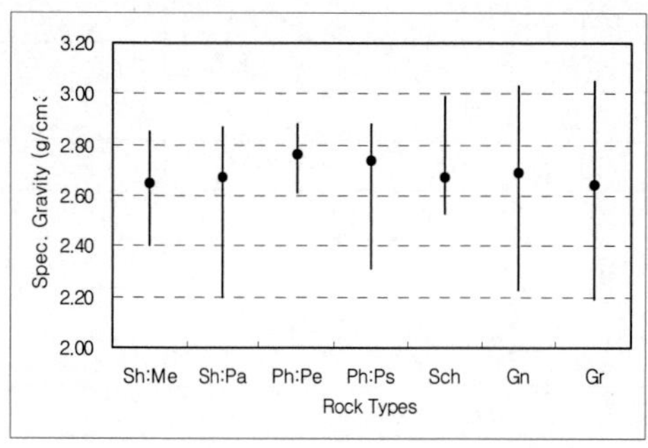

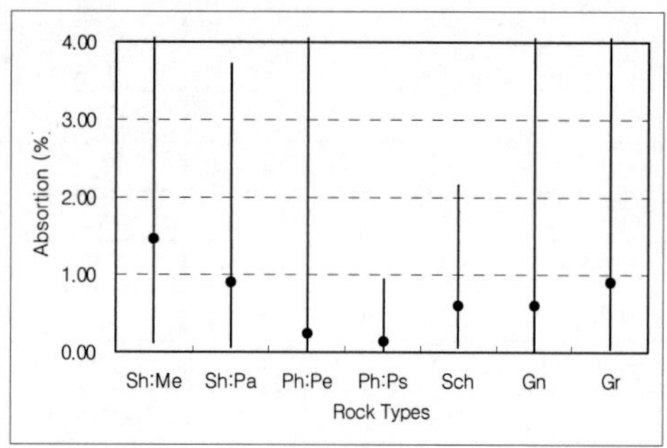

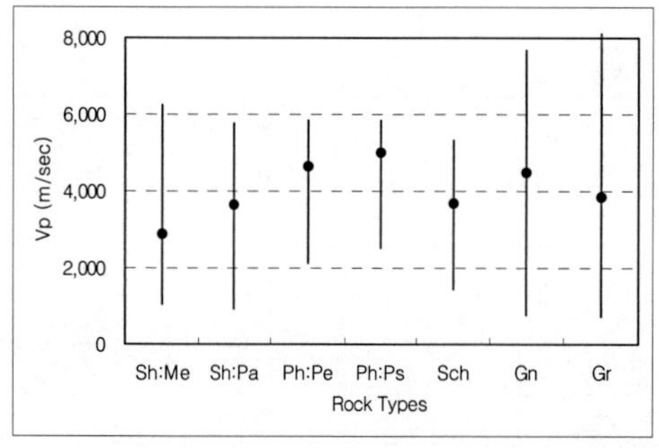

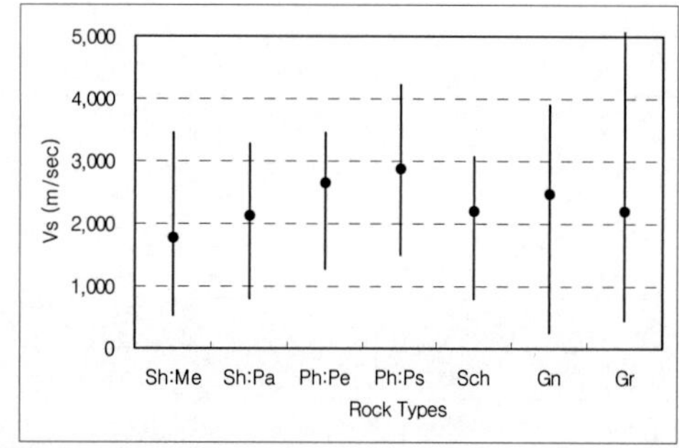

[그림 2-3] 국내 변성퇴적암류의 물리적 특성

나. 역학적 특성: 일축압축강도, 인장강도, 전단강도, 탄성계수, 포아송비

역시 김수정(2002)의 자료에 의해, 천매암을 국내의 변성퇴적암류와 화강암과 역학적 특성을 비교한 결과, 이질 천매암은 운모 편암과 유사한 강도를 가지나, 사질천매암은 운모편암보다 강도가 높은 것으로 분석되었다(그림 2-4). 특히 사질천매암은 비교한 다른 변성암에 비해 탄성계수가 높은 것으로 나타났다.

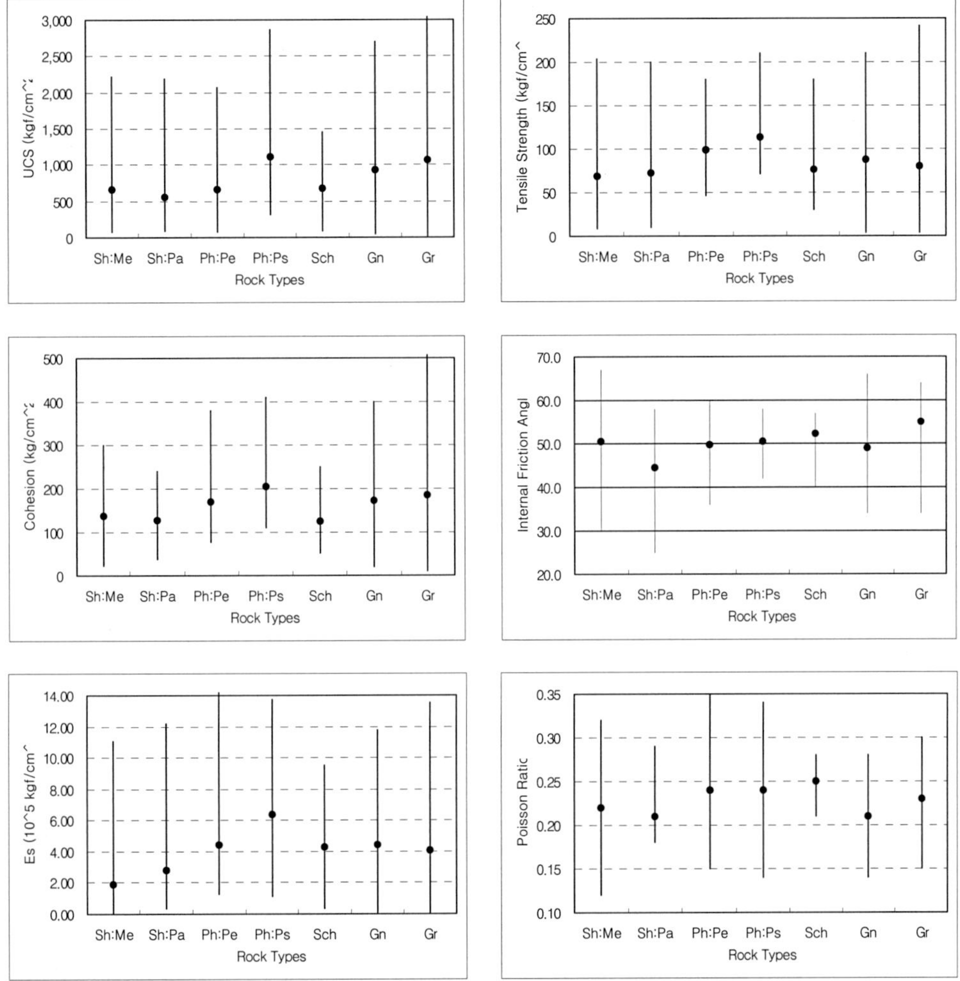

[그림 2-4] 국내 변성퇴적암류의 역학적 특성

위와 같은 분석 결과는 국내 천매암 및 각 암석에 대한 일반적인 물성의 추이를 말해주고는 있으나, 크게 2가지 점에서 한계를 가지고 있다.

첫째, 암석 풍화상태의 동질성 여부에 대한 근거가 취약하다. 특히 이질암과 편마암 및 화강암의 경우, 풍화상태에 따라 물리·역학적 특성이 다르므로 시료의 정확한 기재가 필요하며, 동일 풍화상태(예, 신선암)에 대한 검토가 필요하다.

둘째, 엽리의 방향과 하중 방향과의 관계가 규명되어 있지 않다. 천매암을 포함한 변성퇴적암류들은 이방적인 특성이 현저하여 하중의 방향과 엽리 등 면구조의 방향이 이루는 각에 따라 그 강도 및 변형의 차이가 크므로 시료의 상태에 대한 정확한 기재와 검토가 필요하다.

특히 천매암의 엽리면은 운모류 등 판상광물이 평행 배열하고 있어 낮은 전단 강도를 보인다. 특히 천매암의 엽리면은 전체적으로 입자의 크기가 작고, 미-세립 운모의 판상 배열로 인하여 평탄하고(planar), 부드러운(smooth) 전단면을 형성하고 있어, 엽리면에 평행한 전단 강도는 극히 취약할 것이나, 이 논문에서는 엽리면에 대한 전단 강도 시험 자료의 불충분으로 인하여 이에 대한 검토는 수행하지 못하였다.

2.1.4 결론

천매암은 점판암과 편암의 중간적 또는 점이적 특성을 가지는 변성퇴적암이다. 국내 옥천대에 분포하는 천매암은 이질, 사질 및 함력천매암 등 다양한 암상을 보인다. 점판암보다 높은, 편암보다는 낮은 변성 조건을 가지는 세립의 저변성퇴적암인 천매암은 세립의 운모류의 판상 배열로 인하여 특유의 광택(silky and shiny)이 나는 엽리면(phyllitic foliation)을 가진다. 이러한 엽리면은 연장성이 좋고, 평탄하며, 낮은 전단 강도의 연약면으로서 사면붕괴 등 지질재해의 원인이 되고 있다.

김수정(2002)에 의해 수집된 자료의 분석 결과, 국내의 천매암은 기타 변성퇴적암보다 비교적 비중이 크고, 탄성파 속도가 빠른 것으로 분석되었으며, 강도 및 변형의 경우, 이질 천매암은 운모편암과 유사한 역학적 특성을 가지는 것으로 정리되었다. 그러나 천매암과 같은 이방성이 강한 이질 변성퇴적암의 경우, 그 면구조와 하중이 이루는 방향 및 풍화상태의 명확한 기재에 대한 검토가 선행되어야 한다는 점에서 한계를 인식하여야 한다. 특히 천매암의 경우, 무결암의 역학적 특성에 비해 분리된 엽리면의 전단 강도가 현저히 낮을 가능성이 있으므로 이에 대한 주의가 필요하다.

2.2 천매암의 암석역학적 특성

2.2.1 서론

공학적 설계에서 암반을 대상으로 할 경우, 다른 재료를 대상으로 할 때와 다른 점은 크게

2가지를 들 수 있는데, 재료의 역학적 거동을 정확히 파악할 수 없어 거동을 대표할 수 있는 상수들을 결정하기 어렵다는 점과 외부 하중의 산정이 어렵다는 것이다. 암석 및 암반의 물성이 다른 공학적 재료와 다른 것은 다양한 크기의 불연속면을 포함하기 때문이다. 이런 불연속면들로 인하여 야기되는 공학적 문제로 비선형거동, 시험 결과의 분산, 크기효과, 이방성, 암석 물성의 현지의존성 등을 들 수 있다.

천매암(phyllite)은 점판암이 지속적으로 변성해 중변성 작용을 받게 되어 운모 입자가 커지면서 새로운 광물조합을 이루어 엽리가 뚜렷하게 발달된 변성암을 의미한다. 천매암은 이렇게 발달된 엽리구조로 인하여 뚜렷한 이방성을 갖게 되므로 역학적으로 고려하여야 할 대표적인 특성은 이방성이라 하겠다. 암석의 이방성에 관한 이론과 측정법은 널리 알려져 있으나, 국내 이방성 암석의 물성 데이터는 지역에 따라 편차가 크고 신뢰할 만큼 자료가 축적되지 않았다. 여기서는 암석의 이방성 측정과 값의 분포에 대하여 살펴보기로 하는데, 내용의 대부분은 이미 발표된 바 있다(전석원 외, 2000).

2.2.2 이방성의 정의 및 표현

이방성(anisotropy)이란 물체의 물성이 방향에 따라 다르게 나타나는 현상을 가리키는 말로, 등방성(isotropy)과 대비되는 개념이다. 자연 상태에서 완전등방성을 나타내는 재료는 거의 없으나, 편의상 등방성으로 가정되는 경우가 흔하다. 재료의 이방성은 재료의 형성 과정에서 발생하는 1차적인 요인과, 외부의 물리·화학적 조건 및 하중조건에 의하여 발생하는 2차적인 요인으로 인하여 형성된다.

물체의 등방성 및 이방성은 탄성체의 응력-변형률 관계(Hooke의 법칙)로 쉽게 표현할 수 있다.

$$\begin{bmatrix} \varepsilon_x \\ \varepsilon_y \\ \varepsilon_z \\ \gamma_{xy} \\ \gamma_{yz} \\ \gamma_{zx} \end{bmatrix} = \begin{bmatrix} S_{11} & S_{12} & S_{13} & S_{14} & S_{15} & S_{16} \\ S_{21} & S_{22} & S_{23} & S_{24} & S_{25} & S_{26} \\ S_{31} & S_{32} & S_{33} & S_{34} & S_{35} & S_{36} \\ S_{41} & S_{42} & S_{43} & S_{44} & S_{45} & S_{46} \\ S_{51} & S_{52} & S_{53} & S_{54} & S_{55} & S_{56} \\ S_{61} & S_{62} & S_{63} & S_{64} & S_{65} & S_{66} \end{bmatrix} \begin{bmatrix} \sigma_x \\ \sigma_y \\ \sigma_z \\ \tau_{xy} \\ \tau_{yz} \\ \tau_{zx} \end{bmatrix} \qquad (2\text{-}1)$$

여기서 $[S]$는 컴플라이언스 메트릭스로 36개의 요소로 구성되나 대칭성에 의하여 독립된 요소의 수는 21개로 줄어든다. 그림 2-5(a)에서와 같이 직교하는 세 방향으로 이방성이 있는 경우(orthotropic) 독립된 요소의 수는 9개로 줄어든다.

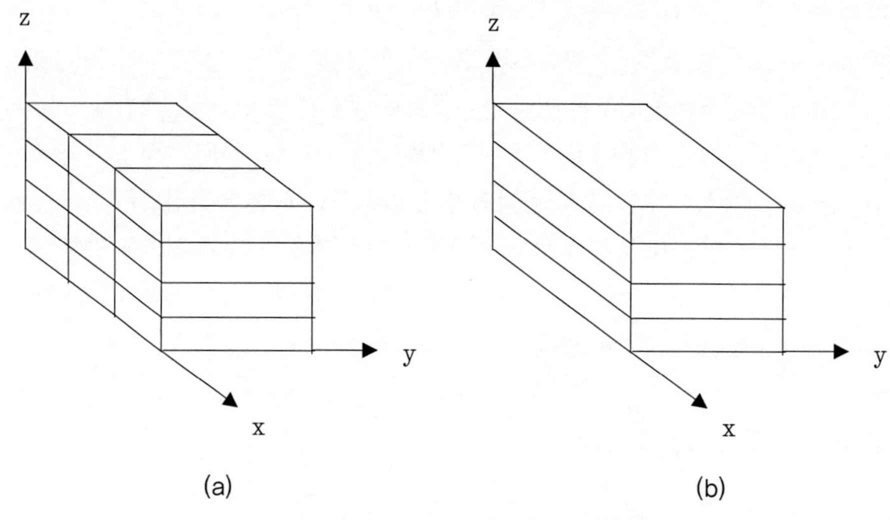

[그림 2-5] (a) 직교 이방성 (b) 횡등방성

그림 2-5(b)와 같이 대칭축에 대하여 그에 수직인 방향으로는 등방성을 띠며, 대칭축 방향으로만 이방성을 갖는 횡등방성(transverse isotropy)의 경우에는 5개의 독립적인 탄성계수가 필요하다. 다음 식은 횡등방성 물체에서의 응력-변형률 관계를 나타낸다.

$$\begin{bmatrix} \varepsilon_x \\ \varepsilon_y \\ \varepsilon_z \\ \gamma_{xy} \\ \gamma_{yz} \\ \gamma_{zx} \end{bmatrix} = \begin{bmatrix} 1 & -\nu_1 & -\nu_2 & 0 & 0 & 0 \\ -\nu_1 & 1 & -\nu_2 & 0 & 0 & 0 \\ -\nu_2 & -\nu_2 & E_1/E_2 & 0 & 0 & 0 \\ 0 & 0 & 0 & 2(1+\nu_1) & 0 & 0 \\ 0 & 0 & 0 & 0 & E_1/G_2 & 0 \\ 0 & 0 & 0 & 0 & 0 & E_1/G_2 \end{bmatrix} \begin{bmatrix} \sigma_x \\ \sigma_y \\ \sigma_z \\ \tau_{xy} \\ \tau_{yz} \\ \tau_{zx} \end{bmatrix} \qquad (2-2)$$

또한 완전등방성 물체의 경우에는, 2개의 독립적인 탄성계수 E, ν로 물체의 역학적인 거동을 설명할 수 있다.

2.2.3 암석의 이방성

가. 이방성의 원인

암석의 이방성의 원인으로는 개별광물 입자의 배열과 결합형태, 입자의 모양 등과 같은 광물학적 요인과 광물입자들의 배열과 방향 그리고 입자의 경계면이나 벽개와 같은 결함으로 설명되는 암석학적 요인을 들 수 있다. 보다 큰 규모로 발생하는 층리, 편리 등의 거시적 요인은 암반의 이방성을 결정하는 요인이 된다.

앞서 언급한 광물학적 요인, 암석학적 요인, 지질학적 요인에 의한 이방성을 천연이방성이라 한다면, 암석에 외부하중이 가해지거나 지하암반 굴착으로 인한 응력의 재분포에 따른 천연 균열의 전파로 인하여 발생하는 이방성은 Stress induced anisotropy라 할 수 있다.

일반적으로 암석 내에서 관찰되는 이방성은 층리, 엽리, 층상 구조, 벽개, 편리 등의 미세균열(microcracks)의 방향 편향에 의해 발생하는 것으로 알려져 있으며, 균열면에 작용하는 수직응력에 의해 균열이 닫히게 되면 이방성이 감소하는 것으로 보고되었다. 그림 2-6(a)는 암석에 작용하는 정수압이 증가함에 따라 이방성이 감소하는 경향을 설명하고 있다. 그림에서 정수압이 증가하여도 사라지지 않는 이방성을 Textural anisotropy라 하며, 압의 증가에 따라 감소되는 이방성을 Crack anisotropy라고 한다.

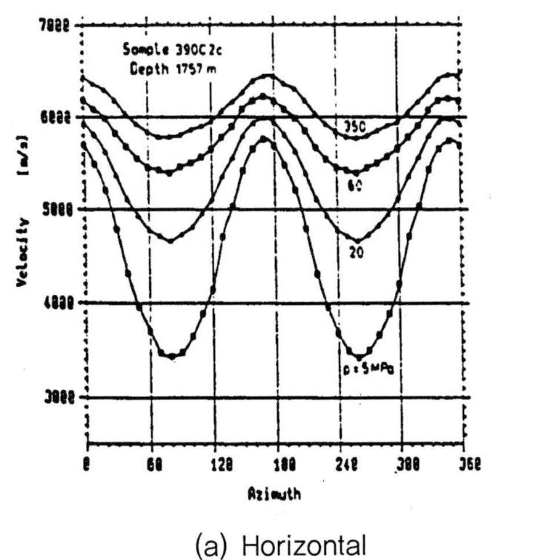

(a) Horizontal

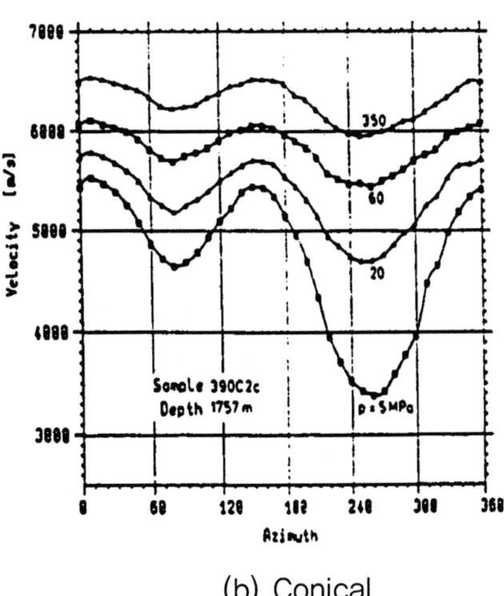

(b) Conical

[그림 2-6] 편마암에서의 P파 속도변화

나. 이방성 거동

퇴적암이나 변성암과 같이 층상의 연약면을 갖는 암석은 흔히 횡등방성 물체로 가정된다. 이 경우 그림 2-6에서와 같이 방향에 따른 탄성파 전파속도가 다르게 측정된다. 이들 암석의 압축강도 역시 층리의 방향에 따라 달라지며 이를 강도이방성(strength anisotropy)이라 한다. 그림 2-7의 실험 결과에서 강도이방성의 전형적인 형태를 관찰할 수 있다. 압축하중을 받는 층상 암석의 파괴는, β가 작은 값일 경우 연약면의 인장 파괴로 인하여 발생하며, 15° < β < 45°인 경우 연약면의 미끄러짐에 의하여, β가 큰 값인 경우는 각 층을 가로지르는 전단 파괴에 의하여 이루어진다.

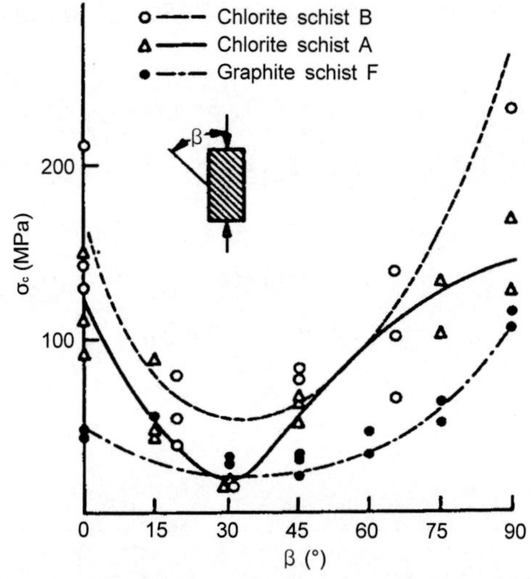

[그림 2-7] 편암에서의 일축압축강도 이방성

층상암석에서의 변형은 층과 수직한 방향으로 최대가 되며, 평행한 방향으로 최소가 되어 각 방향의 영률 역시 이방성을 지니게 된다. 그림 2-8은 단축압축 하중하에서의 강도와 영률의 이방성을 보여준다. 일반적으로 삼축압축시험의 경우 봉압이 증가함에 따라 탄성계수의 이방성은 감소하는 경향을 보이며, 예외의 경우도 간혹 관찰된다. 이때, 공극수압은 탄성계수의 이방성을 감소시키며, 암석의 불균질성도 감소시킨다. 정수압을 받는 횡이방성 암석의 거동은 그림 2-9와 같다.

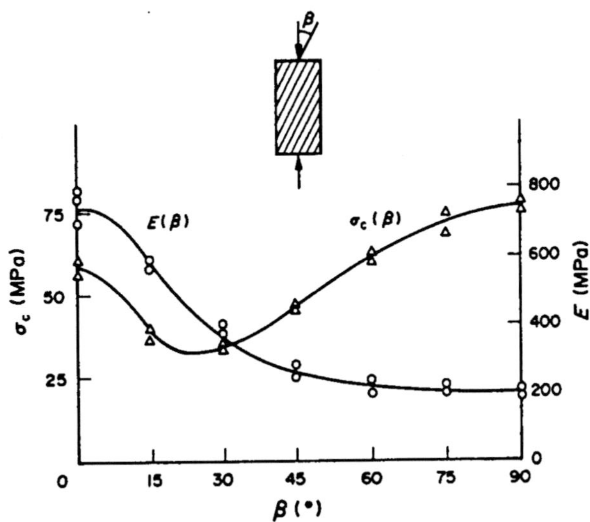

[그림 2-8] 단축압축하중하에서의 강도와 영률의 이방성

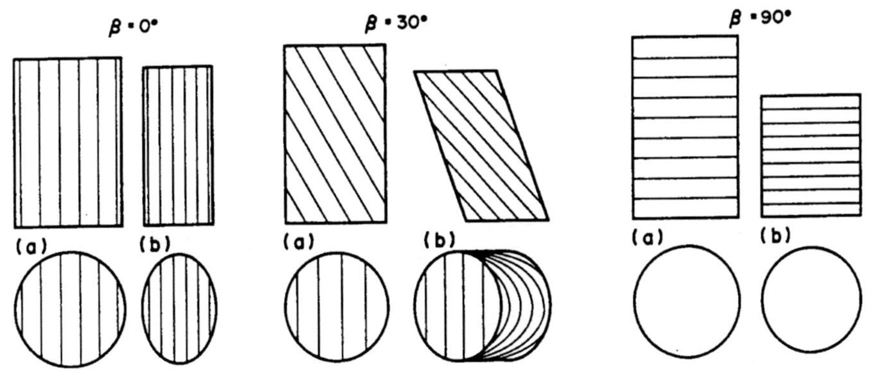

[그림 2-9] 정수압하에서의 층상암반의 변형
(a) 하중재하 이전 (b) 하중제거 이후

다. 탄성파 속도의 이용

암석시료에 대한 탄성파 속도의 측정은 암석의 이방성 거동을 예측하는 데 중요한 도구로 이용된다. 탄성파 속도의 측정은 또한 암석의 동탄성계수를 구하기 위하여 널리 사용되고 있으며, 많은 연구 결과가 제시된 바 있다.

일반적으로 압력(정수압)이 증가할수록 그리고 온도가 감소할수록 암석시료에서 탄성파 속도의 이방성 정도가 줄어드는 것을 볼 수 있는데, 그 이유는 이방성을 나타내는 몇 가지

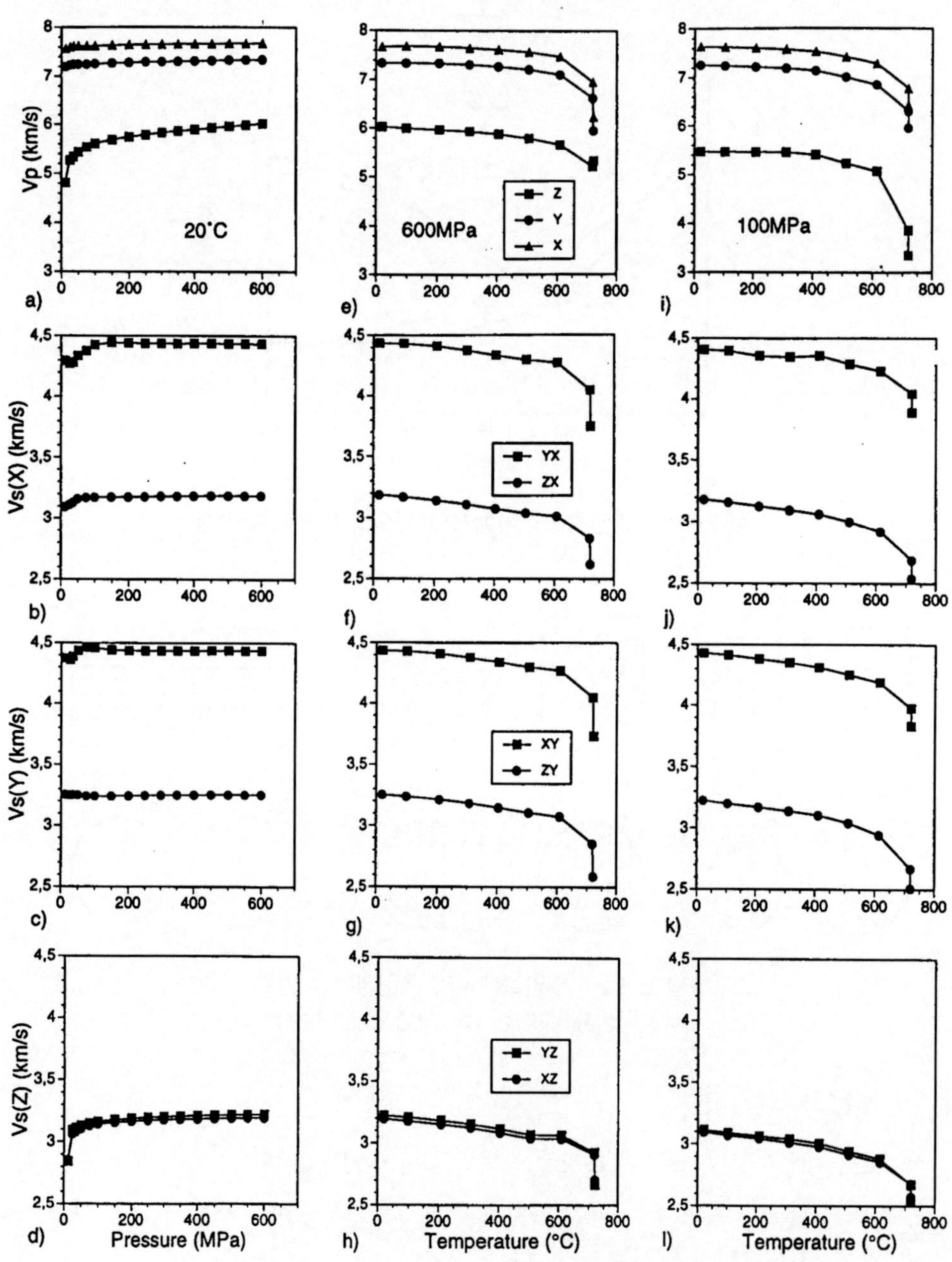

[그림 2-10] Serpentinite의 P파 및 S파 속도

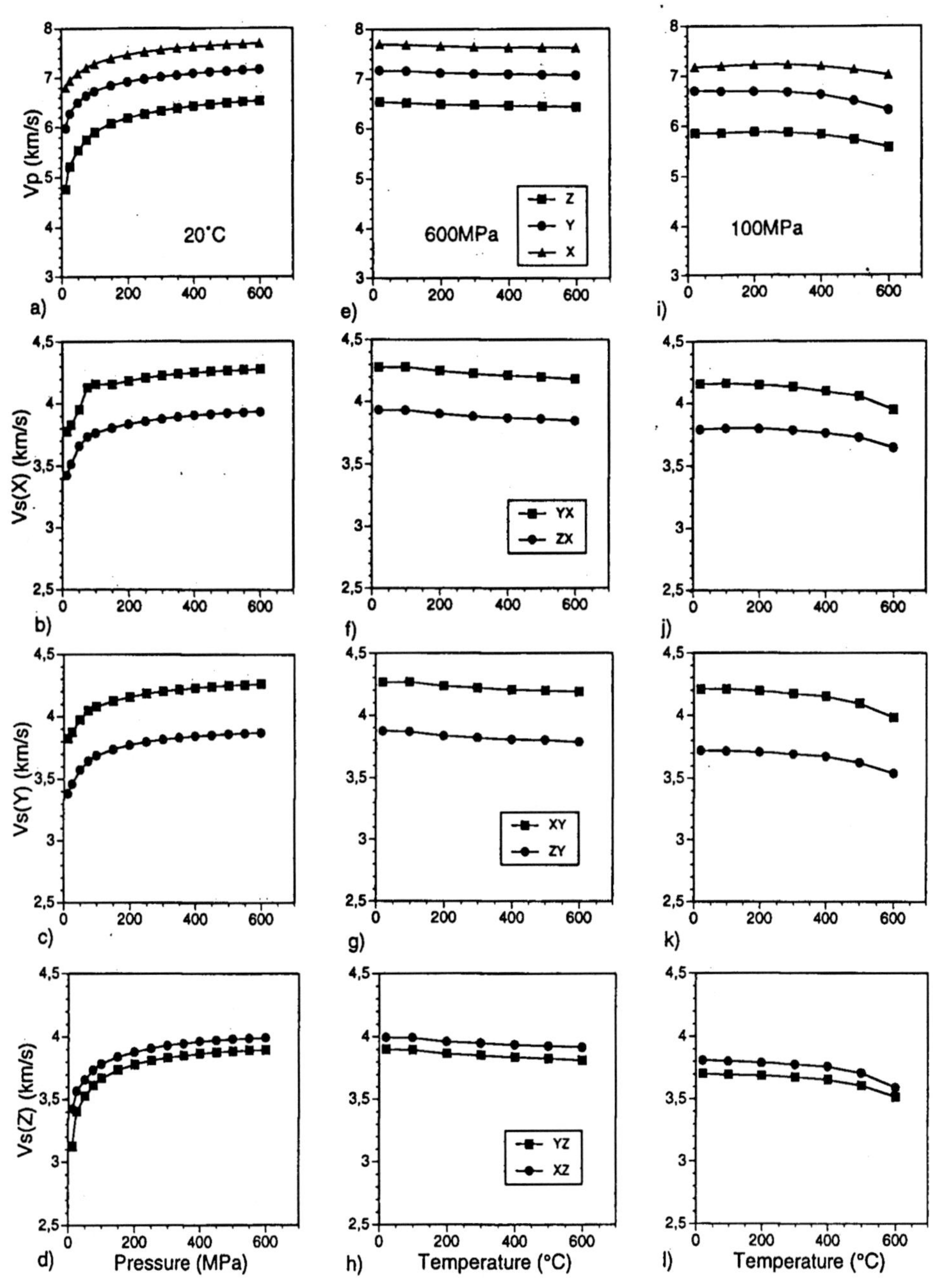

[그림 2-11] Amphibolite의 P파 및 S파 속도

원인들이 압력과 온도에 따라 다른 영향을 미치기 때문이다. 이방성의 원인은 미세균열(microcracks)의 방향에 의한 것과 입자의 종류와 그 분포에 의한 것 등으로 나눌 수 있다. 압력의 증가와 온도의 감소는 입자의 분포에는 영향을 미치지 못하지만, 균열의 밀도와 닫힘에 영향을 미친다. 압력과 온도에 따른 암석의 이방성 연구 결과는 지하 심부에서 암석의 이방성을 추정하기 위한 기본적인 자료를 제공한다. 그림 2-10과 2-11은 Serpentinite과 Amphibolite의 방향에 따른 P파와 S파의 속도분포를 보여준다.

탄성파 속도는 구속압이 증가함에 따라 증가하는 경향을 보인다. 그 증가율은 암석 종류 및 측정 방향에 따라 다르게 나타난다. 이는 압력의 증가에 따라 미세균열의 닫힘이 발생하기 때문인 것으로 판단된다. 그리고 200~300MPa의 봉압에서는 미세균열은 대부분 닫히고, 탄성파 속도는 입자의 방향에만 영향을 받아 거의 일정하게 수렴하는 것을 볼 수 있다. 반면 온도의 증가는 P파, S파 속도의 감소를 가져오는 것으로 관찰된다. Serpentinite와 Amphibolite 모두 이방성이 관찰된다. P파와 S파 속도이방성은 낮은 압력에서 가장 높다. 그리고 주로 균열과 입자의 방향에 많이 좌우된다.

정수압 상태에서는 압력의 증가에 따라 암석의 이방성은 감소하는 경향이 보이나, 단축 및 삼축압축 상태에서는 다른 경향을 보인다. 즉, 작은 하중에서는 역시 공극이나 미세균열의 닫힘으로 탄성파 속도의 증가와 함께 탄성계수도 증가하며, 이방성이 감소하는 경향을 보인다. 그러나 하중이 증가하면서 균열은 최대주응력 방향으로 성장하게 되고, 이에 수직한 방향으로는 탄성파 속도의 감소, 탄성계수의 감소를 가져와 이방성이 뚜렷해진다. 이와 같은 Stress-induced anisotropy에 관해서는 지금까지 많은 연구가 이루어졌으며, 여기서는 대표적인 결과를 소개하고자 한다.

Sayers는 Berea sandstone을 시료로 True triaxial test를 실시하였으며 동시에 6방향의 탄성파 속도를 측정하였다. 이로부터 얻은 결과는 그림 2-12와 2-13에 제시되었다. 낮은 응력 수준에서는 암석에 추가 균열이 발생하지 않으며 따라서 낮은 응력에서 나타나는 암석의 이방성은 암석에 존재하는 기존의 미세균열과 열려 있는 입자 경계부(grain boundary cracks)에 의해 나타난다. 그리고 응력이 증가하면서 새로운 미세균열이 형성되고 기존의 균열은 성장하여 서로 합쳐진다. 그림 2-14와 2-15는 하중의 증가에 따른 균열밀도 및 균열 방향성 변수의 변화 양상을 보여준다.

Lo 등(1986)은 화강암, 혈암, 사암에 대하여 그림 2-16에 제시된 바와 같이 탄성파 속도를 측정하여 5개의 독립적인 강성정수, 2개의 동탄성계수, 3개의 동포아송비, 1개의 동체적 팽창계수를 구하였다. 탄성파 속도는 진공건조 상태에서 측정되었다. 횡등방성 매질의 경우에는 5개의 독립적인 강성정수가 존재한다. 강성정수와 속도 사이의 관계는 다음과 같다.

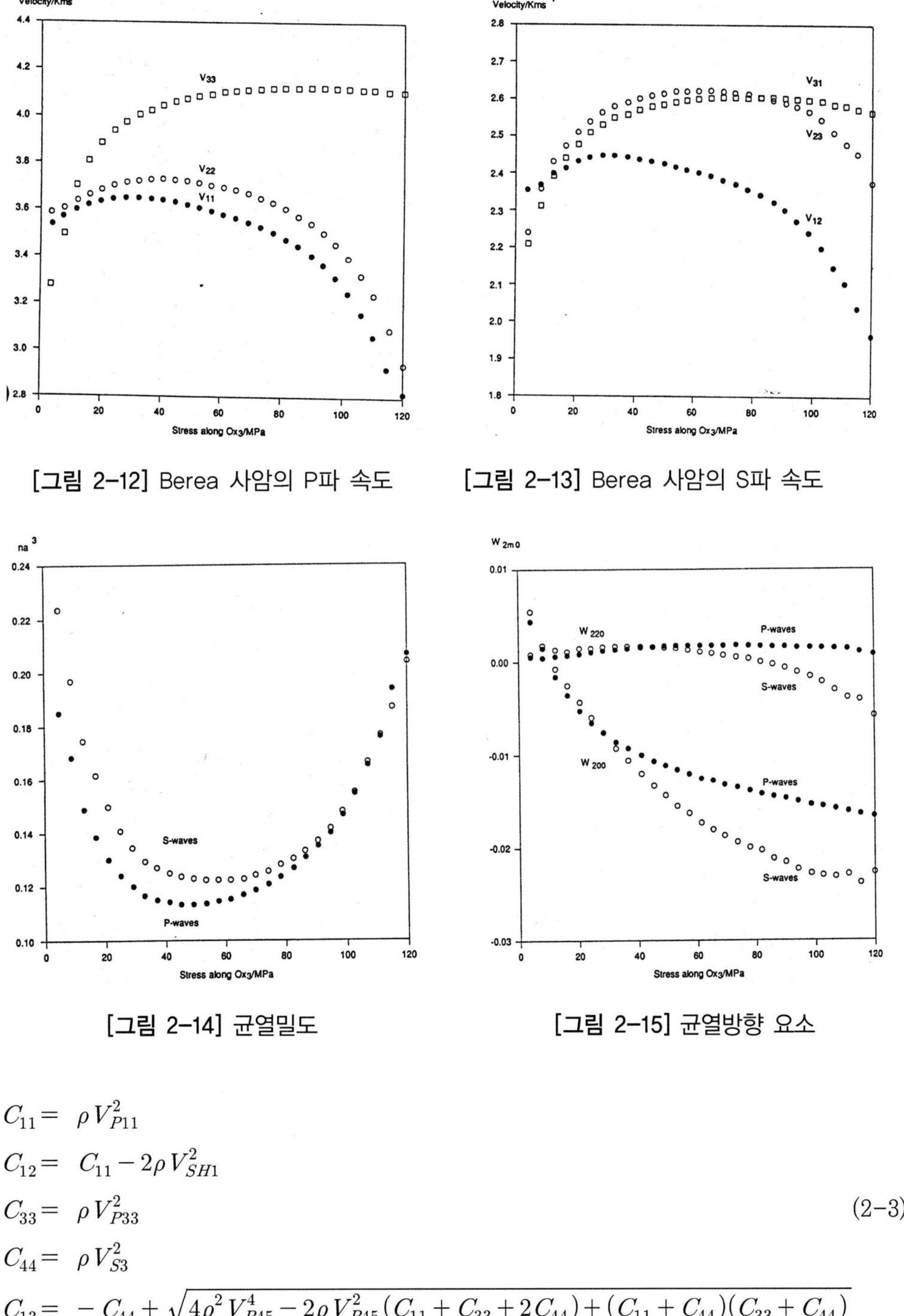

[그림 2-12] Berea 사암의 P파 속도

[그림 2-13] Berea 사암의 S파 속도

[그림 2-14] 균열밀도

[그림 2-15] 균열방향 요소

$$
\begin{aligned}
C_{11} &= \rho V_{P11}^2 \\
C_{12} &= C_{11} - 2\rho V_{SH1}^2 \\
C_{33} &= \rho V_{P33}^2 \\
C_{44} &= \rho V_{S3}^2 \\
C_{13} &= -C_{44} + \sqrt{4\rho^2 V_{P45}^4 - 2\rho V_{P45}^2 (C_{11} + C_{33} + 2C_{44}) + (C_{11} + C_{44})(C_{33} + C_{44})}
\end{aligned}
\qquad (2\text{-}3)
$$

여기서, C_{11}, C_{12}, C_{13}, C_{33}, C_{44}는 강성정수이고, ρ는 암석의 밀도, V_{P11}, V_{P45}, V_{P33}, V_{SH1}, V_{S3}은 그림 2-16에 정의된 P파와 S파의 속도이다. C_{11}, C_{12}, C_{13}, C_{33}, C_{44}로부터 1개의 동체적팽창계수, 2개의 동탄성계수, 3개의 동포아송비를 구하는 식은 다음과 같다(King, 1968, 1969). D는 강성정수들의 행렬식이다.

$$D = \begin{vmatrix} C_{11} & C_{12} & C_{13} \\ C_{12} & C_{11} & C_{13} \\ C_{13} & C_{13} & C_{33} \end{vmatrix} \tag{2-4}$$

등방면에 수직인 방향과 평행한 방향의 동탄성계수는 각각 다음과 같이 표현된다.

$$E_v = \frac{D}{C_{11}^2 - C_{12}^2}, \quad E_h = \frac{D}{C_{11}C_{33} - C_{13}^2}$$

대칭축에 수직한 방향으로 압축을 가할 경우, 등방면에서 압축면에 수직한 변형률을 압축면에 평행한 변형률로 나눈 비 ν_1는 다음과 같다.

$$\nu_1 = \frac{C_{12}C_{33} - C_{13}^2}{C_{11}C_{33} - C_{13}^2} \tag{2-5}$$

대칭축에 수직한 방향으로 압축을 가할 경우, 대칭축에 평행한 변형률을 압축면에 평행한 변형률로 나눈 비 ν_2는 다음과 같다.

$$\nu_2 = \frac{C_{13}(C_{11} - C_{12})}{C_{11}C_{33} - C_{13}^2} \tag{2-6}$$

대칭축에 평행한 방향으로 압축을 가할 경우, 대칭축에 수직한 변형률을 대칭축에 평행한 변형률로 나눈 비 ν_3는 다음과 같이 쓸 수 있다.

$$\nu_3 = \frac{C_{13}}{C_{11} + C_{12}} \tag{2-7}$$

이때 동체적팽창계수는 다음과 같이 쓸 수 있다.

$$K = \frac{C_{33}(C_{11} + C_{12}) - 2C_{13}^2}{C_{11} + 2C_{33} + C_{12} - 4C_{13}} \tag{2-8}$$

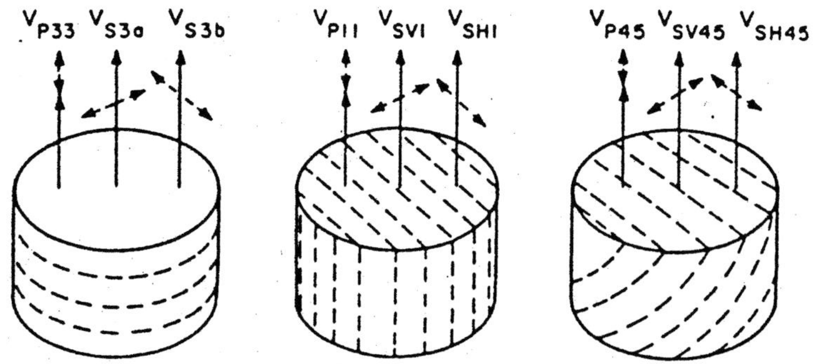

[그림 2-16] 측정된 탄성파 속도(Lo 등, 1986)

2.2.4 이방성 암석의 구성방정식

가. 횡등방성 암석의 구성방정식

재료의 방향에 따른 탄성적 성질이 동일하다는 등방성을 가정할 경우 재료의 구성방정식은 Hooke의 법칙에 의해서 간단하게 표현될 수 있다. 그러나 실제 암석의 경우 방향에 따른 탄성적 성질은 동일하지 않으며 특히 엽리가 발달한 변성암 계열이나 층리 구조가 발달한 퇴적암의 경우 일정한 평면에 대칭해서 탄성적 성질이 일치하지만 다른 평면을 설정하였을 때는 탄성적 성질이 서로 다르다. 또는 일정한 축을 중심으로 대칭적으로 탄성적 성질이 일치하지만 다른 축을 설정하면 탄성적 성질이 다른 경우를 흔히 볼 수 있다. 여기서 3개의 직교평면을 중심으로 대칭적으로 탄성적 성질이 일치하는 경우를 직교등방성(orthotropy),

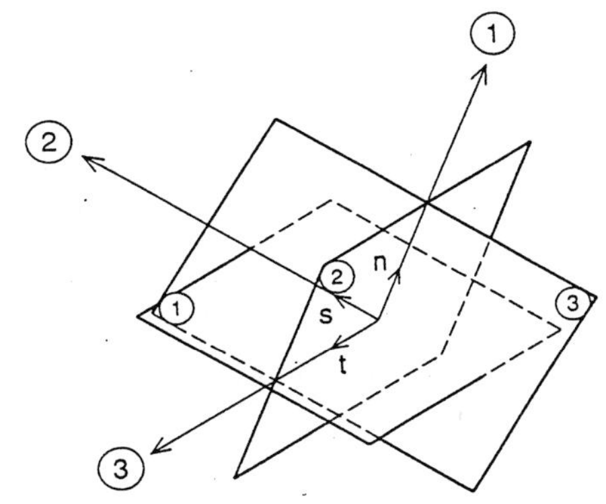

[그림 2-17] 3개의 직교면을 갖는 등방성 암반

1개의 좌표축을 중심으로 대칭적으로 탄성적 성질이 일치하는 경우를 횡등방성(transversely isotropy) 혹은 평면이방성이라고 부른다.

만약 어떠한 축과 어떠한 평면에 대해서도 탄성적 성질이 대칭하지 않는다면 그 재료는 완전이방성 재료이며 이는 일반화된 Hooke의 법칙으로 구성방정식을 표현할 수 있다. 이 경우 변형률과 응력의 관계는 36개의 상수로 결정되고, 이를 탄성포텐셜에 대해서 고려해보면 행렬의 대칭성에 의해서 독립적인 상수는 모두 21개가 된다.

만약 그림 2-17과 같이 n, s, t 방향에 수직인 3개의 평면을 탄성적 성질의 대칭면으로 하는 직교등방성 모델을 살펴보면, 이 모델에 대한 Hooke 법칙은 다음처럼 표현될 수 있다.

$$\begin{pmatrix}\epsilon_n\\ \epsilon_s\\ \epsilon_t\\ \gamma_{st}\\ \gamma_{nt}\\ \gamma_{ns}\end{pmatrix}=\begin{pmatrix}\frac{1}{E_n} & -\frac{\nu_{sn}}{E_s} & -\frac{\nu_{tn}}{E_t} & 0 & 0 & 0\\ -\frac{\nu_{ns}}{E_n} & \frac{1}{E_s} & -\frac{\nu_{ts}}{E_t} & 0 & 0 & 0\\ -\frac{\nu_{nt}}{E_n} & -\frac{\nu_{st}}{E_s} & \frac{1}{E_t} & 0 & 0 & 0\\ 0 & 0 & 0 & \frac{1}{G_{st}} & 0 & 0\\ 0 & 0 & 0 & 0 & \frac{1}{G_{nt}} & 0\\ 0 & 0 & 0 & 0 & 0 & \frac{1}{G_{ns}}\end{pmatrix}\times\begin{pmatrix}\sigma_n\\ \sigma_s\\ \sigma_t\\ \tau_{st}\\ \tau_{nt}\\ \tau_{ns}\end{pmatrix} \tag{2-9}$$

여기서 E_n, E_s, E_t 는 각각 n, s, t(또는 1, 2, 3) 방향의 탄성계수이고 G_{ns}, G_{nt}, G_{st} 는 각각 ns, nt, st 평면에 평행인 평면에서의 전단 탄성계수이며 ν_{ij} (i, j = n, s, t)는 응력이 대칭 방향 i로 작용될 때 대칭 방향 j에서의 수직 변형률을 특징짓는 포아송비이다. 행렬의 대칭성 때문에 포아송비 ν_{ij} 와 ν_{ji} 는 $\nu_{ij}/E_i = \nu_{ji}/E_j$ 와 같다. 이와 같은 직교등방성 거동을 보이는 암석에는 석탄, 편암, 천매암, 점판암, 화강암, 사암 등이 있다.

만일 암석이 그림 2-17에 있는 3개의 ns, nt 또는 st 평면 중 1개에서 횡등방성이라면 식 (2-10)을 적용할 수 있는데, 이 경우 n, s, t 좌표계에서 암석의 변형성을 묘사하기 위해 단지 5개의 독립적인 탄성정수가 필요하다. 여기서 E, E' 는 각각 횡등방성 평면과 여기에 수직인 방향의 탄성계수이고, ν, ν' 은 각각 횡등방성 평면에 평행과 수직으로 작용하는 응력에 대한 횡등방성 평면에서의 횡방향 변형률을 통해 구해지는 포아송비이며, G' 는 횡등방성 평면에 수직인 평면에서의 전단계수이다. st 평면에서의 횡등방성에 대해서는 다음과 같은 관계가 성립한다.

$$\frac{1}{E_n}=\frac{1}{\mathrm{E}'};\frac{1}{\mathrm{E_s}}=\frac{1}{\mathrm{E_t}}=\frac{1}{\mathrm{E}}$$
$$\frac{\nu_{ns}}{E_n}=\frac{\nu_{\mathrm{nt}}}{\mathrm{E_n}}=\frac{\nu'}{\mathrm{E}'};\frac{\nu_{\mathrm{st}}}{\mathrm{E_s}}=\frac{\nu_{\mathrm{ts}}}{\mathrm{E_t}}=\frac{\nu}{\mathrm{E}} \qquad (2\text{-}10)$$
$$\frac{1}{G_{ns}}=\frac{1}{\mathrm{G_{nt}}}=\frac{1}{\mathrm{G}'};\frac{1}{\mathrm{G_{st}}}=\frac{1}{\mathrm{G}}=\frac{2(1+\nu)}{\mathrm{E}}$$

횡등방성은 편암, 편마암, 천매암, 사암, 셰일 등의 암석에서 흔히 찾아볼 수 있다. 이런 암석에 대해 횡등방성면은 편리 또는 층리면에 평행하다고 가정한다. 그리고 횡등방성 암석에 대해, 계수 G' 는 Saint Venant가 제시한 다음의 경험식을 통해 E, E', ν, ν' 의 항으로 표현할 수 있으며, 이 연구에서는 다음 식을 이용하여 G' 를 구하였다.

$$\frac{1}{G'}=\frac{1}{\mathrm{E}}+\frac{1}{\mathrm{E}'}+2\frac{\nu'}{\mathrm{E}'} \qquad (2\text{-}11)$$

나. 등가이방성 연속체이론

앞에서 소개한 구성 모델은 intact한 이방성 암석에 적용되는데, 규칙적인 층리 구조를 가지는 암반의 경우 전체 변형성을 평가할 때 개별 층의 탄성적 성질을 이용하여 전체 암반에 대한 탄성적 성질을 등가연속체로 접근하는 이론이 Salamon에 의해 제시된 바 있다. Salamon은 그의 논문에서 등가매질을 횡등방성 모델로 모사하기 위한 가정을 다음과 같이 제시한 바 있다.

(i) 암석은 두께와 탄성 특성이 심도에 따라 다양한 등방성 또는 횡등방성 지층으로 구성된다.
(ii) 암석은 연속체이고 응력에 의해 지배될 때도 연속체로 존재한다.

이제 암반의 대표 시료를 형성하는 m개의 수평 지층에 적용해보자. 만일 j번째 지층의 두께가 h_j 라면, 그 상대 두께는 $\Phi_j=h_j/L$ 이다. 각 지층의 5개의 탄성 상수 E_j, E_j', ν_j, ν_j', G_j' 은 다음과 같다.

$$\frac{1}{E} = \frac{\sum \frac{\Phi_j E_j}{1-\nu_j^2}}{\sum \frac{\Phi_j E_j}{1+\nu_j} \sum \frac{\Phi_j E_j}{1-\nu_j}}$$

$$\frac{\nu}{E} = \frac{\sum \frac{\Phi_j E_j \nu_j}{1-\nu_j^2}}{\sum \frac{\Phi_j E_j}{1+\nu_j} \sum \frac{\Phi_j E_j}{1-\nu_j}}$$

$$\frac{\nu'}{E'} = \frac{\sum \Phi_j \frac{E_j}{E_j{}'} \frac{\nu_j{}'}{1-\nu_j}}{\sum \frac{\Phi_j E_j}{1-\nu_j}} \qquad (2\text{-}12)$$

$$\frac{1}{E} = \sum \Phi_j \left(\frac{1}{E_j{}'} - 2\nu_j{}'^2 \frac{E_j}{E_j{}'} \frac{1}{1-\nu_j}\right) + 2\frac{\left(\sum \Phi_j \frac{E_j}{E_j{}'} \frac{\nu_j{}'}{1-\nu_j}\right)^2}{\frac{\sum \Phi_j E_j}{1-\nu_j}}$$

$$\frac{1}{G} = \frac{1}{\sum \Phi_j G_j}$$

$$\frac{1}{G'} = \sum \frac{\Phi_j}{G_j{}'}$$

여기서, j = 1에서 m까지의 합이 포함된다. 전단계수 G 또한 $E/\{2(1+\nu)\}$와 같다.

이 연구에서는 물, 시멘트, 모래를 일정비율로 배합한 모르타르와 강화석고를 일정한 간격으로 교대시켜 함께 양생시킴으로써 인공 이방성암석을 제작하였으며, 인공 이방성암석의 탄성계수와 포아송비는 Salamon이 제시한 식을 이용하여 구하였다.

다. 실내시험(Laboratory testing)

암석의 대칭면에 대해 서로 다른 각을 가지는 실험실 시료를 가지고 탄성 성질을 구할 수 있다. 시험방법은 정적인 것과 동적인 것으로 나뉜다. 정적인 방법은 단축압축, 삼축압축, 다단계 삼축압축, 직경방향 압축(Brazilian test), 비틀림시험과 휨시험이 있다. 모든 시험에 대해서 시료는 스트레인 게이지와 변위계를 설치한다. 동적인 방법은 Resonant bar method와 탄성파 속도 방법이 있다. 여러 종류의 시험이 주어진 암석의 이방적인 탄성 특성을 나타낼 수 있어야 한다.

시험의 종류와 시험의 횟수는 가정된 암석의 대칭 형태와 정도에 따라 크게 좌우된다. 예로써 단축압축시험을 수행한 횡등방성 시료를 생각해보자(그림 2-18). x, y, z 축이 xz평면에 대해 θ만큼 기울어지고 횡등방성 평면이 z축과 평행한 좌표축이 있다. 그림 2-18의 st 평면에서 암석은 횡등방성을 띠며 5개의 탄성정수 E, E', ν, ν', G' 을 갖는다. 이는 식 (2-10)에서 정의되었다. 스트레인 게이지를 이용하여 x, y, z 방향의 변형률을 측정한다. 이방성 매체에 대한 탄성이론을 이용하고 일정한 응력과 변형률을 가진다고 가정하여 변형률 $\epsilon_x, \epsilon_y, \epsilon_z, \gamma_{xy}$ 와 가해진 응력 σ 사이의 관계식은 다음과 같다.

$$\epsilon_x = a_{12}\sigma; \quad \epsilon_y = a_{22}\sigma; \quad \epsilon_z = a_{23}\sigma, \quad \gamma_{xy} = a_{26}\sigma \tag{2-13}$$

여기에서,

$$a_{12} = -\frac{\nu'}{E'}sin^4\theta - \frac{\nu'}{E'}cos^4\theta + \frac{\sin^2 2\theta}{4}\left(\frac{1}{E} + \frac{1}{E'} - \frac{1}{G'}\right) \tag{2-14}$$

$$a_{22} = \frac{\cos^4\theta}{E'} + \frac{\sin^4\theta}{E'} + \frac{\sin^2 2\theta}{4}\left(\frac{1}{G'} - 2\frac{\nu'}{E'}\right)$$

$$a_{23} = -\frac{\nu'}{E'}cos^2\theta - \frac{\nu}{E}sin^2\theta$$

$$a_{26} = \sin 2\theta\left[\cos^2\theta\left(\frac{1}{E'} + \frac{\nu'}{E'}\right) - \sin^2\theta\left(\frac{1}{E} + \frac{\nu'}{E'}\right)\right] - \frac{\sin 2\theta \cos 2\theta}{2G'}$$

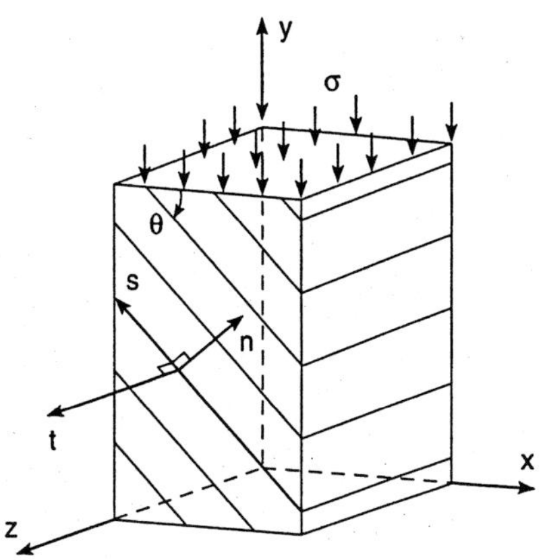

[그림 2-18] 단축압축하에서의 횡등방성 암석 샘플

라. 단축압축시험

횡등방 평면에 대하여 서로 다른 각으로 자른 세 시료에 대한 단축 압축시험을 수행함으로써 5개의 탄성정수를 이론적으로 결정할 수 있다(그림 2-19). 그림 2-19에서 같이 암석의 세 시료가 $\theta = 0°$, $90°$ 와 $0°$와 $90°$ 사이의 임의의 각에 대하여 단축압축시험을 수행하였다.

식 (2-13)과 (2-14)를 사용하여 그림 2-19(a)에 대해 측정된 변형률은 E'와 v'를, 그림 2-19(b)에서는 E와 v를 구할 수 있다. 그림 2-19(c)를 사용하여 전단계수 G'를 구할 수 있다. N을 전체 변형률을 측정한 값이라고 하자(N은 5 이상). 각 변형률 측정은 선형적으로 미지의 다섯 컴플라이언스 1/E, 1/E', v/E, v'/E', 1/G' 와 관계가 있다. 행렬형식에서 변형률 측정은 다음과 같이 표현된다.

$$[\epsilon] = [T][C] \tag{2-15}$$

여기서 [ε]는 (N×1)의 변형률 측정 행렬이고, [T]는 (N×5)이다.

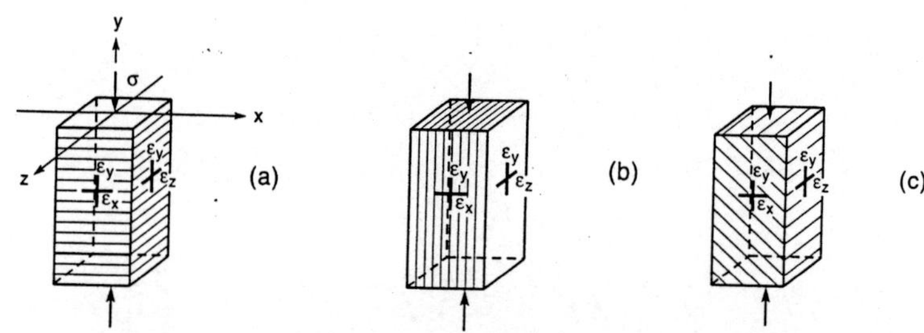

[그림 2-19] 단축압축하에서의 3개의 횡등방성 암석
(a) θ = 0°, (b) θ = 90°, (c) 0° < θ < 90°

그리고 $[C]^t = (1/E \quad 1/E' \quad \nu/E \quad \nu'/E' \quad 1/G')$ 이다. 식 (2-15)를 다중선형회귀 분석에 의해 5개 컴플라이언스의 최소자승값에 대하여 푼다. 이 방식의 장점은 컴플라이언스를 결정할 때 모든 변형률 측정이 고려된다는 점이다. 또한 이 방법은 세 시료 이상에서도 확장된다. 암석의 이방성면이 잘 나타나는 Loveland sandstone(colorado sandstone)에 대해 위의 방법을 적용하였다. 45° 스트레인 로제트를 사용하였으며(2개의 $\theta = 0°$, 2개의 $\theta = 90°$, 1개의 $\theta = 63°$), 변형률 분석은 최대하중의 50%에서 실시하였다. 탄성정수는 표 2-5에 제시된 바와 같다.

[표 2-5] Loveland 사암의 탄성정수 비교

Testing method	Size of spec.	No. of tests	E (GPa)	E' (GPa)	ν	ν'	G' (GPa)	E/E'	G/G'
Uniaxial comp.	NX	5	29.3	23.9	0.18	0.13	6.2	1.23	2.00
Diametral leading	NX	9	28.9	24.9	0.13	0.13	12.5	1.16	1.02

식 (2-13)과 (2-14)로부터 전단변형률은 가해진 응력이 주어진 조직과 일치하지 않는 경우에 단축 압축하에서 발전될 수 있음을 알 수 있다. 이러한 경우, 주변형률의 방향은 등방체에 있어서 주응력과 일치하지 않는다. 식 (2-13)과 (2-14)는 영률을 계산하는 데 사용될 수 있고 포아송비 ν_{yx}, ν_{yz} 를 구할 수 있다. 여기서 x, y, z 축에 대해 다음 식이 성립한다.

$$E_y = \frac{1}{a_{22}};\ \nu_{yx} = -\frac{a_{12}}{a_{22}};\ \nu_{yz} = -\frac{a_{23}}{a_{22}} \tag{2-16}$$

이들 세 값들은 θ 에 좌우된다. 그림 2-20(a), (b), (c)는 Pinto에 의해 시험된 편암의 θ에 따른 E_y, ν_{yx}, ν_{yz} 의 변화를 보여주는 예이다.

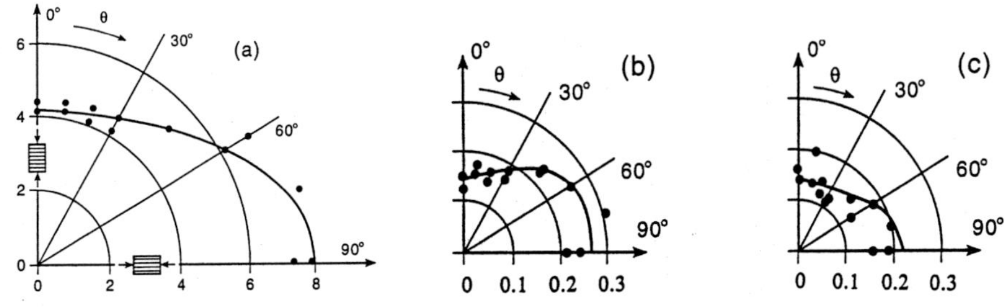

[그림 2-20] 편암에서의 겉보기 영률 및 포아송비의 변화

마. Diametral compression test

횡등방성과 직교등방성 암석에서 5개와 9개의 탄성정수는 얇은 디스크의 Diametral compression test에 의해 결정될 수 있다. 변형률은 변형률 게이지를 디스크의 중앙에 붙여서 측정하며, 해석에는 Closed-form 해법을 이용한다.

그림 2-21과 같은 형태를 가정한다. 직경 D, 두께 t의 암석 디스크는 지름 방향의 하중 W를 너비 2α(작다고 가정)에 대하여 받고 있다. 암석은 디스크의 xy 평면에 평행한 3개의 탄성 대칭 평면(그림 2-21에서 ns로 정의된)의 하나를 가지는 직교등방성으로 가정한다. n과 s축은 x와 y축에 대하여 각 ψ만큼 기울어져 있다. 가해진 압력 p는 W/(αDt)와 같다. Amadei가 보인 것처럼 디스크 중앙에서의 응력요소는 다음과 같다.

$$\sigma_x = q_{xx}\frac{W}{\pi Dt};\ \sigma_y = q_{yy}\frac{W}{\pi Dt};\ \tau_{xy} = q_{xy}\frac{W}{\pi Dt} \qquad (2\text{-}17)$$

그림 2-21의 형상에 대해서 응력 집중인자 q_{xx}, q_{yy}, q_{xy}는 암석의 컴플라이언스 $1/E_n,\ 1/E_s, \nu_{ns}/E_n,\ 1/G_{ns}$와 기울기 각도 φ에 좌우되는 복잡한 식으로 표현된다. 만약 암석이 등방성이라면 $q_{xx} = -2,\ q_{yy} = 6,\ q_{xy} = 0$ 이다. 디스크 중앙에서 변형률 $\epsilon_x, \epsilon_y, \gamma_{xy}$는 암석의 구성방정식과 식 (4-17)을 결합한 위의 컴플라이언스와 관계가 있다.

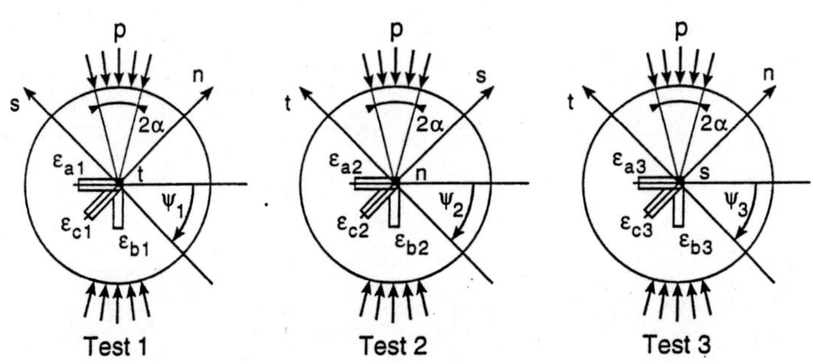

[그림 2-21] 직교 등방성 암석에서의 탄성정수 측정

3가지 형태의 Diametral compression test는 그림 2-21에서 보는 바와 같다. 각 시험은 디스크에 재하하는 것으로 구성되어 있는데 디스크의 중앙 면은 암석의 탄성 대칭의 세 면(ns, st, nt) 중 하나에 평행한다. 각 시험에서 디스크 중앙의 변형률은 45의 스트레인 로제트를 이용해 세 방향에서 측정된다. 표현을 간단하게 하기 위하여 3개의 디스크는 같은 형상, 같은 스트레인 게이지 방향, 같은 재하 각을 가지고 같은 하중 단계에서 스트레인이 측정된다. 시험 1에 대한 형상에 대해서 응력 집중인자 $q_{xx1}, q_{yy1}, q_{xy1}$는 암석의 컴플라이언스$1/E_n,\ 1/E_s, \nu_{ns}/E_n,\ 1/G_{ns}$에 좌우된다. 마찬가지로 시험 2에 대해서 응력집중인자 $q_{xx2}, q_{yy2}, q_{xy2}$는 암석 컴플라이언스 $1/E_s,\ 1/E_t, \nu_{st}/E_s,\ 1/G_{st}$에 의해 좌우된다. 마지막

으로 시험 3에 대해서 응력집중인자 q_{xx3}, q_{yy3}, q_{xy3} 는 암석 컴플라이언스 $1/E_n$, $1/E_t$, ν_{nt}/E_n, $1/G_{nt}$ 에 의해 좌우된다. 덧붙여서 9개의 응력집중인자는 2α와 방향각도 $\psi_j\ (j=1,3)$ 에 의해 좌우된다. 식 (2-17)과 그림 2-21에서 각 디스크에 대한 암석의 구성방정식을 결합하면, 9개의 컴플라이언스는 아래와 같은 행렬형식에서 9개의 스트레인 게이지 측정과 관계가 있다.

$$[\epsilon]=\frac{W}{\pi Dt}[T][C] \tag{2-18}$$

여기서 $[\epsilon]$ 는 (9×1)의 스트레인 측정 행렬, [T]는 (9×9)의 행렬로 다음과 같다.

$$[C]^t=(1/E_n\ 1/E_s\ 1/E_t\ \nu_{ns}/E_n\ \nu_{st}/E_s\ \nu_{nt}/E_n\ 1/G_{ns}\ 1/G_{st}\ 1/G_{nt}) \tag{2-19}$$

[T]의 요소는 9개의 응력집중인자에 좌우되고, 그 자체는 9개의 컴플라이언스에 좌우된다. 따라서 식 (2-18)은 비선형적이며, 제한적이다. 왜냐하면 9개의 탄성정수는 몇 가지 열동력학적 조건을 만족시켜야 하기 때문이다. 이러한 제한된 문제에 대한 해는 'Generalized reduced gradient method' 를 사용하여 얻을 수 있다.

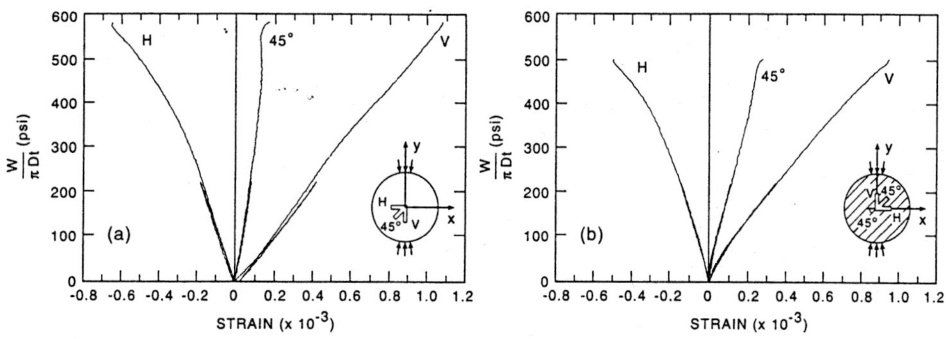

[그림 2-22] Love 사암에서의 하중-변형률 곡선

만약 암석이 횡등방성이라면 같은 방법이 적용된다. 5개의 탄성정수는 앞의 3가지 Diametral compression test 대신, 2개만 사용함으로써 결정할 수 있다. 하나는 횡등방성면에 평행한 것, 다른 하나는 수직인 것이다. 만약 한 예로 횡등방성면이 st 평면과 일치한다면, 5개의 정수는 그림 2-21에서 시험 1과 2를 수행함으로써 얻을 수 있다. 시험 2에서 측정된 스트레인은 $q_{xx}=-2$, $q_{yy}=6$, $q_{xy}=0$ 과 함께 분석된다. 이는 영률 $E=E_s=E_t$ 와 포

아송비 $\nu = \nu_{st}$ 를 제시한다. 반대로 시험 1에서 측정된 스트레인은 단지 3개의 식과 3개의 미지수 $E' = E_n$, $\nu' = \nu_t = \nu_{st}$, $G' = G_{ns} = G_{nt}$ 를 가지는 식 (2-18)과 비슷한 식으로 나타낸다. 이 식은 Generalized reduced gradient method를 사용하여 아래 부등식에서 정의된 조건을 고려해 풀 수 있다.

$$E, E', G' > 0 \tag{2-20}$$

$$-1 < \nu < 1$$

$$-\sqrt{\frac{E'}{E} \cdot \frac{(1-\nu)}{2}} < \nu' < \sqrt{\frac{E'}{E} \cdot \frac{(1-\nu)}{2}}$$

예로써 그림 2-22(a),(b)는 같은 Loveland sandstone에 대한 2개의 디스크의 실험 결과를 보여준다. 2개의 NX 크기의 디스크(직경 54.4mm, 두께 26.2mm와 26.8mm)가 그림 2-21에서의 시험 1과 시험 2의 형상에 대해 시험되었다. 횡등방성 면은 겉으로 보이는 사암층과 평행한다고 가정하였다. 표 2-6은 최대하중 50%에서 측정된 변형률을 보여준다. 암석은 $E = 26.2\ GPa$, $E' = 22.7\ GPa$, $\nu = 0.146$, $\nu' = 0.161$, $G' = 11.9\ GPa$ 을 가진 이방성을 나타냄을 알 수 있다.

암석의 이방성 특성을 결정하기 위해 Diametral compression test는 간편하다는 이점이 있다. 이 시험은 각기 다른 크기의 코어 시료에 대해 수행할 수 있고 시료의 준비가 다른 기법에 비해 어렵지 않다는 것과 시험 결과의 해석이 상대적으로 정확하다는 것이다. 이 방법은 디스크의 중앙에서 측정된 스트레인을 사용한다는 가정하에서 이루어지지만 스트레인 게이지가 유한한 길이를 가지기 때문에 완벽하게 정확하지는 않다. 그러나 이는 Amadei와 Jonsson에 의해 제시된 것처럼 응력과 스트레인이 디스크 직경의 60% 정도에서는 상수이기 때문에

[표 2-6] Loveland 사암에서의 압축시험 결과

Disc parallel to plane of transerse isotropy	Disc perpendicular to plane of transerse isotropy
$\epsilon_x \pi Dt/W = -0.1098\,\text{GPa}^{-1}$	$\epsilon_x \pi Dt/W = -0.1015\,\text{GPa}^{-1}$
$\epsilon_y \pi Dt/W = 0.2403\,\text{GPa}^{-1}$	$\epsilon_y \pi Dt/W = 0.2384\,\text{GPa}^{-1}$
$\epsilon_{45} \pi Dt/W = 0.0578\,\text{GPa}^{-1}$	$\epsilon_{45} \pi Dt/W = 0.0841\,\text{GPa}^{-1}$
$E = 26.2\,\text{GPa}$	$E' = 22.7\,\text{GPa}$
$\nu = 0.146$	$\nu' = 0.161$
$G = 11.4\,\text{GPa}$	$G' = 11.9\,\text{GPa}$

그리 문제가 되지는 않는다. Diametral compression test에서 측정된 탄성성질은 압축과 인장응력이 동시에 나타나는 상태에서 측정된다는 것에 주목해야 한다. 암석을 등방성이라고 가정하면, 인장시험에 의한 영률은 압축에서 측정된 것보다 작아진다. 이런 성질은 종종 이중계수(bimodularity)로 표현되며, 이방성 암석의 변형 특성에 영향을 미친다.

2.2.5 천매암 물성 측정치

이 논문에서는 국내에서 측정된 천매암의 물성을 살펴보고자 한다. 표 2-7에 제시된 자료는 국내 천매암의 일반적인 물성을 몇 가지 정리한 것이며, 이방성 측정 자료는 포함되어 있지 않다. 표 2-8은 청주-상주 고속도로 공사를 위하여 측정한 자료의 예를 보여준다.

[표 2-7] 국내 천매암의 물성 측정 예

물성	시료1[*1]	시료2[*1]	시료3[*2]	시료4[*2]	시료5[*2]	시료6[*3]
인장강도(kg/cm^2)	190	130				
내부마찰각(도)	50	57	51			
점착강도(kg/cm^2)	360	140	170			
비중	2.95	2.93	2.65			
공극률(%)	0.8	1.11	0.34			
P파 속도(m/s)	5140	5090	3240			
S파 속도(m/s)	2770	2550	1970			
단축압축강도(kg/cm^2)	2020	820	920			
탄성계수(kg/cm^2)	7.24×10^5	3.42×10^5	4.63×10^5			
포아송비	0.26	0.28	0.28			
절리면 최대마찰각(도)				28	35	35
절리면 점착강도(kg/cm^2)				0.1	0.5	3.04
JRC				0 - 2	4 - 6	
JCS				330	340	
절리면 잔류마찰각(도)						26

[*1]경부선 대전-옥천 간 노반 공사 실시설계
[*2]청주-상주 간 고속도로 제6공구 건설공사
[*3]경부고속도로 165.3km 지점 선형개량공사 지반조사(충북 옥천군 군북면 이백리)

[표 2-8] 청주-상주 고속도로 공사를 위하여 측정한 천매암 이방성 자료 예

구분	ANISOTROPIC TEST
STRESS-STRAIN CURVE DIAGRAM (No. 3)	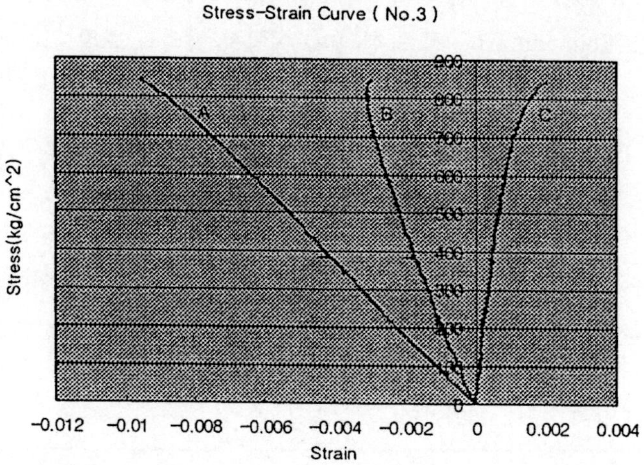 Stress-Strain Curve (No.3) Stress(kg/cm^2) Strain
이방성 시험 후 시편의 파괴형태	No.3 Front view Back view After failure

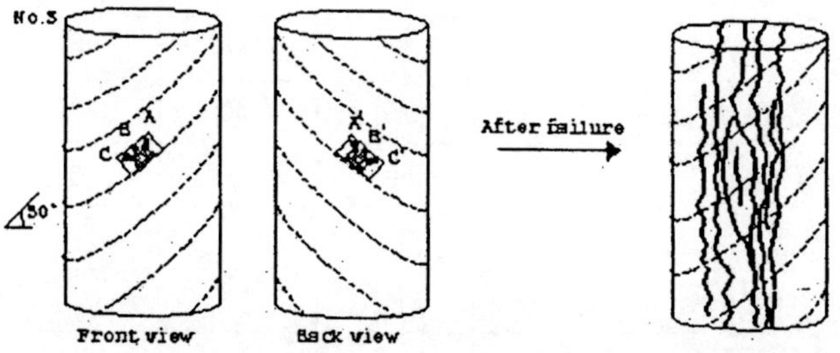

SAMPLE		ANGLE	UNIAXIAL COMPRESSION STRENGTH	(1)방향에서의 YOUNG'S MODULUS	(2)방향에서의 YOUNG'S MODULUS
SPECIMEN	BORING	(°)	(kgf/cm^2)	(kgf/cm^2)	(kgf/cm^2)
NO. 3	TB-12 (협력석회질 천매암)	24	4206	88.7	1.14
결과 검토		▶ No. 3은 이방성이 시편에 직접적인 영향을 주지 못하고 일축 시편의 전형적인 파괴 ▶ 암석 내의 이방성 구조에 의하여 암석의 강도 및 탄성계수가 크게 영향을 받는 특성			

2.3 이방성 암반 내 터널 모형실험 사례

2.3.1 서론

터널을 해석할 때 암반을 등방탄성체로 가정하는 경우가 많으나, 실제 암반은 불균질하며 이방성을 나타내는 경우가 많다. 이방성 암반 내 존재하는 터널의 안정성을 검토하기 위한 실내 실험적인 방법으로써, 축소모형실험을 고려할 수 있다.

이 실험은 현장의 모든 조건을 차원 해석에 의한 축소율로 환산하여 현장 상태를 실험실에서 그대로 재현해내는 방법으로, 암반공학 분야에서는 널리 활용되어온 실험법이며 국내외에서 시행되어 좋은 결과를 얻은 바 있다(Hobbs, 1969; 김종우, 1988; 전석원 2003). 이 실험은 물리적이고 실제적인 실험법으로, 수치 해석에 비해 실험 결과를 가시적으로 관찰할 수 있는 장점이 있어 지반 구조물 설계의 보조자료로서 활용될 수 있는 유용한 실험법으로 생각된다.

본고에서는 이방성 암반 내 존재하는 터널 모형에 대해 축소모형실험을 실시한 사례를 소개한다. 먼저, 등방성 모형과 이방성 모형에 대한 실험 결과를 비교하고, 층리면의 간격 및 경사가 서로 다른 모형들에 대해 언급한다. 다음으로, 이방성 암반 내 석회암 공동이 존재할 경우에 공동이 터널의 안정성에 미치는 영향을 규명하기 위한 모형실험을 소개하며, 마지막으로 이방성 암반 내 위치한 쌍굴터널에 대한 실험 결과를 간략히 언급함으로써, 축소모형실험에 대한 이해를 돕고자 한다.

2.3.2 축소모형실험의 일반사항

축소모형실험은 현장의 모든 조건을 차원 해석에 의한 축소율로 환산하여 현장 상태를 실험실에서 그대로 재현해내는 물리적인 실험으로, 터널 주변 암반의 변형거동 및 안정성 검토에 효과적으로 활용된다.

축소모형실험을 실시할 때 현장성을 충분히 발휘할 수 있도록 하기 위해서는 축소모형과 현장의 경우에 대한 차원 해석을 실시하고 이에 근거하여 적절한 축소율을 결정하는 것이 중요하다.

물리학적 3가지 기본 차원은 길이(L), 시간(T), 질량(M)이라고 할 때, 축소율을 산정하는 순서는 우선 길이(L)에 대한 축소율을 결정하고 나서, 이를 이용하여 시간(T), 밀도(ML^{-3}), 질량(M), 응력($ML^{-1}T^{-2}$) 등의 축소율을 차례로 산정하게 된다.

길이(L)에 대한 축소율은 실제 현장의 크기에 대한 모형시험체의 크기의 비율로 정의된다. 다음으로 중력가속도(LT^{-2})는 현장과 실험실에서 모두 같으므로 식 (2-21)에 의하여 시간(T)의 축소율이 정해진다.

$$\frac{L}{T^2} = 1 \tag{2-21}$$

한편, 밀도(ML^{-3})의 축소율은 현장 암반의 밀도와 모형재료의 밀도를 고려하여 구하고, 이로부터 질량(M)의 축소율이 정해진다. 이와 같이 3가지 기본적인 축소율을 결정하고 나면 강도 및 응력($ML^{-1}T^{-2}$)의 축소율을 비로소 구할 수 있다.

예를 들어, 4m×2.6m 터널을 90mm×60mm인 모형터널로 축소한다면, 길이의 축소율은 1/44이고, 식 (2-21)에 의해 시간의 축소율은 1/6.6이 된다. 다음으로, 현지 암반의 단위중량은 2.65g/cm^{3}이고 모형재료(본 연구에서는 일정 배합비를 가지는 모래, 석고, 물의 혼합물을 사용함)의 단위중량은 1.2g/cm^{3}라고 하면, 밀도의 축소율은 1/2.2가 되고, 질량의 축소율은 1/188100이 된다. 마지막으로 강도 및 응력($ML^{-1}T^{-2}$)의 축소율은 1/98로 구해진다.

실제로 국내 세일과 석회암의 단축압축강도는 600~1200kg/cm^2, 탄성계수는 2~8×10^5 kg/cm^{2}이므로(이정인, 1982), 모형실험에서는 여기에 1/98을 곱한 단축압축강도 6.1~12.2 kg/cm^2, 탄성계수 2040~8163kg/cm^{2}인 물질을 모형재료로 사용하여야 한다.

참고로 본 연구의 여러 가지 모형에서, 그 모형재료는 배합비와 건조시간이 각기 다르고 모래, 석고, 물의 혼합물로써 위의 차원 해석을 충실히 거친 후에 선정된 재료이다. 그림 2-23은 배합비가 서로 다른 모형재료에 대해 기본 물성시험을 한 후 파괴 시험편의 모습을 나타낸 것으로, 강도와 변형양상이 서로 다른 것을 짐작할 수 있다.

(a) 단축압축시험

(b) 직접전단시험

[그림 2-23] 배합비가 서로 다른 모형재료의 파괴양상

가. 실험장치 및 방법

실험장치는 유압식 이축압축장치로, 직교하는 네 방향에 각각 25톤 용량의 램이 부착되어 있으며, 이들은 2개의 핸드펌프에 의해 작동된다. 실험장치의 크기는 가로 1.5m, 세로 1.5m, 두께 20cm이고, 모형 시험체의 크기는 가로 480mm, 세로 480mm, 두께 76mm이다.

그림 2-24는 실험장치의 모습으로, 그림 (a)는 시험체를 수평상태로 두고 실험하는 것이고, 그림 (b)는 시험체를 설치한 후 90도로 회전시킨 후에 실험을 실시함으로써 지구중력장하에서 실제적인 실험을 할 수 있도록 제작된 것이다. 여기서 시험체는 평면변형률 상태에 있으며, 변위는 고성능 디지털 카메라로 촬영한 후 분석된다.

모형시험체는 일정한 두께를 가지는 이방성 층상 모형이므로 이러한 얇은 slab을 여러 개 만들어 이를 결합함으로써 모형시험체를 구성하였다. 그림 2-25는 이러한 이방성 모형체를 만드는 과정을 모식적으로 나타낸 것이다. 여기서 그림 (a)는 slab을 여러 개 제작하는 과정이고, 그림 (b)는 제작된 slab을 결합하는 것이며, 그림 (c)는 필요한 규격대로 재단하는 과정이며 마지막으로 그림 (d)는 완성된 시험체(480mm×480mm)의 모습이다.

한편, 축소모형시험은 정량적인 시험과 정성적인 시험으로 대별된다. 정량적인 시험은 현지 지압에 상응하는 축소 압력을 시험체에 가한 후에 터널을 굴착함으로써 터널 굴착에 따른 주변 암반의 영향을 조사하는 것이고, 정성적인 시험은 시험체에 압력을 증가시킬 때 발생하는 터널 주변의 변형 및 파괴양상을 조사함으로써 터널의 안정성에 미치는 제반 영향인자를 연구하는 것이다.

따라서, 실험방법은 2가지로 나누어진다. 즉, 정량적인 시험에서는 시험체를 실험장치에 설치한 후, 소정의 이축 압력을 가한 상태에서 시험체 내에 모형 터널을 굴착하며, 이때 발

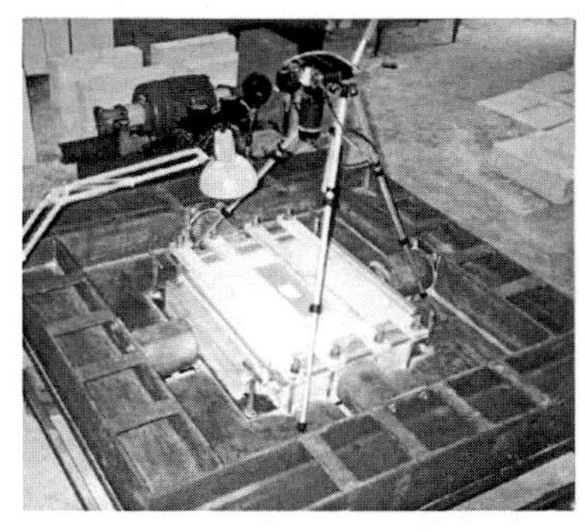

(a) 수평상태

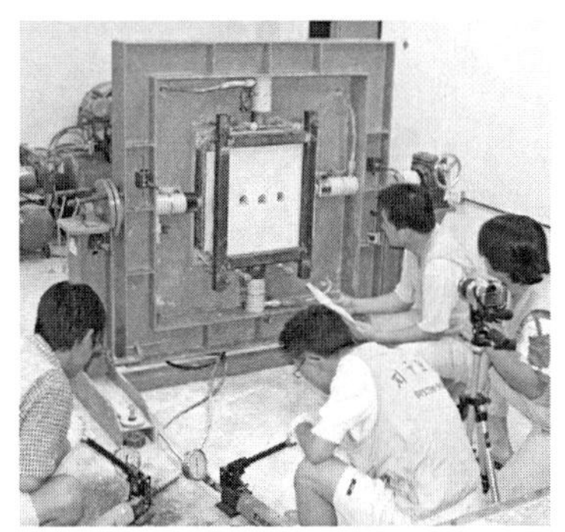

(b) 수직상태

[그림 2-24] 축소모형 실험장치

생하는 변위 및 기타 특징을 조사한다. 이에 비해 정성적인 시험에서는 시험체를 실험장치에 설치하고 모형터널을 굴착한 후, 시험체에 가하는 이축 압력을 서서히 증가시키면서 파괴에 이를 때까지 발생하는 균열발생 양상, 균열개시 압력, 변형거동 등을 조사한다.

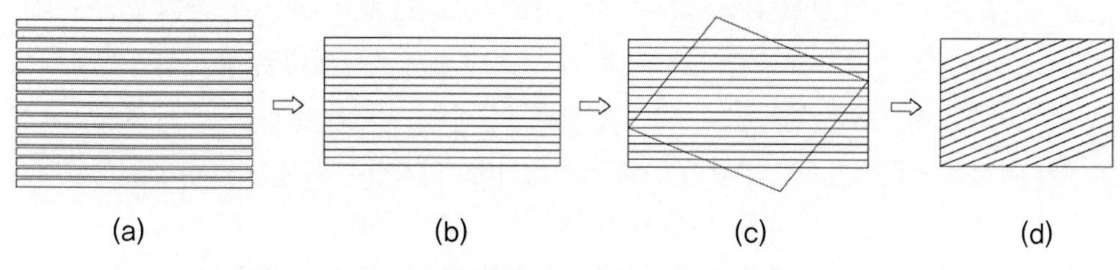

[그림 2-25] 이방성 모형시험체의 제작과정 모식도

나. 등방성 모형과 이방성 모형

앞에서 언급한 예와 같이, 4m×2.6m 규격의 터널이 단위중량 2.65g/cm^{3}인 암반 내 심도 740m에서 굴착될 경우 지압은 약 196kg/cm^{2}로 가정할 수 있다. 이 터널을 90mm×60mm로 축소하면, 응력의 축소율은 1/98이며, 강도 6.1~12.2kg/cm^{2}인 모형재료가 필요하다.

이러한 재료를 사용하여 그림 2-26과 같은 실험모형을 제작하였다. 또한, 지압은 2.0 kg/cm^{2}로 축소되므로 이를 시험체에 일정하게 가하면서 터널을 굴착함으로써 정량적인 모

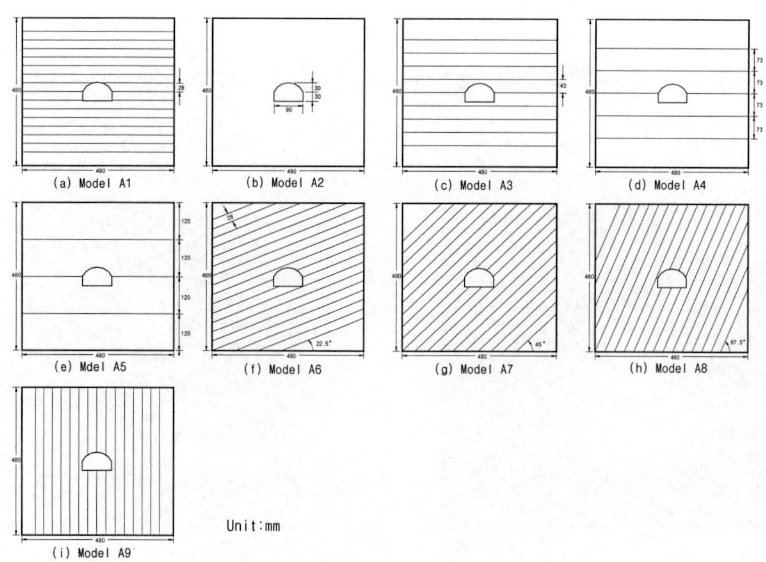

[그림 2-26] 9가지의 실험모형

형시험을 하였다. 여기서 2번 모형은 등방성, 나머지는 이방성 모형이다. 또한, 1, 3, 4, 5번 모형은 층리면의 간격이 서로 다르고, 2, 6, 7, 8, 9번은 층리면의 경사가 서로 다른 모형이다.

한편, 그림 2-27(a)는 본 연구에서 고려한 분할 굴착 순서를 나타낸 것으로 상부반단면, 측벽부, 하부반단면을 차례로 굴착하는 것으로 하였다. 2-27(b), (c)는 시험체에 2.0kg/cm^{2}의 압력을 일정하게 가한 상태에서 순서대로 모형터널을 굴착할 때 발생한 변위를 나타낸 것이다. 여기서, 등방성 모형이 가장 작은 변위를 보이는 반면에 층리면의 간격이 작은 모형일수록 변위는 크게 나타났다.

또한, 그림 2-27(b)에서 터널 굴착에 따라 발생한 천장부 최종 변위는 2번 모형의 경우 1.2mm로서 길이 축소율 1/44를 감안하면 현장 터널에서는 52.8mm의 변위가 발생할 것으로 예측된다.

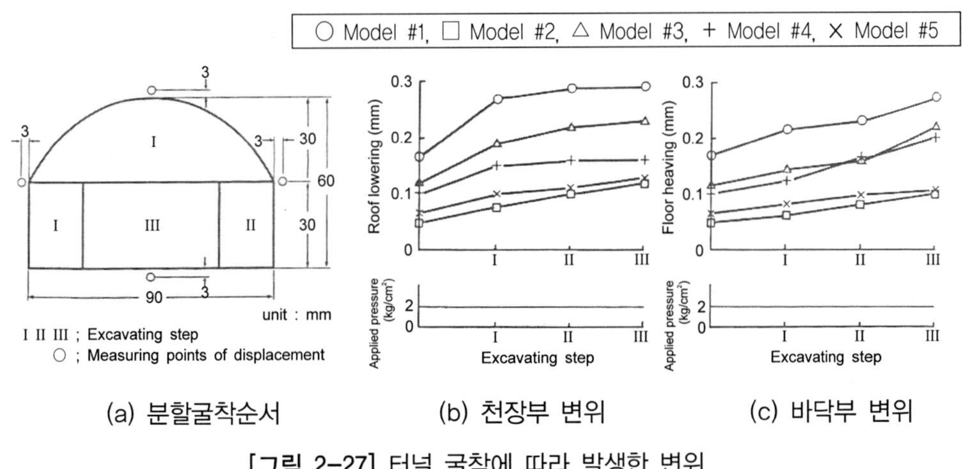

(a) 분할굴착순서 (b) 천장부 변위 (c) 바닥부 변위

[그림 2-27] 터널 굴착에 따라 발생한 변위

그림 2-28은 정성적인 실험의 결과로서, 하중 증가에 따라 발생한 변형양상을 스케치한 것이다.

여기서 층리면의 간격이 작을수록 변위는 크게 나타나고, 층리면의 경사가 변형거동에 큰 영향을 미치는 것을 알 수 있다.

층리면이 일정한 각도로 경사진 6, 7, 8번 모형은 좌하부보다 우하부에서 큰 변위가 생겼고 수직방향 층리를 가진 9번 모형은 천장부 변위가 크게 나타났다. 대체로 층리면이 터널 단면에 노출된 곳에서 큰 변위가 발생하였다.

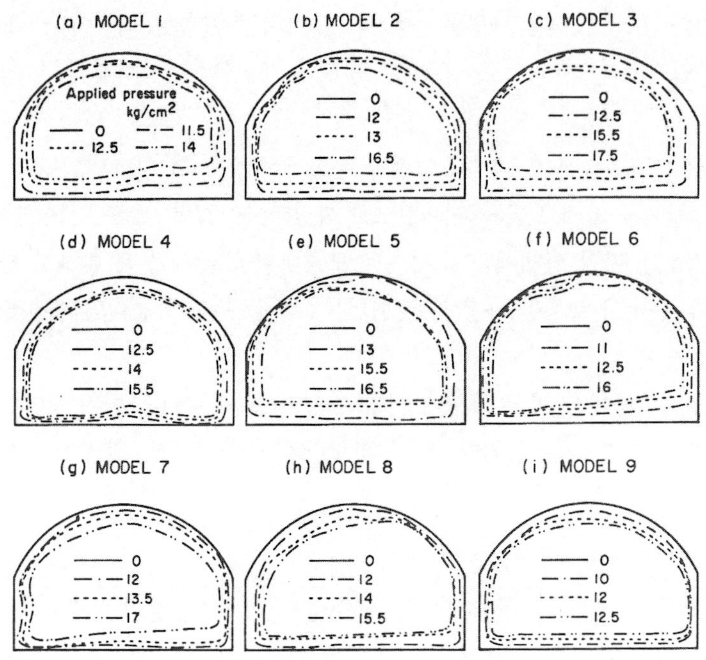

[그림 2-28] 하중에 따른 9가지 모형의 변형거동

다. 석회암 공동과 인접한 터널의 모형

석회암 공동이 터널의 안정성에 미치는 영향 요소를 검토하기 위해 그림 2-29와 같은 8가지 실험모형을 제작하였으며, 각 모형의 세부사항은 표 2-9와 같다. 한편, 여기서 사용된 모형재료는 4절과는 다른 것이며, 길이 축소율은 1/133이고 응력 축소율은 1/280이다.

본 실험의 주요결과는 다음과 같이 요약된다.

① 공동의 크기가 터널의 안정성에 미치는 영향은 공동의 위치에 상관없이 공동의 크기가 크면 터널 주변에서의 변형량이 많은 것으로 관찰되었다.

② 공동과 터널의 이격거리가 터널의 안정성에 미치는 영향은 공동의 크기에 상관없이 공동의 위치가 터널에 가까우면 터널 주변에서의 변형량이 많은 것으로 관찰되었다.

③ 공동의 위치가 터널의 안정성에 미치는 영향은 공동이 터널 좌상부에 있는 것이 가장 불안정한 것으로 나타났다.

④ 공동을 충진하기 전의 경우는 터널 좌상부에서 큰 변위가 발생하였으나 충진 후에는 큰 변위가 발생하지 않아, 충진 후 보강효과는 매우 클 것으로 판단된다.

[표 2-9] 8가지 실험모형의 세부사항

모형번호	터널과 이격거리	공동 크기	충진물	비고
B1	0	A/4	없음	D: 터널폭 A: 터널 단면적
B2	0	A/2	없음	
B3	0.5D	A/4	없음	
B4	0.5D	A/2	없음	
B5	0.5D	A/2	있음	
B6	없음	없음	없음	
B7	2.9 cm	A/4	없음	
B8	4.4 cm	A/4	없음	

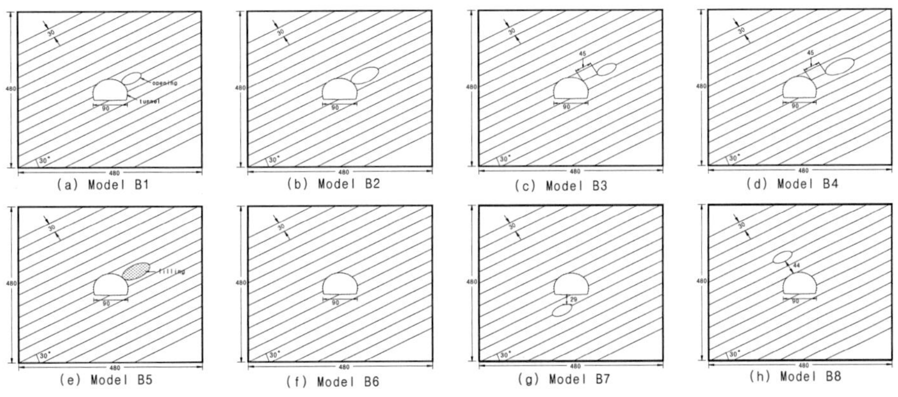

[그림 2-29] 8가지의 실험모형

라. 쌍굴터널의 모형

2개의 터널을 나란히 배열하여 시공하는 쌍굴터널의 경우에는 터널 간 이격거리에 따라 터널의 안정성이 달라진다. 터널 간 이격거리가 작으면 용지비가 적게 들고 확폭부 작업 비용이 절감되는 장점이 있는 반면에 일반적으로 안정성은 떨어진다. 이 절에서는 이방성 암반 내 쌍굴터널에 대한 정성적인 모형실험의 결과를 간단히 소개한다.

그림 2-30은 3가지 실험 모형을 나타낸 것으로 C1, C2, C3번 모형은 터널 간 이격거리가 각각 0.5D, 1.0D, 1.57D인 경우이다. 여기서 사용된 모형재료는 4, 5절과는 다른 것이며, 길이 축소율은 1/292이고 응력 축소율은 1/438이다.

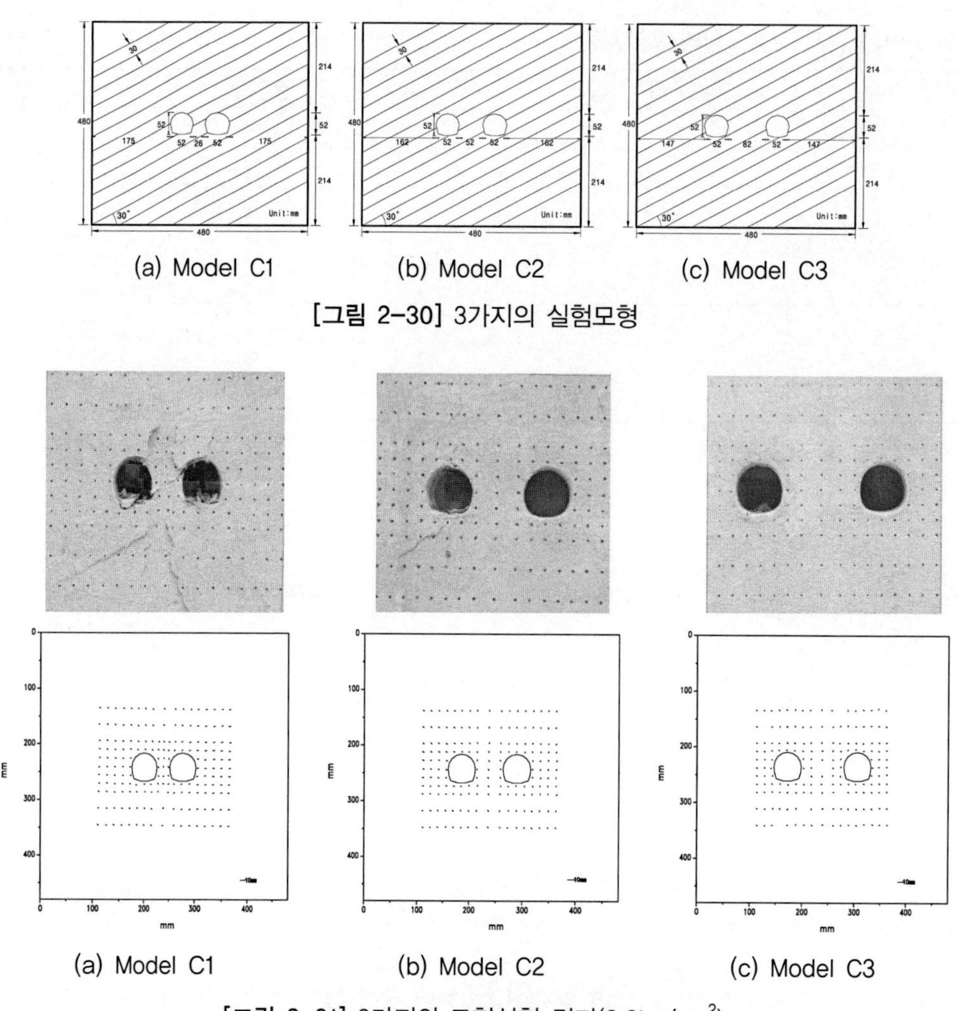

(a) Model C1 (b) Model C2 (c) Model C3

[그림 2-30] 3가지의 실험모형

(a) Model C1 (b) Model C2 (c) Model C3

[그림 2-31] 3가지의 모형실험 결과(2.3kg/cm^2)

그림 2-31은 2.3kg/cm^2(현지지압 약 1000kg/cm^2)의 큰 하중이 작용할 경우에 3가지 모형의 변형 사진과 변위벡터도를 나타낸 것으로, 0.5D인 1번 모형은 완전 파괴되었고, 1.0D인 2번 모형은 좌측 터널의 층리면이 일부 파괴되었으며, 1.57D인 3번 모형은 파괴되지 않았다. 이와 같이 쌍굴터널의 이격거리가 클수록 터널의 안정성은 증가하는 것을 확인하였다. 한편, 본 현장의 경우 실제 지압은 위의 1000kg/cm^{2}보다는 현저히 작은 값이었으며, 이러한 지압수준에서 3가지 모형은 모두 대체로 안정한 것으로 나타났다. 그러나 이 분야에 대해서는 4절과 같은 정량적인 실험이 실시되지 않았으므로 여기에 관한 심도 있는 연구가 필요할 것으로 생각된다.

2.3.3 결론

본 연구에서는 이방성 암반 내 존재하는 터널 모형에 대해 축소모형실험을 실시한 사례를 소개하였다. 이 실험은 현장의 모든 조건을 차원 해석에 의한 축소율로 환산하여 현장 상태를 실험실에서 그대로 재현해내는 방법으로, 정량적인 실험과 정성적인 실험을 실시할 수 있어서 지반 구조물 설계의 보조자료로 활용할 수 있다.

등방성 모형과 이방성 모형에 대한 비교 실험에서 이방성 모형이 더 큰 변위를 나타내었고, 층리면의 간격과 경사가 터널의 변형거동에 큰 영향을 미치는 것을 알 수 있었다.

또한, 석회암 암반에서 공동이 터널의 안정성에 미치는 영향과 쌍굴터널에서 터널 간 이격거리의 영향을 정성적으로 고찰하였으며, 추후 여기에 관한 정량적인 실험 연구가 필요할 것으로 생각된다.

2.4 이방성 암반에 대한 해석 방법

2.4.1 서론

대상 영역의 어느 지점에서 방향에 따라 암석의 역학적 성질이 변할 때 우리는 암반이 그 지점에서 이방성(anisotropy)을 보인다고 말한다. 암반의 강도, 탄성정수, 수리전도도 등에 대한 이방성은 암반공학에서 특히 중요한 관심 사항이라 할 수 있다.

이방성의 원인은 크게 2가지로 나누어 생각할 수 있다. 먼저 암석이 생성될 당시의 환경 차이에 기인한 이방성으로 화성암에서는 온도와 압력에 따라 생성되는 조암광물과 광물입자의 크기가 달라진다. 계절적인 퇴적환경의 변화에 의해 퇴적암에서는 독특한 층리(bedding plane) 조직이 나타나기도 한다. 천매암(phyllite), 편마암(gneiss)과 같은 변성암에서 볼 수 있는 엽리(foliation) 조직은 기존의 조암광물들이 높은 온도와 압력에서 재배열 혹은 재결정되어 나타난 결과이다. 암반 이방성의 또 다른 원인은 지각의 운동이나 온도의 변화에 의해 발생된 균열, 절리, 단층 등과 같은 역학적 불연속면들의 존재이다. 불연속면에 수직한 방향과 평행한 방향의 역학적 거동의 차이 때문에 불연속면들의 공간적 분포 특성에 따라 암반은 여러 형태의 이방성을 나타낸다.

이방성 거동이 예상되는 암반에 굴착되는 구조물의 안정성 평가는 이방성을 고려한 적절한 해석방법에 의해 평가되어야 한다. 설계 및 시공단계에서 역학적 안정성 평가를 목적으로 유한요소법, 경계요소법, 유한차분법 등을 포함한 다양한 수치 해석기법들이 오늘날 폭넓게 활용되고 있다. 수치 해석 과정에서는 대상 매질의 거동 예측에 가장 적합한 역학적 구성모델(constitutive model)을 선정한 후, 적절한 수치 해석적 근사법을 사용하여 영역 내의 유한개 지점에서 응력, 변위, 온도, 수압의 크기 등이 구해진다. 암반의 이방성은 보통 암반의 구성모델이나 항복조건식에서 반영된다. 이방성을 고려하기 위해 필요한 역학적 파라미터들의 수는 매질의 이방성 정도와 요구되는 해석의 정밀도에 따라 달라진다.

이 논문에서는 암반의 이방성을 수치 해석에 반영하는 몇 가지 방법들을 간략히 소개하고 특징과 장단점 그리고 적용 사례들에 대하여 설명하고자 한다.

2.4.2 불연속체적 접근법과 연속체적 접근법

연속체처럼 보이는 무결암이라 할지라도 미시적 규모에서 암석은 그림 2-32와 같이 작은 입자들의 결합체로서 입자들 사이에는 공극(pore)이 존재하는 불연속체이다. 또한 암반은 대상 영역에서 위치에 따라 그 역학적 성질이 변하는 불균질성(heterogeneity)을 보이는 경우가 많다. 그림 2-33은 이방성과 불균질성의 개념을 보여준다. 위치에 따라 물리적 성질의 변화가 없을 때 그 매질은 그 물리적 성질에 대해 균질성을 갖는다고 말한다. 역학적 상수들의 불균질성에 의해 전체적인 암반의 변형 거동이 이방성을 보이기도 한다. 따라서 해석 대상 암반의 이방성 거동을 해석하는 데 있어서는 매질이 되는 암반의 불연속성과 불균질성을 효과적으로 고려하는 문제가 중요한 결정 사항이다.

암반을 불연속면들의 교차로 형성된 블록들의 집합체라는 전제하에 각 개별 블록들의 상호작용에 의해 전체 암반의 거동이 결정되는 해석방법이 불연속체적 해석법이다. 개별 블록들은 주위의 블록들과 분리되어 이동 및 회전하는 것이 허용된다. 블록들의 경계인 불연속면들의 공간적 분포 특성에 따라 해석 결과는 이방성을 나타낼 수 있다. UDEC(Itasca, 2000) 코드나 DDA(Shi, 1993) 등이 이러한 목적의 해석에 이용될 수 있다.

반면에 연속체 개념을 적용하는 경우는 유한개의 요소로 나누어 해석이 진행되지만 해석과정에서 요소들의 경계에서 요소들 간에 분리와 미끄러짐이 허용되지 않는다. 연속체적 접근법에서는 적절한 암반구성모델을 선정하고 필요한 역학적 이방성 상수를 이용하여 해석이 수행된다. 예를 들어 암반이 서로 직교하는 3개의 대칭면을 갖는 Orthotropic symmetry를 갖는

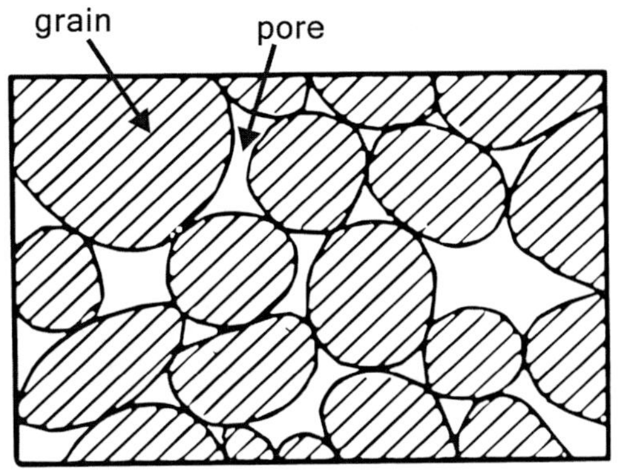

[그림 2-32] 암석재료의 구성

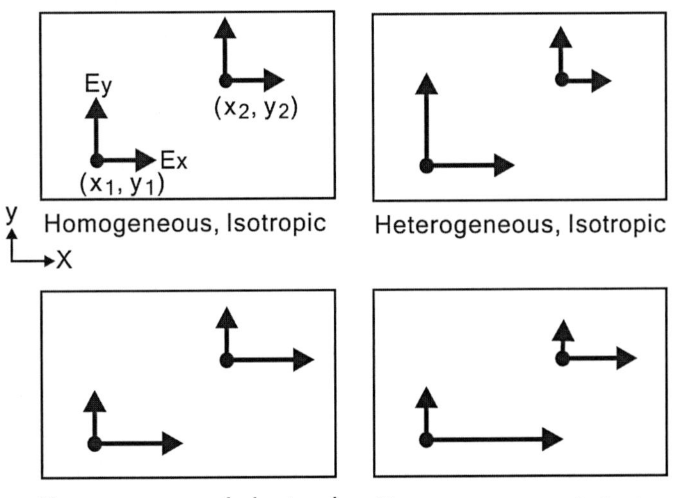

[그림 2-33] 이방성과 불균질성의 개념

다고 가정하면 9개의 서로 독립적인 탄성정수가 필요하고, 대칭면이 1개인 Transversely isotropic 특성을 가정하면 5개의 독립적인 탄성정수가 필요하다.

전술한 바와 같이 암반의 이방성 거동을 해석하기 위해서 불연속체적 접근법과 연속체적 접근법이 이용될 수 있지만 어느 방법을 선택할 것인가는 요구되는 해석의 정밀성, 암반구조물의 크기와 대비한 불연속면의 간격과 연속성, 해석시간, 컴퓨터의 성능 등을 종합적으로 고려해서 판단해야 한다. 그림 2-34는 절리의 발달 상태와 구조물의 크기에 따라 암반을 다른 형태의 매질로 가정할 수 있음을 보여준다. (a)와 같이 미세 절리가 치밀하게 발달한

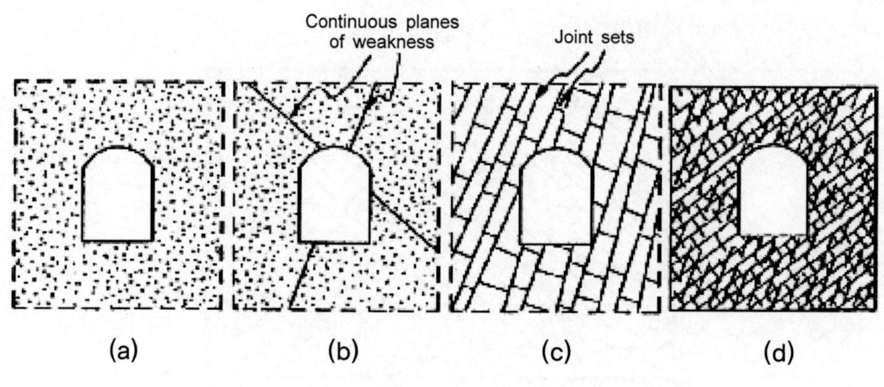

[그림 2-34] 불연속면과 지하공동과의 관계

경우라면 등방성 매질을 가정한 연속체 해석을 수행하는 것이 적절한 선택이 될 수 있다. 그러나 그림 2-34의 (b)와 (c)의 경우라면 절리들이 터널의 안정성에 미치는 영향이 매우 클 것으로 예상되므로 각 절리들을 고려한 불연속체 해석을 수행하는 것이 합리적이라 판단되며, 해석 결과로 나타난 암반의 거동은 이 절리들에 의해 뚜렷한 이방성을 보일 것이다. 그림 (d)와 같이 절리의 밀도가 높은 경우는 불연속체 해석법이 물론 적용될 수도 있으나 연속체 등방 매질로 가정한 해석도 가능하다고 볼 수 있다.

가. 이방성 암반의 거동해석

1) 연속체 탄성매질의 해석

연속체 역학에서 매질의 이방성은 변형률-응력 관계식에서 고려된다. 3차원 탄성매질의 한 점에서 응력과 변형률은 2차 텐서로 표시할 수 있으며 대칭성 때문에 각각 6개의 성분을 갖는다. 3차원 변형률-응력의 관계식은 일반화된 Hooke의 법칙이라고 부르기도 하며, 다음과 같이 6개 응력 및 변형률 성분의 관계식으로 표시된다.

$$\begin{Bmatrix} \epsilon_x \\ \epsilon_y \\ \epsilon_z \\ \gamma_{xy} \\ \gamma_{yz} \\ \gamma_{zx} \end{Bmatrix} = \begin{bmatrix} C_{11} & C_{12} & C_{13} & C_{14} & C_{15} & C_{16} \\ C_{21} & C_{22} & C_{23} & C_{24} & C_{25} & C_{26} \\ C_{31} & C_{32} & C_{33} & C_{34} & C_{35} & C_{36} \\ C_{41} & C_{42} & C_{43} & C_{44} & C_{45} & C_{46} \\ C_{51} & C_{52} & C_{53} & C_{54} & C_{55} & C_{56} \\ C_{61} & C_{62} & C_{63} & C_{64} & C_{65} & C_{66} \end{bmatrix} \begin{Bmatrix} \sigma_x \\ \sigma_y \\ \sigma_z \\ \tau_{xy} \\ \tau_{yz} \\ \tau_{zx} \end{Bmatrix} \quad \text{혹은 } \{\epsilon\} = [\mathrm{C}]\{\sigma\} \qquad (2\text{-}22)$$

여기서 [C]는 컴플라이언스 행렬이라 부르며 36개의 성분으로 구성되나, 탄성 변형률 에너지 밀도함수(elastic strain energy density function)를 이용하면 $C_{ij} = C_{ji}$임을 보일 수 있으므로 단지 21개 성분만이 독립이다. 재료에 대칭면이 존재하면 컴플라이언스 행렬을 구성하기 위해 필요한 상수의 수는 더욱 줄어든다. 식 (2-22)는 다음과 같이 표현되기도 한다.

$$\{\sigma\} = [\mathrm{C}]^{-1}\{\epsilon\} = [\mathrm{D}]\{\epsilon\} \tag{2-23}$$

식 (2-23)에서 [D]는 컴플라이언스 행렬의 역행렬로 재료의 강성행렬이라 부르기도 한다.

규칙적인 층리면이나 절리면의 존재 혹은 광물입자들의 배열 특성으로 인해 암석은 복잡한 이방성 거동을 보인다. 수치 해석에 이러한 복잡한 이방성을 고려한다는 것은 현실적으로 불가능하지만 암반을 직교등방성(orthotropy)이나 평면등방성(tranversely isotropy) 재료로 가정하는 경우는 큰 어려움 없이 이방성 수치 해석을 수행할 수 있다. 특히 평면이방성은 층리가 규칙적으로 발달한 퇴적암 등에 적용될 수 있다.

직교등방성 매질은 서로 직교하는 3개의 대칭면을 가지며 컴플라이언스 행렬은 9개의 독립적인 상수를 이용하여 구성된다. 대칭면에 수직한 방향으로 좌표축을 잡으면 변형률-응력 관계는 다음과 같이 표시할 수 있다.

$$\begin{Bmatrix} \epsilon_x \\ \epsilon_y \\ \epsilon_z \\ \gamma_{xy} \\ \gamma_{yz} \\ \gamma_{zx} \end{Bmatrix} = \begin{bmatrix} \frac{1}{E_x} & -\frac{\nu_{yx}}{E_y} & -\frac{\nu_{zx}}{E_z} & 0 & 0 & 0 \\ -\frac{\nu_{xy}}{E_x} & \frac{1}{E_y} & -\frac{\nu_{zy}}{E_z} & 0 & 0 & 0 \\ -\frac{\nu_{xz}}{E_x} & -\frac{\nu_{yz}}{E_y} & \frac{1}{E_z} & 0 & 0 & 0 \\ 0 & 0 & 0 & \frac{1}{G_{xy}} & 0 & 0 \\ 0 & 0 & 0 & 0 & \frac{1}{G_{yz}} & 0 \\ 0 & 0 & 0 & 0 & 0 & \frac{1}{G_{zx}} \end{bmatrix} \begin{Bmatrix} \sigma_x \\ \sigma_y \\ \sigma_z \\ \tau_{xy} \\ \tau_{yz} \\ \tau_{zx} \end{Bmatrix} \tag{2-24}$$

식 (2-24)의 컴플라이언스 행렬은 대칭성을 가져야 하므로,

$$\frac{\nu_{ij}}{E_i} = \frac{\nu_{ji}}{E_j} \qquad i, j = x, y, z \tag{2-25}$$

이 만족되어야 하고, 결국 9개의 독립인 매질 상수로 컴플라이언스 행렬이 구성됨을 알 수 있다. 식 (2-25)에서 $E_i(i = x, y, z)$는 각 대칭축 방향의 탄성계수를 나타내며, 포아송비 ν_{ij}는 i축에 수직한 면에 수직응력이 작용했을 때, i방향의 변형률과 횡방향 변형률 비$(-\epsilon_j/\epsilon_i)$를 의미한다.

층리가 잘 발달한 퇴적암은 층리면상에서 어느 방향이나 역학적 성질이 동일한 평면등방성 매질로 가정하여 해석하는 것이 가능하다. 평면등방성은 사암, 셰일, 천매암, 편암, 편마암 등에서 흔히 볼 수 있다. 층리면에 수직한 방향을 z축으로 설정하면 $E_x = E_y = E_t$, $E_z = E_n$, $\nu_{zx} = \nu_{zy} = \nu_{nt}$, $\nu_{yx} = \nu$, $G_{yz} = G_{zx} = G_{nt}$ 이므로 컴플라이언스 행렬은 다음과 같이 5개의 독립적인 상수를 이용하여 구성된다.

$$\begin{Bmatrix} \epsilon_x \\ \epsilon_y \\ \epsilon_z \\ \gamma_{xy} \\ \gamma_{yz} \\ \gamma_{zx} \end{Bmatrix} = \begin{bmatrix} \frac{1}{E_t} & -\frac{\nu}{E_t} & -\frac{\nu_{nt}}{E_n} & 0 & 0 & 0 \\ -\frac{\nu}{E_t} & \frac{1}{E_t} & -\frac{\nu_{nt}}{E_n} & 0 & 0 & 0 \\ -\frac{\nu_{nt}}{E_n} & -\frac{\nu_{nt}}{E_n} & \frac{1}{E_n} & 0 & 0 & 0 \\ 0 & 0 & 0 & \frac{2(1+\nu)}{E_t} & 0 & 0 \\ 0 & 0 & 0 & 0 & \frac{1}{G_{nt}} & 0 \\ 0 & 0 & 0 & 0 & 0 & \frac{1}{G_{nt}} \end{bmatrix} \begin{Bmatrix} \sigma_x \\ \sigma_y \\ \sigma_z \\ \tau_{xy} \\ \tau_{yz} \\ \tau_{zx} \end{Bmatrix} \tag{2-26}$$

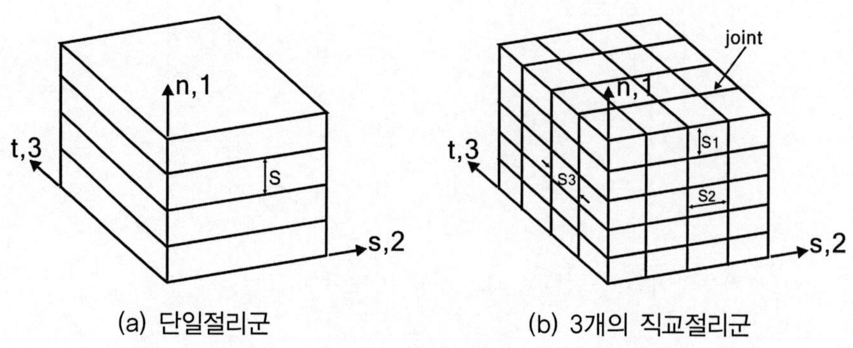

(a) 단일절리군 (b) 3개의 직교절리군

[그림 2-35] 절리군

등방성 매질의 경우는 2개의 독립된 탄성정수 즉, 탄성계수(E)와 포아송비(ν)만으로 컴플라이언스 행렬이 구성된다.

연속체 매질의 거동을 해석하기 위해 유한요소법을 적용하면 특정 요소의 하중-변위 관계는 다음과 같은 대수방정식으로 유도됨을 보일 수 있다(Cook et al. 1989).

$$[\mathrm{k}]\{\mathrm{d}\} = \{\mathrm{r}\} \tag{2-27}$$

여기서 $\{\mathrm{d}\}$는 요소의 자유도(degree of freedom) 벡터이고 $\{\mathrm{r}\}$은 하중벡터이다. $[\mathrm{k}]$는 요소의 강성행렬로서 암석 재료의 강성행렬인 식 (2-23)의 $[\mathrm{D}]$를 이용하여 다음과 같은 적분식으로 표현된다.

$$[\mathrm{k}] = \int_{\mathrm{V_e}} [\mathrm{B}]^{\mathrm{T}}[\mathrm{D}][\mathrm{B}]\mathrm{dV} \tag{2-28}$$

여기서 $[\mathrm{B}]$는 변형률-변위 행렬이다. 실제 해석코드에서 식 (2-28)은 수치적분을 이용하여 계산된다. 따라서 탄성 해석에서 연속체 암석의 이방성은 요소의 강성행렬을 계산하는 식 (2-28)을 통하여 해석에 반영된다.

2) 이방성 암반의 등가물성

Duncan & Goodman은 그림 2-35(a)와 같이 규칙적인 간격의 단일 절리군이 분포하는 암반을 등가의 평면등방성(transversely isotropic) 재료로 대치하는 방법을 제시하였다. 절리면의 수직강성(k_n), 전단강성(k_s), 무결암의 탄성계수(E), 무결암의 포아송비(ν) 등 4개의 절리 및 무결암 상수들과 절리간격(S)을 이용하여 등가의 탄정정수들이 결정된다(Amadei, 1993). 그림 2-35(a)와 같이 좌표계를 설정하면 s와 t 방향의 변형성은 동일하다. n방향으로 가해지는 수직응력에 의해 발생되는 n방향의 변형은 무결암의 변형과 절리면의 수직변형의 합으로 나타낼 수 있으므로 n방향의 탄성계수는 다음과 같이 유도된다(그림 2-36, a).

$$\frac{1}{E_n} = \frac{1}{E} + \frac{1}{k_n S} \tag{2-29}$$

절리면에 평행하게 전단응력 τ_{nt} 가 작용할 때 t방향으로 발생한 변형은 무결암에서 $(\tau_{nt}/G)S$, 절리면에서 (τ_{nt}/k_s) 이고 이들의 합은 등가물체에서 발생하는 변형량 $(\tau_{nt}/G_{nt})S$

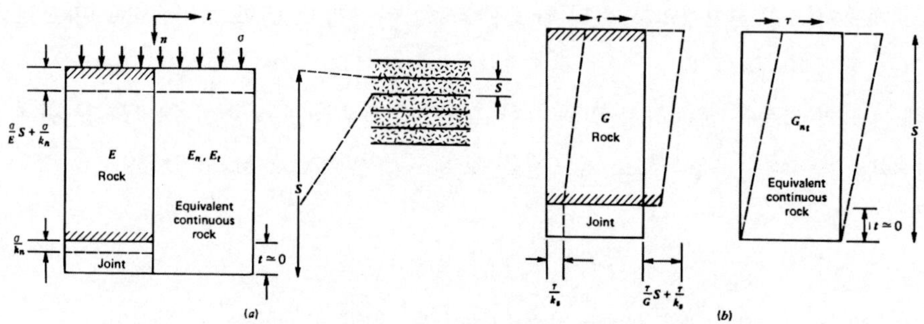

[그림 2-36] 균질절리암반에 대한 등가이방성 재료

와 같아야 하므로 다음과 같은 등가 전단탄성계수가 얻어진다(그림 2-36, b).

$$\frac{1}{G_{nt}}=\frac{1}{G}+\frac{1}{k_s S} \tag{2-30}$$

t방향으로 작용하는 수직응력에 의해 t방향으로 발생하는 수직변형률에 대한 n방향 수직변형률의 비인 ν_{tn} 은 무결암의 포아송비 ν 와 같다고 가정할 수 있고, t방향의 탄성계수는 $E_t=E$ 이다. 또한 컴플라이언스 행렬의 대칭성 조건에 따라 $\nu_{tn}/E_t=\nu_{nt}/E_n$ 을 만족하여야 하므로

$$\nu_{nt}=\frac{E_n}{E}\nu \tag{2-31}$$

따라서 규칙적인 간격의 단일 절리군을 포함한 암반을 등가의 평면이방성체로 대체하는 데 필요한 컴플라이언스 행렬은 다음과 같이 구성된다.

$$\begin{Bmatrix}\epsilon_n\\ \epsilon_s\\ \epsilon_t\\ \gamma_{ns}\\ \gamma_{st}\\ \gamma_{ns}\end{Bmatrix}=\begin{bmatrix}\left(\frac{1}{E}+\frac{1}{k_n S}\right) & -\frac{\nu}{E} & -\frac{\nu}{E} & 0 & 0 & 0\\ -\frac{\nu}{E} & \frac{1}{E} & -\frac{\nu}{E} & 0 & 0 & 0\\ -\frac{\nu}{E} & -\frac{\nu}{E} & \frac{1}{E} & 0 & 0 & 0\\ 0 & 0 & 0 & \left(\frac{1}{G}+\frac{1}{k_s S}\right) & 0 & 0\\ 0 & 0 & 0 & 0 & \frac{1}{G} & 0\\ 0 & 0 & 0 & 0 & 0 & \left(\frac{1}{G}+\frac{1}{k_s S}\right)\end{bmatrix}\begin{Bmatrix}\sigma_n\\ \sigma_s\\ \sigma_t\\ \tau_{ns}\\ \tau_{st}\\ \tau_{ns}\end{Bmatrix} \tag{2-32}$$

절리면의 두께는 무시할 수 있을 정도여서 포아송비 효과가 없다는 가정, 즉 절리면에 평행한 방향의 변형은 절리나 무결암에서 동일하다는 가정 때문에 식 (2-32) 비대각항이 모두 $-\nu/E$ 의 값을 갖게 된다.

3개의 서로 직교하는 절리군을 포함한 암반도 동일한 원리를 적용하여 등가의 직교 등방성 매질로 대체하여 변형거동 해석을 실시할 수 있다. 이때 탄성계수와 전단강성은 각 절리군의 수직강성(k_{ni}), 전단강성(k_{si}), 절리간격(S_i)을 이용하여 다음과 같이 얻어짐을 보일 수 있다.

$$\frac{1}{E_i} = \frac{1}{E} + \frac{1}{k_{ni}S} \tag{2-33}$$

$$\frac{1}{G_{ij}} = \frac{1}{G} + \frac{1}{k_{si}S_i} + \frac{1}{k_{sj}S_j} \tag{2-34}$$

여기서 $i, j = 1,\ 2, 3$. 절리면의 포아송비 효과를 무시하면 이 경우도 역시 0이 아닌 비대각항은 $-\nu/E$ 으로 표시된다.

등가물성을 이용하는 해석방법이 적용성을 갖기 위해서는 절리암반의 대표부피(representative volume)의 크기는 절리간격에 비해 충분히 커야 하지만, 반면에 해석하고자 하는 암반구조물의 크기에 비해 충분히 작아야 한다. 이러한 두 상반된 요구조건이 등가물성을 이용한 암반이방성 해석 시 주의해야 할 점이다.

3) 평면등방성 암반 내의 응력분포

규칙적인 간격의 단일 절리군이 존재하는 암반의 구성방정식을 식 (2-33)과 같이 평면등방성 매질로 대체할 수 있음을 보였다. Bray는 이러한 등가매질로 이루어진 반무한 매질에 작용하는 선하중(line load)에 의해 매질 내부에 발생하는 응력 분포를 해석적으로 계산하였다(Goodman, 1989).

Bray는 그림 2-37과 같이 경사각이 $(90-\theta)$인 절리군이 발달한 탄성지반에서 주향에 수직한 단면의 응력분포를 계산하였다. 지표면에 하중강도 P[힘/길이]인 수직하중과 하중강도 Q[힘/길이]인 수평하중이 작용할 때 P와 Q의 합력을 다시 각각 절리면에 평행한 성분 및 수직한 성분 X, Y로 분해하여 작용시켜 하중 작용점에서 반경방향으로 r만큼 떨어진 지점에서 탄성응력을 평면변형률 조건에서 다음과 같이 계산하였다.

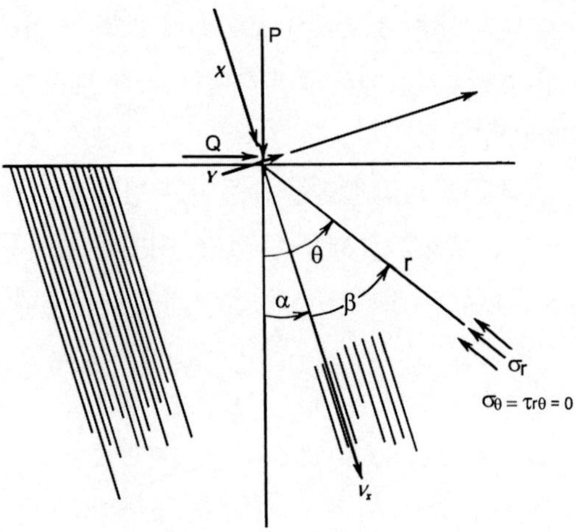

[그림 2-37] 반무한 이방성 재료에 적용하는 선하중(Goodman, 1989)

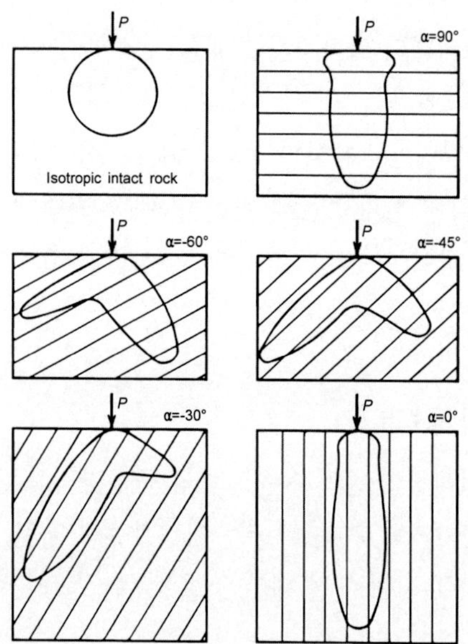

[그림 2-38] 반경방향응력의 분포, σ_r(Goodman, 1989)

$$\sigma_r = \frac{h}{\pi r}\left(\frac{X\cos\beta + Yg\sin\beta}{(\cos^2\beta - g\sin^2\beta)^2 + h^2\sin^2\beta\cos^2\beta}\right) \tag{2-35}$$

$$\sigma_\theta = 0\,, \qquad \tau_{r\theta} = 0$$

무차원 상수 h와 g는 절리면과 무결암의 상수를 이용하여 다음과 같이 주어진다.

$$g = \sqrt{1 + \frac{E}{(1-\nu^2)k_n S}} \tag{2-36}$$

$$h = \sqrt{\frac{E}{1-\nu^2}\left(\frac{2(1+\nu)}{E} + \frac{1}{k_s S}\right) + 2\left(g - \frac{\nu}{1-\nu}\right)} \tag{2-37}$$

위의 탄성 해는 평면등방성 암반에 놓여 있는 기초 하부의 응력분포를 예측하는 데 매우 유용하게 이용될 수 있다. 물론 실제 기초는 어느 정도의 접촉 면적을 가지기 때문에 선하중 조건을 만족시키지는 않지만 응력분포 양상은 선하중 조건에서 구한 해석 해와 정성적으로 유사할 것으로 예상된다.

그림 2-38은 경사각을 달리한 몇 가지 경우에 σ_r 의 분포 예를 도시한 것이다. 균질 탄성등반 암반의 경우, 등응력 선은 하중 작용점에 접하는 원으로 표시된다. 등방성인 경우는 식 (2-36)과 식 (2-37)에서 k_n 과 k_s 가 무한대 값인 경우에 해당한다. 그러나 절리군이 존재하는 경우는 경사각에 따라 다양한 형태의 응력분포를 보인다. 특히 절리의 경사각이 커질수록 기초에 작용하는 하중의 영향 범위는 측변보다는 수직 방향으로 깊어짐을 보여준다.

4) Multilaminate 모델을 이용한 이방성 해석

Multilaminate 모델은 그림 2-39와 같은 유변학 모델(rheology model)에 그 개념을 두고 있으며 Zienkiewicz & Pande(1977)에 의해 처음 시도되었다. 무결암(intact rock), 절리군, 록볼트를 나타내는 단위는 그림 2-39와 같이 스프링, 슬라이더, dashpot으로 구성된다. 스프링은 탄성거동을, 슬라이더는 소성거동을, 그리고 dashpot은 점성거동을 표현하기 위한 요소이다. 무결암을 나타내는 단위와 절리군을 나타내는 유변학적 단위들은 직렬로 연결되며 이것은 다시 록볼트군을 나타내는 단위들과 병렬로 연결되는 형태를 취한다. 따라서 첫 번째 열은 절리암반에 대한 모델이 되며, 이것은 록볼트군 수만큼의 유변학 단위와 서로 병렬로 연결되어 전체적으로 보강된 절리암반에 대한 유변학 모델을 구성한다.

제안된 모델의 특성상 첫 번째 열 즉 절리암반 모델에서 절리군과 무결암에 작용하는 응력은 동일하며 변형률은 무결암 단위 및 절리군 단위에서 발생한 것들의 합으로 나타나야 한다. 병렬로 연결된 록볼트 단위들에서 작용하는 응력은 록볼트가 차지하는 부피 비에 따라 분담되며 변형률은 절리암반을 나타내는 첫 번째 열의 값과 동일하여야 한다.

첫 번째 열의 탄성거동만을 고려하는 경우를 우선 살펴보기로 하자. 탄성 거동만을 생각하면 슬라이더와 dashpot의 역할은 무시할 수 있다. 절리암반의 총 변형률 ϵ_{RM} 은 무결암의 변형률 ϵ_I 과 절리 군들의 변형률 ϵ_j 의 합으로 다음과 같이 표시된다.

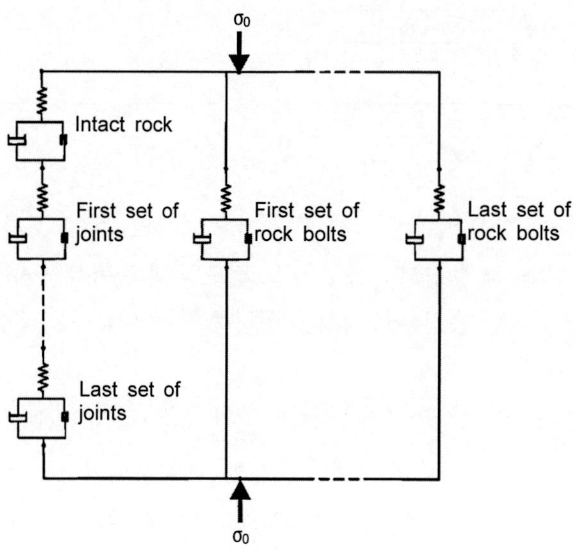

[그림 2-39] 보강된 절리암반에 대한 유변학 모델

$$\epsilon_{RM} = \epsilon_I + \sum_{j=1}^{N} T_j^T \epsilon_j \tag{2-38}$$

여기서 N은 절리군의 수, T_j 는 j 번째 절리군 좌표계에서 전체좌표계로의 변형률 변환행렬이다. 컴플라이언스 행렬을 이용하면 식 (2-38)은 응력으로 표현할 수 있다.

$$C_{RM}\sigma_{RM} = C_I\sigma_I + \sum_{j=1}^{N} T_j^T C_j T_j \sigma_j \tag{2-39}$$

C_{RM}, C_I, C_j 는 각각 절리암반, 무결암 및 j번째 절리군의 컴플라이언스 행렬을 나타낸다. 한편 절리 암반 내에 분포하는 응력은 절리 및 무결암에 대해 동일하게 작용하므로 $\sigma_{RM} = \sigma_I = \sigma_j$ 이다. 따라서 절리암반의 컴플라이언스 행렬은 다음과 같이 계산될 수 있다.

$$C_{RM} = C_I + \sum_{j=1}^{N} T_j^T C_j T_j \tag{2-40}$$

절리면의 전단거동과 수직거동이 서로 영향을 주지 않는다고 가정하면 2차원 해석에서 j 번째 절리군의 컴플라이언스 행렬은 수직 및 전단강성과 절리간격을 이용하여 다음과 같이 가정할 수 있다.

$$C_j = \begin{bmatrix} \dfrac{1}{S_j k_{nj}} & 0 \\ 0 & \dfrac{1}{S_j k_{sj}} \end{bmatrix} \tag{2-41}$$

식 (2-41)을 이용하면 원하는 수만큼의 절리군을 고려하여 이방성 해석을 수행할 수 있다. 이연규(1994)는 그림 2-40과 같은 해석모델을 이용하여 절리군의 수와 경사각을 달리한 몇 가지 경우에 대해 탄성 유한요소 해석을 수행하였다. 해석에 입력한 무결암의 탄성계수와 포아송비는 각각 30Gpa, 0.25이다. 절리의 수직 및 전단 강성은 각각 16GPa/m, 1.066 GPa/m이고 간격은 2m를 가정하였다. 해석 결과 얻어진 최대주응력 분포를 같은 그림에

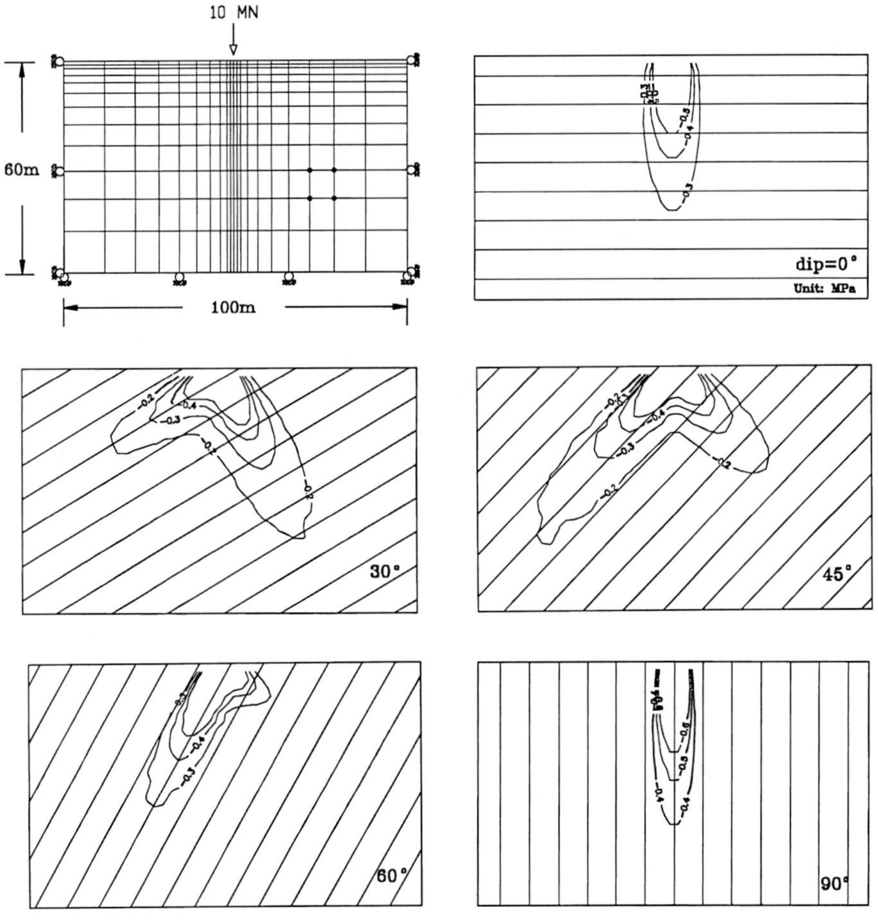

[그림 2-40] 단일절리군을 가진 암반에서의 주응력 분포

도시하였다. 단일 절리군을 고려한 경우, 경사각에 따른 주응력 분포 형태는 Bray의 해석 결과와 유사한 응력분포의 이방성 경향을 보여준다.

복수 절리군이 존재하는 경우에 대한 탄성 해석 결과 얻어진 최대주응력 분포를 그림 2-41에 도시하였다. 해석에 사용한 입력자료는 그림 2-42와 동일하다. 2개의 절리군이 존재하는 경우 경사방향이 서로 반대이면 경사가 급한 절리군과 평행한 방향 쪽으로 응력집중

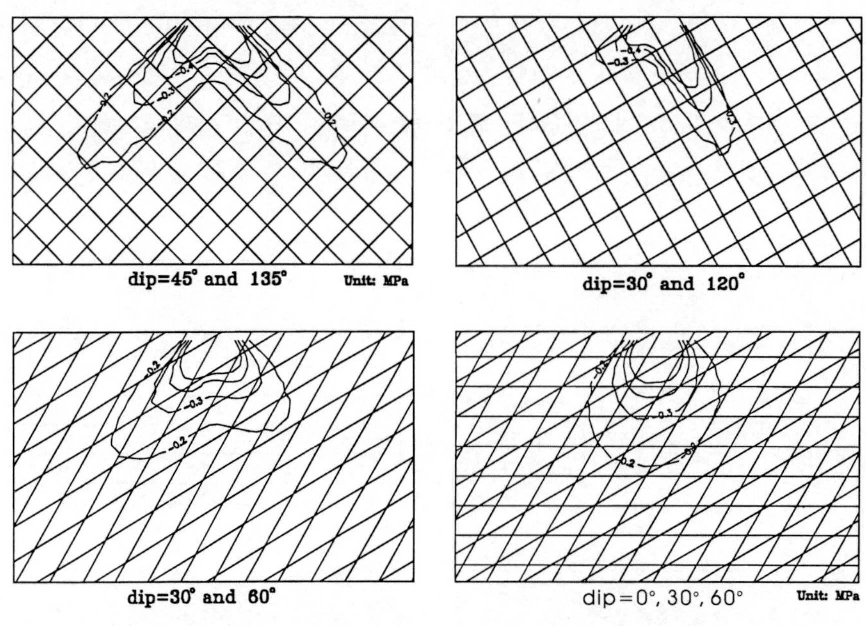

[그림 2-41] 다중전리군을 가진 암반에서의 주응력 분포

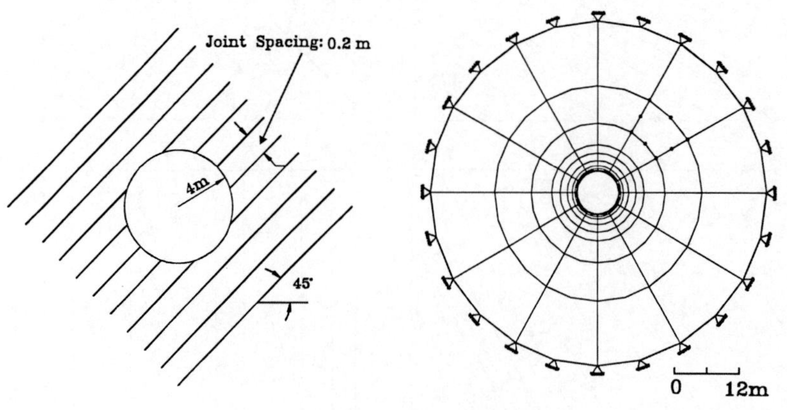

[그림 2-42] 암반의 점토성 분석 모델

영역이 깊어짐을 보여준다. 그러나 경사방향이 동일하면 두 절리군의 평균 경사각 방향으로 응력집중 영역이 확대되고 있음을 나타내고 있다. 경사각의 크기가 0도, 30도, 60도인 3개의 절리 군이 존재하는 경우 최대 주응력 분포형태는 등방성 매질의 경우와 크게 다르지 않게 나타나고 있다. 이러한 결과는 절리군들의 방향이 특정 방향으로 너무 치우쳐 발달하지 않고 절리군의 수가 3개 이상이면 암반을 등방성 매질로 가정하여 해석하는 것도 어느 정도 합리적일 수 있다는 것을 암시한다.

Multilaminate 모델에서는 이방성 비선형 거동 암반의 보강 효과도 해석 가능하다는 것을 유변학적 모델을 이용하여 개념적으로 설명하였다. 이연규(1994)는 45도 경사를 갖는 단일 절리군을 포함하는 암반에 지름 8m의 터널이 존재하는 해석모델을 선정하여 록볼트 보강효과를 2차원 점소성 해석을 통하여 분석하였다. 그림 2-42는 해석모델과 유한요소망을 보여준다. 터널 굴착 전 암반에는 2.5MPa의 수직 및 수평 초기응력이 작용하고 있는 것으로 가정하였다. 동일한 조건에서 터널 벽면으로부터 반경 방향으로 1m 길이의 록볼트가 설치되는 해석과 설치되지 않는 경우에 대한 해석을 실시하여 그 결과를 비교하였다.

그림 2-43(a)는 록볼트가 설치되지 않는 경우의 해석 결과 얻어진 터널의 변형을 탄성해석 결과와 비교하여 나타내었다. 동일한 크기의 수평 및 수직 초기지압을 가하였어도 변형된 모습은 동심원 형태에서 벗어난 모습을 보여준다. 이것은 절리의 존재로 인하여 암반

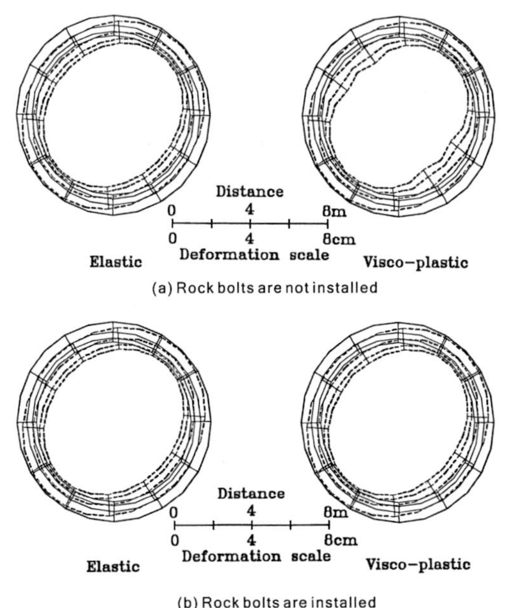

(a) Rock bolts are not installed

(b) Rock bolts are installed

[그림 2-43] 단일절리군을 가진 암반에서의 터널의 변형

이 이방성 거동을 하기 때문이다. 절리면에 수직한 방향으로 큰 변위가 발생하여 전체적인 변형 형태는 절리면과 평행한 방향이 장축인 타원 형태를 보인다. 변위량은 점소성 해석의 경우가 크게 나타나고 있음을 보여준다.

그림 2-43(b)는 록볼트를 설치한 경우에 대한 변형 해석 결과이다. 변형 양상은 대체로 (a)의 경우와 유사하나, 록볼트 보강효과로 인하여 절리면에 수직한 방향으로의 변위가 크게 줄어들고 있음을 보여준다. 탄성 해석에서는 뚜렷하지 않았던 록볼트 설치효과가 점소성 해석의 경우에는 분명하게 나타나고 있음을 알 수 있다.

5) 평변등방성 암석의 강도 이방성

지금까지는 주로 암반의 변형률-응력 관계식의 탄성정수 행렬에 암반의 이방성을 반영하여 해석하는 방법에 대해 살펴보았다. 이방성을 해석하는 또 다른 접근법으로 강도 이방성을 고려하는 해석법도 이용되고 있다. 물론 앞절의 multilaminate model에서도 강도 이방성이 고려되고 있다. 특정 방향의 연약면에서 강도가 등방체인 무결암의 강도보다 낮다고 가정하고 탄소성 해석과 같은 비선형 해석을 실시하면 암반의 거동은 전체적으로 이방성 변형거동을 보이게 된다.

층리가 발달한 평면등방성(transversely isotropy) 암석에 대해 삼축압축시험을 실시하면 층리면의 방향성에 따라 강도가 달라지는 강도 이방성 특징을 관찰할 수 있다. Jaeger (1968)는 최대 주응력이 작용하는 면과 β 만큼 경사진 층리면을 갖는 암석시료의 강도 이방성을 Mohr-Coulomb 파괴조건식을 이용하여 해석하였다(그림 2-44). 경사가 β 의 방향성을 갖는 면에서 무결암의 파괴조건은 다음과 같다.

$$\sigma_1 = \frac{2c + \sigma_3[\sin 2\beta + \tan\phi(1 - \cos 2\beta)]}{\sin 2\beta - \tan\phi(1 + \cos 2\beta)} \qquad (2\text{-}42)$$

여기서 c 와 ϕ 는 각각 무결암의 점착강도(cohesion), 내부마찰각(internal friction angle)이다. 한편 방향성을 갖는 층리면에서 Mohr-Coulomb 파괴조건식은 절리면의 점착강도 c_j 와 층리면의 마찰각 ϕ_j 를 이용하여 다음 식과 같이 식 (2-42)와 동일한 형태로 표현할 수 있다.

$$\sigma_1 = \frac{2c_j + \sigma_3[\sin 2\beta + \tan\phi_j(1 - \cos 2\beta)]}{\sin 2\beta - \tan\phi_j(1 + \cos 2\beta)} \qquad (2\text{-}43)$$

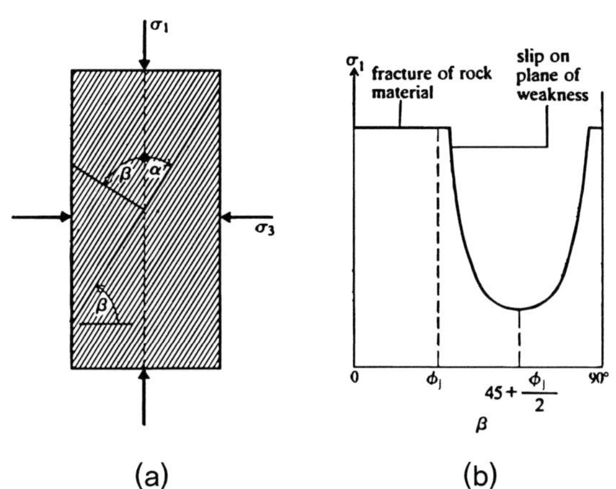

[그림 2-44] 층리면을 가진 암석의 강도이방성(Brady & Brown, 1993)

식 (2-42)와 식 (2-23) 중 불리한 조건을 만족하는 축응력 σ_1 이 암반의 강도가 되고 그 형태는 그림 2-44(b)와 같이 이방성을 보인다. 층리면에서 파괴를 일으키는 σ_1 의 크기는 $\beta \rightarrow 90°$와 $\beta \rightarrow \phi_j$ 의 경우 무한대 값을 갖는다. σ_1 의 크기가 무한대라는 것은 층리면을 따라서 미끄러짐이 발생하지 않는다는 것을 의미한다. β 값이 이 두 값의 사이에 있는 경우는 층리면을 따라 전단파괴가 발생하는 것이 가능하다. 그러나 $0 < \beta < \phi_j$ 또는 β 값이 90도에 가까울 때는 무결암에서 새로운 전단균열이 형성되어 암석의 파괴가 이루어진다고 이해할 수 있으므로, 무결암에 대한 Mohr-Coulomb 파괴기준 식 (2-42)가 적용된다. 식 (2-43)을 β 에 대해 미분하면 절리면의 강도가 가장 낮게 나타나는 β 값을 다음과 같이 구할 수 있다.

$$\beta = \frac{\pi}{4} + \frac{\phi_j}{2} \tag{2-44}$$

6) 편재절리 모델을 이용한 이방성 해석

Pietruszczak & Pande(1987)은 연약면을 갖는 이방성 암반의 탄소성 해석을 위한 이론적 기초를 제공하였다. 암반 내에 존재하는 n개의 절리군에 의해 암반의 이방성 거동이 나타난다고 가정하면 소성변형률 증분은 신선암에서 발생한 소성변형률과 각 절리군에서 발생한 소성변형률의 합으로 표시할 수 있다고 가정하였다.

$$\{d\epsilon^p\} = \{d\epsilon^p_{j1}\} + \{d\epsilon^p_{j2}\} + \cdots + \{d\epsilon^p_{jn}\} + \{d\epsilon^p_I\} = \sum_{k=1}^{n} d\lambda_{jk}[T]_k \frac{\partial Q_{jk}}{\partial\{\sigma\}} + d\lambda_I \frac{\partial Q_I}{\partial\{\sigma\}} \tag{2-45}$$

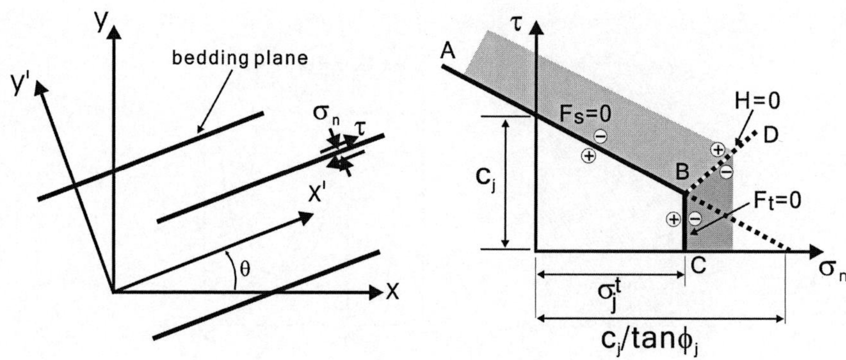

[그림 2-45] 편재절리 모델

여기서 $\{d\epsilon^p_{jk}\}$ 는 k번째 절리군에서 발생한 소성변형률이다. 절리 및 무결암에서 발생한 소성변형률은 소성유동법칙에 의해 식 (2-45)의 우변과 같이 계산된다. $[T]_k$ 는 변형률 변환 행렬, $d\lambda_{jk}$ 는 k번째 절리군에서 발생한 소성변형률 크기, Q_{jk}는 소성포텐셜 함수이다. $d\lambda_I$ 와 Q_I 는 무결암에서 발생한 소성변형률의 크기 및 포텐셜 함수이다.

식 (2-45)는 개념적으로 단순하지만 실제 문제에 적용하기 위해서는 각 절리군과 무결암의 항복함수, 소성 포텐셜함수 등이 정의되어야 하는 어려움이 있다. 나아가 정의된 모든 항복함수를 만족시키는 응력조건을 찾는다는 것도 현실적으로 매우 어렵다. 그러나 절리군이 하나인 경우는 큰 어려움 없이 절리암반의 탄소성 해석을 수행할 수 있다.

편재절리모델(ubiquitous joint model)은 단일 절리군이 존재하는 암반의 탄소성 해석 모델이라 할 수 있으며, 일종의 강도 이방성 모델이다. 즉 암반이 탄성거동을 하는 동안에는 등방매질의 거동과 동일하며 항복응력에 도달한 이후 강도 이방성 때문에 전체적인 변형거동이 이방성으로 나타나게 된다.

그림 2-45는 편재절리모델의 항복함수로 Mohr-Coulomb 조건식을 사용하는 경우에 대해 항복함수를 도시한 것이다. Mohr-Coulomb 강도식이 인장강도를 너무 크게 예측하는 단점을 보완하기 위해 tension cutoff을 도입하였다. 그러나 tension cutoff를 도입함에 따라 항복함수는 전단항복함수(A-B)와 인장함수(B-C)를 나타내는 두 직선으로 표시되며 이에 따라 두 직선의 모서리 B지점에서는 수학적으로 미분이 가능하지 않는 특이점이 되어 소성유동법칙을 정의할 수 없는 문제점이 생긴다. 이러한 문제점은 보통 적절한 수치적 조작을 통하여 해결하고 있다. 그림 2-45의 직선 B-D는 이 문제점을 해결하기 위해 가정한 직선이다. 해석과정에서 응력성분이 A-B-D 영역에 놓이면 전단 항복조건을 가정하고 해석

이 수행되며, C-B-D 영역에 응력성분이 놓이면 인장 파괴조건을 이용하여 해석이 수행된다. 직선 B-D는 해석자에 따라 달리 설정될 수 있다. 예를 들어 상업코드인 FLAC(Itasca, 1999)에서는 A-B 직선과 B-C 직선의 법선 기울기의 평균값을 갖도록 B-D 직선을 정의하여 사용하고 있다.

절리의 전단 및 인장 항복 조건식은 다음과 같이 표현된다.

$$F_s = -\tau - \sigma_n \tan\phi_j + c_j \quad (2-46)$$

$$F_t = \sigma_j^t - \sigma_n \quad (2-47)$$

여기서 σ_j^t 절리면의 tenstion cutoff 값이며, σ_n 과 τ 는 각각 절리면에 작용하는 수직응력과 전단응력이다. 소성유동법칙을 정의하는 데 필요한 전단 및 인장 소성 포텐셜함수는 다음과 같은 형태가 많이 이용된다.

$$Q_s = -\tau - \sigma_n \tan\psi_j \quad (2-48)$$

$$Q_t = -\sigma_n \quad (2-49)$$

여기서 ψ_j 는 절리면의 팽창각이다. 해석조건에 따라서는 소성포텐셜함수와 항복조건식이 동일한 유동법칙을 Associated flow rule을 적용하는 경우도 있다. 그러나 절리면 암반

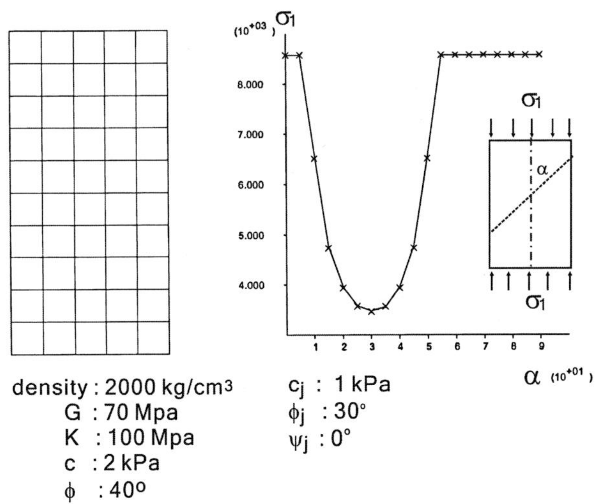

[그림 2-46] 편재절리 모델의 예제(Itasca, 1999).

의 해석에서는 일반적으로 Asssociated flow rule을 사용하는 것이 적절치 않으므로 주의가 요구된다.

그림 2-46은 편재절리 모델을 이용하여 단축압축시험을 수치적으로 실시한 한 예를 보여준다. 무결암의 항복조건은 식 (2-42)가 이용된다. 먼저 연약면이 없는 경우를 상정하고 무결암에 대한 탄소성 해석이 수행된 후, 그 결과 얻어진 응력 값을 연약면 좌표계로 회전시켜 연약면의 탄소성 해석이 실시된다. 해석 결과는 식 (2-42)와 식 (2-43)을 이용해서 얻어진 이론적 결과와 정확히 일치하고 있음을 보여준다.

2.4.3 결론

불균질, 이방성 매질인 암반의 거동 해석을 위해 다양한 수치 해석 기법들이 제안되고 있고 이 논문에서는 대표적인 몇 가지 해석법에 대해 살펴보았다. 이방성을 고려하는 방법들은 크게 연속체 해석법과 불연속체 해석법으로 분류할 수 있고, 또 두 접근법이 결합되어 이용되는 경우도 있다. 각 방법들은 서로 장단점을 가지고 있어 실제 상황에 맞는 해석법을 선택하는 것이 매우 중요하다.

복잡한 암반의 이방성 거동을 정확히 예측하는 것은 현실적으로 불가능하다고 할 수 있으며, 수치 및 해석적 방법은 차선책으로 근사적인 해를 얻기 위한 도구에 불과하다. 또 적절한 해석모델의 선정과 정확한 입력자료의 결정이 이루어질 때에만 비로소 해석 결과에 신뢰성을 가질 수 있다. 한 가지 해석방법이 정립되기까지는 여러 가지 기본 가정들이 전제되므로 실제 해석상황이 이러한 가정들을 만족시킬 수 있는지에 대한 평가가 선행되어야 한다. 따라서 사용하고자 하는 이방성 해석모델의 기본 이론과 적용 한계점을 명확히 이해하는 것이 해석적 방법을 통한 암반구조물 안정성 평가에서 무엇보다도 중요하다고 할 수 있다.

2.5 이방성 암반에서의 터널 거동 분석

2.5.1 서론

터널 조사·설계·시공 과정에서 가장 중요한 점은 현실적인 지질모델을 개발하고 이 모델을 바탕으로 가장 경제적이고 안전한 터널 건설을 위한 적절한 터널 굴착 및 지보방법을 평가할 수 있는 모델을 만들어야 한다. 대상 암반에 대해서 각종 실내실험과 조사를 통해서 터널 건설과정 동안 주변 암반특성에 의해 어떤 현상이 발생할 수 있는지에 대해 정량화할 수 있는 물리적인 특성을 찾아내고 이를 설계·시공 과정에 반영해야 한다. 이러한 물리적인 특성치로는 통상 엔지니어링 파라미터로 변형특성(deformability), 강도특성(strength), 불연속면특성(discontinuity characteristics), 불연속면 간격(discontinuity spacing), 불연속면 방향성(discontinuity orientation), 응력(stress), 투수계수(permeability) 등을 들 수 있다. 지금까지 많은 연구자가 특정한 암반에 대한 특성화 연구를 수행한 바 있다. 예를 들면 Gokceoglu와 Aksoy(2000) 등은 점토를 함유하는 매우 조밀한 연약 절리암반에 대해서 연구하였고, Ramamurty 등(1993)은 천매암(phyllites)에 대한 연구, Habimana 등(2002)은 Cataclastic rock에 대한 연구 등을 수행하였다. 이외에도 많은 연구가 특정 암반의 특성에 대한 연구를 수행한 내용으로서 주로 실험실 조건에서의 물리적인 특성 분석이나 경험적인 암반 분류 과정으로부터의 공학적인 값을 산출하는 데 주로 이용되었고, 특정 암반조건에서의 물리적인 특성이 구조물의 설계에 반영될 수 있는 공학적 근거를 제시하는 정도의 연구에 그치고 있다.

대부분의 경험적인 암반분류방법이 수많은 터널 프로젝트에 적용되었음에도 불구하고, 천매암과 같이 특정한 암반조건에서 이러한 암반분류방법을 적용하는 데 아직까지도 내재적인 한계를 가지고 있다(Riedmueller와 Schubert, 1999). 이와 함께 이러한 공학적인 암반분류방법을 통한 실제 사례 분석 결과들이 매우 성공적으로 적용된 사례도 많지만, 잘못 적용되어서 터널 붕괴로 이어지는 몇몇 사례를 보여준다. 이는 일반적으로 통용되는 암반분류방법이 모든 암반에 획일적으로 적용되어서 오는 한계로, 암종 및 암반특성을 반영한 분류방법을 개발하고 이를 설계·시공에 반영하면 좀 더 안전하게 터널을 건설할 수 있을 것이다.

특히, 실험실 실험을 통해서 암반의 특성을 찾는 과정은 매우 중요하고 필수적이지만 그 결과는 전체 암석 및 암반을 특성화하는 측면에서 볼 때는 일부분의 결과만을 우리에게 제공하고 있다. 실질적으로 지반공학적인 모델을 만드는 주요한 목적은 터널 굴착 과정에서 실제 굴착 규모를 고려한 실제적인 모델을 만드는 것이다. 이러한 의미에서 여러 다른 종류의 암석으로 구성된 암반에서의 거동을 묘사하고, 정량화해서 게재된 사례가 많지 않고, 특히 실제 굴착규모에서의 암반의 특성 변화와 지질구조 변화의 영향이 고려된 사례가 매우 드물다.

2000년 오스트리아 지반공학회(OEGG)에서는 재래식 터널의 설계와 시공을 위한 일관되고 뚜렷한 가이드라인을 제시하였으며, 이 가이드라인은 기존의 경험적인 암반분류방법과 터널설계방법(Q, RMR 등)과 여러 면에서 차이가 있다. 첫 번째는 모든 지질조건에서 광범위하게 적용 가능한 몇 개의 파라미터 대신에 각각의 암반 유형을 특성화할 수 있는 암반의 Key 파라미터들을 프로젝트에 활용하는 것이다. 두 번째로는 전체 굴착규모 등을 고려한 실 Scale의 암반거동을 특성화하는 데 포커스를 맞춘 설계를 수행한다. 특히, 이 단계에서는 주어진 암반형태에 대해서 응력상태, 불연속면 방향성과 위치 및 지하수 등과 같은 영향인자들을 고려하여 어떠한 조건에서 어떤 파괴형태가 발생 가능한지에 대한 확인 작업을 포함하고 있다. 확인된 파괴형태는 계층적인 방법과 통계적인 방법으로 순위가 정해져서 이를 대비토록 한다. 가장 큰 차이점은 터널 건설 중에 발생 가능한 시공방법과 지보방법들이 항상 프로젝트에 요구되는 조건과 경계조건을 고려하여 일치되는 암반거동(파괴형태)에 근거한 설계를 한다. 시공 중 터널의 전체적인 시스템 거동(system behavior)은 주어진 지질조건을 고려하여 얻어지는 예측된 거동과 관찰된 거동을 체계적으로 비교함으로써 시공 중 결정된다. 이러한 방식으로 주어진 암반형태에 대해서는 지보방식이 주어진 지질조건과 관찰된 시스템 거동과의 관계와 지반모델에 대한 지속적인 업데이트를 통해서 시공 중에 최적화된 모델과 굴착·지보 방법을 유연하게 적용해야 경제적인 터널을 건설할 수 있다.

이러한 과정이 3차원 절대변위계측이 체계적이고 지속적으로 이루어진 오스트리아 알프스를 통과하는 천매암 지역 터널 사례를 토대로 비교·분석되었으며, 이 데이터는 시스템 거동에 대한 암반특성과 여러 다른 지질구조의 영향을 확인하기 위해서 사용된 굴착과 지보방법 및 지질조건을 상호 비교하는 데 활용되었다. 본 논문에서 제시된 두 Apine 터널 사례는 유사한 천매암 지역을 통과하지만 서로 다른 지질구조를 갖는 대심도 터널로써 서로 다른 거동 사례를 보여준다.

2.5.2 이방성 암반에서의 터널 계측

가. 3차원 계측

천매암 지역과 같은 이방성 암반 지역을 굴착하기 위해서는 무엇보다도 암반의 이방성 특성의 영향에 의한 터널거동을 계측할 수 있어야 한다. 특히, 재래식의 상대변위계측(relative displacement monitoring) 방법으로는 이러한 암반의 이방성 특성에 기인한 터널변위거동을 계측하기가 쉽지 않다. 최근 계측기술의 발전과 함께 터널에서도 3차원 절대변위계측(absolute displacement monitoring, 그림 2-47, 2-48 참조) 기법이 개발되어 유럽을 중심으로 활발히 적용되고 있으나, 국내에는 90년대 중반에 도입되었지만, 실질적으로 3차원 절대계측의 본래 의미를 살리는 경우가 많지 않다. 최근 턴키공사 발주와 함께 대부분의 터널 현장에서 이러한 3차원 계측이 도입되고 있지만, 기존 상대계측에서 얻는 수준의 계측 결과와 관리기준치를 통한 상대비교를 통해서 변위치의 수렴 정도 파악이 현재 국내의 터널 내공변위계측의 한계로 볼 수 있다.

터널내공변위는 암반의 변형특성과 굴착 및 지보특성에 의해 직접 영향을 받고, 굴착이 중지된 상태에서는 암반의 시간의존성(Time dependent characteristics)에 영향을 받는다. 특히, 천매암과 같이 이방성과 대규모 파쇄대나 단층대 등 연약대가 존재하는 암반을 통과할 때의 내공변위는 암반의 변형특성과 굴착, 지보 특성 외에 추가로 이방성·비균질 특성의 영향으로 균질·등방 암반 굴착 시의 변위거동특성과 동일하게 볼 수 없음이 이미 밝혀졌다(Schubert와 Budil 1996). 이는 최근 3차원 절대계측기술의 도입과 적용에 기인한 것으로, 비균질·이방성 특성을 보여주는 연약대의 존재 여부를 사전에 파악할 수 있는 여러 지표가 현재 제시되고 있으며, 전방 연약대의 영향을 파악하기 위한 연구들이 최근 들어 활발히 진행되고 있다(Steindorfer 1998, 이인모 등 1998, 1999, Sellner 2000, Grossauer 2001, Tonon과 Amadei 2001).

3차원 계측이 도입되기 전 터널내공변위는 통상적으로 Panet과 Guenot(1982), Sulem, Panet과 Guenot(1987) 등이 제안한 Convergence equation으로 비교적 현장 결과와 일치하는 경향을 보였고, 그 이전에 제안되었던 다양한 모델 중 가장 일반적으로 활용하는 모델이 되었다. 그러나 이 모델은 파쇄대나 단층대 등 연약대가 존재하는 암반에서의 특성치 변화를 표현할 수 있는 수치해석 및 계측관련 연구가 필요하며, 현재까지 Convergence equation을 이용한 비균질·이방성 암반에 대한 분석 결과가 없는 실정이다. 또한, 내공변위 자체도 터널 계측지점의 절대변위가 아니라 상대변위를 계측하기 때문에 대규모 파쇄대나 단층대 등과 같은 연약대를 통과할 때, 터널 자체가 한쪽 방향으로 움직이는 것을 감지할 수 없는 것이 한계점으로 인식되고 있다. 그러나 3차원 계측기술의 발달은 이러한 문제를 해결하였고, 필요 시 각 계측 Chainage별 및 각 계측 포인트별로 얻어지는 결과 분석을 통해서 천매암과 같은 비균질·이방성 암반에서의 변위거동특성과 전방연약대 존재 여부 예측이 가능해졌다.

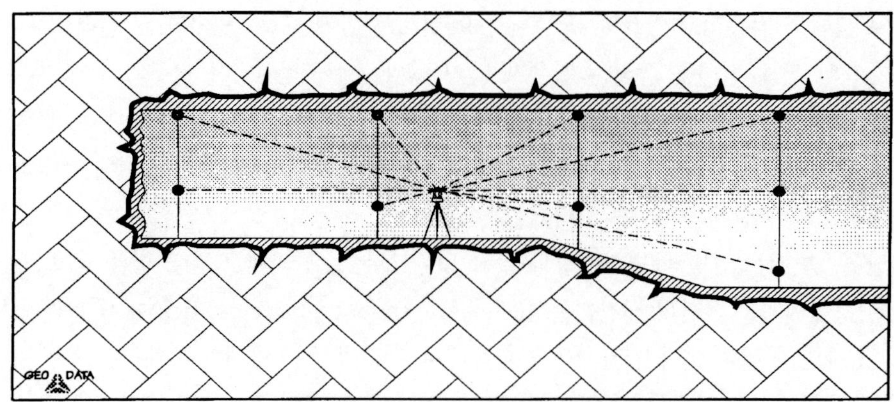

[그림 2-47] 3차원 절대변위 계측 개념도

[그림 2-48] 3차원 절대변위 계측 모습

나. 변위경향 및 영향선(Trend line, Deflection line)

3차원 절대계측을 이용하여 터널의 천단 침하량을 같은 시각에 각기 다른 측정지점에서 측정한 변위를 하나의 선으로 연결한 것을 영향선(deflection line)이라 정의하고, 영향선의 시작점에서 같은 거리만큼 떨어진 값들을 연결한 선을 경향선(trend line)이라고 정의할 수 있다. 영향선으로부터 얻어진 경향선을 토대로 외삽법에 의해 막장후방 특정지점에서의 변위예측도 가능하다. 하지만 외삽법에 의한 변위추정으로 막장전방의 암반의 특성에 대해서는 많은 것을 얻기가 힘들다. 서로 다른 지점에서 측정된 변위그래프를 한 그래프 상에서 비교하기 위해서는 초기계측값(zero reading) 이전에 발생한 선행변위에 대한 결정이 중요하다. 터널공사의 특성상 초기계측값이 이루어지는 시간이나 거리가 항상 일정할 수 없다. 이는 막장전방 및 계측기 설치점 이전의 지점에서 발생하는 변위는 계측될 수 없음을 의미한다. 계측된 데이터를 비교하기 위해서 일반적으로 막장전방에서 발생하는 선행변위는 무시된다. 또한, 막장면에서의 변위를 0으로 간주하게 된다. 막장면과 계측지점 사이에서 발생하는 변위를 계측하기 위해서는 시간과 거리에 따른 함수를 사용하는 것이 가장 일반적이다.

그림 2-49는 막장이 단층대에 접근하면서 영향선과 경향선의 모양에 변화가 생기는 것을 볼 수 있다. 따라서 영향선과 경향선을 이용하여 터널의 막장면 전방파쇄대층에 접근하고 있음을 계측 결과를 통해 확인할 수 있다.

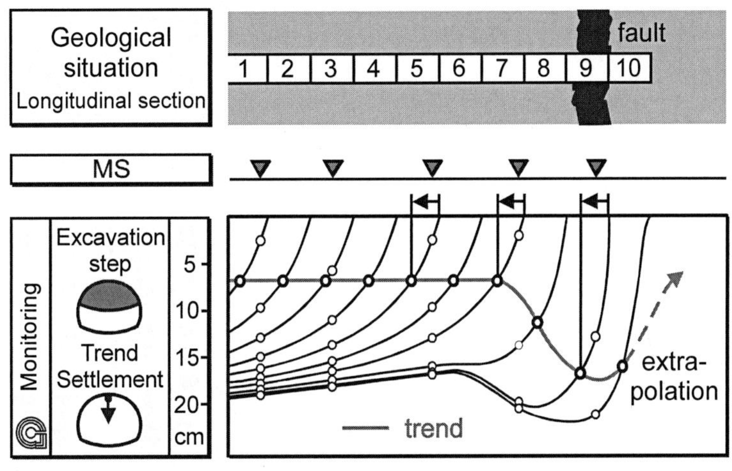

[그림 2-49] 전형적인 연약대 통과구간에서의 영향선 및 경향선

다. 변위벡터(Displacement vectors)

그림 2-50과 같이 하나의 계측점에서 얻어지는 변위벡터는 터널 막장전방 및 주변의 이방성 특성을 감지할 수 있는 중요한 지표가 될 수 있다. 특히 이러한 공간적인 변위벡터는 토피고가 크고 지반의 상태가 연약한 곳에서 유용하게 이용될 수 있다. 보다 연약하거나 보다 강성이 큰 암반으로의 굴착이 진행되는 경우 이러한 변위벡터는 암반의 강성의 변화에 앞서서 뚜렷한 경향성을 보여주게 된다. 이러한 변위벡터의 그래프는 터널 주변의 연약대를 초기에 감지할 수 있을 뿐 아니라, 이러한 변위경향을 주는 주변 암반에 대한 지보설계에도 유용하게 이용될 수 있다.

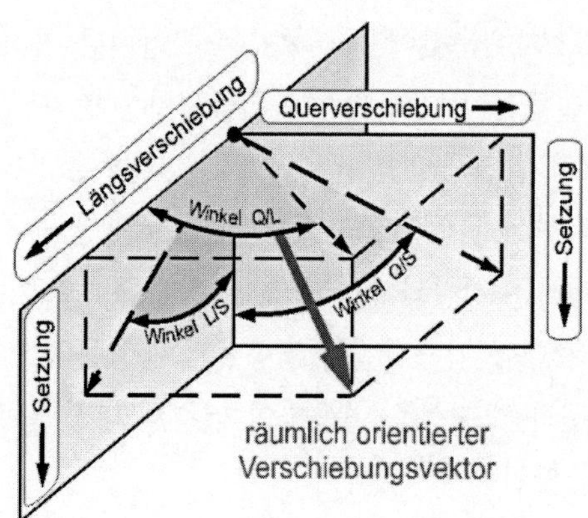

[그림 2-50] 계측점에서의 3차원 변위벡터

3차원 절대계측을 통하여 터널의 진행방향변위(L, longitudinal), 수직방향변위(S, settlement), 수평방향변위(H, horizontal)를 얻을 수 있다. 통상적으로 그림 2-51과 같이 터널 진행방향변위와 수직방향변위비(L/S)를 나타내는 변위벡터 방향성(displacement vec색 orientation)은 터널 막장전방의 연약대(weak zone)를 감지할 수 있는 지표가 되며, 터널 진행방향 주변의 암반상태나 연약대의 방향성에 영향을 받기 때문에 각 계측 막장별로 변위벡터 방향성을 분석해보면 개략적인 연약대의 존재 여부, 방향성 등을 파악할 수 있다. 그림 2-52는 상대적으로 강성이 다른 암반에서의 변위벡터 방향성 변화를 보여준다. 상대적으로 강한 암반에서 연약한 암반으로 터널을 굴착할 경우는 변위벡터 방향성은 증가하고, 반대로 연약한 암반에서 강한 암반으로 굴착할 경우는 변위벡터 방향성이 감소하는 경향을 보여준다.

터널 내공변위의 경향선이나 영향선, 변위벡터, 변위벡터 방향 등은 터널 막장전방의 특성

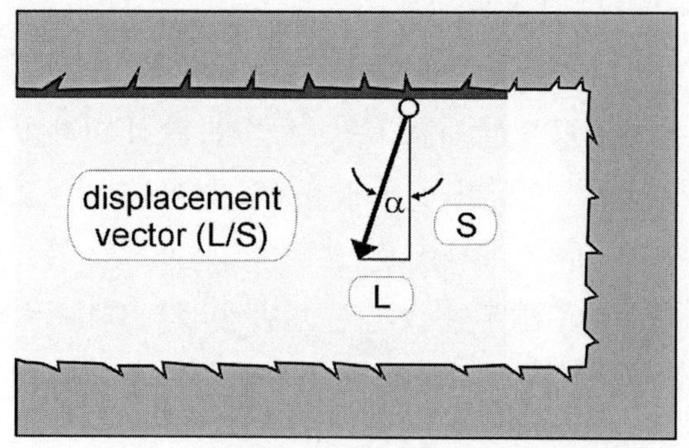

[그림 2-51] 변위벡터 방향성(L/S) 개념도

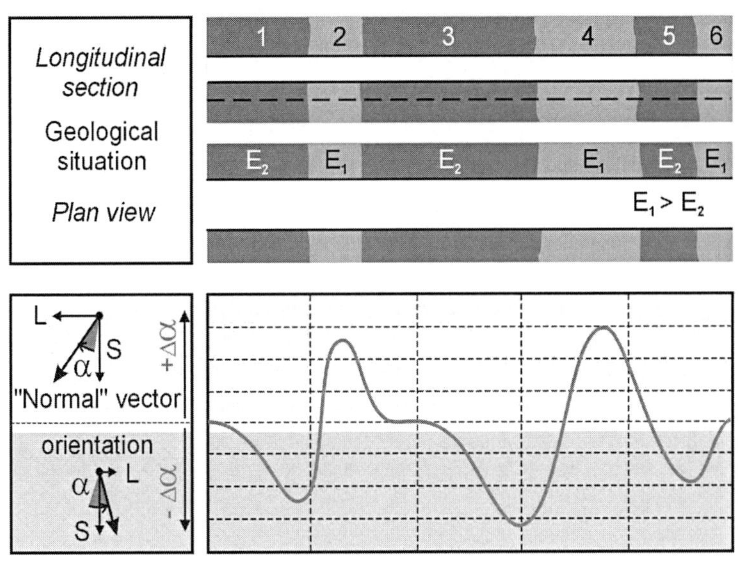

[그림 2-52] 지질조건이 변하는 지역에서의 변위벡터 방향성 변화

을 파악하기 위해서 사용되지만, 실제로 터널 단면상에서의 3차원 내공변위 절대계측 결과로도 천매암과 같은 이방성 암반에서의 단층·파쇄대 등과 같은 연약대의 영향에 의한 터널 내공변위 경향성을 파악할 수 있다. 예를 들어 그림 2-53은 터널 진행방향으로 계측점이 서로 다른 터널 단면에서의 변위 결과를 보여준다. 그림 (a)는 파쇄대의 영향이 거의 없는 막장에서의 변위계측 결과를 보여준다. 통상적으로는 천단 및 좌우측 벽의 변위가 대칭을 이루고 있지만 그림 (b)와 (c)에서와 같이 터널이 굴착되면서 파쇄대가 점점 터널과 가까워질 경우 좌측 벽의 터널 내공변위가 급격하게 커지는 경향성을 알 수 있다. 이와 같은 경향성은 재래식은 상대변위계측을 통해서는 얻을 수가 없으며, 3차원 절대내공변위계측을 통해서만 이러한 파쇄대 접

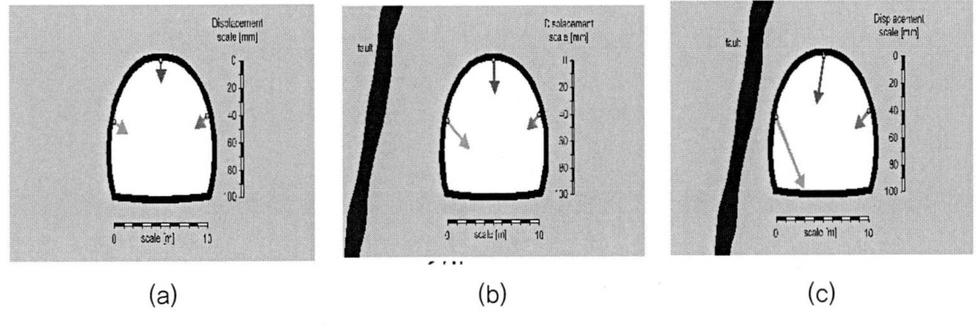

(a) (b) (c)

[그림 2-53] 파쇄대 접근 시 터널 내공변위 경향

근 가능성을 파악할 수 있다. 이 예는 실제로 터널 시공 중의 막장 관찰과 계측을 통해서 지보를 유연하게 변경해야 하는 NATM공법의 가장 전형적인 개념을 보여주는 예이기도 하다.

라. 공간벡터 방향성(Spatial vector orientation)

앞서의 터널 내공 각 측점에서의 변위 결과를 토대로 Steindorfer와 Schubert(1996)는 변위계측 데이터를 통한 변위벡터의 방향성의 변화가 암반 강성의 변화를 나타낼 수 있다는 것을 제안하였다. 또한, 이러한 변위벡터의 평사투영법과 변위데이터의 3차원적 도시방법을 통하여 막장전방의 및 굴착영역 밖의 암반의 구조와 상태에 대한 단기예측이 가능함을 밝혀냈다. 그림 2-54에서와 같이 지반 강성이 서로 다른 암반의 경계에 근접한 계측점에서의 공간벡터 방향성을 그려보면 실제로 연약대 같은 암반의 경계 방향성과 연약암반의 강성 차이를 확인할 수 있다.

최근에는 균질암반의 터널 내공변위벡터 방향(normal)과 비균질 암반의 내공변위벡터 방향과의 차이(deviation)를 통해, 터널 막장전방 연약대 규모, 방향성, 강성 차이 및 거리 등과의 상관관계를 규명할 수 있는 방법들이 제안되고 있다.

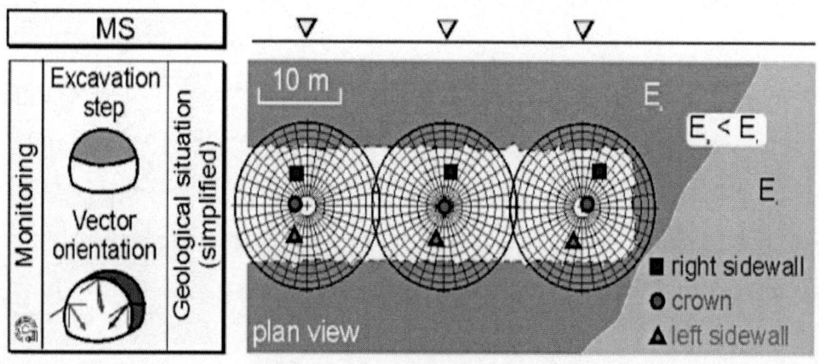

[그림 2-54] 공간벡터 방향성

마. 변위결과 분석

3차원 계측을 통해서 얻어지는 여러 계측 정보를 활용하면 시공 시 막장관찰 결과와 함께 터널 굴착 및 지보 방법의 신속한 변경을 통해 안전하고 경제적인 터널을 건설할 수 있다. 표 2-10은 현재 수준의 3차원 터널 절대내공변위 계측을 통해서 관련성이 높은 현상과 이를 통해서 얻을 수 있는 계측 목적을 관련지어본 표이다. 이 표에서 +는 매우 유용한 정보를 주는 것을 의미하며, 0은 제한된 값을 그리고 -는 전혀 상관성이 없음을 표현한다. 이렇듯 계측된 각 측점에서의 절대내공변위 결과의 면밀한 분석은 다음 막장에서의 터널 시공 시에 매우 유용한 정보를 제공한다.

[표 2-10] 3차원 절대내공변위 계측을 통한 평가

(+: good, 0: limited value, -: no value)

	터널 안정화 과정의 평가	최종 내공 변위 예측	터널 진행 방향의 응력 재분배	터널 막장전방 및 주변 연약대 파악					막장 전방 파악	숏크리트 응력집중 파악
				전체	특성치	방향성	크기	거리		
내공변위곡선	+	+	-	0	-	-	-	0	-	+
영향선 및 경향선	0	-	+	0	0	0	+	0	0	-
상대변위값의 경향	-	-	-	-	+	0	0	+	-	-
터널 단면의 변위벡터	-	-	-	+	-	+	-	-	-	+
터널진행방향의 변위벡터	-	-	-	0	+	+	+	-	+	-
공간변위벡터 방향성	-	-	+	+	0	+	0	+	+	-

2.5.3 Alpine 터널 사례

가. Inntal 터널

Inntal 터널은 그림 2-55에서와 같이 오스트리아에서 1990년대 초에 건설된 복선 철도터널로, 분석구간 터널은 상·하 분할굴착이 이루어졌고, 지보는 강지보재와 숏크리트 및 록볼트로 이루어졌다. 대상 구간의 토피는 약 300m였고, 일축압축강도가 엽리방향과 하중재하 방향과의 방향성에 따라서 약 23~53MPa를 보인 석영함유 천매암(quartz phyllite) 암반 터널이다. 간접인장실험 결과 인장강도는 약 1.6~6MPa를 보였으며, 낮은 회수율과 시료준비의 어려움 때문에 Fault gouge를 포함하는 시료에 대해서는 실험을 수행하지 못했다. 이 사례는 터널 굴착 전에 단층 지역이 관찰될 경우 터널변위에 얼마나 영향을 미치기 시작하는지를 분명히 보여준다. 그림 2-56은 그림 2-55의 동그라미 구간을 자세히 표현한 그림으로 암반상태가 매우 좋은 지역(Sta. 2630)에서 주단층대로 진입하는 100m 구간에 대한 지질조건을 보여준다. 이 지역에서 엽리의 방향성은 터널 굴착방향과 약 30도 기울어져 있었고, 주절리들은 검정 솔리드 라인이고, 단층은 점선으로 표현되었다.

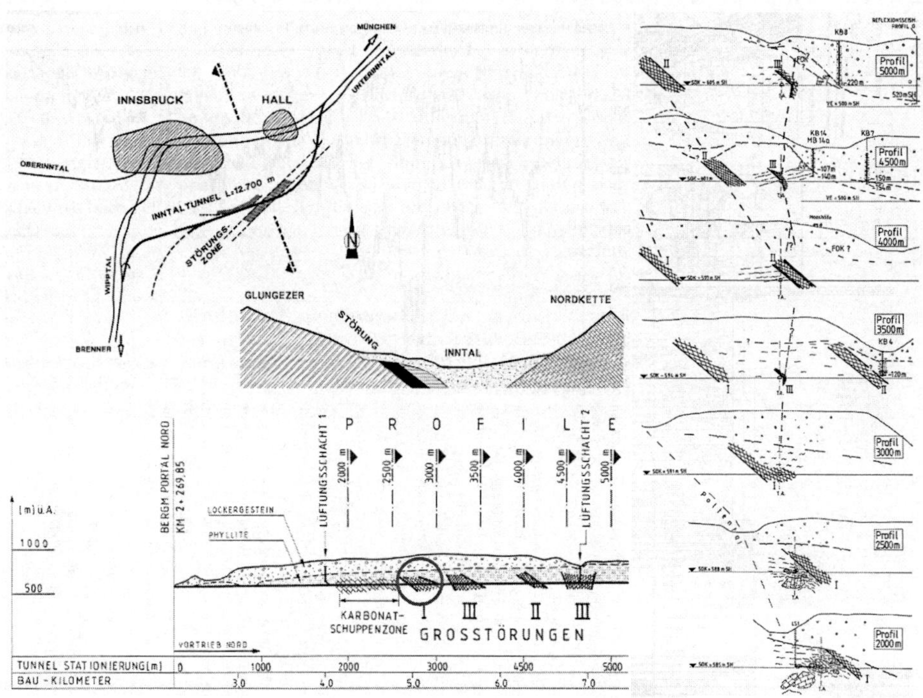

[그림 2-55] 오스트리아 Inntal 터널개요

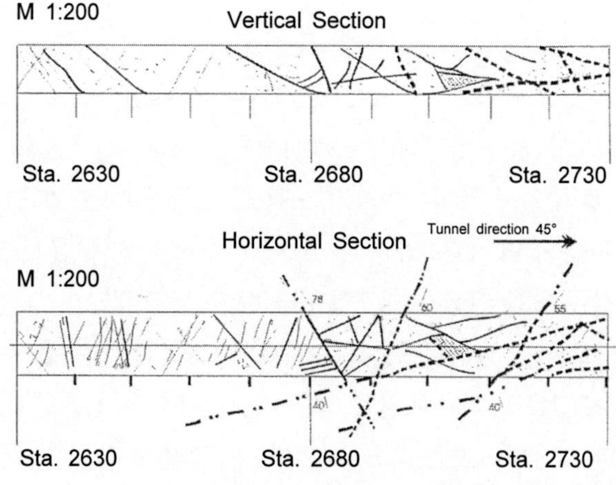

[그림 2-56] 분석구간에 대한 개략 지질도

그림 2-57은 3차원 절대계측에 의한 터널 천단부 침하에 대한 변위 영향선을 그려본 것이다. 비교적 암반상태가 좋은 Sta. 2630에서는 약 77mm의 침하를 보였으나, 단층·파쇄가 심한 구간으로 진입하면서 최대 400mm 정도의 변위를 보였다.

그림 2-58(a)는 Sta. 2645에 위치한 계측점에서의 터널 단면성의 계측 결과를 보여준다. 모든 내공변위계측 결과 표현은 GeoFit(Gruppe Geotechnik Graz, 2003)이라는 분석 프로그램을 사용하였다. 이 영역에서 절리 밀도는 그림 2-56에서와 같이 매우 조밀하였지만 계측된 변위에는 큰 영향을 미치지 않았다. 이러한 거동은 양호한 암반조건에서 전형적인 결과를 보여주는 것으로 천장부에서는 약 77mm였고, 양 측벽에서는 약 26mm로 대칭형으로 나타났다.

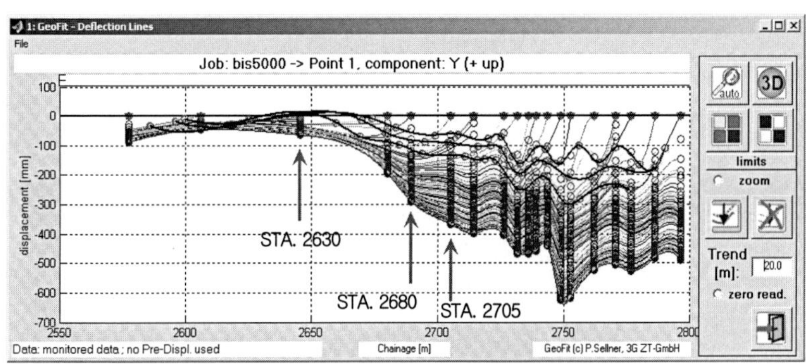

[그림 2-57] 분석구간에 대한 변위 영향선(Influence line)

반면, 그림 2-58(b)에서 보는 바와 같이 다음 계측점인 Sta. 2680은 단층·파쇄대에 진입하는 지점에 위치하는 계측점이며, 대규모 단층·파쇄대가 터널 굴진방향 오른쪽에 위치해서 계측 결과에 직접적으로 영향을 받는다. 따라서 바로 전 Sta. 2645에 비해 전반적으로 변위치가 증가하는 경향을 보이며, 특히, 단층대에 먼저 진입하게 되는 오른쪽 측벽 3번 계측점에서의 변위증가치가 매우 크게 나타났다. 아울러 전방 단층·파쇄대의 영향을 직접적으로 반영하는 터널 진행방향(Longitudinal section)의 변위벡터(그림 2-58(b)의 오른쪽) 방향(L/S)이 매우 크게 발생하는 것을 알 수 있다. 즉, 단층·파쇄대 진입 전에 그 영향을 직접적으로 변위벡터 방향이 표현해준다는 것을 알 수 있다.

그림 2-58(c)는 단층·파쇄대에 위치하는 Sta. 2705지점 계측단면에서의 변위 결과를 보여준다. 이 지점에서는 단층대가 굴착중심부에 위치하며, Clayey cataclasite 영역이 그림

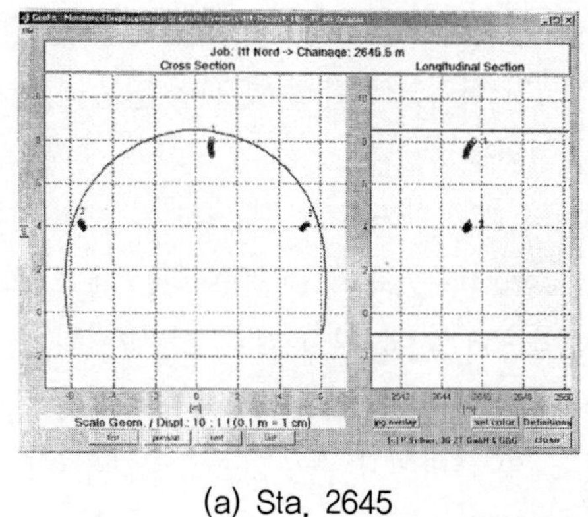

(a) Sta. 2645

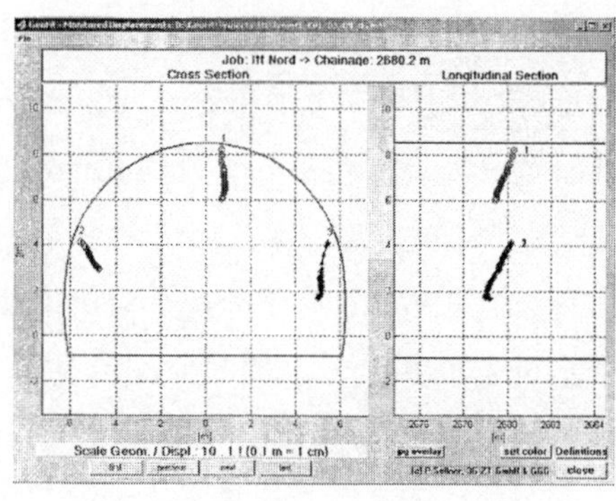

(b) Sta. 2680

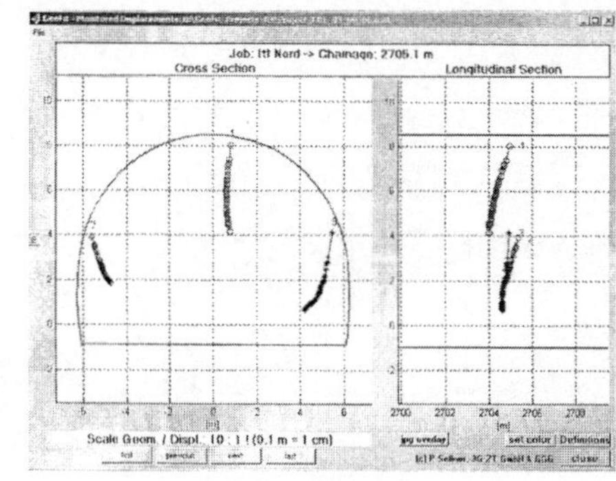

(c) Sta. 2705

[그림 2-58] 분석 대상구간에서 계측된 터널 내공변위

2-56에서 빗금 친 부분과 같이 단층대 사이에 존재한다. 이러한 경우에 변위는 이 영역에 위치하는 단층대에 의한 암반특성의 약화 때문에 변위가 많이 발생했던 전 구간과 비교해볼 때 더 많은 변위가 발생했음을 알 수 있다. 아울러 변위벡터 방향은 상대적으로 단층·파쇄대 진입전의 Sta. 2680에 비해 적어지는 것을 알 수 있다.

이와 같이 천매암 암반 내에 발달된 단층·파쇄대의 방향성에 의한 이방성 영향이 계측 결과에 반영되고 이를 3차원 절대계측을 통해서 파악할 수 있다는 점은 3차원 절대계측을 시공 중에 매우 유용하게 활용할 수 있음을 입증하는 결과이고, 이러한 지질구조에 의한 이방성의 영향을 시공 중 굴착 Scheduling과 지보 계획에 신속히 반영될 수 있어야 함을 보여주는 좋은 사례라고 할 수 있다.

나. Strengen 터널

Strengen 터널은 첫 번째 Inntal 터널과 같이 천매암 암반조건이 매우 유사한 2차선 도로 터널로, 엽리의 경사가 약 60~80도이며 터널 축과 약 30도 기울어진 상태로 엽리가 발달해 있다. 이 지역의 토피고는 초기 약 590~630m까지였고, 일축압축강도(하중재하 방향과 약 15도의 엽리)는 약 15~35MPa까지 분포하였다. 앞서 Inntal 터널의 경우와 강도값에서 크게 차이가 나는 것은 광물구성 성분이 서로 다르기 때문이다. 터널 굴착방법은 발파공법이었고, 지보는 강지보재와 숏크리트 및 록볼트로 구성되어 있다. 변위가 급격히 증가하는 곳에

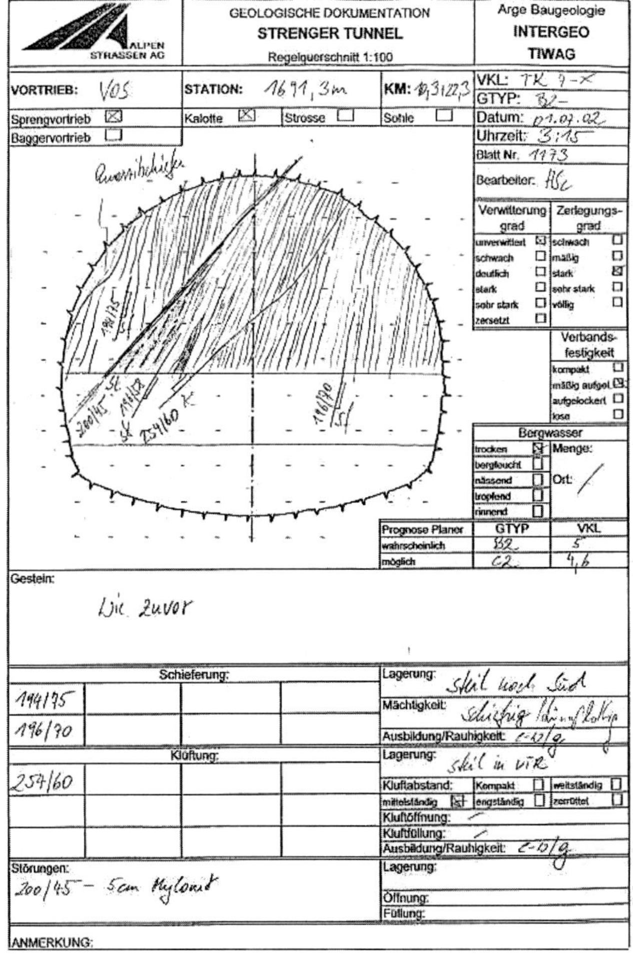

ALPEN STRASSEN AG
GEOLOGISCHE DOKUMENTATION
STRENGER TUNNEL
Regelquerschnitt 1:100
Arge Baugeologie
INTERGEO
TIWAG

VORTRIEB: VOS
STATION: 1691,3m
KM:
VKL:
GTYP:
Sprengvortrieb ☒
Baggervortrieb ☐
Kalotte ☒
Strosse ☐
Sohle ☐
Datum: 01.07.02
Uhrzeit: 3:15
Blatt Nr. 1173
Bearbeiter:

Verwitterungsgrad: unverwittert ☒, schwach ☐, deutlich ☐, stark ☐, sehr stark ☐, zersetzt ☐
Zerlegungsgrad: schwach ☐, mäßig ☐, stark ☒, sehr stark ☐, völlig ☐
Verbandsfestigkeit: kompakt ☐, mäßig aufgel. ☒, aufgelockert ☐, lose ☐
Bergwasser: trocken ☒, bergfeucht ☐, nässend ☐, tropfend ☐, rinnend ☐
Menge:
Ort: /

Prognose Planer	GTYP	VKL
wahrscheinlich	B2	5
möglich	C2	4,6

Gestein:
Wie zuvor

Schieferung:
194/75
196/70
Lagerung:
Mächtigkeit:
Ausbildung/Rauhigkeit:

Klüftung:
254/60
Lagerung:
Kluftabstand: Kompakt ☐, weitständig ☐, mittelständig ☒, engständig ☐, zerrüttet ☐
Kluftöffnung: –
Kluftfüllung: –
Ausbildung/Rauhigkeit:

Störungen:
200/45 – 5cm Mylonit
Lagerung:
Öffnung:
Füllung:

ANMERKUNG:

[그림 2-59 Strengen 터널에서의 막장 관찰 예

서는 숏크리트와 지반 사이의 갭(gap) 발생을 억제하기 위해서 이방성 연성지보재(LSC: Lining Stress Controller)를 사용하였다. 그림 2-59는 분석 대상 구간 중 Sta. 1691 단면에서의 막장관찰 예를 보여준다.

그림 2-60은 이러한 종류의 암반의 이방성특성(anisotropic nature)에 의해 영향을 받은 전형적인 내공변위 경향을 보여준다. 여러 절리와 소규모 단층이 터널 막장에서 관찰되었지만, 이 지역에서 터널의 전체적인 시스템 거동에 중요한 영향을 미치지는 않았다. 터널 내공변위량은 천장부에서는 약 30mm였고, 왼쪽 측벽에서는 약 75mm였다.

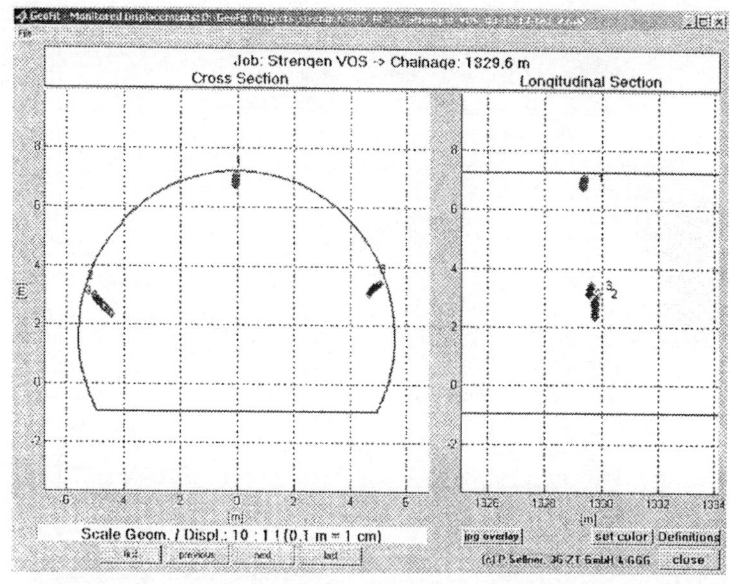

[그림 2-60] 단층대의 영향을 받지 않은 지역에서의 변위거동 특성

그림 2-61은 유사한 암반특성이지만 천장부에서부터 왼쪽 측벽 하단부까지 약 45도로 경사진 10cm 이상의 단층 gouge 물질이 존재하는 단층암반대의 전형적인 변위거동특성을 보여준다. 이 경우에는 왼쪽 측벽에서 단층의 영향으로 내공변위 수치가 급격히 높아지는 거동을 보였고, 최대변위량이 약 200mm가 넘는 결과를 보였다. 다른 두 계측점에서의 변위는 천장부에서 약 50mm이고 우측벽부에서 약 80mm여서 단층의 이방성에 의한 영향으로 좌우측의 비대칭적인 변위거동 양상을 볼 수 있다.

그림 2-62는 2개의 약 20cm Gouge 물질이 포함된 단층대가 평행하게 존재하는 지역에서 터널변위거동 결과를 보여주는 그림이다. 앞에서 그림 2-61에서 천장부와 좌측부를 관통하는 단층의 영향과는 반대로 이 계측점에서는 2개의 단층대 사이의 gouge 물질이 포함된

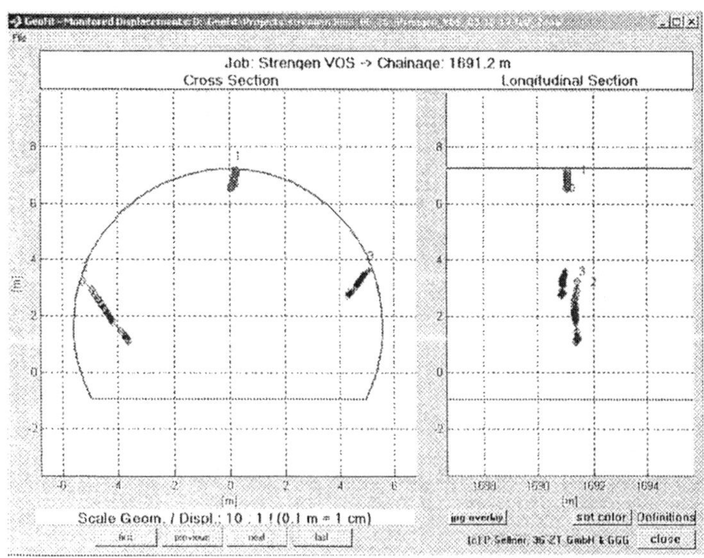

[그림 2-61] 단일단층의 영향에 의한 변위특성

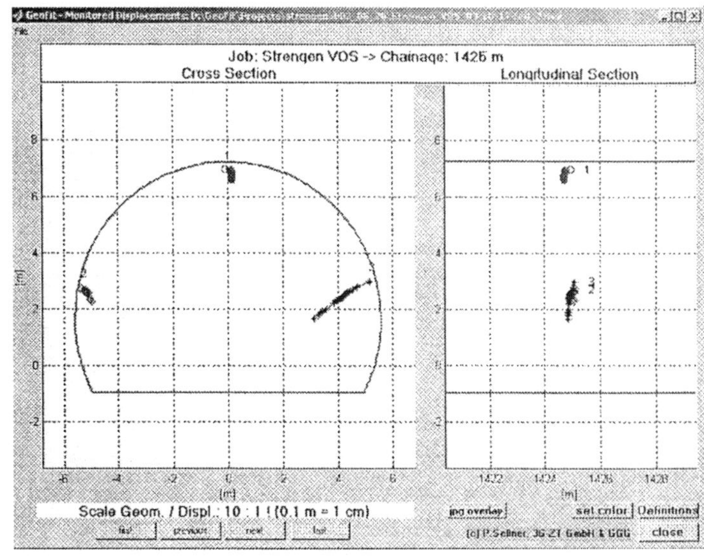

[그림 2-62] 소규모 단층대의 영향에 의한 변위특성

연약대 방향성의 영향으로 우측부의 변위가 상대적으로 매우 크게 발달된 형상이다. 내공변위량도 천장부에서 약 30mm에서 우측벽부 약 190mm으로 변위량을 보였다.

그림 2-64는 약 30cm의 Gouge를 포함하는 평행한 단층대에서의 거동을 보여주는 사례로 이 단층대는 터널 천장부로부터 좌측벽 하단부 방향으로 약 30~40도 기울어져 있고, 굴착경계 너머로 터널진행 축과 평행으로 위치한다. 거기에 굴착 진행방향 오른쪽으로 소규모의 전단대(Shear zone)가 존재하고 있다. 따라서 터널내공변위가 우측 전단대가 발달된 지역에서 약 200mm 이상, 그리고 단층대인 좌측부에서는 최대 약 400mm 이상의 내공변위가 발생되는 등 대규모 변위가 발생되어 숏크리트 파괴를 막기 위해서 숏크리트 라이닝과 지반 사이의 갭을 채울 수 있는 연성지보재인 LSC가 도입되었다.

이 지역에서의 터널내공변위 거동특성은 앞서 동일한 지역의 두 사례에서 보여줬던 변위경향과 매우 다른 형태를 띠고 있다. 여러 파괴형태가 이방성 변형특성에 의해서 발생되었다. 좌측벽 하단부의 수평변위거동은 엽리방향을 따라서 전단거동특성을 보였고, 방향성 변화뿐만 아니라 시간 의존적인 특성이 주변 암반에서 변위를 감소시키는 역할을 하는 봉합력을 감소시키고, 인버트부에 위치한 블록으로 구성된 단층이 굴착 방향으로 올라오는 kinematic 거동 결과를 보여주었다. 인버트부에서 heaving 현상을 보이는 영역이 뚜렷이 관찰되었다.

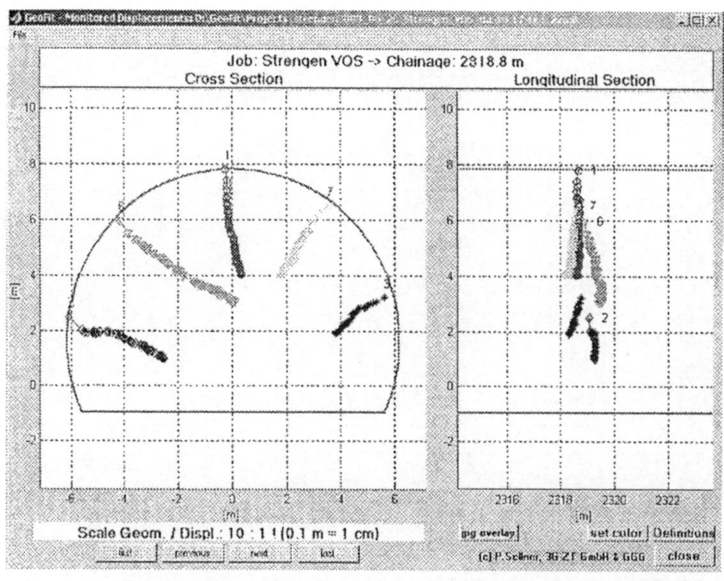

[그림 2-63] 주요 전단대의 영향에 의한 터널 내공변위 거동

2.5.4 고찰

본고에서 제시된 2개의 현장 사례는 천매암(phyllite)에 국한되지 않고 엽리구조를 갖는 모든 변성암이 얼마나 다양한 변위거동특성을 보여줄 수 있는지에 대해서 사례를 제시하였다. 오스트리아 지반공학회 OEGG(2001)에서 제안된 NATM 공법의 가이드라인에서 제시된 바와 같이 다양한 터널 프로젝트 경험을 통한 체계적인 분석을 토대로 천매암 암반에서 터널을 굴착할 때는 다음과 같은 사항을 고려해야 한다.

가. 핵심인자(Key Parameters)

터널 현장조사 결과를 토대로 터널 시공을 최적화하며, 암반거동 형태를 결정하기 위해서는 암반거동에 영향을 미치는 핵심인자(key parameters)들이 정의되어야 한다. 천매암과 같은 엽리성 변성암을 특성화할 수 있는 핵심인자들은 다음과 같다.

- 엽리구조와 관련된 이방성 강도 및 변형특성
- 엽리방향 연장성(폴딩, Foliation Orientation Persistence)
- 단층과 절리특성
- 광물학적 특성(phylosilicates와 clay 광물의 함유량 및 분포)

이러한 핵심인자들은 서로 다른 천매암 암반형태의 특성을 결정짓는 중요한 back data가 되며, 현장특성별 조건에 기인한 다른 암반특성을 나타낼 수 있는 부가적인 특성들을 표현할 수 있다. 그림 2-64는 기본적인 암종과 핵심인자와의 상관관계를 보여주는 표이다(Riednueller와 Schubert, 2001).

또한, 그림 2-65는 국내에서의 화강암과 천매암에서의 고려해야 할 핵심인자를 비교한 것이다. 특히, 천매암에서는 이방성과 엽리구조에 의한 전단특성 및 광물 구성성분을 중요한 거동 핵심인자로 볼 수 있으며, 터널 시공 시 이러한 사항들을 중요하게 고려해야 할 것이다.

Basic Rock Types	Key Parameters																				
	Intact Rock Properties														Discontinuities						
	1	2	3	4	5	6	7	8	9	10	11	12	13	14	15	16	17	18	19	20	21
Volcanic Rocks				o	x	x						x	x		x	x		o	x	o	
Plutonic Rocks		x	x	x		o						x			x	x		o	x	o	
Fine-Grained Clastic Rocks (massive)			x				x	x	x		x	o			o	o					
Fine-Grained Clastic Rocks (bedded)	x		x				x	x	x		x			x			x			o	x
Coarse-Grained Clastic Rocks (massive)		o	x	o	o			o			x	x	x		o	o		o	o		
Coarse-Grained Clastic Rocks (bedded)	x	o	x		o			o			x	x	x	x			x				x
Carbon. Rocks		x								x		x			x	x		o	x	o	
Sulfatic Rocks		x							x	x		o									
Metam. Rocks (massive)		x	x	x		o						x			x	x		o	x		
Metam. Rocks (foliated)	x	x	x	x		o						x		x						x	x
Brittle Fault Rocks		o				o	x	x	x		x	x	x								

LEGEND
x Significant Parameter
o Less Important Parameter

(1) Anisotropy
(2) Mineral Composition
(3) Grain Size
(4) Texture
(5) Porosity
(6) Secondary Alteration
(7) Clay Mineral Composition
(8) Clay Content
(9) Swelling Properties
(10) Solution Phenomena
(11) Cementation
(12) Strength Properties
(13) Ratio Matrix/Components
(14) Orientation of Dominant Set
(15) No. and Orientation of Sets
(16) Fracture Frequency
(17) Roughness
(18) Persistence
(19) Aperture
(20) Infilling
(21) Shear Strength

[그림 2-64] 주요 암종별 핵심인자

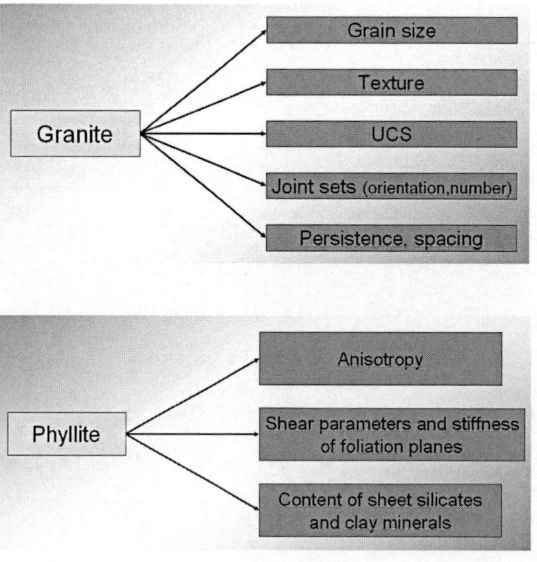

[그림 2-65] 화강암 및 천매암의 핵심인자 비교

나. 영향인자(Influencing Factors)

암반거동특성을 결정하기 위해서는 암반거동에서 어떤 인자가 가장 현저하게 영향을 미치는지에 대한 검토가 필요하다. 천매암이나 유사한 엽리성 변성암의 거동에서는 다음과 같은 영향인자들이 고려되어야 한다.

- 터널 굴착방향과 엽리구조의 상대적인 방향성
- 단층 방향성 및 공간특성
- 응력 수준
- 지하수 조건
- 터널 굴착 규모 및 형태

이러한 영향인자들은 천매암에 대한 암반거동특성을 평가하기 위해 고려해야 할 가장 기본적인 영향인자이다. 현장별 특성에 따라서 다른 인자들도 고려될 수 있다. 영향인자로서 본 논문에서는 지보방법에 의한 영향은 포함되지 않았지만 매우 중요한 인자로 고려해야 한다. 또한 터널 갱구 사면에서의 잠재적인 거동이 특히 천매암 암반에서는 매우 중요한 인자로 고려되어야 한다.

다. 거동형태(Behavior Types)

앞에서 설명한 바와 같이 천매암과 같은 엽리성 변성암에서는 매우 다양한 변형거동특성을 보일 수 있으며, 그것은 암반 내에 존재하는 지질학적인 요소의 공간적인 특성에 크게 좌우된다. 통상적으로 암반거동형태(behavior types)는 크게 여굴(overbreak)이나 블록 미끄러짐과 같은 중력에 기인한 파괴형태와 응력 및 기하구조에서 기인한 파괴형태 혹은 Swelling 지반에 의한 파괴형태 등으로 다양하게 구분할 수 있다. 이러한 거동형태는 파괴형태나 예상되는 변위량 및 변형률 등으로 세분화될 수 있다. 이러한 관점에서 설계단계에서 터널변위거동을 사전에 평가하고 시공 중에 터널변위거동을 비교·분석하여 최적의 지보를 결정하고 사전에 터널 붕괴·붕락을 막아서 안전하고 경제적인 터널을 건설해야 한다.

2.5.5 결론

경제적이고 안전한 터널 설계를 위해서는 실제 현상을 가장 최적으로 재현할 수 있는 지질 및 지반공학적 모델을 개발해야 한다. 이 모델은 터널 시공과정에서 서로 다른 굴착 및 지보 방법 변경을 자유롭게 하는 데 활용할 수 있다. 가장 경제적이고 안전한 공법이 대상이 되는 터널 프로젝트와 경계조건 내에서 선정되어야 하며, 암반거동과 잠재적인 파괴형태를 기반으로 하는 평가방법에서 터널은 현장의 특성을 반영해 설계해야 하며, 시공과정도 마찬가지로 최적화되어야 한다. 본 논문에서 제시된 2가지 형태의 서로 다른 천매암 암반에서 관찰된 터널변위거동은 서로 다른 지질조건과 지질구조의 영향 및 굴착방향과의 공간적 상관성에서 기인한 결과를 잘 보여주는 사례이다. 국내에서도 특정한 암반조건에서의 터널거동을 계측하고 이를 시공 중에 활용할 수 있는 토대를 갖추기 위해서는 3차원 절대변위 계측이 필요하며, 체계적으로 국내의 다양한 암반조건에서의 터널거동 사례를 지속적으로 수집·분석해야 한다.

참고문헌

2.1

김수정(2002), 「한국의 지질에 적합한 설계정수 도출에 관한 연구」, 경북대 박사학위 논문.

Blatt, H. and Tracy, R.J., 1996, Petrology.

Blyth, F. G. H. and de Freitas, M. H., 1984, A geology for engineers.

Moorhous, W. W. 1959, The study of rocks in thin section.

2.2

전석원, 최용근, 천대성, 정용훈, 조혁기(2000), 「암반공학에서의 암석 및 암반의 이방성에 대한 고려」, 한국지반공학회 암반역학위원회 특별세미나 〈토목공사에서의 암판정 기술 논문집〉, 2000년 6월 17일, 한국교원단체총연합회, 서울, pp.27-45.

Amadei, B., 1996, Importance of anisotropy when estimating and measuring in situ stress in rock, Int. J. Rock Mech. Min. Sci. & Geomech. Abstr., 33(3), pp.293-325. - 1992 Schlumberger lecture award paper.

Brady, B.H.G., Brown, E.T., 1993, Rock Mechanics - For Undeground Mining, 2nd Ed., Chapman & Hall.

Chappell, B.A., 1989, Anisotropy in Jointed Rock Mass Breakage, Mining Science and Technology, 8, pp.1-19.

Gerrard, C.M.,, 1982, Elastic models of rock masses having one, two, and three sets of joints, Int. J. Rock Mech. Min. Sci. & Geomech. Abstr., 19, pp.15-23

Gudehus, G., 1977, Finite elements in geomechanics (Chapter 2. Background to mathematical medelling in geomechanics - the roles of fabric and stress history - by Gerrard, C.M.), pp.33-120, John Wiley & Sons.

Heerden, W.L., 1987, General relations between static and dynamic moduli of rocks, Int. J. Rock Mech. Min. Sci. & Geomech. Abstr., 24(6), 381-385.

Jeon, S., Shin, J., 1999, Changes of effective elastic moduli due to crack growth, Proc. 9th Int. Congress on Rock Mechanics, Paris, France, August 25-28, pp.913-915.

Lo, T., Coyner, K.B., Toksoz, M.N., 1986, Experimental determination of elastic anisotropy of Berea Sandstone, Chicopee Shale, and Chelmsford Granite, Geophysics, 51(1), pp.164-171.

Mavko, G., Mukerji, T., Dvorkin, J., 1998, The Rock Physics Handbook – Tools for Seismic Analysis in Porous Media, Cambridge University Press.

Oda, M., 1982, Fabric tensor for discontinuous geological materials, Soils and Foundations, 22(4), pp.96–108.

Sadri, A., Hassani, F.P., Momayez, M., 1998, Application of the miniature seismic reflection (MSR) system for monitoring dynamic changes in mechanical properties of rocks, Int. J. Rock Mech. Min. Sci. & Geomech. Abstr., 35, pp.4–5.

Sayers, C.M., Munster, J.G., King, M.S., 1990, Stress–induced ultrasonic anisotropy in Berea Sandstone, Int. J. Rock Mech. Min. Sci. & Geomech. Abstr., 27(5), pp.429–436.

Talesnick, M.L., Bloch–Friedman, E.A., Compatibility of different methodologies for the determination of elastic parameters of intact anisotropic rocks, Int. J. Rock Mech. Min. Sci., 36, pp.919–940.

Wu, B., King, M.S., Hudson, J.A., 1991, Stress–induced ultrasonic wave velocity anisotropy in a sandstone, Int. J. Rock Mech. Min. Sci. & Geomech. Abstr., 28(1), pp.101–107.

2.3

김종우, 이희근(1988), 「층상암반 내 갱도의 변형거동에 관한 연구」, 〈대한광산학회지〉, Vol.25, No.5, pp.320–331.

이정인, 이희근, 류창하, 양형식(1982), 「우리나라에 분포하는 주요 암석류의 역학적 특성 연구(제1보)–주요 탄전 지역 및 지하발전소 건설 지역에 분포하는 퇴적암의 역학적 특성」, 〈대한광산학회지〉, Vol. 19, No. 4, pp.260–267.

전석원, 김종우, 홍창우, 김영근(2003), 「석회암 공동이 터널 안정성에 미치는 영향에 관한 연구」, 〈한국지구시스템공학회지〉, Vol. 40, No.3, pp.147–158.

D.W.Hobbs, 1966, Scale model study of strata movement around mine roadways.; Int. J. of Rock Mech. Min. Sci., Vol. 3, pp.101–127.

R.E, Goodman, 1976, Methods of geological engineering in discontinuous rock; West Publishing Company.

Seokwon Jeon, Changwoo Hong, Jongwoo Kim, Youngkeun Kim, 2002, Effect of Karstic Lime Cavern on the Stability of Tunnels – A Scaled Model Test, Proc. of 2002 ISRM Regional Symposium, Seoul, Korea.

2.4

이연규(1994), 「록볼트로 보강한 절리암반의 점소성거동에 관한 수치 해석 모델 개발」, 〈서울대학교 대학원 박사학위논문〉.

Amadei, B., (1993), Effect of joints on rock mass strength and deformability, Comprehensive Rock Engineering, Principles, practice & projects, Vol.1, pp.331–365, Pergamon Press.

Brady, B.H.G, (1987), Boundary element and linked methods for underground excavation design, Analytical and Computational Methods in Engineering Rock Mechanics, E.T. Brown(Ed.), London: Allen and Unwin.

Brady, B.H.G and E.T. Brown, (1993), Rock Mechanics for underground mining, 2nd Ed., Chapman & Hall.

Cook, R.D., D.S. Malkus, M.E. Plesha, (1989), Concepts and applications of finite element analysis, John Wiley & Sons.

Goodman, R.E., (1989), Introduction to rock mechanics (2nd Ed.), JohnWiley & Sons.

Itasca Consulting Group Inc, (1999), FLAC Verification Problems, USA

Itasca Consulting Group Inc, (2000), UDEC, USA

Jaeger, J.C. and N.G.W. Cook, 1968, Fundamentals of rock mechanics, Chapman & Hall, London.

Pietruszczak, S. and G.N. Pande, (1987), Multilaminate framework of soil models – plasticity formulation, Int. J. Numer. Anal. Meth. in Geomech., Vol.11, pp.651–658.

Shi, Gen–hua, (1993), Block System Modeling by Discontinuous Deformation Analysis, Computational Mechanics Publications, Southampton UK and Boston USA

Zienkiewicz, O.C. and G.N. Pande, (1977), Time–dependent multilaminate model of rocks – A numerical study of deformation and failure of rock masses, Int. J. for Numer. Anal. Meth. in Geomech., Vol.1, pp.219–247.

2.5

김창용, 홍성완, 배규진, 김광염, 서용석, Wulf Schubert(2003), 「비균질 암반에서의 터널 변위 거동 분석」, 〈한국암반공학회 춘계학술발표회〉.

ALPEN STRASSE–AG Tunnel Strengen. 2003. Unpublished site data.

Button, E.A., Schubert, W., Moritz B. 2003. The Application of Ductile Support Methods in Alphine Tunnels. ISRM 2003–Technology Readmap for Rock Mechanics, South African Institute of Mining and Metallurgy. 1. pp.163–166.

C. Y. Kim, 2003, Investigation of fault zones on displacements, Project report at the Institute for

Rock Mechanics and Tunnelling, Graz University of Technology, Austria.

Fejzo I., 2002, Untersuchung der GeoFit–Parameterverlaeufe am Beispiel Inntaltunnel, Diplomarbeit, TU–Graz.

Gokceoglu, C., & H. Aksoy. 2000. New approaches to the characterizatikon of clay bearing, densely jointed and weak rock masses. Engineering Geology. 58. pp. 1–23.

Grossauer K., 2001, Tunnelling in Heterogeneous Ground–Numerical Investigation of Stress and Displacement, Diplomarbeit, TU–Graz.

Grossauer, K., Schubert, W., Kim, C.Y. 2003, Tunnelling in heterogeneous ground–stresses and displacements. Proceedings of the 10th ISRM Congress, South Africa.

Habimana, J., V. Labiouse, & F. Descoeudres. 2002. Geomechanical characterization of cataclastic rocks;experience from the Cleuson–Dixence project. Int. J. Rock Mechanics & Mining Science. 39. pp.677–693.

Moritz, B. 1999. Ductile support system for tunnels in squeezing rock. in Riedmueller. Schubert, Semprich(eds), Gruppe Geotechnik Graz, 5. p.112.

Oesterreichische Geselschaft Fuer Geomechanik. 2001. Richtlinie fuer Geomechanische Planung von Untertagebauarbeiten mit zyklischen Vortrieb.

Riedmueller, G., Schubert, W. 1999. Critical comments on quantitative rock mass classifications. Felsbau 17(3). pp.164–167.

Schubert W. 1996. Dealing with Squeezing Conditions in Alpine Tunnels. Rock Mechanics and Rock Engineering. 29(3) pp.145–53.

Schubert W., Budil A., 1996, The Importance of Longitudinal Deformation in Tunnel Excavation, 8th International Congress on Rock Mechanics, Tokyo 1995, Vol 3, Balkima.

Schubert, W., A. Goricki, E.A. Button, G. Riedmueller, P. Poesler, A. Steindorfer, R. Vanek. 2001. Excavation and support determination for the design and construction of tunnels. Proc. Eurorock A Challenge for Society. P. Saerkkae and P. Eloranta. (eds) Rotterdam: A.A. Balkema. pp.383–88.

Schubert W, Steindorfer A., Button E. A., 2002, Displacement Monitoring in Tunnels– an Overview, Felsbau 20 No. 2, pp.7–5.

Sellner P.J., 2000, Prediction of Displacement in Tunnelling, Doctoral Thesis, TU–Graz.

Steindorfer A., 1998, Short Term Prediction of Rock Mass Behavior in Tunnelling by Advanced Analysis of Displacement Monitoring Data, Doctoral Thesis, TU–Graz.

Tonon F., Amadei B., 2002, Effect of Elastic Anisotropy on Tunnel Wall Displacements Behind a Tunnel Face, Rock Mech. Rock Eng., Vol. 35, No. 3, pp.141–60.

03 천매암 지역에서의 설계 및 시공 사례

3.1 천매암 지역에서의 지반조사 사례

3.1.1 서론

토목설계를 위한 지반조사는 해당 구간의 지층 및 지질분포를 정확히 파악하고 그 상태를 평가하는 과정과 각 층의 공학적 특성치를 산출하는 과정으로 구분된다.

지층 및 지질분포를 파악하기 위한 조사항목으로는 지표지질조사, 시추조사, 물리탐사 등이 있으며, 그 상태를 평가하는 작업은 RMR, Q분류 등의 암반분류 또는 지층분류(연암, 보통암, 경암 등으로의 구분) 등이 있다. 또 공학적 특성치는 경험치, 현장 및 실내시험 결과, 지층평가 결과 등을 토대로 지층별 안정 해석 적용치를 산출한다.

조사 지역은 옥천누층군 분포 지역이며 주로 저변성 퇴적암인 사질~이질천매암이 기반암으로 분포한다. 옥천누층군은 주변이 화강암의 관입으로 고립된 양상을 보여 주변 지역과의 층서대비에 어려움이 있고, 화석이 거의 없으며, 수차례의 습곡 및 단층작용으로 지질학계에서조차 지질구조에 대한 확립된 정설이 없는 지역이다.

본고는 천매암분포 지역에 건설될 고속도로(터널 3개소 포함)의 설계를 위한 지반조사 사례로, 옥천누층군 지역이나 지질구조가 복잡한 지역에서의 토목구조물 설계를 위한 지반조사에 참고가 될 수 있도록 터널과 관련한 조사내용, 분석방법 및 결과 등에 대해 기술하였다.

3.1.2 조사내용 및 결과

가. 조사 지역 현황

1) 조사 지역 위치

충청북도 청원군 문의면 마구리에서 충청북도 보은군 회북면 건천리까지의 8.56km 구간이다(그림 3-1).

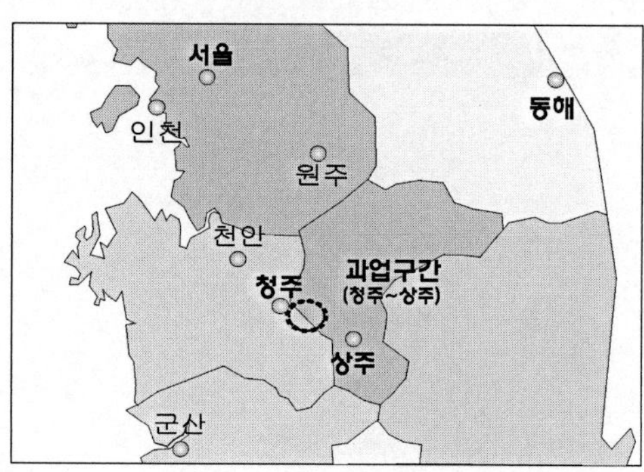

■ 구조물 현황

- 터널: 마구터널(L=129m, 266m),
  회북터널(L=2,077m, 2,018m),
  건천터널(L=298m, 170m)
- 교량: 회북1교(L=480m), 회북2교(L=180m),
  회북6교(L=490m), 건천1교(L=545m),
  건천2교(L=298m), 건천3교(L=280m),
  수리티교(L=400m)

[그림 3-1] 조사 지역의 위치도

2) 조사기간

2000년 3월에서 2000년 6월까지 약 4개월간 조사가 수행되었다.

3) 조사노선 평면도(그림 3-2)

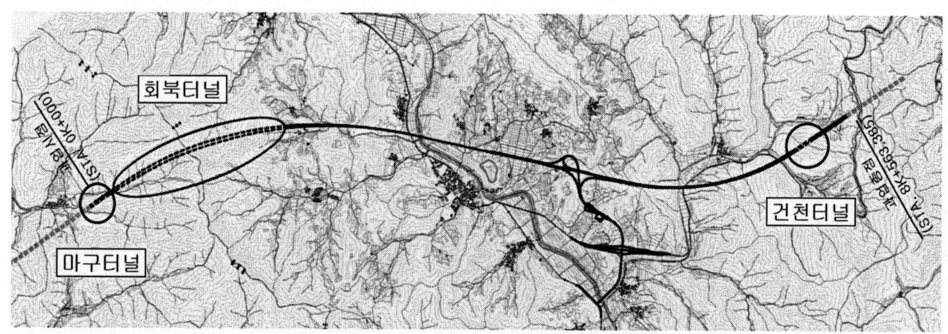

[그림 3-2] 조사 대상 노선의 평면도

나. 지형특성

조사 지역의 지형특성을 표 3-1 및 그림 3-3에 기술하였다.

[표 3-1] 조사 지역의 산계 및 수계특성

구분	특성
산계	옥천대는 대보조산운동으로 지층 내부의 변형작용과 더불어 지세가 험하고, 세립질의 치밀 견고한 암석은 화강암 관입암체보다 풍화저항성이 커 급경사 사면을 갖는 EL.500m 내외의 연봉들이 북동 방향으로 발달했다.
수계	북동 방향의 수계가 주를 이루며 북동 방향과 고각으로 접하는 북서 방향의 지류가 발달해 있다. 종점부 인근에서는 남북 방향의 수계가 발달해 있다.

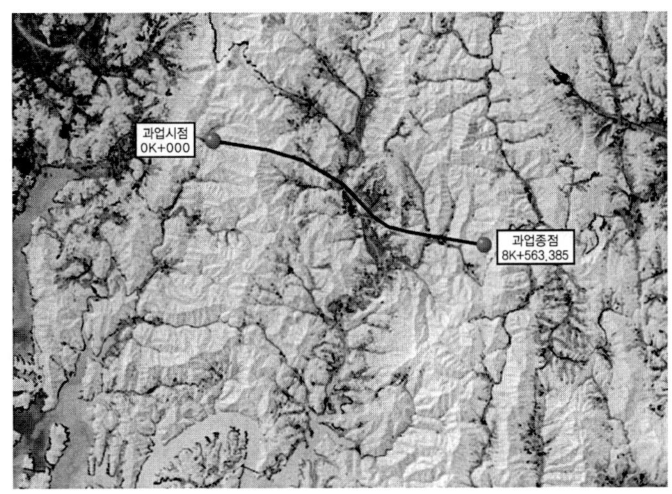

[그림 3-3] 지형특성도

다. 기존 문헌상의 옥천누층군 특성

옥천누층군에 관한 대표적인 문헌자료로 볼 수 있는 미원·보은 지질도폭(한국지질자원연구소), 한국의 지질(대한지질학회) 자료를 정리하면 다음과 같다.

1) 옥누층군 분포암종

옥천대는 지체구조상 경기육괴와 소백산육괴 사이에 위치하며 강릉-제천-괴산-강경-전주를 잇는 일련의 변성퇴적암층을 일컫는다. 옥천대는 변성 정도에 따라 동북부(강릉-제천 간)의 비변성대를 조선누층군, 서남부(제천-전주 간)의 변성대를 옥천누층군으로 구분한다.

옥천누층군은 변성 정도가 낮은 천매암이 주를 이루는데 퇴적환경에 따라 사질, 이질, 역질의 구성성분을 지니고 있으며, 석회암, 규암층이 협재한다.

옥천누층군 지질분포 양상은 표 3-2와 그림 3-4, 그림 3-5에 나타난 바와 같다.

[표 3-2] 옥천누층군의 지질적 특성

구분	주요 구성암종	해당 지층명
사질암류	사질천매암, 운모편암 (결정질 석회암, 규암층 협재)	계명산층, 미원리층, 운교리층, 증평층 등
이질암류	흑색점판암, 천매암, 사질·석회질 셰일 (석회암, 흑연질 무연탄 협재)	문주리층, 구룡산층, 창리층, 비봉리층 등
함력질암류	함력천매암, 함력석회질천매암	황강리층

[그림 3-4] 옥천누층군 분포도

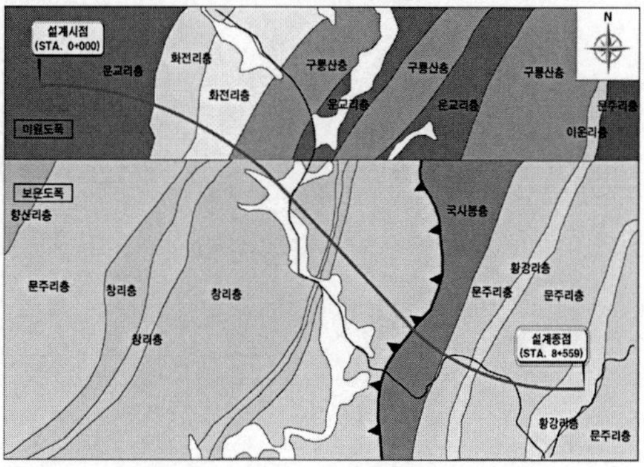

[그림 3-5] 조사 지역 지질도(미원·보은 도폭)

2) 옥천누층군 형성과정

옥천누층군의 형성과정을 단순화하면 다음의 다섯 단계로 볼 수 있다(그림 3-6).

- 주로 세립의 입자들이 퇴적되었으며, 퇴적환경에 따라 석회질암을 포함하기도 하고 자갈을 함유하기도 한다.
- 북동·남서 방향의 축을 갖는 습곡작용을 비롯하여 2~3차 습곡작용을 받았다. 습곡작용은 지표상에서 동일지층이 반복적으로 나타나는 원인이 된다.
- 구조운동 시에 단층작용을 받았는데 2~3차례 있은 것으로 추정된다.
- 주변에 화강암의 관입작용이 있을 때 변형작용과 더불어 변성작용도 받았다.
- 오랜 기간 풍화침식작용을 받아 현재의 지형을 형성하고 있다. 구성 광물성분이 화강암 등에 비해 화학적 풍화저항성이 커서 험준한 지세를 형성하고 있다.

3) 지반조사 방향 설정

문헌조사상의 자료 검토를 통해 다음과 같이 지반조사 방향을 설정하였다.

- 상세한 지질구조에 대한 신뢰성 있는 판단이 필요하다. 따라서 지질구조가 복잡한 옥천누층군에 대한 지질구조 분석은 각종 조사 결과를 통합하는 연계분석이 요구된다.
- 터널구간의 지질구조 분석은 지질학적인 지층명보다는 공학적 동질성이 있는 그룹으로

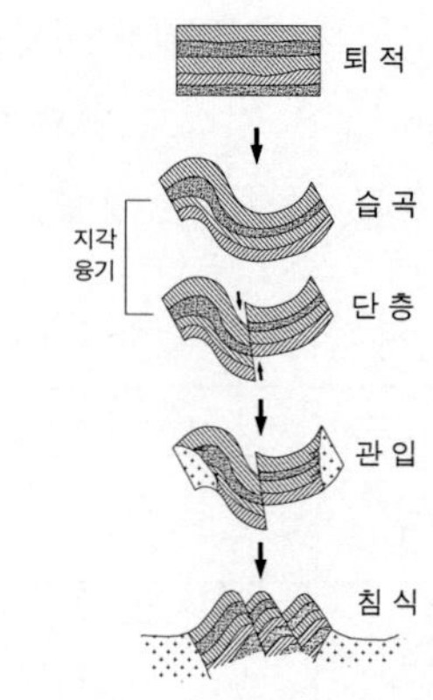

[그림 3-6] 옥천계 지층 형성과정

세분되어야 한다. 또한 공학적 특성치도 그에 맞춰서 산출되어야 한다.

- 석회암 분포구간에서는 석회공동의 존재 여부 및 분포상태 등에 관한 조사가 필요하다.
- 추정단층 위치에 대한 확인조사가 있어야 한다.

4) 위성영상 선구조 분석

지형상에 나타난 선구조의 특성을 분석함으로써 지질구조적 특성, 지질이상대 위치를 예상하고 이를 조사계획 및 성과분석에 반영하기 위해 Landsat 위성영상의 선구조를 그림 3-7과 같이 분석하였다.

A.
- 습곡을 변형시킬 북동 방향 구조선
- 예정노선에 대한 영향 없음

B.
- 북서 방향 구조선으로 습곡축 동쪽 날개에 비교적 규칙적으로 분포
- 가장 우세한 피반령~선돌구간 정밀조사

C.
- 북북동 방향 구조선으로 단층
- 폐석산 깎기부에서 예정노선과 둔각 교차

G.
- 터널과 교차할 것으로 예상되는 구조(단층)
- 대규모 단층은 아닐 것으로 보임
- 시추조사, 지표지질조사, 전기비저항탐사, 탄성파탐사 등에 의한 단층 파쇄대 위치 확인
- 상하행선 구분하여 전기비저항탐사 필요구간

D.
- 청주화강암(대보화강암)
- 침식저항성이 낮아 저지대를 이룸
- 수지상 수계
- 예정노선과 무관함

E.
- 습곡의 서쪽 날개로 청주화강암 관입 시 형성된 구조선
- 암종성분의 변화 예상됨
- 마구터널, 회북터널 시점부에 북동 방향 소규모 구조선과 교차가능성 있음

F.
- 습곡축으로 북동 방향과 동북동 방향의 구조선의 경계를 이용
- 회북터널 지질구조 해석 자료 활용
- 지표지질조사에 의한 지질구조 보완자료작성

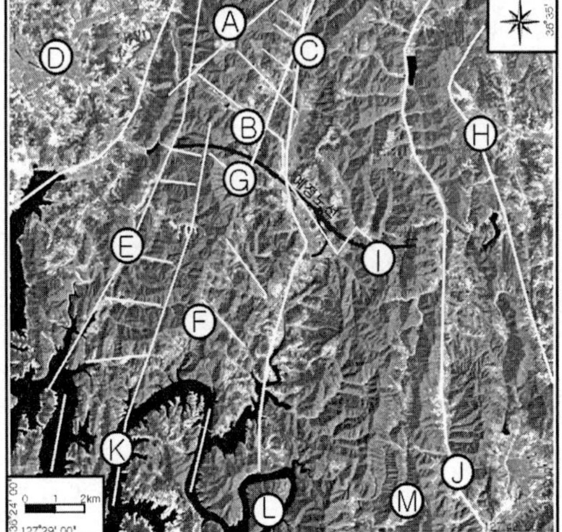

H.
- 보은화강암(대보화강암)
- 침식에 대한 저항성이 낮아 저지대를 이룸
- 남북 방향 구조선에 의한 단열계에 수계형태 지대
- 예정노선과 관련 없음

I.
- 북서 방향 구조선이 남북 방향 구조선에 의해 꺾임
- 꺾기구간에서 예정노선과 둔각으로 교차하는 구조선
- 파쇄대 부분의 원호파괴 가능성 조사

K.
- 대청호 수계모 양은 배사습곡 북서 방향 단열계에 의한 것임
- 옥천계 습곡층은 북북동 방향임
- 회북터널구간은 배사습곡 구조임
- 터널구간 지질구조단면도 작성 참고

L.
- 대청호 수계의 변화(북동 방향에서 남북 방향으로 변화)
- 남북 방향 지질구조선
- 남북 방향의 단층이 교량부에서 교차함
- 교량 내진 설계 작용

M.
- 남북 방향 단층의 영향으로 남북 방향 산계 발달
- 경사습곡에 의한 산마루를 중심으로 서쪽 완사면과 동측 급사면 형성

J.
- 연장성이 긴 남북 방향 구조선 (단층)
- 연장이 길어 완만한 곡선 이룸
- 건천터널과 수리티교에 소규모 전단대 형성 가능성 있음
- 예정노선을 따라 지층변화 심할 것으로 예상됨

[그림 3-7] 위성영상에 의한 선구조 분석도

다음은 위성영상 선구조분석의 주요 결과이다.

- 배사구조로 추정되는 옥천누층군 습곡축은 회북터널을 통과할 것이며, 습곡구조와 관련된 파쇄대가 있을 것으로 예상되었다.
- 회북터널 구간의 추정단층(미원도폭) 위치는 뚜렷한 선구조가 발달하지는 않았다.
- 마구터널 구간은 화강암 관입과 관련한 선구조 연장선에 해당한다.
- 건천터널 구간은 북서 방향 선구조를 단절한 남북 방향 선구조상에 위치한다.

라. 지표지질조사

1) 지표지질조사에 의한 지질구조 해석

층리 및 엽리의 방향성 조사 결과와 암상출현양상 조사 결과에 따라 지질구조를 분석하였다.

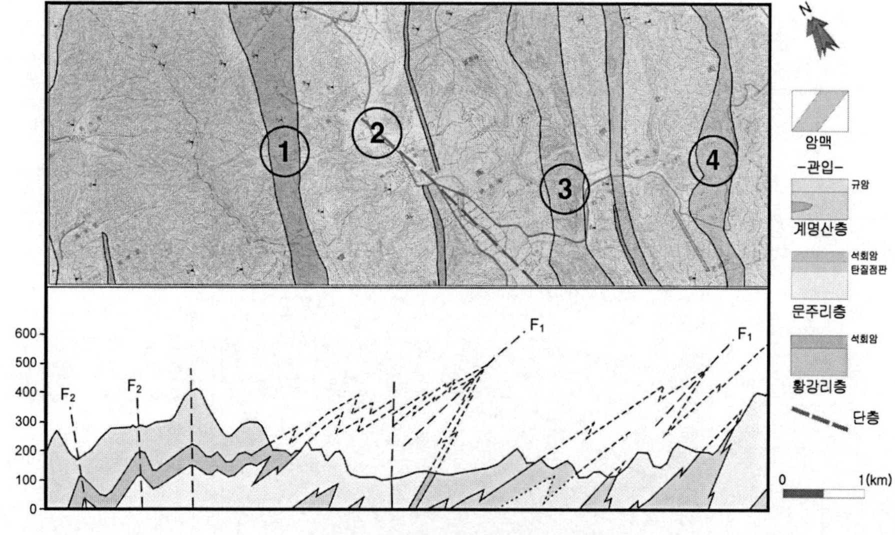

[그림 3-8] 지표지질 조사성과

분석 결과 두 차례 이상의 습곡작용이 인지되었으며, 단층으로 추정되는 곳도 나타났다(그림 3-8). 그러나 지표지질조사 결과만으로 회북터널 구간을 계명산층과 석회암층으로 단순하게 나타내는 정도 이상의 상세한 지질구조를 표시하기에는 다소 무리라고 판단하였다.

2) 위치별 주요 조사 결과

(1) 마구터널~회북터널 시점

그림 3-9는 마구터널과 회북터널 사이의 골짜기에 노출된 암반상태이다.

2~5m 간격으로 괴상의 암반과 절리가 빈번한 암반이 교호하는데 괴상의 암반은 사질천매암이고 절리가 빈번한 암반은 이질천매암이다.

층리의 방향은 N50E/70NW 방향으로 노선방향으로는 시점 쪽으로 62도로 경사진 위경사를 보인다.

[그림 3-9] 마구터널과 회북터널 사이의 노출암 상태

(2) 회북터널 중앙부

그림 3-10은 회북터널 중앙부로 산마루를 경계로 시점 쪽(그림에서 오른쪽)은 완만한 경사의 사면을 이루고 있으나 종점 쪽(그림에서 왼쪽)으로는 굴곡이 없는 반듯한 면으로 된 급경사 사면을 보인다.

종점 쪽의 반듯한 면은 나중에 언급하는 침강형 단층면으로 판단되었다.

[그림 3-10] 회북터널 중앙부 현장사진

(3) 깎기부 폐채석장

그림 3-11은 회북터널 출구부 인근의 폐채석

[그림 3-11] 폐채석장 전경 및 Face Mapping

장 암반노출 상태를 스케치한 것이다. 3조의 단층이 발달해 있으며 단층교차 구간은 파쇄대를 형성하고 심한 풍화 정도의 천매암이 분포하나 5구역에서는 괴상의 암반이 분포한다.

[그림 3-12] 암경계위치 사진

(4) 건천터널 중앙부

그림 3-12는 절리가 빈번하게 발달된 우백질 사질 천매암(시점 쪽)과 괴상의 함력이질 천매암의 경계부 전경이다.

경계면은 시점 쪽으로 기울어져 있다.

3.1.3 물리탐사 성과

터널 전 연장에 걸쳐 실시된 전기비저항 탐사 성과를 중심으로 구간별 조사성과를 기술하면 다음과 같다.

가. 마구터널 구간

종방향 탐사 결과와 시추조사(TB-4)에서 저비저항대와 단층파쇄대가 확인되어 3측선의 횡방향 탐사에 의해 단층과 터널 교차지점을 파악하였다(그림 3-13, 3-14).

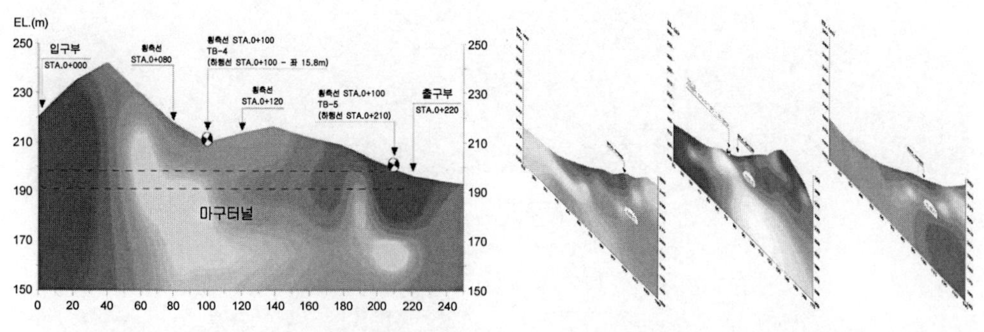

[그림 3-13] 종방향 탐사성과

[그림 3-14] 횡방향 탐사성과

나. 회북터널 구간(그림 3-15)

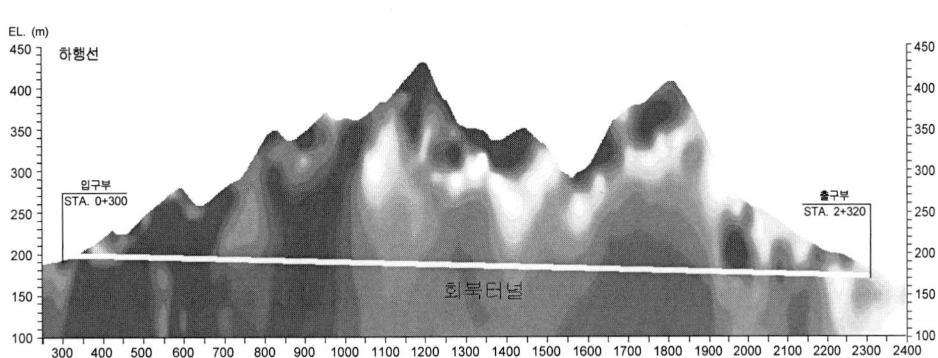

[그림 3-15] 종방향 탐사성과

터널계획고 부근의 비저항치는 대체로 높은 것으로 나타났으나 석회암으로 판단되는 범위인 터널 종점부 인근에서 저비저항대가 분포하였다(그림 3-15).

또 터널중앙부에서는 터널계획고와 지표면 중간에 날카롭게 어긋난 면이 있는 저비저항대가 띠 모양으로 분포하였다. 이 저비저항대는 현장에서 탐사과정 중에 부분적으로 음의 비저항치를 보이는 구간이 나타나는 원인이 되었다. 전기비저항 탐사에서 음의 비저항치는 지하에 전도성 물체가 존재할 때 나타나는 현상으로 알려져 있다.

저비저항대의 날카롭게 어긋난 면은 급경사지형과 일직선상에 위치하여 단층으로 추정할 수 있었다.

다. 회북터널 중앙부(횡방향)(그림 3-16)

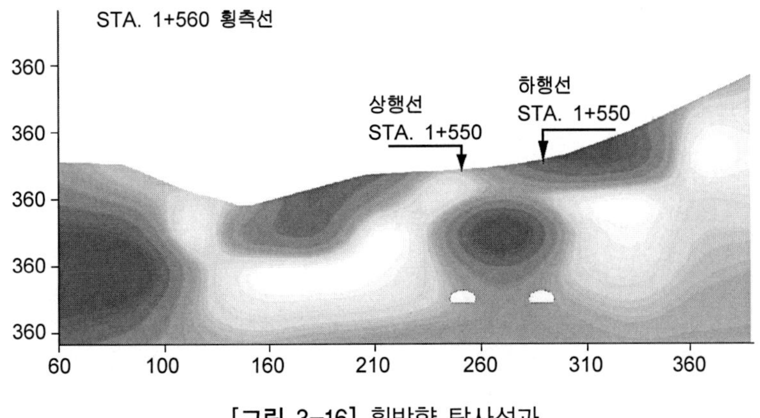

[그림 3-16] 횡방향 탐사성과

종방향 탐사 결과 나타난 흑연성분에 의한 저비저항대가 분포하고 있으나 단절되지 않은 곡선 모양을 하여 남북방향축의 습곡 외에 동서방향을 축으로 하는 습곡이 있음을 추정할 수 있었다(그림 3-16).

라. 건천터널 및 수리티교 구간

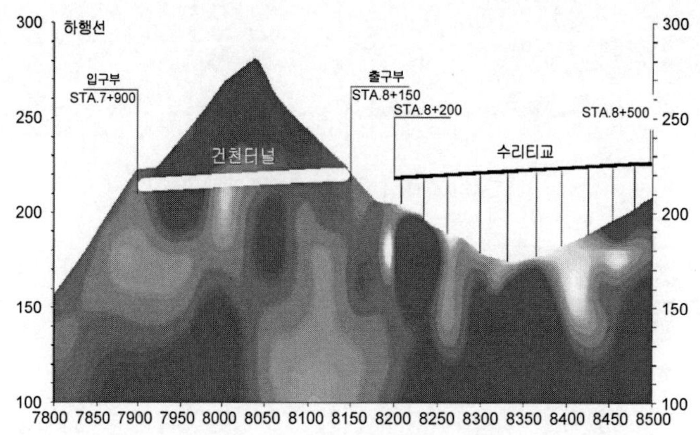

[그림 3-17] 종방향 탐사성과

건천터널 구간은 터널 중앙에만 저비저항대가 분포하는 것으로 나타났다. 수리티교 구간의 저비저항대는 시추조사 결과 깊은 풍화대를 형성하고 있는 위치로 확인되었다(그림 3-17).

마. 시추조사 성과

시추조사 결과 구간별로 다음과 같은 경향이 있음을 확인하였다.

1) 구간별 지층상태

(1) 마구터널~회북터널 시점부

하부로 갈수록 양호해지는 일반적인 경우와 달리 5~7m 간격으로 양호한 구간과 불량한 구간이 교호되어 나타나는 경향이 있는 것으로 나타났다.

이러한 결과는 인근 노두에서 관찰되는 경향과 일치하는 것으로 파악되었다. 즉 사질암과 이질암이 3~5m 간격으로 교호하고 있고 이질암에서는 층리 방향의 절리가 빈번하게 발달하며, 사질암은 괴상으로 분포하며 층리경사가 약 70도이므로 수직으로 시추하였을 경우

5~7m 간격으로 양호한 구간과 불량한 구간이 교호하는 것이라고 볼 수 있다.

(2) 회북터널 중앙부

그림 3-18은 비저항탐사 시 저비저항대로 파악된 시추코어에 대한 전도성 측정 장면이다. 흑연성분이 함유되어 나타난 현상이라고 판단되며 터널영향 범위까지는 분포하지 않으나 지질구조 분석 시 Key bed의 역할을 하였다.

대체로 경암이 분포하며 전도성 암석인 흑연이 분포하는 곳에서는 연암-보통암-경암이 호층을 이루는 부분도 있으나 마구터널~회북터널 시점구간처럼 뚜렷하지는 않다.

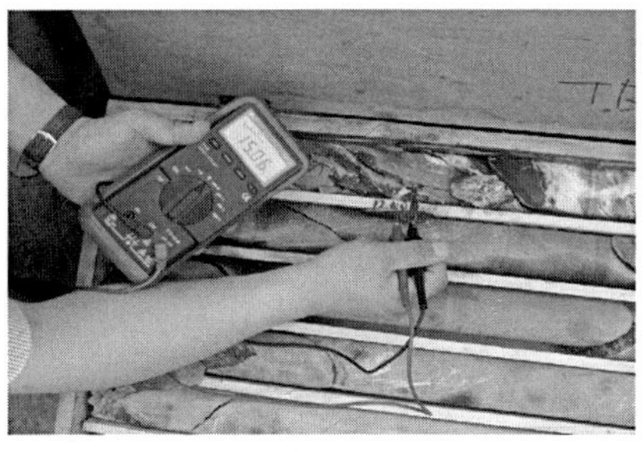

[그림 3-18] 암석코어 전기전도도 측정

(3) 회북터널 종점부

석회암이 분포하며, Φ=0.2~1.5m 정도의 석회공동이 분포하는 것으로 파악되었다.

(4) 건천터널 시점부

우백질사질천매암이 분포하며, 절리가 매우 발달하였고, 지하수위는 조사심도 이하인 것으로 파악되었다.

(5) 건천터널 종점부

함력이질천매암이 괴상으로 분포하는 것으로 파악되었다.

2) 지질구조 분석을 위한 암질분류

지질구조 분석을 위해 조사 지역의 암질을 사질천매암, 이질천매암, 사질-이질 박층교호대, 석회암, 우백질사질천매암, 함력이질천매암으로 분류하였다.

이러한 분류는 위의 암질에 따라 절리의 발달빈도나 강도 등의 경향이 달라진다는 판단에 따른 것이다.

3.1.4 조사 결과 분석

가. 지질도

시추코어와 노출암에 대한 암질분류와 층리 및 엽리의 조사 결과를 토대로 지질도를 작성하였다(그림 3-19).

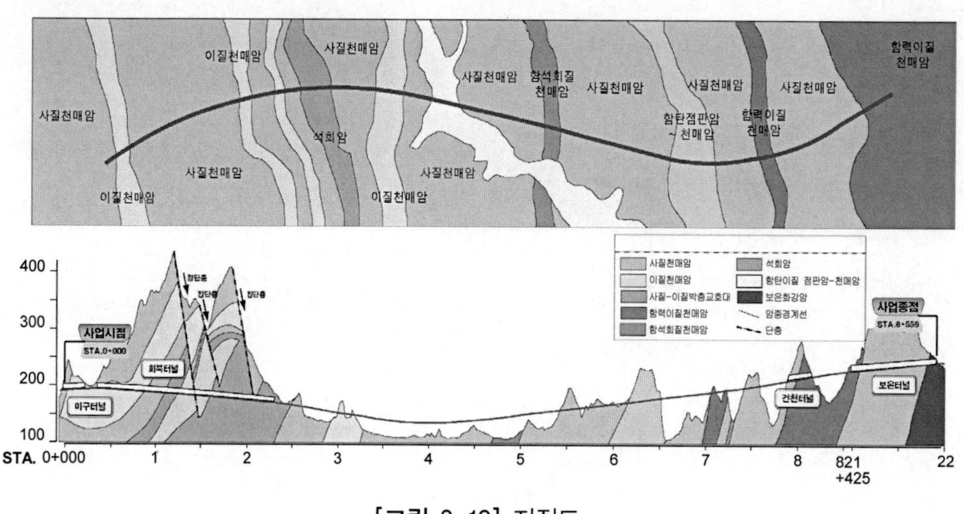

[그림 3-19] 지질도

1) 터널구간 지질구조 분석

(1) 마구터널~화북터널 시점부

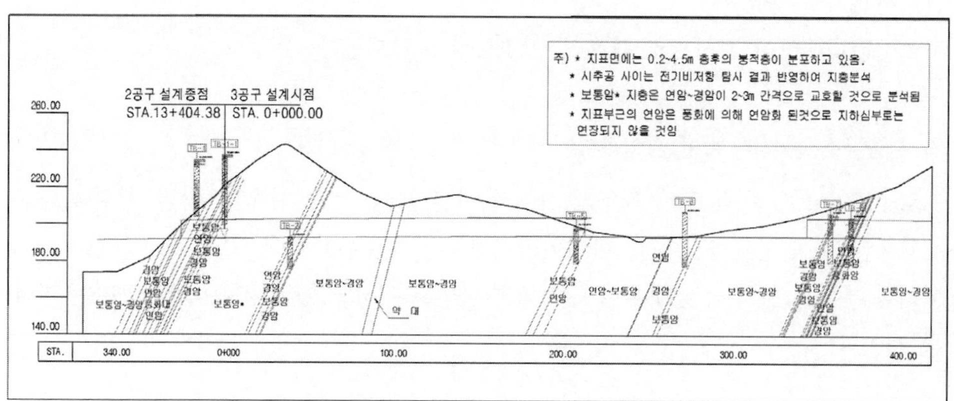

[그림 3-20] 마구터널 지층분포도

지표지질조사 및 시추조사 결과 나타난 호층구조와 층리의 주향 및 경사를 반영하여 지층분포도를 그림 3-20과 같이 작성하였다.

(2) 회북터널

시추코어 암질구분 결과와 지표지질조사 결과를 반영하고 흑연 저비저항대를 key bed로 활용하여 침강운동 전후의 지질구조도를 작성하였다(그림 3-21).

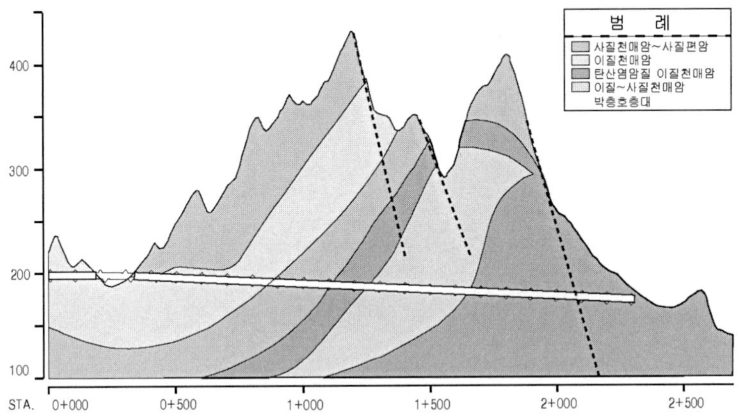

[그림 3-21] 침강운동전 지질구조도

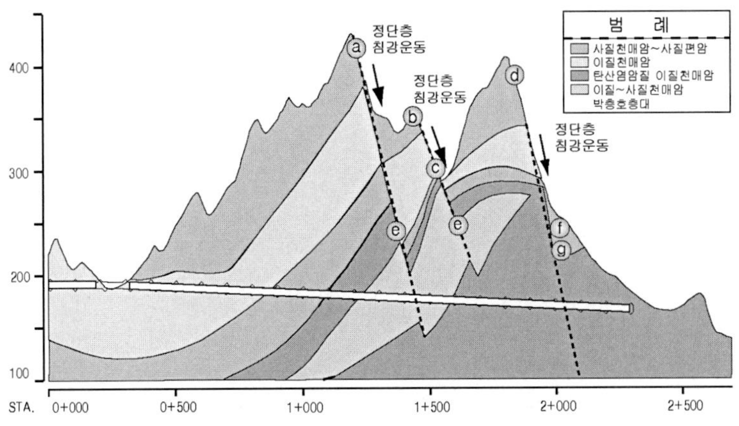

[그림 3-22] 침강운동 후 지질구조도

정단층 침강운동선이 TB-13, TB-14 시추공과 교차하는 위치(그림 3-22, ⓔ·ⓖ)에서는 폭 1m 내외의 파쇄대를 확인하였다.

(3) 건천터널

비저항 단면상 터널 가운데에 위치한 저비저항대는 절리가 발달하여 지하수위가 조사심도까지 분포하지 않는 우백질사질천매암이 투수층으로 작용하고, 이와 경계를 이룬 괴상의 함력이질천매암이 불투수층으로 작용해 경계면이 지하수위의 집수 및 흐름면으로 작용하였기 때문으로 분석하고 지질구조를 해석하였다(그림 3-23).

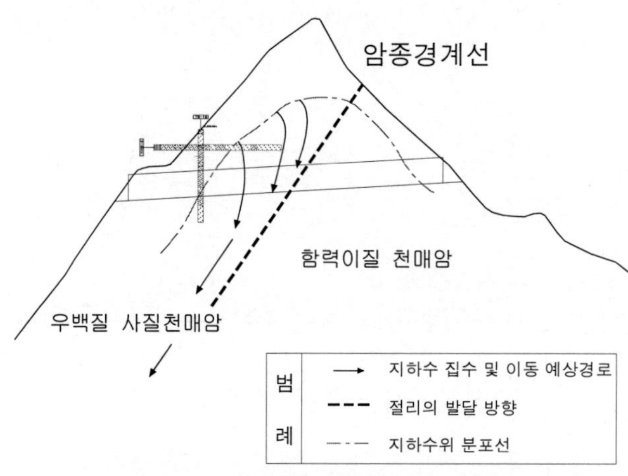

[그림 3-23] 암종경계부 위치 및 상태

나. 단층 분석

회북터널과 교차하는 것으로 나타난 지질도폭상의 추정단층에 대해 그림 3-24와 같이 집중 분석하였다.

분석자료는 지표지질조사 시 나타난 노출암종, 종·횡 방향의 전기비저항 탐사 결과, TB-11, TB-12 및 TB-13 시추조사 결과이다.

분석 결과 지질도폭상의 추정단층은 단층이 아니며, 지질구조 분석에서 파악된 정단층 그림 3-25와 그림 3-26에 나타난 습곡 등으로 인해 생긴 복잡한 지질구조를 지표에서의 조사성과만으로 분석하여 단층으로 추정하였기 때문으로 판단된다.

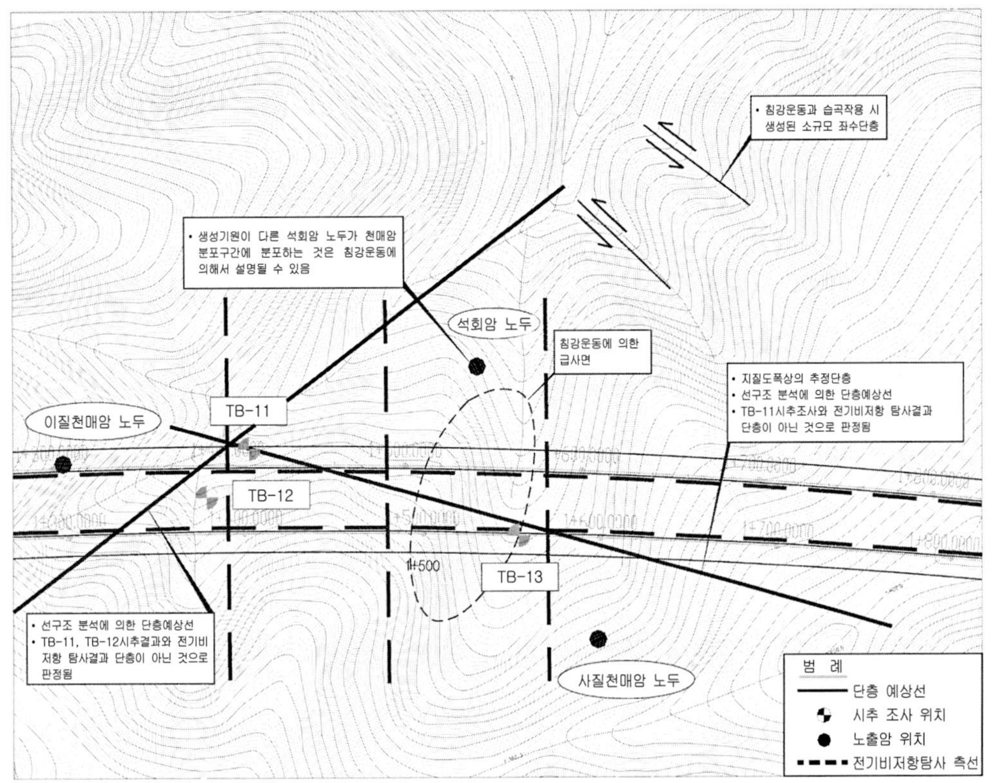

[그림 3-24] 회북터널 추정단층 분석도

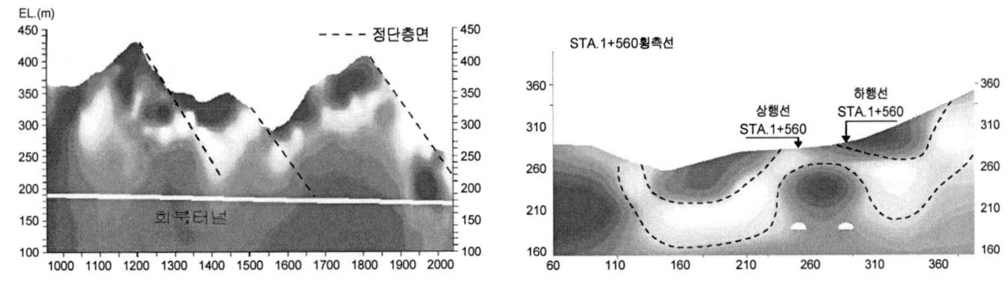

[그림 3-25] 종방향 비저항 단면상의 단층면 [그림 3-26] 횡방향 비저항 단면상의 습곡

다. 터널구간 지반등급 평가

일반적으로 대심도 터널의 지반등급 평가는 시추공 부근의 시추코어 암반분류 결과를 반영하고, 시추공 사이의 구간은 전기비저항 탐사(또는 전자탐사), 탄성파탐사 결과와 지구통계적 분석 등을 이용해 인접한 시추코어 암반분류값과 상관관계 해석으로 이루어진다.

본 조사에서는 가탐심도를 고려하여 주로 전기비저항 탐사 결과를 시추조사 결과와 연계하여 지반등급을 평가하였는데, 전기비저항 탐사 결과가 시추조사 결과와 다른 구간은 그 원인을 분석하고 시추코어로 확인된 사항에 맞게 보정하였다. 이러한 과정은 전기비저항 탐사 결과가 암반상태 이외의 요인에 영향을 받거나 저비저항 이상대가 확대되어 나타날 수 있는 전기비저항 탐사 특성 때문에 필요하다.

그 예로, 건천터널 시점부의 경우 우백질 사질천매암 내에 절리가 매우 발달하고 급경사이므로 절리 내 지하수위가 없어 고비저항대(I~II등급)로 나타나지만 시추조사 결과 절리가 발달한 III등급에 해당함을 알 수 있다.

그림 3-27은 마구터널과 회북터널의 암반 분류 결과이며, 표 3-3은 암반분류 및 보정결과이다.

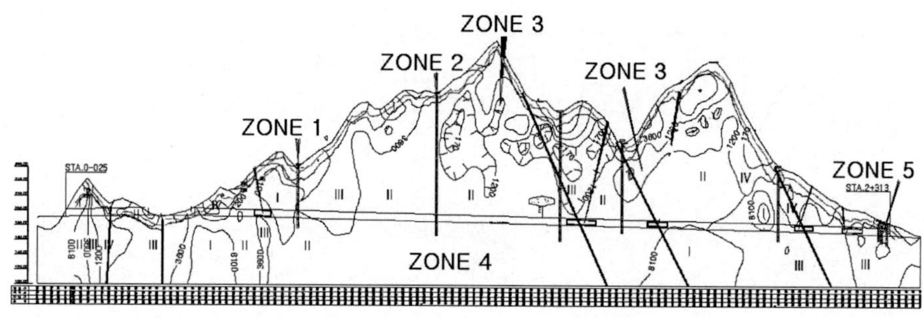

[그림 3-27] 전기비저항 분포도

[표 3-3] 암반분류 보정 결과

위치	다른 원인 분석	암반등급 보정내용
zone1	절리가 발달하나 45도 내외의 경사로 절리면이 밀착되어 있어 고비저항대로 나타남.	전기비저항치 I → III 등급으로 조정
zone2	상부의 저비저항대에 의한 하부고비저항대의 비저항치가 낮게 나타남. 상부의 저비저항대는 흑연성분이 포함된 암석 분포 영향으로 보임.	전기비저항치 III → II 등급으로 조정 전기비저항치 II → I 등급으로 조정
zone3	흑연성분이 빈번하게 분포하여 저비저항대로 나타나 시추코어에 의한 암반분류는 RMR등급 III 정도에 해당함.	전기비저항치 V → III 등급으로 조정
zone4	zone3의 저비저항대에 의해 실제보다 낮은 비저항치를 보임.	전기비저항치 III → II 등급으로 조정
zone5	석회공동 탐사 시 나타나는 저비저항대 확산 모양으로 석회공동 분포 범위를 나타냄. 실제 암반상태는 수평시추(THB-3) 결과 반영 시 RMR 등급 III에 해당.	전기비저항치 V → III 등급으로 조정

마구터널에서 회북터널 시점까지는 70도 경사의 층리를 따라 절리가 발달한 이질천매암과 괴상의 사질천매암이 교호하는 양상을 나타내므로 암반등급 등가개념을 적용하여야 할 것으로 판단하였다.

따라서 시추조사 결과와 전기비저항치로 비교하여 '보통암~경암'처럼 해당 범위를 판단하였고, 전기비저항치로 약대 유무를 파악하였다.

라. 석회공동 분포 분석

회북터널 출구부에서는 시추조사 중 석회공동이 발견되어 이에 대해 상세히 조사하고 분석하였다. 시추조사는 주로 청주 방향 쪽에 집중되었는데 상주 방향 쪽에는 몇 기의 묘가 위치하여 시추조사가 불가능하였다. 따라서 시추가 가능한 위치의 조사 결과와 탐사 결과를 연계하여 석회공동의 분포를 분석하였다.

1) 조사 흐름도(표 3-4)

[표 3-4] 석회공동 조사흐름도

구분	조사 항목	조사 내용
예비	갱구부 시추조사(TB-16)	• 터널 굴착 level에서 점토충전된 직경 1.0m의 공동 확인 → 터널구간에 대한 석회공동 확인 및 영향검토 필요성 대두
1단계	종방향 전기비저항 탐사	• 종점부 2개 구간의 저비저항대 분포 확인 → 석회공동 분포 예상구간 설정
2단계	수평시추조사	• THB-3, 상행선과 하행선 중간지점 실시 → 석회공동 확인(최대 Φ=1.5m)
3단계	횡방향 전기비저항 탐사	• 4개 측선 실시(Sta. 2+251, 2+270, 2+280, 2+300) → 저비저항대 분포범위와 터널과의 위치관계 확인
4단계	수직시추 및 전기비저항 토모그래피 탐사	• 탐사를 위한 시추조사 2공(TB-16-1, TB-16-2) 실시 → 시추조사 결과 TB016-2 터널 측벽에서 0.2m 크기의 공동 확인 → 터널 남쪽 측벽 저비저항대 분포 확인
반영	석회공동 분포구간 및 분포상태 추정	• 터널 안정성 해석 위치 및 공동 크기 설정에 반영 • 시공 중 조사계획에 터널 내 선진수평시추 및 TSP 탐사 반영

2) 단계별 조사성과

1단계로 터널 종방향 전기비저항 탐사 결과 그림 3-28의 저비저항대 위치로부터 그림 3-29와 같이 석회공동 예상범위를 판단하였다. 상주 방향을 기준으로 Sta.2+200~240 구간에서는 터널 하부에, Sta.2+300~310 구간에서는 터널 상부에 공동이 분포할 것으로 예상되었다.

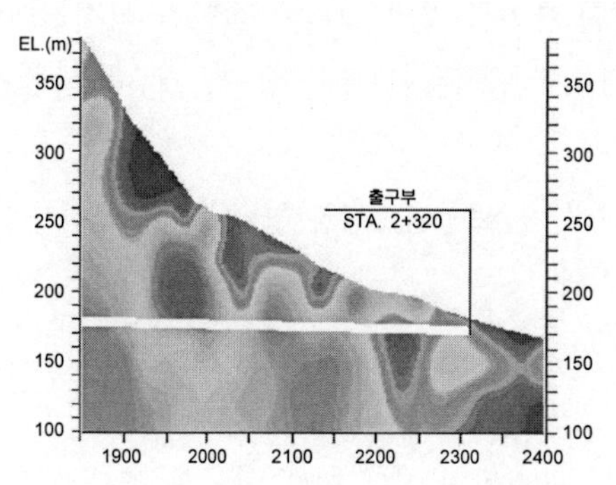

[그림 3-28] 종방향 전기비저항 탐사 결과

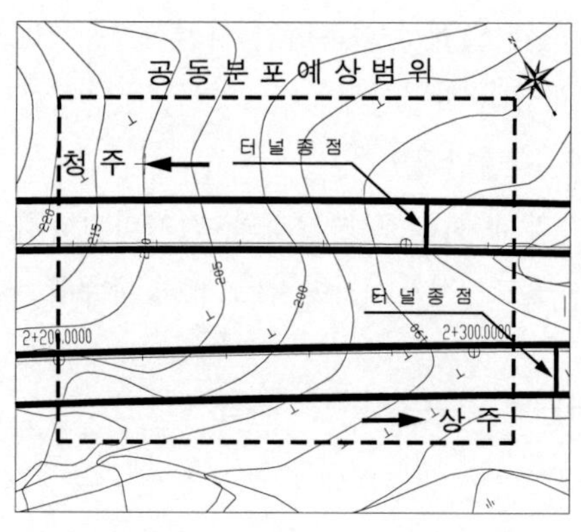

[그림 3-29] 공동분포 예상위치도

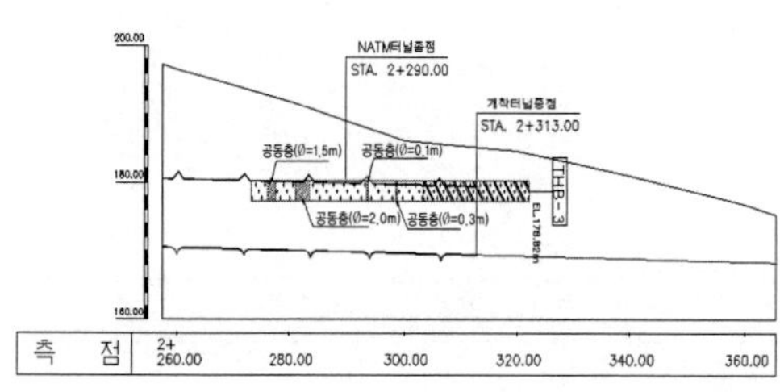

[그림 3-30] 갱구부 수평시추조사(THB-3)

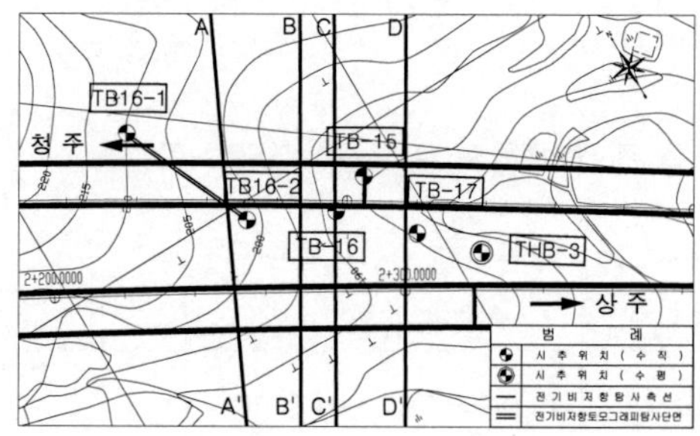

[그림 3-31] 탐사측선 위치도

2단계로 수평시추조사(THB-3)를 실시하여 석회공동 4개(Φ=1.5, 1.2, 0.1, 0.3m)의 분포를 확인하였다(그림 3-30).

3단계로서 횡방향 전기비저항 탐사를 4단면 수행하여 그림 3-31의 석회공동 분포 범위를 입체적으로 파악하였으며, 각 단면에 대한 탐사결과는 그림 3-32, 3-33, 3-34, 3-35에서 보는 바와 같다.

석회공동으로 예상되는 부분은 시추조사 결과와 비교하여 지표와 연결되지 않는 위치로 판단하였다.

4단계로서 수직시추조사와 전기비저항 토모그래피 탐사를 수행하였다. 탐사 결과인 전기비저항 단면도는 그림 3-36과 같으며 수직시추조사에서는 TB-16-2에서 Φ=0.2m 석회공동이 확인되었다.

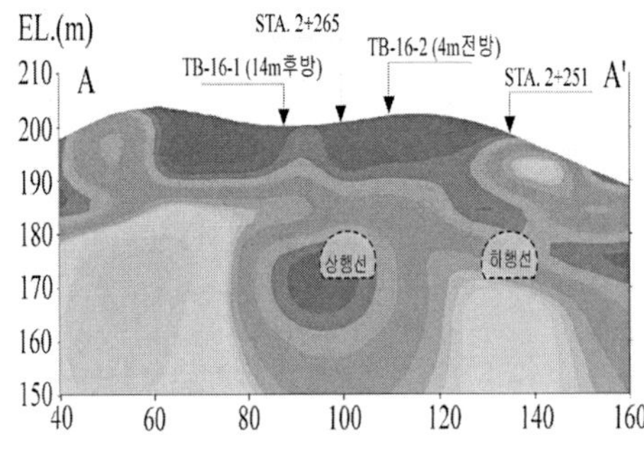

[그림 3-32] A~A' 단면

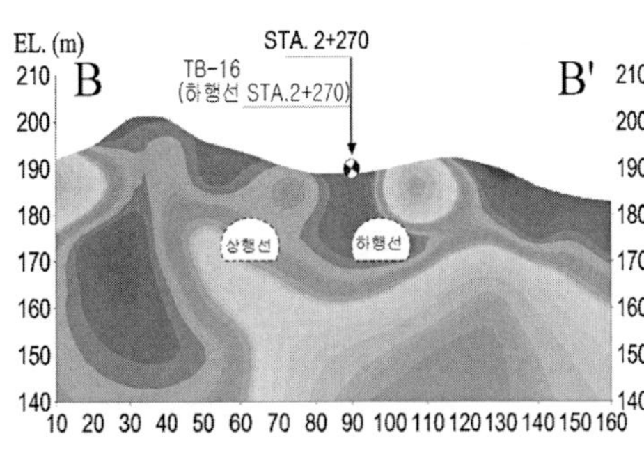

[그림 3-33] B~B' 단면

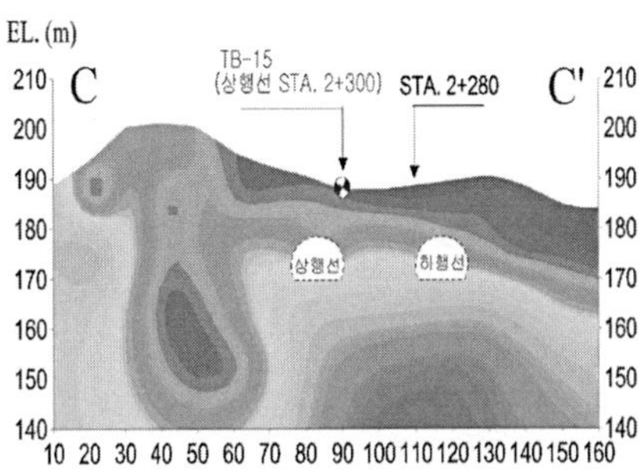

[그림 3-34] C~C' 단면

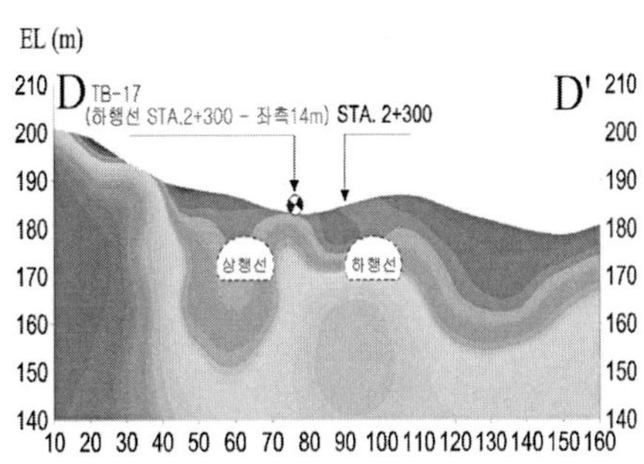

[그림 3-35] D~D' 단면

위의 조사 및 분석내용을 종합하여 그림 3-37과 같이 석회공동 분포구간 및 위치를 파악하였다. 시추조사로 확인하지 못한 구간의 석회공동 크기는 석회공동의 생성원리상 시추조사에서 확인된 Φ=0.1~1.5m의 크기와 비슷하다고 추정하였다.

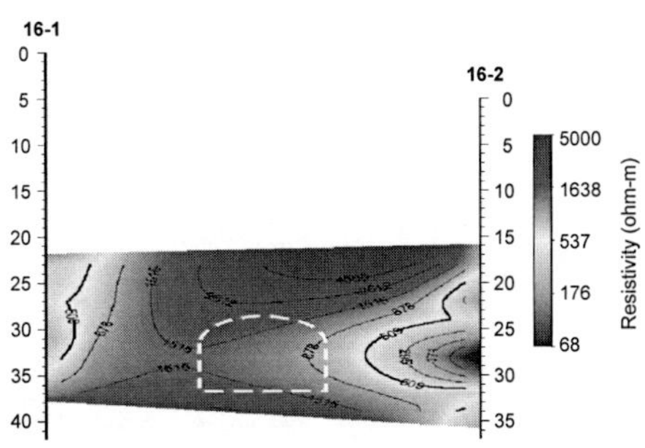

[그림 3-36] 전기비저항 단면도

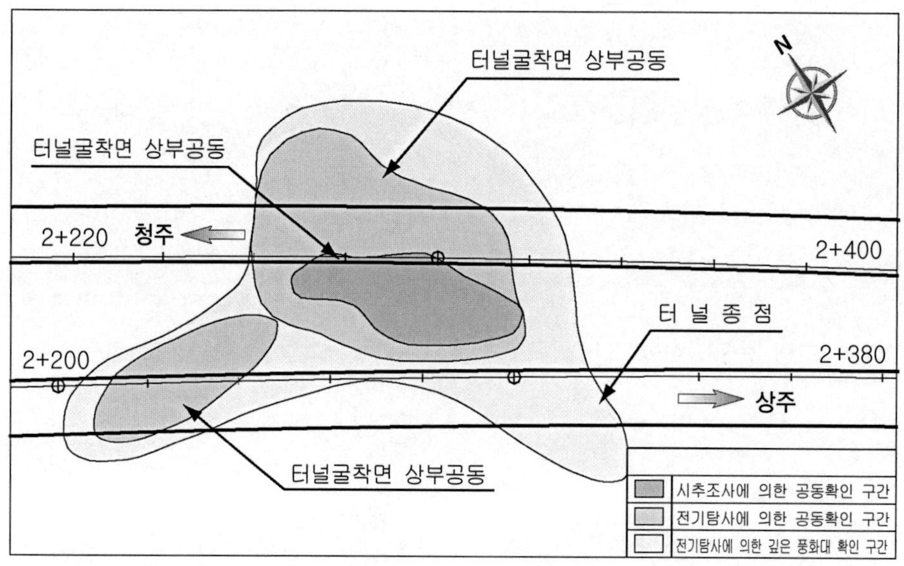

[그림 3-37] 종합분석도

마. 공학적 특성치 산출

1) 현장시험

(1) 수압시험 성과

기반암의 수리특성치 파악을 위한 수압시험 결과는 표 3-5와 같다.

[표 3-5] 수압시험 결과

암종	지층	평균투수계수 (cm/sec)	평균 Lugeon 치	Flow Type
이질천매암	연 암	1.33×10^{-4}	10.3	Laminar Flow (32%) Dilation (64%) Turbulent Flow (4%)
	경 암	8.57×10^{-7}	0.067	
사질천매암	경 암	3.78×10^{-6}	0.28	
사질-이질 박층교호대	연 암	1.19×10^{-6}	0.92	
	경 암	3.24×10^{-6}	0.26	
우백질사질천매암	경 암	3.32×10^{-6}	0.95	
함력 이질천매암	경 암	5.77×10^{-6}	0.45	

(2) 공내재하시험 성과

기반암의 변형특성 파악을 위해 공내재하시험을 실시한 결과는 표 3-6과 같다.

[표 3-6] 공내재하시험 결과

암종	지층	평균변형계수 (kgf/cm^2)
사질-이질 박층교호대	보통암	115,508
	경 암	213,435
사질천매암	연 암	25,769
	경 암	264,633
석회암	연 암	3,540
	보통암	14,234
	경 암	81,115
우백질사질천매암	보통암	58,814
	경 암	147,817
이질천매암	연 암	15,917
	보통암	30,751
	경 암	201,577
함력 이질천매암	연 암	22,213
	보통암	107,303
	경 암	130,961

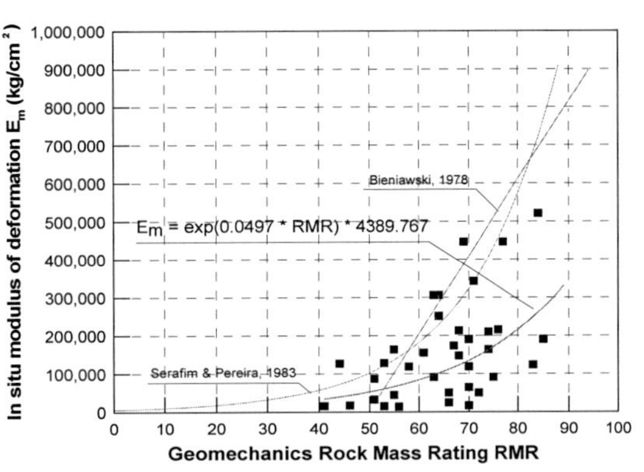

[그림 3-38] RMR-Em 상관분석도

RMR과 변형계수를 경험식과 비교하면 경험식과 일치하는 경향을 보이는 부분도 있지만 RMR에 비해 변형계수가 낮게 나타나는 부분도 많이 있었다(그림 3-38). 이러한 결과는 천매암의 층리나 엽리면이 약면으로 작용한 것으로 추정되며 천매암층에 대한 설계 시에는 이러한 점이 고려되어야 할 것으로 사료된다.

(3) 수압파쇄시험 성과

터널설계를 위한 초기응력분포를 파악하기 위해서 회북터널과 건천터널에서 수압파쇄시험을 실시하였으며, 그 결과를 요약하여 표 3-7과 그림 3-39 및 그림 3-40에 나타내었다.

[표 3-7] 수압파쇄시험 결과

구분	회북터널	건천터널	비고
최대수평응력방향	114°	179°	수평응력비가 대체로 낮아서 방향이 따른 응력차이는 비교적 적음
수평응력비 $\left(\frac{\sigma_H}{\sigma_h}\right)$	1.12~1.43(평균 1.27)	1.11~1.19(평균 1.15)	
터널축과 최대주응력 사이각	12°	84°	
측압계수 범위	1.49~2.62	1.67~2.44	
현지암반인장강도(MPa)	2.59~6.75	3.69~5.91	

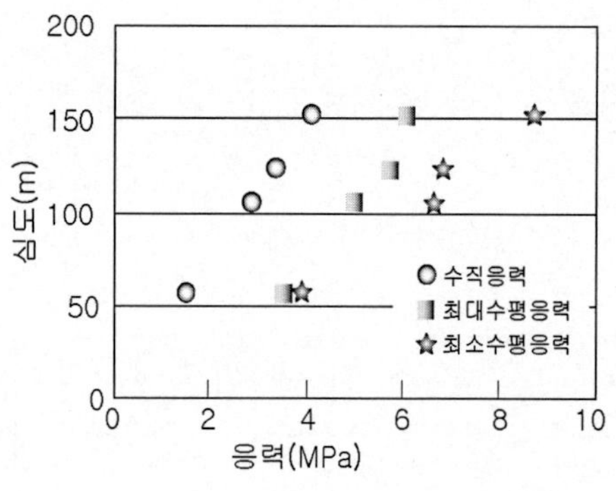

[그림 3-39] 회북터널 심도별 응력분포

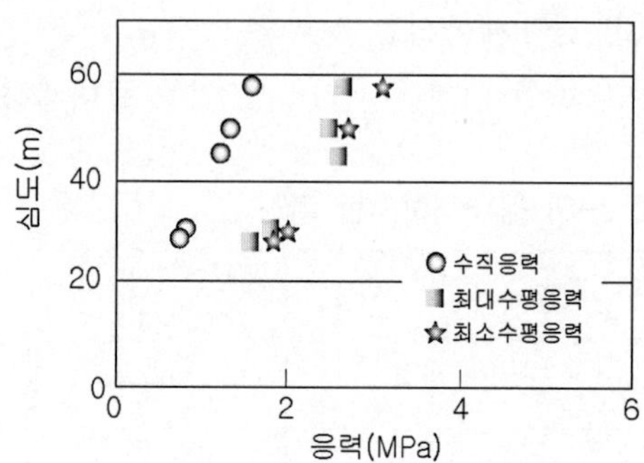

[그림 3-40] 건천터널 심도별 응력분포

응력분포경향과 측압계수 산출 결과를 분석하면 다음과 같다.

- 이 지역은 침식에 의한 영향과 함께 옥천누층군의 습곡을 형성시킨 횡압력과 건천리 쪽의 남북 방향 단층을 형성시킨 횡압력이 존재하여, 수직압력감소 및 수평응력의 증가에 의한 측압계수의 영향이 있었다.
- 최소수평주응력에 대한 최대수평응력비가 1.12~1.43으로 작아서 횡압력의 작용은 침식에 의한 영향보다 작다.
- 심도별 측압계수의 경향을 고려할 때 회북터널 구간에서는 약 100m 심도를 전후하여 상부는 침식에 의한 영향력이 더 크고, 하부로는 횡압력에 의한 영향력이 더 큰 것으로 판단되며, 건천터널에서는 심도 45m 전후해서 상부는 침식의 영향이 더 크고, 하부는 횡압력의 영향이 더 큰 것으로 판단된다.

2) 실내시험 성과

(1) 강도 및 변형특성

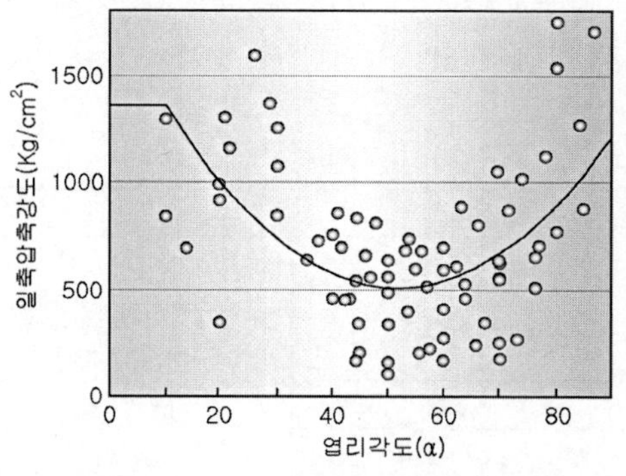

[그림 3-41] 엽리각도와 압축강도 관계

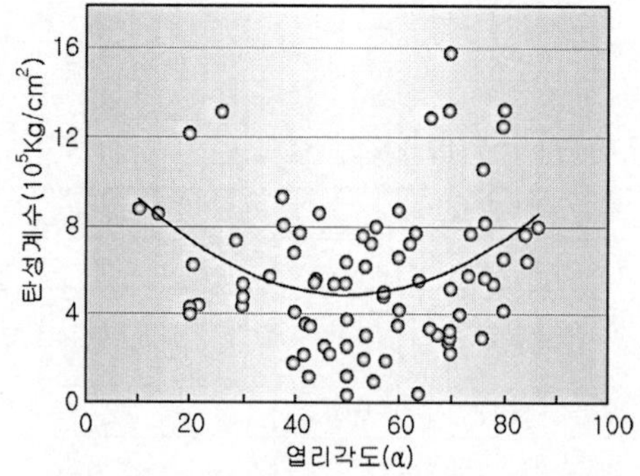

[그림 3-42] 엽리각도와 탄성계수 관계

천매암의 엽리각도와 압축강도 및 탄성계수의 관계를 그림 3-41과 그림 3-42에 나타내었다.

시험 결과를 분석하면 엽리가 수평에서 40~60도까지는 일축압축강도와 탄성계수가 전반적으로 떨어지는 데 비하여 엽리각도가 10~20도와 75도 이상은 일축압축강도와 탄성계수가 크므로 엽리가 파괴에 큰 영향을 미치지 못한다는 것을 알 수 있다. 이는 천매암류의 파괴강도가 암석의 엽리각도에 크게 영향을 받는다는 것을 알 수 있다.

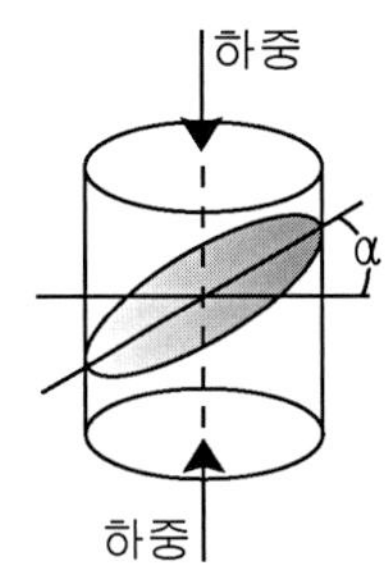

α는 수평면과 엽리면이 이루는 각도

[그림 3-43] 수평면과 엽리면의 관계

(2) 이방성 특성

천매암의 변형이방성을 파악하기 위해 이방성시험을 실시하였으며, 이방성 시험결과는 표 3-8에 나타내었다.

[표 3-8] 이방성 시험 결과

암종	함력이질천매암	사질천매암	비고
Φ (°)	34	54	
일축압축강도 (kgf/cm^2)	1068	631	
(1)방향탄성계수 (×10^{5}kgf/cm^2)	4.2	1.98	
(2)방향탄성계수 (×10^{5}kgf/cm^2)	1.03	0.71	

그림 3-44와 그림 3-45에 이방성 시험 시의 파괴양상을 나타내었다.

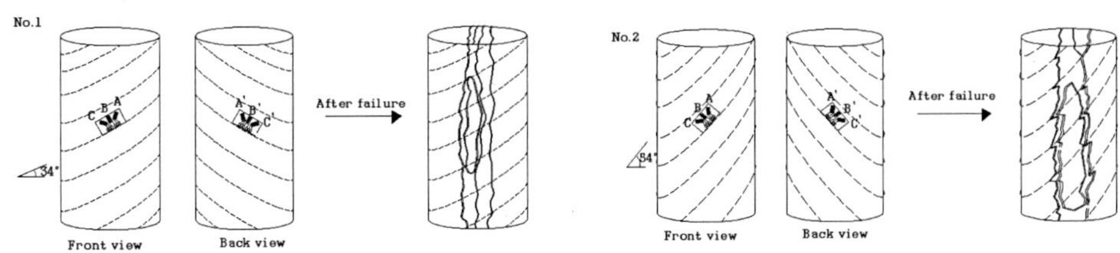

[그림 3-44] 엽리의 영향을 받지 않은 파괴양상 **[그림 3-45]** 엽리의 영향을 받은 파괴양상

파괴양상을 관찰하면 괴상으로 분포하고 함력이질천매암은 이방성의 영향을 받지 않은 것처럼 전형적인 일축압축 파괴양상을 보이고, 사질천매암에서는 엽리의 영향을 받아서 엽리 방향으로 미세한 파괴가 일어남을 알 수 있다. 그러나 변형특성상에서는 함력이질천매암과 사질천매암 모두에서 탄성계수가 4배가 차이나는 것을 알 수 있었다.

(3) Creep 특성

시간에 따른 강도저하 양상을 파악하기 위하여 크리프 시험을 실시하였다.

시험은 3개 시료의 일축압축강도를 측정하고 그 평균값을 추정일축압축강도로 설정한 후 추정일축압축강도의 80, 90, 95%의 하중을 가하면서 시간에 대한 변형률을 측정하였고 그 결과를 그림 3-46에 나타내었다.

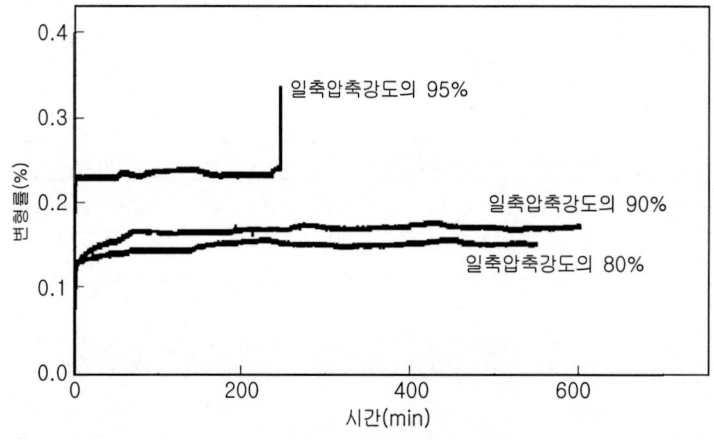

[그림 3-46] 크리프 시험 결과

시험 결과 추정일축압축강도의 80~90%에서는 1시간 30분 정도까지 시간에 따른 변형률이 증가하는 1차 및 2차 크리프 현상이 발생하였고, 일축압축강도의 95% 하중 재하 시에는 1차 크리프 현상이 거의 발생하지 않고 2차 크리프 현상이 발생하여 5시간 정도 지속되다가 파괴가 발생하였다.

천매암의 경우 실내시험 압축강도의 95%를 일축압축강도로 적용하는 것이 타당하리라 판단된다.

(4) 팽창성 특성

이질천매암에 대해 팽창성 시험을 실시하였고, 그 결과를 그림 3-47에 나타내었다.

팽창변화율은 0.06~0.15%로 25시간 이내에 모든 팽창이 발생하였고 그 이후에는 거의 발생하지 않았다.

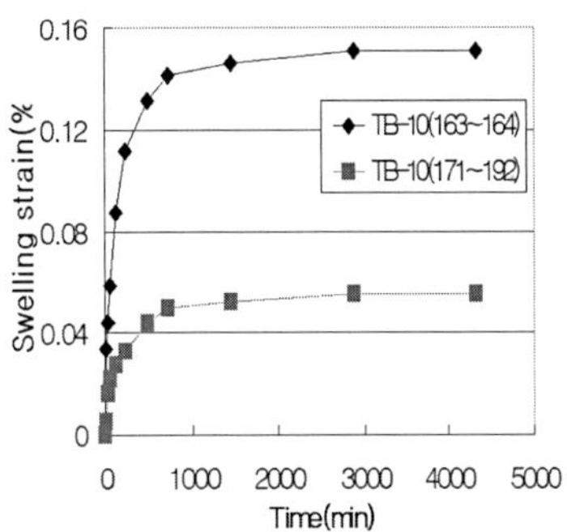

[그림 3-47] swelling test 결과

(5) 풍화저항치 특성

자연상태 그대로는 고결력을 가진 암석이라도 응력조건의 변화, 지하수위의 변동, 흡수팽창, 풍화 등에 의해서 고결력이 저하되는 경우가 있다. 이러한 특성을 파악하기 위해 깎기부 시료에 대해 Slaking durability test를 실시하였다.

Slaking Durability Index가 99.14%로 나타나 천매암의 내구성은 있는 것으로 평가되었다(그림 3-48).

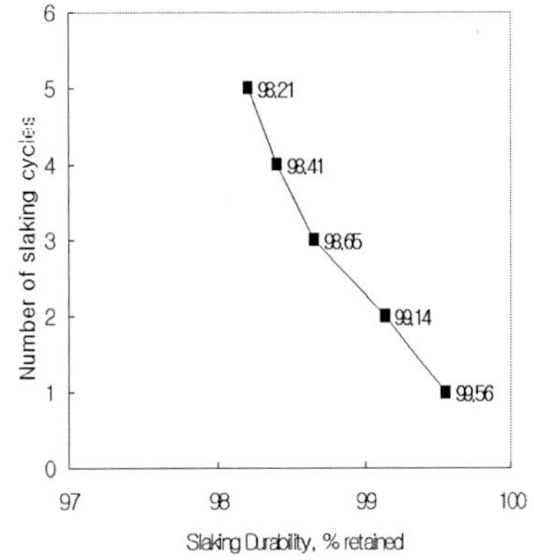

[그림 3-48] slaking durability 결과

(6) 절리면 전단강도 및 강성 특성

절리면의 역학적 특성을 파악하기 위해 절리면 전단시험을 실시하였다(표 3-9).

[표 3-9] 절리면 전단시험 결과

공번	마찰각(°)		점착력 (kgf/cm²)		수직강성 (kgf/cm²/mm)	전단강성 (kgf/cm²/mm)	JCS (kgf/cm²)	JRC	비고
	최대값	잔류값	최대값	잔류값					
TB-1	36	-	0	-	44	4.1	900	2	사질천매암
TB-3	30	-	0.3	-	64	1.9	850	5	이질천매암
TB-13	17	16	1.8	0.8	81	4.9	700	5	사질이질 박층교호대
TB-15	35	30	0.07	0	74	5.4	500	5	석회암
TB-22	26	23	0.7	0.6	73	4.1	900	6	함력이질천매암
CB-5	33	32	0.77	0.15	105	7.1	500	6	사질천매암
CB-6	39	36	1.3	1	88	9.1	950	7	사질천매암
CB-15	28	-	1.6	-	94	7.4	1,200	3	사질천매암
CB-16	27	-	2.3	-	83	6.7	900	6	사질천매암

타 암석에 비해 절리면의 마찰각은 유사하나 점착력은 낮은 상태를 나타내었고, 사질이질 박층교호대와 함력이질천매암은 마찰각 또한 낮은 것으로 나타났다.

(7) 삼축압축시험에 의한 강도상수, mi(표 3-10)

[표 3-10] 삼축압축시험에 의한 mi 산출 결과

암종	mi		암종	mi	
	평균	표준편차		평균	표준편차
사질천매암	30	7.56	석회암	25	2.12
이질천매암	20	7.07	우백질 사질천매암	22	2.00
사질-이질 박층교호대	15	2.76	함력 이질천매암	25	2.12

기존의 실내시험 결과인 mi = 6~24와 비교하면 서로 약간의 차이가 있음을 알 수 있다. 이러한 차이는 다음의 4가지 원인에 의해 발생된 것으로 판단된다.

첫째, 천매암은 퇴적층리면이 약한 면으로 작용할 수 있으므로 삼축압축시험 결과치의 편차가 큰 경우가 생길 수 있다.

둘째, 봉압의 단계가 적다. 일반적으로 Hoek이 제안한 5회 이상보다 적은 4회(일축압축강도시험 포함)를 실시한다. 암석시료가 균질하여 봉압 단계별로 시험 결과의 신뢰성이 높으면 봉압단계가 적어도 되지만 상대적으로 약한 면이 있는 경우 어느 한 단계에서라도 값의 편차가 심하면 산출되는 mi값은 많이 다를 수 있다.

셋째, 시험 Data 수가 적다.

넷째, mi값을 산출하는 과정을 보면 일축압축강도에 영향을 많이 받음을 알 수 있다.

이러한 문제점을 극복하고 신뢰성 있는 mi값을 산출하려면 시험수량을 늘리는 것도 방안이 될 수 있지만, 봉압의 단계를 늘려서 특정압력 단계에서 발생한 오차가 mi값에 미치는 영향을 줄이는 것이 필요할 것이다.

특히, mi값에 영향이 크고 시험오차가 발생하기 쉬운 일축압축강도 값은 2회 이상 실시하여 큰 값을 적용하는 것이 바람직할 것이다.

또한 보통 1~2m인 시험시료 선정구간이 다소 넓어지더라도 지반의 대표성과 상태동질성이 확보되도록 시험시료가 선정되어야 할 것이다.

3) 설계정수

변형계수는 공내재하시험 결과, 암반분류에 의한 경험치, 암석시험 결과인 탄성계수 보정치 등을 종합하여, 강도정수는 암반분류 결과를 이용한 경험치, GSI에 의한 강도정수 산정방법 등을 종합하여 확률론적통계기법을 적용하여 산정하였다(표 3-11, 표 3-12).

[표 3-11] Monte-Carlo기법 적용을 위한 입력 자료

암종	지층구분	mi		σ_{ci} (MPa)		GSI	
		평균	표준편차	평균	표준편차	평균	표준편차
사질천매암	연 암	30	7.56	51.8	34.99	30	2.17
	보통암			107.7	59.86	44	5.10
	경 암			111.0	49.18	66	6.66
이질천매암	연 암	20	7.07	26.2	17.38	31	4.38
	보통암			54.3	33.88	46	7.22
	경 암			107.1	40.36	67	7.95
사질-이질 박층교호대	연 암	15	2.76	54.9	34.04	33	2.76
	보통암			80.7	45.77	50	2.84
	경 암			84.9	25.12	66	11.11
석회암	연 암	25	2.12	37.7	24.99	35	12.67
	보통암			54.3	20.35	43	8.34
	경 암			93.7	18.12	64	8.79
우백질 사질천매암	연 암	22	2.00	24.3	18.08	30	5.08
	보통암			56.0	29.27	47	3.70
	경 암			103.2	51.89	65	5.56
함력 이질천매암	연 암	25	2.12	49.2	18.44	31	6.24
	보통암			56.5	44.59	45	3.08
	경 암			85.1	23.00	67	7.11

[표 3-12] 설계정수 산정치

암종	지층구분	변형계수 (Em, kgf/cm²)	점착력 (C, kgf/cm²)	내부마찰각 (Φ, °)	비고
사질천매암	연 암	1.1×10^4	15.5	36	마구터널, 회북터널
	보통암	2.3×10^4	39.7	39	
	경 암	1.5×10^5	58.3	46	
이질천매암	연 암	7.0×10^3	6.9	32	
	보통암	2.7×10^4	17.1	37	
	경 암	1.2×10^5	57.0	42	
사질-이질 박층교호대	연 암	1.5×10^4	13.2	31	회북터널
	보통암	6.3×10^4	27.8	35	
	경 암	1.4×10^5	41.4	38	
석회암	연 암	1.6×10^4	11.9	35	
	보통암	2.6×10^4	19.1	37	
	경 암	9.9×10^4	45.7	43	
우백질 사질천매암	연 암	5.0×10^3	6.7	33	건천터널
	보통암	3.1×10^4	20.6	37	
	경 암	9.0×10^4	54.2	42	
함력 이질천매암	연 암	1.0×10^4	14.0	34	
	보통암	3.0×10^4	19.1	37	
	경 암	1.1×10^5	45.3	43	

3.1.5 결론

옥천누층군의 저변성 퇴적암류인 천매암이 주로 분포하는 지역에 건설되는 도로설계(터널 3개소 포함)를 위한 지반조사를 실시하였으며, 다음과 같은 성과를 얻었다.

(1) 시추조사가 극히 제한적인 위치에서만 수행될 수 있는 산악터널에서는 지질구조특성을 분석하는 것이 시추공 사이의 지반상태를 판단하는 데 중요한 역할을 한다.

(2) 본 조사 지역과 같이 수차례에 걸친 습곡, 단층 등으로 복잡한 지질구조를 보이는 곳에서는 지질특성에 따라 지표지질조사, 시추조사, 물리탐사기법을 적절히 혼용하여 지질구조를 파악하는 것이 필요하며, 본 조사에서의 적용 사례는 다음과 같다.

터널명	지질구조분석 조사내용	지질구조
마구터널	지표지질조사 시추조사에서 나타난 지층의 호층구조	사질천매암과 이질천매암이 호층을 이루며 약 70도 기울어져 분포한다. 사질천매암은 괴상으로 이질천매암은 절리가 발달되어 나타난다.
회북터널	전기비저항단면에서 흑연성분 key bed의 어긋난 모양, 사질천매암, 이질천매암, 사질이질 박층교호대, 석회암 등으로 시추코어의 암질을 분류한 결과	사질천매암, 이질천매암, 사질이질 박층교호대, 석회암 순으로 분포하며 3조의 침강운동형 단층이 발달한다.
건천터널	지표지질조사에서 우백질사질천매암과 함력이질천매암 경계 확인, 우백질사질천매암과 함력이질천매암 경계부 저비저항대	시점 쪽에서는 우백질사질천매암이, 종점쪽에서는 함력이질천매암이 분포하며 그 경계는 시점 쪽으로 경사져 있다.

(3) 본 조사 지역에 나타나는 지질은 연구학자마다 표식지를 달리함으로써 계명산층, 미원리층, 운교리층, 문수리층, 창리층, 황강리층 등의 지질적 지층명이 부여되어 있다. 지질학계에서도 정설이 없는 복잡한 지질적 지층명을 본 조사를 통해 확립할 수도 없거니와 터널 등의 토목구조물 설계를 위한 조사목적과도 부합하지 않는다.
따라서 구성성분, 절리발달빈도 등 공학적 인자와 연관성이 있는 사항을 토대로 본 조사 지역의 지질적 지층명을 '사질천매암, 이질천매암, 사질-이질 박층교호대, 석회암, 우백질이질천매암, 함력이질천매암'으로 구분하였다.

(4) 회북터널 출구부에 있는 석회암 지역은 시추조사 결과 Φ=0.2~1.5m 크기의 공동이 확인되어 전기비저항 탐사, 전기비저항 토모그래피 탐사 등을 실시하고 그 결과와 시추조사 결과를 연계분석하여 공동분포범위를 판단하였다.

(5) 시추공 사이의 지반상태를 파악하는 전기비저항 탐사 결과의 적용에서는 지질조건, 지하수조건, 전도성광물 존재 등 비저항치에 영향을 줄 수 있는 요인과 상부에 저비저항대가 있을 때 하부의 비저항치는 실제보다 낮게 나타나고, 저비저항대의 범위는 실제보다 큰 범위로 나타나는 전기비저항 탐사의 속성을 고려하였다.

(6) 깎기부인 채석장 위치에서 3조의 단층을 확인하였으나 지질도폭상 회북터널 중간에 추정단층으로 표시된 부분은 단층이 아닌 것으로 나타났고, 회북터널 구간에 침강운동형 정단층 3조가 지질구조 분석에서 확인되었다. 침강운동형 정단층은 1m 내외의 폭을 갖는 파쇄대가 발달함을 시추조사로서 확인하였다.

(7) 강도정수 산정을 위한 mi 값이 타사의 시험 결과와 약간 차이가 있는 것으로 나타났는데 향후 신뢰성 있는 강도정수 산정을 위해서는 봉압의 단계를 시험시료의 균일성에 따라 5~8단계 정도 실시하는 것이 바람직하다고 판단된다.

3.2 천매암 지역에서의 암반구조물 설계 사례

3.2.1 서론

천매암층의 경우 변성퇴적암의 일종으로 암반 내 층리와 편리 그리고 절리 등과 같은 암반 불연속이 발달해 쉽게 부스러지는 특성이 있으며, 특히 노출 시 풍화에 매우 민감하여 암반 구조물 설계 시 이에 대한 안정성 확보에 유의하여야 하며, 장기적인 안정성 확보를 위한 보강대책이 요구된다.

따라서 천매암층과 같은 특수지질불량 구간에서 합리적인 설계·터널 시공을 달성하기 위해서는 먼저 대상 지질에 대한 지질특성, 암반특성을 정확히 이해하는 것이 필요하며, 이러한 것을 바탕으로 지반특성에 적합한 보강대책을 수립하여야 한다.

본고에서는 전형적인 변성퇴적암 지층으로 알려진 충북 보은 지역 중 천매암부터 점판암에 이르는 다양하고 복잡한 지질구조를 이루고 있는 지역에서의 터널 및 암반사면의 설계 사례를 통하여 천매암 지역에서의 암반구조물 설계상의 제반 문제점을 검토하여 천매암 지층에서의 안전하고 합리적인 터널 및 암반사면의 설계 및 시공방안에 대하여 고찰하였다.

3.2.2 지질 및 지반특성

가. 지형 및 지질

본 구간은 충북 청원군 문의면 마구리에서 보은군 회북면 건천리까지 북서-남동 방향으로 이어지는 전체연장 약 8.5km에 달하는 구간이다. 본 구간은 논란이 심한 옥천계 퇴적변성암 지역으로 학자들의 견해에 따라 지질구분 및 단층분포 등에 대한 이견이 존재하는 지역이다. 본 구간의 지질도 및 지질구조도는 그림 3-49에서 보는 바와 같으며, 표 3-13에는 본 구간의 지질계통이 나타나 있다.

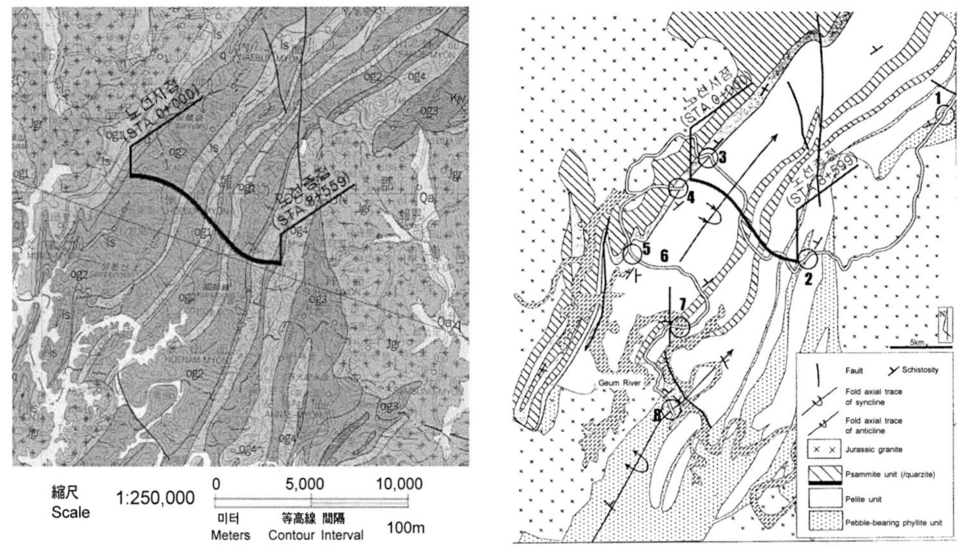

[그림 3-49] 대전지질도폭 및 지질구조도

[표 3-13] 본 구간의 지질 계통

구분	금번 조사	보은도폭(김옥준 외, 1977)	미원도폭(이민성 외, 1980)
신생대 제4기	충적층 ~~부정합~~	충적층 ~~부정합~~	충적층 ~~부정합~~
중생대 백악기	화강반암 — 관입 —	화강반암 — 관입 —	화강반암 — 관입 —
고생대 페름기 (평안계)		국사봉층 — 단층접촉 —	
시대미상 옥천계	황강리층	황강리층	황강리층
	~~부정합~~	~~부정합~~	~~부정합~~
	문주리층	문주리층	문주리층
	이원리층	(황강리층)	이원리층
	국사봉층		(구룡산층)
	눌곡리층	(문주리층)	(운교리층)
	구룡산층	(창리층)	구룡산층
	화전리층	(향산리층군 상부)	화전리층
	운교리층	(향산리층군 상부)	~~부정합~~ 운교리층

또한 본 구간의 지층별 지질분포특성을 정리하여 표 3-14에 나타내었으며, 표 3-15에는 지질구조특성을 정리하였다.

[표 3-14] 지층별 지질분포 특성

지층명	지질분포 특성	대표 암반 노두 사진
운교리층	• 구성암석은 주로 사질암(psammite)과 이질암(pelite)의 교호층이 변성작용을 받아 형성된 암갈색 내지 회색의 천매암(phyllite)이 가장 우세하며, 또한 석회암층과 규암층으로 구성되어 있다. • 천매암층 내에는 연속성이 불량한 역암층이 협재하며 본 층의 중하부에는 유백색의 결정질 석회암층 및 암회색 석회질 점판암 내지 석회질 천매암층이 두만이 마을을 중심으로 남북으로 분포하며 본 층의 하부 및 상부에는 규암층이 협재 • 노선 시점부에는 원래 지층의 층리(S0)가 비교적 잘 보존되고 있음이 관찰되며 본 층의 전 구간에 점판벽개(S1 : slaty cleavage)가 가장 우세하게 발달해 있으며 이질암 구간에는 2차, 3차의 파랑 벽개(crenulation cleavage)가 발달해 천매암질 조직을 보여준다.	 ◂ 운교리층에 협재한 역질 천매암  ◂ 운교리층의 담회색 천매암층
화전리층	• 화전리 하부층 – 흑색 점판암과 담갈색 천매암이 주 구성암석이며 점판암 내에 박층의 석회암층이 수매 협재한다. • 화전리 상부층 – 기저부와 상부에 각각 폭 60~70m의 순수한 석회암과 중간부의 약 50m 구간에 담흑회색의 천매암으로 구성된 석회암 우세대이다.	 ◂ 화전리층 하부에 분포되는 흑색 점판암과 담회색 천매암이 교호
구룡산층	• 오동교-용촌리를 잇는 NNE~SSW 방향으로 층후 약 700m 폭의 흑색 점판암층인 본 층은 광역 변성 및 열변성작용을 받은 혼펠스로 풍화에 강하여 가파른 산 능선을 형성한다. • 본 층은 습곡구조에 의해 회인 중앙리 부근에서 2회 반복되어 나타나며 절리면의 발달이 약한 지역에서는 점판암을 채석한 바 있다.	 ◂ 구룡산층 흑색 점판암 채굴한 점판암 채석장 전경

지층명	지질분포 특성	대표 암반 노두 사진
눌곡리층	• 본 층의 주 구성암석은 석회질 세립 사질암 내지 천매암이며 규암의 발달이 운교리층에 비해 현저하게 적은 편이다. • 눌곡리층은 교석리-새말을 잇는 계곡부와 눌곡리-송평리를 잇는 NNE-SSW 방향의 소규모 충적평야를 형성하는 저지대에 습곡구조에 의해 2회 반복 분포하는 지층이다.	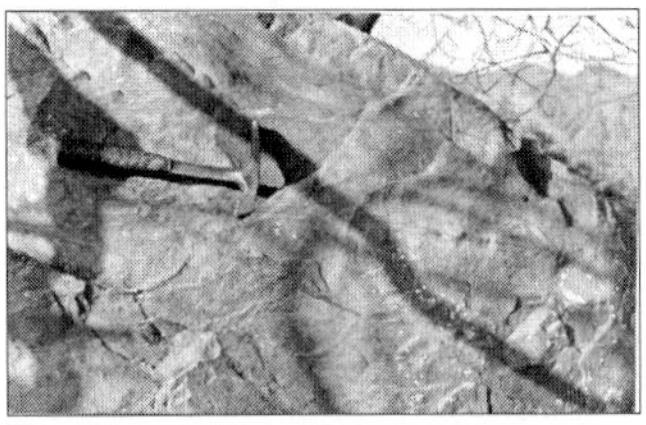 ◂금곡리층 사질암층 내에 발달된 1차 소습곡 구조
국사봉층	• 본 층은 건천리-국사봉을 잇는 능선을 형성하는 지층으로 열 변성작용 및 광역 변성작용을 받아 구룡산층과 유사한 혼펠스화된 흑색 점판암층으로 구성되어 있으며, 탄질 셰일 및 저질 탄층이 협재한다.	 ◂국사봉층의 흑색 점판암층
이원리층	• 본 층은 공태원 아남골 서쪽 능선을 따라 층후 약 200m 폭의 협소한 층으로, 1~5cm 크기의 규질역이 드문드문 포함되어 있는 함력 사질 점판암 내지 천매암으로 구성된 지층이다.	 ◂이원리층의 노두 사진
문주리층	• 주요 구성암은 이질암인 담녹회색 천매암이며, 흑색 점판암 및 담회색 규암층이 협재한다. 이들은 풍화에 강하여 가파른 산 능선을 형성하고 있으며 사질 천매암 및 규암층은 절리면의 발달로 돌서렁(talus)을 형성하고 있다.	 ◂흑색 천매암대 내에 발달된 등사습곡구조
황강리층	• 본 층의 구성암은 함력이질암으로 대표되며 대체로 하부에는 암회색 함력석회질천매암이 우세하나 상부로 갈수록 흑색 함력천매암질암으로 점이적으로 변하는 경향이 농후하다.	 ◂ 황강리층의 노두 사진

[표 3-15] 본 구간의 지질구조특성

구분	특성	비고
습곡구조	• 1차 습곡구조는 1차 엽리면인 점판 벽개면(S1)을 습곡축면 엽리로 하며, 대규모 구조는 서익부를 Long limb, 동익부를 Short limb으로 하는 습곡구조로서 습곡축의 침강방향 및 침강각이 039/83로 나타난다. • 2차 소습곡구조는 파랑 벽개(crenulation cleavage)를 축면으로 하며 계획노선구간의 21개 지점에서 측정되었다. • 3차 습곡구조는 소습곡구조보다는 선구조로 인식되며 후기 파랑벽개 또는 Kink-band의 특징을 갖는 3차 벽개면을 축면으로 한다.	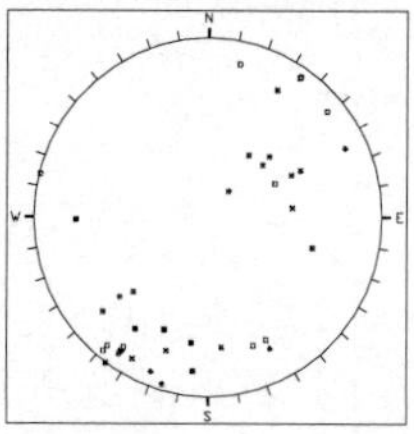 – 1차 습곡축(N=14): 039/83 – 2차 습곡축(N=21): 221/36 – 3차 습곡축(N=4): 022/59
단층구조	• 계획 노선을 따라 소규모 단층은 21개 관찰되었으나, 미원도폭 및 보은도폭 상에 기재된 대규모 추정 단층(N40W 방향 단층대, 조곡 충상단층대)들은 존재하지 않는다. • 21개의 소단층 분석 결과 주향 NS~N30E 방향에 경사는 56~68NW 단층이 가장 우세하며, 이들 단층은 정단층 또는 역단층으로 대부분 1차 점판 벽개면에 거의 평행하게 발달해 있고 계획 노선인 N60W 방향에 거의 직교한다. • 위의 단층 외에 2곳에서 계획 노선에 거의 평행인 주향 N42W 방향의 수직 단층인 주향 이동단층이 확인되었다.	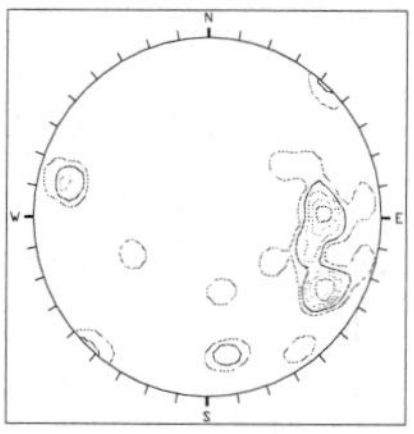 N=21, Dipdir./dip: 300/68
불연속면	• 본 구간 내 불연속면들은 층리(bedding), 편리(folliation), 절리(joint)면으로 구분되며 특히 층리면의 경우 습곡작용에 의한 거들(girdle)구조를 나타내고 있음이 특징적이다. • 이들 각 불연속면별 전체에 대한 방향성 분석 결과는 다음과 같다. – 층리면(bedding): 305/37 – 편리면(foliation): 298/38(대체적 방향은 N10E~N40E 범위 내에 포함) – 절리면(joint set): 주방향 206/86(N20W~N70W 범위) 부방향 103/57(N10E~N30E 범위), 345/84(N70E~N80E 범위) ◂ 층리면(N=47) 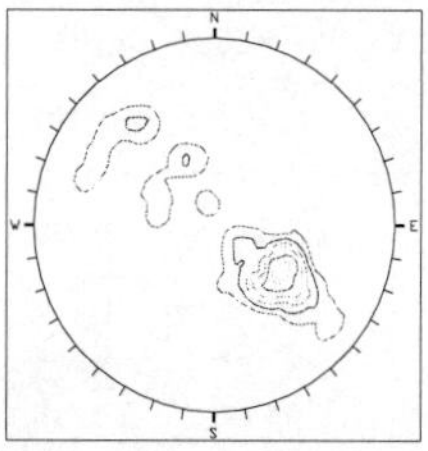 ▸ ◂ 편리면(N=531) 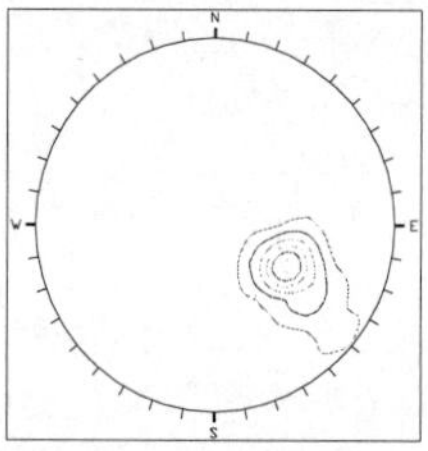 ▸ ◂ 절리면(N=543) 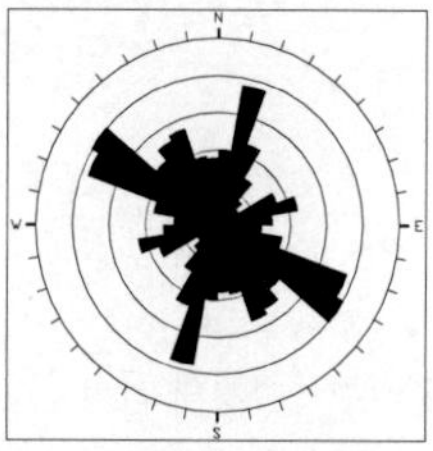 ▸	

3.2.3 지층 분석

가. 터널구간

시점부 구간은 STA. 0+258~STA. 0+338에 위치하며, 4공의 시추조사를 실시하였으며 시추조사 결과 지표로부터 붕적층, 연암층 및 경암층의 순으로 분포하며, 지하수위는 7.0~15.5m로 분포하는 것으로 측정되었다(표 3-16).

중간부 구간은 STA. 0+633~STA. 2+158에 위치하며, 5공의 시추조사를 실시하였으며 시추조사 결과 지표로부터 표토층, 전석층, 붕적층, 연암층 및 경암층의 순으로 분포하며, 지하수위는 5.8~26.5m로 분포하는 것으로 측정되었다.

종점부 구간은 STA. 2+278~STA. 2+319에 위치하며, 5공의 시추조사를 실시하였으며

[표 3-16] 터널구간 지층구성

지층	토성	지층 두께 (m)	공학적 특성	U.S.C.S	비고
표토층	구성: 실트질모래. 암갈색	0.5(TB-5)	-	SM	TB-5
붕적층	구성: 실트질모래 섞인 자갈, 전석. 암회색, 갈색 내지 황색. 습윤상태. 굴진 시 전석의 코어 일부 회수 상대밀도: 보통-매우조밀 출현심도: 지표하 0.0~0.5m(TB-5)	1.2(TB-5-4) ~ 7.2(TB-5-2)	N: 15/30~50/10	-	TB-5,5-1, 5-2, 5-4
연암층	보통강함-강함. 보통풍화. 심한균열. 절리면 산화(절리면 풍화 및 변색). 암회색 내지 회갈색 출현심도: 지표하 0.0m(TB-5-3)~7.2m(TB-5-2) 암종: 천매암	1.4 (TB-5-4) ~ 6.0 (TB-5-3)	TCR: 9~94% RQD: 0 %	-	전역
경암층	강함-매우강함. 약간풍화. 보통-약간균열, 부분적으로 균열-괴상. 암회색, 회색 내지 회갈색. shear zone & 단층에 의한 파쇄가 부분적으로 나타남. 출현심도: 지표하 6.6m(CB-2) 암종: TB-5, 5-1번은 규암, 천매암이 교대되어 나타나며(천매암 우세), TB-5-2~TB-5-4번까지는 석회암, 천매암, 점판암이 주를 이루며 TB-5-2번 공은 석회암이 월등히 우세하며, 나머지는 천매암이 우세함.	49.4 (TB-5-4) ~ 207.1 (TB-5-1)	TCR: 대체로 100% RQD: 0~100% 대체로 70% 이상이다. (주절리각) TB-5~5-2 : 10~40도 TB-5-2~5-4 : 40도, 70도	-	전역

시추조사 결과 지표로부터 붕적층, 풍화토층, 연암층 및 경암층의 순으로 분포하며 12.3~14.5m(TB-6), 9.7~10.5m(TB-7)에서는 Clay & Breccia filled 되어 있으며 공동이 존재한다. 지하수위는 6.0~21.0m로 분포하는 것으로 측정되었다.

[표 3-17] 사면구간의 지층구성

지층	토성	지층두께 (m)	공학적 특성	U.S.C.S	비고
표토층	구성: 실트질모래. 암갈색. 습윤상태. 출현심도: 지표하 0.0m	0.4 (CB-3)	-	SM	CB-3
전석층	구성: 실트질모래 섞인 전석. 암회색, 적갈색. 습윤상태. 출현심도: 지표하 0.0m	1.0 (CB-5)	-	GP-SM	CB-5
붕적층	구성: 자갈, 전석 섞인 실트질모래. 암갈색. 습윤상태. 출현심도: 지표하 0.0m	1.3 (CB-6-1, ICB-3)	-	GP-SM	CB-6-1, ICB-3
풍화토층	구성: 실트질모래. 완전풍화. 황갈색 내지 암흑색 상대밀도: 보통-매우조밀. 출현심도: 지표하 0.0m	1.8(CB-6) ~ 2.5(CB-5-1)	N: 28/30~50/1 1	SM	CB-5-1, 6
풍화암층	굴진 시 실트질모래로 분리됨. 심한풍화 암흑색, 황색, 황갈색 내지 암갈색. CB-4: 차별풍화에 의한 맥석의 분포. 상대밀도: 매우조밀 출현심도: 지표하 0.0m(CB-4,7)~2.5m(CB-5-1).	0.5 (CB-5-1) ~ 3.3 (CB-4)	N: 50/8~50/3	-	CB-5, 6-1, ICB-3번을 제외한 전역
연암층	보통강함, 부분적으로 약함-강함. 보통풍화, 부분적으로 심한-약간풍화. 균열-심한균열, 부분적으로 보통균열. 절리면산화(절리면 풍화 및 변색). shear zone & fault zone에 의한 심한 파쇄가 나타난다. CB-7: fault zone 존재로 코어회수율 및 RQD극히 저조하다. 출현심도: 지표하 0.4m(CB-7)~4.2m(CB-6) 암종: 천매암(CB-4, 5-1), 점판암	2.0 (CB-6-1) ~ 39.2 (CB-7)	TCR: 16~100% RQD: 0~100%	-	ICB-3 제외
경암층	강함. 약간풍화. 보통-약간균열. 부분적으로 보통강함. 부분적으로 보통풍화. 부분적으로 심한균열-균열상태를 보임. 출현심도: 지표하 1.3m(ICB-3)~39.6m(CB-7) 암종: 위의 연암과 동일함.	10.4 (CB-7) ~ 38.5 (CB-5)	TCR: 24~100% RQD: 0~100%	-	전역

나. 암반사면 구간

본 구간은 STA. 2+550~ STA. 6+270에 위치하며 노선 내 깎기 예정 지역에서 기반암의 분포상태 및 암분류를 위하여 10공의 시추조사를 실시하였으며 시추조사 결과 지표로부터 표토층, 전석층, 붕적층, 풍화토층, 풍화암층, 연암층 및 경암층의 순으로 분포하며 풍화토층과 풍화암층의 구분은 표준관입시험 50/5타를 기준으로 하였다. 지하수위는 none~35.5m로 분포하는 것으로 측정되었다(표 3-17).

3.2.4 지반조사 결과 및 설계적용

가. 터널구간

1) 암반 분류

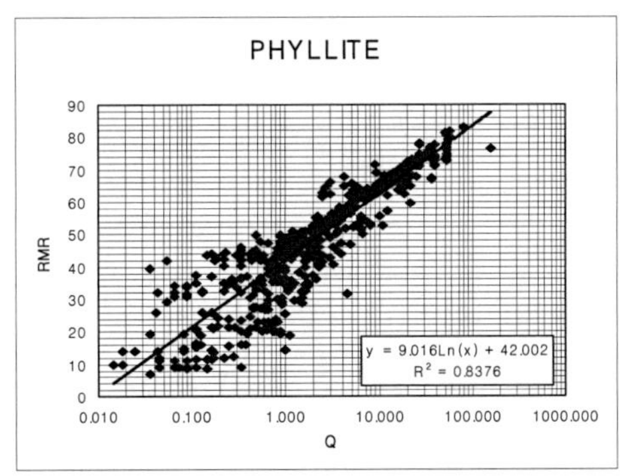

RMR – Q

PHYLLITE
RMR
RQD
y = 0.4335x + 25.309
R² = 0.6041

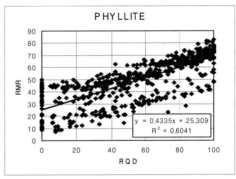

RMR – RQD

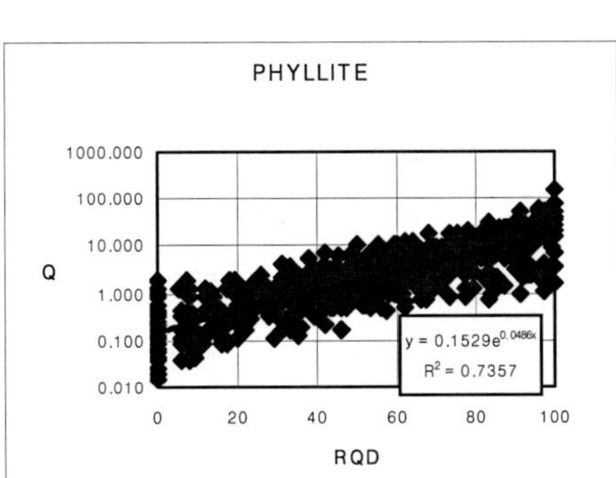

Q – RQD

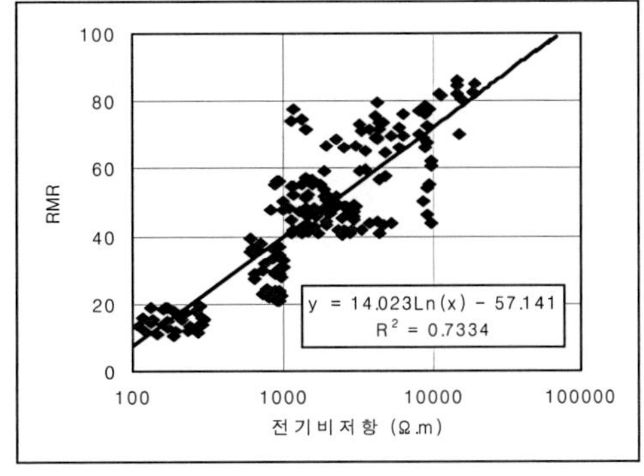

전기비저항 – RMR

(1) RMR = 9.016LnQ + 42.002 (r=0.84)

천매암군의 선형회귀분석 결과는 Bieniawski(1976) 결과와 유사, 전체적으로 우수한 상관관계를 보이며 기존 연구 조사 결과와 비교하여 적정성 입증.

(2) RMR-RQD 상관관계

RMR-RQD의 천매암의 상관관계는 선형으로 나타나며 R2=0.60로 비교적 낮게 나타남.

(3) Q-RQD 상관관계

Q-RQD의 천매암의 상관관계는 각각 지수함수로 나타났으며 R2=0.74로 비교적 높은 상관관계를 가지는 것으로 나타남.

(4) 전기비저항 - RMR, Q 상관관계

물리탐사 결과(전기비저항 탐사와 전자파탐사)의 비저항값을 이용, 본 조사에서는 각 시추공의 암반분류치와 그 지역 비저항치의 상대적인 비교를 통해 비저항치의 설정기준 적용.

2) 구간별 지보패턴 결정

- 본 과업구간의 대표 암종인 석회암(limestone)과 천매암(phyllite)의 특성을 활용.
- 석회암 ➡ 암질상태가 균질한 특성을 이용하여 연속체 개념에 주안점을 둔 S/C 보강패턴 위주.
- 천매암 ➡ 불연속면이 발달되어 있어 R/B 위주의 보강패턴 위주.

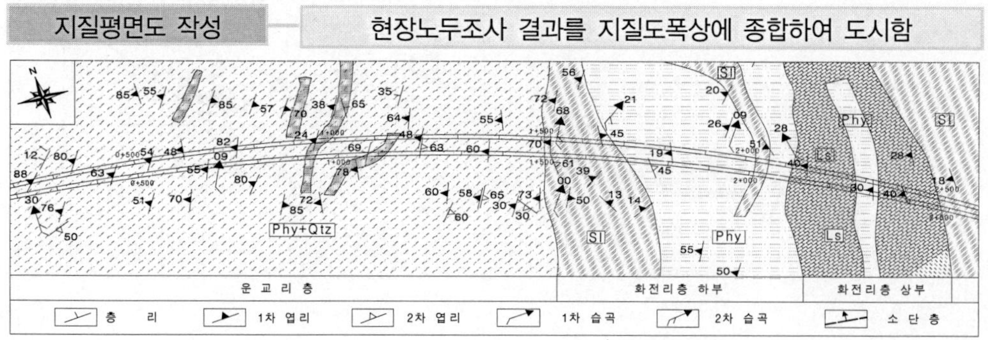

- 현장노두조사 시 절리, 층리, 편리의 불연속면 방향과 각도를 표시 ⇨ 종단면 작성 시 필요.
- 지질도폭상에 도시된 암층과 단층대 등과 함께 평면상에 특징 표시.

지질종단면도 작성 — 평면상의 불연속면의 특징을 종단상에 연장하여 도시

TB-1~4 TB-5 TB-5-1 TB-5-2 TB-5-3 TB-5-4 TB-7 TB-7~8

0+200 0+400 0+600 0+800 1+000 1+200 1+400 1+600 1+800 2+000 2+200 2+400

3 등 급 / 1군시추공 · 2 등 급 / 2 군 시 추 공 · 3 등 급 / 3군시추공 · 3등급 / 4군시추공 · 3 등 급 / 5군시추공

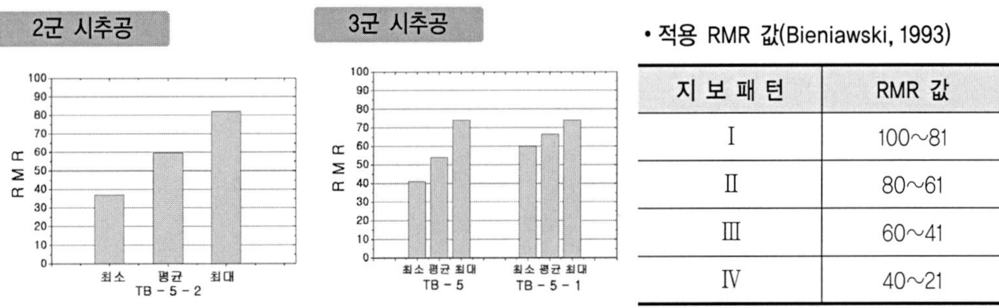

• 적용 RMR 값(Bieniawski, 1993)

지 보 패 턴	RMR 값
Ⅰ	100~81
Ⅱ	80~61
Ⅲ	60~41
Ⅳ	40~21

- 불연속면의 각도와 시추공 자료는 지반등급 영향거리 범위 결정에 이용.
- 시추공 영향거리 범위는 그 주변 암 특성이 시추공 결과 특성과 유사한 지역까지를 말함.
- 각각 정해진 영향거리 범위 내 지반등급 결정은 시추공 RMR 등급 결과치에 의함.

미시추 지역 지반등급 — 시추공 영향범위 이외 구간은 전기비저항 값 이용

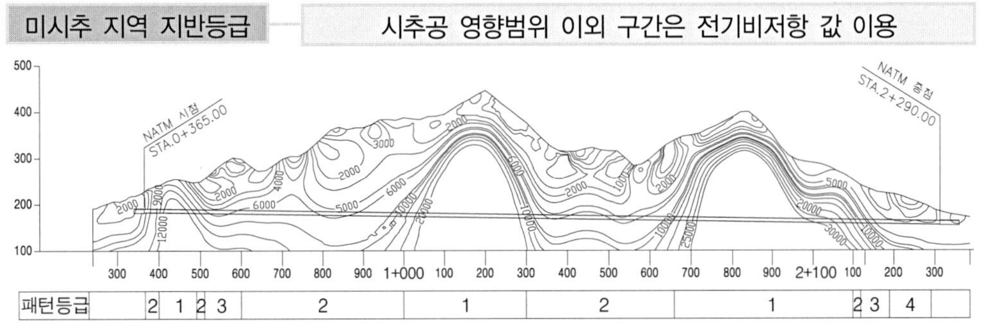

- 전기비저항치와 시추공 RMR 값과의 상관관계 도출방법

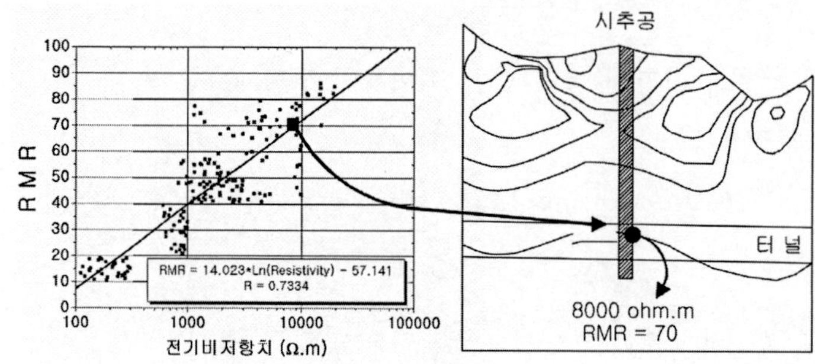

지보패턴	RMR 분류
I	100~81
II	80~61
III	60~41
IV	40~21
V	〈 21

- 시추공 결과치에 의하여 구분된 영향범위 이외의 지역은 전기비저항 값을 이용하여 지반등급 결정.
- 시추공과 전기비저항 값과의 상관관계로 이용하여 전기비저항 값에 대한 RMR값 이용.

3) 지반특성 산정

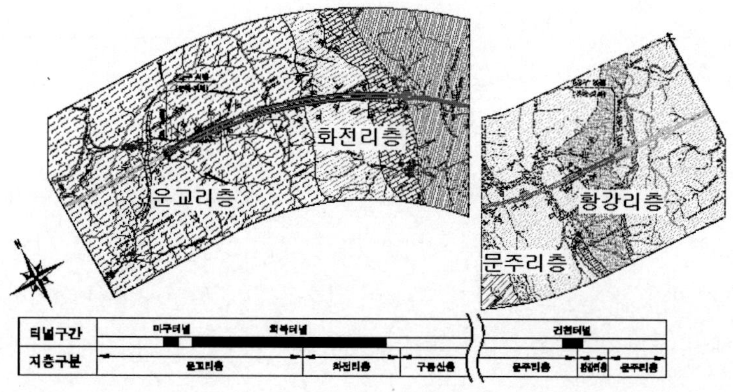

(1) 지층 층서 특징

천매암이 주로 분포하는 I 구간 및 III 구간의 경우 각각 운교리층과 황강리층으로 구분되며 두 지층은 상당한 이격거리를 보인다. 운교리층은 최근 연구자료에 의하면 캄브리아기에 형성된 층으로 천매암과 더불어 규암층이 분포하며 상대적으로 풍화에 강한 지역으로 판명되었다. 또한 황강리층의 경우 지질연대가 오르도비스기로 흑색(biotite) 천매암이 발견되고 운교리층에 비해 상대적으로 풍화에 영향을 받았으며 부근 지역에 보은 화강암의 관입으로

인해 접촉변성대가 넓게 분포한다. 실내시험 및 현장시험 결과 I 구간 및 III 구간에 분포하는 천매암군은 공학적 특성이 비슷한 것으로 판명되며 지질연대의 시기가 암반의 특성에 미치는 영향은 크지 않을 것으로 보인다.

(2) 지반특성 산정 시 암종구분

본 구간의 암종분포 현황은 I 구간(마구터널), II 구간(회북터널 시점부 및 중앙부), III 구간(건천터널) 지역의 경우 천매암이 우세하게 분포하며 회북터널 종점부 지역은 석회암이 분포하고 있다. 두 암종은 성인상으로 볼 때 각각 변성암류 및 퇴적암류로 분류되어 공학적 특성이 매우 다르므로 본 암종에 대해 동일한 지반특성을 적용하는 것은 불합리하다. 따라서 본 터널 해석 지반특성 산정 시 위의 영향을 고려하여 천매암 구간과 석회암 구간으로 구분하여 특성을 고찰하여야 한다.

(3) 지반특성의 공간적 구분 및 표시

본 지반특성은 위에서 고려한 암종, 지반등급에 대한 단계적 분류를 통해 해석단면의 특성이 적절히 부합하도록 고려하여 총 10개 구역의 공간적 구분을 설정하였다(그림 3-50).

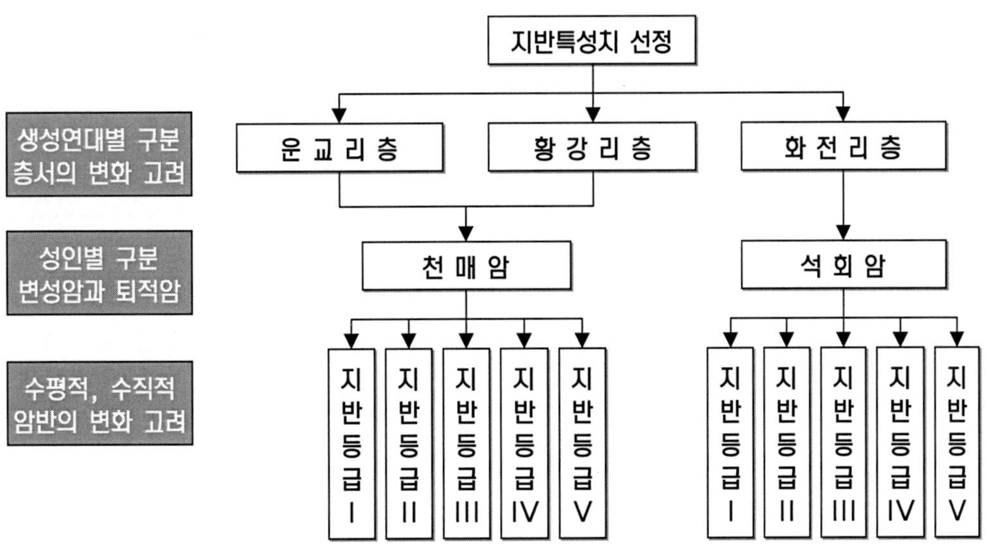

[그림 3-50] 지반특성의 공간적 구분

4) 입력 지반특성 요약

(1) 연속체 지반특성

구분 \ 지반등급		I	II	III	IV	V	토사층		
							풍화토	퇴적층	붕적층
RMR		100~81	80~61	60~41	40~21	<20	–	–	–
Q		~40	40~10	10~1	1~0.1	<0.1	–	–	–
GSI		84~100	65~83	47~64	28~46	<27	–	–	–
변형계수(Em) ($\times 10^3$tonf/m^2)	천매암	4,900	1,800	900	700	50	4	3	3~4
	석회암	4,500	2,300	1,100	350	4			
점착력(C) (tonf/m^2)	천매암	2,000	240	175	110	40	0.0	0.0	0.0
	석회암	1,800	570	220	110	40			
마찰각(ϕ) (°)	천매암	49	45	40	30	22	33	27	30
	석회암	43	37	38	31	22			
단위중량(γ_t) (tonf/m^3)	천매암	2.70	2.60	2.50	2.30	2.00	1.9	1.8	1.9
	석회암	2.85	2.75	2.50	2.30	2.00			
포아송비(ν)	천매암	0.20	0.20	0.25	0.30	0.30	0.33	0.33	0.33
	석회암	0.20	0.20	0.25	0.30	0.30			

(2) 불연속체 지반특성

구분	JRC	JCS (kg/cm^2)	aj (mm)	Ks (kg/cm^2/cm)	Kni (kg/cm^2/cm)	Kn (kg/cm^2/cm)
천매암	5	1,000	1.037	23.7	1,321	4,002
석회암	16	625	0.829	2,046	2,491	8,545

(3) 이방성 해석 지반특성

Sample			Angle	Uniaxial Compressive Strength	(1)방향에서의 Young's Modulus	(2)방향에서의 Young's Modulus
Boring	Depth(m)	Specimen	(°)	(kg/cm^2)	($\times 10^5$kg/cm^2)	($\times 10^5$kg/cm^2)
TB-3 (천매암)	19.4~19.62	No.1	45	343.4	1.33	0.04
TB-12 (함력 석회질 천매암)	9.04~9.26	No.3	50	848.1	1.53	0.92

(4) 적용 측압계수

구분	마구 및 회북터널	건천터널	
50m 이내	2.3	2.5	• 2차원 해석을 위한 터널축직 각 방향에 대한 적용값이며 3차원 해석의 경우 각 방향에 대해 최대수평주응력 및 최소수평주응력을 차등 적용.
50~100m	2.0	2.2	
100~150m	1.5	-	
150m 이하	1.0	-	

나. 사면구간

1) 사면 현황 및 지반특성

본 구간 내 사면구간은 3개 터널 시·종점부, 절토사면 1·2·3구간으로 구분되며, 각 터널 시·종점 갱구부는 대부분 급경사 지역으로 표준경사 적용 시 갱구 주위의 깎기 비탈면이 연속적으로 발생하여 비탈면 최소화 대책이 필요하다. 깎기 1구간은 대절토구간이며 깎기 2구간은 대절토 비탈면임과 동시에 상주방향 비탈면이 파쇄대 분포를 보이고 있어 보강 대책이 필요하다.

[표 3-18] 사면현황 및 지반특성

구간		위치	방향	현황 및 지반 특성	적용 시추공	비고
마구터널	시점	0-025~ 0-005	청주	• 무한비탈면 형성이며 급경사 지역 • 붕적층이 0.7m 분포하며 암질은 천매암	TB-1-1 (0-040) TB-1-2(0+020)	시점갱구부 종방향 무한비탈면
	종점	0+055~ 0+182	청주	• 무한비탈면 형성이며 급경사 지역 • 붕적층이 1.4~2.8m 분포 암질은 현매암	B-3(0+090) B-1-4(0+180)	종점 갱구부
회북터널	시점	0+290~ 0+365	청주 상주	• 무한비탈면 형성이며 급경사 지역 • 붕적층이 2.0~5.5m 분포 암질은 천매암	TB-2(0+295) TB-3(0+300)	시점 갱구부 좌측무한 비탈면 형성
	종점	2+290~ 2+313	상주	• 풍화토가 3.8~7.2m 분포, 암질은 점판암 • 완만한 지형 상태임	TB-9(2+318) TB-10(2+293) TB-8(2+319)	종점 갱구부
건천터널	시점	7+890~ 7+950	상주	• 풍화토가 0.5m 정도 분포, 암질은 천매암 • 완만한 지형 상태임	TB-11(8+075) TB-12(8+101)	시점갱구부
	종점	8+085~ 8+150	청주 상주	• 무한비탈면 형성이며 급경사 지역 • 풍화토가 0.7m~1.0m 분포, 암질은 천매암		종점갱구부
깎기 1 구간		5+480~ 5+560	청주	• 대절토 비탈면 형성(H=41m) • 천매암 지역으로 표토는 보이지 않음	CB-4(5+530)	회북진입 램프시점부
깎기 2 구간		6+200~ 6+500	청주 상주	• 청주방향 비탈면은 파쇄대 분포가 나타나 안정대책이 필요함 • 상주방향 비탈면은 파쇄대의 연장성이 있을 것으로 보임 • 점판암 지역으로 비탈면 안정성 확인 필요	CB-5(6+320) CB-6(6+405) CB-6-1(6+210) CB-7(6+270)	독곰산 대절토
깎기 3 구간		7+480~ 7+560	상주	• 대절토 비탈면 형성(H=54.5m) • 붕적층이 0.7~0.9m 두께로 분포하고 있음 • 점판암 지역으로 비탈면 안정성 확인 필요	BB-112(7+428) BB-115(7+575)	건천 1·2교와 건천 3교 사이

[표 3-19] 사면안정성 검토 결과

구간	검토 단면	깎기고	해석방법	해석 안전율			판정
				건기 시	우기 시	지진 시	
마구터널 시 점 갱구부	0-017 (청주방향)	21.7	Bishop	4.358	3.306	2.467	O.K
			Janbu	4.189	3.295	2.446	
	0-005 (상주방향)	28.4	Bishop	2.658	1.732	1.344	O.K
			Janbu	2.625	1.709	1.311	
회북터널 종 점 갱구부	2+307 (청주방향)	24.2	Bishop	2.370	1.345	1.214	O.K
			Janbu	2.273	1.286	1.175	
	2+290 (상주방향)	18.6	Bishop	14.194	13.011	8.714	O.K
			Janbu	14.181	13.002	8.645	
건천터널 시 점 갱구부	7+910 (청주방향)	25.4	Bishop	7.650	6.699	4.835	O.K
			Janbu	7.519	6.583	4.728	
	7+950 (상주방향)	33.5	Bishop	3.935	3.195	2.492	O.K
			Janbu	3.949	3.214	2.491	
1구간	5+540 (청주방향)	41.0	Bishop	2.781	2.048	1.485	O.K
			Janbu	2.724	1.995	1.415	
2구간	6+280 (상주방향)	34.5	Bishop	21.687	19.648	10.388	O.K
			Janbu	21.501	19.488	10.063	
3구간	7+540 (상주방향)	55.3	Bishop	6.878	5.649	3.800	O.K
			Janbu	6.781	5.582	3.738	

2) 터널 갱구부 사면

터널 해석에 필요한 불연속면의 방향성 및 특성을 파악하기 위하여 회북터널(0+290.000~2+330.468) 지역에 지표지질조사 및 시추공 영상촬영을 실시하였다.

(1) 지표지질조사 현황

- 입구부에서는 퇴적기원의 변성암인 천매암층 내에 규암층이 협재함.
- 출구부에서는 층상구조의 석회암층 내에 천매암층이 소규모로 협재함.

(2) 지표지질조사 분석

■ 편리(Foliation) ■ 절리(Joint)

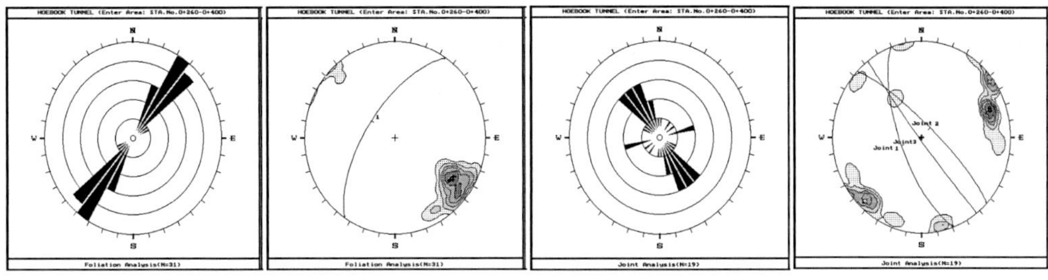

- 주된 불연속면의 종류는 편리(foliation), 절리(joint) 및 층리(bedding)로 구분됨.
- 편리의 경우 경사방향(dip direction)은 약 300도 내외로 입·출구부에서 동일한 방향성을 보이나, 경사(dip)는 입구부에서 65도의 고각이며, 출구부에서는 35도로 완만해짐.
- 절리는 각 구역별 3개의 주 절리군으로 구분되나 입구부에서 Joint set 1의 발달이 우세하며, Joint set 2·3은 상대적으로 미약한 분포를 보이며, 출구부에서 각 절리군의 발달 빈도는 비슷한 양상으로 나타남.
- 편리는 타 불연속면에 비해 간격(spacing)이 조밀하게 발달되나 불연속면으로서 간격은 10cm이상 소흘한 편임.
- 절리면 상태는 대체적으로 중정도의 풍화상태를 나타내며 부분적으로 점토가 충진되어 있음.
- 편리면은 전체 구간에 걸쳐 경사방향이 약 307도, 경사는 85도의 고각을 이루며, 특히 경사 방향은 이어지는 회북 2터널구간과 거의 동일 방향임.
- 절리군의 양상은 1개의 절리군(Joint 1)의 발달이 탁월하며 이외의 특별한 절리군은 보이지 않음.
- 구간 내 절리면 상태는 대체로 비교적 풍화가 심하지 않은 상태이나 부분적으로 점토 충진물이 협재함.
- 구간 내 발달하는 층리면은 극점의 평사투영 결과, 하나의 거들(girdle)을 형성하고 있어 습곡구조의 발달을 보이나, 주향방향은 편리면 방향과 거의 평행하고, 타 불연속면에 비해 불연속면으로서의 불리성은 적은 편임.

(3) 지표지질조사 결과

■ 주 불연속면 방향성 및 특성

구분	Fol.	Joint 1	Joint 2	Joint 3
Dipdir. /Dip	304/65	249/70	043/79	232/88
JRC	6	6	4	5
JSC	31	26	32	55
Js(cm)	1.0~10	20~100	10~20	30~50
Ja(mm)	0.1	1.0~2.0	0.3~3.0	-1.0
JL(m)	+10.0	+5.0	5.0	+5.0
Jf/ 풍화상태	None /m.w	clay fill /h.w	clay fill /m.w	None /s.w

■ 파괴형태

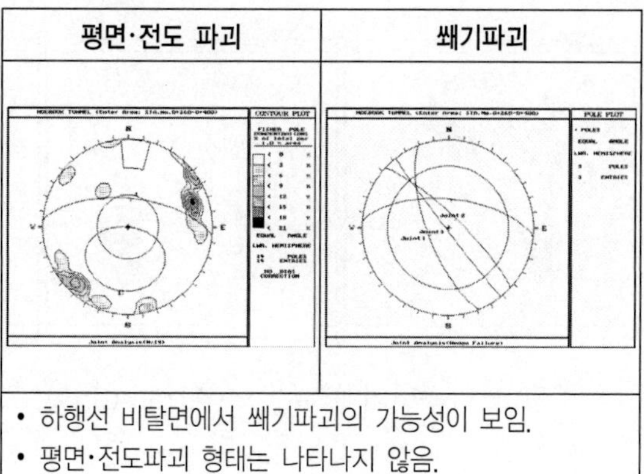

평면·전도 파괴
쐐기파괴
• 하행선 비탈면에서 쐐기파괴의 가능성이 보임.
• 평면·전도파괴 형태는 나타나지 않음.

(4) BIPS(시추공 영상 촬영) 결과

■ 지표면에 노출된 암질 상태가 절취대상이 되는 노선 비탈면의 암반상태와의 일치 여부를 파악하기 위하여 TB-5(0+633) 시추공을 대상으로 시추공 영상 촬영을 실시.

• 절리군 방향성 및 경사 분석

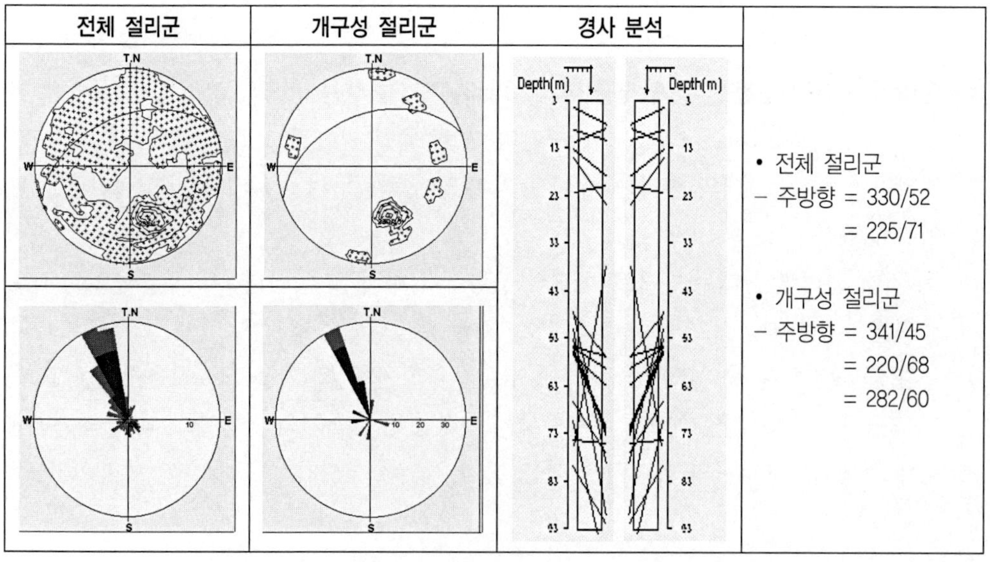

(5) 지표지질조사 및 BIPS(시추공 영상촬영) 결과

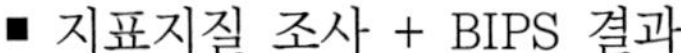

■ 지표지질 조사 + BIPS 결과

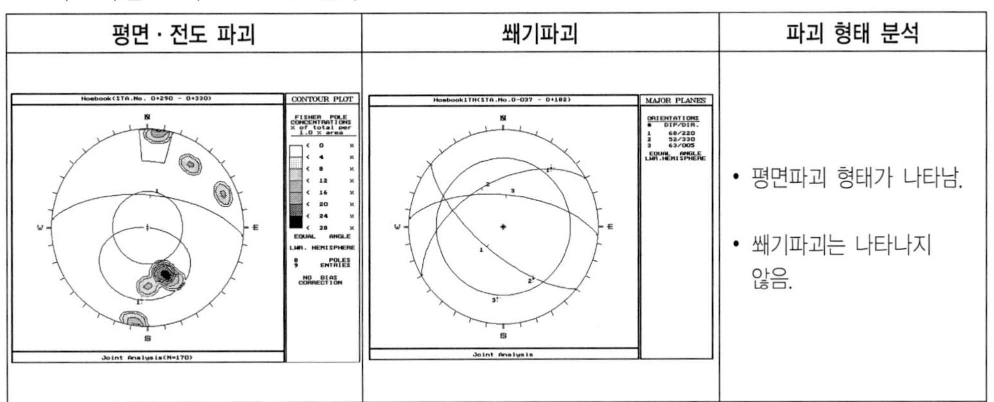

평면 · 전도 파괴	쐐기파괴	파괴 형태 분석
		• 평면파괴 형태가 나타남. • 쐐기파괴는 나타나지 않음.

검토 결과

- 상행선: 평면, 전도, 쐐기파괴에 대해 안정함.
- 하행선: 전도, 쐐기파괴는 보이지 않으나, 평면파괴 형태를 나타내고 있음.
- 대　책: 하행선 비탈면에서 평면파괴 가능성이 나타나 록볼트로 보강토록 하여 갱구 비탈면의 안정을 확보함.

3) 폐채석장 사면 안정성 검토

폐채석장 지역은 1961년경 온돌용 점판암(일명 '구들장') 채굴이 시작되어 1991년 채굴이 종료되었다. 채굴 작업은 환경 훼손에 대한 대책이 전무한 상태로 진행되어 현재 지역의 큰 흉물이 되어 있는 실정이다. 당사 선형계획은 위의 문제 지역을 해결하며 통과하는바 이때 예상되는 문제점인 노선근접 암반 비탈면의 안정성 문제, 점판암 적치층의 침하 문제를 다음과 같이 해결하고자 한다.

(1) 사면 현황 및 지반특성

■ 암반특성

불연속면 특징	발파 등의 외부충격에 의하여 암반이 굴착될 경우 비탈면 경사가 55。이상에서는 파괴되며 부러지는 형태가 예상됨(참고자료: 낙석에 대한 안전대책, 한국도로공사 연구소, 1999).	점판암의 발달상황
절리의 연속성	• 절리의 연속성 여부는 균열이나 절리면의 연장을 의미함. • 평균연속면 길이는 비탈면 파괴 시 파괴규모와 정도를 예측하는 자료가 됨.	
	• 본 과업 지역의 최대 절리연장은 40m, 평균절리 연장은 12m로서 외부충격으로 인하여 규모가 큰 암괴가 낙반될 가능성이 있어 주의를 요함.	지표지질조사에 의한 절리 연장 분포
안정성검토 고려사항	• 쐐기파괴에 대한 위험성이 존재. • 쐐기파괴는 쐐기를 받치고 있는 앞굽을 깎아내어 발생함. • 쐐기형 암비탈면 파괴는 암비탈면의 경사가 너무 급하게 시공되거나 과도한 발파로 발생함.	
	• 본 과업 지역 비탈면 경사에 대하여 발파 등으로 인한 경사면 파괴 시 쐐기파괴 가능성이 크므로 주의를 요함.	본 과업 지역 쐐기파괴 양상

(2) 폐채석장 현황과 절리 특성

•점판암의 절리면 경사가 55도이상인바 현 비탈면 경사도와 조합되어 안정한 상태이나 노선계획대로 비탈면을 절취하는 경우 미진동 발파를 적용하여야 안정한 구역임.
- 현비탈면 경사: 1 : 0.2

•암반 비탈면의 풍화가 매우 많이 진행되어 있는 부분으로 파괴 시의 거동은 3개의 불연속면의 방향성으로 암반이 분리되며 무너져 내리는 양상이 될 것임(흙비탈면 파괴 시의 거동과 유사함).
•현재 비탈면 경사 1 : 0.3

A

현재 비탈면은 경사 1 : 0.5로 안정되어 있으며 붕괴예상 불연속면은 관찰되지 않음.

〈A-A' 단면〉

단층활면

대규모 쐐기파괴의 가능성이 있으며 굴착 시 쐐기파괴가 연쇄적으로 일어날 것으로 예상됨.

〈 경사면 절리조사 〉

- 비탈면 경사범위는 1 : 0.2~0.5로 절리발달 상황에 따라 비탈면 경사 완화 필요.
- 낙석과 낙반 붕괴사고를 예방하기 위하여 단층활면을 제외한 나머지 지역에 대하여 발파암 경사 1 : 0.5가 적용됨.

(3) 경사조정 비교·검토 및 적용

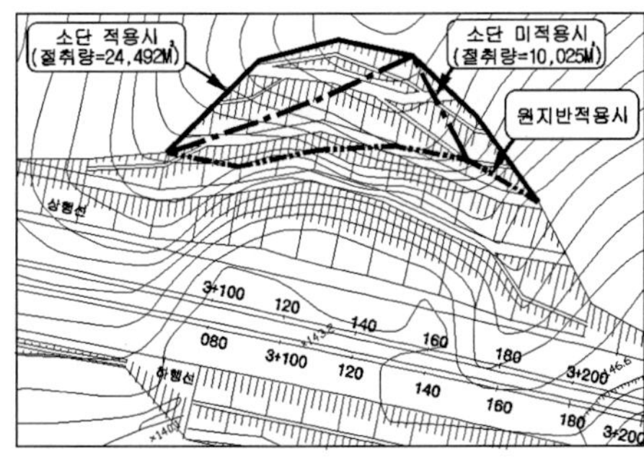

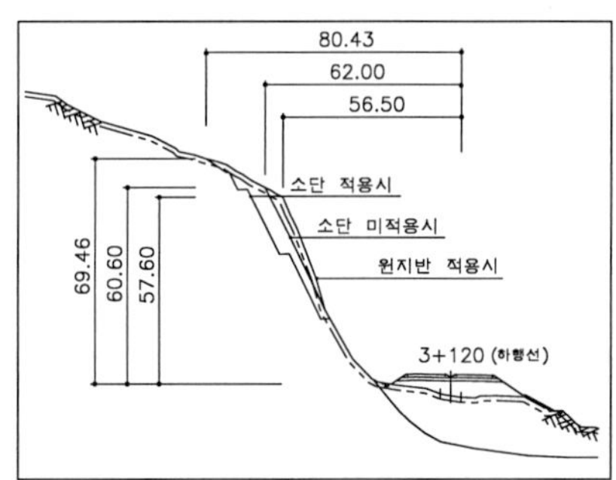

경사조정 비교단면

구분	소단 적용 시	소단 미적용 시	원지반 보존 시
절 취 량	24,492m^3	10,025m^3	부석정리
최대 절취고	70m	60m	57m
수평 절취거리	80m	62m	56m
당사안	◉		

(4) 안정 검토

비탈면 안정성 해석에 필요한 불연속면의 방향성 및 특성을 파악하기 위하여 편절·편성 구간(채석장)에 지표지질조사를 실시.

(5) 지표지질조사 분석

- 편리면은 전체 구간에 걸쳐 경사방향이 약 307도, 경사는 85도의 고각을 이루며, 특히 경사 방향은 이어지는 회북 2터널구간과 거의 동일 방향임.
- 절리군의 양상은 1개의 절리군(Joint 1)의 발달이 탁월하며 이외의 특별한 절리군은 보이지 않음.
- 구간 내 절리면 상태는 비교적 풍화가 심하지 않은 상태이나 부분적으로 점토 충진물이 협재함.
- 구간 내 발달하는 층리면은 극점의 평사투영 결과, 하나의 거들(girdle)을 형성하고 있어 습곡구조의 발달을 보이나, 주향방향은 편리면 방향과 거의 평행하고, 타 불연속면에 비해 불연속면으로서의 불리성은 적은 편임.

(6) 지표지질조사 결과

- 주 불연속면 방향성 및 특성

구분	Fol.	Joint 1	Joint 2
좌측비탈면	306/42	238/53	205/88
중앙비탈면	296/42	335/55	238/61
우측비탈면	300/41	208/68	118/64
전체비탈면	299/42	243/56	206/38

- 파괴형태

평면·전도 파괴	쐐기파괴

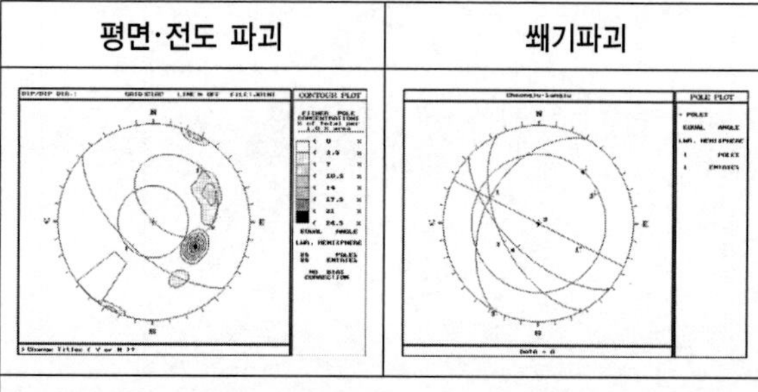

- 상행선측 비탈면에서 평면파괴 가능성이 국부적으로 나타남.
- 쐐기파괴는 나타나지 않음.

검토 결과 및 대책	
파괴형태	• 국부적인 평면파괴의 가능성이 약간 나타남. • 쐐기, 전도파괴 형태는 나타나지 않음.
대책	• 암반비탈면의 경사를 1 : 0.5(소단적용)로 완화해야 함.

- 낙석 규모 및 현황

• 본 과업구간 중 STA. 3+080~3+140에 채석장이 위치하여 낙석발생의 위험성이 매우 큼.

• 채석장에서의 불연속면 조사를 통해 절리간격 및 절리 주향 및 경사를 조사하여 최대낙석 크기 결정.

(7) 채석장 불연속면에 대한 지표지질조사 결과

채석장 불연속면 조사를 통한 절리간격 분포조사 결과

■ 불연속면 조사 결과 평균절리간격은 0.36m, 최대 절리간격은 0.90m로 분석됨.

■ 최대절리간격이 0.90m인 것을 고려하여 위험절리간격을 0.91m로 산정하여 최대 낙석 크기를 결정함.

■ 위험절리간격 0.91m를 기준으로 낙석 크기를 $0.91 \times 0.91 \times 0.91 m^3$로 하여 암석의 단위중량을 평균값인 $2.65 tonf/m^3$으로 하여 낙석중량을 산정한 결과 약 2000kgf(2tonf)로 나타남.

(8) 낙석 방지대책 검토 결과

■ 낙석방지책: H=4.5m 콘크리트 구조물 H=2m.

■ 낙석이 지표면에 먼저 bounding 후 에너지가 1차 소진되고 낙석방지책에 충돌하여도 방지책의 손상이 비교적 적음(낙석속도=8m/sec).

■ 낙석 충돌에너지는 3~6tonf·m로 허용에너지 이내임.

■ 낙석이 발생하여도 낙석방지책을 넘어가는 낙석은 발생하지 않음.

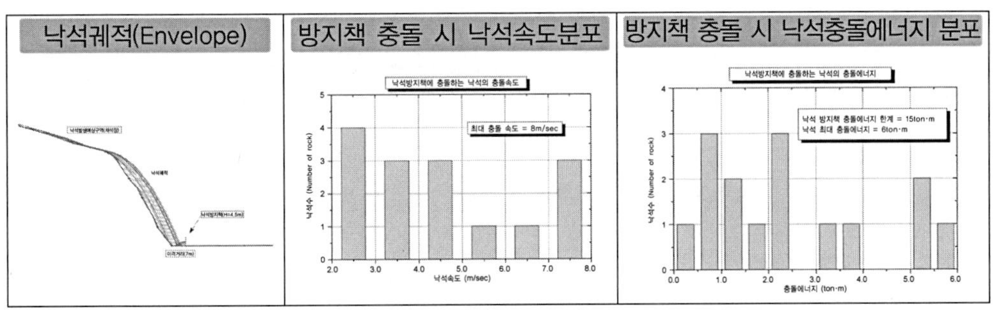

낙석방지책 손상이 미약하고 방지책을 넘어가는 낙석이 발생하지 않으므로 7m 이격거리에 낙석방지책을 설치하는 것으로 적용.

(9) 설계 적용

- 채석장 지역 암반의 물리적 특성과 절리특성을 고려한 해석 결과 비탈면 경사를 1 : 0.5(소단적용)로 완화해야 함.
- 단층활면 경사를 1 : 0.5로 적용하면 안정한 것으로 판정됨(현 상태 1 : 0.3).
- 낙석 및 낙반은 rock fall analysis에 따라 낙하에너지를 충분한 안전율로 흡수하는 규모의 낙석방지망과 장기적인 낙석, 낙반에 대한 붕괴사고 예방차원에서 경사를 완화한 후 비탈면에 낙석방지망을 설치함.
- 7m 이격거리에 낙석방지책을 설치하여 최상의 안정대책 수립.

3.2.5 독곰산 대절토 비탈면 안정성 검토

가. 구간 현황

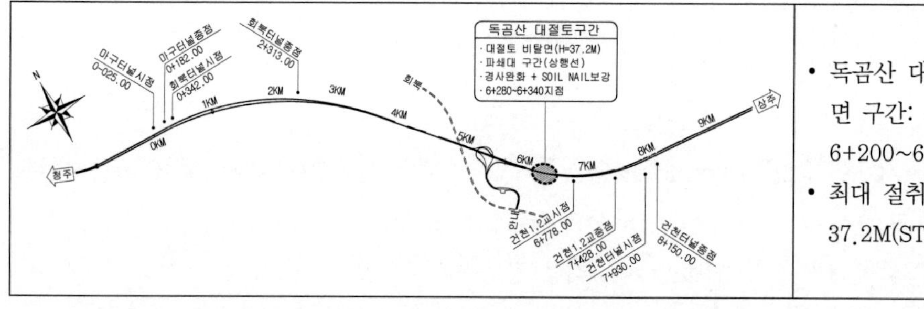

- 독곰산 대절토 비탈면 구간: 6+200~6+500
- 최대 절취고: 37.2M(STA.6+280)

1) 기반조사 현황

지반조사 현황	탄성파 속도층(Vp)		발파암선결정(탄성파탐사+시추)	1차적 표준경사 적용
• 시추조사 4개소 • 탄성파 탐사 3측선 • BIPS 1개소(CB-7) • TELEVIEWER(CB-6)	• 토사(1.0km/sec) • 리핑암 (1.0~1.8km/sec) • 발파암(1.8km/sec)	➡	상행선 (청주방향) <6+280> 하행선측 (상주방향) 1:1.2 1:0.5 2,850 4,010 토 사 발파암 1:0.5 1:1.2 최대절취고 H=39.0m 1:0.5 계획 도로 1:0.5 20M H=36.0m	- 토사 1 : 1.2 - 리핑암 1 : 1.0 - 발파암 1 : 0.5

독곰산 대절토 구간의 지표지질조사 및 BIPS(시추공 영상촬영)의 결과를 분석하여 2차적인 비탈면 경사를 적용하여야 함.

비탈면 안정해석에 필요한 지반조사 현황을 분석하여 불연속면의 방향성 및 특성을 파악, 발파암선을 결정하며 시추조사로 볼 때 파쇄대가 분포하는 것으로 나타남.

2) 안정성 검토

비탈면 안정해석에 필요한 불연속면의 방향성 및 특성을 파악하기 위하여 깎기 2구간(6+080~6+400) 지역에 지표지질조사 및 시추공 영상촬영(CB-7)을 실시.

나. 지표지질조사 결과

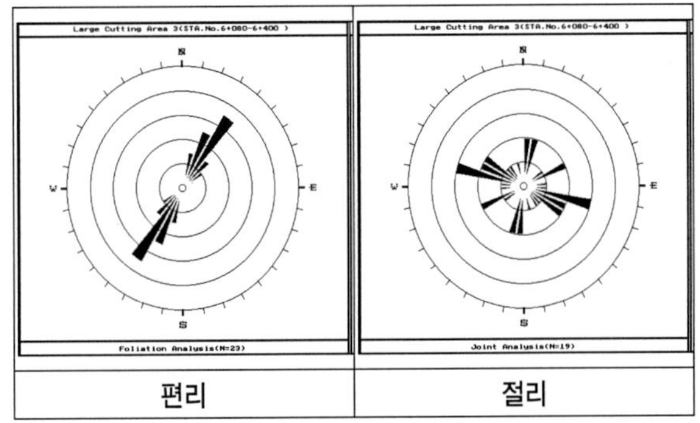

편리	절리	흑색점판암

다. 지표지질조사 및 BIPS(시추공 영상촬영) 결과

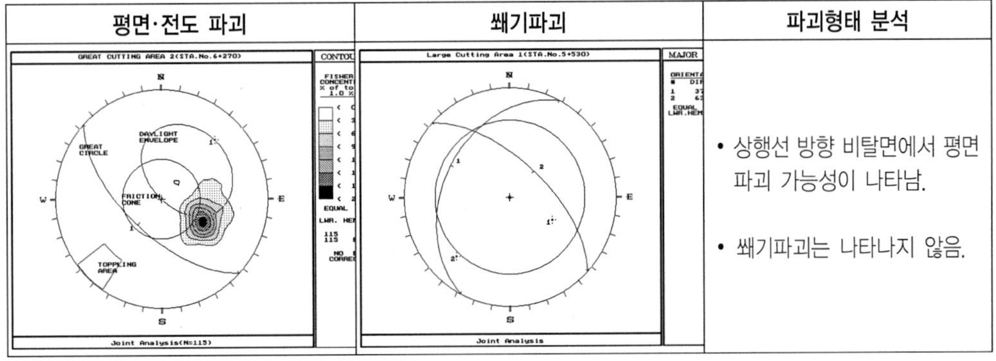

평면·전도 파괴	쐐기파괴	파괴형태 분석
		• 상행선 방향 비탈면에서 평면파괴 가능성이 나타남. • 쐐기파괴는 나타나지 않음.

검토 결과

- 상행선: 평면파괴의 가능성이 약간 나타남–쐐기·전도 파괴는 나타나지 않음
- 하행선: 파괴형태 나타나지 않음

라. 3-DEC을 이용한 안정성 검토

1) 해석방법

■ 지표지질조사를 통해 얻은 절리 데이터를 통계적 과정을 이용하여 절리면을 발생시키고, 도로선형 축방향에 맞게 절리 방향을 변경하였다. 또한 시추공자료, BIPS(시추공영상촬영)자료 등을 토대로 파쇄대를 모델링하였다. 해석구간은 STA. 6+250~6+350으로 설정하였다.

2) 결과

파쇄대를 따라 큰 변위량이 발생하였으며 최대변위와 최대전단변위 역시 파쇄대에서 발생하였다. 최대변위량은 2.73cm이고, 최대전단변위량은 6.96mm이다. 파쇄대를 따라 종방향으로 비탈면이 불안정한 것으로 판단되며, 파쇄대구간에 비탈면 경사를 완화 또는 보강대책이 필요하다.

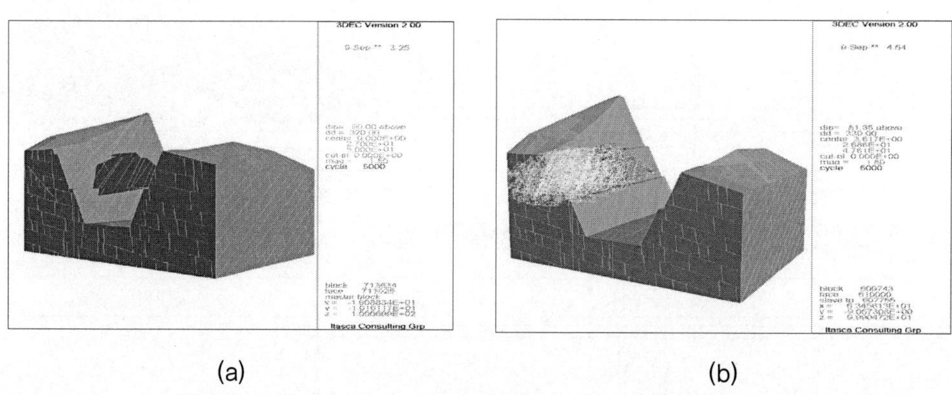

(a) (b)

[그림 3-51] (a) 절취 후 모델의 형상과 파쇄대 (b) Joint Slip

마. 보강 대책

1) 경사 완화 (1 : 1.5)

■ 풍화 민감도 분석에 의한 설계 지반정수 산정(10% 감소율 적용).
∴ 점착력 3tf/m^2 ⇒ 2.7tf/m^2, 내부마찰각 33도⇒ 29.7도

■ 파쇄대 영향과 대절토구간인 이유로 안정해석 결과 지진 시에 불안정하게 나타남.

2) 경사 완화 및 보강 후

검토 단면(Sta. 6+280, 청주 방향)	해석 결과				
	구분	해석 방법	검토 안전율	최소 안전율	결 과
	건기 시	Bishop	2.180	1.5	안 정
		Fellenius	2.530	1.5	안 정
	우기 시	Bishop	1.450	1.2	안 정
		Fellenius	1.810	1.2	안 정
	지진 시	Bishop	1.240	1.15	안 정
		Fellenius	1.350	1.15	안 정
	건기·지진 시 모두 안정함				

도로공사 표준 경사 적용 시

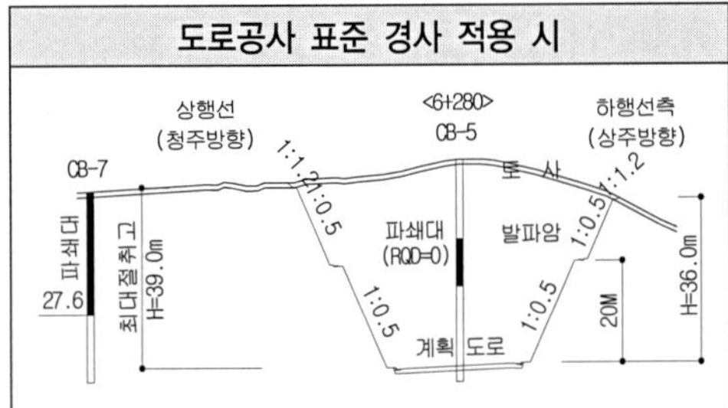

- 상행선 측 비탈면(청주방향)에서 파쇄대 구간이 다수 분포하는 것으로 나타나 비탈면 경사 완화 또는 비탈면 보강 대책 필요.
- 평사투영 해석 결과 부분적으로 평면파괴 가능성 내재, 3-DEC 해석 결과 변위 발생.

비탈면 경사 완화 결정

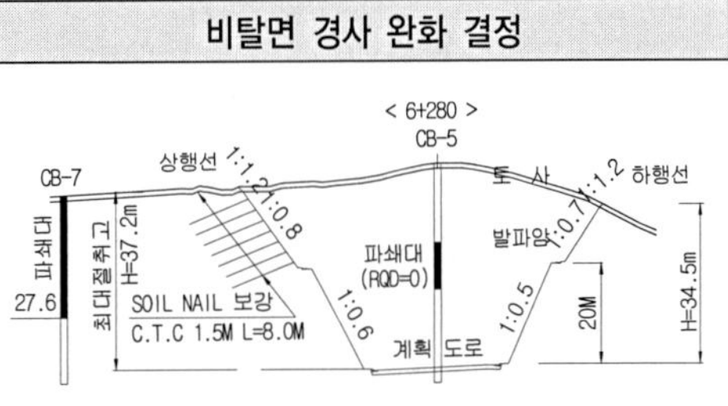

- 상행선 측 발파암 경사를 1 : 0.5에서 1 : 0.6~1 : 0.8로 완화하였으며 국부적으로 soil nail로 보강함.
- 하행선 측 발파암 경사는 1 : 0.5로 적용하였으나 첫째 소단이 적용되는 비탈면부터는 1 : 0.7로 경사를 완화함.

바. 설계 적용

상행선 측 비탈면(청주 방향) STA.6+280~STA.6+340에 지표지질조사 및 BIPS(시추공 영상촬영)을 분석한 결과 파쇄대가 분포하였으며, 파쇄대 구간의 안정성을 위하여 보강 없이 경사만 완화(1 : 1.5 경사로 완화 시: Fs=1.13(지진 시)으로 안전율에 부족) 시는 1 : 1.5 이상의 경사 완화가 필요하며 이에 따른 사토량 증가 및 단일 깎기 구간의 연속적인 비탈면 경사 확보 곤란 및 장기적으로 화학적 풍화가 진행되어 대절토 비탈면의 안정성이 우려된다. 따라서 상부비탈면을 1 : 0.8로 경사를 완화함과 동시에 soil-nailing 공법으로 보강하여 활동력을 감소시켜 비탈면 안정성을 확보하였으며, 하행선 측 비탈면(상주방향) 발파암 경사는 1 : 0.5~0.7로 완화하여 비탈면 안정을 확보하였다.

3.2.6 지반 환경공학적 검토

- 본 구간 및 인접 지역에 대한 수질 분석시험 결과 과업 종점부(수리티재)를 경계로 수질이 다르게 나타나고 있음.
- 본 구간 종점부 인접 지역(수리티재 지역 및 항건천 일대) 수질은 강산성(PH<4)으로 중금속이 과다 검출됨.
- 현재 강산성 배수의 영향으로 해당 지역 내 기존 콘크리트 구조물 부식 및 중금속 과다로 인한 환경오염 문제가 심각한 상태임.
- 이러한 수질오염의 심각성에 대해서는 과거 해당 지역 수질에 대한 연구보고서에서도 드러난 바 있음(「항건천 수질오염 방지대책 연구, 충청북도 보은군 연구보고서」, 1992)
- 따라서 문제 지역이 본 공구와 인접 지역이고 본 구간 내 일부구간에 동일의 지층 분포 구간이 있으므로 본 구간의 환경적 오염원 발생 가능성을 조사, 검토하였음.

수리티재 지역 현황

◂ 산성배수에 의한 콘크리트 부식 현황 ▸

◂ 비정질 알루미나 침전물 현황 ▸

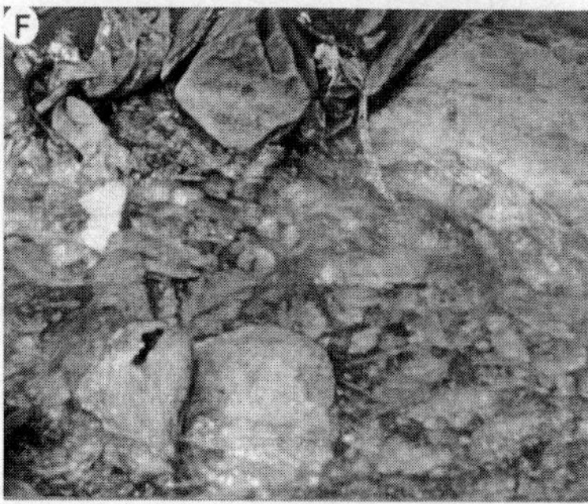

◂ 발생원인 및 현황 ▸

- 황철석(pyrite)을 포함한 문주리층 내 탄질 변성암
  ⇒ 공기 중 노출
  ⇒ 산화작용 발생 황산이온(SO_4) 농집
  ⇒ 물과 반응하여 강산성 배수(PH<4) 발생
  ⇒ 강산성배수는 지각 구성물질과 반응하여 중금속(Al, Cu, Mn, Se 등) 및 유해원소 발생
- 수리티재 침출수 및 항건천수: PH= 2.76~4.92
- 강산성배수 ⇒ 수질오염 및 콘크리트 부식 발생
- Al, Cu, Mn, Se 및 SO_4 등 중금속
  ⇒ 적갈색 및 회백색 비정질 알루미나 침전물 발생으로 수질오염

◂ 출처 자료 ▸

1. 항건천 수질오염 방지대책연구, 충청북도 보은군 연구보고서, 1992
2. 청주-상주 간 고속도로 제3공구의 암석학적, 광물학적 및 수리지구화학적 연구, Lee C. H, 2000, 07
3. Guidlines for Handling Exacavated Acid -Producing Materials, DOT FHWA-FL-90-007

가. 조사 방법 및 설계흐름도

■ 참고문헌: Guidelines for Handling Excavated Acid-Producing Material, DOT FHWA-FL-90-007, Sept, 1990

1) 조사 방법

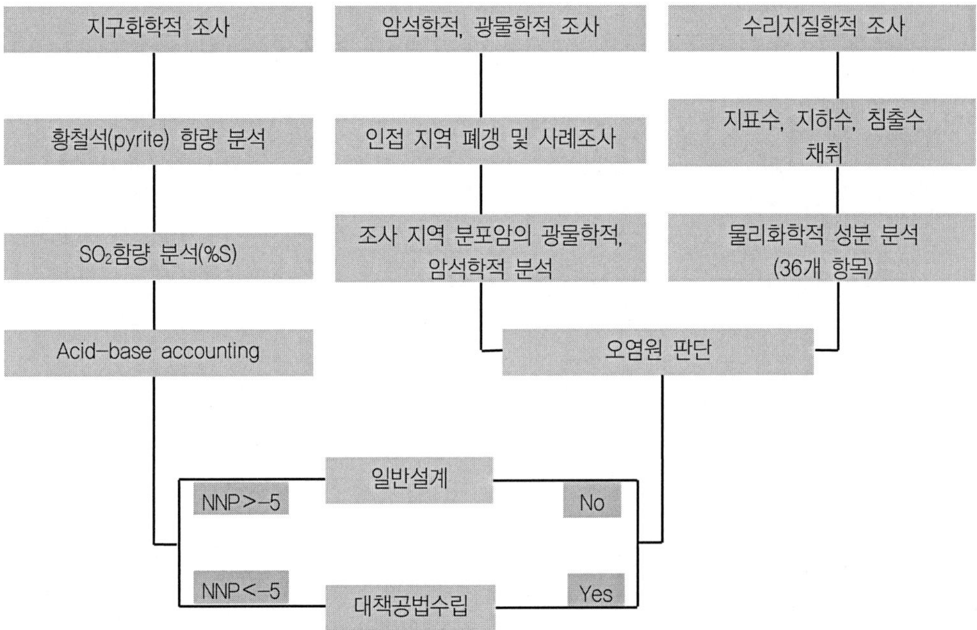

2) 설계기준 흐름도

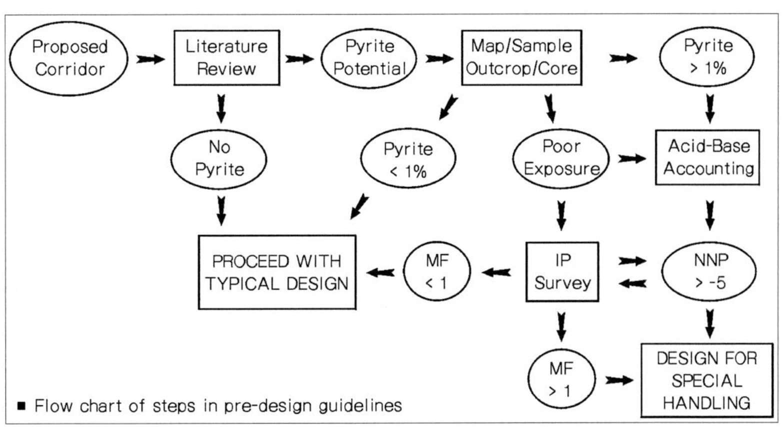

■ Flow chart of steps in pre-design guidelines

나. 조사내용

<table>
<tr><th>인접 지역(수리티재 절취사면부 및 마로탄광부)</th><th>본 과업 지역</th></tr>
<tr><td>• 토양 및 수계의 점오염원
– 마로탄광: 저품위 탄질 셰일층(국사봉층)
– 마로 지역의 채석장과 폐석
: 산화단계 지나 강산성수 배출 → 콘크리트 부식
– 수리티재(문주리층의 탄질 점판암 분포)
: 공기와 접하면서 강산성수 배출
⇒ 콘크리트 부식 및 항건천 오염
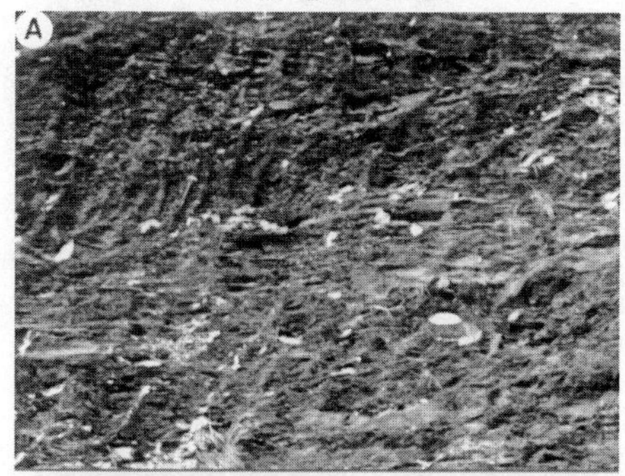

</td><td>• 건천터널 및 독곰산 대절토 구간 문제의 인접 지역과 동일한 문주리층 및 국사봉층 분포 → 점오염원
• 건천소류지 배수로 주변에 철산화물 침전
• 건천 소류지 주변의 문주리층에 노출된 적갈색 산화물(철산화물 및 침철석)
• 건천리 주변 국사봉층의 소규모 단층활면의 산화 현상

</td></tr>
</table>

다. 조사결과 분석 및 대책

콘크리트 구조물 부식에 대한 기준

구분	단위	약함	강함	아주 강함
pH	–	6.5~5.5	5.5~4.5	< 4.5
CO_2	mg/l	15~30	30~60	> 60
SO_4	ml/l	200~600	600~2500	> 2500

요약

항목	요약
pH EC	• 강산성(pH=2.764~4.92) • 평균 2310μs/cm로서 비오염수계의 하천수(157μs/cm)보다 매우 높으나 하류로 가며 희석(165μs/cm)
조암광물	• 오염물질인 흑연, 황철석 함유 • 100~150μs/cm의 황철석, 침철석이 산소에 노출 → 산성수 배출 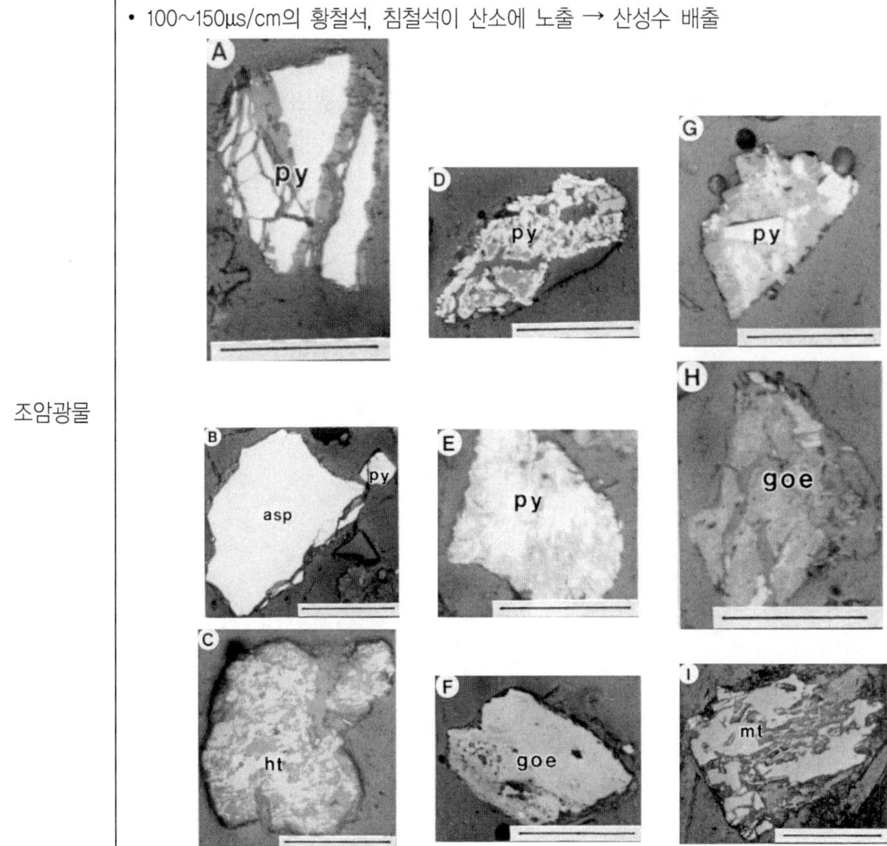

국사봉층의 점판암, 탄질점판암과 문주리층의 점판암 및 탄질 점판암은 NNP<-5이므로 특별한 설계가 필요한 구간으로 판정됨.

라. 대책공법

1) 사면 침출수 처리

- 황철석(pyrite) 함유 암층의 강산성 침출수는 비탈면 저부 설치한 석회암 필터층을 통하여 1차 중화한 후, 유공관을 통해 집수정의 석회암 필터에 의해 2차 중화.
- 필요시 유도배수를 위한 측구 및 배수관은 내산성 콘크리트 시공.
- 독곰산 대절토부(국사봉층) 굴착 비탈면에는 비탈면보호공을 적용하여 표층부를 보호하고 공기 및 우수와의 접촉을 최소화함.

2) 도로의 노체 재료 사용 시 처리

- 절토구간 및 터널구간에서 발생하는 굴착암 중 황철석(pyrite)을 함유한 국사봉층의 점판암 및 탄질 점판암과 문주리층의 점판암 및 탄질 점판암을 도로의 노체로 사용하기 위해서는 FHWA의 Guidelines for Handling Exacavated Acid-Producing Materials의 기준에 의거하여 처리.

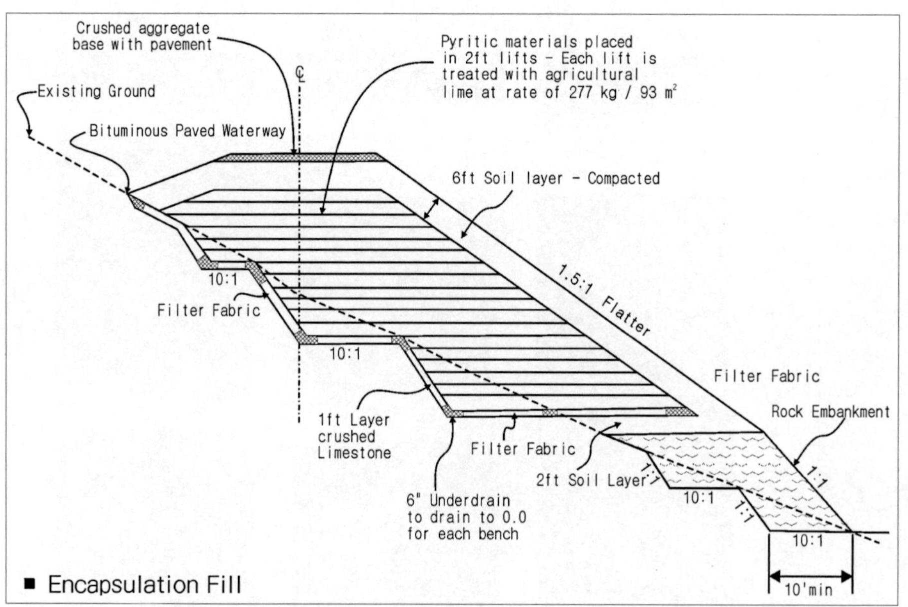

■ Encapsulation Fill

3) 터널구간

■ 터널구간은 굴착 후 콘크리트 linning에 의해 공기와의 접촉이 차단되므로 특별한 대책 필요 없음.

4) 교량 기초부

■ 교량의 기초부는 대부분 지중에 설치되어 공기와 황철석 함유 암석이 직접 접촉할 수 없으므로 특별한 대책이 필요하지 않음.

3.2.7 결론 및 향후 검토방향

본고에서는 전형적인 변성퇴적암 지층으로 알려진 충북 보은 지역 중 천매암부터 점판암에 이르는 다양하고 복잡한 지질구조를 이루고 있는 지역에서의 터널 및 암반사면의 설계 사례를 통하여, 천매암 지역에서의 암반구조물 설계상의 제반 문제점을 검토하여 천매암 지층에서의 안전하고 합리적인 터널 및 암반사면의 설계 및 시공방안에 대하여 고찰하였다.

천매암과 같은 이방성이 발달한 암반의 경우 편리와 엽리와 같은 불연속면이 발달하여 사면붕괴 및 암반붕락과 같은 크고 작은 문제를 일으킬 수 있으므로 설계단계에서부터 본 지역에 분포하는 암반의 공학적 특성을 정확히 파악하여 이를 암반구조물 설계에 반영해야 한다. 그러나 무엇보다도 중요한 것은 지반조사 및 설계단계에서 예측하고 판단하였던 내용이 실제로 시공단계에서 정확한지를 검증하고, 공학적 오류를 검토하는 피드백 과정이다.

특히 옥천지향사대와 같이 지질이 복잡하고 공학적으로 취약한 지반을 형성하고 있는 경우는 이러한 검토과정을 통하여 보다 완전한 지질 및 지반에 대한 자료를 확보하고, 다시 설계에 반영, 지반 및 암반조건에 적합한 구조물을 시공하여 시공 중 붕괴와 붕락 등과 같은 문제가 발생하지 않도록 하며, 향후 공용 중 안전하고 유지·관리가 잘 되어야 할 것이다.

또한 위에서 검토한 바와 같이 본 지역은 암반 중에 함유된 황철석에 의해 환경적인 문제를 일으킬 가능성이 큰 지역이므로 이러한 문제에 보다 적극적으로 대응할 수 있어야 함은 물론이다.

3.3 이방성 절토사면의 붕괴 및 대책 사례

3.3.1 서론

토층과 달리 암석에서의 이방성의 특성은 암석 및 암반의 거동을 결정하는 가장 중요한 요인이 된다. 이방성은 암반 내에 발달하는 절리 및 불연속면과 같은 것으로 암반에서 흔히 발생할 수 있다. 퇴적암에서 보이는 층리, 변성암에서 보이는 편리, 엽리 등의 지질구조는 암반사면에서 안정성에 영향을 주는 중요한 요인 중의 하나로, 층리면 및 편리, 엽리에 충전되어 있는 점토광물이 사면붕괴를 발생시키는 커다란 요인이 되고 있다.

본 붕괴 사례의 사면은 고생대 평안누층군의 암석으로 변성작용을 많이 받아 상당한 부분이 편암화 내지 규암화되어 갈철광(limonite), 홍주석(andalusite), 치아스토라이트(chiastorite), 백운모(muscovite) 및 견운모(sericite) 등의 변성광물을 다량 함유하는 사면이다.

셰일층의 일부에서는 간혹 천매암화 내지 편암화되어 편리의 발달성이 시추코어에서 육안으로 관찰되기도 하며, 1차 퇴적기원의 조암광물이나 2차 변성과정에서 생성된 광물 결정들이 풍화과정에서 이탈되어 수 밀리미터 이내의 미세한 충식구조를 보인다. 그러나 아직 층리가 잘 발달해서 퇴적암의 특징을 유지하고 있으며, 흑색 셰일이나 사질 셰일에는 수 센티미터에서 30cm 두께의 탄질 셰일이 협재한다.

본 대상 사면의 붕괴는 사면 내에 탄질점토층을 따라 발생되었으며 현재 사면경사 1 : 1.8에서 사면 우측상부까지 계곡부 방향으로 인장균열이 대규모로 발생되었다(그림 3-52).

본고에서는 이방성이 뚜렷한 사면의 붕괴원인을 파악하고 안정성 검토를 실시하여 안정대책을 수립한 사례를 언급하고자 한다.

[그림 3-52] 대상 사면의 정면도

3.3.2 대상사면의 붕괴 현황

본 조사 지역의 암반사면과 자연사면의 표고 80~85ML에서 발생한 초기의 파괴균열은 그림 3-54의 지표지질조사 결과도에서 표시된 바와 같이 Ⓐ, Ⓑ, Ⓒ 3개소로서 Ⓐ와 Ⓑ 균열

[그림 3-53] 대상사면의 붕괴 장면

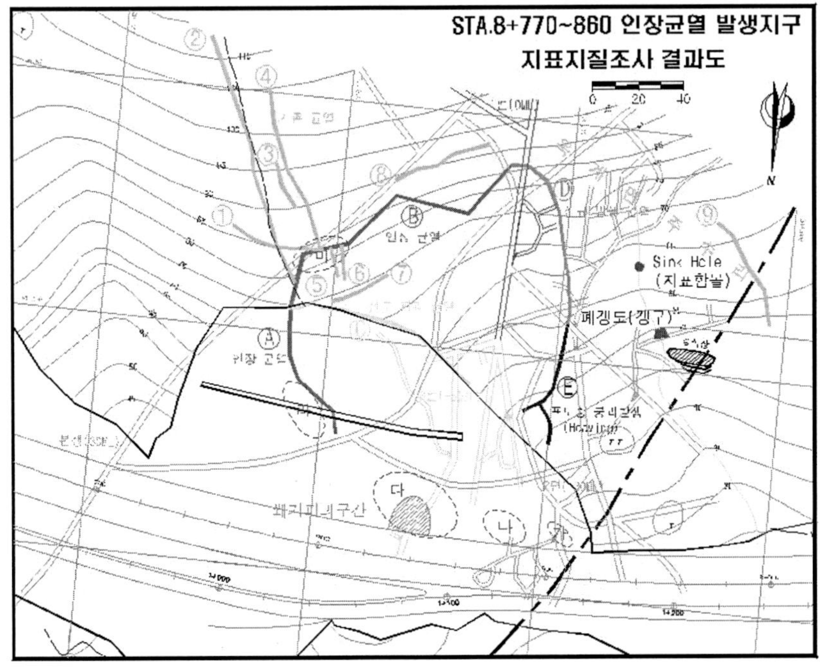

[그림 3-54] 인장균열 발생 현황도

은 인장균열로 서로 연결된 것이며, Ⓒ구간은 개착사면 상단의 절취선을 따라 발생한 전도파괴에 의한 균열이다.

Ⓐ와 Ⓑ 균열의 파괴양상은 Ⓑ구간의 끝에서 시작된 인장균열이 사면의 좌측 상단 Ⓐ구간으로 올수록 파괴 정도가 점차 심해져서 변위(낙차)가 커지는 양상을 나타내고, 다시 Ⓐ 균열은 사면의 중앙부 중간 소단까지 내려오면서 탄질 셰일이 협재한 층리면을 따라 평면파괴 형태로 진행되어 회전 인장력을 받고 있음을 보여준다.

이 파괴면에는 점토질화된 탄질 셰일이 0.1~0.3m 두께로 협재하고, 파괴활동면을 중심으로 약 10m의 파쇄대 또는 암반 이완대를 수반하고 있다(그림 3-55).

개착사면 상단의 절취선을 따라 발생한 Ⓒ구간의 균열은 사면 절취에 의해 표토층에서 발생한 전도파괴로 그 규모가 미약하므로 사면 안정성에는 심각한 영향을 미치지 않을 것으로 판단된다.

(a) (b)

[그림 3-55] (a) 인장균열의 파괴면에서 관찰되는 미끌림면과 미끌림조선 (Slickenside ; N47E/50NW, Striation ; 340/48)
(b) 파괴면에 협재한 점토질화된 탄질 셰일

그림 3-54의 인장균열 발생 현황도에 표시된 Ⓓ구간은 본 조사 지역에 대한 지반조사가 실시되는 동안에 추가로 발생한 신규 인장균열이다.

이 균열은 먼저 발생한 Ⓑ구간의 끝에서 시작되어 자연사면의 등고선을 거의 직각으로 횡단하는 방향으로 균열의 폭과 깊이는 각각 0.1~0.5m, 0.1~1.2m이고, 길이는 약 80m이다. Ⓓ구간의 인장균열은 사실상 Ⓑ구간 균열의 연장선이며, 본 파괴활동의 지표 경계면으로 판단된다.

[그림 3-56] Ⓑ구간 인장균열의 주변에 식생하는 수목들의 밑동이 휘어진 모습

3.3.3 붕괴원인 조사

가. 지형 및 지질

본 조사 지역은 전반적으로 남에서 북으로 발달하는 1차 산계에서 방사상으로 뻗어간 2차 능선 중 일부로, 정상부에서부터 해안 쪽의 북서 방향으로 발달한 완만한 경사의 구릉지를 이루고 있다.

수계는 약 1km 서쪽으로 이격된 거리에 백봉령 계곡에서 발달한 주수천이 서남에서 동북으로 흘러 동해로 유입되고 있으며, 조사 대상인 사면을 중심으로 좌우측인 시점부와 종점부에 각각 소규모 골짜기가 형성되어 있으나 물은 거의 흐르지 않는다.

조사 지역 일대의 지질 현황은 고생대 평안누층군의 만항층, 금천층, 장성층 및 함백산층이 분포하고, 본 구역은 인접 사면에 분포하는 장성층 상부의 함백산층에 해당한다.

개착된 암반사면에 분포하는 함백산층은 유백색 또는 담회색에서 암회색을 띠는 세립질 내지 중립질 사암과 사질 셰일 및 흑색 셰일이 수십 센티미터에서 수 미터의 비교적 얇은 박층으로 호층을 이루고 있으며, 부분적으로 수십 밀리미터에서 수 센티미터 두께의 석영맥 세맥이 이들을 불규칙하게 관입하는 양상을 보인다.

본 지역의 암석은 변성작용을 많이 받아 상당한 부분이 편암화 내지 규암화되어 갈철광(limonite), 홍주석(andalusite), 치아스토라이트(chiastorite), 백운모(muscovite) 및 견운모(sericite) 등의 변성광물을 다량 함유한다(그림 3-57, a).

셰일층의 일부에서는 간혹 천매암화 내지 편암화되어 편리의 발달성이 시추코어에서 육안으로 관찰되며, 1차 퇴적기원의 조암광물이나 2차 변성과정에서 생성된 광물 결정들이 풍화과정에서 이탈되어 수 밀리미터 이내의 미세한 충식구조를 보여주기도 한다.

그러나 층리가 잘 발달해서 아직 퇴적암의 특징을 유지하고 있으며, 흑색 셰일이나 사질 셰일에는 수 센티미터에서 30cm 두께의 탄질 셰일이 협재한다.

본 지층은 층리면을 교차하는 절리군과 층리면에 협재하는 점토화된 탄질 셰일 및 지하 하부에 분포하는 석탄광 채굴적의 영향 등이 복잡하게 작용하여 심한 파쇄현상을 보여준다(그림 3-57, b). 이 때문에 지하수의 침투현상에 의한 차별풍화를 받아 연경이 교호하여 암질상태가 매우 불량한 분포 양상을 나타낸다.

[그림 3-57] (a) 천매암화된 흑색 셰일에 다량 함유된 홍주석
(b) 층리면을 교차하는 절리군에 의한 암반 파쇄현상과 풍화된 절리면

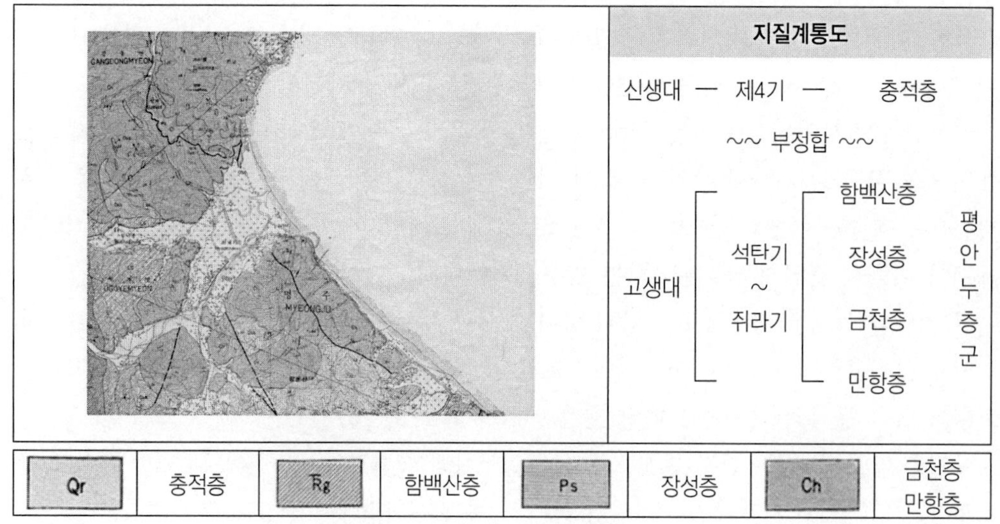

[그림 3-58] 조사사면의 지질도

나. 불연속면 조사 결과

본 조사 지역은 대체로 20도 내외의 저경사를 갖는 퇴적층리가 우세한 지역으로, 현재 진행 중인 파괴균열은 층리면과 밀접한 관계가 있을 것으로 판단된다.

개착사면에 나타난 암반 노두도 이미 인장균열에 의하여 심하게 교란되었거나 파쇄현상 및 풍화작용에 의하여 양호한 암질상태를 유지하지 못하고 있으므로 신선한 불연속면을 측정하기가 매우 제한적이었다.

따라서 불연속면의 방향성 측정은 인장균열의 영향을 받지 않은 하부에서 암질상태가 양호한 구간을 선정하여, 조사 지역 일대에 분포하는 층리, 절리 및 지질구조대의 방향성을 파악하기 위하여 개착된 암반사면의 절개면에서 불연속면을 측정하였다.

절개면에서 측정된 자료들은 파괴활동면의 하반대 구역에서 교란되지 않은 구간을 선정하여 불연속면의 방향성을 측정한 것이다.

층리면의 분포 양상은 절개면의 우측 하단부에서부터 좌측 상단부로 가면서 N10W 방향에서 N48E 방향으로 점차 주향이 변화하고, 25SW에서부터 20NW, 13NW로 감소하다가 다시 27NW, 46NW로 급하게 상승하는 경사를 갖는 습곡구조를 나타내고 있다.

절개면에 분포하는 대표적인 층리면의 대표적인 방향성은 N26E/20NW(경사방향/경사각: 296/20)이고 절리면은 주절리군의 방향이 N80E/46NW(경사방향/경사각: 350/46)와 N56W/83NE(경사방향/경사각: 034/83)의 방향성을 나타낸다.

이들 절리군들은 층리면과 사교하면서 암반을 블록으로 깨어지게 하여 암질 상태를 불량하게 하는 요인으로 작용한다.

절개면의 5개 구역에서 측정된 불연속면의 방향성은 표 3-20에 나타내었다.

[표 3-20] 암반사면의 절개면에 분포하는 불연속면의 방향성

구역	층리	절리	단층	비고
가 구역	N10W/25SW	N80W/70NE N35E/74SE N43E/67NW	N37E/52NW	
나 구역	N20E/20NW	N80E/47NW	N82E/43NW	
다 구역	N30E/13NW	N55E/87SE N50W/83NE	N50W/50NE	쐐기파괴 발생
라 구역	N55E/27NW	N65W/83NE N13E/83SE N75E/60SE	-	
마 구역	N48E/46NW	-	-	인장균열 파괴면
대표 방향	N26E/20NW	N80E/46NW N56W/83NE		

다. 2차원 전기비저항 탐사 결과

본 조사에서는 쌍극자 배열(Dipole-Dipole array)방법으로 7개 측선 총연장 1,640m를 격자상으로 설정하여 단위 전극간격 10m로 탐사를 시행하였다.

2차원 전기비저항 탐사(표 3-21) 및 시추조사 결과에 의거할 때 파괴활동면의 영역은 장경 약 200m, 단경 약 150m에 이르는 일그러진 타원형 형상을 나타내고 있다(그림 3-59). 또한 예상 파괴활동면의 분포 심도는 대체로 10~15m 범위에서 형성되고 있으나 SB-4 호공 부근에서는 최대 25m가량까지 깊어지는 양상을 보인다.

현재 지표에서 관찰되는 인장균열의 파괴면이 지반조사 결과 분석된 예상 파괴활동면의 영역보다 다소 작게 나타나는 것은 과거에 발생하였던 기존 균열의 영향을 받으면서 국지적으로 습곡구조, 단층구조대 등 지질구조에 의해 파괴면의 연장성이 제한됨으로써 대규모의 파괴 블록이 단속되었기 때문인 것으로 판단된다.

[표 3-21] 2차원 전기비저항 탐사 결과 종합

측선명	인장 균열	예상 파괴활동 영역		암반이완 영역(채굴적 영향)		파쇄대구간		지질 구조대
		구간	영역	구간	영역	구간	영역	
E-1	85m	60~195m	지표하 10~15m 상부	85~110m 110~210m 210~230m	지표하 전 영역 EL.+30m 하부 지표하 25m 상부	-	-	60m 80m
E-2	70m	40~220m	지표하 15~20m 상부	85~140m 140~195m 195~220m 200~220m	EL.+40m 하부 EL.+10~30m 지표하 10m 상부 EL.20m 하부	230~240m	지표하 전 영역	40m 60m 240m
E-3	50m 110m	30~190m	지표하 10~15m 상부	40~100m 100~160m 160~240m 240~245m	EL.+40m 하부 EL.+20m 하부 EL.-10m 하부 지표하 전영역	175~185m 190~230m	지표하 전 영역 지표하 10m 상부	5m 20m 180m
E-4	60m 175m	50~180m	지표하 10m 내외	130~185m 155~165m 185~210m	EL.+60m 상부 EL.+40m 하부 지표하 전 영역	10~60m	지표하 15m 상부	30m 40m
E-5	40m	40~175m	지표하 15~25m 상부	105~160m 180~210m	EL.+40m 하부 지표하 전 영역	15~45m	지표하 30m 상부	35m 160m
E-6	130m	70~170m	지표하 15m 상부	30~50m 55~80m	EL.+10m 하부 EL.20m 하부	30~50m 170~210m	지표하 8m 상부 지표하 12m 상부	55m
E-7	-	-	-	0~50m 65~95m	EL.+25m 하부 지표하 전 영역	140~200m	지표하 10~12m 상부	80m 125m

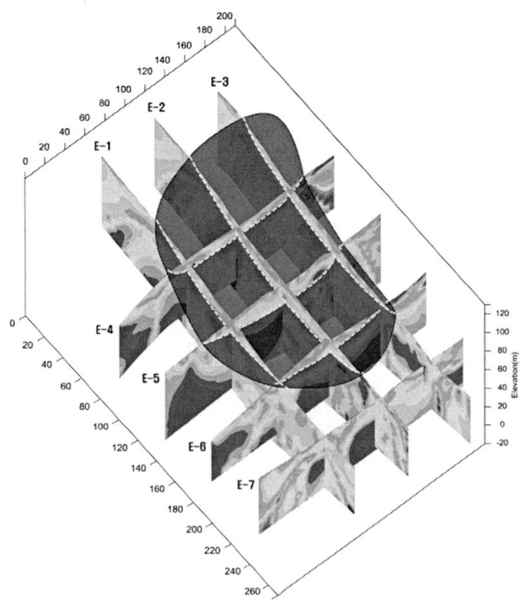

[그림 3-59] 2차원 전기비저항 탐사 결과 종합도(예상 파괴활동면 3차원 모식도)

라. 시추조사 결과

시추조사는 2차원 전기비저항 탐사 분석 결과에 따라 이상대 구간으로 나타난 위치에 대하여 DOM 시추조사 방법을 사용하여 7개공 298.1m를 시행하였다.

시추공별 예상 파괴활동면의 현황은 표 3-22와 같다.

[표 3-22] 시추공별 예상 파괴활동면 현황

공번	심도(m)	지층명	지층상태
SB-1	7.7~9.5	사질 셰일	탄질 셰일 협재 점토질화 및 사질입자로 부서짐
SB-2	13.0~14.5	사질 셰일	점토질화된 탄질 셰일 협재
SB-4	19.4~21.4	흑색 셰일	탄질 셰일 협재
SB-5	7.8~9.8	흑색 셰일	탄질 셰일 협재 점토질화 및 사질입자로 부서짐
SB-6	6.5~8.5	흑색 셰일	탄질 셰일 협재

마. DOM-Slope 해석에 의한 사면거동 분석 결과

7개의 DOM 시추코어에서 산정된 불연속면의 위치와 좌표를 개착된 암반사면의 절개면과 인접한 자연사면으로 좌표계 내에서 확장하였고, 그에 따라 상관관계를 갖는 평면식을 이용하여 절개면이나 자연사면의 경사면 상에 나타나는 절리 trace 분포를 도출함으로써 조사 지역의 전체적인 안정성을 검토하였다.

DOM 시추코어에서 측정된 전체 불연속면의 방향성은 그림 3-60에서 보는 것처럼 다양한 방향성을 나타내고 있으나, 경사각은 대체로 30도 이내의 저경사가 우세하게 분포한다. 조사 지역에 분포하는 불연속면의 대표적인 방향성은 N44E/06NW(314/06)~N20W/20SW (250/20)의 범위로 향사구조의 습곡이 발달하는 것으로 분석되었고, 이들은 N32.3E/8.6NW (302.3/8.6)의 방향으로 집중되고 있다.

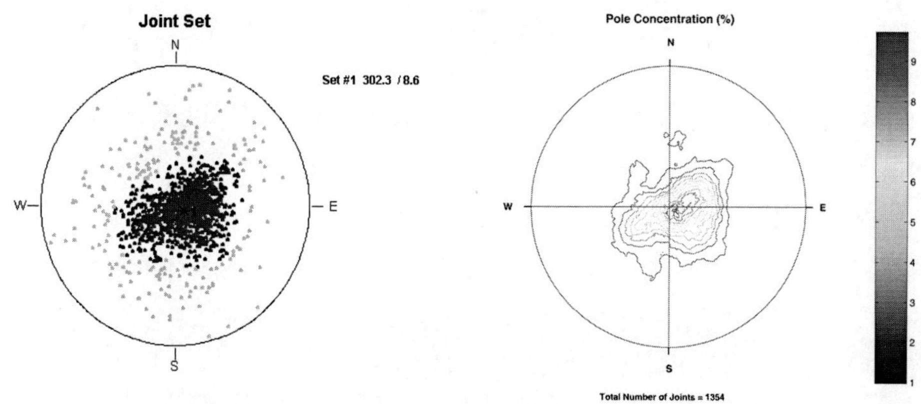

[그림 3-60] 조사 지역에 분포하는 불연속면의 방향성 분석 결과

개별 절리의 방향성에서는 약 30개의 불연속면들이 평면파괴를 유발할 가능성이 있고, 전도파괴 가능성과 관계된 불연속면은 6개가 분포하는 것으로 나타났다(그림 3-61).

따라서 DOM 시추조사에서 확인된 불연속면에 의해 절개면 방향으로의 전도파괴 위험성은 매우 저조하나, 평면파괴가 발생할 가능성이 있는 것으로 판단된다.

그림 3-62는 5개의 시추공에서 관찰된 예상 파괴면의 위치와 좌표를 계산하여 각각의 파괴 지점을 연결함으로써 파괴활동면을 복원한 것이다.

SB-3호공과 SB-7호공에서는 파괴활동면이 관찰되지 않았으므로 물리탐사 결과에 의해 추정된 파괴면 경계부의 심도를 입력 자료로 적용하였다.

그림에서 보는 바와 같이 절개면의 좌측 상단부에서 자연사면 방향으로 미끄림면이 발달하는 양상을 나타내고 있다.

예상 파괴활동면의 거동 방향을 추정하기 위하여 각 시추공에서 관찰된 파괴면과 SB-3호공 및 SB-7호공 쪽으로 향하는 파괴면의 끝점을 좌표계에 위치시킨 후, 각각의 지점에서 3개씩 연결하는 파괴활동면을 형성하여 그 대표점(중심지점)의 경사 방향 및 경사각을 산출하는 평면식을 유도하였다(그림 3-63).

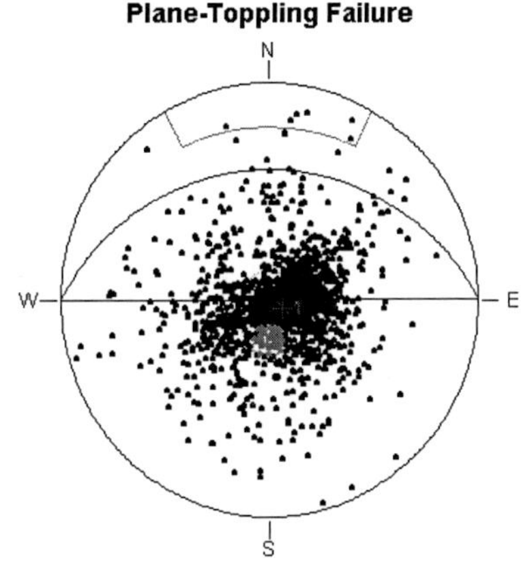

[그림 3-61] 전체 불연속면의 반구투영에 의한 평면 및 전도파괴 해석 결과

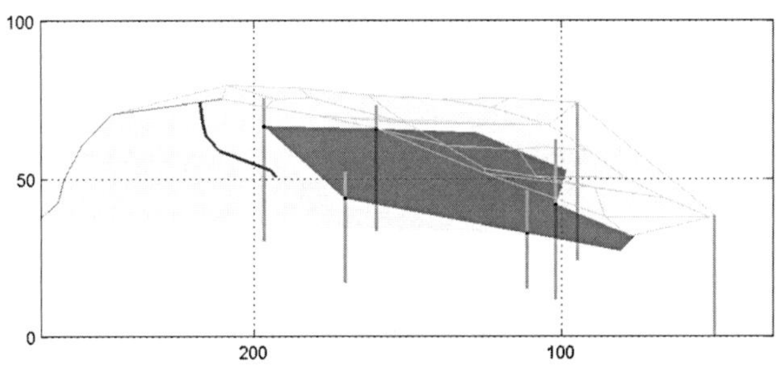

[그림 3-62] 시추공에서 관찰된 예상 파괴활동면 모식도

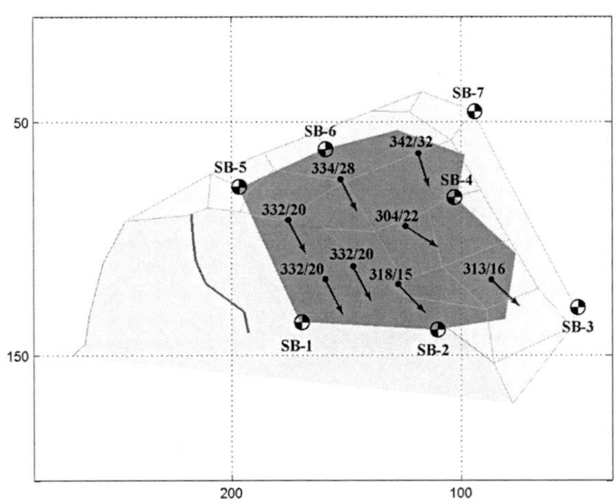

[그림 3-63] 예상 파괴활동면의 경사방향과 경사각

그림 3-63에서 보는 바와 같이 자연사면의 상부에서는 경사 30도 정도의 경사각을 나타내지만 하부쪽으로 내려가면서 점진적으로 감소하여 15도 정도의 완만한 경사각으로 변하는 형태를 보여준다.

활동면 상부지역 및 개착 사면의 인근 영역에서는 미끄러짐 방향이 330~342도 정도이지만, 자연사면 하단부 영역에서는 304~318도 정도여서 반시계 방향으로 회전하는 양상을 잘 나타내고 있다.

바. 붕괴활동면 추정

1) 붕괴원인

본 조사 지역의 구성암석은 중립질 내지 세립질 사암과 사질 셰일 및 흑색 셰일로 구성되어 있다. 이들 퇴적암은 변성작용에 의해 백운모(muscovite) 및 견운모(sericite) 등 변성광물을 다량 함유하고, 일부에서는 천매암화 내지 편암화되어 편리의 발달성을 나타내므로 쪼개짐이나 미끌림에 약한 암석으로 변하였으며, 사면 내부에 평면파괴를 일으킬 수 있는 층리면이 다수 발달되어 있고, 카올린나이트(kaolinite) 등의 팽윤성 점토광물을 함유한 탄질 셰일이 협재한다.

기존 균열 및 암반 이완대가 지표수 유입의 통로 역할을 하게 되고, 평면파괴와 연관되는 탄질 셰일이 협재된 층리면을 통하여 지반포화, 수위상승 및 지반의 수압증가 요인으로 작용함으로써 활동면으로 거동할 잠재 요인을 가지게 되었다. 이러한 조건에서 도로 개설 및 암반사면 개착에 의해 하중이 제거되면서 점토질화된 탄질 셰일을 협재한 층리면에서 거동이 발생하여 원래 지형의 능선 방향으로 평면파괴가 발생한 것으로 판단된다.

2) 사면붕괴 형태

활동면 상부지역 및 개착 사면의 인근 영역에서는 미끄러짐 방향이 330~342도 정도이지만, 자연사면 하단부 영역에서는 304~318도 정도여서 반시계 방향으로 회전하는 양상을 잘 나타내고 있다. 파괴유형은 암반 내의 점토질화된 탄질 셰일이 협재한 층리면이 활동면으로 작용하여 평면파괴를 유발하며, 고경사의 절리들과 연관되어 인장균열과 파쇄대를 수반할 것으로 판단된다.

조사 결과를 종합하면, 파괴활동면은 평면파괴로 시작되어 개착 사면의 좌측 상단부에서 우측 하단부 및 자연사면 방향으로 반시계 방향으로 회전하는 양상을 나타내고, 자연사면의 상부와 SB-7호공 주변에서는 인장균열이 발생할 것으로 판단된다.

회전하는 평면파괴의 진행 방향과 그 정도에 따라 개착된 암반사면의 절개면 방향으로도 일부 영향을 미칠 것으로 사료된다.

특히 본 지역의 암반은 여러 매의 탄질 셰일이 협재해 있고, 폐갱도 채굴적에 의한 암반 이완영역이 발달되어 있는 것으로 조사되었으므로 현재 진행 중인 파괴활동면의 하부에도 잠재 파괴면이 존재할 가능성을 배제할 수 없다(그림 3-64).

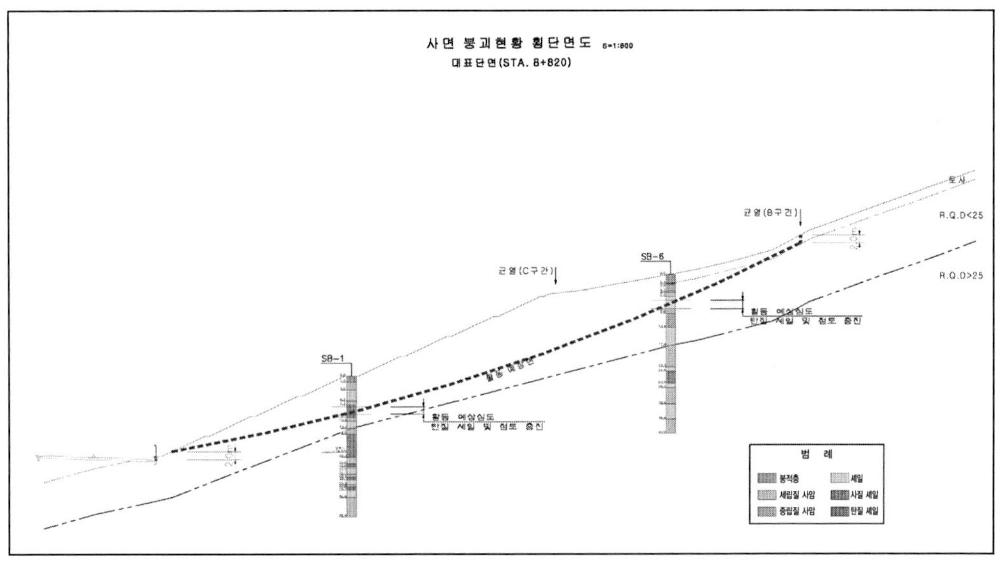

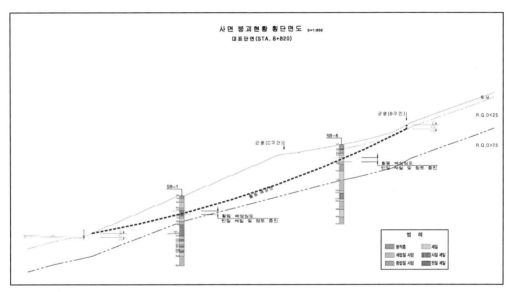

[그림 3-64] 조사사면의 예상 활동면

사. 사면안정성 검토 및 대책방안

1) 강도정수 추정

본 대상 사면에 적용된 강도정수는 RMR에 의한 강도정수 산정법 및 Barton의 경험식에 의한 방법과 참고문헌에 의해 선정하였으며, 절리면 점착력은 암반의 상태 및 풍화 정도를 고려하여 선정하였다(표 3-23).

[표 3-23] 검토사면에 적용된 강도정수

구분		단위중량(t/m³)	내부마찰각Φ(°)	점착력 C(t/m²)	비고
산정 결과 (해석에 이용)	표 토	1.6	25	0.0	
	풍화토	1.9	30	1.5	
	리핑암	2.0	30	3.0	
	발파암	2.3	35	10.0	
	불연속면	2.1	20	1.0	

2) 사면안정성 검토 결과

본 붕괴사면에 대하여 암반상태(불연속면의 경사/경사 방향, 풍화상태 등) 및 토층의 구성상태 등에 대한 조사 결과 불안정한 것으로 검토된 구간에 대하여 사면안정을 위한 보강대책 검토를 실시하였다.

각 구간별 안정성 검토 결과에 따른 보강공법의 필요성은 표 3-24와 같다.

[표 3-24] 안정성 검토 결과에 따른 보강대책의 필요성

평사투영	TALREN 97		보강대책 필요성	비고
	건기 시	우기 시		
평면파괴 쐐기파괴	0.86(N.G)	0.43(N.G)	◎	

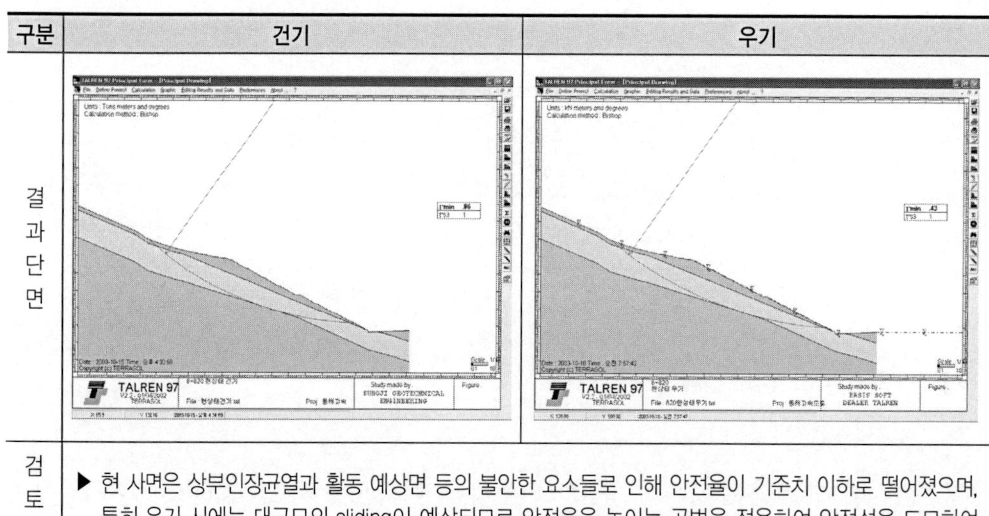

구분	건기	우기
결과단면		
검토결과	▶ 현 사면은 상부인장균열과 활동 예상면 등의 불안한 요소들로 인해 안전율이 기준치 이하로 떨어졌으며, 특히 우기 시에는 대규모의 sliding이 예상되므로 안전율을 높이는 공법을 적용하여 안정성을 도모하여야 할 것으로 판단됨.	

[그림 3-65] 사면안정성 검토 결과

3) 보강대책 선정

(1) 사면현황

본 과업구간 사면의 암석은 중립질 내지 세립질 사암과 사질 셰일 및 흑색 셰일로 구성되어 있다. 이들 퇴적암은 변성작용에 의해 백운모(muscovite) 및 견운모(sericite) 등 변성광물을 다량 함유하고, 일부에서는 천매암화 내지 편암화되어 편리의 발달성을 나타내므로 쪼개짐이나 미끌림에 약한 암석으로 변하였다. 또한 과업구간의 지중에 광범위하게 분포하는 석탄광 채굴적과 지질구조대의 복합적인 영향으로 지하암반의 파쇄 이완대 형성 및 자연사면 불안정화로 이미 기존 균열이 발달된 지역이다.

사면 내부에는 평면파괴를 일으킬 수 있는 층리면이 다수 발달되어 있고, 카올리나이트(kaolinite) 등의 팽윤성 점토광물을 함유한 탄질 셰일이 협재해 있다. 기존 균열 및 암반 이완대가 지표수 유입의 통로 역할을 하게 되고, 평면파괴와 연관되는 탄질 셰일이 협재한 층리면을 통하여 지반포화, 수위상승 및 지반의 간극수압증가 요인으로 작용함으로써 활동면으로 거동할 잠재 요인을 가지게 되었다.

이러한 조건에서 도로 개설 및 암반사면 깎기에 의해 하중이 제거되면서 점토질화된 탄질 셰일을 협재한 층리면에서 거동이 발생하여 원지형의 능선 방향으로 평면파괴가 발생한 것으로 판단된다.

(2) 검토 시 중점 고려사항

- 기존 파괴형태를 고려하여 현행 사면 안전율 계산
- 암질의 변화특성을 고려하여 주요 위치별 불연속면 상태 등의 암질조사의 결과에 따라 사면보강 공법 결정.
- 조속한 사면안정화를 위한 시공성이 양호한 공법
- 기존 붕괴면 처리에 안정성 확보가 유리한 공법
- 경제성, 시공성 및 장기적인 안정성이 유리한 공법

(3) 사면안정 보강대책 공법 비교

구분＼안	제1안 (활동블록 제거+S/N)	제2안 (사면 경사 완화(1:2.5)+S/N)	제3안 (사면 경사 완화+S/N+억지말뚝)	제4안 (사면 경사 완화(1:2.2)+S/N+억지말뚝)
공법 개요	• 사면 경사 완화 1 : 1.9~4.0 ⇒ 활동예상블록 제거 • soil nailing: 1,739공 L = 6.0m, 간격 = 2.0m • 숏크리트 격자블록 t = 20cm • 표면보호공(유기질토 녹화) t = 5cm • 사면 정상부(균열 B구간) 사면 경사 완화 1 : 1.2 숏크리트 타설 t = 20cm	• 사면 경사 완화 1 : 2.5 ⇒ 활동예상블록 하중 감소 ⇒ soil nailing: 활동억제 • soil nailing: 1,309공 L = 6.0~12.0m, 간격 = 2.0m • 숏크리트 격자블록 t = 20cm • 표면보호공(유기질토 녹화) t = 5cm • 사면 정상부(균열 B구간) 사면 경사 완화 1 : 1.2 숏크리트 타설 t = 20cm	• 사면 경사 1 : 1.8(현상태) • 3m소단을 5m로 확장 • soil nailing: 1,409공 L = 8.0m, 간격 = 1.2m • 표면보호공(유기질토 녹화) t = 5cm • 합성강관말뚝 제1열 81본, 제2열 33본 규격 D508.0, t=12.0mm H-300×300×10×15 천공심도: 제1열 15.0m, 제2열 20.0m 간　격: 1.5m	• 사면 경사 완화 1 : 2.2 ⇒ 활동예상블록 하중 감소 ⇒ 억지말뚝: 활동억제 ⇒ soil nailing: 소규모 활동 방지 • soil nailing: 1,509공 L = 8.0m, 간격 = 1.5m • 숏크리트 격자블록 t = 20cm • 표면보호공(유기질토 녹화) t = 5cm • 합성강관말뚝 제1열 41본, 제2열 80본 규격 D508.0, t=12.0mm H-300×300×10×15 천공심도: 제1열 14.0m, 제2열 17.0m 간　격: 1.5m
장·단점	• 활동예상블록 완전 제거로 안정성 확보 유리 • 추가 부지확보 필요 • 추가 토공 발생 과다 • 사면 내의 소규모 활동 방지 대책 필요 • 시공성 양호 • 경제성 불리	• 활동예상블록 일부 제거로 활동에 대한 저항 부담 감소 • 추가 부지확보 필요 • 추가 토공 발생 • 사면 내의 소규모 활동 및 활동블록의 거동 동시에 방지 • 시공성 양호 • 경제성 양호	• 억지말뚝, soil nailing에 의한 보강으로 안정성 확보 • 추가 부지확보 필요 • 추가 토공 발생 적음 • 공종이 다양하여 시공성 불리 • 경제성 불리	• 활동예상블록 일부 제거로 활동에 대한 저항 부담 감소 • 억지말뚝과 soil nailing에 의한 보강으로 확실한 안정성 확보 • 추가 부지확보 필요 • 추가 토공 발생 적음 • 공종이 다양하여 시공성 불리 • 경제성 보통

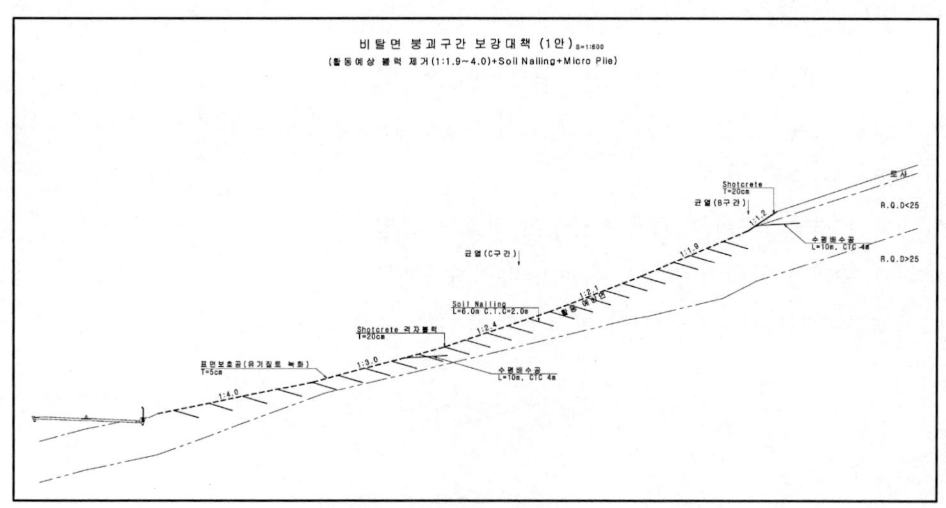

[그림 3-66] 제1안: 활동블록 제거+S/N 보강

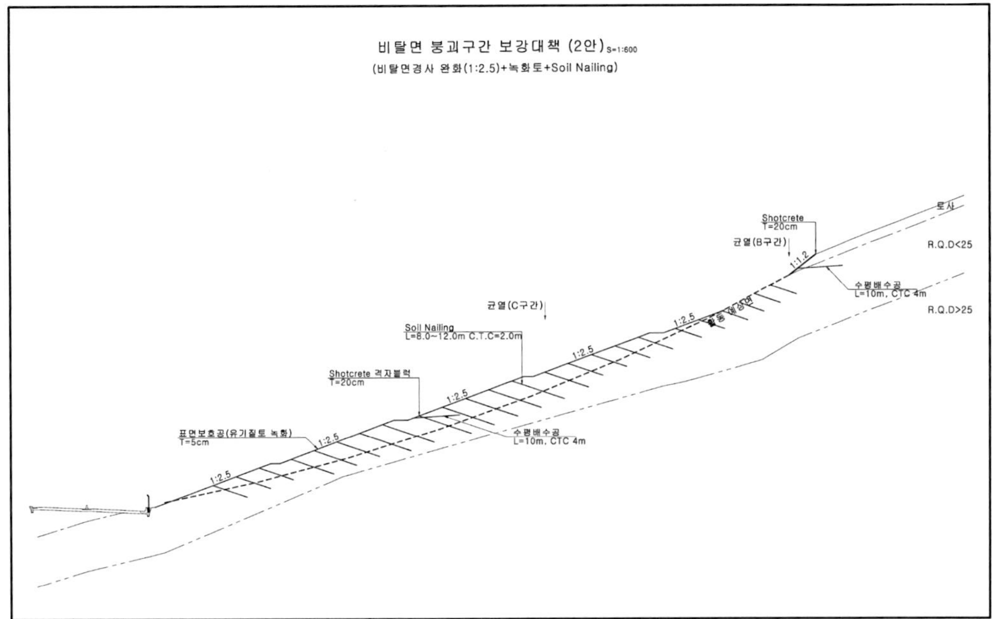

[그림 3-67] 제2안: 사면 경사 완화(1 : 2.5)+S/N 보강

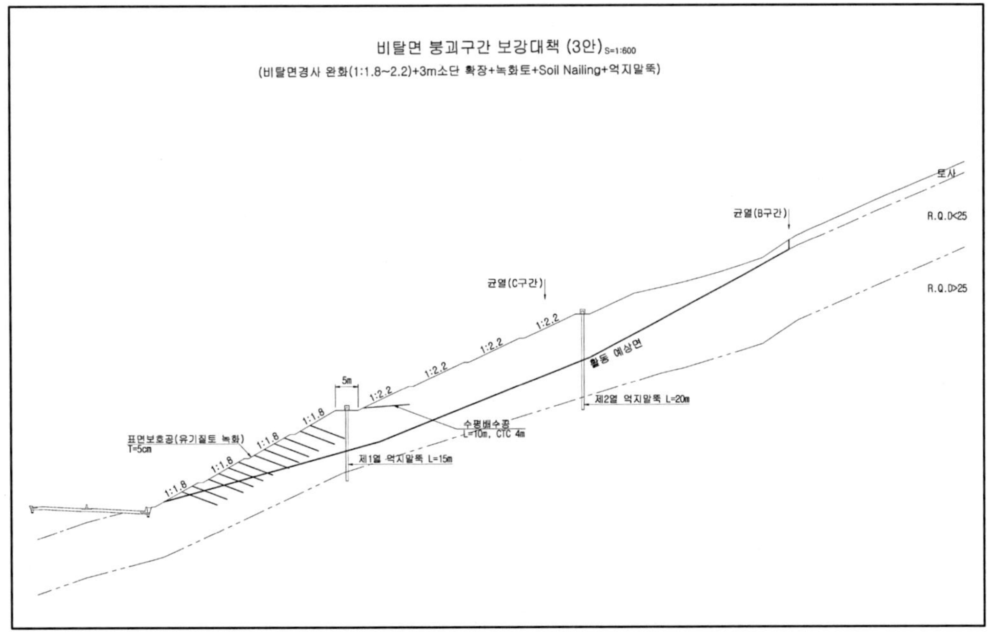

[그림 3-68] 제3안: 사면 경사 완화+S/N+억지말뚝 보강

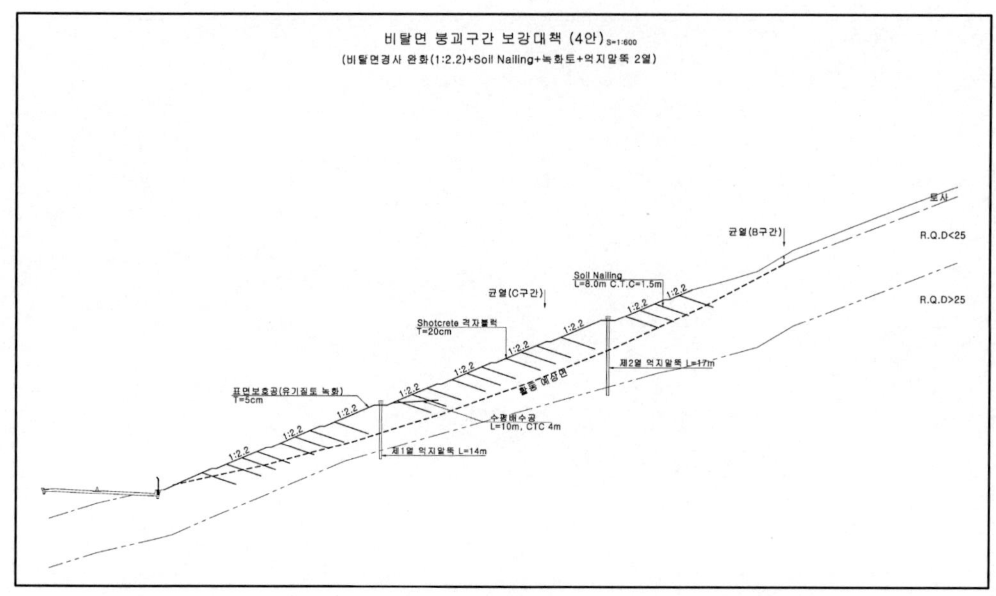

[그림 3-69] 제4안: 사면 경사 완화(1 : 2.2)+S/N+억지말뚝 보강

3.3.4 결론

(1) 본 검토 대상 사면의 구성암석은 중립질 내지 세립질 사암과 사질 셰일 및 흑색 셰일이다. 이들 퇴적암은 변성작용에 의해 백운모 및 견운모 등 변성광물을 다량 함유하고, 일부에서는 천매암화 내지 편암화되어 편리의 발달성을 나타내므로 쪼개짐이나 미끌림에 약한 암석으로 변하였으며, 지하 하부에 광범위하게 분포하는 석탄광 채굴적과 지질구조대의 복합적인 영향으로 지하 암반의 파쇄 이완대 형성 및 자연사면 불안정화로 이미 기존 균열이 발달된 지역이다.

(2) 본 사면은 내부에 평면파괴를 일으킬 수 있는 층리면이 다수 발달되어 있고, 카올리나이트 등의 팽윤성 점토광물을 함유한 탄질 셰일이 협재해 있다. 기존 균열 및 암반 이완대가 지표수 유입의 통로 역할을 하게 되고, 평면파괴와 연관되는 탄질 셰일이 협재한 층리면을 통하여 지반포화, 수위상승 및 지반의 간극수압 증가 요인으로 작용함으로써 활동면으로 거동할 잠재 요인을 가지게 되었다. 이러한 조건에서 도로 개설 및 암반사면 개착에 의해 하중이 제거되면서 점토질화된 탄질 셰일을 협재한 층리면에서 거동이 발생하여 원래 지형의 능선 방향으로 평면파괴가 발생한 것으로 판단된다.

(3) 사면의 안전율 검토 결과, 현 상태의 사면은 활동이 예상되므로 사면의 거동을 억제하기

위해 사면보강 공법이 요구된다.

(4) 사면의 안정성 확보를 위한 대책공법으로는 사면경사를 1 : 1.8~1 : 2.2로 완화하여, 활동예상블록을 일부 제거하여 하중을 경감시키고 soil nailing과 억지말뚝을 병용하여 기반암과 일체화되게 함으로써 장기적인 안정성을 확보할 수 있도록 시공하는 것이 타당할 것으로 판단된다.

(5) 현 사면의 기반암은 변성작용을 많이 받아 파쇄 및 풍화가 심한 상태를 보이므로 비탈면 절취 후 장기적인 비탈면의 안정성을 확보하기 위하여 표면보호공으로 표면침식을 방지해야 한다.

3.4 천매암 지역에서의 터널붕괴 사례 및 대책

3.4.1 서론

조산운동과 같은 큰 지각변동은 기존 암석에 큰 압력과 열을 동시에 가하게 되어 열의 영향에 의한 광물의 재결정 작용, 압력의 영향으로 광물입자들이 일정한 방향성을 가지게 된다. 이렇게 압력에 의하여 광물입자들이 방향성을 갖는 것을 엽리 또는 편리라 한다. 광역변성작용이 일어나는 곳에서는 변두리에서 중심부로 갈수록 변성 정도가 증가해 슬레이트(점판암), 천매암, 편암, 편마암 등의 순서로 나타나게 된다. 이렇게 일어나는 변성작용을 광역변성작용 또는 동력변성작용이라 하며 이 과정에서 생성된 변성암을 광역변성암이라 한다(그림 3-70). 천매암은 광역변성암에 속한다. 점판암, 천매암 등은 신선한 암반일지라도 가는 균열들이 발달하고 있기 때문에 투수성에 주의해야 한다. 대규모의 지질구조선에 따라 분포하여 단층파쇄대가 많이 있다. 점판암, 천매암이나 셰일이 변성한 흑색편암 등은 변질이나 풍화작용을 받아 연약해지기 쉽다. 편리면에서 박리현상이나 암반의 괴상형태의 미끄러짐이 일어나기 쉬워, 굴착 또는 절취 시 주의가 필요하다. 편리면에 직교하는 방향의 응력에 대해서는 강하고, 평행한 응력에 대해서는 굉장히 약하다. 이방성이 뚜렷하다. 이러한 천매암 지역에서 터널을 굴착할 시 붕괴가능성이 매우 크다. 본 논문에서는 이러한 천매암 지역 3곳의 터널붕괴 사례를 다루고자 한다.

3.4.2 천매암의 특성

조사 지역의 대표적인 암석인 천매암의 생성과정은 표 3-25와 같다. 셰일, 사암이 마그마의 관입 등에 의해 그 주위에 온도가 높아져 일어난 접촉변성작용을 받아 대부분 혼펠스(hornfels)로 되고 이것이 다시 열과 압력이 서로 조합하여 형성된 광역변성작용을 받아 고유한 조직인 엽리(foliation)가 발달하며 광물구성 입자의 크기 및 변성강도에 따라 점판암(slate), 천매암(phylite), 편암(schist) 및 편마암(gneiss)으로 된다.

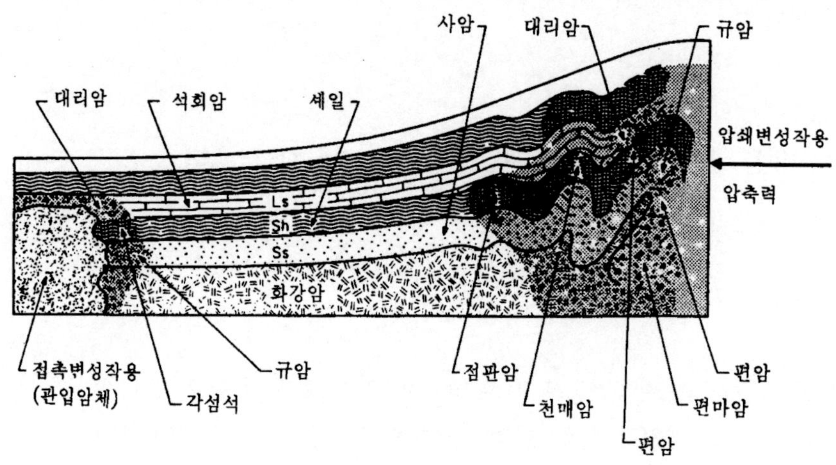

[그림 3-70] 온도와 압력으로 인해 형성된 변성암층

[표 3-25] 변성암의 분류

원래의 암석	접촉변성암	광역변성암
셰일, 사암	→ 혼펠스	슬레이트→천매암→편암→편마암
석회암	→ 결정질 석회암(대리암)	결정질 석회암(대리암)
석영질 사암	→ 규암	규암 및 규질편암
석회질 셰일, 응회암, 현무암	→ 녹염석 혼펠스	각섬암 및 각섬석편암
화강암		화강편마암

[표 3-26] 화성암 및 퇴적암 기원의 천매암

<table>
<tr><th colspan="2">기원암</th><th>변성암</th></tr>
<tr><td rowspan="2">화성암기원</td><td>조립실 장석, 화강암</td><td>천매암, 편암, 편마암</td></tr>
<tr><td>세립질 장석, 규장암, 응회암</td><td>천매암, 편암</td></tr>
<tr><td>퇴적암기원</td><td>셰일</td><td>점판암, 천매암, 편암</td></tr>
</table>

천매암은 화성암이나 퇴적암이 변성작용을 받아 형성되기도 한다.

천매암은 점판암보다 변성광물의 입자는 육안으로 식별이 곤란할 정도로 작지만, 편리면이 강한 은(銀)광택을 보이는데 이는 견운모의 미립에 의한 것이다. 주요 구성광물로는 대부분의 경우 점토질이나 이질 퇴적암에 비롯된 흑색~회흑색인 것이 많으며 미립의 석영과 견운모이며 녹니석, 녹염석, 방해석도 다소 들어 있다.

슬레이트의 구성 입자보다는 입도가 크며 입도가 증가함에 따라 편암으로 전이된다. 즉 변성의 정도가 더욱 커져서 이러한 변성광물의 결정이 성장해서 육안으로 관찰할 수 있을 정도가 되며, 광물들이 얇은 띠를 나타내기 시작하면 편리(片理, schistosity)를 형성하며 3mm 이하의 두께를 갖는 엽리면으로서 이런 편리를 갖는 암석을 편암(片岩, schist)이라 한다. 3mm 이상의 두께를 갖는 엽리가 나타나며, 전체적으로 무색광물과 유색광물이 각각 대상(帶狀)으로 모여서 편마구조(편마구조, gneissosity)를 보이는 암석을 편마암(片麻岩, gneiss)이라 한다.

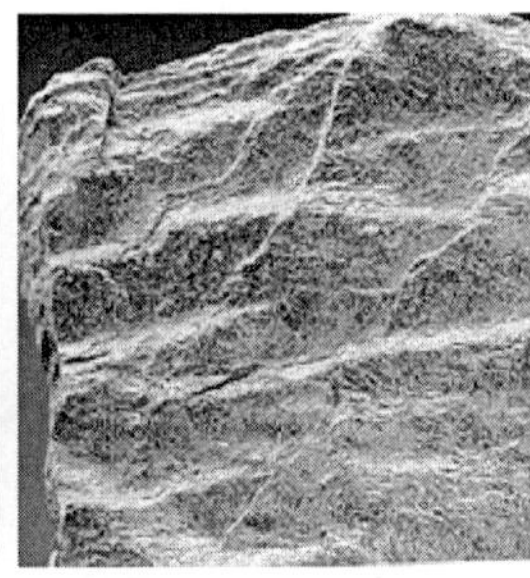

[그림 3-71] 천매암

[그림 3-72] 천매암의 박편사진(미세입자, 엽리구조)

산출 상태는 암석의 조직이나 구조로 보아 점판암(슬레이트)과 편암의 중간단계에 해당하며 광역변성에 의한 재결정화 작용에 의해서 만들어진다. 천매암의 조직은 입자를 볼 수 없을 정도의 세립질이며 변성 당시의 압력에 의한 편리는 뚜렷하게 관찰된다(그림 3-71, 3-72). 이런 편리는 색의 차이로 인해 줄무늬로 뚜렷하게 나타난다. 편리를 옆에서 보면 색의 차이로 생기는 줄무늬를 볼 수 있다. 편리면에 따라 파상 또는 지그재그로 굴곡된 모양을 보이기도 한다. 매끄러운 면(slickenside)이 발달하여 응력개방이나 흡수에 따라 팽창되는 성질이 있다. 이 때문에 낙석, 붕괴를 일으키는 수가 많고 터널에서는 강대한 토압이 발생하는 수가 있다. 지하심부의 신선한 것은 단단하지만 지표에 노출되면 갑자기 열화되는 성질을 가졌다. 이방성이 강하고 평평하게 갈라지며 풍화되면 세편화되고 점토화되기 쉽다. 또한 천매암은 크리프(creep)를 일으키기 쉽다. 천매암의 변형계수는 편마암보다 작고 강도는 편마암보다 연약하다.

3.4.3 천매암층 내의 터널

천매암, 점판암, 셰일 등의 일부 암석은 굴착 후 노출면에서 풍화작용으로 이완현상을 나타낸다. 습한 갱내 공기가 이러한 풍화작용에 의한 이완의 원인으로 생각된다. 굴착 이전의 지반은 압력관계, 온도 및 지하수에 기인하는 물리·화학적 조건에 대한 평형상태에 있다. 이 중 응력상태의 변화가 가장 중요한데, 이완현상의 대부분은 응력상태의 변화가 주원인이다. 탄성변형, 소성변형 및 크리프 등의 1차 및 2차 응력상태의 변화는 흑운모가 많은 암석, 특히 천매암과 이암의 경우에는 붕괴 혹은 비교적 큰 표면 박리현상을 야기한다. 온도조건은 응력조건보다 영향은 적지만 역시 중요한데, 굴착 후에 시작되는 터널환기는 여름철의 온도상승과 겨울철의 온도하강을 초래하므로 굴착에 의해서 노출된 굴착면의 이완현상을 촉진한다. 또 다른 요인으로 수분의 영향을 고려해야 하지만 지반 중의 지하수의 영향은 크지만 공기 중에서의 흡수의 영향은 적다.

천매암, 흑색(이질)편암이나 녹색편암 등이 풍화 및 파쇄작용을 받으면, 터널굴착 시 응력해방에 의해 편리면의 박리 및 팽창이 발생한다. 이외에도 팽창성을 나타내는 지반에는 신제3기의 이암 및 응회암, 사문암, 변질 안산암, 습곡대·단층파쇄대·단층 점토화대·변질대 등이 있다. 이들 지대에서는 구조적인 잠재응력이나 암질의 열화에 의해 팽창성을 나타내는 경우가 있다. 팽창성 토압발생의 유무에 대해서는 지표답사, 시추, 원위치시험, 암석시험, X선 분석 등으로 판단할 수 있지만, 정량적인 예측은 곤란하다.

팽창성 지반 터널은 굴착단면 내의 공간으로 지반이 현저하게 밀려나오는 터널을 말한다. 강하고 큰 지압이 작용하는 원인으로 ①지반 자체의 성질, ②터널의 설계 및 시공법에 의한

2종류로 생각할 수 있다. ①에 대해서는 흡수에 의한 물리적 팽창 및 화학변화의 결과로써 팽창 및 지반응력에 의한 지층의 전단파괴와 소성변형, 지각운동 시 구속되어 있는 잠재에너지(잔류응력)의 해방에 의한 팽창 등을 생각할 수 있다. 그러나 최근에는 지반 내 응력과 암반의 전단강도의 대소의 관계에서 발생하는 소성변형이 주요 원인으로 생각되고 있다. ②에 대해서는 토피, 단면형상과 크기, 굴착공법, 지보공의 종류, 라이닝의 형상과 강도 및 시공시간, 지보나 라이닝이 지반과의 밀착도 등이 관계된다. 이들은 어느 것이나 터널 주변의 응력변화와 복잡하게 관계하고 있다.

3.4.4 터널의 일반적인 붕괴형태

터널굴착 시 토압, 용수, 붕괴, 지반변위 등의 지질적 현상이 발생한다. 토압에는 지질조건 및 지형에 의하여 소성토압, 이완토압, 팽창성 토압, 편압 등이 있지만 이것의 크기는 굴착공법, 지보재의 규모, 시공시기 등에 영향을 받는다. 용수도 지질 및 지하수두의 크기에 따라 출수상황 및 용수량이 달라진다. 붕괴현상은 막장의 천단 및 매끄러운 면에서 발생하는 예가 대부분으로 토사지반, 파쇄대, 절리. 층리 의 발달하는 지반, 심한 풍화지반, 팽창성 지반에서 발생한다.

표 3-27은 터널막장 붕괴현상과 막장관찰 시 주의점을 나타낸다. 단층파쇄대를 구성하는 물질은 전단파괴의 정도에 따라 점토, 각력이 혼합된 점토, 각력이 혼합된 모래, 점토가 얇게 덮인 각력, 비교적 큰 암괴와 각력이 혼합된 층, 균열이 발달한 층, 비교적 균열이 많은 층으로 구분할 수 있다. 단층파쇄대의 강도특성과 투수성은 파쇄대 내 물질이 점토 내지는 각력을 주로 하는가에 따라 크게 달라진다. 실제로 현장에서 만날 수 있는 단층파쇄대는 이것들이 조합된 형태들로 되어 있다.

3.4.5 터널의 붕괴사례 I

가. 붕락현황

2000년 2월 19일(토요일) 오후 10시경 막장면(12시~2시 방향 사이)의 연약층에 해당하는 단층대가 막장 발파 후 높이 약 10m, 폭 3~4m으로 약 100m^{3}이 붕락되었다. ○○터널 하행선 STA. 11km+149(갱문에서 179m) 막장 전면의 개략적인 암질상태는 그림 3-73과 같다. 암종은 천매암으로 불연속면 발달하였는데 단층과, 3set+random,한 절리군이 발달하고 있으며 Calcite vein이 관입되어 있다. 점토로 이루어진 충진물이 다량 보이며 절리면은 매끄

[표 3-27] 터널 막장붕괴 현상과 막장관찰 시 주의점

지반상태	대표적 막장붕괴 형태	기반암 특성	균열정도·방향	용 수
①균질	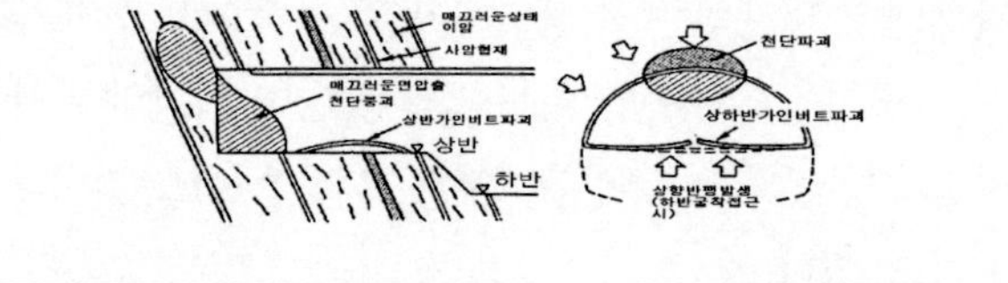	매우 중요	그다지 중요하지 않음	그다지 중요하지 않음
②층리	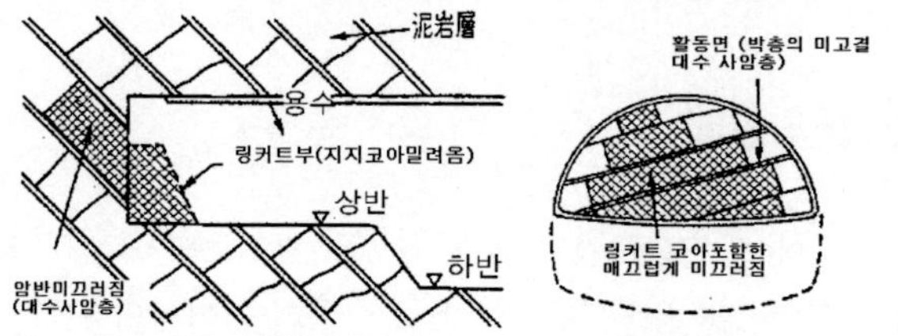	약간 중요	매우 중요	매우 중요
③절리	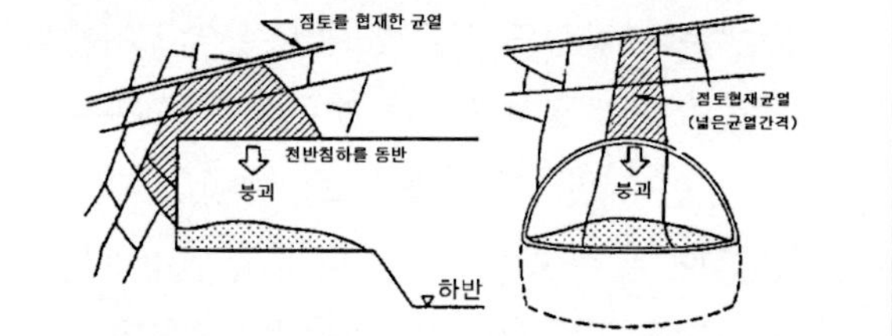	그다지 중요하지 않음	매우 중요	약간 중요
④파쇄대. 심한풍화	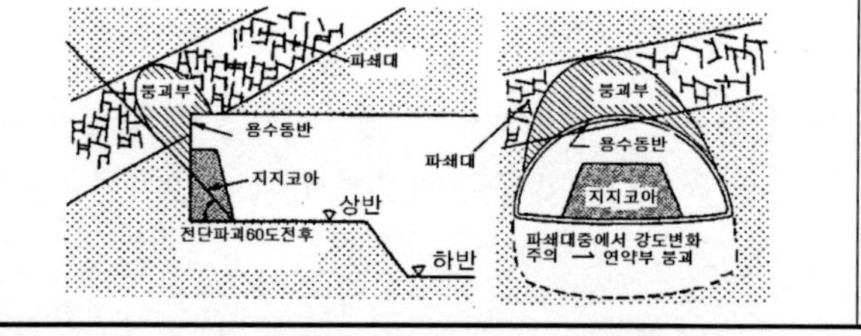	매우 중요	그다지 중요하지 않음	매우 중요

① 균질: 거의 균질한 지반으로 이암 등의 팽창성 지반에 해당
② 층리: 이종물질의 지층이 호층을 이루는 지반으로 사암, 이암 등이 해당한다.
③ 절리: 경암에 많고 조직이 절리, 균열에 의하여 분단된 지반이다.
④ 파쇄대, 심한풍화: 단층, 파쇄대 등에 의해 국부적으로 약화된 지반으로 풍화화강암 등이 여기에 해당한다.

러웠다. 단층과 습곡의 주향 및 경사는 N40E/85NW이고 N70E/10-30SE 계열의 층상절리가 발달하고 있다. N40E/85W 계열의 단층과 단층의 우측부에 발달한 습곡의 배사축이 연약층에 해당한다. 습곡축부에 발달한 불연속면을 따라 약 3.0ℓ/sec의 출수가 되었다. 본 지점은 당초 설계상으로는 지보패턴이 Type = 3type으로 되어 있었으나 지반상태가 불량하여 한 등급 올린 type = 4type으로 시공하던 중 붕괴가 발생하였다(그림 3-74, 3-75, 3-76).

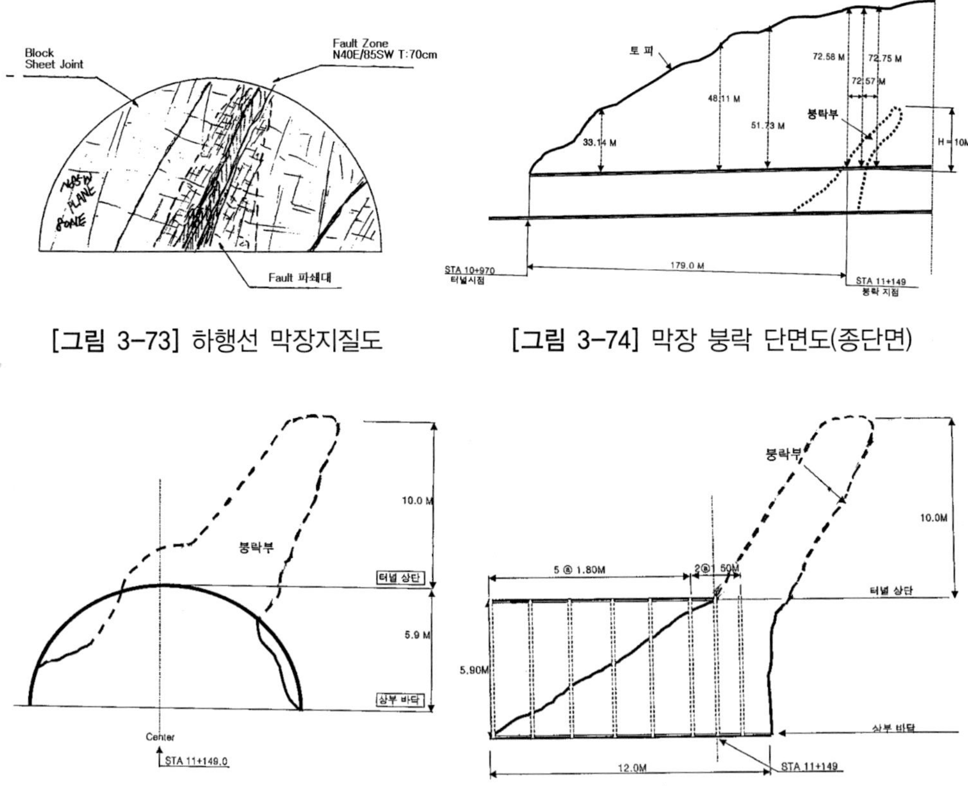

[그림 3-73] 하행선 막장지질도

[그림 3-74] 막장 붕락 단면도(종단면)

[그림 3-75] 막장 붕락 정면도

[그림 3-76] 막장 붕락 측면도

나. 붕괴현장 지질구조 및 지반평가

본 터널구간의 붕락원인을 검토하기 위하여 터널천단부의 붕괴발생상태, 지질상태, 지하수상태, 지반의 상태 등을 포함한 제반시공 사항을 비디오촬영 내용분석과 현장방문을 통하여 조사하고 현장관계자들이 제시한 제공자료들을 종합분석하여 붕락요인 검토작업을 수행하였다.

본 지역은 옥천누층군에 속한 지역이다. 옥천누층군이란 옥천변성대를 말하며 본 층군을 구성하는 주된 암석은 천매암, 편암, 점판암, 함역질천매암, 규질사암, 규암, 석회암, 돌로마이트 등이다. 이 지층은 최소한 3차에 걸친 중복변형작용과 그에 수반된 변성작용의 영향으로 지층이 매우 교란되어 있다

본 터널구간 전역에 걸쳐 분포되어 있는 천매암은 조산대에 분포하는 세일이 동력변성작

용을 받아 암석벽개(rock cleavage)를 갖게 된 泥質퇴적암 기원의 변성암이다.

터널구간에는 황강리층, 문주리 층등 퇴적기원 변성암이 주로 분포하며 암상은 천매암, 점판암 등이 분포한다. ○○터널의 입구부와 중앙부는 문주리층, 출구부는 이원리층이 터널 진행 방향으로 50도 경사를 가지며 분포한다. 지질단면상에는 하부에 황강리층, 상부로 가면서 문주리층, 이원리 층이 분포한다(표 3-28).

○○터널 주변구역에서 실시한 시추조사 결과는 터널구간의 지하수위가 비교적 높음을 알려준다(표 3-29).

[표 3-28] 조사 지역의 지질계통도

지질계통		특 징	구성광물
신생대 제4기	충적층	자갈, 모래, 점토로 구성	
중생대 쥐라기	보은 화강암	• 중립질이고 흑운모와 함께 각섬석이 다량 함유 • 옥천누층군들을 강력하게 열변성시킴 • 담회색을 띤 등립질 조직	• 석영, 미사장석, 흑운모
관 입			
고생대 후기 오르도비스기	구룡산 천매암	• 옥천누층군 내의 각 지층 중 가장 대표적인 이질원암 • 탄질물의 함유도가 많음 • 천매암, 운모편암, 흑색 slate, 함탄을 함유한 저변성 셰일로 구성	• 석영,백운모, 흑운모, 녹니석, 점토광물, 탄질물
	이원리 천매암	• 역을 함유한 사질 점판암으로 대표되나 곳에 따라 천매암과 유사한 곳도 많이 분포 • 본 층 주위의 층은 석회질이 우세한 반면 비석회질이 우세한 것이 특징 • slaty cleavage가 발달	• 흑운모, 석영, 백운모 및 녹니석으로 구성. • 분적으로 방해석 산출
	문주리 천매암	• 주 구성원이 이질원암인 녹회색 천매암이며 그 밖에 탄질물이 함유된 흑색 천매암도 상부에 협재 • 본층은 하부의 이원리층을 정합으로 덮고 있으며 상부의 황강리층에 의하여 부정합으로 덮여 있음	• 백운모와, 점토광물, 석영 등으로 구성됨 • 소량의 녹니석과 불투명광물
	황강리 천매암	• 문주리층의 천매암과 부정합 관계에 놓이며 남측에 보은 화강암과 접촉 • 본층의 구성은 역을 함유한 이질암으로 대표 • 보은 화강암과의 접촉부는 규암화 및 혼펠스화	• 백운모, 석영, 방해석 등
고생대 캄브리아기	운요리 천매암	• 층리 간에는 이질암이 협재 • 암회색 내지 암흑색을 띤 사질암으로 세립질이며 벽개 및 층리의 발달	• 저변성 내지 열변성된 사질암(psammmite)으로 구성

[표 3-29] 터널주변 시추공의 지하수위

시추공번	조사위치 (STA.NO)	표고(m)	지하수위(m)	비고
TB-1	(하행선)10+830(좌100m)	236.00	9.30	
TB-2	(하행선)10+830(좌60m)	243.00	5.30	
TB-3	(하행선)10+943(좌44m)	244.00	3.20	
TB-4	(하행선)11+024(좌12m)	248.70	3.70	
TB-5	(상행선)11+982(좌9.0m)	280.30	6.30	
TB-6	(하행선)12+528(우1.5m)	320.50	-	

터널상부에 모래 섞인 자갈층이 비교적 많이 분포되어 있으며 연암층도 보통 내지 심한 풍화상태로 절리가 심하고 전체적으로 파쇄대가 발달하고 있으며 단층대의 출현도 발견된다(표 3-30).

[표 3-30] ○○터널 입구부 지층개황(시추공 No.1~No.4)

지층	내용
표토층	지표상부 0.4m 이내 실트섞인 세립 내지 조립모래로 구성(SM), 대체로 느슨한 상태의 상대밀도
붕적층	표토층 하부 1.0~10.3m 내외 실트 및 세립 내지 조립의 모래섞인 자갈로 구성(GM), N치 15~50회 이상 중간정도 조밀함 내지 매우 조밀한 상태의 상대밀도
풍화암층	기반암인 천매암이 완전풍화 내지 심한 풍화 상태의 층. 시추공 TB-4를 제외한 전역에 걸쳐 붕적토층 하부 즉 지표면으로부터 3.4~10.7m 심도에 0.7~2.9m 두께로 분포
연암층	기반암인 천매암이 보통풍화된 상태의 층. 지표면 1.4~12.0m 내외의 심도에 0.6~5.9m 두께로 분포. TCT=55~100%, RQD=8~33%
경암층	기반암인 천매암이 보통풍화~신선한 상태의 층. 5.0~16.5m 심도. 약간의 균열 및 저리가 발달하나 신선한 상태이며 TCR=74~100%, RQD=15~100%이다.

전기비저항 및 전자탐사 결과보고서(2000)에 따르면 측점 11km+040~11km+320구간에 대한 전기비저항 탐사 결과는 비저항이 수평 및 수직으로 심하게 변하여 여러 개의 절리가 있을 것으로 추정되었다. 이 구간은 계곡에 해당하는 것으로 지질구조의 발달이 예상되고 있다. 탐사 결과에서 보는 바와 같이 이 구간은 겉보기 비저항 및 위상자료에서도 2차원 구조의 존재를 보여주고 있다. 이번 붕괴사고가 발생한 지점도 이 구간 내에 있는 것으로 붕락된 지점에서부터 11km+240m까지 단층을 비롯한 대규모 절리의 존재 가능성이 크다고 판단된다. 또한 11km+870~11km+960의 약 90m 구간은 단층을 비롯한 대규모 파쇄대가 있는 것으로 밝혀졌다. 따라서 앞으로 이 구간에서 굴착시공 시 세심한 주의를 하여야 할

[표 3-31] 암석물성시험 결과

구분	밀도 (g/cm³)	흡수율 (%)	탄성파속도 (m/sec)		일축 압축강도 (kg/cm²)	인장 강도 (kg/cm²)	영률 (10^5kg/cm²)	점착력 (kg/cm²)	내부마찰각 (°)
			종파	횡파					
TB-3-C (16.0-17.0m)	2.77	0.44	4,970	2,880	1,460	133	6.0	210	55
TB-4-C (27.6-28.6m)	2.72	0.59	3,150	1,860	790	82	3.2	126	51
TB-5-C (39.6-41.0)	2.66	0.84	2,660	1,560	510	49	2.1	91	44
TB-6-C (19.9-20.7)	2.74	0.51	3,880	2,270	1,150	110	5.6	174	54

것이다(그림 3-77).

표 3-31에 따르면 TB-3공에서 채취한 암석은 표준품셈기준에 따르면 일축압축강도와 탄성파속도상으로는 경암에 속하며 TB-4공에서 채취한 암석은 연암에 속하며 TB-5공의 경우 풍화암에 속하며, TB-6공의 경우 보통암등급에 속하였다.

터널 지역에 분포하는 기반암층에 대한 투수성을 파악하기 위하여 실시한 수압시험 결과는 표 3-32와 같다. 현지암반의 투수성은 모두 보통투수성암반으로 확인되었다.

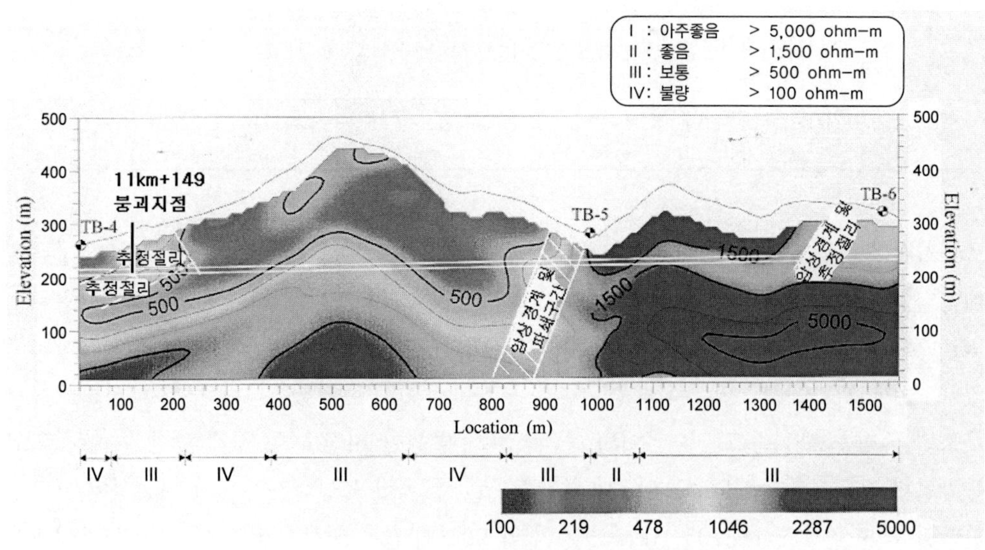

[그림 3-77] 전자탐사에 의한 측선하부의 구조 해석

[표 3-32] 수압시험 결과

시추공번	시험구간(m)	투수계수 K(cm/sec)	Lugeon 치	비고
TB-1	24.0~29.0	1.19×10^{-5}	0.93	경 암
TB-2	18.0~23.0	1.15×10^{-5}	0.89	"
TB-3	17.0~30.0	1.48×10^{-5}	1.15	"
TB-4	25.0~30.0	1.45×10^{-5}	1.13	"
TB-5	38.0~43.0	9.79×10^{-6}	0.76	"

11km+32.4~11km+149 구간에 대한 암질평가 결과는 표 3-33과 같다. 막장 암반은 물이 180ℓ/분으로 분출하며 절리가 3set+random 하며 calcite vein과 점토가 협재하며 암반은 매끄러운 면이 발달하고 있다. 주단층의 폭은 70cm 정도로 N40E/85SW의 방향성을 가지고 있다. 암석강도는 보통암 이상이나 절리, 특히 단층이 발달되어 있으며 단층 주변 파쇄대의 폭이 두껍게 발달하고 있다. 단층의 경사가 거의 수직에 가까워서 터널을 불안정하게 하고 있다. 절리면의 표면도 약간 거칠거나 매끄러운 상태로 약간풍화~풍화를 받은 상태에 있다. 천매암의 불규칙한 절리와 편리 및 단층의 영향으로 터널종단 방향으로 암질의 변화가 심하며, 하나의 막장면 내에서도 불규칙한 암질분포를 보이고 있다.

[표 3-33] 붕락막장 근처 암반의 암질평가 결과(STA. 11+137.8m)

구분	좌측	천단	우측
일축압축강도(kg/cm^2)	50~250	500~1,000	500~1,000
RQD(%)	25~50	50~75	25~50
불연속면간격(m)	0.06~0.2	0.2~0.6	0.06~0.2
불연속면상태	약간 거친 표면, 풍화	약간 거친 표면, 풍화	약간 거친 표면, 약간 풍화
지하수	물이 흐름	물이 흐름	물이 흐름
주향에 대한평점조정	굴착 방향으로 경사 dip 20도~45도	굴착 방향으로 경사 dip 20도~45도	굴착 방향으로 경사 dip 20도~45도
전체암반등급	양호	양호	양호

터널 전 구간이 풍화성 천매암으로 균열 및 파쇄가 심하며 평행한 얇은 판상으로 쪼개지는 상태이다. 터널상부 암체가 살아 있는 부분은 변성작용을 받아 암체의 연경도가 불규칙하고 굴곡을 이루고 있으며 붕락되지 않은 암체는 비교적 단단하다. 붕락된 막장에 가까운 11km+137.8 지점의 암질상태는 표 3-34에서와 같다.

표 3-34에서 보는 바와 같이 11km+32.4부터 터널막장이 붕괴된 11km+137.8 지점에 이르기까지 11km+8.3, 11km+130.6의 두 곳을 제외한 전 구간이 RMR 평가 결과 양호(Fair rock)한 등급으로 판정되었으며 일축압축강도, RQD, 절리간격 등 비교적 터널안정성에 불리한 영향요소로 되지 않았으나, 터널 위치가 계곡하부에 있는 관계로 지하수 유출이 계속되었으며 파쇄구간이 드물지 않게 나타났다.

[표 3-34] RMR 평가 결과

위치	RMR 평가	일축압축강도 (kg/cm²)	RQD (%)	절리 간격(m)	절리상태	지하수	비고
STA.11+149	-	-	-	-	매끄러움 약간풍화~풍화	물흐름 180ℓ/분	단층파쇄대 calcite vein,점토협재
11+137.8	46 (양호)	500~1,000	50~75	0.06~2	매끄러움 약간풍화~풍화	물흐름	
11+134.2	50 (양호)	500~1,000	75~90	0.6~2	약간거침~매끄러움 약간풍화~풍화	절리틈으로 흐를정도로 다량용수 50ℓ/분	전체적인 파쇄구간 좌측부 단층점토층 15~20cm
11+130.6	34~48 (불량~양호)	250~1,000	25~75	0.2~0.6	약간거침~매끄러움, 풍화	물흐름	전체적인 파쇄구간
11+119.4	53 (양호)	250~1,000	50~90	0.06~0.2	약간거침~매끄러움 약간풍화~풍화	물방울 떨어짐	불규칙적 절리발달
11+111.7	51 (양호)	500~1,000	75~90	0.2~0.6	약간거침, 약간풍화	물방울 떨어짐	전체적 파쇄구간, 불규칙적 절리발달
11+102.7	40~48 (양호)	500~1,000	50~75	0.06~0.2	약간거침, 풍화	물방울 떨어짐	불규칙적 판상
11+93.2	54 (양호)	250~1,000	50~90	0.6~2	매우거침~약간거침 신선~약간풍화	흰색차돌층(5~7cm)절리층 사이로 용수다량 20ℓ/분	불규칙 파쇄대발달
11+080.2	45 (양호)	250~1,000	25~90	0.06~0.6	약간거침~매끄러움 약간풍화~풍화	물방울 떨어짐	전체적 절리발달 15cm 폭 calcite vein
11+70	52 (양호)	500~1,000	75~90	0.2~0.6	약간거침 약간풍화~풍화	습기가 있음	불규칙적 절리발달 점토질 5mm 협재 1~2cm calcite vein
11+61.2	61 (우수)	500~1,000	25~75	0.6~2	약간거침, 약간풍화	습기가 있음	절리발달, 암강도 강함, 10cm 폭 calcite vein
11+8.3	22 (불량)	10~250	〈25 25~50	0.06~0.2	약간거침, 풍화	물흐름	심한파쇄, 변질대 암종 slate, 지하수 유입
11+32.4	60 (양호)	1,000~2,500	25~50	0.6~2	약간거침~매끄러움 약간풍화~연속절리	완전건조	불규칙 절리

다. 붕괴원인 종합분석

본 터널의 붕괴원인을 종합분석한 결과는 다음과 같다.

1) 입구로부터 179m 지점 부근은 계곡부에 해당하여 계곡부 지표수 유입 및 지하수맥 형성

가능성으로 터널직상부 부근의 지질조건이 불량하였다. 사고발생지점은 막장관찰 결과나 사고 후 탐사 결과로부터 동 막장지점이 풍화 변질된 절리의 발달이 심하고 지하수 유입이 되고 있으며 급경사 단층의 우측부에 발달한 습속의 배사 측 연약암층의 존재 등 터널 안정성에 가장 취약한 지층으로 구성되어 있다.

암반의 풍화가 심한 상태이며 절리간격이 조밀하고 절리표면이 약간 거칠거나 매끄러운 상태이며 수직절리가 많이 발달하고 있다. 전체적으로 천매암으로 되어 있으며 절리 및 파쇄대가 발달된 천매암으로 암질은 포화상태이거나 습윤상태로 있다. 암과 간에 녹니석이나 점토 등으로 덮여 내부마찰각을 감소시켜 안정성을 저하시키는 요인이 되었다. ○○터널과 자주 조우하는 단층파쇄대의 매우 불량한 지질구조, 그에 따른 불량한 연질암반의 존재가 붕락발생의 주원인으로 판단된다.

측점 11km+040~11km+320구간에 대한 전자탐사(CSMT 탐사) 결과는 확인된 바와 같이 이번 붕괴사고가 발생한 지점을 포함한 11km+240m까지 단층을 비롯한 대규모 절리의 존재 가능성이 큰 지질구조가 확인되었다. 단층은 부단층·분기단층을 동반하는 일이 있어, 폭이 넓은 단층군을 형성하는 경우가 있으므로 차후 시공 시 세심한 주의를 요한다.

터널막장 암판정일지에 나타난 지질구성은 표 3-33에서와 같이 전 구간에 걸쳐 풍화성 천매암대로 암의 파쇄상태가 매우 발달되어 있고 습윤 내지 물흐름상태인 것으로 나타났다. 터널상부에 모래 섞인 자갈층이 비교적 많이 분포되어 있으며 연암층도 보통 내지 심한 풍화상태로 절리가 심하고 전체적으로 파쇄대가 발달하고 단층대 출현도 적지 않아 터널단면의 자체 지지력이 미흡하였을 것이다.

표 3-33에서 보는 바와 같이 11km+32.4부터 터널막장이 붕괴된 11km+137.8 지점에 이르기까지 11km+8.3, 11km+130.6의 두 곳을 제외한 전 구간이 RMR 평가 결과 양호(Fair rock)한 등급으로 판정되었으며 일축압축강도, RQD, 절리간격 등 비교적 터널안정성에 불리한 영향요소로 되지 않았으나 터널 위치가 계곡하부에 있어서 지하수 유출이 계속되었으며 파쇄구간이 드물지 않게 나타났으며 경사가 급한 단층이 존재했기 때문에 붕괴에 이르게 된 것으로 판단된다.

이상에 검토하여 본 붕괴사고는 단층파쇄대가 직접적인 원인으로 판단된다. 이 단층대는 2개의 시추지점의 중간에 위치하여 예상할 수 없었을 뿐 아니라 터널진행 방향과 각각의 주향이며 85도 이상의 급경사를 가지고 있어 예지가 곤란하였다. 붕괴사고 후 그 지점에서 단층점토가 발견된 것으로 보아 파쇄대는 잔류마찰각이 작고 매끈한 면으로 되어 있어 안전율이 1.0이하인 것으로 분석되었다. 따라서 이 단층면을 따른 활동이 발생하기 시작하였으며 또 그 부분을 따라 지하수가 누출됨으로써 파쇄대에서 물을 동시에 유출시켜 공극을 확대시킴으로써 급작스럽게 대규모 붕괴로 발전한 것으로 판단된다.

2) 지하수의 영향도 컸다. 터널 주변에 지하수위가 높아 지속적인 수압이 작용하였을 것이다. 이것은 표 3-31의 11km+32.4~11km+149 구간에서와 같이 터널 내에 계속 물방울이 맺히거나 물이 떨어짐에서 알 수가 있다. 지형상 인근 계곡의 지하수 및 지표수 유입에 따라 터널 안정에 영향을 주고 있으며 한편 발달한 절리면에 미세한 점토성분의 수분함유 및 포화에 따른 절리면 사이의 전단저항 감소와 유발에 의한 주변 지반의 약화가 원인으로 볼 수가 있다. 지하수가 단층대를 따라 하부집중으로 절리가 발달한 연약한 막장이 수압에 견디지 못하여 막장으로 자갈을 비롯한 파쇄암들이 유출되었다. 이와 같이 풍화대지층은 지하수를 흡착하게 되면 토입자가 팽창되어 토입자 간 점착력을 잃어버리고 쉽게 붕괴되며 지지력이 없어져서 붕괴될 수 있다.

3.4.6 터널의 붕괴사례 II

가. 붕괴현장 지질구조

터널 주변의 지질은 변질 퇴적암류인 고생대 오르도비스기의 옥천층군이 기반암으로 되어 있고 이를 중생대 백악기의 우백질반상화강암이 관입하고 있다. 터널 시점부는 석회질 점판암, 흑색 점판암, 암회색 녹니석 편암 등으로 구성되어 있으며 그 중앙부를 우백질 반상화강암이 관입하면서 주변에는 사질천매암, 흑색 함력천매암 및 박층의 회색 석회암 등이 분포하는 등 매우 복잡한 지질구조를 보이고 있다.

나. 붕괴현황

터널시공 시 막장이 ②지점에 이르러 처음으로 파쇄대가 출현하였으며 ③지점에서 이르렀

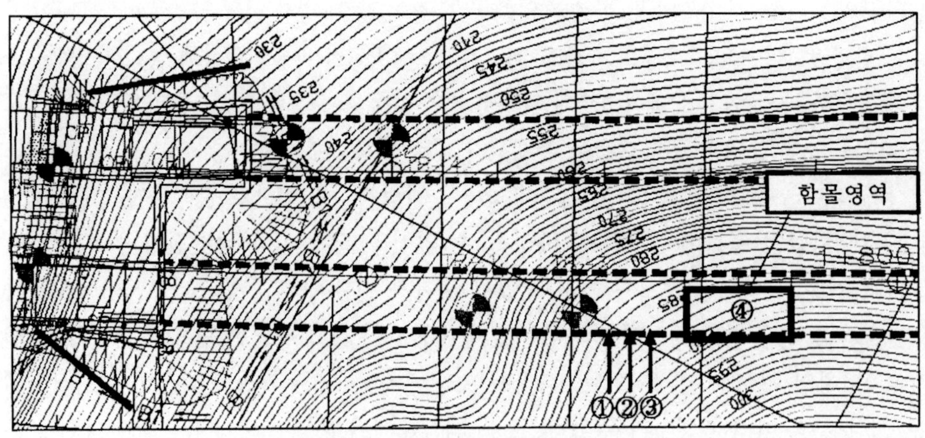

[그림 3-78] 붕락구간 위치도

을 때 터널막장 우측으로부터 출현한 풍화암으로 인하여 막장 천단부가 붕락되어 터널상부 지표면까지 함몰되는 사태가 발생하였다. ④지점의 터널통과 구간의 지표면에 9m×12m×10m의 지반이 함몰되었다. ①지점에서 막장을 폐합시키고 공사를 중단하였다(이영훈 외, 2001).

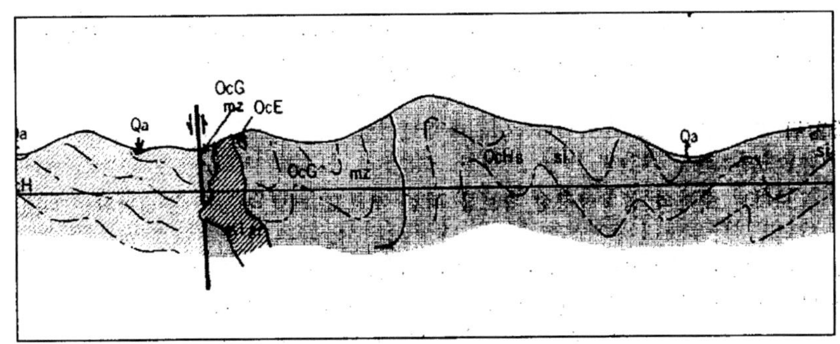

[그림 3-79] 주변 지질단면도

다. 보강대책

이미 붕괴되어 이완된 파쇄대 구간에 대한 전단강도를 증진시키고, 터널막장 crown 부의

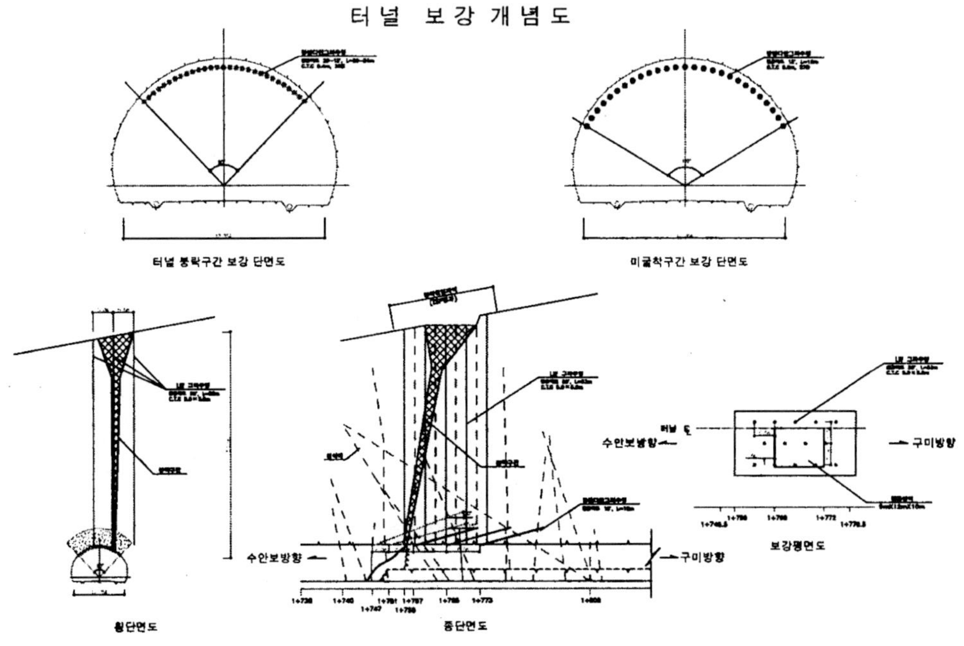

[그림 3-80] LW 그라우팅 + 강관다단그라우팅 보강(이영훈 외, 2001)

지반이완을 억제하고 막장전면에 작용하는 압력을 지지하며 주입에 따른 암편들의 봉합을 기대할 수 있는 차수 및 지반 보강공법을 선정하고자 하였다.

이에 따라 지상에서 LW그라우팅을 실시하여 함몰, 이완된 지반을 고결시키고 터널 내 천단부에서 강관다단그라우팅을 실시하여 붕괴된 지반의 강도증진 및 차수효과를 얻을 수 있었다(이영훈외, 2001).

3.4.7 터널의 붕괴사례 III

가. 붕괴현장 지질구조

터널의 전 구간이 파쇄 및 절리가 발달된 흑색의 풍화성 천매암으로 이루어졌으며 코어회수율(TCR)은 0~40%, 암질지수(RQD)는 0%로 매우 불량한 상태이며 균열 및 파쇄가 심하여 잘게 부스러졌으며 평행한 얇은 판상으로 쪼개진 상태로 있었다.

자연상태에서는 비교적 자립도를 유지하나 기계적인 충격이나 지하수를 흡착하게 되면 절리면의 암편은 결합력을 잃고 절리면을 따라 쉽게 파쇄된다.

터널상부의 붕락되지 않은 암체부분은 변성작용을 받아 암체의 연경도가 불규칙하며 굴곡을 이루고 있으며 비교적 단단하며 기 시공한 록볼트가 힘을 받고 있는 것으로 보였다. 터널하부 지반도 상부와 같이 파쇄가 심하여 매우 불량하였다.

절리면이 굴착방향과 평행을 이루고 있다. 붕락구간의 지질은 균열 및 파쇄가 심한 천매암 단층대에 위치하며 터널 시점부로부터 STA 2+482~STA 2+485 구간에서 우측상부에는 풍화토가 존재하며 미세균열이 매우 발달된 암반으로 되어 있어 매우 불량한 지반상태였다.

나. 붕락현황

국도 3호선(남해~초산)의 도로 2차선을 4차선으로 확장공사에 따른 터널공사 중 ○○제1터널 구간의 상행선 터널굴착공사 중 3차례 붕락과 함몰이 발생하였다. 1차 붕락은 1995년 9월 2일 STA 2+485~STA 2+493의 8m 구간에 걸쳐 그림 3-81과 같이 발생하였다. 터널굴착면과 단층대의 암선이 터널로부터 6m가량 떨어져 300도를 이루고 있어 터널굴착 시 자립도가 극히 약한 단면이기 때문에 4.0m 길이의 록볼트로는 지보효과가 부족하였던 것으로 판단되었다. 붕락면을 경량기포 콘크리트로 채우고 pipe roofing과 SGR 그라우팅으로 보강을 실시하였다. 보강 후 붕락구간을 재굴착을 하여 상부 반단면을 1995년 12월 9일~12일까지 굴착 완료하였다. 이어서 12월 4일부터 하부굴착 중 12월 21일 2+472~STA 2+488의 16m 구간에 걸쳐 그림 3-82와 같이 2차 붕락이 발생하여 약 500~600m^2의 붕락토량이 발생하였다. 붕락의 진전을 막기 위해 붕락부 양막장을 굴착토로 되메우기한 다음 숏크리트로 양 막장부를 폐쇄하였으며 1996년 1월 6일~19일까지 더 이상의 붕락진전을 방지하기 위해 경향기포 콘크리트로 채우고 공사를 중지하였다. 이후 복구대책을 강구하던 중 3월 13일에 그림 3-83과 같이 2차 붕락단면 직상부 지표에 길이 12m×폭 6m×깊이 5m로 함몰이 발생하였다. 함몰이유는 붕락부 대책이 수립될 때까지 80일 이상 방치함에 따라 지반이 장기적인 크리프로 인하여 전단강도가 감소되어 발생된 것으로 당시 판단하였다. 함몰부위는 3월 18일 되메우기를 실시하였다(천병식 외, 1999).

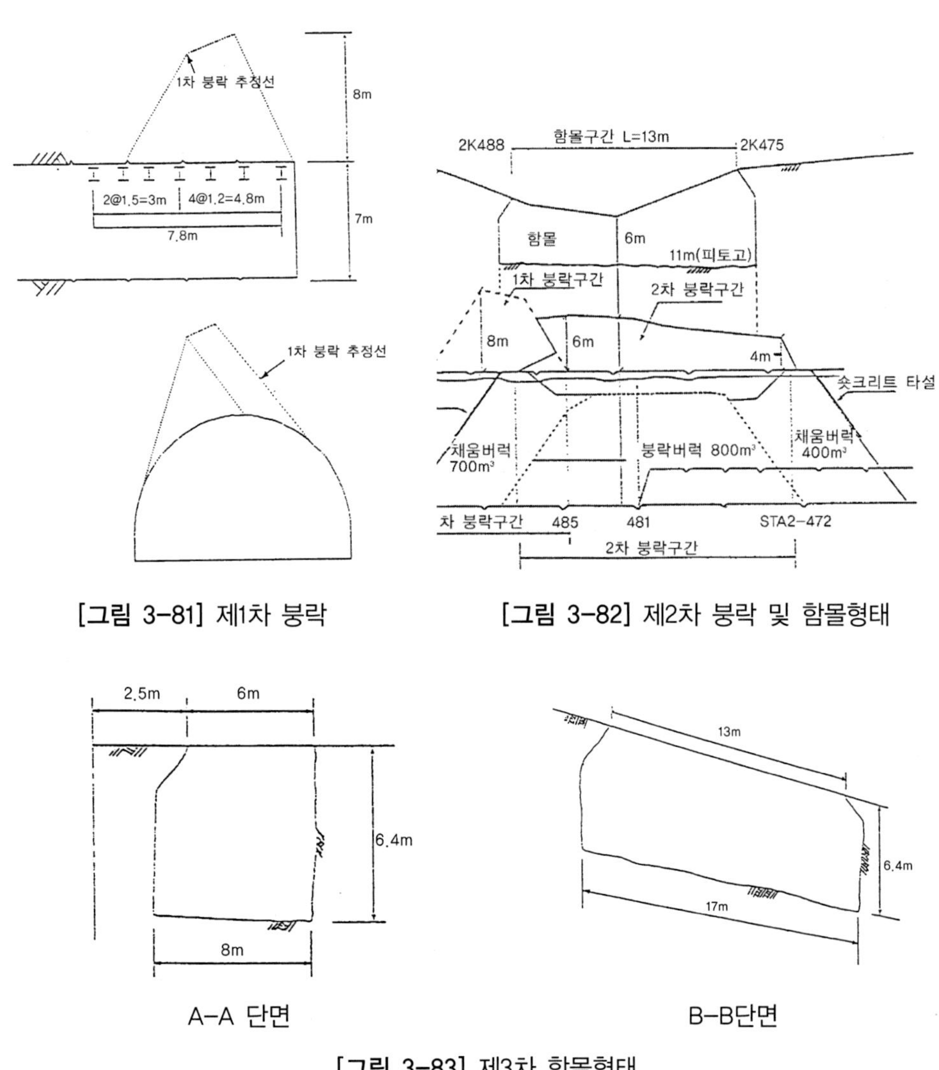

[그림 3-81] 제1차 붕락

[그림 3-82] 제2차 붕락 및 함몰형태

[그림 3-83] 제3차 함몰형태

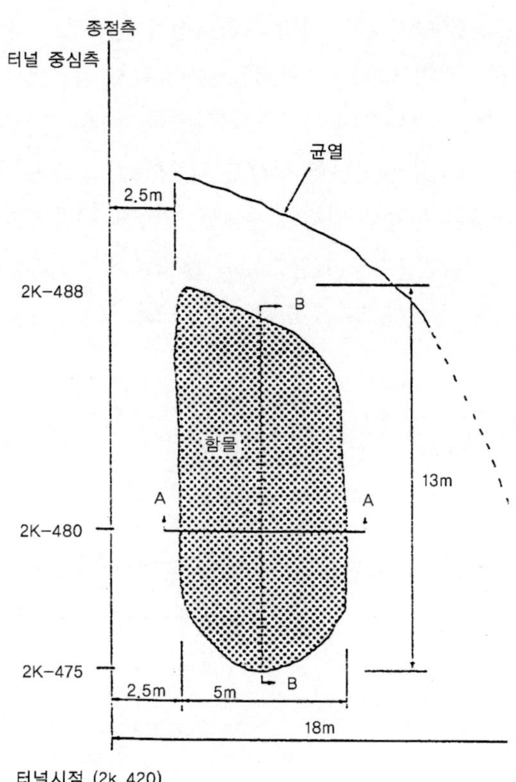

[그림 3-83] 제3차 함몰형태(계속)

다. 보강대책

지반보강은 지상부와 갱내보강으로 나누어 시행하였다. 지상부에서는 함몰부를 시멘트모르타르로 충진하고 붕괴구간의 주변 지반은 시멘트밀크 주입공법으로 보강한 후 갱내에서는 터널단면의 이완영역범위를 S.G.R그라우팅 공법으로 먼저 시공한 다음에 터널단면에 가해지고 있는 상재하중, 토압 등의 분산 및 경감효과를 얻기 위해 강관보강형 다단그라우팅 공법으로 보강하였다(천병식 외, 1999).

1) 지상부 보강

(1) A구간

보강범위는 그림 3-84와 같이 함몰부위로부터 균열이 발생한 위치를 포함시켰다. 터널 종방향으로 27m, 터널 횡방향으로 16m 크기의 타원형 형태였다. 모르타르 그라우팅공법을 적용하였다.

(2) B구간

그림 3-85에서와 같이 횡단면의 경우 각각 3.5m, 7m, 10.5m, 14m, 17m로 변화시켜 해석한 결과를 근거로 결정하였고, 종단면의 경우 막장일지를 참고로 절리의 방향과 풍화토 존재유무 등 막장 지질상태에 따라 결정하였다. 시멘트밀크 주입공법을 적용하였다.

2) 갱내보강

(1) S.G.R 공법

미굴착 구간의 보강은 수평선진 pre-grouting 형식으로 시공하였으며 터널굴착이 완료된 구간은 경사천공 주입을 하였다.

(2) 강관보강형 다단그라우팅

터널주변 공간격을 0.5m, 강관규격은 ϕ 50mm의 백관을 사용하여 1 span의 길이는 12m로 시공하였다.

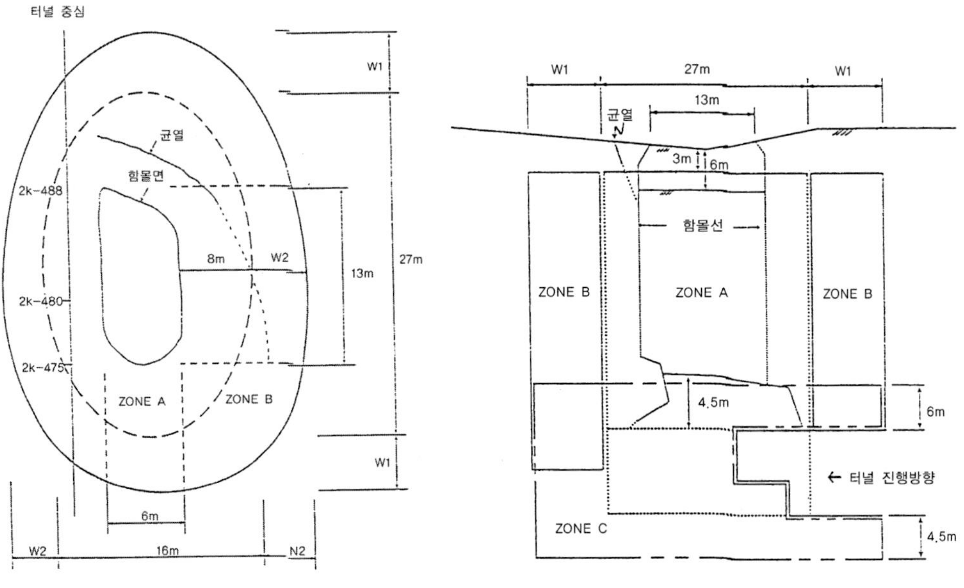

[그림 3-84] 함몰부 보강도

[그림 3-85] 종단면 보강도

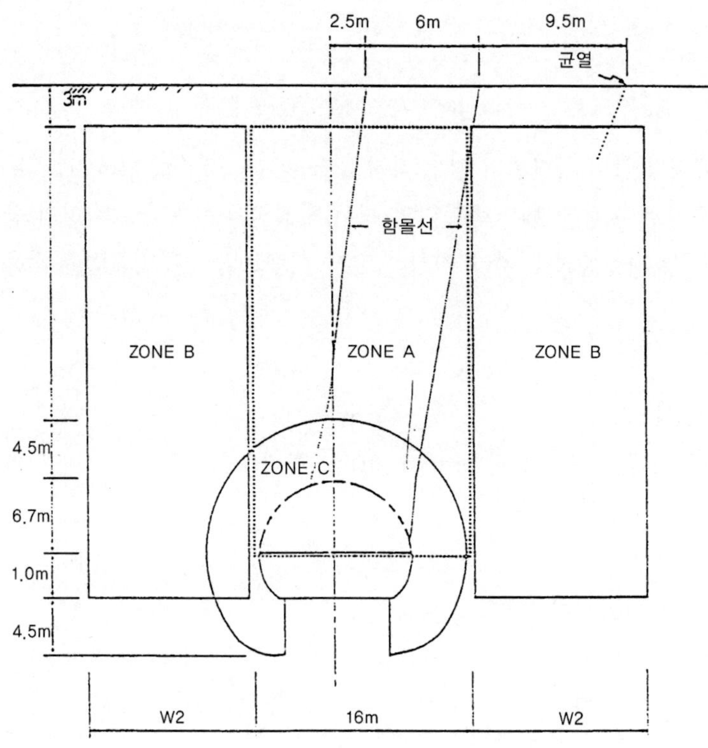

[그림 3-86] 횡단면 보강도

라. 보강 결과

보강지반에 대한 코어채취 결과 TCR은 85%, RQD는 60%, 현장투수계수는 $k=7.2\times10^{-4}$cm/sec로 붕락에 따른 이완지반이 안정화된 것으로 확인되었다. 터널굴착에 따른 지하수 유출현장도 발견되지 않았으며 굴착과 함께 병행된 천단침하와 내공변위 계측 결과 수 밀리미터 내외로 터널이 안정화된 것으로 판단되었다(천병식 외, 1999).

3.4.8 결론

(1) 옥천층군을 구성하는 주된 암석은 천매암, 편암, 점판암, 함역질천매암, 규질사암, 규암, 석회암, 돌로마이트 등이다. 옥천층군은 최소한 3차에 걸친 중복변형작용과 그에 수반된 변성작용을 받아 지층이 매우 교란되어 있다. 따라서 천매암이 나타나는 지역은 타 지역에 비해 지층교란이 심하며 터널막장에 나타나는 암종이 매우 다양하며 단층파

쇄대가 발달하고 있어 터널굴착 시 붕괴 위험성이 매우 크다.

(2) 천매암은 상당히 세편화하기 쉽고 풍화가 진행되면 연질이 되고 극단적인 경우는 흑색 점토-토사형태로 된다. 천매암이 처트, 역암, 사암과 같은 암석과 호층을 이루는 경우 천매암은 습곡작용에 의해 파괴되어 있고, 풍화 및 연질화되기 쉬우며 단층파쇄대와 같은 연약층을 형성하는 경우가 많다. 특히 지질구조선 부근에서는 주의가 필요하다. 점판암, 천매암 등은 신선한 암반일지라도 가는 균열들이 발달하고 있기 때문에 투수성에 주의해야 한다. 편리면에서 박리현상이나 암반의 괴상형태의 미끄러짐이 일어나기 쉬워, 터널굴착 시 주의가 필요하다.

(3) 천매암 지대의 단층은 일반적으로 수차례의 반복운동으로 인해 암석들이 파쇄되어 단층각력과 단층점토로 변하면서 연약지반의 특성을 지니게 되므로 이러한 지역에서 토목구조물을 시공하는 경우에는 단층의 불연속성이 공사에 미치는 영향을 고려하여야 한다. 단층대에서 안전한 터널시공을 위해서는 굴착 후 지보재 설치 시까지 소요되는 시간을 최소화할 수 있는 작업조직의 운영이 필요하며 주의 깊은 시공이 뒷받침되어야 한다.

참고문헌

3.1

김옥준, 이대성, 이하영(1977), 「한국지질도 보은도폭(1:50,000) 및 설명서」, 자원개발연구소.

이종혁, 이민성, 박봉순(1980), 「한국지질도 미원도폭(1:50,000) 및 설명서」, 자원개발연구소.

대한지질학회(1998), 『한국의 지질』, 시그마프레스, pp.66-91.

3.2

한국도로공사, 〈고속국도 제 30호선(청원-상주 간) 건설공사 제3공구(가덕-회북) 설계보고서〉, 2000.

한국도로공사, 〈고속국도 제 30호선(청원-상주 간) 건설공사 제3공구(가덕-회북) 지반조사보고서〉, 2000.

한국도로공사, 〈고속국도 제 30호선(청원-상주 간) 건설공사 제3공구(가덕-회북) 지반조사보고서 부록〉 I, II, 2000.

3.3

조태진, 유병옥, 원경식(2003), 「DOM 시추장비 및 코어절리 해석모델 개발」, 〈터널과 지하공간〉, Vol.13, No.1

大西有三, 堀田政國, 大谷可郎(1989), 畫像處理システム用いた岩盤割れ目のフラクタル幾何學的特性評価について、土木學會論文集, 第412号/Ⅲ-12, pp.61-68.

竹田 均, 川越 健, 岩井孝宰, 御手洗良夫(1993), 畫像解析による岩盤評価システムの研究 : 第25回 岩盤力學に關するシンポジウム講演論文集, pp.1-5.

S. Kamewada & H. S. Gi, Taniguchi, H. Yoneda(1990), Application of borehole image processing system to survey of tunnel : Proceedings of the international symposium on rock joints, pp.51-57.

3.4

조현, 임재승, 정윤영, 최상열(1999), 「터널붕괴지반의 보강공법의 효과에 대한 사례연구」, 〈'99지반공학회 봄학술발표회 논문집〉, pp.293-300.

희송지오텍(주)(2000), 「보은~내북 간 국도확장 및 포장공사 지반조사 전기비저항 및 전자탐사」, 〈(주)동성종합건설 보고서〉.

대전지방국토관리청(1996), 〈보은~내북 간 도로확장 및 포장공사 토질조사보고서〉.

이영훈, 강준구, 장선철, 이재원(2001), 「도로터널의 붕괴 및 보강사례」, 한국지반공학회 터널기술위원회, 〈공사 중 터널의 사고사례 발표회 논문집〉, pp.67-79.

천병식, 정덕교, 이태우, 정진교(1999), 「국도 3호선 터널건설공사 중 붕락구간에 대한 지반보강」, 〈한국지반공학회 연약지반처리위원회 학술발표회〉, pp.14-22.

Part

05 단 층

1 단층의 분류와 지질학적 특성

2 단층의 공학적 특성과 해석

3 단층대에서의 문제와 보강대책

01 단층의 분류와 지질학적 특성

1.1 단층이란 무엇인가?

지각을 구성하고 있는 암반이 응력(stress)을 받으면 변형(deformation)이 일어난다. 이 변형이 일어나는 곳의 조건, 즉 변형이 일어나는 곳의 온도 및 압력 조건에 따라 변형양상이 다르게 나타난다. 온도 및 압력이 높은 지하 심부에서는 연성변형작용(ductile deformation)이 일어나 습곡, 연성전단대(ductile shear zone)와 같은 변형이 생길 것이다. 반면, 온도가 낮은 지각의 천부에서는 암반이 단지 깨지는 취성변형작용(brittle deformation)이 일어나 절리나 단층과 같은 단열대가 형성된다. 단열(fracture)이란 암석이나 광물 내에 깨져서 생긴 면(plane)을 총칭하는 것으로 라틴어로는 Fractus이며 'brocken'이라는 뜻이다. 즉 암반 내에 발달하는 모든 깨진 면들을 단열이라 할 수 있다. 절리(joint)는 암석의 갈라진 틈을 말하며 절리면을 중심으로 양쪽 암체의 상대적 변위(displacement)가 없는 것을 말한다. 반대로 변위가 생계 단열대를 중심으로 양 블록에 상대적으로 이동한 것이 단층이다.

토목구조물을 설계 시나 시공 시, 지반이 취성변형작용의 산물인 단층파쇄대를 통과하는 곳은 항상 문제점으로 등장한다. 이러한 지질구조들은 암반의 변형과 유체의 이동에 영향을 미친다는 사실이 확실하기 때문에 도로, 교량, 댐, 발전소, 및 지하공동을 이용한 저장·처분시설 등 지하공간 이용을 위한 설계 시 지질공학적인 측면에서 신중히 고려되어야 한다. 토목공사에 있어서 단층파쇄대의 존재가 문제되는 것은 원래 연속적으로 일정한 강도, 변형성, 투수성을 가진 암반에 강도를 약화시키고 이들 지반조건들의 크기가 큰 지역이 형성되기 때문이다.

1.1.1 단층과 단층의 종류

취성변형의 대표적 산물인 단층은 암체 내에서 변형작용에 의해 만들어진 불연속면으로, 이 불연속면이나 불연속대를 중심으로 두 암채의 블록이 상대적으로 이동한 지질구조이다. 절리와의 차이점은 불연속면을 기준으로 양쪽 암체가 변위(displacement)를 가진다는 점이다. 단층이 변위를 가짐으로써 단층면 상의 미끌림으로 인해 단층활면(slickenside)이 형성되며, 단층조선(striation)이 발달한다.

단층의 분류는 단층면을 중심으로 상반(hanging wall)과 하반(foot wall)의 상대적 운동 방향과 단층면 상에서 주향성분(strike-slip component), 경사성분(dip-slip component) 및 사교성분(oblique-slip component)의 정도에 따라 구분된다. 단층은 크게 정단층, 역단층, 주향이동단층, 사교단층 및 힌지단층 등으로 구분된다(그림 1-1).

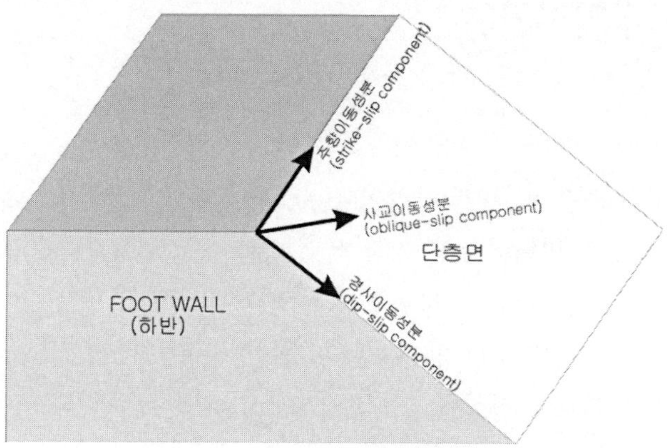

[그림 1-1] 단층의 기하학적 명칭

- **정단층(normal fault)**: 단층면을 중심으로 상반이 떨어진 단층으로, 주향이동성분은 없고 경사이동성분만이 있다(그림 1-2). 정단층은 최대응력축(σ_1)이 수직이며 중간응력축(σ_2)과 최소응력축(σ_3)이 수평으로 작용하여 형성된 단층으로, 정단층을 흔히 Extension fault라고도 하는데 이는 인장에 의해 형성된 단층임을 뜻한다.
- **역단층(reverse fault)**: 정단층과 마찬가지로 경사이동성분만이 있는 단층이나, 단층면을 중심으로 상반이 밀려 올라간 단층을 말한다(그림 1-2). 역단층은 최대응력축(σ_1)과 중간응력축(σ_2)이 수평으로 작용하고 최소응력축(σ_3)이 수직으로 작용하여 형성된 단층이다. 일반적으로 역단층은 단층면의 경사가 저각인 경우가 많다. 단층면의 경사가 45도 미만으로 저각인 역단층을 스러스트(thrust)라 한다.
- **주향이동단층(strike-slip fault)**: 경사변위 없이 주향변위만 가지는 단층이다. 그림 1-2에서 주향이동성분만을 가지고 경사이동성분은 없는 단층이다. 주향이동단층은 최대응력축(σ_1)이 수평으로 작용하였으며 중간응력축(σ_2)과 최소응력축(σ_3)이 수직으로 작용하여 형성된 단층이다. 주향이동단층은 단층면을 중심으로 오른쪽 암체가 오른쪽으로 움직인 단층을 우수향(dextral 혹은 right handed) 주향이동단층, 왼쪽 암체가 왼쪽으로 움직인 단층을 좌수향(sinistral 혹은 left handed) 주향이동단층이라고 한다.

- **사교단층**(oblique fault): 위에서 언급한 단층들은 주향이동성분만, 혹은 경사이동성분만을 가지는 경우의 단층들이다. 그러나 사교단층이란 그림 1-2에서와 같이 주향이동성분과 경사이동성분을 함께 가지는 단층을 말한다.
- **힌지단층**(hinge fault): 단층면의 끝부분에서 변위가 점점 커져, 단층면을 중심으로 한쪽 축을 중심으로 암체가 회전하면서 변위를 가지는 단층을 말한다(그림 1-2).

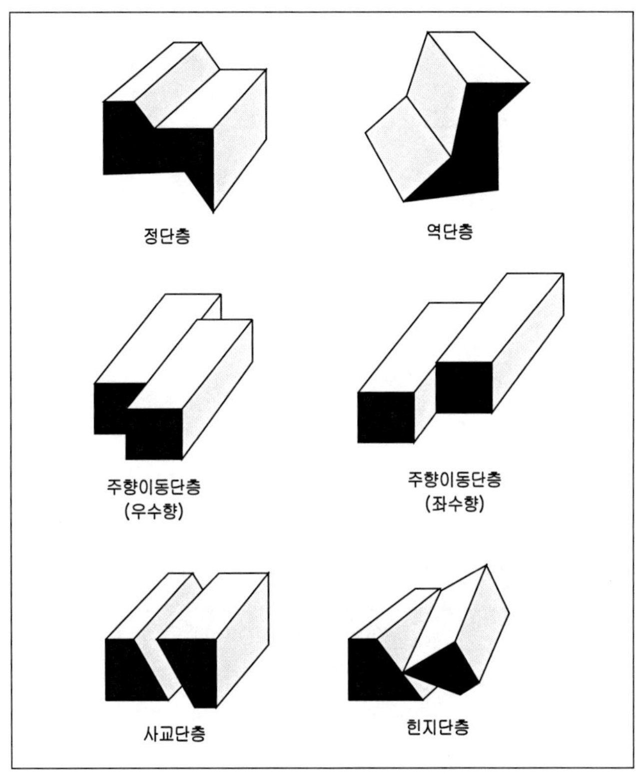

[그림 1-2] 단층의 종류

일반적으로 단층에서 그 연장과 폭에는 상관관계가 있다는 사실이 알려져 왔다. 즉 단층의 연장이 길면 그 폭도 상대적으로 크고, 연장이 작으면 단층의 폭도 작다. 단층의 폭은 그림 1-3에서 보는 바와 같이 단층대의 단층핵부(fault core)만을 의미하는지, 아니면 단층손상대(damage zone), 즉 그림 1-3에서의 Total zone까지를 의미하는지는 조사자가 정의하여야 한다. 그림 1-3에서 보면 단층작용에 의한 단층파쇄대의 지역에 따라 단층이나 절리조(joint set)에 차이가 있음을 알 수 있다.

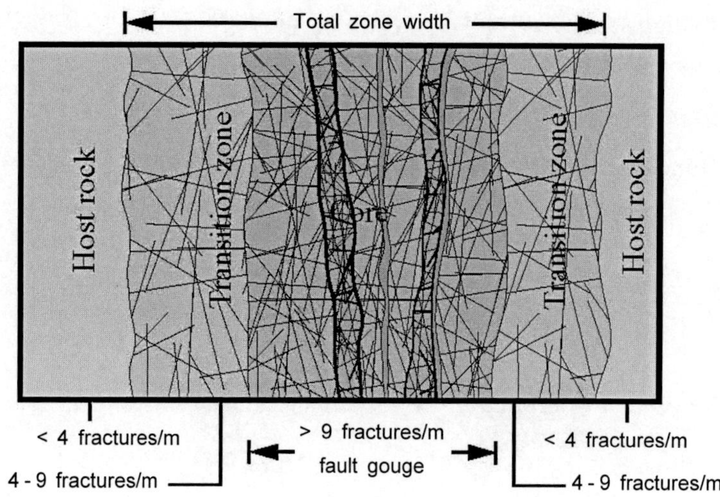

[그림 1-3] 단층에서 단층작용에 의한 파쇄대의 영향 범위 및 명칭

1.1.2 단층 등급분류의 예

이 장에서는 지금까지 발표된 단층의 분류에 대한 자료를 제시한다. 표 1-1은 Pusch(1995)에 의해 제시된 단층의 등급분류도이며, 표 1-2는 미발표 지질조사보고서에서 분류한 단층등급도이다.

[표 1-1] 단층의 분류 등급 및 특성

형상(geometry)				특성 (characteristics)		비고
등급	길이(m)	간격(m)	폭(m)	투수 계수 m/s	충진물의 두께(m)	
하위등급의 불연속면						
1	$> 1^{04}$	$> 10^3$	$> 10^2$	$10^{-7} - 10^{-5}$	100	광역파쇄대 또는 광역 구조선대
2	$10^3 - 10^4$	$10^2 - 10^3$	$10^1 - 10^2$	$10^{-8} - 10^{-6}$	10^{-1}	주요 국지 광역파쇄대
3	$10^2 - 10^3$	$10^1 - 10^2$	$10^0 - 10^1$	$10^{-9} - 10^{-7}$	$\leq 10^{-2}$	소규모 국지 광역파쇄대
상위 등급의 불연속면						
4	$10^1 - 10^2$	$10^0 - 10^1$	-	$10^{-11} - 10^{-9}$	-	하위등급 파쇄대 사이의 수리학적으로 우세한 불연속면
5	$10^0 - 10^1$	$10^{-1} - 10^0$	-	$10^{-12} - 10^{-9}$	-	하위등급 파쇄대 사이의 눈으로 식별되는 불연속면
6	$10^{-1} - 10^0$	$10^{-2} - 10^{-1}$	-	$10^{-13} - 10^{-11}$	-	현미경으로 관찰 가능한 광물배열 등에 의한 미세한 연약대
7	$< 10^{-1}$	$< 10^{-2}$	-	$< 10^{-13}$	-	광물 입자 내의 미세 균열

암괴 부피(m^3)	점착력(MPa)	최대 마찰각(deg.)	불연속면 등급
< 0.001	10 - 50	45 - 60	7
0.001 - 0.1	1 - 10	40 - 50	6, 7
0.1 - 10	1 - 5	35 - 45	5, 6, 7
10 -100	0.1 - 1	25 - 35	4, 5, 6, 7
100 - 10,000	0.01 - 0.1	20 - 30	3, 4, 5, 6, 7
> 10,000	< 0.1	< 20	모든 등급

이 기준은 주로 수리전도도를 기준으로 해서 등간격으로 분류한 인상을 많이 주고 있다. 그래서 열극충전물질 및 열극 틈 등의 다양한 지질학적 특성을 고려한 탄력적인 적용에 있어서 약간 불합리한 점이 있지만, 지하수 유동해석을 위한 첫 분류라는 데 상당한 의미가 있다.

이 분류기준에서 특징적인 내용은 5, 6 및 7등급에 해당하는 열극의 수리전도도가 10^{-12}m/s 이하로 거의 불투수성에 가까우며, 이를 측정하기 위한 기기의 성능 또한 일반적인 엔지니어링 업무를 위해 사용되는 기기로는 만족하기 어려운 수준이라는 점이다. 특히 7등급에 속하는 열극은 Griffith crack으로써, 모든 열극의 생성기원 규모에 속하는 크기이다. 또한 Pusch의 열극분류에서 5, 6 및 7등급은 지하수 유동보다는 지구화학적 거동이 상대적으로 크게 작용하는 경향이 더 우세하므로 지나치게 세부적인 분류기준을 조정할 필요가 있다.

따라서 김천수 등은(1996) 이들 분류기준을 토대로 열극특성에 대한 내용에 보다 많은 비중을 둘 수 있도록 탄력적으로 적용하는 지침을 설정하였다. 즉 다음의 6등급(6F)의 지질학적인 열극특성분류(fracture class)와 5등급(5H)의 수리학적분류(hydraulic class) 기준을 각각 별도로 구분하여 상호 연관시키는 방법으로, F1에서 F6까지 6등급으로 분류하였다.

F1: 수십 킬로미터 연장과 수 킬로미터 폭의 광역열극대(regional fracture zone)이다. 보통 점토 혹은 철분으로 충전한다. 수리적으로 가장 중추가 되는 중앙부의 폭은 수십 미터에서부터 조밀한 간격을 가지며, 상호 연결된 격리면을 포함하는 구간 및 대규모 단층대로, 지하공간의 건설 시 절대로 피해야 할 구조이다.

F2: 수 킬로미터의 연장과 수백 미터 간격의 국지적 열극대이고, 중규모 단층대이다. 폭, 열극빈도 및 점토함유 등에서 낮은 수치를 보일지라도 F1의 경우와 유사하다. 지하공동

에 위험을 초래하는 요소다.

F3: 수십 미터 내지 수백 미터 규모의 간격과 수십 센티미터 내지 수 미터(several of meter)의 폭을 갖는 국지적인 열극대이다. 단면상에서는 점토가 없으나 간혹 나타나기도 한다. 소규모 단층 및 파쇄대이다. 지하공동의 방향 설정 시 고려 대상(가능한 낮은 열극대빈도)이다.

F4: 저등급 열극대 사이에 위치한 소규모 단위암반(small-scale members of rock)의 주된 수리적 작용을 하는 구조이다. 수십 센티미터 규모 이하의 열극대가 포함되며, 간격은 2~10미터를 갖는 분리열극면(discrete fracture)으로 나타날 수 있으며, 자체면의 범위에서 연장이 제한되지만, 간혹 더 연장되기도 한다. 일반적으로 평균간격은 5m이며, 열극면의 전체를 점하는 유동로(channel)이지만 열극면 간의 교차지점에서 더욱 일반적이다.

F5: 저등급 불연속구조 사이의 암반(괴)에서 관찰되는 분리열극 중 90%에 달하는 열극이 이 등급에 속한다. 이 등급에 속하는 열극들은 상호작용하지도 않고 Pressure solution이나 강수에 의해 충전되기 때문에 Bulk 수리전도도에는 심각한 영향을 미치지 않는다. 이 등급에 속하는 열극의 평균 간격은 등급D에 속하는 열극 간격의 약 1/10에 달하며, 열극들 간의 상호작용은 불량하다. 그러나 이 열극들은 잠재적인 취약점으로 작용하기 때문에 역학적 및 열역학적 변형이 발생할 수 있으며, 전단 혹은 인장현상에 의해 Stimulate 할 수 있다.

F6: 이 등급의 열극은 육안으로 관찰이 가능하지만, 현미경으로 그 특징을 더욱 잘 관찰할 수 있다. 또한 어떤 광물이나 혹은 미세열개의 농축대나 혹은 방향성을 갖는 구조로 취약성을 나타낸다. 흔히 F5 등급보다 다소 낮은 방향성을 보이는 Subsystem을 형성한다. 결정내 혹은 결정간간극(inter-, intracrystalline void)과 불안정한 결정접촉부 및 초기균열(embryotic breaks, flaws) 즉, 'Griffith cracks'이라고 명명하는 열극들이 이에 속한다.

위와 같이 단층과 지하수 및 지구화학적 특성에 대한 고려는 토목공학적 입장에서는 너무 세분되거나 고려 대상에서 제외해도 될 요소가 많다. 따라서 다음의 표 1-2에서는 단층의 폭 및 연장만을 고려하여 단층을 I에서 IV까지 4등급으로 분류하였다.

[표 1-2] 단층등급 분류기준

등급	분류기준		
	파쇄대 폭	연장	특성
I	100m 이상	50km 이상	• 조구조운동에 의해 형성된 수십 킬로미터 이상의 선구조선 발달 • 수조 이상의 중 내지 대규모의 단층이 모여 단층대 형성 • 광역적 규모의 변위 관찰 가능 • 다중변형작용에 의한 파쇄대 확장 • 물리탐사에 의하여 수조 이상의 중규모 내지 대규모의 이상대 형성
II	10~100m	10~50km	• 조구조운동 시 형성된 수십 킬로미터의 2차 선구조선 발달 • 수조 이상의 소규모 내지 중규모의 단층이 모여 단층대 형성 • 광역적 규모의 변위 관찰 가능 • 다중변형작용에 의한 파쇄대 확장 • 물리탐사에 의하여 넓고 뚜렷한 이상대 형성
III	1~10m	1~10km	• 계곡을 따라 발달하는 뚜렷한 선구조선 • 대단층에 수반되어 형성된 이차적 단층 • 중규모 또는 소규모 단층에 의한 다중변형 작용 존재 가능 • 노두 규모의 변위 관찰 가능 • 물리탐사에 의해 이상대 형성
IV	1m 미만	1km 미만	• 뚜렷한 선구조선 발달 미약 • 다른 구조(예, 습곡)에 수반되어 형성된 소규모 파쇄대 • 대부분 일회의 변형작용이 관찰되나, 소규모 단층에 의한 다중변형작용 존재 가능 • 노두 규모 혹은 현미경으로 변위 관찰 가능 • 물리탐사에 의하여 쉽게 확인되지 않을 수 있음

1.1.3 남한의 파쇄대와 등급분류

한반도는 오랜 지질시대를 거치면서 여러 차례의 변형작용에 의해 무수한 단층을 포함한 단열대들이 발달했다(그림 1-4). 한반도에 발달하는 선구조선들은 대개 북동 내지 북북동 방향의 것들이 우세하며 북서 내지 서북서 방향의 것들도 발달한다.

그림 1-5는 남한의 파쇄대 분포를 남한의 지체구조구 위에 표시한 그림이다. 이들 파쇄대를 중심으로 장태우(1997)는 남한의 파쇄대를 분류하였다.

장태우(1997)는 남한의 광역단열 분류체계는 단열을 4등급으로 구분하는 게 합리적이라고 생각했다. 따라서 큰 등급에서 적은 등급을 향해 F_1, F_2, F_3, F_4 등급으로 명시하였다(표 1-3). 단열분류에서 연성전단대, 지구조경계, 부정합 등을 배제함은 우리나라 지질에서 이

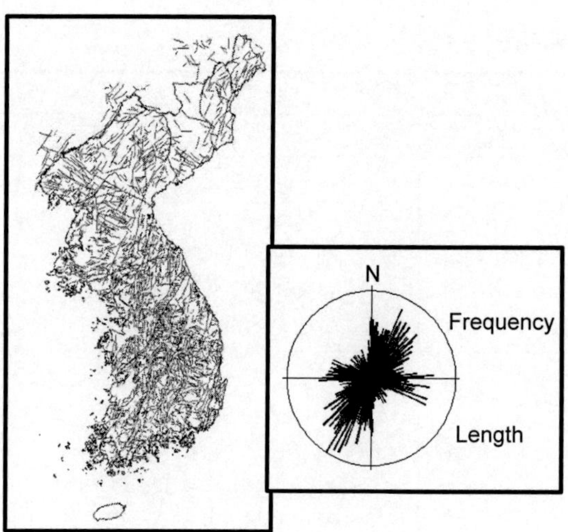

[그림 1-4] 한반도의 선구조도 및 선구조도를 분석한 장미그림

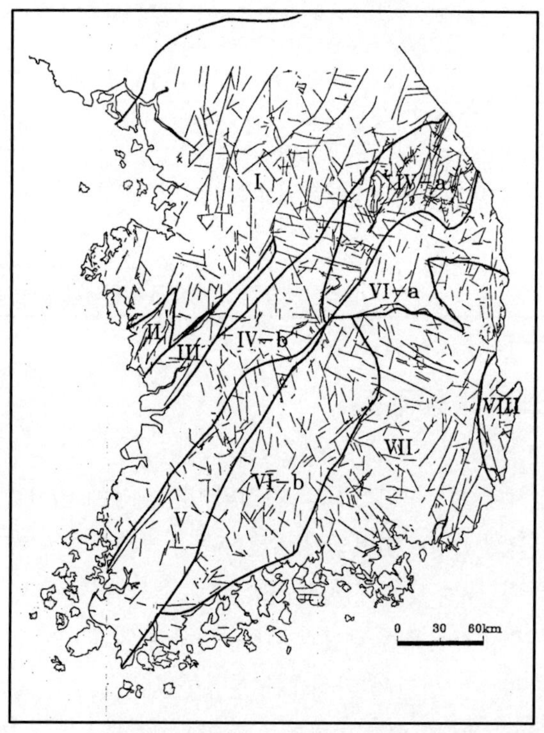

[그림 1-5] 남한의 지체구조구와 파쇄대 분포도(장태우 1997)

I: 경기육괴, II: 충남열곡대, III: 공주열곡대, IV: 옥천대(a: 비변성대, b: 변성대) V: 영동-광주 열곡대, VI: 영남육괴(a: 서산블록, b: 지리산블록), VII: 경상분지, VIII: 연일분지

들 대형구조들은 역학적으로 단열의 성질을 거의 갖지 않을 뿐만 아니라, 지구조적으로도 활성의 지역이 아니기 때문에 단열분류 체계에서는 제외하였다.

F_1: 길이가 40km 이상, 변위는 수천 미터 이상, 폭은 수십 미터 이상인 단열들을 포함하며 추가령지구대, 광주단층, 안동단층, 양산단층 등 남한의 단열구조 중 지질학자들에게 관심의 대상이 되어 지질구조적 연구가 이루어지는 대형구조들을 포함한다.

F_2: 길이 20~40km, 변위는 몇 백 미터 내지 수천 미터, 폭은 십 내지 수십 미터의 범위를 갖는 단열을 포함한다. 해석된 전체 광역단열 중 약 5%를 차지하며, 이 중에는 지질조사를 통해서 오십천단층, 죽령단층, 십자가단층 등과 같이 이름이 붙어 있고 지구조적으로 중요한 단열들이 상당히 많다.

F_3: 길이 1~20km, 변위는 수 미터 내지 몇 백 미터, 폭은 수 센티미터 내지 십 미터의 범위를 갖는 단열들이다. 이 등급의 단열은 광역단열도에서(그림 1-5) 보듯이 전국 어디에서나, 즉 지질이나 지구조구역에 관계없이 고루 발달하며, 전체 해석된 단열 중 약 88%를 차지한다.

F_4: 길이 1km 이하, 변위는 수 미터 이하, 폭은 수 센티미터 이하의 단열들이 해당되며 전체 단열의 약 6%에 이른다. 그러나 이번 연구가 기본적으로 광역적 규모의 자료를 토대로 이루어졌기 때문에 이 크기의 단열 대부분이 자료 분석에서 제외되었다고 보아야 한다. 이 등급의 단열은 실제 야외 지질조사 시 노두에서 무수히 인지하고 그 종류와 운동학적 성질, 기하 등을 판단하고 측정을 하게 되는 주 조사대상의 노두 규모 단열이다.

[표 1-3] 남한의 광역 파쇄대의 분류(장태우, 1997)

등급	길이	변위	폭	기타
F_1	> 40km	수천 미터 이상	수십 미터 이상	추가령지구대, 양산단층(1%)
F_2	20~40km	몇 백 m~수천 m	십~수십 m	죽령단층, 십자가단층(5%)
F_3	1~20km	수 m~몇 백 m	수 cm~십 m	(88%)
F_4	< 1km	수 m 이하	수 cm 이하	노두규모의 소단층(6%)

F_1 등급 단열들은 다수가 경기육괴의 추가령지구대 지역과 경상분지 지역에 발달하고 있으며 특히, 경상분지 지역에 가장 많은 수의 F_1 등급 단열이 발달하고 있으며, 한반도 서남부에는 광주단층만이 이 등급에 속하는 단열이다. F_1 등급 중 추가령지구대 지역의 동두천단층과 경상분지의 양산단층은 연장이 150km 이상에 달하는 특별히 큰 단열이다. F_1 단열의 배

향은 남한 전체 단열의 최우세 배향과 평행하게 북북동을 가리키는 것들이 가장 많고 북서서를 가리키는 단열들도 볼 수 있는데(그림 1-6), 전자에 속하는 단열들은 추가령지구대 지역과 경상분지 양산단층 지역에 집중적으로 분포하고 있으며, 후자에 속하는 단열들은 경상분지 중 의성 소분지에 평행한 조(가음단층조)를 이루어 발달·분포한다. 추가령지구대의 F_1 단열들은 정단층 운동의 산물로 간주되고(Lee et al., 1987) 경상분지의 양산단층조와 가음단층조들은 주향이동단층들이다. 경상분지와 기반암의 접촉부를 따라 발달하는 안동단층과 일월산단층은 역단층이다. 대부분의 F_1 단열들은 쥐라기 대보조산운동 이후에 쥐라기 화강암 및 보다 신기의 백악기 암층들을 절단하고 있다.

F_2 등급 단열은 한반도 서남부 지역, 즉 지리산-전주선의 서남부 지역을 제외하고는 조사지역 전역에서 비교적 고르게 분포되어 있다(그림 1-6). 그중에서도 태백산 광화대 지역과 충남 탄전 지역에서 더욱 집중적으로 발달하는데, 이는 탄전이 분포하는 이 지역의 지질 발달과 밀접한 연관이 있는 것으로 판단된다. 전체적으로 볼 때, F_2 단열의 배향은 F_1 단열의 배향과 평행하게 북북동조와 북서서조가 인지되는데, 북북동조가 압도적으로 우세한 배향이다. 양 등급 단열들의 배향에 있어 이와 같은 평행성은 성인적으로 밀접한 연관이 있었을 것으로 유추된다. 북북동조의 F_2 단열은 태백산 지역과 충남탄전 지역에서 집중적으로 많이 발달하고 있는 편이나 그 외 배향의 단열들은 특정 지역에 편중해서 발달되는 경향을 보인다고 하기가 어렵다.

F_3 등급은 호남평야, 나주평야 등 지형적인 평탄성과 인공적인 토지 경작의 영향으로 단열 인지가 어려운 지역을 제외하고는 전역에 고루 분포하고 있으며, 광역단열도에서 가장 풍부한 단열 등급이다. 특히, 이 등급의 단열 역시 태백산 광화대 지역에서 가장 조밀한 발달상태를 보이고 충남탄전 지역과 옥천구조대에서 발달 빈도가 약간 높은 편이다. F_3 단열의 배향은 F_1 및 F_2와 마찬가지로 북북동조 및 북서서조를 갖는 것 외에 북서조가 특징적으로 추가된다(그림 1-6). 특히, 북북동조는 N10W에서 N50E까지 우세 배향의 범위가 매우 넓다. 또 세 조 사이에는 빈도의 상대적 차가 크지 않고 우세 배향의 구분이 명확하지 않은 편이다. 따라서 북동동 방향을 제외한 모든 방향에서 단열들이 비교적 고르게 분포한다고 볼 수도 있다.

F_4 등급의 단열은 그 길이가 1km 이하로 짧은 것들이다. 또한, 노두 규모의 단열이기 때문에 1대 25만 및 1대 50만 음영기복도에서는 잘 검색될 수 없는 단열이다. 광역단열도에서 F_4 단열은 단지 1대 5만 지질도에서 추출한 단열들이다. 따라서 이들은 광역단열도에서는 아주 소량으로 분포하는 것처럼 보이지만, 실제 야외 노두조사에서 이들을 인지해서 측정을

하거나 지도에 그려 넣는다면 남한 전역에 대해서 헤아리기가 어려울 정도로 많은 수가 존재하게 될 것이다. 광역단열도상 F_4 단열의 배향도 북북동 방향이 가장 우세하고 북서서조와 북서조도 존재함을 알 수 있다(그림 1-6). 여기서도 동북동 방향을 제외한 여러 방향의 단열이 거의 모두 분포한다고 볼 수 있다.

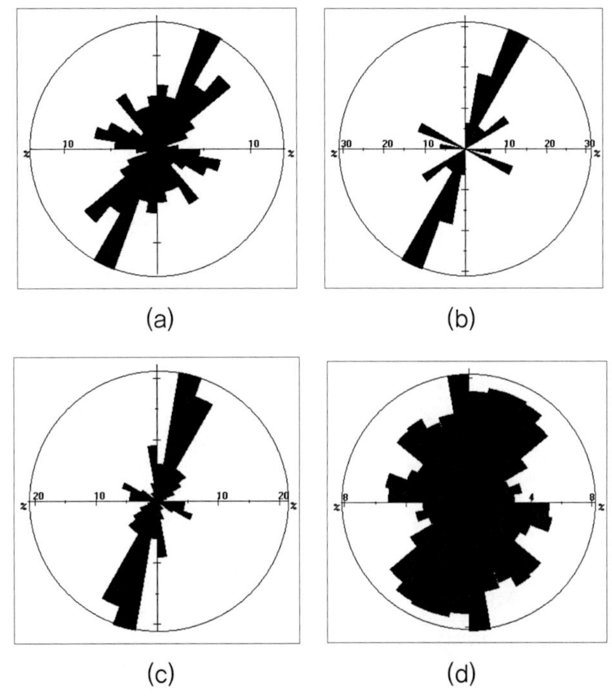

[그림 1-6] 등급에 따른 파쇄대의 장미그림

(a) 1등급(F1), (b) 2등급(F2), (c) 3등급(F3), (d) 4등급(F4)(장태우 1997)

한편 최위찬(2001)은 한반도의 단층을 5등급으로 분류하였다. 단층의 형성과정이 조구조적운동에 기인할 때에는 1등급, 1등급에서 첫 번째로 수반하는 단층을 2등급, 2등급 단층을 기준으로 하여 수반된 단층을 3등급 등으로 하여 그림 1-7과 같이 단층 및 단층의 위치도를 제시하였다.

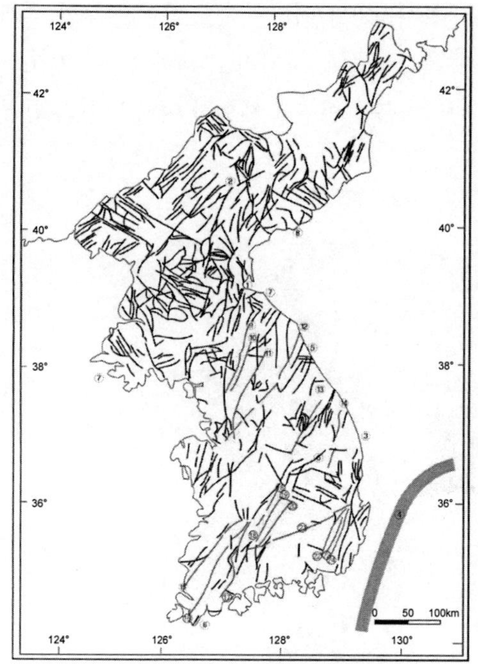

등급	단층명		광역적 축척 기준 연장 (km)	폭 (m)	변위 (km)	분절 (km)	운동감각	지질시대 생성	재활동	회수	단층번호
I	추가령-예성강 단층대	추가령단층	345	50	5	5	우좌수향 주향이동	PR_2	T-J,K,T,Q	6	1
		예성강단층	315	50	10	5	우좌수향 주향이동	PR_2	T-J,K,T,Q	6	2
	양산 단층대	양산단층	190	50	10	5	좌우역(동서)	K	P_G,N,Q	4	3
		북쯔시마 단층	300	50	10	5	좌우역(동서)	K	P_G,N,Q	4	4
II	임진강 습곡대	해주-원산 단층	280	50	10	3	우충상(북서남동)	PR_2	T-J,K,T,Q	6	7
		혜산-소호 단층	200	50	10	3	우충상(서동)	PR_2	T-J,K,T,Q	6	8
	옥천 습곡대	풍기-음성-공주 단층	290	50	10	3	우좌수향 주향이동	J	K	2	5
		기성-영동-땅끝 단층	415	50	10	3	우좌수향 주향이동	P	T,J,K	4	6
	토성리-축석단층		120	50	5	2	좌수향 주향이동	J	K	2	9
	와수리-퇴계원단층		100	50	5	2	좌수향 주향이동	J	K	2	10
	경강단층		160	50	10	2	충상(서동서)우	T	T,J	3	11
	인제-팽성단층		220	50	5	2	역(서동)우수향	T	T,J	3	12
	각동단층		125	50	10	2	충상(서동)우수향	T	T,J	3	13
	오십천단층		105	50	10	2	충상(서동)우수향	T-J	J,K,N,Q	5	14
	전주단층		140	50	5	2	우좌수향 주향이동	T	J,K,P_G	4	15
	광주단층		180	50	5	2	우좌수향 주향이동	T	J,K,P_G	4	16
	보성단층		135	50	5	2	우좌수향 주향이동	T	J,K,P_G	4	17
	임산-장수단층		110	50	5	2	우좌수향 주향이동	T	J	2	18
	부항-서하단층		135	50	5	2	우좌수향 주향이동	T	J	2	19
	항양단층		110	50	5	2	우좌수향 주향이동	T	J	2	20
	안강-담양단층		250	50	5	2	공액우수향 주향이동	K	P_G	2	21
	자인단층		150	50	5	2	좌우역(동서)	K	P_G,N,Q	4	22
	밀양단층		120	50	5	2	좌우역(동서)	K	P_G,N,Q	4	23
	모량단층		110	50	5	2	좌우역(동서)	K	P_G,N,Q	4	24

♠ 지질시대: AR/시생대(25GA), PR_1/원생대 전기(25~16GA), PR_2/원생대중기(16~10GA), PR_3/원생대후기(10GA~590MA), Paleo/고생대(590MA~250MA), s/캠브리아기, O/오도비스기, S/사일루리아기, D/데본기, C/석탄기, P/페름기, T/트라이아스기, J/쥬라기, K/백악기, Ceno/신생대(65MA~현재), P_G/고제3기(65MA~23MA), N/신제3기(23MA~1.8MA), N/신제3기(23MA~1.8MA), Q/제4기(1.8MA~현재).

[그림 1-7] 한반도 단층과 각 단층의 등급 및 명칭(최위찬 2001)

1.1.4 결론

단층이란 취성변형(brittle deformation)의 산물로 파쇄면을 중심으로 양 블록이 변위(displacement)를 가지는 것이다. 이 단층은 변위 및 단층대의 폭이 다양하다. 따라서 이 책에서는 단층의 크기에 따라 단층대의 등급을 다음과 같이 제안한다.

Pusch(1995)는 단층을 1등급에서 7등급까지 분류하였다. 하지만 실지로 토목 시공 시에는 6등급과 7등급과 같이 미세한 현미경으로 관찰되는 단층은 큰 의미가 없고 1에서 5등급까지만 사용될 수 있다. 또한 OO지역 턴키설계를 위한 조사보고서에서도 단층을 5등급으로 분류하였다(표 1-2). 장태우(1997)는 단층의 길이를 40km, 20km, 1km 중심으로 하여 한반도 및 남한에서 시도한 단층의 등급을 F_1에서 F_4까지 4개의 등급으로 분류하였다. 최위찬(2001)은 조구조적운동에 기인한 단층을 1등급으로 하고 차 하위로 3등급까지 분류하였다.

토목공사에 있어서 단층은 단층작용에 의해 생성된 단층파쇄암, 즉 단층점토, 단층각력암 등과 단층작용 시 지반에 영향을 미치는 단층손상대(fault damage zone)의 범위가 분류등급의 요소로 크게 적용되어야 한다. 이에 대해 이 책에서는 단층의 폭을 중심으로 단층의 등급을 나눌 때, 100m 이상을 1등급으로 하고, 100m에서 50m까지를 2등급, 50m에서 10m까지를 3등급, 10m에서 1m까지를 4등급 1m 이하를 5등급으로 할 것을 제의한다. 각 등급별 단층과의 길이에 대한 상관관계 및 한반도 단층의 등급에 따른 조사 및 분류는 또 다른 과제로 남겨두어 연구 및 조사가 실시되기를 바란다. 여기서 또 다른 제의는 구조지질학에서 정의하는 단층의 폭과 토목시공 시 단층의 폭에 관한 정의가 구분되어 제시되어야 할 것이다.

1.2 단층의 지질학적 성인과 구조지질학적 특성

1.2.1 서론

암반은 지질학적인 여러 과정을 통하여 주변 암석에 비해 극히 낮은 인장강도와 대단히 높은 투수계수를 가지는 절리와 단층 등 역학적으로 불연속적인 구조들을 포함하고 있다. Ramsay(1967)는 단열구조(fracture)를 점착력을 상실한 암반 내의 모든 불연속적인 틈으로 정의하였으며, Brides(1975)는 가시적인 암석조직(층리 등)과 평행하지 않은 암석 내의 불연속적인 틈으로 정의하였다. 단열 구조는 많은 경우에 불연속면(discontinuity)과 혼용되어 사용된다. Priest(1993)는 단열구조와 동일한 범주로 사용되고 있는 불연속면을 암반 내에서 무시할 수 있을 정도의 인장강도를 가진 단열 또는 틈으로 정의하였다. 대표적인 단열구조로는 절리(joint)와 단층(fault)을 들 수 있다. 보통 절리는 분리된 두 암석의 상대적인 운동이 없거나 거의 인지할 수 없는 틈 또는 단열로 정의되며, 단층은 그 면을 기준으로 양편에서 이동한 흔적이 관찰되는 단열구조를 말한다(Anderson, 1951 ; Price, 1966 ; Goodman, 1976 ; Ragan, 1985 ; Ramsay & Huber, 1987). 일반적으로 0.5mm 이상의 변위가 인지되면 단층이라고 하는데, 그 규모에 따라 연장이 수 미터 이

[그림 1-8] 한반도의 단층

상일 경우를 단층, 수 센티미터 이하일 경우를 전단단열(shear fracture), 밀리미터 이하일 경우를 미세단층(micro faults)이라고 한다.

이러한 단층은 모암과 뚜렷이 구분되는 역학적, 수리적 특성을 보여 암반의 주요 이상대를 형성하게 되어, 지반공학 및 지질공학 분야의 중요한 대상이 되고 있다. 국내에는 선캄브리아기부터 제4기에 이르는 대부분의 지질시대 지층이 분포하고 있으며, 서로 지질시대가 다른 많은 단층이 발달해 있다(그림 1-8). 이들 단층은 터널이나 사면 등 지반구조물의 공학적 문제를 발생시키기도 하며, 지진의 주요 요인으로 주시되기도 한다. 여기서는 단층에 대한 이해와 공학적 활용도를 높이는 데 이용될 수 있는 단층에 대한 지질학적 성인과 분류 및 그 특성에 대해 기술하고자 한다.

1.2.2 단층의지질학적 분류

가. 단층변위와 분류

단층의 분류에서 가장 일반적인 분류는 단층면을 기준으로 한 변위의 특성에 따라 분류하는 방법이다. 단층변위에 의한 분류는 크게 정단층(normal fault), 역단층(reverse fault 또는 thrust fault) 등 경사이동단층(dip slip fault)과 우수향(dextral) 또는 좌수향(sinistral) 주

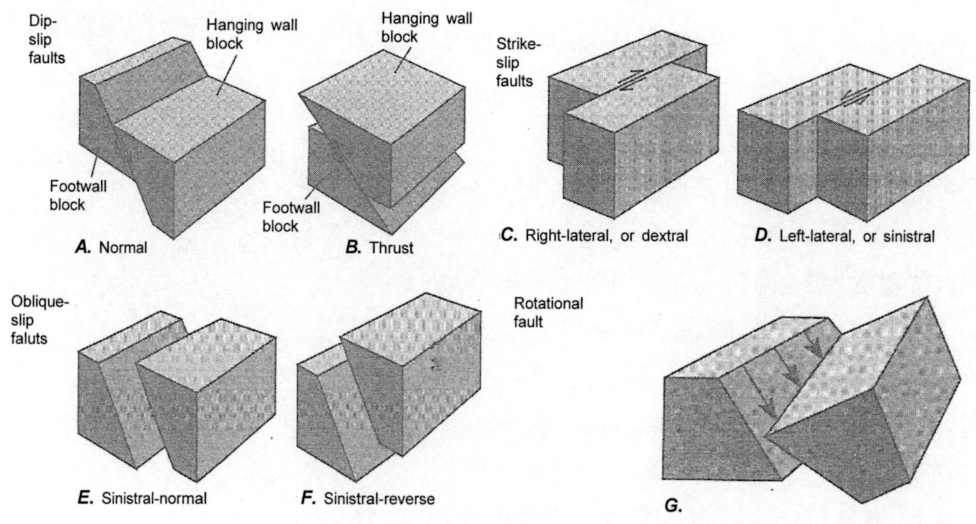

[그림 1-9] 단층의 변위와 분류

향이동단층(strike slip fault), 이 두 이동이 혼합된 Oblique slip fault 및 회전단층(rotational fault)으로 구분된다(그림 1-9).

단층의 변위는 단층면에 대한 전단에 의해 발생하며, 이때 최대주응력은 정단층에서 수직응력, 역단층 및 충상단층에서 단층 경사 방향의 수평응력, 주향이동단층에서 단층 주향과 약 30도 사교하는 수평응력이 된다(그림 1-10).

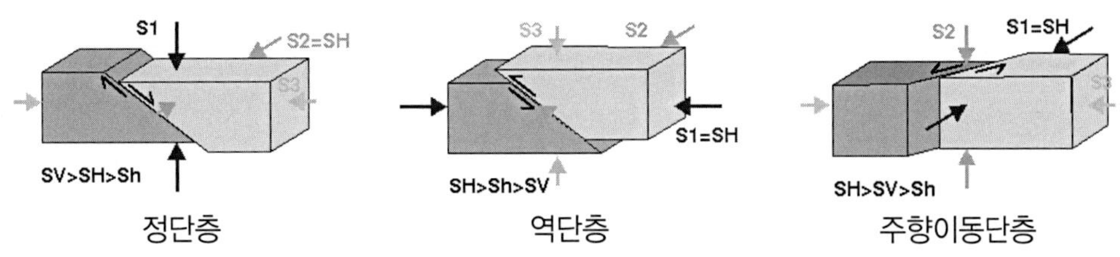

[그림 1-10] 단층 분류와 주응력 방향

나. 단층 변형과 단층암의 분류

단층면을 따르는 변형 형태에 따라, 단층을 다시 취성(brittle) 파괴에 의한 단층면을 기준으로, 불연속적인 변위를 보이는 취성단층(fault)과, 연성(ductile) 파괴에 의해 일정한 전단영역 내에서 연속적인 변형을 보이는 전단대(shear zone)로 구분할 수 있다. 또한 단층변위가 하나의 단층면이 아닌 수조의 밀집한 취성단층면에 의해 연속적인 형태로 발달할 때 이를 단층대(fault zone)라 한다(그림 1-11).

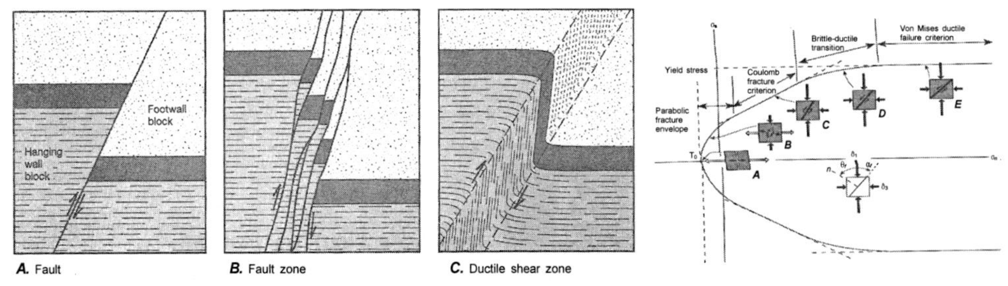

[그림 1-11] 단층 변형의 분류와 응력조건

이때, 그림 1-11과 같이 취성단층과 연성전단대 사이에는 상이한 응력조건이 존재하며, 이러한 응력조건은 단층 생성 심도 즉 생성 당시의 열과 압력에 지배를 받는다. 일반적으로 심도10~15km 하부에서는 250~350도가 넘는 온도에서 연성변형의 결과로 발생한 압쇄암(mylonitic rock)이 발달하는 것으로 알려져 있다(그림 1-12). 단층대 영향권 내에서 취성변형작용으로 단층비지, 단층각력암, 단층파쇄암, 단열, 미세단층 및 맥(vein)이 형성된다. 단층암은 단층이나 단층대에서 마찰과 움직임이 일어나는 동안 형성되는 암석으로 성장광물, 상태, 변형기각에 의해 조절되어 발달한다. 또한 단층암은 암석과 광물에 파쇄작용과 분쇄작용이 일어나고 단층이 재발하는 동안 미균열 조직을 따라 재균열작용, 미끄럼작용, 마찰미끄럼작용을 가져온다. 단층암은 다양한 크기의 암석파편과 암편을 포함한 세립의 기질로 구성되어 있다.

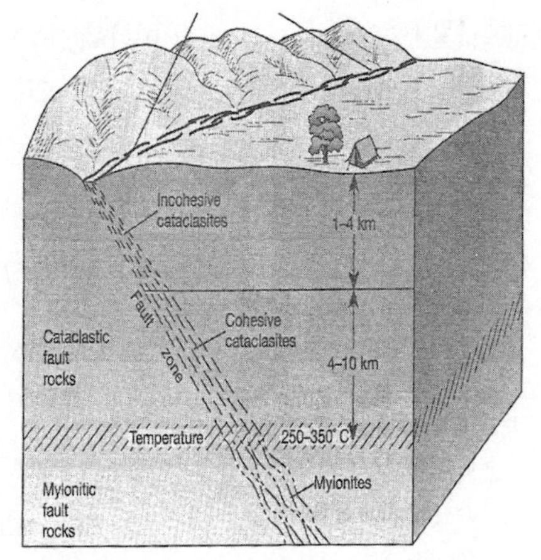

[그림 1-12] 단층 생성 심도와 특성

단층암 내에 모암의 잔류 흔적이 남지 않을 정도의 변형을 받을 경우에는 약한 엽리, 선구조, 광물의 선택배향 등을 가지기도 한다. 단층암은 기질의 함량, 암편의 고결과 미고결의 정도, 입도와 그 비율 및 세립 기질부의 엽상구조 등의 유무를 기준으로 하여 그림 1-13과 같이 분류된다. 단층암은 실제 단층에서 단층의 공학적 특성을 결정하는 주된 물질로서, 대부분의 단층으로 인한 문제는 불량한 단층물질에 기인한다. 단층물질의 특징은 단층 생성 당시의 단층물질 특징과 이후 열수 및 지표수에 의한 단층물질의 변질상태에 의해 결정된다.

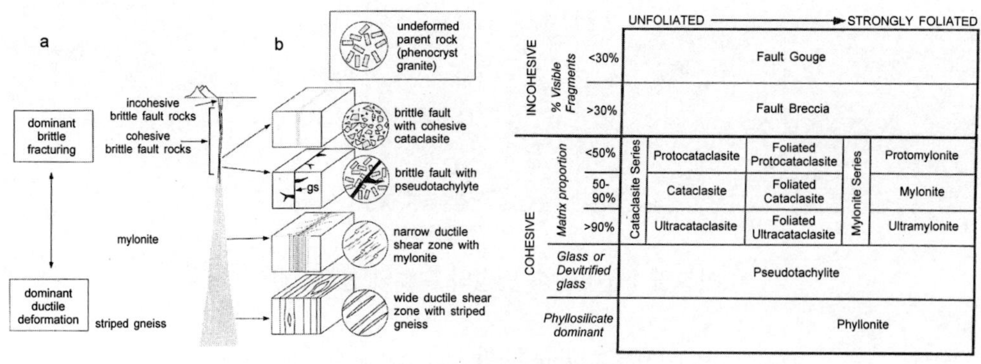

[그림 1-13] 단층암의 분류와 특성

그림 1-14는 국내 변성암 지역 단층암의 예로써 주로 엽리가 발달된 파쇄암(foliated cataclasite)에 해당되며, 파쇄유동의 정도에 따라 기질 부분이 많은 곳과 반상쇄정 부분이 많은 곳에 의해 성분엽리(compositional foliation)가 형성되었다. 또한 일부 기질부분에서는 엽상광물인 일라이트가 선택배향을 하여 엽리를 형성하기도 한다. 이 중 일부는 지표환경에서 재활성한 것으로 추정되며 단층비지(fault gouge)를 포함한 전단띠(shear band) 및 단층비지가 포함되지 않은 단층활면을 발달시킨다.

그림 1-14 상단의 단층암의 시추 코어는 기질이 전단띠를 이루어 반상 쇄정과 모암으로 구성된 띠와 교호되어 성분엽리처럼 보인다. 단층암 내에는 단층영향대의 암석과 비교했을 때 뚜렷이 많은 양의 기질이 함유되어 있음을 관찰할 수 있다. 반상쇄정은 기질에 의해 둘러싸여 있으며, 단층의 재활성으로 인한 마모작용에 의해 입자의 구형도와 원마도가 우수하지만 크기는 주로 세립의 분포를 보이는 것으로 관찰된다. 반상쇄정을 구성하는 광물은 주로 석영 및 장석류이며, 일부 광물들은 반상쇄정이 되기 이전의 모암에서 관찰된 상태로 남아있기도 한다. 단층암 내에서는 장석류 및 운모류가 단층영향대 및 모암에서보다 감소하였으며 일라이트 및 녹니석, 흑연은 증가하였다. 앵커라이트(Ca(Fe, Mg, Mn)$(CO_3)_2$)는 모암에서는 존재하지 않으나 단층암에서는 관찰된다. 이와 같은 광물 조성의 변화는 지하수 유입

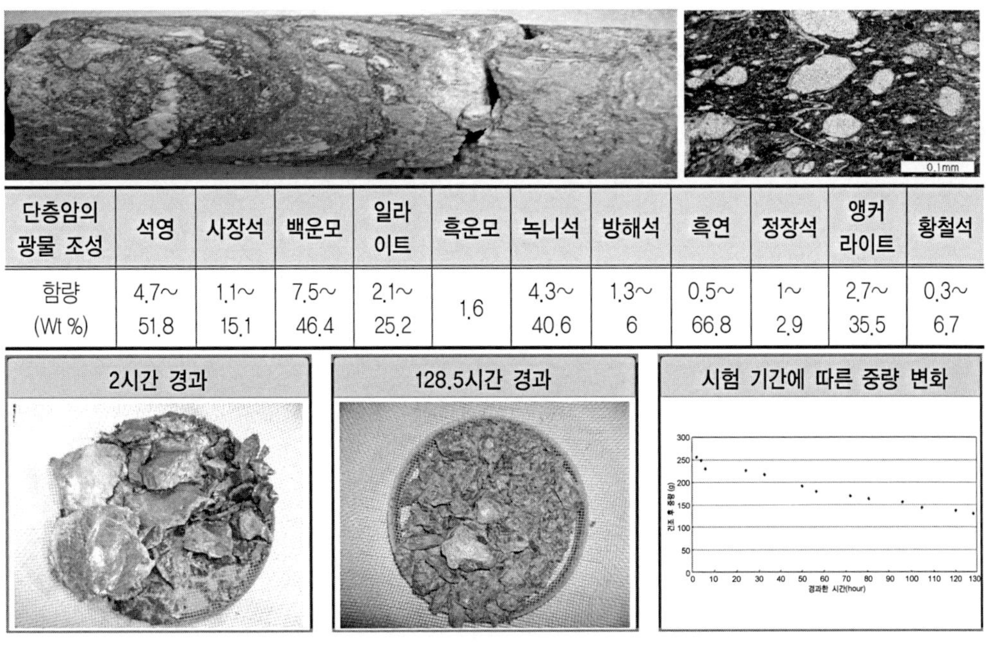

단층암의 광물 조성	석영	사장석	백운모	일라이트	흑운모	녹니석	방해석	흑연	정장석	앵커라이트	황철석
함량 (Wt %)	4.7~ 51.8	1.1~ 15.1	7.5~ 46.4	2.1~ 25.2	1.6	4.3~ 40.6	1.3~ 6	0.5~ 66.8	1~ 2.9	2.7~ 35.5	0.3~ 6.7

[그림 1-14] 국내 변성암 내 단층암의 특성

등 유체에 의한 변질작용이 심하게 일어났던 것으로 추정된다. 이 예의 단층물질은 팽윤성 광물에 속하지 않아, 지하수에 의한 팽창압을 유발시키지는 않으나, 지하수 침투에 의해 쉽게 붕괴되고 이완되는 특성을 가지고 있으며, 그 전단강도가 현저히 저하되는 특성을 가지고 있다. 또한 그림 1-14의 하단은 단층 가우지 시료에 대해 시행된 총 130시간(약 5~6일)의 슬레이킹 대체시험 결과로써, 시험 전보다 약 50% 중량 감소를 보이고 있다.

다. 단층 연령과 활성단층

활성단층은 지질학적으로 제4기에 단층운동이 일어난 단층으로 정의된다. 이러한 정의는 제4기에 일어난 지구조운동이 현재에도 진행되고 있다는 것을 기초로 한다. 반면에 비활동성 단층이란 지질학적 시간으로 오래전에 단층작용이 일어난 것으로 단층 생성 이후 더 이상의 변위가 일어나지 않은 단층을 말한다. 미국, 캐나다, 호주, 영국 및 일본 등에서는 방재 지질학적 측면에서의 단층절대연령측정 연구가 가장 활발하게 이루어지고 있으며, 국가 규모의 집중적인 투자로 분석기기, 시료처리 실험실, 전문인력이 확보된 상태에서 최근 10년 동안 비약적으로 발전하고 있다. 세계 각국은 자기나라의 지질 특성에 따라서 활성단층에 대한 분류기준을 다르게 정하고 있으며, 한 나라 안에서도 기관별로 분류기준을 달리하기도 한다(표 1-4).

[표 1-4] 활성/잠재단층의 분류기준

국가/기관		용어	활성/잠재 단층 판별 기준
미국	원자력 규제위원회	잠재단층	① 과거 3만5000년 이내에 적어도 한 번의 단층운동이 있었거나, 과거 50만 년 동안 2회 이상의 운동이 있었던 단층
			② 다른 잠재단층과 구조적 관계를 가지고 있는 경우
			③ 단층을 따라 큰 규모의 계기지진활동이 있는 경우
	환경보호기구	홀로세단층	신생대 제4기 홀로세 기간에 변위가 있었던 단층
국제원자력기구 (IAEA)		잠재단층	① 신생대 제4기에 이동이 있는 경우
			② 지표파열이 있는 지형적 모양을 가진 경우
			③ 단층을 따라 계기지진활동이 있는 경우
			④ 다른 잠재단층과 연관된 경우
일본		활성단층	신생대 제4기에 활동한 적이 있는 단층으로
			A급: 1≤S (평균변위속도 mm/year)
			B급: 0.1≤S<1
			C급: S<0.1로 세분함
독일, 스페인, 이탈리아, 캐나다, 프랑스		–	특별히 규정하지 않음

신기활성단층을 정확하게 이해하기 위해서는 제4기 퇴적층에 대한 퇴적환경·층서조사, 신기단층도 작성기술, 단층의 분절(segment)화에 대한 조사기술, 해안단구 조사기술, 신기단층에 대한 고지진학적인 방법을 적용한 해석기술, 고지자기 분석기술, 신기단층의 고응력장 조사기술, 신기단층의 연령측정을 위한 ESR 등 지진화학적 연구·기술 등에 의해서 종합된 정성적·정량적 지질정보자료를 필요로 한다.

단층의 활동성 여부를 판단하는 중요한 기준 중의 하나는, 가장 최근에 단층이 활동한 시기와 그 변형속도를 알아내는 것이다. 단층의 활동 시기는 단층에 의해 생성된 물질을 대상으로 하여 직접적으로 확인하는 것이 최선의 방법이지만, 그런 방법을 적용할 수 없는 경우에는 간접적인 방법으로 유추할 수도 있다. 즉, 다른 인접한 단층에 의해서 절단되거나 단층을 덮고 있는 암석의 연대를 측정해서 알아낼 수 있다.

신기단층의 연대측정에서 중요한 점은 단층활동과 관련된 적합한 시료물질을 채취하여 가능한 한 여러 가지 방법에 의한 연령측정 결과를 확인하고, 그 확인된 연령측정 자료에 대하여 지질학적 관찰내용과 일치성을 면밀하게 평가하는 것이다. 신기단층의 연령측정을 위한 지질화학적 방법은 다양하며, 각각의 방법별로 연령 측정에 이용되는 대상과 시료물질이 다르며, 또한 각 방법별로 연대측정의 범위가 다르다. 따라서 이에 대한 적용성 검토가 필요하다.

1.2.3 단층의 구조지질학적 특성

가. 단층의 성장과 단층계(fault system)

단층은 그 성장과정에서 주변위대(Principle Displacement Zone: PDZ) 외에 다양한 연관구조를 발달시킨다. 이렇게 하나의 단층은 복잡한 형상으로 연결된 단열의 집합체로 인식될 수 있으며, 단층의 성장과 관련되어 동시에 또는 순차적으로 발달한 지질구조의 체계를 단층계(fault system)라 한다.

그 단층을 구성하는 주변위대(PDZ)를 포함하여 이와 연관된 다양한 안행상(en echelon)의 단층 및 습곡구조 등 2차적인 지질구조의 발달은 주향이동단층계의 가장 대표적인 구조적 특성 중 하나이다. 그림 1-15는 우수향 주향이동단층에서 발달할 수 있는 다양한 지질구조의 관계를 모사한 것이다(Harding et al, 1985). 이러한 주향이동단층과 연관된 안행상의 단층 및 단열의 배열은 점토 등 다양한 물질을 이용한 모형시험과 암석시료를 이용한 실내시험 및 대규모 지진시에 발생한 지각의 변형상태 등의 연구를 통하여 그 형성 기작이 알려졌으며, 주향이동단층운동과 관련된 1) Synthetic 주향이동단층 또는 R 전단(Riedel shear), 2) Antithetic 주향이동단층 또는 R' 전단(conjugate Riedel shear), 3) 2차 Syntethic fault 또는 P 전단(P shear), 4) 신장 또는 인장균열(tension crack), 5) 주변위대(PDZ)와 평행한 단층 Y 전단 등으로 정의된다.

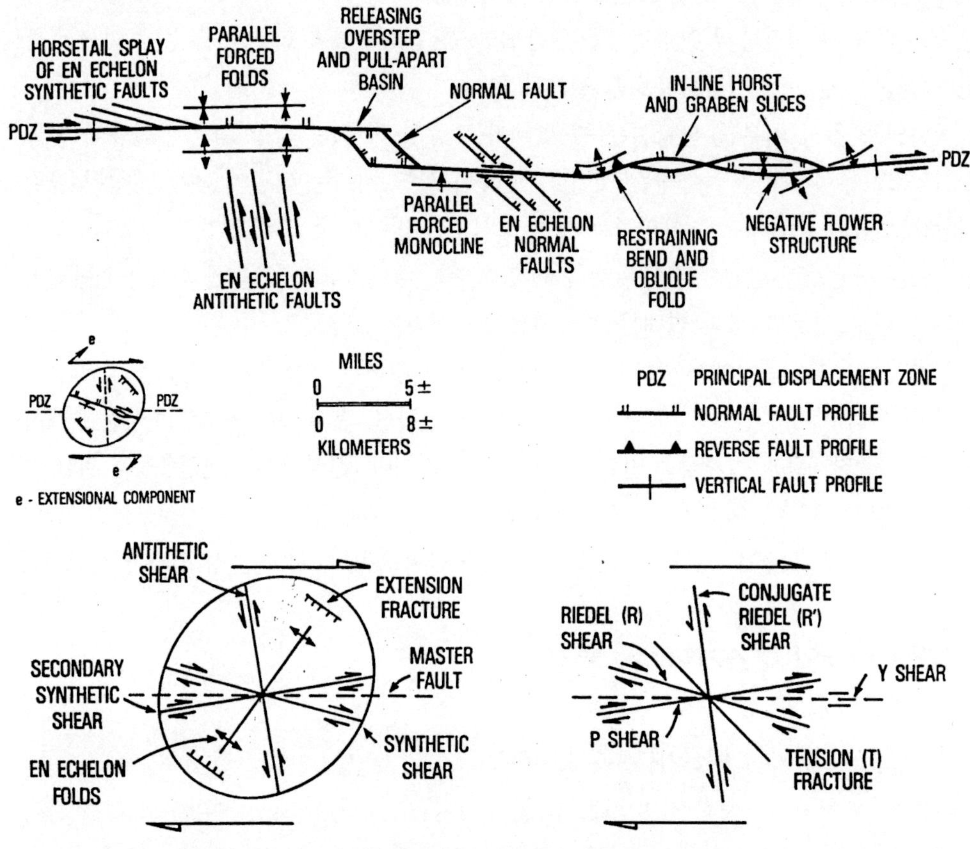

[그림 1-15] 우수향 주향이동단층의 주변위대와 관련 구조

각각의 단열들은 단순 전단조건의 주어진 응력장에서 일정한 각의 관계를 가진다. 재료의 내부마찰각을 φ라 할 때, R 및 P 전단단열은 PDZ와 각각 φ/2의 사이각을 가지며, 대체로 10~20도의 예각을 가진다. 또한 R 전단단열과 R' 전단단열은 최대주응력 방향을 기준으로 하여 각각 ±(45°− φ/2)의 방향으로 발달하며, 인장균열은 최대주응력 방향과 평행하게 발달한다. 이러한 단층운동과 관련된 단열의 특성은 주단층의 변위 방향 및 응력장을 분석하는 데 효과적으로 사용된다. 그림 1-16은 국내 우수향 주향이동단층계로, 지질도 규모와 노두 규모뿐 아니라, 박편 규모에 이르기까지, 동일한 형태, 즉 북동동 방향의 주변위대와 북동 방향의 인장균열 및 R 전단단열로 구성되어 있는 단층계를 보여준다.

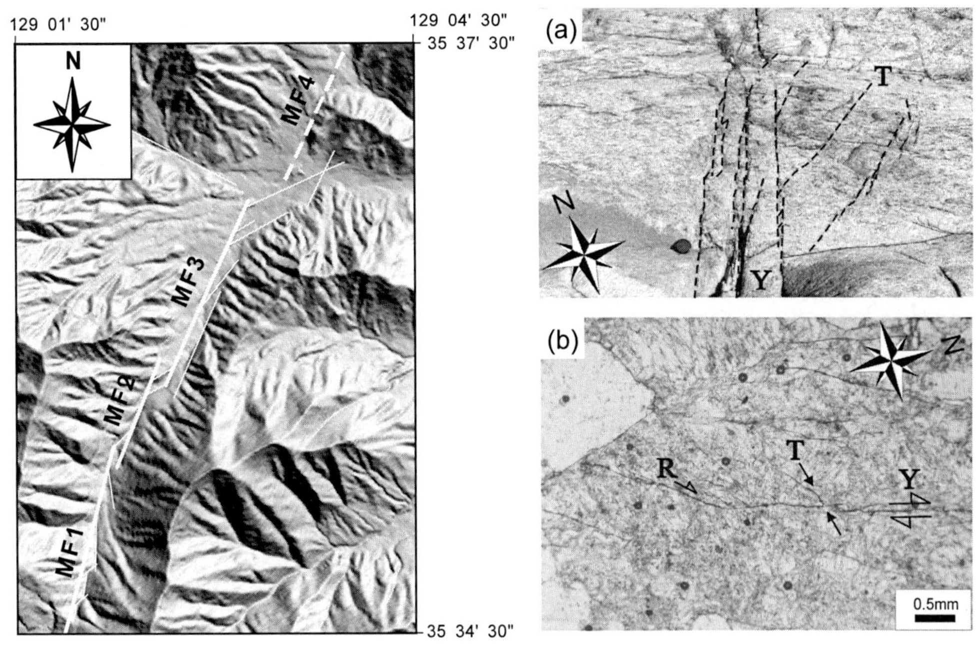

[그림 1-16] 국내 우수향 주향이동단층계의 예

각각의 전단단열이 동일한 응력장에서 단층을 구성하거나 단층과 연관된 단열계라 하면, 단층운동이 진행됨에 따라, 지속적인 압축력 또는 전단응력으로 변형을 가중시키고 단층의 경사면을 중첩시켜 형성된 복잡한 단층구조를 단층중첩구조 또는 듀플렉스(duplex)라 한다(그림 1-17).

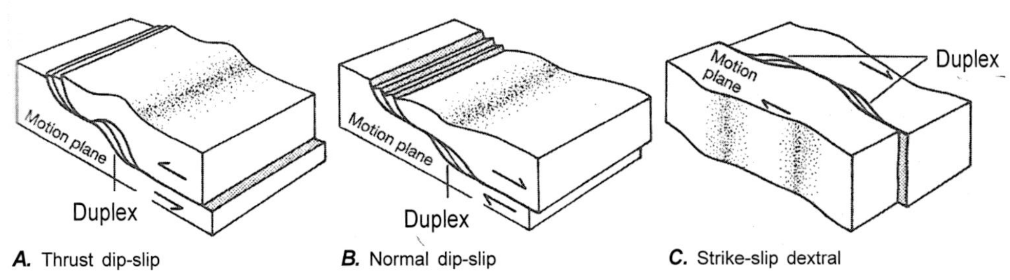

[그림 1-17] 단층중첩구조(duplex) 모델

이러한 듀플렉스는 특정 위치에서 집중적으로 단층면을 발달시켜, 결과적으로 단층대의 폭을 두껍게 하고 변형을 집중시킨다. 특히 조산대에서 강한 압축력에 의해 발달하는 충상단층의 경우, 이러한 듀플렉스 구조의 형성으로 인해 급격한 압력 변형을 발생시킨다(그림 1-18). 국내의 주요 단층대는 많은 경우 주향이동단층계와 충상단층대로 발달하고 있다.

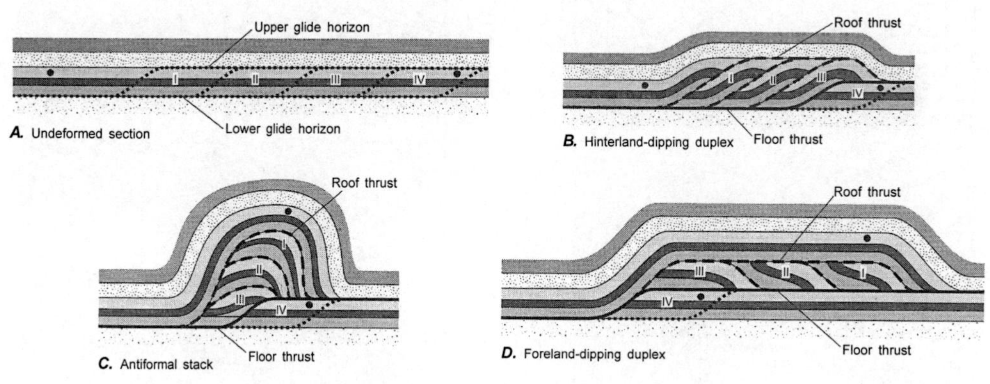

[그림 1-18] 충상단층대의 듀플렉스 모델

그림 1-19는 국내의 주향이동단층계 및 충상단층대의 예이다. 주향이동단층계 사례의 경우, 특징적인 북북동 방향의 분절된 주단층과 주향이동단층 작용과 관련한 충상단층 등 수반단층이 복잡합 형태를 이루며 발달해 있다. 충상단층대의 사례에서는 동서 방향의 충상단층대 내에 수조의 충상단층이 고기의 지층을 후기지층 상위로 충상시키며, 평행한 주향으로 순차적으로 발달하고 있다.

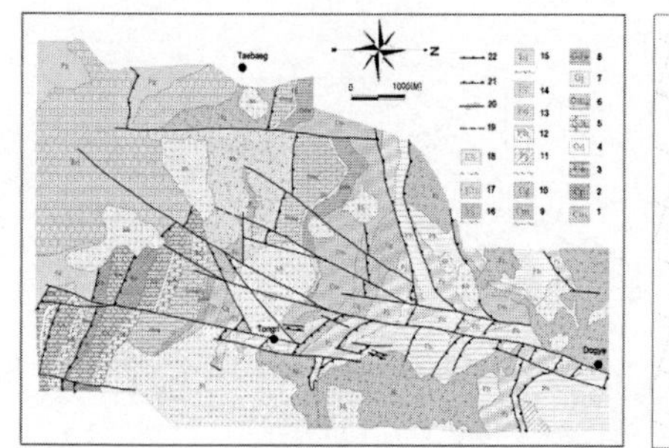
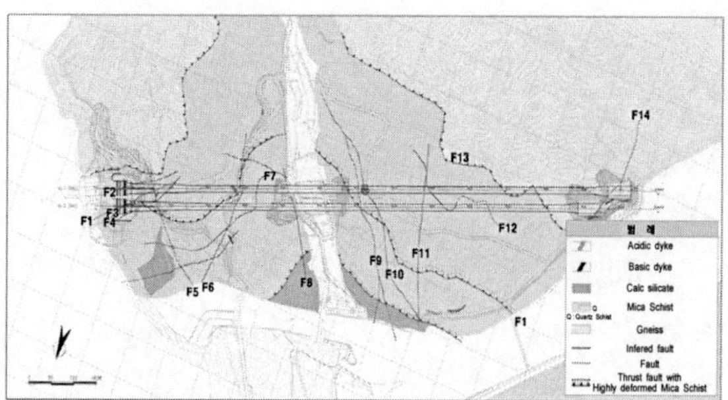

[그림 1-19] 주향이동단층(좌) 및 충상단층대(우)의 국내 사례

나. 단층을 인지하는 기타 특성

위에서 언급한 단층변위의 확인과 단층물질의 존재, 단층활면 또는 단층 관련 단열의 발달 등은 단층을 인지하는 주된 특성이다. 이렇게 직접 단층의 고유한 특성을 확인하는 방법 외에도 그림 1-20, 1-21 등과 같이 단층의 지형적 특징이나, 단층변위로 인한 층서의 반복 또는 생략과 같은 불연속성 등이 단층 인지에 활용된다.

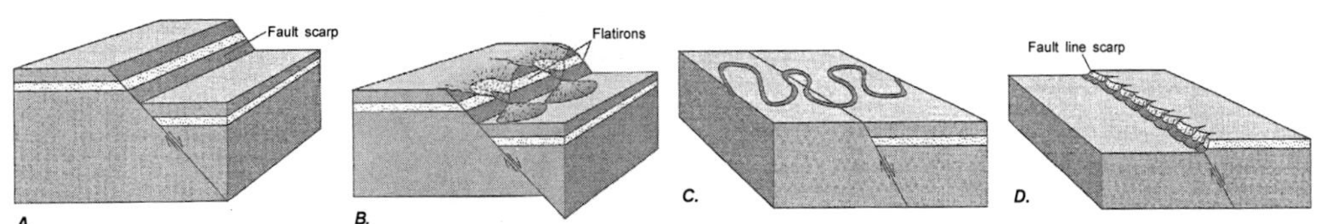

[그림 1-20] 단층 지형의 변화와 인지

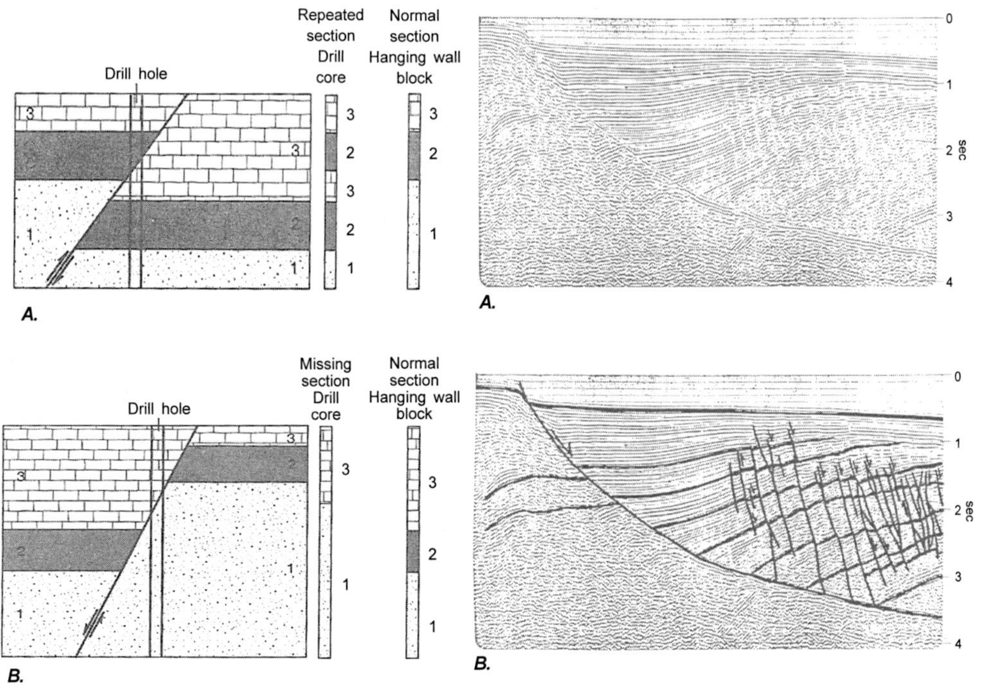

시추 지층의 반복(A) 또는 생략(B)　　　지구물리탐사 처리 전(A) 처리 후(B)

[그림 1-21] 시추 및 물리탐사를 이용한 층서 불연속성 인지

1.2.4 결론

단층은 대표적인 지질구조인 동시에 지반공학적 문제의 주된 대상 중 하나이다. 단층의 특성을 단층의 자세, 방향, 규모 등 분포 특성과 강도 및 투수성 등 수리·역학적 특성으로 구분한다면, 이는 단층의 종류 및 단층계 또는 단층대의 형상 그리고 단층물질의 특성과 밀접한 관계가 있다. 따라서 앞에서 기술한 단층의 특성은 단층의 공학적 특성을 이해하고, 단층을 효과적으로 인지할 수 있는 데 기본적인 정보로 활용될 수 있을 것이다.

참고문헌

1.1

김천수·배대석·정찬호·김경수, 1996, 「고준위 방사성 폐기물 처분기술 개발」, 과학기술처.
배대석, 1996, 「편마암 지역 지하 공동주변 단열암반의 지하수유동 특성연구」, 충남대, 박사학위 논문.
장태우, 1997, 「결정질암류 분포 지역의 지질구조 특성연구」, 한국원자력연구소.
최위찬, 2001, 「한반도 단층 등급분류」, 〈한국지반공학회 암반역학위원회 특별세미나 논문집〉, pp.3-21.
Pusch, R., 1995, *Rock Mechanics on Geological Base*, Elservier, p.498.

1.2

Atkinson, B. K., 1987, *Fracture Mechanics of Rock*, Academic Press, London, p.534.
Harding, T. P., Vierbuuchen, R. C. & Christie-Blick, N., 1985, *Structural style, plate-tectonic settings, and hydrocarbon traps of divergent (transtensional) wrench faults, Strike-slip deformation, basin formation and sedimentation*, Soc. Economic Paleo. & Mineral, pp.51-77.
Ragan, D. M., 1985, *Structural geology, an introduction of geometrical technique*, Wiley, Chichester.
Ramsay. J. G. & Huber, M. I., 1987, *The techniques of modern structural geology* V1, Academic Press, London.
Twiss & Moores, 1995, *Structural Geology*.
Sibson, R. H., 1977, *Fault rocks and fault mechanism*, J. Geol. Soc. (Lond.), p.133, pp.191-213.

02 단층의 공학적 특성과 해석

2.1 단층의 암반공학적 특성과 시험방법

2.1.1 서론

댐, 도로, 터널 등의 많은 토목구조물은 크고 작은 단층을 통과하며, 이러한 단층들은 구조물의 안정성에 심각한 영향을 미치는 경우가 많다. 따라서 토목구조물의 설계 및 시공 시 현장 및 실내시험을 통하여 통과하는 단층의 규모와 특성을 파악하고, 이들 단층이 토목구조물에 미치는 영향을 분석하여 적절한 대책을 수립하여야 한다.

최근 토목공사의 시공 및 설계를 위한 조사에서 단층대나 파쇄대에 대한 정밀한 조사를 위해 많은 시도가 있었다. 단층의 조사를 위한 새로운 탐사기술이 도입되고, 단층의 공학적 특성 파악을 위한 많은 시험항목이 추가되고 있다. 또한 조사 및 시험결과에 대한 분석방법도 매우 다양하게 수행되고 있다.

여기서는 단층의 지질학적 기원 및 메커니즘에 대한 상세한 고찰보다는, 단층의 공학적 의미를 살펴보고 단층의 특성과 분류방법을 검토할 것이다. 그리고 토목구조물의 설계 및 시공을 위하여 조사단계에서 단층에 대한 분포 및 공학적 특성을 파악하기 위하여 각종 물리탐사, 현장시험, 실내시험 사례를 분석하고자 한다.

2.1.2 단층의 공학적 특성

가. 단층의 공학적 의미

공학적인 관점에서 단층은 암반불연속면의 한 형태에 불과하다. 그러나 지질학적으로 변위를 일으키는 면을 의미하는 단층은 매끄러운 경면(slickenside), 단층파쇄대, 단층점토를 수반함으로써 공학적으로 중요한 의미를 지닌다(그림 2-1). 즉, 변위과정에서 발생된 단층면과 단층 충전물, 파쇄대 등은 주변 지반보다 점착력이나 마찰각 등의 암반강도 강도를 현저히 감소시킬 뿐만 아니라, 대수층을 형성하게 되므로 토목구조물의 안정에 심각한 영향을 미치게 된다. 단층의 공학적 특성은 그림 2-2와 같은 단층의 이동 메커니즘에 따라 다르게 나타나기도 하는데, 인장에 의해 경사이동성분만을 지닌 정단층의 경우에는 경면과 함께 인장파괴에 의한 개구 균열이 많은 파쇄대가 수반된다. 압축에 의한 경사이동성분만을 지닌 역단층의 경우에는 단층점토를 동반하는 파괴가 심한 파쇄대가 수반되며, 특히 저각의 스러스트(thrust) 단층은 파쇄영역이 광범위하다. 또한 주향이동성분만을 가진 주향이동단층 역시 규모가 크고 파쇄 영역이 광범위하게 분포되어 있다.

지질학적 성인에 따른 분류는 단지 단층의 이동 메커니즘을 나타낼 뿐만 아니라 단층의 공학적 의미를 나타내므로, 단층의 공학적 특성을 파악하기 위해서는 단층의 규모나 크기에 대한 조사뿐만 아니라 단층의 발생 기원을 분석하고 분류하는 것 역시 중요하다.

나. 단층의 공학적 분류

단층의 분류는 앞에서 살펴본 바와 같은 단층의 이동 메커니즘에 따른 지질학적 분류방법 외에도 단층대의 규모나 상태에 따라 분류하는 방법이 제안되었다.

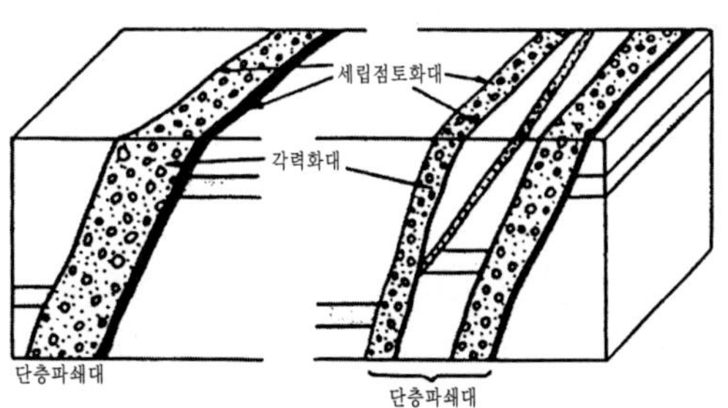

[그림 2-1] 단층의 점토층 및 단층파쇄대

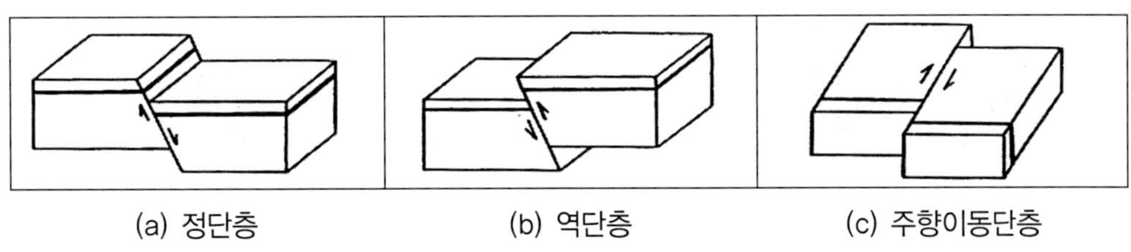

[그림 2-2] 이동 방향에 따른 단층의 종류

일반적으로 단층의 분류는 단층의 연장 및 폭, 형성과정, 지하수 유동 등의 정량적·정성적 분류기준에 따라 4~6등급으로 분류한다. 각 등급에서 단층의 연장과 폭의 수치는 연구자에 따라 다양하게 나타난다.

표 2-1은 단층등급 분류의 예를 나타낸 것으로, 여기에서 표시된 6~7등급은 공학적으로 큰 의미가 없어 생략되기도 한다. 등급분류의 주요인자는 단층의 규모에 해당하는 연장과 폭이지만, 등급에 따라 공학적 특성을 구분할 수 있게 한다.

[표 2-1] 단층의 등급분류 기준

구분	정량적 분류기준		정성적 분류기준
	Pusch(1994)	배대석(1996)	Black et al.(1994)
1	• 광역단열대 • 간격: 2~3km 연장: 40~60km 폭: 200~300km • 투수계수: 10^{-7}~10^{-5}m/s	• F1: 광역구조선, 지구조경계등, 대규모 단층대, 연장 수십 km, 폭 수백 m 이상, 공동에 위해 요소 • H1: K>10^{-6}m/s, T=10^{-5}~10^{-2}m^2/s	• 시설이 입지하는 암반 블록(rock block)의 경계 역할을 하는 주요광역 구조선(major regional structures)
2	• 국지 단열대 • 간격: 300~500m 연장: 4~6km 폭: 10~100m • 1st order와 비슷한 특성이나 폭과 단열빈도가 적음 • 투수계수: 10^{-8}~10^{-6}m/s	• F3: 연장 수백 m, 폭 수 m의 단층대 및 국지구조선, 공동에 위해 요소 • H2: K=10^{-7}m/s, T=10^{-7}~10^{-4}m^2/s	• 단위시설 사이를 통과할 수 있는 주요 단열대(major fracture zones)
3	• 소규모 국지 단열대 • 간격: 30~300m 연장: 100~1000m 폭: 1~20m • 단열대 교차 정도가 낮음 • 투수계수: 10^{-9}~10^{-7}m/s	• F4: 연장 수십 m, 폭 수 m의 단층, 공동에 신중 고려 • H3: K=10^{-8}m/s, T=10^{-9}~10^{-6}m^2/s	• 시설을 통과하는 주요 단열(major fractures) 및 국지단열대(local fracture zones)
4	• 암반 내 수리학적으로 우세한 분리 단열계 • 간격: 2~10m(평균 5m) • Equidimentional fracture surface • 투수계수: 10^{-11}~10^{-9}m/s • Interval: 1/25~100m^2	• F4: 연장 수십 m, 폭 1m 이하의 전단대 혹은 중규모 단열(대) • H4: K=10^{-9}~10^{-11}m/s	• 통상 암반에 분포되어 있는 절리 등의 단열계(background fracture system)
5	• 1~3 order 단열대 사이의 암반 블록 중 눈으로 식별되는 단열계 • 수리학적으로 기여 정도 미미, 암반역학적인 약선으로 작용 • 간격: 0.2~1m • Healed 또는 filled fractures	• F5: 연장 수 m 규모의 단위 암석으로 분리되는 대부분의 절리 • H5: K<10^{-12}m/s	
6	• 현미경으로 특성관찰이 가능한 단열 체계 • 광물의 orientaion 또는 zone enrichment • 암석구조의 특성	• F6: 육안 혹은 현미경으로 관찰되는 결정경계, Griffith crack	
7	• 광물입자 내의 불연속면(crystal contact, inter-intra crystalline) • 암반역학적인 Griffith cracks		

한편 토목구조물의 설계에 직접 반영할 수 있도록 단층파쇄대의 공학적인 특성을 반영하여 분류한 사례도 있다. 그림 2-3과 같이 단층 충전물질을 구성하는 점토충진물, 각력 등의 함량과 두께에 따라 전단대(단층)를 구분하였다(대한지질공학회, 2004). 또한 황제돈 등(2005)은 단층대를 단층파쇄대의 상태에 따라 Blocky Fault, Brecciated Fault, Clayey Fault로 구분하고, 각 단층의 공학적 특성에 따라 터널의 보강설계에 적용하였다(표 2-2).

2.1.3 단층의 분포특성 조사

가. 단층의 분포특성 조사 항목

단층조사는 그림 2-4와 같은 절차로 수행되며 조사 항목에 있어 일반적인 지반조사 단계

(a) 균일전단대

0.7' 0.5' 0.2'
Components
60% clay gouge
(1) 70% 40% breccia (fragments)
(2) 30% quartz vein with minor gouge

(b) 구조적 전단대(2개 층)

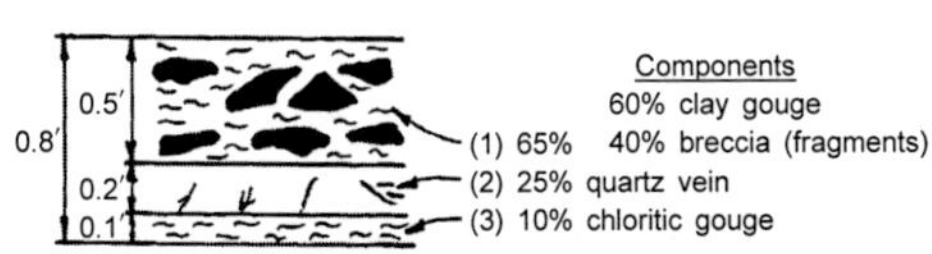
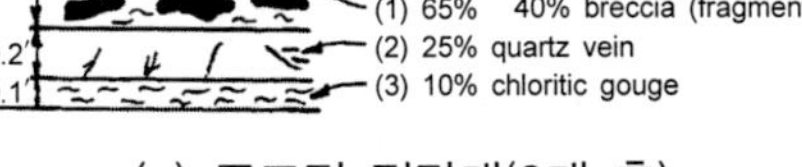

(c) 구조적 전단대(3개 층)

(d) 세맥이 존재하는 균일전단대

[그림 2-3] 충전물 상태에 따른 전단대(단층)의 분류

[표 2-2] 단층파쇄대 상태에 따른 단층대의 분류 및 특성

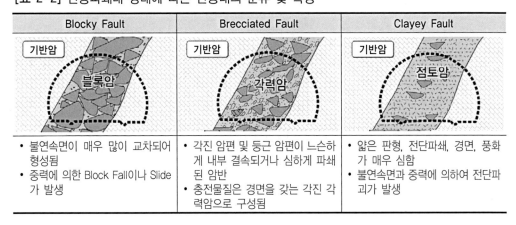

Blocky Fault	Brecciated Fault	Clayey Fault
기반암 / 블록암	기반암 / 각력암	기반암 / 점토암
• 불연속면이 매우 많이 교차되어 형성됨 • 중력에 의한 Block Fall이나 Slide가 발생	• 각진 암편 및 둥근 암편이 느슨하게 내부 결속되거나 심하게 파쇄된 암반 • 충전물질은 경면을 갖는 각진 각력암으로 구성됨	• 얇은 판형, 전단파쇄, 경면, 풍화가 매우 심함 • 불연속면과 중력에 의하여 전단파괴가 발생

에서 수행하는 여러 조사 및 시험과 크게 다르지 않다. 단층조사는 단층의 분포특성 및 규모 파악을 위한 조사와 단층의 공학적 특성 파악을 위한 조사 및 시험으로 크게 구분될 수 있다. 즉, 광역조사 및 물리탐사, 시추조사 등을 통해 단층의 규모와 방향 등을 파악하고, 각종 현장 및 실내시험을 통해 단층파쇄대의 공학적 특성을 평가한다.

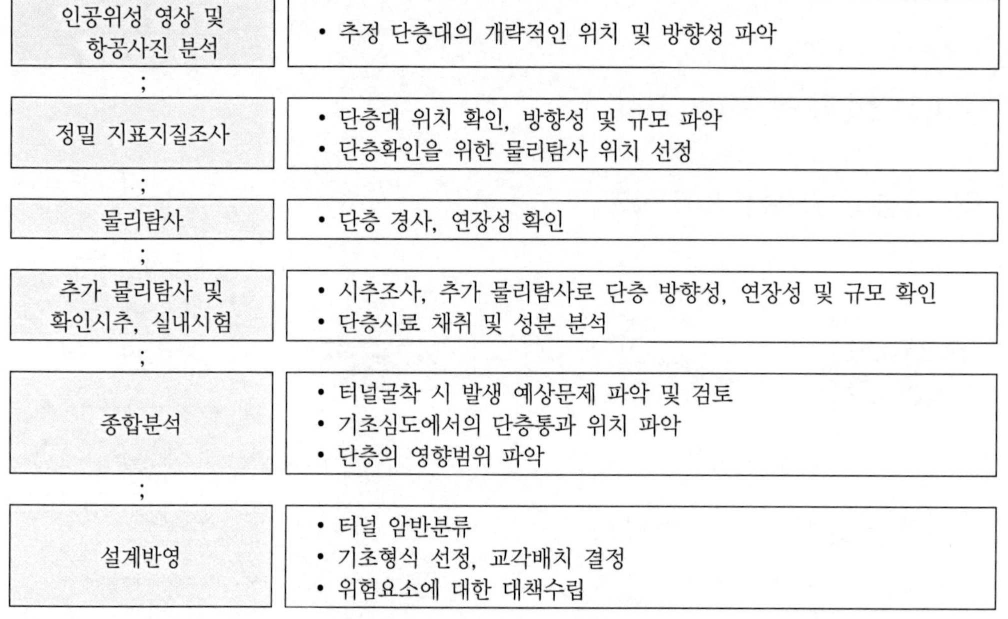

[그림 2-4] 단층조사 수행 절차

단층분포 특성을 파악하기 위한 조사로는 광역조사, 물리탐사, 시추조사가 있다. 광역조사는 먼저 지질도를 분석한 후 인공위성 영상, 음영 기복도 및 항공사진 분석을 통하여 광역적인 지형 및 지질현황에 따른 단층대를 파악하고, 선구조 분석으로 단층의 방향 예측 및 지구 구조운동 방향을 분석한다. 또한 선구조 분석결과에 따라 현장지표지질조사를 수행한다. 지표지질조사는 단층면 및 단층파쇄대 현장조사, 활성단층 여부 현장조사, 단층과 계획노선의 상관관계 조사를 수행하여 구조물별 상세조사 위치 선정에 필요한 단층대의 대략적인 규모 및 방향성을 파악한다.

물리탐사는 전기비저항탐사, 탄성파탐사, 탄성파 토모그래피 등 매우 다양한 방법으로 수행할 수 있다. 단층대의 방향성 및 연장과 규모를 파악하기 위하여 입체적인 종횡단 탐사측선을 계획하여 물리탐사를 수행하기도 한다. 물리탐사를 통하여 지표지질조사 결과에 부합하는 단층대의 위치와 경사, 폭을 예측하며, 단층대 확인 및 규모 파악을 위한 상세 시추조사 계획에 반영한다.

지표지질조사와 물리검층으로 예측된 단층의 폭, 영향대를 확인하기 위하여 시추조사가 수행된다. 시추조사는 물리탐사 결과를 반영하여 시추위치를 선정하여야 하며, 단층대의 방향 및 경사에 따라 수평 및 경사시추가 수행되기도 한다.

나. 단층의 분포특성 조사사례

단층의 분포특성 조사에 대한 사례는 주로 광역조사에서 파악되지 못하거나 불명확한 단층에 대해 물리탐사를 수행하여 단층의 규모와 방향을 파악한 사례들이다.

첫 번째 사례는 단층의 방향과 영향범위를 파악하기 위하여 종측선 탐사에 더해 횡측선 탐사(전기비저항탐사)를 수행한 경우이다. 광역조사를 통해 터널의 진행 방향과 일치하여 모량단층이 지나는 것으로 예상되어, 그림 2-5와 같이 터널과 직교하는 3개의 횡측선 탐사를 시행하여 단층의 진행 방향과 영향범위를 파악하고자 하였다.

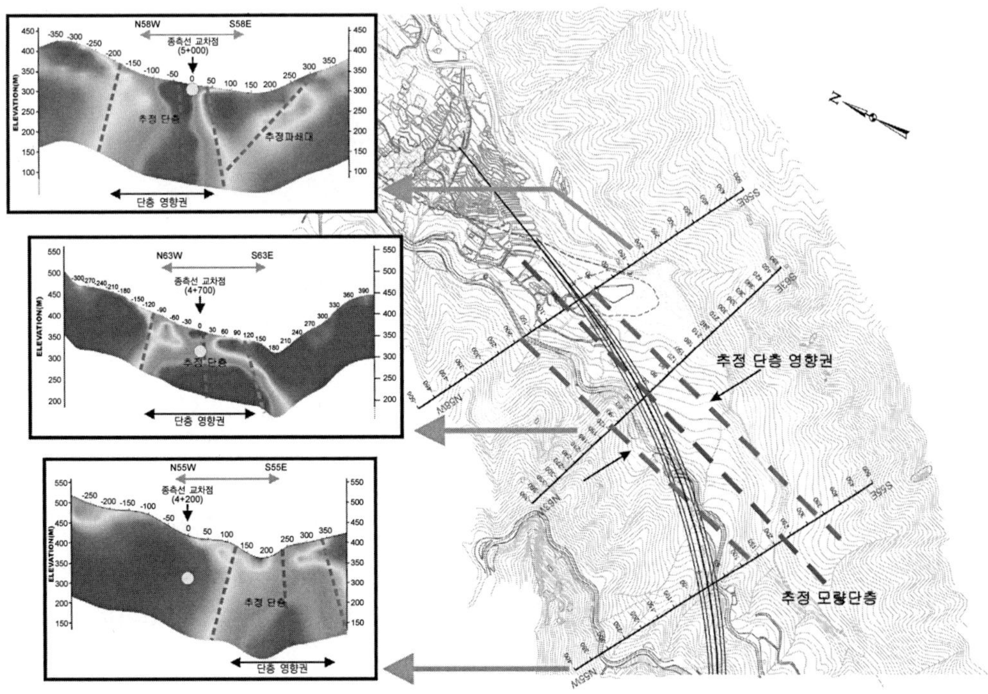

[그림 2-5] 모량단층 조사를 위한 횡측선 탐사계획 및 결과

3개의 횡측선에서 각각 단층의 영향범위가 나타났으며, 이를 연결하여 그림 2-5의 우측 그림에서처럼 단층의 진행 방향과 영향의 폭을 판단하였다. 두 번째 횡측선에서 단층의 중심부와 터널이 정확히 교차하는 것으로 분석되었다. 그림 2-6은 모든 전기비저항탐사 결과를 종합하여 터널 심도에서 전기비저항값을 도시한 것으로써 단층의 영향으로 인한 저비저항대의 평면적인 영향범위를 잘 볼 수 있다.

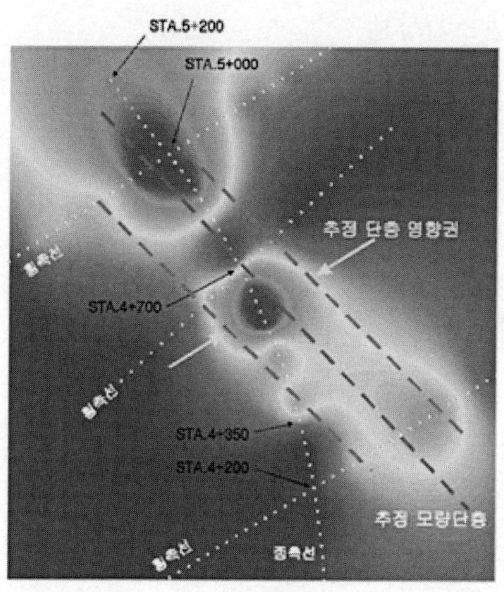

[그림 2-6] 터널 심도에서의 전기비저항치

그림 2-7의 사례는 과업구간의 양측에 양산단층과 동래단층이 존재하고 지질 도폭에 나타나지는 않으나 과업중앙부 터널구간에 거의 남북 방향으로 존재하는 제3의 단층대(법기단층)가 예상되어 터널진행 방향의 종측선과 횡측선에 대해 전기비저항탐사 및 전자탐사를 수행하였다. 또한 단층의 정확한 위치 파악을 위해 수직시추공을 이용한 VSP(Vertical Seismic Profiling)를 실시하였다.

그림 2-8은 각 탐사방법에 따른 결과를 비교한 것으로 탐사방법에 관계없이 유사한 결과를 보여주고 있으며, VSP의 경우 방향성분에 따라 다른 결과를 보여준다. 즉 수직성분은 법기단층(F-12)에 의한 반사파가 주종을 이루며, 수평성분 중 탐사측선에 수직한 성분은 F@계열 파쇄대가, 탐사측선 방향의 성분은 F12와 F@계열이 모두 확인된다.

[그림 2-7] 양산단층, 동래단층, 법기단층의 선구조

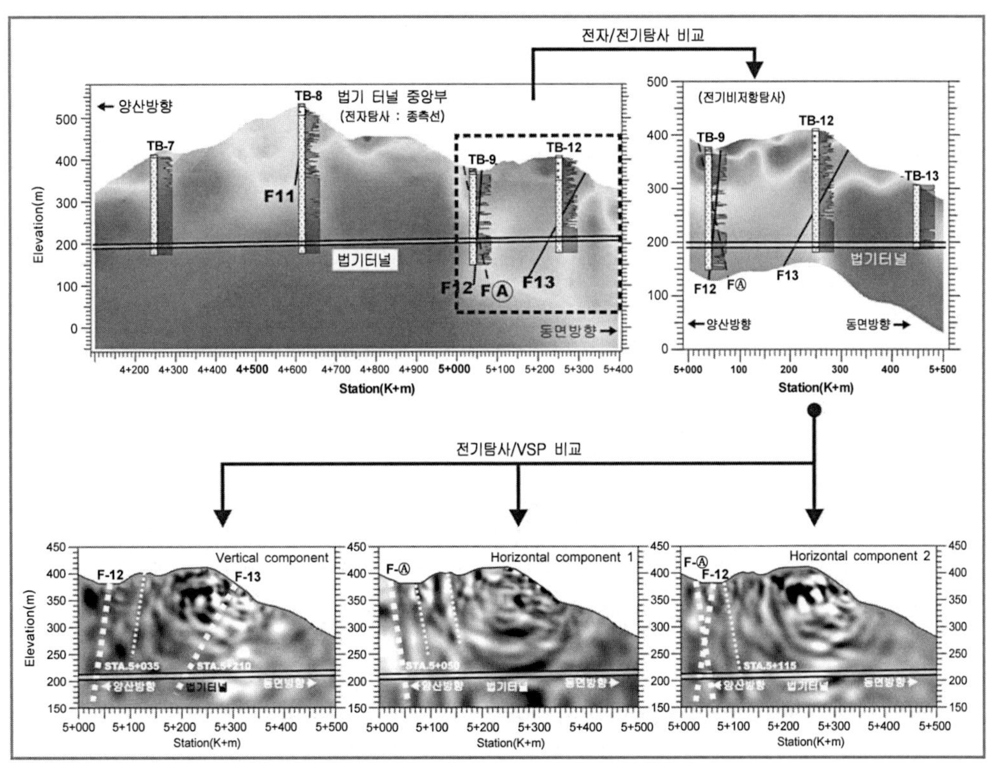

[그림 2-8] 전기·전자탐사 및 VSP 결과 비교

다음 사례는 그림 2-9와 같이 과업구간에 연성전단대가 분포하는 경우로써 지질도에서는 터널구간의 시점부근에 연성전단대가 있으며, 이 연성전단대와 같은 방향으로 복운모화강암이 있고, 포획암의 형태로 편암류가 분포하고 있다. 연성전단대의 경우 폭이 넓고, 경계가

명확하지 않아 규모를 정확히 파악하는 것이 어렵다.

그림 2-10에 나타난 전기비저항 및 전자탐사 결과, 과업구간에 특별히 큰 단층대는 없으나, 매우 넓은 폭의 저비저항대가 나타난다. 지표지질조사와 시추조사 결과 연성전단대는 지질상에 표기된 위치뿐만 아니라 과업구간까지 어느 정도 넓게 나타나고 있었으며, 이 연성전단대를 따라서 저비저항대가 분포하고 있는 것으로 나타났다. 또한 전기비저항탐사에서 중간에 집중적으로 나타나는 낮은 저비저항대는 편암류가 포획암의 형태로 분포하고 있는 형태로써 파쇄가 비교적 심한 편암류가 지하수를 많이 함유하고 있는 것으로 확인되었다.

위의 사례들에서 알 수 있듯이 물리탐사는 지질도, 위성사진, 지표지질조사로 파악하지 못한 단층의 존재를 알아낼 수 있으며, 단층의 방향성과 개략적인 폭을 정량적으로 제시할 수 있게 해준다. 좀 더 정밀한 탐사결과를 얻기 위해서는 조사대상 지역의 상황을 고려하여 탐사방법을 선정하고 탐사측선을 계획해야 할 것이다. 그러나 무엇보다 중요한 것은, 물리탐사 결과만을 가지고 모든 것을 판단하기보다는 광역조사 및 지표지질조사 결과를 함께 활용해야 하며, 특히 단층 추정구간에 대한 확인 시추조사를 통해 단층의 방향과 폭을 정해야 한다.

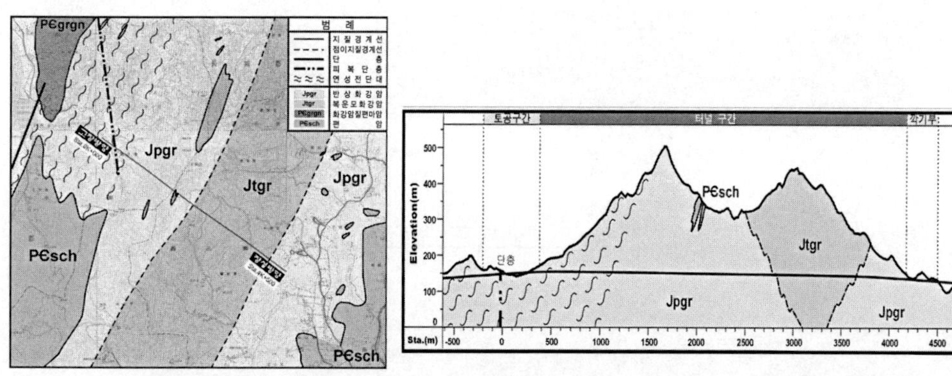

[그림 2-9] 연성전단대가 나타난 지질도

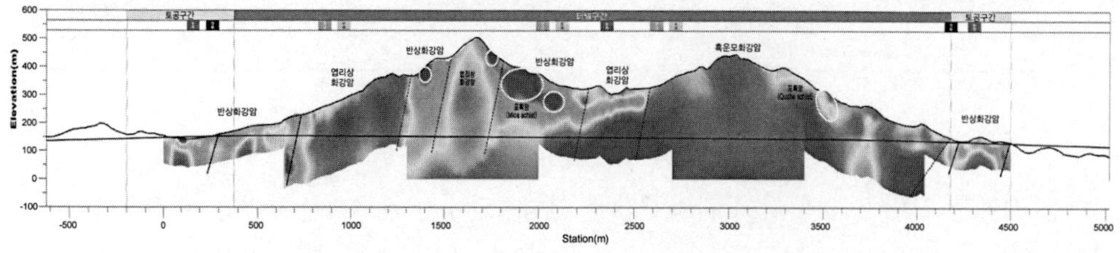

[그림 2-10] 전기비저항탐사 및 전자탐사 결과

2.1.4 단층 및 단층파쇄대의 공학적 특성 평가

가. 공학적 특성 평가를 위한 현장시험 및 실내시험

전술한 바와 같이 단층 또는 단층파쇄대가 과업노선과 교차하는 경우, 연장성을 조사하여 노선상 구조물에 영향이 있을지를 판단해야 한다. 구조물 거동에 영향을 미칠 것으로 판단되면, 구조물 안정성 검토 시 적용할 단층 또는 단층파쇄대의 공학적 특성에 대한 분석을 뒤이어 수행해야 한다.

단층 및 단층파쇄대의 공학적 특성을 분석하기 위해 현장시험 또는 시료 채취를 통한 실내시험을 수행하며 시험자료의 신뢰도 확보를 위하여 기존 적용사례 및 연구사례 분석을 병행할 수 있다.

단층파쇄대의 존재는 선형으로 연속되어 분포하는 토목구조물에 부분적으로 예상치 못한 구조물 거동이 발생할 가능성이 있음을 의미한다. 이에 설계기술자는 지반의 공학적 특성 변화에 따른 구조물의 안정성 저하를 고려해야 한다. 주요 고려사항으로는 변형특성 저하로 인한 구조물 자체 또는 인접구조물의 과도한 침하, 전단강도 저하로 인한 외부하중 또는 굴착 시의 불평형력에 대한 지지력 불량, 투수특성 변화로 인한 과도한 누수나 광역적인 지하수위 저하 또는 침투문제 발생 및 동적 특성 변화로 인한 지진 시 과도한 상대변위 발생 및 구조물에 의한 작용하중 증가 등이 있다.

이러한 구조물 거동을 사전에 예측하기 위하여 단층파쇄대의 변형특성, 전단강도 특성, 투

[표 2-3] 공학적 특성 평가를 위한 시험

<table>
<tr><th colspan="2">구분</th><th>조사 내용</th><th>설계 활용</th></tr>
<tr><td rowspan="3">구조물별 상세조사</td><td>시추조사</td><td>• 예상 단층대의 폭, 영향대 확인 조사
• 단층점토 등 실내시험에 필요한 시료 채취
• 단층대 주변 현장 지반상태 조사</td><td>암선 결정 및 암종 확인, 현장시험 및 실내시험에 활용</td></tr>
<tr><td>현장시험</td><td>• 공내재하시험: 파쇄대의 변형특성 평가
• 공내전단시험: 점착력, 내부마찰각 측정
• Televiewer/BIPS: 단층대 방향성 통계 처리
• 수압시험: 암반 투수계수 측정
• S-PS/MASW: 동적물성치 평가</td><td rowspan="2">설계지반정수 결정
• 변형계수
• 전단강도 정수
• 투수계수
• 동탄성계수 및 동포아송비 등</td></tr>
<tr><td>실내시험</td><td>• 일축압축시험: 일축압축강도, 탄성계수 결정
• 삼축압축시험: 점착력, 내부마찰각 측정
• 직접전단시험: 점착력, 내부마찰각 측정
• X-Ray 회절 분석: 점토광물 함량 측정
• Swelling Test: 팽창량, 팽창압 분석</td></tr>
</table>

수특성 및 동적 특성 등과 관련한 현장시험 또는 실내시험을 수행해야 한다. 또한 단층파쇄대에서는 투수성이 크게 증가하여 암석 또는 단층점토의 성분에 따라 Swelling, Squeezing 등을 유발할 수 있으므로 점토광물 분석도 수행해야 한다(표 2-3).

나. 시험결과 분석을 통한 단층파쇄대의 공학적 특성 평가

단층파쇄대는 공학적 특성에 따라 Blcoky Fault, Brecciated Fault 및 Clayey Fault로 구분할 수 있다(Dalgic, 2003). 이와 유사한 개념으로 우리나라에서는 암반이 심하게 파쇄되어 있는 상태의 단층파쇄대, 파쇄암편과 단층토사가 혼재되어 있는 단층각력암 및 파쇄암편이 완전히 풍화된 상태의 단층점토 또는 단층풍화암 등으로 구분하고 있다. 실제로 일정 규모 이상의 단층파쇄대에서 단층점토, 단층풍화암, 단층각력암 또는 단층파쇄대가 단독적으로 일정하게 분포하기보다는 지각변동이력에 따라 반복적으로 교호하거나 순차적으로 나타나는 경우가 흔하다(그림 2-11). 따라서 단층 및 단층파쇄대가 구조물의 거동에 미치는 영향을 분석하기 위해서는 예측된 단층대 영역 내에서 암반의 파쇄형태별 공학적 특성을 정량적으로 평가해야 한다.

일반적으로 단층 및 단층파쇄대에 대한 지반조사를 수행하는 경우, 단층대 분포 파악을 위한 물리탐사 및 시추조사는 그 상관관계로부터 비교적 상세한 결과를 제시할 수 있는 반면, 공학적 특성을 평가하기 위한 현장 및 실내시험은 제한적으로 수행된 결과에 의존하는 경우가 많다. 이는 단층토사와 단층각력이 혼재되어 있는 파쇄대의 특성상 신뢰성 높은 현장시험을 수행할 수 없거나 실내시험을 위한 시료채취가 어려운 경우가 많기 때문인 것으로 판단된다. 여기서는 단층대를 거동 특성에 따라 단층토사와 단층파쇄대로 구분하고 공학적 특성 중 구조물 안정성 측면에 크게 영향을 미치는 변형특성 및 전단강도 특성 산정을 위한 현장시험과 실내시험 수행 및 평가방법에 대해서 검토하였다.

물리탐사로부터 단층이 예상되는 위치를 파악하고 나면 추가시추가 가장 우선적으로 수행

(a) 불규칙하게 교호하는 상태

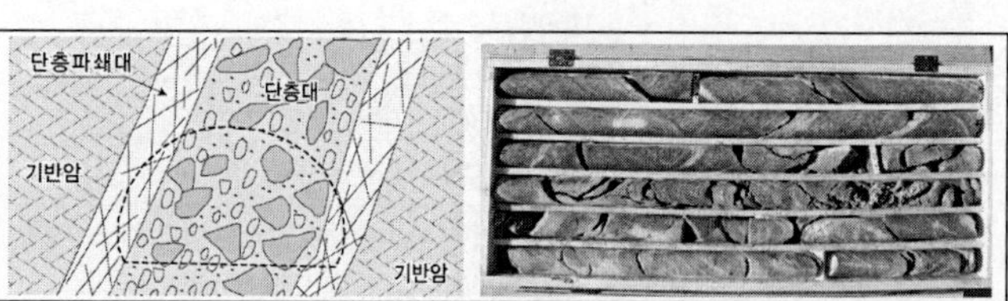

(b) 각 파쇄형태가 순차적으로 분포한 상태

[그림 2-11] 단층대 영역 내 파쇄형태

되어야 한다. 추가시추를 통하여 그림 2-12와 같이 단층파쇄대를 확인하고 N치, TCR, RQD 등을 측정하여 개략적인 파쇄정도를 파악할 수 있다. 또한 추가시추 시에는 트리플 코어배럴 등을 사전에 준비하여 실내시험에 사용할 시료를 가능한 한 채취할 수 있도록 해야 한다.

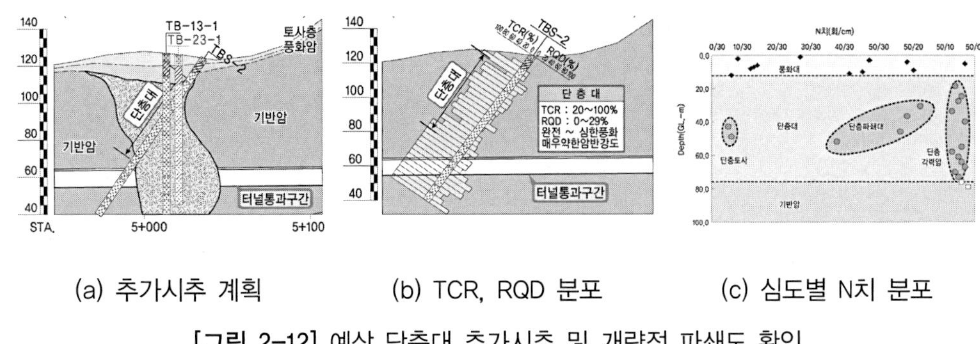

(a) 추가시추 계획 (b) TCR, RQD 분포 (c) 심도별 N치 분포

[그림 2-12] 예상 단층대 추가시추 및 개략적 파쇄도 확인

단층파쇄대가 확인된 시추공에서는 현장시험을 수행하게 되는데 단층파쇄대 구간은 단층토사, 단층각력 등이 분포하므로 시추공 굴착 후 공벽이완, 시추공 뒤틀림 등의 현상으로 정확한 시험결과를 기대하기 어렵다.

그림 2-13 및 표 2-4는 공내재하시험 시 불량한 시추공벽의 영향을 최소화하기 위해 시도된 방법들에 관한 내용이다. 시추공 이완을 최소화하기 위해서는 그림 2-13(c)와 같은 Self-boring Pressuremeter를 적용하는 것도 좋은 방법이다. 이러한 시도가 여의치 않을 경우, 시추공 이완현상은 시간차를 두고 측정한 결과나 지중타입형 Sonde를 설치하여 측정한 시험결과를 비교하여 검증해볼 수 있다. 또한, 시추공 뒤틀림현상에 대해서는 동일 시추공에서 체적변화방식과 공경변화방식의 재하를 수행하여 변형계수를 비교함으로써 시험결과의 신뢰성을 검증할 수 있다. 표 2-4는 이와 같은 방법으로 공내재하시험을 수행한 결과, 비교적 신뢰할 수 있는 결과를 얻어낸 사례이다.

단층파쇄대의 전단강도 특성은 공내전단시험이나 직접전단시험, 삼축압축시험에 의해서 측정할 수 있다. 공내전단시험은 Shear head를 공내에 삽입하여 수평압력을 가한 상태에서 인발할 때 발생하는 전단응력을 측정하는 장치이다. 그러므로 공벽의 상태가 시험결과에 미치는 영향이 크다고 할 수 있는데, 단층파쇄대에 천공한 시추공벽은 단층각력의 영향으로 상당히 불규칙하게 형성되므로 그림 2-14에서와 같이 다소 오차가 있는 결과를 측정하게 되는 경우가 많다. 그러나 시료채취의 어려움이 예상되는 구간에서 시험을 통해 전단강도를 측정할 수 있다는 장점 때문에 가장 많이 적용되는 현장시험방법이다. 직접전단시험이나 삼축압축시험은 기술한 바와 같이 파쇄된 시료채취의 어려움 때문에 통제된 시험조건에서 신뢰성 있는 전단강도를 측정할 수 있음에도 불구하고 적용사례가 많지 않다. 특히, 어렵게 채취한 시료의 경우에도 시료성형의 문제로 시험에 실패하거나 재성형 시료로부터 강도를 측정하게 되는 경우도 있다. 그러나 단층토사의 경우, 비교적 손상되지 않은 시료채취가 가능하므로 실내시험을 통한 전단강도 평가를 많이 시도하는 편이다.

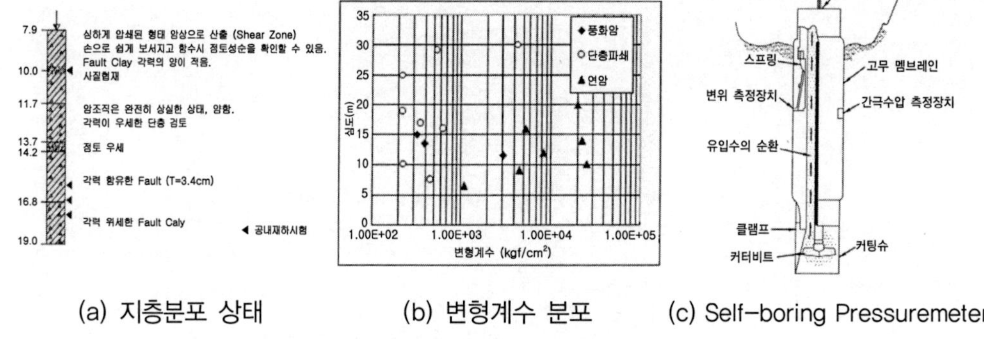

(a) 지층분포 상태 (b) 변형계수 분포 (c) Self-boring Pressuremeter

[그림 2-13] 단층파쇄대 공내재하시험

[표 2-4] 다양한 측정방법에 의한 변형계수 검증

구분	조사 내용	변형계수(kgf/cm^2)
시추공 이완	시간대별 측정	0.23 / 0.64 / 0.35
	지중타입형 sonde 이용	0.32
시추공 뒤틀림	체적변화/공경변화 방식 적용 비교	0.22/0.21

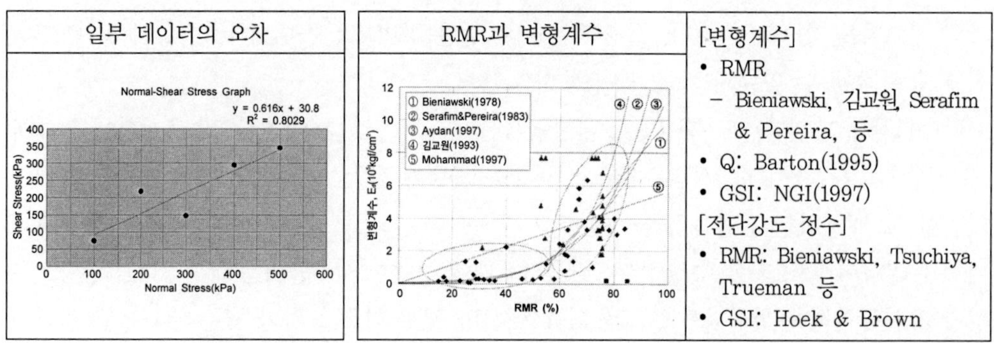

[그림 2-14] 공내전단시험 [그림 2-15] 경험적 암반반류법에 의한 강도정수 산정

앞에서 살펴본 바와 같은 이유로, 단층파쇄대에서의 현장시험 및 채취된 파쇄 시료에 대한 실내시험 결과로부터 적절히 변형계수와 전단강도 정수를 선정하기 어려운 경우에는 경험적으로 적용되는 물성치 범위를 고려하여 결정하는 것이 합리적인 것으로 판단된다.

경험적으로 변형계수나 전단강도 정수의 적용범위를 결정하는 방법은 기존의 설계자료를 이용하거나, 경험적 암반분류법을 이용하여 간접적으로 산정하는 방법이 있다. 그림 2-15는 경험적 암반분류방법을 이용하여 간접적으로 변형계수 및 전단강도 정수를 산정한 자료이다. 설계현장의 단층파쇄대와 유사한 지질학적 특성을 가졌으며 현장시공을 통해 적용성이 입증된 기존 자료는 매우 유용하게 적용할 수 있다. 또한 경험적 암반분류법은 이미 적용성이 입증되어 광범위하게 적용되고 있으나 단층토사나 또는 토사에 거의 가까운 정도의 단층각력암에는 적용하기 어려운 한계가 있다. 단층토사는 표 2-5와 같이 여러 가지 문헌에 제시되어 있는 자료에서 실험결과의 타당한 범위를 판단하는 것도 하나의 방법이 될 수 있다.

[표 2-5] 단층토사에 관한 각종 문헌자료

구분	점착력(tf/m^2)	내부마찰각	비고
단층점토	0	15~30	지반조사 핸드북(Hunt, 1984)
	0~10	10~15	Hoek & Bray(1981)
	2.5~5	20~35	최신 토목지질학(안종필, 1989)
단층파쇄대	0~1.8	12~18.5	Barton(1974)
	0~10	25~40	Hoek & Bray(1981)

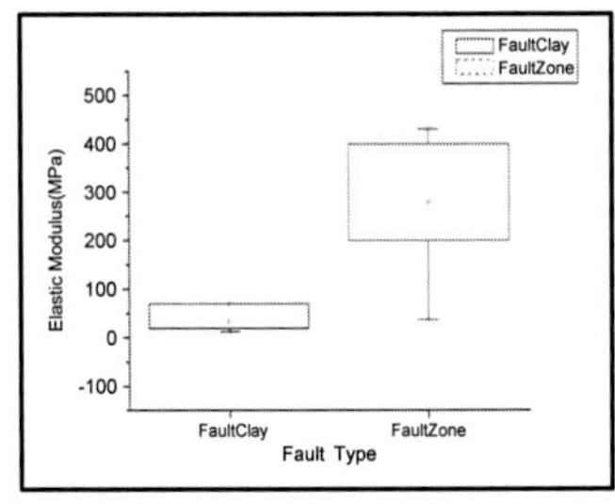

(a) 변형계수

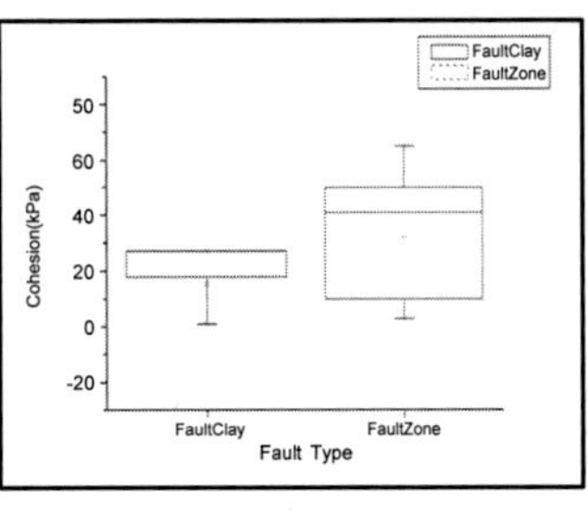

(b) 점착력

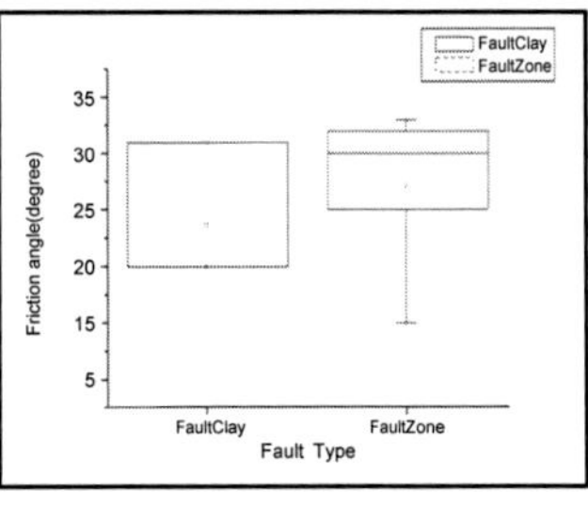

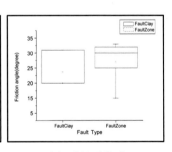

(c) 내부마찰각

[그림 2-16] 국내의 단층파쇄대 공학적 특성 적용 범위

전술한 바와 같이, 단층파쇄대의 공학적 특성을 평가한 사례를 국내에서 턴키방식으로 발주된 공사의 설계자료에서 분석하였다. 그 결과, 조사대상 과업의 절반 정도가 단층대 분포 및 공학적 특성에 대한 상세조사와 시험을 수행한 것으로 나타났다. 시험자료 및 경험적

자료로부터 선정된 단층토사 및 단층파쇄대의 적용 물성치의 범위는 그림 2-16과 같다.

단층대의 영향을 받는 구조물의 거동을 분석하기 위해서는 파쇄형태별 공학적 특성뿐만 아니라 각 파쇄형태들의 분포 경계를 객관적으로 규정할 필요가 있다. 최근, 각력과 토사의 분포비율에 따른 강도 및 변형특성을 분석함으로써 토사 또는 풍화암과 각력암의 거동특성을 분류하거나(Lindquist & Goodman, 1994, 이수곤 & 권성주, 2002) 절리 또는 단층면들의 분포 빈도를 분석하여 파쇄암반과 건전한 암반을 구분하려는(T. H. Simmenes & A. Gudmundsson, 2002) 시도가 있어왔다. 이러한 시도를 설계에 반영하고 해당 현장에서의 적용성을 분석한다면 단층대 분포 및 공학적 특성 평가의 신뢰도가 향상될 것으로 판단된다.

2.1.5 결론

단층은 매끄러운 경면(slickenside), 단층파쇄대, 단층점토를 수반함으로써 주변 지반보다 점착력, 마찰각 등의 암반강도를 현저히 감소시킬 뿐만 아니라, 대수층을 형성하게 되므로 토목구조물의 안정에 심각한 영향을 미치게 되어, 공학적으로 매우 중요한 의미를 지닌다.

단층의 분포특성을 파악하기 위해서는 지질도 및 인공위성 영상, 음영기복도, 지표지질조사 등의 광역조사를 통해 단층대의 대략적인 규모 및 방향성을 파악하고, 물리탐사를 통하여 지표지질조사 결과에 부합하는 단층대의 위치 및 경사와 폭을 예측하며, 단층대 확인 및 규모 파악을 위해 상세 시추조사를 수행한다. 이때 각 조사는 단층의 규모 및 방향 등에 따라 적절히 계획되어야 하며, 각 결과들을 상보 비교·검증함으로써 정확성을 높여야 한다.

단층대의 공학적 특성을 평가하기 위해 단층대를 거동특성에 따라 단층토사와 단층파쇄대로 구분하고 현장시험 및 실내시험 결과, 경험적 암반분류법을 이용하여 간접적으로 산정한 결과, 기존 산정사례 분석결과들을 종합하여 단층의 공학적 특성을 평가해야 할 것이다.

마지막으로 시공 시 단층에 의한 각종 사고사례를 보면, 많은 경우 시공 시 지반상황에 대한 확인과 대처가 미흡하여 붕락사고 등이 발생하였다. 즉 설계단계에서의 각종 조사 및 시험을 통해 파악한 단층에 대한 분포 및 공학적 특성은 추정치일 뿐이며, 시공단계에서 전문가의 막장조사 및 확인시추 등을 통하여 시공구간의 단층에 대한 정보를 확증해야 한다.

2.2 단층의 해석기법과 영향 평가

2.2.1 서론

단층지반의 설계는 무게 있게 검토하는 것이 일반적인 관행이다. 많은 사례에서 붕락 또는 과도한 변위를 발생시키는 것 중에 단층에서 차지하는 비중은 크다. 그림 2-17은 단층지반에 설계되었던 부분의 해석 결과를 보인 예이다. 그림에서 보듯 단층으로 인한 낙반사례는 자주 발생한다.

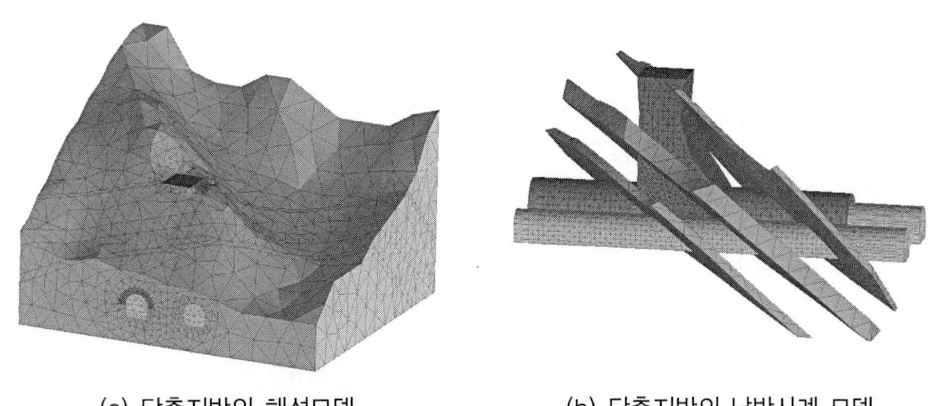

(a) 단층지반의 해석모델　　(b) 단층지반의 낙반사례 모델

[그림 2-17] 단층지반에 대한 터널의 모델

여기서는 그림 2-17과 같은 단층지반을 굴착하는 과정에서 지반의 응력변화와 지반의 강도와의 관계에 대하여 유한요소를 이용하여 고찰해보고자 하였다.

검토하기 위한 제원은 터널직경 10m로 하고 터널 중심으로 단층심도 3m, 6m, 9m, 12m, 15m로 증가시켜가며 지반의 거동을 검토하였고, 또한 단층 폭이 3m인 것에 대하여 중심에서 거리 3m, 6m, 9m, 12m, 15m로 이격시킨 것에 대한 검토도 함께 수행하였다.

2.2.2 단층지반의 유한요소 모델

가. 단층지반의 해석방법

그림 2-17에서의 단층특성을 2차원적으로 표시하면 그림 2-18과 같다. 즉 터널을 직접 관통하거나 터널 주변에 있거나, 또는 관통하면서 주변 지반까지도 연약화되어 있는 경우이다.

CASE-1은 단층이 없는 경우이며 그림 2-18에서는 표시하지 않았고, CASE-2~CASE-6까지는 단층의 두께 심도가 3m씩 증가하도록 하였다. CASE-7~CASE-10까지는 모델이 중심으로부터 3m씩 멀어지도록 하였다. 록볼트는 길이 5m, 간격 1m × 1m로 모델하였고 상반

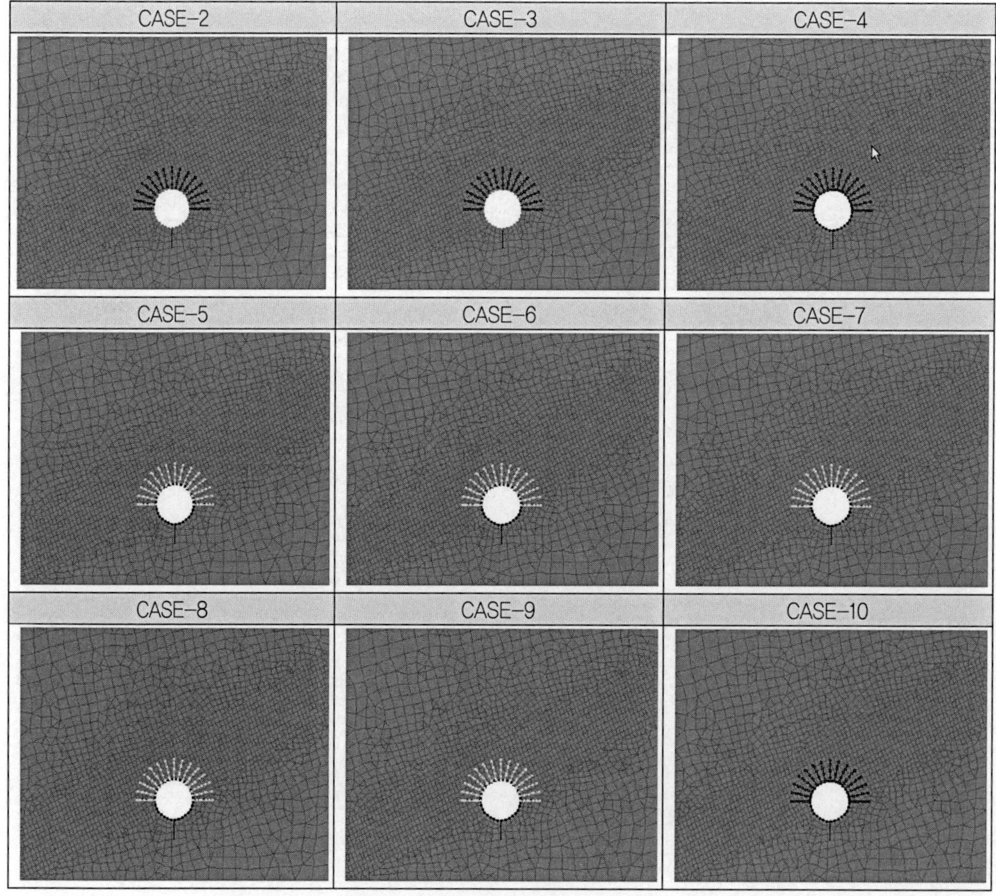

[그림 2-18] 단층지반의 특성 모델

에만 모델하였다. 숏크리트는 두께 20cm로 하였으며, 설치시점을 불평형력의 20%, 40%, 60%, 80%로 각각 4가지에 대한 해석을 수행하였다.

따라서, 해석단계는 1단계에서는 초기응력을 산정하였으며, 이때 Ko=1.0으로 하였다. 각 단계에서 불평형력을 20%씩 증가시켜 총 6단계로 해석을 수행하였다.

이때 탄성계수는 양호지반을 1000MPa, 단층지반을 100MPa로 적용하였으며, 강도정수는 양호지반의 점착력과 마찰각을 각각 100kPa, 30도, 단층지반을 10kPa, 20도로 적용하였다.

나. 지반응력의 평가기법

많은 설계서의 터널 안정성 해석은 대부분 변위, 숏크리트 응력, 록볼트 축력에 대한 설계기준, 즉 허용변위나 허용부재력을 검토하는 것에 그친다. 변위는 현장에서 가장 쉽게 계측할 수 있는 항목이며, 숏크리트 응력이나 록볼트 축력은 설계할 때 제시하기에 상당히 편리하다. 그렇다고 해서 수치해석에 나온 변위결과를 현장에서 계측관리값으로 제시하는 것은 지나친 해석의 맹종 사례가 될 수 있다.

수치해석기법에는 유한요소법, 유한차분법 등이 많이 사용되고 있는데 그 결과는 입력되는 정수값에 상당한 지배를 받는다. 그런데 현장에서의 지반은 비등방이며 비균질이다. 그러나 수치해석에서는 대부분 등방이고 균질이라는 가정하에 문제를 풀게 되므로 현장의 결과와 수치해석의 결과는 결코 일치할 수 없다. 우연히 일치하였더라도 그것은 그저 우연이라는 것이다.

유한요소법에 의한 역학의 해석의 최종 목적은 대상의 응력을 구하는 것이다. 그럼에도 불구하고 지반공학에서의 수치해석은 변위를 구하는 데 많이 사용되고 있다. 탄성 내 거동이라면 어느 정도는 일치할 수도 있고 대상지반이 균질하고 등방한 조건이라면 더 일치할 것이다. 그러나 단층지반과 같은 경우는 탄소성 상태의 거동을 보이기 때문에 변위량을 검토하기보다는 지반의 응력, 응력이력 그리고 응력/강도비를 관찰하고 그것으로부터 보강기법이나 지반의 특성을 분석하는 것이 유용할 것으로 판단된다.

다음은 굴착 진행에 따라 터널주변의 응력변화와 응력/강도비를 관찰하는 기법을 보인 것이다.

1) 굴착 진행에 따른 터널주변 응력의 변화 관찰

그림 2-19는 굴착 진행에 대한 응력변화를 보인 것이다. 그림의 윗부분은 수평응력(σ_{xx})이고 아랫부분은 수직응력(σ_{yy})이다. 진행과정에 따라 천장부에서의 수평응력은 점차 증가하다가 어느 시점에서 증가하지 않고 감소한다. 수직응력은 진행에 따라 응력이 감소하고 있다.

이것을 그래프로 그린 것이 그림 2-20이다. 그림에서 터널 굴착면에 가까울수록 축차응력($\sigma_{xx}-\sigma_{yy}$)이 급격히 증가하는 것을 관찰할 수 있다.

일반적인 시추조사에서 채취된 시료는 일축압축강도시험과 삼축압축시험을 하게 된다. 수치해석의 가장 좋은 점은 복잡한 형상에서도 모든 위치에서의 응력 상태를 구할 수 있다는 것이다. 수치해석에서 산정한 축차응력과 시추에서 얻어진 일축압축강도시험 또는 공내재하시험 등에 의한 특성을 이용하여 현장에서 더 현실적으로 보강계획을 수립할 수 있을 것으로 판단된다.

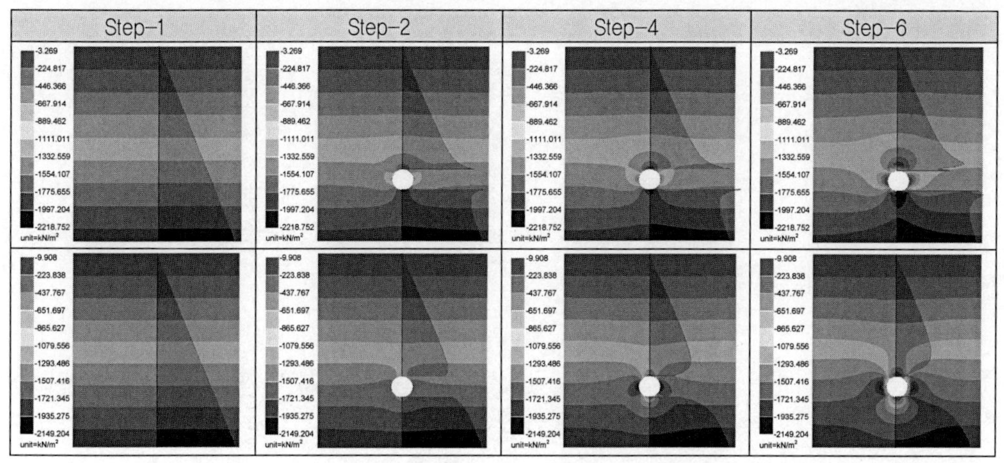

[그림 2-19] 굴착 진행에 따른 터널주변의 응력상태 변화

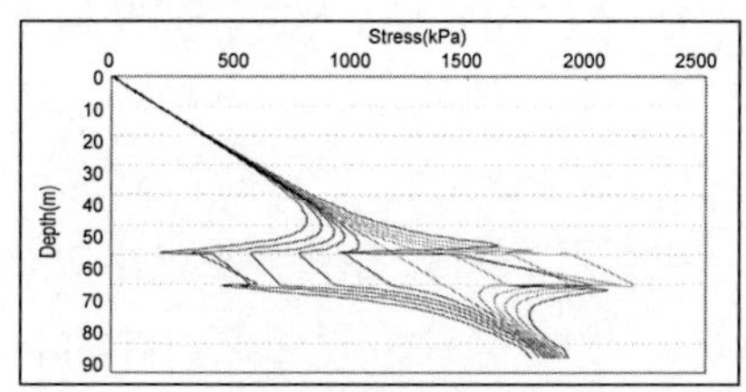

[그림 2-20] 굴착 진행에 따른 지중응력 변화

2) 굴착 진행에 따른 터널주변 응력/강도비와 응력이력

지반공학에서 비선형 거동을 표현하기 위하여 Mohr-Coulomb 등과 같은 파괴모델을 적용하여 해석을 수행한다. 지반의 경우 이완된 상태에서 다시 등방상태의 응력을 받게 되면 거동을 멈추고 안정을 찾는 경우가 많다. 그것은 터널이 무너진다 하더라도 무너지고 나면

무너질 때의 그 요란함이 부끄러울 정도로 고요하고 다시 안정을 찾아 정지상태로 되는 것과 같다.

지반에서의 응력이력과 응력/강도비를 알고 있다면 보강계획을 세울 수 있다. 구조물을 사용하지 않고 유연성 있는 보강재로 보강된 10m 이상 되는 보강토 옹벽은 수평변위를 억제하여 수평응력을 정지수평응력($Ko\sigma_v$) 상태로 유지하게 함으로써 가능하다. 터널의 록볼트 또한 같은 메커니즘으로 이해할 수 있다. 즉 방사 방향으로 거동되면 접선 방향과 방사 방향의 응력차가 커지고 결국 극한 강도에 도달하여 파괴된다. 방사 방향의 변위를 록볼트로 전이시켜 감소시킴으로써, 강도에 도달하는 것을 감소시킬 수 있다. 즉 수십, 수백 미터 지하의 터널이 숏크리트와 록볼트로 지지될 수 있는 역학의 원리이기도 하다.

그러한 특성을 파악하는 도구로서 수치해석기법은 유용하다. 그림 2-21에서 모아원의 이력과 응력이력을 보면 수직으로 움직이고 있다. 이것은 주응력 차가 커진다는 것을 단적으로 보인 것이며, 파괴 후는 응력이 점차 감소하는 것을 볼 수 있다.

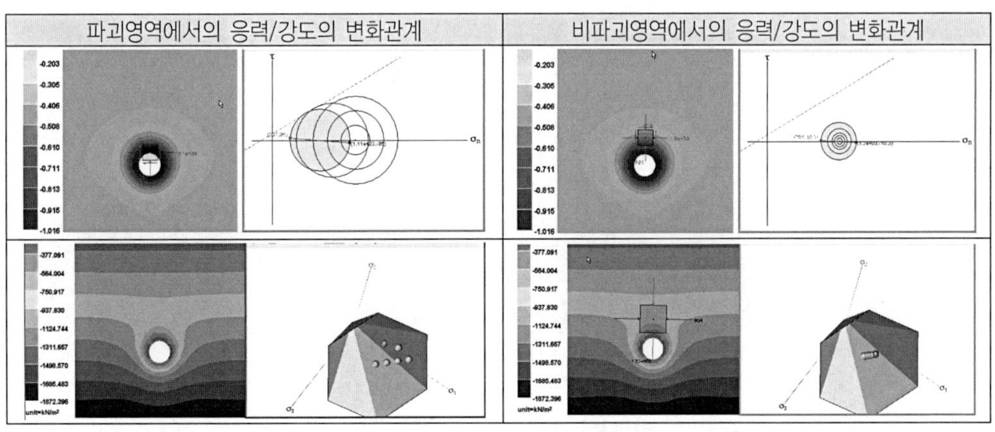

[그림 2-21] 굴착 진행에 따른 터널주변 응력과 강도의 관계

2.2.3 단층조건에 따른 거동과 터널설계 분석

가. 단층조건에 따른 거동

그림 2-22는 각 경우에 대한 최대변위분포도를 나타낸 것이다. 단층조건에서 단층의 폭

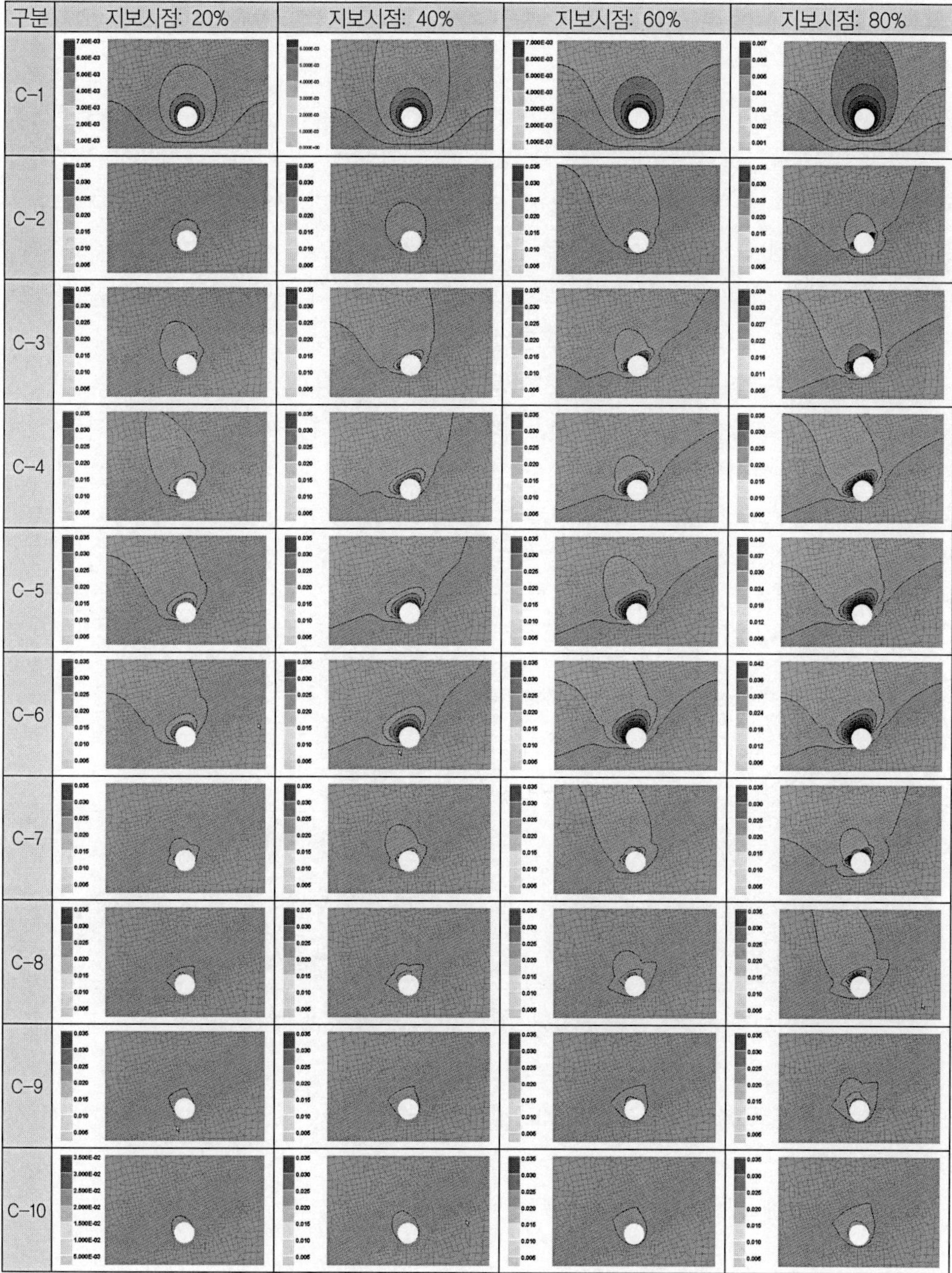

[그림 2-22] 단층조건에 따른 변위분포

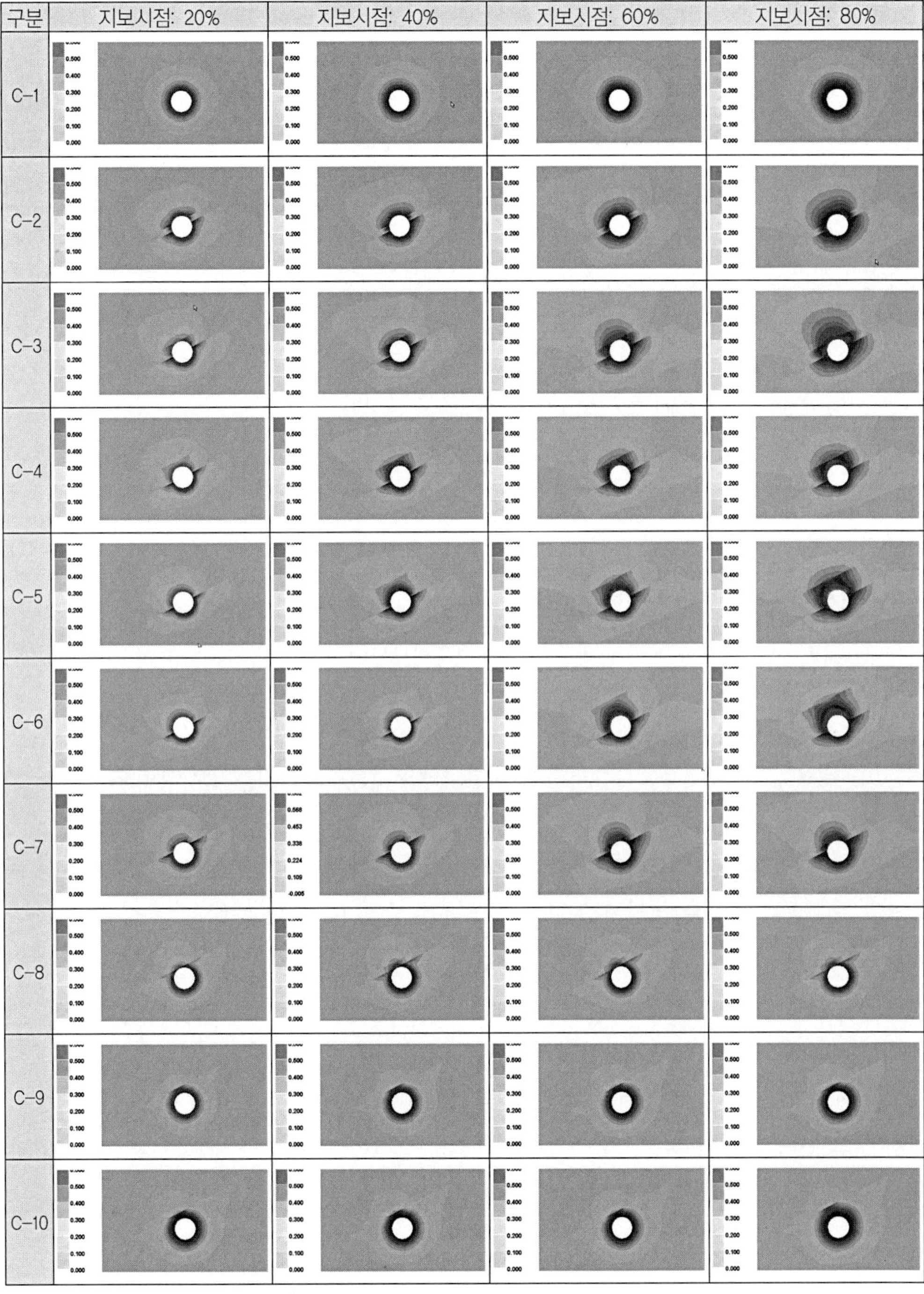

[그림 2-23] 단층조건에 따른 응력/강도비 분포도(파괴율)

이 두꺼워짐에 따라 최대변위는 크게 나타나고 있으며, 최대변위 방향은 단층의 방향과 접선에 가깝게 발생되고 있다.

그림 2-23은 단층조건별 응력/강도비를 표시한 것이며, 단층폭이 두꺼워짐에 따라 파괴율이 높은 것으로 나타났다. 단층이 없는 경우는 대부분 원형의 모양으로 분포를 형성하고 있고 단층이 있는 경우는 단층을 따라 타원형이라서 영역범위가 단층이 없는 것에 비하여 터널 중심으로부터 멀리까지 파괴점에 이르는 것으로 나타났다. 단층 폭이 충분히 커지는 경우는 2개의 층이 형성되어 거동하는 것과 유사하며, 단층이 터널에서 멀리 있는 경우는 영향이 미미한 것으로 나타났다.

지보시점에 대해서는 지보시점 초기에 설치하는 것이 이완영역이 작고, 지보시점이 늦어지면 이완영역이 증가하는 것으로 나타났다.

그림 2-22와 그림 2-23은 터널설계에서 가장 일반적으로 행해지는 검토이다. 다음의 경우는 지반의 응력이력과 응력상태를 분석하는 것을 설명하였다.

나. 단층조건에 따른 응력이력

굴착 진행에 따른 응력이력과 각각의 위치에 대한 응력이력을 검토함으로써 지반의 상태를 파악하는 데 많은 도움이 된다.

그림 2-24는 단층조건에 대한 최대전단응력과 Mohr원의 이력을 표시한 것이며, 단층이 있는 경우와 없는 경우, 지반조건에 대한 응력이력은 크게 3가지로 대표되는 것으로 나타났다.

첫 번째는 단층이 없는 경우에 터널의 아칭효과로 인하여 σ_1의 증가와 σ_3의 감소가 같은 값으로 증가하는 형태로 터널에서 가장 이상적인 상태이다(그림 2-25).

그림 2-26은 단층지반의 경계점에서 Mohr원 이력을 표시한 것이다. σ_1의 증가는 거의 없거나 또는 감소하고 σ_3는 급격히 감소하는 경우이다. 낮은 응력에서도 파괴점에 이르게 되는 경우로써 전단응력이 과도하게 발생되는 경우이다.

다음의 경우는 σ_1의 증가량이 와 σ_3의 감소량보다 큰 경우로써 단층이 터널에 직접 인접하지 않고 떨어져 있는 경우이며, 이러한 경우에 기댓값보다 과도한 축력이 발생하여 암반이 압축 파괴되는 경우가 발생될 가능성이 있다(그림 2-27).

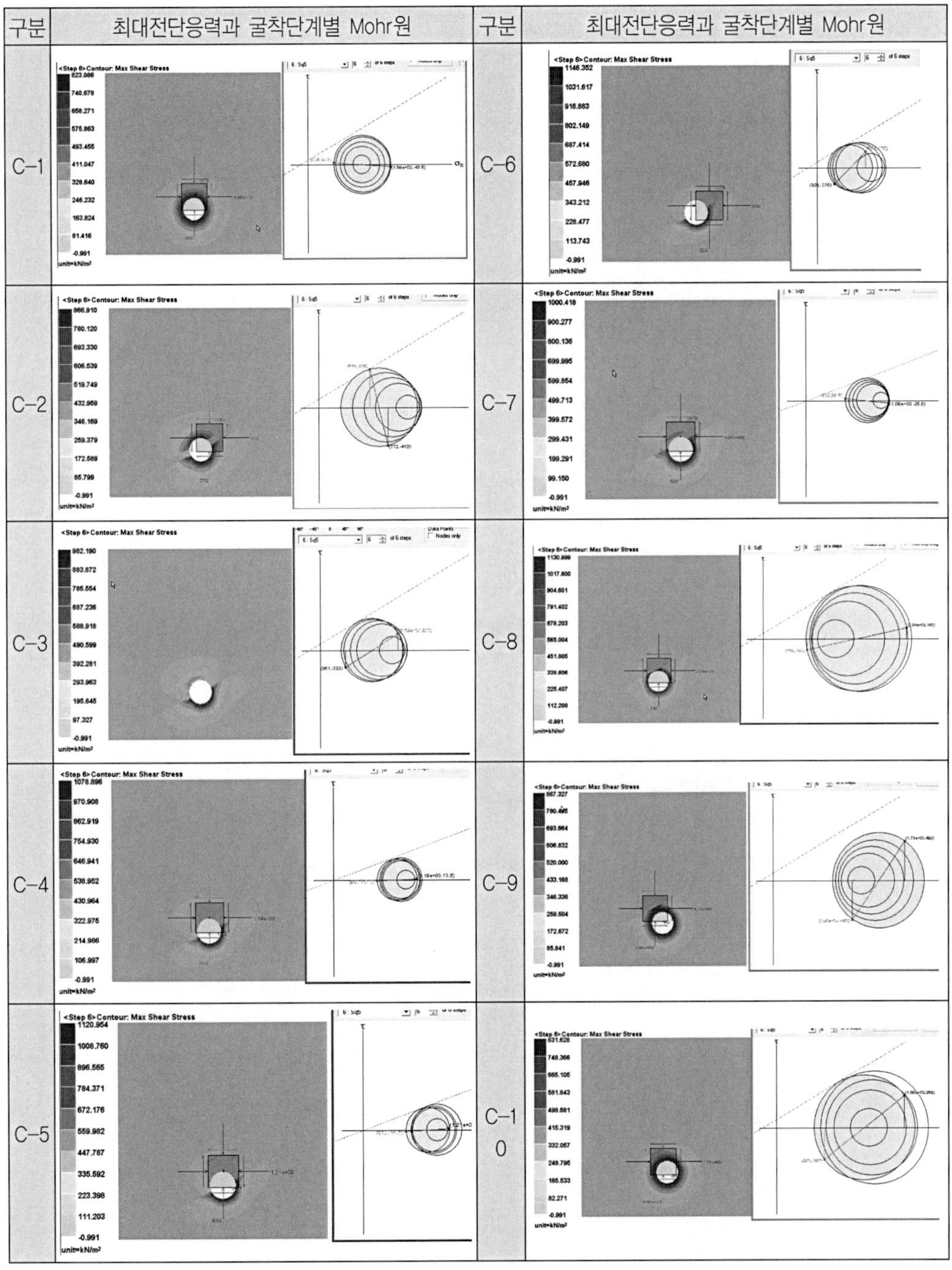

[그림 2-24] 단층조건에 따른 최대전단응력과 Mohr원 이력

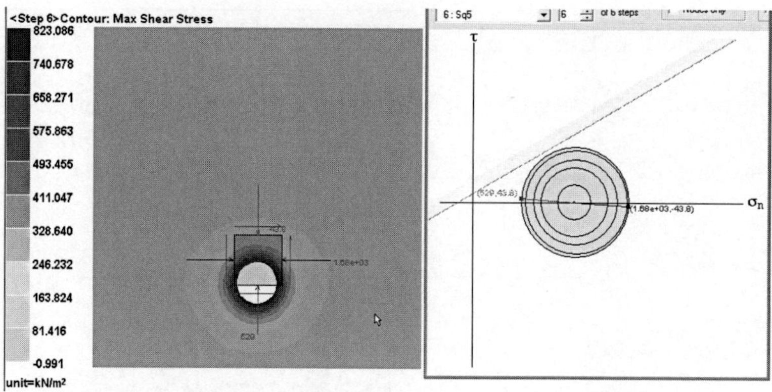

[그림 2-25] 단층이 없는 지반에서의 응력이력

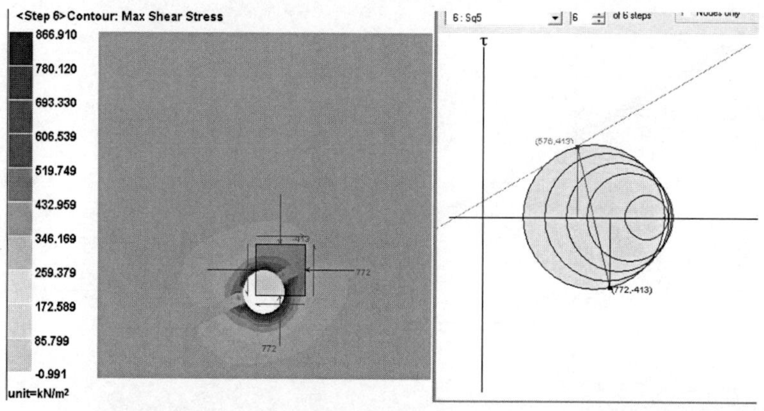

[그림 2-26] 단층지반의 경계점에서의 Mohr원 이력

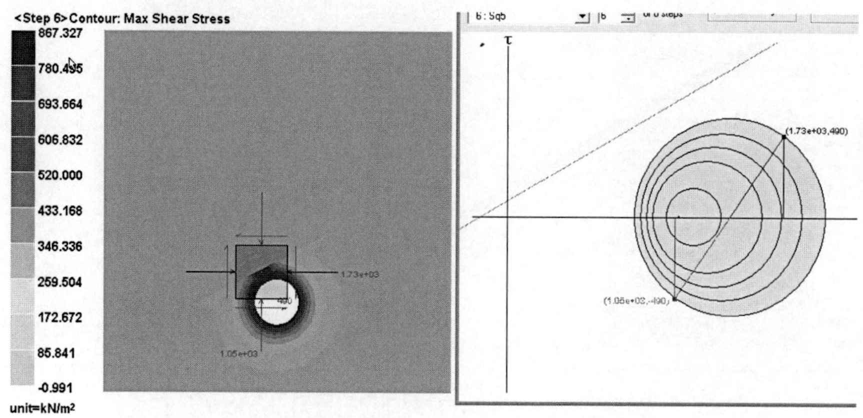

[그림 2-27] 단층이 인접하여 있는 경우의 Mohr원 이력

다. 지보설치에 대한 지반응력 평가와 지보설계 메커니즘

터널에 대한 수치해석에서 가장 중요한 것은 안정성을 확보하는 적정량의 지보설계이다. 이것을 수행하기 위하여 이론·경험식·사례분석 등의 많은 연구가 있었다. 또한 많은 수치해석을 수행하여 지보에 발생되는 부재력을 검토하고 그것이 설계기준에 만족하는가에 대한 검토를 수행하고 있다.

그림 2-28은 지보강 없는 경우와 있는 경우에 한 요소의 응력과 지보력을 나타낸 것이다. 터널지보는 지보가 없을 때 523이었던 방상 방향의 응력이 록볼트와 숏크리트의 저항으로 851까지만 응력이 이완되었다. 따라서 지보 설치로 인하여 지반의 응력은 318 정도의 응력이 지보로 전이된 것을 짐작할 수 있고, 그것으로 인하여 파괴상태에 이르지 않은 것으로 나타났다.

단층의 경우 경계면에서 과도한 전단응력이 발생하여 지보에 균일한 응력으로 저항하기가 어렵다. 따라서 단층지반에서는 전단거동이 발동되지 않도록 보강하는 것이 유리할 것으로 판단된다.

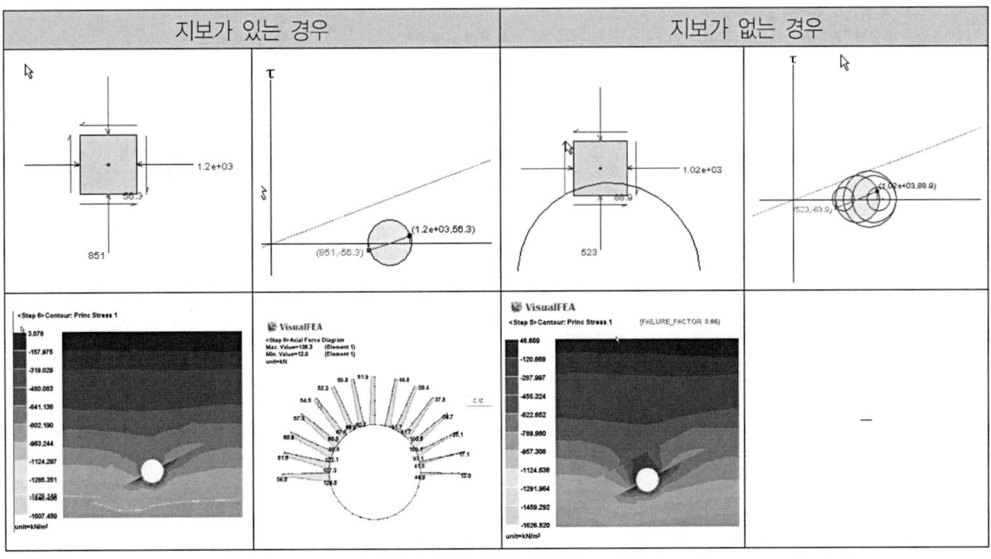

[그림 2-28] 지보가 있는 경우와 없는 경우의 응력 변화에 대한 수치해석 결과 예

2.2.4 결론

터널에 대한 수치해석은 대부분 설계에서 수행되고 있고, 특히 단층지반의 경우는 해석에 의존하여 설계하는 경우도 있다. 이러한 수치해석이 많은 경우에 변위량과 지보부재력 검토에서 끝나고 만다. 단층이 있는 경우는 지반의 응력상태가 어떠하고 그 이력이 어떤가를 검토함으로써 단층의 거동특성을 더욱 상세하게 파악할 수 있으며 보강계획도 더욱 합리적으로 찾을 수 있다.

몇 가지 단층조건에 대한 CASE 연구를 통하여 수치해석의 분석방법과 설계의 적용에 관하여 다음과 같이 제안하고자 한다.

(1) 해석하기 전에 단층지반의 강도 특성을 정확히 파악한다. 이것은 단층지반에서 인장파괴 또는 전단파괴 외에 과도한 압축력으로 인한 압축파괴 가능성도 있기 때문이다.
(2) 단층에 대한 해석을 수행하기 전에 단층과 이웃한 지반이 일체화거동을 하는지 슬립거동을 하는지에 대한 정보를 수집한다. 이것은 단층이 단독으로 활동되는 경우, 해석방법에서 인터페이스 요소 등을 적용해야 할 것으로 판단된다.
(3) 터널해석에서 변위량과 지보의 부재력, 즉 록볼트 축력과 숏크리트 응력 검토에 그쳐서는 안 된다. 단층의 거동은 두께, 위치 등 조건에 따라 다양한 경향을 보이며, 터널에서 일반적으로 발생되는 원형의 아칭이 작용된 응력상태가 아닐 가능성이 높아 부위에 따라 큰 차이를 나타낸다.
(4) 단층에 대한 설계에서 역학적으로 반드시 고려해야 할 사항은, 원형의 아치가 발생되지 않기 때문에 단층지반과 양호지반의 전단거동에 대한 보강설계가 필요하다.
(5) 특히 지보구조물에서 예상값 이상의 전단응력과 모멘트 발생으로 휨인장에 취약한 숏크리트의 휨인장 파괴 가능성에 대해서도 고려해야 한다.
(6) 지반의 파괴조건은 과도한 전단응력의 작용과 과도한 축차응력으로 파괴에 이른다. 즉 이 2가지 조건을 해결할 수 있는 방향으로 지보를 계획하는 데 있어 수치해석을 활용하면 유용할 것으로 판단된다.

여기서는 수치해석을 수행함에 있어 응력이력·파괴조건·응력/강도비와 응력상태의 예를 보임으로써 기존의 단순한 변위·지보재응력 검토까지만 수행하던 방식에서 더 실용적으로 수치해석이 활용될 수 있도록 하고자 하였다.

참고문헌

2.1

안종필, 1989, 『최신 토목지질학』, 구미서관.

양홍석 · 김동은 · 이수곤, 2002, 「핵석지반에서의 합리적인 지반강도 정수산정」, 〈한국암반공학회 춘계학술발표회〉 pp.97–102.

윤지선, 2005, 『알기 쉬운 토목지질학』, 미래기술.

이병주, 2006, 「토목구조물에서 단층의 등급분류에 대한 제의」, 터널기술, 〈터널공학회〉 Vol.8, No.2, pp.68–76.

황제돈·문홍년·박치면·윤창기, 2005, 「단층대의 RMR 평가를 통한 터널보강 사례연구」, 〈대한토목학회 정기학술대회〉, pp.3688–3691.

대한지질공학회, 2004, 『암반의 조사와 적용』, 혜성문화사.

Lindquist, E. S. and Goodman, R. E., 1994, *The strength and deformation properties of Melange*, Ph. D. thesis, The University of California, Berkeley.

Simmenes, T. H. & Gudmundsson, A., 2002, *Fracture frequencies, mechanical properties, stress fields, and fluid transport of large fault zones in West Norway*, EGS XXVII General Assembly, Nice, pp.21–26.

2.2

안성율, 2006, 『유한요소해석을 이용한 지반공학 문제풀이』, 건설정보사, pp.190–200.

이인모, 2004, 『터널의 지반공학적 원리』, 새론, 서울, pp.94–106.

J. Torano, R. Rodriguez Eiez, J. M. Rivas Cid, M. M. Casal Barciella, 2002, "FEM modeling of roadways driven in a fractured rock mass under a longwall influence", Computers and geotechnucs Vol.29, pp.411–431.

T. Willian Lambe, Robert V. Whitman, 1951, *Soil Mechanics*, John Wiley and Sons, pp.151–157.

Adel S. Saada, 1973, *Elasticity-Theory and apolications*, Pergamon Press Inc. pp.224–226.

C. C. Desai, J. T. Christian, 1977, *Numerical Methods in Geotechnical Engineering*, Mc Graw Hill, pp.65–112.

03 단층대에서의 문제와 보강대책

3.1 단층대 구간에서 암반구조물의 문제와 보강대책

3.1.1 서론

최근 들어 터널, 암반사면과 같은 암반구조물에서의 붕락 및 붕괴사고가 많이 발생하고 있다. 이러한 경우 대부분 그 원인을 단층(fault)에서 찾는 경우가 많다. 즉 단층이 암반구조물에 미치는 영향이 매우 크다는 것은 모두가 주지하고 있는 사실로써, 지반조사 시 단층에 대한 상세조사가 더욱 요구되고 있다.

하지만 단층에 대해 아직 공학적으로 정확한 정의가 내려지지 않은 상태이며, 같은 지역에서조차 다른 지반조사결과를 보여주는 경우(단층의 위치, 규모, 폭, 개수 등)가 많아 오히려 기술자들에게 혼선을 초래하거나 지질조사에 대한 불신을 증가시키기도 한다.

따라서 단층에 대한 지질학적 의미와 토목공학적 의미에 대한 체계적인 고민이 필요하다. 단층의 지질학적 의미와 지질구조적 특성, 단층의 규모, 크기, 폭 등을 조사하기 위한 지반조사방법, 단층암, 단층가우지, 파쇄대에 대한 공학적 성질을 규명하기 위한 제반시험방법, 다양한 시험결과로부터 지반정수를 산정하여 암반구조물의 안정성을 검토하고 설계하는 방법, 그리고 시공 중 예상하지 못한 단층대를 조우할 경우에 대한 보강대책방법 등은 지질 및 지반관련 기술자들이 해결해야 할 몫이다.

단층은 분명 토목공사에서 나쁜 영향을 미치는 위험요소(risk factor)이다. 따라서 조사, 설계 시공단계에서 이를 무시하거나 간과하지 말고, 단층의 특성을 규명하고 분석해서 단층이라는 위험요소에 적극적으로 대응해간다면 충분히 극복할 수 있을 것이다.

여기서는 단층의 공학적 특성과 설계단계에서 단층대에서의 굴착 및 보강방안을 살펴보고, 실제 시공 중 단층대에서 겪었던 문제점(붕락 사례 등)과 보강대책을 분석하였다.

3.1.2 단층의 공학적 특성

가. 불연속면으로서의 단층

암반 내 존재하는 단층은 암반의 거동에 미치는 영향이 매우 크다. 그렇기 때문에 암반사면, 터널과 같은 암반구조물의 설계 및 시공에 있어서 단층의 크기나 분포 그리고 공학적 특성에 대한 조사는 무엇보다 중요하다.

암반 내에는 다양한 종류의 불연속면(discontinuity)이 존재하는데, 불연속면은 인장강도가 없거나 매우 작은 값을 갖는 암반 내의 분리면을 말한다. 단층은 대표적인 불연속면의 한 형태로, 전단변위의 발생 여부로 단층을 정의한다. 단층은 발생 형태에 따라 정단층, 역단층 그리고 주향이동단층으로 구분되고(그림 3-1), 역단층 중에서 특히 저각으로 이루어진 경우를 스러스트(thrust)라고 한다.

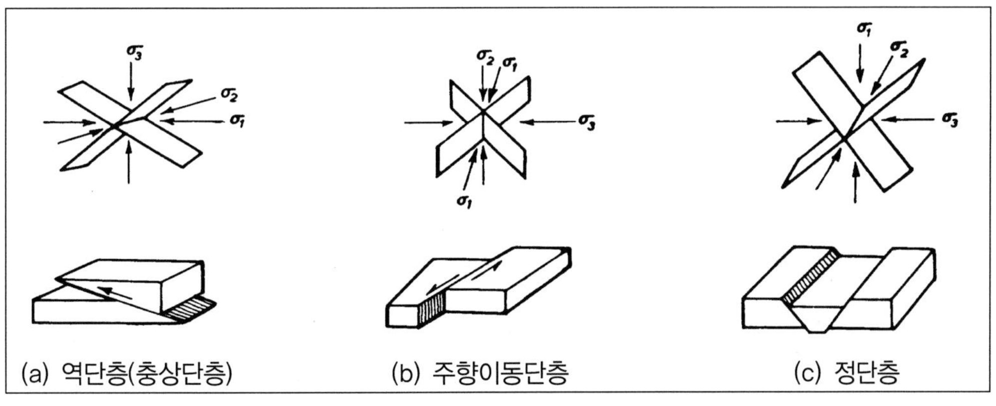

[그림 3-1] 지반 내 응력분포와 단층의 형태

스러스트 단층에서, 수평하게 가로놓인 지층이 측방향에서 압축을 받는 경우에 Flat 지층과 Ramp가 연결되어 계단상태의 형태를 취하게 되는데, 새로운 스러스트 단층에 따라 상반의 지층이 이동하게 되면 새로운 Ramp가 형성되면서 지층이 겹쳐 쌓이게 되면 최종적으로 기와를 겹친 것처럼 배열해서 듀플렉스(duplex)가 형성된다. 그림 3-2는 듀플렉스의 여러 형태를 보여주고 있는데, 단층이 하나의 것이 아닌 여러 겹의 형태를 나타냄을 볼 수 있다.

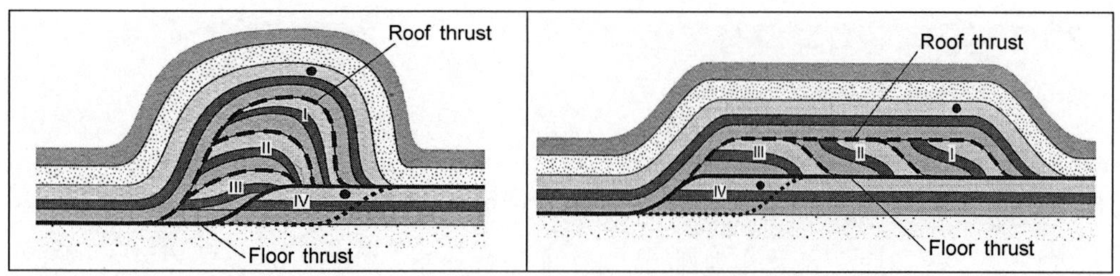

(a) 배사상 Stack (b) 전연지경사 Stack

[그림 3-2] 스러스트 단층의 여러 형태

나. 단층충전물과 단층파쇄대

충전물(filling)은 불연속면에서 인접한 암석벽면을 분리시키는 물질로 정의된다. 전형적인 충전물로는 방해석, 녹니석, 실트, 단층점토, 각력암, 석영, 황철석 등이 있다. 그림 3-3은 단층충전물의 다양한 종류를 보여준다. 충전물은 단층의 전단강도에 중요한 영향을 미치게 되는데 단층점토와 같은 충전물로 채워진 불연속면(filled discontinuity)은 충전물이 없거나 닫힌 불연속면에 비하여 보다 낮은 전단강도를 가지게 된다. 또한 충전된 불연속면의 거동은 충전물의 광물특성, 입자크기, 과압밀비, 함수상태와 투수율, 선행전단변위, 거칠기, 폭 등과 같은 요소들에 중요한 영향을 받게 된다. 충전물의 두께가 두꺼울수록 최대전단강도가 발현되는 전단변위는 커지며, 최대강도는 감소한다.

단층 내 물질은 주변의 암석이 자갈상으로부터 점토에 이르기까지 파쇄된 것과 풍화변질에 의해 변화되고 이차적으로 생성된 점토광물과 지하 침투수에 의한 유입점토 등이 있다. 그림 3-4에는 단층면을 따라 열수용액의 흐름에 의한 효과를 보여주고 있다.

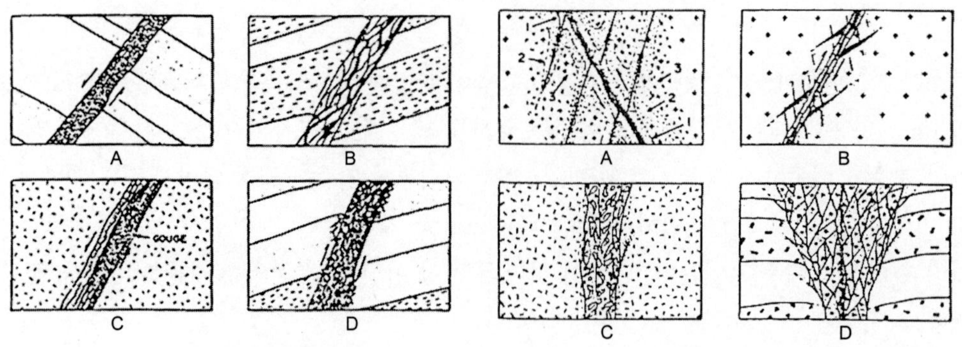

[그림 3-3] 단층충진물의 다양한 형태 [그림 3-4] 단층면을 따라 발생한 열수변질

단층이 발생하면 그 면을 따라 암석강도가 저하되기 때문에 반복해서 파괴가 발생한다. 그 결과 크기가 다른 여러 가지 규모의 파괴면이 밀집되고, 어느 방향으로 방향성을 가지는 Zone이 형성된다. 이들을 단층파쇄대라고 한다. 단층파쇄대를 구성하는 물질은 전단파괴의 정도에 따라 점토와 각력이 혼합된 점토, 각력이 혼합된 모래, 점토가 얇게 피복된 각력, 비교적 큰 암괴와 각력이 혼합된 층, 균열이 발달한 층, 비교적 균열이 많은 층으로 구분할 수 있다.

단층파쇄대의 역학적 특성과 투수성은 파쇄대 내 물질이 점토 내지는 각력을 주로 하는가에 따라 크게 달라지는데, 이것들이 조합된 형태는 그림 3-5와 같이 분류할 수 있다. 여러 번의 구조작용에 의해 단층이 계속 파쇄되어 넓은 단층대를 형성하는 경우도 있다.

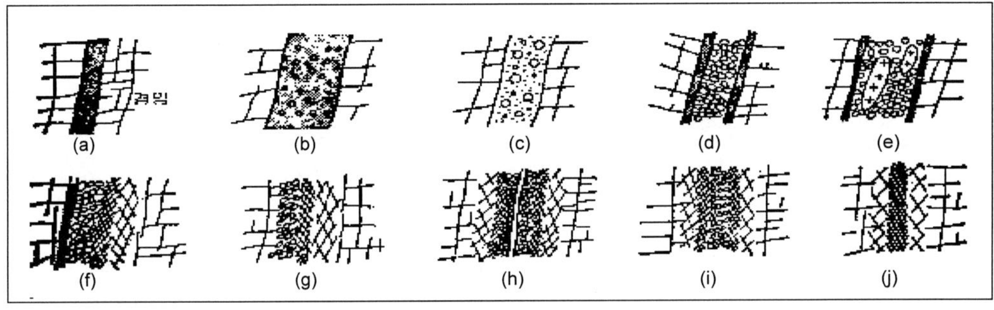

[그림 3-5] 단층 파쇄대의 형태

다. 단층암의 특성

1) 단층암 분류

Takaki와 Kobayashi(1996)는 표 3-1에서 보는 바와 같이 단층암 분류표를 수정한 분류표를 제시하였다. 단층암은 크게 응집(cohesive)과 비응집(incohesive)으로 구분되고 Incohesive는 보이는 암편의 함량에 따라 Fault gouge와 Fault breccia로 구분된다. 또한 Cohesive는 기질의 함량과 엽리의 발달 정도에 따라 구분됨을 알 수 있다. 이러한 기준에 의한 편암 지역에서의 단층조사의 한 예를 보면, 단층암은 주로 엽리가 발달된 파쇄암(foliated cataclasite)에 해당되며, 일부는 엽리가 발달된 원파쇄암에 해당되지만, 변형 정도가 약한 경우는 단층 영향대(fault damage zone)로 분류하기도 한다.

[표 3-1] 단층암의 분류

명칭	파쇄암편의 비율	파쇄암편의 직경
단층각력	> 30%	megabreccia>256mm mesobreccia 10~256mm microbreccia<10mm
단층가우지	< 30%	통상<10mm
protocataclasite cataclasite ultracataclasite	> 50% 10~50% < 10%	통상〈10mm
	porphyroclast의 량	가질구성광물의 양
protomylonite	원암의 종류에 따라 다양	> 100μm
mylonite		20~100μm
ultramylonite		<20μm

2) 단층암 형성 깊이 및 특징

엽리가 발달된 파쇄암들은 응집(cohesive)된 암석으로, 적어도 3~4km의 깊이에서 형성된 것으로 추정된다. 따라서 어떤 단층암들은 그림 3-6에서와 같이 'Cohesive brittle fault rocks'의 영역에서 형성되었으나 융기와 침식에 의해 현재 지표 근처에 분포하는 경우도 있으며, 또한 'Incohesive brittle fault rocks' 조건에서 형성된 단층비지와 단층각력암보다는

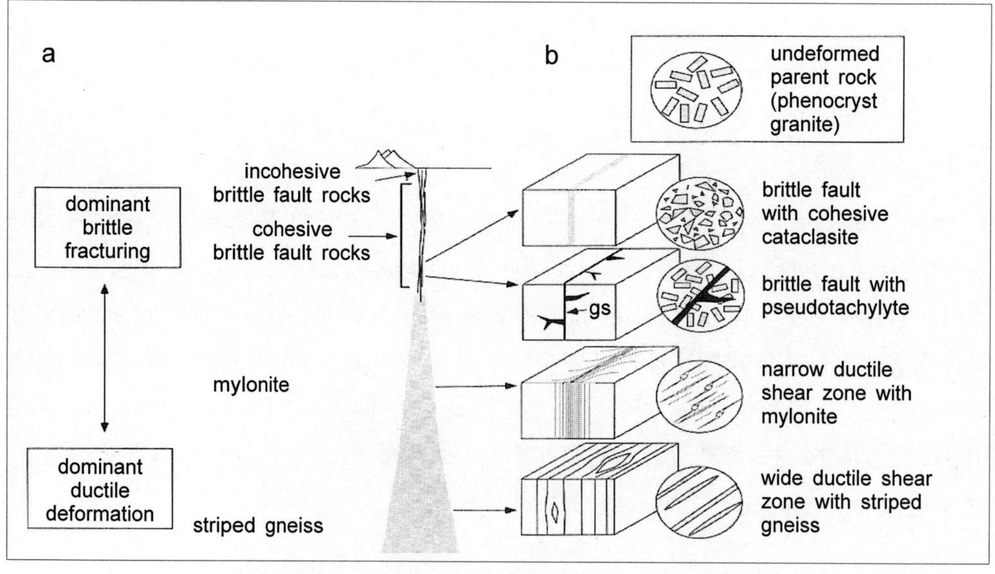

[그림 3-6] 단층암의 형성 심도(Passchier, 1996)

응집력이 있었기 때문에 변질작용에 강했던 것으로 해석되기도 한다. 일부는 지표환경에서 재활성한 것으로 추정되며 단층가우지(fault gouge)를 포함한 전단띠(shear band) 및 단층비지가 포함되지 않은 단층활면을 발달시키기도 한다.

3.1.3 단층이 암반구조물에 미치는 영향

가. 터널 안정성 문제

단층대는 암반이 상당히 약화되었기 때문에 큰 소성지압이 작용하게 되어 지보공의 변형, 침하, 암반의 팽창 등의 변형이 발생하기 쉽다. 또한 단층이 터널과 직교하는 경우는 낙반 및 용수를 동반하는 붕괴의 위험성이 있고, 사교 또는 평행하는 경우는 편압이나 강한 압력이 작용할 위험성이 있기 때문에 단층의 방향 및 경사에 주의를 기울여야 한다.

그림 3-7은 터널공사에서 단층에 의해 나타날 수 있는 문제점을 나타낸 것으로, 특히 단층의 방향이 굴진 방향과 Against dip인 경우에 기본적으로 취약한 요소를 형성할 수 있으며, 터널 용수에 의해 단층점토나 흑연과 같은 충전물이 포화되고 급속히 열화됨으로써, 단층면의 미끄러짐을 보다 쉽게 일으킬 수 있는 경면(slickenside)을 형성하는 것이다. 이러한 상태는 터널 굴착 중뿐만 아니라 굴착 이후의 장기적인 거동을 일으키는 원인이 될 수 있으므로 단층대의 폭이 크거나 단층점토 등이 협재한 경우는 특히 주의해야 한다.

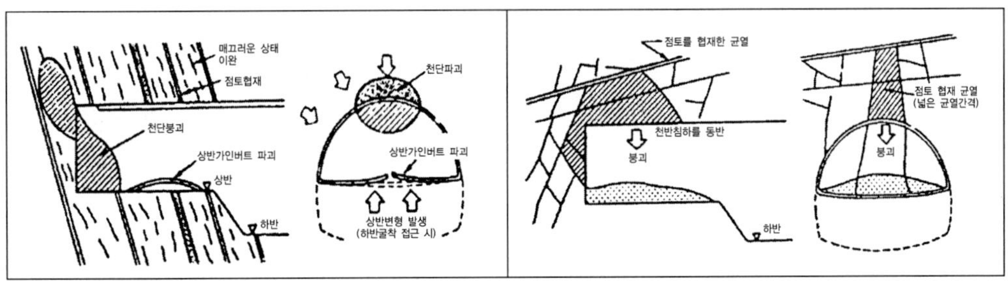

(a) 굴진 방향과의 방향성 문제 (b) 단층점토의 열화 문제

[그림 3-7] 단층이 터널의 안정성에 미치는 영향

나. 지하수 문제

단층대는 투수대이면서 한편 차수대이다. 터널에서 단층파쇄대는 돌발적인 용수와 그것에 따르는 막장의 유출이나 붕괴의 원인이 된다. 즉 단층을 따라 흐르는 용수는 막장붕괴를 일으키는 경우가 많으므로 단층대에서 용수상태의 관찰에 주의하지 않으면 안 된다.

특히 터널굴착 시 지하수 거동에 영향을 미치게 되고 지하수는 상대적으로 취약한 면을 형성하고 있는 단층파쇄대를 따라 이동하게 된다. 이때 단층파쇄대의 열화는 급격히 진행되고, 단층대 내의 단층점토나 협재물은 지하수의 영향을 받게 되어 더욱 약화되며, 대규모 단층대인 경우에는 지표수 유입에 의한 영향도 고려해야 한다.

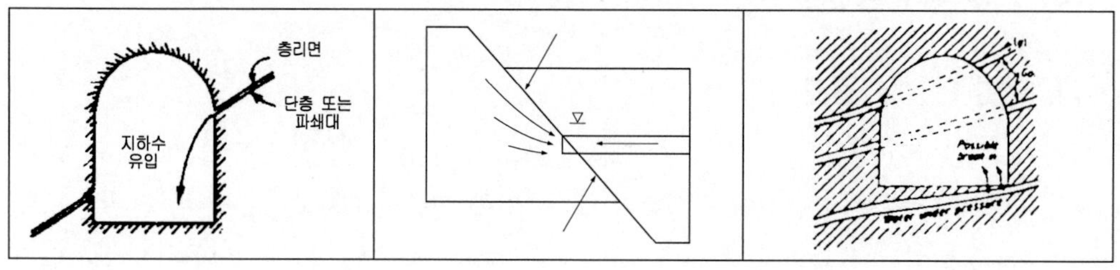

(a) 단층대를 따라 유입 (b) 지하수의 이동통로인 단층

[그림 3-8] 단층이 지하수 거동에 미치는 영향

3.1.4 단층대 구간에서의 보강설계

지반조사결과 단층이 발견된 경우에는 터널구조물의 안정성을 확보하기 위해서 굴착, 지보 그리고 보조공법 등을 반영하여 터널을 설계해야 한다. 일반적으로 단층대 구간에 적용되는 지보패턴은 단층대의 규모 및 터널과의 교차상태, 단층대의 특성 등에 따라 구분될 수 있으며, 단층대의 폭에 따라 소규모 단층대(폭 1.0m 이하), 중규모 단층대(폭 1~10m) 그리고 대규모 단층대(10m 이상)로 구분하고 있다.

일반적으로 소규모 단층대의 경우는 보조공법과 병행한 상하 분할굴착공법을 적용하고

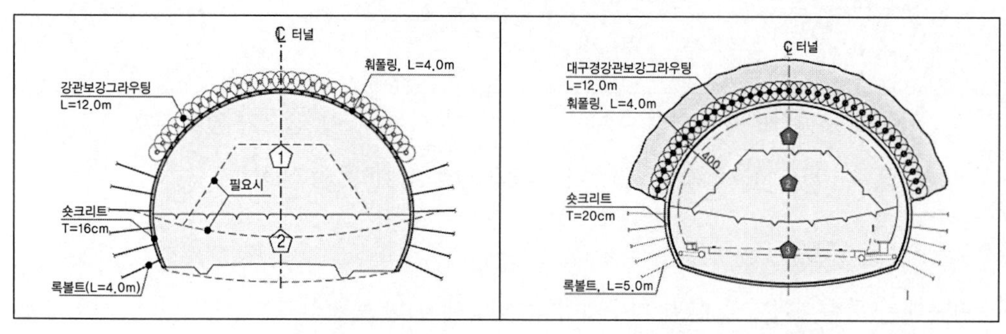

(a) 소규모 단층대 (b) 대규모 단층대

[그림 3-9] 단층대구간에서의 터널설계

중규모 및 대규모 단층대의 경우는 막장 안정성을 중점적으로 고려하여 보조공법 및 지반개량 후 중벽분할 또는 링컷 굴착공법을 적용하고 있다(그림 3-9).

일반적으로 단층대 구간에서 요구되는 지보량은 일반구간보다 크기 때문에 강성이 큰 H 형강의 적용 및 숏크리트 두께 20~25cm 적용 등으로 일반구간보다는 다소 큰 지보가 적용된다. 또한 막장 자립시간이 매우 짧기 때문에 굴진장은 0.6~1.0m로 축소하여 적용되고 있다. 또한, 단층대 구간의 터널 굴착 시는 터널 상부지반의 이완이 일반구간보다 크게 발생하기 때문에 지반 자체의 응력아치 형성효과를 기대하기가 힘들다. 그래서 천단부보조공법 또는 지반개량공법과 병행하여 시공하는 것이 일반적이다.

단층대 구간과 같이 지반조건이 열악하여 막장이 자립할 수 없는 경우에는 막장 및 천단부 등 지반의 안정성 확보를 위하여 보조공법이 필요해진다. 천단부 또는 주변 지반 안정화를 위해 적용되는 보조공법으로 주로 포어폴링, 소구경 강관다단, FRP 보강그라우팅, 대구경 강관보강 그라우팅 공법 등이 적용되고 있으며, 각 공법에 대한 비교는 표 3-2에 나타나 있다.

또한, 연약한 지반의 막장면이 밀어냄이나 붕괴에 저항할 수 있는 막장면 자립공법으로는 지지코어, 막장면 숏크리트, 막장볼트 등이 적용되며 용수의 처리를 위한 수발공, 굴착단면 축소(분할굴착) 등의 공법이 적용된다.

단층대 구간과 같이 막장 및 지반안정이 문제가 되는 불량지반의 경우에는 지지력이나 지반 강성이 부족한 경우가 많으며, 상반 각부의 침하가 막장의 안정이나 터널지보구조의 안정을 손상시킬 수 있으므로 단독 혹은 보조공법과 병행한 각부 보강공법의 적용이 증가하고 있다.

지보공 각부의 안정 및 보강대책으로는 지보공 각부의 지지면적을 확대하거나 상반부에 인버트를 시공하는 방법, 각부 지반의 강도증가를 도모하는 방법, 각부를 록볼트나 파일 등에 의해 보강하는 방법 등이 있다(그림 3-10). 공법 선정에 있어서는 터널의 시공법, 지반조건, 지하수의 상황, 주변환경 조건 등을 종합적으로 판단하여 효과적이고 합리적인 공법을 적용해야 한다.

표 3-2는 단층대 구간에서 적용된 도로, 지하철, 고속철도, 지하철 등의 터널설계 사례를 보여준다.

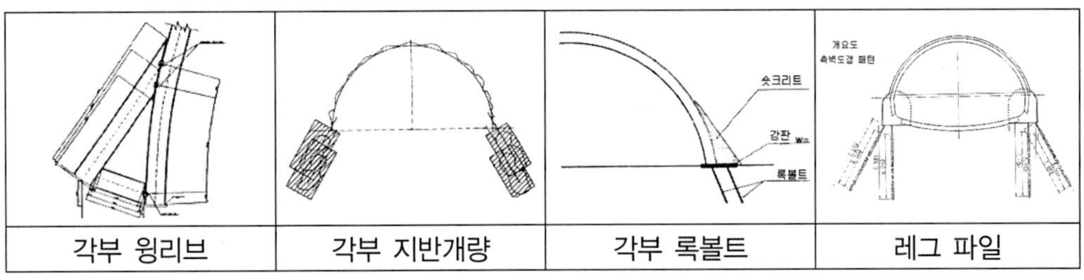

[그림 3-10] 단층대 구간에서의 각부 보강방안

[표 3-2] 터널보조공법 비교

구분	소구경보강공법		대구경보강공법	포어폴링 공법
	FRP 보강 그라우팅	강관보강 그라우팅	대구경강관보강 그라우팅	
개요도				Forepoling 5°~10° 굴착방향
공법 개요	• 고강도 FRP 보강재를 적절한 형상으로 배열, 그라우트재를 주입하여 보강 및 차수효과 증진	• 소구경강관을 적절한 형상으로 배열, 그라우트재를 주입하여 개량체(beam arch) 형성	• 굴착면 전방에 우산 모양의 구조체를 형성하여 굴착 시 구조적인 안전성을 도모·유지하는 공법	• 터널 천단부에 종방향으로 철근을 관입하여 국부적인 천단 및 막장 붕락을 방지
주입재	• 시멘트+규산소다+혼화재	• 시멘트+규산소다	• 시멘트+규산소다 or 마이크로 실리카 시멘트	• 시멘트 밀크 또는 모르타르 주입
적용 지반	• 풍화암, 연암, 파쇄대 및 단층대	• 풍화암, 연암, 파쇄대 및 단층대	• 풍화암, 연암, 파쇄대 및 단층대	• 풍화암 및 연암 등 암블록이 형성되는 지반에 적용
적용 목적	• 여굴 및 붕락방지 • 차수 및 지반보강	• 여굴 및 붕락방지 • 차수 및 지반보강	• 여굴 및 붕락방지 • 차수 및 지반보강	•여굴 및 붕락방지
시공	• φ60mm, L=12m FRP관 • 설치간격(횡/종) : 0.5m / 8.0m	• φ50.8mm,L=12.0m 강관 • 설치간격(횡/종) : 0.5m / 8.0m	• φ114mm, L=12.0m 강관 • 설치간격(횡/종) : 1.0m / 6.0m	• φ38mm, L=4.0m 강관 • φ25mm, L=4.0m 철근 • 설치간격 (횡/종) : 4.0m / 매막장 또는 2막장
시공 장비	• 터널전용 수평천공기나 크롤러 드릴	• 크롤러 드릴 등	• 터널전용 수평천공기	• 크롤러 드릴 등
장점	• 불연속면의 봉합 및 차수효과 우수 • 중량이 가벼워 취급용이 • 내화학성, 내부식성 우수하여 영구적인 보강재로 가능 • 주입관과 간격재 일체화되어 주입효과 양호	• 불연속면의 봉합 및 차수효과 우수 • 강관 제작이 용이 • FRP관에 비해 재료비 저렴 • 천공홀 붕괴 시에도 강관의 단면적이 작아 강관의 삽입이 용이하나 벤딩부의 파손이 우려됨	• 전용장비 시공으로 시공정밀도가 비교적 우수 • 불량지반조건에 적용 용이 • 강성이 큰 강관 사용으로 보강효과 우수	• 시공이 간편하고 경제적 • 국부적 붕락방지 예방 • 막장관리 용이
단점	• FRP보강재, 주입관, 연결재 등을 현장에서 조립·사용하는 추가공정이 필요	• 부식성에 약해 영구보강재로는 결함 • 천공길이가 길어지면 강관의 과대한 중량으로 인해 천공홀 삽입이 곤란	• 지하수 과다유입 시 차수불량, 토립자 유실 우려 • 강관 자체 중량으로 인한 시공성 저하 • 장비 및 시공비 고가	• FRP나 강관다단 그라우팅에 비해 보강효과 작음 • 막장 굴착길이가 길어질수록 보강효과 감소 • 지하수 유축구간의 누수방지 효과 없음
적용	• 단층파쇄대, 풍화암 이하 지반 보강	• 단층파쇄대, 풍화암 이하 지반 보강	• 저토피 토사층 및 풍화토층의 지반보강	• 연암 이상의 갱구부 및 파쇄대 보강

[표 3-3] 단층대 구간 터널보강공법 설계 사례

사례	구분	공법 개요도	비고
도로	단층파쇄대 (고속도로)	P5-1 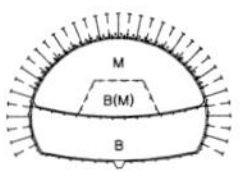 / P5-2 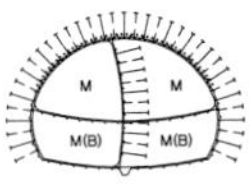	• 인버트 단면 / 굴진장 1.0~1.0m • RING CUT / CD 분할굴착 • 라이닝 40cm(철근보강) • 강관보강 그라우팅 + 포어폴링 • 가인버트 및 영구 인버트 구조물 설치
	단층대 구간 (일반국도)	F-1 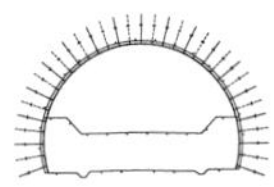 / F-2 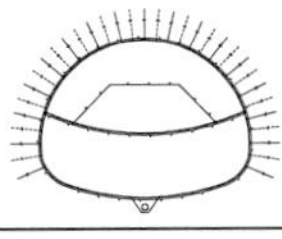	• 단층대 일부통과(F1)와 전체통과(F2)로 구분 • F2의 경우 인버트 단면 적용 • RING CUT 분할굴착 / 굴진장 1.0~1.0m • 라이닝 40cm(철근보강) • TAS(이중관 우레탄) 그라우팅
지하철	단층대 (복선 단면)	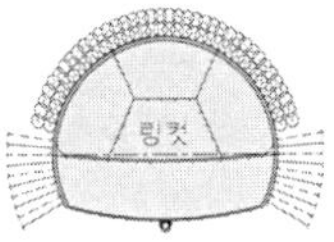 링컷	• 인버트 단면 • RING CUT 분할굴착 /굴진장 0.8~0.8m • 라이닝 50cm(철근보강) • 대구경강관보강 그라우팅 • 가인버트 / 막장면 숏크리트 + 막장면 록볼트
	단층대 (유친선 단면)	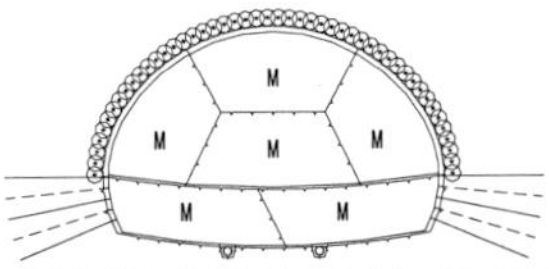	• 인버트 단면 • RING CUT 분할굴착 / 굴진장 0.5~0.5m • 라이닝 50cm(철근보강) • 대구경강관보강 그라우팅 + 차수그라우팅 • 가인버트 / 막장면 숏크리트
고속 철도	단층 코어대	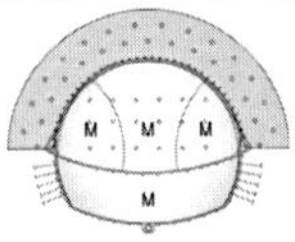 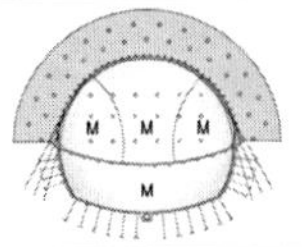	• 측벽선진도갱공법 • 자천공대구경강관 그라우팅 • 단층 코어대는 Elephant Foot 각부 보강 및 하부록볼트 보강
	단층파쇄대	P5-1 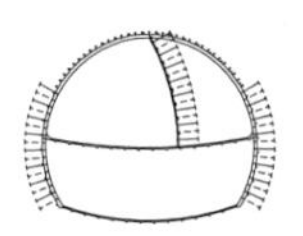 / P5-2 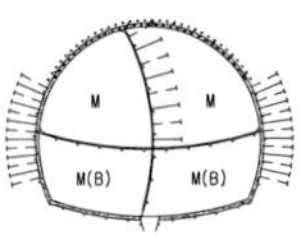	• 상하반 CD 굴착 / 굴진장 1.0~1.0m • 라이닝 40cm(철근보강) • FRP 보강 그라우팅 • 상반 가벽 록볼트 • 필요시 자천공 록볼트/Swellex 볼트
철도	단층파쇄대	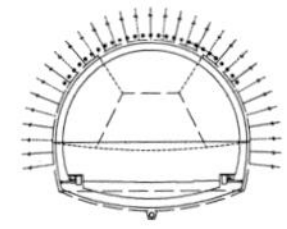 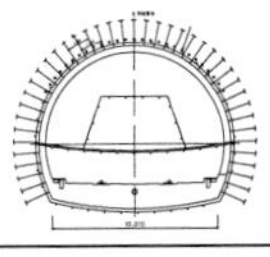	• 링컷 분할굴착 • H-125 / 대구경강관다단 그라우팅 • 인버트 단면 • 단층대 폭 3m이상인 구간에 적용
	단층대 구간 (3m 이상)	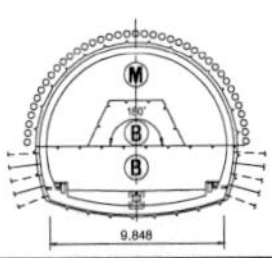	• 인버트 단면 • RING CUT 분할굴착 / 굴진장 1.0m • 라이닝 40cm(철근보강) • 대구경강관보강 그라우팅 • 필요 시 차수그라우팅 적용
기타	단층파쇄대 (용출수 구간)		• 연약층, 파쇄대의 용수구간에 적용 • 천공경 φ45mm, L=9.0m, 경사각=20° • 주입압력은 최대 10kgf/cm^2 • 수발공과 동시 적용 시 효과적

3.1.5 단층대 구간에서의 붕괴 및 보강대책

가. 단층대 구간에서의 붕괴 사례

1) 터널붕락 사례 1

단층에 의한 낙반 사례로서, 단층 내 협재한 흑연질 충전물은 불연속면의 경면화를 야기해, 불연속면의 전단강도 및 마찰각이 현저히 저하된다. 특히 이렇게 충전된 불연속면의 방향이 터널굴진 방향과 반대 방향으로 발달한 경우에는 낙반 가능성이 매우 크다. 또한 용수가 있는 경우에는 흑연질 충전물이 급속이 열화되어 불연속면을 따라 슬라이딩이 발생한다.

붕락의 원인은 단층파쇄대 내 단층점토로 인해 잔류마찰각이 작고, 매끈한 면을 형성하게 되어 자립을 위한 안전율이 급격히 저하되어 붕괴되는 것으로 보인다. 그림 3-11은 위에서 설명한 원인에 의해서 본선 터널구간에서 낙반사고가 발생한 예를 보여주고 있다.

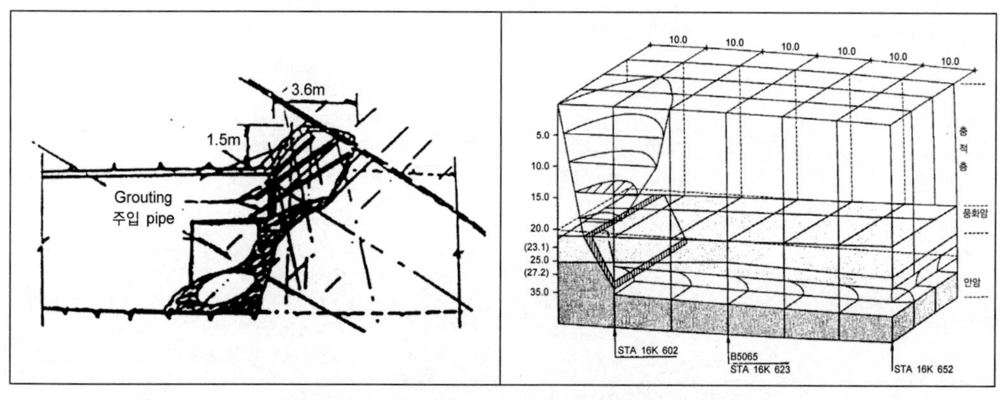

[그림 3-11] 단층경면에 의한 터널붕락 사례

2) 터널붕락 사례 2

그림 3-12에서 보는 바와 같이 OO터널 붕락원인을 분석하면 붕락구간을 통과하는 2개의 단층파쇄대(F3와 F4)가 직접적인 원인이 된 것으로 보이며, 단층들의 방향성으로 추정할 수 있는 붕락형태는 붕락구간에서 두 단층이 교차하면서 형성된 쐐기형태의 키블록의 붕락이거나 파쇄대 구간에서의 암괴붕락일 것으로 판단된다.

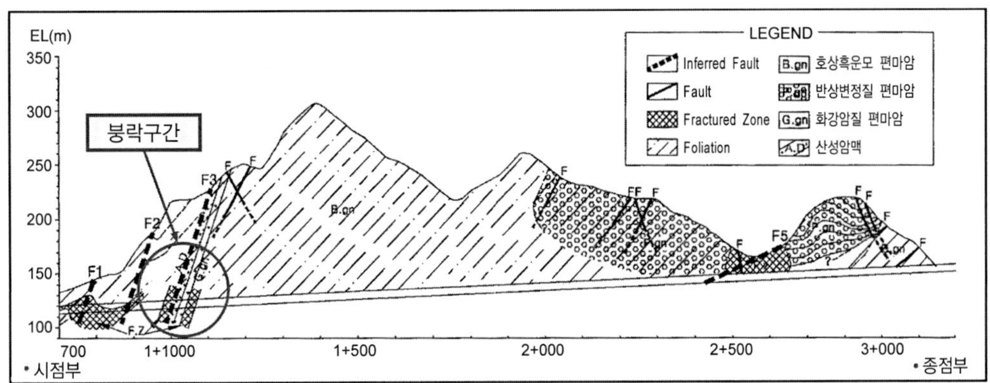

[그림 3-12] 단층에 의한 터널붕락

터널에서의 붕락규모를 추정하기 위하여 터널파괴의 직접적인 원인이 된 것으로 판단되는 2개의 단층대를 터널평면도 및 단면도상에 도시하여 가장 가능성이 높은 파괴의 형상을 추정하였다.

구조지질도에서 나타난 바와 같이 0K+980 부근에서는 터널굴착 진행 방향 우측 측벽부에 위치하는 NS주향 단층대(F4)와 터널 측벽에서 다소 이격된 거리에 있던 NW주향 단층대(F3)가 터널굴착 방향인 1K+020 지점으로 가면서 교차하며 터널단면 내로 단층대의 중심선이 통과하는 방향성을 나타낸다.

주요 보강공법으로는 붕락구간의 토사를 고결시키고 지반의 아칭효과 증대를 위해 터널

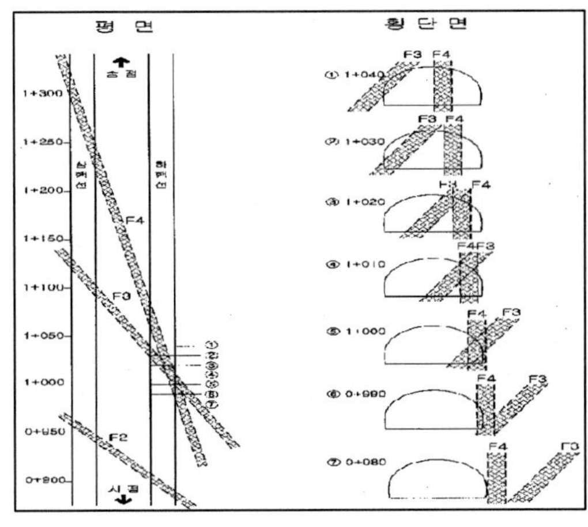

[그림 3-13] 터널단층 전개도

내 강화시멘트밀크 그라우팅을 실시하였으며, 강관의 빔 작용으로 지반강화 및 상부하중을 경감하기 위해 강관보강다단 그라우팅을 실시하였다.

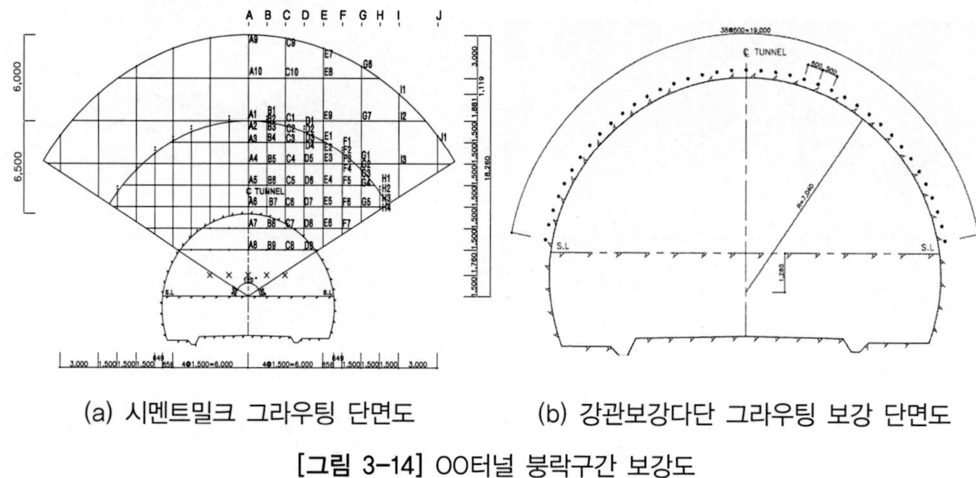

(a) 시멘트밀크 그라우팅 단면도 (b) 강관보강다단 그라우팅 보강 단면도

[그림 3-14] OO터널 붕락구간 보강도

3) 터널붕락 사례 3

중부내륙고속도로 수안보-구미 간에 위치한 OO터널의 붕락은 터널천단부 우측에서 약 1.5×1.5m 크기로 발생하였으며, 터널 천단부로부터 약 55m 되는 지표 부근에 약 9×12m 크기로 지표 함몰이 발생하였다. 터널 전방에서 상호 교차되는 절리에 의해 쐐기형태로 형성되어 있는 파쇄대가 막장 전방 3~7m에 위치한 단층파쇄대와 함께 터널 내부로 밀려들면서 붕락이 발생하였다.

[그림 3-15] OO터널 막장붕락 전경

[그림 3-16] OO터널 상부지표 함몰 전경

보강공법은 절리와 균열이 발달한 단층파쇄대에 침투주입으로 이완된 파쇄대의 차수 및 전단강도 증진이 가능한 공법을 선정하였다. 터널 내 보강은 터널굴착 작업과 병행하여 시공이 가능한 공법으로 갱내 시공이 가능하고 터널굴진 방향으로 1D 이상 Long type 보강이 가능하도록 강관다단 그라우팅공법을 실시하였으며, 갱내 보강만 수행할 경우 함몰구간의 하중에 의한 응력집중으로 과다한 천단침하 및 지표침하가 발생하고 숏크리트의 휨압축응력과 전단력이 허용치를 초과하므로 굴착 시 여굴 및 붕락방지공법이 병행되는 공법으로써 시공성이 우수한 지반보강공법인 LW 그라우팅 지상보강을 실시하였다.

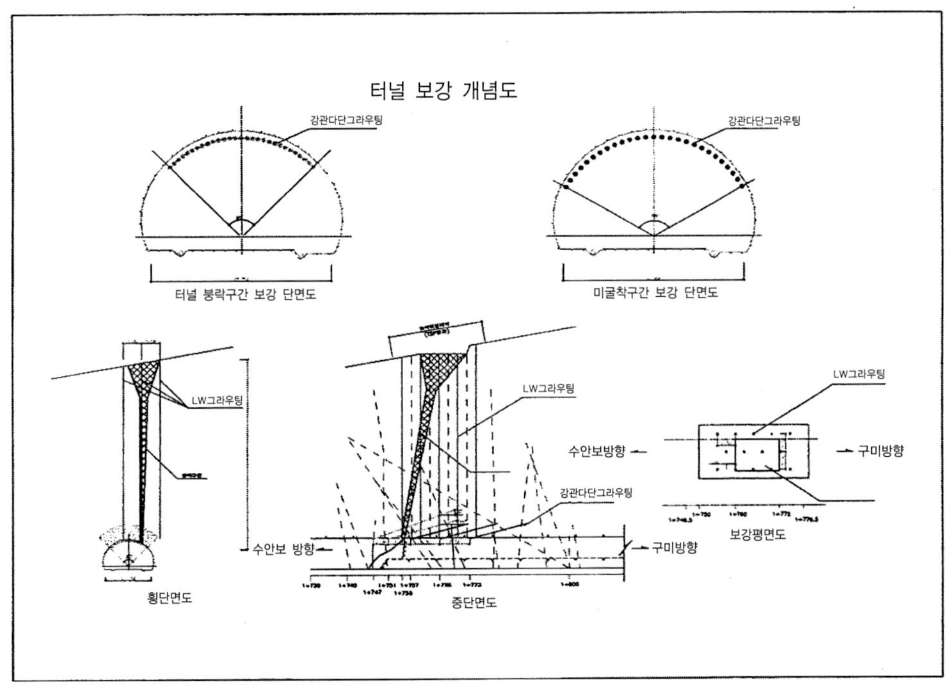

[그림 3-17] OO터널 보강 개념도

3.1.6 결론

암반 내 존재하는 단층은 암반거동에 중대한 영향을 미치게 되며, 특히 단층면 내에 충전물이 협재하는 경우에는 암반구조물의 안정성에 심각한 문제를 가져오는 경우가 많다. 이는 단층에 불연속면의 거동과 충전물의 거동이 복합적으로 작용함으로써 나타나기 때문이다.

여기서는 단층의 공학적 특성을 분석하고, 터널현장에 대한 붕락 사례 분석을 통하여 단층대가 터널과 같은 암반구조물에 미치는 영향을 살펴봄으로써, 단층의 공학적 문제점을 고찰하였으며 이를 정리하면 다음과 같다.

■ 단층의 공학적 특성

단층은 불연속면으로서의 공학적 특징을 가지며, 또한 단층파쇄대(fractured zone)나 단층영향대(damage zone)와 같이 일정 규모의 폭과 규모의 Zone의 특성을 가진다. 또한 단층대 내에는 단층점토와 단층암과 같이 충전물이 협재된 특성을 보인다. 특히 단층점토나 흑연과 같이 물에 의해 쉽게 팽창하거나 열화되는 특성을 가진 경우에는 단층면의 전단저항이 급격히 저하되어 쉽게 미끄러지는 활동면(slickenside)을 형성, 잠재적이면서 급격하게 붕괴하는 특징을 가지게 된다.

■ 단층대에서의 문제점

암반구조물에서 단층의 문제점은 일차적으로 암반구조물과의 방향성의 문제, 즉 암반사면의 경우 단층면과 사면의 방향, 터널의 경우 단층면과 터널의 굴진 방향이라 할 수 있으며, 이차적으로 강우나 지하수에 의해 충전물이 장기적으로 열화되어 가장 취약한 활동면을 형성하게 된다는 점이다. 이런 취약한 조건을 가진 경우, 매우 작은 응력조건의 변화나 외력에 의해서 쉽게 거동을 일으킬 수 있으며, 매우 급격하게 확대되는 대규모 붕괴양상을 보이게 된다.

■ 단층대에서의 보강

단층대가 통과하는 구간에서의 안정성을 확보하는 대책으로는 단층대의 규모나 크기에 따라 구분하여, 인버트 단면을 채택하고 굴착공법으로는 링컷 또는 CD 분할굴착을, 보조공법으로 소구경 또는 대구경 보강공법을 적용하도록 하고 있다, 또한 출수가 우려되는 구간에서는 차수그라우팅을 적용하여 안정성을 확보하도록 한다.

■ 단층대에 대한 대책

조사 및 설계단계에서 단층의 공학적 특성을 파악하기가 매우 어려우며, 시공 중에도 단층의 공학적 특성을 파악하는 일은 쉽지 않다. 따라서 시공 중 전문 기술자에 의해 조사 및 관찰을 매우 철저히 수행해야 하며, 단층대의 폭이 크거나, 단층가우지가 발달한 경우 그리고 단층 대구간에 용수가 과다한 경우에는 이에 대한 보강대책을 수립해야 한다.

특히 암반구조물의 안정성이 단기적으로 확보된 경우라 할지라도 장기간 공사가 진행되는 경우에는, 단층대가 존재하는 구간을 중심으로 정량적인 관찰(장기 계측 등)을 통하여 장기적으로 암반구조물에 이상 징후 및 변상이 발생하는지에 대해 계속 확인해야 하며, 필요시 추가적인 보강대책이 이루어지도록 조치해야 한다.

3.2 단층파쇄대 구간에서의 터널시공 방안

3.2.1 서론

암반은 대체로 연속적으로 일정한 강도와 변형성과 투수성을 가지고 있지만, 단층파쇄대가 있으면 강도가 약화되고 변형성과 지하수 유동성이 영향을 받는다. 터널은 공사 중 단층파쇄대를 통과할 때 응력집중으로 인해 국부적 파괴나 막장붕락이 일어날 수 있다. 굴착면 전방에 분포하는 단층파쇄대에 의해서도 영향을 받아서 단층파쇄대의 근접도에 따라 거동특성이 달라진다. 따라서 공사 중, 터널의 교차면에서 계측을 통해 단층파쇄대의 존재를 확인하고 이에 대비한 지보변경 및 추가 지반보강을 통하여 터널의 안정성을 확보해야 한다.

3.2.2 단층대 통과구간 터널 시공대책

가. 지반보강

일반적으로 단층대 구간은 지각운동에 의한 열변성작용을 받은 상태이고, 존재하는 지하수의 영향으로 풍화가 진행되어 주변지반에 비하여 취약하다.

터널과 조우하는 단층파쇄대의 규모나 방향 등에 따라 응력조건이 달라지며 매우 불리한 응력조건을 가지는 경우 단층파쇄대에서 큰 소성변위를 일으킬 가능성이 있다. 단층파쇄대를 통과하여 터널을 굴착할 경우에 지반강도 부족에 따른 과다변형 가능성이 가장 큰 문제로 대두된다. 지보재의 지지능력을 초과하는 과도한 지반변형이 발생하게 되어 터널의 안정성을 확보하기 어렵고 이는 곧 지반의 붕락으로 이어져 큰 사고가 발생할 수 있다. 단층대의 지반 보강은 이완하중에 대한 저항성을 강화하는 목적으로 계획해야 하며, 단층파쇄대의 규모에 따라 적용위치와 공법을 정해야 한다. 대체로 단층파쇄대가 수평이고 터널단면 전체에 분포하는 경우에는 천단보강과 함께 인버트 아치를 적용해야 하고, SL보다 위에 파쇄대가 분포하는 경우에는 볼트의 길이를 조정하여 지반아치를 형성시키도록 계획해야 한다. 일반적으로 터널이 소규모 단층을 통과하는 경우에는 천단부 붕락방지에 중점을 두어 지반을 보강하고, 단층대가 비교적 규모가 크고 파쇄가 심한 경우에는 강관다단 그라우팅 또는 대구경강관다단 그라우팅 등을 적용하여 인위적으로 지반아치를 형성시키는 개념으로 지반을 보강한다.

나. 과다 용출수 처리 대책

단층이 다량의 지하수를 포함하고 있어서 용출수가 과다하게 발생하는 구간에서는 숏크리트 부착이 어렵고 지하수에 의해 터널 안정성이 저하되므로 적정한 차수공법을 적용하거나 유도배수를 계획해야 한다. 일반적으로 과다한 용수가 발생하는 구간에는 수발공을 설치하여 용수를 배수하고 터널 굴착 전에 차수층을 형성하여 터널 내 유입수를 차단함으로써 막장의 안정성과 작업의 편리성을 확보해야 한다.

단층지반은 불규칙하게 분포하는 경우가 많으므로 터널시공 시 터널 내부로 예측하지 못한 지하수 유입이 발생될 수 있으므로 이에 대비할 필요가 있다. 이때는 터널 상부와 측벽에 약액주입 그라우팅을 병행하여 주변지반의 차수효과를 증진시키고 개량지반의 강도증가효과를 동시에 발휘하도록 계획하기도 한다. 또한 공벽의 자립도가 저하된 구간이나 용수가 많은 파쇄대에서는 신속한 지보를 기대할 수 있는 Swellex 볼트를 적용하기도 한다. 터널에 근접하여 피압상태 단층대가 있으면, 터널굴진 중에 측벽에서 용수가 돌발 유출되어 위험할 수 있다. 따라서 단층 지역에서는 이에 대한 가능성을 염두에 두어야 한다.

[표 3-4] 단층대 터널시공 중 대응방안

적용개소	적용공법	기대효과
대규모 단층파쇄대	프리 그라우팅	• 단층대 차수 • 파쇄대 고결
	강관다단 그라우팅	• 점토 협재 단층대 보강 • 천단부 대규모 붕락방지
소규모 단층파쇄대	포어폴링	• 용수 없는 소규모 단층대 • 천단부 소규모 붕락방지

다. 터널굴착 방법

단층대 구간에서 터널을 굴착할 때는 대개 단면분할굴착(링컷, 벤치컷, 측벽선진도갱, 중벽분할공법 등) 방법을 적용하되, 가급적 시공이 용이하고 응력집중이 과다한 취약부가 생기지 않는 지보방법을 선정해야 한다. 조기에 링 폐합이 가능한 단면으로 계획하고, 막장자립성이 불량하거나 변위수렴이 지연될 때는 막장면을 숏크리트나 임시 록볼트 등으로 추가 보강한 후에 굴착해야 한다.

굴착방법은 단층파쇄대의 강도특성에 따라 기계굴착 또는 발파굴착을 선택적으로 적용한다. 파쇄가 심한 단층대는 주로 기계굴착하며, 계단식으로 굴착하면 막장 안정성 유지에 유리하다.

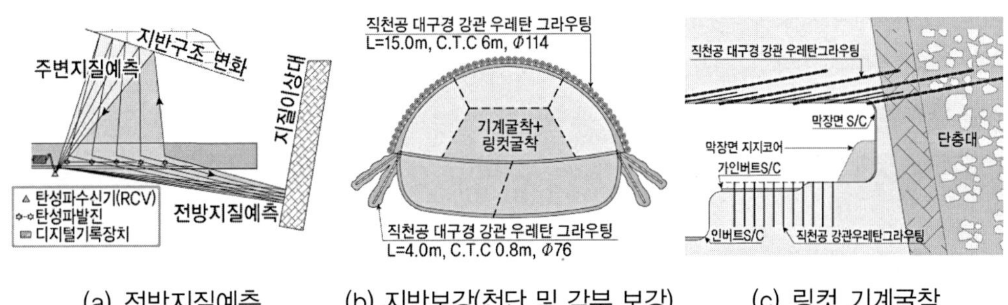

(a) 전방지질예측 (b) 지반보강(천단 및 각부 보강) (c) 링컷 기계굴착

[그림 3-18] 터널 전단면에 단층이 분포하는 경우 굴착 및 보강공법 적용 예

라. 시공 중 지보변경 및 구조물 보강

대개 단층파쇄대 구간에서는 암반강도가 부족(지반강도비가 0.2이하인)하며, 이런 경우에는 암반의 장기 소성변형 발생 가능성이 커지므로 지보재 설계 시에 주의를 기울여야 한다. 단층대 규모가 클 경우에는 지반의 소성거동에 따른 변위발생으로 인해 터널 주변에 이완영역이 형성되며, 특히 록볼트 설치 시에는 지반조건과 이완영역의 분포를 고려하여 볼트길이와 간격을 결정해야 보강효과가 있고 터널을 안전하게 시공할 수 있다.

장기 소성변형 가능성이 있는 경우에는 인버트 아치를 설치하고 포어폴링 및 강지보공을 확대 적용하며, 소성구간에 대한 록볼트를 추가 설치하는 것이 바람직하다. 굴착으로 인하여 단층파쇄대 내의 지하수위가 저하되었다가 장기적으로 수위가 회복되면 라이닝에 수압이 작용할 수 있으므로 콘크리트 라이닝을 철근으로 보강하고 라이닝 두께를 증가시켜야 하며, 시공 중 과도한 변위발생이 예상되는 구간에서는 가축성 지보재를 적용해야 한다.

마. 전방지질 예측

단층대를 통과하는 터널의 종방향 변위와 천단변위의 비율을 분석하여 막장 전방상태를 예측하고자 하는 연구가 Schubert(1993)에 의해 진행되었고, Schubert & Budil(1995)은 변위벡터의 방향성과 3차원 수치해석을 통해 터널전방의 강성변화 예측을 시도하였다. 최근에는 터널내공변위 함수 파라미터와 막장전방 암반상태의 관계를 3차원 수치해석을 통하여 전방지질을 예측하고자 하는 시도가 이루어지고 있다(김창용 등 2004, 2005).

터널시공 중에 선진보링(LIM시스템 등)을 실시하여 천공 시 회전속도 및 굴착시간의 변화로부터 암반의 연경도를 분석하거나 선진수평시추하고 암반코어를 판별하여 막장전방 지반상태를 예측하고 유입수를 확인하면 원활한 작업조건을 유지할 수 있다. 탄성파탐사를 실시하면 단층대를 예측하고 시료성형이 어려운 파쇄대의 지반물성치를 확보할 수 있어서 지보변경과 보강대책을 효과적으로 수립할 수 있다.

[표 3-5] 시공 중 전방지질 예측방안

선진천공(LIM, DRISS 등)	선진수평시추	탄성파탐사(TSP)
• 근거리 조사: 10~20m • 굴착속도 • Graph(속도, 토크, 정압)	• 중거리 조사: 50~100m • 코어 획득 • 육안검사, 강도특성	• 장거리 조사: 100~200m • 탄성파 속도 차이 • 단층파쇄대 위치 및 방향 특성

3.2.3 단층변위에 대한 대책

단층은 대체로 취성변형 거동하며 암체 내의 변형작용에 의해 발생된 불연속면이나 불연속대에 인접한 두 암체가 상대적으로 이동한 지질구조이다. 절리와 다른 점은 불연속면 양쪽의 암체가 상대변위(displacement)를 일으켰다는 것이다. 이러한 변위로 인해 단층면 상에 미끌림으로 인한 단층활면(slickenside)이 형성되며, 단층조선(striation)이 발달한다(이병주, 2006).

단층 지역에 터널을 건설할 경우에는 단층통과 구간에 터널단면을 확대하거나 변위를 수용할 수 있는 조인트나 라이닝을 설치하여 단층변위로부터 터널의 안정성과 필요한 건축한계를 확보하고 터널을 보호할 수 있다.

Jaw-Nan Wang(Design Strategies - Fault Displacements, 2005)은 단층변위에 대한 대책으로 다음과 같은 방안을 제시하고 있다.

- 터널단면 확대
- 연성재료 또는 변위수용이 가능한 라이닝 뒤채움
- 연성 라이닝
- 인위적인 조인트 설치
- 긴급 보수를 위한 예비계획 반영

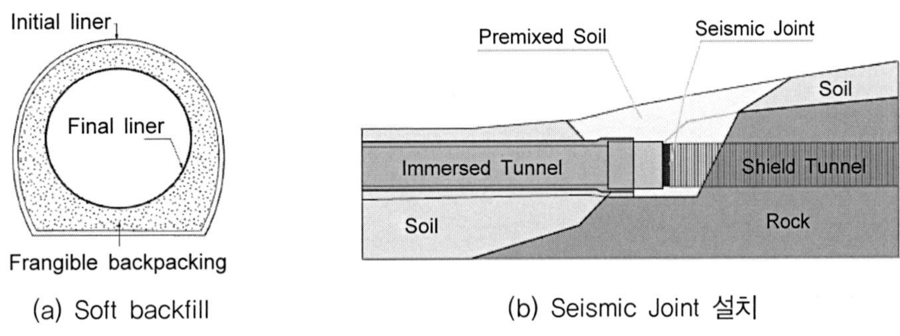

(a) Soft backfill (b) Seismic Joint 설치

[그림 3-19] 단층변위에 대한 터널구조물 대책 예

이와 같은 대책공법의 하나로 미국 LA Metro에서는 할리우드단층대(thrust fault)를 통과하는 터널의 단면을 확대하여 단층변형을 수용하고 변형 후에는 터널단면을 유지할 수 있으며, 간단히 보수할 수 있도록 하였다(그림 3-20).

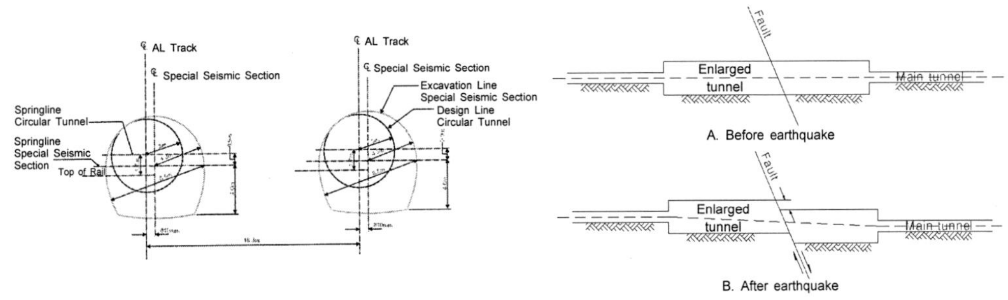

[그림 3-20] 할리우드단층 터널 내진단면

3.2.4 결론

단층대를 통과하여 터널을 설계할 때는 지반조사 결과로부터 단층의 방향성을 예측하고 지반물성을 파악하며 수치해석을 통하여 보강구간을 결정한다. 단층대 구간에서는 예비패턴 형태로 지보를 설계하고 있으므로 실제 시공과정에서는 계측을 통하여 단층대의 지반특성과 규모를 파악하고 터널 지보형식의 적정성을 검토한 후에 적용해야 터널구조물의 장기적 안정성을 확보할 수 있다. 또한 단층대 통과구간 시공 시에는 미끄럼면을 따라 굴진면이 붕괴되거나 과다한 지하수가 유입되어 시공성이 저하되고 막장면이 불안정해지므로 용수처리와 굴진면 지보 등의 부가적인 방법을 선택적으로 적용해야 안전한 터널을 시공할 수 있다.

참고문헌

3.1

김영근, 한병현, 2006, 「충전된 불연속면과 암반구조물의 안정성」, 〈한국지반공학회 2006년 가을학술발표회 논문집〉, pp.205.
한국지반공학회 터널기술위원회, 2001, 〈공사 중 터널사고사례 발표회 논문집〉.
한국지반공학회 암반역학기술위원회, 2002, 〈이암·셰일의 공학적 특성 및 문제 학술세미나 논문집〉.
한국지반공학회 암반역학기술위원회, 2004, 〈천매암의 공학적 특성 및 문제 학술세미나 논문집〉.
서울특별시 지하철건설본부, 1996, 〈서울지하철5호선 건설공사 제5-2공구 시공감리 종합보고서〉, (주)대우엔지니어링.
1999, 〈천안-논산 간 고속도로 건설공사 제2공구 차령터널 조사 및 보강 설계 보고서〉, (주)대우.
Lianyang Zhang, 2005, Engineering Properties of Rock, Elesvier Geo-Engineering Book Series Vol.
A Geology for Engineers, F.G.H Blyth and M.H. de Freitas, 7th ed., Elesvier.
Robert J. Twiss and Eldridge M. Moores, 1992, *STRUCTUREAL GEOLOGY*, New York, W. H. Freeman. p.106.
T. Blenkinsop, 2000, *Deformation Microstructures and Mechanism in Minerals and Rocks*, Dordrecht, Kluwer Academic Publishers, p.6.
P. B. Attewell and R. K. Taylor, 1984, "Ground Movements and Their Effects on Structures", Survey University Press, USA.

3.2

김용일 등, 2003, 「터널 굴착 시 암반예측시스템 적용사례」, 〈한국암반공학회 춘계학술발표회〉.
김창용 등, 2005, 「합리적인 터널 계측 및 막장 관찰방안 연구」, KICT 사이버연구성과발표자료.
2006, 『○○~○○ 간 터널설계보고서』, 대우건설.
이병주 등, 2006, 「토목구조물에서 단층의 등급분류에 대한 제의」, 〈한국터널공학회지〉 Vol.8, No.2, pp.68-76.
이상덕 등, 1994, 『안정된 지하구조물의 설계 및 시공』, 도서출판 새론.
Jaw-Nan Wang, 2005, "Design Strategies-Fault Displacements", Parsons Brinkerhoff Quade & Douglas, Inc., USA.
LA MTA, 2006, "한국터널공학회 Presentation 자료", Parsons Brinkerhoff Quade & Douglas, Inc., USA.

편집위원

이 병 주

한국자원연구원 지구환경연구본부, 영년직연구원

- 프랑스 ORLEANS 대학교 지구과학과 이학박사
- 대한지질학회 부회장 및 한국터널공학회 이사 역임
- 충남대학교 지질환경과학과 겸임교수 역임
- 한국철도시설공단 등 자문위원
- 한국지반공학회 암반역학기술위원회 위원장

Tel : 010-5453-3042 / e-mail : bjlee@kigam.re.kr

김 영 근

삼성물산(주) 건설부문 토목ENG팀 부장

- 서울대학교 공과대학 자원공학과 공학박사
- 지질 및 지반기술사 / 화약류관리기술사
- 한국암반공학회 이사 / 한국터널공학회 편집위원
- 한국도로공사, 철도시설공단, 시설안전공단 자문위원
- 한국지반공학회 암반역학기술위원회 간사

Tel : 010-3322-6749 / e-mail : babokyg@hanmail.net

윤 운 상

(주)넥스지오 대표이사

- 서울대학교 지질학과 이학박사
- 지질 및 지반기술사
- 대한지질학회 이사 및 대한지질공학회 이사
- 세종대학교 지구정보경학과 겸임교수
- 한국지반공학회 암반역학기술위원회 간사

Tel : 010-2463-2102 / e-mail : gaia@nexgeo.com

집필진

Part		장	성명	소속
Part 01	한국의 지질	1장	이병주	한국지질자원연구원
Part 02	석회암	1장	이병주	한국지질자원연구원
			선우춘	한국지질자원연구원
		2장	윤운상	넥스지오
			조인기	강원대학교
			김기석	희송지오텍
		3장	박형동	서울대학교
			신희순	한국지질자원연구원
		4장	김학수	지오제니
			김영근	삼성물산
			서용석	충북대학교
			유병옥	한국도로공사
Part 03	신생대 및 이암·셰일	1장	이병주	한국지질자원연구원
			윤운상	넥스지오
			신희순	한국지질자원연구원
		2장	박형동	서울대학교
			박연준	수원대학교
			김용준	대림산업
			박혁진	세종대학교
		3장	김영근	삼성물산
			백기현	대우건설
			노병돈	삼성물산
			유병옥	한국도로공사
Part 04	천매암	1장	이병주	한국지질자원연구원
			선우춘	한국지질자원연구원
		2장	윤운상	넥스지오
			전석원	서울대학교
			김종우	청주대학교
			이연규	군산대학교
			김창용	한국건설기술연구원
		3장	최성순	한라엔지니어링
			김영근	삼성물산
			유병옥	한국도로공사
			신희순	한국지질자원연구원
Part 05	단 층	1장	이병주	한국지질자원연구원
			윤운상	넥스지오
		2장	허종석	바우컨설탄트
			안성율	사이텍이엔씨
		3장	김영근	삼성물산
			이상덕	아주대학교

지반공학 특별시리즈 1

지반기술자를 위한
지질 및 암반공학

초판1쇄 2009년 3월 24일
초판2쇄 2009년 11월 27일
초판3쇄 2022년 11월 30일

지은이 (사)한국지반공학회
펴낸이 김성배
펴낸곳 도서출판 씨아이알

책임편집 최장미
디자인 김진희, 윤미경
제작책임 김문갑

등록번호 제2-3285호
등록일 2001년 3월 19일
주소 (04626) 서울특별시 중구 필동로8길 43(예장동 1-151)
전화번호 02-2275-8603(대표)
팩스번호 02-2265-9394
홈페이지 www.circom.co.kr

ISBN 978-89-92259-24-8 (93530)
정가 35,000원